Bible of Science

기출의

바이블

1권 **문제편**

구성과 특징

1권 문제편

◉ 개념 정리

수능에 자주 출제되는 개념을 체계적으로 정리하여
기본적인 개념을 확인할 수 있도록 하였습니다.

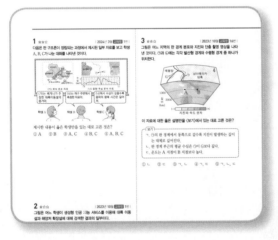

◉ 교육청 문항

교육청 문항을 최신 연도 순으로 배치하여 주요 개념을
교육청 문항에 적용할 수 있도록 하였습니다.

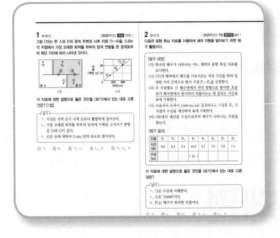

◉ 수능, 평가원 문항

수능, 평가원 문항을 최신 연도 순으로 배치하여 출제
경향을 파악하고, 수준 높은 문항들로 실전을 대비할
수 있도록 하였습니다.

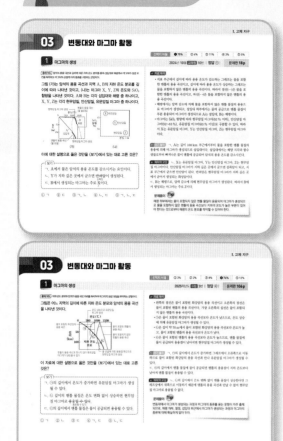

2권 | 정답 및 해설편

① 출제 의도
문항의 출제 의도를 파악할 수 있도록 제시하였습니다.

② 선택지 비율
문항의 난이도를 파악할 수 있도록 해당 문항의 정답률을 제시하였습니다.

③ 첨삭 설명
정답, 오답인 이유를 한 눈에 확인할 수 있도록 핵심을 첨삭으로 설명하였습니다.

④ 자료 해석
주어진 자료를 상세하게 분석하여 문제를 푸는 데 필요한 정보를 제공하였습니다.

⑤ 보기 풀이
보기의 선택지 내용을 상세하게 설명하였습니다.

⑥ 매력적 오답
오답이 되는 이유를 상세하게 분석하여 오답의 함정에 빠지지 않도록 하였습니다.

⑦ 문제풀이 TIP
문제를 접근하는 방식과 문제를 쉽고 빠르게 풀 수 있는 비법을 소개하였습니다.

3권 | 고난도편

▶ 고난도 문항 및 해설
교육청, 평가원 문항 중 고난도 주제에 해당하는 문항을 선별하여 수록하였고, 고난도 문항 해설을 한눈에 확인할 수 있는 자세한 첨삭을 제공하였습니다.

목차 & 학습 계획

Part II 수능 평가원

대단원	중단원	쪽수	문항수	학습 계획일	
I 고체 지구	**01.** 판 구조론의 정립	1권 문제편 100쪽 2권 해설편 160쪽	13문항	월	일
	02. 대륙 분포와 판 이동의 원동력	3권 고난도편에서 학습			
	03. 변동대와 마그마 활동	1권 문제편 106쪽 2권 해설편 168쪽	15문항	월	일
	04. 퇴적암과 지질 구조	1권 문제편 112쪽 2권 해설편 179쪽	15문항	월	일
	05. 지구의 역사	1권 문제편 118쪽 2권 해설편 191쪽	30문항	월	일
II 대기와 해양	**01.** 기압과 날씨 변화	1권 문제편 128쪽 2권 해설편 211쪽	15문항	월	일
	02. 태풍과 주요 악기상	1권 문제편 134쪽 2권 해설편 224쪽	20문항	월	일
	03. 해수의 성질	1권 문제편 142쪽 2권 해설편 238쪽	17문항	월	일
	04. 해수의 순환	1권 문제편 148쪽 2권 해설편 250쪽	21문항	월	일
	05. 대기와 해양의 상호 작용	3권 고난도편에서 학습			
	06. 지구 기후 변화	3권 고난도편에서 학습			
III 우주	**01.** 별의 물리량과 진화	1권 문제편 156쪽 2권 해설편 264쪽	38문항	월	일
	02. 외계 행성계 탐사	3권 고난도편에서 학습			
	03. 외계 생명체 탐사	1권 문제편 168쪽 2권 해설편 293쪽	9문항	월	일
	04. 외부 은하와 우주 팽창	3권 고난도편에서 학습			

I

고체 지구

판 구조론의 정립

출제 tip

판 구조론의 정립 과정

판 구조론이 정립되는 과정에서 등장한 학설의 시간 순서를 정확하게 알고 있는지와 각 학설의 특징을 묻는 문제가 출제된다.

A 대륙 이동설과 맨틀 대류설

1. 대륙 이동설(1915년, 베게너) 초대륙인 판게아가 약 2억 년 전부터 분리되고 이동하여 현재와 같은 대륙 분포가 되었다는 학설

(1) **베게너가 제시한 대륙 이동의 증거**
　　① 해안선 모양의 유사성
　　② 지질 구조의 연속성
　　③ 고생물 화석 분포
　　④ 고생대 말 빙하 퇴적층의 분포와 빙하 이동 흔적 분포

(2) **대륙 이동설의 한계** : 대륙을 이동시키는 원동력을 설명하지 못하였다.

2. 맨틀 대류설(1929년, 홈스) 맨틀 내 방사성 원소의 붕괴열과 지구 중심부에서 올라오는 열에 의해 맨틀 상부와 하부에 온도 차이가 생기고, 그 때문에 맨틀에서 열대류가 일어나 맨틀 위에 있는 대륙이 맨틀 대류를 따라 이동한다는 학설

　➡ 맨틀 대류의 상승부에서는 새로운 지각이 형성되며, 하강부에서는 지각이 맨틀 속으로 들어가며 해구가 형성된다.

출제 tip

음향 측심법과 해저 지형

음향 측심법을 통해 작성된 자료로부터 어떤 해저 지형인지 추론하고, 그 지형의 특징에 대해 묻는 문제가 자주 출제된다.

B 해저 지형 탐사와 해양저 확장설

1. 해저 지형 탐사

(1) **음향 측심법** : 해양 탐사선에서 발사한 음파가 해저면에 반사되어 되돌아오는 데 걸리는 시간을 측정하여 수심을 알아내는 방법이다.

$$d = \frac{1}{2} t \times v$$
$(d : \text{수심}, t : \text{음파의 왕복 시간}, v : \text{음파 속도})$

(2) **해저 지형 탐사와 해양저 확장설** : 해령과 같은 해저 지형의 발견은 해저 확장설이 등장하는 데 중요한 역할을 하였다.

2. 해저 확장설(1960년대, 헤스와 디츠)

(1) **해저 확장설** : 해령에서 고온의 맨틀 물질이 상승하여 새로운 해양 지각이 형성되고, 해령을 중심으로 양쪽으로 멀어짐에 따라 해저가 확장된다는 학설

(2) **해저 확장설의 증거**
　　① 해양 지각의 나이 : 해령에서 멀어질수록 해양 지각의 나이가 많아진다.
　　② 해저 퇴적물의 두께 : 해령에서 멀어질수록 해저 퇴적물의 두께가 두꺼워진다.
　　③ 고지자기 줄무늬의 분포 : 고지자기의 줄무늬는 해령과 거의 나란하며, 해령을 축으로 대칭을 이룬다.

고지자기 줄무늬

현무암질 암석에 포함되어 있는 철 성분이 풍부한 광물은 자성을 갖게 되어 생성될 당시의 지구 자기장이 기록되는데 이를 고지자기라고 한다. 해양 지각의 고지자기를 분석하면 현재의 지구 자기장 방향과 나란한 정상 시기(정자극기)와 반대 방향인 역전 시기(역자극기)가 교대로 반복되어 나타나는데 이를 고지자기의 줄무늬라고 한다.

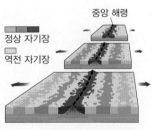

　정상 자기장
　역전 자기장
　중앙 해령

▲ 고지자기 줄무늬의 분포

출제 tip

해저 확장설의 증거

해령을 축으로 양쪽으로 멀어질수록 해양 지각의 나이, 해저 퇴적물의 두께, 수심의 변화가 어떻게 나타나는지를 묻는 문제가 자주 출제된다.

　　④ 베니오프대(섭입대)에서의 진원 분포 : 해구에서 대륙 쪽으로 갈수록 진원의 평균 깊이가 점차 깊어진다.

C 판 구조론의 정립

1. 변환 단층의 발견 윌슨은 해령의 열곡과 열곡이 어긋난 구간에서 천발 지진이 활발하게 발생하는 구간을 변환 단층이라고 하였다.

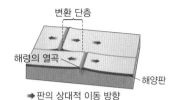

변환 단층
해령의 열곡
해양판
➡ 판의 상대적 이동 방향

2. 판 구조론(1965년, 윌슨) 지구 표면은 10여 개의 크고 작은 판으로 이루어져 있고, 판이 서로 다른 방향과 속도로 움직이면서 판의 경계에서 지진, 화산 활동 등의 지각 변동이 일어난다는 이론

대륙 이동설 ➡ 맨틀 대류설 ➡ 해양저 확장설 ➡ 판 구조론

▲ 판 구조론의 정립 과정

(1) **암석권** : 지각과 상부 맨틀의 일부를 포함하는 약 100 km 두께의 부분
(2) **연약권** : 암석권의 바로 아래 상부 맨틀의 물질이 부분 용융되어 있어서 유동성을 띠는 부분

3. 판의 경계 판의 상대적인 이동 방향에 따라 발산형 경계, 수렴형 경계, 보존형 경계로 구분한다.

발산형 경계	수렴형 경계	보존형 경계
• 두 판이 서로 멀어진다. • 화산 활동, 천발 지진 발생 • 해령, 열곡대가 발달한다. ㉠ 동태평양 해령, 대서양 중앙 해령 등	• 두 판이 서로 가까워진다. • 섭입형 : 화산 활동, 천발~심발 지진 발생 • 충돌형 : 천발~중발 지진 발생 • 해구, 호상 열도, 습곡 산맥이 발달한다. ㉠ 알류샨 해구 및 열도(섭입형), 페루 - 칠레 해구 및 안데스산맥(섭입형), 히말라야산맥(충돌형) 등	• 두 판이 서로 어긋난다. • 천발 지진 발생 • 변환 단층이 발달한다. ㉠ 산안드레아스 단층

출제 tip

판의 경계

판의 경계가 제시된 자료로부터 판의 경계 종류를 구별할 수 있는지와 판의 경계 종류별 특징을 정확하게 알고 있는지에 대한 문제가 자주 출제된다. 또한 판의 이동 속도 및 방향에 대해 묻는 문제도 자주 출제된다.

판의 구조

암석권은 여러 조각으로 나뉘어져 있는데, 각각의 크고 작은 조각을 판이라고 한다.

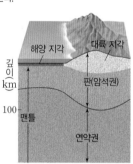

실전 자료 **해양 지각의 연령 분포**

그림은 해양 지각의 연령 분포를 나타낸 것이다.

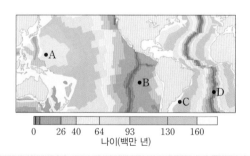

0   26 40   64   93   130   160
나이(백만 년)

❶ 해저 퇴적물의 두께 비교하기

해저 퇴적물의 두께는 해양 지각의 나이가 많을수록 증가하므로, 해저 퇴적물의 두께는 해양 지각의 나이가 더 많은 A가 B보다 두껍다.

❷ 판의 평균 이동 속력 비교하기

해령으로부터 생성 시기가 같은 지점까지의 거리가 멀수록 판의 평균 이동 속력이 크다. 따라서 최근 4천만 년 동안 평균 이동 속력은 B가 속한 판이 C가 속한 판보다 크다.

❸ 판의 경계로부터 지진 활동 여부 판단하기

발산형 경계, 수렴형 경계, 보존형 경계와 같이 판의 경계에서는 지진 활동이 활발하게 일어난다. D는 발산형 경계인 해령에 위치하므로 지진 활동이 활발하지만, C는 대륙대로 판의 경계에 해당하지 않으므로 지진 활동이 활발하지 않다.

1 ★★☆

| 2024년 3월 교육청 1번 |

다음은 판 구조론이 정립되는 과정에서 제시된 일부 자료를 보고 학생 A, B, C가 나눈 대화를 나타낸 것이다.

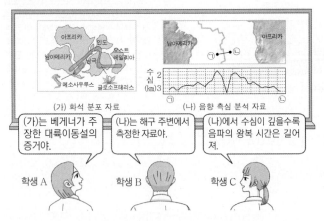

(가) 화석 분포 자료 (나) 음향 측심 분석 자료

학생 A: (가)는 베게너가 주장한 대륙이동설의 증거야.

학생 B: (나)는 해구 주변에서 측정한 자료야.

학생 C: (나)에서 수심이 깊을수록 음파의 왕복 시간은 길어져.

제시한 내용이 옳은 학생만을 있는 대로 고른 것은?

① A ② B ③ A, C ④ B, C ⑤ A, B, C

2 ★☆☆

| 2023년 10월 교육청 1번 |

그림은 어느 학생이 생성형 인공 지능 서비스를 이용해 대륙 이동설과 해양저 확장설에 대해 검색한 결과의 일부이다.

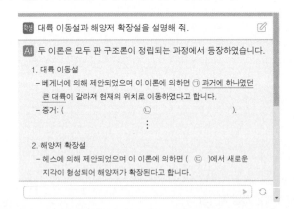

학생: 대륙 이동설과 해양저 확장설을 설명해 줘.

AI: 두 이론은 모두 판 구조론이 정립되는 과정에서 등장하였습니다.

1. 대륙 이동설
 - 베게너에 의해 제안되었으며 이 이론에 의하면 ㉠ 과거에 하나였던 큰 대륙이 갈라져 현재의 위치로 이동하였다고 합니다.
 - 증거: (㉡).
  ⋮

2. 해양저 확장설
 - 헤스에 의해 제안되었으며 이 이론에 의하면 (㉢)에서 새로운 지각이 형성되어 해양저가 확장된다고 합니다.

이에 대한 옳은 설명만을 〈보기〉에서 있는 대로 고른 것은?

〈보기〉
ㄱ. ㉠은 판게아이다.
ㄴ. '같은 종류의 화석이 멀리 떨어진 여러 대륙에서 발견된다'는 ㉡에 해당한다.
ㄷ. '해령'은 ㉢에 해당한다.

① ㄱ ② ㄷ ③ ㄱ, ㄴ ④ ㄴ, ㄷ ⑤ ㄱ, ㄴ, ㄷ

3 ★★☆

| 2023년 10월 교육청 16번 |

그림은 어느 지역의 판 경계 분포와 지진파 단층 촬영 영상을 나타낸 것이다. ㉠과 ㉡에는 각각 발산형 경계와 수렴형 경계 중 하나가 위치한다.

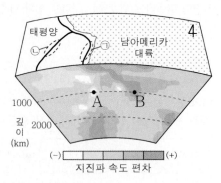

이 자료에 대한 옳은 설명만을 〈보기〉에서 있는 대로 고른 것은?

〈보기〉
ㄱ. ㉠의 판 경계에서 동쪽으로 갈수록 지진이 발생하는 깊이는 대체로 깊어진다.
ㄴ. 판 경계 부근의 평균 수심은 ㉠이 ㉡보다 깊다.
ㄷ. 온도는 A 지점이 B 지점보다 높다.

① ㄴ ② ㄷ ③ ㄱ, ㄴ ④ ㄱ, ㄷ ⑤ ㄱ, ㄴ, ㄷ

4 ☆☆☆　　　　　　　　　| 2023년 7월 교육청 2번 |

그림 (가)와 (나)는 섭입대가 나타나는 서로 다른 두 지역의 지진파 단층 촬영 영상을 진원 분포와 함께 나타낸 것이다.

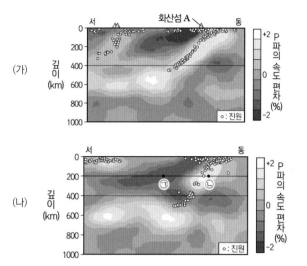

이 자료에 대한 설명으로 옳은 것만을 〈보기〉에서 있는 대로 고른 것은?

┌─ 보기 ──────────────────────────────┐
│ ㄱ. (가)에서 화산섬 A의 동쪽에 판의 경계가 위치한다. │
│ ㄴ. 온도는 ⓛ 지점이 ⓙ 지점보다 높다. │
│ ㄷ. 진원의 최대 깊이는 (가)가 (나)보다 깊다. │
└────────────────────────────────────┘

① ㄱ　② ㄴ　③ ㄱ, ㄷ　④ ㄴ, ㄷ　⑤ ㄱ, ㄴ, ㄷ

---

5 ★☆☆　　　　　　　　　| 2023년 4월 교육청 1번 |

그림은 어느 판의 해저면에 시추 지점 P_1~P_5의 위치를, 표는 각 지점에서의 퇴적물 두께와 가장 오래된 퇴적물의 나이를 나타낸 것이다.

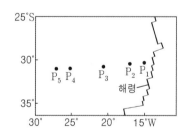

구분	P_1	P_2	P_3	P_4	P_5
두께(m)	50	94	138	203	510
나이(백만 년)	6.6	15.2	30.6	49.2	61.2

이에 대한 설명으로 옳은 것만을 〈보기〉에서 있는 대로 고른 것은?

┌─ 보기 ──────────────────────────────┐
│ ㄱ. 퇴적물 두께는 P_2보다 P_4에서 두껍다. │
│ ㄴ. P_5 지점의 가장 오래된 퇴적물은 중생대에 퇴적되었다. │
│ ㄷ. P_1~P_5가 속한 판은 해령을 기준으로 동쪽으로 이동한다. │
└────────────────────────────────────┘

① ㄱ　② ㄴ　③ ㄱ, ㄷ　④ ㄴ, ㄷ　⑤ ㄱ, ㄴ, ㄷ

---

6 ★★☆　　　　　　　　　| 2023년 3월 교육청 1번 |

그림은 수업 시간에 학생이 작성한 대륙 이동설에 대한 마인드맵이다.

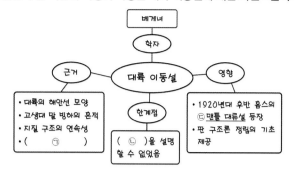

이에 대한 옳은 설명만을 〈보기〉에서 있는 대로 고른 것은?

┌─ 보기 ──────────────────────────────┐
│ ㄱ. '변환 단층의 발견'은 ⓙ에 해당한다. │
│ ㄴ. '대륙 이동의 원동력'은 ⓛ에 해당한다. │
│ ㄷ. ⓒ에서는 고지자기 줄무늬가 해령을 축으로 대칭을 이룬 │
│ 　　다고 설명하였다. │
└────────────────────────────────────┘

① ㄱ　② ㄴ　③ ㄱ, ㄷ　④ ㄴ, ㄷ　⑤ ㄱ, ㄴ, ㄷ

---

7 ★☆☆　　　　　　　　　| 2022년 10월 교육청 3번 |

그림 (가)는 해양 지각의 나이 분포와 지점 A, B, C의 위치를, (나)는 태평양과 대서양에서 관측한 해양 지각의 나이에 따른 해령 정상으로부터 해저면까지의 깊이를 나타낸 것이다.

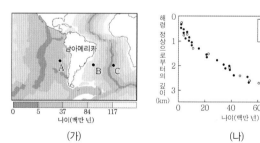

이 자료에 대한 옳은 설명만을 〈보기〉에서 있는 대로 고른 것은?

[3점]

┌─ 보기 ──────────────────────────────┐
│ ㄱ. 해양 지각의 평균 확장 속도는 A가 속한 판이 B가 속한 │
│ 　　판보다 빠르다. │
│ ㄴ. 해양저 퇴적물의 두께는 B에서가 C에서보다 두껍다. │
│ ㄷ. 해령 정상으로부터 해저면까지의 깊이는 A에서가 B에서 │
│ 　　보다 깊다. │
└────────────────────────────────────┘

① ㄱ　② ㄷ　③ ㄱ, ㄴ　④ ㄴ, ㄷ　⑤ ㄱ, ㄴ, ㄷ

8 ★☆☆

그림은 어느 지역 해양 지각의 나이 분포를 나타낸 것이다.

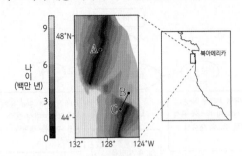

이에 대한 설명으로 옳은 것만을 〈보기〉에서 있는 대로 고른 것은?

보기

ㄱ. 지점 A에서 현무암질 마그마가 분출된다.

ㄴ. 지점 B와 지점 C를 잇는 직선 구간에는 변환 단층이 있다.

ㄷ. 지각의 나이는 지점 B가 지점 C보다 많다.

① ㄱ ② ㄴ ③ ㄱ, ㄷ ④ ㄴ, ㄷ ⑤ ㄱ, ㄴ, ㄷ

9 ★☆☆

그림은 베게너가 제시한 대륙 이동의 증거 중 일부를 나타낸 것이다.

이에 대한 설명으로 옳은 것만을 〈보기〉에서 있는 대로 고른 것은?

보기

ㄱ. ㉠ 지점과 ㉡ 지점 사이의 거리는 현재보다 고생대 말에 가까웠다.

ㄴ. 고생대 말에 애팔래치아산맥과 칼레도니아산맥은 하나로 연결된 산맥이었다.

ㄷ. ㉢ 지점은 고생대 말에 남반구에 위치하였다.

① ㄱ ② ㄷ ③ ㄱ, ㄴ ④ ㄴ, ㄷ ⑤ ㄱ, ㄴ, ㄷ

10 ★★☆

그림 (가)는 현재 판의 이동 방향과 이동 속력을, (나)는 시간에 따른 대양의 면적 변화를 나타낸 것이다. A와 B는 각각 태평양과 대서양 중 하나이다.

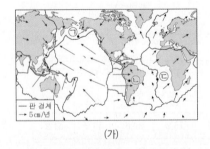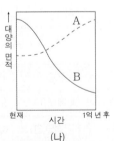

(가) (나)

이에 대한 옳은 설명만을 〈보기〉에서 있는 대로 고른 것은?

보기

ㄱ. ㉠의 하부에서는 해양판이 섭입하고 있다.

ㄴ. 지진이 발생하는 평균 깊이는 ㉡보다 ㉢에서 얕다.

ㄷ. A는 대서양, B는 태평양이다.

① ㄱ ② ㄷ ③ ㄱ, ㄴ ④ ㄴ, ㄷ ⑤ ㄱ, ㄴ, ㄷ

11 ★☆☆
| 2021년 10월 교육청 1번 |

다음은 판 구조론이 정립되는 과정에서 등장한 세 이론 (가), (나), (다)와 학생 A, B, C의 대화를 나타낸 것이다.

이론	내용
(가)	⊙ 해령을 중심으로 해양 지각이 양쪽으로 이동하면서 해양저가 확장된다.
(나)	맨틀 상하부의 온도 차로 맨틀이 대류하고 이로 인해 대륙이 이동할 수 있다.
(다)	과거에 하나로 모여 있던 대륙이 분리되고 이동하여 현재와 같은 수륙 분포를 이루었다.

세 이론 중 가장 먼저 등장한 이론은 (다)야.

해령에서 멀어질수록 해양 지각의 나이가 많아지는 것은 ⊙ 때문이야.

홈스는 변환 단층의 발견을 (나)의 증거로 제시하였어.

학생 A   학생 B   학생 C

제시한 내용이 옳은 학생만을 있는 대로 고른 것은?

① A   ② C   ③ A, B   ④ B, C   ⑤ A, B, C

12 ★☆☆
| 2021년 10월 교육청 5번 |

그림은 어느 판 경계 부근에서 진원의 평균 깊이를 점선으로 나타낸 것이다. A와 B 지점 중 한 곳은 대륙판에, 다른 한 곳은 해양판에 위치한다.

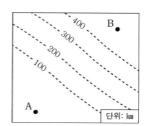

이에 대한 옳은 설명만을 〈보기〉에서 있는 대로 고른 것은? (단, A와 B는 모두 지표면 상의 지점이다.)

보기
ㄱ. 판의 경계는 A보다 B에 가깝다.
ㄴ. 이 지역에서는 정단층이 역단층보다 우세하게 발달한다.
ㄷ. 이 지역에서 화산 활동은 주로 B가 속한 판에서 일어난다.

① ㄱ   ② ㄴ   ③ ㄷ   ④ ㄱ, ㄴ   ⑤ ㄴ, ㄷ

13 ★★☆
| 2021년 7월 교육청 1번 |

그림 (가)와 (나)는 고생대 이후 서로 다른 두 시기의 대륙 분포를 나타낸 것이다.

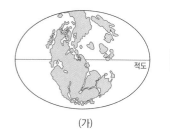 

(가)   (나)

이에 대한 설명으로 옳은 것만을 〈보기〉에서 있는 대로 고른 것은?

보기
ㄱ. 대륙 분포는 (가)에서 (나)로 변하였다.
ㄴ. (나)에 애팔래치아산맥이 존재하였다.
ㄷ. (가)와 (나) 모두 인도 대륙은 남반구에 존재하였다.

① ㄱ   ② ㄴ   ③ ㄱ, ㄷ   ④ ㄴ, ㄷ   ⑤ ㄱ, ㄴ, ㄷ

14 ★★☆
| 2021년 7월 교육청 4번 |

그림 (가)와 (나)는 각각 태평양과 대서양에서 측정한 해령으로부터의 거리에 따른 해양 지각의 연령과 수심을 나타낸 것이다.

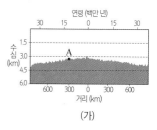 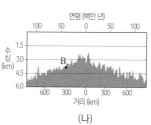

(가)   (나)

이에 대한 설명으로 옳은 것만을 〈보기〉에서 있는 대로 고른 것은? (단, 태평양과 대서양에서 심해 퇴적물이 쌓이는 속도는 같다.) [3점]

보기
ㄱ. 심해 퇴적물의 두께는 A에서가 B에서보다 두껍다.
ㄴ. (해령으로부터 거리가 600 km 지점의 수심－해령의 수심)은 (가)에서가 (나)에서보다 작다.
ㄷ. 최근 3천만 년 동안 해양 지각의 평균 확장 속도는 (가)가 (나)보다 빠르다.

① ㄱ   ② ㄴ   ③ ㄱ, ㄷ   ④ ㄴ, ㄷ   ⑤ ㄱ, ㄴ, ㄷ

15 ☆☆☆ | 2021년 3월 교육청 3번 |

그림 (가), (나), (다)는 서로 다른 세 시기의 대륙 분포를 나타낸 것이다.

(가)　　　　　(나)　　　　　(다)

이에 대한 옳은 설명만을 〈보기〉에서 있는 대로 고른 것은?

┌─ 보기 ┐
ㄱ. (가)의 초대륙은 고생대 말에 형성되었다.
ㄴ. (나)의 초대륙이 형성되는 과정에서 습곡 산맥이 만들어졌다.
ㄷ. (다)에서 대서양의 면적은 현재보다 좁다.
└─────┘

① ㄱ　② ㄴ　③ ㄱ, ㄷ　④ ㄴ, ㄷ　⑤ ㄱ, ㄴ, ㄷ

16 ☆☆☆ | 2021년 3월 교육청 16번 |

그림은 북아메리카 부근의 판 A, B, C와 판 경계를 나타낸 것이다. 이 지역에는 세 종류의 판 경계가 모두 존재한다.

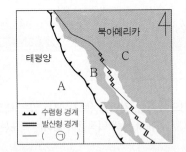

이에 대한 옳은 설명만을 〈보기〉에서 있는 대로 고른 것은?

┌─ 보기 ┐
ㄱ. 판의 밀도는 A가 B보다 크다.
ㄴ. B는 C에 대해 남동쪽으로 이동한다.
ㄷ. ㉠의 발견은 맨틀 대류설이 등장하게 된 계기가 되었다.
└─────┘

① ㄱ　② ㄴ　③ ㄱ, ㄷ　④ ㄴ, ㄷ　⑤ ㄱ, ㄴ, ㄷ

17 ☆☆☆ | 2020년 10월 교육청 8번 |

다음은 판 구조론이 정립되기까지 제시되었던 이론을 ㉠, ㉡, ㉢으로 순서 없이 나타낸 것이다.

㉠	㉡	㉢
대륙 이동설	해양저 확장설	맨틀 대류설

이에 대한 옳은 설명만을 〈보기〉에서 있는 대로 고른 것은?

┌─ 보기 ┐
ㄱ. 이론이 제시된 순서는 ㉠ → ㉢ → ㉡이다.
ㄴ. ㉠에서는 여러 대륙에 남아 있는 과거의 빙하 흔적들이 증거로 제시되었다.
ㄷ. 해령 양쪽의 고지자기 분포가 대칭을 이루는 것은 ㉡의 증거이다.
└─────┘

① ㄱ　② ㄴ　③ ㄱ, ㄷ　④ ㄴ, ㄷ　⑤ ㄱ, ㄴ, ㄷ

18 ☆☆☆ | 2020년 4월 교육청 1번 |

그림은 대륙 이동설과 해양저 확장설에 대한 학생들의 대화 장면이다.

제시한 내용이 옳은 학생만을 있는 대로 고른 것은?

① A　② C　③ A, B　④ B, C　⑤ A, B, C

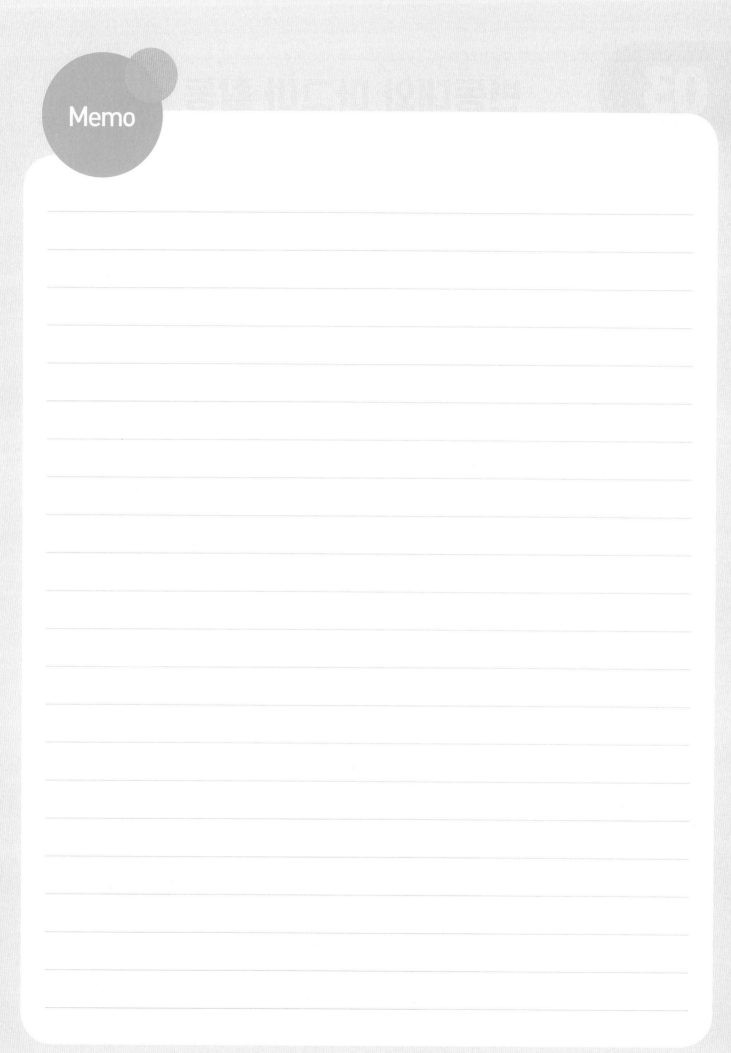

Memo

출제 tip

마그마의 생성 조건과 생성 장소

마그마의 생성 조건과 생성 장소에 대한 자료를 제시하고 생성 장소에 따른 마그마의 생성 조건을 정확하게 이해하고 있는지에 대한 문제가 자주 출제된다.

A 변동대의 마그마 활동

1. 마그마의 종류 화학 조성(SiO_2 함량)에 따라 현무암질 마그마, 안산암질 마그마, 유문암질 마그마로 구분한다.

마그마의 종류	현무암질	안산암질	유문암질
SiO_2 함량	52 % 이하	52~63 %	63 % 이상
온도	높다	⟷	낮다
점성	작다	⟷	크다
유동성	크다	⟷	작다
유색 광물의 함량	Fe, Mg, Ca 등 밀도가 크고 색깔이 어두운 원소의 함량이 상대적으로 높다.	⟷	비금속 원소인 SiO_2의 함량이 높고, Na, K 등 밀도가 작고 색깔이 밝은 원소의 함량이 상대적으로 높다.

마그마의 생성 조건

온도 상승, 압력 감소, 물의 공급으로 마그마가 생성되는 지하의 온도가 그 곳에 존재하는 암석의 용융점보다 높아지면 암석이 부분 용융하여 마그마가 생성된다.

2. 마그마의 생성 조건

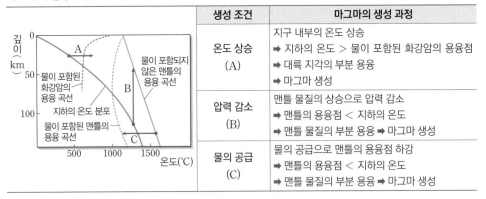

생성 조건	마그마의 생성 과정
온도 상승 (A)	지구 내부의 온도 상승 ➡ 지하의 온도 > 물이 포함된 화강암의 용융점 ➡ 대륙 지각의 부분 용융 ➡ 마그마 생성
압력 감소 (B)	맨틀 물질의 상승으로 압력 감소 ➡ 맨틀의 용융점 < 지하의 온도 ➡ 맨틀 물질의 부분 용융 ➡ 마그마 생성
물의 공급 (C)	물의 공급으로 맨틀의 용융점 하강 ➡ 맨틀의 용융점 < 지하의 온도 ➡ 맨틀 물질의 부분 용융 ➡ 마그마 생성

섭입대의 마그마

해양 지각이 섭입할 때 함수 광물이 방출한 물이 맨틀에 공급되면 암석의 용융점이 낮아지고, 그 결과 부분 용융이 일어나 현무암질 마그마가 생성된다.

3. 마그마의 생성 장소

(1) **해령** : 맨틀 대류의 상승류를 따라 맨틀 물질이 상승할 때 압력 감소로 현무암질 마그마가 생성된다.

(2) **열점** : 뜨거운 플룸의 상승류를 따라 맨틀 물질이 상승할 때 압력 감소로 현무암질 마그마가 생성된다.

(3) **섭입대** : 해양 지각이 섭입할 때 함수 광물에서 방출된 물이 맨틀에 공급되면 맨틀의 용융점이 낮아져 맨틀 물질의 부분 용융이 일어나 현무암질 마그마가 생성된다.

➡ 이후 현무암질 마그마가 상승하여 대륙 지각 하부를 용융시키면서 유문암질 마그마가 생성되거나 현무암질 마그마와 유문암질 마그마가 혼합되어 안산암질 마그마가 생성된다.

함수 광물

각섬석, 운모 등과 같은 함수 광물은 결합 구조 내에 수산기($-OH$)를 포함하고 있어 가열하면 물(H_2O)이 빠져 나온다.

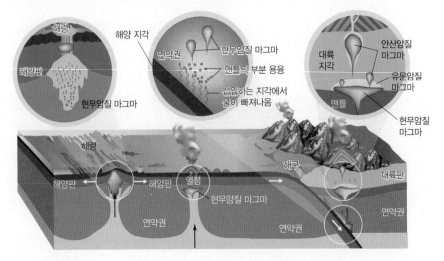

B 화성암

1. 화성암의 생성 지구 내부에서 생성된 마그마가 지표 부근이나 지하에서 식어서 만들어진 암석을 화성암이라고 한다.

2. 화성암의 분류 화성암은 조직이나 화학 조성(SiO_2 함량)에 따라 분류한다.

화학 성분에 의한 분류			염기성암	중성암	산성암
조직에 의한 분류	성질	SiO_2 함량	적음 ←——— 52 % ——— 63 % ———→ 많음		
	냉각 속도	많은 색 원소 밀도	어두운색 ←——— 중간 ———→ 밝은색		
			Ca, Fe, Mg		Na, K, Si
	조직		큼 ←——————————→ 작음		
화산암	세립질	빠름	현무암	안산암	유문암
심성암	조립질	느림	반려암	섬록암	화강암

조암 광물의 부피비(%)	80
	60
□ 무색(밝은색) 광물	40
■ 유색(어두운색) 광물	20

석영 / 사장석 / 정장석 / 휘석 / 각섬석 / 감람석 / 흑운모

화성암의 분류
- 염기성암과 산성암 : 염기성암은 감람석, 휘석, 각섬석과 같은 유색 광물의 함량이 많아 어두운색을 띠고, 산성암은 사장석, 정장석, 석영 등의 무색 광물의 함량이 많아 밝은색을 띤다.
- 화산암과 심성암 : 화산암은 마그마가 지표 부근에서 빠르게 굳어진 것으로 구성 광물의 입자 크기가 작고, 심성암은 마그마가 지하 깊은 곳에서 천천히 굳어진 것으로 구성 광물의 입자 크기가 크다.

3. 한반도의 화성암 지형

(1) **화산암 지형** : 제주도, 강원도 철원군의 한탄강 일대, 울릉도, 독도 등에는 신생대에 일어난 화산 활동으로 분출하여 형성된 현무암이 분포한다.
➡ 마그마가 지표로 분출한 후 빠르게 냉각하면서 형성된 주상 절리가 발달한다.

(2) **심성암 지형** : 북한산의 인수봉, 설악산의 울산 바위 등에는 중생대에 마그마가 지하 깊은 곳에 관입하여 형성된 화강암이 분포한다.
➡ 지하 깊은 곳에서 생성된 화강암이 융기하여 지표에 노출될 때 암석 주변의 압력이 감소하면서 암석이 팽창하여 형성된 판상 절리가 발달한다.

출제 tip
한반도의 화성암 지형
화산암 지형과 심성암 지형의 사진을 제시하고 두 지형의 특징을 이해하고 있는지에 대해 묻는 문제가 자주 출제된다.

실전 자료 마그마의 생성

그림은 지하의 온도 곡선과 두 암석의 용융 곡선을 나타낸 것이다.

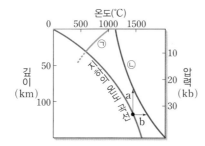

❶ **두 암석의 용융 곡선 구분하기**
비교적 얕은 곳에서 지하의 온도 곡선과 만나 마그마를 형성하는 ㉠이 물을 포함하는 화강암의 용융 곡선이고, ㉡이 현무암의 용융 곡선이다.

❷ **마그마의 생성 깊이를 설명하기**
현무암질 마그마는 깊이 100 km 이상의 지하 깊은 곳에서, 화강암질 마그마는 깊이 35 km 부근의 비교적 얕은 곳에서 만들어진다.

❸ **해령 아래에서 마그마가 생성되는 원리를 설명하기**
해령 아래에서는 맨틀과 외핵의 경계에서 뜨거운 물질이 상승함에 따라 압력이 감소(a)하면서 현무암질 마그마가 생성된다.

1 ☆☆☆

그림 (가)는 암석의 용융 곡선과 지역 A, B의 지하 온도 분포를 깊이에 따라 나타낸 것이고, (나)는 마그마 X, Y, Z의 온도와 SiO_2 함량을 나타낸 것이다. A와 B는 각각 섭입대와 해령 중 하나이고, X, Y, Z는 각각 현무암질, 안산암질, 유문암질 마그마 중 하나이다.

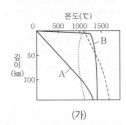
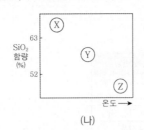

이에 대한 설명으로 옳은 것만을 〈보기〉에서 있는 대로 고른 것은?

┌─ 보기 ─────────────────────────┐
ㄱ. A에서 물은 암석의 용융 온도를 감소시키는 요인이다.
ㄴ. Y가 지하 깊은 곳에서 굳으면 반려암이 생성된다.
ㄷ. B에서 생성되는 마그마는 주로 X이다.
└──────────────────────────────┘

① ㄱ ② ㄷ ③ ㄱ, ㄴ ④ ㄴ, ㄷ ⑤ ㄱ, ㄴ, ㄷ

---

2 ☆☆☆

그림은 서로 다른 두 지역 (가)와 (나)의 지하 온도 분포와 암석의 용융 곡선을 나타낸 것이다. (가)와 (나)는 각각 해령과 섭입대 중 하나이고, ㉠과 ㉡은 암석의 용융 곡선이다.

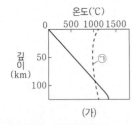
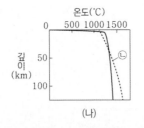

이 자료에 대한 설명으로 옳은 것만을 〈보기〉에서 있는 대로 고른 것은? [3점]

┌─ 보기 ─────────────────────────┐
ㄱ. (가)는 해령이다.
ㄴ. 마그마가 생성되는 깊이는 (가)가 (나)보다 깊다.
ㄷ. 물을 포함한 암석의 용융 곡선은 ㉡이다.
└──────────────────────────────┘

① ㄱ ② ㄴ ③ ㄱ, ㄷ ④ ㄴ, ㄷ ⑤ ㄱ, ㄴ, ㄷ

---

3 ☆☆☆

그림 (가)는 마그마 분출 지역 A와 B를, (나)는 깊이에 따른 지하 온도 분포와 암석의 용융 곡선을 나타낸 것이다. ㉠과 ㉡은 A와 B의 지하 온도 분포를 순서 없이 나타낸 것이다.

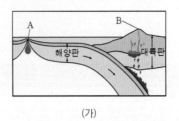
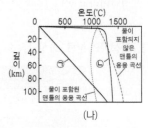

이에 대한 설명으로 옳은 것만을 〈보기〉에서 있는 대로 고른 것은? [3점]

┌─ 보기 ─────────────────────────┐
ㄱ. A에서 마그마가 분출하여 굳으면 주로 현무암이 된다.
ㄴ. 깊이 0~20 km 구간에서 지하의 평균 온도 변화율은 ㉠보다 ㉡이 크다.
ㄷ. ㉡은 B의 지하 온도 분포이다.
└──────────────────────────────┘

① ㄱ ② ㄷ ③ ㄱ, ㄴ ④ ㄴ, ㄷ ⑤ ㄱ, ㄴ, ㄷ

---

4 ☆☆☆

그림 (가)는 마그마가 생성되는 지역 A, B, C를, (나)는 깊이에 따른 지하의 온도 분포와 암석의 용융 곡선을 나타낸 것이다.

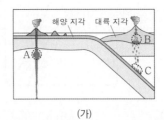
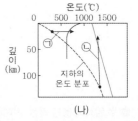

이 자료에 대한 설명으로 옳은 것만을 〈보기〉에서 있는 대로 고른 것은?

┌─ 보기 ─────────────────────────┐
ㄱ. A의 마그마는 ㉡ 과정에 의해 생성된다.
ㄴ. 마그마의 평균 온도는 A에서가 B에서보다 낮다.
ㄷ. 마그마의 SiO_2 함량은 B에서가 C에서보다 낮다.
└──────────────────────────────┘

① ㄱ ② ㄷ ③ ㄱ, ㄴ ④ ㄴ, ㄷ ⑤ ㄱ, ㄴ, ㄷ

5 ★★☆

| 2023년 10월 교육청 3번 |

그림은 해양판이 섭입되는 어느 지역에서 생성되는 마그마 A와 B를, 표는 A와 B의 SiO_2 함량을 나타낸 것이다.

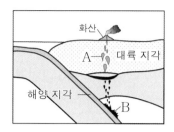

마그마	SiO_2 함량(%)
A	58
B	㉠

이에 대한 옳은 설명만을 〈보기〉에서 있는 대로 고른 것은?

보기
ㄱ. A가 분출하면 반려암이 생성된다.
ㄴ. ㉠은 58보다 작다.
ㄷ. B는 주로 압력 감소에 의해 생성된다.

① ㄴ   ② ㄷ   ③ ㄱ, ㄴ   ④ ㄱ, ㄷ   ⑤ ㄴ, ㄷ

6 ★★☆

| 2023년 7월 교육청 1번 |

그림 (가)는 깊이에 따른 지하의 온도 분포와 암석의 용융 곡선을, (나)는 화성암 A와 B의 성질을 나타낸 것이다. A와 B는 각각 (가)의 ㉠ 과정과 ㉡ 과정으로 생성된 마그마가 굳어진 암석 중 하나이다.

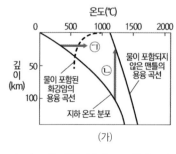
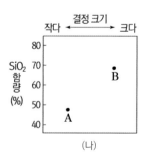

이 자료에 대한 설명으로 옳은 것만을 〈보기〉에서 있는 대로 고른 것은?

보기
ㄱ. 압력 감소에 의한 마그마 생성 과정은 ㉡이다.
ㄴ. A는 B보다 마그마가 천천히 냉각되어 생성된다.
ㄷ. A는 ㉠ 과정으로 생성된 마그마가 굳어진 것이다.

① ㄱ   ② ㄴ   ③ ㄱ, ㄷ   ④ ㄴ, ㄷ   ⑤ ㄱ, ㄴ, ㄷ

7 ★★★

| 2023년 4월 교육청 4번 |

그림 (가)는 화성암 A와 B의 SiO_2 함량과 결정 크기를, (나)는 깊이에 따른 지하의 온도 분포와 암석의 용융 곡선을 나타낸 것이다. A와 B는 각각 현무암과 화강암 중 하나이다.

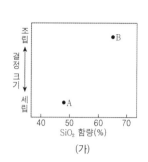
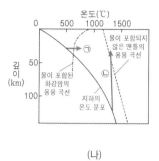

이에 대한 설명으로 옳은 것만을 〈보기〉에서 있는 대로 고른 것은?
[3점]

보기
ㄱ. 생성 깊이는 A보다 B가 깊다.
ㄴ. ㉡ 과정으로 생성되어 상승하는 마그마는 주변보다 밀도가 크다.
ㄷ. A는 ㉠ 과정에 의해 생성된 마그마가 굳어진 암석이다.

① ㄱ   ② ㄴ   ③ ㄱ, ㄷ   ④ ㄴ, ㄷ   ⑤ ㄱ, ㄴ, ㄷ

8 ★★★

| 2023년 3월 교육청 15번 |

그림은 판 경계가 존재하는 어느 지역의 화산섬과 활화산의 분포를 나타낸 것이다. 이 지역에는 하나의 열점이 분포한다.

이에 대한 옳은 설명만을 〈보기〉에서 있는 대로 고른 것은? [3점]

보기
ㄱ. 이 지역에는 해구가 존재한다.
ㄴ. 화산섬 A는 주로 안산암으로 이루어져 있다.
ㄷ. 활화산 B에서 분출되는 마그마는 압력 감소에 의해 생성된다.

① ㄱ   ② ㄴ   ③ ㄷ   ④ ㄱ, ㄷ   ⑤ ㄴ, ㄷ

9 ★★☆ | 2022년 10월 교육청 5번 |

그림 (가)는 판 A와 B의 경계를, (나)는 A와 B의 이동 속력과 방향을, (다)는 A와 B에 포함된 지각의 평균 두께와 밀도를 나타낸 것이다. A와 B는 각각 대륙판과 해양판 중 하나이다.

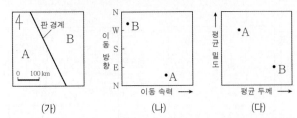

(가)　　　　(나)　　　　(다)

이 자료에 대한 옳은 설명만을 〈보기〉에서 있는 대로 고른 것은?

보기
ㄱ. B는 해양판이다.
ㄴ. 판 경계에서 북동쪽으로 갈수록 진원의 깊이는 대체로 깊어진다.
ㄷ. 판 경계의 하부에서는 주로 압력 감소에 의해 마그마가 생성된다.

① ㄱ　② ㄴ　③ ㄱ, ㄷ　④ ㄴ, ㄷ　⑤ ㄱ, ㄴ, ㄷ

---

10 ★☆☆ | 2022년 7월 교육청 5번 |

그림 (가)는 마그마가 분출되는 지역 A, B, C를, (나)는 깊이에 따른 지하의 온도 분포와 암석의 용융 곡선을 마그마 생성 과정과 함께 나타낸 것이다.

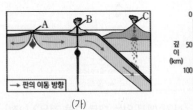

(가)　　　　(나)

이에 대한 설명으로 옳은 것만을 〈보기〉에서 있는 대로 고른 것은?

보기
ㄱ. A에서는 ① 과정으로 형성된 마그마가 분출된다.
ㄴ. B의 하부에서는 플룸이 상승하고 있다.
ㄷ. C에서는 주로 현무암질 마그마가 분출된다.

① ㄱ　② ㄴ　③ ㄱ, ㄷ　④ ㄴ, ㄷ　⑤ ㄱ, ㄴ, ㄷ

---

11 ★☆☆ | 2022년 4월 교육청 6번 |

그림 (가)는 어느 지역의 판 경계와 마그마가 분출되는 영역 A와 B의 위치를, (나)는 A와 B 중 한 영역의 하부에서 마그마가 생성되는 과정 ①을 나타낸 것이다.

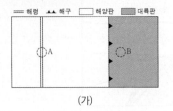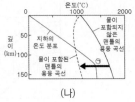

(가)　　　　(나)

이에 대한 설명으로 옳은 것만을 〈보기〉에서 있는 대로 고른 것은?

보기
ㄱ. A에서 분출되는 마그마는 주로 현무암질 마그마이다.
ㄴ. (나)에서 맨틀의 용융점은 물이 포함되지 않은 경우보다 물이 포함된 경우가 높다.
ㄷ. ①은 B의 하부에서 마그마가 생성되는 과정이다.

① ㄱ　② ㄴ　③ ㄷ　④ ㄱ, ㄷ　⑤ ㄴ, ㄷ

12 ★★☆ | 2021년 10월 교육청 11번 |

그림은 깊이에 따른 지하의 온도 분포와 맨틀의 용융 곡선 X, Y를 나타낸 것이다. X, Y는 각각 물이 포함된 맨틀의 용융 곡선과 물이 포함되지 않은 맨틀의 용융 곡선 중 하나이고, ㉠, ㉡은 마그마의 생성 과정이다.

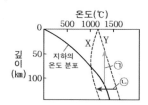

이에 대한 옳은 설명만을 〈보기〉에서 있는 대로 고른 것은? [3점]

보기
ㄱ. X는 물이 포함된 맨틀의 용융 곡선이다.
ㄴ. 해령 하부에서는 마그마가 ㉠으로 생성된다.
ㄷ. ㉡으로 생성된 마그마는 SiO_2 함량이 63 % 이상이다.

① ㄱ　　② ㄷ　　③ ㄱ, ㄴ　　④ ㄴ, ㄷ　　⑤ ㄱ, ㄴ, ㄷ

13 ★☆☆ | 2021년 7월 교육청 2번 |

그림은 태평양판에 위치한 열점들에 의해 형성된 섬과 해산의 일부를 나타낸 것이다.

이에 대한 설명으로 옳은 것만을 〈보기〉에서 있는 대로 고른 것은?

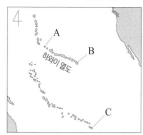

보기
ㄱ. A는 B보다 먼저 형성되었다.
ㄴ. C에는 현무암이 분포한다.
ㄷ. 태평양판의 이동 방향은 남동쪽이다.

① ㄱ　　② ㄷ　　③ ㄱ, ㄴ　　④ ㄴ, ㄷ　　⑤ ㄱ, ㄴ, ㄷ

14 ★☆☆ | 2021년 3월 교육청 2번 |

그림 (가)는 화성암의 생성 위치를, (나)는 북한산 인수봉의 모습을 나타낸 것이다.

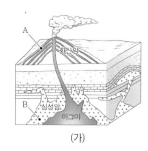

(가)　　　　　　　　(나)

이에 대한 옳은 설명만을 〈보기〉에서 있는 대로 고른 것은?

보기
ㄱ. 주상 절리는 B보다 A에서 잘 형성된다.
ㄴ. (나)의 암석은 A에서 생성되었다.
ㄷ. 마그마의 냉각 속도는 B보다 A에서 빠르다.

① ㄱ　　② ㄴ　　③ ㄱ, ㄷ　　④ ㄴ, ㄷ　　⑤ ㄱ, ㄴ, ㄷ

04 퇴적암과 지질 구조

I. 고체 지구

출제 tip

퇴적암의 생성 과정과 종류

퇴적암이 생성되는 과정에서 일어나는 변화에 대해 묻는 문제, 퇴적암의 종류별 특징을 이용하여 여러 퇴적암을 분류할 수 있는지에 대한 문제가 자주 출제된다.

A 퇴적암과 퇴적 구조

1. 퇴적암

(1) **속성 작용** : 퇴적물이 쌓인 후 다져지고 굳어져 퇴적암이 만들어지기까지의 전체 과정으로 다짐 작용과 교결 작용이 있다.

① 다짐 작용 : 퇴적물이 오랫동안 계속 쌓여 아랫부분의 퇴적물이 위에 쌓인 퇴적물의 무게에 눌리면서 입자 사이의 간격(공극)이 좁아져 치밀해지는 작용

② 교결 작용 : 지하수에 녹아 있던 규질, 석회 물질, 산화 철 등(교결 물질)이 퇴적물 사이에 침전하면서 입자 사이의 간격을 메워 서로 붙여 굳어지게 하는 작용

(2) **퇴적암의 종류**

쇄설성 퇴적암	암석의 풍화, 침식 작용으로 생성된 입자들이 운반되어 쌓이거나 화산 분출물이 쌓여서 만들어진 퇴적암으로, 퇴적물 입자의 크기와 종류에 따라 분류한다. 예 역암 – 자갈, 사암 – 모래, 셰일 – 점토, 응회암 – 화산재
화학적 퇴적암	물속에 녹아 있던 규질, 석회 물질, 산화 철, 염분 등이 침전하거나 물이 증발함에 따라 잔류하여 만들어진 퇴적암이다. 예 석회암 – $CaCO_3$, 암염 – $NaCl$
유기적 퇴적암	생물의 유해나 골격의 일부가 쌓여서 만들어진 퇴적암이다. 예 석탄 – 식물체, 석회암 – 석회질 생물체, 처트 – 규질 생물체

퇴적 구조로 판단한 지층의 역전(지층의 역전이 일어난 경우)

• 사층리 : 위로 갈수록 층리의 폭이 좁아진다.
• 점이 층리 : 위로 갈수록 입자의 크기가 커진다.
• 연흔 : 뾰족한 부분이 아래로 향한다.
• 건열 : 쐐기 모양의 틈이 아래로 갈수록 넓어진다.

2. 퇴적 구조 퇴적 당시의 환경을 유추하거나 지층의 역전 여부를 판단하는 데 중요한 단서를 제공한다.

구분	사층리	점이 층리	연흔	건열
모양	위 물이 흐르거나 바람이 분 방향 아래	위 아래	위 아래	위 아래
퇴적 구조	층리가 나란하지 않고 비스듬히 기울어지거나 엇갈려 나타난다.	입자가 클수록 먼저 가라앉아 위로 갈수록 입자의 크기가 점점 작아진다.	물결의 영향으로 퇴적물의 표면에 물결 모양의 흔적이 남아 있다.	퇴적층의 표면이 갈라지면서 쐐기 모양의 틈이 생긴 구조이다.
형성 원인	바람, 흐르는 물	가라앉는 속도 차이	흐르는 물, 파도, 바람	건조한 환경에 노출
퇴적 환경	사막, 삼각주	대륙대, 수심이 깊은 호수	수심이 얕은 물 밑, 사막	건조한 환경

퇴적 환경

• **육상 환경** : 육지 내에 주로 쇄설성 퇴적물이 퇴적되는 곳으로, 선상지, 하천, 호수, 사막, 빙하 등이 있다.
• **연안 환경** : 육상 환경과 해양 환경 사이에 있는 곳으로, 삼각주, 조간대, 해빈, 사주, 강 하구, 석호 등이 있다.
• **해양 환경** : 가장 넓은 면적을 차지하는 퇴적 환경으로, 대륙붕, 대륙 사면, 대륙대, 심해저 등이 있다.

3. 한반도의 퇴적 지형

태백시 구문소	고생대 바다에서 퇴적된 석회암층으로, 주변에서 연흔, 건열, 삼엽충 화석 발견
부안군 채석강	중생대에 호수에서 퇴적된 지형으로, 연흔, 층리, 단층, 습곡, 해식 절벽, 해식 동굴 등 발견 ➡ 채석강에는 선캄브리아 시대의 편마암, 중생대의 화강암, 중생대의 퇴적암이 겹겹이 쌓여 형성된 층리 발달
고성군 덕명리	중생대에 퇴적된 셰일층으로, 연흔, 건열, 공룡 발자국, 새 발자국 화석 발견
진안군 마이산	중생대 퇴적 분지에서 퇴적된 역암층으로, 벌집 모양의 타포니 구조 발견
제주도 수월봉	신생대 화산 활동으로 퇴적된 응회암층으로, 화산재가 쌓여 형성된 층리 발달
화성시 시화호	중생대 역암과 사암 등으로 이루어져 있고, 공룡 알, 공룡 뼈 화석 발견

출제 tip

퇴적 구조와 한반도의 퇴적 지형

한반도의 주요 퇴적 지형에서 나타나는 퇴적 구조와 그 특징에 대해 알고 있는지를 묻는 문제가 자주 출제된다.

B 지질 구조

1. 습곡 지층이 양쪽에서 미는 횡압력을 받아 휘어진 지질 구조

구조	• 배사 : 지층이 위로 볼록하게 휘어진 부분 • 향사 : 지층이 아래로 오목하게 내려간 부분
종류	습곡축면의 기울기에 따라 정습곡(습곡축면이 수평면에 대해 거의 수직), 경사 습곡, 횡와 습곡(습곡축면이 수평면에 대해 거의 수평)으로 분류한다

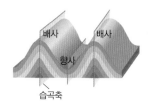

2. 단층 지층이 힘을 받아 끊어지면서 양쪽 지층이 상대적으로 이동하여 서로 어긋나 있는 지질 구조
(1) **정단층** : 장력이 작용하여 하반에 대해 상반이 아래로 내려간 단층
(2) **역단층** : 횡압력이 작용하여 하반에 대해 상반이 위로 올라간 단층
(3) **주향 이동 단층** : 단층면을 경계로 상반과 하반이 수평 방향으로만 이동한 단층

3. 절리 암석 내에 형성된 틈이나 균열
(1) **주상 절리** : 기둥 모양의 절리
➡ 지표로 분출한 용암이 중심 방향으로 급격히 냉각되면서 수축할 때 형성된다.
(2) **판상 절리** : 얇은 판 모양의 절리
➡ 지하 깊은 곳의 암석이 융기할 때 주위의 압력이 감소하면서 팽창하여 형성된다.

4. 부정합 인접한 상하 지층 사이에 큰 시간 차이가 있을 때 두 지층 사이의 관계
(1) **형성 과정** : 퇴적 → 융기 → 풍화 · 침식 → 침강 → 퇴적
(2) **종류** : 부정합면을 경계로 상하 지층이 나란한 평행 부정합, 경사를 이루는 경사 부정합, 부정합면 아래에 심성암이나 변성암이 분포하는 난정합으로 구분한다.

5. 관입암과 포획암 포획암은 관입암보다 먼저 생성
(1) **관입암** : 관입한 마그마가 천천히 식어 굳어진 암석으로, 관입한 마그마 주변의 암석은 열을 받아 변성된다.
(2) **포획암** : 마그마가 관입할 때 주변 암석에서 떨어져 나와 마그마 속으로 유입되어 화성암에 포함되어 있는 다른 종류의 암석 조각이다.

출제 tip
습곡과 단층
제시된 지질 단면도로부터 습곡의 종류와 단층의 종류를 구별할 수 있는지에 대한 문제가 자주 출제된다.

주상 절리

판상 절리

실전 자료 퇴적 구조

그림 (가), (나), (다)는 퇴적 구조를 나타낸 것이다.

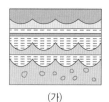 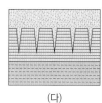

(가)   (나)   (다)

❶ **퇴적 구조 구분**
(가)는 연흔, (나)는 사층리, (다)는 건열이다.

❷ **퇴적 구조를 통해 퇴적 당시 환경 파악**
연흔은 수심이 얕은 물 밑, 사층리는 물이 흐르거나 바람이 부는 환경, 건열은 건조한 환경이었음을 알 수 있다.

❸ **퇴적 구조를 통해 지층의 상하 판단**
연흔은 물결 자국의 뾰족한 부분이 위로 왔을 때, 사층리는 층리 사이의 간격이 넓은 부분이 위로, 간격이 좁은 부분이 아래로 왔을 때, 건열은 쐐기 모양의 틈이 아래쪽으로 향할 때가 지층의 역전이 일어나지 않은 경우이다.

1 ★★☆ | 2024년 10월 교육청 1번 |

다음은 세 가지 퇴적 구조를 특징에 따라 구분하는 과정을 나타낸 것이다.

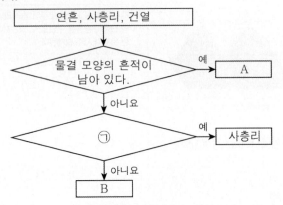

이에 대한 설명으로 옳은 것만을 〈보기〉에서 있는 대로 고른 것은?

┌─ 보기 ┐
ㄱ. A는 연흔이다.
ㄴ. '퇴적물이 공급된 방향을 알 수 있다.'는 ㉠에 해당한다.
ㄷ. B는 수심이 깊은 환경에서 형성된다.
└─────┘

① ㄱ   ② ㄷ   ③ ㄱ, ㄴ   ④ ㄴ, ㄷ   ⑤ ㄱ, ㄴ, ㄷ

2 ★★☆ | 2024년 7월 교육청 5번 |

그림 (가)와 (나)는 어느 쇄설성 퇴적암의 생성 과정 일부를 순서대로 나타낸 것이다.

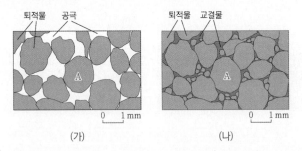

(가)   (나)

이에 대한 설명으로 옳은 것만을 〈보기〉에서 있는 대로 고른 것은?

┌─ 보기 ┐
ㄱ. (가)에서 다짐 작용을 받으면 공극은 감소한다.
ㄴ. (나)에서 교결물은 퇴적물 입자들을 결합시켜 주는 역할을 한다.
ㄷ. 이암은 주로 A와 같은 크기의 퇴적물 입자가 퇴적되어 만들어진다.
└─────┘

① ㄱ   ② ㄷ   ③ ㄱ, ㄴ   ④ ㄴ, ㄷ   ⑤ ㄱ, ㄴ, ㄷ

3 ★★☆ | 2024년 5월 교육청 3번 |

그림은 퇴적 구조 A와 B가 발달한 지층 단면을 나타낸 것이다. A와 B는 각각 건열과 연흔 중 하나이다.

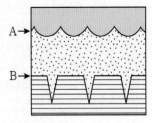

이에 대한 설명으로 옳은 것만을 〈보기〉에서 있는 대로 고른 것은?

┌─ 보기 ┐
ㄱ. A는 연흔이다.
ㄴ. B는 주로 건조한 환경에서 형성된다.
ㄷ. A와 B를 통해 지층의 역전 여부를 확인할 수 있다.
└─────┘

① ㄱ   ② ㄷ   ③ ㄱ, ㄴ   ④ ㄴ, ㄷ   ⑤ ㄱ, ㄴ, ㄷ

4 ★☆☆ | 2023년 7월 교육청 3번 |

표는 퇴적암 A, B, C를 이루는 자갈의 비율과 모래의 비율을 나타낸 것이다. A, B, C는 각각 역암, 사암, 셰일 중 하나이다.

퇴적암	자갈의 비율(%)	모래의 비율(%)
A	5	90
B	4	5
C	80	10

이에 대한 설명으로 옳은 것만을 〈보기〉에서 있는 대로 고른 것은?

┌─ 보기 ┐
ㄱ. A는 셰일이다.
ㄴ. 연흔은 C층에서 주로 나타난다.
ㄷ. A, B, C는 쇄설성 퇴적암이다.
└─────┘

① ㄱ   ② ㄷ   ③ ㄱ, ㄴ   ④ ㄴ, ㄷ   ⑤ ㄱ, ㄴ, ㄷ

5 ☆☆☆ | 2024년 3월 교육청 4번 |

다음은 인공지능[AI] 프로그램을 이용하여 퇴적 구조를 분류하는 탐구 활동이다.

[탐구 과정]

(가) 이미지를 분류해 주는 AI 프로그램에 접속한다.

(나) 건열, 사층리, 연흔의 명칭을 입력하고, 각각에 해당하는 서로 다른 사진 파일을 10개씩 업로드하여 AI 학습 과 정을 진행시킨다.

데이터 입력

명칭: (   )   +9개
명칭: (A)   +9개
명칭: (   )   +9개

(다) 학습된 AI에 퇴적 구조의 새로운 사진 파일 2개를 업로 드하여 분류 결과를 확인한다.

사진 1

퇴적 구조	일치 정도(%)
건열	20.32
사층리	40.86
연흔	38.82

⇩ 분류 결과: 사층리

사진 2

퇴적 구조	일치 정도(%)
건열	2.96
사층리	79.83
연흔	17.21

⇩ 분류 결과: 사층리

(라) (다)의 사진에 나타난 퇴적 구조의 특징을 각각 분석하여 모둠별로 퇴적 구조의 종류를 판단하고, AI의 분류 결과 와 일치하는지 확인한다.

[탐구 결과]

	사진에 나타난 퇴적 구조의 특징	모둠별 판단 결과	AI의 분류 결과	일치 여부 (○:일치, ×:불일치)
사진 1	(㉠)	연흔	사층리	×
사진 2	층리가 평행하지 않고 기울어짐.	( )	사층리	(㉡)

이 자료에 대한 설명으로 옳은 것만을 〈보기〉에서 있는 대로 고른 것은? (단, 모둠별 판단 결과는 모두 옳게 제시하였다.) [3점]

보기

ㄱ. (나)에서 A는 건열이다.

ㄴ. '지층의 표면에 물결 무늬의 자국이 보임.'은 ㉠에 해당한다.

ㄷ. ㉡은 '○'이다.

① ㄱ ② ㄷ ③ ㄱ, ㄴ ④ ㄴ, ㄷ ⑤ ㄱ, ㄴ, ㄷ

6 ☆☆☆ | 2023년 4월 교육청 3번 |

그림 (가)는 퇴적 환경의 일부를, (나)는 서로 다른 퇴적 구조를 나타 낸 것이다.

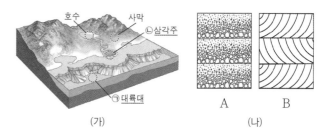

호수   사막   ㉡삼각주
㉢대륙대

(가)

A   B

(나)

이에 대한 설명으로 옳은 것만을 〈보기〉에서 있는 대로 고른 것은?

보기

ㄱ. A는 ㉠보다 ㉡에서 잘 생성된다.

ㄴ. B를 통해 퇴적물이 공급된 방향을 알 수 있다.

ㄷ. ㉡은 퇴적 환경 중 육상 환경에 해당한다.

① ㄱ ② ㄴ ③ ㄱ, ㄷ ④ ㄴ, ㄷ ⑤ ㄱ, ㄴ, ㄷ

7 ☆☆☆ | 2023년 3월 교육청 4번 |

그림은 어느 지역의 지층과 퇴적 구조를 나타낸 것이다.

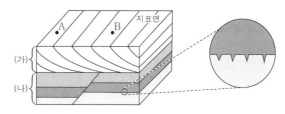

A   B   지표면
(가)
(나)

이 자료에 대한 설명으로 옳은 것은?

① (가)에는 연흔이 나타난다.

② A는 B보다 나중에 퇴적되었다.

③ (나)에는 역전된 지층이 나타난다.

④ (나)의 단층은 횡압력에 의해 형성되었다.

⑤ (나)는 형성 과정에서 수면 위로 노출된 적이 있다.

8 ☆☆☆　　　　　　　　　| 2022년 10월 교육청 6번 |

그림은 지질 구조 (가), (나), (다)를 나타낸 것이다.

(가)　　　　　(나)　　　　　(다)

이에 대한 옳은 설명만을 〈보기〉에서 있는 대로 고른 것은?

보기
ㄱ. A에는 향사 구조가 나타난다.
ㄴ. (나)와 (다)에는 나이가 많은 지층 아래에 나이가 적은 지층
　　이 나타나는 부분이 있다.
ㄷ. (가), (나), (다)는 모두 횡압력에 의해 형성된다.

① ㄱ　　② ㄴ　　③ ㄱ, ㄷ　　④ ㄴ, ㄷ　　⑤ ㄱ, ㄴ, ㄷ

9 ☆☆☆　　　　　　　　　| 2022년 7월 교육청 6번 |

그림 (가)와 (나)는 퇴적 구조를 나타낸 것이다.

(가) 건열　　　　　(나) 연흔

이에 대한 설명으로 옳은 것만을 〈보기〉에서 있는 대로 고른 것은?

보기
ㄱ. (가)는 형성되는 동안 건조한 대기에 노출된 적이 있다.
ㄴ. (나)는 횡압력에 의해 형성되었다.
ㄷ. (가)와 (나)는 모두 층리면을 관찰한 것이다.

① ㄱ　　② ㄴ　　③ ㄱ, ㄷ　　④ ㄴ, ㄷ　　⑤ ㄱ, ㄴ, ㄷ

10 ☆☆☆　　　　　　　　　| 2022년 4월 교육청 4번 |

그림 (가)는 해성층 A, B, C로 이루어진 어느 지역의 지층 단면과 A의 일부에서 발견된 퇴적 구조를, (나)는 A의 퇴적이 완료된 이후 해수면에 대한 ⓐ 지점의 상대적 높이 변화를 나타낸 것이다.

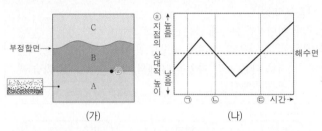

(가)　　　　　(나)

이에 대한 설명으로 옳은 것만을 〈보기〉에서 있는 대로 고른 것은?
[3점]

보기
ㄱ. A의 퇴적 구조는 입자 크기에 따른 퇴적 속도 차이에 의해
　　형성되었다.
ㄴ. B의 두께는 ㉠ 시기보다 ㉡ 시기에 두꺼웠다.
ㄷ. C는 ㉢ 시기 이후에 생성되었다.

① ㄱ　　② ㄷ　　③ ㄱ, ㄴ　　④ ㄴ, ㄷ　　⑤ ㄱ, ㄴ, ㄷ

11 ☆☆☆　　　　　　　　　| 2022년 3월 교육청 4번 |

그림은 어느 지괴가 서로 다른 종류의 힘 A, B를 받아 형성된 단층의 모습을 나타낸 것이다.

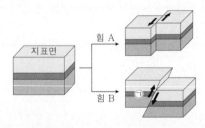

이에 대한 옳은 설명만을 〈보기〉에서 있는 대로 고른 것은?

보기
ㄱ. 힘 A에 의해 역단층이 형성되었다.
ㄴ. ㉠은 상반이다.
ㄷ. 힘 B는 장력이다.

① ㄱ　　② ㄴ　　③ ㄱ, ㄷ　　④ ㄴ, ㄷ　　⑤ ㄱ, ㄴ, ㄷ

12 ★☆☆

| 2021년 10월 **교육청** 15번 |

그림 (가), (나), (다)는 주상 절리, 습곡, 사층리를 순서 없이 나타낸 것이다.

 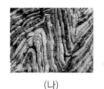 

    (가)   (나)   (다)

이에 대한 옳은 설명만을 〈보기〉에서 있는 대로 고른 것은?

> [보기]
> ㄱ. (가)는 주로 퇴적암에 나타나는 구조이다.
> ㄴ. (나)는 횡압력을 받아 형성된다.
> ㄷ. (다)는 지하 깊은 곳에서 생성된 암석이 지표로 융기할 때 형성된다.

① ㄱ ② ㄷ ③ ㄱ, ㄴ ④ ㄴ, ㄷ ⑤ ㄱ, ㄴ, ㄷ

14 ★☆☆

| 2021년 4월 **교육청** 4번 |

그림은 서로 다른 퇴적 구조를 나타낸 것이다.

  (가) 연흔   (나) 점이 층리   (다) 건열

이에 대한 설명으로 옳은 것만을 〈보기〉에서 있는 대로 고른 것은?

> [보기]
> ㄱ. (가)는 (나)보다 주로 수심이 깊은 곳에서 형성된다.
> ㄴ. (나)는 입자의 크기에 따른 퇴적 속도 차이에 의해 형성된다.
> ㄷ. (다)는 형성되는 동안 건조한 환경에 노출된 시기가 있었다.

① ㄱ ② ㄴ ③ ㄱ, ㄷ ④ ㄴ, ㄷ ⑤ ㄱ, ㄴ, ㄷ

13 ★☆☆

| 2021년 7월 **교육청** 3번 |

그림 (가)와 (나)는 서로 다른 퇴적 구조를 나타낸 것이다.

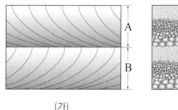 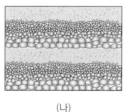

     (가)   (나)

이에 대한 설명으로 옳은 것만을 〈보기〉에서 있는 대로 고른 것은?

> [보기]
> ㄱ. (가)에서 퇴적물의 공급 방향은 A와 B가 같다.
> ㄴ. (나)는 입자 크기에 따른 퇴적 속도 차이에 의해 생성된다.
> ㄷ. (가)는 (나)보다 수심이 깊은 곳에서 잘 생성된다.

① ㄱ ② ㄴ ③ ㄱ, ㄷ ④ ㄴ, ㄷ ⑤ ㄱ, ㄴ, ㄷ

15 ★☆☆

| 2021년 3월 **교육청** 6번 |

그림 (가)와 (나)는 각각 관입암과 포획암이 존재하는 암석의 모습을 나타낸 것이다. (가)와 (나)에 있는 관입암과 포획암의 나이는 같다.

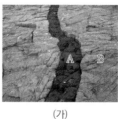 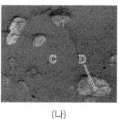

     (가)   (나)

암석 A~D에 대한 옳은 설명만을 〈보기〉에서 있는 대로 고른 것은? [3점]

> [보기]
> ㄱ. A는 B를 관입하였다.
> ㄴ. 포획암은 D이다.
> ㄷ. 암석의 나이는 C가 가장 적다.

① ㄱ ② ㄴ ③ ㄱ, ㄷ ④ ㄴ, ㄷ ⑤ ㄱ, ㄴ, ㄷ

05 지구의 역사

지사학 법칙

지사학의 법칙 중 부정합의 법칙으로부터 지층의 융기 횟수를 묻는 문제, 관입의 법칙을 이용하여 관입이 일어난 지층과 용암 분출이 일어난 지층을 구별하는 문제가 자주 출제된다.

A 지층의 생성 순서

1. 지사학 법칙

수평 퇴적의 법칙	물속에서 퇴적이 일어날 때 일반적으로 퇴적물은 중력의 영향을 받아 수평으로 쌓인다. ➡ 지층이 기울어져 있거나 휘어져 있으면 퇴적물이 쌓인 후 지각 변동을 받았다고 판단한다.
지층 누중의 법칙	지층이 쌓일 때 아래쪽은 위쪽보다 먼저 퇴적되었다. ➡ 지층의 역전이 없었다면 아래쪽에 있는 지층일수록 먼저 형성된 것이다. 반면 지층이 역전되었다면 퇴적 구조나 표준 화석을 관찰하여 상하를 판단한다.
동물군 천이의 법칙	퇴적 시기가 다른 지층에서 발견되는 화석의 종류는 다르다. ➡ 오래된 지층에서 새로운 지층으로 갈수록 진화한 생물의 화석이 발견된다.
부정합의 법칙	부정합면을 경계로 상하 지층 사이에는 긴 시간 간격이 있다. ➡ 부정합면 위에는 기저 역암이 나타나기도 하며, 상하 두 지층에서 발견되는 화석군이 급격하게 달라진다.
관입의 법칙	관입한 암석은 관입당한 암석보다 나중에 생성되었다. ➡ 관입암 주위에서는 변성 부분이 나타나지만, 용암의 분출 후 새로운 지층이 화성암 위층에 쌓인 경우에는 화성암 위층에서 변성 부분이 나타나지 않는다. ▲ 관입　　　　▲ 분출

2. 지층 대비 여러 지역에 분포하는 지층들을 서로 비교하여 시간적인 선후 관계를 판단하는 것

(1) **암상에 의한 대비** : 가까운 지역의 지층을 구성하는 암석의 종류, 조직, 지질 구조 등의 특징을 대비하여 지층의 선후 관계를 판단한다.

(2) **화석에 의한 대비** : 서로 멀리 떨어져 있는 지층을 대비할 때는 같은 종류의 표준 화석이 산출되는 지층을 연결하여 지층의 선후 관계를 판단한다.

건층

암상에 의한 대비를 할 때 기준이 되는 지층을 건층 또는 열쇠층이라고 한다. 건층(열쇠층)은 비교적 넓은 지역에 골고루 퇴적된 지층이 유리하므로 응회암이나 석탄층이 많이 이용된다.

방사성 동위 원소

원자핵 내의 양성자 수는 같지만 중성자 수가 달라 질량수가 다른 동위 원소 중 자연적으로 붕괴하여 방사선을 방출하면서 안정한 원소로 변해 가는 원소이다. 이때 모원소는 붕괴하는 원래의 방사성 동위 원소이고, 자원소는 모원소가 붕괴하여 새로 생성된 원소이다.

B 상대 연령과 절대 연령

1. 상대 연령 지층이나 암석의 생성 시기와 지질학적 사건의 발생 순서를 상대적으로 나타낸 것
➡ 지사학의 여러 법칙을 적용하여 지질학적 사건의 발생 순서를 판단한다.

2. 절대 연령 암석의 생성 시기나 지질학적 사건의 발생 시기를 수치로 나타낸 것
➡ 암석 속에 포함되어 있는 방사성 동위 원소의 반감기를 이용하여 알아낸다.

(1) **반감기** : 방사성 동위 원소가 붕괴하여 처음 양의 반으로 줄어드는 데 걸리는 시간으로, 반감기는 온도나 압력 등의 외부 환경에 관계없이 일정하다.

(2) **반감기와 절대 연령의 관계** : 광물이나 암석 속에 들어 있는 모원소와 자원소의 양, 그리고 반감기를 알면 암석의 절대 연령을 구할 수 있다.

절대 연령

지질 단면과 방사성 동위 원소의 붕괴 곡선을 제시하고 지층 생성 시기의 선후 관계, 지층의 절대 연령을 묻는 문제가 자주 출제된다.

$$t = n \times T$$
(t : 절대 연령, n : 반감기 경과 횟수, T : 반감기)

(3) **방사성 동위 원소의 붕괴 곡선** : 시간이 지남에 따라 모원소의 양은 감소하고 자원소의 양은 증가한다.
➡ 1 반감기 후에 모원소와 생성된 자원소의 함량비는 1 : 1, 2 반감기 후에 모원소와 생성된 자원소의 함량비는 1 : 3, 3 반감기 후에 모원소와 생성된 자원소의 함량비는 1 : 7이다.

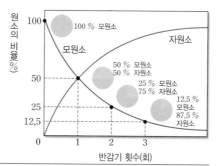

(4) **절대 연령 활용**

오래된 지질 시대의 암석	^{238}U, ^{235}U, ^{40}K, ^{87}Rb 등 반감기가 긴 원소 이용 ➡ 암석의 나이보다 방사성 동위 원소의 반감기가 너무 짧으면 방사성 동위 원소가 대부분 붕괴되어 측정하기 어렵다.
가까운 지질 시대의 암석	^{14}C와 같은 반감기가 짧은 원소 이용 ➡ 암석의 나이보다 방사성 동위 원소의 반감기가 너무 길면 붕괴한 양이 너무 적어 측정하기 어렵다.

퇴적암의 절대 연령

퇴적암은 여러 시기에 생성된 암석이 풍화와 침식 작용을 받아 운반되어 쌓여 형성된 것이므로, 방사성 동위 원소로 절대 연령을 측정할 수 없다. 따라서 퇴적암의 연령은 인접한 화성암이나 변성암의 절대 연령을 측정한 후 암석의 생성 순서를 비교하여 간접적으로 알아낸다.

B 지질 시대

1. 표준 화석과 시상 화석

(1) **표준 화석** : 특정 시기에 출현하여 일정 기간 번성하다가 멸종되어 화석으로 남은 것
➡ 표준 화석은 생존 기간이 짧고, 분포 지역이 넓으며 개체 수가 많은 생물이어야 한다.
⑩ 고생대 – 삼엽충, 중생대 – 공룡, 신생대 – 매머드 등

(2) **시상 화석** : 환경 변화에 민감하여 특정한 환경에서 번성하다가 화석으로 남은 것
➡ 시상 화석은 생존 기간이 길고 특정한 환경에 제한적으로 분포하는 생물이어야 한다.
⑩ 따뜻하고 습한 육지 환경의 고사리, 따뜻하고 얕은 바다의 산호 등

2. 지질 시대

(1) **구분 기준** : 생물계의 급격한 변화(주로 표준 화석), 대규모 지각 변동(주로 부정합), 기후 변화 등

(2) **지질 시대 구분** : 누대 → 대 → 기로 구분

3. 지질 시대의 기후

(1) **고기후 연구 방법**

나무의 나이테 조사	기온이 높고 강수량이 많으면 나이테 사이의 폭이 넓고 밀도가 낮다.
지층의 퇴적물 분석	• 온난한 기후 : 활엽수의 꽃가루가 많다. • 한랭한 기후 : 침엽수의 꽃가루가 많다.
빙하 시추물 분석	• 빙하 속 공기 분석 : 이산화 탄소의 농도가 높은 시기에 지구의 기온이 높았다. • 빙하를 구성하는 물 분자의 산소 동위 원소비($^{18}O/^{16}O$) 분석 : 온난한 시기에는 크고, 한랭한 시기에는 작다.

(2) **지질 시대의 기후 변화** : 선캄브리아 시대와 고생대 말기에 빙하기가 있었고, 중생대에는 빙하기가 없었고, 신생대 말기에는 빙하기와 간빙기가 여러 차례 반복되었다.

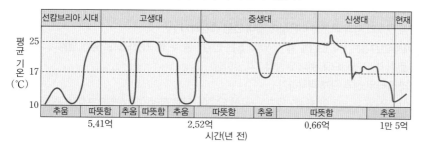

표준 화석과 시상 화석

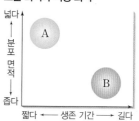

• A : 생존 기간이 짧고, 분포 면적이 넓다. ➡ 표준 화석
• B : 생존 기간이 길고, 분포 면적이 좁다. ➡ 시상 화석

출제 tip

고기후의 연구 방법

빙하 시추물 분석 중 빙하를 구성하는 물 분자와 해양 생물 껍데기의 산소 동위 원소비를 분석할 수 있는지에 대한 문제가 자주 출제된다.

지질 시대의 환경과 생물

- **선캄브리아 시대** : 생물의 종류와 수가 매우 적었고, 여러 차례 지각 변동을 받아 생물과 환경을 추정하기 어렵다.
- **고생대** : 해양 생물이 급격히 증가하였다.
- **중생대** : 고생대 말기에 있었던 생물 대멸종 이후에는 생물종이 더욱 다양해졌고 생물의 크기가 커졌으며 전 기간에 걸쳐 파충류가 번성하였다.
- **신생대** : 현재의 생물종과 거의 비슷하였으며, 포유류와 속씨식물이 크게 진화하였다.

C 지질 시대의 환경과 생물

선캄브리아 시대	환경	• 시생 누대에는 대기 중 산소가 희박하고 온난한 기후였다. • 원생 누대에는 대규모 빙하기가 있었을 것으로 추정되며, 대기 중에 산소가 점차 증가하였다.
	생물	• 시생 누대에는 바다에서 최초의 생명체가 출현, 남세균 출현, 원생 누대에는 최초의 다세포 동물이 출현하였다. • 화석 : 스트로마톨라이트(시생 누대), 에디아카라 동물군(원생 누대)
고생대	환경	• 초·중기에는 대체로 온난하였고, 중기와 말기에 빙하기가 있었다. • 말기에 초대륙 판게아를 형성하면서 대규모 조산 운동이 일어났다.
	생물	• 캄브리아기(삼엽충의 시대) : 무척추동물의 번성 • 오르도비스기(필석의 시대) : 최초의 척추동물인 어류 출현 • 실루리아기 : 최초의 육상 식물 출현 ➡ 대기 중 오존층 형성 • 데본기(어류의 시대) : 최초의 양서류 출현 • 석탄기 : 최초의 파충류 출현과 양치식물 번성 • 페름기 : 겉씨식물 출현, 말기에 생물 대멸종 발생
중생대	환경	• 전반적으로 온난하였으며 빙하기는 없었다. • 판게아의 분리로 대서양과 인도양이 형성되기 시작하고, 해양판이 섭입하면서 습곡 산맥이 형성되기 시작하였다.
	생물	• 트라이아스기 : 공룡과 포유류 출현, 암모나이트와 겉씨식물 번성 • 쥐라기 : 공룡과 암모나이트, 겉씨식물의 번성과 함께 시조새 출현 • 백악기 : 속씨식물 출현, 말기에는 공룡, 암모나이트 등의 생물 대멸종 발생
신생대	환경	• 팔레오기와 네오기는 대체로 온난하였으나 제4기에 4번의 빙하기와 3번의 간빙기가 있었다. • 오늘날과 비슷한 수륙 분포를 이루었다.
	생물	• 팔레오기와 네오기 : 화폐석과 속씨식물 번성 • 제4기 : 매머드 등의 대형 포유류 번성, 인류의 조상 출현

실전 자료   **방사성 동위 원소의 붕괴 곡선과 절대 연령**

그림 (가)는 어느 지역의 지질 단면을, (나)는 방사성 원소 X의 붕괴 곡선을 나타낸 것이다. (가)의 화성암 E와 F에 포함된 방사성 원소 X의 양은 각각 처음 양의 $\frac{1}{4}$과 $\frac{1}{2}$이다.

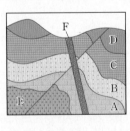

(가)

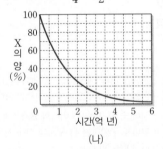

(나)

❶ **지사학의 법칙을 이용해 지층의 퇴적 순서 찾기**
지층의 퇴적 순서는 A−B−C−D−F이다. E는 F 이전이라는 것만 알 수 있고 정확한 순서는 정할 수 없다.

❷ **방사성 원소의 붕괴 곡선을 이용하여 절대 연령 측정하기**
(나)에서 반감기는 1억 년임을 알 수 있다. E는 반감기를 두 번 거쳤으므로 절대 연령이 2억 년, F는 반감기를 한 번 거쳤으므로 절대 연령이 1억 년이다.

❸ **단층과 습곡의 선후 관계 파악하기**
지층이 퇴적된 후 습곡이 형성되었고, 습곡이 단층에 의해 잘려 이동하였으므로 습곡은 단층보다 먼저 형성되었다.

1 ☆☆☆

| 2024년 10월 교육청 8번 |

표는 화성암 ㉠, ㉡, ㉢에 포함된 방사성 원소 X를 이용하여 암석의 절대 연령을 구한 것이다.

화성암	처음 양에 대한 X의 현재 함량(%)	절대 연령 (억 년)
㉠	12.5	3.6
㉡	75	a
㉢	37.5	b

이에 대한 설명으로 옳은 것만을 〈보기〉에서 있는 대로 고른 것은?

[3점]

┌─ 보기 ┐
ㄱ. X의 반감기는 1.8억 년이다.
ㄴ. ㉡은 신생대에 형성된 암석이다.
ㄷ. (b−a)는 X의 반감기와 같다.
└──────┘

① ㄱ   ② ㄴ   ③ ㄷ   ④ ㄱ, ㄴ   ⑤ ㄴ, ㄷ

2 ☆☆☆

| 2024년 10월 교육청 9번 |

그림은 어느 지역의 지질 단면을 나타낸 것이다. 이 지역의 사암층에서는 공룡 화석이 발견되었다.

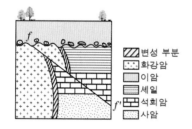

변성 부분
화강암
이암
셰일
석회암
사암

이 자료에 대한 설명으로 옳은 것만을 〈보기〉에서 있는 대로 고른 것은?

┌─ 보기 ┐
ㄱ. 화강암이 생성된 시기에 삼엽충이 번성하였다.
ㄴ. 이 지역에서는 난정합이 관찰된다.
ㄷ. 단층 $f-f'$는 정단층이다.
└──────┘

① ㄱ   ② ㄷ   ③ ㄱ, ㄴ   ④ ㄴ, ㄷ   ⑤ ㄱ, ㄴ, ㄷ

3 ☆☆☆

| 2024년 7월 교육청 3번 |

그림은 두 생물군의 생존 시기를 나타낸 것이다. A와 B는 각각 양서류와 포유류 중 하나이다.

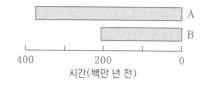

이에 대한 설명으로 옳은 것만을 〈보기〉에서 있는 대로 고른 것은?

[3점]

┌─ 보기 ┐
ㄱ. B는 포유류이다.
ㄴ. 필석은 A보다 먼저 출현하였다.
ㄷ. B가 최초로 출현한 시기는 신생대이다.
└──────┘

① ㄱ   ② ㄴ   ③ ㄷ   ④ ㄱ, ㄴ   ⑤ ㄱ, ㄷ

4 ☆☆☆ |2024년 7월 교육청 6번|

그림은 어느 화강암에 포함된 방사성 원소 X와 Y의 붕괴 곡선을, 표는 현재 화강암에 포함된 방사성 원소 X와 Y의 $\dfrac{\text{자원소 함량}}{\text{방사성 원소 함량}}$을 나타낸 것이다. 자원소는 모두 각각의 모원소가 붕괴하여 생성된다.

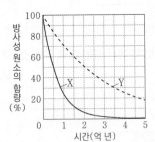

방사성 원소	$\dfrac{\text{자원소 함량}}{\text{방사성 원소 함량}}$
X	7
Y	㉠

이에 대한 설명으로 옳은 것만을 〈보기〉에서 있는 대로 고른 것은? [3점]

┌ 보기 ┐

ㄱ. 반감기는 X가 Y의 $\dfrac{1}{4}$배이다.

ㄴ. ㉠은 $\dfrac{3}{5}$이다.

ㄷ. X의 함량이 현재의 $\dfrac{1}{2}$이 될 때, Y의 자원소 함량은 Y의 함량과 같다.

① ㄴ 　② ㄷ 　③ ㄱ, ㄴ 　④ ㄱ, ㄷ 　⑤ ㄱ, ㄴ, ㄷ

5 ☆☆☆ |2024년 7월 교육청 9번|

그림은 어느 지역의 지질 단면도를 나타낸 것이다.

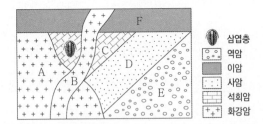

이 자료에 대한 설명으로 옳은 것만을 〈보기〉에서 있는 대로 고른 것은? (단, 지층의 역전은 없었다.)

┌ 보기 ┐

ㄱ. 경사 부정합이 나타난다.

ㄴ. 지층 D에서는 매머드 화석이 산출될 수 있다.

ㄷ. 지층과 암석의 생성 순서는 E → D → C → A → B → F 이다.

① ㄱ 　② ㄷ 　③ ㄱ, ㄴ 　④ ㄴ, ㄷ 　⑤ ㄱ, ㄴ, ㄷ

6 ☆☆☆ |2024년 5월 교육청 4번|

그림 (가)는 화성암 A, B, C와 퇴적암 D, E가 분포하는 어느 지역의 지질 단면을, (나)는 방사성 동위 원소 X, Y, Z의 붕괴 곡선을 나타낸 것이다. A, B, C에 방사성 원소는 각각 순서대로 X, Y, Z만 존재하고, X, Y, Z의 현재 양은 각각 처음 양의 12.5 %, 25 %, 50 %이다.

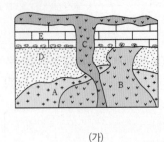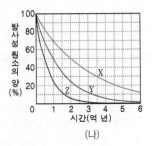

(가)　　　　　(나)

이에 대한 설명으로 옳은 것은? [3점]

① A의 절대 연령은 2억 년이다.

② 반감기는 Y보다 Z가 길다.

③ B에는 E의 암석 조각이 포획암으로 발견된다.

④ C는 E보다 나중에 생성되었다.

⑤ D는 신생대에 생성되었다.

7 ★★☆ | 2024년 5월 교육청 6번 |

그림은 지질 시대 동안 생물 A, B, C의 생존 기간을 나타낸 것이다. A, B, C는 각각 겉씨식물, 공룡, 어류 중 하나이다.

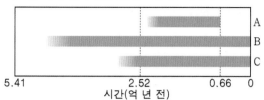

이에 대한 설명으로 옳은 것만을 〈보기〉에서 있는 대로 고른 것은?

─〈보기〉─
ㄱ. A는 공룡이다.
ㄴ. B가 최초로 출현한 시기는 트라이아스기이다.
ㄷ. 오존층은 C가 번성한 시기에 형성되기 시작하였다.

① ㄱ   ② ㄴ   ③ ㄱ, ㄷ   ④ ㄴ, ㄷ   ⑤ ㄱ, ㄴ, ㄷ

8 ★★☆ | 2024년 3월 교육청 5번 |

그림은 어느 지역의 지질 단면을 나타낸 것이다.

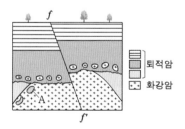

이 자료에 대한 설명으로 옳은 것만을 〈보기〉에서 있는 대로 고른 것은?

─〈보기〉─
ㄱ. $f-f'$은 역단층이다.
ㄴ. 암석의 나이는 A가 화강암보다 많다.
ㄷ. 단층은 부정합보다 먼저 형성되었다.

① ㄱ   ② ㄷ   ③ ㄱ, ㄴ   ④ ㄴ, ㄷ   ⑤ ㄱ, ㄴ, ㄷ

9 ★★☆ | 2024년 3월 교육청 7번 |

표는 화성암 A, B에 포함된 방사성 원소 X와 X의 자원소 양을, 그림은 시간에 따른 $\dfrac{\text{자원소의 양}}{\text{X의 처음 양}}$ 을 나타낸 것이다. 암석에 포함된 자원소는 모두 암석이 생성된 후부터 X가 붕괴하여 생성되었으며, 'X의 처음 양＝X의 양＋자원소의 양'이다.

화성암	A	B
X의 양	0.75	75
자원소의 양	5.25	25

(단위: ppm)

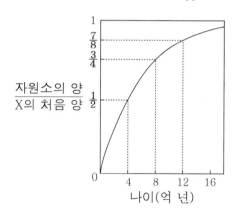

이에 대한 설명으로 옳은 것만을 〈보기〉에서 있는 대로 고른 것은?

[3점]

─〈보기〉─
ㄱ. X의 반감기는 8억 년이다.
ㄴ. A에 포함된 X는 세 번의 반감기를 거쳤다.
ㄷ. 암석의 나이는 A가 B보다 많다.

① ㄱ   ② ㄴ   ③ ㄱ, ㄷ   ④ ㄴ, ㄷ   ⑤ ㄱ, ㄴ, ㄷ

10 ★★☆

그림 (가)는 지질 시대 중 어느 시기의 대륙 분포를, (나)와 (다)는 각각 단풍나무와 필석의 화석을 나타낸 것이다.

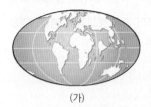 

(가)   (나)   (다)

이에 대한 옳은 설명만을 〈보기〉에서 있는 대로 고른 것은? [3점]

보기
ㄱ. 히말라야산맥은 (가)의 시기보다 나중에 형성되었다.
ㄴ. (나)와 (다)의 고생물은 모두 육상에서 서식하였다.
ㄷ. (가)의 시기에는 (다)의 고생물이 번성하였다.

① ㄱ ② ㄴ ③ ㄱ, ㄷ ④ ㄴ, ㄷ ⑤ ㄱ, ㄴ, ㄷ

11 ★★★

그림 (가)는 어느 지역의 지질 단면을, (나)는 X에서 Y까지의 암석의 연령 분포를 나타낸 것이다. P 지점에서는 건열이 ㉠과 ㉡ 중 하나의 모습으로 관찰된다.

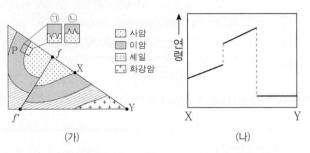

(가)   (나)

이에 대한 옳은 설명만을 〈보기〉에서 있는 대로 고른 것은?

보기
ㄱ. P 지점의 모습은 ㉠에 해당한다.
ㄴ. 단층 $f-f'$은 횡압력에 의해 형성되었다.
ㄷ. 이 지역에서는 난정합이 나타난다.

① ㄱ ② ㄴ ③ ㄱ, ㄷ ④ ㄴ, ㄷ ⑤ ㄱ, ㄴ, ㄷ

12 ★★☆

그림은 화성암 A에 포함된 방사성 동위 원소 X의 붕괴 곡선을 나타낸 것이다. Y는 X의 자원소이다.

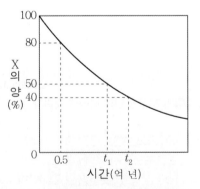

이 자료에 대한 옳은 설명만을 〈보기〉에서 있는 대로 고른 것은? (단, X의 양(%)은 화성암 생성 당시 X의 함량에 대한 남아 있는 함량의 비율이고, Y의 양(%)은 붕괴한 X의 양과 같다.) [3점]

보기
ㄱ. A가 생성된 후 $2t_1$이 지났을 때 $\dfrac{X의\ 양(\%)}{Y의\ 양(\%)}$ 은 $\dfrac{1}{4}$이다.
ㄴ. (t_2-t_1)은 0.5억 년이다.
ㄷ. A가 생성된 후 1억 년이 지났을 때 X의 양은 60 %보다 크다.

① ㄱ ② ㄴ ③ ㄱ, ㄷ ④ ㄴ, ㄷ ⑤ ㄱ, ㄴ, ㄷ

13 ★★★　　|2023년 7월 교육청 4번|

표는 누대 A, B, C의 특징을 나타낸 것이다. A, B, C는 각각 현생 누대, 시생 누대, 원생 누대 중 하나이다.

누대	특징
A	초대륙 로디니아가 형성되었다.
B	( )
C	남세균이 최초로 출현하였다.

이에 대한 설명으로 옳은 것만을 〈보기〉에서 있는 대로 고른 것은? [3점]

보기
ㄱ. A는 시생 누대이다.
ㄴ. 가장 큰 규모의 대멸종은 B 시기에 발생했다.
ㄷ. C 시기 지층에서는 에디아카라 동물군 화석이 발견된다.

① ㄱ　　② ㄴ　　③ ㄱ, ㄷ　　④ ㄴ, ㄷ　　⑤ ㄱ, ㄴ, ㄷ

14 ★★☆　　|2023년 7월 교육청 5번|

그림은 어느 지역의 지질 단면도를 나타낸 것이다. B와 C는 화성암이고 나머지 층은 퇴적층이다.

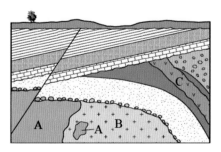

이 지역에 대한 설명으로 옳은 것만을 〈보기〉에서 있는 대로 고른 것은? [3점]

보기
ㄱ. 습곡은 단층보다 나중에 형성되었다.
ㄴ. 최소 4회의 융기가 있었다.
ㄷ. A, B, C의 생성 순서는 A → B → C이다.

① ㄱ　　② ㄷ　　③ ㄱ, ㄴ　　④ ㄴ, ㄷ　　⑤ ㄱ, ㄴ, ㄷ

15 ★★☆　　|2023년 7월 교육청 9번|

표는 방사성 원소 X와 Y가 포함된 화성암이 생성된 뒤 각각 1억 년과 2억 년이 지난 후 X와 Y의 $\dfrac{\text{자원소의 함량}}{\text{모원소의 함량}}$ 을, 그림은 어느 지역의 지질 단면과 산출되는 화석을 나타낸 것이다. 화강암은 X와 Y 중 한 종류만 포함하고, 현재 포함된 방사성 원소의 함량은 처음 양의 12.5 %이다. 자원소는 모두 각각의 모원소가 붕괴하여 생성된다.

시간	자원소의 함량 / 모원소의 함량	
	X	Y
1억 년 후	1	㉠
2억 년 후	( )	15

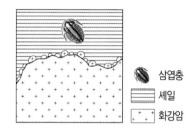

삼엽충
셰일
화강암

이 자료에 대한 설명으로 옳은 것만을 〈보기〉에서 있는 대로 고른 것은? [3점]

보기
ㄱ. 화강암에 포함된 방사성 원소는 X이다.
ㄴ. ㉠은 3이다.
ㄷ. 반감기는 X가 Y의 4배이다.

① ㄱ　　② ㄷ　　③ ㄱ, ㄴ　　④ ㄴ, ㄷ　　⑤ ㄱ, ㄴ, ㄷ

16 ★★☆

| 2023년 4월 교육청 6번 |

그림은 어느 지역의 지질 단면을, 표는 화성암 A와 B에 포함된 방사성 원소의 현재 함량비를 나타낸 것이다. X와 Y의 반감기는 각각 0.5억 년과 2억 년이다.

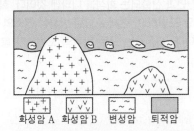

화성암 A 화성암 B 변성암 퇴적암

화성암	모원소	자원소	모원소 : 자원소
A	X	X'	1 : 1
B	Y	Y'	1 : 3

이에 대한 설명으로 옳은 것만을 〈보기〉에서 있는 대로 고른 것은? [3점]

보기
ㄱ. 이 지역에서는 난정합이 나타난다.
ㄴ. 퇴적암의 연령은 0.5억 년보다 많다.
ㄷ. 현재로부터 2억 년 후 화성암 B에 포함된 $\dfrac{\text{Y' 함량}}{\text{Y 함량}}$ 은 8 이다.

① ㄱ ② ㄷ ③ ㄱ, ㄴ ④ ㄴ, ㄷ ⑤ ㄱ, ㄴ, ㄷ

17 ★☆☆

| 2023년 4월 교육청 7번 |

표는 지질 시대의 일부를 기 수준으로 구분하여 순서대로 나타낸 것이고, 그림은 서로 다른 표준 화석을 나타낸 것이다.

대	기
	오르도비스기
	A
고생대	데본기
	B
	페름기
	트라이아스기
중생대	쥐라기
	C

ㄱ ㄴ

이에 대한 설명으로 옳은 것은?

① A는 실루리아기이다.
② B에 파충류가 번성하였다.
③ 판게아는 C에 형성되었다.
④ ㄱ은 A를 대표하는 표준 화석이다.
⑤ ㄱ과 ㄴ은 육상 생물의 화석이다.

18 ★★★

| 2023년 3월 교육청 7번 |

그림은 어느 지역의 지질 단면과 산출 화석을 나타낸 것이다.

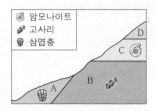

암모나이트
고사리
삼엽충

이에 대한 옳은 설명만을 〈보기〉에서 있는 대로 고른 것은? [3점]

보기
ㄱ. A층은 D층보다 먼저 생성되었다.
ㄴ. B층과 C층은 부정합 관계이다.
ㄷ. C층은 판게아가 형성되기 전에 퇴적되었다.

① ㄱ ② ㄷ ③ ㄱ, ㄴ ④ ㄴ, ㄷ ⑤ ㄱ, ㄴ, ㄷ

19 ☆☆☆

그림은 현생 누대에 북반구에서 대륙 빙하가 분포한 범위를 나타낸 것이다.

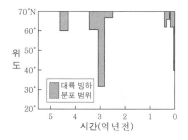

이 자료에 대한 옳은 설명만을 〈보기〉에서 있는 대로 고른 것은?

─ 보기 ─
ㄱ. 지구의 평균 기온은 3억 년 전이 2억 년 전보다 높았다.
ㄴ. 공룡이 멸종한 시기에 35°N에는 대륙 빙하가 분포하였다.
ㄷ. 평균 해수면의 높이는 백악기가 제4기보다 높았다.

① ㄱ   ② ㄷ   ③ ㄱ, ㄴ   ④ ㄴ, ㄷ   ⑤ ㄱ, ㄴ, ㄷ

20 ☆☆☆

그림 (가)는 현재 어느 화성암에 포함된 방사성 원소 X, Y와 각각의 자원소 X′, Y′의 함량을 ○, □, ●, ■의 개수로 나타낸 것이고, (나)는 X′와 Y′의 시간에 따른 함량 변화를 ㉠과 ㉡으로 순서 없이 나타낸 것이다.

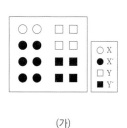

(가)

(나)

이에 대한 옳은 설명만을 〈보기〉에서 있는 대로 고른 것은? (단, 암석에 포함된 X′, Y′는 모두 X, Y의 붕괴로 생성되었다.) [3점]

─ 보기 ─
ㄱ. ㉠은 X′의 함량 변화를 나타낸 것이다.
ㄴ. 암석 생성 후 1억 년이 지났을 때 $\dfrac{Y′의 \ 함량}{X′의 \ 함량} = \dfrac{1}{2}$이다.
ㄷ. $\dfrac{현재로부터 \ 1억 \ 년 \ 후 \ 모원소의 \ 함량}{현재로부터 \ 1억 \ 년 \ 전 \ 모원소의 \ 함량}$은 X가 Y보다 작다.

① ㄱ   ② ㄴ   ③ ㄱ, ㄷ   ④ ㄴ, ㄷ   ⑤ ㄱ, ㄴ, ㄷ

21 ★★☆

표는 고생대와 중생대를 기 단위로 구분하여 시간 순서대로 나타낸 것이다.

대	고생대						중생대		
기	캄브리아기	오르도비스기	A	데본기	B	페름기	C	쥐라기	백악기

이에 대한 설명으로 옳은 것만을 〈보기〉에서 있는 대로 고른 것은? [3점]

─ 보기 ─
ㄱ. A 시기에 삼엽충이 생존하였다.
ㄴ. B 시기에 은행나무와 소철이 번성하였다.
ㄷ. C 시기에 히말라야산맥이 형성되었다.

① ㄱ   ② ㄷ   ③ ㄱ, ㄴ   ④ ㄴ, ㄷ   ⑤ ㄱ, ㄴ, ㄷ

22 ☆☆☆

다음은 서로 다른 지역 A, B, C의 지층에서 산출되는 화석을 이용하여 지층의 선후 관계를 알아보기 위한 탐구 과정이다.

[탐구 자료]

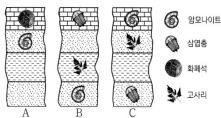

암모나이트
삼엽충
화폐석
고사리

[탐구 과정]
(가) A, B, C의 지층에 포함된 화석의 생존 시기와 서식 환경을 조사한다.
(나) A, B, C의 표준 화석을 보고 지층의 역전 여부를 확인한다.
(다) 같은 종류의 표준 화석이 산출되는 지층을 A, B, C에서 찾아 연결한다.

이에 대한 설명으로 옳은 것만을 〈보기〉에서 있는 대로 고른 것은? [3점]

─ 보기 ─
ㄱ. 가장 최근에 퇴적된 지층은 A에 위치한다.
ㄴ. B에는 역전된 지층이 발견된다.
ㄷ. C에는 해성층만 분포한다.

① ㄱ   ② ㄷ   ③ ㄱ, ㄴ   ④ ㄴ, ㄷ   ⑤ ㄱ, ㄴ, ㄷ

23 ★★☆

|2022년 7월 교육청 7번|

그림은 어느 지역의 지질 단면도를 나타낸 것이다.

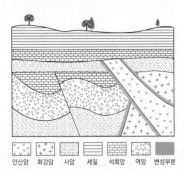

안산암 화강암 사암 셰일 석회암 역암 변성부분

이 지역에 대한 설명으로 옳은 것만을 〈보기〉에서 있는 대로 고른 것은? (단, 지층의 역전은 없었다.)

보기
ㄱ. 단층은 횡압력에 의해 형성되었다.
ㄴ. 최소 3회의 융기가 있었다.
ㄷ. 역암층은 화강암보다 먼저 생성되었다.

① ㄱ   ② ㄴ   ③ ㄱ, ㄷ   ④ ㄴ, ㄷ   ⑤ ㄱ, ㄴ, ㄷ

24 ★★☆

|2022년 4월 교육청 3번|

표는 지질 시대의 환경과 생물에 대한 특징을 기 수준으로 구분하여 나타낸 것이다.

지질 시대(기)	특징
A	양치식물과 방추충 등이 번성하였고, 말기에 가장 큰 규모의 생물 대멸종이 일어났다.
B	삼엽충과 필석 등이 번성하였고, 최초의 척추동물인 어류가 출현하였다.
C	대형 파충류가 번성하였고, 시조새가 출현하였다.

A, B, C에 해당하는 지질 시대(기)로 가장 적절한 것은?

	A	B	C
①	석탄기	오르도비스기	백악기
②	석탄기	캄브리아기	쥐라기
③	페름기	캄브리아기	백악기
④	페름기	오르도비스기	쥐라기
⑤	페름기	트라이아스기	데본기

25 ★★☆

|2022년 4월 교육청 5번|

그림은 어느 지역의 지질 단면과 산출되는 화석을 나타낸 것이다. 화성암 A와 D에 각각 포함된 방사성 원소 X와 Y의 양은 처음 양의 $\frac{1}{2}$이다.

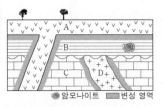

◉ 암모나이트   변성 영역

이에 대한 설명으로 옳은 것만을 〈보기〉에서 있는 대로 고른 것은?

보기
ㄱ. 생성 순서는 C → B → A → D이다.
ㄴ. 반감기는 X보다 Y가 길다.
ㄷ. 지층 C에서는 화폐석이 산출될 수 있다.

① ㄱ   ② ㄴ   ③ ㄷ   ④ ㄱ, ㄴ   ⑤ ㄴ, ㄷ

26 ★★☆

|2022년 3월 교육청 1번|

그림은 고생대, 중생대, 신생대의 상대적 길이를 나타낸 것이다.

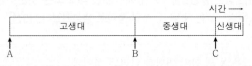

이에 대한 옳은 설명만을 〈보기〉에서 있는 대로 고른 것은?

보기
ㄱ. 최초의 육상 식물은 A 시기 이후에 출현하였다.
ㄴ. B 시기에 삼엽충이 출현하였다.
ㄷ. 암모나이트는 C 시기에 멸종하였다.

① ㄱ   ② ㄴ   ③ ㄱ, ㄷ   ④ ㄴ, ㄷ   ⑤ ㄱ, ㄴ, ㄷ

27 ☆☆☆ | 2022년 3월 교육청 6번 |

그림은 어느 지역의 지질 단면도를 나타낸 것이다. 화성암 Q에 포함된 방사성 원소 X의 양은 처음 양의 25 %이고, X의 반감기는 2억 년이다.

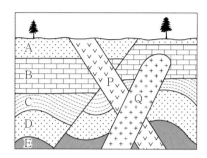

이에 대한 설명으로 옳은 것은? [3점]

① A는 단층 형성 이후에 퇴적되었다.
② B와 C는 평행 부정합 관계이다.
③ P는 Q보다 먼저 생성되었다.
④ Q를 형성한 마그마는 지표로 분출되었다.
⑤ B에서는 암모나이트 화석이 발견될 수 있다.

28 ☆☆☆ | 2021년 10월 교육청 10번 |

그림은 현생 누대의 일부를 기 단위로 구분하여 생물의 생존 기간과 번성 정도를 나타낸 것이다. ㉠과 ㉡은 각각 양치식물과 겉씨식물 중 하나이다.

이에 대한 옳은 설명만을 〈보기〉에서 있는 대로 고른 것은? [3점]

> **보기**
> ㄱ. A 시기는 중생대에 속한다.
> ㄴ. ㉠은 겉씨식물이다.
> ㄷ. B 시기 말에는 최대 규모의 대멸종이 있었다.

① ㄱ ② ㄴ ③ ㄱ, ㄷ ④ ㄴ, ㄷ ⑤ ㄱ, ㄴ, ㄷ

29 ☆☆☆ | 2021년 10월 교육청 17번 |

그림 (가)는 어느 지역의 지질 단면을, (나)는 방사성 원소 X와 Y의 붕괴 곡선을 나타낸 것이다. 화성암 P와 Q 중 하나에는 X가, 다른 하나에는 Y가 포함되어 있다. X와 Y의 처음 양은 같았으며, P와 Q에 포함되어 있는 방사성 원소의 양은 각각 처음 양의 25 %와 50 %이다.

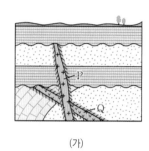 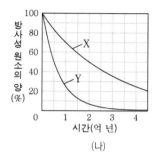

(가)   (나)

이에 대한 옳은 설명만을 〈보기〉에서 있는 대로 고른 것은? [3점]

> **보기**
> ㄱ. 이 지역은 3번 이상 융기하였다.
> ㄴ. P에 포함되어 있는 방사성 원소는 X이다.
> ㄷ. 앞으로 2억 년 후의 $\dfrac{Y의 양}{X의 양}$ 은 $\dfrac{1}{16}$ 이다.

① ㄱ ② ㄴ ③ ㄷ ④ ㄱ, ㄴ ⑤ ㄱ, ㄷ

30 ☆☆☆ | 2021년 7월 교육청 5번 |

그림은 어느 지역의 지질 단면도를, 표는 화성암 P와 Q에 포함된 방사성 원소 X와 이 원소가 붕괴되어 생성된 자원소의 함량을 나타낸 것이다.

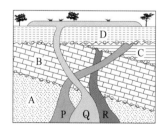

구분	방사성 원소 X(%)	자원소 (%)
P	24	76
Q	52	48

이에 대한 설명으로 옳은 것만을 〈보기〉에서 있는 대로 고른 것은? (단, 화성암 P, Q는 생성될 당시에 방사성 원소 X의 자원소가 포함되지 않았다.) [3점]

> **보기**
> ㄱ. 이 지역에서는 최소한 4회 이상의 융기가 있었다.
> ㄴ. $\dfrac{P의 절대 연령}{Q의 절대 연령}$ 은 2보다 크다.
> ㄷ. 지층과 암석의 생성 순서는 A → B → C → R → P → D → Q이다.

① ㄱ ② ㄴ ③ ㄷ ④ ㄱ, ㄴ ⑤ ㄴ, ㄷ

31 ☆☆☆

| 2021년 7월 교육청 6번 |

다음은 지질 시대에 대한 원격 수업 장면이다.

제시한 내용이 옳은 학생만을 있는 대로 고른 것은? [3점]

① A ② B ③ A, C ④ B, C ⑤ A, B, C

33 ★☆☆

| 2021년 4월 교육청 5번 |

그림 (가)는 지질 시대의 평균 기온 변화를, (나)는 암모나이트 화석을 나타낸 것이다.

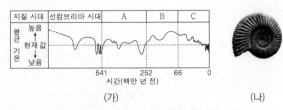

(가)   (나)

이에 대한 설명으로 옳은 것만을 〈보기〉에서 있는 대로 고른 것은?

> 보기
> ㄱ. A 시기 말에는 판게아가 형성되었다.
> ㄴ. B 시기는 현재보다 대체로 온난하였다.
> ㄷ. (나)는 C 시기의 표준 화석이다.

① ㄱ ② ㄷ ③ ㄱ, ㄴ ④ ㄴ, ㄷ ⑤ ㄱ, ㄴ, ㄷ

32 ★☆☆

| 2021년 7월 교육청 7번 |

그림은 세 지역 A, B, C의 지질 단면과 지층에서 산출되는 화석을 나타낸 것이다.

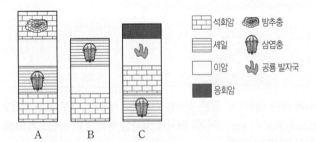

이에 대한 설명으로 옳은 것만을 〈보기〉에서 있는 대로 고른 것은? (단, 세 지역 모두 지층의 역전은 없었다.)

> 보기
> ㄱ. 가장 최근에 생성된 지층은 응회암층이다.
> ㄴ. B 지역의 이암층은 중생대에 생성되었다.
> ㄷ. 세 지역의 모든 지층은 바다에서 생성되었다.

① ㄱ ② ㄷ ③ ㄱ, ㄴ ④ ㄴ, ㄷ ⑤ ㄱ, ㄴ, ㄷ

34 ★★☆ | 2021년 4월 교육청 6번 |

그림 (가)는 어느 지역의 지질 단면도를, (나)는 방사성 원소 X의 붕괴 곡선을 나타낸 것이다. 화성암 A와 B에 포함된 방사성 원소 X의 양은 각각 처음 양의 50 %, 25 %이다.

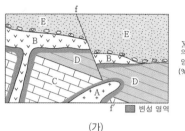
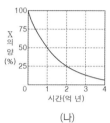

(가)   (나)

이에 대한 설명으로 옳은 것만을 〈보기〉에서 있는 대로 고른 것은? [3점]

보기
ㄱ. 화성암 A는 단층 f−f′보다 나중에 생성되었다.
ㄴ. 화성암 B에 포함된 방사성 원소 X는 세 번의 반감기를 거쳤다.
ㄷ. 지층 E에서는 화폐석이 산출될 수 있다.

① ㄱ   ② ㄴ   ③ ㄱ, ㄷ   ④ ㄴ, ㄷ   ⑤ ㄱ, ㄴ, ㄷ

36 ★☆☆ | 2021년 3월 교육청 4번 |

그림 (가)는 퇴적암 A~D와 화성암 P가 존재하는 어느 지역의 지질 단면을, (나)는 방사성 동위 원소 X의 붕괴 곡선을 나타낸 것이다. P에 포함된 X의 양은 처음 양의 25 %이다.

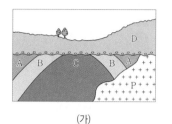
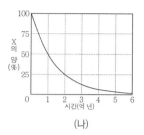

(가)   (나)

이에 대한 옳은 설명만을 〈보기〉에서 있는 대로 고른 것은? [3점]

보기
ㄱ. 이 지역에는 배사 구조가 나타난다.
ㄴ. C와 D는 부정합 관계이다.
ㄷ. D가 생성된 시기는 2억 년보다 오래되었다.

① ㄱ   ② ㄷ   ③ ㄱ, ㄴ   ④ ㄴ, ㄷ   ⑤ ㄱ, ㄴ, ㄷ

35 ★☆☆ | 2021년 3월 교육청 8번 |

그림은 지질 시대 동안 일어난 주요 사건을 나타낸 것이다.

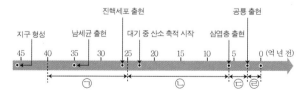

이에 대한 설명으로 옳은 것? [3점]

① 최초의 다세포 생물이 출현한 지질 시대는 ㉠이다.
② 생물의 광합성이 최초로 일어난 지질 시대는 ㉡이다.
③ 최초의 육상 식물이 출현한 지질 시대는 ㉢이다.
④ 빙하기가 없었던 지질 시대는 ㉢이다.
⑤ 방추충이 번성한 지질 시대는 ㉣이다.

II

대기와 해양

A 기압과 기단

1. 기압과 날씨
(1) **고기압과 저기압**

고기압	저기압
주위보다 기압이 높은 곳으로, 하강 기류가 발달하여 맑은 날씨가 나타나며, 북반구의 지상에서는 바람이 시계 방향으로 불어 나간다.	주위보다 기압이 낮은 곳으로, 상승 기류가 발달하여 날씨가 흐리거나 비가 내리며, 북반구의 지상에서는 바람이 시계 반대 방향으로 불어 들어간다.

(2) **고기압과 날씨**
① **정체성 고기압** : 고기압의 중심부가 거의 이동하지 않고 한곳에 머무르는 고기압
　　예 시베리아 고기압, 북태평양 고기압
② **이동성 고기압** : 시베리아 기단에서 떨어져 나오거나 양쯔강 기단에서 발달하는 비교적 작은 규모의 고기압
　➡ 우리나라 봄, 가을철의 날씨는 양쯔강 유역에서 다가오는 이동성 고기압의 영향을 주로 받는다.

2. 기단과 날씨
(1) **우리나라에 영향을 미치는 기단**

기단	성질	계절(특징)
시베리아 기단	한랭 건조	겨울철(한파)
양쯔강 기단	온난 건조	봄·가을
오호츠크해 기단	한랭 다습	초여름(장마)
북태평양 기단	고온 다습	여름(장마, 무더위)

(2) **기단의 변질**
① **한랭 기단의 변질** : 한랭한 기단이 따뜻한 바다 위를 통과하게 되면 기단의 하층 가열 → 기층 불안정 → 적운형 구름 발생, 겨울철 폭설
② **온난 기단의 변질** : 온난한 기단이 차가운 바다 위를 통과하게 되면 기단의 하층 냉각 → 기층 안정 → 층운형 구름 발생, 안개 생성

B 온대 저기압과 날씨

1. 온대 저기압의 발생 위도 60° 부근의 한대 전선대에서 주로 발생한다.

2. 온대 저기압의 특징
(1) **온대 저기압과 전선** : 북반구에서는 저기압 중심의 남서쪽에 한랭 전선을, 남동쪽에 온난 전선을 동반한다.
(2) **이동 방향** : 편서풍의 영향으로 서쪽에서 동쪽으로 이동한다.
(3) **주요 에너지원** : 찬 공기와 따뜻한 공기가 섞이면서 감소한 위치 에너지가 운동 에너지로 전환된 것

기단
넓은 범위의 지표면과 오랫동안 접촉하여 기온과 습도가 지표와 비슷해진 거대한 공기 덩어리이다.

온난 고기압과 한랭 고기압
정체성 고기압은 연직 기압 분포에 따라 온난 고기압(키 큰 고기압)과 한랭 고기압(키 작은 고기압)으로 분류할 수 있다. 고기압권 내의 기온이 주위보다 높은 고기압을 온난 고기압, 고기압권 내의 기온이 주위보다 낮은 고기압을 한랭 고기압이라고 한다.

정체 전선과 폐색 전선
• **정체 전선** : 찬 기단과 따뜻한 기단의 세력이 비슷하여 거의 이동하지 않고 한 곳에 오랫동안 머무르는 전선이다.
• **폐색 전선** : 이동 속도가 상대적으로 빠른 한랭 전선이 이동 속도가 느린 온난 전선을 따라잡아 두 전선이 겹쳐질 때 형성되는 전선이다.

출제 tip
온대 저기압과 날씨

온대 저기압이 제시된 자료를 해석하여 온대 저기압 부근의 날씨 변화를 전선의 특징과 저기압의 이동 방향을 함께 고려하여 해석할 수 있는지에 대한 문제가 자주 출제된다.

3. 온대 저기압의 구조와 날씨

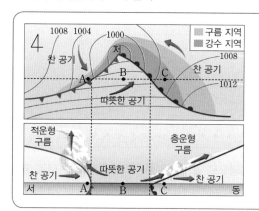

- A 지역 : 한랭 전선의 뒤쪽에서는 적운형 구름이 발달해 좁은 지역에 소나기가 내리며, 기온이 낮고 북서풍이 분다.
- B 지역 : 온난 전선과 한랭 전선 사이에서는 날씨가 맑으며 기온이 높고 남서풍이 분다.
- C 지역 : 온난 전선의 앞쪽에서는 층운형 구름이 발달해 넓은 지역에 걸쳐 흐리거나 지속적으로 비가 내리며, 기온이 낮고 남동풍이 분다.

C 일기도 해석

1. **날씨 변화** 우리나라는 편서풍의 영향으로 기상 현상이 서쪽에서 동쪽으로 이동하므로 날씨는 서쪽의 기상 요소를 통해 예측한다.
2. **일기도 해석** 바람은 고기압에서 저기압으로 불고, 등압선 간격이 좁을수록 강하게 분다. 전선 부근에서는 풍향, 풍속, 기온, 기압 등의 일기 요소가 급변한다.

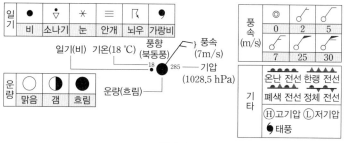

▲ 일기 기호

실전 자료 — 온대 저기압과 날씨

그림 (가)와 (나)는 우리나라를 지나는 온대 저기압의 위치를 12시간 간격으로 나타낸 것이다.

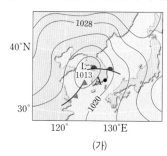

(가)

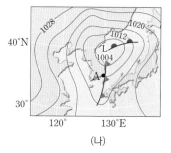

(나)

❶ **온대 저기압의 세력 비교하기**
저기압은 중심 기압이 낮고 주변과 중심의 기압 차가 클수록 세력이 강하므로, (나)가 (가)보다 저기압의 세력이 강하다.

❷ **온대 저기압 일기도의 시간적 선후 관계 파악하기**
우리나라에 영향을 주는 온대 저기압은 편서풍의 영향으로 서에서 동으로 이동하므로, (가)가 (나)보다 시간적으로 먼저 작성된 일기도이다.

❸ **A 지역의 날씨 해석하기**
- (가)에서 A 지역 : 한랭 전선과 온난 전선 사이에 있으므로 날씨가 맑고 남서풍이 분다.
- (나)에서 A 지역 : 한랭 전선의 뒤쪽에 있으므로 소나기가 내리고 북서풍이 분다.

위성 영상

- **가시 영상** : 구름 또는 지표에서 반사된 햇빛의 세기를 나타내는 영상으로, 구름의 두께를 분석하는 데 이용한다.
➡ 두꺼운 구름일수록 햇빛을 더 많이 반사하기 때문에 적운형 구름이 층운형 구름보다 밝게 관측되며, 밤에는 관측이 불가능하다.
- **적외 영상** : 구름 또는 지표에서 방출한 적외선 영역의 에너지를 나타내는 영상으로, 구름의 높이를 분석하는 데 이용한다. ➡ 높은 구름은 온도가 낮아서 밝게 관측되고, 낮은 구름은 온도가 높아서 어둡게 관측되며, 가시 영상과 다르게 밤에도 관측이 가능하다.

출제 tip
일기도 해석과 일기 예보

일기 기호를 알고 일기도를 정확하게 해석하여 날씨를 분석할 수 있는지에 대한 문제가 자주 출제된다.

1 ☆☆☆　　　　　　　　　| 2024년 10월 교육청 7번 |

그림 (가)와 (나)는 우리나라 장마 기간 중 어느 날과 서해안 지역에 폭설이 내린 어느 날의 가시 영상을 순서 없이 나타낸 것이다. (가)와 (나)의 촬영 시각은 각각 오전 8시와 오후 7시 중 하나이다.

 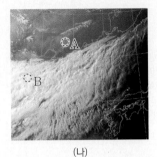

　　(가)　　　　　　　　　　(나)

이 자료에 대한 설명으로 옳은 것만을 〈보기〉에서 있는 대로 고른 것은?

보기
ㄱ. (가)의 촬영 시각은 오후 7시이다.
ㄴ. 영상을 촬영한 날 우리나라의 평균 기온은 (가)일 때가 (나)일 때보다 높다.
ㄷ. 구름이 반사하는 태양 복사 에너지의 세기는 영역 A에서가 영역 B에서보다 약하다.

① ㄱ　　② ㄷ　　③ ㄱ, ㄴ　　④ ㄱ, ㄷ　　⑤ ㄴ, ㄷ

2 ☆☆☆　　　　　　　　　| 2024년 7월 교육청 8번 |

그림 (가)와 (나)는 어느 해 9월에 정체 전선이 우리나라 부근에 위치할 때, 24시간 간격으로 관측한 가시 영상을 순서대로 나타낸 것이다.

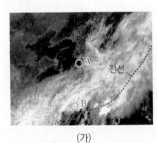 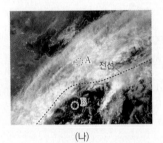

　　(가)　　　　　　　　　　(나)

이 자료에 대한 설명으로 옳은 것만을 〈보기〉에서 있는 대로 고른 것은? [3점]

보기
ㄱ. (가)에서 구름의 두께는 B 지역이 A 지역보다 두껍다.
ㄴ. (나)에서 A 지역에는 남풍 계열의 바람이 우세하다.
ㄷ. (나)에서 B 지역 상공에는 전선면이 나타난다.

① ㄱ　　② ㄷ　　③ ㄱ, ㄴ　　④ ㄴ, ㄷ　　⑤ ㄱ, ㄴ, ㄷ

3 ☆☆☆　　　　　　　　　| 2024년 3월 교육청 11번 |

그림은 어느 날 특정 시각의 온대 저기압 모습과 구간 A, B, C에서 관측한 기상 요소를 나타낸 것이다.

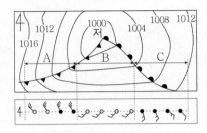

이 자료에 대한 설명으로 옳은 것만을 〈보기〉에서 있는 대로 고른 것은?

보기
ㄱ. 평균 기온은 A가 B보다 높다.
ㄴ. 평균 풍속은 A가 C보다 느리다.
ㄷ. 구름의 수평 분포 범위는 A가 C보다 좁다.

① ㄴ　　② ㄷ　　③ ㄱ, ㄴ　　④ ㄱ, ㄷ　　⑤ ㄱ, ㄴ, ㄷ

4 ☆☆☆

그림 (가)와 (나)는 같은 시각에 우리나라 주변을 관측한 가시 영상과 적외 영상을 순서 없이 나타낸 것이다.

 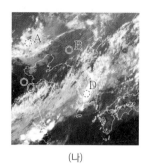

(가)　　　　　　　　(나)

이에 대한 옳은 설명만을 〈보기〉에서 있는 대로 고른 것은?

─ 보기 ─
ㄱ. 관측 파장은 (가)가 (나)보다 길다.
ㄴ. 비가 내릴 가능성은 A에서가 C에서보다 높다.
ㄷ. 구름 최상부의 온도는 B에서가 D에서보다 높다.

① ㄴ　② ㄷ　③ ㄱ, ㄴ　④ ㄱ, ㄷ　⑤ ㄴ, ㄷ

5 ☆☆☆

그림 (가)와 (나)는 8월 어느 날 같은 시각의 지상 일기도와 적외 영상을 나타낸 것이다.

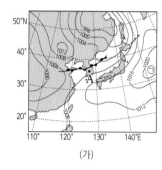 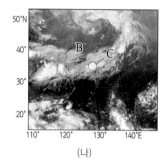

(가)　　　　　　　　(나)

이에 대한 설명으로 옳은 것만을 〈보기〉에서 있는 대로 고른 것은?

─ 보기 ─
ㄱ. A 지역의 상공에는 전선면이 나타난다.
ㄴ. 구름의 최상부 높이는 C 지역이 B 지역보다 높다.
ㄷ. ㉠은 북태평양 고기압이다.

① ㄱ　② ㄴ　③ ㄷ　④ ㄱ, ㄴ　⑤ ㄴ, ㄷ

6 ☆☆☆

그림 (가)는 온대 저기압에 동반된 전선이 우리나라를 통과하는 동안 관측소 A와 B에서 측정한 기온을, (나)는 T+9시에 관측한 강수 구역을 나타낸 것이다. ㉠과 ㉡은 각각 A와 B 중 하나이다.

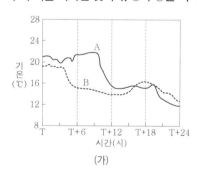 

(가)　　　　　　　　(나)

이에 대한 옳은 설명만을 〈보기〉에서 있는 대로 고른 것은?

─ 보기 ─
ㄱ. A는 ㉠이다.
ㄴ. (나)에서 우리나라에는 한랭 전선이 위치한다.
ㄷ. T+6시에 A에는 남풍 계열의 바람이 분다.

① ㄱ　② ㄷ　③ ㄱ, ㄴ　④ ㄴ, ㄷ　⑤ ㄱ, ㄴ, ㄷ

7 ★☆☆ | 2022년 10월 교육청 9번 |

그림 (가)와 (나)는 정체 전선이 발달한 두 시기에 한 시간 동안 측정한 강수량을 나타낸 것이다. A에서는 (가)와 (나) 중 한 시기에 열대야가 발생하였다.

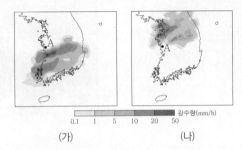

(가)   (나)

이에 대한 옳은 설명만을 〈보기〉에서 있는 대로 고른 것은?

보기
ㄱ. 전선은 (가) 시기보다 (나) 시기에 북쪽에 위치하였다.
ㄴ. (가) 시기에 A에서는 주로 남풍 계열의 바람이 불었다
ㄷ. A에서 열대야가 발생한 시기는 (나)이다.

① ㄱ   ② ㄴ   ③ ㄱ, ㄴ   ④ ㄱ, ㄷ   ⑤ ㄴ, ㄷ

8 ★★☆ | 2022년 7월 교육청 8번 |

그림은 전선을 동반한 온대 저기압의 모습을 인공위성에서 촬영한 가시광선 영상이다. ㉠과 ㉡은 각각 온난 전선과 한랭 전선 중 하나이다.

이에 대한 설명으로 옳은 것만을 〈보기〉에서 있는 대로 고른 것은?
[3점]

보기
ㄱ. 온난 전선은 ㉡이다.
ㄴ. 구름의 두께는 A 지역이 C 지역보다 두껍다.
ㄷ. 지점 B의 상공에는 전선면이 발달한다.

① ㄱ   ② ㄷ   ③ ㄱ, ㄴ   ④ ㄴ, ㄷ   ⑤ ㄱ, ㄴ, ㄷ

9 ★★★ | 2022년 4월 교육청 8번 |

그림은 폐색 전선을 동반한 온대 저기압 주변 지표면에서의 풍향과 풍속 분포를 강수량 분포와 함께 나타낸 것이다. 지표면의 구간 X−X′과 Y−Y′에서의 강수량 분포는 각각 A와 B 중 하나이다.

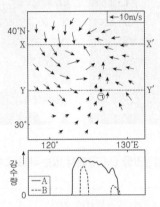

이 자료에 대한 설명으로 옳은 것만을 〈보기〉에서 있는 대로 고른 것은? [3점]

보기
ㄱ. A는 X−X′에서의 강수량 분포이다.
ㄴ. Y−Y′에는 폐색 전선이 위치한다.
ㄷ. ㉠ 지점의 상공에는 전선면이 있다.

① ㄱ   ② ㄷ   ③ ㄱ, ㄴ   ④ ㄴ, ㄷ   ⑤ ㄱ, ㄴ, ㄷ

10 ★★★

그림 (가)는 우리나라가 정체 전선의 영향을 받은 어느 날 06시의 지상 일기도를 나타낸 것이고, (나)와 (다)는 각각 이날 06시와 18시의 레이더 영상 중 하나이다.

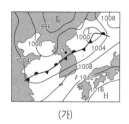 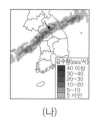 

(가)　　　　(나)　　　　(다)

이 자료에 대한 설명으로 옳은 것만을 〈보기〉에서 있는 대로 고른 것은?

보기
ㄱ. (나)는 06시의 레이더 영상이다.
ㄴ. (다)에는 집중 호우가 발생한 지역이 있다.
ㄷ. A 지점에서는 06시와 18시 사이에 전선이 통과하였다.

① ㄱ　　② ㄷ　　③ ㄱ, ㄴ　　④ ㄴ, ㄷ　　⑤ ㄱ, ㄴ, ㄷ

11 ★★★

그림 (가)와 (나)는 전선이 발달해 있는 북반구의 두 지역에서 전선의 위치와 일기 기호를 나타낸 것이다. (가)와 (나)의 전선은 각각 온난 전선과 정체 전선 중 하나이고, 영역 A, B, C는 지표상에 위치한다.

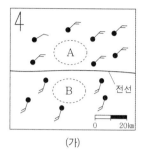 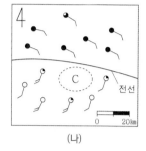

(가)　　　　　　(나)

이에 대한 옳은 설명만을 〈보기〉에서 있는 대로 고른 것은? [3점]

보기
ㄱ. (가)의 전선은 온난 전선이다.
ㄴ. 평균 기온은 A보다 B에서 높다.
ㄷ. C의 상공에는 전선면이 존재한다.

① ㄱ　　② ㄴ　　③ ㄱ, ㄴ　　④ ㄱ, ㄷ　　⑤ ㄴ, ㄷ

12 ★☆☆

그림 (가)는 어느 날 21시의 일기도이고, (나)는 같은 시각의 위성 영상이다.

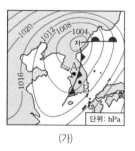 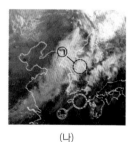

(가)　　　　　　(나)

이에 대한 설명으로 옳은 것만을 〈보기〉에서 있는 대로 고른 것은? [3점]

보기
ㄱ. 온대 저기압이 통과하는 동안 B 지점에서 바람의 방향은 시계 방향으로 변한다.
ㄴ. 지표면 부근의 기온은 A 지점이 B 지점보다 높다.
ㄷ. 구름 최상부의 높이는 ㉠보다 ㉡에서 높다.

① ㄱ　　② ㄷ　　③ ㄱ, ㄴ　　④ ㄴ, ㄷ　　⑤ ㄱ, ㄴ, ㄷ

13 ★☆☆

다음은 위성 영상을 해석하는 탐구 활동이다.

[탐구 과정]

(가) 동일한 시각에 촬영한 가시 영상과 적외 영상을 준비한다.

(나) 가시 영상과 적외 영상에서 육지와 바다의 밝기를 비교한다.

(다) 가시 영상과 적외 영상에서 구름 A와 B의 밝기를 비교한다.

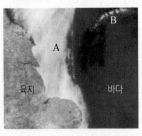 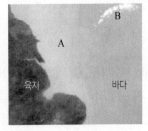

가시 영상   적외 영상

[탐구 결과]

구분	가시 영상	적외 영상
(나)	육지가 바다보다 밝다.	바다가 육지보다 밝다.
(다)	A와 B의 밝기가 비슷하다.	B가 A보다 밝다.

이에 대한 설명으로 옳은 것만을 〈보기〉에서 있는 대로 고른 것은? [3점]

보기
ㄱ. 육지는 바다보다 온도가 높다.
ㄴ. 위성 영상은 밤에 촬영한 것이다.
ㄷ. 구름 최상부의 높이는 B가 A보다 높다.

① ㄱ   ② ㄴ   ③ ㄷ   ④ ㄱ, ㄷ   ⑤ ㄴ, ㄷ

14 ★★☆

그림 (가)와 (나)는 겨울철 어느 날 6시간 간격으로 작성된 지상 일기도를 순서 없이 나타낸 것이다.

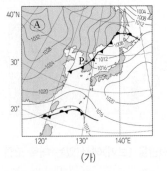 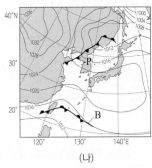

(가)   (나)

이에 대한 설명으로 옳은 것만을 〈보기〉에서 있는 대로 고른 것은?

보기
ㄱ. A는 한랭 건조한 고기압이다.
ㄴ. B는 정체 전선이다.
ㄷ. 이 기간 동안 P 지역의 풍향은 시계 방향으로 변했다.

① ㄱ   ② ㄷ   ③ ㄱ, ㄴ   ④ ㄴ, ㄷ   ⑤ ㄱ, ㄴ, ㄷ

15 ★★★

그림은 온대 저기압의 발생 과정 중 전선에 파동이 형성되는 모습을 나타낸 것이다.

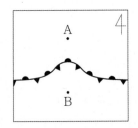

이 자료에 대한 옳은 설명만을 〈보기〉에서 있는 대로 고른 것은? [3점]

보기
ㄱ. 이러한 파동은 주로 열대 해상에서 발생한다.
ㄴ. 폐색 전선이 발달해 있다.
ㄷ. 기온은 A 지점이 B 지점보다 낮다.

① ㄱ   ② ㄷ   ③ ㄱ, ㄴ   ④ ㄴ, ㄷ   ⑤ ㄱ, ㄴ, ㄷ

A 태풍

1. 태풍의 발생과 소멸
(1) **발생** : 수온이 27 ℃이상이고, 위도 5°~25°인 열대 해상에서 주로 발생한다.
(2) **에너지원** : 수증기가 응결하면서 방출하는 숨은열(잠열, 응결열)
(3) **소멸** : 태풍이 차가운 바다 위를 지나거나 육지에 상륙하면 수증기와 열의 공급이 차단되므로 세력이 약해진다. 또한 태풍이 육지에 상륙하면 지표면과의 마찰이 증가하므로 세력이 약해지면서 온대 저기압으로 변질되면서 소멸한다.

출제 tip
태풍의 구조와 날씨
태풍의 눈에서 나타나는 날씨의 특징을 알고, 태풍의 이동에 따른 중심 기압과 풍향의 변화를 자료로부터 해석할 수 있는지에 대한 문제가 자주 출제된다.

2. 태풍의 구조와 날씨

태풍의 구조	태풍의 기압과 풍속 분포
• 반지름은 약 500 km에 이르고, 전체적으로 상승 기류가 발달하여 중심부로 갈수록 두꺼운 적란운이 형성된다. • 태풍의 눈 : 하강 기류가 있어 날씨가 맑고 바람이 약한 구간이다.	• 풍속 분포 : 중심부로 갈수록 강해지다가 중심 부근에서 가장 강하며, 태풍의 눈에서 약하다. • 기압 분포 : 중심으로 갈수록 계속 낮아져 태풍의 눈에서 가장 낮고, 등압선은 원형에 가깝고, 등압선 간격은 매우 좁다.

3. 태풍의 이동과 피해
(1) **태풍의 이동** : 발생 초기에는 무역풍의 영향으로 북서쪽으로 이동하고, 30°N 부근 이후에는 편서풍의 영향으로 북동쪽으로 이동하며 포물선 궤도를 그린다.
➡ 태풍은 30°N 부근의 전향점을 지난 후에는 이동 속도가 점차 빨라진다.
(2) **태풍의 이동과 피해**

안전 반원		위험 반원
태풍 진행 방향의 왼쪽 : 약한 풍속과 태풍에 의한 피해가 상대적으로 적다. ➡ 태풍 내의 풍향이 태풍 진행 방향 및 대기 대순환의 풍향과 반대		태풍 진행 방향의 오른쪽 : 강한 풍속과 태풍에 의한 피해가 상대적으로 크다. ➡ 태풍 내의 풍향이 태풍 진행 방향 및 대기 대순환의 풍향과 일치

태풍의 피해
태풍이 통과하면 강풍, 호우, 홍수, 침수 등의 피해가 발생하며, 해안에서는 해일에 의한 침수 피해가 발생할 수 있는데 만조와 겹치면 피해가 커질 수 있다.

4. 태풍의 이동과 풍향 변화
태풍 진행 방향의 오른쪽에 위치한 지역에서는 풍향이 시계 방향으로 변하고, 왼쪽 지역에서는 풍향이 시계 반대 방향으로 변한다.

5. 온대 저기압과 열대 저기압의 비교

구분	온대 저기압	열대 저기압
발생 장소	주로 한대 전선대	위도 5°~25°의 열대 해상
전선 유무	동반	동반하지 않는다.
등압선	전선의 경계에서 꺾임	동심원 형태
이동 경로	편서풍의 영향으로 서 → 동	무역풍과 편서풍의 영향으로 북서쪽 → 북동쪽
에너지원	전선에서의 기단의 위치 에너지와 수증기의 잠열	따뜻한 해양에서 공급되는 수증기의 잠열

태풍의 이동 경로와 풍향 변화

태풍이 A → B → C로 이동할 때 풍향은 a → b → c로 변한다. 태풍 진행 방향의 왼쪽 지역인 안전 반원에서는 풍향이 시계 반대 방향으로 변하고, 태풍 진행 방향의 오른쪽 지역인 위험 반원에서는 풍향이 시계 방향으로 변한다.

우리나라의 주요 악기상

우리나라에서 나타나는 여러 가지 주요 악기상 중 뇌우에 대한 문제가 자주 출제된다.

뇌우의 발생 조건 4가지
- 여름철에 국지적으로 지표 부근의 공기가 가열될 때
- 한랭 전선에서 따뜻한 공기가 빠르게 상승할 때
- 태풍에 의해 강한 상승 기류가 발달할 때
- 온난 습윤한 공기가 산사면을 타고 빠르게 상승할 때

B 우리나라의 주요 악기상

1. **뇌우** 강한 상승 기류에 의해 적란운이 발달하면서 천둥, 번개와 함께 소나기가 내리는 현상
(1) **발생** : 매우 불안정한 대기 상태에서 온난 습윤한 공기가 빠르게 상승하여 발생
(2) **발달 과정** : 뇌우는 적운 단계 → 성숙 단계 → 소멸 단계를 거치는데 상승 기류와 하강 기류의 세기에 따라 강도 및 지속 시간이 달라진다.

2. **국지성 호우(집중 호우)** 짧은 시간 동안 좁은 지역에서 많은 양의 비가 내리는 현상으로, 적란운이 한곳에 정체하여 계속 비를 내리게 될 때 발생한다.

3. **우박** 하늘에서 눈의 결정 주위에 차가운 물방울이 얼어붙어 땅으로 떨어지는 얼음 덩어리이다.
   ➡ 적란운 내에서 상승과 하강을 반복하여 성장하므로 층상 구조가 나타나며 한여름에는 거의 발생하지 않는다.

4. **폭설** 짧은 시간에 많은 양의 눈이 오는 현상으로, 겨울철에 발달한 저기압이 통과할 때나 시베리아 기단의 변질 등으로 발생한다.

5. **황사** 작은 모래나 황토 또는 먼지가 상승하여 상층의 편서풍을 타고 이동하면서 서서히 내려오는 현상이다.
(1) **주요 발원지** : 중국 북부와 몽골의 사막 지대
(2) **발생 조건** : 발원지에서는 토양이 건조하고 강한 바람과 함께 상승 기류가 발달해야 하고, 황사의 영향을 받는 곳에서는 하강 기류가 발달해야 한다.
(3) **발생 시기** : 주로 봄철에 발생하며, 우리나라의 연간 황사 발생 일수와 발생 빈도는 증가하고 있다.
   ➡ 황사가 주로 봄철에 발생하는 까닭 : 건조한 겨울철을 지나고 얼었던 토양이 녹기 시작하기 때문

6. **강풍** 10분 동안의 평균 풍속이 14 m/s 이상인 바람으로, 겨울철에 시베리아 기단의 영향을 받을 때, 여름철에 태풍의 영향을 받을 때 주로 발생한다.

실전 자료 태풍의 이동과 날씨 변화

그림 (가)와 (나)는 태풍이 우리나라를 지나는 동안 어느 지점에서 관측한 기압, 풍속과 풍향의 변화를 나타낸 것이다.

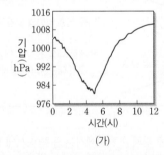

(가)

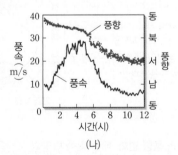

(나)

❶ **기압의 변화 파악하기**
　(가)에서 관측 기압이 가장 낮은 4시~6시 사이에 관측 지점은 태풍의 중심에서 가장 가까웠다.

❷ **풍향 변화를 이용하여 태풍의 눈 통과 여부 판단하기**
　(나)에서 4시~6시 사이에는 풍속이 강하였으므로 태풍의 눈은 관측 지점을 통과하지 않았다. 만약 태풍의 눈이 4시~6시 사이에 관측 지점을 통과하였다면 관측 지점의 풍속은 약했을 것이다.

❸ **풍향 변화를 이용하여 태풍을 관측한 위치 찾기**
　(나)에서 태풍이 관측 지점을 지나는 동안 풍향은 시계 반대 방향(북동풍 → 북풍 → 북서풍 → 서풍)으로 변했으므로, 관측 지점은 태풍 진행 방향의 왼쪽에 위치하였다.

1 ★★☆

| 2024년 10월 교육청 15번 |

그림 (가)는 관측소 A, B에서 측정한 우리나라에 영향을 준 어느 황사의 시간에 따른 황사 농도를, (나)는 이 기간 중 t 시각의 지상 일기도에 황사가 관측된 위치와 A, B의 위치를 나타낸 것이다. X 는 고기압과 저기압 중 하나이다.

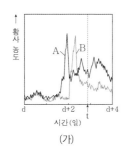 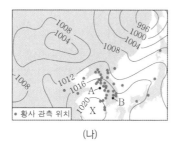

(가)   (나)

이 자료에 대한 설명으로 옳은 것만을 〈보기〉에서 있는 대로 고른 것은?

보기
ㄱ. 이 황사는 발원지에서 $(d+2)$일에 발원하였다.
ㄴ. X는 고기압이다.
ㄷ. 이 황사는 극동풍을 타고 이동하였다.

① ㄱ   ② ㄴ   ③ ㄱ, ㄷ   ④ ㄴ, ㄷ   ⑤ ㄱ, ㄴ, ㄷ

2 ★★☆

| 2024년 10월 교육청 17번 |

그림 (가)는 어느 태풍 중심의 이동 경로와 관측소 A, B를, (나)는 $t_1 \rightarrow t_5$ 동안 A, B에서 관측한 기압을, (다)는 t_2, t_3, t_4일 때 A와 B에서 관측한 풍속과 풍향을 ㉠과 ㉡으로 순서 없이 나타낸 것이다.

 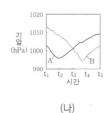 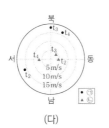

(가)   (나)   (다)

이 자료에 대한 설명으로 옳은 것만을 〈보기〉에서 있는 대로 고른 것은? [3점]

보기
ㄱ. 태풍의 영향을 받는 동안 A는 위험 반원에 위치한다.
ㄴ. ㉡은 B에서 관측한 자료이다.
ㄷ. 태풍의 중심과 관측소의 거리가 가장 가까울 때 $\dfrac{\text{관측 기압}}{\text{태풍의 중심 기압}}$ 은 B에서가 A에서보다 작다.

① ㄱ   ② ㄷ   ③ ㄱ, ㄴ   ④ ㄴ, ㄷ   ⑤ ㄱ, ㄴ, ㄷ

3 ★★☆

| 2024년 7월 교육청 7번 |

그림 (가)는 어느 날 어느 태풍의 이동 경로와 중심 기압을, (나)는 이 태풍이 통과하는 동안 관측소 A와 B 중 한 관측소에서 06시, 09시, 12시, 15시에 관측한 풍향과 풍속을 나타낸 것이다.

 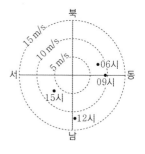

(가)   (나)

이 자료에 대한 설명으로 옳은 것만을 〈보기〉에서 있는 대로 고른 것은?

보기
ㄱ. A는 안전 반원에 위치한다.
ㄴ. (나)는 B에서 관측한 결과이다.
ㄷ. 태풍의 세력은 03시가 18시보다 강하다.

① ㄱ   ② ㄴ   ③ ㄱ, ㄷ   ④ ㄴ, ㄷ   ⑤ ㄱ, ㄴ, ㄷ

4 ☆★☆ | 2024년 5월 교육청 5번 |

다음은 지난 10년간 우리나라에서 관측한 우박의 월별 누적 발생 일수와 뇌우의 성숙 단계에 대한 학생들의 대화이다.

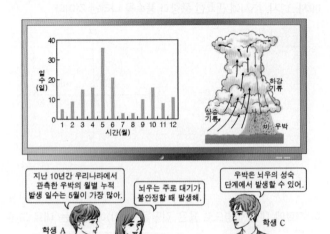

제시한 내용이 옳은 학생만을 있는 대로 고른 것은?

① A　② C　③ A, B　④ B, C　⑤ A, B, C

5 ☆★☆ | 2024년 5월 교육청 7번 |

표는 우리나라를 통과한 어느 태풍의 중심 기압과 강풍 반경을, 그림은 이 태풍의 영향을 받은 우리나라 관측소 A에서 관측한 기압과 풍향을 나타낸 것이다.

일시	중심 기압(hPa)	강풍 반경(km)
10일 03시	970	330
10일 06시	970	330
10일 09시	975	320
10일 12시	980	300

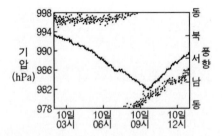

이 자료에 대한 설명으로 옳은 것만을 〈보기〉에서 있는 대로 고른 것은? [3점]

보기
ㄱ. 태풍의 세력은 03시보다 12시에 강하다.
ㄴ. A와 태풍 중심 사이의 거리는 03시보다 09시에 가깝다.
ㄷ. 태풍의 영향을 받는 동안 A는 안전 반원에 위치한다.

① ㄱ　② ㄴ　③ ㄱ, ㄷ　④ ㄴ, ㄷ　⑤ ㄱ, ㄴ, ㄷ

6 ☆★☆ | 2024년 3월 교육청 6번 |

그림 (가)는 어느 태풍이 이동하는 동안 시각 $T_1 \sim T_9$일 때의 태풍 중심 위치를, (나)는 이 태풍이 이동하는 동안 관측소 P에서 관측한 기압과 풍향을 나타낸 것이다. T_1, T_2, …, T_9의 시간 간격은 일정하고, P의 위치는 ㉠과 ㉡ 중 하나이다.

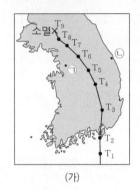
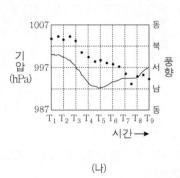

(가)　　　　　　(나)

이 자료에 대한 설명으로 옳은 것만을 〈보기〉에서 있는 대로 고른 것은? [3점]

보기
ㄱ. P의 위치는 ㉠이다.
ㄴ. 태풍의 평균 이동 속력은 $T_1 \sim T_2$일 때가 $T_3 \sim T_4$일 때보다 빠르다.
ㄷ. (나)에서 기압이 가장 낮을 때, P와 태풍 중심 사이의 거리가 가장 가깝다.

① ㄱ　② ㄷ　③ ㄱ, ㄴ　④ ㄴ, ㄷ　⑤ ㄱ, ㄴ, ㄷ

7 ★☆☆　｜2023년 10월 교육청 7번｜

그림 (가)는 어느 태풍의 이동 경로와 관측소 A와 B의 위치를, (나)는 이 태풍이 우리나라를 통과하는 동안 A와 B 중 한 곳에서 관측한 풍향, 풍속, 기압 변화를 나타낸 것이다.

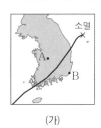
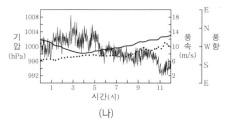

(가)　　　　　(나)

이에 대한 옳은 설명만을 〈보기〉에서 있는 대로 고른 것은?

보기
ㄱ. (나)에서 기압은 4시가 11시보다 낮다.
ㄴ. (나)는 A에서 관측한 것이다.
ㄷ. 태풍이 통과하는 동안 관측된 평균 풍속은 A가 B보다 크다.

① ㄱ　　② ㄴ　　③ ㄱ, ㄷ　　④ ㄴ, ㄷ　　⑤ ㄱ, ㄴ, ㄷ

8 ★☆☆　｜2023년 7월 교육청 8번｜

그림은 시간에 따라 뇌우에 공급되는 물의 양과 비가 되어 내린 물의 양을 A와 B로 순서 없이 나타낸 것이다. ㉠, ㉡, ㉢은 뇌우의 발달 단계에서 각각 성숙 단계, 적운 단계, 소멸 단계 중 하나이다.

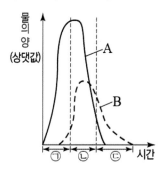

이에 대한 설명으로 옳은 것만을 〈보기〉에서 있는 대로 고른 것은?

보기
ㄱ. A는 비가 되어 내린 물의 양이다.
ㄴ. 뇌우로 인한 강수량은 ㉠이 ㉡보다 적다.
ㄷ. ㉢은 하강 기류가 상승 기류보다 우세하다.

① ㄱ　　② ㄴ　　③ ㄱ, ㄷ　　④ ㄴ, ㄷ　　⑤ ㄱ, ㄴ, ㄷ

9 ★☆☆　｜2023년 4월 교육청 8번｜

그림은 어느 태풍의 이동 경로에 6시간 간격으로 중심 기압과 최대 풍속을 나타낸 것이고, 표는 태풍의 최대 풍속에 따른 태풍 강도를 나타낸 것이다.

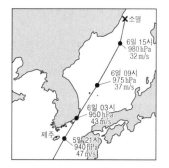

최대 풍속(m/s)	태풍 강도
54 이상	초강력
44 이상~54 미만	매우강
33 이상~44 미만	강
25 이상~33 미만	중

이에 대한 설명으로 옳은 것만을 〈보기〉에서 있는 대로 고른 것은?

보기
ㄱ. 5일 21시에 제주는 태풍의 안전 반원에 위치한다.
ㄴ. 태풍의 세력은 6일 09시보다 6일 03시가 강하다.
ㄷ. 6일 15시의 태풍 강도는 '중'이다.

① ㄱ　　② ㄴ　　③ ㄱ, ㄷ　　④ ㄴ, ㄷ　　⑤ ㄱ, ㄴ, ㄷ

10 ★☆☆

다음은 우리나라에 영향을 주는 황사와 관련된 탐구 활동이다.

[탐구 과정]

(가) 공공데이터포털을 이용하여 최근 10년 동안 서울과 부산의 월평균 황사 일수를 조사한다.

(나) 우리나라에 영향을 주는 황사의 발원지와 이동 경로를 조사하여 지도에 나타낸다.

[탐구 결과]

· (가)의 결과

(단위: 일)

월	1	2	3	4	5	6	7	8	9	10	11	12
서울	0.5	0.6	2.2	1.4	1.7	0.0	0.0	0.0	0.0	0.2	1.0	0.2
부산	0.4	0.3	0.7	1.0	1.4	0.0	0.0	0.0	0.0	0.1	0.3	0.2

· (나)의 결과

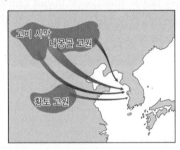

이에 대한 설명으로 옳은 것만을 〈보기〉에서 있는 대로 고른 것은?

보기

ㄱ. 최근 10년 동안의 연평균 황사 일수는 서울보다 부산이 많다.

ㄴ. 발원지에서 생성된 모래 먼지가 우리나라로 이동할 때 편서풍의 영향을 받는다.

ㄷ. 우리나라에서 황사는 고온 다습한 기단의 영향이 우세한 계절에 주로 발생한다.

① ㄱ   ② ㄴ   ③ ㄱ, ㄷ   ④ ㄴ, ㄷ   ⑤ ㄱ, ㄴ, ㄷ

11 ★★☆

그림 (가)는 우리나라를 통과한 어느 태풍 중심의 이동 방향과 이동 속력을 순서 없이 ㉠과 ㉡으로 나타낸 것이고, (나)는 18시일 때 이 태풍 중심의 위치를 나타낸 것이다.

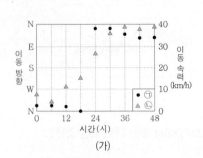
(가)

태풍 중심의 위치
(나)

이 자료에 대한 옳은 설명만을 〈보기〉에서 있는 대로 고른 것은?

[3점]

보기

ㄱ. 태풍 중심의 이동 방향은 ㉠이다.

ㄴ. 태풍이 지나가는 동안 제주도에서의 풍향은 시계 방향으로 변한다.

ㄷ. 태풍 중심의 평균 이동 속력은 전향점 통과 전이 통과 후보다 빠르다.

① ㄱ   ② ㄷ   ③ ㄱ, ㄴ   ④ ㄴ, ㄷ   ⑤ ㄱ, ㄴ, ㄷ

12 ★☆☆

그림은 우리나라에 영향을 주는 황사의 발원지와 이동 경로를, 표는 우리나라의 관측소 ㉠과 ㉡에서 최근 20년간 관측한 황사 발생 일수를 계절별로 누적하여 나타낸 것이다. A와 B는 각각 ㉠과 ㉡ 중 한 곳이다.

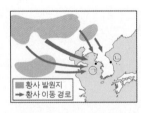
■ 황사 발원지
→ 황사 이동 경로

관측소 계절	A	B
봄 (3~5월)	95	170
여름 (6~8월)	0	0
가을 (9~11월)	8	30
겨울 (12~2월)	22	32

이에 대한 옳은 설명만을 〈보기〉에서 있는 대로 고른 것은?

보기

ㄱ. A는 ㉠이다.

ㄴ. 우리나라에서 황사는 북태평양 기단의 영향이 우세한 계절에 주로 발생한다.

ㄷ. 황사 발원지에서 사막화가 심해지면 우리나라의 연간 황사 발생 일수는 증가할 것이다.

① ㄱ   ② ㄷ   ③ ㄱ, ㄴ   ④ ㄴ, ㄷ   ⑤ ㄱ, ㄴ, ㄷ

13 ★★☆

그림 (가)는 위도가 동일한 관측소 A, B, C의 위치와 태풍의 이동 경로를, (나)는 태풍이 우리나라를 통과하는 동안 A, B, C에서 같은 시각에 관측한 날씨를 ㉠, ㉡, ㉢으로 순서 없이 나타낸 것이다.

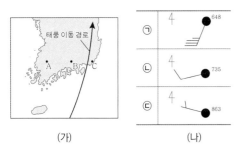

(가)   (나)

이에 대한 옳은 설명만을 〈보기〉에서 있는 대로 고른 것은? [3점]

보기
ㄱ. A는 태풍의 안전 반원에 위치한다.
ㄴ. ㉠은 C에서 관측한 자료이다.
ㄷ. (나)는 태풍의 중심이 세 관측소보다 고위도에 위치할 때 관측한 자료이다.

① ㄱ   ② ㄷ   ③ ㄱ, ㄴ   ④ ㄴ, ㄷ   ⑤ ㄱ, ㄴ, ㄷ

14 ★☆☆

그림은 어느 태풍의 이동 경로를 나타낸 것이다.

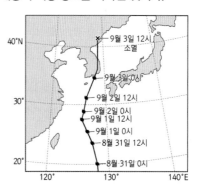

이에 대한 설명으로 옳은 것만을 〈보기〉에서 있는 대로 고른 것은?

보기
ㄱ. 태풍의 평균 이동 속력은 8월 31일이 9월 1일보다 빠르다.
ㄴ. 9월 3일 0시 이후로 태풍 중심의 기압은 계속 낮아졌다.
ㄷ. 태풍이 우리나라를 통과하는 동안 서울에서의 풍향은 시계 방향으로 바뀌었다.

① ㄱ   ② ㄴ   ③ ㄱ, ㄷ   ④ ㄴ, ㄷ   ⑤ ㄱ, ㄴ, ㄷ

15 ★★☆

그림 (가)는 서로 다른 해에 발생한 태풍 ㉠과 ㉡의 이동 경로에 6시간 간격으로 중심 기압과 강풍 반경을 나타낸 것이고, (나)의 A와 B는 각각 태풍 ㉠과 ㉡의 중심으로부터 제주도까지의 거리가 가장 가까운 시기에 발효된 특보 상황 중 하나이다.

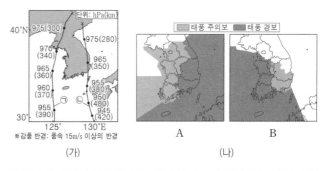

(가)   (나)

이 자료에 대한 설명으로 옳은 것만을 〈보기〉에서 있는 대로 고른 것은? [3점]

보기
ㄱ. A는 태풍 ㉠에 의한 특보 상황이다.
ㄴ. B의 특보 상황이 발효된 시기에 제주도는 태풍의 위험 반원에 위치한다.
ㄷ. A와 B의 특보 상황이 발효된 시기에 태풍의 세력은 ㉠보다 ㉡이 약하다.

① ㄱ   ② ㄴ   ③ ㄱ, ㄷ   ④ ㄴ, ㄷ   ⑤ ㄱ, ㄴ, ㄷ

16 ★★☆

그림 (가)는 우리나라를 통과한 어느 태풍의 이동 경로와 최대 풍속이 20 m/s 이상인 지역의 범위를, (나)는 (가)의 기간 중 18일 하루 동안 이어도 해역에서 관측한 수심 10 m와 40 m의 수온 변화를 나타낸 것이다.

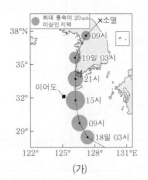

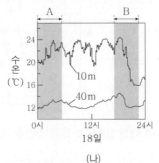

(가)   (나)

이에 대한 옳은 설명만을 〈보기〉에서 있는 대로 고른 것은?

보기
ㄱ. 18일 09시부터 21시까지 이어도에서 풍향은 시계 반대 방향으로 변했다.
ㄴ. 태풍의 중심 기압은 18일 09시가 19일 09시보다 높았다.
ㄷ. 이어도 해역에서 표층 해수의 연직 혼합은 A 시기가 B 시기보다 강했다.

① ㄱ ② ㄷ ③ ㄱ, ㄴ ④ ㄴ, ㄷ ⑤ ㄱ, ㄴ, ㄷ

17 ★★☆

표는 어느 날 03시, 12시, 21시의 태풍 중심 위치와 중심 기압이고, 그림은 이날 12시의 우리나라 부근의 일기도이다.

시각 (시)	태풍 중심 위치		중심 기압 (hPa)
	위도 (°N)	경도 (°E)	
03	35	125	970
12	38	127	990
21	40	131	995

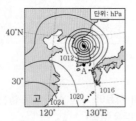

이에 대한 옳은 설명만을 〈보기〉에서 있는 대로 고른 것은? [3점]

보기
ㄱ. 태풍이 지나가는 동안 A 지점의 풍향은 시계 방향으로 변한다.
ㄴ. 12시에 A 지점에서는 북풍 계열의 바람이 우세하다.
ㄷ. 이날 태풍의 최대 풍속은 21시에 가장 크다.

① ㄱ ② ㄷ ③ ㄱ, ㄴ ④ ㄴ, ㄷ ⑤ ㄱ, ㄴ, ㄷ

18 ★★☆

표는 어느 태풍의 중심 기압과 이동 속도를, 그림은 이 태풍이 우리나라를 통과할 때 어느 관측소에서 측정한 기온과 풍향 및 풍속을 나타낸 것이다.

일시	중심 기압 (hPa)	이동 속도 (km/h)
2일 00시	935	23
2일 06시	940	22
2일 12시	945	23
2일 18시	945	32
3일 00시	950	36
3일 06시	960	70
3일 12시	970	45

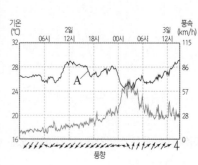

이 자료에 대한 설명으로 옳은 것만을 〈보기〉에서 있는 대로 고른 것은? [3점]

보기
ㄱ. A는 기온이다.
ㄴ. 태풍의 세력이 약해질수록 이동 속도는 빠르다.
ㄷ. 관측소는 태풍 진행 경로의 오른쪽에 위치하였다.

① ㄱ ② ㄴ ③ ㄱ, ㄷ ④ ㄴ, ㄷ ⑤ ㄱ, ㄴ, ㄷ

19 ★☆☆

그림 (가)는 서로 다른 시기에 우리나라에 영향을 준 태풍 A와 B의 이동 경로를, (나)는 A 또는 B의 영향을 받은 시기에 촬영한 적외선 영상을 나타낸 것이다.

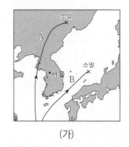

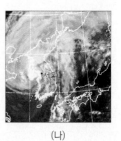

(가)   (나)

이에 대한 설명으로 옳은 것만을 〈보기〉에서 있는 대로 고른 것은?

보기
ㄱ. A는 육지를 지나는 동안 중심 기압이 지속적으로 낮아졌다.
ㄴ. 서울은 B의 영향을 받는 동안 위험 반원에 위치하였다.
ㄷ. (나)는 A의 영향을 받은 시기에 촬영한 것이다.

① ㄱ ② ㄷ ③ ㄱ, ㄴ ④ ㄴ, ㄷ ⑤ ㄱ, ㄴ, ㄷ

20 ★★☆
| 2021년 4월 교육청 9번 |

그림은 우리나라에 영향을 주는 황사의 발원지와 이동 경로에 대한 자료를 보고 학생들이 나눈 대화를 나타낸 것이다.

제시한 내용이 옳은 학생만을 있는 대로 고른 것은?

① A ② B ③ A, C ④ B, C ⑤ A, B, C

21 ★☆☆
| 2021년 3월 교육청 11번 |

표는 어느 태풍의 중심 위치와 중심 기압을, 그림은 관측 지점 A의 위치를 나타낸 것이다.

일시	태풍의 중심 위치		중심 기압 (hPa)
	위도(°N)	경도(°E)	
29일 03시	18	128	985
30일 03시	21	124	975
1일 03시	26	121	965
2일 03시	31	123	980
3일 03시	36	128	992

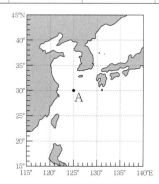

이 자료에 대한 옳은 설명만을 〈보기〉에서 있는 대로 고른 것은? [3점]

보기
ㄱ. 태풍은 30일 03시 이전에 전향점을 통과하였다.
ㄴ. 태풍 중심 부근의 최대 풍속은 1일 03시가 3일 03시보다 강했을 것이다.
ㄷ. 1일~3일에 A 지점의 풍향은 시계 방향으로 변했을 것이다.

① ㄱ ② ㄴ ③ ㄱ, ㄷ ④ ㄴ, ㄷ ⑤ ㄱ, ㄴ, ㄷ

22 ★★☆
| 2021년 3월 교육청 12번 |

그림 (가)와 (나)는 우리나라 일부 지역에 폭설 주의보가 발령된 어느 날 21시의 지상 일기도와 위성 영상을 나타낸 것이다.

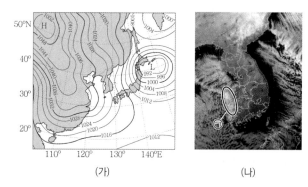

(가)　　　　　(나)

이날 우리나라의 날씨에 대한 옳은 설명만을 〈보기〉에서 있는 대로 고른 것은? [3점]

보기
ㄱ. 동풍 계열의 바람이 우세하였다.
ㄴ. ㉠에서 상승 기류가 발달하였다.
ㄷ. 폭설이 내릴 가능성은 서해안보다 동해안이 높다.

① ㄱ ② ㄴ ③ ㄱ, ㄴ ④ ㄱ, ㄷ ⑤ ㄴ, ㄷ

A 해수의 온도, 염분, 밀도

1. 해수의 온도

(1) **표층 수온 분포** : 표층 수온은 태양 복사 에너지의 영향을 가장 크게 받으며 위도와 계절에 따라 달라진다.
　➡ 해수의 등수온선은 대체로 위도와 나란하게 나타난다.

(2) **연직 수온 분포**

혼합층	• 태양 복사 에너지에 의한 가열로 수온이 높고, 바람의 혼합 작용으로 수온이 거의 일정한 층이다. • 혼합층의 두께는 대체로 바람이 강한 중위도 지방에서 두껍다.
수온 약층	• 깊이에 따라 수온이 급격히 낮아지는 층이다. • 매우 안정한 층으로, 대류가 일어나지 않으므로 혼합층과 심해층의 물질 및 에너지 교환을 차단한다. • 표층 수온이 높을수록 뚜렷하게 발달한다. • 고위도 지역의 표층수는 흡수하는 태양 복사 에너지가 매우 적어 심해층과 수온 차이가 거의 없기 때문에 수온 약층이 발달하지 못한다.
심해층	• 계절이나 깊이에 따른 수온 변화가 거의 없는 층이다. 　➡ 태양 복사 에너지가 거의 도달하지 않아 수온이 낮기 때문이다. • 극 해역의 해수가 침강하여 생성된다.

▲ 해수의 층상 구조

2. 해수의 염분

(1) **염분** : 해수 1 kg 속에 녹아 있는 염류의 총량을 g 수로 나타낸 값으로, 단위는 psu(실용염분단위)를 사용한다.
　➡ 전 세계 해수의 평균 염분은 약 35 psu이다.

(2) **표층 염분의 변화**

① 증발량과 강수량 : 표층 염분에 가장 큰 영향을 주는 요인은 증발량과 강수량으로, 대체로 (증발량−강수량)이 클수록 표층 염분이 높다.

② 담수의 유입량 : 육지로부터 담수가 유입되면 표층 염분은 낮아진다.

③ 해수의 결빙과 해빙 : 극지방에서 해수의 결빙이 일어나면 표층 염분이 높아지고, 해빙이 일어나면 표층 염분은 낮아진다.

(3) **표층 염분의 분포**

구분	표층 염분	원인
적도 지방	낮다.	대기 대순환에서 저압대가 위치하여 강수량이 증발량보다 많기 때문이다.
중위도 지방	높다.	대기 대순환에서 고압대가 위치하여 증발량이 강수량보다 많기 때문이다.
극지방	낮다.	대체로 기온이 낮아 증발량이 적고, 빙하가 융해된 물이 유입되기 때문이다. ➡ 반면 결빙이 일어나는 해역에서는 표층 염분이 높다.

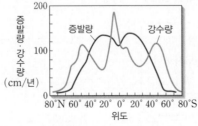

▲ 위도별 증발량과 강수량의 분포

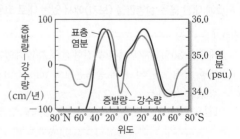

▲ 위도별 표층 염분과 (증발량−강수량)의 분포

3. 해수의 밀도

(1) **해수의 밀도 변화** : 수온이 낮을수록, 염분이 높을수록, 수압이 높을수록 해수의 밀도가 증가한다.

(2) **해수의 밀도 분포**

① 표층 밀도 분포 : 수온이 높고 염분이 낮은 적도 해역에서 가장 작고, 수온이 낮은 위도 약 50°~60° 해역에서 가장 크다. ➡ 북반구에서 60°N 이상의 해역에서는 빙하가 녹은 물이 유입되어 염분이 감소하므로 밀도가 작다.

② 연직 밀도 분포 : 수심이 깊어질수록 밀도가 증가하다가 심해에서는 거의 일정하다.

➡ 깊이에 따라 밀도가 급격히 증가하는 밀도 약층은 수온 약층과 거의 일치한다.

(3) **수온-염분도(T-S도)** : 수온과 염분을 축으로 하여 밀도를 함께 나타낸 그래프

➡ 오른쪽 아래로 갈수록 밀도가 크고, 같은 등밀도선 위에 놓인 두 점에서 수온과 염분은 다르지만 밀도는 같다.

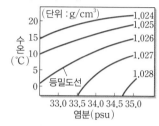

B 해수의 용존 기체

용존 산소의 분포		용존 이산화 탄소의 분포
• 표층 : 광합성 작용과 대기로부터 산소가 공급되어 농도가 가장 높다. • 수심 1000 m 부근 : 해양 생물의 호흡과 사체 분해에 소모되어 농도가 가장 낮다. • 심해 : 극지방에서 침강한 찬 해수의 유입으로 인해 농도가 약간 높다.	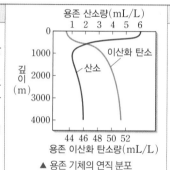 ▲ 용존 기체의 연직 분포	• 표층 : 광합성 작용에 이산화 탄소가 소모되므로 농도가 가장 낮다. • 깊이에 따른 용존 이산화 탄소의 농도 변화 : 수심이 깊어질수록 수온은 낮아지며 수압은 높아지기 때문에 기체의 용해도가 높아지면서 농도가 높아진다.

출제 tip

해수의 밀도

해수의 밀도는 주로 수온과 염분에 의해 결정되기 때문에 세 가지 성질의 관계를 종합적으로 이해하여 수온-염분도(T-S도)를 해석할 수 있는지를 묻는 문제가 자주 출제된다.

수온과 밀도의 관계

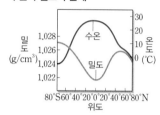

수온과 밀도는 대체로 반비례 경향을 보인다. 그러나 북극 부근에서는 육지에서 강물이 대량 유입되기 때문에 밀도와 수온은 반비례하지 않는다.

용해도의 변화 요인

수온과 염분이 낮을수록, 수압이 높을수록 해수에서 기체의 용해도는 높아진다.

실전 자료 **수온-염분도(T-S도)**

그림은 같은 시기에 관측한 두 해역의 표층에서 심층까지의 수온과 염분을 수온-염분도에 나타낸 것이다. A와 B는 각각 저위도와 고위도 해역 중 하나이고, ㉠과 ㉡은 밀도가 같은 수괴이다.

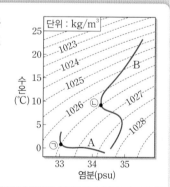

❶ **표층 수온과 위도의 관계 파악하기**

표층 수온은 태양 복사 에너지의 영향을 크게 받고, 대체로 위도와 나란한 분포를 보이므로, 표층 수온이 높은 해역은 저위도이고, 표층 수온이 낮은 해역은 고위도이다. 따라서 A가 고위도, B가 저위도 해역이다.

❷ **수괴의 혼합에 따른 밀도 값 찾기**

같은 부피의 밀도가 같은 ㉠과 ㉡이 혼합되어 형성된 해수의 밀도는 ㉠과 ㉡을 직선으로 연결할 때 직선의 중간 지점에 위치한다.

❸ **수온 변화와 밀도 변화의 관계 해석하기**

염분이 일정할 때 등밀도선 사이의 간격은 수온이 높을 때가 낮을 때보다 좁다. 따라서 수온 변화에 따른 밀도 변화는 수온이 높을 때가 낮을 때보다 크다.

1 ☆☆☆ | 2024년 10월 **교육청** 11번 |

그림은 어느 해역에서 측정한 깊이에 따른 해수의 수온과 염분 분포를 나타낸 것이다. 이 해역에는 강물이 유입되고 있으며, 강물의 유입 방향은 ㉠과 ㉡ 중 하나이다. A, B는 해수면에 위치한 지점이다.

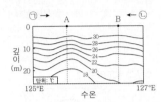
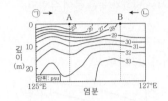

이에 대한 설명으로 옳은 것만을 〈보기〉에서 있는 대로 고른 것은? [3점]

보기
ㄱ. 수온만을 고려할 때, 깊이 20 m에서 산소 기체의 용해도는 A에서가 B에서보다 작다.
ㄴ. 강물의 유입 방향은 ㉠이다.
ㄷ. 해수면과 깊이 20 m의 해수 밀도 차는 A에서가 B에서보다 크다.

① ㄱ ② ㄷ ③ ㄱ, ㄴ ④ ㄴ, ㄷ ⑤ ㄱ, ㄴ, ㄷ

2 ☆☆☆ | 2024년 7월 **교육청** 16번 |

그림은 동해의 어느 지점에서 두 시기에 측정한 수온과 염분 분포를 나타낸 것이다. ㉠과 ㉡은 각각 1월과 8월 중 하나이다.

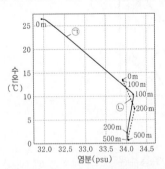

이에 대한 설명으로 옳은 것만을 〈보기〉에서 있는 대로 고른 것은?

보기
ㄱ. ㉠은 1월에 해당한다.
ㄴ. 혼합층의 두께는 ㉠이 ㉡보다 두껍다.
ㄷ. ㉠에서 해수의 밀도 변화는 0 m~100 m 구간이 100 m~200 m 구간보다 크다.

① ㄱ ② ㄷ ③ ㄱ, ㄴ ④ ㄴ, ㄷ ⑤ ㄱ, ㄴ, ㄷ

3 ☆☆☆ | 2024년 5월 **교육청** 8번 |

그림 (가)와 (나)는 우리나라 어느 해역에서 2월과 8월에 관측한 깊이에 따른 수온 분포를 순서 없이 나타낸 것이다.

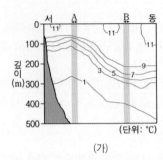
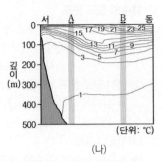

(가)   (나)

이 자료에 대한 설명으로 옳은 것만을 〈보기〉에서 있는 대로 고른 것은?

보기
ㄱ. (가)는 2월에 관측한 자료이다.
ㄴ. A구간에서 깊이 0 m와 400 m의 평균 수온 차이는 (가)보다 (나)에서 작다.
ㄷ. B 구간에서 혼합층의 두께는 (가)보다 (나)에서 두껍다.

① ㄱ ② ㄴ ③ ㄱ, ㄷ ④ ㄴ, ㄷ ⑤ ㄱ, ㄴ, ㄷ

4 ☆☆☆ | 2024년 3월 **교육청** 14번 |

그림 (가)는 어느 해역에서의 수심에 따른 밀도, 수온, 염분을, (나)는 (가)의 자료를 수온–염분도에 나타낸 것이다.

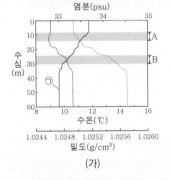
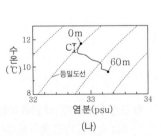

(가)   (나)

이 자료에 대한 설명으로 옳은 것만을 〈보기〉에서 있는 대로 고른 것은? [3점]

보기
ㄱ. ㉠은 수온이다.
ㄴ. 수심에 따른 밀도 변화량은 A 구간이 B 구간보다 크다.
ㄷ. C 구간은 혼합층에 해당한다.

① ㄱ ② ㄷ ③ ㄱ, ㄴ ④ ㄴ, ㄷ ⑤ ㄱ, ㄴ, ㄷ

5 ★☆☆

다음은 해수의 성질을 알아보기 위한 탐구이다.

[탐구 과정]
(가) 우리나라 어느 해역에서 2월과 8월에 측정한 깊이에 따른 수온과 염분 자료를 준비한다.

〈수온과 염분 자료〉

	깊이(m)	0	10	20	30	50	75	100
2월	수온(℃)	11.6	11.6	11.3	11.0	9.9	5.8	4.5
	염분(psu)	34.3	34.3	34.3	34.3	34.2	34.0	34.0
8월	수온(℃)	25.4	21.9	13.8	12.9	8.9	4.1	2.7
	염분(psu)	32.7	33.3	34.2	34.3	34.2	34.1	34.0

(나) (가)의 자료를 수온–염분도에 나타내고 특징을 분석한다.

[탐구 결과]

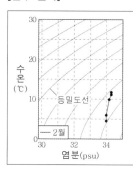

• 혼합층의 두께는 2월이 8월보다 (㉠).
• 깊이 0~100 m에서의 평균 밀도 변화율은 2월이 8월보다 (㉡).

이 자료에 대한 옳은 설명만을 〈보기〉에서 있는 대로 고른 것은? [3점]

보기
ㄱ. '두껍다'는 ㉠에 해당한다.
ㄴ. 해수의 밀도는 2월의 75 m 깊이에서가 8월의 50 m 깊이에서보다 크다.
ㄷ. '크다'는 ㉡에 해당한다.

① ㄱ   ② ㄷ   ③ ㄱ, ㄴ   ④ ㄴ, ㄷ   ⑤ ㄱ, ㄴ, ㄷ

6 ★★★

그림 (가)는 해역 A와 B의 위치를, (나)와 (다)는 4월에 측정한 A와 B의 연직 수온 분포를 순서 없이 나타낸 것이다.

(가)

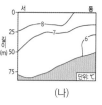
(나)

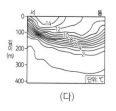
(다)

이에 대한 설명으로 옳은 것만을 〈보기〉에서 있는 대로 고른 것은?

보기
ㄱ. (나)는 B의 측정 자료이다.
ㄴ. 수온 약층은 (다)가 (나)보다 뚜렷하다.
ㄷ. (다)가 (나)보다 표층 수온이 높은 이유는 위도의 영향 때문이다.

① ㄱ   ② ㄴ   ③ ㄱ, ㄷ   ④ ㄴ, ㄷ   ⑤ ㄱ, ㄴ, ㄷ

7 ★☆☆

그림 (가)는 어느 시기에 우리나라 주변 해역에서 수온과 염분을 측정한 구간을, (나)와 (다)는 이 구간의 깊이에 따른 수온과 염분 분포를 나타낸 것이다. A, B, C는 해수면에 위치한 지점이다.

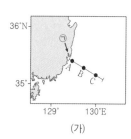
(가)

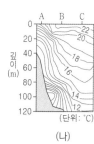
(나)

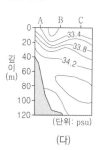
(다)

이에 대한 설명으로 옳은 것만을 〈보기〉에서 있는 대로 고른 것은? [3점]

보기
ㄱ. 해수면과 깊이 40 m의 수온 차는 B보다 A가 크다.
ㄴ. ㉠ 방향으로 유입되는 담수의 양이 증가하면 A의 표층 염분은 33.4 psu보다 커진다.
ㄷ. 표층 해수의 밀도는 C보다 A가 크다.

① ㄱ   ② ㄴ   ③ ㄱ, ㄷ   ④ ㄴ, ㄷ   ⑤ ㄱ, ㄴ, ㄷ

8 ★★☆　　　　　　　　　　　| 2023년 3월 **교육청** 2번 |

그림 (가)는 어느 해역의 깊이에 따른 수온과 염분 분포를 ㉠과 ㉡으로 순서 없이 나타낸 것이고, (나)는 수온－염분도를 나타낸 것이다.

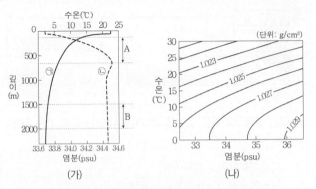

(가)　　　　　　　　　　(나)

이에 대한 옳은 설명만을 〈보기〉에서 있는 대로 고른 것은?

> **보기**
> ㄱ. ㉠은 염분 분포이다.
> ㄴ. 혼합층의 평균 밀도는 1.025 g/cm³보다 크다.
> ㄷ. 깊이에 따른 해수의 밀도 변화는 A 구간이 B 구간보다 크다.

① ㄱ　② ㄷ　③ ㄱ, ㄴ　④ ㄴ, ㄷ　⑤ ㄱ, ㄴ, ㄷ

---

9 ★★★　　　　　　　　　　　| 2022년 7월 **교육청** 10번 |

그림은 어느 해역에서 측정한 깊이에 따른 수온과 염분을 수온－염분도에 나타낸 것이다.

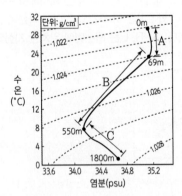

이에 대한 설명으로 옳은 것만을 〈보기〉에서 있는 대로 고른 것은?
　　　　　　　　　　　　　　　　　　　　　　　[3점]

> **보기**
> ㄱ. A 구간은 혼합층이다.
> ㄴ. B 구간에서는 해수의 연직 혼합이 활발하게 일어난다.
> ㄷ. 깊이에 따른 수온의 평균 변화량은 B 구간이 C 구간보다 크다.

① ㄱ　② ㄷ　③ ㄱ, ㄴ　④ ㄴ, ㄷ　⑤ ㄱ, ㄴ, ㄷ

---

10 ★☆☆　　　　　　　　　　　| 2021년 10월 **교육청** 8번 |

그림 (가)는 어느 해 겨울에 우리나라 주변 바다에서 표층 해수를 채취한 A와 B 지점의 위치를, (나)는 수온－염분도에 A와 B의 수온과 염분을 순서 없이 ㉠, ㉡으로 나타낸 것이다.

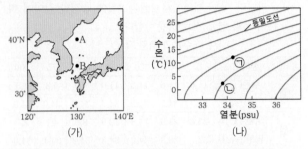

(가)　　　　　　　　　　(나)

이에 대한 옳은 설명만을 〈보기〉에서 있는 대로 고른 것은?

> **보기**
> ㄱ. 염분은 A에서가 B에서보다 낮다.
> ㄴ. ㉠과 ㉡의 해수가 만난다면 ㉠의 해수는 ㉡의 해수 아래로 이동한다.
> ㄷ. 여름에는 B의 해수 밀도가 (나)에서보다 감소할 것이다.

① ㄱ　② ㄴ　③ ㄷ　④ ㄱ, ㄷ　⑤ ㄴ, ㄷ

11 ★☆☆

| 2021년 7월 **교육청** 8번 |

그림 (가)와 (나)는 어느 시기 우리나라 주변의 표층 수온과 표층 염분을 나타낸 것이다.

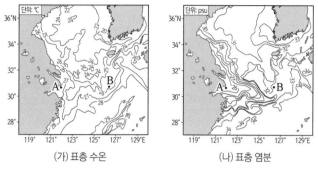

(가) 표층 수온　　　　　(나) 표층 염분

이에 대한 설명으로 옳은 것만을 〈보기〉에서 있는 대로 고른 것은?

─ 보기 ─
ㄱ. 겨울철에 관측한 것이다.
ㄴ. A 해역에는 담수 유입이 일어나고 있다.
ㄷ. 표층 해수의 밀도는 A 해역이 B 해역보다 크다.

① ㄱ　　② ㄴ　　③ ㄱ, ㄷ　　④ ㄴ, ㄷ　　⑤ ㄱ, ㄴ, ㄷ

12 ★☆☆

| 2021년 4월 **교육청** 11번 |

그림 (가)와 (나)는 어느 해역에서 1년 동안 해수면으로부터 깊이에 따라 측정한 염분과 수온 분포를 각각 나타낸 것이다.

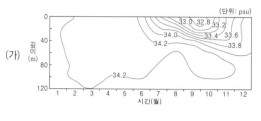

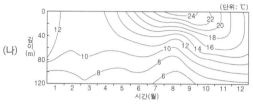

이 자료에 대한 설명으로 옳은 것만을 〈보기〉에서 있는 대로 고른 것은? [3점]

─ 보기 ─
ㄱ. 해수면에서의 염분은 2월보다 9월이 작다.
ㄴ. 수온의 연교차는 깊이 0 m보다 80 m에서 크다.
ㄷ. 깊이 0~20 m 구간에서 해수의 평균 밀도는 3월보다 8월이 크다.

① ㄱ　　② ㄴ　　③ ㄱ, ㄷ　　④ ㄴ, ㄷ　　⑤ ㄱ, ㄴ, ㄷ

13 ★☆☆

| 2021년 3월 **교육청** 10번 |

그림 (가)와 (나)는 동해의 어느 지점에서 두 시기에 측정한 수심 0~500 m 구간의 수온과 염분 분포를 나타낸 것이다. (가)와 (나)는 각각 2월 또는 8월에 측정한 자료 중 하나이다.

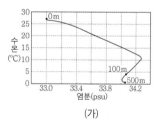　　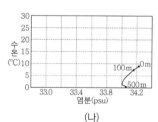

(가)　　　　　　　(나)

이에 대한 옳은 설명만을 〈보기〉에서 있는 대로 고른 것은?

─ 보기 ─
ㄱ. (가)는 8월에 측정한 자료이다.
ㄴ. 수온 약층은 (가)보다 (나)에서 뚜렷하게 나타난다.
ㄷ. 표면 해수의 밀도는 (가)보다 (나)에서 작다.

① ㄱ　　② ㄴ　　③ ㄱ, ㄷ　　④ ㄴ, ㄷ　　⑤ ㄱ, ㄴ, ㄷ

해수의 순환

A 해수의 표층 순환

위도별 에너지 불균형

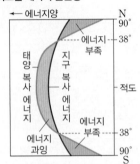

- **저위도 지방(위도 38° 이하)** : 태양 복사 에너지 흡수량 > 지구 복사 에너지 방출량 ➡ 에너지 과잉
- **고위도 지방(위도 38° 이상)** : 태양 복사 에너지 흡수량 < 지구 복사 에너지 방출량 ➡ 에너지 부족

직접 순환과 간접 순환

해들리 순환과 극순환은 가열된 공기가 상승하거나 냉각된 공기가 하강하면서 만들어진 열적 순환으로 직접 순환에 해당한다. 이에 비해 위도 30°~60° 사이의 페렐 순환은 해들리 순환과 극순환 사이에서 역학적으로 형성된 간접 순환이다.

출제 tip

표층 순환

대기 대순환에 의해서 발생한 바람, 전 세계 주요 표층 해류, 난류와 해류의 특징을 함께 묻는 문제가 자주 출제된다.

표층 순환의 생성

대기 대순환에 의한 바람의 영향으로 형성된 표층 해류는 동서 방향으로 흐르다가 대륙과 부딪치면 남북 방향으로 갈라져 흐르면서 순환을 형성한다.

1. 대기 대순환

(1) **대기 대순환의 원인** : 위도별 에너지 불균형

(2) **대기 대순환의 모형** : 지구 자전에 의한 전향력의 영향으로 3개의 순환 세포가 형성된다.

해들리 순환	적도 지방에서 가열된 공기가 상승하여 고위도로 이동한 후 위도 30° 부근에서 하강하여 다시 적도 지방으로 되돌아온다.
페렐 순환	해들리 순환과 극순환에 의해 형성된 간접 순환으로, 위도 30° 부근에서 하강하여 고위도로 이동하고, 위도 60° 부근에서 상승하는 공기는 저위도로 이동한다.
극순환	극지방에서 냉각되어 하강한 공기는 저위도로 이동한 다음 위도 60° 부근에서 상승한다.

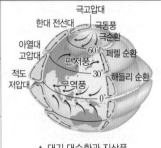

▲ 대기 대순환과 지상풍

2. 표층 순환 적도를 경계로 북반구와 남반구가 대체로 대칭적인 분포를 보인다.

열대 순환	무역풍대의 해류와 적도 반류로 이루어진 순환
아열대 순환	무역풍대의 해류와 편서풍대의 해류로 이루어진 순환으로 가장 크고 뚜렷하다. 예 북태평양 : 북적도 해류 → 쿠로시오 해류 → 북태평양 해류 → 캘리포니아 해류와 같이 시계 방향으로 순환한다. 예 남태평양 : 남적도 해류 → 동오스트레일리아 해류 → 남극 순환 해류 → 페루 해류와 같이 시계 반대 방향으로 순환한다.
아한대 순환	편서풍대의 해류와 극동풍대의 해류가 이루는 순환으로, 대양이 육지로 막혀 있는 북반구에서만 나타난다.

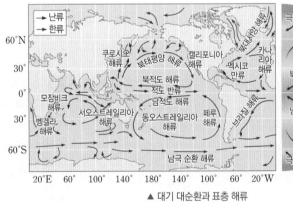
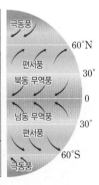

▲ 대기 대순환과 표층 해류

3. 우리나라 주변의 해류

(1) **난류** : 쿠로시오 해류의 지류인 황해 난류, 쓰시마 난류, 동한 난류가 흐른다.
➡ 수온과 염분이 높고 용존 산소량과 영양 염류가 적다.

(2) **한류** : 연해주 한류의 지류인 북한 한류가 흐른다.
➡ 수온과 염분이 낮고 용존 산소량과 영양 염류가 많다.

(3) **조경 수역** : 우리나라의 동해에서는 동한 난류와 북한 한류가 만나 조경 수역이 형성되어 좋은 어장을 형성한다.
➡ 조경 수역의 위치는 동한 난류의 세력이 강한 여름철에는 북상하고, 북한 한류의 세력이 강한 겨울철에는 남하한다.

▲ 우리나라 주변의 해류

B 해수의 심층 순환

1. **심층 순환** 표층 수온이 낮아지거나 염분이 증가하면 밀도가 커져 침강하면서 발생하므로 열염 순환이라고도 한다.
2. **대서양의 심층 순환** 대서양은 태평양에 비해 염분이 높아 심층 순환이 잘 형성된다.

남극 저층수	남극 부근의 웨델해에서 침강하여 형성된 후 해저를 따라 북쪽으로 30°N까지 흐른다.
북대서양 심층수	그린란드 해역에서 침강하여 형성된 후 수심 약 1500~4000 m 사이에서 남쪽으로 60°S까지 흐른다.
남극 중층수	60°S 부근에서 침강하여 형성된 후 수심 1000 m 부근에서 북쪽으로 20°N까지 흐른다.

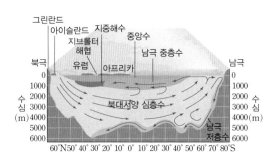

▲ 대서양의 심층 순환

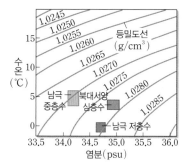

▲ 대서양 수괴의 수온과 염분

3. **심층 순환의 역할**
(1) **해수의 순환** : 거의 전체 수심에 걸쳐 일어나면서 해수를 순환시키는 역할을 한다.
(2) **열에너지 운반** : 표층 순환과 연결되어 열에너지를 고위도로 수송하여 위도별 열수지 불균형을 해소시킨다.
(3) **물질 공급** : 용존 산소가 풍부한 표층 해수를 심해로 운반하고, 심해의 풍부한 영양 염류를 표층으로 운반한다.

▲ 전 세계 해수의 순환

출제 tip

심층 순환

전 세계 해양에서 침강이 나타나는 해역의 위치를 묻는 문제, 대서양에서 일어나는 3가지 심층 순환의 특징에 대해 묻는 문제가 자주 출제된다.

심층 순환의 분석

심층 순환은 표층 순환에 비해 유속이 매우 느려 직접 관측이 어렵기 때문에 수온 −염분도(T−S도)를 이용하여 간접적으로 분석한다.

남극 저층수의 형성

겨울철 남극 대륙 주변 웨델해에서 많은 양의 해수가 결빙할 때 수온이 낮고 염분이 높은 해수가 침강하여 형성되는데, 남극 저층수는 전 세계 해수 중 가장 밀도가 높다.

북대서양 심층수의 형성

북대서양 그린란드 주변 해역에서 높은 염분의 멕시코만류와 아한대 해수가 혼합되고 겨울에 냉각되면서 침강하여 형성된다.

실전 자료 표층 순환

그림은 어느 해 태평양에서 유실된 컨테이너에 실려 있던 운동화가 발견된 지점과 표층 해류 A와 B의 일부를 나타낸 것이다.

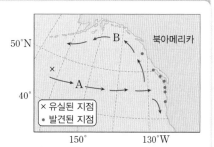

❶ **표층 해류의 종류 파악하기**
A는 위도 45°N 부근의 해역에서 서쪽에서 동쪽으로 흐르는 표층 해류이므로, 편서풍의 영향을 받아 흐르는 북태평양 해류이다.

❷ **표층 순환의 종류 파악하기**
B는 북태평양 해류가 북아메리가 대륙에 막혀 고위도로 이동하면서 흐르는 알래스카 해류로 아한대 순환의 일부이다.

❸ **유실된 운동화의 이동에 영향을 준 표층 해류 찾기**
운동화는 유실된 지점으로부터 동쪽으로 이동하여 북아메리카 해안에 도달하였다. 따라서 북아메리카 해안에서 발견된 운동화는 서쪽으로 흐르는 북태평양 해류의 영향을 받아 이동하였다.

1 ☆☆☆ | 2024년 10월 교육청 4번 |

다음은 심층수 형성에 빙하가 녹은 물의 유입이 미치는 영향을 알아보기 위한 실험이다.

[실험 과정]
(가) 수조에 ⊙ 수온이 10 ℃, 염분이 34 psu인 소금물을 넣는다.
(나) 비커 A에 ⓒ 수온이 10 ℃, 염분이 36 psu인 소금물 200 g을 만들고, 비커 B에는 10 ℃인 증류수 50 g에 조각 얼음 50 g을 넣어 녹인다.
(다) A와 B에 서로 다른 색의 잉크를 몇 방울 떨어뜨린다.
(라) A의 소금물 100 g을 수조의 한쪽 벽을 타고 내려가게 천천히 부으면서 수조 안을 관찰한다.

(마) 비커 C에 A의 소금물 100 g과 B의 물 100 g을 넣고 섞는다.
(바) C의 소금물을 수조의 반대쪽 벽을 타고 내려가게 천천히 부으면서 수조 안을 관찰한다.

B의 물
A의 소금물
비커 C

[실험 결과]
• (라): A의 소금물이 수조 바닥으로 가라앉는다.

비커 C

• (바): C의 소금물이 (ⓐ)

[실험 해석]
• 소금물의 밀도는 C가 A 보다 ( )
• 이 실험 결과는 '심층수 형성 장소에 빙하가 녹은 물이 유입되면, 심층수의 형성이 (ⓑ)'는 것을 나타낸다.

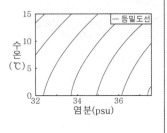
— 등밀도선
수온(℃)
염분(psu)

이에 대한 설명으로 옳은 것만을 〈보기〉에서 있는 대로 고른 것은? [3점]

보기
ㄱ. 밀도는 ⊙이 ⓒ보다 작다.
ㄴ. '수조 밑으로 가라앉아 A의 소금물 아래쪽으로 파고든다.'는 ⓐ에 해당한다.
ㄷ. '활발해진다.'는 ⓑ에 해당한다.

① ㄱ   ② ㄴ   ③ ㄱ, ㄷ   ④ ㄴ, ㄷ   ⑤ ㄱ, ㄴ, ㄷ

---

2 ☆☆☆ | 2024년 7월 교육청 4번 |

다음은 심층 순환의 형성 원리를 알아보기 위한 실험이다.

[실험 과정]
(가) 수온과 염분이 다른 소금물 A, B, C를 준비한 후 서로 다른 색의 잉크를 떨어뜨린다.

소금물	수온(℃)	염분(psu)
A	5	34
B	20	34
C	2	38

(나) 칸막이가 있는 수조의 한쪽 칸에는 A를, 다른 쪽 칸에는 B를 같은 높이로 채운다.

칸막이 종이컵
A B

(다) 바닥에 구멍을 뚫은 종이컵을 그림과 같이 수면 바로 위에 오도록 하여 수조의 가장자리에 부착한다.
(라) 칸막이를 열고 A와 B의 이동을 관찰한다.
(마) C를 종이컵에 서서히 부으면서 C의 이동을 관찰한다.

[실험 결과]

과정	결과
(라)	A는 B의 (⊙)으로/로 이동한다.
(마)	C는 수조의 가장 아래로 이동한다.

이에 대한 설명으로 옳은 것만을 〈보기〉에서 있는 대로 고른 것은?

보기
ㄱ. '아래'는 ⊙에 해당한다.
ㄴ. 과정 (라)는 염분이 같을 때 수온이 해수의 밀도에 미치는 영향을 알아보기 위한 것이다.
ㄷ. 밀도는 A, B, C 중 C가 가장 크다.

① ㄱ   ② ㄴ   ③ ㄱ, ㄷ   ④ ㄴ, ㄷ   ⑤ ㄱ, ㄴ, ㄷ

---

3 ☆☆☆ | 2024년 7월 교육청 10번 |

그림은 7월의 지표 부근의 평년 풍향 분포를 나타낸 것이다.

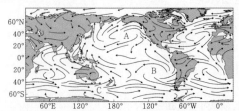

이 자료에 대한 설명으로 옳은 것만을 〈보기〉에서 있는 대로 고른 것은?

보기
ㄱ. A 지역의 고기압은 해들리 순환의 하강으로 생성된다.
ㄴ. B 지역에는 저기압이 위치한다.
ㄷ. C 지역에는 남극 순환류가 흐른다.

① ㄱ   ② ㄴ   ③ ㄱ, ㄷ   ④ ㄴ, ㄷ   ⑤ ㄱ, ㄴ, ㄷ

4 ☆☆☆ | 2024년 5월 교육청 10번 |

다음은 붉은바다거북의 생애와 이동 경로에 대한 설명이다.

> 붉은바다거북은 오스트레일리아 해변에서 부화한 후 이동 과
> 정에서 ㉠ 남태평양 아열대 순환을 이용한다. ㉡ 동오스트레
> 일리아 해류를 이용하여 남쪽으로 이동하고 남태평양을 횡단
> 하여 남아메리카 연안에서 성장한다. 이후 산란을 위해 해류
> 를 이용하여 다시 오스트레일리아 해변으로 돌아온다.

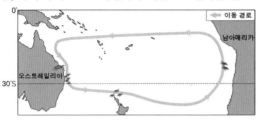

이에 대한 설명으로 옳은 것만을 〈보기〉에서 있는 대로 고른 것은?

> ┌─ 보기 ┐
> ㄱ. ㉠의 방향은 시계 방향이다.
> ㄴ. ㉡은 저위도의 열에너지를 고위도로 수송한다.
> ㄷ. 붉은바다거북이 남아메리카에서 오스트레일리아로 돌아
> 　　올 때 남적도 해류를 이용한다.

① ㄱ　　② ㄴ　　③ ㄱ, ㄷ　　④ ㄴ, ㄷ　　⑤ ㄱ, ㄴ, ㄷ

5 ☆☆☆ | 2024년 5월 교육청 11번 |

그림은 북대서양 표층 순환과 심층 순환의 일부를 나타낸 것이다.
A와 B는 각각 표층수와 심층수 중 하나이다.

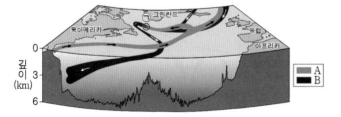

이에 대한 설명으로 옳은 것만을 〈보기〉에서 있는 대로 고른 것은?

> ┌─ 보기 ┐
> ㄱ. A는 표층수이다.
> ㄴ. 해수의 평균 이동 속력은 A보다 B가 느리다.
> ㄷ. 빙하가 녹은 물이 해역 ㉠에 유입되면 B의 흐름은 강해질
> 　　것이다.

① ㄱ　　② ㄷ　　③ ㄱ, ㄴ　　④ ㄴ, ㄷ　　⑤ ㄱ, ㄴ, ㄷ

6 ☆☆☆ | 2024년 3월 교육청 9번 |

그림은 남대서양의 수괴 A, B, C와 염분 분포를 나타낸 것이다. A, B,
C는 각각 남극 저층수, 남극 중층수, 북대서양 심층수 중 하나이다.

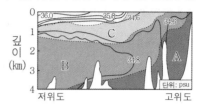

이에 대한 설명으로 옳은 것만을 〈보기〉에서 있는 대로 고른 것은?

> ┌─ 보기 ┐
> ㄱ. A는 주로 북쪽으로 흐른다.
> ㄴ. 평균 밀도는 A가 C보다 크다.
> ㄷ. 평균 이동 속력은 B가 표층 해류보다 빠르다.

① ㄴ　　② ㄷ　　③ ㄱ, ㄴ　　④ ㄱ, ㄷ　　⑤ ㄴ, ㄷ

7 ☆☆☆ | 2024년 3월 교육청 19번 |

그림은 어느 해 여름철에 관측한 우리나라 주변 표층 해류의 평균
속력과 이동 방향을 나타낸 것이다.

이에 대한 설명으로 옳은 것만을 〈보기〉에서 있는 대로 고른 것은?

> ┌─ 보기 ┐
> ㄱ. A 해역에서는 한류, B 해역에서는 난류가 흐른다.
> ㄴ. B 해역에서 해류는 여름철이 겨울철보다 대체로 강하게
> 　　흐른다.
> ㄷ. 겨울철 B 해역에 흐르는 해류는 주변 대기로 열을 공급
> 　　한다.

① ㄱ　　② ㄷ　　③ ㄱ, ㄴ　　④ ㄴ, ㄷ　　⑤ ㄱ, ㄴ, ㄷ

Part I

교육청

8 ★☆☆ | 2023년 10월 교육청 5번 |

그림은 표층 해류가 흐르는 해역 A, B, C의 위치와 대기 대순환에 의해 지표면에서 부는 바람을 나타낸 것이다. ⊙과 ⓒ은 각각 중위도 고압대와 한대 전선대 중 하나이다.

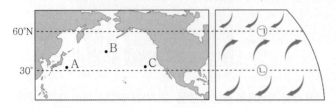

이에 대한 옳은 설명만을 〈보기〉에서 있는 대로 고른 것은?

〈보기〉
ㄱ. 중위도 고압대는 ⊙이다.
ㄴ. 수온만을 고려할 때, 표층에서 산소의 용해도는 A에서보다 C에서 높다.
ㄷ. B에 흐르는 해류는 편서풍의 영향으로 형성된다.

① ㄴ   ② ㄷ   ③ ㄱ, ㄴ   ④ ㄱ, ㄷ   ⑤ ㄴ, ㄷ

9 ★★★ | 2023년 10월 교육청 10번 |

그림 (가)와 (나)는 남대서양의 수온과 염분 분포를 나타낸 것이다. A, B, C는 각각 남극 저층수, 남극 중층수, 북대서양 심층수 중 하나이다.

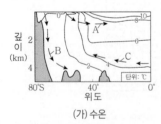 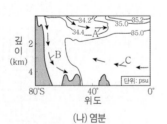

(가) 수온   (나) 염분

이에 대한 옳은 설명만을 〈보기〉에서 있는 대로 고른 것은?

〈보기〉
ㄱ. A가 표층에서 침강하는 데 미치는 영향은 염분이 수온보다 크다.
ㄴ. B는 북반구 해역의 심층에 도달한다.
ㄷ. A, B, C는 모두 저위도와 고위도의 에너지 불균형을 줄이는 역할을 한다.

① ㄱ   ② ㄴ   ③ ㄱ, ㄷ   ④ ㄴ, ㄷ   ⑤ ㄱ, ㄴ, ㄷ

10 ★★☆ | 2023년 7월 교육청 10번 |

그림 (가)와 (나)는 북태평양 어느 해역에서 서로 다른 두 시기 해수면 위에서의 바람을 나타낸 것이다. 화살표의 방향과 길이는 각각 풍향과 풍속을 나타낸다.

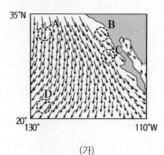 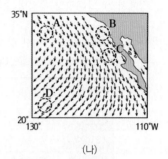

(가)   (나)

이에 대한 설명으로 옳은 것만을 〈보기〉에서 있는 대로 고른 것은?

〈보기〉
ㄱ. C 해역에서 표층 해류는 남쪽 방향으로 흐른다.
ㄴ. B 해역에는 쿠로시오 해류가 흐른다.
ㄷ. 수온만을 고려할 때, (나)에서 표층 해수의 용존 산소량은 D 해역에서가 A 해역에서보다 많다.

① ㄱ   ② ㄴ   ③ ㄱ, ㄷ   ④ ㄴ, ㄷ   ⑤ ㄱ, ㄴ, ㄷ

11 ★★★ | 2023년 7월 교육청 13번 |

그림은 북반구의 대기 대순환을 나타낸 것이다. A, B, C는 각각 해들리 순환, 페렐 순환, 극순환 중 하나이다.

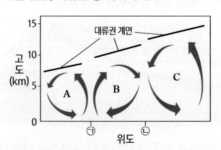

이에 대한 설명으로 옳은 것만을 〈보기〉에서 있는 대로 고른 것은?

〈보기〉
ㄱ. A의 지상에는 동풍 계열의 바람이 우세하게 분다.
ㄴ. 직접 순환에 해당하는 것은 B이다.
ㄷ. 남북 방향의 온도 차는 ⓒ에서가 ⊙에서보다 크다.

① ㄱ   ② ㄴ   ③ ㄱ, ㄷ   ④ ㄴ, ㄷ   ⑤ ㄱ, ㄴ, ㄷ

12 ★☆☆

그림은 경도 150°E의 해수면 부근에서 측정한 연평균 풍속의 남북 방향 성분 분포와 동서 방향 성분 분포를 위도에 따라 나타낸 것이다.

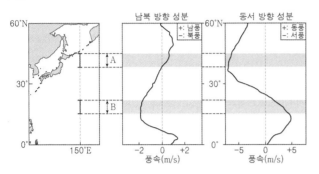

이에 대한 설명으로 옳은 것만을 〈보기〉에서 있는 대로 고른 것은?
[3점]

┌─ 보기 ┐
ㄱ. A 구간의 해수면 부근에는 북서풍이 우세하다.
ㄴ. B 구간의 해역에 흐르는 해류는 해들리 순환의 영향을 받는다.
ㄷ. 표층 수온은 A 구간의 해역보다 B 구간의 해역에서 높다.
└─────┘

① ㄱ　② ㄷ　③ ㄱ, ㄴ　④ ㄴ, ㄷ　⑤ ㄱ, ㄴ, ㄷ

13 ★★☆

그림은 대서양 어느 해역에서 깊이에 따라 측정한 수온과 염분을 심층 수괴의 분포와 함께 수온–염분도에 나타낸 것이다. A, B, C 는 각각 북대서양 심층수, 남극 중층수, 남극 저층수 중 하나이다.

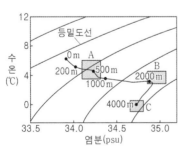

이에 대한 설명으로 옳은 것만을 〈보기〉에서 있는 대로 고른 것은?

┌─ 보기 ┐
ㄱ. 평균 밀도는 A보다 C가 크다.
ㄴ. 이 해역의 깊이 4000 m인 지점에는 남극 중층수가 존재한다.
ㄷ. 해수의 평균 이동 속도는 0~200 m보다 2000~4000 m에서 느리다.
└─────┘

① ㄱ　② ㄴ　③ ㄷ　④ ㄱ, ㄷ　⑤ ㄴ, ㄷ

14 ★★★

그림은 A와 B 시기에 관측한 북반구의 평균 해면 기압을 위도에 따라 나타낸 것이다.

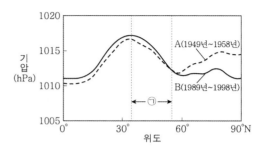

이 자료에 대한 옳은 설명만을 〈보기〉에서 있는 대로 고른 것은?

┌─ 보기 ┐
ㄱ. 무역풍대에서는 위도가 높아질수록 평균 해면 기압이 대체로 높아진다.
ㄴ. ㉠ 구간의 지표 부근에서는 북풍 계열의 바람이 우세하다.
ㄷ. 중위도 고압대의 평균 해면 기압은 A 시기가 B 시기보다 낮다.
└─────┘

① ㄱ　② ㄴ　③ ㄷ　④ ㄱ, ㄴ　⑤ ㄱ, ㄷ

15 ★★★

그림은 대서양의 심층 순환과 두 해역 A와 B의 위치를 나타낸 것이다.

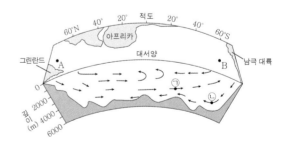

이에 대한 옳은 설명만을 〈보기〉에서 있는 대로 고른 것은?

┌─ 보기 ┐
ㄱ. A 해역에서는 해수의 용승이 침강보다 우세하다.
ㄴ. B 해역에서 표층 해류는 서쪽으로 흐른다.
ㄷ. 해수의 밀도는 ㉠ 지점이 ㉡ 지점보다 작다.
└─────┘

① ㄱ　② ㄷ　③ ㄱ, ㄴ　④ ㄴ, ㄷ　⑤ ㄱ, ㄴ, ㄷ

16 ★★☆ | 2022년 10월 교육청 2번 |

다음은 심층 순환의 형성 원리를 알아보기 위한 탐구이다.

[탐구 과정]

(가) 수조에 ㉠ 20 ℃의 증류수를 넣는다.

(나) 비커 A와 B에 각각 10 ℃의 증류수 500 g을 넣는다.

(다) A에는 소금 17 g을, B에는 소금 (㉡) g을 녹인다.

(라) A와 B에 각각 서로 다른 색의 잉크를 몇 방울 떨어뜨린다.

(마) 그림과 같이 A와 B의 소 금물을 수조의 양 끝에서 동시에 천천히 부으면서 수조 안을 관찰한다.

[탐구 결과]

• A와 B의 소금물이 수조 바닥으로 가라앉아 이동하다가 만나서 A의 소금물이 B의 소금물 아래로 이동한다.

이에 대한 옳은 설명만을 〈보기〉에서 있는 대로 고른 것은?

보기
ㄱ. (다)에서 A의 소금물은 염분이 34 psu보다 작다.
ㄴ. ㉡은 17보다 작다.
ㄷ. ㉠을 10 ℃의 증류수로 바꾸어 실험하면 A와 B의 소금물이 수조 바닥으로 가라앉는 속도는 더 빠를 것이다.

① ㄱ ② ㄷ ③ ㄱ, ㄴ ④ ㄴ, ㄷ ⑤ ㄱ, ㄴ, ㄷ

17 ★★☆ | 2022년 10월 교육청 11번 |

그림은 북극 상공에서 바라본 주요 표층 해류의 방향을 나타낸 것이다.

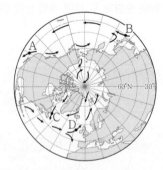

해역 A~D에 대한 옳은 설명만을 〈보기〉에서 있는 대로 고른 것은?

보기
ㄱ. 표층 염분은 A에서가 B에서보다 낮다.
ㄴ. 표층 해수의 용존 산소량은 C에서가 D에서보다 적다.
ㄷ. D에는 주로 극동풍에 의해 형성된 해류가 흐른다.

① ㄱ ② ㄴ ③ ㄷ ④ ㄱ, ㄴ ⑤ ㄴ, ㄷ

18 ★★★ | 2022년 7월 교육청 11번 |

그림 (가)와 (나)는 현재와 신생대 팔레오기의 대서양 심층 순환을 순서 없이 나타낸 것이다.

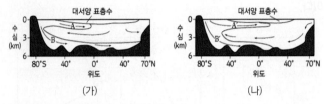

(가)   (나)

이에 대한 설명으로 옳은 것만을 〈보기〉에서 있는 대로 고른 것은? [3점]

보기
ㄱ. 지구의 평균 기온은 (나)일 때가 (가)일 때보다 높다.
ㄴ. (나)에서 해수의 평균 염분은 B′가 A′보다 높다.
ㄷ. B는 B′보다 북반구의 고위도까지 흐른다.

① ㄱ ② ㄷ ③ ㄱ, ㄴ ④ ㄴ, ㄷ ⑤ ㄱ, ㄴ, ㄷ

19 ★★☆ | 2022년 4월 교육청 11번 |

그림 (가)는 북태평양 아열대 순환을 구성하는 표층 해류가 흐르는 해역 A, B, C를, (나)는 A, B, C에서 동일한 시기에 측정한 수온과 염분 자료를 나타낸 것이다. ㉠, ㉡, ㉢은 각각 A, B, C에서 측정한 자료 중 하나이다.

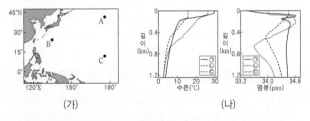

(가)   (나)

이 자료에 대한 설명으로 옳지 않은 것은?

① A에는 북태평양 해류가 흐른다.
② ㉠은 C에서 측정한 자료이다.
③ 표면 해수의 염분은 B에서 가장 높다.
④ C에 흐르는 표층 해류는 무역풍의 영향을 받는다.
⑤ 혼합층의 두께는 C보다 A에서 두껍다.

20 ★★☆ | 2022년 4월 교육청 12번 |

그림은 대서양 심층 순환의 일부를 나타낸 것이다. A, B, C는 각각 남극 저층수, 남극 중층수, 북대서양 심층수 중 하나이다.

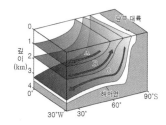

이에 대한 설명으로 옳은 것만을 〈보기〉에서 있는 대로 고른 것은?

보기
ㄱ. A는 남극 중층수이다.
ㄴ. 해수의 밀도는 B보다 C가 크다.
ㄷ. C는 심해층에 산소를 공급한다.

① ㄱ ② ㄷ ③ ㄱ, ㄴ ④ ㄴ, ㄷ ⑤ ㄱ, ㄴ, ㄷ

21 ★★★ | 2022년 3월 교육청 2번 |

그림은 북반구에서 대기 대순환을 이루는 순환 세포 A, B, C를 나타낸 것이다.

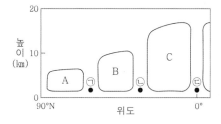

이에 대한 옳은 설명만을 〈보기〉에서 있는 대로 고른 것은?

보기
ㄱ. 직접 순환에 해당하는 것은 A와 C이다.
ㄴ. 온대 저기압은 ㉠보다 ㉡ 부근에서 주로 발생한다.
ㄷ. ㉢에서는 공기가 발산한다.

① ㄱ ② ㄷ ③ ㄱ, ㄴ ④ ㄴ, ㄷ ⑤ ㄱ, ㄴ, ㄷ

22 ★★☆ | 2022년 3월 교육청 11번 |

그림은 남태평양에서 표층 해수의 용존 산소량이 같은 지점을 연결한 선을 나타낸 것이다.

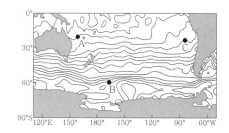

이에 대한 옳은 설명만을 〈보기〉에서 있는 대로 고른 것은?

보기
ㄱ. 표층 해수의 용존 산소량은 A 해역이 B 해역보다 많다.
ㄴ. C 해역에는 한류가 흐른다.
ㄷ. 남태평양에서 아열대 순환의 방향은 시계 방향이다.

① ㄱ ② ㄴ ③ ㄱ, ㄷ ④ ㄴ, ㄷ ⑤ ㄱ, ㄴ, ㄷ

23 ★★☆ | 2022년 3월 교육청 13번 |

그림은 남극 중층수, 북대서양 심층수, 남극 저층수를 각각 ㉠, ㉡, ㉢으로 순서 없이 수온–염분도에 나타낸 것이고, 표는 남대서양에 위치한 A, B 해역에서의 깊이에 따른 수온과 염분을 나타낸 것이다.

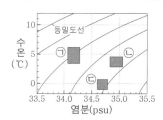

깊이 (m)	A 해역		B 해역	
	수온 (℃)	염분 (psu)	수온 (℃)	염분 (psu)
1000	3.8	34.2	0.3	34.6
2000	3.4	34.9	0.0	34.7
3000	3.1	34.9	−0.3	34.7

이에 대한 옳은 설명만을 〈보기〉에서 있는 대로 고른 것은? [3점]

보기
ㄱ. ㉠은 남극 저층수이다.
ㄴ. A의 3000 m 깊이에는 북대서양 심층수가 존재한다.
ㄷ. 위도는 A가 B보다 낮다.

① ㄱ ② ㄴ ③ ㄱ, ㄷ ④ ㄴ, ㄷ ⑤ ㄱ, ㄴ, ㄷ

24 ☆☆☆

| 2021년 10월 교육청 3번 |

그림 (가)는 대서양의 해수 순환을, (나)는 대서양 해수의 연직 순환을 나타낸 모식도이다. A, B, C는 각각 남극 저층수, 북대서양 심층수, 표층수 중 하나이다.

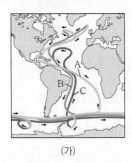 

(가)   (나)

이에 대한 옳은 설명만을 〈보기〉에서 있는 대로 고른 것은?

보기
ㄱ. 해수의 이동 속도는 A가 C보다 느리다.
ㄴ. B는 북대서양 심층수이다.
ㄷ. 해수의 평균 밀도는 B가 C보다 크다.

① ㄱ   ② ㄴ   ③ ㄱ, ㄷ   ④ ㄴ, ㄷ   ⑤ ㄱ, ㄴ, ㄷ

25 ☆☆☆

| 2021년 7월 교육청 12번 |

표는 심층 순환을 이루는 수괴에 대한 설명을 나타낸 것이다. (가), (나), (다)는 각각 남극 저층수, 북대서양 심층수, 남극 중층수 중 하나이다.

구분	설명
(가)	해저를 따라 북쪽으로 이동하여 30°N에 이른다.
(나)	수심 1000 m 부근에서 20°N까지 이동한다.
(다)	수심 약 1500~4000 m 사이에서 60°S까지 이동한다.

이에 대한 설명으로 옳은 것만을 〈보기〉에서 있는 대로 고른 것은?

보기
ㄱ. (나)는 남극 대륙 주변의 웨델해에서 생성된다.
ㄴ. 평균 염분은 (가)가 (나)보다 높다.
ㄷ. 평균 밀도는 (가)가 (다)보다 크다.

① ㄱ   ② ㄴ   ③ ㄱ, ㄷ   ④ ㄴ, ㄷ   ⑤ ㄱ, ㄴ, ㄷ

26 ☆☆☆

| 2021년 4월 교육청 7번 |

그림은 대서양 표층 순환과 심층 순환의 일부를 확대하여 나타낸 것이다. ㉠과 ㉡은 각각 표층수와 심층수 중 하나이다.

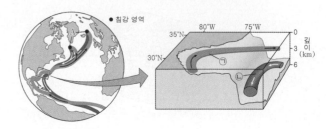

이에 대한 설명으로 옳은 것만을 〈보기〉에서 있는 대로 고른 것은?

보기
ㄱ. 해수의 밀도는 ㉠보다 ㉡이 크다.
ㄴ. 해수가 흐르는 평균 속력은 ㉠보다 ㉡이 빠르다.
ㄷ. A 해역에 빙하가 녹은 물이 유입되면 표층수의 침강은 강해진다.

① ㄱ   ② ㄴ   ③ ㄱ, ㄷ   ④ ㄴ, ㄷ   ⑤ ㄱ, ㄴ, ㄷ

27 ☆☆☆

| 2021년 4월 교육청 10번 |

그림은 우리나라 주변의 해류를 나타낸 것이다. A, B, C는 각각 동한 난류, 북한 한류, 쿠로시오 해류 중 하나이다.

이에 대한 설명으로 옳은 것만을 〈보기〉에서 있는 대로 고른 것은?

보기
ㄱ. A는 북한 한류이다.
ㄴ. 동해에서는 A와 B가 만나 조경 수역이 형성된다.
ㄷ. C는 북태평양 아열대 순환의 일부이다.

① ㄱ   ② ㄴ   ③ ㄱ, ㄷ   ④ ㄴ, ㄷ   ⑤ ㄱ, ㄴ, ㄷ

28 ★☆☆

|2021년 3월 교육청 13번|

그림 (가)는 북대서양의 표층수와 심층수의 이동을, (나)는 대서양의 해수 순환을 나타낸 것이다. A, B, C는 각각 표층수, 남극 저층수, 북대서양 심층수 중 하나이다.

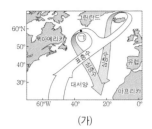 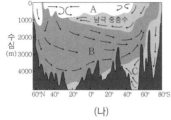

(가) (나)

이에 대한 옳은 설명만을 〈보기〉에서 있는 대로 고른 것은?

┌─ 보기 ─────────────────────────────
ㄱ. (가)의 심층수는 (나)의 B에 해당한다.
ㄴ. 해수의 평균 이동 속도는 A가 C보다 크다.
ㄷ. ㉠ 해역에서 표층수의 밀도가 현재보다 커지면 침강이 약해진다.
└────────────────────────────────────

① ㄱ ② ㄷ ③ ㄱ, ㄴ ④ ㄱ, ㄷ ⑤ ㄴ, ㄷ

29 ★☆☆

|2020년 10월 교육청 1번|

그림 (가)는 북대서양의 표층 순환과 심층 순환의 일부를, (나)는 고위도 해역에서 결빙이 일어날 때 해수의 움직임을 나타낸 것이다.

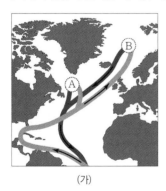 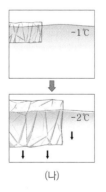

(가) (나)

이에 대한 옳은 설명만을 〈보기〉에서 있는 대로 고른 것은?

┌─ 보기 ─────────────────────────────
ㄱ. A와 B에서는 표층 해수의 침강이 일어난다.
ㄴ. (나)의 과정에서 빙하 주변 표층 해수의 밀도는 커진다.
ㄷ. A와 B에 빙하가 녹은 물이 유입되면 북대서양의 심층 순환이 강화될 것이다.
└────────────────────────────────────

① ㄱ ② ㄷ ③ ㄱ, ㄴ ④ ㄱ, ㄷ ⑤ ㄴ, ㄷ

30 ★☆☆

|2020년 7월 교육청 8번|

다음은 동한 난류, 북한 한류, 대마 난류의 특징을 순서 없이 정리한 것이다.

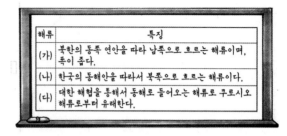

해류	특징
(가)	북한의 동쪽 연안을 따라 남쪽으로 흐르는 해류이며, 폭이 좁다.
(나)	한국의 동해안을 따라서 북쪽으로 흐르는 해류이다.
(다)	대한 해협을 통해서 동해로 들어오는 해류로 구로시오 해류로부터 유래한다.

이에 대한 설명으로 옳은 것만을 〈보기〉에서 있는 대로 고른 것은?

┌─ 보기 ─────────────────────────────
ㄱ. (가)와 (나)가 만나는 해역에는 조경 수역이 나타난다.
ㄴ. (나)는 겨울철보다 여름철에 강하게 나타난다.
ㄷ. 동일 위도에서 용존 산소량은 (가)가 (다)보다 적다.
└────────────────────────────────────

① ㄱ ② ㄷ ③ ㄱ, ㄴ ④ ㄴ, ㄷ ⑤ ㄱ, ㄴ, ㄷ

31 ★☆☆

|2020년 7월 교육청 13번|

그림은 대서양에서 관측되는 수괴의 수온과 염분 분포를 나타낸 것이다. A~D는 북대서양 중앙 표층수, 남극 저층수, 북대서양 심층수, 남극 중층수를 순서 없이 나타낸 것이다.

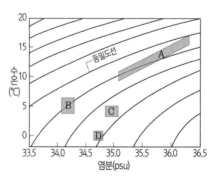

이에 대한 설명으로 옳은 것만을 〈보기〉에서 있는 대로 고른 것은?

┌─ 보기 ─────────────────────────────
ㄱ. 수온 분포의 폭이 가장 큰 것은 A이다.
ㄴ. C는 그린란드 해역 주변에서 침강한다.
ㄷ. 평균 밀도는 D가 가장 크다.
└────────────────────────────────────

① ㄱ ② ㄷ ③ ㄱ, ㄴ ④ ㄴ, ㄷ ⑤ ㄱ, ㄴ, ㄷ

III

우주

01 별의 물리량과 진화

빈의 변위 법칙

흑체의 표면 온도(T)가 높을수록 최대 에너지를 방출하는 파장(λ_{max})이 짧아진다.

$$\lambda_{max} = \frac{a}{T}$$
$$(a = 2.898 \times 10^3 \, \mu m \cdot K)$$

색지수(B−V)

- 파란색 별 : B 등급 < V 등급 ➡ 색지수는 (−) 값
- 노란색 별 : B 등급 > V 등급 ➡ 색지수는 (+) 값

슈테판 · 볼츠만 법칙

흑체가 단위 시간 동안 단위 면적에서 방출하는 에너지양(E)은 표면 온도(T)의 4제곱에 비례한다.

$$E = \sigma T^4$$
$$(\sigma = 5.670 \times 10^{-8} \, W \cdot m^{-2} \cdot K^{-4})$$

A 별의 물리량

1. 별의 표면 온도

(1) **색과 표면 온도** : 표면 온도가 높은 별일수록 최대 에너지를 방출하는 파장이 짧아 파란색으로 보인다.

(2) **색지수와 표면 온도** : 별의 표면 온도가 높을수록 색지수(B−V)가 작다.

(3) **분광형과 표면 온도** : 별의 표면 온도에 따른 흡수선의 종류와 세기를 기준으로 별의 분광형을 O, B, A, F, G, K, M형의 7개로 분류하며, 각각의 분광형은 0(고온)~9(저온)의 10등급으로 세분한다.
  ① 태양의 흡수선과 분광형 : 태양은 표면 온도가 약 5800 K인 노란색의 별로 이온화된 칼슘(CaⅡ) 흡수선이 가장 강하게 나타나며 분광형은 G2형이다.
  ② A형 별의 흡수선과 분광형 : 표면 온도가 약 10000 K인 A형 별의 색지수는 0이고, 이 별에서 중성 수소(HI) 흡수선이 강하다.

분광형	O	B	A	F	G	K	M
색	청색	청백색	백색	황백색	황색	주황색	적색
색지수	(−) ←		0 ───────			→	(+)
표면 온도	높다 ←		10000 K ───			→	낮다

2. 별의 광도와 크기

(1) **별의 광도** : 별의 표면에서 단위 시간 동안 방출하는 총 에너지양
  ➡ 광도는 별의 표면적($4\pi R^2$)과 별이 단위 시간 동안 단위 면적에서 방출하는 에너지양(σT^4)을 곱하여 구할 수 있다.

(2) **별의 반지름** : 별의 광도(L)와 표면 온도(T)를 알면 구할 수 있다.

$$L = 4\pi R^2 \cdot \sigma T^4 \Rightarrow R = \sqrt{\frac{L}{4\pi\sigma T^4}} \propto \frac{\sqrt{L}}{T^2}$$

3. 별의 광도 계급
별을 Ⅰ~Ⅶ로 분류하며, 분광형이 같을 때 광도 계급의 숫자가 클수록 광도와 반지름이 작아진다.
  ➡ 태양은 표면 온도가 약 5800 K이고 주계열성이므로, 태양은 M-K 분류법으로 G2 V이다.

B H−R도와 별의 종류

1. H−R도
가로축은 분광형(표면 온도, 색지수), 세로축은 별의 광도(절대 등급)로 하여 별의 분포를 나타낸 그래프

2. H−R도와 별의 종류

H−R도와 광도 계급

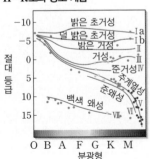

초거성은 밝기에 따라 Ⅰa(밝은 초거성)와 Ⅰb(덜 밝은 초거성)로 나눈다.

구분	분포	특징	예
주계열성	H−R도의 왼쪽 위에서 오른쪽 아래로 이어지는 좁은 띠 모양으로 분포	• H−R도의 왼쪽 위에 분포할수록 표면 온도가 높고, 광도, 반지름, 질량이 크다. • 별의 약 90 %는 주계열성에 속한다.	태양, 스피카, 시리우스 A
적색 거성	H−R도에서 주계열의 오른쪽 위에 분포	• 표면 온도가 낮아 붉은색을 띠며 반지름이 매우 커서 광도가 크다. • 주계열성보다 반지름이 크고 평균 밀도는 작다.	아르크투루스, 알데바란
초거성	H−R도에서 적색 거성보다 더 위에 분포	• 적색 거성보다 광도와 반지름이 크고, 평균 밀도는 작다.	베텔게우스, 안타레스
백색 왜성	H−R도에서 주계열성의 왼쪽 아래에 분포	• 표면 온도가 높아 백색으로 보이며, 반지름이 매우 작기 때문에 광도가 작다. • 주계열성보다 평균 밀도가 매우 크다.	시리우스 B

C 별의 탄생과 진화

1. 별의 탄생

(1) 별의 탄생 과정 : 별은 주로 기체 밀도가 높고 온도가 낮은 암흑 성운 내부에서 탄생한다.

(2) 원시별의 진화 과정 : 원시별의 질량이 클수록 중력 수축이 빨라 주계열성에 빠르게 도달하며 광도가 크고 표면 온도가 높은 주 계열성이 된다.

① **질량이 큰 원시별** : 광도는 거의 변하지 않고, 표면 온도는 크 게 상승하여 주계열의 왼쪽 위에 위치한다.

➡ H−R도에서 수평 방향으로 진화

② **질량이 작은 원시별** : 광도는 크게 감소하고, 표면 온도는 약 간 상승하여 주계열의 오른쪽 아래에 위치한다.

➡ H−R도에서 수직 방향으로 진화

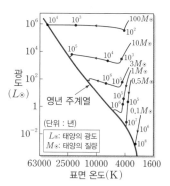

▲ 질량에 따른 원시별의 진화 경로

2. 별의 진화

(1) 주계열 단계

① **에너지원** : 수소 핵융합 반응에 의해 생성된 에너지

② **정역학 평형** : 중력과 기체 압력 차에 의한 힘이 평형을 이루며 별의 크기가 일정하게 유지된다.

③ **별의 수명** : 질량이 클수록 수명이 짧다.

➡ 주계열의 질량이 클수록 중심부 온도가 높아 수소 연소 효율이 크기 때문에 수소를 매우 빠르게 소모하므로 수명이 짧다.

(2) 거성, 초거성 단계 : 태양과 질량이 비슷한 별은 주계열 단계를 떠나면 적색 거성이 되고, 태양보다 질량이 매우 큰 별은 적색 거성보다 반지름과 광도가 크게 증가하여 적색 초거성이 된다.

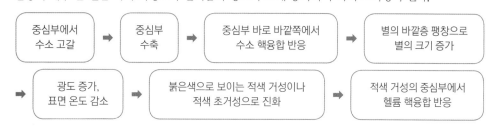

(3) 별의 종말 : 태양과 질량이 비슷한 별은 적색 거성 이후 행성상 성운과 백색 왜성으로, 태양보다 질량이 매우 큰 별은 초거성 이후 초신성 폭발을 거쳐 중성자별이나 블랙홀로 종말을 맞이한다.

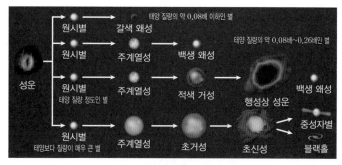

▲ 질량에 따른 별의 진화 과정

D 별의 에너지원과 내부 구조

1. 별의 에너지원

(1) 원시별의 에너지원 : 중력에 의해 수축할 때 위치 에너지의 감소로 생성되는 중력 수축 에너지

(2) 주계열성의 에너지원

① **수소 핵융합 반응** : 중심부 온도가 1000만 K 이상일 때 4개의 수소 원자핵이 융합하여 1개의 헬륨 원자핵을 생성하는 반응

출제 tip

질량에 따른 원시별의 진화 경로

질량이 서로 다른 여러 원시별의 진화 경로가 제시된 자료를 분석하여 진화 속도, 질량을 비교하는 문제가 자주 출제된다.

태양보다 질량이 매우 큰 별의 핵융 합 반응과 진화

태양보다 질량이 매우 큰 별의 중심핵에 서는 헬륨보다 무거운 탄소, 네온, 산소 등에 의한 핵융합 반응이 순차적으로 일 어나면서 초거성으로 진화한다.

초신성 폭발과 원소 생성

초신성 폭발 때 많은 에너지가 발생하므로, 이때 금, 은, 우라늄 등의 철보다 무거 운 원소가 생성된다.

태양의 진화 과정

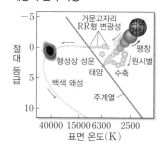

출제 tip

수소 핵융합 반응의 종류

중심핵의 온도에 따른 에너지 생성률을 제시하고 두 가지 수소 핵융합 반응의 특성을 비교하는 문제가 자주 출제된다.

수소 핵융합 반응의 원리

핵에너지

HHH → 융합 → He

질량 합 :   질량 :
4.032   4.003

수소 원자핵 4개의 질량 합보다 헬륨 원자핵 1개의 질량이 작고, 이 과정에서 감소한 질량이 질량 에너지 등가 원리에 의해 에너지로 전환된다.

질량 에너지 등가 원리

핵융합 반응에서 감소한 질량을 Δm(질량 결손)이라 하고, 빛의 속도를 c라고 할 때, 핵융합 반응에 의해 생성되는 에너지 $E = \Delta mc^2$에 해당한다.

복사와 대류

별의 중심핵에서 생성된 에너지는 주로 복사와 대류를 통해 별의 표면으로 전달되는데, 이중 대류는 온도 차가 클 때 에너지를 효과적으로 전달하는 방법이다.

---

② 수소 핵융합 반응의 종류

구분	양성자·양성자 반응(p-p 반응)	탄소·질소·산소 순환 반응(CNO 순환 반응)
조건	중심부 온도가 1800만 K 이하인 별에서 우세하다.	중심부 온도가 1800만 K 이상인 별에서 우세하다.
과정	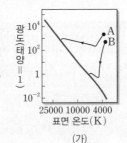	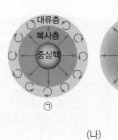

● 양성자
● 중성자
→ 에너지 방출

(3) **주계열성 이후의 에너지원**

① 헬륨 핵융합 반응 : 중심부 온도가 1억 K 이상일 때 헬륨 원자핵 3개가 결합하여 탄소 원자핵 1개가 생성되는 반응

② 헬륨보다 무거운 원소의 핵융합 반응 : 탄소, 네온, 산소, 규소 등 헬륨보다 무거운 원소의 핵융합 반응으로, 초거성의 중심부에서 핵융합 반응에 의해 생성될 수 있는 가장 무거운 원소는 철이다.

2. **별의 내부 구조**

주계열성의 내부 구조		거성의 내부 구조	
별의 질량에 따라 에너지 전달 방식(대류, 복사)이 다르기 때문에 내부 구조가 다르다.		거성 및 초거성의 내부에서는 중심부로 갈수록 무거운 원소로 이루어진 양파 껍질 같은 구조를 이룬다.	
태양 질량의 2배 이하인 별	태양 질량의 2배 이상인 별	태양과 질량이 비슷한 별의 최종 내부 구조	태양보다 질량이 매우 큰 별의 최종 내부 구조

실전 자료 **원시별의 진화 과정과 주계열성의 내부 구조**

그림 (가)는 원시별 A와 B가 주계열성으로 진화하는 경로를, (나)의 ㉠과 ㉡은 A와 B가 주계열 단계에 있을 때의 내부 구조를 순서 없이 나타낸 것이다.

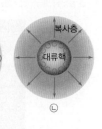

(가)   (나)

❶ H-R도상에서 원시별의 질량에 따른 진화 과정 비교하기

원시별의 질량이 클수록 중력 수축이 빠르게 일어나 주계열성으로 진화하는 데 걸리는 시간이 짧고, 표면 온도와 광도가 크므로 H-R도에서 주계열성의 왼쪽 위에 위치한다.

❷ 주계열성의 질량에 따른 내부 구조의 차이 비교하기

㉠은 태양 질량의 2배 이하인 주계열성의 내부 구조이고, ㉡은 태양 질량의 2배 이상인 주계열성의 내부 구조이다. B가 태양 정도의 질량을 가진 별이므로 A가 주계열 단계에 있을 때의 내부 구조는 ㉡이다.

❸ 주계열성의 질량에 따른 수소 핵융합 반응의 종류 구분하기

CNO 순환 반응은 질량이 큰 주계열성의 중심핵에서 우세하게 일어나고, 에너지 생성량이 급격하게 증가하여 중심핵의 안과 밖에서 온도 차가 커져서 대류핵이 나타난다.

1 ★★☆

| 2024년 10월 교육청 5번 |

그림은 태양과 질량이 비슷한 별의 시간에 따른 광도 변화를 나타낸 것이다.

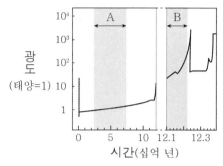

이 자료에 대한 설명으로 옳은 것만을 〈보기〉에서 있는 대로 고른 것은?

┌─ 보기 ┐
ㄱ. A 시기는 주계열 단계이다.
ㄴ. 별의 평균 표면 온도는 A 시기가 B 시기보다 높다.
ㄷ. B 시기 별의 중심핵에서는 헬륨 핵융합 반응이 일어난다.
└─────┘

① ㄱ   ② ㄷ   ③ ㄱ, ㄴ   ④ ㄴ, ㄷ   ⑤ ㄱ, ㄴ, ㄷ

2 ★★☆

| 2024년 10월 교육청 14번 |

표는 별 ㉠, ㉡, ㉢의 물리량을 나타낸 것이다. ㉠은 주계열성이다.

별	분광형	최대 복사 에너지 방출 파장 (상댓값)	절대 등급
㉠	A0	1	+0.6
㉡	A9	( )	( )
㉢	( )	2	−4.6

이 자료에 대한 설명으로 옳은 것만을 〈보기〉에서 있는 대로 고른 것은? [3점]

┌─ 보기 ┐
ㄱ. 단위 시간당 단위 면적에서 방출하는 복사 에너지양은 ㉠이 ㉡보다 크다.
ㄴ. ㉢은 주계열성이다.
ㄷ. $\dfrac{㉢의 반지름}{㉠의 반지름}$ 은 40보다 작다.
└─────┘

① ㄱ   ② ㄴ   ③ ㄷ   ④ ㄱ, ㄷ   ⑤ ㄴ, ㄷ

3 ★★☆

| 2024년 7월 교육청 13번 |

그림 (가)와 (나)는 각각 주계열성 A와 B의 중심으로부터 표면까지 거리에 따른 수소 함량 비율을 나타낸 것이다. A와 B가 주계열 단계에 도달했을 때의 질량은 태양 질량의 5배이다.

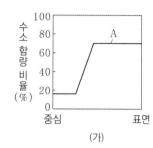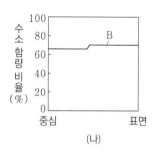

(가)   (나)

이 자료에 대한 설명으로 옳은 것만을 〈보기〉에서 있는 대로 고른 것은? [3점]

┌─ 보기 ┐
ㄱ. A의 중심부에는 대류핵이 존재한다.
ㄴ. A의 중심핵에서는 헬륨 핵융합 반응이 일어난다.
ㄷ. 주계열 단계에 도달한 이후 경과한 시간은 B가 A보다 길다.
└─────┘

① ㄱ   ② ㄴ   ③ ㄱ, ㄷ   ④ ㄴ, ㄷ   ⑤ ㄱ, ㄴ, ㄷ

4 ☆☆☆ | 2024년 7월 교육청 18번 |

그림은 별 A, B, C의 물리량을 나타낸 것이다. A, B, C 중 2개는 주계열성, 1개는 거성이다.

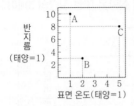

이에 대한 설명으로 옳은 것만을 〈보기〉에서 있는 대로 고른 것은?

> 보기
> ㄱ. A는 주계열성이다.
> ㄴ. C는 B보다 질량이 크다.
> ㄷ. A와 C의 절대 등급 차는 5보다 크다.

① ㄱ ② ㄴ ③ ㄱ, ㄷ ④ ㄴ, ㄷ ⑤ ㄱ, ㄴ, ㄷ

---

5 ☆☆☆ | 2024년 5월 교육청 13번 |

그림 (가)는 별의 분광형에 따른 흡수선의 상대적 세기를, (나)는 주계열성 ㉠과 ㉡의 스펙트럼을 나타낸 것이다. ㉠과 ㉡의 분광형은 각각 A0와 G0 중 하나이다.

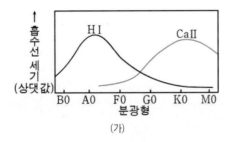

(가)

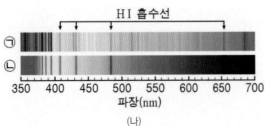

(나)

이에 대한 설명으로 옳은 것만을 〈보기〉에서 있는 대로 고른 것은?

> 보기
> ㄱ. 분광형이 G0인 별에서는 HⅠ 흡수선보다 CaⅡ 흡수선이 강하게 나타난다.
> ㄴ. ㉡의 분광형은 A0이다.
> ㄷ. 광도는 ㉠보다 ㉡이 크다.

① ㄱ ② ㄷ ③ ㄱ, ㄴ ④ ㄴ, ㄷ ⑤ ㄱ, ㄴ, ㄷ

---

6 ☆☆☆ | 2024년 5월 교육청 15번 |

그림 (가)는 질량이 서로 다른 주계열성 A와 B의 내부 구조를, (나)는 어느 수소 핵융합 반응을 나타낸 것이다. A와 B의 질량은 각각 태양 질량의 1배와 5배 중 하나이다.

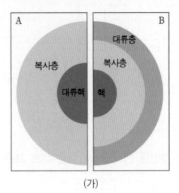

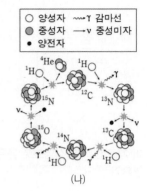

(가) (나)

이에 대한 설명으로 옳은 것만을 〈보기〉에서 있는 대로 고른 것은? [3점]

> 보기
> ㄱ. 별의 중심부 온도는 A보다 B가 높다.
> ㄴ. (나)에서 ^{12}C는 촉매로 작용한다.
> ㄷ. $\dfrac{\text{(나)에 의한 에너지 생산량}}{\text{수소 핵융합 반응에 의한 총에너지 생산량}}$ 은 A보다 B가 크다.

① ㄱ ② ㄴ ③ ㄱ, ㄷ ④ ㄴ, ㄷ ⑤ ㄱ, ㄴ, ㄷ

7 ★★☆

그림 (가)는 주계열성 A와 B가 각각 A′과 B′으로 진화하는 경로를, (나)는 A와 B 중 한 별의 중심부에서 핵융합 반응이 종료된 직후의 내부 구조를 나타낸 것이다.

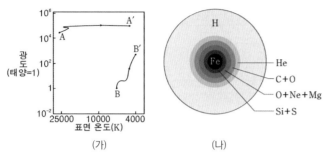

(가)   (나)

이에 대한 설명으로 옳은 것만을 〈보기〉에서 있는 대로 고른 것은? [3점]

> 보기
>
> ㄱ. 주계열 단계에 도달한 후, 이 단계에 머무는 시간은 A보다 B가 짧다.
> ㄴ. 절대 등급의 변화 폭은 A가 A′으로 진화할 때보다 B가 B′으로 진화할 때가 크다.
> ㄷ. (나)는 B의 중심부에서 핵융합 반응이 종료된 직후의 내부 구조이다.

① ㄱ ② ㄴ ③ ㄱ, ㄷ ④ ㄴ, ㄷ ⑤ ㄱ, ㄴ, ㄷ

8 ★★☆

그림은 지구로부터 거리가 같은 별 (가)와 (나)의 가시광선 영상을, 표는 (가)와 (나)의 물리량을 각각 나타낸 것이다. (가)와 (나)는 각각 주계열성과 백색 왜성 중 하나이다.

	(가)	(나)
분광형	A1	B1
절대 등급	1.5	11.3

이 자료에 대한 설명으로 옳은 것은? [3점]

① (나)의 광도 계급은 태양과 같다.
② 겉보기 등급은 (가)가 (나)보다 크다.
③ 별의 평균 밀도는 (가)가 (나)보다 크다.
④ 단위 시간당 방출하는 복사 에너지양은 (가)가 (나)보다 많다.
⑤ 복사 에너지를 최대로 방출하는 파장은 (가)가 (나)보다 짧다.

9 ★★★

그림 (가)는 수소 핵융합 반응 ㉠과 ㉡을, (나)는 현재 태양의 중심으로부터의 거리에 따른 수소와 헬륨의 질량비를 나타낸 것이다. ㉠과 ㉡은 각각 p-p반응과 CNO 순환 반응 중 하나이다.

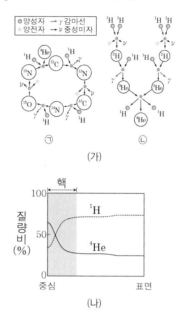

(가)

(나)

이 자료에 대한 설명으로 옳은 것만을 〈보기〉에서 있는 대로 고른 것은?

> 보기
>
> ㄱ. ㉠은 p-p 반응이다.
> ㄴ. 태양의 핵에서는 ㉠이 ㉡보다 우세하게 일어난다.
> ㄷ. 태양의 핵에서 헬륨(^4He)의 평균 질량비는 주계열 단계가 끝날 때가 현재보다 클 것이다.

① ㄴ ② ㄷ ③ ㄱ, ㄴ ④ ㄱ, ㄷ ⑤ ㄴ, ㄷ

10 ★★☆

그림은 질량이 태양과 비슷한 별의 진화 과정에서 생성된 성운을 나타낸 것이다.

이 성운에 대한 설명으로 옳은 것만을 〈보기〉에서 있는 대로 고른 것은?

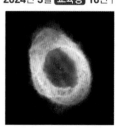

> 보기
>
> ㄱ. 행성상 성운이다.
> ㄴ. 성운이 형성되는 과정에서 철보다 무거운 원소가 만들어진다.
> ㄷ. 성운을 만든 별의 중심부는 최종 진화 단계에서 백색 왜성이 된다.

① ㄴ ② ㄷ ③ ㄱ, ㄴ ④ ㄱ, ㄷ ⑤ ㄴ, ㄷ

11 ★★☆
| 2023년 10월 교육청 12번 |

그림은 별 ㉠~㉣의 반지름과 광도를 나타낸 것이다. A는 표면 온도가 T인 별의 반지름과 광도의 관계이다.

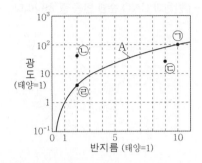

이 자료에 대한 옳은 설명만을 〈보기〉에서 있는 대로 고른 것은? (단, 태양의 절대 등급은 4.8이다.) [3점]

┌─ 보기 ─────────────────────────┐

ㄱ. ㉠의 절대 등급은 0보다 작다.

ㄴ. ㉢의 표면 온도는 T보다 높다.

ㄷ. Ca Ⅱ 흡수선의 상대적 세기는 ㉡이 ㉣보다 강하다.

└────────────────────────────┘

① ㄱ ② ㄷ ③ ㄱ, ㄴ ④ ㄴ, ㄷ ⑤ ㄱ, ㄴ, ㄷ

12 ★☆☆
| 2023년 10월 교육청 19번 |

그림은 질량이 서로 다른 별 A와 B의 진화에 따른 중심부에서의 밀도와 온도 변화를 나타낸 것이다. ㉠, ㉡, ㉢은 각각 별의 중심부에서 수소 핵융합, 탄소 핵융합, 헬륨 핵융합 반응이 시작되는 밀도-온도 조건 중 하나이다.

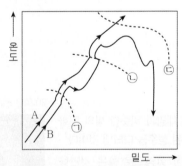

이 자료에 대한 옳은 설명만을 〈보기〉에서 있는 대로 고른 것은? [3점]

┌─ 보기 ─────────────────────────┐

ㄱ. 별의 중심부에서 헬륨 핵융합 반응이 시작되는 밀도-온도 조건은 ㉠이다.

ㄴ. 별의 중심부에서 수소 핵융합 반응이 시작될 때, 중심부의 밀도는 A가 B보다 작다.

ㄷ. 별의 탄생 이후 별의 중심부에서 밀도와 온도가 ㉡에 도달할 때까지 걸리는 시간은 A가 B보다 길다.

└────────────────────────────┘

① ㄱ ② ㄴ ③ ㄱ, ㄷ ④ ㄴ, ㄷ ⑤ ㄱ, ㄴ, ㄷ

13 ★★☆
| 2023년 7월 교육청 15번 |

표는 별 $S_1 \sim S_6$의 광도 계급, 분광형, 절대 등급을 나타낸 것이다. (가)와 (나)는 각각 광도 계급 Ⅰb(초거성)와 Ⅴ(주계열성) 중 하나이다.

별	광도 계급	분광형	절대 등급
S_1	(가)	A0	(㉠)
S_2		K2	(㉡)
S_3		M1	−5.2
S_4	(나)	A0	(㉢)
S_5		K2	(㉣)
S_6		M1	9.4

이에 대한 설명으로 옳은 것만을 〈보기〉에서 있는 대로 고른 것은? [3점]

┌─ 보기 ─────────────────────────┐

ㄱ. (가)는 Ⅰb(초거성)이다.

ㄴ. 광도는 S_4가 S_5보다 작다.

ㄷ. $|㉠-㉢| < |㉡-㉣|$이다.

└────────────────────────────┘

① ㄱ ② ㄴ ③ ㄱ, ㄷ ④ ㄴ, ㄷ ⑤ ㄱ, ㄴ, ㄷ

14 ★★☆
| 2023년 7월 교육청 19번 |

그림은 주계열성의 내부에서 대류가 일어나는 영역의 질량을 별의 질량에 따라 나타낸 것이다.

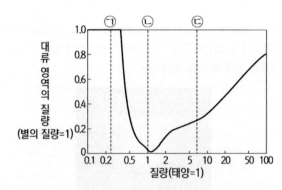

주계열성 ㉠, ㉡, ㉢에 대한 설명으로 옳은 것만을 〈보기〉에서 있는 대로 고른 것은? [3점]

┌─ 보기 ─────────────────────────┐

ㄱ. 별 내부의 $\dfrac{주계열 \ 단계가 \ 끝난 \ 직후 \ 수소량}{주계열 \ 단계에 \ 도달한 \ 직후 \ 수소량}$ 은 ㉡이 ㉠보다 작다.

ㄴ. ㉢의 중심핵에서는 p-p 반응이 CNO 순환 반응보다 우세하다.

ㄷ. 중심부에서 에너지 생성량은 ㉢이 ㉠보다 크다.

└────────────────────────────┘

① ㄱ ② ㄷ ③ ㄱ, ㄴ ④ ㄴ, ㄷ ⑤ ㄱ, ㄴ, ㄷ

15 ★★☆
|2023년 4월 교육청 13번|

그림은 서로 다른 별의 스펙트럼, 최대 복사 에너지 방출 파장(λ_{max}), 반지름을 나타낸 것이다. (가), (나), (다)의 분광형은 각각 A0 V, G0 V, K0 V 중 하나이다.

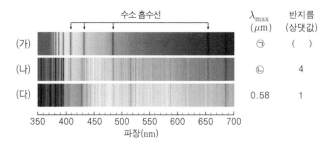

이에 대한 설명으로 옳은 것만을 〈보기〉에서 있는 대로 고른 것은? [3점]

〈보기〉
ㄱ. (가)의 분광형은 A0 V이다.
ㄴ. ㉠은 ㉡보다 짧다.
ㄷ. 광도는 (나)가 (다)의 16배이다.

① ㄱ   ② ㄷ   ③ ㄱ, ㄴ   ④ ㄴ, ㄷ   ⑤ ㄱ, ㄴ, ㄷ

16 ★★☆
|2023년 4월 교육청 16번|

그림 (가)는 태양의 나이에 따른 광도 변화를, (나)는 A와 B 중 한 시기의 내부 구조와 수소 핵융합 반응이 일어나는 영역을 나타낸 것이다.

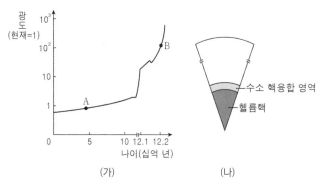

이에 대한 설명으로 옳은 것만을 〈보기〉에서 있는 대로 고른 것은? [3점]

〈보기〉
ㄱ. 태양의 절대 등급은 A 시기보다 B 시기에 크다.
ㄴ. (나)는 B 시기이다.
ㄷ. B 시기 이후 태양의 주요 에너지원은 탄소 핵융합 반응이다.

① ㄱ   ② ㄴ   ③ ㄱ, ㄷ   ④ ㄴ, ㄷ   ⑤ ㄱ, ㄴ, ㄷ

17 ★★★
|2023년 3월 교육청 10번|

표는 별의 종류 (가), (나), (다)에 해당하는 별들의 절대 등급과 분광형을 나타낸 것이다. (가), (나), (다)는 각각 거성, 백색 왜성, 주계열성 중 하나이다.

별의 종류	별	절대 등급	분광형
(가)	㉠	+0.5	A0
	㉡	-0.6	B7
(나)	㉢	+1.1	K0
	㉣	-0.7	G2
(다)	㉤	+13.3	F5
	㉥	+11.5	B1

이에 대한 옳은 설명만을 〈보기〉에서 있는 대로 고른 것은?

〈보기〉
ㄱ. (가)는 주계열성이다.
ㄴ. 평균 밀도는 (나)가 (다)보다 작다.
ㄷ. 단위 시간당 단위 면적에서 방출하는 에너지양은 ㉠~㉥ 중 ㉣이 가장 많다.

① ㄱ   ② ㄷ   ③ ㄱ, ㄴ   ④ ㄴ, ㄷ   ⑤ ㄱ, ㄴ, ㄷ

18 ★★★
|2023년 3월 교육청 20번|

그림은 태양 중심으로부터의 거리에 따른 밀도와 온도의 변화를 나타낸 것이다.

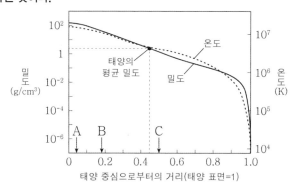

이에 대한 옳은 설명만을 〈보기〉에서 있는 대로 고른 것은? [3점]

〈보기〉
ㄱ. p-p 반응에 의한 에너지 생성량은 A 지점이 B 지점보다 많다.
ㄴ. C 지점에서는 주로 대류에 의해 에너지가 전달된다.
ㄷ. 태양 내부에서 밀도가 평균 밀도보다 큰 영역의 부피는 태양 전체 부피의 40 %보다 크다.

① ㄱ   ② ㄴ   ③ ㄱ, ㄷ   ④ ㄴ, ㄷ   ⑤ ㄱ, ㄴ, ㄷ

19 ★★☆　　　　　　　　　　　| 2022년 10월 교육청 10번 |

그림은 단위 시간 동안 별 ㉠과 ㉡에서 방출된 복사 에너지 세기를 파장에 따라 나타낸 것이다. 그래프와 가로축 사이의 면적은 각각 S, 4S이다.

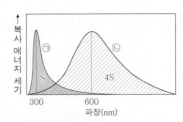

㉠과 ㉡에 대한 옳은 설명만을 〈보기〉에서 있는 대로 고른 것은?

보기
ㄱ. 광도는 ㉡이 ㉠의 4배이다.
ㄴ. 표면 온도는 ㉡이 ㉠의 2배이다.
ㄷ. 반지름은 ㉡이 ㉠의 2배이다.

① ㄱ　② ㄴ　③ ㄱ, ㄷ　④ ㄴ, ㄷ　⑤ ㄱ, ㄴ, ㄷ

20 ★★☆　　　　　　　　　　　| 2022년 10월 교육청 13번 |

그림은 태양 중심으로부터의 거리에 따른 단위 시간당 누적 에너지 생성량과 누적 질량을 나타낸 것이다. ㉠, ㉡, ㉢은 각각 핵, 대류층, 복사층 중 하나이다.

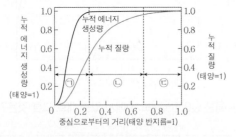

이에 대한 옳은 설명만을 〈보기〉에서 있는 대로 고른 것은?

보기
ㄱ. 단위 시간 동안 생성되는 에너지양은 ㉠이 ㉡보다 많다.
ㄴ. ㉢에서는 주로 대류에 의해 에너지가 전달된다.
ㄷ. 평균 밀도는 ㉡이 ㉢보다 크다.

① ㄱ　② ㄷ　③ ㄱ, ㄷ　④ ㄴ, ㄷ　⑤ ㄱ, ㄴ, ㄷ

21 ★☆☆　　　　　　　　　　　| 2022년 10월 교육청 16번 |

그림은 원시별 A, B, C를 H – R도에 나타낸 것이다. 점선은 원시별이 탄생한 이후 경과한 시간이 같은 위치를 연결한 것이다.

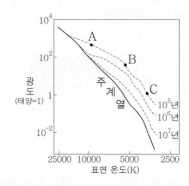

A, B, C에 대한 옳은 설명만을 〈보기〉에서 있는 대로 고른 것은? [3점]

보기
ㄱ. 주계열성이 되기까지 걸리는 시간은 A가 C보다 길다.
ㄴ. B와 C의 질량은 같다.
ㄷ. C는 표면에서 중력이 기체 압력 차에 의한 힘보다 크다.

① ㄱ　② ㄴ　③ ㄷ　④ ㄱ, ㄷ　⑤ ㄴ, ㄷ

22 ★★★　　　　　　　　　　　| 2022년 7월 교육청 13번 |

표는 별 A~D의 특징을 나타낸 것이다. A~D 중 주계열성은 3개이다.

별	광도(태양=1)	표면 온도(K)
A	20000	25000
B	0,01	11000
C	1	5500
D	0,0017	3000

A~D에 대한 설명으로 옳은 것만을 〈보기〉에서 있는 대로 고른 것은? [3점]

보기
ㄱ. 별의 반지름은 A가 C보다 10배 이상 크다.
ㄴ. Ca Ⅱ 흡수선의 상대적 세기는 C가 A보다 강하다.
ㄷ. 별의 평균 밀도가 가장 큰 것은 D이다.

① ㄱ　② ㄴ　③ ㄱ, ㄷ　④ ㄴ, ㄷ　⑤ ㄱ, ㄴ, ㄷ

23 ★★☆
|2022년 7월 교육청 16번|

그림은 어느 별의 진화 경로를 H-R도에 나타낸 것이다.

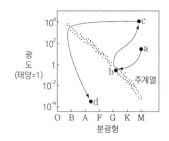

이 별에 대한 설명으로 옳은 것만을 〈보기〉에서 있는 대로 고른 것은?

보기
ㄱ. 절대 등급은 a 단계에서 b 단계로 갈수록 작아진다.

ㄴ. $\dfrac{반지름}{표면 온도}$ 은 c 단계가 b 단계보다 크다.

ㄷ. 반지름은 c 단계가 d 단계보다 크다.

① ㄱ ② ㄷ ③ ㄱ, ㄴ ④ ㄴ, ㄷ ⑤ ㄱ, ㄴ, ㄷ

25 ★★★
|2022년 4월 교육청 14번|

표는 별 A와 B의 물리량을 태양과 비교하여 나타낸 것이다.

별	광도 (상댓값)	반지름 (상댓값)	최대 복사 에너지 방출 파장(nm)
태양	1	1	500
A	170	25	㉠
B	64	㉡	250

이에 대한 설명으로 옳은 것만을 〈보기〉에서 있는 대로 고른 것은? [3점]

보기
ㄱ. ㉠은 500보다 크다.

ㄴ. ㉡은 4이다.

ㄷ. 단위 면적당 단위 시간에 방출하는 복사 에너지의 양은 A보다 B가 많다.

① ㄱ ② ㄴ ③ ㄷ ④ ㄱ, ㄴ ⑤ ㄱ, ㄷ

24 ★★☆
|2022년 7월 교육청 20번|

그림은 별의 중심 온도에 따른 p-p 반응과 CNO 순환 반응, 헬륨 핵융합 반응의 상대적 에너지 생산량을 A, B, C로 순서 없이 나타낸 것이다.

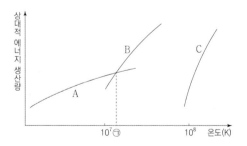

이에 대한 설명으로 옳은 것만을 〈보기〉에서 있는 대로 고른 것은? [3점]

보기
ㄱ. A와 B는 수소 핵융합 반응이다.

ㄴ. 현재 태양의 중심 온도는 ㉠보다 낮다.

ㄷ. 주계열 단계에서는 질량이 클수록 전체 에너지 생산량에서 C에 의한 비율이 증가한다.

① ㄱ ② ㄷ ③ ㄱ, ㄴ ④ ㄴ, ㄷ ⑤ ㄱ, ㄴ, ㄷ

26 ★★☆
|2022년 4월 교육청 15번|

그림은 주계열성 내부의 에너지 전달 영역을 주계열성의 질량과 중심으로부터의 누적 질량비에 따라 나타낸 것이다. A와 B는 각각 복사와 대류에 의해 에너지 전달이 주로 일어나는 영역 중 하나이다.

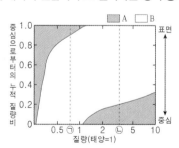

이에 대한 설명으로 옳은 것만을 〈보기〉에서 있는 대로 고른 것은? [3점]

보기
ㄱ. A 영역의 평균 온도는 질량이 ㉠인 별보다 ㉡인 별이 높다.

ㄴ. B는 복사에 의해 에너지 전달이 주로 일어나는 영역이다.

ㄷ. 질량이 ㉠인 별의 중심부에서는 p-p 반응보다 CNO 순환 반응이 우세하게 일어난다.

① ㄱ ② ㄴ ③ ㄷ ④ ㄱ, ㄴ ⑤ ㄱ, ㄷ

27 ★★☆ | 2022년 4월 교육청 16번 |

그림은 질량이 태양과 비슷한 별의 나이에 따른 광도와 표면 온도를 A와 B로 순서 없이 나타낸 것이다. ㉠, ㉡, ㉢은 각각 원시별, 적색 거성, 주계열성 단계 중 하나이다.

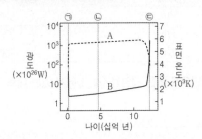

이에 대한 설명으로 옳은 것만을 〈보기〉에서 있는 대로 고른 것은?

┌─ 보기 ┐
ㄱ. A는 표면 온도이다.
ㄴ. ㉠의 주요 에너지원은 수소 핵융합 반응이다.
ㄷ. 별의 평균 밀도는 ㉡보다 ㉢일 때 작다.
└──────┘

① ㄱ　② ㄴ　③ ㄷ　④ ㄱ, ㄷ　⑤ ㄴ, ㄷ

28 ★☆☆ | 2022년 3월 교육청 5번 |

다음은 H－R도를 작성하여 별을 분류하는 탐구이다.

┌──────────────────────────────────────┐
[탐구 과정]

표는 별 a~f의 분광형과 절대 등급이다.

별	a	b	c	d	e	f
분광형	A0	B1	G2	M5	M2	B6
절대 등급	+11.0	−3.6	+4.8	+13.2	−3.1	+10.3

(가) 각 별의 위치를 H－R도에 표시한다.
(나) H－R도에 표시한 위치에 따라 별들을 백색 왜성, 주계열성, 거성의 세 집단으로 분류한다.

[탐구 결과]

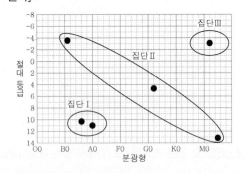
└──────────────────────────────────────┘

이에 대한 옳은 설명만을 〈보기〉에서 있는 대로 고른 것은?

┌─ 보기 ┐
ㄱ. a와 f는 집단 Ⅰ에 속한다.
ㄴ. 집단 Ⅱ는 주계열성이다.
ㄷ. 별의 평균 밀도는 집단 Ⅰ이 집단 Ⅲ보다 크다.
└──────┘

① ㄱ　② ㄴ　③ ㄱ, ㄷ　④ ㄴ, ㄷ　⑤ ㄱ, ㄴ, ㄷ

29 ★☆☆ | 2022년 3월 교육청 12번 |

표는 주계열성 A, B의 물리량을 나타낸 것이다.

주계열성	광도 (태양=1)	질량 (태양=1)	예상 수명 (억 년)
A	1	1	100
B	80	3	X

이에 대한 옳은 설명만을 〈보기〉에서 있는 대로 고른 것은? [3점]

┌─ 보기 ┐
ㄱ. A에서는 p－p 반응이 CNO 순환 반응보다 우세하다.
ㄴ. X는 100보다 작다.
ㄷ. 중심핵의 단위 시간당 질량 감소량은 A가 B보다 많다.
└──────┘

① ㄱ　② ㄷ　③ ㄱ, ㄴ　④ ㄴ, ㄷ　⑤ ㄱ, ㄴ, ㄷ

30 ★★☆ | 2022년 3월 교육청 16번 |

표는 별 A, B의 표면 온도와 반지름을, 그림은 A, B에서 단위 면적당 단위 시간에 방출되는 복사 에너지의 파장에 따른 세기를 ㉠과 ㉡으로 순서 없이 나타낸 것이다.

별	A	B
표면 온도 (K)	5000	10000
반지름 (상댓값)	2	1

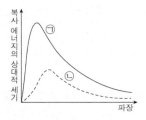

이에 대한 옳은 설명만을 〈보기〉에서 있는 대로 고른 것은?

┌─ 보기 ┐
ㄱ. A는 ㉡에 해당한다.
ㄴ. B는 붉은색 별이다.
ㄷ. 별의 광도는 A가 B의 4배이다.
└──────┘

① ㄱ　② ㄷ　③ ㄱ, ㄴ　④ ㄴ, ㄷ　⑤ ㄱ, ㄴ, ㄷ

31 ★★★ | 2022년 3월 교육청 20번 |

그림 (가)는 질량이 태양과 같은 어느 별의 진화 경로를, (나)의 ㉠과 ㉡은 별의 내부 구조와 핵융합 반응이 일어나는 영역을 나타낸 것이다. ㉠과 ㉡은 각각 A와 B 시기 중 하나에 해당한다.

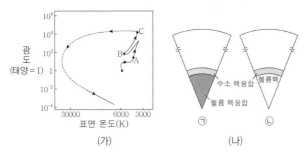

(가)   (나)

이에 대한 옳은 설명만을 〈보기〉에서 있는 대로 고른 것은? [3점]

보기
ㄱ. ㉠에 해당하는 시기는 A이다.
ㄴ. ㉡의 헬륨핵은 수축하고 있다.
ㄷ. C 시기 이후 중심부에서 탄소 핵융합 반응이 일어난다.

① ㄱ   ② ㄴ   ③ ㄱ, ㄷ   ④ ㄴ, ㄷ   ⑤ ㄱ, ㄴ, ㄷ

33 ★★☆ | 2021년 10월 교육청 12번 |

그림 (가)는 H－R도를, (나)는 별 A와 B 중 하나의 중심부에서 일어나는 핵융합 반응을 나타낸 것이다.

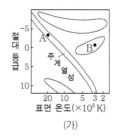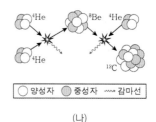

(가)   (나)

이에 대한 옳은 설명만을 〈보기〉에서 있는 대로 고른 것은?

보기
ㄱ. (나)는 A의 중심부에서 일어난다.
ㄴ. 별의 평균 밀도는 A가 B보다 크다.
ㄷ. 광도 계급의 숫자는 A가 B보다 크다.

① ㄱ   ② ㄴ   ③ ㄱ, ㄷ   ④ ㄴ, ㄷ   ⑤ ㄱ, ㄴ, ㄷ

32 ★☆☆ | 2021년 10월 교육청 9번 |

그림은 중심부의 핵융합 반응이 끝난 별 (가)와 (나)의 내부 구조를 나타낸 것이다.

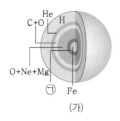

(가)   (나)

이에 대한 옳은 설명만을 〈보기〉에서 있는 대로 고른 것은? (단, 별의 크기는 고려하지 않는다.)

보기
ㄱ. ㉠은 Fe보다 무거운 원소이다.
ㄴ. 별의 질량은 (가)가 (나)보다 크다.
ㄷ. (가)는 이후의 진화 과정에서 초신성 폭발을 거친다.

① ㄱ   ② ㄷ   ③ ㄱ, ㄴ   ④ ㄴ, ㄷ   ⑤ ㄱ, ㄴ, ㄷ

34 ★☆☆ | 2021년 10월 교육청 13번 |

그림은 주계열성 (가)와 (나)가 방출하는 복사 에너지의 상대적인 세기를 파장에 따라 나타낸 것이다. (가)와 (나)의 분광형은 각각 A0형과 G2형 중 하나이다.

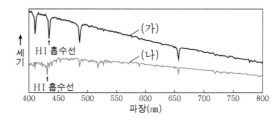

이 자료에 대한 옳은 설명만을 〈보기〉에서 있는 대로 고른 것은? [3점]

보기
ㄱ. H I 흡수선의 세기는 (가)가 (나)보다 약하다.
ㄴ. 복사 에너지를 최대로 방출하는 파장은 (가)가 (나)보다 길다.
ㄷ. 별의 반지름은 (가)가 (나)보다 크다.

① ㄱ   ② ㄷ   ③ ㄱ, ㄴ   ④ ㄴ, ㄷ   ⑤ ㄱ, ㄴ, ㄷ

35 ★☆☆

| 2021년 7월 교육청 13번 |

그림은 주계열성 A와 B가 각각 거성 A′와 B′로 진화하는 경로의 일부를 H−R도에 나타낸 것이다.

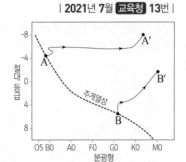

이에 대한 설명으로 옳은 것만을 〈보기〉에서 있는 대로 고른 것은?

〈보기〉

ㄱ. 주계열에 머무는 기간은 A가 B보다 짧다.

ㄴ. 절대 등급의 변화량은 A가 A′로 진화했을 때가 B가 B′로 진화했을 때보다 크다.

ㄷ. $\dfrac{\text{CNO 순환 반응에 의한 에너지 생성량}}{\text{p–p 반응에 의한 에너지 생성량}}$ 은 A가 B보다 작다.

① ㄱ ② ㄴ ③ ㄱ, ㄷ ④ ㄴ, ㄷ ⑤ ㄱ, ㄴ, ㄷ

36 ★★☆

| 2021년 7월 교육청 16번 |

그림은 지구 대기권 밖에서 단위 시간 동안 관측한 주계열성 A, B, C의 복사 에너지 세기를 파장에 따라 나타낸 것이다.

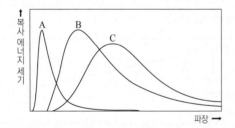

이에 대한 설명으로 옳은 것만을 〈보기〉에서 있는 대로 고른 것은? [3점]

〈보기〉

ㄱ. 표면 온도는 A가 B보다 높다.

ㄴ. 광도는 B가 C보다 크다.

ㄷ. 반지름은 A가 C보다 작다.

① ㄱ ② ㄷ ③ ㄱ, ㄴ ④ ㄴ, ㄷ ⑤ ㄱ, ㄴ, ㄷ

37 ★★★

| 2021년 7월 교육청 17번 |

그림은 별 A∼D의 상대적 크기를, 표는 별의 물리량을 나타낸 것이다. 별 A∼D는 각각 ㉠∼㉣ 중 하나이다.

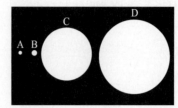

별	광도 (태양=1)	표면 온도 (태양=1)
㉠	0.01	1
㉡	1	1
㉢	1	4
㉣	2	1

이에 대한 설명으로 옳은 것만을 〈보기〉에서 있는 대로 고른 것은? [3점]

〈보기〉

ㄱ. 표면 온도는 A가 B보다 높다.

ㄴ. 광도는 B가 D보다 작다.

ㄷ. C는 주계열성이다.

① ㄱ ② ㄴ ③ ㄱ, ㄷ ④ ㄴ, ㄷ ⑤ ㄱ, ㄴ, ㄷ

38 ★☆☆

| 2021년 4월 교육청 14번 |

표는 주계열성 (가)와 (나)의 분광형과 절대 등급을 나타낸 것이다.

별	분광형	절대 등급
(가)	A0 V	+0.6
(나)	M4 V	+13.2

(가)가 (나)보다 큰 값을 가지는 것만을 〈보기〉에서 있는 대로 고른 것은?

〈보기〉

ㄱ. 표면 온도

ㄴ. 광도

ㄷ. 주계열에 머무는 시간

① ㄱ ② ㄷ ③ ㄱ, ㄴ ④ ㄴ, ㄷ ⑤ ㄱ, ㄴ, ㄷ

39 ★★☆ | 2021년 4월 교육청 15번 |

그림 (가)는 어느 별의 진화 경로를, (나)는 이 별의 진화 과정 일부를 나타낸 것이다.

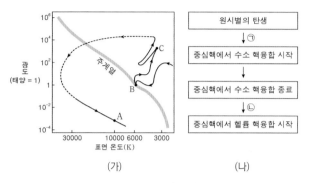

(가)   (나)

이 별에 대한 설명으로 옳은 것만을 〈보기〉에서 있는 대로 고른 것은? [3점]

〈보기〉
ㄱ. 별의 평균 밀도는 A보다 B일 때 작다.
ㄴ. C일 때는 ㉠ 과정에 해당한다.
ㄷ. ㉡ 과정에서 별의 중심핵은 정역학 평형 상태이다.

① ㄱ　　② ㄴ　　③ ㄱ, ㄷ　　④ ㄴ, ㄷ　　⑤ ㄱ, ㄴ, ㄷ

40 ★★☆ | 2021년 4월 교육청 16번 |

그림 (가)는 별의 중심부 온도에 따른 수소 핵융합 반응의 에너지 생산량을, (나)는 주계열성 A와 B의 내부 구조를 나타낸 것이다. A와 B의 중심부 온도는 각각 ㉠과 ㉡ 중 하나이다.

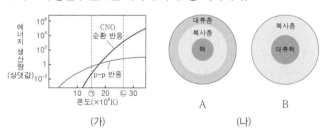

(가)   (나)

이에 대한 설명으로 옳은 것만을 〈보기〉에서 있는 대로 고른 것은? (단, 별의 크기는 고려하지 않는다.) [3점]

〈보기〉
ㄱ. 중심부 온도가 ㉠인 주계열성의 중심부에서는 CNO 순환 반응보다 p-p 반응이 우세하게 일어난다.
ㄴ. 별의 질량은 A보다 B가 크다.
ㄷ. A의 중심부 온도는 ㉡이다.

① ㄱ　　② ㄷ　　③ ㄱ, ㄴ　　④ ㄴ, ㄷ　　⑤ ㄱ, ㄴ, ㄷ

41 ★☆☆ | 2021년 3월 교육청 7번 |

그림 (가)는 전갈자리에 있는 세 별 ㉠, ㉡, ㉢의 절대 등급과 분광형을, (나)는 H-R도에 별의 집단을 나타낸 것이다.

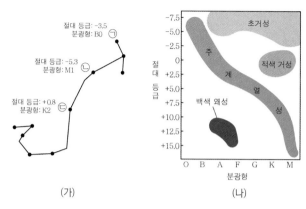

(가)   (나)

별 ㉠, ㉡, ㉢에 대한 옳은 설명만을 〈보기〉에서 있는 대로 고른 것은? [3점]

〈보기〉
ㄱ. ㉠은 주계열성이다.
ㄴ. ㉡은 파란색으로 관측된다.
ㄷ. 반지름은 ㉢이 가장 크다.

① ㄱ　　② ㄴ　　③ ㄷ　　④ ㄱ, ㄷ　　⑤ ㄴ, ㄷ

42 ★☆☆ | 2021년 3월 교육청 14번 |

그림은 태양 내부의 온도 분포를 나타낸 것이다. ㉠, ㉡, ㉢은 각각 중심핵, 복사층, 대류층 중 하나이다.

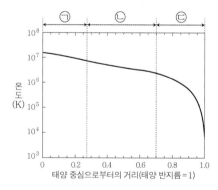

이에 대한 옳은 설명만을 〈보기〉에서 있는 대로 고른 것은?

〈보기〉
ㄱ. 태양 중심에서 표면으로 갈수록 온도는 낮아진다.
ㄴ. ㉠에서는 수소 핵융합 반응이 일어난다.
ㄷ. ㉢에서는 주로 대류에 의해 에너지 전달이 일어난다.

① ㄱ　　② ㄷ　　③ ㄱ, ㄷ　　④ ㄴ, ㄷ　　⑤ ㄱ, ㄴ, ㄷ

43 ★★☆
| 2021년 3월 교육청 17번 |

그림은 두 주계열성 (가)와 (나)의 파장에 따른 복사 에너지 세기의 분포를 나타낸 것이다. (가)와 (나)의 분광형은 각각 B형과 G형 중 하나이다.

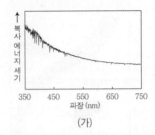
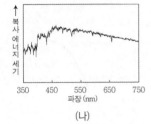

이에 대한 옳은 설명만을 〈보기〉에서 있는 대로 고른 것은?

〈보기〉
ㄱ. 표면 온도는 (가)가 (나)보다 낮다.
ㄴ. 질량은 (가)가 (나)보다 작다.
ㄷ. 태양의 파장에 따른 복사 에너지 세기의 분포는 (가)보다 (나)와 비슷하다.

① ㄱ   ② ㄷ   ③ ㄱ, ㄴ   ④ ㄴ, ㄷ   ⑤ ㄱ, ㄴ, ㄷ

44 ★★★
| 2020년 10월 교육청 12번 |

그림 (가)와 (나)는 서로 다른 두 시기에 태양 중심으로부터의 거리에 따른 수소와 헬륨의 질량비를 나타낸 것이다. A와 B는 각각 수소와 헬륨 중 하나이다.

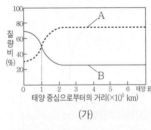
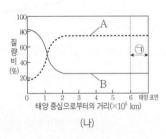

이에 대한 옳은 설명만을 〈보기〉에서 있는 대로 고른 것은? [3점]

〈보기〉
ㄱ. 태양의 나이는 (가)보다 (나)일 때 많다.
ㄴ. (가)일 때 핵의 반지름은 1×10^5 km보다 크다.
ㄷ. ㉠에서는 주로 대류에 의해 에너지가 전달된다.

① ㄱ   ② ㄴ   ③ ㄱ, ㄷ   ④ ㄴ, ㄷ   ⑤ ㄱ, ㄴ, ㄷ

45 ★★★
| 2020년 10월 교육청 15번 |

그림은 세 별 (가), (나), (다)의 스펙트럼에서 세기가 강한 흡수선 4개의 상대적 세기를 나타낸 것이다. (가), (나), (다)의 분광형은 각각 A형, O형, G형 중 하나이다.

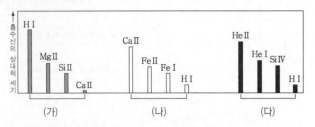

이에 대한 옳은 설명만을 〈보기〉에서 있는 대로 고른 것은? [3점]

〈보기〉
ㄱ. 표면 온도가 태양과 가장 비슷한 별은 (가)이다.
ㄴ. (나)의 구성 물질 중 가장 많은 원소는 Ca이다.
ㄷ. 단위 시간당 단위 면적에서 방출되는 에너지양은 (나)가 (다)보다 적다.

① ㄱ   ② ㄷ   ③ ㄱ, ㄴ   ④ ㄴ, ㄷ   ⑤ ㄱ, ㄴ, ㄷ

46 ★★☆
| 2020년 10월 교육청 16번 |

표는 별 ㉠~㉣의 절대 등급과 분광형을 나타낸 것이다. ㉠~㉣ 중 주계열성은 2개, 백색 왜성과 초거성은 각각 1개이다.

별	절대 등급	분광형
㉠	+12.2	B1
㉡	+1.5	A1
㉢	−1.5	B4
㉣	−7.8	B8

이에 대한 옳은 설명만을 〈보기〉에서 있는 대로 고른 것은? [3점]

〈보기〉
ㄱ. ㉠의 중심에서는 수소 핵융합 반응이 일어난다.
ㄴ. 별의 질량은 ㉡이 ㉢보다 작다.
ㄷ. 광도 계급의 숫자는 ㉡이 ㉣보다 크다.

① ㄱ   ② ㄴ   ③ ㄱ, ㄷ   ④ ㄴ, ㄷ   ⑤ ㄱ, ㄴ, ㄷ

03 외계 생명체 탐사

A 생명 가능 지대

1. 생명 가능 지대 별의 주위에서 물이 액체 상태로 존재할 수 있는 거리의 범위이다.

(1) **중심별의 질량과 생명 가능 지대** : 주계열성인 중심별의 질량이 클수록 생명 가능 지대는 중심별로부터 멀어지고 생명 가능 지대의 폭은 넓어진다.

(2) **태양계에서 생명 가능 지대** : 금성과 화성 사이에 위치한다.

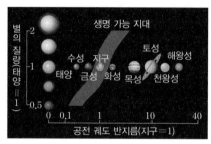

▲ 생명 가능 지대

2. 생명 가능 지대의 위치에 따른 물의 상태

(1) **생명 가능 지대 안쪽 영역** : 행성이 생명 가능 지대보다 중심별과 가까운 곳에 위치하면 표면 온도가 높아 물이 기체 상태로 존재한다.

(2) **생명 가능 지대 바깥쪽 영역** : 생명 가능 지대보다 중심별로부터 먼 곳에 위치하면 표면 온도가 낮아 물이 고체 상태로 존재한다.

3. 주계열성의 분광형과 생명 가능 지대

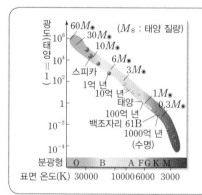

- O형에 가까운 별(스피카) : 생명 가능 지대가 별로부터 멀고 폭이 넓다.
  ➡ 별의 수명이 짧기 때문에 행성에서 생명체가 탄생하여 진화할 시간이 부족하다.
- K형에 가까운 별(백조자리 61B) : 생명 가능 지대가 별로부터 가깝고 폭이 좁다.
  ➡ 행성의 공전 주기와 자전 주기가 같아 밤낮의 변화가 거의 없어서 생명체가 존재하기 어렵다.
- G형인 별(태양) : 생명 가능 지대에 위치한 행성에 생명체가 존재할 가능성이 있다.

B 외계 생명체 탐사

1. 생명체가 존재할 수 있는 행성의 조건

(1) **액체 상태의 물** : 행성이 생명 가능 지대에 위치하여 액체 상태의 물이 존재해야 한다.
  ➡ 물은 다양한 물질들을 쉽게 녹일 수 있고, 비열이 매우 커서 온도 변화가 쉽게 일어나지 않기 때문에 생명체의 항상성 유지에 중요한 역할을 한다.

(2) **적절한 중심별의 질량** : 행성에서 생명체가 진화하기 위해서는 행성이 생명 가능 지대에 오랫동안 머물러 있어야 한다.
  ① 중심별의 질량이 매우 큰 경우 : 별의 진화 속도가 빠르기 때문에 즉, 별의 수명이 짧아서 생명체가 진화할 시간이 부족하여 생명체가 존재하기 어렵다.
  ② 중심별의 질량이 매우 작은 경우 : 생명 가능 지대의 폭이 좁아 행성이 생명 가능 지대에 있을 확률이 낮고, 생명 가능 지대가 중심별과 매우 가까운 곳에 형성되고, 행성이 중심별과 매우 가까워 동주기 자전을 하므로 밤낮의 변화가 거의 없어 생명체가 존재하기 어렵다.

태양의 진화에 따른 태양계 생명 가능 지대의 변화

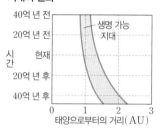

- 태양이 진화함에 따라 태양의 광도가 점차 커지므로, 시간이 흐름에 따라 태양으로부터 생명 가능 지대까지의 거리가 점차 멀어지고 생명 가능 지대의 폭도 넓어진다.
- 지구는 현재 생명 가능 지대에 위치하지만 미래(약 10억 년 후보다 이후)에는 생명 가능 지대가 지구보다 바깥쪽에 위치하여 지구는 현재보다 온도가 높아 물이 모두 증발할 것이다.

행성의 동주기 자전

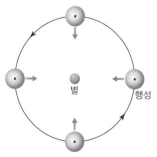

행성이 중심별에 너무 가까이 위치하면 별의 기조력에 의해 행성의 자전 속도가 느려져서 행성의 공전 주기와 자전 주기가 같아지는데, 이를 동주기 자전이라고 한다.

(3) **적당한 두께와 성분의 대기** : 유해한 자외선을 차단하고 온실 효과를 일으켜 적당한 온도를 유지해야 한다.

(4) **자기장** : 중심별과 우주에서 날아오는 유해한 우주선과 고에너지 입자들을 차단할 수 있어야 한다.

(5) **지구의 달과 같은 위성의 존재** : 행성 주위에 위성이 존재하여 행성의 자전축 경사각을 안정적으로 유지시켜 주어야 한다.

출제 tip

외계 생명체 탐사 활동

외계 생명체 탐사 활동에 대해 직접적으로 묻는 문제는 지금까지 출제된 적은 없지만, 각 탐사 활동에 대한 특징과 외계 생명체 탐사 방법을 연계하여 출제된다.

외계 생명체 탐사

우주에서 오는 전파를 분석할 뿐만 아니라 최근에는 우주 망원경으로 생명 가능 지대에 속한 지구형 외계 행성을 찾고 행성의 대기 성분을 분석하여 생명체가 존재할 수 있는 환경인지 파악하는 연구도 진행하고 있다.

2. 외계 생명체 탐사 활동

(1) **우주 탐사선** : 태양계 일부 천체 혹은 외계 행성의 생명체를 탐사하는 탐사선으로 보이저호, 파이어니어호, 큐리오시티 등이 있다.

(2) **세티(SETI) 프로젝트** : 전파 망원경을 이용하여 인공적인 전파를 찾거나 전파를 보내서 외계 지적 생명체를 찾고 있다.

(3) **우주 망원경** : 테스 망원경, 제임스 웹 망원경 등이 생명체가 존재할 가능성이 있는 행성을 찾고 있다.

➡ 대기에 의해 차단되어 지표에 거의 도달하지 못하는 전자기파 영역(감마선, 엑스선, 자외선, 적외선)에서 정밀하게 관측하기 위해 우주에 설치한다.

케플러 망원경	2018년 11월 임무가 종료될 때까지 외계 행성을 2600개 이상 발견하였으며, 생명체가 존재할 가능성이 높은 지구형 행성도 10여 개 발견하였다. ➡ 식 현상을 이용하여 외계 행성을 탐사하였다.
테스 망원경	케플러 우주 망원경보다 약 400배 더 넓은 우주를 탐사하면서 행성을 가지고 있을 가능성이 높은 별 73개를 발견하였으며, 지구와 비슷한 규모의 행성 두 개를 찾아냈다. ➡ 주로 식 현상을 이용하여 외계 행성을 탐사한다.
제임스 웹 망원경	적외선 영역에서 우주를 탐사하여 우주의 초기 상태에 대해 연구하였으며, 적외선 영역에서 탐사하므로 중심별의 별빛을 차단한 상태에서 외계 행성이나 주변의 고리 등을 찾는 임무를 수행할 예정이다. ➡ 외계 행성을 직접 촬영하여 그 존재를 확인할 수 있다

실전 자료 **생명 가능 지대**

그림은 케플러-186과 케플러-452를 중심별로 하는 두 외계 행성계와 태양계를 생명 가능 지대와 함께 나타낸 것이다.

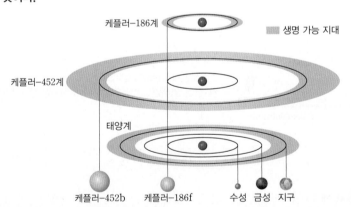

❶ 행성의 표면 온도 비교하기

행성의 표면 온도는 생명 가능 지대 안쪽에 위치하면 높고, 생명 가능 지대에 위치하면 적정하고, 바깥쪽에 위치하면 낮다. 따라서 행성의 표면 온도는 생명 가능 지대에 위치하는 케플러 186f가 생명 가능 지대 안쪽에 위치하는 수성보다 낮다.

❷ 생명 가능 지대에 머무르는 시간 비교하기

별의 질량이 클수록 생명 가능 지대의 거리가 별에서 멀어지고 별의 수명이 짧아 행성이 생명 가능 지대에 머물 수 있는 시간이 짧다. 따라서 생명 가능 지대에 머물러 있는 시간은 지구가 케플러-452b보다 길다.

❸ 행성에 물이 액체 상태로 존재할 수 있는지 여부 파악하기

생명 가능 지대는 물이 액체 상태로 존재할 수 있는 거리의 범위이다. 따라서 생명 가능 지대에 위치한 케플러-186f와 케플러-452b에서는 물이 액체 상태로 존재할 수 있다.

1 ★★☆

표는 중심별 A, B, C의 생명 가능 지대 안쪽 경계와 바깥쪽 경계가 중심별로부터 떨어진 거리를 나타낸 것이다. A, B, C는 주계열성이고, $x < y$이다.

중심별	중심별로부터의 거리(AU)	
	안쪽 경계	바깥쪽 경계
A	2.1	x
B	( )	1.8
C	y	5.5

이 자료에 대한 설명으로 옳은 것만을 〈보기〉에서 있는 대로 고른 것은? [3점]

〈보기〉
ㄱ. 생명 가능 지대의 폭은 A가 B보다 좁다.
ㄴ. 주계열 단계에 머무는 기간은 A가 C보다 길다.
ㄷ. $x + y < 7.6$이다.

① ㄱ　② ㄴ　③ ㄱ, ㄴ　④ ㄱ, ㄷ　⑤ ㄴ, ㄷ

2 ☆★☆

표는 주계열성 A, B, C의 질량, 생명 가능 지대, 생명 가능 지대에 위치한 행성의 공전 궤도 반지름을 나타낸 것이다. A, B, C는 각각 1개의 행성만 가지고 있으며, 행성들은 원 궤도로 공전한다. 별의 나이는 모두 같다.

주계열성	질량 (태양=1)	생명 가능 지대 (AU)	행성의 공전 궤도 반지름(AU)
A	1.0	0.82~1.17	1.16
B	1.2	1.27~1.81	1.28
C	2.0	( )	( )

이에 대한 설명으로 옳은 것만을 〈보기〉에서 있는 대로 고른 것은?

〈보기〉
ㄱ. 광도는 C가 A보다 크다.
ㄴ. C의 생명 가능 지대의 폭은 0.54 AU보다 넓다.
ㄷ. 생명 가능 지대에 머무르는 기간은 A의 행성이 B의 행성보다 길다.

① ㄱ　② ㄷ　③ ㄱ, ㄴ　④ ㄴ, ㄷ　⑤ ㄱ, ㄴ, ㄷ

3 ★★☆

그림은 중심별의 질량에 따른 생명 가능 지대를 나타낸 것이다.

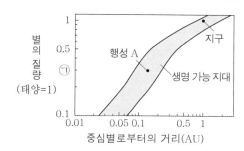

이에 대한 설명으로 옳은 것만을 〈보기〉에서 있는 대로 고른 것은? (단, 중심별은 주계열성이다.)

〈보기〉
ㄱ. 중심별로부터 생명 가능 지대까지의 거리는 질량이 ㉠인 별이 태양보다 멀다.
ㄴ. 생명 가능 지대의 폭은 질량이 ㉠인 별이 태양보다 좁다.
ㄷ. 생명 가능 지대에 머무는 기간은 행성 A가 지구보다 짧다.

① ㄱ　② ㄴ　③ ㄱ, ㄷ　④ ㄴ, ㄷ　⑤ ㄱ, ㄴ, ㄷ

4 ★☆☆
| 2023년 10월 교육청 6번 |

표는 주계열성 A, B, C의 생명 가능 지대 범위와 생명 가능 지대에 위치한 행성의 공전 궤도 반지름을 나타낸 것이다. A, B, C에는 각각 행성이 하나만 존재하고, 별의 연령은 모두 같다.

중심별	생명 가능 지대 범위(AU)	행성의 공전 궤도 반지름(AU)
A	0.61~0.83	0.78
B	(㉠)~1.49	1.34
C	1.29~1.75	1.34

이에 대한 옳은 설명만을 〈보기〉에서 있는 대로 고른 것은?

보기
ㄱ. A의 절대 등급은 태양보다 크다.
ㄴ. ㉠은 1.27보다 작다.
ㄷ. 생명 가능 지대에 머무르는 기간은 A의 행성이 C의 행성보다 짧다.

① ㄱ   ② ㄷ   ③ ㄱ, ㄴ   ④ ㄴ, ㄷ   ⑤ ㄱ, ㄴ, ㄷ

5 ★★☆
| 2023년 7월 교육청 12번 |

표는 중심별이 주계열성인 서로 다른 외계 행성계에 속한 행성 (가), (나), (다)에 대한 물리량을 나타낸 것이다. (가), (나), (다) 중 생명 가능 지대에 위치한 것은 2개이다.

외계 행성	중심별의 질량 (태양=1)	행성의 질량 (지구=1)	중심별로부터 행성까지의 거리(AU)
(가)	1	1	1
(나)	1	2	4
(다)	2	2	4

이에 대한 설명으로 옳은 것만을 〈보기〉에서 있는 대로 고른 것은? (단, 각각의 외계 행성계는 1개의 행성만 가지고 있으며, 행성 (가), (나), (다)는 중심별을 원 궤도로 공전한다.) [3점]

보기
ㄱ. 별과 공통 질량 중심 사이의 거리는 (나)의 중심별에서가 (다)의 중심별에서보다 길다.
ㄴ. 중심별로부터 단위 시간당 단위 면적이 받는 복사 에너지 양은 (나)가 (가)보다 많다.
ㄷ. (다)에는 물이 액체 상태로 존재할 수 있다.

① ㄱ   ② ㄴ   ③ ㄷ   ④ ㄱ, ㄷ   ⑤ ㄴ, ㄷ

6 ★★☆
| 2023년 4월 교육청 20번 |

그림 (가)는 주계열성 A와 B의 중심으로부터 거리에 따른 생명 가능 지대의 지속 시간을, (나)는 A 또는 B가 주계열 단계에 머무는 동안 생명 가능 지대의 변화를 나타낸 것이다.

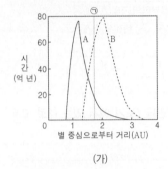
(가)

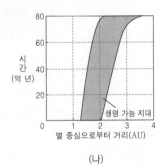
(나)

이 자료에 대한 설명으로 옳은 것만을 〈보기〉에서 있는 대로 고른 것은? [3점]

보기
ㄱ. 별의 질량은 A보다 B가 작다.
ㄴ. ㉠에서 생명 가능 지대의 지속 시간은 A보다 B가 짧다.
ㄷ. (나)는 B의 자료이다.

① ㄱ   ② ㄷ   ③ ㄱ, ㄴ   ④ ㄴ, ㄷ   ⑤ ㄱ, ㄴ, ㄷ

7 ★★☆
| 2023년 3월 교육청 14번 |

그림 (가)와 (나)는 두 외계 행성계의 생명 가능 지대를 나타낸 것이다. 중심별 A와 B는 모두 주계열성이다.

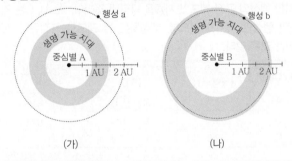
(가)   (나)

이에 대한 옳은 설명만을 〈보기〉에서 있는 대로 고른 것은? (단, 행성의 대기에 의한 효과는 무시한다.)

보기
ㄱ. 광도는 A가 B보다 크다.
ㄴ. 행성의 표면 온도는 a가 b보다 높다.
ㄷ. 주계열 단계에 머무르는 기간은 A가 B보다 길다.

① ㄱ   ② ㄷ   ③ ㄱ, ㄴ   ④ ㄴ, ㄷ   ⑤ ㄱ, ㄴ, ㄷ

8 ★★☆

| 2022년 4월 교육청 17번 |

표는 외계 행성계 (가)와 (나)의 특징을 나타낸 것이다. (가)와 (나)는 각각 중심별과 중심별을 원 궤도로 공전하는 하나의 행성으로 구성된다.

구분	(가)	(나)
중심별의 분광형	F6 V	M2 V
생명 가능 지대(AU)	1.7~3.0	( )
행성의 공전 궤도 반지름(AU)	1.82	3.10
행성의 단위 면적당 단위 시간에 입사하는 중심별의 복사 에너지양(지구=1)	1.03	㉠

이에 대한 설명으로 옳은 것만을 〈보기〉에서 있는 대로 고른 것은?

┌ 보기 ┐
ㄱ. (가)의 행성에서는 물이 액체 상태로 존재할 수 있다.
ㄴ. (나)에서 생명 가능 지대의 폭은 1.3 AU보다 넓다.
ㄷ. ㉠은 1.03보다 크다.

① ㄱ   ② ㄴ   ③ ㄱ, ㄷ   ④ ㄴ, ㄷ   ⑤ ㄱ, ㄴ, ㄷ

9 ★★☆

| 2021년 10월 교육청 7번 |

그림은 행성이 주계열성인 중심별로부터 받는 복사 에너지와 중심별의 표면 온도를 나타낸 것이다. 행성 A, B, C 중 B와 C만 생명 가능 지대에 위치하며 A와 B의 반지름은 같다.

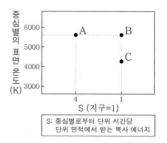

이에 대한 옳은 설명만을 〈보기〉에서 있는 대로 고른 것은? (단, 행성은 흑체이고, 행성 대기의 효과는 무시한다.) [3점]

┌ 보기 ┐
ㄱ. 행성이 복사 평형을 이룰 때 표면 온도(K)는 A가 B의 $\sqrt{2}$배이다.
ㄴ. 공전 궤도 반지름은 B가 C보다 작다.
ㄷ. A의 중심별이 적색 거성으로 진화하면 A는 생명 가능 지대에 속할 수 있다.

① ㄱ   ② ㄴ   ③ ㄷ   ④ ㄱ, ㄴ   ⑤ ㄴ, ㄷ

10 ★★☆

| 2021년 4월 교육청 19번 |

그림은 주계열성 S의 생명 가능 지대를, 표는 S를 원 궤도로 공전하는 행성 a, b, c의 특징을 나타낸 것이다. ㉠은 생명 가능 지대의 가운데에 해당하는 면이다.

행성	㉠으로부터 행성 공전 궤도까지의 최단 거리(AU)	단위 시간당 단위 면적이 받는 복사 에너지(행성 a=1)
a	0.02	1
b	0.10	0.32
c	0.13	9.68

이에 대한 설명으로 옳은 것만을 〈보기〉에서 있는 대로 고른 것은? (단, 행성의 대기 조건은 고려하지 않는다.) [3점]

┌ 보기 ┐
ㄱ. 광도는 태양보다 S가 작다.
ㄴ. a에서는 물이 액체 상태로 존재할 수 있다.
ㄷ. 행성의 평균 표면 온도는 b보다 c가 높다.

① ㄱ   ② ㄷ   ③ ㄱ, ㄴ   ④ ㄴ, ㄷ   ⑤ ㄱ, ㄴ, ㄷ

Part I

교육청

Memo

01

판 구조론의 정립

2026학년도 수능 출제 예측

2025학년도
수능, 평가원
분석

수능에서는 가장 오래된 퇴적물 하부의 암석 연령을 판 경계로부터 최단 거리에 따라 나타낸 자료를 해석하는 문제가 출제되었다. 9월 평가원에서는 음향 측심 자료를 이용하여 해저 지형을 알아보기 위한 탐구 문제가 출제되었다. 6월 평가원에서는 판 경계 주변의 지각 변동에 대해 묻는 문제가 출제되었다.

2026학년도
수능 예측

매년 한 문제씩 출제가 되는 단원이다. 판 구조론이 정립되는 과정에서 등장한 주요 이론에 관해 묻는 문제나 해양 지각에 관한 자료를 제시하는 문제, 판의 경계에 대한 문제 등이 출제될 가능성이 높다.

1 ☆☆☆ | 2025학년도 수능 11번 |

그림 (가)는 판 A와 B의 경계 주변과 시추 지점 ㉠~㉣을, (나)는 각 지점에서 가장 오래된 퇴적물 하부의 암석 연령을 판 경계로부터 최단 거리에 따라 나타낸 것이다.

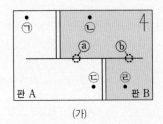 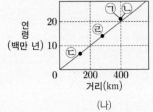

(가)   (나)

이 자료에 대한 설명으로 옳은 것만을 〈보기〉에서 있는 대로 고른 것은? [3점]

보기
ㄱ. 지진은 지역 ⓐ가 지역 ⓑ보다 활발하게 일어난다.
ㄴ. 가장 오래된 퇴적물 하부의 암석에 기록된 고지자기 방향은 ㉠과 ㉡이 같다.
ㄷ. ㉢은 ㉣에 대하여 2 cm/년의 속도로 멀어진다.

① ㄱ   ② ㄷ   ③ ㄱ, ㄴ   ④ ㄴ, ㄷ   ⑤ ㄱ, ㄴ, ㄷ

---

2 ☆☆☆ | 2025학년도 9월 평가원 4번 |

다음은 음향 측심 자료를 이용하여 해저 지형을 알아보기 위한 탐구 활동이다.

[탐구 과정]
(가) 하나의 해구가 나타나는 어느 해역의 음향 측심 자료를 조사한다.
(나) (가)의 해역에서 해구를 가로지르는 직선 구간을 따라 일정한 거리 간격으로 탐사 지점 P_1~P_8을 선정한다.
(다) 각 지점별로 ㉠ 해수면에서 연직 방향으로 발사한 초음파가 해저면에서 반사되어 되돌아오는 데 걸리는 시간을 표에 기록한다.
(라) 초음파의 속력이 1500 m/s로 일정하다고 가정한 후, 각 지점의 수심을 계산하여 표에 기록한다.
(마) (라)에서 계산된 수심으로부터 해구가 나타나는 지점을 찾는다.

[탐구 결과]

지점	P_1	P_2	P_3	P_4	P_5	P_6	P_7	P_8
시간 (초)	6.8	6.4	5.1	10.0	6.1	7.6	7.8	7.1
수심 (m)				(㉡)				

이 자료에 대한 설명으로 옳은 것만을 〈보기〉에서 있는 대로 고른 것은?

보기
ㄱ. ㉠은 수심에 비례한다.
ㄴ. ㉡은 '15000'이다.
ㄷ. P_2는 해구가 위치한 지점이다.

① ㄱ   ② ㄴ   ③ ㄷ   ④ ㄱ, ㄴ   ⑤ ㄴ, ㄷ

---

3 ☆☆☆ | 2025학년도 6월 평가원 2번 |

그림은 태평양 어느 지역의 판 경계 주변을 모식적으로 나타낸 것이다.

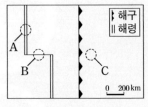

지역 A, B, C에 대한 설명으로 옳은 것만을 〈보기〉에서 있는 대로 고른 것은?

보기
ㄱ. A의 하부에는 맨틀 대류의 상승류가 존재한다.
ㄴ. C의 하부에는 침강하는 판이 잡아당기는 힘이 작용한다.
ㄷ. 화산 활동은 A가 B보다 활발하다.

① ㄱ   ② ㄷ   ③ ㄱ, ㄴ   ④ ㄴ, ㄷ   ⑤ ㄱ, ㄴ, ㄷ

4 ★★☆

| 2024학년도 수능 13번 |

그림은 남반구 중위도에 위치한 어느 해양 지각의 연령과 고지자기 줄무늬를 나타낸 것이다. ㉠과 ㉡은 각각 정자극기와 역자극기 중 하나이다.

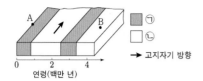

지역 A와 B에 대한 설명으로 옳은 것만을 〈보기〉에서 있는 대로 고른 것은? (단, 해저 퇴적물이 쌓이는 속도는 일정하다.) [3점]

보기
ㄱ. 해저 퇴적물의 두께는 A가 B보다 두껍다.
ㄴ. A의 하부에는 맨틀 대류의 상승류가 존재한다.
ㄷ. B는 A의 동쪽에 위치한다.

① ㄱ　② ㄴ　③ ㄷ　④ ㄱ, ㄷ　⑤ ㄴ, ㄷ

5 ★☆☆

| 2024학년도 9월 평가원 12번 |

그림은 판의 경계와 최근 발생한 화산 분포의 일부를 나타낸 것이다.

이 자료에 대한 설명으로 옳은 것만을 〈보기〉에서 있는 대로 고른 것은?

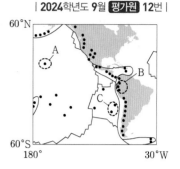

보기
ㄱ. 지역 A의 하부에는 외핵과 맨틀의 경계부에서 상승하는 플룸이 있다.
ㄴ. 지역 B의 하부에는 맨틀 대류의 하강류가 존재한다.
ㄷ. 암석권의 평균 두께는 지역 B가 지역 C보다 두껍다.

① ㄱ　② ㄷ　③ ㄱ, ㄴ　④ ㄴ, ㄷ　⑤ ㄱ, ㄴ, ㄷ

6 ★☆☆

| 2024학년도 6월 평가원 1번 |

다음은 판 구조론이 정립되는 과정에서 등장한 이론에 대하여 학생 A, B, C가 나눈 대화를 나타낸 것이다. ㉠과 ㉡은 각각 대륙 이동설과 해양저 확장설 중 하나이다.

이론	내용
㉠	과거에 하나로 모여 있던 초대륙 판게아가 분리되고 이동하여 현재와 같은 수륙 분포가 되었다.
㉡	해령을 축으로 해양 지각이 생성되고 양쪽으로 멀어짐에 따라 해양저가 확장된다.

제시한 내용이 옳은 학생만을 있는 대로 고른 것은?

① A　② C　③ A, B　④ B, C　⑤ A, B, C

7 ⭐☆☆

| 2023학년도 6월 평가원 1번 |

다음은 초대륙의 형성과 분리 과정 중 일부에 대하여 학생 A, B, C가 나눈 대화를 나타낸 것이다.

제시한 내용이 옳은 학생만을 있는 대로 고른 것은?

① A   ② B   ③ A, C   ④ B, C   ⑤ A, B, C

8 ⭐⭐⭐

| 2022학년도 수능 19번 |

그림은 고정된 열점에서 형성된 화산섬 A, B, C를, 표는 A, B, C의 연령, 위도, 고지자기 복각을 나타낸 것이다. A, B, C는 동일 경도에 위치한다.

화산섬	A	B	C
연령(백만 년)	0	15	40
위도	10°N	20°N	40°N
고지자기 복각	( )	(㉠)	(㉡)

이 자료에 대한 설명으로 옳은 것만을 〈보기〉에서 있는 대로 고른 것은? (단, 고지자기극은 고지자기 방향으로 추정한 지리상 북극이고, 지리상 북극은 변하지 않았다.) [3점]

┌─ 보기 ─────────────────────┐
ㄱ. ㉠은 ㉡보다 작다.
ㄴ. 판의 이동 방향은 북쪽이다.
ㄷ. B에서 구한 고지자기극의 위도는 80°N이다.
└────────────────────────┘

① ㄱ   ② ㄴ   ③ ㄱ, ㄷ   ④ ㄴ, ㄷ   ⑤ ㄱ, ㄴ, ㄷ

9 ⭐☆☆

| 2022학년도 9월 평가원 8번 |

그림 (가)와 (나)는 남아메리카와 아프리카 주변에서 발생한 지진의 진앙 분포를 나타낸 것이다.

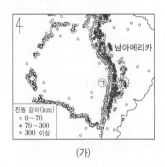 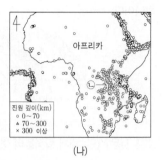

(가)   (나)

지역 ㉠과 ㉡에 대한 설명으로 옳은 것만을 〈보기〉에서 있는 대로 고른 것은?

┌─ 보기 ─────────────────────┐
ㄱ. ㉠의 하부에는 침강하는 해양판이 잡아당기는 힘이 작용한다.
ㄴ. ㉡의 하부에는 외핵과 맨틀의 경계부에서 상승하는 플룸이 있다.
ㄷ. 진원의 평균 깊이는 ㉠이 ㉡보다 깊다.
└────────────────────────┘

① ㄱ   ② ㄷ   ③ ㄱ, ㄴ   ④ ㄴ, ㄷ   ⑤ ㄱ, ㄴ, ㄷ

10 ⭐☆☆

| 2022학년도 6월 평가원 4번 |

그림 (가)는 대서양에서 시추한 지점 $P_1 \sim P_7$을 나타낸 것이고, (나)는 각 지점에서 가장 오래된 퇴적물의 연령을 판의 경계로부터 거리에 따라 나타낸 것이다.

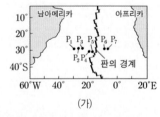 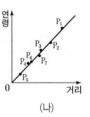

(가)   (나)

이에 대한 설명으로 옳은 것만을 〈보기〉에서 있는 대로 고른 것은?

┌─ 보기 ─────────────────────┐
ㄱ. 가장 오래된 퇴적물의 연령은 P_2가 P_7보다 많다.
ㄴ. 해저 퇴적물의 두께는 P_1에서 P_5로 갈수록 두꺼워진다.
ㄷ. P_3과 P_7 사이의 거리는 점점 증가할 것이다.
└────────────────────────┘

① ㄱ   ② ㄴ   ③ ㄱ, ㄷ   ④ ㄴ, ㄷ   ⑤ ㄱ, ㄴ, ㄷ

11 ★☆☆

| 2021학년도 수능 1번 |

다음은 판 구조론이 정립되는 과정에서 등장한 두 이론에 대하여 학생 A, B, C가 나눈 대화를 나타낸 것이다.

이론	내용
㉠	고생대 말에 판게아가 존재하였고, 약 2억 년 전에 분리되기 시작하여 현재와 같은 대륙 분포가 되었다.
㉡	맨틀이 대류하는 과정에서 대륙이 이동할 수 있다.

대서양 양쪽에 있는 남아메리카 대륙과 아프리카 대륙의 해안선 모양이 비슷한 것은 ㉠의 증거가 될 수 있어.

㉡에 의하면 맨틀 대류가 상승하는 곳에 해구가 형성돼.

베게너는 음향 측심 자료를 이용하여 ㉠을 설명했어.

학생 A   학생 B   학생 C

제시한 내용이 옳은 학생만을 있는 대로 고른 것은?

① A   ② B   ③ A, C   ④ B, C   ⑤ A, B, C

12 ★★☆

| 2021학년도 9월 평가원 8번 |

그림은 해양 지각의 연령 분포를 나타낸 것이다.

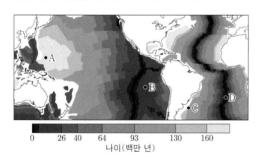

0 26 40   64   93   130 160
나이(백만 년)

A~D 지점에 대한 설명으로 옳은 것만을 〈보기〉에서 있는 대로 고른 것은?

보기
ㄱ. 해저 퇴적물의 두께는 A가 B보다 두껍다.
ㄴ. 최근 4천만 년 동안 평균 이동 속력은 B가 속한 판이 C가 속한 판보다 크다.
ㄷ. 지진 활동은 C가 D보다 활발하다.

① ㄱ   ② ㄷ   ③ ㄱ, ㄴ   ④ ㄴ, ㄷ   ⑤ ㄱ, ㄴ, ㄷ

13 ★☆☆

| 2021학년도 6월 평가원 7번 |

그림은 대서양의 해저면에서 판의 경계를 가로지르는 P_1–P_6 구간을, 표는 각 지점의 연직 방향에 있는 해수면상에서 음파를 발사하여 해저면에 반사되어 되돌아오는 데 걸리는 시간을 나타낸 것이다.

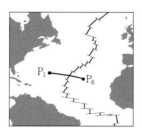

지점	P_1로부터의 거리(km)	시간(초)
P_1	0	7.70
P_2	420	7.36
P_3	840	6.14
P_4	1260	3.95
P_5	1680	6.55
P_6	2100	6.97

이 자료에 대한 설명으로 옳은 것만을 〈보기〉에서 있는 대로 고른 것은? (단, 해수에서 음파의 속도는 일정하다.)

보기
ㄱ. 수심은 P_6이 P_4보다 깊다.
ㄴ. P_3–P_5 구간에는 발산형 경계가 있다.
ㄷ. 해양 지각의 나이는 P_4가 P_2보다 많다.

① ㄱ   ② ㄷ   ③ ㄱ, ㄴ   ④ ㄴ, ㄷ   ⑤ ㄱ, ㄴ, ㄷ

Part II

수능·평가원

Memo

03

변동대와 마그마 활동

2026학년도 수능 출제 예측

수능과 6월 평가원에서는 지하 온도 분포와 암석의 용융 곡선을 이해하고 변동대에서 생성되는 마그마의 특성을 구분할 수 있는지를 묻는 문제가 출제되었다. 9월 평가원에서는 판 경계의 종류에 따라 생성되는 마그마의 특성과 생성 요인에 대해 묻는 문제가 출제되었다.

매년 한 문제씩 출제가 되는 단원이다. 지하 온도 분포와 암석의 용융 곡선 자료를 통해 마그마가 생성되는 조건을 파악하고 이를 마그마가 생성되는 장소와 연관지어 해결하는 문제나 산출 상태와 조직, 화학 조성 등에 따라 화성암을 분류하는 문제 등이 출제될 가능성이 높다.

1 ☆☆☆　　　　　　　　　　　　　　| 2025학년도 [수능] 3번 |

그림은 어느 지역의 깊이에 따른 지하 온도 분포와 암석의 용융 곡선을 나타낸 것이다.

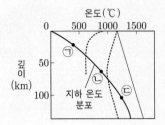

이 자료에 대한 설명으로 옳은 것만을 〈보기〉에서 있는 대로 고른 것은?

┌─ 보기 ─────────────────────────────┐
ㄱ. ㉠의 깊이에서 온도가 증가하면 유문암질 마그마가 생성될 수 있다.

ㄴ. ㉡ 깊이의 맨틀 물질은 온도 변화 없이 상승하면 현무암질 마그마로 용융될 수 있다.

ㄷ. ㉢의 깊이에서 맨틀 물질은 물이 공급되면 용융될 수 있다.
└──────────────────────────────────┘

① ㄱ　② ㄴ　③ ㄷ　④ ㄱ, ㄷ　⑤ ㄴ, ㄷ

---

2 ☆☆☆　　　　　　　　　　　　| 2025학년도 9월 [평가원] 3번 |

그림은 마그마가 분출되는 지역 A와 B를, 표는 이 지역 하부에서 생성된 주요 마그마의 특성을 나타낸 것이다. (가)와 (나)는 A와 B를 순서 없이 나타낸 것이고, ㉠과 ㉡은 유문암질 마그마와 현무암질 마그마를 순서 없이 나타낸 것이다.

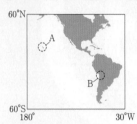

	마그마의 종류	마그마의 주요 생성 요인
(가)	(㉠)	물의 공급
	(㉡)	온도 증가
(나)	현무암질 마그마	(㉢)

이 자료에 대한 설명으로 옳은 것만을 〈보기〉에서 있는 대로 고른 것은? [3점]

┌─ 보기 ─────────────────────────────┐
ㄱ. SiO_2 함량(%)은 ㉠이 ㉡보다 높다.

ㄴ. '압력 감소'는 ㉢에 해당한다.

ㄷ. B의 하부에서는 화강암이 생성될 수 있다.
└──────────────────────────────────┘

① ㄱ　② ㄴ　③ ㄱ, ㄷ　④ ㄴ, ㄷ　⑤ ㄱ, ㄴ, ㄷ

---

3 ☆☆☆　　　　　　　　　　　　| 2025학년도 6월 [평가원] 6번 |

그림 (가)는 마그마가 생성되는 지역 A와 B를, (나)는 깊이에 따른 지하 온도 분포와 암석의 용융 곡선을 나타낸 것이다. (나)의 ㉠과 ㉡은 A와 B에서 마그마가 생성되는 과정을 순서 없이 나타낸 것이다.

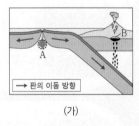 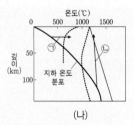

(가)　　　　　　　　　　　(나)

이 자료에 대한 설명으로 옳은 것만을 〈보기〉에서 있는 대로 고른 것은?

┌─ 보기 ─────────────────────────────┐
ㄱ. A에서 맨틀 물질이 용융되는 주된 요인은 압력 증가이다.

ㄴ. B에서 유문암질 마그마가 생성될 수 있다.

ㄷ. 마그마가 생성되기 시작하는 온도는 ㉠이 ㉡보다 낮다.
└──────────────────────────────────┘

① ㄱ　② ㄴ　③ ㄱ, ㄷ　④ ㄴ, ㄷ　⑤ ㄱ, ㄴ, ㄷ

4 ★☆☆ |2024학년도 수능 5번|

그림 (가)는 판 경계 주변에서 마그마가 생성되는 모습을, (나)는 깊이에 따른 지하 온도 분포와 암석의 용융 곡선을 나타낸 것이다. ㉠과 ㉡은 안산암질 마그마와 현무암질 마그마를 순서 없이 나타낸 것이다.

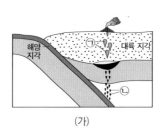
(가)

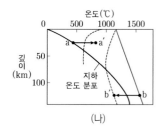
(나)

이에 대한 설명으로 옳은 것만을 〈보기〉에서 있는 대로 고른 것은? [3점]

┌─ 보기 ─────────────────────────────┐
ㄱ. ㉠이 분출하여 굳으면 섬록암이 된다.
ㄴ. ㉡은 a → a' 과정에 의해 생성된다.
ㄷ. SiO_2 함량(%)은 ㉠이 ㉡보다 높다.
└────────────────────────────────────┘

① ㄱ ② ㄴ ③ ㄷ ④ ㄱ, ㄴ ⑤ ㄴ, ㄷ

5 ★★☆ |2024학년도 9월 평가원 6번|

그림 암석의 용융 곡선과 지역 ㉠, ㉡의 지하 온도 분포를 깊이에 따라 나타낸 것이다. ㉠과 ㉡은 각각 해령과 섭입대 중 하나이다.

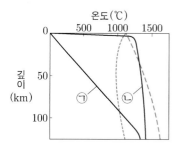

이 자료에 대한 설명으로 옳은 것만을 〈보기〉에서 있는 대로 고른 것은?

┌─ 보기 ─────────────────────────────┐
ㄱ. ㉠에서는 물이 포함된 맨틀 물질이 용융되어 마그마가 생성된다.
ㄴ. ㉡에서는 주로 유문암질 마그마가 생성된다.
ㄷ. 맨틀 물질이 용융되기 시작하는 온도는 ㉠이 ㉡보다 낮다.
└────────────────────────────────────┘

① ㄱ ② ㄴ ③ ㄱ, ㄷ ④ ㄴ, ㄷ ⑤ ㄱ, ㄴ, ㄷ

6 ★☆☆ |2024학년도 6월 평가원 7번|

그림은 마그마가 생성되는 지역 A, B, C를 나타낸 것이다.

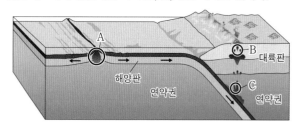

이 자료에 대한 설명으로 옳은 것만을 〈보기〉에서 있는 대로 고른 것은?

┌─ 보기 ─────────────────────────────┐
ㄱ. 생성되는 마그마의 SiO_2 함량(%)은 A가 B보다 낮다.
ㄴ. A에서 주로 생성되는 암석은 유문암이다.
ㄷ. C에서 물의 공급은 암석의 용융 온도를 감소시키는 요인에 해당한다.
└────────────────────────────────────┘

① ㄱ ② ㄷ ③ ㄱ, ㄴ ④ ㄱ, ㄷ ⑤ ㄴ, ㄷ

Part II

수능 평가원

7 ☆★☆ | **2023**학년도 수능 **6번** |

그림은 해양판이 섭입되는 모습을 나타낸 것이다. A, B, C는 각각 마그마가 생성되는 지역과 분출되는 지역 중 하나이다.

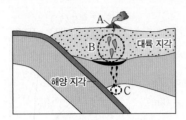

이에 대한 설명으로 옳은 것만을 〈보기〉에서 있는 대로 고른 것은?

┌─ 보기 ─────────────────────────────┐
ㄱ. A에서는 주로 조립질 암석이 생성된다.
ㄴ. B에서는 안산암질 마그마가 생성될 수 있다.
ㄷ. C에서는 맨틀 물질의 용융으로 마그마가 생성된다.
└──────────────────────────────────┘

① ㄱ　② ㄴ　③ ㄱ, ㄷ　④ ㄴ, ㄷ　⑤ ㄱ, ㄴ, ㄷ

---

8 ☆★☆ | **2023**학년도 9월 평가원 **9번** |

그림 (가)는 마그마가 생성되는 지역 A, B, C를, (나)는 깊이에 따른 암석의 용융 곡선을 나타낸 것이다. (나)의 ㉠은 A, B, C 중 하나의 지역에서 마그마가 생성되는 조건이다.

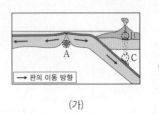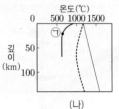

(가)　　　　　　　(나)

A, B, C에 대한 설명으로 옳은 것만을 〈보기〉에서 있는 대로 고른 것은?

┌─ 보기 ─────────────────────────────┐
ㄱ. A에서는 주로 물이 포함된 맨틀 물질이 용융되어 마그마가 생성된다.
ㄴ. 생성되는 마그마의 SiO_2 함량(%)은 B가 C보다 높다.
ㄷ. ㉠은 C에서 마그마가 생성되는 조건에 해당한다.
└──────────────────────────────────┘

① ㄱ　② ㄴ　③ ㄷ　④ ㄱ, ㄴ　⑤ ㄴ, ㄷ

---

9 ★★★ | **2023**학년도 6월 평가원 **13번** |

그림 (가)는 깊이에 따른 지하 온도 분포와 암석의 용융 곡선 ㉠, ㉡, ㉢을, (나)는 마그마가 생성되는 지역 A, B를 나타낸 것이다.

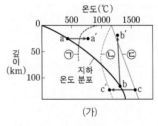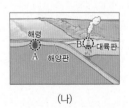

(가)　　　　　　　(나)

이에 대한 설명으로 옳은 것만을 〈보기〉에서 있는 대로 고른 것은?

[3점]

┌─ 보기 ─────────────────────────────┐
ㄱ. 물이 포함되지 않은 암석의 용융 곡선은 ㉢이다.
ㄴ. B에서는 섬록암이 생성될 수 있다.
ㄷ. A에서는 주로 b → b′ 과정에 의해 마그마가 생성된다.
└──────────────────────────────────┘

① ㄴ　② ㄷ　③ ㄱ, ㄴ　④ ㄱ, ㄷ　⑤ ㄱ, ㄴ, ㄷ

10 ★★☆ | 2022학년도 수능 9번 |

그림 (가)는 깊이에 따른 지하의 온도 분포와 암석의 용융 곡선을 나타낸 것이고, (나)는 반려암과 화강암을 A와 B로 순서 없이 나타낸 것이다. A와 B는 각각 (가)의 ㉠ 과정과 ㉡ 과정으로 생성된 마그마가 굳어진 암석 중 하나이다.

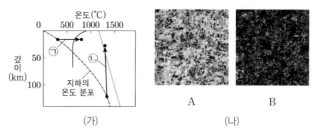

(가)   (나)

이에 대한 설명으로 옳은 것만을 〈보기〉에서 있는 대로 고른 것은?

보기
ㄱ. ㉠ 과정으로 생성된 마그마가 굳으면 B가 된다.
ㄴ. ㉡ 과정에서는 열이 공급되지 않아도 마그마가 생성된다.
ㄷ. SiO_2 함량(%)은 A가 B보다 높다.

① ㄱ   ② ㄷ   ③ ㄱ, ㄴ   ④ ㄴ, ㄷ   ⑤ ㄱ, ㄴ, ㄷ

11 ★★★ | 2022학년도 9월 평가원 13번 |

그림은 대륙과 해양의 지하 온도 분포를 나타낸 것이고, ㉠, ㉡, ㉢은 암석의 용융 곡선이다.

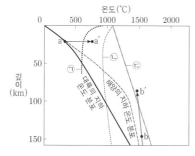

이 자료에 대한 설명으로 옳은 것만을 〈보기〉에서 있는 대로 고른 것은? [3점]

보기
ㄱ. a → a′ 과정으로 생성되는 마그마는 b → b′ 과정으로 생성되는 마그마보다 SiO_2 함량이 많다.
ㄴ. b → b′ 과정으로 상승하고 있는 물질은 주위보다 온도가 높다.
ㄷ. 물의 공급에 의해 맨틀 물질의 용융이 시작되는 깊이는 해양 하부에서가 대륙 하부에서보다 깊다.

① ㄱ   ② ㄷ   ③ ㄱ, ㄴ   ④ ㄴ, ㄷ   ⑤ ㄱ, ㄴ, ㄷ

12 ★☆☆ | 2022학년도 6월 평가원 3번 |

그림은 SiO_2 함량과 결정 크기에 따라 화성암 A, B, C의 상대적인 위치를 나타낸 것이다. A, B, C는 각각 유문암, 현무암, 화강암 중 하나이다.

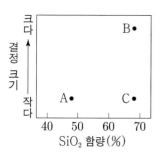

이에 대한 설명으로 옳은 것만을 〈보기〉에서 있는 대로 고른 것은?

보기
ㄱ. C는 화강암이다.
ㄴ. B는 A보다 천천히 냉각되어 생성된다.
ㄷ. B는 주로 해령에서 생성된다.

① ㄱ   ② ㄴ   ③ ㄷ   ④ ㄱ, ㄴ   ⑤ ㄴ, ㄷ

13 ★☆☆ | 2021학년도 수능 4번 |

그림 (가)는 마그마가 생성되는 지역 A~D를, (나)는 마그마가 생성되는 과정 중 하나를 나타낸 것이다.

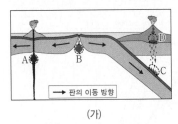
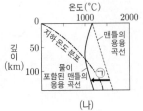

(가)   (나)

이에 대한 설명으로 옳은 것만을 〈보기〉에서 있는 대로 고른 것은? [3점]

보기
ㄱ. A의 하부에는 플룸 상승류가 있다.
ㄴ. (나)의 ㉠ 과정에 의해 마그마가 생성되는 지역은 B이다.
ㄷ. 생성되는 마그마의 SiO_2 함량(%)은 C에서가 D에서보다 높다.

① ㄱ   ② ㄴ   ③ ㄱ, ㄷ   ④ ㄴ, ㄷ   ⑤ ㄱ, ㄴ, ㄷ

14 ★★★ | 2021학년도 9월 평가원 9번 |

그림은 해양판이 섭입하면서 마그마가 생성되는 어느 해구 지역의 지진파 단층 촬영 영상을 나타낸 것이다.

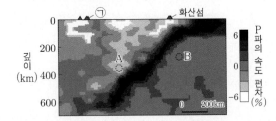

이에 대한 설명으로 옳은 것만을 〈보기〉에서 있는 대로 고른 것은? [3점]

보기
ㄴ. ㉠은 열점이다.
ㄴ. A 지점에서는 주로 SiO_2의 함량이 52 %보다 낮은 마그마가 생성된다.
ㄷ. B 지점은 맨틀 대류의 하강부이다.

① ㄱ   ② ㄴ   ③ ㄱ, ㄷ   ④ ㄴ, ㄷ   ⑤ ㄱ, ㄴ, ㄷ

15 ★★☆ | 2021학년도 6월 평가원 6번 |

그림 (가)는 지하 온도 분포와 암석의 용융 곡선 ㉠, ㉡, ㉢을, (나)는 마그마가 분출되는 지역 A와 B를 나타낸 것이다.

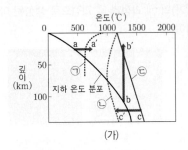
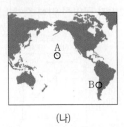

(가)   (나)

이에 대한 설명으로 옳은 것만을 〈보기〉에서 있는 대로 고른 것은?

보기
ㄱ. (가)에서 물이 포함된 암석의 용융 곡선은 ㉠과 ㉡이다.
ㄴ. B에서는 주로 현무암질 마그마가 분출된다.
ㄷ. A에서 분출되는 마그마는 주로 c → c′ 과정에 의해 생성된다.

① ㄱ   ② ㄴ   ③ ㄷ   ④ ㄱ, ㄷ   ⑤ ㄴ, ㄷ

04

퇴적암과 지질 구조

2026학년도 수능 출제 예측

2025학년도 수능, 평가원 분석

수능에서는 지층의 단면에 나타난 건열, 사층리, 연흔과 같은 퇴적 구조의 특징을 파악하는 문제가 출제되었다. 9월 평가원에서는 건열과 연흔의 생성 환경에 대해 묻는 문제가 출제되었다. 6월 평가원에서는 건열과 점이 층리의 생성 환경과 특징에 대해 묻는 문제가 출제되었다.

2026학년도 수능 예측

매년 한 문제 또는 두 문제가 출제가 되는 단원이다. 사층리, 점이 층리, 연흔, 건열 등 퇴적 구조에 대해 묻는 문제나 습곡, 단층, 절리, 부정합 등 지질 구조에 대해 묻는 문제 등이 출제될 가능성이 높다.

1 ★☆☆
| 2025학년도 수능 1번 |

그림은 건열, 사층리, 연흔이 나타나는 지층의 단면을 나타낸 것이다.

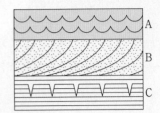

지층 A, B, C에 대한 설명으로 옳은 것만을 〈보기〉에서 있는 대로 고른 것은?

보기
ㄱ. A에서는 건열이 관찰된다.
ㄴ. B의 퇴적 구조를 통해 지층의 역전 여부를 판단할 수 있다.
ㄷ. C가 형성되는 동안 건조한 환경에 노출된 시기가 있었다.

① ㄱ   ② ㄴ   ③ ㄱ, ㄷ   ④ ㄴ, ㄷ   ⑤ ㄱ, ㄴ, ㄷ

2 ★☆☆
| 2025학년도 9월 평가원 1번 |

그림 (가)와 (나)는 건열과 연흔을 순서 없이 나타낸 것이다.

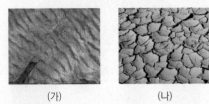

(가)   (나)

이에 대한 설명으로 옳은 것만을 〈보기〉에서 있는 대로 고른 것은?

보기
ㄱ. (가)는 건열이다.
ㄴ. (나)는 역암층보다 이암층에서 흔히 나타난다.
ㄷ. (가)와 (나)는 지층의 역전 여부를 판단하는 데 활용된다.

① ㄱ   ② ㄷ   ③ ㄱ, ㄴ   ④ ㄴ, ㄷ   ⑤ ㄱ, ㄴ, ㄷ

3 ★☆☆
| 2025학년도 6월 평가원 1번 |

다음은 퇴적 구조 (가)와 (나)에 대한 학생 A, B, C의 대화를 나타낸 것이다. (가)와 (나)는 건열과 점이 층리를 순서 없이 나타낸 것이다.

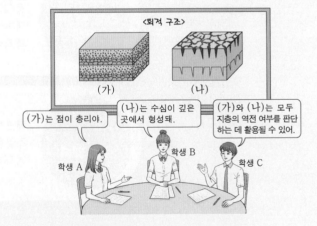

〈퇴적 구조〉

(가)   (나)

(가)는 점이 층리야. — 학생 A

(나)는 수심이 깊은 곳에서 형성돼. — 학생 B

(가)와 (나)는 모두 지층의 역전 여부를 판단하는 데 활용될 수 있어. — 학생 C

제시한 내용이 옳은 학생만을 있는 대로 고른 것은?

① A   ② B   ③ C   ④ A, C   ⑤ B, C

4 ★☆☆

| 2024학년도 수능 2번 |

그림 (가), (나), (다)는 사층리, 연흔, 점이층리를 순서 없이 나타낸 것이다.

    (가)   (나)   (다)

이에 대한 설명으로 옳은 것만을 〈보기〉에서 있는 대로 고른 것은?

┌─ 보기 ─────────────────────────────┐
ㄱ. (가)는 점이층리이다.
ㄴ. (나)는 지층의 역전 여부를 판단할 수 있는 퇴적 구조이다.
ㄷ. (다)는 역암층보다 사암층에서 주로 나타난다.
└────────────────────────────────┘

① ㄱ   ② ㄷ   ③ ㄱ, ㄴ   ④ ㄴ, ㄷ   ⑤ ㄱ, ㄴ, ㄷ

5 ★☆☆

| 2024학년도 6월 평가원 4번 |

다음은 쇄설성 퇴적암이 형성되는 과정의 일부를 알아보기 위한 실험이다.

┌──────────────────────────────────┐
[실험 목표]
• 쇄설성 퇴적암이 형성되는 과정 중 (㉠)을/를 설명할 수 있다.

[실험 과정]
(가) 크기가 다양한 자갈, 모래, 점토를 각각 준비하여 투명한 원통에 넣는다.
(나) (가)의 원통의 퇴적물에서 입자 사이의 빈 공간(공극)의 모습을 관찰한다.
(다) 컵에 석회질 물질과 물을 부어 석회질 반죽을 만든다.
(라) ㉡ 석회질 반죽을 (가)의 원통에 부어 퇴적물이 쌓인 높이(h)까지 채운 후 건조시켜 굳힌다.
(마) (라)의 입자 사이의 빈 공간(공극)의 모습을 관찰한다.

[실험 결과]

㉢ (나)의 결과	㉣ (마)의 결과
h	h
└──────────────────────────────────┘

이 자료에 대한 설명으로 옳은 것만을 〈보기〉에서 있는 대로 고른 것은? [3점]

┌─ 보기 ─────────────────────────────┐
ㄱ. '교결 작용'은 ㉠에 해당한다.
ㄴ. ㉡은 퇴적물 입자들을 단단하게 결합시켜 주는 물질에 해당한다.
ㄷ. 단위 부피당 공극이 차지하는 부피는 ㉢이 ㉣보다 크다.
└────────────────────────────────┘

① ㄱ   ② ㄷ   ③ ㄱ, ㄴ   ④ ㄴ, ㄷ   ⑤ ㄱ, ㄴ, ㄷ

Part II

수능 평가원

6 ☆★☆

다음은 퇴적암이 형성되는 과정의 일부를 알아보기 위한 실험이다.

[실험 목표]
• 퇴적암이 형성되는 과정 중 (㉠)을/를 설명할 수 있다.

[실험 과정]
(가) 입자 크기 2 mm 정도인 퇴적물 250 mL가 담긴 원통에 물 250 mL를 넣는다.
(나) 물의 높이가 퇴적물의 높이와 같아질 때까지 물을 추출한 뒤, 추출된 물의 부피를 측정한다.
(다) 그림과 같이 원형 판 1개를 원통에 넣어 퇴적물을 압축시킨다.
(라) 물의 높이가 퇴적물의 높이와 같아질 때까지 물을 추출하고, 그 물의 부피를 측정한다.
(마) 동일한 원형 판의 개수를 1개씩 증가시키면서 (라)의 과정을 반복한다.
(바) 원형 판의 개수와 추출된 물의 부피와의 관계를 정리한다.

퇴적물의 높이 / 물의 높이 / 퇴적물 / 원형 판 / 밸브

[실험 결과]
• 과정 (나)에서 추출된 물의 부피: 100 mL
• 과정 (다)~(마)에서 원형 판의 개수에 따른 추출된 물의 부피

원형 판 개수(개)	1	2	3	4	5
추출된 물의 부피(mL)	27.5	8.0	6.5	5.3	4.5

이 자료에 대한 설명으로 옳은 것만을 〈보기〉에서 있는 대로 고른 것은? [3점]

보기
ㄱ. '다짐 작용'은 ㉠에 해당한다.
ㄴ. 과정 (나)에서 원통 속에 남아 있는 물의 부피는 222.5 mL이다.
ㄷ. 원형 판의 개수가 증가할수록 단위 부피당 퇴적물 입자의 개수는 증가한다.

① ㄱ ② ㄴ ③ ㄱ, ㄷ ④ ㄴ, ㄷ ⑤ ㄱ, ㄴ, ㄷ

---

7 ★☆☆

다음은 어느 퇴적 구조가 형성되는 원리를 알아보기 위한 실험이다.

[실험 목표]
• (㉠)의 형성 원리를 설명할 수 있다.

[실험 과정]
(가) 100 mL의 물이 담긴 원통형 유리 접시에 입자 크기가 $\frac{1}{16}$ mm 이하인 점토 100 g을 고르게 붓는다.
(나) 그림과 같이 백열전등 아래에 원통형 유리 접시를 놓고 전등 빛을 비춘다.
(다) ㉡전등 빛을 충분히 비추었을 때 변화된 점토 표면의 모습을 관찰하여 그 결과를 스케치한다.

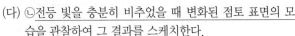

[실험 결과]

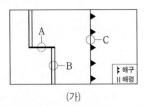
〈 위에서 본 모습 〉

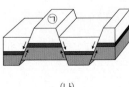
〈 옆에서 본 모습 〉

이에 대한 설명으로 옳은 것만을 〈보기〉에서 있는 대로 고른 것은? [3점]

보기
ㄱ. '건열'은 ㉠에 해당한다.
ㄴ. 건조한 환경에 노출되어 퇴적물의 표면이 갈라진 모습은 ㉡에 해당한다.
ㄷ. 이 퇴적 구조는 주로 역암층에서 관찰된다.

① ㄱ ② ㄴ ③ ㄷ ④ ㄱ, ㄴ ⑤ ㄱ, ㄷ

---

8 ★★☆

그림 (가)는 판의 경계를, (나)는 어느 단층 구조를 나타낸 것이다.

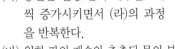

A / B / C / 해구 / 해령

(가) (나)

이에 대한 설명으로 옳은 것만을 〈보기〉에서 있는 대로 고른 것은?

보기
ㄱ. A 지역에서는 주향 이동 단층이 발달한다.
ㄴ. ㉠은 상반이다.
ㄷ. (나)는 C 지역에서가 B 지역에서보다 잘 나타난다.

① ㄱ ② ㄴ ③ ㄱ, ㄷ ④ ㄴ, ㄷ ⑤ ㄱ, ㄴ, ㄷ

9 ★★☆

다음은 어느 퇴적 구조가 형성 되는 원리를 알아보기 위한 실험이다.

[실험 목표]
• (㉠)의 형성 원리를 설명할 수 있다.

[실험 과정]
(가) 입자의 크기가 2 mm 이하인 모래, 2~4 mm인 왕모래, 4~6 mm인 잔자갈을 각각 100 g씩 준비하여 물이 담긴 원통에 넣는다.
(나) 원통을 흔들어 입자들을 골고루 섞은 후, 원통을 세워 입자들이 가라앉기를 기다린다.
(다) 그림과 같이 원통의 퇴적물을 같은 간격의 세 구간 A, B, C로 나눈다.
(라) 각 구간의 퇴적물을 모래, 왕모래, 잔자갈로 구분하여 각각의 질량을 측정한다.

[실험 결과]
• A, B, C 구간별 입자 종류에 따른 질량비

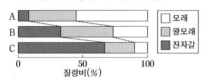

□ 모래
▨ 왕모래
■ 잔자갈

• 퇴적물 입자의 크기가 클수록 (㉡) 가라앉는다.

이에 대한 설명으로 옳은 것만을 〈보기〉에서 있는 대로 고른 것은? [3점]

보기
ㄱ. '점이 층리'는 ㉠에 해당한다.
ㄴ. '느리게'는 ㉡에 해당한다.
ㄷ. 경사가 급한 해저에서 빠르게 이동하던 퇴적물의 유속이 갑자기 느려지면서 퇴적되는 과정은 (나)에 해당한다.

① ㄱ　② ㄴ　③ ㄱ, ㄷ　④ ㄴ, ㄷ　⑤ ㄱ, ㄴ, ㄷ

10 ★☆☆

다음은 어느 지질 구조의 형성 과정을 알아보기 위한 탐구이다.

[탐구 과정]
(가) 지점토 판 세 개를 하나씩 순서대로 쌓은 뒤, Ⅰ과 같이 경사지게 지점토 칼로 자른다.
(나) 잘린 지점토 판 전체를 조심스럽게 들어 올리고, Ⅱ와 같이 ㉠양쪽 끝을 서서히 잡아당겨 가운데 조각이 내려가 도록 한다.
(다) Ⅲ과 같이 지점토 칼로 지점토 판의 위쪽을 수평으로 자른다.
(라) 잘린 지점토 판 위에 Ⅳ와 같이 새로운 지점토 판을 수평이 되도록 쌓는다.

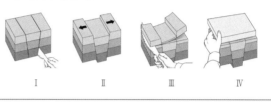

Ⅰ　　Ⅱ　　Ⅲ　　Ⅳ

이에 대한 설명으로 옳은 것만을 〈보기〉에서 있는 대로 고른 것은? [3점]

보기
ㄱ. ㉠에 해당하는 힘은 횡압력이다.
ㄴ. (다)는 지층의 침식 과정에 해당한다.
ㄷ. (라)에서 부정합 형태의 지질 구조가 만들어진다.

① ㄱ　② ㄴ　③ ㄷ　④ ㄱ, ㄴ　⑤ ㄴ, ㄷ

11 ★★☆

그림 (가)는 어느 쇄설성 퇴적층의 단면을, (나)는 속성 작용이 일어나는 동안 (가)의 모래층에서 모래 입자 사이 공간(㉠)의 부피 변화를 나타낸 것이다.

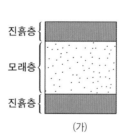

진흙층 {
모래층 {
진흙층 {

(가)

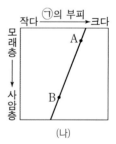

작다　㉠의 부피　크다
모래층 → 사암층
A
B

(나)

(가)의 모래층에서 속성 작용이 일어나는 동안 나타나는 변화에 대한 설명으로 옳은 것만을 〈보기〉에서 있는 대로 고른 것은?

보기
ㄱ. ㉠에 교결 물질이 침전된다.
ㄴ. 밀도는 증가한다.
ㄷ. 단위 부피당 모래 입자의 개수는 A에서 B로 갈수록 감소한다.

① ㄱ　② ㄷ　③ ㄱ, ㄴ　④ ㄴ, ㄷ　⑤ ㄱ, ㄴ, ㄷ

12 ☆☆☆　　　　　| 2021학년도 수능 6번 |

그림 (가)는 해수면이 하강하는 과정에서 형성된 퇴적층의 단면이고, (나)는 (가)의 퇴적층에서 나타나는 퇴적 구조 A와 B이다.

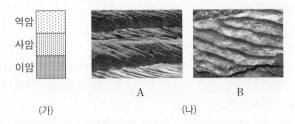

역암
사암
이암

(가)　　　　　A　　　　　B　　(나)

이 자료에 대한 설명으로 옳은 것만을 〈보기〉에서 있는 대로 고른 것은?

┌─ 보기 ─────────────────────────┐
ㄱ. (가)의 퇴적층 중 가장 얕은 수심에서 형성된 것은 이암층이다.
ㄴ. (나)의 A와 B는 주로 역암층에서 관찰된다.
ㄷ. (나)의 A와 B 중 층리면에서 관찰되는 퇴적 구조는 B이다.
└──────────────────────────────┘

① ㄱ　　② ㄴ　　③ ㄷ　　④ ㄱ, ㄷ　　⑤ ㄴ, ㄷ

13 ☆☆☆　　　　　| 2021학년도 9월 평가원 1번 |

표는 퇴적물의 기원에 따른 퇴적암의 종류를 나타낸 것이다.

구분	퇴적물	퇴적암
A	식물	석탄
	규조	처트
B	모래	㉠
	㉡	역암

이에 대한 설명으로 옳은 것만을 〈보기〉에서 있는 대로 고른 것은?

┌─ 보기 ─────────────────────────┐
ㄱ. A는 쇄설성 퇴적암이다.
ㄴ. ㉠은 암염이다.
ㄷ. 자갈은 ㉡에 해당한다.
└──────────────────────────────┘

① ㄱ　　② ㄴ　　③ ㄷ　　④ ㄱ, ㄷ　　⑤ ㄴ, ㄷ

14 ☆☆☆　　　　　| 2021학년도 6월 평가원 1번 |

다음은 어느 지층의 퇴적 구조에 대한 학생 A, B, C의 대화를 나타낸 것이다.

(가)　　　　　(나)

특징: 층리가 평행하지 않고 비스듬히 기울어져 보임.　　특징: 물결 모양의 흔적이 지층에 남아 있음.

(가)로부터 퇴적물이 공급된 방향을 알 수 있어.　　(나)는 층리면을 관찰한 거야.　　(가)와 (나)는 주로 역암층에서 나타나.

학생 A　　　학생 B　　　학생 C

제시한 내용이 옳은 학생만을 있는 대로 고른 것은?

① A　② C　③ A, B　④ B, C　⑤ A, B, C

15 ☆☆☆　　　　　| 2021학년도 6월 평가원 2번 |

그림 (가), (나), (다)는 습곡, 포획, 절리를 순서 없이 나타낸 것이다.

(가)　　　　　(나)　　　　　(다)

이에 대한 설명으로 옳은 것만을 〈보기〉에서 있는 대로 고른 것은?　　　　　[3점]

┌─ 보기 ─────────────────────────┐
ㄱ. (가)는 (나)보다 깊은 곳에서 형성되었다.
ㄴ. (나)는 수축에 의해 형성되었다.
ㄷ. (다)에서 A는 B보다 먼저 생성되었다.
└──────────────────────────────┘

① ㄱ　　② ㄷ　　③ ㄱ, ㄴ　　④ ㄴ, ㄷ　　⑤ ㄱ, ㄴ, ㄷ

05

I
고체 지구

지구의 역사

2026학년도 수능 출제 예측

2025학년도 수능, 평가원 분석

수능에서는 생물 대멸종, 지질 단면과 방사성 원소의 반감기를 이용한 지층의 절대 연령과 상대 연령에 대한 문제가 출제되었다. 9월과 6월 평가원에서는 지질 시대의 생물과 환경, 방사성 동위 원소를 이용하여 암석의 절대 연령을 구하는 원리에 대한 문제가 출제되었다.

2026학년도 수능 예측

두 문제가 출제 될 가능성이 높은 단원이다. 지질 단면도나 지표의 암석 분포를 방사성 동위 원소의 붕괴 곡선과 함께 해석하는 문제와 지질 시대의 환경과 생물에 대해 묻는 문제, 산출되는 화석을 이용해 지층을 대비하는 문제 등이 출제될 가능성이 높다.

1 ☆☆☆ | 2025학년도 수능 7번 |

그림은 현생 누대 동안 생물 과의 멸종 비율과 대멸종이 일어난 시기 A, B, C를 나타낸 것이다.

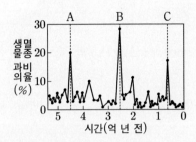

이에 대한 설명으로 옳은 것만을 〈보기〉에서 있는 대로 고른 것은?

┌─ 보기 ─────────────────────────────┐
ㄱ. A에 방추충이 멸종하였다.
ㄴ. B와 C 사이에 판게아가 분리되기 시작하였다.
ㄷ. C는 팔레오기와 네오기의 지질 시대 경계이다.
└──────────────────────────────────┘

① ㄱ   ② ㄴ   ③ ㄷ   ④ ㄱ, ㄴ   ⑤ ㄴ, ㄷ

2 ☆☆☆ | 2025학년도 수능 16번 |

그림 (가)는 어느 지역의 지질 단면을, (나)는 방사성 원소 X의 함량(%)에 대한 방사성 원소 Y의 함량(%)을 시간에 따라 나타낸 것이다. 화성암 A와 B는 각각 X와 Y를 모두 포함하며, 현재 A에 포함된 Y의 함량은 처음 양의 $\frac{3}{8}$이고, B에 포함된 X의 함량은 처음 양의 $\frac{1}{4}$이다. X의 반감기는 0.5억 년이다.

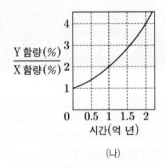

(가)   (나)

이에 대한 설명으로 옳은 것만을 〈보기〉에서 있는 대로 고른 것은? (단, X와 Y의 자원소는 모두 각각의 모원소가 붕괴하여 생성되었다.) [3점]

┌─ 보기 ─────────────────────────────┐
ㄱ. 반감기는 X가 Y의 $\frac{1}{2}$배이다.
ㄴ. 현재로부터 2억 년 후, B에 포함된 Y의 자원소 함량은 Y 함량의 7배이다.
ㄷ. (가)에서 단층 f-f'은 중생대에 형성되었다.
└──────────────────────────────────┘

① ㄱ   ② ㄴ   ③ ㄱ, ㄷ   ④ ㄴ, ㄷ   ⑤ ㄱ, ㄴ, ㄷ

3 ☆☆☆ | 2025학년도 9월 평가원 7번 |

그림은 지질 시대에 일어난 주요 사건을 시간 순서대로 나타낸 것이다.

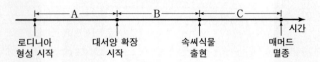

A, B, C 기간에 대한 설명으로 옳은 것만을 〈보기〉에서 있는 대로 고른 것은?

┌─ 보기 ─────────────────────────────┐
ㄱ. A에 최초의 육상 식물이 출현하였다.
ㄴ. B에 방추충이 번성하였다.
ㄷ. C에 히말라야산맥이 형성되었다.
└──────────────────────────────────┘

① ㄱ   ② ㄴ   ③ ㄱ, ㄷ   ④ ㄴ, ㄷ   ⑤ ㄱ, ㄴ, ㄷ

4 ☆☆☆ | 2025학년도 9월 **평가원** 19번 |

그림은 어느 지역의 지질 단면을, 표는 화성암 P와 Q에 포함된 방사성 동위 원소 X의 자원소인 Y의 함량을 시기별로 나타낸 것이다. Y는 모두 X가 붕괴하여 생성되었고, X의 반감기는 1.5억 년이다.

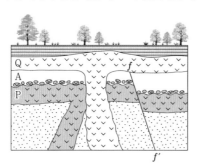

시기	Y 함량(%)	
	P	Q
암석 생성 이후 1.5억 년 경과	a	a
현재	$1.8a$	$1.6a$

이 자료에 대한 설명으로 옳은 것만을 〈보기〉에서 있는 대로 고른 것은? (단, Y 함량(%)은 붕괴한 X 함량(%)과 같다.) [3점]

보기
ㄱ. P에는 암석 A가 포획암으로 나타난다.
ㄴ. 단층 f–f' 은 고생대에 형성되었다.
ㄷ. 현재로부터 1.5억 년 후까지 P의 X 함량(%)의 감소량은 Q의 Y 함량(%)의 증가량보다 적다.

① ㄱ　　② ㄴ　　③ ㄷ　　④ ㄱ, ㄷ　　⑤ ㄴ, ㄷ

5 ☆☆☆ | 2025학년도 6월 **평가원** 5번 |

표는 지질 시대 A, B, C의 특징을 나타낸 것이다. A, B, C는 각각 백악기, 오르도비스기, 팔레오기 중 하나이다.

지질 시대	특징
A	삼엽충과 필석류를 포함한 무척추동물이 번성하였다.
B	공룡과 암모나이트가 번성하였다가 멸종하였다.
C	화폐석과 속씨식물이 번성하였다.

A, B, C에 대한 설명으로 옳은 것만을 〈보기〉에서 있는 대로 고른 것은? [3점]

보기
ㄱ. 지질 시대를 오래된 것부터 나열하면 A – C – B 순이다.
ㄴ. B에 판게아가 분리되기 시작하였다.
ㄷ. C에 생성된 지층에서 양치식물 화석이 발견된다.

① ㄱ　　② ㄷ　　③ ㄱ, ㄴ　　④ ㄴ, ㄷ　　⑤ ㄱ, ㄴ, ㄷ

6 ☆☆☆ | 2025학년도 6월 **평가원** 19번 |

그림은 어느 지역의 지질 단면을 나타낸 것이다. 현재 화성암 P와 Q에 포함된 방사성 동위 원소 X의 함량은 각각 처음 양의 $\frac{3}{16}$, $\frac{3}{8}$ 이고, X의 반감기는 1억 년이다.

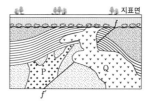

이 자료에 대한 설명으로 옳은 것만을 〈보기〉에서 있는 대로 고른 것은? [3점]

보기
ㄱ. 단층 f–f'은 횡압력을 받아 형성되었다.
ㄴ. P는 Q보다 1억 년 먼저 형성되었다.
ㄷ. P는 고생대에 형성되었다.

① ㄱ　　② ㄷ　　③ ㄱ, ㄴ　　④ ㄴ, ㄷ　　⑤ ㄱ, ㄴ, ㄷ

7 ★★☆

| 2024학년도 수능 7번 |

그림은 현생 누대 동안 해양 생물 과의 수와 대멸종 시기 A, B, C 를 나타낸 것이다.
이에 대한 설명으로 옳은 것만을 〈보기〉에서 있는 대로 고른 것은?

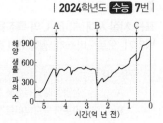

─ 보기 ─

ㄱ. 해양 생물 과의 수는 A가 B보다 많다.

ㄴ. B와 C 사이에 생성된 지층에서 양치식물 화석이 발견된다.

ㄷ. C는 쥐라기와 백악기의 지질 시대 경계이다.

① ㄱ　② ㄷ　③ ㄱ, ㄴ　④ ㄴ, ㄷ　⑤ ㄱ, ㄴ, ㄷ

8 ★☆☆

| 2024학년도 수능 11번 |

그림은 어느 지역의 지질 단면을 나타낸 것이다. 현재 화성암에 포함된 방사성 원소 X의 함량은 처음 양의 $\frac{1}{32}$이고, 지층 A에서는 방추충 화석이 산출된다.

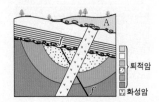

이 자료에 대한 설명으로 옳은 것만을 〈보기〉에서 있는 대로 고른 것은?

─ 보기 ─

ㄱ. 경사 부정합이 나타난다.

ㄴ. 단층 f–f'은 화성암보다 먼저 형성되었다.

ㄷ. X의 반감기는 0.4억 년보다 짧다.

① ㄱ　② ㄷ　③ ㄱ, ㄴ　④ ㄴ, ㄷ　⑤ ㄱ, ㄴ, ㄷ

9 ★☆☆

| 2024학년도 9월 평가원 1번 |

다음은 방사성 동위 원소를 이용하여 암석의 절대 연령을 구하는 원리에 대하여 학생 A, B, C가 나눈 대화를 나타낸 것이다.

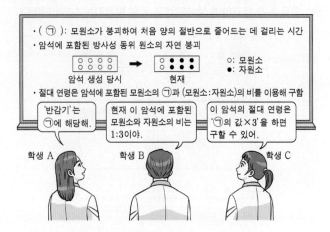

제시한 내용이 옳은 학생만을 있는 대로 고른 것은?

① A　② B　③ C　④ A, B　⑤ A, C

10 ★★☆

그림은 40억 년 전부터 현재까지 지질 시대 A~E의 지속 기간을 비율로 나타낸 것이다.

A~E에 대한 설명으로 옳은 것만을 〈보기〉에서 있는 대로 고른 것은? [3점]

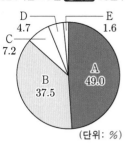

(단위: %)

─── 보기 ───
ㄱ. 최초의 다세포 동물이 출현한 시기는 B이다.
ㄴ. 최초의 척추동물이 출현한 시기는 C이다.
ㄷ. 히말라야 산맥이 형성된 시기는 E이다.

① ㄱ ② ㄷ ③ ㄱ, ㄴ ④ ㄴ, ㄷ ⑤ ㄱ, ㄴ, ㄷ

11 ★★☆

그림은 어느 지역의 지질 단면을 나타낸 것이다.

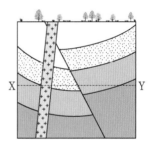

구간 X – Y에 해당하는 지층의 연령 분포로 가장 적절한 것은? [3점]

①
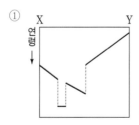

②
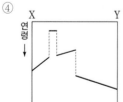

③
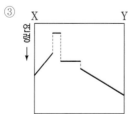

④
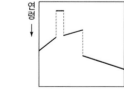

⑤
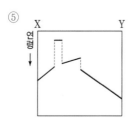

12 ★★★

그림은 어느 지역의 지질 단면을 나타낸 것이다.

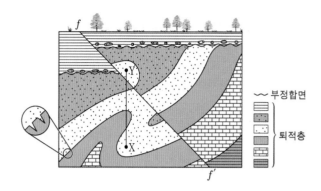

~ 부정합면

[퇴적층]

이 자료에 대한 설명으로 옳은 것만을 〈보기〉에서 있는 대로 고른 것은? [3점]

─── 보기 ───
ㄱ. 단층 $f-f'$은 장력에 의해 형성되었다.
ㄴ. 습곡과 단층의 형성 시기 사이에 부정합면이 형성되었다.
ㄷ. X → Y를 따라 각 지층 경계를 통과할 때의 지층 연령의 증감은 '증가 → 감소 → 감소 → 증가'이다.

① ㄱ ② ㄴ ③ ㄷ ④ ㄱ, ㄴ ⑤ ㄴ, ㄷ

13 ★★★

그림은 방사성 동위 원소 X의 붕괴 곡선의 일부를 나타낸 것이다. 화성암에 포함된 X의 자원소 Y는 모두 X가 붕괴하여 생성되었다.

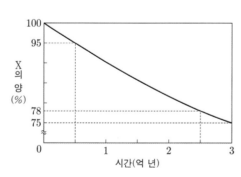

이 자료에 대한 설명으로 옳은 것만을 〈보기〉에서 있는 대로 고른 것은? (단, 모든 화성암에는 X가 포함되어 있으며, X의 양(%)은 화성암 생성 당시 X의 함량에 대한 남아 있는 X의 함량의 비율이고, Y의 양(%)은 붕괴한 X의 양과 같다.) [3점]

─── 보기 ───
ㄱ. 현재의 X의 양이 95 %인 화성암은 속씨식물이 존재하던 시기에 생성되었다.
ㄴ. X의 반감기는 6억 년보다 길다.
ㄷ. 중생대에 생성된 모든 화성암에서는 현재의 $\dfrac{X의 양(\%)}{Y의 양(\%)}$ 이 4보다 크다.

① ㄱ ② ㄷ ③ ㄱ, ㄴ ④ ㄴ, ㄷ ⑤ ㄱ, ㄴ, ㄷ

14 ☆☆☆

| 2023학년도 수능 19번 |

그림 (가)와 (나)는 어느 두 지역의 지질 단면을, (다)는 시간에 따른 방사성 원소 X와 Y의 붕괴 곡선을 나타낸 것이다. 화강암 A와 B에는 한 종류의 방사성 원소만 존재하고, X와 Y 중 서로 다른 한 종류만 포함한다. 현재 A와 B에 포함된 방사성 원소의 함량은 각각 처음 양의 25 %, 12.5 % 중 서로 다른 하나이다. 두 지역의 셰일에서는 삼엽충 화석이 산출된다.

(가)

(나)

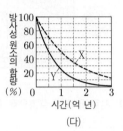
(다)

이 자료에 대한 설명으로 옳은 것만을 〈보기〉에서 있는 대로 고른 것은? [3점]

보기

ㄱ. (가)에서는 관입이 나타난다.

ㄴ. B에 포함되어 있는 방사성 원소는 X이다.

ㄷ. 현재의 함량으로부터 1억 년 후 $\dfrac{\text{A에 포함된 방사성 원소 함량}}{\text{B에 포함된 방사성 원소 함량}}$ 은 1이다.

① ㄱ ② ㄷ ③ ㄱ, ㄴ ④ ㄴ, ㄷ ⑤ ㄱ, ㄴ, ㄷ

15 ☆☆☆

| 2023학년도 수능 10번 |

그림 (가)는 40억 년 전부터 현재까지의 지질 시대를 구성하는 A, B, C의 지속 기간을 비율로 나타낸 것이고, (나)는 초대륙 로디니아의 모습을 나타낸 것이다. A, B, C는 각각 시생 누대, 원생 누대, 현생 누대 중 하나이다.

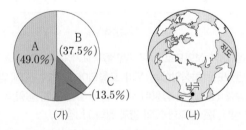
(가)   (나)

이 자료에 대한 설명으로 옳은 것만을 〈보기〉에서 있는 대로 고른 것은?

보기

ㄱ. A는 원생 누대이다.

ㄴ. (나)는 A에 나타난 대륙 분포이다.

ㄷ. 다세포 동물은 B에 출현했다.

① ㄱ ② ㄴ ③ ㄷ ④ ㄱ, ㄴ ⑤ ㄴ, ㄷ

16 ☆☆☆

| 2023학년도 9월 평가원 7번 |

그림은 현생 누대 동안 생물 과의 멸종 비율과 대멸종이 일어난 시기 A, B, C를 나타낸 것이다.

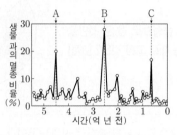

이에 대한 설명으로 옳은 것만을 〈보기〉에서 있는 대로 고른 것은?

보기

ㄱ. 생물 과의 멸종 비율은 A가 B보다 높다.

ㄴ. A와 B 사이에 최초의 양서류가 출현하였다.

ㄷ. B와 C 사이에 히말라야산맥이 형성되었다.

① ㄱ ② ㄴ ③ ㄷ ④ ㄱ, ㄷ ⑤ ㄴ, ㄷ

17 ★★☆

그림 (가)는 어느 지역의 지질 단면을, (나)는 시간에 따른 방사성 원소 X와 Y의 $\dfrac{\text{자원소의 함량}}{\text{방사성 원소 함량}}$ 을 나타낸 것이다. 화성암 A와 B에는 X와 Y 중 서로 다른 한 종류만 포함하고, 현재 A와 B에 포함된 방사성 원소의 함량은 각각 처음 양의 50 %와 25 % 중 서로 다른 하나이다.

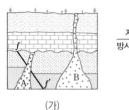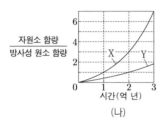

(가)   (나)

이에 대한 설명으로 옳은 것만을 〈보기〉에서 있는 대로 고른 것은?
[3점]

보기
ㄱ. 반감기는 X가 Y의 $\dfrac{1}{2}$ 배이다.
ㄴ. A에 포함되어 있는 방사성 원소는 Y이다.
ㄷ. (가)에서 단층 $f-f'$은 중생대에 형성되었다.

① ㄱ　　② ㄷ　　③ ㄱ, ㄴ　　④ ㄴ, ㄷ　　⑤ ㄱ, ㄴ, ㄷ

19 ★★★

방사성 동위 원소 X, Y가 포함된 어느 화강암에서, 현재 X의 자원소 함량은 X 함량의 3배이고, Y의 자원소 함량은 Y 함량과 같다. 자원소는 모두 각각의 모원소가 붕괴하여 생성된다.
이에 대한 설명으로 옳은 것만을 〈보기〉에서 있는 대로 고른 것은?
[3점]

보기
ㄱ. 화강암의 절대 연령은 Y의 반감기와 같다.
ㄴ. 화강암 생성 당시부터 현재까지의 $\dfrac{\text{모원소 함량}}{\text{모원소 함량}+\text{자원소 함량}}$ 의 감소량은 X가 Y의 2배이다.
ㄷ. Y의 함량이 현재의 $\dfrac{1}{2}$ 이 될 때, X의 자원소 함량은 X 함량의 7배이다.

① ㄱ　　② ㄴ　　③ ㄱ, ㄷ　　④ ㄴ, ㄷ　　⑤ ㄱ, ㄴ, ㄷ

18 ★★☆

그림은 어느 지역의 지질 단면을 나타낸 것이다. 지층 A에서는 삼엽충 화석이, 지층 C와 D에서는 공룡 화석이 발견되었다.

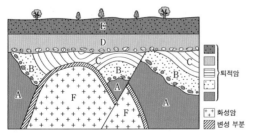

이에 대한 설명으로 옳은 것만을 〈보기〉에서 있는 대로 고른 것은?

보기
ㄱ. F에서는 고생대 암석이 포획암으로 나타날 수 있다.
ㄴ. 단층이 형성된 시기에 암모나이트가 번성하였다.
ㄷ. 습곡은 고생대에 형성되었다.

① ㄱ　　② ㄷ　　③ ㄱ, ㄴ　　④ ㄴ, ㄷ　　⑤ ㄱ, ㄴ, ㄷ

20 ★★☆ | 2022학년도 수능 6번 |

그림은 지질 시대에 일어난 주요 사건을 시간 순서대로 나타낸 것이다.

이에 대한 설명으로 옳은 것만을 〈보기〉에서 있는 대로 고른 것은?

보기
ㄱ. A 기간에 최초의 척추동물이 출현하였다.
ㄴ. B 기간에 판게아가 분리되기 시작하였다.
ㄷ. B 기간의 지층에서는 양치식물 화석이 발견된다.

① ㄱ ② ㄴ ③ ㄱ, ㄷ ④ ㄴ, ㄷ ⑤ ㄱ, ㄴ, ㄷ

22 ★☆☆ | 2022학년도 9월 평가원 1번 |

그림은 주요 동물군의 생존 시기를 나타낸 것이다. A, B, C는 어류, 파충류, 포유류를 순서 없이 나타낸 것이다.

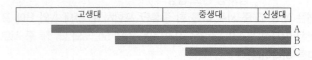

이에 대한 설명으로 옳은 것만을 〈보기〉에서 있는 대로 고른 것은?

보기
ㄱ. A는 어류이다.
ㄴ. C는 신생대에 번성하였다.
ㄷ. B가 최초로 출현한 시기와 C가 최초로 출현한 시기 사이에 히말라야산맥이 형성되었다.

① ㄱ ② ㄴ ③ ㄷ ④ ㄱ, ㄴ ⑤ ㄴ, ㄷ

21 ★★★ | 2022학년도 수능 16번 |

그림은 습곡과 단층이 나타나는 어느 지역의 지질 단면도이다.

X−Y 구간에 해당하는 지층의 연령 분포로 가장 적절한 것은? [3점]

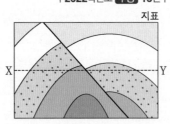

①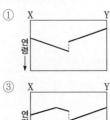

② X   Y

③ X   Y

④ X   Y

⑤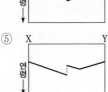

23 ★★★ | 2022학년도 9월 평가원 17번 |

그림 (가)는 어느 지역의 깊이에 따른 지층과 화성암의 연령을, (나)는 방사성 원소 X와 Y의 붕괴 곡선을 나타낸 것이다. 화성암 B와 D는 X와 Y 중 서로 다른 한 종류만 포함하고, 현재 B와 D에 포함된 방사성 원소의 함량은 각각 처음 양의 50 %와 25 %이다.

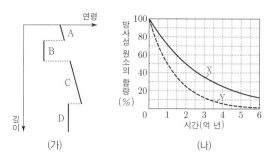

(가)   (나)

이에 대한 설명으로 옳은 것만을 〈보기〉에서 있는 대로 고른 것은? [3점]

> **보기**
> ㄱ. A층 하부의 기저 역암에는 B의 암석 조각이 있다.
> ㄴ. 반감기는 X가 Y의 2배이다.
> ㄷ. B와 D의 연령 차는 3억 년이다.

① ㄱ   ② ㄴ   ③ ㄱ, ㄷ   ④ ㄴ, ㄷ   ⑤ ㄱ, ㄴ, ㄷ

24 ★☆☆ | 2022학년도 6월 평가원 1번 |

다음은 지질 시대의 특징에 대하여 학생 A, B, C가 나눈 대화를 나타낸 것이다. (가), (나), (다)는 각각 고생대, 중생대, 신생대 중 하나이다.

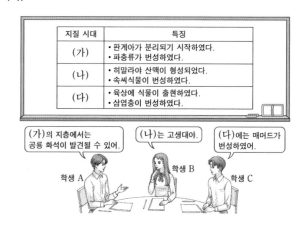

지질 시대	특징
(가)	• 판게아가 분리되기 시작하였다. • 파충류가 번성하였다.
(나)	• 히말라야 산맥이 형성되었다. • 속씨식물이 번성하였다.
(다)	• 육상에 식물이 출현하였다. • 삼엽충이 번성하였다.

(가)의 지층에서는 공룡 화석이 발견될 수 있어. — 학생 A
(나)는 고생대야. — 학생 B
(다)에는 매머드가 번성하였어. — 학생 C

제시한 내용이 옳은 학생만을 있는 대로 고른 것은?

① A   ② B   ③ C   ④ A, B   ⑤ A, C

25 ★★☆ | 2022학년도 6월 평가원 20번 |

그림 (가)는 어느 지역의 지질 단면도로, A~E는 퇴적암, F와 G는 화성암, f-f′은 단층이다. 그림 (나)는 F와 G에 포함된 방사성 원소 X의 함량을 붕괴 곡선에 나타낸 것이다. X의 반감기는 1억 년이다.

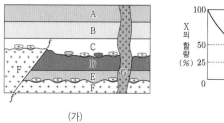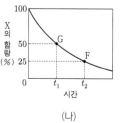

(가)   (나)

이에 대한 설명으로 옳은 것만을 〈보기〉에서 있는 대로 고른 것은? [3점]

> **보기**
> ㄱ. A는 고생대에 퇴적되었다.
> ㄴ. D가 퇴적된 이후 f-f′이 형성되었다.
> ㄷ. 단층 상반에 위치한 F는 최소 2회 육상에 노출되었다.

① ㄴ   ② ㄷ   ③ ㄱ, ㄴ   ④ ㄴ, ㄷ   ⑤ ㄱ, ㄴ, ㄷ

26 ★☆☆ | 2021학년도 수능 5번 |

그림은 40억 년 전부터 현재까지의 지질 시대를 3개의 누대로 나타낸 것이다.

40억 년 전   20억 년 전   현재

이에 대한 설명으로 옳은 것만을 〈보기〉에서 있는 대로 고른 것은? [3점]

> **보기**
> ㄱ. 대기 중 산소의 농도는 A 시기가 B 시기보다 높았다.
> ㄴ. 다세포 동물은 B 시기에 출현했다.
> ㄷ. 가장 큰 규모의 대멸종은 C 시기에 발생했다.

① ㄱ   ② ㄷ   ③ ㄱ, ㄴ   ④ ㄴ, ㄷ   ⑤ ㄱ, ㄴ, ㄷ

27 ★★★
| 2021학년도 수능 19번 |

그림 (가)는 어느 지역의 지표에 나타난 화강암 A, B와 셰일 C의 분포를, (나)는 화강암 A, B에 포함된 방사성 원소의 붕괴 곡선 X, Y를 순서 없이 나타낸 것이다. A는 B를 관입하고 있고, B와 C는 부정합으로 접하고 있다. A, B에 포함된 방사성 원소의 양은 각각 처음 양의 20 %와 50 %이다.

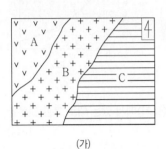
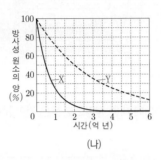

(가)　　　　　(나)

A, B, C에 대한 설명으로 옳은 것만을 〈보기〉에서 있는 대로 고른 것은? [3점]

〈보기〉
ㄱ. A에 포함된 방사성 원소의 붕괴 곡선은 X이다.
ㄴ. 가장 오래된 암석은 B이다.
ㄷ. C는 고생대 암석이다.

① ㄱ　　② ㄷ　　③ ㄱ, ㄴ　　④ ㄴ, ㄷ　　⑤ ㄱ, ㄴ, ㄷ

28 ★☆☆
| 2021학년도 9월 평가원 2번 |

그림은 현생 누대 동안 동물 과의 수를 현재 동물 과의 수에 대한 비로 나타낸 것이다.

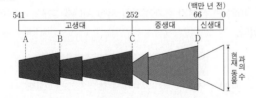

이에 대한 설명으로 옳은 것만을 〈보기〉에서 있는 대로 고른 것은? [3점]

〈보기〉
ㄱ. A 시기에 육상 동물이 출현하였다.
ㄴ. 동물 과의 멸종 비율은 B 시기가 C 시기보다 크다.
ㄷ. D 시기에 공룡이 멸종하였다.

① ㄱ　　② ㄴ　　③ ㄷ　　④ ㄱ, ㄴ　　⑤ ㄱ, ㄷ

29 ★★★
| 2021학년도 9월 평가원 6번 |

그림은 방사성 동위 원소 A와 B의 붕괴 곡선을 나타낸 것이다.

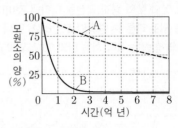

이에 대한 설명으로 옳은 것만을 〈보기〉에서 있는 대로 고른 것은?

〈보기〉
ㄱ. 반감기는 A가 B의 14배이다.
ㄴ. 7억 년 전 생성된 화성암에 포함된 A는 두 번의 반감기를 거쳤다.
ㄷ. 암석에 포함된 $\dfrac{\text{B의 양}}{\text{B의 자원소 양}}$ 이 $\dfrac{1}{4}$ 로 되는 데 걸리는 시간은 1억 년이다.

① ㄱ　　② ㄴ　　③ ㄱ, ㄷ　　④ ㄴ, ㄷ　　⑤ ㄱ, ㄴ, ㄷ

30 ★★★
| 2021학년도 6월 평가원 14번 |

그림 (가)는 어느 지역의 지질 단면을, (나)는 방사성 원소 X에 의해 생성된 자원소 Y의 함량을 시간에 따라 나타낸 것이다. 화성암 A, B, C에는 X와 Y가 포함되어 있으며, Y는 모두 X의 붕괴 결과 생성되었다. 현재 C에 있는 X와 Y의 함량은 같다.

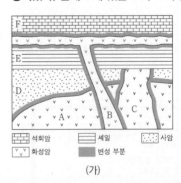
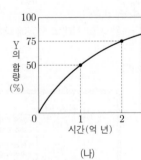

(가)　　　　　(나)

이에 대한 설명으로 옳은 것만을 〈보기〉에서 있는 대로 고른 것은? [3점]

〈보기〉
ㄱ. D는 화폐석이 번성하던 시대에 생성되었다.
ㄴ. $\dfrac{\text{Y의 함량}}{\text{X의 함량}}$ 은 A가 B보다 크다.
ㄷ. 암석의 생성 순서는 D → A → C → E → B → F이다.

① ㄱ　　② ㄴ　　③ ㄷ　　④ ㄱ, ㄴ　　⑤ ㄴ, ㄷ

01

기압과 날씨 변화

2026학년도 수능 출제 예측

2025학년도 수능, 평가원 분석

수능에서는 일기도와 위성 영상으로부터 온대 저기압이 통과할 때 날씨 변화에 대해 묻는 문제가 출제되었다. 9월 평가원에서는 온대 저기압이 통과하는 동안의 기압과 풍향의 변화 자료와 일기도로부터 온난 전선과 한랭 전선 주변의 날씨 변화를 해석하는 문제가 출제되었다. 6월 평가원에서는 온대 저기압이 통과하는 동안의 기상 요소 자료를 해석하는 문제가 출제되었다.

2026학년도 수능 예측

매년 한 문제씩 출제가 되는 단원이다. 온대 저기압이 우리나라 부근을 지날 때의 지상 일기도를 해석하는 문제, 온대 저기압이 우리나라 부근을 지날 때의 기온, 기압, 풍향 변화, 기상 위성 영상 등의 자료를 해석하는 문제가 출제될 가능성이 높다.

1 ★☆☆　　　　　　　　　　　| 2025학년도 수능 6번 |

그림 (가)는 어느 날 21시의 지상 일기도를, (나)는 다음 날 09시의 가시 영상을 나타낸 것이다. 이 기간 동안 온난 전선과 한랭 전선 중 하나가 관측소 A를 통과하였다.

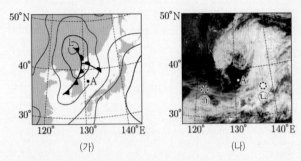

(가)　　　　　　　　(나)

이에 대한 설명으로 옳은 것만을 〈보기〉에서 있는 대로 고른 것은?

〈보기〉
ㄱ. (가)에서 A의 상공에는 온난 전선면이 나타난다.
ㄴ. 전선이 통과하는 동안 A의 풍향은 시계 방향으로 변한다.
ㄷ. (나)에서 구름이 반사하는 태양 복사 에너지의 세기는 영역 ㉠이 영역 ㉡보다 강하다.

① ㄱ　② ㄴ　③ ㄷ　④ ㄱ, ㄷ　⑤ ㄴ, ㄷ

2 ★☆☆　　　　　　　　　　| 2025학년도 9월 평가원 6번 |

표는 어느 온대 저기압이 우리나라를 통과하는 동안 관측소 P에서 $t_1 \rightarrow t_5$ 시기에 6시간 간격으로 관측한 기상 요소를, 그림은 이 중 어느 한 시각의 지상 일기도에 온대 저기압 중심의 이동 경로를 나타낸 것이다. 이 기간 중 온난 전선과 한랭 전선 중 하나가 P를 통과하였다.

시각	기압 (hPa)	풍향
t_1	1007	남남서
t_2	1002	남서
t_3	998	남서
t_4	999	남서
t_5	1003	서북서

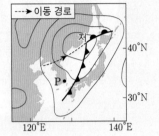

이 자료에 대한 설명으로 옳은 것만을 〈보기〉에서 있는 대로 고른 것은?

〈보기〉
ㄱ. t_1~t_2 사이에 전선이 P를 통과하였다.
ㄴ. P의 기온은 t_1일 때가 t_5일 때보다 높다.
ㄷ. t_2일 때, P의 상공에는 전선면이 나타난다.

① ㄱ　② ㄴ　③ ㄷ　④ ㄱ, ㄷ　⑤ ㄴ, ㄷ

3 ★☆☆　　　　　　　　　　| 2025학년도 6월 평가원 7번 |

그림 (가)는 어느 날 온대 저기압 주변의 기압 분포를 모식적으로 나타낸 것이고, (나)는 이때 지역 A와 B에서 나타나는 기상 요소를 ㉠과 ㉡으로 순서 없이 나타낸 것이다.

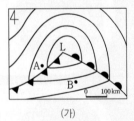　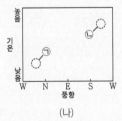

(가)　　　　　　　　(나)

이에 대한 설명으로 옳은 것만을 〈보기〉에서 있는 대로 고른 것은?

〈보기〉
ㄱ. 기압은 A가 B보다 낮다.
ㄴ. B의 상공에는 전선면이 나타난다.
ㄷ. ㉠은 A의 기상 요소를 나타낸 것이다.

① ㄱ　② ㄴ　③ ㄱ, ㄷ　④ ㄴ, ㄷ　⑤ ㄱ, ㄴ, ㄷ

4 ★☆☆

| 2024학년도 수능 6번 |

그림 (가)는 어느 날 t_1 시각의 지상 일기도에 온대 저기압 중심의 이동 경로를 나타낸 것이고, (나)는 이날 관측소 A와 B에서 t_1부터 15시간 동안 측정한 기압, 기온, 풍향을 순서 없이 나타낸 것이다. A와 B의 위치는 각각 ㉠과 ㉡ 중 하나이다.

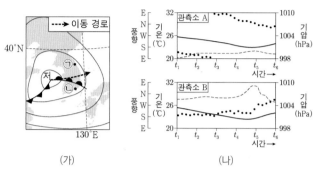

(가)　　　　　　　　　(나)

이 자료에 대한 설명으로 옳은 것만을 〈보기〉에서 있는 대로 고른 것은? [3점]

보기

ㄱ. A의 위치는 ㉠이다.

ㄴ. t_2에 기온은 A가 B보다 낮다.

ㄷ. t_3에 ㉡의 상공에는 전선면이 있다.

① ㄱ　② ㄴ　③ ㄷ　④ ㄱ, ㄴ　⑤ ㄱ, ㄷ

5 ★★☆

| 2024학년도 9월 평가원 9번 |

그림 (가)와 (나)는 우리나라에 온대 저기압이 위치할 때, 이 온대 저기압에 동반된 온난 전선과 한랭 전선 주변의 지상 기온 분포를 순서 없이 나타낸 것이다. (가)와 (나)는 같은 시각의 지상 기온 분포이고, (나)에서 전선은 구간 ㉠과 ㉡ 중 하나에 나타난다.

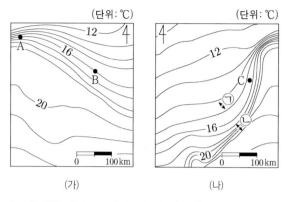

(가)　　　　　　　　　(나)

이 자료에 대한 설명으로 옳은 것만을 〈보기〉에서 있는 대로 고른 것은? [3점]

보기

ㄱ. (나)에서 전선은 ㉠에 나타난다.

ㄴ. 기압은 지점 A가 지점 B보다 낮다.

ㄷ. 지점 B는 지점 C보다 서쪽에 위치한다.

① ㄱ　② ㄴ　③ ㄷ　④ ㄱ, ㄴ　⑤ ㄴ, ㄷ

6 ★☆☆

| 2023학년도 6월 평가원 10번 |

그림은 어느 날 t_1 시각의 지상 일기도에 온대 저기압 중심의 이동 경로를, 표는 이 날 관측소 A에서 t_1, t_2 시각에 관측한 기상 요소를 나타낸 것이다. t_2는 전선 통과 3시간 후이며, $t_1 \rightarrow t_2$ 동안 온난 전선과 한랭 전선 중 하나가 A를 통과하였다.

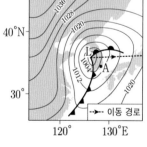

시각	기온(℃)	바람	강수
t_1	17.1	남서풍	없음
t_2	12.5	북서풍	있음

이 자료에 대한 설명으로 옳은 것만을 〈보기〉에서 있는 대로 고른 것은? [3점]

보기

ㄱ. t_1일 때 A 상공에는 선선면이 나타난다.

ㄴ. t_1~t_2 사이에 A에서는 적운형 구름이 관측된다.

ㄷ. $t_1 \rightarrow t_2$ 동안 A에서의 풍향은 시계 방향으로 변한다.

① ㄱ　② ㄴ　③ ㄱ, ㄷ　④ ㄴ, ㄷ　⑤ ㄱ, ㄴ, ㄷ

7 ★☆☆　　　　　　　　　　　　| 2023학년도 수능 8번 |

그림은 어느 온대 저기압이 우리나라를 지나는 3시간($T_1 \rightarrow T_4$) 동안 전선 주변에서 발생한 번개의 분포를 1시간 간격으로 나타낸 것이다. 이 기간 동안 온난 전선과 한랭 전선 중 하나가 A 지역을 통과하였다.

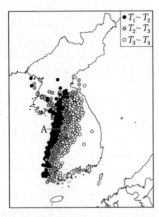

이 자료에 대한 설명으로 옳은 것만을 〈보기〉에서 있는 대로 고른 것은? [3점]

┌─ 보기 ┐
ㄱ. 이 기간 중 A의 상공에는 전선면이 나타났다.
ㄴ. $T_2 \sim T_3$ 동안 A에서는 적운형 구름이 발달하였다.
ㄷ. 전선이 통과하는 동안 A의 풍향은 시계 반대 방향으로 바뀌었다.
└──────┘

① ㄱ　　② ㄷ　　③ ㄱ, ㄴ　　④ ㄴ, ㄷ　　⑤ ㄱ, ㄴ, ㄷ

---

8 ★★☆　　　　　　　　　　　　| 2023학년도 9월 평가원 8번 |

그림은 온대 저기압 중심이 북반구 어느 관측소의 북쪽을 통과하는 36시간 동안 관측한 기상 요소를 나타낸 것이다. 이 기간 동안 온난 전선과 한랭 전선이 모두 이 관측소를 통과하였다.

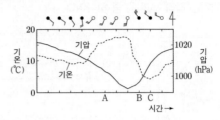

이 자료에 대한 설명으로 옳은 것만을 〈보기〉에서 있는 대로 고른 것은? [3점]

┌─ 보기 ┐
ㄱ. 기압이 가장 낮게 관측되었을 때 남풍 계열의 바람이 불었다.
ㄴ. A일 때 관측소의 상공에는 온난 전선면이 나타난다.
ㄷ. 관측소에서 B와 C 사이에는 주로 적운형 구름이 관측된다.
└──────┘

① ㄱ　　② ㄴ　　③ ㄱ, ㄷ　　④ ㄴ, ㄷ　　⑤ ㄱ, ㄴ, ㄷ

---

9 ★★☆　　　　　　　　　　　　| 2023학년도 6월 평가원 12번 |

그림 (가)는 $T_1 \rightarrow T_2$ 동안 온대 저기압의 이동 경로를, (나)는 관측소 P에서 T_1, T_2 시각에 관측한 높이에 따른 기온을 나타낸 것이다. 이 기간 동안 (가)의 온난 전선과 한랭 전선 중 하나가 P를 통과하였다.

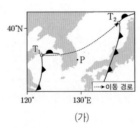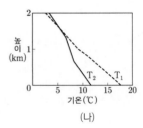

(가)　　　　　　　　　　(나)

이 자료에 대한 설명으로 옳은 것만을 〈보기〉에서 있는 대로 고른 것은? [3점]

┌─ 보기 ┐
ㄱ. (나)에서 높이에 따른 기온 감소율은 T_1이 T_2보다 작다.
ㄴ. P를 통과한 전선은 한랭 전선이다.
ㄷ. P에서 전선이 통과하는 동안 풍향은 시계 방향으로 바뀌었다.
└──────┘

① ㄱ　　② ㄴ　　③ ㄱ, ㄷ　　④ ㄴ, ㄷ　　⑤ ㄱ, ㄴ, ㄷ

10 ★★☆ | 2022학년도 수능 12번 |

그림 (가)와 (나)는 우리나라에 온대 저기압이 위치할 때, 온난 전선과 한랭 전선 주변의 지상 기온 분포를 순서 없이 나타낸 것이다.

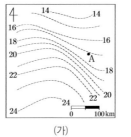
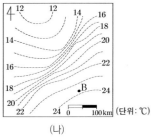

(가)   (나)   (단위: ℃)

이에 대한 설명으로 옳은 것만을 〈보기〉에서 있는 대로 고른 것은? [3점]

보기
ㄱ. 온난 전선 주변의 지상 기온 분포는 (가)이다.
ㄴ. A 지역의 상공에는 전선면이 나타난다.
ㄷ. B 지역에서는 북풍 계열의 바람이 분다.

① ㄱ   ② ㄷ   ③ ㄱ, ㄴ   ④ ㄴ, ㄷ   ⑤ ㄱ, ㄴ, ㄷ

11 ★★☆ | 2022학년도 9월 평가원 10번 |

그림 (가)와 (나)는 장마 기간 중 어느 날 같은 시각 우리나라 부근의 지상 일기도와 적외 영상을 각각 나타낸 것이다.

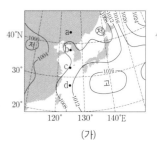
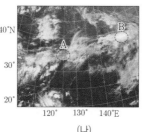

(가)   (나)

이 자료에 대한 설명으로 옳은 것만을 〈보기〉에서 있는 대로 고른 것은? [3점]

보기
ㄱ. 북태평양 고기압은 고온 다습한 공기를 우리나라로 공급한다.
ㄴ. 125°E에서 장마 전선은 지점 a와 지점 b 사이에 위치한다.
ㄷ. 구름 최상부의 온도는 영역 A가 영역 B보다 높다.

① ㄱ   ② ㄴ   ③ ㄱ, ㄷ   ④ ㄴ, ㄷ   ⑤ ㄱ, ㄴ, ㄷ

12 ★★★ | 2022학년도 6월 평가원 8번 |

그림 (가)와 (나)는 어느 날 같은 시각의 지상 일기도와 적외 영상을 나타낸 것이다. 이때 우리나라 주변에는 전선을 동반한 2개의 온대 저기압이 발달하였다.

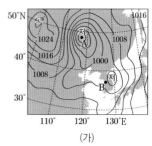

(가)   (나)

이 자료에 대한 설명으로 옳은 것만을 〈보기〉에서 있는 대로 고른 것은? [3점]

보기
ㄱ. A 지점의 저기압은 폐색 전선을 동반하고 있다.
ㄴ. B 지점은 서풍 계열의 바람이 우세하다.
ㄷ. C 지역에는 적란운이 발달해 있다.

① ㄱ   ② ㄴ   ③ ㄷ   ④ ㄱ, ㄴ   ⑤ ㄴ, ㄷ

13 ★☆☆

그림 (가)와 (나)는 어느 날 같은 시각 우리나라 부근의 가시 영상과 지상 일기도를 각각 나타낸 것이다.

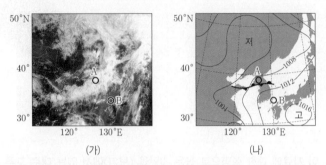

(가)　　　　　(나)

이 자료에 대한 설명으로 옳은 것만을 〈보기〉에서 있는 대로 고른 것은?

보기
ㄱ. 구름의 두께는 A 지역이 B 지역보다 두껍다.
ㄴ. A 지역의 구름을 형성하는 수증기는 주로 전선의 남쪽에 위치한 기단에서 공급된다.
ㄷ. B 지역의 지상에서는 남풍 계열의 바람이 분다.

① ㄱ　② ㄴ　③ ㄱ, ㄷ　④ ㄴ, ㄷ　⑤ ㄱ, ㄴ, ㄷ

14 ★☆☆

그림 (가)는 어느 날 21시 우리나라 주변의 지상 일기도를, (나)는 (가)의 21시부터 14시간 동안 관측소 A와 B 중 한 곳에서 관측한 기온과 기압을 나타낸 것이다.

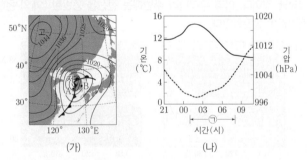

(가)　　　　　(나)

이 자료에 대한 설명으로 옳은 것만을 〈보기〉에서 있는 대로 고른 것은? [3점]

보기
ㄱ. (가)에서 A의 상층부에는 주로 층운형 구름이 발달한다.
ㄴ. (나)는 B의 관측 자료이다.
ㄷ. (나)의 관측소에서 ㉠ 기간 동안 풍향은 시계 반대 방향으로 바뀌었다.

① ㄱ　② ㄴ　③ ㄱ, ㄷ　④ ㄴ, ㄷ　⑤ ㄱ, ㄴ, ㄷ

15 ★★☆

그림 (가)와 (나)는 어느 온대 저기압이 우리나라를 지날 때 12시간 간격으로 작성한 지상 일기도를 순서대로 나타낸 것이다. 일기 기호는 A 지점에서 관측한 기상 요소를 표시한 것이다.

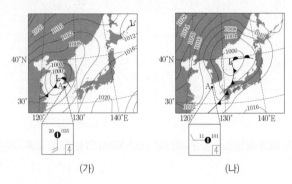

(가)　　　　　(나)

이 자료에 대한 설명으로 옳은 것만을 〈보기〉에서 있는 대로 고른 것은?

보기
ㄱ. A 지점의 풍향은 시계 방향으로 바뀌었다.
ㄴ. 한랭 전선이 통과한 후에 A에서의 기온은 9 ℃ 하강하였다.
ㄷ. 온난 전선면과 한랭 전선면은 각각 전선으로부터 지표상의 공기가 더 차가운 쪽에 위치한다.

① ㄱ　② ㄷ　③ ㄱ, ㄴ　④ ㄴ, ㄷ　⑤ ㄱ, ㄴ, ㄷ

02

태풍과 주요 악기상

2026학년도 수능 출제 예측

2025학년도 수능, 평가원 분석

수능에서는 태풍이 이동하는 동안 관측한 풍향과 기압 자료를 해석하는 문제가 출제되었다. 9월 평가원에서는 태풍의 이동 경로와 가시 영상으로 관측한 태풍의 모습으로부터 날씨 변화를 분석하는 문제, 뇌우의 발달 과정의 특징에 대해 묻는 문제가 출제되었다. 6월 평가원에서는 태풍의 영향을 받는 동안 관측한 중심 기압, 이동 속도, 최대 풍속 변화 자료를 해석하는 문제가 출제되었다.

2026학년도 수능 예측

매년 한 문제씩 출제가 되는 단원이다. 태풍이 우리나라 부근을 지날 때의 지상 일기도를 해석하는 문제나, 관측소에서 관측된 풍속, 풍향, 기온, 기압 변화 등의 자료를 함께 해석하는 문제가 출제될 가능성이 높고, 뇌우나 폭설, 황사 등의 악기상과 관련된 문제가 출제될 수 있다.

1 ☆☆☆ | 2025학년도 수능 13번 |

그림은 북상하는 어느 태풍의 영향을 받은 어느 날 우리나라 관측소 A와 B에서 01시부터 23시까지 관측한 풍향과 기압을 나타낸 것이다.

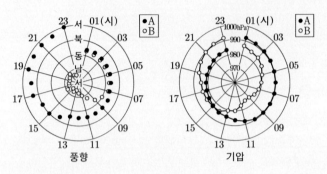

이 자료에 대한 설명으로 옳은 것만을 〈보기〉에서 있는 대로 고른 것은? [3점]

┌─ 보기 ─────────────────────────────┐
ㄱ. 13~19시 동안 A는 위험 반원에 위치하였다.
ㄴ. 01~23시 동안 기압의 변화 폭은 A가 B보다 작다.
ㄷ. 09시에 태풍 중심까지의 최단 거리는 A가 B보다 가깝다.
└──────────────────────────────────┘

① ㄱ   ② ㄴ   ③ ㄷ   ④ ㄱ, ㄷ   ⑤ ㄴ, ㄷ

---

2 ★☆☆ | 2025학년도 9월 평가원 8번 |

그림 (가)는 어느 태풍의 이동 경로에 6시간 간격으로 나타낸 태풍 중심의 위치를, (나)는 t_1 시각의 적외 영상을 나타낸 것이다.

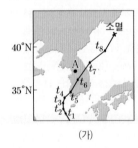
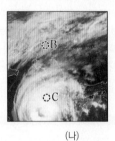

이 자료에 대한 설명으로 옳은 것만을 〈보기〉에서 있는 대로 고른 것은? [3점]

┌─ 보기 ─────────────────────────────┐
ㄱ. 태풍의 중심 기압은 t_4일 때가 t_7일 때보다 높다.
ㄴ. $t_6 → t_7$ 동안 관측소 A의 풍향은 시계 반대 방향으로 변한다.
ㄷ. (나)에서 구름 최상부의 온도는 영역 B가 영역 C보다 낮다.
└──────────────────────────────────┘

① ㄱ   ② ㄴ   ③ ㄷ   ④ ㄱ, ㄴ   ⑤ ㄴ, ㄷ

---

3 ☆☆☆ | 2025학년도 6월 평가원 9번 |

그림 (가)와 (나)는 어느 뇌우의 발달 과정 중 성숙 단계와 적운 단계를 순서 없이 나타낸 것이다.

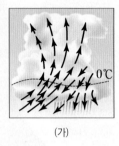
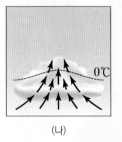

이에 대한 설명으로 옳은 것만을 〈보기〉에서 있는 대로 고른 것은? [3점]

┌─ 보기 ─────────────────────────────┐
ㄱ. (나)는 성숙 단계이다.
ㄴ. 번개 발생 빈도는 대체로 (가)가 (나)보다 높다.
ㄷ. 구름의 최상부가 단위 시간당 단위 면적에서 방출하는 적외선 복사 에너지양은 (가)가 (나)보다 적다.
└──────────────────────────────────┘

① ㄱ   ② ㄴ   ③ ㄱ, ㄷ   ④ ㄴ, ㄷ   ⑤ ㄱ, ㄴ, ㄷ

---

4 ☆☆☆ | 2025학년도 6월 평가원 10번 |

그림 (가)는 어느 태풍의 이동 경로에 태풍 중심의 위치를 3시간 간격으로 나타낸 것이고, (나)는 $t_1 → t_9$ 동안 이 태풍의 중심 기압, 이동 속도, 최대 풍속을 ㉠, ㉡, ㉢으로 순서 없이 나타낸 것이다.

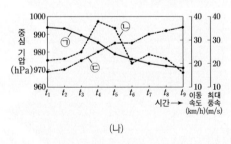

이 자료에 대한 설명으로 옳은 것만을 〈보기〉에서 있는 대로 고른 것은? [3점]

┌─ 보기 ─────────────────────────────┐
ㄱ. ㉡은 태풍의 최대 풍속이다.
ㄴ. 태풍의 세력은 t_4일 때가 t_7일 때보다 강하다.
ㄷ. $t_2 → t_4$ 동안 A 지점의 풍향은 시계 반대 방향으로 변한다.
└──────────────────────────────────┘

① ㄱ   ② ㄴ   ③ ㄷ   ④ ㄱ, ㄴ   ⑤ ㄴ, ㄷ

5 ★☆☆ | 2024학년도 수능 9번 |

그림 (가)는 어느 날 어느 태풍의 이동 경로에 6시간 간격으로 태풍 중심의 위치와 중심 기압을, (나)는 이날 09시의 가시 영상을 나타낸 것이다.

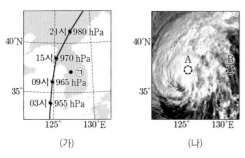

(가)　　　　　　(나)

이 자료에 대한 설명으로 옳은 것만을 〈보기〉에서 있는 대로 고른 것은?

┌─ 보기 ─────────────────────────┐
ㄱ. 태풍의 영향을 받는 동안 지점 ㉠은 위험 반원에 위치한다.
ㄴ. 태풍의 세력은 03시가 21시보다 약하다.
ㄷ. (나)에서 구름이 반사하는 태양 복사 에너지의 세기는 영역 A가 영역 B보다 약하다.
└────────────────────────────┘

① ㄱ　　② ㄴ　　③ ㄷ　　④ ㄱ, ㄴ　　⑤ ㄱ, ㄷ

6 ★☆☆ | 2024학년도 9월 평가원 7번 |

그림은 북쪽으로 이동하는 태풍의 풍속을 동서 방향의 연직 단면에 나타낸 것이다. 지점 A~E는 해수면상에 위치한다.

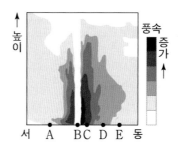

이 자료에 대한 설명으로 옳은 것만을 〈보기〉에서 있는 대로 고른 것은?

┌─ 보기 ─────────────────────────┐
ㄱ. A는 안전 반원에 위치한다.
ㄴ. 해수면 부근에서 공기의 연직 운동은 B가 C보다 활발하다.
ㄷ. 지상 일기도에서 등압선의 평균 간격은 구간 C–D가 구간 D–E보다 좁다.
└────────────────────────────┘

① ㄱ　　② ㄴ　　③ ㄷ　　④ ㄱ, ㄴ　　⑤ ㄱ, ㄷ

7 ★★☆ | 2024학년도 9월 평가원 8번 |

그림 (가)는 어느 날 21시 우리나라 주변의 지상 일기도를, (나)는 같은 시각의 적외 영상을 나타낸 것이다. 이날 서해안 지역에서는 폭설이 내렸다.

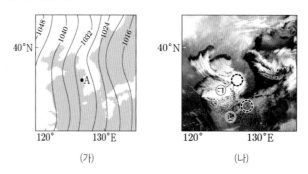

(가)　　　　　　(나)

이 자료에 대한 설명으로 옳은 것만을 〈보기〉에서 있는 대로 고른 것은? [3점]

┌─ 보기 ─────────────────────────┐
ㄱ. 지점 A에서는 남풍 계열의 바람이 분다.
ㄴ. 시베리아 기단이 확장하는 동안 황해상을 지나는 기단의 하층 기온은 높아진다.
ㄷ. 구름 최상부에서 방출하는 적외선 복사 에너지양은 영역 ㉠이 영역 ㉡보다 많다.
└────────────────────────────┘

① ㄱ　　② ㄴ　　③ ㄷ　　④ ㄱ, ㄴ　　⑤ ㄴ, ㄷ

8 ★★☆　　　　　　　　　　　　　| 2024학년도 6월 평가원 13번 |

그림은 태풍의 영향을 받은 우리나라 어느 관측소에서 24시간 동안 관측한 표층 수온과 기상 요소를 시간에 따라 나타낸 것이다.

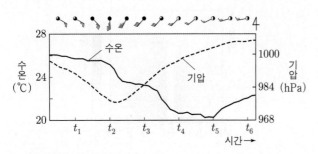

이 자료에 대한 설명으로 옳은 것만을 〈보기〉에서 있는 대로 고른 것은? [3점]

〔보기〕
ㄱ. 이 기간 동안 관측소는 태풍의 위험 반원에 위치하였다.
ㄴ. 관측소와 태풍 중심 사이의 거리는 t_2가 t_4보다 가깝다.
ㄷ. $t_2 \rightarrow t_4$ 동안 수온 변화는 태풍에 의한 해수 침강에 의해 발생하였다.

① ㄱ　② ㄷ　③ ㄱ, ㄴ　④ ㄴ, ㄷ　⑤ ㄱ, ㄴ, ㄷ

9 ★☆☆　　　　　　　　　　　　　| 2023학년도 수능 7번 |

그림 (가)는 어느 날 18시의 지상 일기도에 태풍의 이동 경로를 나타낸 것이고, (나)는 이 시기에 태풍에 의해 발생한 강수량 분포를 나타낸 것이다.

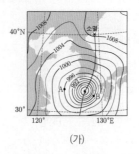 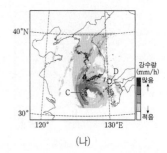

(가)　　　　　　　(나)

이 자료에 대한 설명으로 옳은 것만을 〈보기〉에서 있는 대로 고른 것은? [3점]

〔보기〕
ㄱ. 풍속은 A 지점이 B 지점보다 크다.
ㄴ. 공기의 연직 운동은 C 지점이 D 지점보다 활발하다.
ㄷ. C 지점에서는 남풍 계열의 바람이 분다.

① ㄱ　② ㄴ　③ ㄷ　④ ㄱ, ㄴ　⑤ ㄴ, ㄷ

10 ★☆☆　　　　　　　　　　　　　| 2023학년도 9월 평가원 1번 |

다음은 뇌우, 우박, 황사에 대하여 학생 A, B, C가 나눈 대화를 나타낸 것이다.

제시한 내용이 옳은 학생만을 있는 대로 고른 것은?

① A　② B　③ A, C　④ B, C　⑤ A, B, C

11 ★☆☆

| 2023학년도 9월 평가원 13번 |

그림은 태풍의 영향을 받은 우리나라 어느 관측소에서 24시간 동안 관측한 시간에 따른 기압, 풍향, 풍속, 시간당 강수량을 순서 없이 나타낸 것이다. 이 기간 동안 태풍의 눈이 관측소를 통과하였다.

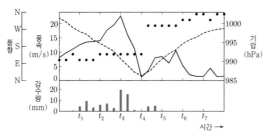

이 자료에 대한 설명으로 옳은 것만을 〈보기〉에서 있는 대로 고른 것은? [3점]

> 보기
> ㄱ. 관측소에서 풍속이 가장 강하게 나타난 시각은 t_3이다.
> ㄴ. 관측소에서 태풍의 눈이 통과하기 전에는 서풍 계열의 바람이 불었다.
> ㄷ. 관측소에서 공기의 연직 운동은 t_3이 t_4보다 활발하다.

① ㄱ　　② ㄴ　　③ ㄷ　　④ ㄱ, ㄷ　　⑤ ㄴ, ㄷ

12 ★★☆

| 2023학년도 6월 평가원 8번 |

그림 (가)는 어느 태풍이 우리나라 부근을 지나는 어느 날 21시에 촬영한 적외 영상에 태풍 중심의 이동 경로를 나타낸 것이고, (나)는 다음 날 05시부터 3시간 간격으로 우리나라 어느 관측소에서 관측한 기상 요소를 나타낸 것이다.

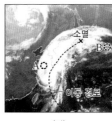 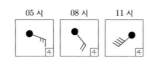

(가)　　　　　　　　　(나)

이 자료에 대한 설명으로 옳은 것만을 〈보기〉에서 있는 대로 고른 것은? [3점]

> 보기
> ㄱ. (가)에서 태풍의 최상층 공기는 주로 바깥쪽으로 불어 나간다.
> ㄴ. (가)에서 구름 최상부의 고도는 B 지역이 A 지역보다 높다.
> ㄷ. 관측소는 태풍의 안전 반원에 위치하였다.

① ㄱ　　② ㄴ　　③ ㄱ, ㄷ　　④ ㄴ, ㄷ　　⑤ ㄱ, ㄴ, ㄷ

13 ★☆☆

| 2022학년도 수능 1번 |

그림 (가)는 우리나라에 영향을 준 어느 황사의 발원지와 관측소 A와 B의 위치를 나타낸 것이고, (나)는 A와 B에서 측정한 이 황사 농도를 ㉠과 ㉡으로 순서 없이 나타낸 것이다.

 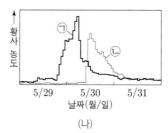

(가)　　　　　　　　　(나)

이 황사에 대한 설명으로 옳은 것만을 〈보기〉에서 있는 대로 고른 것은?

> 보기
> ㄱ. A에서 측정한 황사 농도는 ㉠이다.
> ㄴ. 발원지에서 5월 30일에 발생하였다.
> ㄷ. 무역풍을 타고 이동하였다.

① ㄱ　　② ㄴ　　③ ㄱ, ㄷ　　④ ㄴ, ㄷ　　⑤ ㄱ, ㄴ, ㄷ

14 ★☆☆

| 2022학년도 수능 8번 |

그림 (가)는 어느 태풍이 이동하는 동안 관측소 P에서 관측한 기압과 풍속을 ㉠과 ㉡으로 순서 없이 나타낸 것이고, (나)는 이 기간 중 어느 한 시점에 촬영한 가시 영상에 태풍의 이동 경로, 태풍의 눈의 위치, P의 위치를 나타낸 것이다.

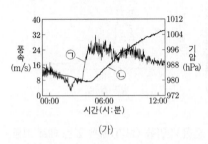

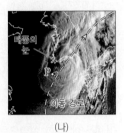

(가)   (나)

이 자료에 대한 설명으로 옳은 것만을 〈보기〉에서 있는 대로 고른 것은? [3점]

〈보기〉

ㄱ. 기압은 ㉠이다.

ㄴ. (가)의 기간 동안 P에서 풍향은 시계 반대 방향으로 변했다.

ㄷ. (나)의 영상은 (가)에서 풍속이 최소일 때 촬영한 것이다.

① ㄱ   ② ㄴ   ③ ㄷ   ④ ㄱ, ㄴ   ⑤ ㄴ, ㄷ

15 ★★☆

| 2022학년도 9월 평가원 7번 |

그림은 잘 발달한 태풍의 물리량을 태풍 중심으로부터의 거리에 따라 개략적으로 나타낸 것이다. A, B, C는 해수면 상의 강수량, 기압, 풍속을 순서 없이 나타낸 것이다.

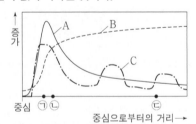

이에 대한 설명으로 옳은 것만을 〈보기〉에서 있는 대로 고른 것은?

〈보기〉

ㄱ. B는 강수량이다.

ㄴ. 지역 ㉠에서는 상승 기류가 나타난다.

ㄷ. 일기도에서 등압선 간격은 지역 ㉢에서가 지역 ㉡에서보다 조밀하다.

① ㄱ   ② ㄴ   ③ ㄷ   ④ ㄱ, ㄴ   ⑤ ㄴ, ㄷ

16 ★☆☆

| 2022학년도 6월 평가원 10번 |

그림 (가)는 지난 20년간 우리나라에서 관측한 우박의 월별 누적 발생 일수와 월별 평균 크기를 나타낸 것이고, (나)는 뇌우에서 우박이 성장하는 과정을 나타낸 모식도이다.

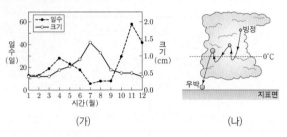

(가)   (나)

이 자료에 대한 설명으로 옳은 것만을 〈보기〉에서 있는 대로 고른 것은?

〈보기〉

ㄱ. 우박은 7월에 가장 빈번하게 발생하였다.

ㄴ. (나)에서 빙정이 우박으로 성장하기 위해서는 과냉각 물방울이 필요하다.

ㄷ. 상승 기류는 여름철 우박의 크기가 커지는 주요 원인이다.

① ㄱ   ② ㄴ   ③ ㄷ   ④ ㄱ, ㄴ   ⑤ ㄴ, ㄷ

17 ★☆☆

| 2022학년도 6월 평가원 18번 |

그림 (가)와 (나)는 어느 날 동일한 태풍의 영향을 받은 우리나라 관측소 A와 B에서 측정한 기압, 풍속, 풍향의 변화를 순서 없이 나타낸 것이다.

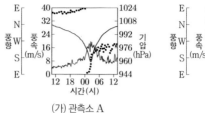
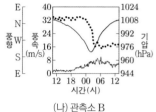

(가) 관측소 A   (나) 관측소 B

이 자료에 대한 설명으로 옳은 것만을 〈보기〉에서 있는 대로 고른 것은?

보기
ㄱ. 최대 풍속은 B가 A보다 크다.
ㄴ. 태풍 중심까지의 최단 거리는 A가 B보다 가깝다.
ㄷ. B는 태풍의 안전 반원에 위치한다.

① ㄱ   ② ㄴ   ③ ㄱ, ㄷ   ④ ㄴ, ㄷ   ⑤ ㄱ, ㄴ, ㄷ

18 ★★☆

| 2021학년도 수능 11번 |

그림 (가)는 우리나라의 어느 해양 관측소에서 관측된 풍속과 풍향 변화를, (나)는 이 관측소의 표층 수온 변화를 나타낸 것이다. A와 B는 서로 다른 두 태풍의 영향을 받은 기간이다.

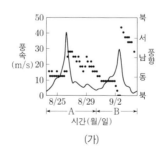
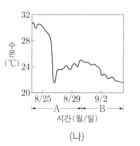

(가)   (나)

이 자료에 대한 설명으로 옳은 것만을 〈보기〉에서 있는 대로 고른 것은? [3점]

보기
ㄱ. A 시기에 태풍의 눈은 관측소를 통과하였다.
ㄴ. B 시기에 관측소는 태풍의 안전 반원에 위치하였다.
ㄷ. A 시기의 급격한 수온 하강은 B 시기에 통과하는 태풍을 강화시켰다.

① ㄱ   ② ㄴ   ③ ㄷ   ④ ㄱ, ㄴ   ⑤ ㄴ, ㄷ

19

| 2021학년도 9월 평가원 19번 |

그림 (가)는 어느 날 05시 우리나라 주변의 적외 영상을, (나)는 다음 날 09시 지상 일기도를 나타낸 것이다.

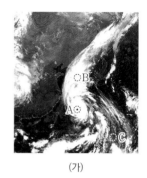
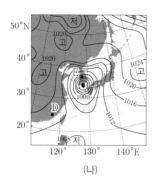

(가)   (나)

이 자료에 대한 설명으로 옳은 것만을 〈보기〉에서 있는 대로 고른 것은?

보기
ㄱ. (가)의 A 해역에서 표층 해수의 침강이 나타난다.
ㄴ. (가)에서 구름 최상부의 고도는 B가 C보다 높다.
ㄷ. (나)에서 풍속은 E가 D보다 크다.

① ㄱ   ② ㄷ   ③ ㄱ, ㄴ   ④ ㄴ, ㄷ   ⑤ ㄱ, ㄴ, ㄷ

20 ★★★

| 2021학년도 6월 평가원 18번 |

그림은 북반구 해상에서 관측한 태풍의 하층(고도 2 km 수평면) 풍속 분포를 나타낸 것이다.

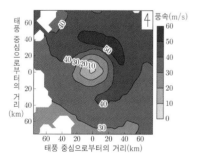

이에 대한 설명으로 옳은 것만을 〈보기〉에서 있는 대로 고른 것은? (단, 등압선은 태풍의 이동 방향 축에 대해 대칭이라고 가정한다.) [3점]

보기
ㄱ. 태풍은 북동 방향으로 이동하고 있다.
ㄴ. 태풍 중심 부근의 해역에서 수온 약층의 차가운 물이 용승한다.
ㄷ. 태풍의 상층 공기는 반시계 방향으로 불어 나간다.

① ㄱ   ② ㄴ   ③ ㄷ   ④ ㄱ, ㄴ   ⑤ ㄴ, ㄷ

Part II 수능 평가원

Memo

03

해수의 성질

2026학년도 수능 출제 예측

2025학년도 수능, 평가원 분석

수능에서는 깊이에 따른 수온과 염분 분포 자료를 해석하여 계절별 특징을 비교할 수 있는지를 묻는 문제가 출제되었다. 9월 평가원에서는 연직 수온 분포 자료로부터 산소 기체의 용해도 등을 파악하는 문제가 출제되었다. 6월 평가원에서는 해수의 연직 수온 변화에 영향을 미치는 요인을 알아보기 위한 실험 문제가 출제되었다.

2026학년도 수능 예측

매년 한 문제씩 출제되는 단원이다. 해역에서 관측한 수괴의 특성을 나타낸 수온 – 염분도를 해석하는 문제가 출제될 가능성이 높고, 해수의 밀도 변화 요인과 관련한 실험 문제가 출제될 수 있다.

1 ☆☆☆ | 2025학년도 **수능** 2번 |

그림 (가)와 (나)는 북반구 어느 해역에서 1년 동안 관측한 깊이에 따른 수온과 염분 분포를 나타낸 것이다.

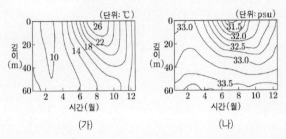

(가)   (나)

이 자료에 대한 설명으로 옳은 것만을 〈보기〉에서 있는 대로 고른 것은?

┌─ 보기 ─────────────────────────
│ ㄱ. 혼합층의 두께는 8월이 11월보다 얇다.
│ ㄴ. 깊이 20 m 해수의 염분은 2월이 8월보다 높다.
│ ㄷ. 표층 해수의 밀도는 2월이 8월보다 크다.
└────────────────────────────────

① ㄱ   ② ㄷ   ③ ㄱ, ㄴ   ④ ㄴ, ㄷ   ⑤ ㄱ, ㄴ, ㄷ

2 ☆☆☆ | 2025학년도 **9월 평가원** 5번 |

그림은 우리나라 동해의 어느 해역에서 깊이 0~200 m의 해수 특성을 A 시기와 B 시기에 각각 측정하여 수온–염분도에 나타낸 것이다. A와 B는 2월과 8월을 순서 없이 나타낸 것이다.

이 자료에 대한 설명으로 옳은 것만을 〈보기〉에서 있는 대로 고른 것은?

┌─ 보기 ─────────────────────────
│ ㄱ. A의 해수 밀도는 표층이 깊이 200 m보다 크다.
│ ㄴ. B는 2월이다.
│ ㄷ. 수온만을 고려할 때, 표층에서 산소 기체의 용해도는 A
│   가 B보다 작다.
└────────────────────────────────

① ㄱ   ② ㄴ   ③ ㄱ, ㄷ   ④ ㄴ, ㄷ   ⑤ ㄱ, ㄴ, ㄷ

3 ☆☆☆ | 2025학년도 **6월 평가원** 4번 |

다음은 해수의 연직 수온 변화에 영향을 미치는 요인 중 일부를 알아보기 위한 실험이다.

┌──
│ [실험 과정]
│ (가) 그림과 같이 수조에 소금물을 채우고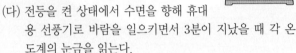
│   온도계를 수면으로부터 각각 깊이 1,
│   3, 5, 7, 9 cm에 위치하도록 설치한
│   후 각 온도계의 눈금을 읽는다.
│ (나) 전등을 켜고 15분이 지났을 때 각 온
│   도계의 눈금을 읽는다.
│ (다) 전등을 켠 상태에서 수면을 향해 휴대
│   용 선풍기로 바람을 일으키면서 3분이 지났을 때 각 온
│   도계의 눈금을 읽는다.
│ (라) 과정 (가)~(다)에서 측정한 깊이에 따른 온도 변화를 각
│   각 그래프로 나타낸다.
│ [실험 결과]
│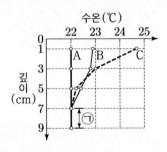
└──

이 자료에 대한 설명으로 옳은 것만을 〈보기〉에서 있는 대로 고른 것은?

┌─ 보기 ─────────────────────────
│ ㄱ. (나)의 결과는 C에 해당한다.
│ ㄴ. 바람의 영향에 의한 수온 변화의 폭은 깊이 1 cm가
│   3 cm보다 작다.
│ ㄷ. ㉠은 '수온 약층'에 해당한다.
└────────────────────────────────

① ㄱ   ② ㄴ   ③ ㄱ, ㄷ   ④ ㄴ, ㄷ   ⑤ ㄱ, ㄴ, ㄷ

4 ☆☆☆

| 2024학년도 수능 4번 |

다음은 담수의 유입과 해수의 결빙이 해수의 염분에 미치는 영향을 알아보기 위한 실험이다.

[실험 과정]

(가) 수온이 15 ℃, 염분이 35 psu인 소금물 600 g을 만든다.

(나) (가)의 소금물을 비커 A와 B에 각각 300 g씩 나눠 담는다.

(다) A의 소금물에 수온이 15 ℃인 증류수 50 g을 섞는다.

(라) B의 소금물을 표층이 얼 때까지 천천히 냉각시킨다.

(마) A와 B에 있는 소금물의 염분을 측정하여 기록한다.

[실험 결과]

비커	A	B
염분(psu)	(㉠)	(㉡)

[결과 해석]

• 담수의 유입이 있는 해역에서는 해수의 염분이 감소한다.

• 해수의 결빙이 있는 해역에서는 해수의 염분이 (㉢).

이에 대한 설명으로 옳은 것만을 〈보기〉에서 있는 대로 고른 것은?

보기

ㄱ. (다)는 담수의 유입에 의한 해수의 염분 변화를 알아보기 위한 과정에 해당한다.

ㄴ. ㉠은 ㉡보다 크다.

ㄷ. '감소한다'는 ㉢에 해당한다.

① ㄱ   ② ㄴ   ③ ㄷ   ④ ㄱ, ㄴ   ⑤ ㄱ, ㄷ

5 ☆☆☆

| 202024학년도 9월 평가원 3번 |

그림 (가)는 우리나라 어느 해역의 표층 수온과 표층 염분을, (나)는 이 해역의 혼합층 두께를 나타낸 것이다. (가)의 A와 B는 각각 표층 수온과 표층 염분 중 하나이다.

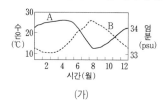
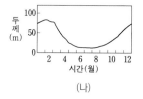

(가)   (나)

이 자료에 대한 설명으로 옳은 것만을 〈보기〉에서 있는 대로 고른 것은? [3점]

보기

ㄱ. 표층 해수의 밀도는 4월이 10월보다 크다.

ㄴ. 수온 약층이 나타나기 시작하는 깊이는 1월이 7월보다 깊다.

ㄷ. 표층과 깊이 50 m 해수의 수온 차는 2월이 8월보다 크다.

① ㄱ   ② ㄷ   ③ ㄱ, ㄴ   ④ ㄴ, ㄷ   ⑤ ㄱ, ㄴ, ㄷ

6 ☆☆☆

| 202024학년도 6월 평가원 8번 |

그림은 어느 해역에서 A 시기와 B 시기에 각각 측정한 깊이 0~200 m의 해수 특성을 수온－염분도에 나타낸 것이다.

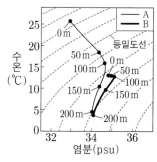

이 자료에 대한 설명으로 옳은 것만을 〈보기〉에서 있는 대로 고른 것은? [3점]

보기

ㄱ. A 시기에 깊이가 증가할수록 해수의 밀도는 증가한다.

ㄴ. 수온만을 고려할 때, 표층에서 산소 기체의 용해도는 A 시기가 B 시기보다 크다.

ㄷ. 혼합층의 두께는 A 시기가 B 시기보다 두껍다.

① ㄱ   ② ㄴ   ③ ㄷ   ④ ㄱ, ㄴ   ⑤ ㄱ, ㄷ

7 ★☆☆　　　　　　　　　| 2023학년도 **수능** 9번 |

그림 (가)는 북대서양의 해역 A와 B의 위치를, (나)와 (다)는 A와 B에서 같은 시기에 측정한 물리량을 순서 없이 나타낸 것이다. ㉠과 ㉡은 각각 수온과 용존 산소량 중 하나이다.

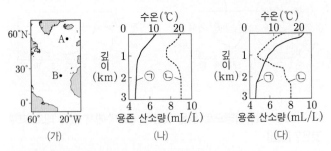

이 자료에 대한 설명으로 옳은 것만을 〈보기〉에서 있는 대로 고른 것은? [3점]

> 보기
>
> ㄱ. (나)는 A에 해당한다.
> ㄴ. 표층에서 용존 산소량은 A가 B보다 작다.
> ㄷ. 수온 약층은 A가 B보다 뚜렷하게 나타난다.

① ㄱ　② ㄴ　③ ㄷ　④ ㄱ, ㄴ　⑤ ㄱ, ㄷ

8 ★☆☆　　　　　　　　　| 2023학년도 **수능** 12번 |

그림 (가)와 (나)는 어느 해역의 수온과 염분 분포를 각각 나타낸 것이고, (다)는 수온-염분도이다. A, B, C는 수온과 염분이 서로 다른 해수이고, ㉠과 ㉡은 이 해역의 서로 다른 수괴이다.

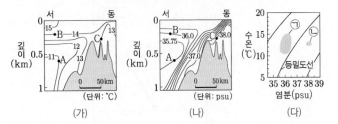

이 자료에 대한 설명으로 옳은 것만을 〈보기〉에서 있는 대로 고른 것은?

> 보기
>
> ㄱ. B는 ㉡에 해당한다.
> ㄴ. A와 B의 수온에 의한 밀도 차는 A와 B의 염분에 의한 밀도 차보다 크다.
> ㄷ. C의 수괴가 서쪽으로 이동하면, C의 수괴는 B의 수괴 아래쪽으로 이동한다.

① ㄱ　② ㄴ　③ ㄱ, ㄷ　④ ㄴ, ㄷ　⑤ ㄱ, ㄴ, ㄷ

9 ★★☆　　　　　　　　　| 2023학년도 9월 **평가원** 3번 |

그림은 어느 중위도 해역에서 A 시기와 B 시기에 각각 측정한 깊이 0~50 m의 해수 특성을 수온-염분도에 나타낸 것이다.

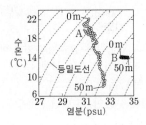

이 자료에 대한 설명으로 옳은 것만을 〈보기〉에서 있는 대로 고른 것은? [3점]

> 보기
>
> ㄱ. 수온만을 고려할 때, 해수면에서 산소 기체의 용해도는 A가 B보다 크다.
> ㄴ. 수온이 14 ℃인 해수의 밀도는 A가 B보다 작다.
> ㄷ. 혼합층의 두께는 A가 B보다 두껍다.

① ㄱ　② ㄴ　③ ㄷ　④ ㄱ, ㄷ　⑤ ㄴ, ㄷ

10 ★☆☆　　　　　　　　　| 2023학년도 6월 **평가원** 5번 |

그림 (가)와 (나)는 어느 해 A, B 시기에 우리나라 두 해역에서 측정한 연직 수온 자료를 각각 나타낸 것이다.

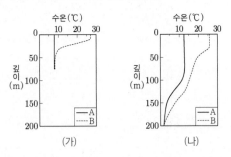

이에 대한 설명으로 옳은 것만을 〈보기〉에서 있는 대로 고른 것은? [3점]

> 보기
>
> ㄱ. (가)에서 50 m 깊이의 수온과 표층 수온의 차이는 B가 A보다 크다.
> ㄴ. A와 B의 표층 수온 차이는 (가)가 (나)보다 크다.
> ㄷ. B의 혼합층 두께는 (나)가 (가)보다 두껍다.

① ㄱ　② ㄷ　③ ㄱ, ㄴ　④ ㄴ, ㄷ　⑤ ㄱ, ㄴ, ㄷ

11 ★★☆

그림은 어느 고위도 해역에서 A 시기와 B 시기에 각각 측정한 깊이 50~500 m의 해수 특성을 수온-염분도에 나타낸 것이다. 이 해역의 수온과 염분은 유입된 담수의 양에 의해서만 변화하였다.

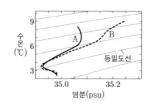

이 자료에 대한 설명으로 옳은 것만을 〈보기〉에서 있는 대로 고른 것은?

보기
ㄱ. A 시기에 깊이가 증가할수록 밀도는 증가한다.
ㄴ. 50 m 깊이에서 산소의 용해도는 A 시기가 B 시기보다 높다.
ㄷ. 유입된 담수의 양은 A 시기가 B 시기보다 적다.

① ㄱ   ② ㄷ   ③ ㄱ, ㄴ   ④ ㄴ, ㄷ   ⑤ ㄱ, ㄴ, ㄷ

12 ★☆☆

그림 (가)는 어느 날 우리나라 주변 표층 해수의 수온과 염분 분포를, (나)는 수온-염분도를 나타낸 것이다.

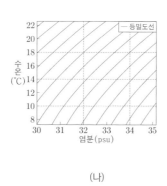

(가)   (나)

이 자료에서 해역 A, B, C의 표층 해수에 대한 설명으로 옳은 것만을 〈보기〉에서 있는 대로 고른 것은? [3점]

보기
ㄱ. 강물의 유입으로 A의 염분이 주변보다 낮다.
ㄴ. 밀도는 B가 C보다 작다.
ㄷ. 수온만을 고려할 때, 산소 기체의 용해도는 B가 C보다 작다.

① ㄱ   ② ㄷ   ③ ㄱ, ㄴ   ④ ㄴ, ㄷ   ⑤ ㄱ, ㄴ, ㄷ

13 ★☆☆

그림은 북대서양의 연평균 (증발량-강수량) 값 분포를 나타낸 것이다.

이 자료에 대한 설명으로 옳은 것만을 〈보기〉에서 있는 대로 고른 것은?

[3점]

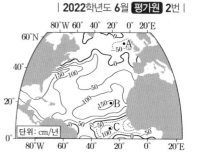

보기
ㄱ. 연평균 (증발량-강수량) 값은 B 지점이 A 지점보다 크다.
ㄴ. B 지점은 대기 대순환에 의해 형성된 저압대에 위치한다.
ㄷ. 표층 염분은 C 지점이 B 지점보다 높다.

① ㄱ   ② ㄴ   ③ ㄱ, ㄷ   ④ ㄴ, ㄷ   ⑤ ㄱ, ㄴ, ㄷ

14 ★☆☆

그림 (가)는 태평양의 해역 A, B, C를, (나)는 이 세 해역에서 관측한 수온과 염분을 수온-염분도에 ㉠, ㉡, ㉢으로 순서 없이 나타낸 것이다.

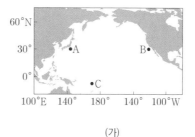
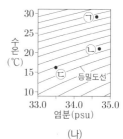

(가)   (나)

이에 대한 설명으로 옳은 것만을 〈보기〉에서 있는 대로 고른 것은?

보기
ㄱ. A의 관측값은 ㉡이다.
ㄴ. A, B, C 중 해수의 밀도가 가장 큰 해역은 B이다.
ㄷ. C에 흐르는 해류는 무역풍에 의해 형성된다.

① ㄱ   ② ㄷ   ③ ㄱ, ㄴ   ④ ㄴ, ㄷ   ⑤ ㄱ, ㄴ, ㄷ

15 ★☆☆

| 2021학년도 수능 3번 |

그림은 북반구 중위도 어느 해역에서 1년 동안 관측한 수온 변화를 등수온선으로 나타낸 것이다.

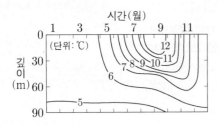

이 자료에 대한 설명으로 옳은 것만을 〈보기〉에서 있는 대로 고른 것은?

보기
ㄱ. 표층에서 수온의 연교차는 10 ℃보다 크다.
ㄴ. 수온 약층은 9월이 5월보다 뚜렷하게 나타난다.
ㄷ. 6 ℃ 등수온선은 5월이 11월보다 깊은 곳에서 나타난다.

① ㄱ 　② ㄴ 　③ ㄱ, ㄷ 　④ ㄴ, ㄷ 　⑤ ㄱ, ㄴ, ㄷ

16 ★☆☆

| 2021학년도 9월 평가원 5번 |

그림 (가)는 우리나라 주변 해역 A, B, C를, (나)는 세 해역 표층 해수의 수온과 염분을 수온－염분도에 나타낸 것이다. B와 C의 수온과 염분 분포는 각각 ㉠과 ㉡ 중 하나이다.

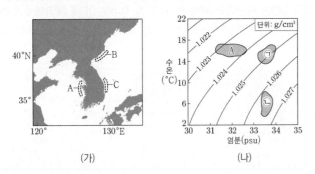

(가)　　　　　　(나)

이 자료에 대한 설명으로 옳은 것만을 〈보기〉에서 있는 대로 고른 것은?

보기
ㄱ. ㉡은 B에 해당한다.
ㄴ. 해수의 밀도는 A가 C보다 크다.
ㄷ. B와 C의 해수 밀도 차이는 수온보다 염분의 영향이 더 크다.

① ㄱ 　② ㄴ 　③ ㄱ, ㄷ 　④ ㄴ, ㄷ 　⑤ ㄱ, ㄴ, ㄷ

17 ★☆☆

| 2021학년도 6월 평가원 4번 |

다음은 해수의 염분에 영향을 미치는 요인을 알아보기 위한 실험이다.

[실험 과정]

(가) 염분이 34.5 psu인 소금물 900 mL를 만들고, 3개의 비커에 각각 300 mL씩 나눠 담는다.

(나) 각 비커의 소금물에 다음과 같이 각각 다른 과정을 수행한다.

과정	실험 방법
A	증류수 100 mL를 넣어 섞는다.
B	10분간 가열하여 증발시킨다.
C	표층이 얼음으로 덮일 정도까지 천천히 얼린다.

(다) 각 비커에 있는 소금물의 염분을 측정하여 기록한다.

[실험 결과]

과정	A	B	C
염분(psu)	㉠	㉡	㉢

이에 대한 설명으로 옳은 것만을 〈보기〉에서 있는 대로 고른 것은?
[3점]

보기
ㄱ. 담수의 유입에 의한 염분 변화를 알아보기 위한 과정은 A에 해당한다.
ㄴ. 실험 결과에서 34.5보다 큰 값은 ㉡과 ㉢이다.
ㄷ. 남극 저층수가 형성되는 과정은 C에 해당한다.

① ㄱ 　② ㄴ 　③ ㄱ, ㄷ 　④ ㄴ, ㄷ 　⑤ ㄱ, ㄴ, ㄷ

04

해수의 순환

2026학년도 수능 출제 예측

수능에서는 대기 대순환에 의해 지표 부근에서 부는 바람의 남북 방향과 동서 방향의 연평균 풍속 분포 자료를 해석하는 문제가 출제되었다. 9월 평가원에서는 대기와 해양에 의한 위도별 남북 방향으로의 연평균 에너지 수송량 자료를 해석하는 문제가 출제되었다. 6월 평가원에서는 해수면 부근의 평년 바람 분포를 해석하여 대기 대순환의 특징을 파악하는 문제가 출제되었다.

매년 한 문제 또는 두 문제가 출제되는 단원이다. 대기 대순환과 표층 해류의 관계, 아열대 순환의 방향 및 난류와 한류가 흐르는 해역의 특징을 비교하는 문제가 출제될 수 있다. 또한 심층 순환과 관련해서는 수온-염분도를 해석하는 문제가 출제될 수 있다.

1 ★★★

그림은 대기 대순환에 의해 지표 부근에서 부는 바람의 남북 방향과 동서 방향의 연평균 풍속을 ㉠과 ㉡으로 순서 없이 나타낸 것이다. (+)는 남풍과 서풍, (−)는 북풍과 동풍에 해당한다.

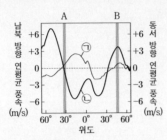

이에 대한 설명으로 옳은 것만을 〈보기〉에서 있는 대로 고른 것은? [3점]

┌─ 보기 ┐
ㄱ. ㉠은 남북 방향의 연평균 풍속이다.
ㄴ. A의 해역에는 멕시코 만류가 흐른다.
ㄷ. B에서는 대기 대순환의 직접 순환이 나타난다.
└──────┘

① ㄱ ② ㄴ ③ ㄷ ④ ㄱ, ㄴ ⑤ ㄱ, ㄷ

---

2 ★☆☆

그림은 대기와 해양에 의한 남북 방향으로의 연평균 에너지 수송량을 위도별로 나타낸 것이다.

이에 대한 설명으로 옳은 것만을 〈보기〉에서 있는 대로 고른 것은? [3점]

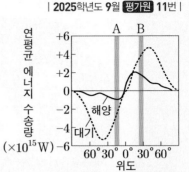

┌─ 보기 ┐
ㄱ. A에서는 대기에 의한 에너지 수송량이 해양에 의한 에너지 수송량보다 많다.
ㄴ. A는 대기 대순환의 간접 순환 영역에 위치한다.
ㄷ. B의 해역에서 쿠로시오 해류에 의한 에너지 수송이 일어난다.
└──────┘

① ㄱ ② ㄴ ③ ㄱ, ㄷ ④ ㄴ, ㄷ ⑤ ㄱ, ㄴ, ㄷ

---

3 ★☆☆

그림은 해수면 부근의 평년 바람 분포를 나타낸 것이다. A, B, C는 주요 표층 해류가 흐르는 해역이다.

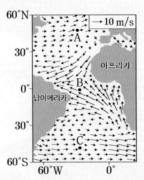

이에 대한 설명으로 옳은 것만을 〈보기〉에서 있는 대로 고른 것은? [3점]

┌─ 보기 ┐
ㄱ. A에서는 북대서양 해류가 흐른다.
ㄴ. B에서는 해들리 순환에 의한 하강 기류가 우세하다.
ㄷ. C의 표층 해류는 편서풍에 의해 형성된다.
└──────┘

① ㄱ ② ㄴ ③ ㄱ, ㄷ ④ ㄴ, ㄷ ⑤ ㄱ, ㄴ, ㄷ

4 ★☆☆
| 2024학년도 수능 3번 |

그림 (가)는 대서양 심층 순환의 일부를 나타낸 것이고, (나)는 수온–염분도에 수괴 A, B, C의 물리량을 ㉠, ㉡, ㉢으로 순서 없이 나타낸 것이다. A, B, C는 각각 남극 저층수, 남극 중층수, 북대서양 심층수 중 하나이다.

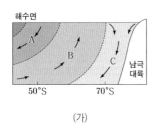
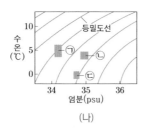

(가)   (나)

이에 대한 설명으로 옳은 것만을 〈보기〉에서 있는 대로 고른 것은? [3점]

보기
ㄱ. A의 물리량은 ㉠이다.
ㄴ. B는 A와 C가 혼합하여 형성된다.
ㄷ. C는 심층 해수에 산소를 공급한다.

① ㄱ   ② ㄴ   ③ ㄷ   ④ ㄱ, ㄴ   ⑤ ㄱ, ㄷ

5 ★★☆
| 2024학년도 수능 10번 |

그림은 태평양 표층 해수의 동서 방향 연평균 유속을 위도에 따라 나타낸 것이다. (+)와 (−)는 각각 동쪽으로 향하는 방향과 서쪽으로 향하는 방향 중 하나이다.

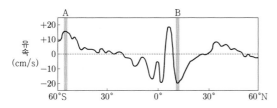

이 자료에 대한 설명으로 옳은 것만을 〈보기〉에서 있는 대로 고른 것은? [3점]

보기
ㄱ. (+)는 동쪽으로 향하는 방향이다.
ㄴ. A의 해역에서 나타나는 주요 표층 해류는 극동풍에 의해 형성된다.
ㄷ. 북적도 해류는 B의 해역에서 나타난다.

① ㄱ   ② ㄴ   ③ ㄷ   ④ ㄱ, ㄴ   ⑤ ㄱ, ㄷ

6 ★☆☆
| 2024학년도 9월 평가원 4번 |

다음은 심층 순환을 일으키는 요인 중 일부를 알아보기 위한 실험이다.

[실험 목표]
• 해수의 (㉠)에 따른 밀도 차에 의해 심층 순환이 발생할 수 있음을 설명할 수 있다.

[실험 과정]
(가) 위와 아래에 각각 구멍이 뚫린 칸막이를 준비한다.
(나) 칸막이의 구멍을 필름으로 막은 후, 칸막이로 수조를 A 칸과 B 칸으로 분리한다.
(다) 염분이 35 psu이고 수온이 20 ℃인 동일한 양의 소금물을 A와 B에 넣고, 각각 서로 다른 색의 잉크로 착색한다.
(라) 그림과 같이 A와 B에 각각 얼음물과 뜨거운 물이 담긴 비커를 설치한다.
(마) 칸막이의 필름을 제거하고 소금물의 이동을 관찰한다.

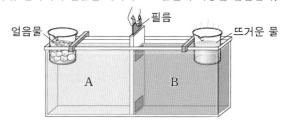

[실험 결과]
• 아래쪽의 구멍을 통해 (㉡)의 소금물은 (㉢) 쪽으로 이동한다.

이에 대한 설명으로 옳은 것만을 〈보기〉에서 있는 대로 고른 것은?

보기
ㄱ. '수온 변화'는 ㉠에 해당한다.
ㄴ. A는 고위도 해역에 해당한다.
ㄷ. A는 ㉡, B는 ㉢에 해당한다.

① ㄱ   ② ㄷ   ③ ㄱ, ㄴ   ④ ㄴ, ㄷ   ⑤ ㄱ, ㄴ, ㄷ

Part II 수능 평가원

7

| 2024학년도 6월 평가원 3번 |

그림은 해수의 심층 순환을 나타낸 모식도이다. A와 B는 각각 표층 해류와 심층 해류 중 하나이다.

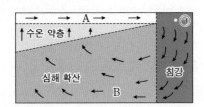

이에 대한 설명으로 옳은 것만을 〈보기〉에서 있는 대로 고른 것은? [3점]

보기
ㄱ. A에 의해 에너지가 수송된다.
ㄴ. ㉠ 해역에서 해수가 침강하여 심해층에 산소를 공급한다.
ㄷ. 평균 이동 속력은 A가 B보다 느리다.

① ㄱ ② ㄴ ③ ㄷ ④ ㄱ, ㄴ ⑤ ㄱ, ㄷ

8 ★★★

| 2024학년도 6월 평가원 5번 |

그림은 위도에 따른 연평균 증발량과 강수량을 순서 없이 나타낸 것이다.

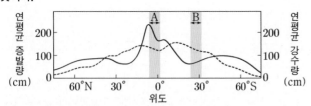

이 자료에 대한 설명으로 옳은 것만을 〈보기〉에서 있는 대로 고른 것은?

보기
ㄱ. 표층 해수의 평균 염분은 A 해역이 B 해역보다 높다.
ㄴ. A에서는 해들리 순환의 상승 기류가 나타난다.
ㄷ. 캘리포니아 해류는 B 해역에서 나타난다.

① ㄱ ② ㄴ ③ ㄷ ④ ㄱ, ㄴ ⑤ ㄴ, ㄷ

9 ★★☆

| 2023학년도 수능 14번 |

그림은 1월과 7월의 지표 부근의 평년 바람 분포 중 하나를 나타낸 것이다. A, B, C는 주요 표층 해류가 흐르는 해역이다.

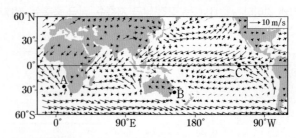

이에 대한 설명으로 옳은 것만을 〈보기〉에서 있는 대로 고른 것은? [3점]

보기
ㄱ. 이 평년 바람 분포는 1월에 해당한다.
ㄴ. A와 B의 표층 해류는 모두 고위도 방향으로 흐른다.
ㄷ. C에서는 대기 대순환에 의해 표층 해수가 수렴한다.

① ㄱ ② ㄴ ③ ㄷ ④ ㄱ, ㄴ ⑤ ㄱ, ㄷ

10 ★☆☆

| 2023학년도 9월 평가원 11번 |

그림은 대기에 의한 남북 방향으로의 연평균 에너지 수송량을 위도별로 나타낸 것이다.

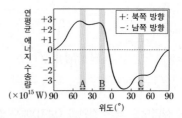

이에 대한 설명으로 옳은 것만을 〈보기〉에서 있는 대로 고른 것은?

보기
ㄱ. A에서는 대기 대순환의 간접 순환이 위치한다.
ㄴ. B에서는 해들리 순환에 의해 에너지가 북쪽 방향으로 수송된다.
ㄷ. 캘리포니아 해류는 C의 해역에서 나타난다.

① ㄱ ② ㄷ ③ ㄱ, ㄴ ④ ㄴ, ㄷ ⑤ ㄱ, ㄴ, ㄷ

11 ★★★

| 2023학년도 6월 평가원 11번 |

그림 (가)와 (나)는 어느 해 2월과 8월의 남태평양의 표층 수온을 순서 없이 나타낸 것이다. A와 B는 주요 표층 해류가 흐르는 해역이다.

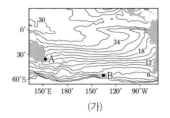 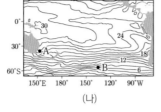

이에 대한 설명으로 옳은 것만을 〈보기〉에서 있는 대로 고른 것은?

┌─ 보기 ─────────────────────────────┐
ㄱ. 8월에 해당하는 것은 (나)이다.
ㄴ. A에서 흐르는 해류는 고위도 방향으로 에너지를 이동시킨다.
ㄷ. B에서 흐르는 해류와 북태평양 해류의 방향은 반대이다.
└──────────────────────────────────┘

① ㄱ ② ㄴ ③ ㄷ ④ ㄱ, ㄴ ⑤ ㄴ, ㄷ

12 ★★☆

| 2023학년도 6월 평가원 17번 |

그림은 대서양의 수온과 염분 분포를, 표는 수괴 A, B, C의 평균 수온과 염분을 나타낸 것이다. A, B, C는 남극 저층수, 남극 중층수, 북대서양 심층수를 순서 없이 나타낸 것이다.

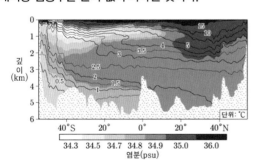

수괴	평균 수온(℃)	평균 염분(psu)
A	2.5	34.9
B	0.4	34.7
C	( )	34.3

이 자료에 대한 설명으로 옳은 것만을 〈보기〉에서 있는 대로 고른 것은? [3점]

┌─ 보기 ─────────────────────────────┐
ㄱ. A는 북대서양 심층수이다.
ㄴ. 평균 밀도는 A가 C보다 작다.
ㄷ. B는 주로 남쪽으로 이동한다.
└──────────────────────────────────┘

① ㄱ ② ㄴ ③ ㄱ, ㄷ ④ ㄴ, ㄷ ⑤ ㄱ, ㄴ, ㄷ

13 ★★★

| 2022학년도 수능 10번 |

그림은 평균 해면 기압을 위도에 따라 나타낸 것이다.

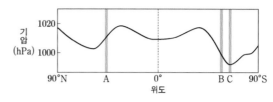

이 자료에 대한 설명으로 옳은 것만을 〈보기〉에서 있는 대로 고른 것은? [3점]

┌─ 보기 ─────────────────────────────┐
ㄱ. A는 대기 대순환의 간접 순환 영역에 위치한다.
ㄴ. B 해역에서는 남극 순환류가 흐른다.
ㄷ. C 해역에서는 대기 대순환에 의해 표층 해수가 발산한다.
└──────────────────────────────────┘

① ㄱ ② ㄷ ③ ㄱ, ㄴ ④ ㄴ, ㄷ ⑤ ㄱ, ㄴ, ㄷ

14 ★☆☆

| 2022학년도 9월 평가원 3번 |

그림은 대서양의 심층 순환을 나타낸 것이다. 수괴 A, B, C는 각각 남극 저층수, 남극 중층수, 북대서양 심층수 중 하나이다.

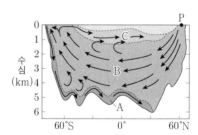

이에 대한 설명으로 옳은 것만을 〈보기〉에서 있는 대로 고른 것은? [3점]

┌─ 보기 ─────────────────────────────┐
ㄱ. A는 남극 저층수이다.
ㄴ. 밀도는 C가 A보다 크다.
ㄷ. 빙하가 녹은 물이 해역 P에 유입되면 B의 흐름은 강해질 것이다.
└──────────────────────────────────┘

① ㄱ ② ㄴ ③ ㄷ ④ ㄱ, ㄷ ⑤ ㄴ, ㄷ

15 ★★★

| 2022학년도 9월 평가원 15번 |

그림은 해수면 부근에서 부는 바람의 남북 방향의 연평균 풍속을 나타낸 것이다. ㉠과 ㉡은 각각 60°N과 60°S 중 하나이다.

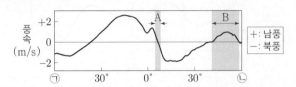

이 자료에 대한 설명으로 옳은 것만을 〈보기〉에서 있는 대로 고른 것은?

〈보기〉
ㄱ. ㉠은 60°S이다.
ㄴ. A에서 해들리 순환의 하강 기류가 나타난다.
ㄷ. 페루 해류는 B에서 나타난다.

① ㄱ ② ㄴ ③ ㄷ ④ ㄱ, ㄴ ⑤ ㄱ, ㄷ

16 ★☆☆

| 2022학년도 6월 평가원 11번 |

그림은 심층 해수의 연령 분포를 나타낸 것이다. 심층 해수의 연령은 해수가 표층에서 침강한 이후부터 현재까지 경과한 시간을 의미한다.

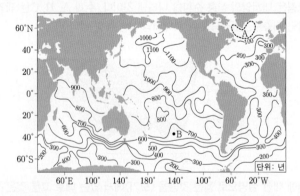

이 자료에 대한 설명으로 옳은 것만을 〈보기〉에서 있는 대로 고른 것은?

〈보기〉
ㄱ. 심층 해수의 평균 연령은 북태평양이 북대서양보다 많다.
ㄴ. A 해역에는 표층 해수가 침강하는 곳이 있다.
ㄷ. B에는 저위도로 흐르는 심층 해수가 있다.

① ㄱ ② ㄷ ③ ㄱ, ㄴ ④ ㄴ, ㄷ ⑤ ㄱ, ㄴ, ㄷ

17 ★★★

| 2021학년도 수능 13번 |

그림은 북대서양 심층 순환의 세기 변화를 시간에 따라 나타낸 것이다.

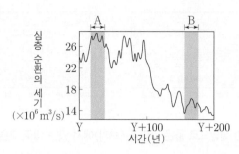

A 시기와 비교할 때, B 시기의 북대서양 심층 순환과 관련된 설명으로 옳은 것만을 〈보기〉에서 있는 대로 고른 것은? [3점]

〈보기〉
ㄱ. 북대서양 심층수가 형성되는 해역에서 침강이 약하다.
ㄴ. 북대서양에서 고위도로 이동하는 표층 해류의 흐름이 강하다.
ㄷ. 북대서양에서 저위도와 고위도의 표층 수온 차가 크다.

① ㄱ ② ㄴ ③ ㄱ, ㄷ ④ ㄴ, ㄷ ⑤ ㄱ, ㄴ, ㄷ

18 ★★☆

| 2021학년도 9월 평가원 10번 |

그림은 어느 해 태평양에서 유실된 컨테이너에 실려 있던 운동화가 발견된 지점과 표층 해류 A와 B의 일부를 나타낸 것이다.

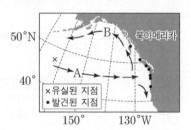

이에 대한 설명으로 옳은 것만을 〈보기〉에서 있는 대로 고른 것은? [3점]

〈보기〉
ㄱ. A는 편서풍의 영향을 받는다.
ㄴ. B는 아열대 순환의 일부이다.
ㄷ. 북아메리카 해안에서 발견된 운동화는 북태평양 해류의 영향을 받았다.

① ㄱ ② ㄴ ③ ㄱ, ㄷ ④ ㄴ, ㄷ ⑤ ㄱ, ㄴ, ㄷ

19 ★☆☆ | 2021학년도 9월 평가원 16번 |

그림은 대서양 심층 순환의 일부를 모식적으로 나타낸 것이다. 수괴 A, B, C는 각각 북대서양 심층수, 남극 저층수, 남극 중층수 중 하나이다.

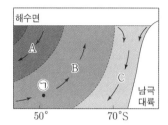

이에 대한 설명으로 옳은 것만을 〈보기〉에서 있는 대로 고른 것은?

┌─ 보기 ┐
ㄱ. 침강하는 해수의 밀도는 A가 C보다 작다.
ㄴ. B는 형성된 곳에서 ㉠ 지점까지 도달하는 데 걸리는 시간이 1년보다 짧다.
ㄷ. C는 표층 해수에서 (증발량−강수량) 값의 감소에 의한 밀도 변화로 형성된다.
└────────┘

① ㄱ ② ㄴ ③ ㄱ, ㄷ ④ ㄴ, ㄷ ⑤ ㄱ, ㄴ, ㄷ

20 ★☆☆ | 2021학년도 6월 평가원 5번 |

그림 (가)와 (나)는 서로 다른 계절에 관측된 우리나라 주변 표층 해류의 평균 속력과 이동 방향을 나타낸 것이다.

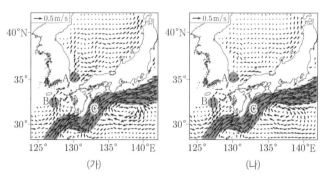

(가)   (나)

이 자료에 대한 설명으로 옳은 것만을 〈보기〉에서 있는 대로 고른 것은?

┌─ 보기 ┐
ㄱ. (가)와 (나)의 평균 속력 차는 해역 A보다 B에서 크다.
ㄴ. 동한 난류의 평균 속력은 (나)보다 (가)가 빠르다.
ㄷ. 해역 C에 흐르는 해류는 북태평양 아열대 순환의 일부이다.
└────────┘

① ㄱ ② ㄴ ③ ㄷ ④ ㄱ, ㄴ ⑤ ㄴ, ㄷ

21 ★★☆ | 2021학년도 6월 평가원 10번 |

그림 (가)는 대서양의 해수 순환의 모식도를, (나)는 ㉠과 ㉡에서 형성되는 각각의 수괴를 수온−염분도에 A와 B로 순서 없이 나타낸 것이다.

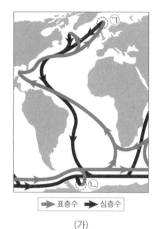 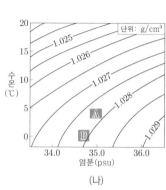

┌→ 표층수 ┌→ 심층수
(가)   (나)

이에 대한 설명으로 옳은 것만을 〈보기〉에서 있는 대로 고른 것은?
[3점]

┌─ 보기 ┐
ㄱ. ㉡에서 형성되는 수괴는 A에 해당한다.
ㄴ. A와 B는 심층 해수에 산소를 공급한다.
ㄷ. 심층 순환은 표층 순환보다 느리다.
└────────┘

① ㄱ ② ㄴ ③ ㄱ, ㄷ ④ ㄴ, ㄷ ⑤ ㄱ, ㄴ, ㄷ

Memo

01

별의 물리량과 진화

2026학년도 수능 출제 예측

2025학년도 수능, 평가원 분석

수능에서는 별의 물리량을 비교하는 문제가 두 문제 출제되었다. 9월 평가원에서는 별의 물리량을 구하거나 비교하는 문제, 별의 질량에 따른 에너지 생성 방법과 내부 구조의 차이에 대해 묻는 문제가 출제되었다. 6월 평가원에서는 별의 진화와 별의 내부 구조, 별의 물리량을 비교하는 문제가 출제되었다.

2026학년도 수능 예측

매년 두 문제씩 출제되는 단원이다. H – R도를 제시하고 별의 종류에 따른 물리량이나 진화 과정을 비교하는 문제가 출제될 가능성이 높다. 또한 주계열성의 내부에서 일어나는 두 가지 수소 핵융합 반응인 p – p 반응과 CNO 순환 반응의 특징을 비교하거나 별의 내부 구조와 연계된 문제가 출제될 수 있다.

1 ☆☆☆ | 2025학년도 수능 14번 |

표는 중심핵에서 핵융합 반응이 일어나고 있는 별 (가), (나), (다)의 물리량을 나타낸 것이다.

별	질량 (태양=1)	광도 (태양=1)	광도 계급
(가)	1	60	(　)
(나)	4	100	V
(다)	1	1	V

이 자료에 대한 설명으로 옳은 것만을 〈보기〉에서 있는 대로 고른 것은? [3점]

> **보기**
> ㄱ. $\dfrac{표면\ 온도}{중심핵\ 온도}$ 는 (가)가 (나)보다 작다.
> ㄴ. 단위 시간당 에너지 생성량은 (가)가 (다)보다 많다.
> ㄷ. 주계열 단계 동안, 별의 질량의 평균 감소 속도는 (나)가 (다)보다 빠르다.

① ㄱ　② ㄷ　③ ㄱ, ㄴ　④ ㄴ, ㄷ　⑤ ㄱ, ㄴ, ㄷ

---

2 ☆☆☆ | 2025학년도 수능 20번 |

표는 별 (가), (나), (다)의 물리량을 나타낸 것이다. (가), (나), (다) 중 주계열성은 2개이고, 태양의 절대 등급은 +4.8, 태양의 표면 온도는 5800 K이다.

별	표면 온도(K)	반지름(상댓값)	겉보기 등급
(가)	16000	0.025	8
(나)	8000	2.5	10
(다)	4000	1	13

이 자료에 대한 설명으로 옳은 것만을 〈보기〉에서 있는 대로 고른 것은?

> **보기**
> ㄱ. 복사 에너지를 최대로 방출하는 파장은 (나)가 (다)의 2배이다.
> ㄴ. 지구로부터의 거리는 (다)가 (가)의 20배보다 멀다.
> ㄷ. (가)의 절대 등급은 +12보다 크다.

① ㄱ　② ㄴ　③ ㄷ　④ ㄱ, ㄷ　⑤ ㄴ, ㄷ

---

3 ☆☆☆ | 2025학년도 9월 평가원 16번 |

그림은 질량이 다른 주계열성 (가)와 (나)의 내부 구조를 물리량 M과 R에 따라 나타낸 것이다. (가)와 (나)의 질량은 각각 태양 질량의 1배와 5배 중 하나이고, ㉠과 ㉡은 에너지가 전달되는 방식 중 대류와 복사를 순서 없이 나타낸 것이다.

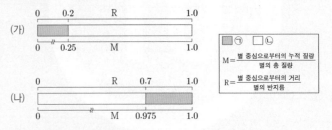

이 자료에 대한 설명으로 옳은 것만을 〈보기〉에서 있는 대로 고른 것은? [3점]

> **보기**
> ㄱ. ㉡은 '복사'이다.
> ㄴ. 대류가 일어나는 영역의 전체 질량은 (가)가 (나)의 10배이다.
> ㄷ. 주계열 단계 동안, 수소 핵융합 반응이 일어나는 영역에서 헬륨 함량비(%)의 평균 증가 속도는 (가)가 (나)보다 빠르다.

① ㄱ　② ㄴ　③ ㄱ, ㄷ　④ ㄴ, ㄷ　⑤ ㄱ, ㄴ, ㄷ

4 ★★★
| 2025학년도 9월 평가원 18번 |

표는 별 (가), (나), (다)의 물리량을 나타낸 것이다. (나)와 (다)는 지구로부터의 거리가 같고, 태양의 절대 등급은 +4.8이다.

별	표면 온도 (태양=1)	반지름 (태양=1)	겉보기 등급	광도 계급
(가)	1	10	+4.8	( )
(나)	4	6.25	+3.8	V
(다)	1	( )	+13.8	( )

이 자료에 대한 설명으로 옳은 것만을 〈보기〉에서 있는 대로 고른 것은? [3점]

보기
ㄱ. 질량은 (가)가 (나)보다 작다.
ㄴ. 지구로부터의 거리는 (나)가 (가)의 6배보다 멀다.
ㄷ. 중심핵에서의 $\dfrac{\text{p-p 반응에 의한 에너지 생성량}}{\text{CNO 순환 반응에 의한 에너지 생성량}}$ 은 (나)가 (다)보다 작다.

① ㄱ ② ㄴ ③ ㄱ, ㄷ ④ ㄴ, ㄷ ⑤ ㄱ, ㄴ, ㄷ

6 ★★★
| 2025학년도 6월 평가원 18번 |

표는 별 ㉠, ㉡, ㉢의 물리량을 나타낸 것이다. 태양의 절대 등급은 +4.8 등급이다.

별	반지름 (태양=1)	지구로부터의 거리(pc)	광도 (태양=1)	분광형
㉠	10	( )	100	( )
㉡	0.4	20	0.04	( )
㉢	( )	100	100	M1

이 자료에 대한 설명으로 옳은 것만을 〈보기〉에서 있는 대로 고른 것은? [3점]

보기
ㄱ. 단위 시간당 단위 면적에서 방출하는 복사 에너지양은 ㉠ 이 ㉡의 4배이다.
ㄴ. 별의 반지름은 ㉠이 ㉢보다 크다.
ㄷ. (㉡의 겉보기 등급+㉢의 겉보기 등급) 값은 15보다 크다.

① ㄱ ② ㄴ ③ ㄷ ④ ㄱ, ㄴ ⑤ ㄱ, ㄷ

5 ★★☆
| 2025학년도 6월 평가원 13번 |

그림은 태양이 $A_0 \rightarrow A_1 \rightarrow A_2 \rightarrow A_3$으로 진화하는 경로를 H-R 도에 나타낸 것이다.

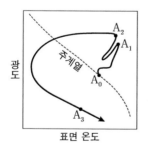

이에 대한 설명으로 옳은 것만을 〈보기〉에서 있는 대로 고른 것은? [3점]

보기
ㄱ. A_0의 중심핵은 탄소를 포함한다.
ㄴ. 수소의 총 질량은 A_0이 A_1보다 작다.
ㄷ. $\dfrac{A_1\text{의 반지름}}{A_0\text{의 반지름}} > \dfrac{A_2\text{의 반지름}}{A_3\text{의 반지름}}$ 이다.

① ㄱ ② ㄴ ③ ㄷ ④ ㄱ, ㄴ ⑤ ㄱ, ㄷ

7 ★★★ |2024학년도 수능 16번|

표는 중심핵에서 핵융합 반응이 일어나고 있는 별 (가), (나), (다)의 반지름, 질량, 광도 계급을 나타낸 것이다.

별	반지름(태양=1)	질량(태양=1)	광도 계급
(가)	50	1	( )
(나)	4	8	V
(다)	0.9	0.8	V

이에 대한 설명으로 옳은 것만을 〈보기〉에서 있는 대로 고른 것은? [3점]

〈보기〉
ㄱ. 중심핵의 온도는 (가)가 (나)보다 높다.
ㄴ. (다)의 핵융합 반응이 일어나는 영역에서, 별의 중심으로부터 거리에 따른 수소 함량비(%)는 일정하다.
ㄷ. 단위 시간 동안 방출하는 에너지양에 대한 별의 질량은 (나)가 (다)보다 작다.

① ㄱ　② ㄴ　③ ㄷ　④ ㄱ, ㄴ　⑤ ㄱ, ㄷ

8 ★★★ |2024학년도 수능 18번|

표는 별 (가), (나), (다)의 물리량을 나타낸 것이다. 태양의 절대 등급은 +4.8 등급이다.

별	단위 시간당 단위 면적에서 방출하는 복사 에너지 (태양=1)	겉보기 등급	지구로부터의 거리(pc)
(가)	16	( )	( )
(나)	$\frac{1}{16}$	+4.8	1000
(다)	( )	−2.2	5

이에 대한 설명으로 옳은 것만을 〈보기〉에서 있는 대로 고른 것은?

〈보기〉
ㄱ. 복사 에너지를 최대로 방출하는 파장은 (가)가 (나)의 $\frac{1}{2}$ 배이다.
ㄴ. 반지름은 (나)가 태양의 400배이다.
ㄷ. $\frac{(다)의 \ 광도}{태양의 \ 광도}$ 는 100보다 작다.

① ㄱ　② ㄴ　③ ㄷ　④ ㄱ, ㄴ　⑤ ㄴ, ㄷ

9 ★☆☆ |2024학년도 9월 평가원 2번|

그림은 서로 다른 별의 집단 (가)~(라)를 H‒R도에 나타낸 것이다. (가)~(라)는 각각 거성, 백색 왜성, 주계열성, 초거성 중 하나이다.

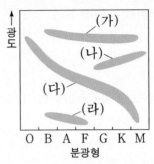

(가)~(라)에 대한 설명으로 옳은 것만을 〈보기〉에서 있는 대로 고른 것은?

〈보기〉
ㄱ. 평균 광도는 (가)가 (라)보다 작다.
ㄴ. 평균 표면 온도는 (나)가 (라)보다 낮다.
ㄷ. 평균 밀도는 (라)가 가장 크다.

① ㄱ　② ㄴ　③ ㄷ　④ ㄱ, ㄴ　⑤ ㄴ, ㄷ

10 ★☆☆

그림은 주계열 단계가 시작한 직후부터 별 A와 B가 진화하는 동안의 표면 온도를 시간에 따라 나타낸 것이다. A와 B의 질량은 각각 태양 질량의 1배와 4배 중 하나이다.

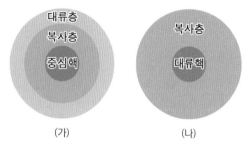

이 자료에 대한 설명으로 옳은 것만을 〈보기〉에서 있는 대로 고른 것은? [3점]

보기
ㄱ. B는 중성자별로 진화한다.
ㄴ. ㉠ 시기일 때, 대류가 일어나는 영역의 평균 깊이는 A가 B보다 깊다.
ㄷ. ㉠ 시기일 때, 핵에서의 $\dfrac{\text{p-p 반응에 의한 에너지 생성량}}{\text{CNO 순환 반응에 의한 에너지 생성량}}$ 은 A가 B보다 크다.

① ㄱ ② ㄴ ③ ㄷ ④ ㄱ, ㄴ ⑤ ㄴ, ㄷ

11 ☆☆☆

표는 태양과 별 (가), (나), (다)의 물리량을 나타낸 것이다.

별	표면 온도 (태양=1)	반지름 (태양=1)	절대 등급
태양	1	1	+4.8
(가)	0.5	(㉠)	−5.2
(나)	( )	0.01	+9.8
(다)	$\sqrt{2}$	2	( )

이 자료에 대한 설명으로 옳은 것만을 〈보기〉에서 있는 대로 고른 것은?

보기
ㄱ. ㉠은 400이다.
ㄴ. 복사 에너지를 최대로 방출하는 파장은 (나)가 (다)의 $\dfrac{1}{2}$ 배보다 길다.
ㄷ. 절대 등급은 (다)가 태양보다 크다.

① ㄱ ② ㄴ ③ ㄷ ④ ㄱ, ㄴ ⑤ ㄱ, ㄷ

12 ★★☆

그림은 주계열성 (가)와 (나)의 내부 구조를 나타낸 것이다. (가)와 (나)의 질량은 각각 태양 질량의 1배와 5배 중 하나이다.

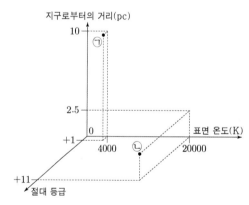

(가)　　　　　　(나)

이에 대한 설명으로 옳은 것만을 〈보기〉에서 있는 대로 고른 것은?

보기
ㄱ. 질량은 (가)가 (나)보다 작다.
ㄴ. (나)의 핵에서 $\dfrac{\text{p-p 반응에 의한 에너지 생성량}}{\text{CNO 순환 반응에 의한 에너지 생성량}}$ 은 1보다 작다.
ㄷ. 주계열 단계가 끝난 직후부터 핵에서 헬륨 연소가 일어나기 직전까지의 절대 등급의 변화 폭은 (가)가 (나)보다 작다.

① ㄱ ② ㄷ ③ ㄱ, ㄴ ④ ㄴ, ㄷ ⑤ ㄱ, ㄴ, ㄷ

13 ★★★

그림은 별 ㉠과 ㉡의 물리량을 나타낸 것이다.

이 자료에 대한 설명으로 옳은 것만을 〈보기〉에서 있는 대로 고른 것은? [3점]

보기
ㄱ. 복사 에너지를 최대로 방출하는 파장은 ㉠이 ㉡의 $\dfrac{1}{5}$ 배이다.
ㄴ. 별의 반지름은 ㉠이 ㉡의 2500배이다.
ㄷ. (㉡의 겉보기 등급−㉠의 겉보기 등급) 값은 6보다 크다.

① ㄱ ② ㄴ ③ ㄷ ④ ㄱ, ㄴ ⑤ ㄴ, ㄷ

14 ☆☆☆

표는 태양과 별 (가), (나), (다)의 물리량을 나타낸 것이다. (가), (나), (다) 중 주계열성은 2개이고, (나)와 (다)의 겉보기 밝기는 같다.

별	복사 에너지를 최대로 방출하는 파장(μm)	절대 등급	반지름 (태양=1)
태양	0.50	+4.8	1
(가)	(㉠)	−0.2	2.5
(나)	0.10	( )	4
(다)	0.25	+9.8	( )

이 자료에 대한 설명으로 옳은 것만을 〈보기〉에서 있는 대로 고른 것은?

┌ 보기 ┐
ㄱ. ㉠은 0.125이다.

ㄴ. 중심핵에서의 $\dfrac{\text{p-p반응에 의한 에너지 생성량}}{\text{CNO순환 반응에 의한 에너지 생성량}}$ 은 (나)가 태양보다 작다.

ㄷ. 지구로부터의 거리는 (나)가 (다)의 1000배이다.
└──────┘

① ㄱ   ② ㄴ   ③ ㄷ   ④ ㄱ, ㄴ   ⑤ ㄴ, ㄷ

15 ☆☆☆

그림은 질량이 태양 정도인 어느 별이 원시별에서 주계열 단계 전까지 진화하는 동안의 반지름과 광도 변화를 나타낸 것이다. A, B, C는 이 원시별이 진화하는 동안의 서로 다른 시기이다.

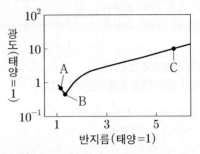

이 원시별에 대한 설명으로 옳은 것만을 〈보기〉에서 있는 대로 고른 것은? [3점]

┌ 보기 ┐
ㄱ. 평균 밀도는 C가 A보다 작다.

ㄴ. 표면 온도는 A가 B보다 낮다.

ㄷ. 중심부의 온도는 B가 C보다 높다.
└──────┘

① ㄱ   ② ㄴ   ③ ㄱ, ㄷ   ④ ㄴ, ㄷ   ⑤ ㄱ, ㄴ, ㄷ

16 ☆☆☆

그림 (가)는 H-R도에 별 ㉠, ㉡, ㉢을, (나)는 별의 분광형에 따른 흡수선의 상대적 세기를 나타낸 것이다.

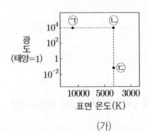
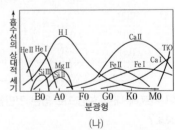

(가)   (나)

이에 대한 설명으로 옳은 것만을 〈보기〉에서 있는 대로 고른 것은?

┌ 보기 ┐
ㄱ. 반지름은 ㉠이 ㉡보다 작다.

ㄴ. 광도 계급은 ㉡과 ㉢이 같다.

ㄷ. ㉢에서는 H I 흡수선이 Ca II 흡수선보다 강하게 나타난다.
└──────┘

① ㄱ   ② ㄴ   ③ ㄱ, ㄷ   ④ ㄴ, ㄷ   ⑤ ㄱ, ㄴ, ㄷ

17 ★★☆

그림은 질량이 태양 정도인 별이 진화하는 과정에서 주계열 단계가 끝난 이후 어느 시기에 나타나는 별의 내부 구조이다.

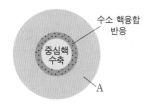

이 시기의 별에 대한 설명으로 옳은 것만을 〈보기〉에서 있는 대로 고른 것은? [3점]

─〈보기〉─
ㄱ. 중심핵의 온도는 주계열 단계일 때보다 높다.
ㄴ. 표면에서 단위 면적당 단위 시간에 방출하는 에너지양은 주계열 단계일 때보다 많다.
ㄷ. 수소 함량 비율(%)은 중심핵이 A 영역보다 높다.

① ㄱ   ② ㄴ   ③ ㄷ   ④ ㄱ, ㄴ   ⑤ ㄱ, ㄷ

18 ★★★

표는 별 ㉠, ㉡, ㉢의 표면 온도, 광도, 반지름을 나타낸 것이다. ㉠, ㉡, ㉢은 각각 주계열성, 거성, 백색 왜성 중 하나이다.

별	표면 온도(태양=1)	광도(태양=1)	반지름(태양=1)
㉠	$\sqrt{10}$	( )	0.01
㉡	( )	100	2.5
㉢	0.75	81	( )

이에 대한 설명으로 옳은 것만을 〈보기〉에서 있는 대로 고른 것은?

─〈보기〉─
ㄱ. 복사 에너지를 최대로 방출하는 파장은 ㉠이 ㉡보다 길다.
ㄴ. (㉠의 절대 등급−㉡의 절대 등급) 값은 10이다.
ㄷ. 별의 질량은 ㉡이 ㉢보다 크다.

① ㄱ   ② ㄴ   ③ ㄷ   ④ ㄱ, ㄷ   ⑤ ㄴ, ㄷ

19 ★★☆

표는 별 (가), (나), (다)의 분광형과 절대 등급을 나타낸 것이다. (가), (나), (다) 중 2개는 주계열성, 1개는 초거성이다.

별	분광형	절대 등급
(가)	G	−5
(나)	A	0
(다)	G	+5

이에 대한 설명으로 옳은 것만을 〈보기〉에서 있는 대로 고른 것은?

─〈보기〉─
ㄱ. 질량은 (다)가 (나)보다 크다.
ㄴ. 생명 가능 지대에서 액체 상태의 물이 존재할 수 있는 시간은 (다)가 (나)보다 길다.
ㄷ. 생명 가능 지대의 폭은 (다)가 (가)보다 넓다.

① ㄱ   ② ㄴ   ③ ㄱ, ㄷ   ④ ㄴ, ㄷ   ⑤ ㄱ, ㄴ, ㄷ

20 ★★☆

그림 (가)는 태양이 $A_0 \rightarrow A_1 \rightarrow A_2$로 진화하는 경로를 H-R도에 나타낸 것이고, (나)는 A_0, A_1, A_2 중 하나의 내부 구조를 나타낸 것이다.

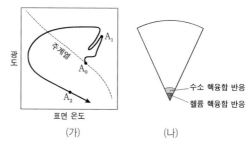

이에 대한 설명으로 옳은 것만을 〈보기〉에서 있는 대로 고른 것은? [3점]

─〈보기〉─
ㄱ. (나)는 A_0의 내부 구조이다.
ㄴ. 수소의 총 질량은 A_2가 A_0보다 작다.
ㄷ. A_0에서 A_1로 진화하는 동안 중심핵은 정역학 평형 상태를 유지한다.

① ㄱ   ② ㄴ   ③ ㄷ   ④ ㄱ, ㄴ   ⑤ ㄴ, ㄷ

21 ★★☆

| 2023학년도 6월 평가원 18번 |

표는 별 (가)~(라)의 물리량을 나타낸 것이다.

별	표면 온도(K)	절대 등급	반지름 (×10⁶ km)
(가)	6000	+3.8	1
(나)	12000	−1.2	㉠
(다)	( )	−6.2	100
(라)	3000	( )	4

이에 대한 설명으로 옳은 것은?

① ㉠은 25이다.
② (가)의 분광형은 M형에 해당한다.
③ 복사 에너지를 최대로 방출하는 파장은 (다)가 (가)보다 길다.
④ 단위 시간당 방출하는 복사 에너지양은 (나)가 (라)보다 많다.
⑤ (가)와 같은 별 10000개로 구성된 성단의 절대 등급은 (라)의 절대 등급과 같다.

22 ★★☆

| 2022학년도 수능 13번 |

표는 별 (가), (나), (다)의 분광형, 반지름, 광도를 나타낸 것이다.

별	분광형	반지름 (태양 = 1)	광도 (태양 = 1)
(가)	( )	10	10
(나)	A0	5	( )
(다)	A0	( )	10

(가), (나), (다)에 대한 설명으로 옳은 것만을 〈보기〉에서 있는 대로 고른 것은? [3점]

┌ 보기 ┐
ㄱ. 복사 에너지를 최대로 방출하는 파장은 (가)가 가장 짧다.
ㄴ. 절대 등급은 (나)가 가장 작다.
ㄷ. 반지름은 (다)가 가장 크다.

① ㄱ   ② ㄴ   ③ ㄷ   ④ ㄱ, ㄴ   ⑤ ㄴ, ㄷ

23 ★★★

| 2022학년도 수능 18번 |

그림은 별 A와 B가 주계열 단계가 끝난 직후부터 진화하는 동안의 반지름과 표면 온도 변화를 나타낸 것이다. A와 B의 질량은 각각 태양 질량의 1배와 6배 중 하나이다.

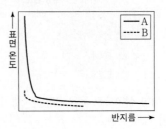

이 자료에 대한 설명으로 옳은 것만을 〈보기〉에서 있는 대로 고른 것은? [3점]

┌ 보기 ┐
ㄱ. 진화 속도는 A가 B보다 빠르다.
ㄴ. 절대 등급의 변화 폭은 A가 B보다 크다.
ㄷ. 주계열 단계일 때, 대류가 일어나는 영역의 평균 온도는 A가 B보다 높다.

① ㄱ   ② ㄴ   ③ ㄱ, ㄷ   ④ ㄴ, ㄷ   ⑤ ㄱ, ㄴ, ㄷ

24 ★☆☆

| 2022학년도 9월 평가원 11번 |

그림은 주계열성 ㉠, ㉡, ㉢의 반지름과 표면 온도를 나타낸 것이다.

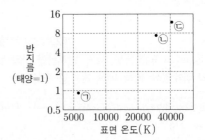

이에 대한 설명으로 옳은 것만을 〈보기〉에서 있는 대로 고른 것은? [3점]

┌ 보기 ┐
ㄱ. ㉠이 주계열 단계를 벗어나면 중심핵에서 CNO 순환 반응이 일어난다.
ㄴ. ㉡의 중심핵에서는 주로 대류에 의해 에너지가 전달된다.
ㄷ. ㉢은 백색 왜성으로 진화한다.

① ㄱ   ② ㄴ   ③ ㄷ   ④ ㄱ, ㄴ   ⑤ ㄴ, ㄷ

25 ★☆☆
| 2022학년도 9월 평가원 14번 |

표는 여러 별들의 절대 등급을 분광형과 광도 계급에 따라 구분하여 나타낸 것이다. (가), (나), (다)는 광도 계급 Ⅰb(초거성), Ⅲ(거성), Ⅴ(주계열성)를 순서 없이 나타낸 것이다.

분광형 \ 광도 계급	(가)	(나)	(다)
B0	−4.1	−5.0	−6.2
A0	+0.6	−0.6	−4.9
G0	+4.4	+0.6	−4.5
M0	+9.2	−0.4	−4.5

이 자료에 대한 설명으로 옳은 것만을 〈보기〉에서 있는 대로 고른 것은?

보기
ㄱ. (가)는 Ⅴ(주계열성)이다.
ㄴ. (나)에서 광도가 가장 작은 별의 표면 온도가 가장 낮다.
ㄷ. (다)에서 별의 반지름은 G0인 별이 M0인 별보다 작다.

① ㄱ ② ㄴ ③ ㄷ ④ ㄱ, ㄴ ⑤ ㄱ, ㄷ

26 ★★☆
| 2022학년도 6월 평가원 7번 |

그림 (가)는 질량이 태양과 같은 주계열성의 내부 구조를, (나)는 이 별의 진화 과정을 나타낸 것이다. A와 B는 각각 대류층과 복사층 중 하나이다.

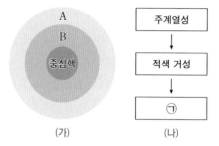

(가)   (나)

이에 대한 설명으로 옳은 것만을 〈보기〉에서 있는 대로 고른 것은?

보기
ㄱ. 복사층은 B이다.
ㄴ. 적색 거성의 중심핵에서는 주로 양성자·양성자 반응(p−p 반응)이 일어난다.
ㄷ. ⊙ 단계의 별 내부에서는 철보다 무거운 원소가 생성된다.

① ㄱ ② ㄴ ③ ㄱ, ㄷ ④ ㄴ, ㄷ ⑤ ㄱ, ㄴ, ㄷ

27 ★★☆
| 2022학년도 6월 평가원 14번 |

그림은 분광형이 서로 다른 별 (가), (나), (다)가 방출하는 복사 에너지의 상대적 세기를 파장에 따라 나타낸 것이다. (가)의 분광형은 O형이고, (나)와 (다)는 각각 A형과 G형 중 하나이다.

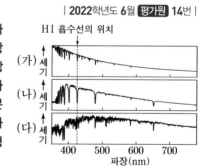

이 자료에 대한 설명으로 옳은 것만을 〈보기〉에서 있는 대로 고른 것은? [3점]

보기
ㄱ. HⅠ 흡수선의 세기는 (가)가 (나)보다 강하게 나타난다.
ㄴ. 복사 에너지를 최대로 방출하는 파장은 (나)가 (다)보다 길다.
ㄷ. 표면 온도는 (나)가 태양보다 높다.

① ㄱ ② ㄴ ③ ㄷ ④ ㄱ, ㄴ ⑤ ㄴ, ㄷ

28 ☆☆☆ | 2022학년도 6월 평가원 17번 |

그림 (가)는 별의 질량에 따라 주계열 단계에 도달하였을 때의 광도와 이 단계에 머무는 시간을, (나)는 주계열성을 H − R도에 나타낸 것이다. A와 B는 각각 광도와 시간 중 하나이다.

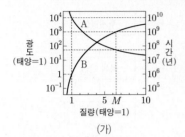
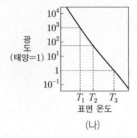

이 자료에 대한 설명으로 옳은 것만을 〈보기〉에서 있는 대로 고른 것은? [3점]

┌─ 보기 ┐
ㄱ. B는 광도이다.
ㄴ. 질량이 M인 별의 표면 온도는 T_2이다.
ㄷ. 표면 온도가 T_3인 별은 T_1인 별보다 주계열 단계에 머무는 시간이 100배 이상 길다.
└──────┘

① ㄱ ② ㄴ ③ ㄱ, ㄷ ④ ㄴ, ㄷ ⑤ ㄱ, ㄴ, ㄷ

29 ☆☆☆ | 2022학년도 6월 평가원 19번 |

그림은 우주의 나이가 38만 년일 때 A와 B의 위치에서 출발한 우주 배경 복사를 우리은하에서 관측하는 상황을 가정하여 나타낸 것이다. (가)와 (나)는 우주의 나이가 각각 138억 년과 60억 년일 때이다.

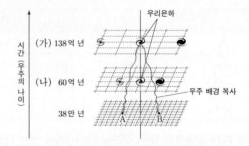

이에 대한 설명으로 옳은 것만을 〈보기〉에서 있는 대로 고른 것은? [3점]

┌─ 보기 ┐
ㄱ. A와 B로부터 출발한 우주 배경 복사의 온도가 (가)에서 거의 같게 측정되는 것은 우주의 급팽창으로 설명된다.
ㄴ. (나)에서 측정되는 우주 배경 복사의 온도는 2.7 K보다 높다.
ㄷ. A에서 출발한 우주 배경 복사는 (나)의 우리은하에 도달한다.
└──────┘

① ㄱ ② ㄷ ③ ㄱ, ㄴ ④ ㄴ, ㄷ ⑤ ㄱ, ㄴ, ㄷ

30 | 2021학년도 수능 9번 |

표는 별 (가), (나), (다)의 분광형과 절대 등급을 나타낸 것이다.

별	분광형	절대 등급
(가)	G	0.0
(나)	A	+1.0
(다)	K	+8.0

(가), (나), (다)에 대한 설명으로 옳은 것만을 〈보기〉에서 있는 대로 고른 것은? [3점]

┌─ 보기 ┐
ㄱ. (가)의 중심핵에서는 주로 양성자 · 양성자 반응(p − p 반응)이 일어난다.
ㄴ. 단위 면적당 단위 시간에 방출하는 에너지양은 (나)가 가장 많다.
ㄷ. (다)의 중심핵 내부에서는 주로 대류에 의해 에너지가 전달된다.
└──────┘

① ㄱ ② ㄴ ③ ㄷ ④ ㄱ, ㄴ ⑤ ㄴ, ㄷ

31 ★★☆
| 2021학년도 수능 14번 |

그림은 별 A, B, C의 반지름과 절대 등급을 나타낸 것이다. A, B, C는 각각 초거성, 거성, 주계열성 중 하나이다.

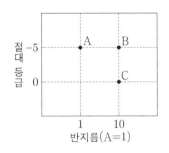

A, B, C에 대한 설명으로 옳은 것만을 〈보기〉에서 있는 대로 고른 것은? [3점]

┌─ 보기 ──────────────────────────┐
ㄱ. 표면 온도는 A가 B의 $\sqrt{10}$배이다.
ㄴ. 복사 에너지를 최대로 방출하는 파장은 B가 C보다 길다.
ㄷ. 광도 계급이 V인 것은 C이다.
└──────────────────────────────┘

① ㄱ　　② ㄴ　　③ ㄷ　　④ ㄱ, ㄷ　　⑤ ㄴ, ㄷ

32 ★★★
| 2021학년도 수능 16번 |

그림은 주계열성 A와 B가 각각 A′와 B′로 진화하는 경로를 H-R도에 나타낸 것이다. B는 태양이다.

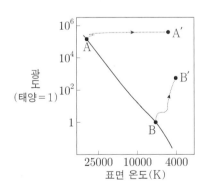

이에 대한 설명으로 옳은 것만을 〈보기〉에서 있는 대로 고른 것은?

┌─ 보기 ──────────────────────────┐
ㄱ. A가 A′로 진화하는 데 걸리는 시간은 B가 B′로 진화하는 데 걸리는 시간보다 짧다.
ㄴ. B와 B′의 중심핵은 모두 탄소를 포함한다.
ㄷ. A는 B보다 최종 진화 단계에서의 밀도가 크다.
└──────────────────────────────┘

① ㄱ　　② ㄷ　　③ ㄱ, ㄴ　　④ ㄴ, ㄷ　　⑤ ㄱ, ㄴ, ㄷ

33 ★☆☆
| 2021학년도 9월 평가원 3번 |

그림은 분광형과 광도를 기준으로 한 H-R도이고, 표의 (가), (나), (다)는 각각 H-R도에 분류된 별의 집단 ㉠, ㉡, ㉢의 특징 중 하나이다.

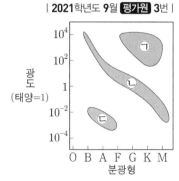

구분	특징
(가)	별이 일생의 대부분을 보내는 단계로, 정역학 평형 상태에 놓여 별의 크기가 거의 일정하게 유지된다.
(나)	주계열을 벗어난 단계로, 핵융합 반응을 통해 무거운 원소들이 만들어진다.
(다)	태양과 질량이 비슷한 별의 최종 진화 단계로, 별의 바깥층 물질이 우주로 방출된 후 중심핵만 남는다.

(가), (나), (다)에 해당하는 별의 집단으로 옳은 것은?

	(가)	(나)	(다)
①	㉠	㉡	㉢
②	㉡	㉠	㉢
③	㉡	㉢	㉠
④	㉢	㉠	㉡
⑤	㉢	㉡	㉠

34 ★★☆
| 2021학년도 9월 평가원 11번 |

그림 (가)의 A와 B는 분광형이 G2인 주계열성의 중심으로부터 표면까지 거리에 따른 수소 함량 비율과 온도를 순서 없이 나타낸 것이고, ㉠과 ㉡은 에너지 전달 방식이 다른 구간을 표시한 것이다. (나)는 별의 중심 온도에 따른 p-p 반응과 CNO 순환 반응의 상대적 에너지 생산량을 비교한 것이다.

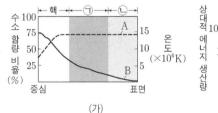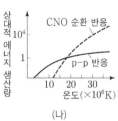

이에 대한 설명으로 옳은 것만을 〈보기〉에서 있는 대로 고른 것은?

┌─ 보기 ──────────────────────────┐
ㄱ. A는 온도이다.
ㄴ. (가)의 핵에서는 CNO 순환 반응보다 p-p 반응에 의해 생성되는 에너지의 양이 많다.
ㄷ. 대류층에 해당하는 것은 ㉡이다.
└──────────────────────────────┘

① ㄱ　　② ㄴ　　③ ㄱ, ㄷ　　④ ㄴ, ㄷ　　⑤ ㄱ, ㄴ, ㄷ

35 ★★☆

| 2021학년도 9월 평가원 15번 |

그림은 별의 스펙트럼에 나타난 흡수선의 상대적 세기를 온도에 따라 나타낸 것이고, 표는 별 A, B, C의 물리량과 특징을 나타낸 것이다.

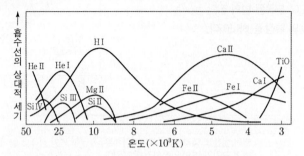

별	표면 온도(K)	절대 등급	특징
A	( )	11.0	별의 색깔은 흰색이다.
B	3500	( )	반지름이 C의 100배이다.
C	6000	6.0	( )

이에 대한 설명으로 옳은 것은?

① 반지름은 A가 C보다 크다.
② B의 절대 등급은 −4.0보다 크다.
③ 세 별 중 Fe I 흡수선은 A에서 가장 강하다.
④ 단위 시간당 방출하는 복사 에너지양은 C가 B보다 많다.
⑤ C에서는 Fe II 흡수선이 Ca II 흡수선보다 강하게 나타난다.

36 ★★☆

| 2021학년도 6월 평가원 3번 |

그림은 별의 분광형에 따른 흡수선의 상대적 세기를 나타낸 것이다.

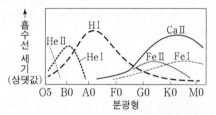

이 자료에 대한 설명으로 옳은 것만을 〈보기〉에서 있는 대로 고른 것은? [3점]

> **보기**
> ㄱ. 흰색 별에서 H I 흡수선이 Ca II 흡수선보다 강하게 나타난다.
> ㄴ. 주계열에서 B0형보다 표면 온도가 높은 별일수록 H I 흡수선의 세기가 강해진다.
> ㄷ. 태양과 광도가 같고 반지름이 작은 별의 Ca II 흡수선은 G2형 별보다 강하게 나타난다.

① ㄱ   ② ㄴ   ③ ㄱ, ㄷ   ④ ㄴ, ㄷ   ⑤ ㄱ, ㄴ, ㄷ

37 ★★★

| 2021학년도 6월 평가원 12번 |

표는 질량이 서로 다른 별 A~D의 물리적 성질을, 그림은 별 A와 D를 H−R도에 나타낸 것이다. $L_\odot$는 태양 광도이다.

별	표면 온도 (K)	광도 ($L_\odot$)
A	( )	( )
B	3500	100000
C	20000	10000
D	( )	( )

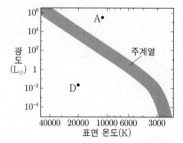

이 자료에 대한 설명으로 옳은 것만을 〈보기〉에서 있는 대로 고른 것은? [3점]

> **보기**
> ㄱ. A와 B는 적색 거성이다.
> ㄴ. 반지름은 B > C > D이다.
> ㄷ. C의 나이는 태양보다 적다.

① ㄱ   ② ㄷ   ③ ㄱ, ㄴ   ④ ㄴ, ㄷ   ⑤ ㄱ, ㄴ, ㄷ

38 ★★☆

| 2021학년도 6월 평가원 19번 |

그림 (가)와 (나)는 주계열에 속한 별 A와 B에서 우세하게 일어나는 핵융합 반응을 각각 나타낸 것이다.

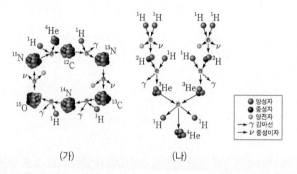

이에 대한 설명으로 옳은 것만을 〈보기〉에서 있는 대로 고른 것은?

> **보기**
> ㄱ. 별의 내부 온도는 A가 B보다 높다.
> ㄴ. (가)에서 ^{12}C는 촉매이다.
> ㄷ. (가)와 (나)에 의해 별의 질량은 감소한다.

① ㄱ   ② ㄷ   ③ ㄱ, ㄷ   ④ ㄴ, ㄷ   ⑤ ㄱ, ㄴ, ㄷ

03

외계 생명체 탐사

2026학년도 수능 출제 예측

2025학년도
수능, 평가원
분석

수능에서는 질량이 서로 다른 두 주계열성의 생명 가능 지대를 별의 나이에 따라 나타낸 자료를 해석하여 생명 가능 지대의 특징을 파악하는 문제가 출제되었다. 9월 평가원에서는 중심별로부터 단위 시간당 단위 면적에서 받는 복사 에너지와 중심별의 광도 자료로부터 생명 가능 지대의 특징을 묻는 문제가 출제되었다. 6월 평가원에서는 시간에 따른 생명 가능 지대의 변화에 대한 문제가 출제되었다.

2026학년도
수능 예측

외계 생명체 탐사와 관련해서는 2015 개정 교육과정 이후 평가원에서는 출제되지 않았지만 2022학년도부터는 매년 한 문제씩 출제되고 있다. 별의 물리량과 생명 가능 지대의 관계를 파악하는 문제가 출제될 수 있다.

1 ☆☆☆

| 2025학년도 수능 10번 |

그림 (가)와 (나)는 주계열성 A와 B의 생명 가능 지대를 별의 나이에 따라 나타낸 것이다. 행성 a는 A를, 행성 b는 B를 각각 공전하고, a와 b는 중심별로부터 같은 거리에 위치한다.

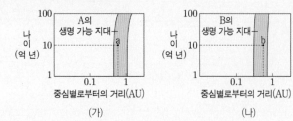

(가)   (나)

이 자료에 대한 설명으로 옳은 것만을 〈보기〉에서 있는 대로 고른 것은? [3점]

---보기---

ㄱ. 질량은 A가 B보다 크다.

ㄴ. 10억 년일 때, 행성이 중심별로부터 단위 시간당 단위 면적에서 받는 복사 에너지양은 a와 b가 같다.

ㄷ. A의 생명 가능 지대의 폭은 1억 년일 때와 100억 년일 때가 같다.

① ㄱ   ② ㄴ   ③ ㄷ   ④ ㄱ, ㄴ   ⑤ ㄱ, ㄷ

2 ☆☆☆

| 2025학년도 9월 평가원 9번 |

그림은 서로 다른 외계 행성계에 위치한 행성 A~D가 중심별로부터 단위 시간당 단위 면적에서 받는 복사 에너지(S)와 중심별의 광도(L)를 나타낸 것이다.

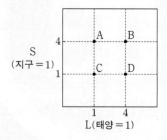

이 자료에 대한 설명으로 옳은 것만을 〈보기〉에서 있는 대로 고른 것은?

---보기---

ㄱ. 액체 상태의 물이 존재할 가능성은 A가 D보다 높다.

ㄴ. 생명 가능 지대의 폭은 B의 중심별이 C의 중심별보다 넓다.

ㄷ. 중심별의 중심으로부터의 거리는 C가 D보다 멀다.

① ㄱ   ② ㄴ   ③ ㄷ   ④ ㄱ, ㄷ   ⑤ ㄴ, ㄷ

3 ☆☆☆

| 2025학년도 6월 평가원 3번 |

그림은 태양으로부터 생명 가능 지대가 나타나기 시작하는 거리를 시간에 따라 나타낸 것이다.

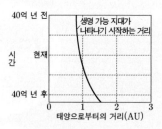

현재와 비교할 때, 40억 년 후에 대한 설명으로 옳은 것만을 〈보기〉에서 있는 대로 고른 것은?

---보기---

ㄱ. 태양의 광도는 작아진다.

ㄴ. 생명 가능 지대의 폭은 넓어진다.

ㄷ. 태양으로부터 1 AU 거리에서 물이 액체 상태로 존재할 가능성은 높아진다.

① ㄱ   ② ㄴ   ③ ㄷ   ④ ㄱ, ㄴ   ⑤ ㄱ, ㄷ

4 ☆☆☆

다음은 생명 가능 지대에 대하여 학생 A, B, C가 나눈 대화를 나타낸 것이다.

생명 가능 지대에 위치한 행성에는 물이 액체 상태로 존재할 가능성이 있어. — 학생 A

중심별의 광도가 클수록 중심별로부터 생명 가능 지대까지의 거리는 멀어져. — 학생 B

중심별의 광도가 클수록 생명 가능 지대의 폭은 좁아져. — 학생 C

제시한 내용이 옳은 학생만을 있는 대로 고른 것은?

① A   ② B   ③ C   ④ A, B   ⑤ A, C

5 ☆☆☆

그림은 어느 별의 시간에 따른 생명 가능 지대의 범위를 나타낸 것이다. 이 별은 현재 주계열성이다.

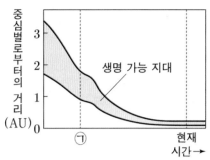

이 자료에 대한 설명으로 옳은 것만을 〈보기〉에서 있는 대로 고른 것은? [3점]

┌ 보기 ┐
ㄱ. 이 별의 광도는 ㉠ 시기가 현재보다 작다.
ㄴ. 현재 중심별에서 생명 가능 지대까지의 거리는 이 별이 태양보다 가깝다.
ㄷ. 현재 표면에서 단위 면적당 단위 시간에 방출하는 에너지 양은 이 별이 태양보다 적다.
└─────┘

① ㄱ   ② ㄴ   ③ ㄱ, ㄷ   ④ ㄴ, ㄷ   ⑤ ㄱ, ㄴ, ㄷ

6 ★☆☆

| 2023학년도 수능 5번 |

표는 주계열성 A와 B의 질량, 생명 가능 지대에 위치한 행성의 공전 궤도 반지름, 생명 가능 지대의 폭을 나타낸 것이다.

주계열성	질량 (태양=1)	행성의 공전 궤도 반지름(AU)	생명 가능 지대의 폭(AU)
A	5	(㉠)	(㉢)
B	0.5	(㉡)	(㉣)

이에 대한 설명으로 옳은 것만을 〈보기〉에서 있는 대로 고른 것은?

〈보기〉
ㄱ. 광도는 A가 B보다 크다.
ㄴ. ㉠은 ㉡보다 크다.
ㄷ. ㉢은 ㉣보다 크다.

① ㄱ ② ㄷ ③ ㄱ, ㄴ ④ ㄴ, ㄷ ⑤ ㄱ, ㄴ, ㄷ

7 ★★★

| 2023학년도 9월 평가원 18번 |

그림 (가)는 중심별이 주계열성인 어느 외계 행성계의 생명 가능 지대와 행성의 공전 궤도를, (나)는 (가)의 행성이 식 현상을 일으킬 때 중심별의 상대적 밝기 변화를 시간에 따라 나타낸 것이다.

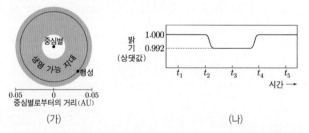

(가)   (나)

이 자료에 대한 설명으로 옳은 것만을 〈보기〉에서 있는 대로 고른 것은? (단, 중심별의 시선 속도 변화는 행성과의 공통 질량 중심에 대한 공전에 의해서만 나타나고, 행성은 원 궤도를 따라 공전하며, 행성의 공전 궤도면은 관측자의 시선 방향과 나란하다.) [3점]

〈보기〉
ㄱ. 생명 가능 지대의 폭은 이 외계 행성계가 태양계보다 좁다.
ㄴ. $\dfrac{\text{행성의 반지름}}{\text{중심별의 반지름}}$ 은 $\dfrac{1}{125}$ 이다.
ㄷ. 중심별의 흡수선 파장은 t_2가 t_1보다 짧다.

① ㄱ ② ㄴ ③ ㄷ ④ ㄱ, ㄴ ⑤ ㄱ, ㄷ

8 ★★★

| 2022학년도 수능 11번 |

그림은 별 A, B, C를 H-R도에 나타낸 것이다.

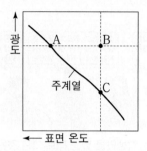

이에 대한 설명으로 옳은 것만을 〈보기〉에서 있는 대로 고른 것은?

〈보기〉
ㄱ. 별의 중심으로부터 생명 가능 지대까지의 거리는 A와 B가 같다.
ㄴ. 생명 가능 지대의 폭은 B가 C보다 넓다.
ㄷ. 생명 가능 지대에 위치하는 행성에서 액체 상태의 물이 존재할 수 있는 시간은 C가 A보다 길다.

① ㄱ ② ㄴ ③ ㄱ, ㄷ ④ ㄴ, ㄷ ⑤ ㄱ, ㄴ, ㄷ

9 ★☆☆

| 2022학년도 9월 평가원 6번 |

표는 서로 다른 외계 행성계에 속한 행성 (가)와 (나)에 대한 물리량을 나타낸 것이다. (가)와 (나)는 생명 가능 지대에 위치하고, 각각의 중심별은 주계열성이다.

외계 행성	중심별의 광도 (태양=1)	중심별로부터의 거리(AU)	단위 시간당 단위 면적이 받는 복사 에너지양(지구=1)
(가)	0.0005	㉠	1
(나)	1.2	1	㉡

이 자료에 대한 설명으로 옳은 것만을 〈보기〉에서 있는 대로 고른 것은?

〈보기〉
ㄱ. ㉠은 1보다 작다.
ㄴ. ㉡은 1보다 작다.
ㄷ. 생명 가능 지대의 폭은 (나)의 중심별이 (가)의 중심별보다 좁다.

① ㄱ ② ㄷ ③ ㄱ, ㄴ ④ ㄴ, ㄷ ⑤ ㄱ, ㄴ, ㄷ

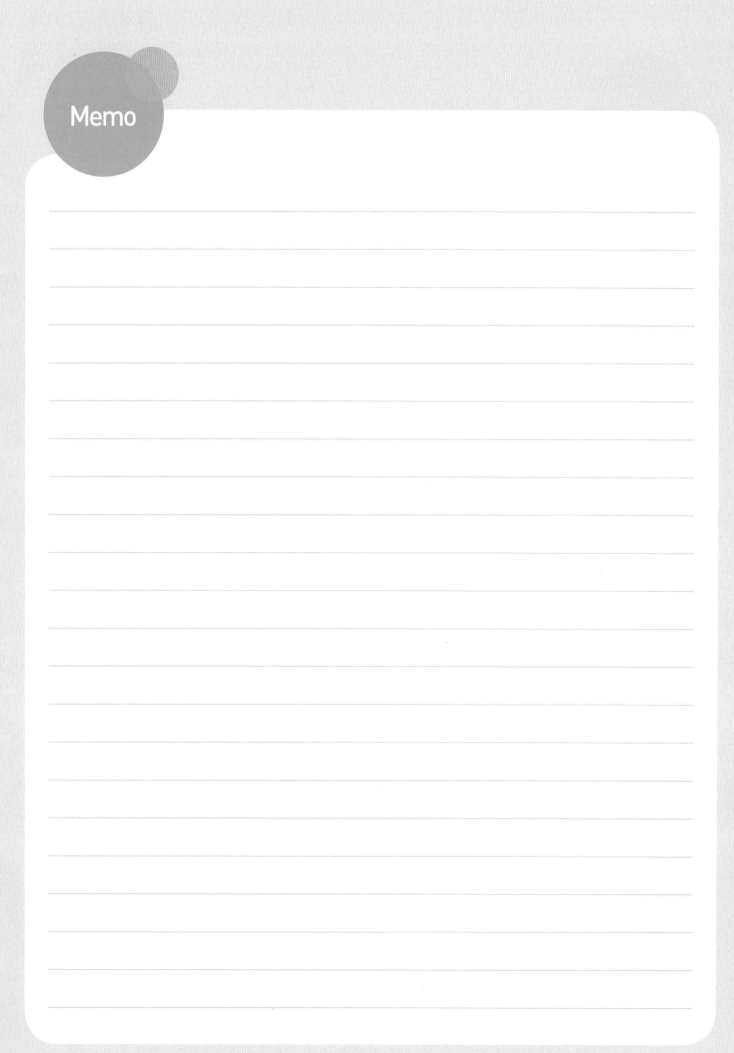

Memo

Memo

Memo

Memo

Memo

Memo

빠른 정답 찾기 수능 기출의 바이블 | 지구과학 I

❶권 문제편 Part I 교육청 기출

I. 고체 지구

01 판 구조론의 정립
01③ 02⑤ 03⑤ 04① 05① 06② 07③ 08⑤ 09⑤ 10⑤
11③ 12③ 13⑤ 14④ 15④ 16① 17⑤ 18②

03 변동대와 마그마 활동
01① 02② 03③ 04① 05① 06① 07① 08① 09② 10②
11④ 12③ 13③ 14③

04 퇴적암과 지질 구조
01③ 02⑤ 03⑤ 04③ 05⑤ 06② 07⑤ 08⑤ 09③ 10①
11② 12③ 13② 14④ 15⑤

05 지구의 역사
01⑤ 02④ 03④ 04④ 05① 06④ 07① 08③ 09④ 10①
11② 12④ 13④ 14④ 15③ 16③ 17① 18③ 19② 20③
21① 22③ 23⑤ 24④ 25② 26③ 27③ 28⑤ 29⑤ 30④
31① 32① 33③ 34① 35③ 36③

II. 대기와 해양

01 기압과 날씨 변화
01② 02① 03② 04⑤ 05⑤ 06④ 07④ 08③ 09① 10③
11② 12① 13④ 14⑤ 15②

02 태풍과 주요 악기상
01② 02⑤ 03⑤ 04⑤ 05② 06① 07① 08④ 09⑤ 10②
11① 12① 13① 14① 15① 16① 17① 18① 19③ 20④
21④ 22②

03 해수의 성질
01④ 02② 03① 04① 05③ 06② 07③ 08② 09② 10④
11② 12① 13①

04 해수의 순환
01① 02⑤ 03③ 04④ 05③ 06③ 07⑤ 08⑤ 09④ 10①
11① 12① 13④ 14⑤ 15② 16③ 17① 18④ 19③ 20⑤
21① 22② 23④ 24② 25④ 26① 27⑤ 28③ 29③ 30③
31⑤

III. 우주

01 별의 물리량과 진화
01③ 02① 03① 04④ 05⑤ 06② 07② 08④ 09② 10④
11① 12② 13③ 14② 15③ 16③ 17③ 18① 19① 20⑤
21③ 22② 23④ 24③ 25⑤ 26④ 27④ 28⑤ 29③ 30④
31② 32④ 33④ 34② 35① 36⑤ 37⑤ 38③ 39④ 40④
41① 42⑤ 43② 44⑤ 45② 46④

03 외계 생명체 탐사
01③ 02② 03② 04③ 05④ 06② 07② 08① 09① 10⑤

❶권 문제편 Part II 수능 평가원 기출

I. 고체 지구

01 판 구조론의 정립
01③ 02① 03⑤ 04② 05⑤ 06② 07⑤ 08④ 09⑤ 10③
11① 12③ 13③

03 변동대와 마그마 활동
01④ 02④ 03④ 04③ 05③ 06④ 07④ 08② 09⑤ 10④
11③ 12③ 13① 14④ 15①

04 퇴적암과 지질 구조
01④ 02④ 03④ 04⑤ 05⑤ 06③ 07④ 08① 09③ 10⑤
11③ 12③ 13③ 14③ 15⑤

05 지구의 역사
01② 02⑤ 03③ 04⑤ 05② 06③ 07③ 08③ 09④ 10④
11④ 12④ 13④ 14⑤ 15④ 16② 17③ 18③ 19① 20⑤
21⑤ 22④ 23④ 24① 25④ 26④ 27③ 28③ 29① 30②

II. 대기와 해양

01 기압과 날씨 변화
01② 02② 03③ 04④ 05② 06④ 07③ 08③ 09④ 10③
11③ 12④ 13⑤ 14② 15⑤

02 태풍과 주요 악기상
01② 02③ 03④ 04② 05① 06⑤ 07② 08③ 09② 10①
11④ 12① 13① 14② 15② 16⑤ 17④ 18② 19④ 20②

03 해수의 성질
01⑤ 02④ 03① 04① 05③ 06① 07① 08④ 09② 10⑤
11③ 12① 13① 14⑤ 15② 16① 17⑤

04 해수의 순환
01① 02③ 03③ 04⑤ 05⑤ 06⑤ 07④ 08② 09① 10③
11② 12① 13⑤ 14① 15① 16⑤ 17③ 18④ 19① 20⑤
21④

III. 우주

01 별의 물리량과 진화
01⑤ 02② 03③ 04⑤ 05① 06① 07⑤ 08② 09⑤ 10②
11① 12③ 13⑤ 14⑤ 15③ 16① 17① 18⑤ 19② 20②
21④ 22② 23③ 24② 25⑤ 26① 27③ 28③ 29③ 30②
31① 32⑤ 33② 34④ 35② 36① 37④ 38⑤

03 외계 생명체 탐사
01① 02① 03② 04② 05④ 06⑤ 07⑤ 08⑤ 09①

기출의 바이블

지구과학I

1권 | 문제편

문제편

· 기본 개념 정리, 실전 자료 분석
· 교육청+평가원 문항 수록

정답 및 해설편

· 선택지 비율, 자료 해석, 보기 풀이, 매력적 오답, 문제풀이 Tip 등의 다양한 요소를 통한 완벽 해설
· 문항 해설을 한눈에 확인할 수 있는 자세한 첨삭 제공

고난도편

· 교육청+평가원 고난도 주제 및 문항만을 선별하여 수록
· 고난도 문항 해설을 한눈에 확인할 수 있는 자세한 첨삭 제공

가르치기 쉽고 빠르게 배울 수 있는 **이투스북**

www.etoosbook.com

○ **도서 내용 문의**
홈페이지 > 이투스북 고객센터 > 1:1 문의

○ **도서 정답 및 해설**
홈페이지 > 도서자료실 > 정답/해설

○ **도서 정오표**
홈페이지 > 도서자료실 > 정오표

○ **선생님을 위한 강의 지원 서비스 T폴더**
홈페이지 > 교강사 T폴더

2026
학년도

필수 문항
첨삭 해설 제공

지구과학 I

기출의 바이블

2권

정답 및 해설편

이투스북

기출의

바이블

Bible of Science

기출의 바이블

2권 정답 및 해설편

01 판 구조론의 정립

1 판 구조론의 정립 과정

2024년 3월 교육청 1번 | 정답 ③ | 문제편 10p

출제 의도 판 구조론이 정립되는 과정에서 등장한 이론의 내용을 파악하는 문항이다.

다음은 판 구조론이 정립되는 과정에서 제시된 일부 자료를 보고 학생 A, B, C가 나눈 대화를 나타낸 것이다.

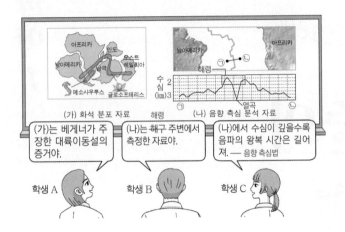

(가) 화석 분포 자료
(나) 음향 측심 분석 자료

학생 A: (가)는 베게너가 주장한 대륙이동설의 증거야.

학생 B: (나)는 해구 주변에서 측정한 자료야.

학생 C: (나)에서 수심이 깊을수록 음파의 왕복 시간은 길어져. ― 음향 측심법

제시한 내용이 옳은 학생만을 있는 대로 고른 것은?

① A ② B ③ A, C ④ B, C ⑤ A, B, C

✓ 자료 해석

- (가) 화석 분포 자료: 메소사우루스, 글로소프테리스와 같은 고생물의 화석이 멀리 떨어진 여러 대륙에서 발견되는 것은 과거에 대륙이 하나로 모여 있다가 분리되어 이동하였기 때문이다. ➡ 대륙 이동설의 증거
- (나) 음향 측심 분석 자료: 남아메리카 대륙과 아프리카 대륙 사이에는 대서양 중앙 해령이 분포하는데, 해령 중심부에 수심이 깊은 열곡이 발달해 있고, 해령에서 양쪽으로 멀어질수록 수심이 깊어진다. ➡ 해양저 확장설의 증거

○ **보기 풀이** 학생 A. 같은 종의 고생물 화석이 여러 대륙에서 발견되는 현상은 과거에 대륙이 하나로 모여 있었다고 하면 잘 설명된다. 고생물 화석 분포는 베게너가 주장한 대륙 이동설의 증거 중 하나이다.

학생 C. 음향 측심법은 해양 관측선에서 음파를 발사해서 음파가 해저면에 반사되어 되돌아오는 데 걸리는 시간을 측정하여 수심을 구하는 방법으로, 수심은 $\left(\frac{1}{2} \times 음파의\ 속도 \times 음파의\ 왕복\ 시간 \right)$ 으로 구할 수 있다. 따라서 수심이 깊을수록 음파의 왕복 시간은 길어진다.

✗ **매력적 오답** 학생 B. (나)는 ㉠―㉡ 사이에 수심이 깊은 열곡이 분포하고, 열곡을 중심으로 수심 분포가 대체로 대칭적으로 나타나므로, 해령 주변에서 측정한 자료이다.

문제풀이 **Tip**

음향 측심 자료에서 열곡 주변에 수심이 얕은 곳이 분포하고 열곡을 중심으로 수심이 대칭적인 형태로 나타나면 해령 부근의 측정 자료이고, 수심이 약 6000 m보다 깊은 곳이 분포하면 해구의 측정 자료임을 구분할 수 있어야 한다.

2 판 구조론의 정립 과정

출제 의도 판 구조론의 정립 과정에서 등장한 대륙 이동설과 해양저 확장설의 내용과 뒷받침할 수 있는 증거를 이해하는 문항이다.

그림은 어느 학생이 생성형 인공 지능 서비스를 이용해 대륙 이동설과 해양저 확장설에 대해 검색한 결과의 일부이다.

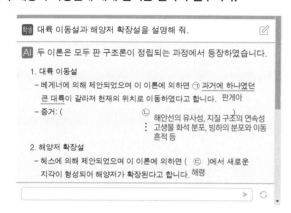

학생 대륙 이동설과 해양저 확장설을 설명해 줘.

AI 두 이론은 모두 판 구조론이 정립되는 과정에서 등장하였습니다.

1. 대륙 이동설
  – 베게너에 의해 제안되었으며 이 이론에 의하면 ㉠ 과거에 하나였던 큰 대륙이 갈라져 현재의 위치로 이동하였다고 합니다. 판게아
  – 증거: (㉡ 해안선의 유사성, 지질 구조의 연속성 고생물 화석 분포, 빙하의 분포와 이동 흔적 등

2. 해양저 확장설
  – 헤스에 의해 제안되었으며 이 이론에 의하면 (㉢)에서 새로운 지각이 형성되어 해양저가 확장된다고 합니다. 해령

이에 대한 옳은 설명만을 〈보기〉에서 있는 대로 고른 것은?

보기
ㄱ. ㉠은 판게아이다.
ㄴ. '같은 종류의 화석이 멀리 떨어진 여러 대륙에서 발견된다'는 ㉡에 해당한다.
ㄷ. '해령'은 ㉢에 해당한다.

① ㄱ ② ㄷ ③ ㄱ, ㄴ ④ ㄴ, ㄷ ⑤ ㄱ, ㄴ, ㄷ

✔ 자료 해석

• 대륙 이동설은 과거에 하나로 모여 있던 초대륙 판게아가 갈라지고 이동하여 현재의 수륙 분포를 이루게 되었다고 주장한 학설이다.
• 해양저 확장설은 해령에서 새로운 해양 지각이 생성되고 해령을 축으로 하여 해양저가 확장되면서 해저 고지자기 줄무늬가 대칭으로 나타난다는 이론이다. 이에 따라 해령에서 멀어질수록 해저 퇴적물의 나이가 많아지고 두께가 두꺼워진다.

○ 보기 풀이 ㄱ. 베게너가 대륙 이동설에서 설명하였던 초대륙은 판게아이다.
ㄴ. 대륙 이동설의 증거로는 대서양 양쪽 대륙 해안선 굴곡의 유사성, 여러 대륙에서 발견되는 고생물 화석, 고생대 말 빙하 퇴적층의 분포와 빙하 이동 흔적, 지질 구조의 연속성 등이 있다. 따라서 '같은 종류의 화석이 멀리 떨어진 여러 대륙에서 발견된다'는 ㉡에 해당한다.
ㄷ. 해양저 확장설에서는 해령에서 새로운 해양 지각이 생성되고, 해령을 축으로 하여 해양 지각이 양쪽으로 확장된다는 이론이다. 따라서 '해령'은 ㉢에 해당한다.

문제풀이 Tip
대륙 이동설과 해양저 확장설의 내용과 증거를 묻는 문항이 자주 출제되므로, 각 이론을 주장한 학자, 내용, 증거, 등장한 순서 등에 대해 확실히 알아 두자.

3 판의 경계와 지진파 단층 영상

출제의도 판 경계의 지각 변동과 특징을 비교하고, 지진파 단층 촬영 영상을 통해 지구 내부 지점의 온도를 비교하는 문항이다.

그림은 어느 지역의 판 경계 분포와 지진파 단층 촬영 영상을 나타낸 것이다. ㉠과 ㉡에는 각각 발산형 경계와 수렴형 경계 중 하나가 위치한다.

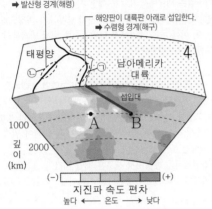

이 자료에 대한 옳은 설명만을 〈보기〉에서 있는 대로 고른 것은?

보기
ㄱ. ㉠의 판 경계에서 동쪽으로 갈수록 지진이 발생하는 깊이는 대체로 깊어진다.
ㄴ. 판 경계 부근의 평균 수심은 ㉠이 ㉡보다 깊다.
ㄷ. 온도는 A 지점이 B 지점보다 높다.

① ㄴ   ② ㄷ   ③ ㄱ, ㄴ   ④ ㄱ, ㄷ   ⑤ ㄱ, ㄴ, ㄷ

✓ 자료 해석

• ㉠은 해양판이 대륙판 아래로 섭입하는 수렴형 경계로 해구가 발달한다.
• ㉡은 해양판이 서로 멀어지는 발산형 경계로 해령이 발달한다.
• A 지점은 지진파 속도 편차가 (−) 값, B 지점은 지진파 속도 편차가 (+) 값으로 나타난다. ➡ 지진파의 속도는 A 지점보다 B 지점에서 빠르므로 온도는 A 지점보다 B 지점이 낮다.

○ 보기풀이 ㄱ. ㉠은 서쪽의 해양판이 동쪽의 대륙판 아래로 섭입하는 수렴형 경계로, ㉠의 판 경계에는 해구가 발달하고, 해구에서 깊이 들어갈수록 대륙판 아래로 비스듬히 섭입대가 형성되어 있다. 지진은 섭입대를 따라 발생하므로, ㉠의 판 경계에서 동쪽으로 갈수록 지진이 발생하는 깊이는 대체로 깊어진다.
ㄴ. ㉠은 수렴형 경계로 해구가 발달하고, ㉡은 발산형 경계로 해령이 발달한다. 평균 수심은 해령보다 해구에서 깊으므로 판 경계 부근의 평균 수심은 ㉠이 ㉡보다 깊다.
ㄷ. 지진파 속도 편차가 클수록 지진파의 속도가 빠르므로 온도가 낮은 지점이다. A 지점은 지진파 속도 편차가 (−) 값이므로 주변보다 온도가 높고, B 지점은 지진파 속도 편차가 (+) 값이므로 주변보다 온도가 낮다. 따라서 온도는 A 지점이 B 지점보다 높다.

문제풀이 Tip
발산형 경계와 수렴형 경계에 나타나는 대표적인 지형은 각각 해령과 해구임을 알고, 수심을 비교할 수 있어야 한다. 또한 지구 내부에서 온도가 낮은 지점일수록 지진파 속도 편차가 크다는 것에 유의해야 한다.

4　판의 경계와 지각 변동

출제 의도 섭입대 부근의 진원 분포를 확인하여 판의 경계를 찾고, 지진파 단층 촬영 영상을 통해 온도를 비교하는 문항이다.

그림 (가)와 (나)는 섭입대가 나타나는 서로 다른 두 지역의 지진파 단층 촬영 영상을 진원 분포와 함께 나타낸 것이다.

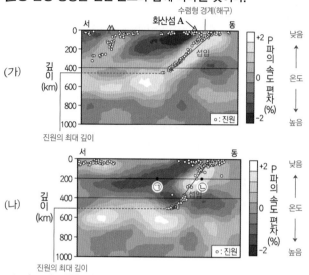

이 자료에 대한 설명으로 옳은 것만을 〈보기〉에서 있는 대로 고른 것은?

─ 보기 ─

ㄱ. (가)에서 화산섬 A의 동쪽에 판의 경계가 위치한다.

ㄴ. 온도는 ㉡ 지점이 ㉠ 지점보다 높다. (낮다.)

ㄷ. 진원의 최대 깊이는 (가)가 (나)보다 깊다. (얕다.)

① ㄱ　② ㄴ　③ ㄱ, ㄷ　④ ㄴ, ㄷ　⑤ ㄱ, ㄴ, ㄷ

✔ 자료 해석

- 밀도가 큰 판이 밀도가 작은 판 아래로 섭입할 때 비스듬히 섭입대를 따라 진원이 분포하며, 섭입대 위쪽에 위치한 판(섭입을 당하는 판)에서 마그마가 분출하여 화산 활동이 일어난다.
- P파의 속도 편차가 클수록 온도가 낮은 곳이므로 섭입대를 따라 대체로 온도가 낮다. ➡ 차가운 플룸 형성
- (가) : 화산섬 A의 동쪽에서 판이 섭입하고 있으므로, A의 동쪽에 판의 경계(해구)가 발달한다.
- (나) : ㉠ 지점은 P파의 속도 편차가 (−) 값이고, ㉡ 지점은 P파의 속도 편차가 (+) 값이다.

○ 보기 풀이　ㄱ. (가)에서 진원 분포로 보아 화산섬 A의 동쪽에서 판이 비스듬하게 섭입하고 있음을 알 수 있다. 따라서 화산섬 A의 동쪽에 판의 수렴형(섭입형) 경계가 위치한다.

✕ 매력적 오답　ㄴ. P파의 속도 편차는 ㉠ 지점이 ㉡ 지점보다 작다. 온도가 낮을수록 P파의 속도는 빨라지므로, 온도는 ㉡ 지점이 ㉠ 지점보다 낮다.
ㄷ. 진원의 최대 깊이는 (가)에서는 약 450 km, (나)에서는 약 500 km이다. 따라서 진원의 최대 깊이는 (나)가 (가)보다 깊다.

문제풀이 Tip

지진파의 속도는 온도가 높은 곳보다 온도가 낮은 곳에서 빠르다. P파의 속도 편차가 (+)인 곳은 지진파의 속도가 빠른 곳이므로, P파의 속도 편차를 나타낸 범례에서 음영이 연할수록((+)로 갈수록) 온도가 낮다는 것에 유의해야 한다.

5 해양저 확장설

출제의도 해저 퇴적물의 두께와 나이 측정 자료를 해석하여 해양저 확장설을 이해하는 문항이다.

그림은 어느 판의 해저면에 시추 지점 $P_1 \sim P_5$의 위치를, 표는 각 지점 에서의 퇴적물 두께와 가장 오래된 퇴적물의 나이를 나타낸 것이다.

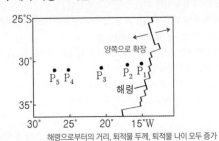

해령으로부터의 거리, 퇴적물 두께, 퇴적물 나이 모두 증가

구분	P_1	P_2	P_3	P_4	P_5
두께(m)	50	94	138	203	510
나이(백만 년)	6.6	15.2	30.6	49.2	61.2 신생대

이에 대한 설명으로 옳은 것만을 〈보기〉에서 있는 대로 고른 것은?

보기
ㄱ. 퇴적물 두께는 P_2보다 P_4에서 두껍다.
ㄴ. P_5 지점의 가장 오래된 퇴적물은 중생대에 퇴적되었다. 신생대
ㄷ. $P_1 \sim P_5$가 속한 판은 해령을 기준으로 동쪽으로 이동한다. 서쪽

① ㄱ ② ㄴ ③ ㄱ, ㄷ ④ ㄴ, ㄷ ⑤ ㄱ, ㄴ, ㄷ

✔ 자료 해석
• $P_1 \rightarrow P_5$로 갈수록 해령에서 멀어진다.
• $P_1 \rightarrow P_5$로 갈수록 해저 퇴적물의 두께는 두꺼워진다.
• $P_1 \rightarrow P_5$로 갈수록 가장 오래된 퇴적물의 나이가 많아진다.

◯ 보기 풀이 ㄱ. P_2에서 퇴적물 두께는 94 m, P_4에서 퇴적물 두께는 203 m 이므로, 퇴적물 두께는 P_2보다 P_4에서 두껍다.

✗ 매력적 오답 ㄴ. P_5 지점의 가장 오래된 퇴적물의 나이는 6120만 년이다. 중생대의 지속 기간은 약 2.52억 년 전~약 6600만 년 전이고, 신생대의 지속 기간은 약 6600만 년 전~현재까지이다. 따라서 P_5 지점의 가장 오래된 퇴적물 은 신생대에 퇴적되었다.

ㄷ. 해령에서 생성된 해양 지각은 해령을 중심으로 양쪽으로 확장되므로, 해령 에서 멀어질수록 퇴적물의 두께는 두꺼워지고, 퇴적물 최하부의 나이는 많아진 다. 따라서 $P_1 \sim P_5$가 속한 판은 해령을 기준으로 서쪽으로 이동한다.

문제풀이 Tip
해양저 확장설의 근거를 해석하는 문항이 자주 출제되므로, 해령에서 멀어짐에 따라 해저 퇴적물의 나이, 두께, 수심 등의 변화와 고지자기 분포에 대해 잘 학 습해 두자.

6 대륙 이동설

출제의도 대륙 이동설의 근거와 한계점, 영향에 대해 이해하는 문항이다.

그림은 수업 시간에 학생이 작성한 대륙 이동설에 대한 마인드맵이다.

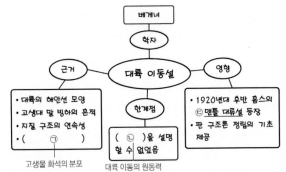

이에 대한 옳은 설명만을 〈보기〉에서 있는 대로 고른 것은?

보기
ㄱ. '변환 단층의 발견'은 ㉠에 해당한다. 고생물 화석의 분포
ㄴ. '대륙 이동의 원동력'은 ㉡에 해당한다.
ㄷ. ㉢에서는 고지자기 줄무늬가 해령을 축으로 대칭을 이룬 다고 설명하였다. 해양저 확장설

① ㄱ ② ㄴ ③ ㄱ, ㄷ ④ ㄴ, ㄷ ⑤ ㄱ, ㄴ, ㄷ

✔ 자료 해석
• 베게너는 대륙 이동설을 주장하면서 대서양 양쪽 대륙 해안선 모양의 유사성, 고생대 말 퇴적층의 분포와 빙하 이동 흔적, 지질 구조의 연속 성, 고생물 화석 분포 등을 근거로 제시하였다.
• 베게너는 대륙을 이동시키는 원동력을 설명하지 못하였다.
• 판 구조론은 대륙 이동설 → 맨틀 대류설 → 해양저 확장설 → 판 구조 론 순으로 정립되었다.

◯ 보기 풀이 ㄴ. 베게너는 여러 가지 근거들을 제시하여 대륙 이동설을 주장 하였지만, 대륙 이동의 원동력을 설명하지 못해 당시 과학자들에게 인정받지 못 하였다. 따라서 '대륙 이동의 원동력'은 ㉡에 해당한다.

✗ 매력적 오답 ㄱ. 베게너가 제시한 대륙 이동의 근거에는 남아메리카 대륙과 아프리카 대륙의 해안선 모양의 유사성, 고생대 말 빙하 퇴적층의 분포와 빙하 이동 흔적, 서로 멀리 떨어져 있는 대륙에서 발견되는 지질 구조의 연속성, 멀리 떨어진 대륙에 분포하는 같은 종의 고생물 화석 등이 있다. '변환 단층의 발견'은 대륙 이동설의 근거가 아니다.

ㄷ. ㉢의 맨틀 대류설에서는 맨틀이 대류하면서 지각이 분리되고 대륙이 이동한 다고 설명한다. 고지자기 줄무늬가 해령을 축으로 대칭을 이룬다고 설명한 것은 해양저 확장설이다.

문제풀이 Tip
대륙 이동설을 뒷받침하기 위해 제시된 근거와 대륙 이동설이 받아들여지지 않 았던 까닭에 대해 잘 알아 두자. 또한 판 구조론이 정립되기까지 제시되었던 다 양한 이론과 학설에 대한 개념과 근거에 대해서도 확실하게 알아 두자.

7 해양 지각의 나이 분포와 해양저 확장

출제 의도 해양 지각의 나이 분포와 해양 지각의 나이에 따른 해령 정상으로부터의 깊이 자료를 해석하여 해양저 확장을 이해하는 문항이다.

그림 (가)는 해양 지각의 나이 분포와 지점 A, B, C의 위치를, (나)는 태평양과 대서양에서 관측한 해양 지각의 나이에 따른 해령 정상으로부터 해저면까지의 깊이를 나타낸 것이다.

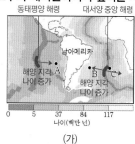

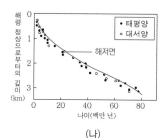

(가)

• 해령으로부터의 거리: C < A ≒ B
• 해양 지각의 나이: A ≒ C < B

(나)

해령 정상으로부터의 깊이는 해양 지각의 나이가 많을수록 깊다.

이 자료에 대한 옳은 설명만을 〈보기〉에서 있는 대로 고른 것은? [3점]

┌─ 보기 ─────────────────────────────┐
│ ㄱ. 해양 지각의 평균 확장 속도는 A가 속한 판이 B가 속한 │
│   판보다 빠르다. │
│ ㄴ. 해양저 퇴적물의 두께는 B에서가 C에서보다 두껍다. │
│ ㄷ. 해령 정상으로부터 해저면까지의 깊이는 A에서가 B에서 │
│   보다 깊다. │
│   B에서가 A에서보다 │
└────────────────────────────────┘

① ㄱ　　② ㄷ　　③ ㄱ, ㄴ　　④ ㄴ, ㄷ　　⑤ ㄱ, ㄴ, ㄷ

✓ 자료 해석

• (가)에서 해양 지각의 나이는 A와 C는 5백만 년~3천 7백만 년 사이, B는 8천 4백만 년~1억 1천 7백만 년 사이이고, 해령으로부터의 거리는 C가 가장 가깝고 A와 B는 비슷하다.

• (나)에서 태평양과 대서양에서 해령 정상으로부터의 깊이는 해양 지각의 나이가 많을수록 증가한다.

○ 보기 풀이 ㄱ. $\dfrac{\text{해령으로부터의 거리}}{\text{해양 지각의 나이}}$ 가 클수록 해양 지각의 평균 확장 속도가 빠르다. A 지점과 B 지점은 해령으로부터의 거리가 비슷하지만 해양 지각의 나이는 A 지점이 B 지점보다 적으므로 해양 지각의 평균 확장 속도는 A가 속한 판이 B가 속한 판보다 빠르다.

ㄴ. 해양저 퇴적물의 두께는 해양 지각의 나이가 많을수록 두껍고, 대서양에서 해양 지각의 나이는 B에서가 C에서보다 많다. 따라서 해양저 퇴적물의 두께는 B에서가 C에서보다 두껍다.

✕ 매력적 오답 ㄷ. (나)에서 태평양과 대서양 모두 해양 지각의 나이가 많을수록 해령 정상으로부터 해저면까지의 깊이가 깊다. 해양 지각의 나이는 A가 B보다 적으므로, 해령 정상으로부터 해저면까지의 깊이는 A에서가 B에서보다 얕다.

문제풀이 Tip

해령에서 생성된 해양 지각이 같은 시간 동안 이동한 거리가 멀수록 해양 지각의 확장 속도가 빠른 것이므로, 해령으로부터의 거리가 같을 때에는 해양 지각의 나이가 적을수록 해양 지각의 확장 속도가 빠른 것임에 유의해야 한다.

8 해양저 확장설

출제의도 해양 지각의 나이 분포를 통해 판의 경계를 확인하고, 판의 경계에서 분출하는 마그마의 종류를 파악하는 문항이다.

그림은 어느 지역 해양 지각의 나이 분포를 나타낸 것이다.

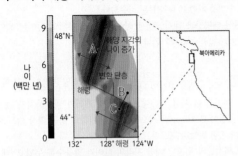

이에 대한 설명으로 옳은 것만을 〈보기〉에서 있는 대로 고른 것은?

보기
ㄱ. 지점 A에서 현무암질 마그마가 분출된다.
ㄴ. 지점 B와 지점 C를 잇는 직선 구간에는 변환 단층이 있다.
ㄷ. 지각의 나이는 지점 B가 지점 C보다 많다.

① ㄱ ② ㄴ ③ ㄱ, ㄷ ④ ㄴ, ㄷ ⑤ ㄱ, ㄴ, ㄷ

✔ 자료 해석

• 지점 A 지각의 나이는 0~백만 년, 지점 B 지각의 나이는 6백만~7백만 년이고, 지점 C 지각의 나이는 2백만~3백만 년이다.
• 해령은 지점 A가 위치한 곳, 지점 C의 오른쪽에 각각 분포하고, 두 해령 사이에는 변환 단층이 수직으로 가로질러 발달해 있다.
• 해령에서 양쪽으로 멀어질수록 해양 지각의 나이가 증가한다.

○ 보기 풀이 ㄱ. 지점 A는 해양 지각의 나이가 0이므로 해령에 위치한다. 해령 하부에서는 맨틀 물질이 상승하면서 압력 감소에 의해 현무암질 마그마가 생성되어 분출한다.
ㄴ. 지점 C 오른쪽에 해령이 분포하므로 지점 B가 속한 판과 지점 C가 속한 판은 서로 반대 방향으로 어긋난다. 따라서 지점 B와 지점 C를 잇는 직선 구간에는 변환 단층이 있다.
ㄷ. 지점 B 지각의 나이는 6백만~7백만 년이고 지점 C 지각의 나이는 2백만~3백만 년이므로 지각의 나이는 지점 B가 지점 C보다 많다.

문제풀이 Tip
해령에서는 해양 지각의 나이가 0이고, 해령에서 멀어질수록 해양 지각의 나이가 증가한다는 것을 기억하도록 하자.

---

9 대륙 이동의 증거

출제의도 고생대 말 습곡 산맥과 빙하 퇴적층 분포를 통해 판게아 형성 당시와 판게아 분리 후의 대륙 분포를 이해하는 문항이다.

그림은 베게너가 제시한 대륙 이동의 증거 중 일부를 나타낸 것이다.

이에 대한 설명으로 옳은 것만을 〈보기〉에서 있는 대로 고른 것은?

보기
ㄱ. ㉠ 지점과 ㉡ 지점 사이의 거리는 현재보다 고생대 말에 가까웠다.
ㄴ. 고생대 말에 애팔래치아산맥과 칼레도니아산맥은 하나로 연결된 산맥이었다.
ㄷ. ㉢ 지점은 고생대 말에 남반구에 위치하였다.

① ㄱ ② ㄷ ③ ㄱ, ㄷ ④ ㄴ, ㄷ ⑤ ㄱ, ㄴ, ㄷ

✔ 자료 해석

• 베게너가 제시한 대륙 이동의 증거에는 남아메리카 대륙과 아프리카 대륙의 해안선 모양의 유사성, 멀리 떨어진 대륙에 분포한 같은 종의 고생물 화석, 고생대 말 빙하 퇴적층의 분포와 빙하 이동 흔적, 서로 떨어져 있는 대륙에서 발견되는 지질 구조의 연속성 등이 있다.
• 북아메리카 대륙의 애팔래치아산맥과 유럽의 칼레도니아산맥은 고생대 말에 형성된 습곡 산맥이다.
• ㉠, ㉡, ㉢ 지점을 비롯한 오스트레일리아 남부 지역, 남극 대륙에 고생대 말 빙하 퇴적층이 분포한다.

○ 보기 풀이 고생대 말에는 대륙이 한 덩어리로 모여 초대륙 판게아를 이루었다.
ㄱ. 남아메리카 대륙 동해안과 아프리카 대륙 서해안의 해안선 모양이 일치하는 것과 고생대 말 빙하 퇴적층 분포를 보아 고생대 말에 ㉠ 지점과 ㉡ 지점은 가까이 붙어 있었다. 따라서 ㉠ 지점과 ㉡ 지점 사이의 거리는 현재보다 고생대 말에 가까웠다.
ㄴ. 애팔래치아산맥과 칼레도니아산맥은 고생대 말에 초대륙 판게아가 형성되었을 때 생성되어 서로 연결된 산맥이었으나 대륙이 분리되고 이동하면서 현재와 같이 서로 다른 대륙에 분포하게 되었다.
ㄷ. ㉢ 지점에 고생대 말 빙하 퇴적층이 분포하는 것으로 보아 이 지점은 고생대 말에 남극 대륙 부근에 위치하였으므로, ㉢ 지점은 고생대 말에 남반구에 위치하였다.

문제풀이 Tip
판 구조론의 정립 과정에서 등장했던 여러 가지 이론과 학설에 대해 묻는 문항이 자주 출제된다. 베게너가 제시한 대륙 이동의 증거를 자료와 함께 확실하게 알아 두자.

10 판 경계와 지각 변동

출제 의도 판의 이동 방향과 이동 속력을 해석하여 판 경계의 종류와 진원 분포를 파악하고, 판의 이동에 따른 미래의 수륙 분포를 이해하는 문항이다.

그림 (가)는 현재 판의 이동 방향과 이동 속력을, (나)는 시간에 따른 대양의 면적 변화를 나타낸 것이다. A와 B는 각각 태평양과 대서양 중 하나이다.

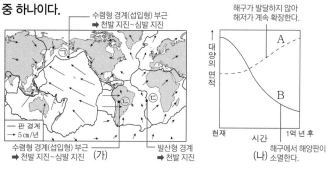

해구가 발달하지 않아 해저가 계속 확장한다.

해구에서 해양판이 소멸한다.

이에 대한 옳은 설명만을 〈보기〉에서 있는 대로 고른 것은?

┌─ 보기 ─────────────────────
ㄱ. ㉠의 하부에서는 해양판이 섭입하고 있다.

ㄴ. 지진이 발생하는 평균 깊이는 ㉡보다 ㉢에서 얕다.

ㄷ. A는 대서양, B는 태평양이다.
└─────────────────────────

① ㄱ　② ㄷ　③ ㄱ, ㄴ　④ ㄴ, ㄷ　⑤ ㄱ, ㄴ, ㄷ

✔ 자료 해석

• ㉠은 태평양판이 북아메리카판 아래로 섭입하는 수렴형 경계 부근에 위치하여 천발 지진, 중발 지진, 심발 지진이 발생한다.

• ㉡은 나스카판이 남아메리카판 아래로 섭입하는 수렴형 경계 부근에 위치하여 천발 지진, 중발 지진, 심발 지진이 발생한다.

• ㉢은 남아메리카판과 아프리카판이 서로 멀어지는 발산형 경계에 발달한 대서양 중앙 해령에 위치하여 천발 지진이 발생한다.

• (가)에서 판의 이동 방향과 이동 속력을 보면 대서양의 면적은 대서양 중앙 해령에서 생성된 해양 지각의 발산으로 점점 넓어질 것으로 예상된다.

• (나)에서 A는 시간에 따라 대양의 면적이 점점 넓어지는 것으로 보아 대서양이고, B는 대양의 면적이 점점 좁아지는 것으로 보아 태평양이다.

○ 보기 풀이
ㄱ. ㉠은 해양판인 태평양판이 대륙판인 북아메리카판 아래로 섭입하는 수렴형 경계 부근에 위치한다. 따라서 ㉠의 하부에서는 해양판이 섭입하고 있다.

ㄴ. ㉡은 섭입형 수렴 경계 부근에 위치하므로 천발 지진~심발 지진이 발생하지만, ㉢은 발산형 경계에 위치하므로 천발 지진만 발생한다. 따라서 지진이 발생하는 평균 깊이는 ㉡보다 ㉢에서 얕다.

ㄷ. 해양판은 해령에서 생성되어 해구에서 소멸되므로 해구가 분포하는 대양의 면적은 점점 좁아지고, 해령만 분포하는 대양의 면적은 점점 넓어질 것이다. 해령은 태평양과 대서양 모두에서 발달해 있지만, 해구는 대서양에서는 발달하지 않고 태평양에서만 발달해 있다. 따라서 시간에 따라 대양의 면적이 넓어지는 A는 대서양이고, 대양의 면적이 좁아지는 B는 태평양이다.

문제풀이 Tip
판의 이동 방향과 이동 속력을 해석하여 대양의 확장을 파악할 수도 있지만, 발산형 경계와 수렴형 경계의 특징을 알고 있다면 쉽게 해결할 수 있는 문항이므로, 판 경계의 종류와 특징에 대해 확실하게 알아 두자.

Part I

교육청

11 판 구조론의 정립 과정

출제 의도 판 구조론의 정립 과정에서 등장한 이론의 내용과 뒷받침할 수 있는 증거를 이해하고, 이론이 등장한 순서를 파악하는 문항이다.

다음은 판 구조론이 정립되는 과정에서 등장한 세 이론 (가), (나), (다)와 학생 A, B, C의 대화를 나타낸 것이다.

이론	내용
(가) 해양저 확장설	① 해령을 중심으로 해양 지각이 양쪽으로 이동하면서 해양저가 확장된다.
(나) 맨틀 대류설	맨틀 상하부의 온도 차로 맨틀이 대류하고 이로 인해 대륙이 이동할 수 있다.
(다) 대륙 이동설	과거에 하나로 모여 있던 대륙이 분리되고 이동하여 현재와 같은 수륙 분포를 이루었다.

세 이론 중 가장 먼저 등장한 이론은 (다)야.

해령에서 멀어질수록 해양 지각의 나이가 많아지는 것은 ① 때문이야.

홈스는 변환 단층의 발견을 (나)의 증거로 제시하였어.

학생 A   학생 B   학생 C

제시한 내용이 옳은 학생만을 있는 대로 고른 것은?

① A   ② C   ③ A, B   ④ B, C   ⑤ A, B, C

✔ 자료 해석
- (가) : 1962년에 헤스와 디츠가 주장한 해양저 확장설이다.
- (나) : 1929년에 홈스가 주장한 맨틀 대류설이다.
- (다) : 1915년에 베게너가 주장한 대륙 이동설이다.

○ 보기 풀이 (가)는 해양저 확장설, (나)는 맨틀 대류설, (다)는 대륙 이동설이다. 학생 A. (가)는 1962년, (나)는 1929년, (다)는 1915년에 등장하였으므로, 가장 먼저 등장한 이론은 (다)이다.
학생 B. 해령에서 새로운 해양 지각이 생성되고, 해령을 중심으로 해양 지각이 양쪽으로 이동하기 때문에 해령에서 멀어질수록 해양 지각의 나이가 많아진다.

✕ 매력적 오답 학생 C. (나)는 맨틀 대류설이다. 맨틀 대류설에 따르면 맨틀 대류가 상승하는 곳에서는 해령이 형성되고, 맨틀 대류가 하강하는 곳에서는 해구와 습곡 산맥이 형성된다. 변환 단층의 발견은 해양저 확장설의 증거이다.

문제풀이 **Tip**
판 구조론의 정립 과정에서 등장한 이론과 증거에 대해 묻는 문항이 자주 출제되므로 각 이론의 내용과 이론을 뒷받침할 수 있는 증거에 대해 잘 학습해 두자.

---

12 판 경계와 지각 변동

출제 의도 진원의 평균 깊이 분포를 통해 판 경계의 위치를 파악하고 판 경계의 종류를 구분하여 이 지역에서 발생하는 지각 변동을 이해하는 문항이다.

그림은 어느 판 경계 부근에서 진원의 평균 깊이를 점선으로 나타낸 것이다. A와 B 지점 중 한 곳은 대륙판에, 다른 한 곳은 해양판에 위치한다.

심발 지진 ➡ 섭입형 수렴 경계
400
300
200
대륙판
횡압력 100
진원의 깊이 점차 증가
해양판
단위: km
판의 경계(해구)

이에 대한 옳은 설명만을 〈보기〉에서 있는 대로 고른 것은? (단, A와 B는 모두 지표면 상의 지점이다.)

보기
ㄱ. 판의 경계는 A보다 B에 가깝다. (B보다 A에)
ㄴ. 이 지역에서는 정단층이 역단층보다 우세하게 발달한다. (역단층이 정단층보다)
ㄷ. 이 지역에서 화산 활동은 주로 B가 속한 판에서 일어난다.

① ㄱ   ② ㄴ   ③ ㄷ   ④ ㄱ, ㄴ   ⑤ ㄴ, ㄷ

✔ 자료 해석
- 진원의 깊이가 100~400 km인 것으로 보아 천발 지진~심발 지진이 발생한다. 따라서 이 지역에는 섭입형 수렴 경계가 발달한다.
- A에서 B로 갈수록 진원의 깊이가 깊어지므로 A가 속한 판이 B가 속한 판 아래로 섭입된다. 밀도가 큰 판이 밀도가 작은 판 아래로 섭입하므로 A는 밀도가 큰 해양판, B는 밀도가 작은 대륙판이다.

○ 보기 풀이 ㄷ. A가 속한 판이 B가 속한 판 아래로 섭입하고 있으며, 화산 활동은 섭입을 당한 판 쪽에서 일어나므로 주로 B가 속한 판에서 일어난다.

✕ 매력적 오답 ㄱ. A에서 B로 갈수록 진원의 평균 깊이가 깊어지는 것으로 보아 해양판이 대륙판 아래로 섭입하는 해구가 발달해 있음을 알 수 있다. 해구에서 멀어질수록 진원의 깊이가 깊어지므로 해구는 A와 진원 깊이 100 km 사이에 위치한다. 따라서 판의 경계는 B보다 A에 가깝다.
ㄴ. 이 지역에서는 해양판이 대륙판 아래로 섭입하고 있으므로 두 판이 수렴하면서 횡압력이 작용한다. 따라서 정단층보다 역단층이 우세하게 발달한다.

문제풀이 **Tip**
판의 경계를 기준으로 대륙판과 해양판이 인접해 있고, 진원의 깊이가 300 km 이상인 심발 지진이 발생하고 있는 것을 통해 섭입형 수렴 경계가 발달했음을 파악할 수 있어야 한다. 또한 지진과 화산 활동은 주로 섭입을 당하는 판 쪽에서 일어난다는 것에 유의해야 한다.

13 대륙의 이동

출제 의도 대륙 분포 자료를 해석하여 지질 시대를 결정하고, 각 지질 시대의 환경을 파악하는 문항이다.

그림 (가)와 (나)는 고생대 이후 서로 다른 두 시기의 대륙 분포를 나타낸 것이다.

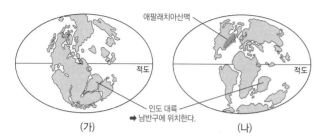

(가)　　　(나)

이에 대한 설명으로 옳은 것만을 〈보기〉에서 있는 대로 고른 것은?

보기
ㄱ. 대륙 분포는 (가)에서 (나)로 변하였다.
ㄴ. (나)에 애팔래치아산맥이 존재하였다.
ㄷ. (가)와 (나) 모두 인도 대륙은 남반구에 존재하였다.

① ㄱ　② ㄴ　③ ㄱ, ㄷ　④ ㄴ, ㄷ　⑤ ㄱ, ㄴ, ㄷ

✔ 자료 해석

• (가)는 고생대 말에 형성된 초대륙 판게아가 분리되기 전이면서 고생대 이후이므로, 중생대 초기의 대륙 분포이다.
• (나)는 판게아를 이루던 대륙이 분리되어 이동하고 있으므로, 중생대 중기~말기의 대륙 분포이다.

○ 보기 풀이 ㄱ. (가)는 중생대 초기의 대륙 분포이고, (나)는 중생대 중기~말기의 대륙 분포이므로, 대륙 분포는 (가)에서 (나)로 변하였다.

ㄴ. 판게아가 형성되는 과정에서 북아메리카 대륙이 아프리카 대륙 및 유럽 대륙과 충돌하면서 애팔래치아산맥과 칼레도니아산맥이 형성되었고, 판게아가 분리되고 대서양이 형성되면서 애팔래치아산맥과 칼레도니아산맥은 분리되었다. 따라서 (나)에 애팔래치아산맥이 존재하였다.

ㄷ. (가)에서 인도 대륙은 남극 대륙 주변에 위치하였고, (나)에서는 남반구에서 북상하고 있다. 따라서 (가)와 (나) 모두 인도 대륙은 남반구에 존재하였다.

문제풀이 **Tip**

중생대에 인도 대륙은 남반구에 위치하였으며, 계속 북상하여 신생대 중기에 북반구에 위치한 것을 알아 두자.

---

14 해저 확장설

출제 의도 태평양과 대서양의 해령으로부터의 거리에 따른 해양 지각의 연령과 수심 자료를 해석하여 해양 지각의 평균 확장 속도와 심해 퇴적물의 두께를 비교하는 문항이다.

그림 (가)와 (나)는 각각 태평양과 대서양에서 측정한 해령으로부터의 거리에 따른 해양 지각의 연령과 수심을 나타낸 것이다.

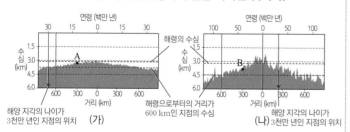

(가)　　　(나)

이에 대한 설명으로 옳은 것만을 〈보기〉에서 있는 대로 고른 것은? (단, 태평양과 대서양에서 심해 퇴적물이 쌓이는 속도는 같다.) [3점]

보기
ㄱ. 심해 퇴적물의 두께는 A에서가 B에서보다 ~~두껍다.~~ 얇다.
ㄴ. (해령으로부터 거리가 600 km 지점의 수심－해령의 수심)은 (가)에서가 (나)에서보다 작다.
ㄷ. 최근 3천만 년 동안 해양 지각의 평균 확장 속도는 (가)가 (나)보다 빠르다.

① ㄱ　② ㄴ　③ ㄱ, ㄷ　④ ㄴ, ㄷ　⑤ ㄱ, ㄴ, ㄷ

✔ 자료 해석

• 해령으로부터의 거리가 0 km인 부근에 해령이 위치하며, 해령에서 멀어질수록 대체로 수심이 깊어진다.
• 해령으로부터의 거리가 600 km인 지점의 나이는 (가)가 (나)보다 적으므로, 같은 거리를 이동하는 동안 걸린 시간은 (가)가 (나)보다 짧다.

○ 보기 풀이 ㄴ. (가)와 (나)에서 해령의 수심은 비슷하고, 해령으로부터 거리가 600 km인 지점의 수심은 (가)가 (나)보다 얕다. 따라서 (해령으로부터의 거리가 600 km인 지점의 수심－해령의 수심)은 (가)에서가 (나)에서보다 작다.

ㄷ. 해양 지각의 나이가 3천만 년인 지점의 해령으로부터의 거리는 (가)가 (나)보다 멀다. (가)는 (나)보다 같은 시간 동안 더 먼 거리를 이동하였으므로, 최근 3천만 년 동안 해양 지각의 평균 확장 속도는 (가)가 (나)보다 빠르다.

✖ 매력적 오답 ㄱ. 해양 지각의 나이가 많을수록 퇴적물이 오랫동안 쌓였으므로 심해 퇴적물의 두께가 두껍다. 해양 지각의 나이는 A가 B보다 적으므로, 심해 퇴적물의 두께는 A에서가 B에서보다 얇다.

문제풀이 **Tip**

해령에서는 새로운 해양 지각이 생성되어 양쪽으로 확장되며, 해령으로부터 멀어질수록 해양 지각의 나이는 많아지고 심해 퇴적물의 두께는 두꺼워지며 수심은 대체로 깊어지는 것을 알아 두자.

15 대륙 분포의 변화

출제 의도 지질 시대의 대륙 분포 자료를 해석하여 각 지질 시대를 결정하고, 초대륙의 형성과 분리 과정에서 나타난 환경 변화를 파악하는 문항이다.

그림 (가), (나), (다)는 서로 다른 세 시기의 대륙 분포를 나타낸 것이다.

(가)   (나)   (다)
원생 누대   고생대 말   중생대 말~신생대 초

이에 대한 옳은 설명만을 〈보기〉에서 있는 대로 고른 것은?

보기
ㄱ. (가)의 초대륙은 고생대 말에 형성되었다.
   선캄브리아 시대
ㄴ. (나)의 초대륙이 형성되는 과정에서 습곡 산맥이 만들어졌다.
ㄷ. (다)에서 대서양의 면적은 현재보다 좁다.

① ㄱ   ② ㄴ   ③ ㄱ, ㄷ   ④ ㄴ, ㄷ   ⑤ ㄱ, ㄴ, ㄷ

✓ 자료 해석
• (가)의 초대륙은 로디니아이고, (나)의 초대륙은 판게아이다.
• 초대륙의 형성 과정에서 대륙들이 충돌하여 습곡 작용이 일어난다.
• (다)에서는 판게아가 분리되면서 대서양이 형성되었다. 대서양은 형성된 이후 계속 확장되었다.

○ 보기 풀이 ㄴ. 지구에 존재하는 전체 또는 대부분의 대륙들이 하나로 합쳐진 거대한 대륙을 초대륙이라고 하며, 초대륙에는 로디니아, 판게아 등이 있다. (나)의 초대륙은 판게아로, 판게아가 형성되는 과정에서 북아메리카 대륙이 아프리카 대륙 및 유럽 대륙과 충돌하면서 습곡 산맥이 만들어졌다.
ㄷ. (다)에는 판게아가 분리되면서 형성된 대서양이 존재한다. 이 시기 이후에 대서양 양쪽의 대륙은 더 멀어졌으므로, (다)에서 대서양의 면적은 현재보다 좁다.

✗ 매력적 오답 ㄱ. (가)의 초대륙은 로디니아로, 선캄브리아 시대의 원생 누대에 형성되었다. 로디니아는 약 12억 년 전에 형성되어 약 8억 년 전부터 분리되기 시작하였다.

문제풀이 Tip
지질 시대의 대륙 분포 자료를 해석하는 문항이 지질 시대의 생물과 연계되어 자주 출제되므로, 각 지질 시대의 대륙 분포 모습과 출현한 생물, 번성한 생물을 잘 알아 두자.

---

16 판의 경계

출제 의도 판의 경계를 나타낸 자료를 해석하여 판의 이동 방향을 파악하고, 판의 밀도를 비교하는 문항이다.

그림은 북아메리카 부근의 판 A, B, C와 판 경계를 나타낸 것이다. 이 지역에는 세 종류의 판 경계가 모두 존재한다.

발산형 경계, 수렴형 경계, 보존형 경계

해구
태평양
북아메리카
C
변환 단층
B
A
▲▲▲ 수렴형 경계
═══ 발산형 경계
─── ( )
해령
보존형 경계

이에 대한 옳은 설명만을 〈보기〉에서 있는 대로 고른 것은?

보기
ㄱ. 판의 밀도는 A가 B보다 크다.
ㄴ. B는 C에 대해 남동쪽으로 이동한다.
   북서쪽
ㄷ. ㉠의 발견은 맨틀 대류설이 등장하게 된 계기가 되었다.
   판 구조론을 정립

① ㄱ   ② ㄴ   ③ ㄱ, ㄷ   ④ ㄴ, ㄷ   ⑤ ㄱ, ㄴ, ㄷ

✓ 자료 해석
• ㉠은 판과 판이 어긋나는 보존형 경계(변환 단층)이다.
• A와 B 사이에는 수렴형 경계(해구)가 존재하며, A가 B 아래로 섭입한다.
• B와 C 사이에는 발산형 경계(해령)와 보존형 경계(변환 단층)가 존재한다.

○ 보기 풀이 ㄱ. 해구에서는 밀도가 큰 해양판이 밀도가 작은 대륙판이나 해양판 아래로 섭입한다. A와 B 사이에는 수렴형 경계인 해구가 존재하며 A가 B 아래로 섭입하므로, 판의 밀도는 A가 B보다 크다.

✗ 매력적 오답 ㄴ. B와 C 사이에는 발산형 경계인 해령과 보존형 경계인 변환 단층이 존재하며, B는 C에 대해 북서쪽으로 이동한다.
ㄷ. 맨틀 대류설은 1920년대 후반에 홈스가 주장하였다. 한편 변환 단층(㉠)은 1960년대에 발견되었으며, 이는 판 구조론을 정립시키는 계기가 되었다.

문제풀이 Tip
해양저 확장설이 발표된 이후 심해 퇴적물의 두께와 해양 지각의 연령 분포, 베니오프대, 해저 고지자기 줄무늬 분포, 변환 단층 등 여러 가지 현상을 통합적으로 설명하려는 연구가 이루어지면서 판 구조론이 출현한 것을 알아 두자.

17 판 구조론의 정립

출제 의도 판 구조론의 정립 과정에서 제시된 이론의 순서 및 대륙 이동설과 해양저 확장설의 증거를 파악하는 문항이다.

다음은 판 구조론이 정립되기까지 제시되었던 이론을 ㉠, ㉡, ㉢으로 순서 없이 나타낸 것이다.

㉠
┌ 대륙 이동설
└ 1915년, 베게너

㉡
┌ 해양저 확장설
└ 1962년, 헤스와 디츠

㉢
┌ 맨틀 대류설
└ 1920년대 후반, 홈스

이에 대한 옳은 설명만을 〈보기〉에서 있는 대로 고른 것은?

─ 보기 ─

ㄱ. 이론이 제시된 순서는 ㉠ → ㉢ → ㉡이다.

ㄴ. ㉠에서는 여러 대륙에 남아 있는 과거의 빙하 흔적들이 증거로 제시되었다.

ㄷ. 해령 양쪽의 고지자기 분포가 대칭을 이루는 것은 ㉡의 증거이다.

① ㄱ   ② ㄴ   ③ ㄱ, ㄷ   ④ ㄴ, ㄷ   ⑤ ㄱ, ㄴ, ㄷ

✔ 자료 해석

• ㉠ : 대륙 이동설은 1915년에 베게너가 주장하였다. 베게너는 초대륙 판게아가 고생대 말기~중생대 초기에 존재하였으며, 판게아는 약 2억 년 전부터 분리되어 현재와 같은 대륙 분포가 되었다고 주장하였다.

• ㉡ : 해양저 확장설은 1962년에 헤스와 디츠가 주장하였으며, 맨틀 대류의 상승부인 해령에서 새로운 해양 지각이 생성되고, 해령을 중심으로 확장되며 해구에서 소멸된다는 이론이다.

• ㉢ : 맨틀 대류설은 1920년대 후반에 홈스가 주장하였으며, 지각 아래의 맨틀이 열대류를 하며, 이 맨틀 대류가 대륙 이동의 원동력이라는 이론이다.

○ 보기 풀이 ㄱ. 판 구조론이 정립되는 과정에서 대륙 이동설 → 맨틀 대류설 → 해양저 확장설 순으로 주장되었으므로, 이론이 제시된 순서는 ㉠ → ㉢ → ㉡이다.
ㄴ. 베게너는 남아메리카, 아프리카, 인도, 오스트레일리아, 남극 대륙에서 발견되는 고생대 말 빙하 퇴적층의 분포와 빙하의 이동 흔적이 대륙들 간에 연속성을 갖는 것은 대륙이 이동하였기 때문이라고 주장하였다. 베게너가 대륙 이동의 증거로 제시한 증거로는 대서양 양쪽 대륙 해안선 굴곡의 유사성, 화석 분포, 고생대 말 빙하 퇴적층의 분포와 빙하 이동 흔적, 지질 구조의 연속성 등이 있다.
ㄷ. 해양 지각에 기록된 고지자기 줄무늬가 해령과 거의 나란하며 해령을 축으로 대칭을 이룬다. 이러한 고지자기 줄무늬의 대칭적인 분포는 해령에서 새로운 해양 지각이 생성되면서 확장되고 지구 자기의 역전 현상이 반복되기 때문이다.

문제풀이 Tip

판 구조론의 정립 과정에서 제시된 이론과 증거에 대해 묻는 문항이 자주 출제되므로 확실하게 학습해 두자. 해양저 확장설의 증거로는 해양 지각의 연령 분포, 베니오프대의 발견, 해저 고지자기 줄무늬의 대칭성 등이 있는 것을 알아 두자.

---

18 대륙 이동설과 해양저 확장설

출제 의도 대륙 이동설의 한계점을 이해하고, 해양저 확장설의 증거를 파악하는 문항이다.

그림은 대륙 이동설과 해양저 확장설에 대한 학생들의 대화 장면이다.

제시한 내용이 옳은 학생만을 있는 대로 고른 것은?

① A   ② C   ③ A, B   ④ B, C   ⑤ A, B, C

✔ 자료 해석

• 학생 A : 베게너는 대륙 이동의 원동력을 설명하지 못하였다.

• 학생 B : 해령에서 멀어질수록 해양 지각의 나이가 많아지고, 해저 퇴적물의 두께가 두꺼워진다.

• 학생 C : 해령을 축으로 해양 지각이 확장되고 지구 자기의 역전 현상이 반복되기 때문에 해저 고지자기 줄무늬는 해령을 축으로 대칭적으로 분포한다.

○ 보기 풀이 학생 C. 해양 지각에서 해저 고지자기 줄무늬는 해령과 거의 나란하며 해령을 축으로 대칭을 이룬다. 이러한 해저 고지자기 줄무늬의 대칭적인 분포는 해령에서 새로운 해양 지각이 생성되면서 확장되고 지구 자기의 역전 현상이 반복되기 때문에 나타난다. 따라서 고지자기 줄무늬가 해령을 축으로 대칭적으로 분포하는 것은 해양저 확장의 증거이다.

✕ 매력적 오답 학생 A. 베게너는 대륙 이동의 증거로 대서양 양쪽 대륙 해안선 굴곡의 유사성, 화석 분포, 고생대 말 빙하 퇴적층의 분포와 빙하 이동 흔적, 지질 구조의 연속성 등을 제시하였지만 대륙 이동의 원동력은 설명하지 못하였다. 대륙 이동의 원동력을 맨틀의 대류로 설명한 것은 홈스이다.
학생 B. 해령에서 멀어질수록 해저에 퇴적물이 쌓이는 기간이 길어지므로 해저 퇴적물의 두께는 두꺼워진다.

문제풀이 Tip

대륙 이동설에서 제시된 대륙 이동의 증거, 해양저 확장설의 증거에 대해 묻는 문항이 판 구조론의 정립 과정과 관련하여 출제될 수 있으므로, 판 구조론의 정립 과정에서 제시된 이론에 대해 확실하게 알아 두자.

03 변동대와 마그마 활동

1 마그마의 생성

2024년 10월 교육청 10번 | 정답 ① | 문제편 18p

출제 의도 암석의 용융 곡선과 깊이에 따른 지하 온도 분포를 통해 섭입대와 해령에서 마그마의 생성 조건을 파악하고 마그마의 성질에 따라 종류를 구분하는 문항이다.

그림 (가)는 암석의 용융 곡선과 지역 A, B의 지하 온도 분포를 깊이에 따라 나타낸 것이고, (나)는 마그마 X, Y, Z의 온도와 SiO_2 함량을 나타낸 것이다. A와 B는 각각 섭입대와 해령 중 하나이고, X, Y, Z는 각각 현무암질, 안산암질, 유문암질 마그마 중 하나이다.

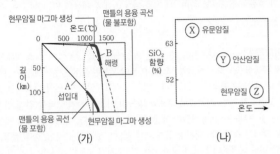

(가)   (나)

이에 대한 설명으로 옳은 것만을 〈보기〉에서 있는 대로 고른 것은?

보기
ㄱ. A에서 물은 암석의 용융 온도를 감소시키는 요인이다.
ㄴ. Y가 지하 깊은 곳에서 굳으면 반려암이 생성된다.
　　　　　　　　　　　　섬록암
ㄷ. B에서 생성되는 마그마는 주로 X̶이다.
　　　　　　　　　　　　　　　Z

① ㄱ　② ㄷ　③ ㄱ, ㄴ　④ ㄴ, ㄷ　⑤ ㄱ, ㄴ, ㄷ

✓ 자료 해석

• 지표 부근에서 깊이에 따라 용융 온도가 감소하는 그래프는 물을 포함한 맨틀의 용융 곡선이고, 깊이에 따라 용융 온도가 상승하는 그래프는 물을 포함하지 않은 맨틀의 용융 곡선이다. 따라서 점선(⋯)은 물을 포함한 맨틀의 용융 곡선이고, 파선(- -)은 물을 포함하지 않은 맨틀의 용융 곡선이다.

• 해령에서는 압력 감소에 의해 물을 포함하지 않은 맨틀 물질의 용융으로 마그마가 생성되고, 섭입대 하부에서는 물의 공급으로 맨틀 물질이 부분 용융되어 마그마가 생성되므로 A는 섭입대, B는 해령이다.

• 마그마는 SiO_2 함량에 따라 현무암질 마그마(52 % 이하), 안산암질 마그마(52~63 %), 유문암질 마그마(63 % 이상)로 구분할 수 있다. 따라서 X는 유문암질 마그마, Y는 안산암질 마그마, Z는 현무암질 마그마이다.

◯ 보기 풀이 ㄱ. A는 깊이 100 km 부근에서부터 물을 포함한 맨틀 물질의 용융에 의해 마그마가 생성되므로 섭입대이다. 섭입대에서는 해양 지각과 함수 광물로부터 빠져나온 물이 맨틀에 공급되어 암석의 용융 온도를 감소시킨다.

✕ 매력적 오답 ㄴ. X는 유문암질 마그마, Y는 안산암질 마그마, Z는 현무암질 마그마이다. 안산암질 마그마가 지하 깊은 곳에서 굳으면 섬록암이 되고, 지표 부근에서 굳으면 안산암이 된다. 반려암은 현무암질 마그마가 지하 깊은 곳에서 굳어서 생성되는 화성암이다.

ㄷ. B는 해령으로, 압력 감소에 의해 현무암질 마그마가 생성된다. 따라서 B에서 생성되는 마그마는 주로 Z이다.

문제풀이 Tip

해령 하부에서는 물이 포함되지 않은 맨틀 물질이 용융되어 마그마가 생성되므로 물을 포함하지 않은 맨틀의 용융 곡선보다 지하의 온도가 높은 부분이 있어야 한다는 것으로부터 해령의 온도 분포를 파악할 수 있어야 한다.

2 마그마의 생성

출제의도 암석의 용융 곡선 자료를 해석하여 마그마의 생성 과정과 생성 장소를 파악하는 문항이다.

그림은 서로 다른 두 지역 (가)와 (나)의 지하 온도 분포와 암석의 용융 곡선을 나타낸 것이다. (가)와 (나)는 각각 해령과 섭입대 중 하나이고, ㉠과 ㉡은 암석의 용융 곡선이다.

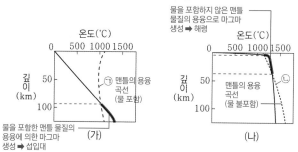

물을 포함하지 않은 맨틀 물질의 용융으로 마그마 생성 ➡ 해령

물을 포함한 맨틀 물질의 용융에 의한 마그마 생성 ➡ 섭입대

(가)

(나)

이 자료에 대한 설명으로 옳은 것만을 〈보기〉에서 있는 대로 고른 것은? [3점]

┌─ 보기 ─────────────────────
ㄱ. (가)는 해령이다. (섭입대)
ㄴ. 마그마가 생성되는 깊이는 (가)가 (나)보다 깊다.
ㄷ. 물을 포함한 암석의 용융 곡선은 ㉡이다. (㉠)
└──────────────────────────

① ㄱ ② ㄴ ③ ㄱ, ㄷ ④ ㄴ, ㄷ ⑤ ㄱ, ㄴ, ㄷ

✔ 자료 해석

- (가)의 ㉠은 물을 포함한 맨틀의 용융 곡선이고, 지하의 온도 분포와 암석의 용융 곡선이 만나는 깊이 약 90 km 이상에서 마그마가 생성된다.
- (나)의 ㉡은 물을 포함하지 않은 맨틀의 용융 곡선이고, 지하의 온도 분포와 암석의 용융 곡선이 만나는 깊이 약 5~40 km에서 마그마가 생성된다.

○ 보기 풀이

ㄴ. 마그마는 지하의 온도 분포 곡선과 암석의 용융 곡선이 만나는 지점에서 생성되기 시작하므로, 마그마가 생성되는 깊이는 (가)가 (나)보다 깊다.

✕ 매력적 오답

ㄱ. (가)는 깊이 약 90 km 이상에서 물을 포함한 맨틀 물질의 용융에 의해 마그마가 생성되므로 섭입대이다.

ㄷ. ㉠은 물을 포함한 맨틀의 용융 곡선, ㉡은 물을 포함하지 않은 맨틀의 용융 곡선이다.

문제풀이 Tip

지표 부근에서 깊이에 따라 용융 온도(용융점)가 감소하는 그래프는 물을 포함한 맨틀의 용융 곡선이고, 깊이에 따라 용융 온도가 상승하는 그래프는 물을 포함하지 않은 맨틀의 용융 곡선이라는 것에 유의해야 한다.

3 마그마의 생성

출제 의도 변동대에서 마그마의 생성 과정을 이해하고 지하의 온도 분포 자료를 해석하는 문항이다.

그림 (가)는 마그마 분출 지역 A와 B를, (나)는 깊이에 따른 지하 온도 분포와 암석의 용융 곡선을 나타낸 것이다. ㉠과 ㉡은 A와 B의 지하 온도 분포를 순서 없이 나타낸 것이다.

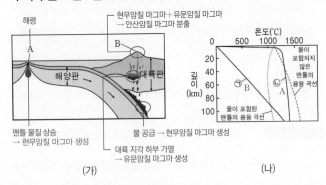

(가)   (나)

이에 대한 설명으로 옳은 것만을 〈보기〉에서 있는 대로 고른 것은? [3점]

보기
ㄱ. A에서 마그마가 분출하여 굳으면 주로 현무암이 된다.
ㄴ. 깊이 0~20 km 구간에서 지하의 평균 온도 변화율은 ㉠보다 ㉡이 크다.
ㄷ. ㉡은 B의 지하 온도 분포이다.

① ㄱ   ② ㄷ   ③ ㄱ, ㄴ   ④ ㄴ, ㄷ   ⑤ ㄱ, ㄴ, ㄷ

✔ 자료 해석

• A는 해령으로, 해령 아래에서 맨틀 물질이 상승하면서 압력 감소에 의해 현무암질 마그마가 생성되어 분출한다.
• B는 해구 주변의 호상 열도 또는 습곡 산맥으로, 섭입대 하부에서 물의 공급으로 생성된 현무암질 마그마가 상승하여 대륙 지각을 용융시켜 유문암질 마그마를 생성하고, 현무암질 마그마와 유문암질 마그마가 혼합된 안산암질 마그마가 주로 분출한다.
• (나)에서 ㉠은 물이 포함된 맨틀의 용융 곡선과 만나는 지점에서 마그마가 생성되고, ㉡은 물이 포함되지 않은 맨틀의 용융 곡선과 만나는 지점에서 마그마가 생성된다. 따라서 ㉠은 섭입대에서의 온도 분포이고, ㉡은 해령 하부에서의 온도 분포이다.

○ 보기 풀이 ㄱ. A에는 해령이 위치한다. 해령 하부에서는 맨틀 물질의 상승에 따른 압력 감소에 의해 현무암질 마그마가 분출한다. 따라서 A에서는 마그마가 분출하여 주로 현무암이 생성된다.
ㄴ. 깊이 0~20 km 구간에서 ㉠은 온도가 약 250 ℃ 상승하고, ㉡은 1200 ℃ 이상 상승한다. 따라서 이 구간에서 지하의 평균 온도 변화율은 ㉠보다 ㉡이 크다.

✕ 매력적 오답 ㄷ. A는 해령으로 맨틀 물질이 상승하는 곳이고, B 하부는 섭입대로 맨틀 물질이 하강하는 곳이므로 깊이 100 km 이하에서 지하의 온도는 해령 하부가 해구 하부보다 높다. 또한 해령 하부에서는 맨틀 물질이 상승하여 마그마가 생성되므로, 물이 포함되지 않은 맨틀의 용융 곡선과 만나는 ㉡이 A의 지하 온도 분포이다.

문제풀이 Tip
지하 온도 분포가 맨틀의 용융 곡선과 만나는 곳에서 마그마가 생성된다. 해령 하부에서는 맨틀 물질의 상승에 의한 압력 감소로 마그마가 생성되므로 지하 온도 분포가 물이 포함되지 않은 맨틀의 용융 곡선과 만나고, 섭입대 하부에서는 해양 지각에서 빠져나온 물에 의해 맨틀의 용융 온도가 낮아져 마그마가 생성되므로 지하 온도 분포가 물이 포함된 맨틀의 용융 곡선과 만난다는 것에 유의해야 한다.

출제 의도 변동대에서 마그마의 생성 과정 및 분출되는 마그마의 종류에 따른 특징을 파악하는 문항이다.

그림 (가)는 마그마가 생성되는 지역 A, B, C를, (나)는 깊이에 따른 지하의 온도 분포와 암석의 용융 곡선을 나타낸 것이다.

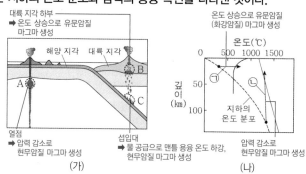

(가)

(나)

이 자료에 대한 설명으로 옳은 것만을 〈보기〉에서 있는 대로 고른 것은?

┌─ 보기 ─────────────────────────────┐
│ ㄱ. A의 마그마는 ⓛ 과정에 의해 생성된다.   │
│ ㄴ. 마그마의 평균 온도는 A에서가 B에서보다 낮다.   │
│   (높다.) │
│ ㄷ. 마그마의 SiO₂ 함량은 B에서가 C에서보다 낮다.   │
│   (높다.) │
└──────────────────────────────────┘

① ㄱ   ② ㄷ   ③ ㄱ, ㄴ   ④ ㄴ, ㄷ   ⑤ ㄱ, ㄴ, ㄷ

✔ 자료 해석

• A는 뜨거운 플룸이 상승하여 마그마가 생성되는 열점으로, 압력 감소에 의해 현무암질 마그마가 생성된다.

• B는 대륙 지각 하부로, 섭입대에서 생성되어 상승한 현무암질 마그마가 대륙 지각의 온도를 높여 부분 용융이 일어나 유문암질(화강암질) 마그마가 생성된다.

• C는 섭입대로, 섭입된 해양 지각에서 빠져나온 물에 의해 맨틀의 용융 온도가 하강하여 현무암질 마그마가 생성된다.

○ 보기 풀이 ㄱ. A에서는 압력 감소에 의해 현무암질 마그마가 생성되므로, ⓛ 과정에 해당한다.

✕ 매력적 오답 ㄴ. A에서는 압력 감소(ⓛ 과정)에 의해 현무암질 마그마가 생성되고, B에서는 온도 상승에 따른 대륙 지각의 부분 용융(⑤ 과정)에 의해 유문암질 마그마가 생성된다. (나)에서 ⑤ 과정에 의해 생성되는 마그마보다 ⓛ 과정에 의해 생성되는 마그마의 온도가 높으므로, 마그마의 평균 온도는 A에서가 B에서보다 높다.

ㄷ. B에서는 주로 유문암질 마그마가 생성되고, C에서는 현무암질 마그마가 생성된다. 마그마의 SiO₂ 함량은 유문암질 마그마가 현무암질 마그마보다 높으므로, B에서가 C에서보다 높다.

문제풀이 **Tip**

변동대에서 장소에 따라 마그마가 생성되는 과정을 묻는 문항이 자주 출제된다. 특히 섭입대 부근에서 위치에 따른 마그마의 생성 과정과 생성되는 마그마의 종류를 잘 알아 두자.

Part I

교육청

5 마그마의 생성

출제 의도 섭입대에서 마그마의 생성 과정을 이해하고, 마그마의 종류에 따른 성질과 생성되는 암석의 종류를 파악하는 문항이다.

그림은 해양판이 섭입되는 어느 지역에서 생성되는 마그마 A와 B를, 표는 A와 B의 SiO_2 함량을 나타낸 것이다.

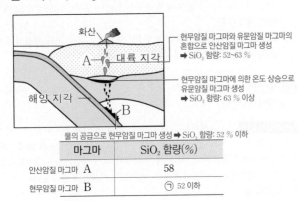

현무암질 마그마와 유문암질 마그마의 혼합으로 안산암질 마그마 생성
➡ SiO_2 함량: 52~63 %

현무암질 마그마에 의한 온도 상승으로 유문암질 마그마 생성
➡ SiO_2 함량: 63 % 이상

물의 공급으로 현무암질 마그마 생성 ➡ SiO_2 함량: 52 % 이하

마그마	SiO_2 함량(%)
안산암질 마그마 A	58
현무암질 마그마 B	㉠ 52 이하

이에 대한 옳은 설명만을 〈보기〉에서 있는 대로 고른 것은?

보기

ㄱ. A가 분출하면 반려암이 생성된다.
　　　　　　　　안산암

ㄴ. ㉠은 58보다 작다.

ㄷ. B는 주로 압력 감소에 의해 생성된다.
　　　물의 공급에 의한 용융점 하강

① ㄴ　② ㄷ　③ ㄱ, ㄴ　④ ㄱ, ㄷ　⑤ ㄴ, ㄷ

✓ 자료 해석

• 섭입대 하부에서는 해양 지각이 섭입할 때 빠져나온 물이 맨틀을 구성하는 암석의 용융점을 낮추어 현무암질 마그마(B)가 생성된다. B에서 생성된 현무암질 마그마가 상승하여 대륙 지각 하부에 도달하면 지각 하부가 부분 용융되어 유문암질 마그마가 생성되고, 유문암질 마그마와 현무암질 마그마가 혼합되어 안산암질 마그마(A)가 생성된다.
• A는 SiO_2 함량이 58 %이므로 안산암질 마그마이다.
• B는 현무암질 마그마로, SiO_2 함량이 52 % 이하이다.

○ 보기 풀이 ㄴ. B에서 생성되는 마그마는 해양 지각에서 빠져나온 물에 의해 맨틀 물질의 용융점이 하강하여 생성된 현무암질 마그마이다. 현무암질 마그마는 SiO_2 함량이 52 % 이하이다.

✕ 매력적 오답 ㄱ. A는 현무암질 마그마와 유문암질 마그마가 혼합되어 생성된 안산암질 마그마로, 지표로 분출하면 주로 안산암이 생성된다. 반려암은 현무암질 마그마가 지하 깊은 곳에서 천천히 냉각되어 생성된 화성암이다.
ㄷ. B는 섭입대 하부로 주로 물의 공급에 의한 용융점 하강으로 현무암질 마그마가 생성된다.

문제풀이 **Tip**

섭입대에서 마그마가 생성되는 과정과 마그마의 종류를 섭입대 하부, 대륙 지각 하부로 구분하여 알아 두자. 섭입대 하부에서는 현무암질 마그마, 대륙 지각 하부에서는 유문암질 마그마가 생성되지만, 지표로 분출하는 마그마는 주로 안산암질 마그마라는 것에 유의해야 한다.

6 마그마의 생성과 화성암의 종류

출제의도 암석의 용융 곡선 자료를 해석하여 마그마의 생성 과정을 이해하고, 화성암의 종류에 따른 성질을 비교하여 마그마의 종류와 생성 과정을 파악하는 문항이다.

그림 (가)는 깊이에 따른 지하의 온도 분포와 암석의 용융 곡선을, (나)는 화성암 A와 B의 성질을 나타낸 것이다. A와 B는 각각 (가)의 ⊙ 과정과 ⓒ 과정으로 생성된 마그마가 굳어진 암석 중 하나이다.

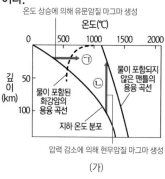
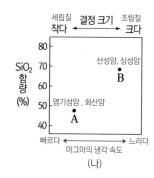

(가)　　　　　(나)

이 자료에 대한 설명으로 옳은 것만을 〈보기〉에서 있는 대로 고른 것은?

─ 보기 ─
ㄱ. 압력 감소에 의한 마그마 생성 과정은 ⓒ이다.
ㄴ. A는 B보다 마그마가 천천히 냉각되어 생성된다.
　　　　　　　　　　　　빠르게
ㄷ. A는 ⊙ 과정으로 생성된 마그마가 굳어진 것이다.
　　　ⓒ 과정

① ㄱ　②ㄴ　③ ㄱ, ㄷ　④ ㄴ, ㄷ　⑤ ㄱ, ㄴ, ㄷ

✔ 자료 해석

- (가) : ⊙은 온도 상승에 의해 유문암질 마그마가 생성되는 과정이고, ⓒ은 압력 감소에 의해 현무암질 마그마가 생성되는 과정이다.
- (나) : A는 SiO_2 함량이 52 % 이하이고, 결정의 크기가 작으므로 현무암질 마그마가 지표 부근에서 빠르게 냉각되어 생성된 화산암이고, B는 SiO_2 함량이 63 % 이상이고, 결정의 크기가 크므로 유문암질 마그마가 지하 깊은 곳에서 천천히 냉각되어 생성된 심성암이다.

○ 보기 풀이

ㄱ. 맨틀 물질이 상승하여 압력이 감소하면 맨틀 물질이 용융되어 현무암질 마그마가 생성된다. 따라서 압력 감소에 의한 마그마 생성 과정은 ⓒ이다.

✗ 매력적 오답

ㄴ. 마그마의 냉각 속도가 빠를수록 화성암을 구성하는 결정 크기는 작고, 마그마의 냉각 속도가 느릴수록 화성암을 구성하는 결정 크기가 크다. A는 B보다 결정 크기가 작으므로 마그마가 빨리 냉각되어 생성된다.

ㄷ. A는 SiO_2 함량이 52 % 이하이므로 현무암질 마그마가 냉각되어 생성된 화성암이다. ⊙ 과정에 의해서는 유문암질 마그마가 생성되고, ⓒ 과정에 의해서는 현무암질 마그마가 생성된다. 따라서 A는 ⓒ 과정으로 생성된 마그마가 굳어진 것이다.

문제풀이 Tip

암석의 용융 곡선에서 마그마의 생성 과정과 마그마의 종류를 묻는 문항이 자주 출제된다. 암석의 용융 곡선을 구분하고 온도 상승, 압력 감소, 물 공급에 의해 마그마가 생성되는 과정을 잘 알아 두자.

7 화성암의 종류와 마그마의 생성

출제 의도 화학 조성과 결정 크기에 따라 화성암의 종류를 구분하고, 마그마의 생성 조건과 과정을 이해하는 문항이다.

그림 (가)는 화성암 A와 B의 SiO_2 함량과 결정 크기를, (나)는 깊이에 따른 지하의 온도 분포와 암석의 용융 곡선을 나타낸 것이다. A와 B는 각각 현무암과 화강암 중 하나이다.

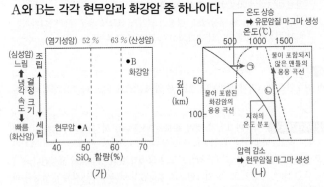

(가)   (나)

이에 대한 설명으로 옳은 것만을 〈보기〉에서 있는 대로 고른 것은? [3점]

보기
ㄱ. 생성 깊이는 A보다 B가 깊다.
ㄴ. ⓛ 과정으로 생성되어 상승하는 마그마는 주변보다 밀도가 ~~크다.~~ 작다.
ㄷ. A는 ~~㉠~~ ⓛ과정 과정에 의해 생성된 마그마가 굳어진 암석이다.

① ㄱ   ② ㄴ   ③ ㄱ, ㄷ   ④ ㄴ, ㄷ   ⑤ ㄱ, ㄴ, ㄷ

✓ 자료 해석

- **(가)**: A는 SiO_2 함량이 52 % 이하이므로 염기성암이고, 결정 크기가 작은 세립질 조직이므로 화산암이다. B는 SiO_2 함량이 63 % 이상이므로 산성암이고, 결정 크기가 큰 조립질 조직이므로 심성암이다. 따라서 A는 현무암, B는 화강암이다.
- **(나)**: ㉠은 온도 상승에 의해 유문암질 마그마가 생성되는 과정이고, ⓛ은 압력 감소에 의해 현무암질 마그마가 생성되는 과정이다.

○ 보기 풀이 ㄱ. 마그마가 지하 깊은 곳에서 천천히 냉각되면 결정 크기가 큰 화성암이 생성되고, 지표 부근에서 빠르게 냉각되면 결정 크기가 작은 화성암이 생성된다. A는 결정 크기가 작은 세립질 화성암이고, B는 결정 크기가 큰 조립질 화성암이므로, 생성 깊이는 A보다 B가 깊다.

✕ 매력적 오답 ㄴ. ⓛ은 맨틀 물질이 상승하여 압력 감소에 의해 부분 용융되어 현무암질 마그마가 생성되는 과정이다. 이 과정으로 생성되어 상승하는 현무암질 마그마는 주변보다 밀도가 작다.

ㄷ. A는 SiO_2 함량이 52 % 이하이므로 현무암질 마그마가 냉각되어 굳어진 현무암이다. 현무암질 마그마는 ⓛ 과정에 의해 생성된다.

문제풀이 Tip
암석의 용융 곡선에서 마그마의 생성 과정과 마그마의 종류를 묻는 문항이 자주 출제된다. 온도 상승, 압력 감소, 물 공급에 따른 용융점 하강에 의해 각각 생성되는 마그마의 종류를 구분하여 학습해 두자.

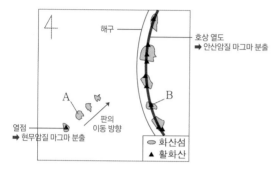
8 마그마의 생성

출제 의도 화산섬의 분포로부터 열점과 호상 열도를 구분하고, 각 지역에서 생성되는 마그마의 종류와 생성 과정을 이해하는 문항이다.

그림은 판 경계가 존재하는 어느 지역의 화산섬과 활화산의 분포를 나타낸 것이다. 이 지역에는 하나의 열점이 분포한다.

이에 대한 옳은 설명만을 〈보기〉에서 있는 대로 고른 것은? [3점]

보기
ㄱ. 이 지역에는 해구가 존재한다.
ㄴ. 화산섬 A는 주로 안산암(현무암)으로 이루어져 있다.
ㄷ. 활화산 B에서 분출되는 마그마는 압력 감소(마그마의 혼합)에 의해 생성된다.

① ㄱ   ② ㄴ   ③ ㄷ   ④ ㄱ, ㄴ   ⑤ ㄴ, ㄷ

✔ 자료 해석

- 화산섬 A를 포함한 화산섬들이 열을 지어 분포한 곳에서는 화산섬 A의 남서쪽에 위치한 화산섬에서만 화산 활동이 일어나고 있으므로, 화산섬 A는 열점에서 생성되어 북동쪽으로 이동한 것이다.
- 화산섬 B를 포함한 화산섬들이 열을 지어 분포한 곳에서는 모든 화산섬에서 화산 활동이 일어나고 있으므로, 섭입형 경계에서 형성된 호상 열도이다.

○ 보기 풀이 ㄱ. 화산섬 B를 포함한 화산섬들은 섭입형 경계에서 마그마의 분출로 생성된 호상 열도이므로, 이 지역에는 해구가 존재한다.

✕ 매력적 오답 ㄴ. 화산섬 A는 열점에서 생성되어 이동한 것이다. 열점에서는 현무암질 마그마가 생성되므로, 화산섬 A는 주로 현무암으로 이루어져 있다.
ㄷ. 섭입대 하부에서는 물의 공급에 의해 현무암질 마그마가 생성되고, 상승한 현무암질 마그마에 의해 대륙 지각 하부가 가열되어 유문암질 마그마가 생성되며, 현무암질 마그마와 유문암질 마그마가 혼합되어 안산암질 마그마가 분출한다. 따라서 호상 열도에 위치한 활화산 B에서 분출되는 마그마는 마그마의 혼합에 의해 생성된다.

문제풀이 Tip

열점에서 생성된 화산섬 중 화산 활동이 일어나는 섬은 열점 바로 위 한 곳이지만, 호상 열도는 모든 섬에서 화산 활동이 일어난다는 것에 유의해야 한다. 또한 열점과 해령에서는 현무암질 마그마가 분출되고, 호상 열도에서는 주로 안산암질 마그마가 분출된다는 것을 꼭 알아 두자.

9 판의 경계

출제 의도 판의 평균 밀도와 평균 두께를 비교하여 대륙판과 해양판을 구분하고, 판의 이동 방향과 이동 속력을 통해 판 경계에서 일어나는 지각 변동을 파악하는 문항이다.

그림 (가)는 판 A와 B의 경계를, (나)는 A와 B의 이동 속력과 방향을, (다)는 A와 B에 포함된 지각의 평균 두께와 밀도를 나타낸 것이다. A와 B는 각각 대륙판과 해양판 중 하나이다.

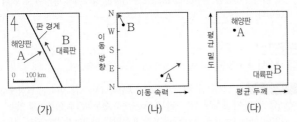

(가)　　　　(나)　　　　(다)

이 자료에 대한 옳은 설명만을 〈보기〉에서 있는 대로 고른 것은?

보기

ㄱ. B는 ~~해양판~~이다.
　　　　대륙판

ㄴ. 판 경계에서 북동쪽으로 갈수록 진원의 깊이는 대체로 깊어진다.

ㄷ. 판 경계의 하부에서는 주로 ~~압력 감소~~에 의해 마그마가 생성된다.
　　　　　　　물 공급에 의한 용융점 하강

① ㄱ　　② ㄴ　　③ ㄱ, ㄷ　　④ ㄴ, ㄷ　　⑤ ㄱ, ㄴ, ㄷ

✓ **자료 해석**

• (나)에서 A는 북동쪽으로 이동하고, B는 북서쪽으로 이동하며, 이동 속력은 A가 B보다 빠르다.

• (다)에서 A가 B보다 판의 평균 밀도가 크고 평균 두께가 얇으므로, A는 해양판, B는 대륙판이다.

• 판의 이동 방향과 속력, 판의 종류를 종합적으로 고려해 보면 (가)의 판의 경계는 해양판이 대륙판 아래로 섭입하는 섭입형 수렴 경계이다.

○ **보기 풀이** ㄴ. A가 B 아래로 섭입하는 수렴형 경계이므로, 지진은 판의 밀도가 작아서 섭입당하는 판 쪽에서 주로 발생한다. 따라서 판 경계에서 북동쪽으로 갈수록 진원의 깊이는 대체로 깊어진다.

✗ **매력적 오답** ㄱ. (다)에서 B는 A보다 평균 밀도가 작고, 평균 두께가 두꺼운 것으로 보아 A는 해양판, B는 대륙판이다.

ㄷ. 해양판이 대륙판 아래로 섭입하는 수렴형 경계이므로, 판 경계의 하부에서는 해양 지각과 퇴적물의 함수 광물에서 빠져나온 물이 맨틀에 공급되면서 맨틀 물질의 용융점을 하강시켜 부분 용융이 일어나 현무암질 마그마가 생성된다.

문제풀이 Tip

두 판이 모두 판의 경계에 대해 수직한 방향으로 이동하고 있지는 않지만 서로 가까워지는 방향으로 이동하고 있으며 두 판의 상대적인 이동 속력을 고려할 때 이 판의 경계가 수렴형 경계인 것을 파악할 수 있어야 한다. 실제 판의 경계 부근에서 각 판이 판 경계와 수직이나 수평 방향으로만 이동하지는 않는다는 것에 유의해야 한다.

출제 의도 변동대에서 마그마의 생성 과정 및 분출되는 마그마의 종류를 파악하는 문항이다.

그림 (가)는 마그마가 분출되는 지역 A, B, C를, (나)는 깊이에 따른 지하의 온도 분포와 암석의 용융 곡선을 마그마 생성 과정과 함께 나타낸 것이다.

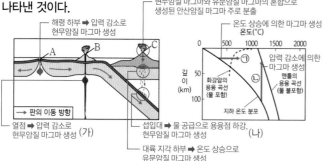

이에 대한 설명으로 옳은 것만을 〈보기〉에서 있는 대로 고른 것은?

보기

ㄱ. A에서는 ⊙ 과정으로 형성된 마그마가 분출된다.
　　　　　　ⓛ 과정

ㄴ. B의 하부에서는 플룸이 상승하고 있다.

ㄷ. C에서는 주로 현무암질 마그마가 분출된다.
　　　　　　　　　　안산암질 마그마

① ㄱ　② ㄴ　③ ㄱ, ㄷ　④ ㄴ, ㄷ　⑤ ㄱ, ㄴ, ㄷ

✔ 자료 해석

• A 아래에서는 맨틀 물질이 상승하면서 압력 감소에 의해 현무암질 마그마가 생성된다.

• B 아래에서는 뜨거운 플룸이 상승하면서 압력 감소에 의해 현무암질 마그마가 생성된다.

• C 아래에서는 섭입대에서 물의 공급에 의해 현무암질 마그마가 생성되고, 상승한 현무암질 마그마에 의해 대륙 지각의 온도가 상승하여 유문암질 마그마가 생성되며, C에서는 유문암질 마그마와 현무암질 마그마가 혼합되어 생성된 안산암질 마그마가 주로 분출된다.

• (나)에서 ⊙은 온도 상승에 의해 대륙 지각이 용융되어 유문암질 마그마가 생성되는 과정이고, ⓛ은 압력 감소에 의해 현무암질 마그마가 생성되는 과정이다.

○ 보기 풀이 ㄴ. B의 하부의 열점에서는 뜨거운 플룸이 상승하여 마그마가 생성된다.

✕ 매력적 오답 ㄱ. A에서는 압력 감소에 의해 생성된 현무암질 마그마가 분출된다. 압력 감소에 의해 마그마가 생성되는 과정은 ⓛ이다.

ㄷ. C에서는 섭입대에서 생성된 현무암질 마그마와 대륙 지각 하부에서 생성된 유문암질 마그마가 혼합되어 형성된 안산암질 마그마가 주로 분출된다.

문제풀이 **Tip**

변동대에서 생성되는 마그마에 대해 묻는 문항이 자주 출제된다. 해령 하부, 열점, 섭입대 부근에서 마그마가 생성되는 과정과 분출되는 마그마의 종류에 대해 확실하게 알아 두자.

출제 의도 판 경계 부근에서 생성되는 마그마의 종류과 생성 과정을 이해하고, 지하에서 물 공급에 따른 암석의 용융 온도 변화를 마그마의 생성 과정과 연관짓는 문항이다.

그림 (가)는 어느 지역의 판 경계와 마그마가 분출되는 영역 A와 B의 위치를, (나)는 A와 B 중 한 영역의 하부에서 마그마가 생성되는 과정 ⊙을 나타낸 것이다.

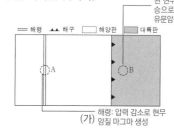
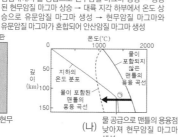

이에 대한 설명으로 옳은 것만을 〈보기〉에서 있는 대로 고른 것은?

보기

ㄱ. A에서 분출되는 마그마는 주로 현무암질 마그마이다.

ㄴ. (나)에서 맨틀의 용융점은 물이 포함되지 않은 경우보다 물이 포함된 경우가 높다. 낮다.

ㄷ. ⊙은 B의 하부에서 마그마가 생성되는 과정이다.

① ㄱ　② ㄴ　③ ㄷ　④ ㄱ, ㄷ　⑤ ㄴ, ㄷ

✔ 자료 해석

• (가)에서 A는 발산형 경계인 해령으로, 압력 감소에 의해 현무암질 마그마가 생성되어 분출한다.

• (가)에서 B는 섭입형 수렴 경계 부근으로, 섭입대에서 생성되어 상승한 현무암질 마그마와 대륙 지각 하부에서 생성된 유문암질 마그마가 혼합되어 생성된 안산암질 마그마가 주로 분출한다.

• (나)의 ⊙은 물의 공급에 의해 맨틀 물질의 용융점이 낮아져 현무암질 마그마가 생성되는 과정이다.

○ 보기 풀이 ㄱ. A의 해령 하부에서는 맨틀 물질이 상승함에 따라 압력이 감소하여 맨틀 물질이 부분 용융되어 현무암질 마그마가 생성된다.

ㄷ. ⊙은 물이 포함되지 않은 맨틀에 물이 공급되면서 맨틀의 용융 온도가 낮아져서 현무암질 마그마가 생성되는 과정이다. 섭입대에서는 섭입하는 해양판에서 빠져나온 물이 맨틀에 공급되면서 맨틀의 용융점을 낮춰 현무암질 마그마가 생성된다. 따라서 ⊙은 B의 하부에서 마그마가 생성되는 과정이다.

✕ 매력적 오답 ㄴ. (나)에서 물이 포함되지 않은 맨틀의 용융점이 물이 포함된 맨틀의 용융점보다 높다.

문제풀이 **Tip**

해령 하부, 열점, 섭입대 부근에서 생성되는 마그마의 종류와 생성 과정에 대해 묻는 문항이 자주 출제된다. 각 위치에서 마그마의 생성 과정과 생성 조건을 지하의 온도 분포와 암석의 용융 곡선에서 찾을 수 있도록 연관지어 확실하게 알아 두자.

12 마그마의 생성 과정

출제 의도 암석의 용융 곡선 자료에서 물의 포함 여부에 따른 맨틀의 용융 곡선을 구분하고, 마그마의 생성 과정과 종류, 생성 장소를 파악하는 문항이다.

그림은 깊이에 따른 지하의 온도 분포와 맨틀의 용융 곡선 X, Y를 나타낸 것이다. X, Y는 각각 물이 포함된 맨틀의 용융 곡선과 물이 포함되지 않은 맨틀의 용융 곡선 중 하나이고, ㉠, ㉡은 마그마의 생성 과정이다.

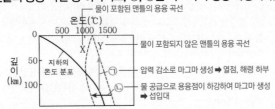

이에 대한 옳은 설명만을 〈보기〉에서 있는 대로 고른 것은? [3점]

보기

ㄱ. X는 물이 포함된 맨틀의 용융 곡선이다.

ㄴ. 해령 하부에서는 마그마가 ㉠으로 생성된다.

ㄷ. ㉡으로 생성된 마그마는 SiO_2 함량이 ~~63 % 이상~~이다.
　　　　　　　　　　　　　　　　　　52 % 이하

---

① ㄱ　　② ㄷ　　③ ㄱ, ㄴ　　④ ㄴ, ㄷ　　⑤ ㄱ, ㄴ, ㄷ

✔ 자료 해석

• 지하에서는 깊이가 깊어질수록 온도가 높아진다.

• 용융점이 낮은 X는 물이 포함된 맨틀의 용융 곡선이고, 용융점이 높은 Y는 물이 포함되지 않은 맨틀의 용융 곡선이다.

• ㉠ : 깊이가 얕아지면서 압력이 감소하여 마그마가 생성되는 과정으로, 해령 하부나 열점에서 현무암질 마그마가 생성되는 경우이다.

• ㉡ : 물이 포함되지 않은 맨틀에 물이 공급되면서 맨틀의 용융점이 낮아져서 마그마가 생성되는 과정으로, 섭입대에서 현무암질 마그마가 생성되는 경우이다.

○ 보기 풀이

ㄱ. 맨틀에 물이 포함되면 용융점이 낮아지므로, 물을 포함한 맨틀의 용융점이 물을 포함하지 않은 맨틀의 용융점보다 낮다. X는 Y보다 용융점이 낮으므로, 물이 포함된 맨틀의 용융 곡선이다.

ㄴ. 해령 하부에서는 압력 감소에 의해 마그마가 생성되므로 ㉠ 과정으로 생성된다.

✕ 매력적 오답

ㄷ. ㉡은 맨틀에 물이 공급되어 용융점이 낮아지면서 현무암질 마그마가 생성되는 과정이다. 현무암질 마그마는 SiO_2 함량이 52 % 이하이다.

문제풀이 Tip

지하의 온도 분포와 암석의 용융 곡선 자료를 해석하여 마그마의 생성 과정과 생성되는 마그마의 종류를 묻는 문항이 자주 출제된다. 마그마의 생성 과정을 생성 장소및 마그마의 종류와 연관 지어 잘 학습해 두자.

13 열점과 판의 이동

출제 의도 열점에 의해 형성된 섬과 해산 자료를 해석하여 판의 이동 방향, 암석의 종류, 섬이나 해산의 형성 순서를 파악하는 문항이다.

그림은 태평양판에 위치한 열점들에 의해 형성된 섬과 해산의 일부를 나타낸 것이다.

이에 대한 설명으로 옳은 것만을 〈보기〉에서 있는 대로 고른 것은?

― 보기 ―

ㄱ. A는 B보다 먼저 형성되었다.

ㄴ. C에는 현무암이 분포한다.

ㄷ. 태평양판의 이동 방향은 남동쪽이다.
　　　　　　　　　　　　　　　북서쪽

① ㄱ　　② ㄷ　　③ ㄱ, ㄴ　　④ ㄴ, ㄷ　　⑤ ㄱ, ㄴ, ㄷ

✔ 자료 해석

• A는 B의 하부에 위치한 열점에서 분출한 마그마에 의해 형성된 화산섬이며, 판이 이동함에 따라 북서쪽으로 이동하였다.

• C는 열점 위에 위치하며, 열점에서는 뜨거운 플룸이 상승하여 생성된 마그마가 지각을 뚫고 분출하여 화산 활동이 일어난다.

○ 보기 풀이 ㄱ. 뜨거운 플룸은 맨틀과 외핵의 경계에서 상승하므로 맨틀이 대류하여 판이 이동해도 열점의 위치는 변하지 않는다. 열점은 B의 하부에 위치하며, 이 열점에서 분출한 마그마에 의해 화산섬이나 해산이 형성된 후 판과 함께 이동하였다. 따라서 A는 B보다 먼저 형성되었다.

ㄴ. 열점에서는 맨틀 물질이 상승하여 압력 감소에 의해 현무암질 마그마가 생성되므로, C에는 현무암이 분포한다.

✕ 매력적 오답 ㄷ. 열점은 맨틀에 고정된 마그마의 생성 장소이고, 열점에서 마그마가 분출하여 형성된 화산섬이나 해산은 태평양판에 실려 북서 방향으로 이동하고 있다. 따라서 태평양판의 이동 방향은 북서쪽이다.

문제풀이 Tip

열점과 해령에서는 현무암질 마그마가 분출하여 현무암이 생성되고, 섭입대 부근에서는 주로 안산암질 마그마가 분출하여 안산암이 생성되는 것을 알아 두자.

---

14 화성암의 생성과 특징

출제 의도 화성암의 생성 위치에 따른 마그마의 냉각 속도를 비교하고, 화산암과 심성암에서 발달하는 절리를 파악하는 문항이다.

그림 (가)는 화성암의 생성 위치를, (나)는 북한산 인수봉의 모습을 나타낸 것이다.

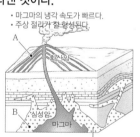　

(가) 마그마의 냉각 속도가 느리다.　　　(나)

이에 대한 옳은 설명만을 〈보기〉에서 있는 대로 고른 것은?

― 보기 ―

ㄱ. 주상 절리는 B보다 A에서 잘 형성된다.

ㄴ. (나)의 암석은 A에서 생성되었다.
　　　　　　　　　B

ㄷ. 마그마의 냉각 속도는 B보다 A에서 빠르다.

① ㄱ　　② ㄴ　　③ ㄱ, ㄷ　　④ ㄴ, ㄷ　　⑤ ㄱ, ㄴ, ㄷ

✔ 자료 해석

• (가)의 A에서는 마그마가 지표로 분출하여 빠르게 냉각되어 화산암이 생성되고, B에서는 마그마가 지하 깊은 곳에서 서서히 냉각되어 심성암이 생성된다.

• (나)의 북한산 인수봉을 이루고 있는 주요 암석은 화강암이다.

○ 보기 풀이 마그마가 어느 깊이에서 굳어지는지에 따라 마그마의 냉각 속도와 화성암의 조직, 종류가 달라진다. 마그마가 지표 부근에서 빠르게 냉각되면 화산암이 되고, 지하 깊은 곳에서 서서히 냉각되면 심성암이 된다.

ㄱ. 주상 절리는 지표로 분출한 용암이 식을 때 부피가 수축하여 단면이 다각형인 긴 기둥 모양으로 갈라진 것이다. 따라서 주상 절리는 심성암(B)보다 화산암(A)에서 잘 형성된다.

ㄷ. 마그마가 지하 깊은 곳(B)에서 서서히 냉각되면 심성암이 되고, 지표 부근(A)에서 빠르게 냉각되면 화산암이 된다. 따라서 마그마의 냉각 속도는 B보다 A에서 빠르다.

✕ 매력적 오답 ㄴ. (나)의 북한산 인수봉을 이루고 있는 주요 암석은 화강암이다. 화강암은 지하 깊은 곳(B)에서 마그마가 서서히 냉각되어 생성된 심성암이다.

문제풀이 Tip

화성암은 화학 조성과 광물의 조성에 따라 염기성암, 중성암, 산성암으로 분류하고, 암석의 조직에 따라 화산암, 심성암으로 분류하는 것을 알아 두고, 각각의 특징을 비교하여 학습해 두자.

04 퇴적암과 지질 구조

1 퇴적 구조

2024년 10월 교육청 1번 | 정답 ③ | 문제편 24p

출제 의도 퇴적 구조를 특징에 따라 구분하고, 퇴적 구조의 형성 과정을 이해하는 문항이다.

다음은 세 가지 퇴적 구조를 특징에 따라 구분하는 과정을 나타낸 것이다.

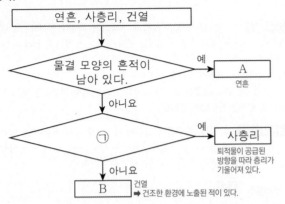

이에 대한 설명으로 옳은 것만을 〈보기〉에서 있는 대로 고른 것은?

┌─ 보기 ─────────────────────────┐
ㄱ. A는 연흔이다.
ㄴ. '퇴적물이 공급된 방향을 알 수 있다.'는 ㉠에 해당한다.
ㄷ. B는 수심이 깊은 환경에서 형성된다.
　　　　　　　얕은
└────────────────────────────┘

① ㄱ　② ㄷ　③ ㄱ, ㄴ　④ ㄴ, ㄷ　⑤ ㄱ, ㄴ, ㄷ

✔ 자료 해석

- 연흔은 수심이 얕은 바다나 호수에서 물결의 영향으로 퇴적물의 표면에 물결 모양의 자국이 남아 있는 퇴적 구조이다.
- 사층리는 수심이 얕은 곳이나 바람의 방향이 자주 변하는 사막에서 층리가 기울어진 상태로 쌓인 퇴적 구조이다.
- 건열은 점토와 같이 입자가 매우 작은 퇴적물이 수면 위의 건조한 환경에 노출되어 퇴적물의 표면이 갈라진 퇴적 구조이다.

○ 보기 풀이 ㄱ. A는 물결 모양의 흔적이 남아 있는 퇴적 구조로, 연흔이다.
ㄴ. 사층리는 물이나 바람의 방향이 자주 변하는 곳에서 형성되는 퇴적 구조로, 층리가 기울어진 방향을 통해 물이 흘렀던 방향이나 바람이 불었던 방향을 알 수 있다. 따라서 '퇴적물이 공급된 방향을 알 수 있다.'는 사층리를 구분하는 기준이 된다.

✕ 매력적 오답 ㄷ. B는 건열로, 수심이 얕은 환경에서 점토질 물질이 퇴적된 후 건조한 환경에 노출되어 형성된다.

문제풀이 Tip
퇴적 구조에 따라 형성되는 환경이 다르기 때문에 퇴적 구조를 통해 지층이 퇴적될 당시의 환경을 유추할 수 있으며, 특징적인 형태를 가지고 있으므로 이를 이용하면 지층의 역전 여부를 알 수 있다. 퇴적 구조 중에서 연흔, 사층리는 모두 물밑에서 형성될 때는 수심이 얕은 곳에서 형성되고, 점이 층리는 수심이 깊은 곳에서 형성된다는 것에 유의해야 한다.

2 퇴적암의 생성 과정

2024년 7월 교육청 5번 | 정답 ③ | 문제편 24 p

출제 의도 쇄설성 퇴적암의 생성 과정을 이해하고, 퇴적물의 크기에 따라 생성되는 퇴적암을 파악하는 문항이다.

그림 (가)와 (나)는 어느 쇄설성 퇴적암의 생성 과정 일부를 순서대로 나타낸 것이다.

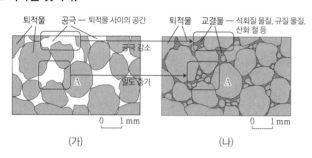

(가)   (나)

이에 대한 설명으로 옳은 것만을 〈보기〉에서 있는 대로 고른 것은?

보기
ㄱ. (가)에서 다짐 작용을 받으면 공극은 감소한다.
ㄴ. (나)에서 교결물은 퇴적물 입자들을 결합시켜 주는 역할을 한다.
ㄷ. <s>어암은 주로</s> A와 같은 크기의 퇴적물 입자가 퇴적되어 만들어진다.
   사암

① ㄱ   ② ㄷ   ③ ㄱ, ㄴ   ④ ㄴ, ㄷ   ⑤ ㄱ, ㄴ, ㄷ

✔ 자료 해석
• (가) → (나) 과정 사이에 퇴적물 사이의 공극이 줄어들고 퇴적물의 밀도가 증가하였으므로 다짐 작용이 일어났고, 교결물이 퇴적물 사이에 침전하여 퇴적물 알갱이들을 단단하게 연결시키는 교결 작용이 일어났다.
• A는 크기가 약 1 mm이므로 모래이다.

○ 보기 풀이 ㄱ. 다짐 작용은 오랜 세월 동안 퇴적물이 쌓이면서 위에 있는 물질의 무게에 의해 치밀하게 다져지는 작용이므로 (가)에서 다짐 작용을 받으면 공극이 감소한다.
ㄴ. 교결물은 퇴적물 속의 수분이나 지하수에 녹아 있던 석회질 물질, 규질 물질, 산화 철 등으로, 퇴적물 입자들을 단단하게 결합시켜 주는 역할을 한다.

✘ 매력적 오답 ㄷ. A는 크기가 약 1 mm인 퇴적물로 모래에 해당하므로, A가 퇴적되어 만들어진 퇴적암은 사암이다. 이암은 주로 크기가 $\frac{1}{16}$ mm 이하의 점토가 퇴적되어 만들어진 퇴적암이다.

문제풀이 Tip
퇴적물이 퇴적되어 퇴적암이 생성되는 과정을 속성 작용이라고 하며, 다짐 작용과 교결 작용으로 나뉜다. 다짐 작용과 교결 작용에서 퇴적물에 나타나는 변화를 잘 알아 두자.

3 퇴적 구조

2024년 5월 교육청 3번 | 정답 ⑤ | 문제편 24 p

출제 의도 지층 단면에 나타난 퇴적 구조의 종류를 파악하고, 형성 환경과 특징을 이해하는 문항이다.

그림은 퇴적 구조 A와 B가 발달한 지층 단면을 나타낸 것이다. A와 B는 각각 건열과 연흔 중 하나이다.

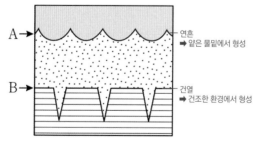

이에 대한 설명으로 옳은 것만을 〈보기〉에서 있는 대로 고른 것은?

보기
ㄱ. A는 연흔이다.
ㄴ. B는 주로 건조한 환경에서 형성된다.
ㄷ. A와 B를 통해 지층의 역전 여부를 확인할 수 있다.

① ㄱ   ② ㄷ   ③ ㄱ, ㄴ   ④ ㄴ, ㄷ   ⑤ ㄱ, ㄴ, ㄷ

✔ 자료 해석
• A는 물결 모양의 퇴적 구조로, 수심이 얕은 물밑에서 형성된 연흔이다.
• B는 쐐기 모양의 퇴적 구조로, 건조한 환경에서 형성된 건열이다.
• 지층이 역전되지 않았을 때 연흔은 뾰족한 부분이 위로, 건열은 쐐기 모양의 뾰족한 부분이 아래로 향한다.

○ 보기 풀이 ㄱ. A는 잔물결이나 파도, 흐르는 물, 바람 등에 의해 수심이 얕은 환경에서 형성된 연흔이다.
ㄴ. B는 수심이 얕은 물밑에서 점토질 물질이 퇴적된 후 퇴적물 표면이 건조한 대기에 노출되어 갈라져서 형성된 건열이다. 따라서 B는 주로 건조한 환경에서 형성된다.
ㄷ. 연흔, 건열 등의 퇴적 구조를 통해 지층의 역전 여부를 확인할 수 있다.

문제풀이 Tip
지층이 역전되지 않은 정상 상태일 때 연흔은 뾰족한 부분이 위로 향하고, 건열은 뾰족한 부분이 아래로 향한다. 반면에 지층이 역전된 경우 연흔은 둥근 부분이 위로 향하고, 건열은 뾰족한 부분이 위로 향한다. 지층이 역전되지 않은 정상 상태일 때와 역전되었을 때 관찰되는 퇴적 구조의 모습을 잘 알아 두자.

4 퇴적암의 분류

출제 의도 퇴적암을 이루는 자갈과 모래의 비율을 비교하여 퇴적암의 종류를 결정하고, 특징을 파악하는 문항이다.

표는 퇴적암 A, B, C를 이루는 자갈의 비율과 모래의 비율을 나타낸 것이다. A, B, C는 각각 역암, 사암, 셰일 중 하나이다.

퇴적암	자갈의 비율(%)	모래의 비율(%)
사암 A	5	90
셰일 B	4	5
역암 C	80	10

이에 대한 설명으로 옳은 것만을 〈보기〉에서 있는 대로 고른 것은?

보기
ㄱ. A는 셰일이다.
　　　사암
ㄴ. 연흔은 C층에서 주로 나타난다.
　　　　　　　나타나지 않는다.
ㄷ. A, B, C는 쇄설성 퇴적암이다.

① ㄱ　② ㄷ　③ ㄱ, ㄴ　④ ㄴ, ㄷ　⑤ ㄱ, ㄴ, ㄷ

✓ 자료 해석

• 역암은 주로 자갈, 사암은 주로 모래, 셰일은 주로 점토로 이루어져 있다.
• A는 모래의 비율이 가장 높으므로 사암이고, C는 자갈의 비율이 가장 높으므로 역암이며, B는 셰일이다.

○ 보기 풀이　ㄷ. 자갈, 모래, 점토 등은 풍화, 침식 작용에 의해 생성된 쇄설성 퇴적물이다. 쇄설성 퇴적물이 퇴적되어 형성된 사암(A), 셰일(B), 역암(C)은 쇄설성 퇴적암이다.

✕ 매력적 오답　ㄱ. A는 자갈의 비율이 5 %이고 모래의 비율이 90 %이므로, 주로 모래가 퇴적되어 형성된 사암이다.
ㄴ. 연흔은 수심이 얕은 물밑에서 흐르는 물이나 바람, 파도 등에 의해 물결 모양의 흔적이 지층이나 암석에 남아 있는 퇴적 구조로, 입자가 큰 역암층에서는 거의 나타나지 않고, 주로 셰일층이나 사암층에서 나타난다.

문제풀이 Tip
연흔은 물결의 흔적이 퇴적물에 남아 있는 것이므로 주로 퇴적물의 입자가 작은 퇴적암에서 잘 나타난다는 것에 유의해야 한다.

선택지 비율	① 2%	② 2%	③ 4%	④ 5%	❺ 88%

5 퇴적 구조

2024년 3월 교육청 4번 | 정답 ⑤ | 문제편 25p

출제 의도 다양한 퇴적 구조의 특징과 모습을 이해하여 인공지능 프로그램을 이용해 퇴적 구조를 분류하는 탐구 활동을 수행하는 문항이다.

다음은 인공지능[AI] 프로그램을 이용하여 퇴적 구조를 분류하는 탐구 활동이다.

[탐구 과정]

(가) 이미지를 분류해 주는 AI 프로그램에 접속한다.

(나) 건열, 사층리, 연흔의 명칭을 입력하고, 각각에 해당하는 서로 다른 사진 파일을 10개씩 업로드하여 AI 학습 과정을 진행시킨다.

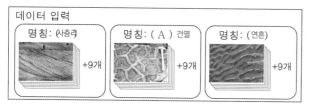

데이터 입력

명칭: (사층리)

+9개

명칭: (A) 건열

+9개

명칭: (연흔)

+9개

(다) 학습된 AI에 퇴적 구조의 새로운 사진 파일 2개를 업로드하여 분류 결과를 확인한다.

사진 1

퇴적 구조	일치 정도(%)
건열	20.32
사층리	40.86
연흔	38.82

분류 결과: 사층리

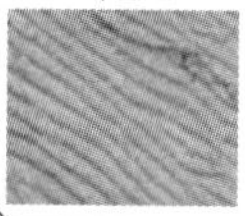

사진 2

퇴적 구조	일치 정도(%)
건열	2.96
사층리	79.83
연흔	17.21

분류 결과: 사층리

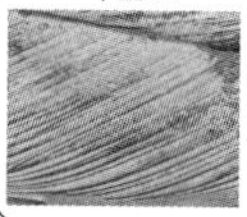

(라) (다)의 사진에 나타난 퇴적 구조의 특징을 각각 분석하여 모둠별로 퇴적 구조의 종류를 판단하고, AI의 분류 결과와 일치하는지 확인한다.

[탐구 결과]

	사진에 나타난 퇴적 구조의 특징	모둠별 판단 결과	AI의 분류 결과	일치 여부 (○: 일치, ×: 불일치)
사진 1	(㉠) 물결 무늬	연흔	사층리	×
사진 2	층리가 평행하지 않고 기울어짐.	(사층리)	사층리	(㉡) ○

이 자료에 대한 설명으로 옳은 것만을 〈보기〉에서 있는 대로 고른 것은? (단, 모둠별 판단 결과는 모두 옳게 제시하였다.) [3점]

보기

ㄱ. (나)에서 A는 건열이다.

ㄴ. '지층의 표면에 물결 무늬의 자국이 보임.'은 ㉠에 해당한다.

ㄷ. ㉡은 '○'이다.

① ㄱ ② ㄷ ③ ㄱ, ㄴ ④ ㄴ, ㄷ ⑤ ㄱ, ㄴ, ㄷ

✓ 자료 해석

- 건열: 퇴적물의 표면이 갈라져서 쐐기 모양의 틈이 생긴 퇴적 구조로, 건조한 환경에서 형성된다.
- 사층리: 층리가 기울어지거나 엇갈려 나타나는 퇴적 구조로, 수심이 얕은 곳이나 바람의 방향이 자주 변하는 사막에서 형성된다.
- 연흔: 물결 모양의 흔적이 지층에 남아 있는 퇴적 구조로, 얕은 물밑에서 형성된다.

○ 보기 풀이 ㄱ. (나)에서 A는 표면이 거북이 등껍질과 같이 갈라져 있는 것으로 보아 건열이다.

ㄴ. 지층 표면에 물결 자국이 남아 있는 퇴적 구조는 연흔이다. 사진 1은 연흔으로, '지층의 표면에 물결 무늬의 자국이 보임.'은 ㉠에 해당한다.

ㄷ. 사진 2에서는 층리가 기울어져 있는 모습을 볼 수 있으므로 사층리의 사진이다. 모둠별 판단 결과는 모두 옳다고 하였으므로 사진 2는 AI의 분류 결과와 일치한다.

문제풀이 Tip

건열은 표면이 갈라진 모습, 사층리는 기울어진 층리, 연흔은 물결 모양의 흔적이 나타난다는 것을 알고, 사진이나 그림에서 이를 구분할 수 있어야 한다. 연흔의 사진이 사층리와 같이 사선으로 기울어져 보이더라도 사층리와 구분할 수 있으려면 많은 자료를 접해보는 것이 중요하다. 사진과 그림에서 퇴적 구조의 형태를 확실하게 구분할 수 있도록 하자.

6 퇴적 환경과 퇴적 구조

출제 의도 퇴적 구조의 모습을 확인하여 종류를 결정하고, 퇴적 구조의 형성 과정과 퇴적 환경을 파악하는 문항이다.

그림 (가)는 퇴적 환경의 일부를, (나)는 서로 다른 퇴적 구조를 나타낸 것이다.

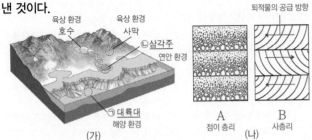

(가)

A 점이 층리 (나) B 사층리

이에 대한 설명으로 옳은 것만을 〈보기〉에서 있는 대로 고른 것은?

보기
ㄱ. A는 ⓒ보다 ⓒ에서 잘 생성된다.
　　　　ⓒ보다 ㉠에서
ㄴ. B를 통해 퇴적물이 공급된 방향을 알 수 있다.
ㄷ. ⓒ은 퇴적 환경 중 육상 환경에 해당한다.
　　　　　　　　　　　　　연안 환경

① ㄱ　② ㄴ　③ ㄱ, ㄷ　④ ㄴ, ㄷ　⑤ ㄱ, ㄴ, ㄷ

✔ 자료 해석
- (가) : 호수와 사막은 육상 환경, 삼각주는 연안 환경, 대륙대는 해양 환경에 해당한다.
- (나) : A는 한 지층 내에서 위로 갈수록 입자의 크기가 작아지는 점이 층리이고, B는 층리가 비스듬히 기울어지거나 엇갈려 나타나는 사층리이다.

◯ 보기 풀이 ㄴ. B는 사층리로, 주로 수심이 얕은 물밑이나 바람의 방향이 자주 바뀌는 곳에서 물이 흘러가거나 바람이 불어가는 방향의 비탈면에 퇴적물이 쌓여 생성되므로, 사층리의 층리가 기울어진 방향을 통해 퇴적물이 공급된 방향을 알 수 있다.

✕ 매력적 오답 ㄱ. A는 위로 올라갈수록 입자의 크기가 작아지는 점이 층리이다. 점이 층리는 주로 대륙대나 수심이 깊은 호수에서 생성되므로, ⓒ보다 ㉠에서 잘 생성된다.
ㄷ. ⓒ 삼각주는 육상 환경과 해양 환경이 만나는 곳이므로, 연안 환경에 해당한다.

문제풀이 **Tip**
퇴적 구조의 종류를 구분하고 특징을 묻는 문항이 자주 출제된다. 퇴적 구조의 모습과 형성 과정 및 퇴적 환경을 잘 구분하여 학습해 두자.

---

7 퇴적 구조와 지질 구조

출제 의도 지질 단면도에 나타난 퇴적 구조와 지질 구조를 파악하고, 퇴적 환경과 지질학적 사건을 해석하는 문항이다.

그림은 어느 지역의 지층과 퇴적 구조를 나타낸 것이다.

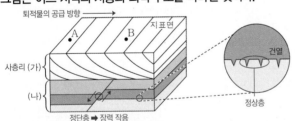

이 자료에 대한 설명으로 옳은 것은?

① (가)에는 연흔이 나타난다.
　　　　　사층리
② A는 B보다 나중에 퇴적되었다.
　　　　　　먼저
③ (나)에는 역전된 지층이 나타난다.
　　　　　역전되지 않은 지층이
④ (나)의 단층은 횡압력에 의해 형성되었다.
　　　　　　　　　장력
⑤ (나)는 형성 과정에서 수면 위로 노출된 적이 있다.

✔ 자료 해석
- (가) : 사층리가 나타나며, 층리 폭은 위쪽이 넓고 아래쪽이 좁으므로 지층은 역전되지 않았다. 또한 층리가 기울어진 방향으로 퇴적물이 이동하여 쌓이므로 퇴적물은 A에서 B 방향으로 공급되었다.
- (나) : 상반이 하반에 대해 상대적으로 아래로 내려간 정단층이 나타나며, 쐐기 모양의 건열이 나타난다. 건열의 모습이 아래쪽이 뾰족하므로 지층은 역전되지 않았다.

◯ 보기 풀이 ⑤ (나)에서는 건열이 관찰된다. 건열은 수심이 얕은 물밑에서 퇴적된 점토질 지층이 대기 중에 노출되어 표면이 말라 갈라진 퇴적 구조이다.

✕ 매력적 오답 ① (가)에는 층리가 비스듬히 기울어진 퇴적 구조인 사층리가 나타난다. 연흔은 수심이 얕은 곳에서 형성된 물결 모양의 퇴적 구조이다.
② 사층리는 바람이 불어가거나 물이 흘러가는 방향으로 퇴적물이 이동하고 쌓여 형성되므로, A가 B보다 먼저 퇴적되었다.
③ (나)에서 관찰되는 건열은 아래쪽이 뾰족하므로 지층이 역전되지 않았다. 또한 상반이 하반에 대해 아래로 이동한 정단층이 발견되므로 역전된 지층이 나타나지 않는다.
④ (나)에는 상반이 하반에 대해 아래로 이동한 정단층이 나타난다. 정단층은 장력에 의해 형성된다.

문제풀이 **Tip**
퇴적 구조와 지질 구조가 함께 나타나는 지질 단면도를 해석하는 문항이 자주 출제된다. 퇴적 구조와 지질 구조의 종류와 형성 과정에 대해 잘 알아 두자.

8 지질 구조

출제 의도 지질 구조의 종류와 구조를 파악하고, 지질 구조가 형성될 때 지층에 작용하는 힘을 이해하는 문항이다.

그림은 지질 구조 (가), (나), (다)를 나타낸 것이다.

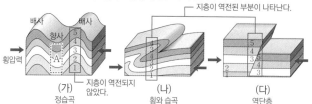

(가) 정습곡   (나) 횡와 습곡   (다) 역단층

이에 대한 옳은 설명만을 〈보기〉에서 있는 대로 고른 것은?

┌─ 보기 ┐
ㄱ. A에는 향사 구조가 나타난다.

ㄴ. (나)와 (다)에는 나이가 많은 지층 아래에 나이가 적은 지층이 나타나는 부분이 있다.

ㄷ. (가), (나), (다)는 모두 횡압력에 의해 형성된다.
└──────┘

① ㄱ   ② ㄴ   ③ ㄱ, ㄷ   ④ ㄴ, ㄷ   ⑤ ㄱ, ㄴ, ㄷ

✔ 자료 해석

- (가)와 (나)는 지층에 횡압력이 작용하여 휘어진 지질 구조인 습곡으로, (가)는 습곡축면이 수평면에 대해 수직인 정습곡, (나)는 습곡축면이 수평면과 거의 나란한 횡와 습곡이다. 습곡에서 위로 볼록한 부분을 배사, 아래로 오목한 부분을 향사라고 한다.
- (다)는 지층에 횡압력이 작용하여 끊어지면서 상반이 하반에 대해 상대적으로 위로 올라간 지질 구조인 역단층이다.

○ 보기풀이 ㄱ. 습곡에서 위로 볼록한 부분을 배사, 아래로 오목한 부분을 향사라고 하므로, A에는 향사 구조가 나타난다.

ㄴ. (나)와 (다)에서는 지질 구조의 형성으로 인해 나이가 많은 지층 아래에 나이가 적은 지층이 나타나는 부분이 있다.

ㄷ. (가)는 정습곡, (나)는 횡와 습곡, (다)는 역단층으로, 세 지질 구조 모두 지층 양쪽에서 미는 힘인 횡압력이 작용하여 형성된다.

문제풀이 Tip
지질 구조의 종류와 특징을 묻는 문항이 자주 출제되므로, 습곡, 단층, 부정합, 절리의 모습, 종류와 구조, 형성 과정, 형성될 때 작용하는 힘, 공통점과 차이점 등을 학습해 두자.

---

9 퇴적 구조

출제 의도 건열과 연흔의 형성 과정과 퇴적 환경을 이해하는 문항이다.

그림 (가)와 (나)는 퇴적 구조를 나타낸 것이다.

(가) 건열
건조한 기후에 노출되어
표면이 갈라진 퇴적 구조

(나) 연흔
수심이 얕은 물밑에서 물결의
영향으로 형성된 퇴적 구조

이에 대한 설명으로 옳은 것만을 〈보기〉에서 있는 대로 고른 것은?

┌─ 보기 ┐
ㄱ. (가)는 형성되는 동안 건조한 대기에 노출된 적이 있다.

ㄴ. (나)는 횡압력에 의해 형성되었다.
    (물결의 영향으로)
ㄷ. (가)와 (나)는 모두 층리면을 관찰한 것이다.
└──────┘

① ㄱ   ② ㄴ   ③ ㄱ, ㄷ   ④ ㄴ, ㄷ   ⑤ ㄱ, ㄴ, ㄷ

자료 해석

- (가) 건열은 퇴적물의 표면이 건조한 대기에 노출되어 갈라진 퇴적 구조로, 층리면에서 발견된다.
- (나) 연흔은 수심이 얕은 물밑에서 퇴적물이 퇴적될 때 물결의 영향을 받아 형성된 퇴적 구조로, 층리면에서 발견된다.

○ 보기풀이 ㄱ. 건열은 수심이 얕은 물밑에서 점토질 물질이 퇴적된 후 퇴적물 표면이 건조한 대기에 노출되어 갈라져서 형성된 것이다. 따라서 (가)는 형성되는 동안 건조한 대기에 노출된 적이 있다.

ㄷ. 건열과 연흔은 모두 퇴적층의 표면에 형성되는 퇴적 구조이므로, (가)와 (나)는 모두 층리면을 관찰한 것이다.

✕ 매력적 오답 ㄴ. 연흔은 잔물결이나 파도, 흐르는 물, 바람 등에 의해 수심이 얕은 환경에서 잘 형성된다. 따라서 (나)는 횡압력에 의해 형성된 것이 아니다.

문제풀이 Tip
퇴적 구조의 형성 과정과 특징을 묻는 문항이 자주 출제된다. 퇴적 구조는 지질 단면도, 모식도, 사진 등의 다양한 자료 형태로 문항에 제시되고 있으니 각 퇴적 구조의 모양과 형성 과정을 잘 구분하여 알아 두도록 하자.

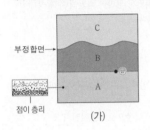
10 퇴적 구조와 퇴적 환경

2022년 4월 교육청 4번 | 정답 ① | 문제편 26p

출제 의도 점이 층리의 생성 원인을 이해하고, 어느 지점의 시간에 따른 해수면에 대한 상대적 높이 변화를 해석하여 부정합이 만들어지기까지의 과정을 파악하는 문항이다.

그림 (가)는 해성층 A, B, C로 이루어진 어느 지역의 지층 단면과 A의 일부에서 발견된 퇴적 구조를, (나)는 A의 퇴적이 완료된 이후 해수면에 대한 ⓐ 지점의 상대적 높이 변화를 나타낸 것이다.

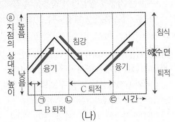

이에 대한 설명으로 옳은 것만을 〈보기〉에서 있는 대로 고른 것은? [3점]

보기
ㄱ. A의 퇴적 구조는 입자 크기에 따른 퇴적 속도 차이에 의해 형성되었다.
ㄴ. B의 두께는 ~~㉠ 시기보다 ㉡ 시기에~~ 두꺼웠다.
    ㉡ 시기보다 ㉠ 시기에
ㄷ. C는 ㉢ 시기 ~~이후~~ 에 생성되었다.
    이전

① ㄱ   ② ㄷ   ③ ㄱ, ㄴ   ④ ㄴ, ㄷ   ⑤ ㄱ, ㄴ, ㄷ

✔ 자료 해석

- (가)의 A, B, C는 해성층이므로 해수면 아래에서 퇴적되었고, A에서 발견된 퇴적 구조는 점이 층리이다.
- 부정합은 퇴적 → 융기 → 침식 → 침강 → 퇴적의 과정을 거쳐 형성된다.
- (나)에서 ㉠~㉡ 시기 동안에는 B가 해수면 위로 드러나 침식 작용이 일어나고, ㉡~㉢ 시기 동안에는 지층이 해수면 아래에 위치하여 C층이 퇴적되며, ㉢ 시기 이후에는 다시 해수면 위로 드러나 침식 작용이 일어난다.

○ 보기 풀이

ㄱ. A의 퇴적 구조는 입자의 크기가 아래에서 위로 갈수록 작아지는 점이 층리로, 입자 크기에 따른 퇴적 속도의 차이에 의해 형성된 것이다.

✘ 매력적 오답

ㄴ. B는 ㉠ 시기에 퇴적이 멈추고 해수면 위로 융기하여 ㉡ 시기까지 침식 작용을 받았다. 따라서 ㉡ 시기에는 ㉠ 시기보다 B의 두께가 얇다.
ㄷ. C는 A의 퇴적이 완료된 이후 B의 퇴적 → 융기 → 침식 → 침강 후에 해수면 아래에서 퇴적되었으므로 ㉢ 시기 이전에 생성되었다.

문제풀이 Tip

해수면 아래로 침강했을 때에는 퇴적 작용이 일어나고, 해수면 위로 융기했을 때에는 침식 작용이 일어난다는 것에 유의해야 한다. 부정합의 형성 과정에 대해 알아 두자.

---

11 지질 구조

2022년 3월 교육청 4번 | 정답 ② | 문제편 26p

출제 의도 단층에서 지괴의 이동 방향을 파악하여 지괴에 작용한 힘의 종류와 단층의 종류를 판단하는 문항이다.

그림은 어느 지괴가 서로 다른 종류의 힘 A, B를 받아 형성된 단층의 모습을 나타낸 것이다.

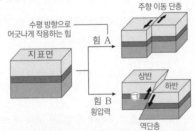

이에 대한 옳은 설명만을 〈보기〉에서 있는 대로 고른 것은?

보기
ㄱ. 힘 A에 의해 ~~역단층~~ 이 형성되었다.
    주향 이동 단층
ㄴ. ㉠은 상반이다.
ㄷ. 힘 B는 ~~장력~~ 이다.
    횡압력

① ㄱ   ② ㄴ   ③ ㄱ, ㄷ   ④ ㄴ, ㄷ   ⑤ ㄱ, ㄴ, ㄷ

✔ 자료 해석

- 단층면이 경사져 있을 때 단층면을 기준으로 위쪽의 지괴를 상반, 아래쪽의 지괴를 하반이라고 한다.
- 힘 A에 의해 지괴가 수평으로 어긋나게 이동한 주향 이동 단층이 형성되었다.
- 힘 B에 의해 상반이 하반에 대해 단층면을 따라 상대적으로 위로 올라간 역단층이 형성되었다.

○ 보기 풀이

ㄴ. ㉠은 단층면을 기준으로 위쪽에 위치한 지괴이므로 상반이다.

✘ 매력적 오답

ㄱ. 힘 A에 의해 형성된 단층은 단층면을 기준으로 양쪽의 지괴가 수평 방향으로 어긋나게 이동하였으므로 주향 이동 단층이다.
ㄷ. 힘 B에 의해 단층면을 따라 상반이 하반에 대해 위로 이동한 역단층이 형성되었으므로, B는 횡압력이다.

문제풀이 Tip

어느 지괴에 양쪽에서 잡아당기는 힘이 작용하면 상반이 하반에 대해 내려가면서 정단층이 형성되고, 양쪽에서 미는 힘이 작용하면 상반이 하반에 대해 위로 올라가면서 역단층이 형성된다는 것을 알아 두자.

12 퇴적 구조와 지질 구조

출제 의도 지층에 나타나는 퇴적 구조와 지질 구조의 종류를 구분하고, 각 구조의 형성 과정을 파악하는 문항이다.

그림 (가), (나), (다)는 주상 절리, 습곡, 사층리를 순서 없이 나타낸 것이다.

(가) 사층리
(퇴적 구조)

(나) 습곡
(지질 구조)

(다) 주상 절리
(지질 구조)

이에 대한 옳은 설명만을 〈보기〉에서 있는 대로 고른 것은?

보기
ㄱ. (가)는 주로 퇴적암에 나타나는 구조이다.
ㄴ. (나)는 횡압력을 받아 형성된다.
ㄷ. (다)는 지하 깊은 곳에서 생성된 암석이 지표로 융기할 때 형성된다.
  마그마가 지표 부근에서 급격히 냉각되어 수축될 때

① ㄱ   ② ㄷ   ③ ㄱ, ㄴ   ④ ㄴ, ㄷ   ⑤ ㄱ, ㄴ, ㄷ

✓ 자료 해석

• (가) : 층리가 기울어져서 나타나므로 사층리이다. 사층리는 주로 수심이 얕은 물밑이나 바람의 방향이 자주 바뀌는 곳에서 물이 흘러가는 방향이나 바람이 불어가는 방향의 비탈면에 퇴적물이 쌓여 형성된다.

• (나) : 지층이 휘어져서 나타나므로 습곡이다. 습곡은 지층이 양쪽에서 미는 힘(횡압력)을 받아 휘어진 지질 구조이다.

• (다) : 암석이 기둥 모양으로 갈라져서 나타나므로 주상 절리이다. 주상 절리는 마그마가 지표 부근에서 급격하게 냉각되면서 수축되어 형성된다.

○ 보기 풀이 (가)는 사층리, (나)는 습곡, (다)는 주상 절리이다.
ㄱ. (가)의 사층리는 퇴적물이 쌓여 형성된 퇴적 구조이므로 퇴적암에서 잘 나타난다.
ㄴ. (나)의 습곡은 지층이 횡압력을 받아 휘어진 지질 구조이다.

✕ 매력적 오답 ㄷ. (다)의 주상 절리는 마그마가 지표 부근에서 급격히 냉각될 때 부피가 수축하면서 갈라져서 형성된 것이다. 지하 깊은 곳에서 생성된 암석이 지표로 융기할 때 형성되는 절리는 판상 절리이다.

문제풀이 **Tip**
지질 구조는 지층이나 암석이 지각 변동을 받아 변형된 구조로 퇴적암, 화성암, 변성암에서 모두 나타날 수 있지만, 퇴적 구조는 퇴적물이 퇴적될 때 퇴적 장소와 퇴적 당시의 환경에 따라 특징적인 구조가 형성되는 것이므로 주로 퇴적암에서 나타난다는 것에 유의해야 한다.

13 퇴적 구조

출제 의도 퇴적 구조의 모습을 보고 종류를 결정하고, 퇴적 구조의 형성 과정과 환경을 파악하는 문항이다.

그림 (가)와 (나)는 서로 다른 퇴적 구조를 나타낸 것이다.

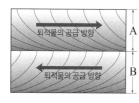
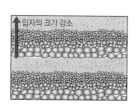

(가) 사층리

(나) 점이 층리

이에 대한 설명으로 옳은 것만을 〈보기〉에서 있는 대로 고른 것은?

보기
ㄱ. (가)에서 퇴적물의 공급 방향은 A와 B가 같다. 반대이다.
ㄴ. (나)는 입자 크기에 따른 퇴적 속도 차이에 의해 생성된다.
ㄷ. (가)는 (나)보다 수심이 깊은 곳에서 잘 생성된다.
  얕은 곳

① ㄱ   ② ㄴ   ③ ㄱ, ㄷ   ④ ㄴ, ㄷ   ⑤ ㄱ, ㄴ, ㄷ

✓ 자료 해석

• (가)는 층리가 비스듬히 기울어지거나 엇갈려 나타나는 퇴적 구조이므로 사층리이다.

• (나)는 한 지층 내에서 위로 갈수록 입자의 크기가 작아지는 퇴적 구조이므로 점이 층리이다.

○ 보기 풀이 ㄴ. 점이 층리는 다양한 크기의 퇴적물이 한꺼번에 퇴적될 때 큰 입자가 밑바닥에 먼저 가라앉고 작은 입자는 천천히 가라앉아 형성된다. 따라서 (나)의 점이 층리는 입자 크기에 따른 퇴적 속도 차이에 의해 생성된다.

✕ 매력적 오답 ㄱ. 사층리는 층리가 나란하지 않고 기울어지거나 엇갈려 나타나며, 주로 수심이 얕은 물밑이나 바람의 방향이 자주 바뀌는 곳에서 물이 흘러가거나 바람이 불어가는 방향의 비탈면에 퇴적물이 쌓여 생성된다. (가)는 사층리로, A와 B는 층리가 기울어진 방향이 반대이므로 퇴적물의 공급 방향이 반대이다.
ㄷ. 사층리는 주로 수심이 얕은 해안이나 사막에서 생성되고, 점이 층리는 주로 대륙대나 수심이 깊은 호수에서 생성된다. 따라서 (가)는 (나)보다 수심이 얕은 곳에서 잘 생성된다.

문제풀이 **Tip**
퇴적 구조는 퇴적 당시의 자연 환경을 연구하는 데 중요한 단서를 제공하며 지층의 역전 여부를 판단하는 데 도움을 준다는 것을 알아 두고, 점이 층리는 대륙 주변부의 해저에 쌓여 있던 퇴적물이 빠르게 이동하여 수심이 깊은 바다에 쌓일 때 잘 생성된다는 것에 유의해야 한다.

14 퇴적 구조

출제의도 퇴적 구조의 사진을 보고 종류를 결정하고 각 퇴적 구조가 형성된 과정을 파악하는 문항이다.

그림은 서로 다른 퇴적 구조를 나타낸 것이다.

층리면에서 관찰된 모습

(가) 연흔
수심이 얕은 곳에서 형성

퇴적 단면의 모습

(나) 점이 층리
수심이 깊은 곳에서 형성

층리면에서 관찰된 모습

(다) 건열
건조한 환경에서 형성

이에 대한 설명으로 옳은 것만을 〈보기〉에서 있는 대로 고른 것은?

보기
ㄱ. (가)는 (나)보다 주로 수심이 깊은 곳에서 형성된다.
  (얕은 곳)
ㄴ. (나)는 입자의 크기에 따른 퇴적 속도 차이에 의해 형성
  된다.
ㄷ. (다)는 형성되는 동안 건조한 환경에 노출된 시기가 있
  었다.

① ㄱ ② ㄴ ③ ㄱ, ㄷ ④ ㄴ, ㄷ ⑤ ㄱ, ㄴ, ㄷ

✔ 자료 해석
- (가)는 연흔으로, 물결 모양의 흔적이 지층에 남아 있는 퇴적 구조이다.
- (나)는 점이 층리로, 한 지층 내에서 위로 갈수록 입자의 크기가 점점 작아지는 퇴적 구조이다.
- (다)는 건열로, 퇴적층의 표면이 갈라져서 쐐기 모양의 틈이 생긴 퇴적 구조이다.

○ 보기 풀이 ㄴ. (나)는 입자의 크기에 따른 퇴적 속도 차이에 의해 형성된 점이 층리이다. 점이 층리는 다양한 크기의 퇴적물이 한꺼번에 퇴적될 때 큰 입자가 밑바닥에 먼저 가라앉고 작은 입자는 천천히 가라앉아 형성된다.
ㄷ. 건열은 퇴적물의 표면이 대기에 노출되어 건조해지면서 형성된다. 따라서 (다)의 건열은 형성되는 동안 건조한 환경에 노출된 시기가 있었다.

✕ 매력적 오답 ㄱ. 연흔은 층리면에 물결 모양의 자국이 남아 있고, 뾰족한 부분이 상부를 향하고 있다. 건열은 가뭄에 의해 논바닥이 갈라진 것과 같은 형태를 나타내고, 쐐기 모양으로 갈라진 부분은 하부로 갈수록 점점 좁아지는 경향을 보인다. (가)의 연흔은 수심이 얕은 물밑에서 퇴적물이 물결의 영향을 받아 형성되고, (나)의 점이 층리는 수심이 깊은 곳에서 퇴적물이 가라앉는 속도 차이에 의해 형성된다. 따라서 (가)는 (나)보다 주로 수심이 얕은 곳에서 형성된다.

문제풀이 **Tip**
퇴적 구조는 퇴적 당시의 환경을 연구하는 데 중요한 단서를 제공하며 지층의 역전 여부를 판단할 수 있다는 것을 알아 두고, 점이 층리는 대륙대나 수심이 깊은 호수에서, 연흔은 수심이 얕은 물밑에서 잘 형성된다는 것에 유의해야 한다.

---

15 관입암과 포획암

출제의도 암석의 사진을 보고 관입암과 포획암을 구분하고, 관입과 포획이 일어난 경우 암석의 나이를 비교하는 문항이다.

그림 (가)와 (나)는 각각 관입암과 포획암이 존재하는 암석의 모습을 나타낸 것이다. (가)와 (나)에 있는 관입암과 포획암의 나이는 같다.

(가)

(나)

암석 A~D에 대한 옳은 설명만을 〈보기〉에서 있는 대로 고른 것은? [3점]

보기
ㄱ. A는 B를 관입하였다.
ㄴ. 포획암은 D이다.
ㄷ. 암석의 나이는 C가 가장 적다.

① ㄱ ② ㄴ ③ ㄱ, ㄷ ④ ㄴ, ㄷ ⑤ ㄱ, ㄴ, ㄷ

✔ 자료 해석
- 원래 존재하던 암석을 마그마가 뚫고 들어가는 것을 관입이라 하고, 마그마가 암석 내에 관입하여 굳어서 만들어진 암석을 관입암이라고 한다. (가)에서 A는 B를 관입한 관입암이다.
- 마그마가 관입할 때 주변 암석의 일부가 떨어져 나와 마그마 속으로 유입되는 것을 포획이라고 한다. (나)에서 D는 C에 포획된 포획암이다.

○ 보기 풀이 ㄱ. 마그마가 기존 암석의 약한 부분을 뚫고 들어가는 과정을 관입이라고 한다. 따라서 A는 B를 관입하였다.
ㄴ. 마그마가 관입하거나 분출할 때 주변 암석의 일부가 떨어져 나와 마그마 속으로 유입되는 것을 포획이라 하고, 포획된 암석을 포획암이라고 한다. 따라서 포획암은 D이다.
ㄷ. 관입한 암석은 관입 당한 암석보다 나중에 생성되었다. 한편 포획암은 마그마가 관입하거나 분출할 때 주변 암석의 일부가 떨어져 나와 마그마 속으로 유입된 후 마그마가 굳어져 만들어지므로, 포획된 암석이 포획한 화성암보다 먼저 생성된 것이다. A(관입암)와 D(포획암)의 나이가 같으므로 암석이 생성된 순서는 B → A와 D → C이다.

문제풀이 **Tip**
자료에서 관입과 포획을 구분하는 연습을 해 두고, 관입암과 포획암의 나이가 같은 경우 관입 당한 암석의 나이가 가장 많고 포획한 화성암의 나이가 가장 적은 것을 알아 두자.

05 지구의 역사

1 절대 연령

출제 의도 방사성 원소를 이용하여 암석의 절대 연령을 구하는 원리를 이해하는 문항이다.

표는 화성암 ㉠, ㉡, ㉢에 포함된 방사성 원소 X를 이용하여 암석의 절대 연령을 구한 것이다.

화성암	처음 양에 대한 X의 현재 함량(%)	절대 연령 (억 년)
㉠	12.5	3.6
㉡	75	a
㉢	37.5	b

반감기 3번 경과 / 반감기 1.2억 년 / $\frac{1}{2}$로 감소 ➡ 반감기 1번 경과 / 1.2억 년 경과

이에 대한 설명으로 옳은 것만을 〈보기〉에서 있는 대로 고른 것은? [3점]

보기
ㄱ. X의 반감기는 ~~1.8억 년~~ 이다. (1.2억 년)
ㄴ. ㉡은 신생대에 형성된 암석이다.
ㄷ. (b−a)는 X의 반감기와 같다.

① ㄱ   ② ㄴ   ③ ㄷ   ④ ㄱ, ㄴ   ⑤ ㄴ, ㄷ

✔ 자료 해석

- 반감기는 방사성 원소가 붕괴하여 처음 양의 절반이 되는 데 걸리는 시간이며, '절대 연령=반감기×반감기 횟수'로 구할 수 있다. ㉠은 반감기를 3번 지났으므로 방사성 원소 X의 반감기는 절대 연령÷3으로, 1.2억 년이다.

- 방사성 원소 X가 처음 양의 75 %인 것은 100 %(처음)와 50 %(반감기 1회)의 중간값에 해당하는데, 방사성 원소의 붕괴 곡선은 아래로 볼록하므로 X가 처음 양의 75 %인 암석의 절대 연령은 반감기의 $\frac{1}{2}$보다 적다. ㉡의 절대 연령은 반감기의 절반보다 적으므로 a는 0.6억 년보다 적다.

- 방사성 원소 X가 75 %에서 절반으로 감소하면 37.5 %가 된다. 즉, ㉢은 ㉡이 반감기를 1번 지난 상태의 암석이다. 따라서 b는 a보다 1.2억 년 많다.

○ 보기풀이

ㄴ. ㉡에는 방사성 원소 X가 처음 양의 75 % 남아 있으므로 ㉡의 절대 연령(a)은 반감기의 절반보다 적다. 즉, a는 0.6억 년보다 적다. 따라서 ㉡은 신생대에 형성되었다.

ㄷ. ㉢에는 방사성 원소 X가 ㉡에서보다 절반으로 줄어들었으므로 절대 연령은 ㉡보다 1.2억 년 많다. 따라서 b는 (a+1.2)억 년이므로, (b−a)=1.2로 X의 반감기와 같다.

✕ 매력적 오답

ㄱ. ㉠에 포함된 방사성 원소 X의 양은 처음 양의 12.5 %이므로 ㉠은 생성 후 반감기를 3번 지났다. 반감기를 3번 지난 화성암의 절대 연령이 3.6억 년이므로 X의 반감기는 1.2억 년이다.

문제풀이 Tip

방사성 원소는 동일 시간에 동일한 비율로 감소한다는 것에 유의해야 한다. 즉, 방사성 원소의 함량(%)이 2배 차이나면 절대 연령은 반감기만큼 차이난다는 것을 꼭 알아 두자.

Part I

교육청

2 지질 단면 해석

출제 의도 지질 단면을 해석하여 암석의 생성 시기를 결정하고, 이 지역에 나타나는 지질 구조를 파악하는 문항이다.

그림은 어느 지역의 지질 단면을 나타낸 것이다. 이 지역의 사암층에서는 공룡 화석이 발견되었다.

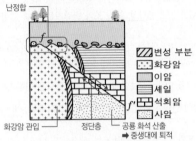

변성 부분
화강암
이암
셰일
석회암
사암

화강암 관입   정단층   공룡 화석 산출
➡ 중생대에 퇴적
난정합
화강암 관입   정단층

이 자료에 대한 설명으로 옳은 것만을 〈보기〉에서 있는 대로 고른 것은?

보기
ㄱ. 화강암이 생성된 시기에 삼엽충이 변성하였다.
   삼엽충이 변성하지 않았다.
ㄴ. 이 지역에서는 난정합이 관찰된다.
ㄷ. 단층 $f-f'$는 정단층이다.

① ㄱ   ② ㄷ   ③ ㄱ, ㄴ   ④ ㄴ, ㄷ   ⑤ ㄱ, ㄴ, ㄷ

✔ 자료 해석
• 이 지역의 암석 형성과 지질학적 사건의 순서는 사암 → 석회암 → 셰일 → 화강암 관입 → 단층 $f-f'$ → 부정합 → 이암 순이다.
• 사암층에서 공룡 화석이 발견되었으므로 사암층은 중생대에 형성되었다.
• 단층 $f-f'$는 단층면을 따라 상반이 하반에 대해 상대적으로 아래로 내려갔으므로 정단층이다.
• 부정합면 아래에는 화강암이 분포하므로 이 지역에서는 난정합이 관찰된다.

◐ 보기 풀이 ㄴ. 부정합을 경계로 상하의 지층이 평행하면 평행 부정합, 상하 지층의 경사가 다르면 경사 부정합, 부정합면 아래에 심성암이나 변성암이 분포하면 난정합이다. 이 지역에서는 부정합면 아래에 화강암이 분포하므로 난정합이 관찰된다.
ㄷ. 단층면을 경계로 상반이 하반에 대해 상대적으로 위로 올라간 단층은 역단층이고, 상반이 하반에 대해 상대적으로 아래로 내려간 단층은 정단층이다. 단층 $f-f'$는 정단층이다.

✖ 매력적 오답 ㄱ. 이 지역의 사암층에서 중생대 표준 화석인 공룡 화석이 발견되었으며, 화강암은 사암보다 나중에 생성되었으므로 화강암이 생성된 시기는 중생대 이후이다. 따라서 화강암이 생성된 시기에는 삼엽충이 변성하지 않았다.

문제풀이 Tip
표준 화석을 이용하면 퇴적층의 생성 시기를 알 수 있고, 이를 기준으로 주변 암석이나 지질 구조의 형성 시기를 파악할 수 있다. 지질 단면도를 제대로 해석하기 위해서는 지사학 법칙과 방사성 원소의 붕괴 원리, 지질 시대의 대표적인 표준 화석을 모두 학습해 두고, 다양한 문제들을 많이 풀어보는 것이 좋다.

3 지질 시대의 생물과 환경

출제 의도 지질 시대 생물의 출현 시기와 생존 시기를 파악하는 문항이다.

그림은 두 생물군의 생존 시기를 나타낸 것이다. A와 B는 각각 양서류와 포유류 중 하나이다.

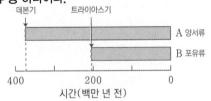

데본기   트라이아스기

A 양서류
B 포유류

400   200   0
시간(백만 년 전)

이에 대한 설명으로 옳은 것만을 〈보기〉에서 있는 대로 고른 것은?
[3점]

보기
ㄱ. B는 포유류이다.
ㄴ. 필석은 A보다 먼저 출현하였다.
ㄷ. B가 최초로 출현한 시기는 신생대이다.
   중생대 트라이아스기

① ㄱ   ② ㄴ   ③ ㄷ   ④ ㄱ, ㄴ   ⑤ ㄱ, ㄷ

✔ 자료 해석
• A는 고생대 데본기에 출현한 양서류이다.
• B는 중생대 트라이아스기에 출현한 포유류이다.

◐ 보기 풀이 ㄱ. 양서류는 포유류보다 먼저 출현하여 생존 기간이 더 길다. 양서류는 고생대 데본기에 출현하였고, 포유류는 중생대 트라이아스기에 출현하였으므로, A는 양서류, B는 포유류이다.
ㄴ. 필석은 고생대 오르도비스기에 출현하여 크게 번성하였다. 고생대는 오래된 시대부터 캄브리아기, 오르도비스기, 실루리아기, 데본기, 석탄기, 페름기로 구분되므로, 필석은 양서류보다 먼저 출현하였다.

✖ 매력적 오답 ㄷ. B는 포유류로 중생대 트라이아스기에 출현하여 신생대에 번성하였다.

문제풀이 Tip
지질 시대의 환경과 생물에 대한 문항은 매 시험에 거의 빠지지 않고 출제된다. 지질 시대를 기 단위로 구분하여 각 시기별로 출현한 생물과 번성한 생물, 멸종한 생물을 잘 정리하여 암기해 두자.

4 방사성 원소의 붕괴

2024년 7월 교육청 6번 | 정답 ④ | 문제편 32p

출제 의도 방사성 원소의 붕괴 그래프를 해석하고, 반감기를 이용하여 방사성 원소의 붕괴 과정을 파악하는 문항이다.

그림은 어느 화강암에 포함된 방사성 원소 X와 Y의 붕괴 곡선을, 표는 현재 화강암에 포함된 방사성 원소 X와 Y의 $\dfrac{\text{자원소 함량}}{\text{방사성 원소 함량}}$ 을 나타낸 것이다. 자원소는 모두 각각의 모원소가 붕괴하여 생성된다.

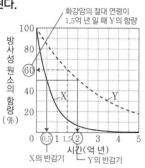

방사성 원소	$\dfrac{\text{자원소 함량}}{\text{방사성 원소 함량}}$
X	⑦
Y	⑦

— 반감기 3번 ➡ 1.5억 년

— 1.5억 년일 때 ➡ 방사성 원소 함량 60 %

이에 대한 설명으로 옳은 것만을 〈보기〉에서 있는 대로 고른 것은? [3점]

보기
ㄱ. 반감기는 X가 Y의 $\dfrac{1}{4}$ 배이다.

ㄴ. ⑦은 $\dfrac{3}{5}$ 이다.

ㄷ. X의 함량이 현재의 $\dfrac{1}{2}$ 이 될 때, Y의 자원소 함량은 Y의 함량과 같다.

① ㄴ ② ㄷ ③ ㄱ, ㄴ ④ ㄱ, ㄷ ⑤ ㄱ, ㄴ, ㄷ

✔ 자료 해석

• 반감기는 방사성 원소의 함량이 처음 양의 절반이 되는 데 걸리는 시간이므로 X의 반감기는 0.5억 년, Y의 반감기는 2억 년이다.
• 표에서 X의 $\dfrac{\text{자원소 함량}}{\text{방사성 원소 함량}}$ 이 7이므로 X의 함량은 처음 양의 $\dfrac{1}{8}$ 이다. 따라서 X는 반감기를 3번 지나 현재 절대 연령이 1.5억 년이다.
• 화강암의 절대 연령이 1.5억 년일 때 Y는 처음 양의 60 %가 남아 있으므로, 자원소는 40 % 생성되었다.

○ 보기 풀이 ㄱ. X의 반감기는 0.5억 년이고 Y의 반감기는 2억 년이므로, 반감기는 X가 Y의 $\dfrac{1}{4}$ 배이다.

ㄷ. X의 함량이 현재의 $\dfrac{1}{2}$ 이 될 때는 현재로부터 반감기가 1번 지난 시점이므로, 0.5억 년 후인 2억 년이다. Y는 반감기가 2억 년이므로 이때 Y의 자원소 함량은 모원소(Y)의 함량과 같다.

✗ 매력적 오답 ㄴ. 현재 X는 처음 양의 $\dfrac{1}{8}$ 이 남아 있으므로 반감기를 3번 지났고, 현재 화강암의 절대 연령은 1.5억 년이다. 1.5억 년일 때 Y는 처음 양의 60 %가 남아 있으므로 자원소는 40 % 생성되었다. 따라서 $\dfrac{\text{자원소 함량}}{\text{방사성 원소 함량}}$ (⑦)은 $\dfrac{2}{3}\left(=\dfrac{40\,\%}{60\,\%}\right)$ 이다.

문제풀이 Tip

화강암의 절대 연령은 방사성 원소의 반감기를 이용하여 구할 수 있다는 것을 알고, X로부터 화강암의 절대 연령을 구한 후 그 절대 연령에 해당하는 Y의 함량을 찾으면 Y의 $\dfrac{\text{자원소 함량}}{\text{방사성 원소 함량}}$ 을 구할 수 있다.

Part I

교육청

출제 의도 지질 단면을 해석하여 이 지역에 나타난 지질 구조를 파악하고 지층과 암석의 생성 순서와 생성 시기를 이해하는 문항이다.

그림은 어느 지역의 지질 단면도를 나타낸 것이다.

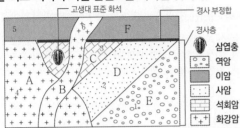

이 자료에 대한 설명으로 옳은 것만을 〈보기〉에서 있는 대로 고른 것은? (단, 지층의 역전은 없었다.)

┌─ 보기 ┐
ㄱ. 경사 부정합이 나타난다.
ㄴ. 지층 D에서는 매머드 화석이 ~~산출될 수 있다.~~ 산출될 수 없다.
ㄷ. 지층과 암석의 생성 순서는 E → D → C → A → B → F 이다.
　　　　　　　　　　　E → D → C → A → F → B
└──────────────────────┘

① ㄱ　② ㄷ　③ ㄱ, ㄴ　④ ㄴ, ㄷ　⑤ ㄱ, ㄴ, ㄷ

✓ 자료 해석

• 지사학 법칙을 이용하여 지층과 암석의 생성 순서를 결정하면 E, D, C 퇴적 → A 관입 → 부정합 → F 퇴적 → B 관입이다.
• 부정합에는 평행 부정합, 경사 부정합, 난정합이 있으며, 부정합면을 경계로 상하 지층의 모양이나 부정합면 아래의 암석의 종류로 구분한다.
• 지층 C에서는 고생대 표준 화석인 삼엽충 화석이 산출된다.

○ 보기 풀이 ㄱ. 지층 F 아래에 부정합이 존재하는데, 부정합면 아래의 지층이 경사져 있으므로 이 부정합은 경사 부정합이다.

✕ 매력적 오답 ㄴ. 지층 C에서 삼엽충 화석이 산출되므로 C는 고생대에 퇴적된 층이다. 지층 D는 C보다 먼저 퇴적되었으므로 고생대 또는 고생대 이전에 퇴적되었다. 따라서 지층 D에서는 신생대 표준 화석인 매머드 화석이 산출될 수 없다.
ㄷ. 이 지역에서는 지층의 역전이 없었으므로 아래에 있는 지층일수록 먼저 쌓인 것이다. 또한 관입한 암석은 관입 당한 암석보다 나중에 생긴 것이다. 따라서 이 지역의 지층과 암석의 생성 순서는 E → D → C → A → F → B이다.

문제풀이 Tip
지사학 법칙을 이용하여 지층과 암석의 생성 순서를 결정할 수 있어야 한다. 관입암은 관입 당한 지층보다 나중에 생성된 것임을 알아 두자.

6 상대 연령과 절대 연령

2024년 5월 교육청 4번 | 정답 ④ | 문제편 32p

출제 의도 지층의 생성 순서를 정하고, 방사성 동위 원소의 붕괴 곡선을 해석하여 암석의 절대 연령을 구하는 문항이다.

그림 (가)는 화성암 A, B, C와 퇴적암 D, E가 분포하는 어느 지역의 지질 단면을, (나)는 방사성 동위 원소 X, Y, Z의 붕괴 곡선을 나타낸 것이다. A, B, C에 방사성 원소는 각각 순서대로 X, Y, Z만 존재하고, X, Y, Z의 현재 양은 각각 처음 양의 12.5 %, 25 %, 50 %이다.

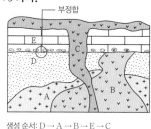

생성 순서: D → A → B → E → C

(가)

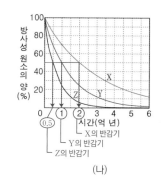

X의 반감기
Y의 반감기
Z의 반감기

(나)

이에 대한 설명으로 옳은 것은? [3점]

① A의 절대 연령은 2억 년이다.
  └ 6억 년
② 반감기는 Y보다 Z가 길다.
  └ 짧다.
③ B에는 E의 암석 조각이 포획암으로 발견된다.
  └ 발견될 수 없다.
④ C는 E보다 나중에 생성되었다.
⑤ D는 신생대에 생성되었다.
  └ 선캄브리아 시대에 생성되었다.

✔ 자료 해석

- (가)에서 지사학 법칙을 이용하여 암석의 생성 순서를 정하면 D → A → B → E → C이다. 이때 A와 D 사이에는 기저 역암이 없으므로 관입의 법칙을 이용하여 생성 순서를 결정할 수 있다.
- (나)에서 X, Y, Z의 반감기는 각각 2억 년, 1억 년, 0.5억 년이다.
- A에는 X가 처음 양의 12.5 %, B에는 Y가 처음 양의 25 %, C에는 Z가 처음 양의 50 % 남아 있으므로, A는 X가 반감기를 3번, B는 Y가 반감기를 2번, C는 Z가 반감기를 1번 거쳤다. 따라서 절대 연령은 A가 6억 년, B가 2억 년, C가 0.5억 년이다.

○ 보기 풀이

④ C는 E를 포함한 주변의 암석을 뚫고 들어갔으므로, 관입의 법칙에 따라 E보다 나중에 생성되었다.

✕ 매력적 오답

① A에는 방사성 원소 X가 존재하고, X의 현재 양은 처음 양의 12.5 %이므로 X는 반감기를 3번 거쳤다. (나)에서 X의 반감기는 2억 년이므로, A의 절대 연령은 6억 년이다.

② (나)에서 Y의 반감기는 1억 년, Z의 반감기는 0.5년이므로, 반감기는 Y보다 Z가 짧다.

③ B와 E의 경계에는 기저 역암이 발견되므로 B가 생성된 후 부정합이 형성되고 E가 퇴적되었다. 따라서 B에는 E의 암석 조각이 포획암으로 발견될 수 없다.

⑤ D는 A보다 먼저 생성되었다. A의 절대 연령은 6억 년이므로, D는 6억 년 전 이전인 선캄브리아 시대에 생성되었다.

문제풀이 Tip

지질 단면도에 화성암이 포함되어 있는 경우 주변 지층과의 선후 관계를 판단하기 위해서는 기저 역암과 포획암, 변성 지역 등을 이용할 수 있다. 이 지역의 화성암은 모두 인접한 퇴적암보다 나중에 형성된 것임을 파악할 수 있어야 한다.

---

7 지질 시대의 환경과 생물

2024년 5월 교육청 6번 | 정답 ① | 문제편 33 p

출제 의도 지질 시대 생물의 출현과 번성 시기를 알고, 지질 시대의 환경을 이해하는 문항이다.

그림은 지질 시대 동안 생물 A, B, C의 생존 기간을 나타낸 것이다. A, B, C는 각각 겉씨식물, 공룡, 어류 중 하나이다.

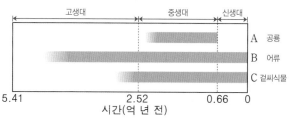

이에 대한 설명으로 옳은 것만을 〈보기〉에서 있는 대로 고른 것은?

보기
ㄱ. A는 공룡이다.
ㄴ. B가 최초로 출현한 시기는 트라이아스기이다.
  └ 오르도비스기
ㄷ. 오존층은 C가 번성한 시기에 형성되기 시작하였다.
  └ 고생대 실루리아기 이전에 오존층이 형성되었다.

① ㄱ ② ㄴ ③ ㄱ, ㄷ ④ ㄴ, ㄷ ⑤ ㄱ, ㄴ, ㄷ

✔ 자료 해석

- 약 5.41억 년 전~2.52억 년 전은 고생대, 약 2.52억 년 전~0.66억 년 전은 중생대, 약 0.66억 년 전~현재는 신생대이다.
- 겉씨식물은 고생대 말(페름기)에 출현하여 현재까지 생존하고 있고, 공룡은 중생대 초(트라이아스기)에 출현하여 중생대 말(백악기)에 멸종하였으며, 어류는 고생대 초(오르도비스기)에 출현하여 현재까지 생존하고 있다.
- A는 중생대 초에 출현하여 중생대 말에 멸종하였으므로 공룡이다.
- B는 고생대 초에 출현하여 현재까지 생존하고 있으므로 어류이다.
- C는 고생대 말에 출현하여 현재까지 생존하고 있으므로 겉씨식물이다.

○ 보기 풀이

ㄱ. 공룡은 중생대에 출현하여 번성했던 생물이므로, A는 공룡이다.

✕ 매력적 오답

ㄴ. B는 고생대 초에 출현하여 현재까지 생존하고 있으므로 어류이다. 어류는 고생대 오르도비스기에 출현하였다.

ㄷ. 오존층이 형성된 이후에 육상에 생물이 출현하기 시작하였으며, 최초의 육상 생물은 고생대 실루리아기에 출현하였다. C는 겉씨식물로, 고생대 말에 출현하였지만 중생대에 가장 번성하였다.

문제풀이 Tip

생물의 종류별 출현한 시기, 번성한 시기, 멸종한 시기를 알아 두어야 한다. 특히 생물의 출현 시기와 번성 시기가 다르다는 것에 유의해야 한다.

8 지질 단면 해석

출제 의도 지질 단면을 해석하여 이 지역에서 관찰할 수 있는 지질 구조, 지층, 암석의 생성 순서를 파악하는 문항이다.

그림은 어느 지역의 지질 단면을 나타낸 것이다.

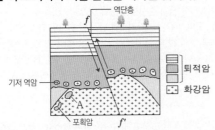

이 자료에 대한 설명으로 옳은 것만을 〈보기〉에서 있는 대로 고른 것은?

보기
ㄱ. $f-f'$은 역단층이다.
ㄴ. 암석의 나이는 A가 화강암보다 많다.
ㄷ. 단층은 부정합보다 먼저 형성되었다.
　　　　　　　　　　나중에

① ㄱ　② ㄷ　③ ㄱ, ㄴ　④ ㄴ, ㄷ　⑤ ㄱ, ㄴ, ㄷ

✓ **자료 해석**

• 이 지역에서 관찰되는 지질 구조는 화강암의 관입, 부정합, 단층이다.
• 화강암 안에 A의 암석 조각이 포획되어 있으므로 화강암은 A보다 나중에 형성되었다.
• 이 지역의 지질 구조, 지층, 암석의 생성 순서는 퇴적암 → 화강암 관입 → 부정합 → 퇴적암 → 퇴적암 → 역단층($f-f'$)이다.

○ **보기 풀이** ㄱ. $f-f'$은 상반이 하반에 대해 상대적으로 위로 올라갔으므로 역단층이다.

ㄴ. A의 암석 조각이 화강암 안에 포획암으로 발견되고 있으므로, A는 화강암보다 먼저 생성된 것이다. 따라서 암석의 나이는 A가 화강암보다 많다.

✕ **매력적 오답** ㄷ. 단층은 퇴적암과 화강암을 모두 절단하고 있으므로 가장 나중에 형성되었다. 따라서 단층은 부정합보다 나중에 형성되었다.

문제풀이 Tip

화성암 안에 다른 암석 조각이 포획되어 있다면 화성암은 주변 암석을 관입한 것이고, 주변 암석이나 지층에 화성암 조각이 포획되어 있다면 화성암이 먼저 생성된 것이라는 것을 알아 두자.

9 절대 연령

출제 의도 화성암에 포함된 방사성 원소와 자원소의 양을 통해 방사성 원소의 반감기를 파악하고, 절대 연령을 구해 암석의 나이를 비교하는 문항이다.

표는 화성암 A, B에 포함된 방사성 원소 X와 X의 자원소 양을, 그림은 시간에 따른 $\dfrac{\text{자원소의 양}}{\text{X의 처음 양}}$ 을 나타낸 것이다. 암석에 포함된 자원소는 모두 암석이 생성된 후부터 X가 붕괴하여 생성되었으며, 'X의 처음 양＝X의 양＋자원소의 양'이다.

화성암	A	B
X의 양	0.75	75
자원소의 양	5.25	25
X의 처음 양	6	100
$\dfrac{\text{자원소의 양}}{\text{X의 처음 양}}$	$\dfrac{7}{8}$	$\dfrac{1}{4}$

(단위: ppm)

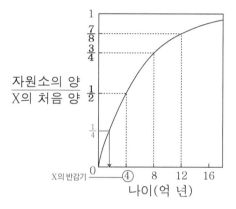

이에 대한 설명으로 옳은 것만을 〈보기〉에서 있는 대로 고른 것은? [3점]

보기
ㄱ. X의 반감기는 8억 년이다. (4억 년)
ㄴ. A에 포함된 X는 세 번의 반감기를 거쳤다.
ㄷ. 암석의 나이는 A가 B보다 많다.

① ㄱ   ② ㄴ   ③ ㄱ, ㄷ   ④ ㄴ, ㄷ   ⑤ ㄱ, ㄴ, ㄷ

✔ 자료 해석

• 화성암 A에는 X가 0.75, 자원소가 5.25 포함되어 있으므로 X의 처음 양은 6이고, $\dfrac{\text{자원소의 양}}{\text{X의 처음 양}}$ 은 $\dfrac{5.25}{6} = \dfrac{7}{8}$ 이다.

➡ 화성암 A의 나이는 12억 년이다.

• 화성암 B에는 X가 75, 자원소가 25 포함되어 있으므로 X의 처음 양은 100이고, $\dfrac{\text{자원소의 양}}{\text{X의 처음 양}}$ 은 $\dfrac{25}{100} = \dfrac{1}{4}$ 이다.

➡ 화성암 B의 나이는 2억 년보다 적다.

• X의 반감기는 $\dfrac{\text{자원소의 양}}{\text{X의 처음 양}}$ 이 $\dfrac{1}{2}$ 이 되는 시점이므로, 4억 년이다.

O 보기풀이 ㄴ. A의 $\dfrac{\text{자원소의 양}}{\text{X의 처음 양}}$ 은 $\dfrac{5.25}{6} = \dfrac{7}{8}$ 이므로, A의 나이는 12억 년이다. X의 반감기는 4억 년이므로, A는 반감기를 세 번 거쳤다.

ㄷ. B의 $\dfrac{\text{자원소의 양}}{\text{X의 처음 양}}$ 은 $\dfrac{1}{4}$ 이므로, B의 나이는 2억 년보다 적다. A의 나이는 12억 년이므로, 암석의 나이는 A가 B보다 많다.

✕ 매력적 오답 ㄱ. X의 처음 양은 (X의 양＋자원소의 양)이므로, X의 반감기는 $\dfrac{\text{자원소의 양}}{\text{X의 처음 양}}$ 이 $\dfrac{1}{2}$ 일 때인 4억 년이다.

문제풀이 Tip

암석이 생성되었을 당시에 자원소가 없었으므로 X의 처음 양은 (모원소＋자원소)와 같고, 모원소＝자원소일 때가 반감기이므로 $\dfrac{\text{자원소 양}}{\text{X의 처음 양}} = \dfrac{1}{2}$ 일 때가 X의 반감기가 된다는 사실을 알아야 한다.

Part I

교육청

10 지질 시대의 환경과 생물

출제 의도 대륙 분포와 산출되는 화석으로부터 지질 시대의 생물과 환경을 판단하는 문항이다.

그림 (가)는 지질 시대 중 어느 시기의 대륙 분포를, (나)와 (다)는 각각 단풍나무와 필석의 화석을 나타낸 것이다.

(가) ➡ 히말라야산맥 형성 전
약 5천만 년 전(신생대)

(나)
속씨식물(신생대, 육지)

(다)
고생대 표준 화석(바다)

이에 대한 옳은 설명만을 〈보기〉에서 있는 대로 고른 것은? [3점]

보기
ㄱ. 히말라야산맥은 (가)의 시기보다 나중에 형성되었다.
ㄴ. (나)와 (다)의 고생물은 모두 육상에서 서식하였다.
　　　　　　　　　　(나)는 육상, (다)는 해양
ㄷ. ~~(카)의 시기에~~는 (다)의 고생물이 번성하였다.
　　고생대

① ㄱ　　② ㄴ　　③ ㄱ, ㄷ　　④ ㄴ, ㄷ　　⑤ ㄱ, ㄴ, ㄷ

✔ 자료 해석
- (가) : 인도 대륙이 적도 부근에 분포하고 있으므로 약 5000만 년 전 신생대 팔레오기의 대륙 분포이다.
- (나) : 단풍나무는 속씨식물로, 신생대 제4기에 번성하였다.
- (다) : 필석은 고생대 캄브리아기에 출현하여 오르도비스기~실루리아기에 번성했던 해양 생물이다.

○ 보기 풀이 ㄱ. 히말라야산맥은 신생대에 인도 대륙과 유라시아 대륙이 충돌하여 생성된 습곡 산맥이다. (가)에서 인도 대륙은 적도 부근에 위치하여 유라시아 대륙과 충돌하기 전이므로, 히말라야산맥은 (가) 시기보다 나중에 형성되었다.

✕ 매력적 오답 ㄴ. (나)의 단풍나무는 육상에서 서식했던 속씨식물이고, (다)의 필석은 고생대 해양에서 서식했던 생물이다.
ㄷ. (가)는 신생대의 대륙 분포이고, (다)의 필석은 고생대에 번성하였다가 고생대 말에 멸종한 해양 생물로, 고생대의 대표적인 표준 화석이다. 따라서 (가)의 시기에는 (다)의 고생물이 번성하지 않았다.

문제풀이 **Tip**
(가)의 대륙 분포가 현재와 다르고, 판게아가 형성되어 있지 않다는 점, 인도 대륙이 적도 부근에 위치한다는 점에 유의하여 지질 시대를 파악해야 한다.

---

11 지층의 상대 연령

출제 의도 지질 단면도와 암석의 연령 분포 자료를 해석하는 문항이다.

그림 (가)는 어느 지역의 지질 단면을, (나)는 X에서 Y까지의 암석의 연령 분포를 나타낸 것이다. P 지점에서는 건열이 ㉠과 ㉡ 중 하나의 모습으로 관찰된다.

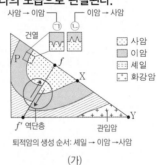

퇴적암의 생성 순서: 셰일 → 이암 →사암
(가)

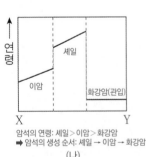

암석의 연령: 셰일 > 이암 > 화강암
➡ 암석의 생성 순서: 셰일 → 이암 → 화강암
(나)

이에 대한 옳은 설명만을 〈보기〉에서 있는 대로 고른 것은?

보기
ㄱ. P 지점의 모습은 ~~㉠~~에 해당한다.
　　　　　　　　㉡
ㄴ. 단층 f-f'은 횡압력에 의해 형성되었다.
ㄷ. 이 지역에서는 ~~난정합~~이 나타난다.
　　　　　　　관입암

① ㄱ　　② ㄴ　　③ ㄱ, ㄷ　　④ ㄴ, ㄷ　　⑤ ㄱ, ㄴ, ㄷ

✔ 자료 해석
- 쐐기 모양의 뾰족한 부분이 ㉠은 사암 쪽에 있고, ㉡은 이암 쪽에 있으므로 ㉠은 사암이 먼저 생성된 경우이고, ㉡은 이암이 먼저 생성된 경우 건열의 모습이다.
- 습곡된 지층을 단층 f-f'이 절단하고 있으므로 단층은 습곡보다 나중에 형성되었다.
- (나)에서 이암보다 셰일의 연령이 많고, 화강암의 연령이 가장 적으므로, 셰일 → 이암 → 화강암 순서로 생성되었고, 화강암은 관입암이다.

○ 보기 풀이 ㄴ. 단층 f-f'은 단층면을 경계로 왼쪽이 상반, 오른쪽이 하반이며, 상반이 하반에 대해 위로 올라가 있으므로 역단층이다. 따라서 단층 f-f'은 횡압력에 의해 형성되었다.

✕ 매력적 오답 ㄱ. (나)의 연령 분포로 보아 퇴적층은 셰일 → 이암 순으로 생성되었고, 지층 누중의 법칙에 따라 (가)에서 사암은 이암보다 나중에 생성되었다. 따라서 P 지점의 건열은 쐐기 모양의 뾰족한 부분이 아래쪽에 분포한 이암 쪽으로 향해야 하므로 ㉡에 해당한다.
ㄷ. 난정합은 부정합면 아래에 변성암이나 심성암이 분포하는 지질 구조이므로, 이 지역에 난정합이 나타나려면 화강암이 셰일보다 먼저 생성되어야 한다. (나)에서 화강암의 연령이 가장 적은 것으로 보아 화강암은 관입암이므로, 이 지역에서는 난정합이 나타나지 않는다.

문제풀이 **Tip**
(나)에서 위로 갈수록 암석의 연령이 많아진다는 것에 유의해야 한다. 습곡을 이루는 퇴적층의 생성 순서를 파악한 후 이로부터 건열의 모습을 판단한다.

12 절대 연령

2023년 10월 교육청 17번 | 정답 ④ | 문제편 34p

출제 의도 방사성 동위 원소의 붕괴 곡선 자료를 통해 방사성 동위 원소의 붕괴 원리를 이해하고, 시간에 따라 암석 속에 남아 있는 방사성 동위 원소의 모원소와 자원소의 양을 비교하는 문항이다.

그림은 화성암 A에 포함된 방사성 동위 원소 X의 붕괴 곡선을 나타낸 것이다. Y는 X의 자원소이다.

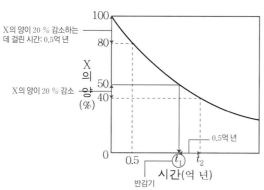

이 자료에 대한 옳은 설명만을 〈보기〉에서 있는 대로 고른 것은? (단, X의 양(%)은 화성암 생성 당시 X의 함량에 대한 남아 있는 함량의 비율이고, Y의 양(%)은 붕괴한 X의 양과 같다.) [3점]

〈보기〉

ㄱ. A가 생성된 후 $2t_1$이 지났을 때 $\dfrac{\text{X의 양(\%)}}{\text{Y의 양(\%)}}$ 은 $\dfrac{1}{4}$ 이다. ($\dfrac{1}{3}$)

ㄴ. (t_2-t_1)은 0.5억 년이다.

ㄷ. A가 생성된 후 1억 년이 지났을 때 X의 양은 60 %보다 크다.

① ㄱ   ② ㄴ   ③ ㄱ, ㄷ   ④ ㄴ, ㄷ   ⑤ ㄱ, ㄴ, ㄷ

✔ 자료 해석

• t_1은 X의 양이 50 %로 감소하는 데 걸린 시간이므로 반감기이다.

• 방사성 동위 원소는 주변의 온도와 압력에 관계없이 일정한 비율로 붕괴하므로, X의 양이 100 %에서 80 %로 감소하는 데 걸리는 시간은 50 %에서 40 %로 감소하는 데 걸리는 시간과 같다.

○ 보기풀이 ㄴ. (t_2-t_1)은 X의 양이 50 %에서 40 %가 되는 데 걸리는 시간으로, X의 양이 100 %에서 80 %가 되는 시간과 같다. 따라서 (t_2-t_1)은 0.5억 년이다.

ㄷ. 0.5억 년 동안 X의 양은 100 %에서 80 %로 20 % 감소하였으므로, 1억 년 후에는 80 %에서 20 % 감소한 64 %가 된다. 따라서 A가 생성된 후 1억 년이 지났을 때 X의 양은 60 %보다 크다.

✕ 매력적 오답 ㄱ. 방사성 동위 원소의 모원소가 처음 양의 절반으로 줄어드는 데 걸리는 시간이 반감기이므로, X의 반감기는 X의 양이 50 %가 되는 데 걸리는 시간인 t_1이다. A가 생성된 후 $2t_1$이 지났을 때는 반감기가 2회 지나므로 X의 양은 처음 양의 25 %가 되고 Y의 양은 75 %가 된다. 따라서 $\dfrac{\text{X의 양(\%)}}{\text{Y의 양(\%)}}$ 은 $\dfrac{1}{3}$ 이다.

문제풀이 Tip

방사성 동위 원소가 붕괴할 때 모원소의 양이 감소하는 비율이 같다면, 붕괴하는 데 걸리는 시간도 같다는 것에 유의해야 한다. 마찬가지로 방사성 동위 원소가 붕괴하는 데 걸리는 시간이 같다면, 같은 비율만큼 모원소의 양이 감소하였다는 것을 알아야 한다.

13 지질 시대의 환경과 생물

출제 의도 지질 시대의 특징을 파악하여 누대를 결정하고, 지질 시대의 환경과 생물을 이해하는 문항이다.

표는 누대 A, B, C의 특징을 나타낸 것이다. A, B, C는 각각 현생 누대, 시생 누대, 원생 누대 중 하나이다.

누대	특징
원생 누대 A	초대륙 로디니아가 형성되었다.
현생 누대 B	( )
시생 누대 C	남세균이 최초로 출현하였다.

이에 대한 설명으로 옳은 것만을 〈보기〉에서 있는 대로 고른 것은? [3점]

보기
ㄱ. A는 ~~시생~~ 누대이다.
　　　　원생 누대
ㄴ. 가장 큰 규모의 대멸종은 B 시기에 발생했다.
ㄷ. ~~C~~ 시기 지층에서는 에디아카라 동물군 화석이 발견된다.
　　A 시기

① ㄱ　　② ㄴ　　③ ㄱ, ㄷ　　④ ㄴ, ㄷ　　⑤ ㄱ, ㄴ, ㄷ

✓ 자료 해석
- 시생 누대는 지구 탄생~약 25억 년 전까지의 기간이고, 원생 누대는 약 25억 년 전~약 5.41억 년 전까지의 기간이며, 현생 누대는 약 5.41억 년 전부터 현재까지의 기간이다.
- 로디니아는 약 12억 년 전에 형성되었던 초대륙이므로, A는 원생 누대이다.
- 남세균은 약 35억 년 전인 시생 누대에 출현한 원핵생물이므로, C는 시생 누대이다.

〇 보기 풀이 ㄴ. 지질 시대 동안 고생대 오르도비스기 말, 데본기 후기, 페름기 말, 중생대 트라이아스기 말, 백악기 말에 각각 생물 대멸종이 일어났다. 그 중 가장 큰 규모의 대멸종은 판게아가 형성되던 페름기 말이다. 따라서 가장 큰 규모의 대멸종은 현생 누대인 B 시기에 발생했다.

✗ 매력적 오답 ㄱ. 초대륙 로디니아가 형성된 시기는 약 12억 년 전으로, 원생 누대에 해당한다. 따라서 A는 원생 누대이다.
ㄷ. 남세균이 최초로 출현한 C 시기는 시생 누대이고, 에디아카라 동물군 화석은 원생 누대의 화석이다. 따라서 에디아카라 동물군 화석은 A 시기 지층에서 발견된다.

문제풀이 Tip
현생 누대는 고생대부터 신생대까지를 포함한다. 시생 누대와 원생 누대에는 생물이 거의 없었으므로, 생물 대멸종은 모두 현생 누대에 일어났다는 것에 유의해야 한다.

---

14 지질 단면도 해석

출제 의도 지질 단면도를 해석하여 지질 구조의 종류와 지층의 생성 순서를 파악하는 문항이다.

그림은 어느 지역의 지질 단면도를 나타낸 것이다. B와 C는 화성암이고 나머지 층은 퇴적층이다.

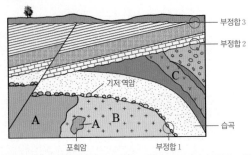

지질 구조의 형성 순서: A 퇴적 → B 관입 → 부정합 1 → 습곡 → C 관입 → 부정합 2 → 역단층 → 부정합 3

이 지역에 대한 설명으로 옳은 것만을 〈보기〉에서 있는 대로 고른 것은? [3점]

보기
ㄱ. 습곡은 단층보다 ~~나중에~~ 형성되었다.
　　　　　　　　먼저
ㄴ. 최소 4회의 융기가 있었다.
ㄷ. A, B, C의 생성 순서는 A → B → C이다.

① ㄱ　　② ㄷ　　③ ㄱ, ㄴ　　④ ㄴ, ㄷ　　⑤ ㄱ, ㄴ, ㄷ

✓ 자료 해석
- A가 B에 포획되어 있으므로 B가 A를 관입하였다. 이후 부정합이 형성되고, 지층이 퇴적된 후 습곡이 일어났다. C는 습곡된 지층을 관입하였으므로 습곡보다 나중에 형성되었다. C 관입 후 부정합이 형성되고, 지층이 퇴적된 후 지층이 기울어져 경사층이 되었으며, 역단층이 형성되었다. 단층 이후에 다시 부정합이 형성되고 지층이 퇴적된 후 융기하였다.
- 이 지역에는 총 3개의 부정합과 2개의 관입암이 존재하며, 상반이 하반에 대해 상대적으로 위로 올라간 역단층이 나타난다.

〇 보기 풀이 ㄴ. A와 B 위에서 기저 역암이 발견되는 것으로 보아 A, B층 위에 부정합이 형성되어 있고, C가 관입한 지층 위에 침식면이 있는 것으로 보아 C 위에 부정합이 형성되어 있다. 또한 단층이 형성된 후에 수평층이 나타나는 것으로 보아 단층 위에 부정합이 형성되어 있다. 즉, 이 지역에는 3개의 부정합이 나타난다. 부정합은 퇴적 → 융기 → 침식 → 침강 → 퇴적의 과정을 거쳐 형성되므로 3개의 부정합이 형성되는 동안 3회의 융기가 있었고, 이후 지층이 지표로 노출되어 있으므로 융기가 1회 더 일어났다. 따라서 이 지역에서는 최소 4회의 융기가 있었다.
ㄷ. A의 조각이 B에 포획되어 있으므로 A는 B보다 먼저 생성되었고, C는 B 위의 부정합면 위의 지층을 관입하였으므로 B보다 나중에 생성되었다. 따라서 A, B, C의 생성 순서는 A → B → C이다.

✗ 매력적 오답 ㄱ. C가 관입한 지층에서 습곡이 나타나며, 단층은 습곡을 포함한 지층을 절단하고 있다. 따라서 습곡은 단층보다 먼저 형성되었다.

문제풀이 Tip
단층이나 부정합이 발견될 때 절단당하거나 침식당한 지층이나 암석, 지질 구조는 절단한 지질 구조보다 먼저 형성된 것이다. 지질 구조의 형성 과정을 비교할 때 절단된 면이나 침식된 면을 잘 확인해야 한다.

15 절대 연령

출제 의도 방사성 원소의 붕괴 원리와 반감기를 이해하고, 부정합과 표준 화석을 이용해 암석의 생성 순서와 생성 시기를 파악하여 암석 속에 포함된 방사성 원소의 종류를 결정하는 문항이다.

표는 방사성 원소 X와 Y가 포함된 화성암이 생성된 뒤 각각 1억 년과 2억 년이 지난 후 X와 Y의 $\dfrac{\text{자원소의 함량}}{\text{모원소의 함량}}$ 을, 그림은 어느 지역의 지질 단면과 산출되는 화석을 나타낸 것이다. 화강암은 X와 Y 중 한 종류만 포함하고, 현재 포함된 방사성 원소의 함량은 처음 양의 12.5 %이다. 자원소는 모두 각각의 모원소가 붕괴하여 생성된다.
반감기 3회 경과

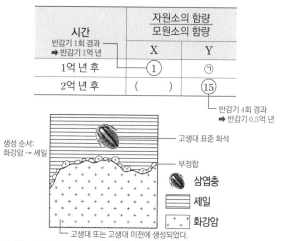

시간	$\dfrac{\text{자원소의 함량}}{\text{모원소의 함량}}$	
	X	Y
반감기 1회 경과 → 반감기 1억 년 1억 년 후	①	⊙
2억 년 후	( )	15

반감기 4회 경과 → 반감기 0.5억 년

생성 순서: 화강암 → 셰일

- 고생대 표준 화석
- 부정합
- 삼엽충
- 셰일
- 화강암

고생대 또는 고생대 이전에 생성되었다.

이 자료에 대한 설명으로 옳은 것만을 〈보기〉에서 있는 대로 고른 것은? [3점]

보기
ㄱ. 화강암에 포함된 방사성 원소는 X이다.
ㄴ. ⊙은 3이다.
ㄷ. 반감기는 X가 Y의 ~~4배~~2배이다.

① ㄱ ② ㄷ ③ ㄱ, ㄴ ④ ㄴ, ㄷ ⑤ ㄱ, ㄴ, ㄷ

✔ 자료 해석

- X는 1억 년 후에 $\dfrac{\text{자원소의 함량}}{\text{모원소의 함량}}$ 이 1이므로 반감기를 1회 거쳤다.
  ➡ 반감기는 1억 년이고, 2억 년 후 $\dfrac{\text{자원소의 함량}}{\text{모원소의 함량}}$ 은 3이다.

- Y는 2억 년 후에 $\dfrac{\text{자원소의 함량}}{\text{모원소의 함량}}$ 이 15이므로 반감기를 4회 거쳤다.
  ➡ 반감기는 0.5억 년이고, 1억 년 후 $\dfrac{\text{자원소의 함량}}{\text{모원소의 함량}}$ 은 3이다.

- 화강암 위에 기저 역암이 분포하므로 화강암 → 셰일 순으로 생성되었고, 셰일층에서 고생대의 삼엽충 화석이 발견되므로 화강암은 고생대나 고생대 이전에 생성되었다.

○ 보기 풀이

ㄱ. X는 1억 년 후 $\dfrac{\text{자원소의 함량}}{\text{모원소의 함량}}$ 이 1이므로 반감기는 1억 년이고, Y는 2억 년 후 $\dfrac{\text{자원소의 함량}}{\text{모원소의 함량}}$ 이 15이므로 반감기는 0.5억 년이다. 현재 화강암에 포함되어 있는 방사성 원소의 함량이 처음 양의 12.5 %라고 하였으므로 방사성 원소는 반감기가 3회 지났다. 화강암에 포함된 암석이 X일 경우 화강암의 절대 연령은 3억 년이고, Y일 경우 절대 연령은 1.5억 년이다. 지질 단면도에서 셰일층의 하부에서 기저 역암이 발견되므로 셰일과 화강암은 부정합 관계이다. 따라서 화강암은 셰일보다 먼저 생성되었다. 또한 셰일층에서 고생대 표준 화석인 삼엽충 화석이 발견되므로 화강암은 고생대 또는 고생대 이전에 생성되었음을 알 수 있다. 고생대는 약 5.41억 년 전~약 2.52억 년 전까지의 기간이므로, 화강암에 포함된 방사성 원소는 X이다.

ㄴ. Y의 반감기는 0.5억 년이므로, 1억 년 후에는 반감기를 2회 거쳐 모원소의 함량 : 자원소의 함량은 1 : 3이다. 따라서 ⊙은 3이다.

✕ 매력적 오답

ㄷ. X의 반감기는 1억 년이고, Y의 반감기는 0.5억 년이므로, 반감기는 X가 Y의 2배이다.

문제풀이 Tip

반감기가 1회 지났을 때 자원소의 함량 : 모원소의 함량은 1 : 1이므로 $\dfrac{\text{자원소의 함량}}{\text{모원소의 함량}}$ 은 1이 되고, 반감기가 2회 지났을 때 자원소의 함량 : 모원소의 함량은 3 : 1이므로 $\dfrac{\text{자원소의 함량}}{\text{모원소의 함량}}$ 은 3이 된다는 것에 유의해야 한다. 절대 연령 관련 문항에서 제시된 다양한 단서와 자료를 해석하여 임의의 방사성 원소를 찾아내야 하는 복잡한 문항이 출제되고 있다. 경우의 수를 따져야 하는 문항들이 있으니 차근차근 접근하도록 하자.

16 상대 연령과 절대 연령

출제 의도 지질 단면도를 보고 부정합의 종류를 구분하고, 화성암에 포함된 방사성 원소의 모원소와 자원소 비와 반감기를 이용하여 절대 연령을 파악하는 문항이다.

그림은 어느 지역의 지질 단면을, 표는 화성암 A와 B에 포함된 방사성 원소의 현재 함량비를 나타낸 것이다. X와 Y의 반감기는 각각 0.5억 년과 2억 년이다. 암석의 생성 순서: 변성암 → 퇴적암 → 화성암 A(화성암 B는 변성암보다 나중에, 화성암 A보다 먼저 생성되었다.)

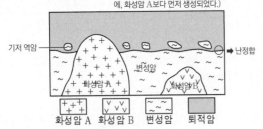

기저 역암 → 난정합

화성암 A 화성암 B 변성암 퇴적암

화성암	모원소	자원소	모원소 : 자원소	반감기 횟수	절대 연령
A	X	X′	1 : 1	1회	0.5억 년
B	Y	Y′	1 : 3	2회	4억 년

이에 대한 설명으로 옳은 것만을 〈보기〉에서 있는 대로 고른 것은? [3점]

보기

ㄱ. 이 지역에서는 난정합이 나타난다.

ㄴ. 퇴적암의 연령은 0.5억 년보다 많다.

ㄷ. 현재로부터 2억 년 후 화성암 B에 포함된 $\dfrac{Y' \text{ 함량}}{Y \text{ 함량}}$ 은 $\dfrac{8}{7}$ 이다.

① ㄱ   ② ㄷ   ③ ㄱ, ㄴ   ④ ㄴ, ㄷ   ⑤ ㄱ, ㄴ, ㄷ

✓ 자료 해석

- 기저 역암이 발견되므로 부정합이 존재하고, 부정합면 아래에 변성암이 분포하므로 난정합이다.
- 화성암 A에 포함된 방사성 원소의 모원소와 자원소의 비는 1 : 1이므로 방사성 원소 X는 반감기가 1회 경과하여 절대 연령은 0.5억 년이다.
- 화성암 B에 포함된 방사성 원소의 모원소와 자원소의 비는 1 : 3이므로 방사성 원소 Y는 반감기를 2회 경과하여 절대 연령은 4억 년이다.
- 화성암 A는 변성암과 퇴적암을 모두 관입하였으므로, 변성암 → 퇴적암 → 화성암 A 순으로 생성되었다.
- 화성암 B는 변성암을 관입하였으므로, 변성암 → 화성암 B 순으로 생성되었다. 또한 화성암 A의 절대 연령은 0.5억 년이고 화성암 B의 절대 연령은 4억 년이므로, 화성암 B → 화성암 A 순으로 생성되었다. 화성암 B와 퇴적암의 생성 순서는 알 수 없다.

○ 보기 풀이 ㄱ. 기저 역암이 발견되므로 이 지역에서는 부정합이 나타나며, 부정합면 아래에 변성암이 분포한다. 난정합은 부정합면 아래에 변성암이나 심성암이 분포하는 지질 구조이다. 따라서 이 지역에 나타나는 부정합은 난정합이다.

ㄴ. 화성암 A에 포함되어 있는 모원소와 자원소의 비는 1 : 1이므로 방사성 원소 X는 반감기를 1회 거쳤다. X의 반감기는 0.5억 년이므로, 화성암 A의 절대 연령은 0.5억 년이다. 퇴적암은 화성암 A보다 먼저 생성되었으므로, 퇴적암의 연령은 0.5억 년보다 많다.

✕ 매력적 오답 ㄷ. 화성암 B에 포함되어 있는 모원소와 자원소의 비는 1 : 3이므로 방사성 원소 Y는 반감기를 2회 거쳤다. Y의 반감기는 2억 년이므로 현재로부터 2억 년 후에는 반감기를 1회 더 거쳐 모원소와 자원소의 비는 1 : 7이 된다. 따라서 현재로부터 2억 년 후 화성암 B에 포함된 $\dfrac{Y' \text{ 함량}}{Y \text{ 함량}}$ 은 7이다.

문제풀이 Tip

퇴적암의 절대 연령은 방사성 원소의 반감기를 이용해 구할 수 없으므로 주변 화성암의 절대 연령을 구한 다음 암석의 생성 순서를 결정하여 대략적인 퇴적 연령을 구해야 한다. 이 지역에서 화성암 B는 퇴적암과 접해 있지 않아 퇴적암보다 먼저 관입된 것인지, 나중에 관입된 것인지 확인할 수 없으므로, 퇴적암의 연령은 퇴적암을 관입한 화성암 A의 절대 연령을 이용하여 비교해야 한다는 것에 유의해야 한다.

선택지 비율	❶ 81%	② 5%	③ 5%	④ 6%	⑤ 1%

17 지질 시대의 환경과 생물

2023년 4월 교육청 7번 | 정답 ① | 문제편 36 p

출제 의도 고생대와 중생대를 기 수준으로 세분하고, 각 지질 시대의 환경과 생물을 이해하는 문항이다.

표는 지질 시대의 일부를 기 수준으로 구분하여 순서대로 나타낸 것이고, 그림은 서로 다른 표준 화석을 나타낸 것이다.

대	기
고생대	오르도비스기
	실루리아기 A
	데본기
	석탄기 B
	페름기
중생대	트라이아스기
	쥐라기
	백악기 C

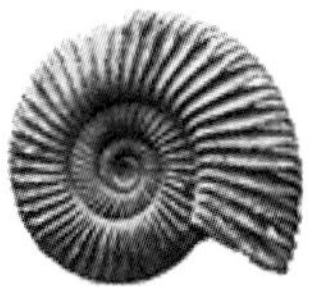

㉠
암모나이트
➡ 중생대 표준 화석

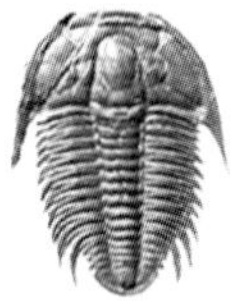

㉡
삼엽충
➡ 고생대 표준 화석

이에 대한 설명으로 옳은 것은?

① A는 실루리아기이다.
② B에 파충류가 ~~번성하였다~~. 출현하였다
③ 판게아는 ~~C~~에 형성되었다. 페름기 말
④ ㉠은 ~~A~~를 대표하는 표준 화석이다. 중생대
⑤ ㉠과 ㉡은 ~~육상 생물~~의 화석이다. 해양 생물

✓ 자료 해석

- 고생대는 캄브리아기 → 오르도비스기 → 실루리아기 → 데본기 → 석탄기 → 페름기로 구분되므로, A는 실루리아기, B는 석탄기이다.
- 중생대는 트라이아스기 → 쥐라기 → 백악기로 구분되므로, C는 백악기이다.
- ㉠은 중생대에 바다에서 서식했던 암모나이트의 화석이고, ㉡은 고생대 바다에서 서식했던 삼엽충의 화석이다.

O 보기 풀이 ① 고생대는 캄브리아기, 오르도비스기, 실루리아기, 데본기, 석탄기, 페름기 6개의 기로 나눌 수 있다. 따라서 A는 실루리아기이다.

× 매력적 오답 ② B는 석탄기이다. 파충류는 석탄기에 최초로 출현하였으며, 중생대 쥐라기에 크게 번성하였다.
③ 판게아는 고생대 페름기 말에 형성되었으며, 중생대 트라이아스기 말에 분리되기 시작하였다. C는 백악기로, 판게아가 분리된 이후이다.
④ ㉠은 중생대 표준 화석인 암모나이트 화석이다.
⑤ ㉠은 중생대 바다에서, ㉡은 고생대 바다에서 살았던 해양 생물의 화석이다.

문제풀이 Tip

지질 시대의 환경과 생물 단원에서는 지질 시대에 걸쳐 전반적으로 묻는 문항이 자주 출제되므로, 어느 하나를 놓치면 틀릴 수 있으니 유의해야 한다. 지질 시대를 기 수준으로 구분하고, 각 시기에 출현하고 번성했던 생물, 대멸종 시기, 대표적인 환경 변화를 암기해 두도록 하자.

18 지질 단면도 해석

2023년 3월 교육청 7번 | 정답 ③ | 문제편 36 p

출제 의도 표준 화석과 지사학의 법칙을 이용하여 지층의 생성 순서와 형성 시기를 파악하는 문항이다.

그림은 어느 지역의 지질 단면과 산출 화석을 나타낸 것이다.

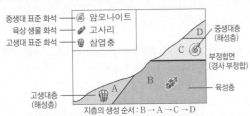

지층의 생성 순서 : B → A → C → D

이에 대한 옳은 설명만을 〈보기〉에서 있는 대로 고른 것은? [3점]

보기
ㄱ. A층은 D층보다 먼저 생성되었다.
ㄴ. B층과 C층은 부정합 관계이다.
ㄷ. C층은 판게아가 형성되기 전에 퇴적되었다.
　　　　　　판게아가 형성된 이후에

① ㄱ　　② ㄷ　　③ ㄱ, ㄴ　　④ ㄴ, ㄷ　　⑤ ㄱ, ㄴ, ㄷ

✓ **자료 해석**

• A층에서는 고생대의 대표적인 표준 화석인 삼엽충 화석이 산출되고, B층에서는 육상 생물 화석인 고사리 화석이 산출되며, C층에서는 중생대의 대표적인 표준 화석인 암모나이트 화석이 산출된다.
• 층리의 분포로 보아 A층과 B층은 경사층이고, C층과 D층은 수평층이며, B층과 C층 사이에 부정합면이 존재한다.
• 이 지역 지층의 생성 순서는 B층 → A층 → C층 → D층이다.

○ **보기 풀이** ㄱ. A층에서는 삼엽충 화석이 산출되므로 고생대에 생성되었고, C층에서는 암모나이트 화석이 산출되므로 중생대에 생성되었다. 또한 D층은 C층보다 나중에 생성되었으므로, A층은 D층보다 먼저 생성되었다.

ㄴ. B층에서는 육상 생물의 화석이 산출되므로 육성층이고, C층에서는 해양 생물의 화석이 산출되므로 해성층이다. 또한 A층과 B층은 기울어진 경사층이고, C층과 D층은 수평층이다. 따라서 B층과 C층은 부정합 관계이다.

✗ **매력적 오답** ㄷ. 판게아는 고생대 말~중생대 초에 존재했던 초대륙이다. 따라서 중생대층인 C층은 판게아가 형성된 이후에 퇴적되었다.

문제풀이 Tip
층리의 방향을 보고 경사층인지 수평층인지를 판단하고, 경사층과 수평층이 인접해 있을 때에 두 지층 사이에는 경사 부정합이 형성되어 있다는 것에 유의해야 한다.

---

19 지질 시대의 기후 변화

2022년 10월 교육청 8번 | 정답 ② | 문제편 37 p

출제 의도 현생 누대의 대륙 빙하 분포 범위를 해석하여 지질 시대의 기후와 환경 변화를 파악하는 문항이다.

그림은 현생 누대에 북반구에서 대륙 빙하가 분포한 범위를 나타낸 것이다.

이 자료에 대한 옳은 설명만을 〈보기〉에서 있는 대로 고른 것은?

보기
ㄱ. 지구의 평균 기온은 3억 년 전이 2억 년 전보다 높았다.
　　　　　　　　　　　　　　　　　　　　　　　낮았다.
ㄴ. 공룡이 멸종한 시기에 35°N에는 대륙 빙하가 분포하였다. 분포하지 않았다.
ㄷ. 평균 해수면의 높이는 백악기가 제4기보다 높았다.

① ㄱ　　② ㄷ　　③ ㄱ, ㄴ　　④ ㄴ, ㄷ　　⑤ ㄱ, ㄴ, ㄷ

✓ **자료 해석**

• 현생 누대에 대륙 빙하의 분포 범위는 약 3억 년 전에 가장 넓었다. ➡ 70°N보다 낮은 위도에 대륙 빙하가 분포하는 약 4억 5천만 년 전 전후, 약 3억 년 전 전후, 약 5천만 년 전 이후는 한랭하였고, 대륙 빙하가 분포하지 않은 시기는 비교적 온난하였다.
• 평균 해수면의 높이는 온난한 시기가 한랭한 시기보다 높다.

○ **보기 풀이** ㄷ. 평균 해수면의 높이는 기온이 높을수록 높다. 백악기에는 70°N보다 낮은 위도에는 대륙 빙하가 분포하지 않았고, 제4기에는 40°N 부근까지 대륙 빙하가 넓게 분포하였으므로 기온은 백악기가 제4기보다 높았다. 따라서 평균 해수면 높이는 백악기가 제4기보다 높았다.

✗ **매력적 오답** ㄱ. 지구의 평균 기온은 대륙 빙하의 분포 범위가 넓은 시기일수록 대체로 낮다. 3억 년 전에는 대륙 빙하가 30°N 부근까지 넓게 분포하였으나 2억 년 전에는 70°N보다 낮은 위도에는 대륙 빙하가 분포하지 않았다. 따라서 지구의 평균 기온은 3억 년 전이 2억 년 전보다 낮았다.

ㄴ. 공룡이 멸종한 시기는 중생대 백악기 말로, 약 6천 6백만 년 전이다. 이 시기에 35°N에는 대륙 빙하가 분포하지 않았다.

문제풀이 Tip
대륙 빙하 분포 범위가 넓을수록 기온이 낮은 시기임을 파악하고, 지질 시대의 기온이나 해수면 높이와 연관지어 해석할 수 있어야 한다. 공룡이 멸종한 시기는 중생대 백악기 말이고, 제4기는 신생대 후기라는 것에 유의해야 한다.

출제 의도 화성암에 포함된 방사성 원소의 모원소와 자원소의 함량과 시간에 따른 자원소의 함량 곡선을 이용하여 방사성 원소의 반감기를 구하고, 모원소와 자원소의 함량 변화를 비교하는 문항이다.

그림 (가)는 현재 어느 화성암에 포함된 방사성 원소 X, Y와 각각의 자원소 X′, Y′의 함량을 ○, □, ●, ■의 개수로 나타낸 것이고, (나)는 X′와 Y′의 시간에 따른 함량 변화를 ⊙과 ⓒ으로 순서 없이 나타낸 것이다.

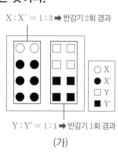

X : X′ = 1 : 3 ➡ 반감기 2회 경과

Y : Y′ = 1 : 1 ➡ 반감기 1회 경과

○ X
● X′
□ Y
■ Y′

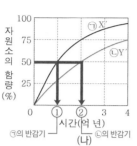

(가)

이에 대한 옳은 설명만을 〈보기〉에서 있는 대로 고른 것은? (단, 암석에 포함된 X′, Y′는 모두 X, Y의 붕괴로 생성되었다.) [3점]

─ 보기 ─
ㄱ. ⊙은 X′의 함량 변화를 나타낸 것이다.

ㄴ. 암석 생성 후 1억 년이 지났을 때 $\dfrac{Y′의\ 함량}{X′의\ 함량} = \dfrac{1}{2}$이다. ← $\frac{1}{2}$ 보다 크다.

ㄷ. $\dfrac{현재로부터\ 1억\ 년\ 후\ 모원소의\ 함량}{현재로부터\ 1억\ 년\ 전\ 모원소의\ 함량}$ 은 X가 Y보다 작다.

① ㄱ　② ㄴ　③ ㄱ, ㄷ　④ ㄴ, ㄷ　⑤ ㄱ, ㄴ, ㄷ

✔ 자료 해석

• (가)에서 X : X′=1 : 3이므로, X는 반감기가 2회 경과하였고, Y : Y′=1 : 1이므로, Y는 반감기가 1회 경과하였다. X′와 Y′는 생성되기 시작한 시기가 같으므로 X가 Y보다 반감기가 짧다.

• (나)에서 자원소의 함량이 50 %일 때가 반감기에 해당하므로, ⊙의 반감기는 1억 년이고 ⓒ의 반감기는 2억 년이다.

• X가 Y보다 반감기가 짧으므로 X의 반감기는 1억 년, Y의 반감기는 2억 년이고, 화성암의 절대 연령은 2억 년이다.

○ 보기 풀이　ㄱ. 화성암에 포함되어 있는 방사성 원소는 반감기가 짧을수록 같은 시간 동안 반감기를 여러 번 거친다. (가)에서 X는 25 %가 남아 있으므로 반감기가 2회 경과하였고, Y는 50 %가 남아 있으므로 반감기가 1회 경과하였다. 따라서 반감기는 X가 Y보다 짧다. (나)에서 ⊙의 반감기는 1억 년이고 ⓒ의 반감기는 2억 년이므로, ⊙은 X′, ⓒ은 Y′의 함량 변화를 나타낸 것이다.

ㄷ. X의 반감기는 1억 년, Y의 반감기는 2억 년이므로, 2억 년 동안 X는 반감기를 2회 거치고, Y는 반감기를 1회 거친다. 즉, 2억 년이 지난 후 모원소의 함량은 X는 처음 양의 25 %, Y는 처음 양의 50 %가 된다. 따라서 $\dfrac{현재로부터\ 1억\ 년\ 후\ 모원소의\ 함량}{현재로부터\ 1억\ 년\ 전\ 모원소의\ 함량}$ 은 X가 Y보다 작다.

✕ 매력적 오답　ㄴ. ⊙은 X′, ⓒ은 Y′의 함량 변화이므로, 암석 생성 후 1억 년이 지났을 때 X′의 함량은 50 %이고, Y′의 함량은 25 %보다 많다. 따라서 $\dfrac{Y′의\ 함량}{X′의\ 함량}$ 은 $\dfrac{1}{2}$ 보다 크다.

문제풀이 **Tip**

X, Y의 반감기를 구할 때 보기 풀이와 같이 구하는 방법도 있지만, (가)에서 자원소의 함량(%)을 구해 (나)의 그래프에서 절대 연령을 찾아 반감기를 구하는 방법도 있다. 예를 들어 (가)에서 X′, Y′의 함량이 각각 75 %, 50 %이므로, (나)에서 ⊙, ⓒ이 75 %와 50 %인 시간을 찾으면 화성암의 절대 연령은 2억 년이고, (가)에서 X는 반감기를 2회, Y는 반감기를 1회 거쳤으므로 X의 반감기는 1억 년, Y의 반감기는 2억 년이 되는 것이다.

21 지질 시대의 환경과 생물

출제 의도 고생대와 신생대를 기 단위로 구분하고, 각 기별로 생존하고 번성했던 생물의 종류와 대륙의 분포를 이해하는 문항이다.

표는 고생대와 중생대를 기 단위로 구분하여 시간 순서대로 나타낸 것이다.

대	고생대						중생대		
기	캄브리아기	오르도비스기	A (실루리아기)	데본기	B (석탄기)	페름기	C (트라이아스기)	쥐라기	백악기

양치식물 번성 ┐   ┌ 은행나무, 소철 출현

← 삼엽충 →

이에 대한 설명으로 옳은 것만을 〈보기〉에서 있는 대로 고른 것은?
[3점]

보기
ㄱ. A 시기에 삼엽충이 생존하였다.
ㄴ. B 시기에 은행나무와 소철이 번성하였다. (양치식물)
ㄷ. C̶ ̶시̶기̶에̶ 히말라야산맥이 형성되었다. (신생대)

① ㄱ   ② ㄷ   ③ ㄱ, ㄴ   ④ ㄴ, ㄷ   ⑤ ㄱ, ㄴ, ㄷ

✔ 자료 해석

• 고생대는 캄브리아기, 오르도비스기, 실루리아기, 데본기, 석탄기, 페름기로 구분된다. 따라서 A는 실루리아기, B는 석탄기이다.
• 중생대는 트라이아스기, 쥐라기, 백악기로 구분된다. 따라서 C는 트라이아스기이다.

○ 보기 풀이 ㄱ. A는 실루리아기이다. 삼엽충은 고생대 초에 출현하여 고생대 말에 멸종하였으므로, A 시기에는 삼엽충이 생존하였다.

✕ 매력적 오답 ㄴ. B는 석탄기로, 양치식물이 번성하여 거대한 삼림을 이루었던 시기이다. 은행나무와 소철과 같은 겉씨식물은 고생대 페름기에 출현하여 중생대에 번성하였다.
ㄷ. C는 트라이아스기로, 판게아가 분리되기 시작한 시기이다. 히말라야산맥은 판게아가 분리되고 남반구에 있던 인도 대륙이 북상하여 유라시아 대륙과 충돌하면서 형성된 것으로, 신생대에 형성되었다.

문제풀이 Tip
지질 시대의 환경과 생물에 대한 문항은 거의 빠지지 않고 출제되는 주제이다. 지질 시대를 기 단위로 구분하여 각 시기별로 출현한 생물과 번성한 생물, 멸종한 생물을 잘 정리하여 외워 두고, 판게아의 형성과 분리, 히말라야산맥의 형성 시기는 꼭 알아 두자.

출제의도 탐구 활동을 통해 화석을 이용하여 지층의 선후 관계를 결정하는 과정을 파악하는 문항이다.

다음은 서로 다른 지역 A, B, C의 지층에서 산출되는 화석을 이용하여 지층의 선후 관계를 알아보기 위한 탐구 과정이다.

[탐구 자료]

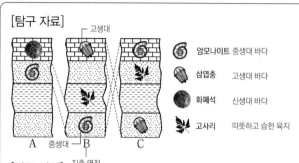

암모나이트 중생대 바다
삼엽충 고생대 바다
화폐석 신생대 바다
고사리 따뜻하고 습한 육지

A 중생대 B C

지층 역전

[탐구 과정]

(가) A, B, C의 지층에 포함된 화석의 생존 시기와 서식 환경을 조사한다.

(나) A, B, C의 표준 화석을 보고 지층의 역전 여부를 확인한다.

(다) 같은 종류의 표준 화석이 산출되는 지층을 A, B, C에서 찾아 연결한다.

이에 대한 설명으로 옳은 것만을 〈보기〉에서 있는 대로 고른 것은? [3점]

보기

ㄱ. 가장 최근에 퇴적된 지층은 A에 위치한다.

ㄴ. B에는 역전된 지층이 발견된다.

ㄷ. C에는 해성층만 분포한다.
　　　　　육성층과 해성층이 모두

① ㄱ　② ㄷ　③ ㄱ, ㄴ　④ ㄴ, ㄷ　⑤ ㄱ, ㄴ, ㄷ

✔ **자료 해석**

- A에서는 중생대 바다에서 서식하였던 암모나이트, 신생대 바다에서 서식하였던 화폐석의 화석이 산출된다.
- B에서는 고생대 바다에서 서식하였던 삼엽충, 따뜻하고 습한 육지에서 서식하는 고사리, 중생대 바다에서 서식하였던 암모나이트의 화석이 산출되고, 아래쪽에서 중생대 화석(암모나이트 화석)이, 위쪽에서 고생대 화석(삼엽충 화석)이 산출되는 것으로 보아 지층이 역전되었다.
- C에서는 고생대 바다에서 서식하였던 삼엽충, 따뜻하고 습한 육지에서 서식하는 고사리, 중생대 바다에서 서식하였던 암모나이트의 화석이 산출된다.

○ **보기 풀이** ㄱ. A에는 중생대와 신생대, B에는 고생대와 중생대, C에는 고생대와 중생대 지층이 분포하며, 가장 최근에 퇴적된 지층은 신생대 표준 화석인 화폐석이 산출되는 지층으로 A에 위치한다.

ㄴ. B에서는 가장 아래에 위치한 지층에서 중생대 표준 화석인 암모나이트 화석이 산출되고, 가장 위에 위치한 지층에서 고생대 표준 화석인 삼엽충 화석이 산출되므로 지층이 역전되었다.

✕ **매력적 오답** ㄷ. C에는 고생대 바다에서 서식하였던 삼엽충과 중생대 바다에서 서식하였던 암모나이트의 화석이 산출되는 것으로 보아 해성층이 분포하고, 따뜻하고 습한 육지에서 서식하는 고사리의 화석이 산출되는 것으로 보아 육성층도 분포한다.

문제풀이 **Tip**

육성층은 육지의 호수 밑 등에서 퇴적된 지층으로 육지에서 서식하던 생물의 화석이 주로 발견되고, 해성층은 바다 밑에서 퇴적된 지층으로 바다에서 서식하던 생물의 화석이 주로 발견된다는 것에 유의해야 한다.

Part I

교육청

23 지질 단면도 해석

출제 의도 지질 단면도를 해석하여 지층의 생성 순서와 지질학적 사건의 발생을 파악하고, 단층의 종류를 구분하여 지층에 작용한 힘을 이해하는 문항이다.

그림은 어느 지역의 지질 단면도를 나타낸 것이다.

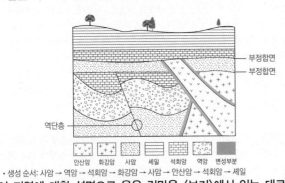

• 생성 순서: 사암 → 역암 → 석회암 → 화강암 → 사암 → 안산암 → 석회암 → 셰일

이 지역에 대한 설명으로 옳은 것만을 〈보기〉에서 있는 대로 고른 것은? (단, 지층의 역전은 없었다.)

보기
ㄱ. 단층은 횡압력에 의해 형성되었다.
ㄴ. 최소 3회의 융기가 있었다.
ㄷ. 역암층은 화강암보다 먼저 생성되었다.

① ㄱ ② ㄴ ③ ㄱ, ㄷ ④ ㄴ, ㄷ ⑤ ㄱ, ㄴ, ㄷ

✔ 자료 해석

• 이 지역에서는 습곡, 역단층, 화강암 관입암, 안산암 관입암, 부정합 2개가 발견된다.
• 이 지역 지층 및 암석의 생성 순서는 사암층 → 역암층 → 석회암층 → 화강암 → 사암층 → 안산암 → 석회암층 → 셰일층이다.

○ 보기 풀이 ㄱ. 이 지역의 단층은 단층면을 기준으로 상반이 하반에 대해 위로 올라간 역단층이므로, 횡압력에 의해 형성되었다.

ㄴ. 이 지역에서는 2개의 부정합이 형성되는 과정에서 2회의 융기가 일어났고, 현재와 같이 지표면이 수면 위로 노출되는 과정에서 또 한 번의 융기가 일어났다. 따라서 이 지역에서는 최소 3회의 융기가 있었다.

ㄷ. 화강암은 역암층을 뚫고 지나갔으므로 역암층은 화강암보다 먼저 생성되었다.

문제풀이 **Tip**

부정합은 퇴적 → 융기 → 침식 → 침강 → 퇴적의 과정에 의해 형성되므로 1개의 부정합이 발견되는 지역에서는 융기와 침강이 각각 1회씩 일어났음을 알 수 있다. 하지만 대부분의 지질 단면도는 지표에 드러난 지층의 단면을 나타낸 것이므로 총 융기 횟수는 부정합 개수+1이 되어야 한다는 것에 유의해야 한다.

---

24 지질 시대의 환경과 생물

출제 의도 지질 시대에 번성했던 생물의 종류를 파악하여 지질 시대를 기 수준으로 구분하는 문항이다.

표는 지질 시대의 환경과 생물에 대한 특징을 기 수준으로 구분하여 나타낸 것이다.

지질 시대(기)	특징
A 고생대 페름기	양치식물과 방추충 등이 번성하였고, 말기에 가장 큰 규모의 생물 대멸종이 일어났다.
B 고생대 오르도비스기	삼엽충과 필석 등이 번성하였고, 최초의 척추동물인 어류가 출현하였다.
중생대 쥐라기 C	대형 파충류가 번성하였고, 시조새가 출현하였다.

A, B, C에 해당하는 지질 시대(기)로 가장 적절한 것은?

	A	B	C
①	석탄기	오르도비스기	백악기
②	석탄기	캄브리아기	쥐라기
③	페름기	캄브리아기	백악기
④	페름기	오르도비스기	쥐라기
⑤	페름기	트라이아스기	데본기

✔ 자료 해석

• A : 양치식물과 방추충은 고생대 후기에 번성하였고, 가장 큰 규모의 생물 대멸종은 고생대 페름기 말에 일어났다.
• B : 삼엽충과 필석은 고생대 전기에 가장 번성하였고, 최초의 척추동물인 어류는 고생대 오르도비스기에 출현하였다.
• C : 대형 파충류가 번성하고 시조새가 출현한 시기는 중생대 쥐라기이다.

○ 보기 풀이 A : 양치식물과 방추충은 고생대 후기인 석탄기~페름기에 가장 번성하였고, 페름기 말에는 판게아가 형성되면서 삼엽충과 방추충을 비롯한 많은 해양 생물들이 멸종하였다. 지질 시대 동안 생물 대멸종은 총 5차례 발생하였는데, 페름기 말에 가장 큰 규모의 생물 대멸종이 일어났다. 따라서 A는 페름기이다.

B : 삼엽충은 고생대 초 캄브리아기에 출현하여 오르도비스기에 크게 번성하였고, 필석은 오르도비스기~실루리아기에 크게 번성하였다. 최초의 척추동물인 어류는 오르도비스기에 출현하여 데본기에 전성기를 이루었다. 따라서 B는 오르도비스기이다.

C : 공룡과 같은 대형 파충류는 중생대 초 트라이아스기에 출현하여 쥐라기에 크게 번성하였고, 파충류와 조류의 특징을 모두 가진 시조새는 쥐라기에 출현하였다. 따라서 C는 쥐라기이다.

문제풀이 **Tip**

지질 시대 생물의 출현과 번성, 멸종 시기를 묻는 문항이 자주 출제된다. 특히 생물의 출현 시기와 번성 시기는 일치하지 않는 경우가 많으므로 구분하여 알아 두자.

25 상대 연령과 절대 연령

2022년 4월 **교육청** 5번 | 정답 ② | 문제편 38 p

출제 의도 지질 단면도를 해석하여 지층과 암석의 생성 순서와 생성 시기를 확인하고, 화성암에 포함되어 있는 방사성 원소의 양을 통해 방사성 원소의 반감기를 비교하는 문항이다.

그림은 어느 지역의 지질 단면과 산출되는 화석을 나타낸 것이다. 화성암 A와 D에 각각 포함된 방사성 원소 X와 Y의 양은 처음 양의 $\frac{1}{2}$이다.

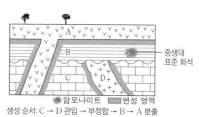

생성 순서: C → D 관입 → 부정합 → B → A 분출

이에 대한 설명으로 옳은 것만을 〈보기〉에서 있는 대로 고른 것은?

┌ 보기 ┐
ㄱ. 생성 순서는 C → B → A → D이다.
　　　　　　C → D → B → A
ㄴ. 반감기는 X보다 Y가 길다.
ㄷ. 지층 C에서는 화폐석이 산출될 수 있다. 없다.
└───────────────────────────┘

① ㄱ　② ㄴ　③ ㄷ　④ ㄱ, ㄴ　⑤ ㄴ, ㄷ

✔ 자료 해석

- 관입한 암석은 관입당한 암석보다 나중에 생성된 것이므로 화성암 A는 지층 B보다 나중에 생성되었고, 화성암 D는 지층 C보다 나중에 생성되었다.
- 화성암 A는 화성암 D보다 나중에 생성되었으므로 절대 연령은 A가 D보다 적다.
- 화성암 A와 D에 각각 방사성 원소 X와 Y의 양이 처음 양의 $\frac{1}{2}$씩 남아 있으므로 A와 D가 생성된 후 방사성 원소 X와 Y는 각각 반감기를 1회씩 거쳤다.
- 지층 B에서 암모나이트가 산출되므로 B는 중생대 바다에서 퇴적되었다.

◯ 보기 풀이 ㄴ. 화성암 A와 D에 각각 포함된 방사성 원소 X와 Y의 양이 처음 양의 $\frac{1}{2}$이므로, A와 D가 생성된 후 X와 Y는 각각 반감기가 1회씩 경과하였다. 암석의 절대 연령은 (반감기 횟수×반감기)로 구할 수 있는데, 화성암 A는 화성암 D보다 나중에 생성되었으므로 절대 연령은 A가 D보다 적고, 반감기를 거친 횟수가 X와 Y가 같으므로 반감기는 X보다 Y가 길다.

✖ 매력적 오답 ㄱ. 화성암 A는 지층 B와 C를 관입하였고, 화성암 D는 지층 C를 관입하였다. 관입한 암석은 관입당한 암석보다 나중에 생성된 것이므로 이 지역 지층과 암석의 생성 순서는 C → D → B → A이다.

ㄷ. 지층 B 아래에 부정합이 형성되어 있고, B에서 중생대 표준 화석인 암모나이트가 산출되었으며, 지층 C는 지층 B보다 먼저 생성되었다. 따라서 지층 C에서는 신생대 표준 화석인 화폐석이 산출될 수 없다.

문제풀이 Tip
두 화성암에 포함되어 있는 방사성 원소가 반감기를 거친 횟수가 같을 경우에는 절대 연령이 적은 화성암에 포함되어 있는 방사성 원소의 반감기가 더 짧다는 것에 유의해야 한다.

---

26 지질 시대의 환경과 생물

2022년 3월 **교육청** 1번 | 정답 ③ | 문제편 38 p

출제 의도 지질 시대별 고생물의 출현 시기와 멸종 시기를 파악하는 문항이다.

그림은 고생대, 중생대, 신생대의 상대적 길이를 나타낸 것이다.

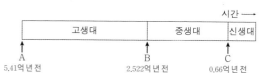

이에 대한 옳은 설명만을 〈보기〉에서 있는 대로 고른 것은?

┌ 보기 ┐
ㄱ. 최초의 육상 식물은 A 시기 이후에 출현하였다.
ㄴ. B 시기에 삼엽충이 출현하였다.
　　고생대 표준 화석　　멸종
ㄷ. 암모나이트는 C 시기에 멸종하였다.
　　중생대 표준 화석
└───────────────────────────┘

① ㄱ　② ㄴ　③ ㄱ, ㄷ　④ ㄴ, ㄷ　⑤ ㄱ, ㄴ, ㄷ

✔ 자료 해석

- A는 약 5.41억 년 전, B는 약 2.522억 년 전, C는 약 6600만 년 전이다.
- 최초의 육상 식물은 오존층이 형성된 이후인 고생대 실루리아기에 출현하였다.
- 고생대의 대표적인 표준 화석에는 삼엽충, 필석, 방추충, 갑주어, 완족류 화석 등이 있고, 중생대의 대표적인 표준 화석에는 공룡, 암모나이트, 시조새 화석 등이 있으며, 신생대의 대표적인 표준 화석에는 매머드, 화폐석 화석 등이 있다.

◯ 보기 풀이 ㄱ. 최초의 육상 식물은 고생대 실루리아기에 출현하였으므로, A 시기 이후에 출현하였다.

ㄷ. 암모나이트는 중생대 초에 출현하여 중생대 시기 내내 번성하였다가 중생대 말(C 시기)에 멸종하였다.

✖ 매력적 오답 ㄴ. 삼엽충은 고생대 초(A 시기)에 출현하여 고생대 시기 내내 번성하였다가 고생대 말(B 시기)에 멸종하였다.

문제풀이 Tip
지질 시대의 생물에 대한 문항이 자주 출제되므로, 각 생물의 출현 시기, 번성 시기, 멸종 시기를 기 단위로 구분하여 알아 두자.

27 상대 연령과 절대 연령

2022년 3월 교육청 6번 | 정답 ③ | 문제편 39 p

출제 의도 지사학 법칙을 이용하여 지층과 암석, 지질 구조의 생성 순서를 결정하고, 방사성 원소의 반감기를 이용하여 암석의 생성 시기를 파악하는 문항이다.

그림은 어느 지역의 지질 단면도를 나타낸 것이다. 화성암 Q에 포함된 방사성 원소 X의 양은 **처음 양의 25 %**이고, X의 반감기는 2억년이다.

반감기 2회 경과

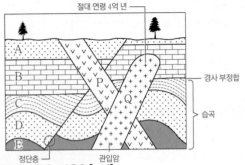

절대 연령 4억 년
경사 부정합
습곡
정단층
관입암

이에 대한 설명으로 옳은 것은? [3점]

① A는 단층 형성 이전 이후에 퇴적되었다.
② B와 C는 ~~평행~~ 경사 부정합 관계이다.
③ P는 Q보다 먼저 생성되었다.
④ Q를 형성한 마그마는 지표로 ~~분출되었다.~~ 분출되지 않았다.
⑤ B에서는 암모나이트 화석이 발견될 수 ~~있었다.~~ 없다.

✓ 자료 해석

- 지층과 암석, 지질 구조의 생성 순서는 E → D → C → 습곡 → 부정합 → B → A → 단층 → P → Q이다.
- 화성암 Q에 포함된 방사성 원소 X의 양이 처음 양의 25 %이므로 반감기를 2회 거쳤으며, X의 반감기는 2억 년이므로 화성암 Q의 절대 연령은 4억 년이다.
- 평행 부정합은 부정합면을 경계로 상하 지층이 평행한 부정합이고, 경사 부정합은 부정합면을 경계로 상하 지층의 경사가 서로 다른 부정합이다.

○ 보기 풀이 ③ Q가 P를 뚫고 관입했으므로 Q가 P보다 나중에 생성되었다.

✕ 매력적 오답 ① A는 단층에 의해 절단되었으므로 단층이 형성되기 전에 퇴적되었다.
② B와 C 사이의 부정합면 아래에는 습곡이 형성되어 있으므로 B와 C는 경사 부정합 관계이다.
④ Q는 가장 나중에 생성된 암석으로, 지표로 분출하지 못하고 B까지만 관입하여 굳어졌다.
⑤ Q에는 방사성 원소가 처음 양의 25 % 남아 있으므로 생성 후 반감기가 2회 경과하였고, X의 반감기가 2억 년이므로 Q의 절대 연령은 4억 년이다. 4억 년 전은 고생대에 해당하며, B는 Q보다 먼저 생성되었으므로 B에서는 중생대의 표준 화석인 암모나이트 화석이 발견될 수 없다.

문제풀이 Tip
P는 지표면까지 뚫고 나와 있지만 Q는 B층까지만 뚫고 들어가 있다고 해서 P가 Q보다 나중에 생성되었다고 판단하면 안 된다. 지층, 습곡, 단층, 부정합, 관입암이 같이 나타날 때 어느 한 지질 구조에 의해 다른 암석이나 지층 또는 다른 지질 구조가 절단되었다면, 절단된 암석이나 지층, 지질 구조가 먼저 생성된 것임에 유의해야 한다.

---

28 지질 시대의 환경과 생물

2021년 10월 교육청 10번 | 정답 ⑤ | 문제편 39 p

출제 의도 지질 시대에 생존했던 생물의 종류와 생존 기간 및 번성 정도를 비교하여 지질 시대를 파악하고, 각 지질 시대의 특징을 이해하는 문항이다.

그림은 현생 누대의 일부를 기 단위로 구분하여 생물의 생존 기간과 번성 정도를 나타낸 것이다. ㉠과 ㉡은 각각 양치식물과 겉씨식물 중 하나이다.

고생대, 중생대, 신생대

이에 대한 옳은 설명만을 〈보기〉에서 있는 대로 고른 것은? [3점]

보기
ㄱ. A 시기는 중생대에 속한다.
ㄴ. ㉠은 겉씨식물이다.
ㄷ. B 시기 말에는 최대 규모의 대멸종이 있었다.

① ㄱ   ② ㄴ   ③ ㄱ, ㄷ   ④ ㄴ, ㄷ   ⑤ ㄱ, ㄴ, ㄷ

✓ 자료 해석

- 삼엽충과 방추충이 멸종한 B 시기는 고생대 말로 페름기이고, 공룡이 멸종한 A 시기는 중생대 말로 백악기이다. 고생대는 캄브리아기, 오르도비스기, 실루리아기, 데본기, 석탄기, 페름기로 구분하고, 중생대는 트라이아스기, 쥐라기, 백악기로 구분하며, 신생대는 팔레오기, 네오기, 제4기로 구분한다.
- ㉠: 고생대 말에 출현하여 중생대에 가장 번성한 겉씨식물이다.
- ㉡: 데본기에 출현하여 고생대 중기와 후기에 번성한 양치식물이다.

○ 보기 풀이 ㄱ. A 시기에는 공룡, 시조새, 암모나이트가 생존하였고, A 시기 이후 공룡이 멸종하였으므로, A 시기는 중생대에 속한다.
ㄴ. ㉠은 중생대에 번성하였으므로 겉씨식물이다.
ㄷ. 트라이아스기부터 중생대에 해당하고, B 시기에는 삼엽충과 방추충이 생존하였으므로 B 시기는 고생대 말 페름기에 해당한다. 현생 누대 동안 대멸종은 고생대 오르도비스기 말, 데본기 후기, 페름기 말, 중생대 트라이아스기 말, 백악기 말에 있었으며, 페름기 말에는 판게아가 형성되면서 삼엽충과 방추충을 비롯하여 많은 생물들이 멸종하였다.

문제풀이 Tip
지질 시대는 생물의 출현과 멸종 등 생물계의 급격한 변화를 기준으로 구분된다는 것을 알아 두자.

29 상대 연령과 절대 연령

출제 의도 지질 단면을 해석하여 이 지역에서 일어난 지질학적 사건을 파악하고, 방사성 원소의 반감기를 이해하는 문항이다.

그림 (가)는 어느 지역의 지질 단면을, (나)는 방사성 원소 X와 Y의 붕괴 곡선을 나타낸 것이다. 화성암 P와 Q 중 하나에는 X가, 다른 하나에는 Y가 포함되어 있다. X와 Y의 처음 양은 같았으며, P와 Q에 포함되어 있는 방사성 원소의 양은 각각 처음 양의 25 %와 50 %이다.

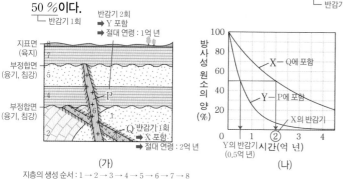

지층의 생성 순서 : 1 → 2 → 3 → 4 → 5 → 6 → 7 → 8

이에 대한 옳은 설명만을 〈보기〉에서 있는 대로 고른 것은? [3점]

보기
ㄱ. 이 지역은 3번 이상 융기하였다.
ㄴ. P에 포함되어 있는 방사성 원소는 $\frac{X}{Y}$이다.
ㄷ. 앞으로 2억 년 후의 $\frac{Y의\ 양}{X의\ 양}$은 $\frac{1}{16}$이다.

① ㄱ　② ㄴ　③ ㄷ　④ ㄱ, ㄴ　⑤ ㄱ, ㄷ

✔ 자료 해석

• (가) : 지층 퇴적 후 습곡 → Q 관입 → 부정합 → 지층 퇴적 → P 관입 → 부정합 → 지층 퇴적 후 융기 순으로 형성되었다. 이 지역에는 습곡 1개, 부정합 2개, 관입암 2개가 나타난다.

• (나) : 방사성 원소 X의 반감기는 2억 년이고, Y의 반감기는 5천만 년이다.

• P는 Q보다 나중에 생성되었으므로 절대 연령은 Q가 P보다 많다.

• 방사성 원소가 처음 양의 25 % 남아 있다면 반감기를 2번 지난 것이고, 50 % 남아 있다면 반감기를 1번 지난 것이다. 따라서 방사성 원소 X가 25 % 남아 있을 때 암석의 절대 연령은 4억 년, 50 % 남아 있을 때 암석의 절대 연령은 2억 년이고, 방사성 원소 Y가 25 % 남아 있을 때 암석의 절대 연령은 1억 년, 50 % 남아 있을 때 암석의 절대 연령은 5천만 년이다.

○ 보기 풀이

ㄱ. 이 지역에는 2개의 부정합면이 발견되므로 부정합이 형성되는 과정에서 융기가 각각 1번씩 일어났고, 마지막으로 지표면이 수면 위로 노출되었으므로 융기가 1번 더 일어났다. 따라서 이 지역은 최소 3번 융기가 일어났다.

ㄷ. 방사성 원소 X의 반감기는 2억 년이고, Y의 반감기는 5천만 년이므로, 2억 년 후에는 방사성 원소 X는 반감기를 1번 더 거치고, 방사성 원소 Y는 반감기를 4번 더 거친다. 현재 P에는 방사성 원소 Y가 처음 양의 25 %$\left(=\frac{1}{4}\right)$ 남아 있고, Q에는 방사성 원소 X가 처음 양의 50 %$\left(=\frac{1}{2}\right)$ 남아 있으므로 앞으로 2억 년 후에는 Y는 반감기를 4번 더 거쳐 처음 양의 $\frac{1}{64}$만큼 남아 있고, X는 반감기를 1번 더 거쳐 처음 양의 $\frac{1}{4}$만큼 남아 있게 된다. 따라서 2억 년 후

$$\frac{Y의\ 양}{X의\ 양} = \frac{\frac{1}{64}}{\frac{1}{4}} = \frac{1}{16}$$이다.

✕ 매력적 오답

ㄴ. P와 Q에 각각 방사성 원소 X와 Y 중 하나가 포함되어 있다고 하였으므로, P에 방사성 원소 X가, Q에 방사성 원소 Y가 포함되어 있다면 P의 절대 연령은 4억 년, Q의 절대 연령은 5천만 년이고, P에 방사성 원소 Y가, Q에 방사성 원소 X가 포함되어 있다면 P의 절대 연령은 1억 년, Q의 절대 연령은 2억 년이다. 그런데 Q는 P보다 먼저 생성되었으므로 절대 연령은 Q가 P보다 많다. 따라서 P에는 방사성 원소 Y가, Q에는 방사성 원소 X가 포함되어 있다.

문제풀이 Tip

각각의 관입암에 종류가 다른 임의의 방사성 원소가 포함되어 있을 때, 주어진 방사성 원소의 반감기를 이용해 모든 경우의 절대 연령을 구하여 암석에 포함된 방사성 원소를 파악해야 한다. 다소 복잡한 문항이지만 차근차근 생각하여 해결하도록 하자.

30 지질 단면 해석과 절대 연령

출제 의도 지질 단면도를 해석하여 지층과 암석의 상대 연령을 결정하고, 암석에 포함된 방사성 원소와 자원소의 함량을 이용하여 절대 연령을 파악하는 문항이다.

그림은 어느 지역의 지질 단면도를, 표는 화성암 P와 Q에 포함된 방사성 원소 X와 이 원소가 붕괴되어 생성된 자원소의 함량을 나타낸 것이다.

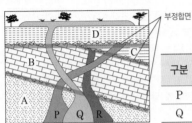

25 %보다 작다.

구분	방사성 원소 X(%)	자원소 (%)
P	24	76
Q	52	48

50 %보다 크다.

이에 대한 설명으로 옳은 것만을 <보기>에서 있는 대로 고른 것은? (단, 화성암 P, Q는 생성될 당시에 방사성 원소 X의 자원소가 포함되지 않았다.) [3점]

보기
ㄱ. 이 지역에서는 최소한 4회 이상의 융기가 있었다.

ㄴ. $\dfrac{P의 절대 연령}{Q의 절대 연령}$ 은 2보다 크다.

ㄷ. 지층과 암석의 생성 순서는 A → B → C̶ → R → P → D → Q이다.
  R→C

① ㄱ   ② ㄴ   ③ ㄷ   ④ ㄱ, ㄴ   ⑤ ㄴ, ㄷ

✔ 자료 해석
• 이 지역의 지층에는 3개의 부정합면이 나타나며, 지표면이 해수면 위로 융기한 상태이다.
• P에 남아 있는 방사성 원소 X의 양은 24 %이므로 반감기가 두 번 지난 이후이다.
• Q에 남아 있는 방사성 원소 X의 양은 52 %이므로 반감기가 한 번도 지나지 않았다.

○ 보기 풀이 ㄱ. 지층 A와 B 사이, B와 C 사이, C와 D 사이에 기저 역암이 분포하므로 이 지역의 지층에는 3개의 부정합면이 나타나며, 부정합은 퇴적 → 융기 → 풍화·침식 → 침강 → 퇴적 과정을 거쳐 형성된다. 또한 현재 지표면이 해수면 위로 노출된 상태이므로 이 지역에서는 최소 4회 이상의 융기가 있었다.
ㄴ. 반감기가 한 번 지났을 때 남아 있는 모원소의 양은 처음 양의 50 %이고, 반감기가 두 번 지났을 때 남아 있는 모원소의 양은 처음 양의 25 %이다. P에 남아 있는 방사성 원소 X의 양은 24 %로 반감기가 두 번 지난 이후이므로, P의 절대 연령은 X의 반감기의 2배보다 길다. 또한 Q에 남아 있는 방사성 원소 X의 양은 52 %로 아직 반감기가 한 번도 지나지 않았으므로, Q의 절대 연령은 X의 반감기보다 짧다. 따라서 $\dfrac{P의 절대 연령}{Q의 절대 연령}$ 은 2보다 크다.

✘ 매력적 오답 ㄷ. 마그마가 주변의 암석을 뚫고 들어가 화성암이 생성되었을 때, 관입 당한 암석은 관입한 화성암보다 먼저 생성되었다. 따라서 이 지역의 지층과 암석의 생성 순서는 A → B → R → C → P → D → Q 이다.

문제풀이 Tip
마그마가 주변의 지층을 관입한 경우 화성암 주변의 암석은 화성암보다 먼저 생성되었고, 마그마가 지표로 분출한 경우 화성암 위의 지층은 화성암보다 나중에 생성된 것에 유의해야 한다.

31 지질 시대의 환경과 생물

출제 의도 지질 시대에 출현하거나 번성한 생물을 이용하여 각 지질 시대를 결정하고, 지질 시대의 환경을 파악하는 문항이다.

다음은 지질 시대에 대한 원격 수업 장면이다.

제시한 내용이 옳은 학생만을 있는 대로 고른 것은? [3점]

① A   ② B   ③ A, C   ④ B, C   ⑤ A, B, C

✔ 자료 해석
• (가)는 어류가 번성하였고 양서류가 출현한 지질 시대이므로 고생대 데본기이다.
• (나)는 양서류가 전성기를 이루었으며 파충류가 출현한 지질 시대이므로 고생대 석탄기이다.
• (다)는 육상 식물이 출현한 지질 시대이므로 고생대 실루리아기이다.

○ 보기 풀이 학생 A. 고생대 실루리아기에는 필석류, 산호, 갑주어, 바다전갈 등이 번성하였고, 해안의 낮은 습지에서 최초의 육상 식물이 출현하였다. 오존층이 형성되어 자외선이 차단되면서 육상 식물이 출현하였으므로, 오존층은 (다)의 고생대 실루리아기보다 먼저 형성되었다.

✘ 매력적 오답 학생 B. 고생대 데본기에는 갑주어를 비롯한 어류가 번성하여 전성기를 이루었으며 양서류가 출현하였다. 석탄기에는 방추충(푸줄리나), 산호, 유공충이 번성하였고, 양서류가 전성기를 이루었으며 파충류가 출현하였다. 따라서 (나)는 고생대 석탄기이다.
학생 C. 고생대는 캄브리아기 → 오르도비스기 → 실루리아기 → 데본기 → 석탄기 → 페름기 순이며 (가)는 데본기, (나)는 석탄기, (다)는 실루리아기이다. 따라서 지질 시대는 (다) → (가) → (나) 순이다.

문제풀이 Tip
고생대 실루리아기 이전에는 생물이 바다에서만 살았으며, 오존층은 육상 식물이 출현하기 이전에 형성된 것에 유의해야 한다.

32 지층의 대비

출제 의도 지질 단면과 화석 자료를 해석하여 지층을 대비하고, 지층의 생성 순서와 생성 환경을 파악하는 문항이다.

그림은 세 지역 A, B, C의 지질 단면과 지층에서 산출되는 화석을 나타낸 것이다.

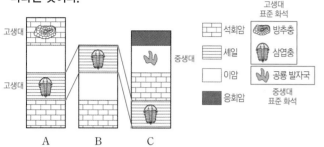

이에 대한 설명으로 옳은 것만을 〈보기〉에서 있는 대로 고른 것은? (단, 세 지역 모두 지층의 역전은 없었다.)

보기
ㄱ. 가장 최근에 생성된 지층은 응회암층이다.
ㄴ. B 지역의 이암층은 중생대에 생성되었다.
　　　　　　고생대나 고생대 이전
ㄷ. 세 지역의 모든 지층은 바다에서 생성되었다.
　　방추충, 삼엽충 화석이 산출되는 지층

① ㄱ　　② ㄷ　　③ ㄱ, ㄴ　　④ ㄴ, ㄷ　　⑤ ㄱ, ㄴ, ㄷ

✓ 자료 해석

• A 지역의 셰일층에서는 삼엽충 화석이, 석회암층에서는 방추충 화석이 산출되므로 고생대에 퇴적되었다.
• B 지역의 셰일층에서는 삼엽충 화석이 산출되므로 고생대에 퇴적되었다.
• C 지역의 셰일층에서는 삼엽충 화석이 산출되므로 고생대에 퇴적되었고, 이암층에서는 공룡 발자국 화석이 산출되므로 중생대에 퇴적되었다.

O 보기 풀이 ㄱ. 같은 종류의 표준 화석이 산출되는 지층은 같은 시기에 쌓여 생성된 지층이라고 할 수 있으므로, 같은 종류의 표준 화석이 산출되는 지층을 연결하여 지층의 선후 관계를 판단한다. 삼엽충 화석이 산출되는 셰일층을 이용하여 지층을 대비하면 C 지역의 응회암층이 가장 최근에 생성되었다는 것을 알 수 있다.

✕ 매력적 오답 ㄴ. B 지역의 이암층은 삼엽충 화석이 산출되는 셰일층보다 아래에 위치하므로, 고생대나 고생대 이전에 생성되었다.
ㄷ. 방추충과 삼엽충은 고생대에 바다에서 서식하던 생물이고, 공룡은 중생대에 육지에서 서식하던 생물이다. 따라서 방추충과 삼엽충 화석이 산출되는 지층은 바다에서 생성되었고, 공룡 발자국 화석이 산출되는 C 지역의 이암층은 육지에서 생성되었다.

문제풀이 Tip
진화 계통이 잘 알려진 생물의 화석(표준 화석)을 이용하여 지층을 대비하면 가까운 거리뿐만 아니라 멀리 떨어져 있는 지층도 대비할 수 있는 것을 알아 두고, 건층(열쇠층)이나 화석을 이용하여 지층을 대비하는 연습을 해 두자.

---

33 지질 시대의 환경과 생물

출제 의도 지질 시대의 평균 기온 변화 자료를 해석하여 지질 시대를 결정하고, 각 지질 시대의 환경과 생물을 파악하는 문항이다.

그림 (가)는 지질 시대의 평균 기온 변화를, (나)는 암모나이트 화석을 나타낸 것이다.

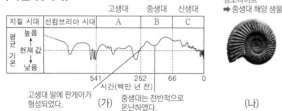

이에 대한 설명으로 옳은 것만을 〈보기〉에서 있는 대로 고른 것은?

보기
ㄱ. A 시기 말에는 판게아가 형성되었다.
ㄴ. B 시기는 현재보다 대체로 온난하였다.
ㄷ. (나)는 C 시기의 표준 화석이다.
　　　　　 B 시기

① ㄱ　　② ㄷ　　③ ㄱ, ㄴ　　④ ㄴ, ㄷ　　⑤ ㄱ, ㄴ, ㄷ

✓ 자료 해석

• (가)에서 A는 고생대, B는 중생대, C는 신생대이다. 중생대에는 빙하기가 존재하지 않았다.
• (나)는 암모나이트(중생대에 바다에서 번성) 화석이다.

O 보기 풀이 ㄱ. 지구가 탄생한 약 46억 년 전부터 현재까지를 지질 시대라고 한다. 지질 시대는 생물계에서 일어난 급격한 변화나 지각 변동, 기후 변화 등을 기준으로 구분한다. A 시기는 고생대이며, 고생대 말에 대륙들이 합쳐져 초대륙인 판게아가 형성되었다.
ㄴ. B 시기는 중생대로, 전 기간에 걸쳐 대체로 온난하였으며 빙하기가 존재하지 않았다. 따라서 B 시기는 현재보다 대체로 온난하였다.

✕ 매력적 오답 ㄷ. 중생대 쥐라기에는 공룡을 비롯한 파충류와 암모나이트, 겉씨식물이 크게 번성하였고, 파충류와 조류의 특징을 모두 가진 시조새가 출현하였다. (나)는 중생대(B)의 표준 화석인 암모나이트 화석이다. 한편 신생대(C)의 표준 화석에는 화폐석과 매머드 등이 있다.

문제풀이 Tip
지질 시대의 환경과 생물에 대해 묻는 문항이 자주 출제되므로 각 지질 시대에 출현하거나 번성한 생물을 알아 두고, 공룡, 시조새(쥐라기), 암모나이트는 중생대의 표준 화석, 화폐석(팔레오기, 네오기), 매머드(제4기)는 신생대의 표준 화석인 것에 유의해야 한다.

34 지질 단면 해석과 절대 연령

2021년 4월 교육청 6번 | 정답 ① | 문제편 41p

출제 의도 지질 단면도를 해석하여 지층과 암석의 상대 연령을 파악하고, 방사성 원소의 붕괴 곡선 자료를 이용하여 암석의 절대 연령을 결정하는 문항이다.

그림 (가)는 어느 지역의 지질 단면도를, (나)는 방사성 원소 X의 붕괴 곡선을 나타낸 것이다. 화성암 A와 B에 포함된 방사성 원소 X의 양은 각각 처음 양의 50 %, 25 %이다.

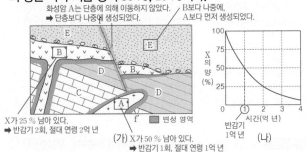

화성암 A는 단층에 의해 이동하지 않았다.
➡ 단층보다 나중에 생성되었다.
B보다 나중에, A보다 먼저 생성되었다.

X가 25 % 남아 있다.
➡ 반감기 2회, 절대 연령 2억 년

(가) X가 50 % 남아 있다.
➡ 반감기 1회, 절대 연령 1억 년

이에 대한 설명으로 옳은 것만을 〈보기〉에서 있는 대로 고른 것은? [3점]

보기

ㄱ. 화성암 A는 단층 f-f′보다 나중에 생성되었다.

ㄴ. 화성암 B에 포함된 방사성 원소 X는 ~~세 번~~의 반감기를 거쳤다. (두번)

ㄷ. 지층 E에서는 화폐석이 산출될 수 있다. (없다.)

① ㄱ   ② ㄴ   ③ ㄱ, ㄷ   ④ ㄴ, ㄷ   ⑤ ㄱ, ㄴ, ㄷ

✔ 자료 해석

• (가)에서 지층과 암석의 생성 순서는 C 퇴적 → D 퇴적 → B 관입 → 부정합 → E 퇴적 → 단층 f-f′ → A 관입 순이다.

• (나)에서 방사성 원소 X의 반감기는 약 1억 년이다.

• 화성암 A와 B에 포함된 방사성 원소 X의 양은 각각 처음 양의 50 %, 25 %이므로, 화성암 A는 반감기를 1회, 화성암 B는 반감기를 2회 거쳤다.

○ 보기 풀이 ㄱ. 화성암 A는 단층 f-f′를 관입하였으므로 화성암 A는 단층 f-f′보다 나중에 생성되었다.

✗ 매력적 오답 ㄴ. 반감기는 방사성 동위 원소가 붕괴하여 처음 양의 반으로 줄어드는 데 걸리는 시간이다. 화성암 B에 포함된 방사성 원소 X의 양은 처음 양의 25 %이므로 반감기를 2회 거쳤다.

ㄷ. 화성암 A는 반감기를 1회, 화성암 B는 반감기를 2회 거쳤고, 방사성 원소 X의 반감기가 약 1억 년이므로 화성암 A의 절대 연령은 약 1억 년, 화성암 B의 절대 연령은 약 2억 년이다. 한편 지층 E와 화성암 B는 부정합 관계이며, 화성암 B가 생성된 이후에 지층 E가 쌓였다. 만약 지층 E가 쌓인 후에 화성암 B가 관입하였다면 화성암 B와 접촉한 지층 E에 변성 영역이 나타날 것이다. 또한 지층 E는 단층 f-f′보다 먼저 생성되었으므로 화성암 A보다 먼저 생성되었다. 따라서 지층 E가 퇴적된 시기는 약 2억 년 전~1억 년 전 사이이므로, 신생대의 표준 화석인 화폐석 화석이 산출될 수 없다.

문제풀이 Tip

지층과 암석의 상대 연령, 절대 연령을 묻는 문항이 자주 출제되므로, 지사학 법칙을 이용하여 상대 연령을 결정하고, 방사성 동위 원소의 반감기를 이용하여 화성암의 생성 시기(절대 연령)를 파악하는 연습을 해 두자.

---

35 지질 시대의 환경과 생물

2021년 3월 교육청 8번 | 정답 ③ | 문제편 41p

출제 의도 지질 시대에 일어난 주요 사건을 통해 각 지질 시대를 결정하고, 생물이 출현하거나 번성한 시기를 파악하는 문항이다.

그림은 지질 시대 동안 일어난 주요 사건을 나타낸 것이다.

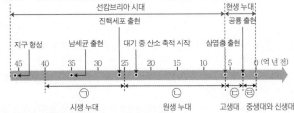

이에 대한 설명으로 옳은 것은? [3점]

① 최초의 다세포 생물이 출현한 지질 시대는 ㉢이다. (㉡)
② 생물의 광합성이 최초로 일어난 지질 시대는 ㉡이다. (㉠)
③ 최초의 육상 식물이 출현한 지질 시대는 ㉢이다.
④ 빙하기가 없었던 지질 시대는 ㉣이다. (중생대)
⑤ 방추충이 번성한 지질 시대는 ㉣이다. (㉢)

✔ 자료 해석

• ㉠은 남세균이 출현한 시생 누대, ㉡은 대기 중에 산소가 축적되기 시작한 원생 누대, ㉢은 삼엽충이 출현한 고생대, ㉣은 공룡이 출현한 시기부터 현재까지이므로 중생대와 신생대이다.

• ㉠과 ㉡은 선캄브리아 시대이고, ㉢과 ㉣은 현생 누대이다.

○ 보기 풀이 ③ 고생대(㉢)에는 대기 중에 산소가 계속 축적되면서 약 4억 2천만 년 전에 오존층이 형성되었으며, 최초의 육상 식물이 출현하였다.

✗ 매력적 오답 ① 원생 누대(㉡)에는 남세균의 광합성으로 대기 중에 산소의 양이 점차 증가하였고, 말기에는 최초의 다세포 생물이 출현하였다.
② 시생 누대(㉠)에는 남세균이 출현하여 얕은 바다에서 광합성을 하기 시작하였다.
④ 고생대(㉢) 중 오르도비스기, 석탄기, 페름기에는 빙하기가 있었다. 지질 시대 중 빙하기가 없었던 시기는 중생대이다.
⑤ 고생대(㉢) 석탄기에는 방추충(푸줄리나), 산호, 유공충이 번성하였고, 파충류가 출현하였다.

문제풀이 Tip

지질 시대별로 출현한 생물과 번성한 생물을 알아 두고, 최초의 광합성 생물은 남세균으로 시생 누대에 출현하였으며, 최초의 육상 생물은 쿡소니아로 고생대에 출현한 것에 유의해야 한다.

36 지질 단면 해석과 절대 연령

2021년 3월 **교육청** 4번 | 정답 ③ | 문제편 **41 p**

출제 의도 지질 단면을 해석하여 지층과 암석의 상대 연령과 발달하는 지질 구조를 파악하고, 방사성 동위 원소의 붕괴 곡선 자료를 해석하여 암석의 절대 연령을 결정하는 문항이다.

그림 (가)는 퇴적암 A~D와 화성암 P가 존재하는 어느 지역의 지질 단면을, (나)는 방사성 동위 원소 X의 붕괴 곡선을 나타낸 것이다. P에 포함된 X의 양은 처음 양의 25 %이다.

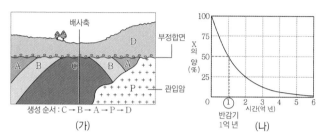

생성 순서 : C → B → A → P → D
(가)　(나)

이에 대한 옳은 설명만을 〈보기〉에서 있는 대로 고른 것은? [3점]

보기

ㄱ. 이 지역에는 배사 구조가 나타난다.

ㄴ. C와 D는 부정합 관계이다.

ㄷ. D가 생성된 시기는 ~~2억 년보다 오래되었다.~~ 2억 년 전 이후이다.

① ㄱ　② ㄷ　③ ㄱ, ㄴ　④ ㄴ, ㄷ　⑤ ㄱ, ㄴ, ㄷ

✓ **자료 해석**

- (가)에서 지층과 암석의 생성 순서는 C, B, A 퇴적 → 습곡 작용 → 화성암 P 관입 → 부정합면 형성(융기 → 풍화 · 침식 → 침강) → D 퇴적 순이다.
- (가)의 지질 단면에는 습곡(배사 구조)과 부정합(경사 부정합 및 난정합)이 나타난다.
- (나)에서 방사성 동위 원소 X의 반감기는 약 1억 년이므로, 화성암 P는 약 2억 년 전에 생성되었다.

○ **보기 풀이** ㄱ. 습곡의 구조에서 위로 볼록하게 휘어진 부분을 배사, 아래로 오목하게 휘어진 부분을 향사라고 한다. 따라서 이 지역에는 배사 구조가 나타난다.

ㄴ. 퇴적이 오랫동안 중단된 후 다시 퇴적이 일어나면 지층 사이에 퇴적 시간의 공백이 생기는데, 이와 같은 상하 지층의 관계를 부정합이라고 한다. 이 지역에서는 C, B, A가 퇴적된 후 화성암 P가 생성되었으며, 이후 융기, 풍화 · 침식, 침강을 거친 후 D가 퇴적되었다. 따라서 C와 D 사이에는 긴 시간 간격이 있으므로, C와 D는 부정합 관계이다.

✗ **매력적 오답** ㄷ. 이 지역의 암석의 생성 순서는 C → B → A → P → D이다. 방사성 동위 원소 X의 반감기는 약 1억 년이고, P에 포함된 방사성 동위 원소 X의 양이 처음 양의 25 %이므로 반감기를 두 번 지났다. 따라서 P는 약 2억 년 전에 생성되었으므로, D가 생성된 시기는 2억 년 전 이후이다.

문제풀이 Tip

암석의 상대 연령과 절대 연령을 파악하는 문항이 자주 출제되므로, 지질 단면 해석과 방사성 동위 원소의 반감기를 이용하여 절대 연령을 결정하는 연습을 해 두자.

Part I

교육청

01 기압과 날씨 변화

1 기상 위성 영상 해석

2024년 10월 교육청 7번 | 정답 ② | 문제편 46 p

출제 의도 장마와 서해안 폭설의 특징을 이해하여 가시 영상에서 나타나는 차이를 파악하고, 가시 영상을 해석하는 문항이다.

그림 (가)와 (나)는 우리나라 장마 기간 중 어느 날과 서해안 지역에 폭설이 내린 어느 날의 가시 영상을 순서 없이 나타낸 것이다. (가)와 (나)의 촬영 시각은 각각 오전 8시와 오후 7시 중 하나이다.

구름이 관측되지 않는다.
➡ 동쪽에서 해가 뜨고 있다.
➡ 오전 8시

구름이 관측되지 않는다.
➡ 서쪽에서 해가 지고 있다.
➡ 오후 7시

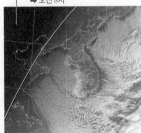

밝기: B>A
➡ 구름의 두께: B>A
➡ 구름에 의한 반사율: B>A

(가) 서해안 폭설　　　　　　(나) 장마 기간

이 자료에 대한 설명으로 옳은 것만을 〈보기〉에서 있는 대로 고른 것은?

보기
ㄱ. (가)의 촬영 시각은 오후 7시이다. (오전 8시)
ㄴ. 영상을 촬영한 날 우리나라의 평균 기온은 (가)일 때가 (나)일 때보다 높다. (낮다.)
ㄷ. 구름이 반사하는 태양 복사 에너지의 세기는 영역 A에서가 영역 B에서보다 약하다.

① ㄱ　② ㄷ　③ ㄱ, ㄴ　④ ㄱ, ㄷ　⑤ ㄴ, ㄷ

✔ 자료 해석

• 가시 영상은 구름과 지표면에서 반사된 태양 빛의 반사 강도를 나타낸 것으로, 태양이 비치지 않는 밤에는 구름이 관측되지 않는다. (가)에서는 우리나라의 서쪽은 어둡고 동쪽이 밝으므로 해가 뜨고 있는 시각에 관측한 것이고, (나)에서는 동쪽은 어둡고 서쪽이 밝으므로 해가 지고 있는 시각에 관측한 것이다.

• 서해안에 폭설이 내릴 때는 구름이 북서쪽에서 서해안을 향해 해상에 넓게 분포하고, 장마 기간에는 구름이 동서로 길게 분포한다. 따라서 (가)는 서해안 폭설이 내릴 때, (나)는 장마 기간에 관측한 가시 영상이다.

• (나)에서 영역 A보다 영역 B가 더 밝게 보이는 것으로 보아 구름의 두께는 영역 A보다 영역 B에 두껍게 발달해 있다.

○ 보기 풀이 ㄷ. 가시 영상에서는 구름의 두께가 두꺼워서 태양 복사 에너지를 많이 반사할수록 밝게 보인다. 따라서 구름이 반사하는 태양 복사 에너지의 세기는 어둡게 보이는 영역 A에서가 밝게 보이는 영역 B에서보다 약하다.

✕ 매력적 오답 ㄱ. 가시 영상에서는 햇빛이 비치지 않는 곳은 구름이 관측되지 않는다. 지구는 시계 반대 방향으로 자전하므로 태양이 뜰 때는 동쪽부터 밝아지고 태양이 질 때는 동쪽부터 어두워진다. (가)에서는 서쪽이 어둡고 동쪽이 밝으므로 태양이 뜨는 아침 시각에 관측한 것이고, (나)에서는 서쪽이 밝고 동쪽이 어두우므로 태양이 지는 저녁 시각에 관측한 것이다. 따라서 (가)는 오전 8시, (나)는 오후 7시에 촬영한 것이다.

ㄴ. 구름의 분포로 보아 (가)는 서해안 폭설이 내린 날이고, (나)는 장마 기간 중 어느 날에 촬영한 것이다. 따라서 영상을 촬영한 날 우리나라의 평균 기온은 겨울철인 (가)일 때가 여름철인 (나)일 때보다 낮다.

문제풀이 Tip

가시 영상에서 동쪽이나 서쪽 일부가 어둡게 보인다면 태양이 지거나 뜨는 시각에 촬영된 영상일 수 있다. 가시 영상에서 구름이 없어서 어둡게 보이는 부분과 태양 빛이 비치지 않아서 어둡게 보이는 부분을 구분할 수 있어야 한다.

2 정체 전선

출제 의도 연속된 가시 영상을 해석하여 전선 부근의 일기 특징을 파악하는 문항이다.

그림 (가)와 (나)는 어느 해 9월에 정체 전선이 우리나라 부근에 위치할 때, 24시간 간격으로 관측한 가시 영상을 순서대로 나타낸 것이다.

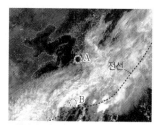

밝기: A<B
➡ 구름의 두께: A<B
(가)

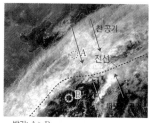

밝기: A>B
➡ 구름의 두께: A>B
(나)

이 자료에 대한 설명으로 옳은 것만을 〈보기〉에서 있는 대로 고른 것은? [3점]

┌─ 보기 ┐
ㄱ. (가)에서 구름의 두께는 B 지역이 A 지역보다 두껍다.
ㄴ. (나)에서 A 지역에는 남풍 계열의 바람이 우세하다.
　　　　　　　　　　　북풍
ㄷ. (나)에서 B 지역 상공에는 전선면이 나타난다.
　　　　　A 지역 상공
└─────────────────────┘

① ㄱ　　② ㄷ　　③ ㄱ, ㄴ　　④ ㄴ, ㄷ　　⑤ ㄱ, ㄴ, ㄷ

✔ 자료 해석

• (가)에서는 A 지역보다 B 지역이 밝게 보이고, (나)에서는 A 지역이 B 지역보다 밝게 보인다. 가시 영상에서는 밝게 보이는 곳일수록 구름의 두께가 두꺼운 곳이므로 (가)에서는 B 지역이, (나)에서는 A 지역이 구름이 두껍다.

• 정체 전선을 기준으로 북쪽에는 찬 공기가 분포하고 남쪽에는 따뜻한 공기가 분포한다. 전선면, 구름, 강수 구역은 찬 공기가 위치한 곳에서 나타난다.

○ 보기풀이 ㄱ. 가시 영상에서는 밝게 보이는 곳일수록 구름의 두께가 두껍다. (가)에서 A 지역은 어둡게 보이고 B 지역은 밝게 보이므로, 구름의 두께는 A 지역보다 B 지역이 두껍다.

✘ 매력적 오답 ㄴ. 우리나라 부근에 형성된 정체 전선은 북쪽에서 남하하는 찬 공기와 남쪽에서 북상하는 따뜻한 공기가 만나 형성된다. (나)에서 A 지역은 전선의 북쪽에 위치하므로 북풍 계열의 바람이 우세하다.

ㄷ. 전선면은 찬 공기가 위치하는 쪽으로 기울어져 있으므로 (나)에서 전선면은 A 지역 상공에 나타난다.

문제풀이 **Tip**

찬 공기와 따뜻한 공기가 만나 전선을 형성할 때 찬 공기가 아래로 파고들고 따뜻한 공기가 위로 타고 올라가므로 전선면은 찬 공기가 위치한 쪽으로 기울어지고 찬 공기가 위치한 상공에 나타난다는 것에 유의해야 한다.

Part I

교육청

3 온대 저기압과 날씨

출제 의도 온대 저기압 부근의 기상 요소를 해석하는 문항이다.

그림은 어느 날 특정 시각의 온대 저기압 모습과 구간 A, B, C에서 관측한 기상 요소를 나타낸 것이다.

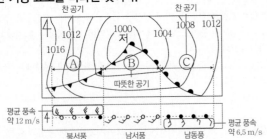

이 자료에 대한 설명으로 옳은 것만을 〈보기〉에서 있는 대로 고른 것은?

보기
ㄱ. 평균 기온은 A가 B보다 높다. (낮다.)
ㄴ. 평균 풍속은 A가 C보다 느리다. (빠르다.)
ㄷ. 구름의 수평 분포 범위는 A가 C보다 좁다.

① ㄴ   ② ㄷ   ③ ㄱ, ㄴ   ④ ㄱ, ㄷ   ⑤ ㄱ, ㄴ, ㄷ

✓ 자료 해석
- 구간 A는 한랭 전선 후면으로, 찬 공기가 분포하고 대체로 북서풍이 불며, 좁은 구역에 걸쳐 구름과 강수대가 나타난다.
- 구간 B는 한랭 전선과 온난 전선 사이로, 따뜻한 공기가 분포하고 대체로 남서풍이 불며, 구름이 없는 맑은 날씨가 나타난다.
- 구간 C는 온난 전선 전면으로, 찬 공기가 분포하고 대체로 남동풍이 불며, 넓은 구역에 걸쳐 구름과 강수대가 나타난다.

○ 보기 풀이 ㄷ. 일기 기호에서 구름의 양은 원 안에 나타낸다. 구간 A에는 2개의 일기 기호에 구름이 나타나고, 구간 C에는 4개의 일기 기호에 구름이 나타나므로, 구름의 수평 분포 범위는 A가 C보다 좁다.

✕ 매력적 오답 ㄱ. 구간 A에는 찬 공기가, B에는 따뜻한 공기가 분포하므로, 평균 기온은 A가 B보다 낮다.

ㄴ. 일기 기호에서 풍속은 깃으로 나타내는데, 긴 깃 하나는 5 m/s이고 짧은 깃 하나는 2 m/s이다. 일기 기호로 보아 구간 A의 평균 풍속은 약 12 m/s이고, 구간 C의 평균 풍속은 약 6.5 m/s이다. 따라서 평균 풍속은 A가 C보다 빠르다.

문제풀이 **Tip**
온대 저기압 부근의 날씨 특징을 제대로 학습하지 않았더라도 일기 기호를 해석할 수 있다면 쉽게 풀 수 있는 문항이다. 일기 기호에서 구름의 양은 원 안에 나타내고, 풍속은 깃의 길이로 나타내며, 풍향은 깃과 원을 이은 선의 방향을 통해 알 수 있다.

4 위성 영상 해석

출제 의도 가시 영상과 적외 영상의 특징을 이해하고, 관측된 위성 영상을 해석하는 문항이다.

그림 (가)와 (나)는 같은 시각에 우리나라 주변을 관측한 가시 영상과 적외 영상을 순서 없이 나타낸 것이다.

가시 영상과 적외 영상에서 모두 밝게 보인다.
➡ 구름의 두께가 두껍고 구름 최상부 높이가 높다. ➡ 두꺼운 적란운

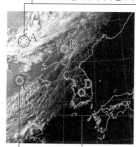
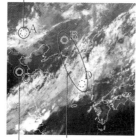

구름이 관측되지 않는다.
➡ 햇빛이 없다.
➡ 가시 영상

D가 B보다 밝게 보인다.
➡ 구름 최상부 높이는 D가 B보다 높다.

가시 영상에서는 옅은색으로 보이고, 적외 영상에서는 어둡게 보인다.
➡ 구름의 두께가 얇고, 구름 최상부 높이가 낮다.

(가)   (나)

이에 대한 옳은 설명만을 〈보기〉에서 있는 대로 고른 것은?

보기

ㄱ. 관측 파장은 (가)가 (나)보다 길다.
　　　　　　　　　　　　　짧다.
ㄴ. 비가 내릴 가능성은 A에서가 C에서보다 높다.
ㄷ. 구름 최상부의 온도는 B에서가 D에서보다 높다.

① ㄴ　　② ㄷ　　③ ㄱ, ㄴ　　④ ㄱ, ㄷ　　⑤ ㄴ, ㄷ

✔ 자료 해석

• 가시 영상은 가시광선 영역을 관측하므로 햇빛이 없는 야간에는 관측할 수 없고, 적외 영상은 물체가 방출하는 적외선 에너지양을 측정하여 관측하므로 야간에도 관측할 수 있다. (가)에서 우리나라를 기준으로 남동쪽 지역에는 구름이 관측되지 않고, 북서쪽 지역에는 구름이 관측되는 것으로 보아 해가 진 직후 즈음에 관측된 것이다. 따라서 (가)는 가시 영상, (나)는 적외 영상이다.

• 가시 영상에서는 구름의 두께가 두꺼울수록 밝게 보이고, 적외 영상에서는 구름 최상부의 높이가 높을수록 밝게 보인다.

• A는 (가)와 (나)에서 모두 밝게 보이므로 두꺼운 적란운이 분포하고, C는 (나)보다 (가)에서 약간 밝게 보이므로 구름 최상부의 높이가 얕은 구름이 얇게 분포한다.

• B는 (가)와 (나)에서 모두 약간 밝게 보이고, D는 (가)에서는 어둡게, (나)에서는 밝게 보인다.

○ 보기풀이 ㄴ. A는 가시 영상과 적외 영상에서 모두 밝게 보이므로 두꺼운 적란운이고, C는 가시 영상에서는 옅게, 적외 영상에서는 어둡게 보이므로 구름 최상부의 높이가 얕은 얇은 구름이다. 따라서 비가 내릴 가능성은 두꺼운 적란운이 형성되어 있는 A에서가 C에서보다 높다.

ㄷ. 구름 최상부의 높이가 높을수록 온도가 낮으므로 적외 영상에서 밝게 보인다. (나)에서 D가 B보다 밝게 보이므로, 구름 최상부의 온도는 B에서가 D에서보다 높다.

✕ 매력적 오답 ㄱ. (가)에서 우리나라를 기준으로 남동쪽에는 구름이 관측되지 않아 어둡게 보이지만, (나)에서는 구름이 많이 분포하여 밝게 보인다. 또한 (가)의 북서쪽에서 구름이 관측되는 것으로 보아 우리나라에서 해가 진 직후 즈음에 관측된 위성 영상임을 알 수 있다. 따라서 (가)는 가시 영상, (나)는 적외 영상이다. 가시광선은 적외선보다 파장이 짧으므로 (가)는 (나)보다 관측 파장이 짧다.

문제풀이 **Tip**

가시 영상은 햇빛의 반사 강도를 나타내고, 적외 영상은 적외선 복사 에너지양을 나타내므로, 가시 영상에서는 구름의 두께가 두꺼울수록 밝게 보이고, 적외 영상에서는 구름 최상부의 높이가 높을수록 밝게 보인다는 것에 유의해야 한다. 또한 가시 영상은 햇빛이 없는 야간에는 이용할 수 없으므로 적외 영상과 비교할 때 동쪽이나 서쪽에서 어두운 부분이 나타난다면 해가 진 직후 또는 해 뜨기 직전에 관측한 영상이라는 것을 알아야 한다.

5 일기도와 위성 영상 해석

2023년 7월 교육청 7번 | 정답 ⑤ | 문제편 47 p

출제 의도 일기도와 적외 영상을 비교하여 우리나라 부근에 형성된 전선의 위치를 파악하고, 구름과 기단의 특징을 이해하는 문항이다.

그림 (가)와 (나)는 8월 어느 날 같은 시각의 지상 일기도와 적외 영상을 나타낸 것이다.

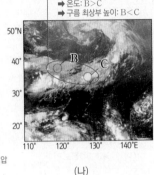

밝기: B<C
➡ 온도: B>C
➡ 구름 최상부 높이: B<C

전선면

정체 전선(장마 전선)   북태평양 고기압
(가)   (나)

이에 대한 설명으로 옳은 것만을 〈보기〉에서 있는 대로 고른 것은?

보기

ㄱ. A 지역의 상공에는 전선면이 나타난다.
　　전선 북쪽의
ㄴ. 구름의 최상부 높이는 C 지역이 B 지역보다 높다.
ㄷ. ㉠은 북태평양 고기압이다.

① ㄱ　② ㄴ　③ ㄷ　④ ㄱ, ㄴ　⑤ ㄴ, ㄷ

✔ **자료 해석**

• (가) : 우리나라 중부 지방에 동서로 길게 정체 전선이 형성되어 있다. 전선 북쪽에는 찬 공기가 분포하고 전선 남쪽에는 따뜻한 공기가 분포하며, 전선면은 북쪽으로 기울어져 있다.
• (나) : 적외 영상에서 B보다 C가 밝게 나타나므로, 구름 최상부의 높이는 B 지역보다 C 지역에서 높다.

◯ **보기 풀이** ㄴ. 구름 최상부 높이가 높을수록 기온이 낮으므로 적외 영상에서 밝게 보인다. (나)에서 C 지역은 B 지역보다 밝게 보이므로, 구름의 최상부 높이는 C 지역이 B 지역보다 높다.
ㄷ. 우리나라 중부 지방에 동서로 길게 형성된 정체 전선은 장마 전선으로, 북쪽의 오호츠크해 기단과 남쪽의 북태평양 기단이 만나 형성된다. 따라서 ㉠에는 북태평양 고기압이 위치한다.

✕ **매력적 오답** ㄱ. A 지역의 북쪽에 정체 전선이 형성되어 있다. 정체 전선은 북쪽의 찬 기단과 남쪽의 따뜻한 기단이 만나서 형성되므로 전선면은 전선의 북쪽으로 기울어져 있다. 따라서 A 지역의 상공에는 전선면이 나타나지 않는다.

문제풀이 Tip

일기도와 위성 영상을 해석하는 문항이 자주 출제된다. 가시 영상에서는 구름의 두께가 두꺼울수록, 적외 영상에서는 구름 최상부의 높이가 높을수록 밝게 나타난다는 것에 유의해야 한다.

---

6 전선과 날씨

2023년 3월 교육청 9번 | 정답 ④ | 문제편 47 p

출제 의도 관측소에서 관측된 기온 변화를 이용하여 온대 저기압에 동반된 전선의 종류를 파악하고, 전선 주변에서의 강수 구역과 풍향을 이해하는 문항이다.

그림 (가)는 온대 저기압에 동반된 전선이 우리나라를 통과하는 동안 관측소 A와 B에서 측정한 기온을, (나)는 T+9시에 관측한 강수 구역을 나타낸 것이다. ㉠과 ㉡은 각각 A와 B 중 하나이다.

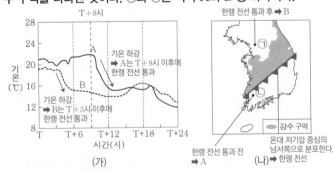

T+9시

기온 하강
➡ A는 T+9시 이후에
　한랭 전선 통과

기온 하강
➡ B는 T+3시 이후에
　한랭 전선 통과

기온(℃)

시간(시)
(가)

한랭 전선 통과 후 ➡ B

강수 구역

한랭 전선 통과 전
➡ A

온대 저기압 중심의
남서쪽으로 분포한다.
(나) ➡ 한랭 전선

이에 대한 옳은 설명만을 〈보기〉에서 있는 대로 고른 것은?

보기

ㄱ. A는 ㉠이다.
　　　　㉡
ㄴ. (나)에서 우리나라에는 한랭 전선이 위치한다.
ㄷ. T+6시에 A에는 남풍 계열의 바람이 분다.

① ㄱ　② ㄷ　③ ㄱ, ㄴ　④ ㄴ, ㄷ　⑤ ㄱ, ㄴ, ㄷ

✔ **자료 해석**

• (가) : A는 T+9시 이후에 기온이 급격히 하강하고, B는 T+3시 이후에 기온이 급격히 하강하였다. A와 B에는 이 시각에 한랭 전선이 통과하였다.
• (나) : 강수 구역이 북동－남서 방향으로 분포하므로 한랭 전선이 분포하며, ㉠은 한랭 전선이 이미 통과한 지역이고, ㉡은 한랭 전선이 아직 통과하지 않은 지역이다.

◯ **보기 풀이** ㄴ. (나)에서 강수 구역은 북동－남서 방향으로 분포한다. 온대 저기압에 동반되는 온난 전선은 온대 저기압 중심의 남동쪽으로 분포하므로 강수 구역은 온난 전선 앞쪽에 북서－남동 방향으로 분포하고, 한랭 전선은 온대 저기압 중심의 남서쪽으로 분포하므로 강수 구역은 한랭 전선 뒤쪽에 북동－남서 방향으로 분포한다. 따라서 (나)에 위치한 전선은 한랭 전선이다.
ㄷ. T+6시에 A에는 한랭 전선이 통과하기 전이므로, A에서는 대체로 남서풍이 분다.

✕ **매력적 오답** ㄱ. A는 T+9시 이후에 기온이 급격히 하강하였으므로 T+9시에는 아직 한랭 전선이 통과하지 않았다. 따라서 A는 한랭 전선 앞쪽에 위치하는 ㉡이다.

문제풀이 Tip

한랭 전선은 전선 통과 후에 기온이 급격하게 낮아지고 강수 현상이 나타나며, 온난 전선은 전선 통과 전에 강수 현상이 나타나고 전선 통과 후에 기온이 급격하게 높아진다는 것에 유의해야 한다.

7 전선과 날씨

출제 의도 강수량 분포를 통해 정체 전선의 위치를 파악하고, 전선 부근에서의 기온과 풍향을 이해하는 문항이다.

그림 (가)와 (나)는 정체 전선이 발달한 두 시기에 한 시간 동안 측정한 강수량을 나타낸 것이다. A에서는 (가)와 (나) 중 한 시기에 열대야가 발생하였다.

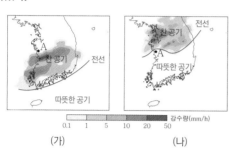

(가)　　　　　(나)

강수량(mm/h)
0.1　1　5　10　20　50

이에 대한 옳은 설명만을 〈보기〉에서 있는 대로 고른 것은?

보기
ㄱ. 전선은 (가) 시기보다 (나) 시기에 북쪽에 위치하였다.
ㄴ. (가) 시기에 A에서는 주로 남풍 계열의 바람이 불었다 [북풍]
ㄷ. A에서 열대야가 발생한 시기는 (나)이다.

① ㄱ　② ㄴ　③ ㄱ, ㄴ　④ ㄱ, ㄷ　⑤ ㄴ, ㄷ

✔ 자료 해석

• 정체 전선 북쪽에 강수 구역이 분포하므로, 정체 전선은 (가) 시기에는 남해안 부근에 위치하고, (나) 시기에는 중부 지방에 위치한다.
• 정체 전선을 경계로 북쪽에는 찬 공기가, 남쪽에는 따뜻한 공기가 분포하므로, (가) 시기에는 A에 찬 공기가 분포하고, (나) 시기에는 A에 따뜻한 공기가 분포한다.

○ 보기 풀이 ㄱ. 정체 전선에서 강수 구역은 전선 북쪽에 분포하므로, (가) 시기에 전선은 강수 구역 아래의 남해안 부근에 위치하고, (나) 시기에는 강수 구역 아래의 중부 지방에 위치한다. 따라서 전선은 (가) 시기보다 (나) 시기에 북쪽에 위치한다.

ㄷ. (가) 시기에 정체 전선 북쪽에 위치한 A에는 찬 공기가 분포하고, (나) 시기에 정체 전선 남쪽에 위치한 A에는 따뜻한 공기가 분포한다. 따라서 A에서 열대야가 발생한 시기는 따뜻한 공기의 영향을 받는 (나)이다.

✕ 매력적 오답 ㄴ. 정체 전선은 북쪽의 차고 습한 공기와 남쪽의 따뜻하고 습한 공기가 만나 형성되어 한 지역에 오래 머무르는 전선으로, 전선 북쪽에서는 주로 북풍 계열의 바람이 불고 전선 남쪽에서는 주로 남풍 계열의 바람이 분다. 따라서 (가) 시기에 전선 북쪽에 위치한 A에서는 주로 북풍 계열의 바람이 불었다.

문제풀이 **Tip**
우리나라에서 정체 전선은 대체로 동서 방향으로 발달하므로 전선의 북쪽에 찬 공기가, 남쪽에 따뜻한 공기가 분포하고, 전선 북쪽에 강수 구역이 분포한다는 것에 유의해야 한다.

---

8 온대 저기압

출제 의도 가시광선 영상을 해석하여 구름의 분포와 두께를 파악하고, 온난 전선과 한랭 전선을 구분하는 문항이다.

그림은 전선을 동반한 온대 저기압의 모습을 인공위성에서 촬영한 가시광선 영상이다. ㉠과 ㉡은 각각 온난 전선과 한랭 전선 중 하나이다.

온난 전선과 한랭 전선 사이
육지
온난 전선
A보다 어둡게 보임 ➡ 구름 두께 얇음 ➡ 층운형 구름
한랭 전선
밝게 보임 ➡ 구름 두께 두꺼움 ➡ 적운형 구름

이에 대한 설명으로 옳은 것만을 〈보기〉에서 있는 대로 고른 것은?
[3점]

보기
ㄱ. 온난 전선은 ㉡이다.
ㄴ. 구름의 두께는 A 지역이 C 지역보다 두껍다.
ㄷ. 지점 B의 상공에는 전선면이 발달한다. [A, C]

① ㄱ　② ㄷ　③ ㄱ, ㄴ　④ ㄴ, ㄷ　⑤ ㄱ, ㄴ, ㄷ

✔ 자료 해석

• 가시광선 영상에서는 구름의 두께가 두꺼울수록 밝게 보이므로 구름의 두께는 A > C > B이다. A에는 적운형 구름이, C에는 층운형 구름이 발달해 있다.
• 전선과 구름의 분포로 보아 남반구에 발달한 온대 저기압이며, ㉠은 한랭 전선, ㉡은 온난 전선이다.

○ 보기 풀이 ㄱ. 전선의 분포로 보아 남반구의 온대 저기압이다. 남반구에서는 온대 저기압의 북동쪽으로 온난 전선이, 북서쪽으로 한랭 전선이 분포한다. 따라서 ㉠은 한랭 전선, ㉡은 온난 전선이다.

ㄴ. 가시광선 영상에서는 구름의 두께가 두꺼울수록 밝게 보이므로 구름의 두께는 A 지역이 C 지역보다 두껍다. 한랭 전선 후면인 A 지역에는 적운형 구름이, 온난 전선 전면인 C 지역에는 층운형 구름이 발달하였다.

✕ 매력적 오답 ㄷ. 한랭 전선면은 전선 뒤쪽으로 기울어져 있고, 온난 전선면은 전선 앞쪽으로 기울어져 있으므로, 한랭 전선과 온난 전선 사이에 위치한 지점 B의 상공에는 전선면이 발달하지 않는다.

문제풀이 **Tip**
남반구의 온대 저기압에서 전선의 분포를 알아 두자. 또한, 전선면은 찬 공기와 따뜻한 공기가 만나 형성되는데, 밀도 작은 따뜻한 공기가 밀도가 큰 찬 공기 위에 분포하므로 전선면은 항상 찬 공기가 분포한 지상의 상공에 발달한다는 것에 유의해야 한다.

9 온대 저기압과 날씨

출제 의도 온대 저기압 주변의 풍향, 풍속 분포를 해석하여 전선과 전선면의 분포를 파악하고, 전선 단면을 따라 나타나는 강수량 분포를 이해하는 문항이다.

그림은 폐색 전선을 동반한 온대 저기압 주변 지표면에서의 풍향과 풍속 분포를 강수량 분포와 함께 나타낸 것이다. 지표면의 구간 X−X′과 Y−Y′에서의 강수량 분포는 각각 A와 B 중 하나이다.

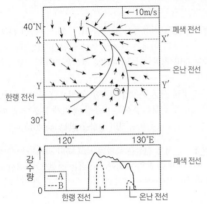

이 자료에 대한 설명으로 옳은 것만을 〈보기〉에서 있는 대로 고른 것은? [3점]

> **보기**
> ㄱ. A는 X−X′에서의 강수량 분포이다.
> ㄴ. Y−Y′에는 ~~폐색 전선~~이 위치한다.
>   (한랭 전선과 온난 전선)
> ㄷ. ㉠ 지점의 상공에는 전선면이 있다.
>   (없다.)

① ㄱ   ② ㄷ   ③ ㄱ, ㄴ   ④ ㄴ, ㄷ   ⑤ ㄱ, ㄴ, ㄷ

✓ 자료 해석

- 북반구에서 온대 저기압은 저기압 중심의 남동쪽에 온난 전선, 남서쪽에 한랭 전선을 동반하며, 한랭 전선이 온난 전선을 따라잡아 저기압 중심 부근부터 폐색 전선이 형성되기 시작한다.
- 북반구에서 한랭 전선 뒤쪽에서는 북서풍이 불고, 온난 전선 앞쪽에서는 남동풍이 불며, 온난 전선과 한랭 전선 사이에서는 남서풍이 분다. ㉠ 지점은 남서풍이 불고 있으므로 온난 전선과 한랭 전선 사이에 위치한다.
- X−X′에는 폐색 전선이 위치하고, Y−Y′에는 서쪽에 한랭 전선, 동쪽에 온난 전선이 위치하며, 폐색 전선 부근, 한랭 전선 후면, 온난 전선 전면에서 각각 강수 현상이 나타난다. 따라서 A는 폐색 전선, B는 한랭 전선과 온난 전선에서의 강수량 분포이다.

⊙ 보기 풀이 북반구의 온대 저기압 주변에서 바람은 저기압 중심을 향해 시계 반대 방향으로 불어 들어가서, 한랭 전선 후면에서는 북서풍, 온난 전선 전면에서는 남동풍, 한랭 전선과 온난 전선 사이에서는 남서풍이 불므로 X−X′에는 폐색 전선이 위치하고, Y−Y′에는 서쪽에 한랭 전선, 동쪽에 온난 전선이 위치한다.

ㄱ. A는 넓은 구역에 걸쳐 많은 양의 비가 내리고 있는 것으로 보아 폐색 전선에서의 강수량 분포이고, B는 서쪽의 좁은 구역에 걸쳐 많은 양의 비가, 동쪽의 좁은 구역에 걸쳐 적은 양의 비가 내리고 있는 것으로 보아 한랭 전선과 온난 전선에서의 강수량 분포이다. 따라서 A는 X−X′에서의 강수량 분포이다.

✕ 매력적 오답 ㄴ. Y−Y′에는 북서풍, 남서풍, 남동풍이 차례로 나타나므로 한랭 전선과 온난 전선이 위치한다.

ㄷ. ㉠ 지점은 한랭 전선과 온난 전선 사이에 위치하므로 ㉠ 지점의 상공에는 전선면이 없다.

문제풀이 Tip

한랭 전선은 전선면이 전선 뒤쪽의 찬 공기 쪽으로 기울어져 있고, 온난 전선은 전선면이 전선 앞쪽의 찬 공기 쪽으로 기울어져 있다. 즉, 전선면은 찬 공기가 분포하는 쪽의 상공에 위치한다는 것에 유의해야 한다.

10 전선과 날씨

출제의도 일기도와 레이더 영상에서 정체 전선의 위치를 파악하고, 레이더 영상의 관측 자료를 해석하는 문항이다.

그림 (가)는 우리나라가 정체 전선의 영향을 받은 어느 날 06시의 지상 일기도를 나타낸 것이고, (나)와 (다)는 각각 이날 06시와 18시의 레이더 영상 중 하나이다.

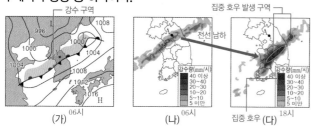

(가) 06시 (나) 06시 집중 호우 (다) 18시

이 자료에 대한 설명으로 옳은 것만을 〈보기〉에서 있는 대로 고른 것은?

보기
ㄱ. (나)는 06시의 레이더 영상이다.
ㄴ. (다)에는 집중 호우가 발생한 지역이 있다.
ㄷ. A 지점에서는 06시와 18시 사이에 전선이 통과하였다.
　　　　　　　　　　　　　　　　　통과하지 않았다.

① ㄱ　② ㄷ　③ ㄱ, ㄴ　④ ㄴ, ㄷ　⑤ ㄱ, ㄴ, ㄷ

✔ 자료 해석

• (가)에서 우리나라 중부 지방에 정체 전선이 형성되어 있고, A 지점은 전선의 북쪽에 위치하고 있다.
• (나)에서 강수 구역은 A 지점 부근을 지나는 동서 방향의 긴 띠 모양으로 분포하므로, (나)는 (가)의 일기도가 작성된 시각과 같은 06시에 관측된 레이더 영상이다.
• (다)에서 전선은 (나)보다 남쪽 지역으로 이동했으며, 우리나라의 강수 구역은 넓어지고 강수량은 증가하였다.

보기 풀이 ㄱ. (나)에서 A 지점 부근에 강수 구역이 분포하고, 강수대가 동서 방향으로 길게 나타나는 것으로 보아 정체 전선은 A 지점 남쪽에 형성되어 있다. 따라서 (나)는 (가)의 일기도가 작성된 06시에 관측된 레이더 영상이다.
ㄴ. 집중 호우는 한 시간에 30 mm 이상 또는 하루에 80 mm 이상의 비가 내리거나 연 강수량의 약 10 %의 비가 하루에 내리는 것을 말한다. (다)에는 30 mm/시 이상의 강수량이 관측된 지역이 있으므로 집중 호우가 발생한 지역이 있다.

✕ 매력적 오답 ㄷ. (나)는 06시, (다)는 18시의 레이더 영상이다. 06시에 정체 전선은 A 지점보다 남쪽에 위치하였고, 06시 이후 정체 전선은 남쪽으로 더 이동하였으므로, A 지점에서는 06시와 18시 사이에 전선이 통과하지 않았다.

문제풀이 Tip
악기상의 개념과 발생 과정 및 특징에 대해 정리해 두어야 한다. 특히 집중 호우와 강풍을 정의하는 기준을 정확하게 알아둘 필요가 있다.

11 전선과 날씨   2022년 3월 교육청 9번 | 정답 ② | 문제편 **49 p**

출제 의도 전선 부근에서의 풍향과 구름 분포를 해석하여 온난 전선과 정체 전선을 구분하고, 전선을 형성하는 기단의 기온 분포와 전선면의 위치를 파악하는 문항이다.

그림 (가)와 (나)는 전선이 발달해 있는 북반구의 두 지역에서 전선의 위치와 일기 기호를 나타낸 것이다. (가)와 (나)의 전선은 각각 온난 전선과 정체 전선 중 하나이고, 영역 A, B, C는 지표상에 위치한다.

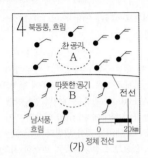
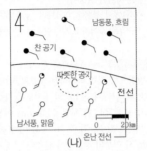

이에 대한 옳은 설명만을 〈보기〉에서 있는 대로 고른 것은? [3점]

보기
ㄱ. (가)의 전선은 <s>온난 전선</s>이다.
　　　　　　정체 전선
ㄴ. 평균 기온은 A보다 B에서 높다.
ㄷ. <s>C</s>의 상공에는 전선면이 존재한다.
　(나)에서 전선 북쪽

① ㄱ   ② ㄴ   ③ ㄱ, ㄴ   ④ ㄱ, ㄷ   ⑤ ㄴ, ㄷ

✔ **자료 해석**

• 온난 전선은 따뜻한 공기가 찬 공기를 타고 올라가면서 형성된 전선으로, 전선 뒤쪽에 따뜻한 공기가, 전선 앞쪽에 찬 공기가 분포하고, 찬 공기 위쪽으로 전선면이 분포한다.

• 정체 전선은 세력이 비슷한 찬 공기와 따뜻한 공기가 만나서 형성되며 한 지역에 오래 머무는 전선이다.

• (가) : 전선이 동서 방향으로 발달해 있으며, 전선을 기준으로 북쪽에서는 북풍 계열의 바람이 불고, 남쪽에서는 남풍 계열의 바람이 불고 있으므로 정체 전선이다.

• (나) : 전선을 기준으로 북쪽에서는 남동풍이 불고, 남쪽에서는 남서풍이 불며, 전선 뒤쪽에 맑은 날씨가 나타나므로 온난 전선이다.

○ **보기 풀이** ㄴ. 전선은 찬 공기와 따뜻한 공기가 만나 형성되는데, 북반구에서 전선을 경계로 북쪽(고위도)의 공기는 찬 공기이고 남쪽(저위도)의 공기는 따뜻한 공기이다. 따라서 A에는 찬 공기가 분포하고 B에는 따뜻한 공기가 분포하므로 평균 기온은 A보다 B에서 높다.

✕ **매력적 오답** ㄱ. (가)의 전선은 전선을 경계로 북풍 계열의 바람과 남풍 계열의 바람이 불고 있으므로 정체 전선이고, (나)의 전선은 전선을 경계로 남동풍과 남서풍이 불고 있으며 전선 뒤쪽의 날씨가 맑으므로 온난 전선이다.

ㄷ. C에는 따뜻한 공기가 분포하고 전선의 앞쪽(북쪽)에 찬 공기가 분포하므로 C의 공기가 찬 공기 위를 타고 올라가면서 온난 전선이 형성된다. 따라서 전선면은 전선 앞쪽의 찬 공기가 분포하는 곳에 존재한다.

문제풀이 Tip
북반구에서 온난 전선을 경계로 남동풍과 남서풍이 불고, 전선 뒤쪽에 맑은 날씨가 나타난다는 것을 알아 두자. 또한 전선면은 찬 공기 쪽에 존재한다는 것을 기억해 두자.

12 일기도와 위성 영상 해석

출제 의도 일기도와 위성 영상을 비교하여 우리나라 부근에 발달한 온대 저기압과 전선 부근의 날씨 특징을 파악하는 문항이다.

그림 (가)는 어느 날 21시의 일기도이고, (나)는 **같은 시각의 위성 영상이다.**

└ 21시(야간)에 관측 ➡ 적외 영상

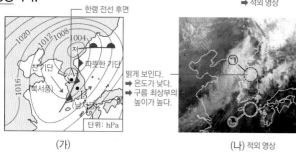

(가)   (나) 적외 영상

이에 대한 설명으로 옳은 것만을 〈보기〉에서 있는 대로 고른 것은? [3점]

보기
ㄱ. 온대 저기압이 통과하는 동안 B 지점에서 바람의 방향은 시계 방향으로 변한다.
  남동풍 → 남서풍 → 북서풍
ㄴ. 지표면 부근의 기온은 A 지점이 B 지점보다 높다.
  낮다.
ㄷ. 구름 최상부의 높이는 ㉠보다 ㉡에서 높다.
  낮다.

① ㄱ   ② ㄷ   ③ ㄱ, ㄴ   ④ ㄴ, ㄷ   ⑤ ㄱ, ㄴ, ㄷ

✓ 자료 해석

• A 지역 : 한랭 전선 후면에 위치하므로 기온이 낮고 북서풍이 불며 소나기가 내린다.
• B 지역 : 한랭 전선이 통과하기 전이므로 기온이 비교적 높고 남서풍이 분다.
• (나) : 21시에 관측된 영상이며 구름이 촬영된 것으로 보아 적외 영상이다. 적외 영상에서는 구름의 최상부 높이가 높을수록 밝게 나타난다.

○ 보기 풀이 ㄱ. B 지점은 현재 한랭 전선이 통과하기 전이며, 한랭 전선이 통과함에 따라 풍향이 남서풍에서 북서풍으로 바뀐다. 따라서 온대 저기압이 통과하는 동안 B 지점에서 바람의 방향은 시계 방향으로 변한다.

✗ 매력적 오답 ㄴ. 한랭 전선 앞쪽에는 따뜻한 기단이 분포하고, 뒤쪽에는 찬 기단이 분포한다. 따라서 지표면 부근의 기온은 한랭 전선 후면에 위치한 A 지점이 한랭 전선 전면에 위치한 B 지점보다 낮다.

ㄷ. (나)는 21시에 관측된 위성 영상이므로 적외 영상이고, 적외 영상에서는 구름 최상부의 높이가 높을수록 밝게 나타나므로 ㉠이 ㉡보다 구름 최상부의 높이가 높다.

문제풀이 **Tip**

일기도가 작성된 시간이 야간일 때 같은 시각에 관측된 위성 영상에 밝은 부분이 촬영되었다면 적외 영상이고, 전체 영상이 어둡게 촬영되었다면 가시 영상이라는 것을 파악할 수 있어야 한다. 적외 영상은 온도가 높을수록 어둡게, 온도가 낮을수록 밝게 나타나므로 구름 최상부의 높이가 높을수록 온도가 낮아 밝게 나타나는 것에 유의해야 한다.

13 기상 위성 영상 해석

출제 의도 가시 영상과 적외 영상 자료를 해석하여 영상을 촬영한 시기를 파악하고, 육지와 바다의 온도 및 구름 최상부의 높이를 비교하는 문항이다.

다음은 위성 영상을 해석하는 탐구 활동이다.

[탐구 과정]

(가) 동일한 시각에 촬영한 가시 영상과 적외 영상을 준비한다.

(나) 가시 영상과 적외 영상에서 육지와 바다의 밝기를 비교한다.

(다) 가시 영상과 적외 영상에서 구름 A와 B의 밝기를 비교한다.

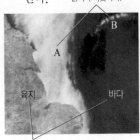

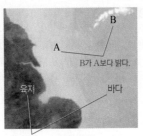

[탐구 결과]

구분	가시 영상	적외 영상
(나)	육지가 바다보다 밝다.	바다가 육지보다 밝다.
(다)	A와 B의 밝기가 비슷하다.	B가 A보다 밝다.

이에 대한 설명으로 옳은 것만을 〈보기〉에서 있는 대로 고른 것은?

[3점]

보기

ㄱ. 육지는 바다보다 온도가 높다.

ㄴ. 위성 영상은 밤에 촬영한 것이다.

ㄷ. 구름 최상부의 높이는 B가 A보다 높다.

① ㄱ　　② ㄴ　　③ ㄷ　　④ ㄱ, ㄷ　　⑤ ㄴ, ㄷ

✓ 자료 해석

• 가시 영상에서 A와 B의 밝기가 비슷하므로, A와 B에서 구름의 두께는 비슷하다.

• 적외 영상에서 B는 A보다 밝게 나타나므로, 구름 최상부의 높이는 B가 A보다 높다.

○ 보기 풀이 ㄱ. 적외 영상은 물체가 온도에 따라 방출하는 적외선 에너지양의 차이를 이용하는 것으로, 온도가 높을수록 어둡게 나타난다. 따라서 지표면의 온도는 적외 영상을 이용하여 비교해야 하며, 적외 영상에서 육지는 바다보다 어둡게 나타나므로 온도가 높다.

ㄷ. 구름의 최상부 높이가 높을수록 온도가 낮으므로 방출하는 적외선의 양이 적다. 적외 영상에서는 온도가 낮을수록 밝게 나타나므로, 구름 최상부의 높이는 적외 영상에서 더 밝게 나타난 B가 A보다 높다.

✕ 매력적 오답 ㄴ. 가시 영상은 구름과 지표면에서 반사된 태양빛의 반사 강도를 나타내는 것으로, 야간에는 태양빛이 없어서 이용할 수 없다. 반면 적외 영상은 적외선을 촬영하므로 24시간 관측이 가능하다. 가시 영상에서 구름의 영상이 잘 나타나 있으므로 위성 영상은 낮에 촬영한 것이다.

문제풀이 Tip

구름이 두꺼울수록 햇빛을 많이 반사하므로 가시 영상에서는 층운형 구름보다 적운형 구름이 더 밝게 나타나는 것을 알아 두고, 지표면의 온도나 구름 최상부의 높이를 비교하기 위해서는 적외 영상을 이용하는 것을 알아 두자.

14 온대 저기압과 정체 전선

2021년 7월 교육청 10번 | 정답 ⑤ | 문제편 50 p

출제 의도 연속된 일기도를 해석하여 관측 순서를 결정하고, 고기압의 성질과 전선의 종류, 온대 저기압이 통과할 때의 풍향 변화를 파악하는 문항이다.

그림 (가)와 (나)는 겨울철 어느 날 6시간 간격으로 작성된 지상 일기도를 순서 없이 나타낸 것이다.

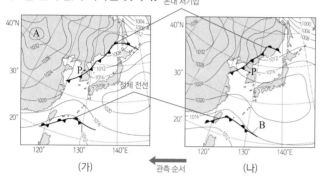

(가)   관측 순서   (나)

이에 대한 설명으로 옳은 것만을 〈보기〉에서 있는 대로 고른 것은?

┌─ 보기 ─────────────────────┐
ㄱ. A는 한랭 건조한 고기압이다.
ㄴ. B는 정체 전선이다.
ㄷ. 이 기간 동안 P 지역의 풍향은 시계 방향으로 변했다.
└────────────────────────┘

① ㄱ ② ㄷ ③ ㄱ, ㄴ ④ ㄴ, ㄷ ⑤ ㄱ, ㄴ, ㄷ

✔ 자료 해석
- (가)에서 A는 겨울철에 우리나라의 북서쪽에 발달한 시베리아 고기압이다.
- 우리나라를 통과하는 온대 저기압의 중심이 (가)보다 (나)에서 서쪽에 위치하므로, (나)는 (가)보다 먼저 작성된 일기도이다.
- P 지역은 (나)에서 온난 전선과 한랭 전선 사이에 위치하고, (가)에서 한랭 전선의 후면에 위치한다.
- B는 정체 전선이다.

○ 보기 풀이 ㄱ. 우리나라의 겨울철에는 북서쪽에 시베리아 고기압(A)이 발달한다. 시베리아 고기압은 고위도의 대륙에서 형성되므로 한랭 건조하다.
ㄴ. B는 북쪽의 찬 기단과 남쪽의 따뜻한 기단의 세력이 비슷하여 전선이 거의 이동하지 않고 한 곳에 오랫동안 머무르는 정체 전선이다.
ㄷ. 온대 저기압의 영향을 받는 동안 온대 저기압의 중심보다 남쪽에 위치한 지역에는 온난 전선과 한랭 전선이 차례로 통과한다. P 지역은 (나)에서 온난 전선과 한랭 전선 사이에 위치하므로 남서풍이 불고, (가)에서 한랭 전선의 후면에 위치하므로 북서풍이 분다. 따라서 이 기간 동안 P 지역의 풍향은 시계 방향으로 변했다.

문제풀이 **Tip**
일기도에서 사용하는 전선의 기호를 알아 두고, 우리나라 부근을 통과하는 온대 저기압은 편서풍의 영향으로 점차 동쪽으로 이동해가므로 관측 순서는 (나)가 (가)보다 먼저인 것에 유의해야 한다.

Part I

교육청

---

15 온대 저기압의 발생

2021년 3월 교육청 5번 | 정답 ② | 문제편 50 p

출제 의도 온대 저기압의 파동이 형성되는 지역과 전선의 종류를 파악하고, 파동 주변의 기온을 비교하는 문항이다.

그림은 온대 저기압의 발생 과정 중 전선에 파동이 형성되는 모습을 나타낸 것이다.

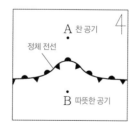

이 자료에 대한 옳은 설명만을 〈보기〉에서 있는 대로 고른 것은?
[3점]

┌─ 보기 ─────────────────────┐
ㄱ. 이러한 파동은 주로 열대 해상에서 발생한다.
      (중위도 지방)
ㄴ. 폐색 전선이 발달해 있다.
      (정체 전선)
ㄷ. 기온은 A 지점이 B 지점보다 낮다.
└────────────────────────┘

① ㄱ ② ㄷ ③ ㄱ, ㄴ ④ ㄴ, ㄷ ⑤ ㄱ, ㄴ, ㄷ

✔ 자료 해석
- A와 B 지점 사이에 정체 전선이 형성되어 있다.
- 정체 전선의 북쪽에 위치한 A 지점에는 찬 공기가 분포하고, 남쪽에 위치한 B 지점에는 따뜻한 공기가 분포한다.

○ 보기 풀이 ㄷ. 온대 저기압은 남쪽의 따뜻한 공기와 북쪽의 찬 공기가 만나 정체 전선이 형성되면서 발생한다. 따라서 A 지점에는 찬 공기가, B 지점에는 따뜻한 공기가 분포하므로 기온은 A 지점이 B 지점보다 낮다.

✕ 매력적 오답 ㄱ. 온대 저기압의 발생 초기에 형성되는 파동은 고위도의 찬 공기와 저위도의 따뜻한 공기가 만나는 중위도 지역에서 잘 발생한다.
ㄴ. 온대 저기압은 중위도의 정체 전선 상의 파동으로부터 발생하며, 이 지역에는 정체 전선이 발달해 있다. 한편 폐색 전선은 이동 속도가 상대적으로 빠른 한랭 전선이 이동 속도가 느린 온난 전선을 따라잡아 두 전선이 겹쳐질 때 형성된다.

문제풀이 **Tip**
온대 저기압의 발생과 발달 과정을 알아 두고, 온대 저기압의 발생 초기에 남쪽의 따뜻한 기단과 북쪽의 찬 기단 사이에 정체 전선이 형성되므로 정체 전선의 남쪽이 북쪽보다 기온이 높다는 것에 유의해야 한다.

02 태풍과 주요 악기상

1 황사

2024년 10월 교육청 15번 | 정답 ② | 문제편 53p

출제 의도 시간에 따른 황사 농도 변화를 통해 황사의 발원지와 발원 시기를 파악하고, 이동 방향을 확인하는 문항이다.

그림 (가)는 관측소 A, B에서 측정한 우리나라에 영향을 준 어느 황사의 시간에 따른 황사 농도를, (나)는 이 기간 중 t 시각의 지상 일기도에 황사가 관측된 위치와 A, B의 위치를 나타낸 것이다. X는 고기압과 저기압 중 하나이다.

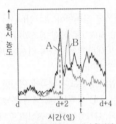

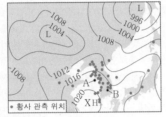

서쪽에 위치한 관측소 A에서 황사가 먼저 관측되었다.
➡ 편서풍의 영향으로 서쪽에서 동쪽으로 이동

(가)　　　　　　　　　(나)

이 자료에 대한 설명으로 옳은 것만을 〈보기〉에서 있는 대로 고른 것은?

> 보기
> ㄱ. 이 황사는 발원지에서 (d+2)일에 발원하였다.
>   (d+2)일 이전에
> ㄴ. X는 고기압이다.
> ㄷ. 이 황사는 극동풍을 타고 이동하였다.
>   편서풍

① ㄱ　② ㄴ　③ ㄱ, ㄷ　④ ㄴ, ㄷ　⑤ ㄱ, ㄴ, ㄷ

✓ 자료 해석

• 황사는 작은 모래나 황토 또는 먼지가 상승하여 상층의 편서풍을 타고 이동하면서 서서히 내려오는 현상이다.

• 발원지에서는 토양이 건조하고 강한 바람과 함께 상승 기류(저기압)가 발달해야 하고, 황사의 영향을 받는 곳에서는 하강 기류(고기압)가 발달해야 한다.

○ 보기 풀이　ㄴ. X는 주변 지역보다 기압이 높으므로 고기압이다. 황사가 발생할 때 황사의 영향을 받는 곳은 주로 고기압이 발달한다.

✕ 매력적 오답　ㄱ. 이 황사는 관측소 A에서 (d+2)에 강하게 관측되었으므로 발원지에서는 (d+2)일보다 이전에 발원하였다.

ㄷ. 중국 북부와 몽골 지대 부근에서 발원하는 황사는 상층의 편서풍을 타고 서쪽에서 동쪽으로 이동하여 우리나라에 영향을 주었다.

문제풀이 Tip
황사의 발원지와 발생 조건, 발생 시기, 이동 방향 등에 대해 묻는 문항이 출제되고 있으므로 이에 대한 내용을 잘 알아 두자.

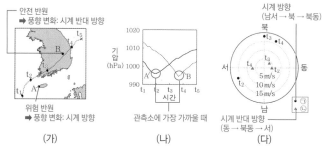

2 태풍과 날씨

출제 의도 태풍의 이동 경로를 확인하고, 기압, 풍향, 풍속 자료를 해석하여 태풍이 통과하는 동안의 날씨 변화를 파악하는 문항이다.

그림 (가)는 어느 태풍 중심의 이동 경로와 관측소 A, B를, (나)는 $t_1 \rightarrow t_5$ 동안 A, B에서 관측한 기압을, (다)는 t_2, t_3, t_4일 때 A와 B에서 관측한 풍속과 풍향을 ㉠과 ㉡으로 순서 없이 나타낸 것이다.

이 자료에 대한 설명으로 옳은 것만을 〈보기〉에서 있는 대로 고른 것은? [3점]

보기
ㄱ. 태풍의 영향을 받는 동안 A는 위험 반원에 위치한다.
ㄴ. ㉡은 B에서 관측한 자료이다.
ㄷ. 태풍의 중심과 관측소의 거리가 가장 가까울 때 $\dfrac{관측\ 기압}{태풍의\ 중심\ 기압}$ 은 B에서가 A에서보다 작다.

① ㄱ ② ㄷ ③ ㄱ, ㄴ ④ ㄴ, ㄷ ⑤ ㄱ, ㄴ, ㄷ

✔ 자료 해석

- (가)에서 A는 태풍 이동 경로의 오른쪽에 위치하므로 위험 반원에 위치하고, B는 태풍 이동 경로의 왼쪽에 위치하므로 안전 반원에 위치한다.
- (나)에서 기압은 A에서는 t_2 부근에서 가장 낮고, B에서는 $t_3 \sim t_4$ 사이에 가장 낮다. 또한 관측된 최저 기압은 B에서 나타난다.
- (다)에서 t_2, t_3, t_4 풍향은 ㉠에서는 남서풍 → 북풍 → 북동풍(시계 방향)으로 바뀌었고, ㉡에서는 동풍 → 북동풍 → 서풍(시계 반대 방향)으로 바뀌었다. ➡ ㉠은 위험 반원, ㉡은 안전 반원에 위치한다.

○ 보기 풀이

ㄱ. A는 태풍 이동 경로의 오른쪽에 위치하므로 태풍의 영향을 받는 동안 위험 반원에 위치한다.

ㄴ. ㉡에서는 풍향이 동풍 → 북동풍 → 서풍으로 시계 반대 방향으로 변하였으므로 안전 반원에서 관측한 것이다. 따라서 ㉡은 B에서 관측한 자료이다.

ㄷ. 태풍의 중심과 관측소의 거리가 가까울수록 관측소에서 관측된 기압은 낮아진다. (나)에서 A는 t_2일 때 기압이 가장 낮고 B는 $t_3 \sim t_4$ 사이에 기압이 가장 낮으므로 이 시각에 태풍의 중심과 관측소의 거리가 가장 가깝고, 이때 B의 기압이 A의 기압보다 낮다. 태풍은 육지에 상륙하면서 중심 기압이 급격히 상승하므로 t_2일 때보다 t_4일 때 중심 기압이 높다. 따라서 태풍의 중심과 관측소의 거리가 가장 가까울 때 $\dfrac{관측\ 기압}{태풍의\ 중심\ 기압}$ 은 B에서가 A에서보다 작다.

문제풀이 Tip

관측소에서 태풍의 기압이 가장 낮게 관측되는 시각은 태풍 중심이 가장 가까울 때이지만, 이때가 실제로 태풍의 중심 기압이 가장 낮을 때는 아니다. 문제에서 이를 잘 구별해야 한다. 태풍의 중심 기압은 육지에 상륙하면서 급격히 상승하기 때문에 기압이 가장 낮게 관측된 시각과 실제로 중심 기압이 가장 낮은 시각은 다를 수 있다는 것에 유의해야 한다.

3 태풍

출제 의도 태풍의 이동 경로를 확인하여 안전 반원과 위험 반원을 구분하고, 관측 자료를 해석하여 태풍의 세력 변화와 관측소의 위치를 파악하는 문항이다.

그림 (가)는 어느 날 어느 태풍의 이동 경로와 중심 기압을, (나)는 이 태풍이 통과하는 동안 관측소 A와 B 중 한 관측소에서 06시, 09시, 12시, 15시에 관측한 풍향과 풍속을 나타낸 것이다.

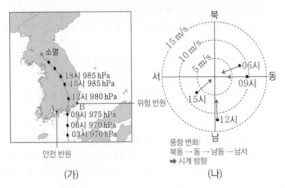

(가) (나)

이 자료에 대한 설명으로 옳은 것만을 〈보기〉에서 있는 대로 고른 것은?

보기

ㄱ. A는 안전 반원에 위치한다.

ㄴ. (나)는 B에서 관측한 결과이다.

ㄷ. 태풍의 세력은 03시가 18시보다 강하다.

---

① ㄱ　　② ㄴ　　③ ㄱ, ㄷ　　④ ㄴ, ㄷ　　⑤ ㄱ, ㄴ, ㄷ

✓ 자료 해석

• (가)에서 A는 태풍 진행 경로의 왼쪽에 위치하므로 안전 반원에 위치하고, B는 태풍 진행 경로의 오른쪽에 위치하므로 위험 반원에 위치한다.

• (나)에서 06시~15시 사이에 풍향은 북동풍 → 동풍 → 남풍 → 남서풍으로 시계 방향으로 변하였다.

○ 보기 풀이 ㄱ. A는 태풍 진행 경로의 왼쪽 반원에 위치하므로 안전 반원에 위치한다.

ㄴ. 위험 반원에서는 풍향이 시계 방향으로 변하고, 안전 반원에서는 풍향이 시계 반대 방향으로 변한다. (나)에서 풍향은 북동풍 → 동풍 → 남동풍 → 남서풍으로 시계 방향으로 변하였으므로 위험 반원인 B에서 관측한 결과이다.

ㄷ. 태풍은 중심 기압이 낮을수록 세력이 강하다. 03시에는 중심 기압이 970 hPa이고, 18시에는 중심 기압이 985 hPa이므로 태풍의 세력은 03시가 18시보다 강하다.

문제풀이 Tip

태풍은 저기압의 일종이므로 중심 기압이 낮을수록 세력이 강하다는 것에 유의해야 한다. 태풍의 에너지원은 수증기의 잠열이므로 태풍이 육지에 상륙하면 세력이 급격히 약해진다는 것도 알아 두자.

4 우리나라의 주요 악기상

출제 의도 우박과 뇌우의 발생 과정을 이해하고 특징을 파악하는 문항이다.

다음은 지난 10년간 우리나라에서 관측한 우박의 월별 누적 발생 일수와 뇌우의 성숙 단계에 대한 학생들의 대화이다.

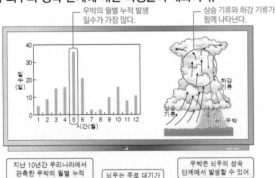

제시한 내용이 옳은 학생만을 있는 대로 고른 것은?

① A　　② C　　③ A, B　　④ B, C　　⑤ A, B, C

✓ 자료 해석

• 10년간 우리나라에서 관측한 우박의 월별 누적 발생 일수를 보면 5월에 가장 많이 발생하였고, 7~8월에 가장 적게 발생하였다.

• 뇌우의 성숙 단계에는 상승 기류와 하강 기류가 공존하며, 강한 비와 우박이 발생할 수 있다.

○ 보기 풀이 학생 A. 그래프에서 보면 지난 10년간 우리나라에서 관측한 우박의 월별 누적 발생 일수는 5월이 약 36일로 가장 많다.

학생 B. 뇌우는 강한 상승 기류에 의해 적란운이 발달하면서 천둥, 번개와 함께 소나기가 내리는 현상이다. 강한 상승 기류는 주로 대기가 불안정할 때 발생한다.

학생 C. 우박은 주로 적란운 내에서 강한 상승 기류를 타고 상승과 하강을 반복하며 성장하여 생성되므로, 뇌우의 성숙 단계에서 발생할 수 있다.

문제풀이 Tip

우리나라에서 발생하는 악기상의 발생 과정과 특징을 묻는 문항이 자주 출제된다. 최근에는 이상 기후 현상이 자주 발생하면서 뇌우, 집중 호우, 태풍, 한파와 같은 악기상이 자주 발생하기 때문에 이와 관련된 문항이 출제될 수 있으므로 관련된 내용에 대해 잘 대비해 두자.

5 태풍

출제 의도 태풍이 우리나라를 통과하는 동안의 기상 요소를 해석하여 태풍의 세력과 관측소에 미치는 영향을 파악하는 문항이다.

표는 우리나라를 통과한 어느 태풍의 중심 기압과 강풍 반경을, 그림은 이 태풍의 영향을 받은 우리나라 관측소 A에서 관측한 기압과 풍향을 나타낸 것이다.

일시	중심 기압(hPa)	강풍 반경(km)
10일 03시	970	330
10일 06시	970	330
10일 09시	975	320
10일 12시	980	300

중심 기압이 가장 낮고, 강풍 반경이 가장 크므로, 태풍의 세력이 가장 강하다.

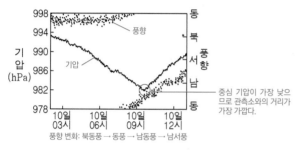

풍향 변화: 북동풍 → 동풍 → 남동풍 → 남서풍

중심 기압이 가장 낮으므로 관측소와의 거리가 가장 가깝다.

이 자료에 대한 설명으로 옳은 것만을 〈보기〉에서 있는 대로 고른 것은? [3점]

┌─ 보기 ─────────────────────────
ㄱ. 태풍의 세력은 03시보다 12시에 강하다.
　　　　　　　　　　　　　　　약하다.
ㄴ. A와 태풍 중심 사이의 거리는 03시보다 09시에 가깝다.
ㄷ. 태풍의 영향을 받는 동안 A는 안전 반원에 위치한다.
　　　　　　　　　　　　　　　　　위험 반원
└──────────────────────────

① ㄱ　② ㄴ　③ ㄱ, ㄷ　④ ㄴ, ㄷ　⑤ ㄱ, ㄴ, ㄷ

✔ 자료 해석

- 표에서 중심 기압은 10일 03시~06시에 가장 낮고, 강풍 반경은 10일 03시~06시에 가장 크다. ➡ 관측소에서 태풍의 세력은 10일 03~06시에 가장 강하다.
- 그림에서 실선은 기압, 점은 풍향을 나타낸다.
- 풍향은 북동풍 → 동풍 → 남동풍 → 남서풍으로 변하였다. ➡ 풍향이 시계 방향으로 변하였으므로 관측소는 위험 반원에 위치하였다.

○ 보기 풀이

ㄴ. 관측소와 태풍 중심 사이의 거리가 가까울수록 태풍 중심 기압과 관측 기압의 차이가 작아진다. 09시에는 03시보다 태풍 중심 기압은 높고 관측 기압은 낮으므로 A와 태풍 중심 사이의 거리는 03시보다 09시에 가깝다.

✘ 매력적 오답

ㄱ. 태풍의 세력은 기압이 낮을수록 강하다. 03시에 태풍의 중심 기압은 970 hPa이고, 12시에는 중심 기압이 980 hPa이므로, 태풍의 세력은 03시보다 12시에 약하다.

ㄷ. 태풍의 위험 반원에서는 풍향이 시계 방향으로 변하고, 안전 반원에서는 풍향이 시계 반대 방향으로 변한다. 그림에서 풍향은 북동풍 → 동풍 → 남동풍 → 남서풍으로 변하였으므로, 시계 방향으로 변하였다. 따라서 태풍의 영향을 받는 동안 관측소 A는 위험 반원에 위치하였다.

문제풀이 Tip

태풍의 중심 기압이 가장 낮은 시각과 관측소에서 관측된 태풍의 기압이 가장 낮은 시각이 일치하지 않는다는 것에 유의해야 한다. 실제 태풍의 세력이 가장 강할 때는 태풍의 중심 기압이 가장 낮은 시각이다.

Part I

교육청

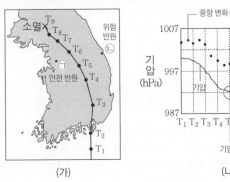
6 태풍의 이동과 날씨 변화

출제 의도 태풍의 이동 경로를 확인하고, 태풍이 이동함에 따라 관측되는 기압과 풍향 변화를 해석하여 관측소의 위치를 파악하는 문항이다.

그림 (가)는 어느 태풍이 이동하는 동안 시각 T_1~T_9일 때의 태풍 중심 위치를, (나)는 이 태풍이 이동하는 동안 관측소 P에서 관측한 기압과 풍향을 나타낸 것이다. T_1, T_2, …, T_9의 시간 간격은 일정하고, P의 위치는 ㉠과 ㉡ 중 하나이다.

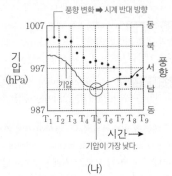

(가)　　　　　　(나)

이 자료에 대한 설명으로 옳은 것만을 〈보기〉에서 있는 대로 고른 것은? [3점]

보기
ㄱ. P의 위치는 ㉠이다.
ㄴ. 태풍의 평균 이동 속력은 T_1~T_2일 때가 T_3~T_4일 때보다 ~~빠르다.~~ 느리다.
ㄷ. (나)에서 기압이 가장 낮을 때, ~~P와 태풍 중심 사이의 거리가 가장 가깝다.~~ P와 태풍 중심 사이의 거리는 T_6일 때 가장 가깝다.

① ㄱ　② ㄷ　③ ㄱ, ㄴ　④ ㄴ, ㄷ　⑤ ㄱ, ㄴ, ㄷ

✔ 자료 해석

• ㉠은 태풍 이동 경로의 왼쪽에 위치하므로 안전 반원, ㉡은 태풍 이동 경로의 오른쪽에 위치하므로 위험 반원에 속한다.
• ㉠에서는 T_6일 때, ㉡에서는 T_5일 때 태풍 중심에 가장 가깝다.
• (나)에서 점은 풍향, 실선은 기압을 나타낸다. 기압이 가장 낮을 때는 T_5일 때이고, 풍향은 북동풍 → 북서풍 → 남서풍으로 바뀌었으므로 시계 반대 방향으로 바뀌었다.

○ 보기 풀이 ㄱ. 관측소 P에서는 풍향이 시계 반대 방향(북동풍 → 북서풍 → 남서풍)으로 변하였으므로 P는 안전 반원에 위치한다. 따라서 관측소 P는 ㉠에 위치한다.

✕ 매력적 오답 ㄴ. T_1~T_9의 시간 간격은 일정하므로, 같은 시간 동안 더 먼 거리를 이동하였을 때가 이동 속력이 더 빠르다. 따라서 태풍의 평균 이동 속력은 T_3~T_4일 때가 T_1~T_2일 때보다 빠르다.
ㄷ. (나)에서 기압은 실선이므로 관측소 P에서 관측한 기압은 T_5일 때 가장 낮고, 관측소 P와 태풍 중심 사이의 거리가 가장 가까운 시기는 T_6이다.

문제풀이 Tip
태풍 이동 경로의 왼쪽 지역은 안전 반원, 오른쪽 지역은 위험 반원이라는 것을 알고, 안전 반원에서는 풍향이 시계 반대 방향, 위험 반원에서는 풍향이 시계 방향으로 변한다는 것을 알아 두자.

7 태풍의 이동과 날씨 변화

출제의도 태풍의 이동 경로를 확인하고 관측소의 위치에 따른 기압, 풍향, 풍속 변화 자료를 해석하여 태풍이 통과하는 동안의 날씨 변화를 파악하는 문항이다.

그림 (가)는 어느 태풍의 이동 경로와 관측소 A와 B의 위치를, (나)는 이 태풍이 우리나라를 통과하는 동안 A와 B 중 한 곳에서 관측한 풍향, 풍속, 기압 변화를 나타낸 것이다.

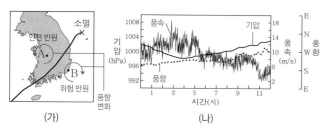

(가)   (나)

이에 대한 옳은 설명만을 〈보기〉에서 있는 대로 고른 것은?

┌─ 보기 ───────────────────────────────┐
│ ㄱ. (나)에서 기압은 4시가 11시보다 낮다.   │
│   │
│ ㄴ. (나)는 A에서 관측한 것이다.   │
│   B   │
│ ㄷ. 태풍이 통과하는 동안 관측된 평균 풍속은 A가 B보다 │
│   크다.   │
│   작다.   │
└───────────────────────────────────┘

① ㄱ   ② ㄴ   ③ ㄱ, ㄷ   ④ ㄴ, ㄷ   ⑤ ㄱ, ㄴ, ㄷ

✔ 자료 해석

- (가) : A는 태풍 이동 경로의 왼쪽에 위치하므로 안전 반원에 있고, B는 태풍 이동 경로의 오른쪽에 위치하므로 위험 반원에 있다. 따라서 태풍이 지나가는 동안 A에서는 풍향이 시계 반대 방향으로 변하고, B에서는 풍향이 시계 방향으로 변한다.

- (나) : 태풍이 관측소에 다가올 때는 기압이 낮아지고 풍속은 강해지며, 태풍이 관측소에서 멀어지면서 기압은 높아지고 풍속은 약해지므로, 가는 실선은 풍속, 굵은 실선은 기압, 점선은 풍향 변화를 나타낸 것이다.

- (나)에서 풍향은 남풍 → 남서풍 → 서풍으로 바뀌었으므로 시계 방향으로 바뀌었다.

O 보기풀이 ㄱ. (나)에서 기압은 굵은 실선이므로, 4시가 11시보다 낮다.

X 매력적 오답 ㄴ. (나)에서 풍향은 남풍 → 남서풍 → 서풍으로, 즉 시계 방향으로 바뀌었으므로 관측소는 태풍의 위험 반원에 위치하였다. 따라서 (나)는 B에서 관측한 것이다.

ㄷ. 태풍 이동 경로의 오른쪽에 위치한 위험 반원에서는 태풍의 이동 방향과 태풍 내 바람 방향이 같아 풍속이 상대적으로 강하고, 왼쪽에 위치한 안전 반원에서는 태풍의 이동 방향과 태풍 내 바람 방향이 반대여서 풍속이 상대적으로 약하다. 따라서 태풍이 통과하는 동안 관측된 평균 풍속은 A가 B보다 작다.

문제풀이 Tip

태풍 이동 경로의 왼쪽 지역은 안전 반원, 오른쪽 지역은 위험 반원이라는 것을 알고, 태풍 중심이 관측소에 가장 가까울 때 기압이 가장 낮게 측정된다는 것에 유의해야 한다.

Part I

정답

8 악기상

출제 의도 뇌우에 공급되는 물의 양과 비가 되어 내린 물의 양을 비교하여 뇌우의 발달 단계를 파악하고, 각 단계별 특징을 이해하는 문항이다.

그림은 시간에 따라 뇌우에 공급되는 물의 양과 비가 되어 내린 물의 양을 A와 B로 순서 없이 나타낸 것이다. ㉠, ㉡, ㉢은 뇌우의 발달 단계에서 각각 성숙 단계, 적운 단계, 소멸 단계 중 하나이다.

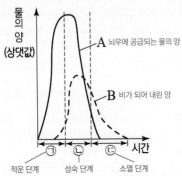

이에 대한 설명으로 옳은 것만을 〈보기〉에서 있는 대로 고른 것은?

보기
ㄱ. A는 비가 되어 내린 물의 양이다.
   뇌우에 공급되는 물의 양
ㄴ. 뇌우로 인한 강수량은 ㉠이 ㉡보다 적다.
ㄷ. ㉢은 하강 기류가 상승 기류보다 우세하다.

① ㄱ　② ㄴ　③ ㄱ, ㄷ　④ ㄴ, ㄷ　⑤ ㄱ, ㄴ, ㄷ

✓ 자료 해석

• 뇌우의 일생은 적운 단계 → 성숙 단계 → 소멸 단계의 과정을 거치므로 ㉠은 적운 단계, ㉡은 성숙 단계, ㉢은 소멸 단계이다.

• 비는 성숙 단계에서 가장 많이 내리므로, A는 뇌우에 공급되는 물의 양, B는 비가 되어 내린 물의 양이다.

O 보기 풀이 ㄴ. 뇌우로 인한 강수량은 성숙 단계가 적운 단계보다 많다. 따라서 ㉠이 ㉡보다 적다.

ㄷ. 적운 단계에서는 강한 상승 기류에 의해 적운이 발달하고, 성숙 단계에서는 상승 기류와 하강 기류가 함께 나타나며, 소멸 단계에서는 약한 하강 기류가 나타나면서 구름이 소멸된다. ㉢은 소멸 단계이므로 하강 기류가 상승 기류보다 우세하다.

✕ 매력적 오답 ㄱ. 뇌우는 성숙 단계에서 상승 기류와 하강 기류가 함께 나타나면서 천둥, 번개와 함께 강한 비가 내리므로, 비가 되어 내린 물의 양은 B이다.

문제풀이 **Tip**

뇌우의 일생에서 성숙 단계일 때 가장 많은 비가 내리므로, 성숙 단계에서 큰 값을 가지는 것이 비가 되어 내린 물의 양이라는 것에 유의해야 한다. 한편, 적운 단계에서는 강한 상승 기류가 발달하고, 성숙 단계에서는 상승 기류와 하강 기류가 공존하며, 소멸 단계에서는 하강 기류가 나타난다는 것을 알아 두자.

---

9 태풍의 이동과 세력

출제 의도 태풍의 이동 경로에 따른 기압과 풍속 자료를 해석하여 태풍의 특징을 파악하는 문항이다.

그림은 어느 태풍의 이동 경로에 6시간 간격으로 중심 기압과 최대 풍속을 나타낸 것이고, 표는 태풍의 최대 풍속에 따른 태풍 강도를 나타낸 것이다.

최대 풍속(m/s)	태풍 강도
54 이상	초강력
44 이상~54 미만	매우강
33 이상~44 미만	강
25 이상~33 미만	중

이에 대한 설명으로 옳은 것만을 〈보기〉에서 있는 대로 고른 것은?

보기
ㄱ. 5일 21시에 제주는 태풍의 안전 반원에 위치한다.
ㄴ. 태풍의 세력은 6일 09시보다 6일 03시가 강하다.
ㄷ. 6일 15시의 태풍 강도는 '중'이다.

① ㄱ　② ㄴ　③ ㄱ, ㄷ　④ ㄴ, ㄷ　⑤ ㄱ, ㄴ, ㄷ

✓ 자료 해석

• 태풍 이동 경로의 오른쪽 지역은 태풍의 이동 방향이 태풍 내의 바람 방향과 같아 풍속이 강하고 피해가 큰 위험 반원이고, 왼쪽 지역은 태풍의 이동 방향이 태풍 내의 바람 방향과 반대여서 풍속이 약하고 피해가 상대적으로 작은 안전 반원이다. 5일 21시에 제주는 태풍 중심의 왼쪽에 위치하였으므로, 안전 반원에 위치하였다.

• 태풍은 중심 기압이 낮을수록, 최대 풍속이 클수록 세력이 강하다. 5일 21시에 중심 기압이 940 hPa로 가장 낮고, 최대 풍속은 47 m/s로 가장 강했다. 이후 중심 기압은 점차 높아지고 풍속은 약해지다가 6일 15시 이후에 소멸하였다.

O 보기 풀이 ㄱ. 5일 21시에 태풍 중심은 제주의 동쪽 해상을 통과하고 있다. 따라서 제주는 태풍 이동 경로의 왼쪽 지역인 안전 반원에 위치한다.

ㄴ. 6일 03시에 태풍의 중심 기압은 950 hPa, 최대 풍속은 43 m/s이고, 6일 09시에 태풍의 중심 기압은 975 hPa, 최대 풍속은 37 m/s이다. 태풍의 세력은 중심 기압이 낮을수록, 풍속이 클수록 강하므로, 6일 09시보다 6일 03시에 강하다.

ㄷ. 6일 15시에 태풍의 최대 풍속은 32 m/s이므로, 태풍 강도는 '중'이다.

문제풀이 **Tip**

태풍은 열대 저기압이므로 기압이 낮을수록 세력이 강하다. 따라서 태풍의 세력을 결정하는 것은 태풍의 중심 기압과 최대 풍속임을 알아 두자.

출제 의도 10년 동안 서울과 부산의 월평균 황사 일수, 황사의 발원지와 이동 경로를 조사하여 황사의 특징을 이해하는 문항이다.

다음은 우리나라에 영향을 주는 황사와 관련된 탐구 활동이다.

[탐구 과정]

(가) 공공데이터포털을 이용하여 최근 10년 동안 서울과 부산의 월평균 황사 일수를 조사한다.

(나) 우리나라에 영향을 주는 황사의 발원지와 이동 경로를 조사하여 지도에 나타낸다.

[탐구 결과]

• (가)의 결과

황사가 발생하지 않았다.   (단위: 일)

월	1	2	3	4	5	6	7	8	9	10	11	12	총합
서울	0.5	0.6	2.2	1.4	1.7	0.0	0.0	0.0	0.0	0.2	1.0	0.2	7.8
부산	0.4	0.3	0.7	1.0	1.4	0.0	0.0	0.0	0.0	0.1	0.3	0.2	4.4

• (나)의 결과

고비 사막
내몽골 고원
황토 고원
황사의 이동 경로
황사의 발원지

이에 대한 설명으로 옳은 것만을 〈보기〉에서 있는 대로 고른 것은?

보기

ㄱ. 최근 10년 동안의 연평균 황사 일수는 서울보다 부산이 많다.
　　적다.

ㄴ. 발원지에서 생성된 모래 먼지가 우리나라로 이동할 때 편서풍의 영향을 받는다.

ㄷ. 우리나라에서 황사는 고온 다습한 기단의 영향이 우세한 계절에 주로 발생한다.
　　온난 건조한 기단

① ㄱ ② ㄴ ③ ㄱ, ㄷ ④ ㄴ, ㄷ ⑤ ㄱ, ㄴ, ㄷ

✔ **자료 해석**

• (가)의 결과 : 서울과 부산에서 모두 황사는 주로 3월~5월(봄철)에 가장 많이 발생하였고, 6월~9월(여름철과 초가을)에는 발생하지 않았으며, 부산보다 서울에서 더 많이 발생하였다.

• (나)의 결과 : 황사의 발원지는 고비 사막, 내몽골 공원, 황토 고원 등이고, 편서풍의 영향으로 대체로 동쪽으로 이동하여 우리나라에 영향을 미친다.

○ **보기 풀이** ㄴ. 발원지인 고비 사막, 내몽골 공원, 황토 고원 등에서 생성된 모래 먼지는 강한 상승 기류에 의해 상공으로 올라가고, 편서풍의 영향으로 대체로 동쪽으로 이동하여 우리나라에 영향을 준다.

✕ **매력적 오답** ㄱ. 황사 이동 경로상에서 서울은 부산보다 황사 발원지에 더 가까우므로 황사의 영향을 더 많이 받게 된다. 최근 10년 동안 발생한 연평균 황사 일수는 월평균 황사 일수를 모두 합한 값이므로 서울은 7.8일, 부산은 4.4일이다. 따라서 최근 10년 동안의 연평균 황사 일수는 서울이 부산보다 많다.

ㄷ. 황사는 건조한 겨울철이 지나고 토양이 녹기 시작하는 봄철에 자주 발생한다. (가)의 결과 최근 10년 동안 서울과 부산에서 황사는 주로 봄철에 발생하였고, 여름철에는 발생하지 않았다. 따라서 우리나라에서 황사는 고온 다습한 기단보다 온난 건조한 기단의 영향이 우세한 계절에 주로 발생한다.

문제풀이 Tip

황사의 발원지와 발생 과정, 이동 경로에 영향을 미치는 바람에 대해 묻는 문항이 자주 출제된다. 발원지와 발생지에서 대기의 연직 운동에 대해서도 알아 두자.

11 태풍의 이동

출제 의도 태풍이 우리나라를 통과하는 동안 태풍의 이동 방향과 이동 속력 변화를 파악하는 문항이다.

그림 (가)는 우리나라를 통과한 어느 태풍 중심의 이동 방향과 이동 속력을 순서 없이 ⊙과 ⓒ으로 나타낸 것이고, (나)는 18시일 때 이 태풍 중심의 위치를 나타낸 것이다.

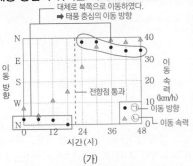

(가)　　　　(나)

이 자료에 대한 옳은 설명만을 〈보기〉에서 있는 대로 고른 것은? [3점]

보기
ㄱ. 태풍 중심의 이동 방향은 ⊙이다.
ㄴ. 태풍이 지나가는 동안 제주도에서의 풍향은 시계 방향으로 변한다.
ㄷ. 태풍 중심의 평균 이동 속력은 전향점 통과 전이 통과 후
　　　　　　　　　　　　　　　전향점 통과 후가 통과 전보다
　보다 빠르다.

① ㄱ　② ㄷ　③ ㄱ, ㄴ　④ ㄴ, ㄷ　⑤ ㄱ, ㄴ, ㄷ

✓ 자료 해석
• (가) : 태풍은 대체로 북서쪽으로 이동하다가 전향점을 통과한 후에는 북동쪽으로 이동하므로 ⊙은 태풍 중심의 이동 방향이고, 18시~24시 사이에 전향점을 통과하였다. 전향점을 통과한 이후 급격하게 변한 ⓒ은 태풍 중심의 이동 속력이다.
• (나) : 태풍 중심의 위치가 제주도의 서쪽(왼쪽)에 위치하므로 이 시각에 제주도는 위험 반원에 해당한다.

○ 보기 풀이 ㄱ. (나)에서 18시에 태풍은 제주도 왼쪽에 위치하므로 이 시각에 태풍은 북상하고 있었다. (가)에서 18시에 이동 방향이 ⊙이라면 북쪽이고, ⓒ이라면 남서쪽이므로, 태풍 중심의 이동 방향은 ⊙이다.
ㄴ. 18시에 제주도는 태풍 중심의 오른쪽에 위치하여 위험 반원에 해당하므로, 태풍이 지나는 동안 풍향은 시계 방향으로 변한다.

✕ 매력적 오답 ㄷ. (가)에서 ⓒ은 태풍 중심의 이동 속력이다. 태풍 중심은 18시~24시 사이에 전향점을 통과하였고, 이 시간에 태풍 중심의 이동 속력이 급격히 증가하였다. 따라서 태풍 중심의 평균 이동 속력은 전향점 통과 전이 통과 후보다 느리다.

문제풀이 Tip
태풍은 무역풍대에서 발생하여 북상하므로 발생 초기에는 무역풍의 영향으로 북서쪽으로 이동하고, 편서풍대에 들어와서는 편서풍의 영향으로 북동쪽으로 이동한다는 것을 이해하고, 태풍 중심의 이동 속력은 전향점을 통과한 후에 빨라지고, 육지에 상륙한 후에는 급격히 느려진다는 것에 유의한다.

12 황사

출제 의도 황사의 발원지와 이동 경로, 계절별 황사 발생 일수 자료를 해석하는 문항이다.

그림은 우리나라에 영향을 주는 황사의 발원지와 이동 경로를, 표는 우리나라의 관측소 ⊙과 ⓒ에서 최근 20년간 관측한 황사 발생 일수를 계절별로 누적하여 나타낸 것이다. A와 B는 각각 ⊙과 ⓒ 중 한 곳이다.

봄철에 가장 많이 발생하였다.

황사 발생 일수: A < B
➡ B가 발원지로부터 더 가깝다.

관측소 계절	A ⓒ	B ⊙
봄 (3~5월)	95	170
여름 (6~8월)	0	0
가을 (9~11월)	8	30
겨울 (12~2월)	22	32

황사 발원지로부터 더 가깝다.

이에 대한 옳은 설명만을 〈보기〉에서 있는 대로 고른 것은?

보기
ㄱ. A는 ⓒ이다.
　　　　 ⊙
ㄴ. 우리나라에서 황사는 북태평양 기단의 영향이 우세한 계절에 주로 발생한다.
　　　주로 양쯔강 기단
ㄷ. 황사 발원지에서 사막화가 심해지면 우리나라의 연간 황사 발생 일수는 증가할 것이다.

① ㄱ　② ㄷ　③ ㄱ, ㄴ　④ ㄴ, ㄷ　⑤ ㄱ, ㄴ, ㄷ

✓ 자료 해석
• 황사는 중국과 몽골의 사막 지대나 황토 지대에서 겨울 동안 얼어 있던 땅이 봄철이 되어 녹으면서 강한 저기압에 의해 흙먼지가 상공으로 떠올라 편서풍을 타고 이동하다가 고기압이 위치하는 지역에서 하강 기류에 의해 내려앉으면서 발생하는 악기상이다.
• 황사 발원지로부터의 거리는 관측소 ⊙이 ⓒ보다 가깝다.
• 최근 20년간 관측한 황사는 봄철에 가장 많이 발생하였다. ➡ 우리나라는 봄철에 주로 양쯔강 기단의 영향을 받는다.

○ 보기 풀이 ㄷ. 사막화가 심해지면 지표면의 모래 면적이 증가하여 황사 발생 횟수가 증가할 것이다. 따라서 황사 발원지에서 사막화가 심해지면 우리나라에서 관측되는 황사의 발생 일수는 증가한다.

✕ 매력적 오답 ㄱ. 황사 발원지로부터의 거리는 관측소 ⊙이 ⓒ보다 가까우므로 ⊙이 발원지의 영향을 더 많이 받는다. 따라서 황사 발생 일수가 더 많은 관측소 B가 ⊙, A가 ⓒ이다.
ㄴ. 우리나라에서 황사는 봄철에 가장 많이 발생하였다. 북태평양 기단의 영향이 우세한 계절은 여름이다.

문제풀이 Tip
황사의 발원지와 발생 과정, 이동 방향, 황사와 사막화의 연관 관계에 대해 묻는 문항이 자주 출제되므로, 이에 대한 내용을 잘 알아 두자.

13 태풍과 날씨

출제 의도 태풍이 통과하는 동안 관측된 일기 요소를 해석하여 관측소의 위치를 파악하는 문항이다.

그림 (가)는 위도가 동일한 관측소 A, B, C의 위치와 태풍의 이동 경로를, (나)는 태풍이 우리나라를 통과하는 동안 A, B, C에서 같은 시각에 관측한 날씨를 ㉠, ㉡, ㉢으로 순서 없이 나타낸 것이다.

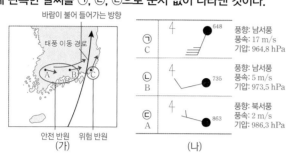

이에 대한 옳은 설명만을 〈보기〉에서 있는 대로 고른 것은? [3점]

보기
ㄱ. A는 태풍의 안전 반원에 위치한다.
ㄴ. ㉠은 C에서 관측한 자료이다.
ㄷ. (나)는 태풍의 중심이 세 관측소보다 고위도에 위치할 때 관측한 자료이다.

① ㄱ　② ㄷ　③ ㄱ, ㄴ　④ ㄴ, ㄷ　⑤ ㄱ, ㄴ, ㄷ

✓ 자료 해석
• (가)에서 A와 B는 태풍 이동 경로의 왼쪽 지역인 안전 반원에 위치하고, C는 태풍 이동 경로의 오른쪽 지역인 위험 반원에 위치한다.
• (나)의 ㉠에서 풍향은 남서풍, 풍속은 17 m/s, 기압은 964.8 hPa이고, ㉡에서 풍향은 서남서풍, 풍속은 5 m/s, 기압은 973.5 hPa이며, ㉢에서 풍향은 서북서풍, 풍속은 2 m/s, 기압은 986.3 hPa이다.
• 태풍 중심에 가까울수록 풍속은 세고 기압은 낮아진다. 따라서 ㉠은 C, ㉡은 B, ㉢은 A 관측소에서 관측한 자료이다.

○ 보기 풀이　ㄱ. A는 태풍 이동 경로의 왼쪽 지역에 위치하므로 안전 반원에 위치한다.
ㄴ. ㉠은 풍속이 가장 세고 기압이 가장 낮으므로 태풍의 중심과 가장 가까이 위치한 관측소에서 관측한 날씨이다. A, B, C 중 태풍 이동 경로와 가장 가까운 관측소는 C이므로, ㉠은 C에서 관측한 자료이다.
ㄷ. A에서는 서풍에 가까운 북서풍, B에서는 서풍에 가까운 남서풍, C에서는 남서풍이 불고 있으므로 태풍 중심은 관측소보다 고위도에 위치한다.

문제풀이 Tip
태풍은 저기압이므로 북반구에서 바람은 태풍 중심을 향해 시계 반대 방향으로 불어 들어간다. 따라서 태풍이 관측소보다 북쪽에 위치하면 관측소에서는 남풍 계열의 바람이 주로 불고, 태풍이 관측소보다 남쪽에 위치하면 관측소에서는 북풍 계열의 바람이 주로 분다는 것에 유의해야 한다.

---

14 태풍과 날씨

출제 의도 태풍의 이동 경로를 확인하여 태풍의 이동 속력과 중심 기압 변화를 파악하고, 태풍이 통과하는 동안 안전 반원에서의 풍향 변화를 이해하는 문항이다.

그림은 어느 태풍의 이동 경로를 나타낸 것이다.

이에 대한 설명으로 옳은 것만을 〈보기〉에서 있는 대로 고른 것은?

보기
ㄱ. 태풍의 평균 이동 속력은 8월 31일이 9월 1일보다 빠르다.
ㄴ. 9월 3일 0시 이후로 태풍 중심의 기압은 계속 낮아졌다.
　　　　　　　　　　　　　　　　　　　점차 높아졌다.
ㄷ. 태풍이 우리나라를 통과하는 동안 서울에서의 풍향은 시계 방향으로 바뀌었다.
　　　　　　　　　　　　　　　　　　시계 반대 방향

① ㄱ　② ㄴ　③ ㄱ, ㄷ　④ ㄴ, ㄷ　⑤ ㄱ, ㄴ, ㄷ

✓ 자료 해석
• 8월 31일 하루 동안 이동한 거리는 9월 1일 하루 동안 이동한 거리보다 길다.
• 9월 3일 0시 이후 태풍이 우리나라에 상륙한 후에는 태풍의 세력이 급격하게 약해져 12시에 소멸한다.
• 서울은 태풍 이동 경로의 왼쪽 지역인 안전 반원에 위치한다.

○ 보기 풀이　ㄱ. 태풍의 평균 이동 속력은 하루 동안 더 먼 거리를 이동한 8월 31일이 9월 1일보다 빠르다.

✕ 매력적 오답　ㄴ. 9월 3일 0시 이후에 태풍은 우리나라 남해안에 상륙하여 경상도를 지나 북상하다가 소멸하였으므로 그 기간 동안 태풍의 세력은 점차 약해졌다. 따라서 9월 3일 0시 이후에 태풍 중심의 기압은 점차 높아졌다.
ㄷ. 태풍이 우리나라를 통과하는 동안 서울은 태풍 이동 경로의 왼쪽 지역인 안전 반원에 위치하였으므로 풍향이 시계 반대 방향으로 바뀌었다.

문제풀이 Tip
태풍은 저기압이므로 중심 기압이 낮을수록 세력이 강하다. 태풍 통과 지역의 해수면 온도가 낮아지거나 태풍이 육지에 상륙하여 에너지원인 수증기의 공급이 차단되면 태풍의 중심 기압이 점점 높아지면서 세력이 약해진다는 것에 유의해야 한다.

15 태풍과 날씨

출제 의도 태풍 이동 경로와 기압, 강풍 반경 자료를 해석하여 태풍 특보 상황을 이해하는 문항이다.

그림 (가)는 서로 다른 해에 발생한 태풍 ㉠과 ㉡의 이동 경로에 6시간 간격으로 중심 기압과 강풍 반경을 나타낸 것이고, (나)의 A와 B는 각각 태풍 ㉠과 ㉡의 중심으로부터 제주도까지의 거리가 가장 가까운 시기에 발효된 특보 상황 중 하나이다.

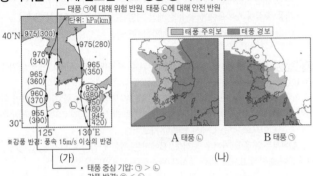

(가)
• 태풍 중심 기압: ㉠ > ㉡
• 강풍 반경: ㉠ < ㉡

이 자료에 대한 설명으로 옳은 것만을 〈보기〉에서 있는 대로 고른 것은? [3점]

보기
ㄱ. A는 태풍 ㉠에 의한 특보 상황이다.
ㄴ. B의 특보 상황이 발효된 시기에 제주도는 태풍의 위험 반원에 위치한다.
ㄷ. A와 B의 특보 상황이 발효된 시기에 태풍의 세력은 ㉠보다 ㉡이 ~~약하다.~~ 강하다.

① ㄱ   ② ㄴ   ③ ㄱ, ㄷ   ④ ㄴ, ㄷ   ⑤ ㄱ, ㄴ, ㄷ

✓ 자료 해석

• (가)에서 제주도는 태풍 ㉠에 대해서는 위험 반원에 위치해 있고, 태풍 ㉡에 대해서는 안전 반원에 위치해 있다. 따라서 (나)에서 제주도를 비롯한 충청남도, 전라남북도 지역과 서해에 태풍 경보가 발효되어 있는 B는 태풍 ㉠의 특보 상황이고, 제주도를 비롯한 경상남북도, 영동 지역과 남해와 동해에 태풍 경보가 발효되어 있는 A는 태풍 ㉡의 특보 상황이다.

• (가)에서 태풍이 제주도에 가장 가까이 접근했을 때 태풍 ㉠의 중심 기압은 약 960 hPa, 강풍 반경은 약 370 km이고, 태풍 ㉡의 중심 기압은 약 955 hPa, 강풍 반경은 약 380 km이다.

◯ 보기 풀이   ㄴ. B에서 충청남도와 전라남북도, 제주도 지역을 비롯한 서해와 남해 전역에 태풍 경보가 발효되어 있으므로 한반도의 서쪽을 지나가는 태풍 ㉠에 의한 특보 상황이다. 제주도는 태풍 ㉠의 이동 경로에 대해 오른쪽에 위치하고 있으므로, B의 특보 상황이 발효된 시기에 제주도는 태풍의 위험 반원에 위치한다.

✕ 매력적 오답   ㄱ. A에서 영동 지방과 경상남북도, 제주도 지역을 비롯한 남해와 동해 전역에는 태풍 경보가 발효되어 있고, 나머지 지역에는 태풍 주의보가 발효되어 있으므로 태풍은 제주도의 동쪽 지역을 지나고 있다. 따라서 A는 태풍 ㉡에 의한 특보 상황이다.

ㄷ. A와 B의 특보 상황이 발효된 시기는 태풍이 제주도에 가장 가까이 접근했을 때이며, 이때 태풍의 중심 기압은 ㉠이 ㉡보다 높고, 강풍 반경은 ㉠이 ㉡보다 좁다. 태풍은 세력이 강할수록 중심 기압이 낮고 강풍 반경이 넓으므로, A와 B의 특보 상황이 발효된 시기에 태풍의 세력은 ㉠보다 ㉡이 강하다.

문제풀이 **Tip**

기상 특보 중 주의보보다 경보가 더 큰 재해가 발생할 가능성을 나타낸 것이므로, 대체로 태풍의 위험 반원에 해당하는 지역에 태풍 경보가 발효된다는 것에 유의해야 한다. 태풍 경보가 발효된 지역은 B보다 A가 동쪽에 더 치우쳐 있다는 것으로부터 A가 태풍 ㉡에 의한 특보 상황임을 판단할 수 있다.

16 태풍과 날씨

출제 의도 태풍의 이동 경로와 최대 풍속 범위, 깊이에 따른 수온 변화 자료를 해석하여 태풍 통과 전후에 관측소에서의 풍향 변화와 해수의 연직 혼합 정도를 파악하는 문항이다.

그림 (가)는 우리나라를 통과한 어느 태풍의 이동 경로와 최대 풍속이 20 m/s 이상인 지역의 범위를, (나)는 (가)의 기간 중 18일 하루 동안 이어도 해역에서 관측한 수심 10 m와 40 m의 수온 변화를 나타낸 것이다.

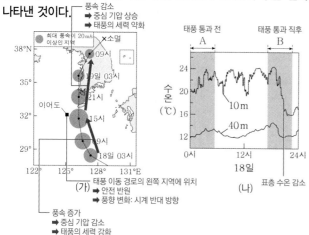

이에 대한 옳은 설명만을 〈보기〉에서 있는 대로 고른 것은?

보기

ㄱ. 18일 09시부터 21시까지 이어도에서 풍향은 시계 반대 방향으로 변했다.

ㄴ. 태풍의 중심 기압은 18일 09시가 19일 09시보다 높았다. 낮았다.

ㄷ. 이어도 해역에서 표층 해수의 연직 혼합은 A 시기가 B 시기보다 강했다. 약했다.

① ㄱ   ② ㄷ   ③ ㄱ, ㄴ   ④ ㄴ, ㄷ   ⑤ ㄱ, ㄴ, ㄷ

✔ 자료 해석

• 태풍 진행 경로의 오른쪽 지역은 위험 반원, 왼쪽 지역은 안전 반원이며, 태풍이 통과할 때 위험 반원에서는 풍향이 시계 방향으로 변하고, 안전 반원에서는 풍향이 시계 반대 방향으로 변한다.

• 이어도는 태풍 진행 경로의 왼쪽 지역인 안전 반원에 위치하므로 풍향이 시계 반대 방향으로 변한다.

• 태풍의 최대 풍속이 20 m/s 이상인 지역의 범위는 18일 09시가 19일 09시보다 넓다.

• 태풍 통과 후에는 바람에 의한 혼합 작용과 태풍의 저기압에 의한 용승 작용으로 표층 수온이 낮아진다.

◯ 보기 풀이 ㄱ. 18일 09시부터 21시 사이에 태풍은 이어도의 동쪽 해역을 지나 북상하였으므로 이어도는 태풍의 안전 반원에 위치하여 풍향이 시계 반대 방향으로 변했다.

✕ 매력적 오답 ㄴ. 태풍의 중심 기압은 태풍의 세력이 강할수록 낮다. 18일 09시가 19일 09시보다 최대 풍속이 20 m/s 이상인 지역의 범위가 넓으므로 태풍의 세력은 18일 09시가 19일 09시보다 강했다. 따라서 태풍의 중심 기압은 18일 09시가 19일 09시보다 낮았다.

ㄷ. (나)에서 A는 18일 0시에서 05시 사이로 태풍이 이어도 부근을 통과하기 전이고, B는 18일 17시에서 23시 사이로 태풍이 이어도 부근을 통과한 직후이다. 태풍이 통과하는 동안 바람에 의해 해수의 혼합 작용이 활발하게 일어나고, 심층에서 찬 해수가 용승하여 B 시기에 해수의 표층 수온이 낮아졌다. 따라서 이어도 해역에서 표층 해수의 연직 혼합은 A 시기가 B 시기보다 약했다.

문제풀이 Tip

태풍은 세력이 강할수록 풍속이 세고, 중심 기압이 낮다는 것에 유의해야 한다. 태풍이 육지에 상륙하면 에너지원인 수증기의 공급이 줄어들고, 지표와의 마찰로 인해 세력이 급격히 감소하면서 소멸한다는 것을 알아 두자.

17 태풍과 날씨

출제 의도 태풍의 중심 위치와 중심 기압의 변화를 통해 태풍의 이동 경로를 파악하고, 태풍이 지나감에 따라 주변 지역에서 나타나는 날씨 변화를 이해하는 문항이다.

표는 어느 날 03시, 12시, 21시의 태풍 중심 위치와 중심 기압이고, 그림은 이날 12시의 우리나라 부근의 일기도이다.

시각 (시)	태풍 중심 위치		중심 기압 (hPa)
	위도 (°N)	경도 (°E)	
03	35	125	970
12	38	127	990
21	40	131	995

기압 상승 ➡ 세력이 점점 약해진다.

이에 대한 옳은 설명만을 〈보기〉에서 있는 대로 고른 것은? [3점]

보기
ㄱ. 태풍이 지나가는 동안 A 지점의 풍향은 시계 방향으로 변한다.
ㄴ. 12시에 A 지점에서는 북풍 계열의 바람이 우세하다.
　　　　　　　　　　　　　남풍
ㄷ. 이날 태풍의 최대 풍속은 21시에 가장 크다.
　　　　　　　　　　　　　　03

① ㄱ　② ㄷ　③ ㄱ, ㄴ　④ ㄴ, ㄷ　⑤ ㄱ, ㄴ, ㄷ

✔ 자료 해석
• 이날 태풍은 북동쪽으로 진행하였으며, 03시 이후 중심 기압은 점점 높아졌으므로 태풍의 세력은 점차 약해졌다.
• A 지점은 위도 약 34°N, 경도 약 127°E 부근에 위치하며, 03시에 태풍은 A 지점보다 서쪽에 위치하므로 A 지점은 태풍 이동 경로의 오른쪽인 위험 반원에 위치한다.

🔾 보기 풀이 ㄱ. A 지점은 태풍 이동 경로의 오른쪽에 위치하므로 태풍이 지나가는 동안 풍향이 시계 방향으로 변한다.

✖ 매력적 오답 ㄴ. 12시에 A 지점은 태풍 중심의 남쪽에 위치한다. 태풍 주변에서 바람은 중심부를 향해 시계 반대 방향으로 불어 들어가므로 A 지점에서는 남풍 계열의 바람이 우세하다.
ㄷ. 태풍의 풍속은 중심 기압이 낮을수록 크므로, 이날 태풍의 최대 풍속은 03시 이후 작아지고 있다.

문제풀이 Tip
태풍 이동 경로의 오른쪽에 위치한 지점에서는 풍향이 시계 방향으로 변하고, 왼쪽에 위치한 지점에서는 풍향이 시계 반대 방향으로 변하며, 태풍 주변에서 바람은 중심부를 향해 시계 반대 방향으로 휘어져 불어 들어간다는 것을 알아 두자. 또한 태풍은 중심 기압이 작을수록 세력이 강하고 풍속이 세다는 것에 유의해야 한다.

---

18 태풍과 날씨

출제 의도 태풍의 중심 기압과 이동 속도 자료를 해석하여 태풍의 세력과 이동 속도의 관계를 파악하고, 관측소의 기온과 바람 자료를 해석하여 관측소의 위치를 결정하는 문항이다.

표는 어느 태풍의 중심 기압과 이동 속도를, 그림은 이 태풍이 우리나라를 통과할 때 어느 관측소에서 측정한 기온과 풍향 및 풍속을 나타낸 것이다.

일시	중심 기압 (hPa)	이동 속도 (km/h)
2일 00시	935	23
2일 06시	940	22
2일 12시	945	23
2일 18시	945	32
3일 00시	950	36
3일 06시	960	70
3일 12시	970	45

기압이 지속적으로 높아진다.

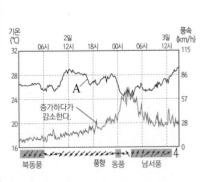

이 자료에 대한 설명으로 옳은 것만을 〈보기〉에서 있는 대로 고른 것은? [3점]

보기
ㄱ. A는 기온이다.
ㄴ. 태풍의 세력이 약해질수록 이동 속도는 ~~빠르다~~.
　　　　　　　　　　　　　　　특정한 관계가 없다.
ㄷ. 관측소는 태풍 진행 경로의 오른쪽에 위치하였다.

① ㄱ　② ㄴ　③ ㄱ, ㄷ　④ ㄴ, ㄷ　⑤ ㄱ, ㄴ, ㄷ

✔ 자료 해석
• 이 기간 동안 태풍의 중심 기압은 높아졌고, 태풍의 이동 속도는 느려졌다가 빨라졌고 다시 느려졌다.
• A는 특정한 변화 경향이 나타나지 않으므로 기온이다.
• 풍향은 북동풍 → 동풍 → 남동풍 → 남서풍으로 시계 방향으로 변했다.

🔾 보기 풀이 ㄱ. 태풍이 우리나라를 통과하는 동안 관측소는 태풍의 중심에 가까워졌다가 멀어지므로 풍속은 대체로 증가하다가 감소하는 경향을 보인다. 따라서 A의 아래쪽에 위치한 그래프는 풍속이며, A는 기온이다.
ㄷ. 태풍 진행 경로의 오른쪽은 위험 반원으로 풍향이 점차 시계 방향으로 변하고, 왼쪽은 안전 반원으로 풍향이 점차 시계 반대 방향으로 변한다. 이 기간 동안 풍향은 북동풍 → 동풍 → 남동풍 → 남서풍으로 시계 방향으로 변했으므로, 관측소는 태풍 진행 경로의 오른쪽(위험 반원)에 위치하였다.

✖ 매력적 오답 ㄴ. 태풍은 열대 저기압이므로 태풍의 세력은 중심 기압이 낮을수록 강하다. 이 기간 동안 태풍의 중심 기압은 높아졌으므로 세력이 약해졌으며, 태풍의 이동 속도는 느려졌다가 빨라졌고 다시 느려졌다. 따라서 태풍의 세력과 이동 속도가 반비례하는 것은 아니다.

문제풀이 Tip
위험 반원과 안전 반원에서의 풍향 변화를 알아 두고, 태풍이 통과하는 동안 기온은 특정한 변화 경향이 나타나지 않는 것에 유의해야 한다.

19 태풍의 이동과 적외 영상 해석

출제 의도 태풍의 이동 경로 자료를 해석하여 기압의 변화 및 위험 반원과 안전 반원을 파악하고, 적외선 영상에서 구름 분포를 해석하여 촬영 시기를 파악하는 문항이다.

그림 (가)는 서로 다른 시기에 우리나라에 영향을 준 태풍 A와 B의 이동 경로를, (나)는 A 또는 B의 영향을 받은 시기에 촬영한 적외선 영상을 나타낸 것이다.

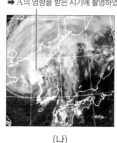

서울은 A 진행 방향의 오른쪽에 위치한다.
➡ 위험 반원

서울은 B 진행 방향의 왼쪽에 위치한다.
➡ 안전 반원

구름대의 중심이 서울의 북서쪽에 위치한다.
➡ A의 영향을 받은 시기에 촬영하였다.

(가)   (나)

이에 대한 설명으로 옳은 것만을 〈보기〉에서 있는 대로 고른 것은?

보기
ㄱ. A는 육지를 지나는 동안 중심 기압이 ~~지속적으로 낮아졌다.~~ 높아졌다.
ㄴ. 서울은 B의 영향을 받는 동안 ~~위험~~ 반원에 위치하였다. 안전 반원
ㄷ. (나)는 A의 영향을 받은 시기에 촬영한 것이다.

① ㄱ　② ㄷ　③ ㄱ, ㄴ　④ ㄴ, ㄷ　⑤ ㄱ, ㄴ, ㄷ

✓ 자료 해석
• (가)에서 서울은 A 진행 방향의 오른쪽(위험 반원)에 위치하였고, B 진행 방향의 왼쪽(안전 반원)에 위치하였다.
• (나)에서 서울의 북서쪽에 구름대의 중심이 발달해 있으며, (가)에서 A는 서울의 북서쪽을 지나 이동하였다.

○ 보기 풀이 ㄷ. (나)에서 서울의 북서쪽에 구름이 두껍게 발달하고 구름대의 중심이 위치하므로, (나)는 서울의 북서쪽을 통과한 A의 영향을 받은 시기에 촬영한 적외선 영상이다.

✕ 매력적 오답 ㄱ. 태풍이 차가운 바다 위를 지나거나 육지에 상륙하면 열과 수증기를 공급받지 못하므로 세력이 약해지며, 육지에 상륙하면 지표면과의 마찰에 의해 세력이 약해진다. 태풍은 열대 저기압이므로 세력이 약해지면 기압이 높아진다. 따라서 A는 육지를 지나는 동안 세력이 약해지면서 중심 기압이 높아지다가 소멸하였을 것이다.
ㄴ. 태풍 이동 경로의 오른쪽 반원을 위험 반원, 왼쪽 반원을 안전 반원이라고 한다. 서울은 B가 이동하는 경로의 왼쪽에 위치하였으므로, B의 영향을 받는 동안 안전 반원에 위치하였다.

문제풀이 Tip
적외 영상은 물체의 온도가 낮을수록 밝게 나타나므로, 구름의 최상부 높이가 높은 적운형 구름이 발달한 곳에서 밝게 나타나는 것을 알아 두자.

---

20 황사의 발생과 이동

출제 의도 황사의 발원지와 이동 경로 자료를 해석하여 황사의 발생과 이동에 영향을 미치는 대기 대순환의 바람을 파악하는 문항이다.

그림은 우리나라에 영향을 주는 황사의 발원지와 이동 경로에 대한 자료를 보고 학생들이 나눈 대화를 나타낸 것이다.

고비 사막
내몽골고원
황토고원
서쪽에서 동쪽으로 이동

학생 A
황사는 발원지에서 고기압이 발달할 때 주로 발생해 저기압
황사는 발원지에서 상승 기류가 발달할 때 주로 발생한다.

학생 B
발원지에서 생성된 모래 먼지가 우리나라로 이동할 때 편서풍의 영향을 받을거야.

학생 C
황사는 기권과 지권의 상호 작용으로 발생해.
황사는 건조한 지표면에서 발생하여 바람에 의해 이동한다.

제시한 내용이 옳은 학생만을 있는 대로 고른 것은?

① A　② B　③ A, C　④ B, C　⑤ A, B, C

✓ 자료 해석
• 학생 A : 황사는 발원지에 저기압이 발달하여 상승 기류가 나타날 때 잘 발생한다.
• 학생 B : 황사는 편서풍의 영향을 받아 서쪽에서 동쪽으로 이동하여 우리나라에 영향을 미친다.
• 학생 C : 황사는 건조한 지표면 상태(지권)와 바람(기권)과의 상호 작용에 의해 발생한다.

○ 보기 풀이 학생 B. 황사는 상공의 강한 편서풍을 타고 서쪽에서 동쪽으로 이동하여 우리나라와 일본을 지나 태평양, 북아메리카 대륙까지 날아가기도 한다.
학생 C. 황사는 발원지에서 강한 바람(기권)이 불어 상공으로 올라간 다량의 모래 먼지(지권)가 상층의 편서풍(기권)을 타고 멀리까지 날아가 서서히 내려오는 현상이므로, 황사의 발생은 지권과 기권의 상호 작용에 해당한다.

✕ 매력적 오답 학생 A. 황사는 발원지에서 다량의 모래 먼지가 상공으로 올라가 발생하므로, 발원지에서 저기압이 발달하여 상승 기류가 나타날 때 잘 발생한다.

문제풀이 Tip
황사의 주요 발원지는 중국 북부나 몽골의 사막, 건조한 황토 지대이므로, 황사가 우리나라에 영향을 미치기 위해서는 서쪽에서 동쪽으로 이동해야 하는 것을 알아 두자.

21 태풍과 날씨

출제의도 태풍의 중심 위치를 나타낸 자료를 해석하여 태풍의 전향점을 파악하고, 중심 기압을 이용하여 태풍 중심 부근의 최대 풍속을 비교하는 문항이다.

표는 어느 태풍의 중심 위치와 중심 기압을, 그림은 관측 지점 A의 위치를 나타낸 것이다.

일시	태풍의 중심 위치		중심 기압 (hPa)
	위도(°N)	경도(°E)	
29일 03시	18	128	985
30일 03시	21	124	975
1일 03시	26	121	965 ㄱ
2일 03시	31	123	980
3일 03시	36	128	992

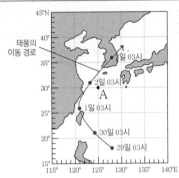

1일 03시경에 중심 기압이 가장 낮으므로 태풍의 세력이 가장 강했다.

이 자료에 대한 옳은 설명만을 〈보기〉에서 있는 대로 고른 것은? [3점]

보기
ㄱ. 태풍은 ~~30일 03시~~ 이전에 전향점을 통과하였다.
　　　1일 03시경에
ㄴ. 태풍 중심 부근의 최대 풍속은 1일 03시가 3일 03시보다 강했을 것이다.
ㄷ. 1일~3일에 A 지점의 풍향은 시계 방향으로 변했을 것이다.

① ㄱ　② ㄴ　③ ㄱ, ㄷ　④ ㄴ, ㄷ　⑤ ㄱ, ㄴ, ㄷ

✓ 자료 해석

• 1일 03시경에 태풍의 중심 기압이 가장 낮았으며, 중심 기압이 낮을수록 최대 풍속이 강하다.
• 태풍은 29일 03시부터 1일 03시까지는 대체로 북서쪽으로 이동하였고, 1일 03시부터 3일 03시까지는 대체로 북동쪽으로 이동하였다.
• A 지점은 태풍 중심 이동 경로의 오른쪽(위험 반원)에 위치하였다.

○ 보기 풀이 ㄴ. 태풍의 중심 기압이 낮을수록 세력이 강하므로, 태풍 중심 부근의 최대 풍속이 강하다. 따라서 태풍 중심 부근의 최대 풍속은 1일 03시가 3일 03시보다 강했을 것이다.

ㄷ. 태풍 주변에서는 공기가 저기압성 회전을 하면서 바람이 불게 되므로, 북반구에서는 기압이 낮은 중심부를 향해서 시계 반대 방향으로 바람이 불어 들어간다. 따라서 태풍 진행 경로의 오른쪽(위험 반원)에 위치하면 태풍 통과 시 풍향이 시계 방향으로 변하고, 태풍 진행 경로의 왼쪽(안전 반원)에 위치하면 태풍 통과 시 풍향이 시계 반대 방향으로 변한다. 1일~3일에 A 지점은 태풍 진행 경로의 오른쪽(위험 반원)에 위치하였으므로 풍향이 시계 방향으로 변했을 것이다.

✕ 매력적 오답 ㄱ. 태풍의 진로는 대기 대순환의 바람과 주변 기압 배치의 영향을 받으므로, 발생 초기에는 무역풍과 북태평양 고기압의 영향을 받아 대체로 북서쪽으로 진행하다가 북위 25°~30° 부근에서는 편서풍의 영향으로 진로를 바꾸어 북동쪽으로 진행하는 포물선 궤도를 그린다. 따라서 태풍은 1일 03시경에 전향점을 통과하였다.

문제풀이 Tip
태풍의 세기와 최대 풍속은 중심 기압에 반비례하므로, 중심 기압이 가장 낮은 시기에 태풍의 세기가 가장 강하고 최대 풍속이 가장 크다는 것을 알아 두자.

22 폭설

출제 의도 일기도와 위성 영상을 해석하여 풍향, 발달하는 구름과 기류, 폭설이 내릴 수 있는 지역을 파악하는 문항이다.

그림 (가)와 (나)는 우리나라 일부 지역에 폭설 주의보가 발령된 어느 날 21시의 지상 일기도와 위성 영상을 나타낸 것이다.

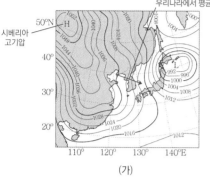

우리나라에서 평균적인 풍향

시베리아 고기압

(가)

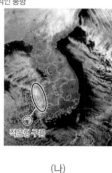

적운형 구름

(나)

이날 우리나라의 날씨에 대한 옳은 설명만을 〈보기〉에서 있는 대로 고른 것은? [3점]

┌─ 보기 ────────────────────────┐
│   │
│ ㄱ. 동풍 계열의 바람이 우세하였다.   │
│   서풍   │
│ ㄴ. ㉠에서 상승 기류가 발달하였다.   │
│   │
│ ㄷ. 폭설이 내릴 가능성은 서해안보다 동해안이 높다. │
│   동해안보다 서해안   │
└────────────────────────────┘

① ㄱ   ② ㄴ   ③ ㄱ, ㄴ   ④ ㄱ, ㄷ   ⑤ ㄴ, ㄷ

✔ 자료 해석

- (가)에서 우리나라의 북서쪽에 고기압이, 동쪽에 저기압이 분포하므로, 우리나라에서는 대체로 서풍 계열의 바람이 분다.
- 21시의 위성 영상에서 구름이 관측되므로 (나)는 적외 영상이다.
- 적외 영상은 온도가 낮을수록 밝게 나타나므로, ㉠ 지역에는 구름의 최상부 높이가 높은 적운형 구름이 분포한다.

○ 보기 풀이 ㄴ. 적외 영상은 물체가 방출하는 적외선 에너지를 탐지하는 것이므로 태양빛이 없는 야간에도 관측이 가능하다. 따라서 21시에 관측한 (나)는 적외 영상이다. 적외 영상에서는 구름의 상층부 높이가 높을수록 온도가 낮아 밝게 나타나므로, ㉠에서는 상승 기류가 발달하여 적운형 구름이 생성된 것을 알 수 있다.

✕ 매력적 오답 ㄱ. (가)의 일기도에서 우리나라의 북서쪽에 고기압이, 동쪽에 저기압이 위치하며, 바람은 고기압에서 저기압으로 분다. 따라서 이날 우리나라에는 서풍 계열의 바람이 우세하였다.

ㄷ. 폭설은 짧은 시간에 많은 양의 눈이 내리는 기상 현상으로, 겨울철에 발달한 저기압이 통과할 때나 시베리아 기단의 찬 공기가 남하하면서 황해 상에서 변질되어 기층이 불안정해져 상승 기류가 발달할 때 잘 발생한다. (나)에서 서해안에는 두꺼운 적운형 구름이 분포하고 동해안에는 구름이 거의 분포하지 않으므로, 폭설이 내릴 가능성은 동해안보다 서해안이 높다.

문제풀이 Tip

적외 영상과 가시 영상을 해석하여 날씨를 파악하는 문항이 자주 출제되므로 두 영상의 특징을 비교해서 알아 두고, 가시 영상은 야간에는 태양빛이 없으므로 이용할 수 없는 것에 유의해야 한다.

03 해수의 성질

1 해수의 성질

2024년 10월 교육청 11번 | 정답 ④ | 문제편 62p

출제 의도 깊이에 따른 해수의 수온과 염분 분포를 해석하여 해수의 성질을 파악하고, 강물의 유입이 해수의 성질에 미치는 영향을 이해하는 문항이다.

그림은 어느 해역에서 측정한 깊이에 따른 해수의 수온과 염분 분포를 나타낸 것이다. 이 해역에는 강물이 유입되고 있으며, 강물의 유입 방향은 ㉠과 ㉡ 중 하나이다. A, B는 해수면에 위치한 지점이다.

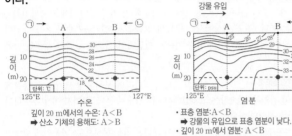

깊이 20 m에서의 수온: A<B
➡ 산소 기체의 용해도: A>B

• 표층 염분: A<B
➡ 강물의 유입으로 표층 염분이 낮다.
• 깊이 20 m에서 염분: A<B

이에 대한 설명으로 옳은 것만을 〈보기〉에서 있는 대로 고른 것은? [3점]

┌─ 보기 ─────────────────────────┐
│ ㄱ. 수온만을 고려할 때, 깊이 20 m에서 산소 기체의 용해도 │
│ 　 는 A에서가 B에서보다 작다. 크다. │
│ ㄴ. 강물의 유입 방향은 ㉠이다. │
│ ㄷ. 해수면과 깊이 20 m의 해수 밀도 차는 A에서가 B에서 │
│ 　 보다 크다. │
└──────────────────────────────┘

① ㄱ　　② ㄷ　　③ ㄱ, ㄴ　　④ ㄴ, ㄷ　　⑤ ㄱ, ㄴ, ㄷ

✔ 자료 해석

• 강물이 유입되면 표층 염분이 감소한다.
• 기체의 용해도는 수온이 낮을수록, 염분이 낮을수록, 수압이 클수록 증가한다.
• 해수의 밀도는 수온이 낮을수록, 염분이 높을수록 크다.

○ 보기 풀이

ㄴ. 강물이 유입되면 표층 해수의 염분이 감소한다. 표층 염분이 서쪽으로 갈수록 낮아지는 것으로 보아 강물은 ㉠ 방향으로 유입되었음을 알 수 있다.

ㄷ. 해수의 밀도는 수온이 낮을수록, 염분이 높을수록 크다. 해수면과 깊이 20 m에서의 수온 차는 A에서가 B에서보다 크고, 염분 차도 A에서가 B에서보다 크다. 따라서 해수의 밀도 차는 A에서가 B에서보다 크다.

✕ 매력적 오답

ㄱ. 수온만을 고려할 때 산소 기체의 용해도는 수온이 낮을수록 크다. 깊이 20 m에서 수온은 A에서가 B에서보다 낮으므로 산소 기체의 용해도는 A에서가 B에서보다 크다.

문제풀이 Tip

해수의 염분, 기체의 용해도, 해수의 밀도에 영향을 주는 요인을 각각 정리해 두자.

2 해수의 성질

2024년 7월 교육청 16번 | 정답 ② | 문제편 62p

출제의도 계절에 따른 수온과 염분 분포를 해석하여 해수의 층상 구조와 밀도 분포를 파악하는 문항이다.

그림은 동해의 어느 지점에서 두 시기에 측정한 수온과 염분 분포를 나타낸 것이다. ㉠과 ㉡은 각각 1월과 8월 중 하나이다.

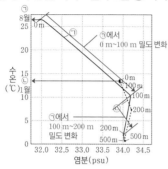

이에 대한 설명으로 옳은 것만을 〈보기〉에서 있는 대로 고른 것은?

─ 보기 ─

ㄱ. ㉠은 ~~1월~~ 8월 에 해당한다.

ㄴ. 혼합층의 두께는 ~~㉠이 ㉡~~ ㉡이 ㉠ 보다 두껍다.

ㄷ. ㉠에서 해수의 밀도 변화는 0 m~100 m 구간이 100 m~200 m 구간보다 크다.

① ㄱ   ② ㄷ   ③ ㄱ, ㄴ   ④ ㄴ, ㄷ   ⑤ ㄱ, ㄴ, ㄷ

✔ **자료 해석**

- 1월은 겨울, 8월은 여름이므로 8월의 표층 수온이 더 높다. ➡ ㉠이 8월, ㉡이 1월이다.
- 혼합층은 태양 복사 에너지에 의해 가열되고 바람에 의해 혼합되어 깊이에 따라 수온이 거의 일정한 층이다. ➡ 혼합층은 ㉠보다 ㉡에서 두껍다.
- 수온 염분도에서 등밀도선은 오른쪽 위에서 왼쪽 아래로 대각선 방향으로 분포하며 오른쪽 아래로 갈수록 밀도가 증가한다. 수온과 염분의 변화가 클수록 밀도의 변화도 크다.

⭕ **보기풀이** ㄷ. 해수의 밀도는 수온과 염분의 영향을 크게 받으므로 수온과 염분 변화가 클수록 밀도 변화가 크다. 따라서 ㉠에서 해수의 밀도 변화는 수온과 염분 변화가 더 크게 나타나는 0 m~100 m 구간이 100 m~200 m 구간보다 크다.

❌ **매력적 오답** ㄱ. 표층 수온이 높은 ㉠이 8월에 해당하고, 표층 수온이 낮은 ㉡이 1월에 해당한다.

ㄴ. 혼합층은 해수 표층에서 깊이에 따라 수온이 거의 일정하게 나타나는 층이다. ㉠에서는 표층에서 수심 100 m까지 수온이 급격하게 낮아지고 있으므로 혼합층이 거의 발달하지 않았음을 알 수 있다. 한편 ㉡에서는 표층에서 수심 100 m 사이에 수온 변화가 거의 없으므로 이 구간에 혼합층이 발달해 있음을 알 수 있다. 따라서 혼합층의 두께는 ㉡이 ㉠보다 두껍다.

문제풀이 Tip

가로축을 염분, 세로축을 수온으로 하여 밀도를 함께 나타낸 도표를 수온 염분도라고 한다. 이 문항의 자료에서 등밀도선은 나타나 있지 않지만 수온 염분도를 떠올릴 수 있어야 한다. 수온 염분도에서 밀도는 오른쪽 아래로 갈수록 증가한다는 것을 알아 두자.

3 해수의 성질

출제 의도 계절별 해수의 연직 수온 분포 자료를 통해 해수의 층상 구조를 파악하고, 수온 분포의 특징을 해석하는 문항이다.

그림 (가)와 (나)는 우리나라 어느 해역에서 2월과 8월에 관측한 깊이에 따른 수온 분포를 순서 없이 나타낸 것이다.

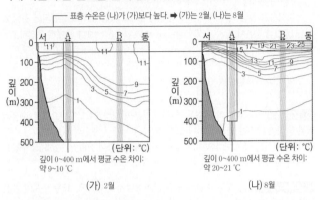

(가) 2월   (나) 8월

이 자료에 대한 설명으로 옳은 것만을 〈보기〉에서 있는 대로 고른 것은?

보기
ㄱ. (가)는 2월에 관측한 자료이다.

ㄴ. A 구간에서 깊이 0 m와 400 m의 평균 수온 차이는 (가)보다 (나)에서 작다.
　　　　　　　　　　　　　　　　　　　　　　　　크다.

ㄷ. B 구간에서 혼합층의 두께는 (가)보다 (나)에서 두껍다.
　　　　　　　　　　　　　　(나)보다 (가)에서

① ㄱ　　② ㄴ　　③ ㄱ, ㄷ　　④ ㄴ, ㄷ　　⑤ ㄱ, ㄴ, ㄷ

✔ **자료 해석**

· 표층 수온은 (가)는 약 10~11 ℃이고, (나)는 약 15~25 ℃이다. 따라서 (가) 시기보다 (나) 시기에 표층 수온이 높으므로 (가)는 2월, (나)는 8월의 관측 자료이다.

· 깊이 400 m에서 수온은 (가)와 (나)에서 비슷하다.

· 혼합층은 표층에서 깊이에 따라 수온이 거의 일정한 층이므로 (가)가 (나)보다 두껍다.

〇 **보기 풀이**　ㄱ. 2월은 8월보다 표층 수온이 낮으므로 (가)는 2월, (나)는 8월에 관측한 자료이다.

✕ **매력적 오답**　ㄴ. (가)의 A 구간에서 깊이 0 m의 수온은 약 10 ℃이고, 깊이 400 m의 수온은 1 ℃ 이하이므로, 깊이 0 m와 400 m의 평균 수온 차이는 약 9~10 ℃이다. 반면 (나)의 A 구간에서 깊이 0 m의 수온은 21 ℃ 이상이고, 깊이 400 m의 수온은 1 ℃ 이하이므로, 깊이 0 m와 400 m의 평균 수온 차이는 약 20~21 ℃이다. 따라서 A 구간에서 0 m와 400 m의 평균 수온 차이는 (가)보다 (나)에서 크다.

ㄷ. 혼합층은 표층에서 깊이에 따라 수온이 거의 일정한 층이므로 (가)가 (나)보다 두껍다.

문제풀이 **Tip**

등수온선의 간격이 좁을수록 깊이에 따른 수온의 변화가 크다. 혼합층은 표층에서 깊이에 따라 수온이 거의 일정한 층이므로 표층 부근에서 등수온선의 간격이 넓을수록 혼합층이 발달한 것이라는 것에 유의해야 한다.

4 해수의 성질

출제의도 수심에 따른 해수의 밀도, 염분, 수온 분포를 파악하고, 해수의 물리량을 수온 염분도와 함께 해석하는 문항이다.

그림 (가)는 어느 해역에서의 수심에 따른 밀도, 수온, 염분을, (나)는 (가)의 자료를 수온-염분도에 나타낸 것이다.

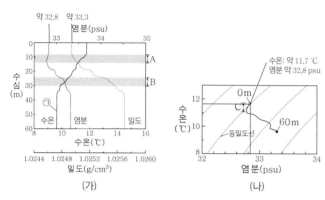

(가)　　　(나)

이 자료에 대한 설명으로 옳은 것만을 〈보기〉에서 있는 대로 고른 것은? [3점]

보기
ㄱ. ㉠은 수온이다.

ㄴ. 수심에 따른 밀도 변화량은 A 구간이 B 구간보다 ~~크다.~~ 작다.

ㄷ. C 구간은 혼합층에 ~~해당한다.~~ 혼합층에 해당하지 않는다.

① ㄱ　② ㄷ　③ ㄱ, ㄴ　④ ㄴ, ㄷ　⑤ ㄱ, ㄴ, ㄷ

✔ 자료 해석

• (가)에서 ㉠은 표층에서 가장 높고 수심이 깊어질수록 대체로 감소하므로 수온이다.

• (나)에서 수심 0 m에서 수온은 약 11.7 ℃, 염분은 약 32.8 psu이므로 (가)에서 짙은 점선은 염분, 옅은 점선은 밀도이다.

○ 보기 풀이 　ㄱ. 수온은 표층에서 가장 높고, 수심이 깊어질수록 대체로 감소한다. 따라서 ㉠은 수온 분포이다.

✕ 매력적 오답 　ㄴ. (나)에서 표층에서 수온과 염분은 각각 약 11.7 ℃, 약 32.8 psu이므로 (가)에서 표층에서의 값이 약 32.8인 짙은 점선이 염분, 옅은 점선이 밀도이다. 따라서 수심에 따른 밀도 변화량은 A 구간이 B 구간보다 작다.

ㄷ. C 구간은 표층에서 수심이 깊어질수록 수온이 감소하였으므로 혼합층이 아니다. 혼합층은 표층에서 바람에 의해 해수가 혼합되어 깊이에 따라 수온이 거의 일정하게 나타나는 구간이다.

문제풀이 Tip

수심이 깊어질수록 수온은 대체로 감소하고, 밀도와 염분은 대체로 증가한다. 해수의 물리량 자료를 해석할 때 다른 조건이 없다면, 표층에서 가장 높게 나타나는 것은 일반적으로 수온이고, 수온과 밀도 값은 대체로 반비례한다는 것을 알아 두자.

Part I

교육청

5 해수의 성질

출제 의도 2월과 8월에 측정한 수온과 염분 자료를 수온-염분도에 나타내는 탐구 활동을 통해 해수의 층상 구조와 해수의 성질을 파악하는 문항이다.

다음은 해수의 성질을 알아보기 위한 탐구이다.

[탐구 과정]

(가) 우리나라 어느 해역에서 2월과 8월에 측정한 깊이에 따른 수온과 염분 자료를 준비한다.

혼합층 〈수온과 염분 자료〉

	깊이(m)	0	10	20	30	50	75	100
2월 겨울철	수온(℃)	11.6	11.6	11.3	11.0	9.9	5.8	4.5
	염분(psu)	34.3	34.3	34.3	34.3	34.2	34.0	34.0
8월 여름철	수온(℃)	25.4	21.9	13.8	12.9	8.9	4.1	2.7
	염분(psu)	32.7	33.3	34.2	34.3	34.2	34.1	34.0

수온: 2월의 깊이 75 m < 8월의 깊이 50 m
염분: 2월의 깊이 75 m < 8월의 깊이 50 m

(나) (가)의 자료를 수온-염분도에 나타내고 특징을 분석한다.

[탐구 결과]

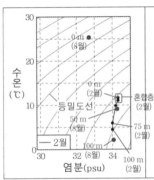

바람이 강할수록 두껍다.

• 혼합층의 두께는 2월이 8월보다 (㉠).

• 깊이 0~100 m 에서의 평균 밀도 변화율은 2월이 8월보다 (㉡).

이 자료에 대한 옳은 설명만을 〈보기〉에서 있는 대로 고른 것은? [3점]

보기
ㄱ. '두껍다'는 ㉠에 해당한다.

ㄴ. 해수의 밀도는 2월의 75 m 깊이에서가 8월의 50 m 깊이에서보다 크다.

ㄷ. ~~'크다'~~는 ㉡에 해당한다.
　　　'작다'

① ㄱ　　② ㄷ　　③ ㄱ, ㄴ　　④ ㄴ, ㄷ　　⑤ ㄱ, ㄴ, ㄷ

✓ 자료 해석

• 2월에 수온은 깊이 0~10 m까지는 일정하고, 10 m 이하에서 감소한다. ➡ 혼합층의 두께는 최소 10 m 이상이다.

• 8월에 수온은 깊이 들어갈수록 계속 감소하고, 염분은 깊이 0~약 30 m 까지는 증가하고 깊이 약 30~100 m까지는 감소한다. ➡ 깊이에 따라 수온이 일정한 층이 나타나지 않으므로 8월에는 혼합층이 거의 형성되어 있지 않다.

○ 보기 풀이 ㄱ. 혼합층은 해수 표층 부근에서 깊이에 따라 수온이 거의 일정한 층이다. 2월에는 깊이 약 0~10 m 부근에 혼합층이 형성되어 있고, 8월에는 혼합층이 거의 형성되어 있지 않으므로, 혼합층의 두께는 2월이 8월보다 두껍다.

ㄴ. 해수의 밀도는 수온이 낮을수록, 염분이 높을수록 크며, 수온-염분도에서 오른쪽 아래로 갈수록 크다. 해수의 수온과 염분을 수온-염분도에 나타내보면, 2월의 75 m 깊이에서가 8월의 50 m 깊이에서보다 오른쪽 아래에 위치한 등밀도선에 가깝다. 따라서 해수의 밀도는 2월의 75 m 깊이에서가 8월의 50 m 깊이에서보다 크다.

✕ 매력적 오답 ㄷ. 깊이 0~100 m에서 2월에는 수온이 약 7.1 ℃ 감소, 염분이 0.3 psu 감소하였고, 8월에는 수온이 약 22.7 ℃ 감소, 염분이 약 1.3 psu 증가하였다. 해수의 밀도는 수온이 낮을수록, 염분이 높을수록 증가하므로, 깊이 0~100 m에서 해수의 평균 밀도 변화는 8월이 2월보다 크다.

문제풀이 Tip

수온과 염분 변화가 크게 나타나는 층에서 밀도 변화도 크게 나타난다는 것에 유의해야 한다.

6 우리나라 주변 해수의 성질

출제 의도 황해와 동해의 연직 수온 분포 자료를 해석하여 해수의 성질을 이해하고, 표층 수온 분포에 영향을 주는 요인을 파악하는 문항이다.

그림 (가)는 해역 A와 B의 위치를, (나)와 (다)는 4월에 측정한 A와 B의 연직 수온 분포를 순서 없이 나타낸 것이다.

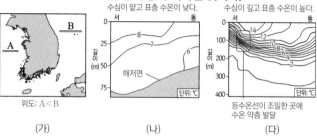

위도: A < B

(가)   (나)   (다)

이에 대한 설명으로 옳은 것만을 〈보기〉에서 있는 대로 고른 것은?

─ 보기 ─

ㄱ. (나)는 B의 측정 자료이다. (A)

ㄴ. 수온 약층은 (다)가 (나)보다 뚜렷하다.

ㄷ. (다)가 (나)보다 표층 수온이 높은 이유는 위도의 영향 때문이다. (동한 난류)

① ㄱ　② ㄴ　③ ㄱ, ㄷ　④ ㄴ, ㄷ　⑤ ㄱ, ㄴ, ㄷ

✔ **자료 해석**

• (가) : A는 황해, B는 동해에 위치한 해역이며, A 해역이 B 해역보다 저위도에 위치한다.

• (나) : 수심이 얕고 표층 수온이 낮다. ➡ 황해에서 측정한 자료이다.

• (다) : 수심이 깊고 표층 수온이 높다. ➡ 동해에서 측정한 자료이다.

○ **보기 풀이** ㄴ. 수온 약층은 수심이 깊어질수록 수온이 급격하게 낮아지는 층이므로 등수온선이 조밀하게 분포한다. (나)에서는 표층에서 해저면까지의 수온 차가 거의 없지만, (다)에서는 깊이 200 m 이내에 약 13~2 ℃ 사이의 등수온선이 조밀하게 분포하므로 이 구간에 깊이에 따라 수온이 급격하게 낮아지는 수온 약층이 잘 발달해 있다. 따라서 수온 약층은 (다)가 (나)보다 뚜렷하다.

✕ **매력적 오답** ㄱ. 우리나라 주변 바다에서 황해는 수심이 얕고, 동해는 수심이 깊다. (나)는 (다)보다 수심이 얕으므로 황해에 위치한 A 해역의 측정 자료이다.

ㄷ. 일반적으로 표층 수온은 태양 복사 에너지의 영향을 가장 크게 받으므로 저위도 해역이 고위도 해역보다 높다. (나)는 A, (다)는 B에서 측정한 자료인데, 표층 수온은 고위도에 위치한 B에서 더 높다. 이는 황해는 겨울 동안 차가워진 대륙의 영향을 받고, 동해는 동한 난류의 영향을 받기 때문이다.

문제풀이 Tip

A 해역이 B 해역보다 저위도에 위치하기 때문에 표층 수온이 더 높을 것이라고 판단하지 않도록 유의해야 한다. 측정 시기와 해저 지형 등을 고려하여 황해와 동해를 구분하고, 우리나라 주변 해양의 특성을 적용하여 표층 수온에 영향을 주는 요인을 찾을 수 있도록 하자.

---

7 해수의 성질

출제 의도 우리나라 주변 해역의 깊이에 따른 수온과 염분 분포 자료를 해석하여 해수의 성질을 이해하는 문항이다.

그림 (가)는 어느 시기에 우리나라 주변 해역에서 수온과 염분을 측정한 구간을, (나)와 (다)는 이 구간의 깊이에 따른 수온과 염분 분포를 나타낸 것이다. A, B, C는 해수면에 위치한 지점이다.

등수온선의 간격: A < B
➡ 깊이에 따른 수온 차: A > B

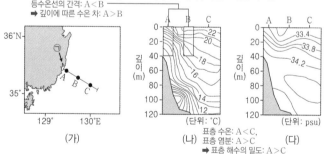

(가)　(나)　(다)

표층 수온: A < C,
표층 염분: A > C
➡ 표층 해수의 밀도: A > C

이에 대한 설명으로 옳은 것만을 〈보기〉에서 있는 대로 고른 것은?

[3점]

─ 보기 ─

ㄱ. 해수면과 깊이 40 m의 수온 차는 B보다 A가 크다.

ㄴ. ㉠ 방향으로 유입되는 담수의 양이 증가하면 A의 표층 염분은 33.4 psu보다 커진다. (작아진다.)

ㄷ. 표층 해수의 밀도는 C보다 A가 크다.

① ㄱ　② ㄴ　③ ㄱ, ㄷ　④ ㄴ, ㄷ　⑤ ㄱ, ㄴ, ㄷ

✔ **자료 해석**

• (가) : A → B → C로 갈수록 육지로부터 멀어지므로 담수의 영향을 적게 받는다.

• (나) : 해수면에서 A의 수온은 약 19 ℃, B의 수온은 약 22~23 ℃이고, 깊이 40 m에서 A의 수온은 약 12 ℃, B의 수온은 약 17 ℃이다.

• (다) : A의 표층 염분은 33.4 psu이고, A, B, C 지점의 표층 염분을 비교하면 B < C < A이다.

• 해수의 밀도는 수온이 낮을수록, 염분이 높을수록 크다.

○ **보기 풀이** ㄱ. 등수온선의 간격이 좁을수록 깊이에 따른 수온 차가 크다. 해수면과 깊이 40 m 사이에서 등수온선의 간격은 A가 B보다 조밀하므로, 해수면과 깊이 40 m의 수온 차는 A가 B보다 크다.

ㄷ. 표층 해수의 밀도는 표층 수온이 낮을수록, 표층 염분이 높을수록 크다. 표층 수온은 A가 C보다 낮고, 표층 염분은 A가 C보다 높으므로 표층 해수의 밀도는 A가 C보다 크다.

✕ **매력적 오답** ㄴ. 강수, 담수의 유입, 빙하의 융해는 염분을 감소시키는 요인이고, 증발, 해수의 결빙 등은 염분을 증가시키는 요인이다. 따라서 ㉠ 방향으로 유입되는 담수의 양이 증가하면 A의 표층 염분은 낮아지므로 33.4 psu보다 작아진다.

문제풀이 Tip

해수의 염분을 증가시키는 요인과 감소시키는 요인을 구분하여 정리해 두고, 해수의 밀도는 수온에 반비례하고 염분에 비례한다는 것을 알아 두자.

8 해수의 성질

출제 의도 해수의 연직 수온 분포와 염분 분포를 구분하고, 수온 - 염분도에 적용하여 해수의 성질을 파악하는 문항이다.

그림 (가)는 어느 해역의 깊이에 따른 수온과 염분 분포를 ㉠과 ㉡으로 순서 없이 나타낸 것이고, (나)는 수온 - 염분도를 나타낸 것이다.

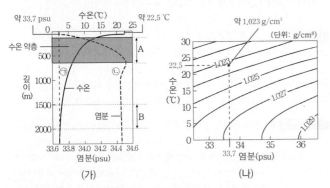

(가)   (나)

이에 대한 옳은 설명만을 〈보기〉에서 있는 대로 고른 것은?

보기
ㄱ. ㉠은 염분 분포이다. (수온)
ㄴ. 혼합층의 평균 밀도는 1.025 g/cm³보다 크다. (작다.)
ㄷ. 깊이에 따른 해수의 밀도 변화는 A 구간이 B 구간보다 크다.

① ㄱ　　② ㄷ　　③ ㄱ, ㄴ　　④ ㄴ, ㄷ　　⑤ ㄱ, ㄴ, ㄷ

✓ 자료 해석
• (가) : ㉠은 표층에서 높고 깊이에 따라 값이 감소하므로 수온 분포이고, ㉡은 표층에서 낮고 깊이에 따라 값이 증가하므로 염분 분포이다. 표층 부근에서 깊이에 따라 수온이 일정한 구간이 혼합층이다.
• (나) : (가)에서 혼합층의 수온은 약 22.5 ℃이고, 염분은 약 33.7 psu이므로, 혼합층의 밀도는 약 1.023 g/cm³이다.

○ 보기 풀이 ㄷ. 해수의 밀도는 수온과 염분의 영향을 크게 받으므로, 수온과 염분 변화가 큰 구간에서는 밀도 변화도 크게 나타난다. 따라서 깊이에 따른 해수의 밀도 변화는 수온과 염분 변화가 큰 A 구간이 B 구간보다 크다.

✕ 매력적 오답 ㄱ. 수온은 표층에서 높고 수심이 깊어질수록 감소하므로, ㉠은 수온 분포이고, ㉡은 염분 분포이다.
ㄴ. 혼합층은 표층 부근에서 깊이에 따라 수온이 일정한 층이다. (가)에서 표층에서의 수온과 염분 값은 혼합층에서의 수온과 염분 값과 거의 같으므로, 수온은 약 22.5 ℃이고, 염분은 약 33.7 psu이다. 따라서 (나)의 수온 - 염분도에 혼합층의 수온과 염분 값을 나타내 보면, 밀도는 약 1.023 g/cm³이다.

문제 풀이 **Tip**
수심이 깊어질수록 태양 복사 에너지의 영향을 적게 받으므로 수온은 깊이에 따라 감소한다는 것에 유의한다.

9 수온 – 염분도

출제 의도 수온 – 염분도를 해석하여 해수의 수온과 염분 변화를 이해하고, 해수의 혼합 여부를 파악하는 문항이다.

그림은 어느 해역에서 측정한 깊이에 따른 수온과 염분을 수온–염분도에 나타낸 것이다.

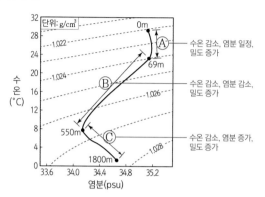

이에 대한 설명으로 옳은 것만을 〈보기〉에서 있는 대로 고른 것은? [3점]

보기
ㄱ. A 구간은 혼합층이다. 혼합층이 아니다.
ㄴ. B 구간에서는 해수의 연직 혼합이 활발하게 일어난다. 거의 일어나지 않는다.
ㄷ. 깊이에 따른 수온의 평균 변화량은 B 구간이 C 구간보다 크다.

① ㄱ   ② ㄷ   ③ ㄱ, ㄴ   ④ ㄴ, ㄷ   ⑤ ㄱ, ㄴ, ㄷ

✔ 자료 해석

- A 구간(깊이 0~69 m): 수온 감소(약 29.5 ℃ → 약 23 ℃), 염분 거의 일정(약 35.15 psu), 밀도 증가(약 1.022 g/cm³ → 약 1.024 g/cm³)
- B 구간(깊이 69~550 m): 수온 감소(약 23 ℃ → 약 7.5 ℃), 염분 감소(약 35.15 psu → 약 34.15 psu), 밀도 증가(약 1.024 g/cm³ → 약 1.0267 g/cm³)
- C 구간(깊이 550~1800 m): 수온 감소(약 7.5 ℃ → 약 1 ℃), 염분 증가(약 34.15 psu → 약 34.65 psu), 밀도 증가(약 1.0267 g/cm³ → 약 1.0277 g/cm³)

○ 보기 풀이 ㄷ. B 구간(깊이 69~550 m)에서는 수온이 약 15.5 ℃ 낮아졌고, C 구간(깊이 550~1800 m)에서는 수온이 약 6.5 ℃ 낮아졌다. 따라서 깊이에 따른 수온의 평균 변화량은 B 구간이 C 구간보다 크다.

✕ 매력적 오답 ㄱ. 혼합층은 깊이에 따른 수온 변화가 거의 없는 층이므로, A 구간은 혼합층이 아니다.

ㄴ. B 구간에서는 깊이에 따라 수온이 감소하고, 밀도가 증가하므로 해수층이 매우 안정하여 해수의 연직 혼합이 거의 일어나지 않는다.

문제풀이 Tip
수온 – 염분도에서는 세로축이 수온, 가로축이 염분을 나타내며 등밀도선으로 밀도를 함께 나타낸다. A 구간에서 일정한 값이 수온이 아니라 염분임에 유의해야 한다.

10 해수의 성질

출제 의도 우리나라 주변의 해류 분포를 파악하여 해수의 수온, 염분, 밀도의 특징을 비교하는 문항이다.

그림 (가)는 어느 해 겨울에 우리나라 주변 바다에서 표층 해수를 채취한 A와 B 지점의 위치를, (나)는 수온 – 염분도에 A와 B의 수온과 염분을 순서 없이 ㉠, ㉡으로 나타낸 것이다.

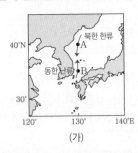
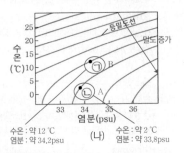

수온 : 약 12 ℃
염분 : 약 34.2psu

(가)   (나)

수온 : 약 2 ℃
염분 : 약 33.8psu

이에 대한 옳은 설명만을 〈보기〉에서 있는 대로 고른 것은?

〈보기〉

ㄱ. 염분은 A에서가 B에서보다 낮다.

ㄴ. ㉠과 ㉡의 해수가 만난다면 ㉠의 해수는 ㉡의 해수 아래(위)로 이동한다.

ㄷ. 여름에는 B의 해수 밀도가 (나)에서보다 감소할 것이다.

① ㄱ   ② ㄴ   ③ ㄷ   ④ ㄱ, ㄷ   ⑤ ㄴ, ㄷ

✔ 자료 해석

• (가) : A 지점에는 북한 한류가 흐르고, B 지점에는 동한 난류가 흐른다. 난류는 한류보다 수온과 염분이 높고, 용존 산소량과 영양 염류가 적다.

• (나) : 수온과 염분 모두 ㉠이 ㉡보다 높으므로, ㉠은 난류가 흐르는 B 지점, ㉡은 한류가 흐르는 A 지점의 해수이다.

○ 보기 풀이

ㄱ. A 지점에는 한류가 흐르고 B 지점에는 난류가 흐르므로, 수온은 A가 B보다 낮다. (나)에서 수온이 높은 ㉠이 B 지점에서 채취한 해수, 수온이 낮은 ㉡이 A 지점에서 채취한 해수이므로 염분은 A에서가 B에서보다 낮다.

ㄷ. 수온이 낮을수록, 염분이 높을수록 밀도가 크므로 (나)에서 오른쪽 아래로 갈수록 등밀도선의 값이 증가한다. 표층 수온은 겨울보다 여름에 높아지고, 표층 염분은 강수량이 많은 여름이 겨울보다 낮아지므로, (나)의 수온 – 염분도에서 B의 해수 밀도는 ㉠보다 왼쪽 위에 위치하여 밀도가 감소한다.

✕ 매력적 오답

ㄴ. 밀도가 다른 해수가 만나면 밀도가 큰 해수가 밀도가 작은 해수 아래로 이동한다. 따라서 ㉠과 ㉡의 해수가 만나면 밀도가 큰 ㉡의 해수가 ㉠의 해수 아래로 이동한다.

문제풀이 Tip

해수의 밀도는 수온이 낮을수록 크고, 염분이 높을수록 크므로 수온 – 염분도에서 밀도 값이 나타나 있지 않더라도 오른쪽 아래로 갈수록 밀도가 증가한다는 것에 유의해야 한다.

---

11 해수의 성질

출제 의도 우리나라 주변 해양의 표층 수온과 표층 염분 자료를 해석하여 관측한 계절과 담수 유입이 일어나는 해역을 파악하고, 표층 해수의 밀도를 비교하는 문항이다.

그림 (가)와 (나)는 어느 시기 우리나라 주변의 표층 수온과 표층 염분을 나타낸 것이다.

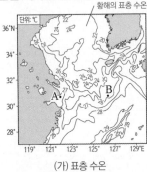
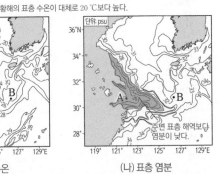

(가) 표층 수온   (나) 표층 염분

이에 대한 설명으로 옳은 것만을 〈보기〉에서 있는 대로 고른 것은?

〈보기〉

ㄱ. 겨울철(여름철)에 관측한 것이다.

ㄴ. A 해역에는 담수 유입이 일어나고 있다.

ㄷ. 표층 해수의 밀도는 A 해역이 B 해역보다 크다.(작다.)

① ㄱ   ② ㄴ   ③ ㄱ, ㄷ   ④ ㄴ, ㄷ   ⑤ ㄱ, ㄴ, ㄷ

✔ 자료 해석

• (가)에서 우리나라 주변 해양의 표층 수온이 20 ℃ 이상으로 높게 나타나므로 여름철에 관측한 것이다.

• (나)에서 중국의 양쯔강에서 강물이 바다로 유입되는 해역(A)에서는 표층 염분이 매우 낮게 나타난다.

• A 해역은 B 해역에 비해 표층 수온이 높고 표층 염분이 낮다.

○ 보기 풀이

ㄴ. A 해역은 주변 해역에 비해 표층 염분이 매우 낮게 나타나는데, 이는 A 해역에 양쯔강으로부터 다량의 담수가 유입되었기 때문이다.

✕ 매력적 오답

ㄱ. 우리나라의 여름철에는 태양 복사 에너지가 강해 표층 수온이 높고, 강수량이 집중되어 표층 염분이 낮다. (가)에서 황해와 남해의 표층 수온이 20 ℃ 이상으로 높게 나타나고, (나)에서 황해와 남해의 표층 염분은 낮게 나타난다. 따라서 여름철에 관측한 것이다.

ㄷ. 해수의 밀도는 수온이 낮을수록, 염분이 높을수록 커진다. A 해역은 B 해역에 비해 표층 수온이 높고 표층 염분이 낮으므로, 표층 해수의 밀도는 A 해역이 B 해역보다 작다.

문제풀이 Tip

우리나라 주변 해양의 표층 수온은 태양 복사 에너지가 강한 여름철과 난류의 영향을 받는 해역에서 높고, 표층 염분은 강수량이 많은 여름철과 강물이 유입되는 연안에서 낮게 나타나는 것을 알아 두자.

12 해수의 수온과 염분

출제 의도 깊이에 따른 해수의 염분과 수온 분포 자료를 해석하여 수온의 연교차와 해수의 평균 밀도를 비교하는 문항이다.

그림 (가)와 (나)는 어느 해역에서 1년 동안 해수면으로부터 깊이에 따라 측정한 염분과 수온 분포를 각각 나타낸 것이다.

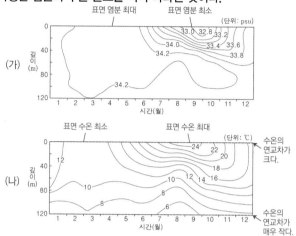

이 자료에 대한 설명으로 옳은 것만을 〈보기〉에서 있는 대로 고른 것은? [3점]

보기

ㄱ. 해수면에서의 염분은 2월보다 9월이 작다.

ㄴ. 수온의 연교차는 깊이 0 m보다 80 m에서 ~~크다.~~ 작다.

ㄷ. 깊이 0~20 m 구간에서 해수의 평균 밀도는 3월보다 8월이 ~~크다.~~ 작다.

① ㄱ   ② ㄴ   ③ ㄱ, ㄷ   ④ ㄴ, ㄷ   ⑤ ㄱ, ㄴ, ㄷ

✔ **자료 해석**

• (가)에서 해수면의 염분은 3월~5월에 가장 높고, 9월에 가장 낮다.

• (나)에서 해수면의 수온은 2월~3월에 가장 낮고, 8월~9월에 가장 높다.

• 염분과 수온의 연교차는 수심이 깊어질수록 대체로 작아진다.

○ **보기 풀이** ㄱ. 해수면에서 염분은 2월에 약 34.2 psu이고 9월에 약 32.8 psu이므로, 2월보다 9월에 낮다.

✗ **매력적 오답** ㄴ. 수온의 연교차는 깊이 0 m에서 약 12 ℃이고 깊이 80 m에서 약 4 ℃이므로, 깊이 0 m보다 80 m에서 작다. 수심이 깊어질수록 계절별로 도달하는 태양 복사 에너지양의 차이가 감소하므로, 수온의 연교차가 작아진다.

ㄷ. 해수의 밀도는 수온이 낮을수록, 염분이 높을수록 크다. 깊이 0~20 m 구간에서 해수의 수온은 3월이 8월보다 낮고 염분은 3월이 8월보다 높으므로, 평균 밀도는 3월이 8월보다 크다.

문제풀이 Tip

해수의 밀도는 수온이 낮을수록, 염분이 높을수록, 수압이 클수록 커진다는 것을 알아 두고, 우리나라 여름철에는 수온이 높고 강수량이 많아 염분이 낮으므로 해수의 밀도가 작다는 것에 유의해야 한다.

Part I

교육청

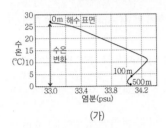
13 해수의 수온, 염분, 밀도

2021년 3월 교육청 10번 | 정답 ① |　**문제편 65 p**

출제 의도 동해의 연직 수온과 염분 분포 자료를 해석하여 어느 계절에 측정한 자료인지 파악하고, 수온 약층과 표면 해수의 밀도를 비교하는 문항이다.

그림 (가)와 (나)는 동해의 어느 지점에서 두 시기에 측정한 수심 0~500 m 구간의 수온과 염분 분포를 나타낸 것이다. (가)와 (나)는 각각 2월 또는 8월에 측정한 자료 중 하나이다.

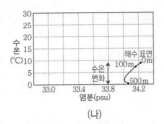

(가)　　　　　　　　　　(나)

이에 대한 옳은 설명만을 〈보기〉에서 있는 대로 고른 것은?

┌─ 보기 ┐
ㄱ. (가)는 8월에 측정한 자료이다.

ㄴ. 수온 약층은 ~~(가)~~보다 ~~(나)~~에서 뚜렷하게 나타난다.
　　(나)보다 (가)

ㄷ. 표면 해수의 밀도는 (가)보다 (나)에서 ~~작다.~~ 크다.
└──────────┘

① ㄱ　② ㄴ　③ ㄱ, ㄷ　④ ㄴ, ㄷ　⑤ ㄱ, ㄴ, ㄷ

✓ **자료 해석**

- (가)는 표면 해수의 온도가 높고 염분이 낮으므로, 8월에 측정한 자료이다.
- (나)는 표면 해수의 온도가 낮고 염분이 높으므로, 1월에 측정한 자료이다.
- (가)는 (나)보다 깊이에 따른 수온 변화가 상대적으로 크게 나타난다.

○ **보기 풀이** ㄱ. 우리나라 주변 해역에서 표층 수온은 태양 복사 에너지가 강한 여름철이 겨울철보다 높고, 표층 염분은 강수량이 많은 여름철이 겨울철보다 낮다. (가)는 표면 해수의 수온이 약 27 ℃, 염분이 약 33.0 psu이므로 8월에 측정한 자료이고, (나)는 표면 해수의 수온이 약 9 ℃, 염분이 약 34.23 psu이므로 2월에 측정한 자료이다.

✕ **매력적 오답** ㄴ. 수온 약층은 깊이에 따라 수온이 급격히 낮아지는 층으로, 수심이 깊어질수록 해수의 밀도가 커지므로 매우 안정하다. 따라서 수온 약층은 (나)보다 (가)에서 뚜렷하게 나타난다.

ㄷ. 해수의 밀도는 수온이 낮을수록, 염분이 높을수록 커진다. 따라서 표면 해수의 밀도는 (가)보다 수온이 낮고 염분이 높은 (나)에서 크다.

문제풀이 Tip

해수의 수온과 염분 자료를 해석하여 밀도를 비교하는 문항이 다양한 자료를 이용하여 자주 출제되므로, 수온 - 염분도와 함께 잘 정리해 두자.

04 해수의 순환

선택지 비율 ❶ 73% ② 1% ③ 9% ④ 2% ⑤ 14%

1 심층수의 형성 원리

2024년 10월 교육청 4번 | 정답 ① | 문제편 68p

출제 의도 실험을 통해 해수의 수온과 염분 변화에 따른 밀도 변화를 이해하고, 이를 통해 심층수의 형성 원리를 파악하는 문항이다.

다음은 심층수 형성에 빙하가 녹은 물의 유입이 미치는 영향을 알아보기 위한 실험이다.

[실험 과정]

(가) 수조에 ㉠ 수온이 10 ℃, 염분이 34 psu인 소금물을 넣는다.
_{수조의 물과 수온은 같고, 염분이 높다.}

(나) 비커 A에 ㉡ 수온이 10 ℃, 염분이 36 psu인 소금물 200 g을 만들고, 비커 B에는 10 ℃인 증류수 50 g에 조각 얼음 50 g을 넣어 녹인다. _{염분: 0 psu}
_{수온이 10 ℃보다 낮아진다.}

(다) A와 B에 서로 다른 색의 잉크를 몇 방울 떨어뜨린다.

(라) A의 소금물 100 g을 수조의 한쪽 벽을 타고 내려가게 천천히 부으면서 수조 안을 관찰한다.

(마) 비커 C에 A의 소금물 100 g과 B의 물 100 g을 넣고 섞는다.

(바) C의 소금물을 수조의 반대쪽 벽을 타고 내려가게 천천히 부으면서 수조 안을 관찰한다.

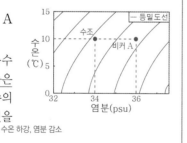

비커 A / 염분: 0 psu / B의 물 / A의 소금물 / 염분: 36 psu / 비커 C / 염분: 18 psu(=A+B) / 비커 C

[실험 결과]

• (라): A의 소금물이 수조 바닥으로 가라앉는다. _{밀도: 수조의 소금물 < A의 소금물}

• (바): C의 소금물이 (ⓐ) _{밀도: C의 소금물 < A의 소금물}

[실험 해석]

• 소금물의 밀도는 C가 A 보다 (작다.)

• 이 실험 결과는 '심층수 형성 장소에 빙하가 녹은 물이 유입되면, 심층수의 형성이 (ⓑ)'는 것을 나타낸다. _{약해진다.} _{수온 하강, 염분 감소}

등밀도선 / 수조 / 비커 A / 수온(℃) / 염분(psu)

이에 대한 설명으로 옳은 것만을 〈보기〉에서 있는 대로 고른 것은? [3점]

보기

ㄱ. 밀도는 ㉠이 ㉡보다 작다.

ㄴ. '수조 밑으로 가라앉아 A의 소금물 아래쪽으로 파고든다.'는 ⓐ에 해당한다. _{수조 아래로 가라앉지 않는다.}

ㄷ. '활발해진다.'는 ⓑ에 해당한다. _{약해진다.}

① ㄱ　② ㄴ　③ ㄱ, ㄷ　④ ㄴ, ㄷ　⑤ ㄱ, ㄴ, ㄷ

✔ 자료 해석

• 수조, 비커 A, 비커 B, 비커 C의 수온과 염분은 다음과 같다.

구분	수온(℃)	염분(psu)
수조	10	34
비커 A	10	36
비커 B	<10	0
비커 C	B보다 높고 A보다 낮음	18

• (라): 수조와 비커 A의 소금물은 수온은 같고 염분은 비커 A의 소금물이 더 높으므로 밀도는 비커 A의 소금물이 더 크다. 따라서 A의 소금물이 수조 바닥으로 가라앉는다.

• (바): 비커 C는 수조와 비커 A의 소금물보다 수온이 낮고 염분이 크게 낮으므로 밀도는 수조와 비커 A의 소금물보다 크게 작다. 따라서 C의 소금물은 수조 아래로 가라앉지 않는다.

◎ 보기 풀이 ㄱ. 밀도는 수온이 낮을수록, 염분이 높을수록 크다. ㉠과 ㉡은 수온이 같고, 염분은 ㉠보다 ㉡이 높다. 따라서 밀도는 ㉠이 ㉡보다 작다.

✕ 매력적 오답 ㄴ. C의 소금물은 A의 소금물에 수온이 낮고 염분이 없는 B의 물을 섞은 것이므로 A보다 수온은 약간 낮아지고 염분은 크게 낮아져 밀도가 크게 작아진다. 또한 C의 소금물은 수조의 소금물보다도 염분이 크게 낮아 수조의 소금물보다 밀도가 작다. 따라서 C의 소금물은 수조에서 가라앉지 않고 위쪽에 위치하게 된다.

ㄷ. 심층수의 형성 장소에 빙하가 녹은 물이 유입되면 해수의 밀도가 작아져서 표층 해수의 침강이 약해지므로 심층수의 형성이 약화된다.

문제풀이 Tip

해수의 밀도는 수온과 염분의 영향을 받으며 수온이 같을 때는 염분이 높을수록 밀도가 크고, 염분이 같을 때는 수온이 낮을수록 밀도가 크다. 그런데 수온과 염분이 모두 낮을 때는 그 조건을 수온 염분도에 나타내서 비교해 보면 된다. 비커 C는 수온이 10 ℃보다 낮지만 염분이 18 psu로 크게 낮으므로 실험 해석에 제시된 수온 염분도에 표시하지 못할 정도로 밀도가 작다는 것을 알 수 있어야 한다. 수온 염분도에서 밀도는 오른쪽 아래로 갈수록 커진다는 것에 유의해야 한다.

2 심층 순환의 발생 원리

2024년 7월 교육청 4번 | 정답 ⑤ | 문제편 68p

출제 의도 수온과 염분에 따른 밀도 차에 의한 소금물의 이동을 확인하는 실험을 통해 심층 순환의 형성 원리를 파악하는 문항이다.

다음은 심층 순환의 형성 원리를 알아보기 위한 실험이다.

[실험 과정]

(가) 수온과 염분이 다른 소금물 A, B, C를 준비한 후 서로 다른 색의 잉크를 떨어뜨린다.

소금물	수온(℃)	염분(psu)
A	5	34
B	20	34
C	2	38

수온: C<A<B, 염분: A=B<C
➡ 밀도: B<A<C

(나) 칸막이가 있는 수조의 한쪽 칸에는 A를, 다른 쪽 칸에는 B를 같은 높이로 채운다.

(다) 바닥에 구멍을 뚫은 종이컵을 그림과 같이 수면 바로 위에 오도록 하여 수조의 가장자리에 부착한다.

(라) 칸막이를 열고 A와 B의 이동을 관찰한다.

(마) C를 종이컵에 서서히 부으면서 C의 이동을 관찰한다.

칸막이　종이컵

수온 5℃
염분 34 psu

수온 20℃
염분 34 psu

A　　B

수온: A<B, 염분: A=B
➡ 밀도: A>B

[실험 결과]

과정	결과
(라)	A는 B의 (㉠)으로/로 이동한다. 아래
(마)	C는 수조의 가장 아래로 이동한다. ➡ C의 밀도가 가장 크다.

이에 대한 설명으로 옳은 것만을 〈보기〉에서 있는 대로 고른 것은?

보기
ㄱ. '아래'는 ㉠에 해당한다.
ㄴ. 과정 (라)는 염분이 같을 때 수온이 해수의 밀도에 미치는 영향을 알아보기 위한 것이다.
ㄷ. 밀도는 A, B, C 중 C가 가장 크다.

① ㄱ　② ㄴ　③ ㄱ, ㄷ　④ ㄴ, ㄷ　⑤ ㄱ, ㄴ, ㄷ

✔ **자료 해석**

• (가)에서 수온과 염분이 다른 소금물을 준비한 것은 수온과 염분 차에 따른 밀도 차를 알아보기 위한 것이다. 수온이 낮을수록, 염분이 높을수록 밀도가 크다.
• (라)에서 A는 B보다 수온이 낮고, 염분은 같으므로 밀도는 A가 B보다 크다.
• (마)에서 C의 밀도가 가장 크므로, C는 수조의 가장 아래로 이동한다.

○ 보기 풀이 ㄱ. A는 B와 염분은 같지만, 수온은 A가 B보다 낮으므로 밀도는 A가 B보다 크다. 따라서 (라)의 결과 A는 B의 아래로 이동한다.

ㄴ. A와 B는 염분은 같고 온도가 다르므로 (라)는 염분이 같을 때 수온이 해수의 밀도에 미치는 영향을 알아보기 위한 것이다. 수온이 낮을수록 밀도가 커서 아래로 가라앉는다.

ㄷ. 수온이 낮을수록, 염분이 높을수록 밀도가 크므로, A, B, C 중 밀도는 C가 가장 크다.

문제풀이 Tip

심층 순환의 원리를 묻는 문항은 탐구 형태로 출제되는 경향이 많다. 심층 순환은 밀도 차로 발생하므로 조작 변인은 수온과 염분이고, 수온과 염분에 따라 해수의 밀도가 어떻게 달라지는지 이해해야 한다. 수온이 낮을수록, 염분이 높을수록 해수의 밀도가 커진다는 것은 꼭 암기해 두자.

3 대기 대순환과 표층 해류

출제 의도 풍향 분포 자료를 통해 기압 분포를 파악하고, 이를 대기 대순환과 연관 지어 이해하는 문항이다.

그림은 7월의 지표 부근의 평년 풍향 분포를 나타낸 것이다.

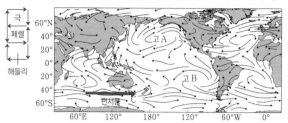

이 자료에 대한 설명으로 옳은 것만을 〈보기〉에서 있는 대로 고른 것은?

보기
ㄱ. A 지역의 고기압은 해들리 순환의 하강으로 생성된다.
ㄴ. B 지역에는 저기압이 위치한다.
　　　　　　고기압
ㄷ. C 지역에는 남극 순환류가 흐른다.

① ㄱ　　② ㄴ　　③ ㄱ, ㄷ　　④ ㄴ, ㄷ　　⑤ ㄱ, ㄴ, ㄷ

✔ 자료 해석

- 북반구 중위도에 위치한 A 지역에서는 시계 방향으로 바람이 불어 나가고 있으므로 고기압이 발달해 있다.
- 남반구 중위도에 위치한 B 지역에서는 시계 반대 방향으로 바람이 불어 나가고 있으므로 고기압이 발달해 있다.
- 남반구 위도 60° 부근에 위치한 C 지역에는 서쪽에서 동쪽으로 편서풍이 불고 있다.

○ 보기풀이

ㄱ. 북반구 위도 30° 부근에서는 해들리 순환의 하강 기류가 발달하여 고기압이 형성된다. A 지역에는 시계 방향으로 바람이 발산하고 있으므로 고기압이 위치하며, 이 고기압은 해들리 순환의 하강에 의해 생성된다.

ㄷ. C 지역은 남반구 위도 60° 부근에 위치하며 서쪽에서 동쪽으로 편서풍이 불고 있다. 따라서 C 지역에는 편서풍에 의해 남극 순환류가 흐른다.

✕ 매력적 오답

ㄴ. 남반구에 위치한 B 지역에는 시계 반대 방향으로 바람이 발산하고 있으므로 고기압이 위치한다.

문제풀이 **Tip**

북반구와 남반구의 고기압과 저기압에서의 풍향은 서로 반대로 나타난다는 것에 유의해야 한다. 남반구의 고기압에서는 시계 반대 방향으로 바람이 불어 나가고, 저기압에서는 시계 방향으로 바람이 불어 들어온다. 계절풍은 대기 대순환에 의해 나타나므로 대기 대순환의 순환 세포와 지상의 기압 분포를 연관 지어 해석할 수 있어야 한다.

---

4 해수의 표층 순환

출제 의도 붉은바다거북의 이동 경로를 파악하여 남반구 아열대 순환의 특징을 이해하는 문항이다.

다음은 붉은바다거북의 생애와 이동 경로에 대한 설명이다.

붉은바다거북은 오스트레일리아 해변에서 부화한 후 이동 과정에서 ㉠ 남태평양 아열대 순환을 이용한다. ㉡ 동오스트레일리아 해류를 이용하여 남쪽으로 이동하고 남태평양을 횡단하여 남아메리카 연안에서 성장한다. 이후 산란을 위해 해류를 이용하여 다시 오스트레일리아 해변으로 돌아온다.

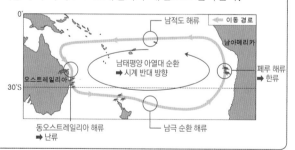

이에 대한 설명으로 옳은 것만을 〈보기〉에서 있는 대로 고른 것은?

보기
ㄱ. ㉠의 방향은 ~~시계 방향~~이다.
　　　　　　시계 반대 방향
ㄴ. ㉡은 저위도의 열에너지를 고위도로 수송한다.
ㄷ. 붉은바다거북이 남아메리카에서 오스트레일리아로 돌아올 때 남적도 해류를 이용한다.

① ㄱ　　② ㄴ　　③ ㄱ, ㄷ　　④ ㄴ, ㄷ　　⑤ ㄱ, ㄴ, ㄷ

✔ 자료 해석

- 남태평양 아열대 순환은 남적도 해류 → 동오스트레일리아 해류 → 남극 순환 해류 → 페루 해류로 이어지며, 시계 반대 방향으로 흐른다.
- 동오스트레일리아 해류는 저위도에서 고위도로 흐르는 난류이고, 페루 해류는 고위도에서 저위도로 흐르는 한류이다.

○ 보기풀이

ㄴ. 동오스트레일리아 해류는 저위도에서 고위도로 흐르는 난류이므로, 저위도의 열에너지를 고위도로 수송하는 역할을 한다.

ㄷ. 남태평양 아열대 순환은 남적도 해류 → 동오스트레일리아 해류 → 남극 순환 해류 → 페루 해류로 이어지는데, 붉은바다거북은 남태평양 아열대 순환을 이용하여 이동하므로, 남아메리카에서 오스트레일리아로 돌아올 때는 남적도 해류를 이용한다.

✕ 매력적 오답

ㄱ. 남태평양 아열대 순환은 시계 반대 방향으로 나타난다.

문제풀이 **Tip**

남태평양의 아열대 순환을 이루는 해류의 종류와 순환의 방향을 알아 두어야 한다. 아열대 순환은 적도 해류를 시작으로 이어지는 해류의 방향을 고려하여 알아 두면 되는데, 북반구에서는 적도 해류가 서쪽으로 흐르다가 대륙을 만나 북쪽으로 흐르고, 남반구에서는 적도 해류가 서쪽으로 흐르다가 대륙을 만나 남쪽으로 흐르므로 북반구와 남반구에서 아열대 순환의 방향은 반대로 나타난다는 것에 유의해야 한다.

5 표층 순환과 심층 순환

출제 의도 표층수와 심층수의 이동을 파악하여 표층 순환과 심층 순환의 특징을 이해하는 문항이다.

그림은 북대서양 표층 순환과 심층 순환의 일부를 나타낸 것이다. A와 B는 각각 표층수와 심층수 중 하나이다.

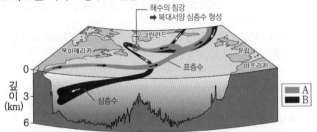

이에 대한 설명으로 옳은 것만을 〈보기〉에서 있는 대로 고른 것은?

┌─ 보기 ─────────────────────────────┐
ㄱ. A는 표층수이다.

ㄴ. 해수의 평균 이동 속력은 A보다 B가 느리다.

ㄷ. 빙하가 녹은 물이 해역 ㉠에 유입되면 B의 흐름은 ~~강해질 것이다.~~ 약해질 것이다.
└──────────────────────────────────┘

① ㄱ ② ㄷ ③ ㄱ, ㄴ ④ ㄴ, ㄷ ⑤ ㄱ, ㄴ, ㄷ

✔ 자료 해석

• 그린란드 남쪽의 래브라도해(㉠)에서 표층을 흐르던 해수가 침강하여 심층 순환을 형성한다.

• 표층에서 흐르는 A는 표층수이고, 이보다 수심이 깊은 곳에서 흐르는 B는 심층수이다.

• 수온이 낮아지거나 염분이 높아져서 밀도가 커진 표층수는 침강하여 심층 순환을 이루며, 표층 순환과 심층 순환은 컨베이어 벨트와 같이 서로 연결되어 있다.

○ 보기풀이 ㄱ. A는 북아메리카 대륙의 동쪽 해안을 따라 해수 표층에서 북상하는 표층수이다.

ㄴ. 표층수는 바람의 영향 등에 의해 빠르게 이동하지만, 심층수는 매우 천천히 이동한다. 따라서 해수의 평균 이동 속력은 A보다 B가 느리다.

✕ 매력적 오답 ㄷ. ㉠은 밀도가 커진 표층수가 침강하는 해역이다. 빙하가 녹은 물이 유입되면 염분이 낮아져 밀도가 작아지므로 침강이 약화된다. 따라서 빙하가 녹은 물이 ㉠ 해역에 유입되면 심층수의 흐름이 약해질 것이다.

문제풀이 **Tip**

심층 순환은 수온과 염분 변화에 따른 밀도 차로 형성되는 것을 알아 두고, 해수의 밀도가 작아지면 침강이 약해지는 것에 유의해야 한다.

---

6 해수의 심층 순환

출제 의도 남대서양에 분포하는 수괴의 위치와 염분 자료를 통해 대서양의 심층 순환을 이루는 수괴의 종류를 구분하고, 특징을 파악하는 문항이다.

그림은 남대서양의 수괴 A, B, C와 염분 분포를 나타낸 것이다. A, B, C는 각각 남극 저층수, 남극 중층수, 북대서양 심층수 중 하나이다.

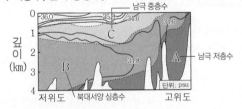

이에 대한 설명으로 옳은 것만을 〈보기〉에서 있는 대로 고른 것은?

┌─ 보기 ─────────────────────────────┐
ㄱ. A는 주로 북쪽으로 흐른다.

ㄴ. 평균 밀도는 A가 C보다 크다.

ㄷ. 평균 이동 속력은 B가 표층 해류보다 ~~빠르다.~~ 느리다.
└──────────────────────────────────┘

① ㄴ ② ㄷ ③ ㄱ, ㄴ ④ ㄱ, ㄷ ⑤ ㄴ, ㄷ

✔ 자료 해석

• 대서양 심층 순환을 이루는 수괴의 밀도는 남극 중층수＜북대서양 심층수＜남극 저층수이다. ➡ 가장 아래쪽에 위치한 A가 남극 저층수, 표층수 아래에 위치한 C는 남극 중층수, B는 북대서양 심층수이다.

• 남극 중층수와 남극 저층수는 남극 대륙 주변에서 형성되어 북쪽으로 흐르고, 북대서양 심층수는 그린란드 부근에서 형성되어 남쪽으로 흐른다.

○ 보기풀이 ㄱ. A는 남극 저층수로, 남극 대륙 주변의 웨델해에서 침강한 해수가 해저면을 따라 북쪽으로 이동하여 위도 30°N 부근까지 흐른다.

ㄴ. 밀도가 큰 수괴일수록 아래쪽에 분포하므로, 평균 밀도는 A가 C보다 크다.

✕ 매력적 오답 ㄷ. 심층 순환은 매우 느리게 일어나므로 평균 이동 속력은 B가 표층 해류보다 느리다.

문제풀이 **Tip**

대서양 심층 순환을 이루는 수괴의 밀도를 비교하고, 연직 단면에서 수괴의 위치를 파악하는 문항이 자주 출제된다. 대서양 심층 순환을 이루는 수괴의 종류, 침강 해역, 밀도의 크기, 이동 구간 등에 대해 확실하게 알아 두자.

7 우리나라 주변의 표층 해류

출제 의도) 우리나라 주변 해류의 평균 속력과 이동 방향을 파악하여 난류와 한류를 구분하고, 난류와 한류의 특징을 이해하는 문항이다.

그림은 어느 해 여름철에 관측한 우리나라 주변 표층 해류의 평균 속력과 이동 방향을 나타낸 것이다.

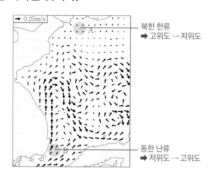

이에 대한 설명으로 옳은 것만을 〈보기〉에서 있는 대로 고른 것은?

┌─ 보기 ┐
ㄱ. A 해역에서는 한류, B 해역에서는 난류가 흐른다.
ㄴ. B 해역에서 해류는 여름철이 겨울철보다 대체로 강하게 흐른다.
ㄷ. 겨울철 B 해역에 흐르는 해류는 주변 대기로 열을 공급한다.
└──────────────────────────────┘

① ㄱ　② ㄷ　③ ㄱ, ㄴ　④ ㄴ, ㄷ　⑤ ㄱ, ㄴ, ㄷ

✔ 자료 해석

- A 해역에는 연해주 한류에서 갈라져 나온 북한 한류가 고위도에서 저위도로 흐른다.
- B 해역에는 대마 난류에서 갈라져 나온 동한 난류가 저위도에서 고위도로 흐른다.
- 여름철 우리나라 동해안에서 표층 해류의 평균 속력은 한류보다 난류가 빠르다. ➡ 여름철에는 한류보다 난류의 세력이 강하다.

○ 보기 풀이　ㄱ. A 해역에서는 고위도에서 저위도로 한류가 흐르고, B 해역에서는 저위도에서 고위도로 난류가 흐른다.

ㄴ. B 해역에서 흐르는 동한 난류는 수온이 높은 여름철에 더 강하게 흐른다.

ㄷ. B 해역에 흐르는 해류는 난류로, 저위도에서 고위도로 열을 수송하여 주변 대기로 열을 공급하는 역할을 한다.

문제풀이 Tip

고위도에서 저위도로 흐르는 해류는 한류이고, 저위도에서 고위도로 흐르는 해류는 난류이다. 수온이 높아지는 여름철에는 난류의 세력이 강해지고 수온이 낮아지는 겨울철에는 한류의 세력이 강해진다는 것을 알아 두고, 해류의 역할에 대해서도 학습해 두자.

8 대기 대순환과 표층 순환

출제 의도 북태평양 아열대 해역의 위치와 대기 대순환에 의한 바람을 연관지어 대기와 해양의 상호 작용을 이해하는 문항이다.

그림은 표층 해류가 흐르는 해역 A, B, C의 위치와 대기 대순환에 의해 지표면에서 부는 바람을 나타낸 것이다. ㉠과 ㉡은 각각 중위도 고압대와 한대 전선대 중 하나이다.

이에 대한 옳은 설명만을 〈보기〉에서 있는 대로 고른 것은?

┌─ 보기 ─────────────────────────┐
ㄱ. 중위도 고압대는 ㉡이다.

ㄴ. 수온만을 고려할 때, 표층에서 산소의 용해도는 A에서보다 C에서 높다.

ㄷ. B에 흐르는 해류는 편서풍의 영향으로 형성된다.
└────────────────────────────────┘

① ㄴ   ② ㄷ   ③ ㄱ, ㄴ   ④ ㄱ, ㄷ   ⑤ ㄴ, ㄷ

✓ 자료 해석

• A 해역에서는 북태평양의 서쪽 해안에서 남쪽에서 북쪽으로 쿠로시오 해류가 흐른다.
• B 해역에서는 북태평양에서 편서풍의 영향으로 서쪽에서 동쪽으로 북태평양 해류가 흐른다.
• C 해역에서는 북태평양의 동쪽 해안에서 북쪽에서 남쪽으로 캘리포니아 해류가 흐른다.

O 보기 풀이 ㄴ. 해수에서 산소의 용해도는 수온이 낮을수록, 수압이 클수록 증가한다. 표층 수온은 난류가 흐르는 A 해역이 한류가 흐르는 C 해역보다 높으므로, 수온만을 고려할 때 표층에서 산소의 용해도는 A에서보다 C에서 높다.
ㄷ. B에서는 편서풍의 영향으로 서쪽에서 동쪽으로 북태평양 해류가 흐른다.

✕ 매력적 오답 ㄱ. 위도 30°N 부근에서는 하강 기류가 발달하여 지상에서는 공기가 발산하고 상공에서는 공기가 수렴하는 중위도 고압대가 형성되고, 위도 60°N 부근에서는 상승 기류가 발달하여 지상에서는 공기가 수렴하고 상공에서는 공기가 발산하는 한대 전선대가 형성된다. 따라서 ㉠은 한대 전선대, ㉡은 중위도 고압대이다.

문제풀이 Tip
북태평양 아열대 순환을 이루는 해류의 발생 원인과 표층 순환의 방향을 대기 대순환과 연관지어 묻는 문항이 자주 출제되므로, 이에 대해 확실히 알아 두자.

---

9 해수의 심층 순환

출제 의도 남대서양의 수온과 염분 분포 자료를 통해 심층 수괴를 구분하고, 심층수의 특징과 영향을 이해하는 문항이다.

그림 (가)와 (나)는 남대서양의 수온과 염분 분포를 나타낸 것이다. A, B, C는 각각 남극 저층수, 남극 중층수, 북대서양 심층수 중 하나이다.

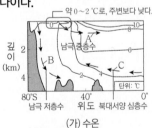
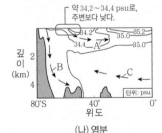

(가) 수온   (나) 염분

이에 대한 옳은 설명만을 〈보기〉에서 있는 대로 고른 것은?

┌─ 보기 ─────────────────────────┐
ㄱ. A가 표층에서 침강하는 데 미치는 영향은 염분이 수온보다 크다.

ㄴ. B는 북반구 해역의 심층에 도달한다.

ㄷ. A, B, C는 모두 저위도와 고위도의 에너지 불균형을 줄이는 역할을 한다.
└────────────────────────────────┘

① ㄱ   ② ㄴ   ③ ㄱ, ㄷ   ④ ㄴ, ㄷ   ⑤ ㄱ, ㄴ, ㄷ

✓ 자료 해석

• 남극 중층수는 위도 50°S~60°S 해역에서 침강하여 북쪽으로 흐르는 해류이다.
• 북대서양 심층수는 그린란드 부근 해역에서 침강한 해수로 위도 60°S 부근까지 흐른다.
• 남극 저층수는 남극 대륙 주변의 웨델해에서 침강한 해수로 해저면을 따라 북쪽으로 이동하여 위도 30°N 부근까지 흐른다.
• 해수의 밀도는 남극 중층수 < 북대서양 심층수 < 남극 저층수이므로, A는 남극 중층수, B는 남극 저층수, C는 북대서양 심층수이다.

O 보기 풀이 ㄴ. B는 남극 저층수로, 남극 대륙 주변의 웨델해에서 침강하여 해저면을 따라 30°N 부근까지 흐른다. 따라서 B는 북반구 해역의 심층에 도달한다.
ㄷ. A, B, C는 대서양의 심층 순환을 이루는 수괴이다. 심층 순환은 거의 전체 수심에 걸쳐 일어나면서 해수를 순환시키고, 표층 순환과 연결되어 전 지구를 순환하면서 열에너지를 수송하여 저위도와 고위도의 에너지 불균형을 감소시키는 역할을 한다.

✕ 매력적 오답 ㄱ. 표층에서 수온이 낮아지거나 염분이 높아져서 밀도가 커진 해수는 침강하여 심층 수괴를 이룬다. A가 침강한 해역의 표층수는 주변 해수보다 수온이 낮고, 염분도 낮다. 따라서 A가 표층에서 침강하는 데에는 염분보다 수온의 영향이 더 크다.

문제풀이 Tip
해수의 밀도에 영향을 주는 주요 요인은 수온과 염분이다. 주변 해수의 수온, 염분을 각각 비교하여 해수의 밀도 변화 요인이 수온인지 염분인지를 파악할 수 있어야 한다.

10 표층 해류

출제의도 해수면 위에서 부는 바람의 풍향과 풍속 자료를 통해 북태평양 해역에서 흐르는 표층 해류의 이름과 방향을 파악하고, 해수의 성질을 비교하는 문항이다.

그림 (가)와 (나)는 북태평양 어느 해역에서 서로 다른 두 시기 해수면 위에서의 바람을 나타낸 것이다. 화살표의 방향과 길이는 각각 풍향과 풍속을 나타낸다.

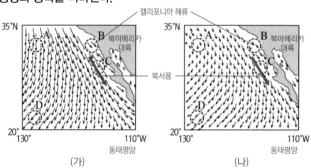

(가) (나)

이에 대한 설명으로 옳은 것만을 〈보기〉에서 있는 대로 고른 것은?

보기
ㄱ. C 해역에서 표층 해류는 남쪽 방향으로 흐른다.
ㄴ. B 해역에는 쿠로시오 해류가 흐른다.
 캘리포니아 해류
ㄷ. 수온만을 고려할 때, (나)에서 표층 해수의 용존 산소량은 D 해역에서가 A 해역에서보다 많다.
 적다.

① ㄱ ② ㄴ ③ ㄱ, ㄷ ④ ㄴ, ㄷ ⑤ ㄱ, ㄴ, ㄷ

✓ 자료 해석
• 동쪽에 대륙이 분포하므로 북태평양 아열대 순환의 동쪽 해역에 해당한다. 따라서 B와 C 해역에는 북쪽에서 남쪽으로 캘리포니아 해류가 흐른다.
• 두 시기 모두 C 해역에는 대체로 북서풍이 분다. 이 해역에 북서풍이 지속적으로 불고 있음을 알 수 있다.
• A 해역은 D 해역보다 고위도에 위치하므로 표층 수온이 낮다.

⭕ 보기 풀이 ㄱ. C 해역에서 북풍 계열의 바람이 지속적으로 불고 있으므로 표층 해류는 대체로 남쪽 방향으로 흐른다.

❌ 매력적 오답 ㄴ. B 해역에는 캘리포니아 해류가 북쪽에서 남쪽으로 흐른다.
ㄷ. A 해역은 D 해역보다 고위도에 위치한다. 표층 해수의 용존 산소량은 수온이 낮을수록 많으므로, 수온만을 고려할 때 표층 해수의 용존 산소량은 A 해역에서가 D 해역에서보다 많다.

문제풀이 Tip
표층 해류는 지속적으로 부는 바람에 의해 형성되고 대륙의 영향을 받는다는 것에 유의해야 한다. 북태평양과 남태평양의 표층 해류의 명칭과 위치, 방향은 꼭 외워 두자.

11 대기 대순환

출제의도 북반구의 대기 대순환을 이루는 순환 세포를 직접 순환과 간접 순환으로 구분하고, 지상에서 부는 바람의 방향을 파악하는 문항이다.

그림은 북반구의 대기 대순환을 나타낸 것이다. A, B, C는 각각 해들리 순환, 페렐 순환, 극순환 중 하나이다.

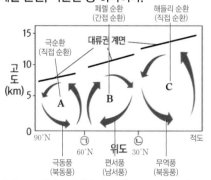

이에 대한 설명으로 옳은 것만을 〈보기〉에서 있는 대로 고른 것은?

보기
ㄱ. A의 지상에는 동풍 계열의 바람이 우세하게 분다.
ㄴ. 직접 순환에 해당하는 것은 B이다.
 A, C
ㄷ. 남북 방향의 온도 차는 ⓛ에서가 ⑦에서보다 크다.
 작다.

① ㄱ ② ㄴ ③ ㄱ, ㄷ ④ ㄴ, ㄷ ⑤ ㄱ, ㄴ, ㄷ

✓ 자료 해석
• 대류권 계면의 높이는 저위도로 갈수록 높아지므로, ⑦은 ⓛ보다 고위도이다.
• 가로축의 왼쪽이 극지방, 오른쪽이 적도 지방에 해당하므로, A는 극순환, B는 페렐 순환, C는 해들리 순환이다.

⭕ 보기 풀이 ㄱ. A는 극 지역에서 냉각된 공기가 하강하여 저위도 쪽으로 이동하다가 위도 60° 부근에서 상승하여 극으로 이동하는 극순환이다. A의 지상에는 동풍 계열의 극동풍이 분다.

❌ 매력적 오답 ㄴ. 극순환(A)과 해들리 순환(C)은 가열된 공기가 상승하고 냉각된 공기가 하강하면서 만들어진 열적 순환으로, 직접 순환에 해당하고, 페렐 순환(B)은 해들리 순환과 극순환 사이에서 형성된 간접 순환이다. 따라서 직접 순환에 해당하는 것은 A와 C이다.
ㄷ. ⑦에서는 고위도에서 이동하는 찬 공기와 저위도에서 이동하는 따뜻한 공기가 수렴하여 상승하고, ⓛ에서는 상공에서 하강한 공기의 일부는 고위도 쪽으로, 일부는 저위도 쪽으로 발산하므로, 남북 방향의 온도 차는 ⑦에서가 ⓛ에서보다 크다.

문제풀이 Tip
대기 대순환에서 순환 세포와 이로 인해 발생하는 지상의 바람을 알아 두고, 페렐 순환은 직접 순환 사이에서 형성된 간접 순환이라는 것에 유의해야 한다.

12 대기 대순환과 표층 순환

출제 의도 위도에 따른 연평균 풍속 성분 분포 자료를 해석하여 풍향, 표층 해류 등을 파악하는 문항이다.

그림은 경도 150°E의 해수면 부근에서 측정한 연평균 풍속의 남북 방향 성분 분포와 동서 방향 성분 분포를 위도에 따라 나타낸 것이다.

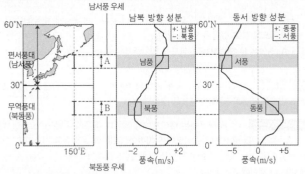

이에 대한 설명으로 옳은 것만을 〈보기〉에서 있는 대로 고른 것은? [3점]

> **보기**
>
> ㄱ. A 구간의 해수면 부근에는 북서풍이 우세하다.
> (남서풍)
> ㄴ. B 구간의 해역에 흐르는 해류는 해들리 순환의 영향을 받는다.
> ㄷ. 표층 수온은 A 구간의 해역보다 B 구간의 해역에서 높다.

① ㄱ   ② ㄷ   ③ ㄱ, ㄴ   ④ ㄴ, ㄷ   ⑤ ㄱ, ㄴ, ㄷ

✓ 자료 해석

• A 구간에서는 남북 방향 풍속 성분이 (+)이므로 남풍이 우세하고, 동서 방향 풍속 성분이 (−)이므로 서풍이 우세하므로 남서풍이 우세하다.
• B 구간에서는 남북 방향 풍속 성분이 (−)이므로 북풍이 우세하고, 동서 방향 풍속 성분이 (+)이므로 동풍이 우세하므로 북동풍이 우세하다.
• A 구간의 해역이 B 구간의 해역보다 고위도에 위치한다.

○ 보기 풀이

ㄴ. B 구간은 위도 약 10°~20°N 사이의 무역풍대에 위치하므로, 이 해역에 흐르는 해류는 해들리 순환의 영향을 받는다.
ㄷ. 표층 수온은 주로 태양 복사 에너지의 영향을 받는다. A 구간은 B 구간보다 고위도에 위치하므로, 표층 수온은 A 구간의 해역보다 B 구간의 해역에서 높다.

✕ 매력적 오답

ㄱ. A 구간의 남북 방향 성분은 남풍이 우세하고, 동서 방향 성분은 서풍이 우세하므로, A 구간의 해수면 부근에는 남서풍이 우세하다.

문제풀이 Tip

위도에 따른 대기 대순환의 순환 세포와 지상에서 부는 바람의 종류, 각 바람에 의해 형성되는 표층 해류의 방향과 명칭을 연관지어 잘 알아 두자.

---

13 해수의 심층 순환

출제 의도 수온 – 염분도에 나타낸 측정 자료를 통해 대서양 심층 수괴의 특성을 파악하는 문항이다.

그림은 대서양 어느 해역에서 깊이에 따라 측정한 수온과 염분을 심층 수괴의 분포와 함께 수온–염분도에 나타낸 것이다. A, B, C 는 각각 북대서양 심층수, 남극 중층수, 남극 저층수 중 하나이다.

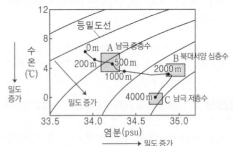

이에 대한 설명으로 옳은 것만을 〈보기〉에서 있는 대로 고른 것은?

> **보기**
>
> ㄱ. 평균 밀도는 A보다 C가 크다.
> ㄴ. 이 해역의 깊이 4000 m인 지점에는 남극 중층수가 존재한다.
> (남극 저층수)
> ㄷ. 해수의 평균 이동 속도는 0~200 m보다 2000~4000 m에서 느리다.

① ㄱ   ② ㄴ   ③ ㄷ   ④ ㄱ, ㄷ   ⑤ ㄴ, ㄷ

✓ 자료 해석

• 수온 – 염분도에서 오른쪽 아래로 갈수록 밀도가 증가하므로, 밀도는 A<B<C이다.
• 대서양 심층 수괴의 평균 밀도는 남극 중층수<북대서양 심층수< 남극 저층수이다. 따라서 A는 남극 중층수, B는 북대서양 심층수, C는 남극 저층수이다.

○ 보기 풀이

ㄱ. 해수의 밀도는 수온이 낮을수록, 염분이 높을수록 크므로 수온 – 염분도에서 오른쪽 아래로 갈수록 대체로 밀도가 크다. 따라서 평균 밀도는 A보다 C가 크다.
ㄷ. 해수의 평균 유속은 표층 해류가 심층 해류보다 훨씬 빠르다. 따라서 해수의 평균 이동 속도는 표층수가 분포하는 0~200 m보다 심층 수괴가 분포하는 2000~4000 m에서 느리다.

✕ 매력적 오답

ㄴ. 이 해역의 깊이 4000 m인 지점에는 C가 분포하고 있으므로, 이 지점에는 밀도가 가장 큰 남극 저층수가 존재한다.

문제풀이 Tip

대서양 심층 순환을 나타낸 모식도와 수온 – 염분도에서 대서양 심층 수괴의 종류를 구분하고 특징을 묻는 문항이 자주 출제된다. 남극 중층수와 남극 저층수 사이에 북대서양 심층수가 분포하고, 해양에서 아래로 갈수록 밀도가 큰 수괴가 위치하는 것에 유의해야 한다.

14 대기 대순환

출제 의도 위도에 따른 해면 기압 분포를 해석하여 대기 대순환을 이해하는 문항이다.

그림은 A와 B 시기에 관측한 북반구의 평균 해면 기압을 위도에 따라 나타낸 것이다.

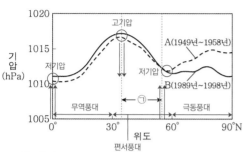

이 자료에 대한 옳은 설명만을 〈보기〉에서 있는 대로 고른 것은?

┌─ 보기 ┐
ㄱ. 무역풍대에서는 위도가 높아질수록 평균 해면 기압이 대체로 높아진다.
ㄴ. ㉠ 구간의 지표 부근에서는 북풍 계열의 바람이 우세하다.
            남풍
ㄷ. 중위도 고압대의 평균 해면 기압은 A 시기가 B 시기보다 낮다.
└──────┘

① ㄱ　② ㄴ　③ ㄷ　④ ㄱ, ㄴ　⑤ ㄱ, ㄷ

✔ 자료 해석

• 평균 해면 기압은 위도 0°~약 55°N에서는 B 시기가 A 시기보다 높고, 위도 약 55°~90°N에서는 A 시기가 B 시기보다 높다.

• 위도 0°~30°N의 지표 부근에서는 해들리 순환에 의해 무역풍이 불고, 위도 30°~60°N의 지표 부근에서는 페렐 순환에 의해 편서풍이 불며, 위도 60°~90°N의 지표 부근에서는 극순환에 의해 극동풍이 분다.

• 평균 해면 기압이 가장 높은 위도 35°N 부근에는 중위도 고압대가 발달하고, 평균 해면 기압이 가장 낮은 위도 0°와 55°N 부근에는 각각 적도 저압대와 한대 전선대가 발달한다.

⭕ 보기 풀이

ㄱ. 무역풍대는 위도 0°~30°N 부근에 해당한다. 이 구간에서는 위도가 높아질수록 평균 해면 기압이 대체로 높아진다.

ㄷ. 중위도 고압대는 위도 30° 부근에 형성된다. 위도 30°N 부근에서 평균 해면 기압은 A 시기가 B 시기보다 낮다.

❌ 매력적 오답

ㄴ. ㉠ 구간에서는 고위도로 갈수록 평균 해면 기압이 낮아진다. 즉, 저위도 쪽에 고기압, 고위도 쪽에 저기압이 발달해 있으므로 남풍 계열의 바람이 우세하다.

문제풀이 Tip

대기 순환 세포에 의해 형성되는 지표 부근의 바람의 종류를 학습해 두고, 바람은 기압이 높은 곳에서 낮은 곳으로 분다는 것에 유의해야 한다.

---

15 표층 순환과 심층 순환

출제 의도 심층 순환과 표층 순환의 이동 방향을 파악하고, 심층 순환을 이루는 수괴의 밀도를 비교하는 문항이다.

그림은 대서양의 심층 순환과 두 해역 A와 B의 위치를 나타낸 것이다.

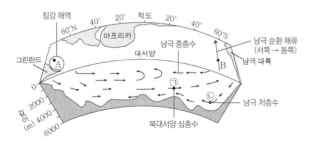

이에 대한 옳은 설명만을 〈보기〉에서 있는 대로 고른 것은?

┌─ 보기 ┐
ㄱ. A 해역에서는 해수의 용승이 침강보다 우세하다.
                      용승보다 침강이
ㄴ. B 해역에서 표층 해류는 서쪽으로 흐른다.
                      서쪽에서 동쪽으로
ㄷ. 해수의 밀도는 ㉠ 지점이 ㉡ 지점보다 작다.
└──────┘

① ㄱ　② ㄷ　③ ㄱ, ㄴ　④ ㄴ, ㄷ　⑤ ㄱ, ㄴ, ㄷ

✔ 자료 해석

• A 해역은 그린란드 인근에서 침강이 일어나 심층 순환이 일어나는 해역이다.

• B 해역은 위도 60°S 부근에 위치하므로, 편서풍에 의해 형성된 남극 순환 해류가 서쪽에서 동쪽으로 남극 대륙 주변을 순환한다.

• ㉠은 북대서양 심층수, ㉡은 남극 저층수이다.

⭕ 보기 풀이

ㄷ. ㉠은 그린란드 부근 해역에서 침강하여 수심 약 1500~4000 m에서 60°S 부근까지 이동하는 북대서양 심층수이고, ㉡은 남극 대륙 주변의 웨델해에서 침강하여 해저를 따라 북쪽으로 이동하여 30°N 부근까지 이동하는 남극 저층수이다. 해수는 밀도가 클수록 더 아래쪽에서 흐른다. 따라서 해수의 밀도는 ㉠ 지점이 ㉡ 지점보다 작다.

❌ 매력적 오답

ㄱ. A 해역에서는 수온이 낮고 염분이 비교적 높은 해수가 침강하여 북대서양 심층수를 형성한다. 따라서 해수의 침강이 용승보다 우세하다.

ㄴ. B 해역은 위도 60°S 부근에 위치하므로, 편서풍의 영향을 받아 남극 순환 해류가 서쪽에서 동쪽으로 흐른다.

문제풀이 Tip

표층 해류는 주로 대기 대순환의 바람에 의해 발생하고, 심층 해류는 밀도 차에 의해 형성되는 것을 잘 알아 두자. 심층 순환을 이루는 수괴는 밀도가 클수록 아래쪽에 분포한다는 것을 꼭 기억하도록 하자.

16 해수의 심층 순환

출제 의도 염분과 수온이 해수의 밀도와 침강 속도에 미치는 영향을 알아보는 탐구를 통해 심층 순환의 형성 원리를 파악하는 문항이다.

다음은 심층 순환의 형성 원리를 알아보기 위한 탐구이다.

[탐구 과정]

(가) 수조에 ㉠ 20 ℃의 증류수를 넣는다.

(나) 비커 A와 B에 각각 10 ℃의 증류수 500 g을 넣는다.
수조의 물보다 수온이 낮은 물을 의미한다.

(다) A에는 소금 17 g을, B에는 소금 (㉡) g을 녹인다.
염분 : 약 32.88 psu

(라) A와 B에 각각 서로 다른 색의 잉크를 몇 방울 떨어뜨린다.

(마) 그림과 같이 A와 B의 소금물을 수조의 양 끝에서 동시에 천천히 부으면서 수조 안을 관찰한다.

비커A   비커B
20℃ 증류수

[탐구 결과]

• A와 B의 소금물이 수조 바닥으로 가라앉아 이동하다가 만나서 A의 소금물이 B의 소금물 아래로 이동한다.
밀도는 A가 B보다 크다.

이에 대한 옳은 설명만을 〈보기〉에서 있는 대로 고른 것은?

보기

ㄱ. (다)에서 A의 소금물은 염분이 34 psu보다 작다.

ㄴ. ㉡은 17보다 작다.

ㄷ. ㉠을 10 ℃의 증류수로 바꾸어 실험하면 A와 B의 소금물이 수조 바닥으로 가라앉는 속도는 더 빠를 것이다.
느릴

① ㄱ　　② ㄷ　　③ ㄱ, ㄴ　　④ ㄴ, ㄷ　　⑤ ㄱ, ㄴ, ㄷ

✔ 자료 해석

• 과정 (나)에서 A와 B의 물은 수조의 물보다 수온이 낮다.

• 과정 (다)에서 A에는 증류수 500 g에 소금 17 g을 녹였으므로 염분은 $\dfrac{17\ g}{500\ g+17\ g} \times 1000 ≒ 32.88$ psu이다.

• 탐구 결과에서 A의 소금물이 B의 소금물 아래로 이동하였으므로 밀도는 A의 소금물이 B의 소금물보다 크다.

○ 보기 풀이 ㄱ. A에는 증류수 500 g에 소금 17 g을 녹여 소금물을 만들었으므로 소금물의 염분은 $\dfrac{17\ g}{500\ g+17\ g} \times 1000 ≒ 32.88$ psu이다. 따라서 (다)에서 A의 소금물은 염분이 34 psu보다 작다.

ㄴ. 밀도가 클수록 아래로 가라앉아 흐르므로 탐구 결과에서 소금물의 밀도는 A가 B보다 크다. 따라서 소금물의 염분은 A가 B보다 높아야 하므로 ㉡은 17보다 작다.

✕ 매력적 오답 ㄷ. A와 B의 소금물이 수조 바닥으로 가라앉아 이동하는 것은 소금물의 밀도가 수조의 물의 밀도보다 크기 때문이며, 밀도 차가 클수록 소금물이 수조 바닥으로 가라앉는 속도는 빨라진다. 따라서 ㉠을 10 ℃의 증류수로 바꾸면 수조의 물과 소금물 A, B의 수온이 같아지므로 현재 실험보다 밀도 차가 작아져 A와 B의 소금물이 수조 바닥으로 가라앉는 속도는 더 느릴 것이다.

문제풀이 Tip

염분(psu)은 해수 1 kg에 녹아 있는 염류의 양을 g 수로 나타낸 것으로 $\dfrac{염류의\ 양}{해수의\ 양} \times 1000$ 이다. 탐구에서는 해수에 해당하는 물은 (증류수+소금)이므로, 염분은 $\dfrac{소금의\ 양}{증류수의\ 양+소금의\ 양} \times 1000$ 임에 유의해야 한다.

17 해수의 표층 순환

출제 의도 북반구에서 표층 해류의 분포를 파악하고, 한류와 난류가 흐르는 해역에서 해수의 성질을 비교하는 문항이다.

그림은 북극 상공에서 바라본 주요 표층 해류의 방향을 나타낸 것이다.

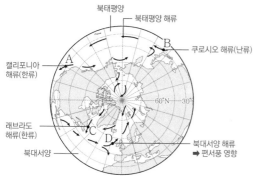

해역 A~D에 대한 옳은 설명만을 〈보기〉에서 있는 대로 고른 것은?

보기
ㄱ. 표층 염분은 A에서가 B에서보다 낮다.
ㄴ. 표층 해수의 용존 산소량은 C에서가 D에서보다 적다.
  └ 많다.
ㄷ. D에는 주로 극동풍에 의해 형성된 해류가 흐른다.
       └ 편서풍

① ㄱ ② ㄴ ③ ㄷ ④ ㄱ, ㄴ ⑤ ㄴ, ㄷ

✔ 자료 해석

- A는 북태평양의 동쪽 해역에서 남쪽으로 해류(캘리포니아 해류)가 흐르는 해역이고, B는 북태평양의 서쪽 해역에서 북쪽으로 해류(쿠로시오 해류)가 흐르는 해역이다.
- C는 북대서양 래브라도해에서 남쪽으로 흐르는 해류(래브라도 해류)가 흐르는 해역이고, D는 북대서양을 가로질러 노르웨이해로 흘러들어가는 해류(북대서양 해류)가 흐르는 해역이다.

○ 보기풀이
ㄱ. 표층 염분은 난류가 한류보다 높다. A와 B는 같은 위도에 위치하며, A에서는 북태평양의 동쪽에서 남하하는 한류가 흐르고, B에서는 북태평양의 서쪽에서 북상하는 난류가 흐른다. 따라서 표층 염분은 한류가 흐르는 A에서가 난류가 흐르는 B에서보다 낮다.

✕ 매력적 오답
ㄴ. 표층 해수의 용존 산소량은 수온이 낮을수록 많다. C와 D는 같은 위도에 위치하며, C에서는 그린란드 부근의 래브라도해에서 고위도에서 저위도로 해류가 흐르고, D에서는 노르웨이해 쪽으로 저위도에서 고위도로 해류가 흐른다. 따라서 표층 해수의 용존 산소량은 수온이 낮은 C에서가 수온이 높은 D에서보다 많다.

ㄷ. D에서 흐르는 해류는 중위도 해역에서 서쪽에서 동쪽으로 흐르는 북대서양 해류로, 편서풍에 의해 형성된다.

문제풀이 Tip
대륙의 위치와 위도를 보고 방위를 구분하여 주변 해역에서 흐르는 표층 해류의 방향과 해수의 성질을 파악하자.

---

18 대서양 심층 순환

출제 의도 대서양 심층 순환의 분포와 흐름을 확인하여 현재와 신생대 팔레오기의 심층 순환을 구분하고, 두 시기의 평균 기온과 대서양 심층 순환을 구성하는 수괴의 평균 염분, 흐름을 비교하는 문항이다.

그림 (가)와 (나)는 현재와 신생대 팔레오기의 대서양 심층 순환을 순서 없이 나타낸 것이다.

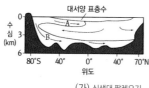
(가) 신생대 팔레오기

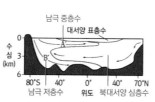
(나) 현재

이에 대한 설명으로 옳은 것만을 〈보기〉에서 있는 대로 고른 것은? [3점]

보기
ㄱ. 지구의 평균 기온은 (나)일 때가 (가)일 때보다 높다.
         └ (가)일 때가 (나)일 때보다
ㄴ. (나)에서 해수의 평균 염분은 B′가 A′보다 높다.
ㄷ. B는 B′보다 북반구의 고위도까지 흐른다.

① ㄱ ② ㄷ ③ ㄱ, ㄴ ④ ㄴ, ㄷ ⑤ ㄱ, ㄴ, ㄷ

✔ 자료 해석

- (가)에서 A는 위도 60°S 부근에서 침강하여 적도 부근까지 흐르고, B는 남극 대륙 부근에서 침강하여 70°N 부근까지 흐른다.
- (나)에서 A′는 위도 50°S~60°S 부근에서 침강하여 15°N 부근까지 흐르고, B′는 남극 대륙 부근에서 침강하여 25°N 부근까지 흐른다.
- 대서양 표층수는 (가)가 (나)보다 넓게 분포하므로, (가) 시기의 평균 기온이 (나) 시기의 평균 기온보다 높다.

○ 보기풀이
현재 남극 중층수(A′)는 위도 50°S~60°S 부근에서 침강하여 북쪽으로 이동하고, 남극 저층수(B′)는 남극 대륙 부근의 웨델해에서 침강하여 해저를 따라 이동하여 30°N 부근까지 흐른다. 따라서 (가)는 신생대 팔레오기, (나)는 현재의 대서양 심층 순환이다.

ㄴ. B′는 A′보다 고위도에서 형성되면서 해수의 결빙으로 인해 염분이 높아진다. 따라서 해수의 평균 염분은 B′가 A′보다 높다.

ㄷ. B는 70°N 부근까지 흐르고, B′는 25°N 부근까지 흐르므로, B는 B′보다 북반구의 고위도까지 흐른다.

✕ 매력적 오답
ㄱ. 신생대 팔레오기는 대체로 온난한 시기였고, 신생대 제4기에 접어들면서 점차 한랭해져 빙하기와 간빙기가 반복되었다. 따라서 지구의 평균 기온은 (가)신생대 팔레오기가 (나)제4기 말에 해당하는 현재보다 높다.

문제풀이 Tip
신생대 팔레오기에는 현재보다 기후가 온난했기 때문에 그린란드 부근에서 침강하는 북대서양 심층수의 밀도가 현재보다 작아서 남극 저층수는 현재보다 더 북쪽까지 이동할 수 있었다는 것에 유의해야 한다.

19 해수의 표층 순환

출제 의도 북대평양 아열대 순환을 구성하는 해류의 종류와 해류에 영향을 주는 대기 대순환의 바람을 알고, 깊이에 따른 수온과 염분 자료를 해석하여 해류의 성질을 비교하는 문항이다.

그림 (가)는 북태평양 아열대 순환을 구성하는 표층 해류가 흐르는 해역 A, B, C를, (나)는 A, B, C에서 동일한 시기에 측정한 수온과 염분 자료를 나타낸 것이다. ㉠, ㉡, ㉢은 각각 A, B, C에서 측정한 자료 중 하나이다.

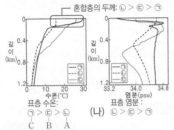

(가)

(나)

이 자료에 대한 설명으로 옳지 않은 것은?

① A에는 북태평양 해류가 흐른다.
② ㉠은 C에서 측정한 자료이다.
③ 표면 해수의 염분은 B에서 가장 높다.
④ C에 흐르는 표층 해류는 무역풍의 영향을 받는다.
⑤ 혼합층의 두께는 C보다 A에서 두껍다.

✓ 자료 해석

• 북태평양 아열대 순환은 북적도 해류 → 쿠로시오 해류 → 북태평양 해류 → 캘리포니아 해류로 이루어져 있으므로, (가)에서 A에는 북태평양 해류, B에는 쿠로시오 해류, C에는 북적도 해류가 흐른다.
• (나)에서 표면 해수의 수온은 ㉡ < ㉢ < ㉠이고, 표면 해수의 염분은 ㉠ < ㉢ < ㉡이다.
• 혼합층은 태양 복사 에너지에 의해 가열되어 수온이 높고, 바람에 의해 해수가 혼합되어 해수 표층에서 깊이에 따라 수온이 거의 일정한 층이다.

○ 보기 풀이
③ (나)에서 표면 해수의 염분은 ㉠ < ㉢ < ㉡이므로, C < B < A 이다. 따라서 표면 해수의 염분은 A에서 가장 높다.

✕ 매력적 오답
① A에는 편서풍의 영향으로 서에서 동으로 북태평양 해류가 흐른다.
② 표층 해수의 수온은 태양 복사 에너지의 영향을 가장 크게 받으므로 저위도에서 고위도로 갈수록 대체로 낮아진다. 따라서 표층 수온은 A < B < C이다. (나)에서 깊이 0 km에서 수온은 ㉡ < ㉢ < ㉠이므로 ㉠은 C, ㉡은 A, ㉢은 B에서 측정한 자료이다.
④ C에서는 무역풍의 영향을 받아 동에서 서로 북적도 해류가 흐른다.
⑤ 혼합층은 깊이에 따라 수온이 거의 일정한 층으로, ㉡에서 가장 두껍고 ㉠에서 가장 얇다. 따라서 혼합층의 두께는 C보다 A에서 두껍다.

문제풀이 Tip
표층 순환을 구성하는 해류의 종류와 순환 방향을 묻는 문항이 자주 출제된다. 북태평양, 북대서양, 남태평양의 표층 순환을 이루는 해류의 종류와 특징, 표층 순환과 대기 대순환의 관계에 대해 확실하게 알아 두자.

---

20 대서양 심층 순환

출제 의도 대서양 심층 순환을 이루는 수괴의 종류를 구분하고, 특징을 파악하는 문항이다.

그림은 대서양 심층 순환의 일부를 나타낸 것이다. A, B, C는 각각 남극 저층수, 남극 중층수, 북대서양 심층수 중 하나이다.

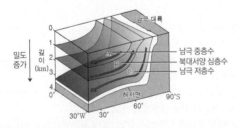

이에 대한 설명으로 옳은 것만을 <보기>에서 있는 대로 고른 것은?

보기
ㄱ. A는 남극 중층수이다.
ㄴ. 해수의 밀도는 B보다 C가 크다.
ㄷ. C는 심해층에 산소를 공급한다.

① ㄱ　　② ㄷ　　③ ㄱ, ㄴ　　④ ㄴ, ㄷ　　⑤ ㄱ, ㄴ, ㄷ

✓ 자료 해석

• 남극 중층수는 위도 50°S~60°S 부근에서 침강하여 수심 1000 m 부근에서 북쪽으로 흐르고, 남극 저층수는 남극 대륙 주변의 웨델해에서 침강하여 해저를 따라 30°N 부근까지 흐르며, 북대서양 심층수는 그린란드 해역에서 침강하여 수심 1500~4000 m 사이에서 위도 60°S 부근까지 흐른다. 따라서 A는 남극 중층수, B는 북대서양 심층수, C는 남극 저층수이다.
• 대서양 심층 순환을 이루는 수괴의 밀도는 남극 중층수 < 북대서양 심층수 < 남극 저층수이다.

○ 보기 풀이
ㄱ. A는 50°S~60°S 부근에서 침강하여 북쪽으로 흐르는 심층 해류로, 남극 중층수이다.
ㄴ. 해수의 밀도가 클수록 아래로 가라앉아 흐르므로, 해수의 밀도는 B보다 C가 크다.
ㄷ. C는 남극 대륙 주변의 웨델해에서 결빙에 의해 밀도가 커진 해수가 침강하여 북쪽으로 흐르는 남극 저층수로, 차가운 해수가 침강하면서 용존 산소가 풍부한 표층 해수를 심해로 운반하여 심해층에 산소를 공급한다.

문제풀이 Tip
대서양 심층 순환에 대한 문항이 자주 출제된다. 대서양 심층 순환을 이루는 수괴의 종류, 침강 해역, 밀도의 크기, 이동 구간 등에 대해 확실하게 알아 두자.

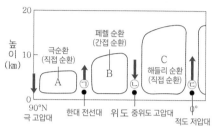
2022년 3월 **교육청** 2번 | 정답 ① | 문제편 **73 p**

출제 의도 대기 대순환을 이루는 순환 세포를 직접 순환과 간접 순환으로 구분하고, 온대 저기압이 형성되는 지역과 공기가 수렴하거나 발산하는 지역을 파악하는 문항이다.

그림은 북반구에서 대기 대순환을 이루는 순환 세포 A, B, C를 나타낸 것이다.

이에 대한 옳은 설명만을 〈보기〉에서 있는 대로 고른 것은?

┌─ 보기 ─────────────────────────────
ㄱ. 직접 순환에 해당하는 것은 A와 C이다.

ㄴ. 온대 저기압은 ⊙보다 ⓒ 부근에서 주로 발생한다.
   ⓒ보다 ⊙

ㄷ. ⓒ에서는 공기가 발산한다.
   수렴
└──────────────────────────────────

① ㄱ   ② ㄷ   ③ ㄱ, ㄴ   ④ ㄴ, ㄷ   ⑤ ㄱ, ㄴ, ㄷ

✔ 자료 해석

• A는 위도 60°N~90°N 사이에 형성된 극순환, B는 위도 30°N~60°N 사이에 형성된 페렐 순환, C는 0°~30°N 사이에 형성된 해들리 순환이다.

• 해들리 순환과 극순환은 열적 순환으로 직접 순환에 해당하며, 페렐 순환은 해들리 순환과 극순환 사이에서 형성된 간접 순환이다.

• 위도 0°, 60°N에서는 상승 기류가 발달하여 지상에서는 공기가 수렴하고 상공에서는 공기가 발산하며, 위도 30°N, 90°N에서는 하강 기류가 발달하여 지상에서는 공기가 발산하고 상공에서는 공기가 수렴한다.

〇 보기 풀이 ㄱ. 지표면의 가열과 냉각에 따른 공기의 열적 순환이 직접 순환에 해당하며, 해들리 순환과 극순환이 이에 해당한다. A는 극순환, B는 페렐 순환, C는 해들리 순환으로, 직접 순환에 해당하는 것은 A와 C이고, 간접 순환에 해당하는 것은 B이다.

✕ 매력적 오답 ㄴ. 온대 저기압은 주로 위도 60° 부근의 한대 전선대에서 발생하므로, ⓒ보다 ⊙ 부근에서 주로 발생한다.

ㄷ. 적도에서 상승한 공기가 해들리 순환에 의해 위도 30° 부근에서 하강하여 적도 쪽으로 이동해오므로, ⓒ에서는 공기가 수렴한다.

문제풀이 Tip

대기 대순환에서 공기가 상승하는 곳에서는 지표 부근의 공기가 수렴하고, 공기가 하강하는 곳에서는 지표 부근의 공기가 발산한다는 것에 유의해야 한다.

---

22 남태평양의 표층 순환

2022년 3월 **교육청** 11번 | 정답 ② | 문제편 **73 p**

출제 의도 표층 해수의 용존 산소량과 표층 수온과의 관계를 이해하고, 남태평양의 표층 순환을 파악하는 문항이다.

그림은 남태평양에서 표층 해수의 용존 산소량이 같은 지점을 연결한 선을 나타낸 것이다.

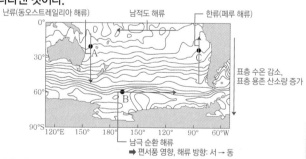

이에 대한 옳은 설명만을 〈보기〉에서 있는 대로 고른 것은?

┌─ 보기 ─────────────────────────────
ㄱ. 표층 해수의 용존 산소량은 A 해역이 B 해역보다 많다.
   적다.

ㄴ. C 해역에는 한류가 흐른다.

ㄷ. 남태평양에서 아열대 순환의 방향은 시계 방향이다.
   시계 반대 방향
└──────────────────────────────────

① ㄱ   ② ㄴ   ③ ㄱ, ㄷ   ④ ㄴ, ㄷ   ⑤ ㄱ, ㄴ, ㄷ

✔ 자료 해석

• 기체의 용해도는 수온에 반비례하므로, 표층 해수의 수온이 낮을수록 용존 산소량이 많다. 따라서 저위도에서 고위도로 갈수록 표층 해수의 용존 산소량은 대체로 증가한다.

• A 해역에는 저위도에서 고위도로 동오스트레일리아 해류가 흐르고, B 해역에는 서쪽에서 동쪽으로 남극 순환 해류가 흐르며, C 해역에는 고위도에서 저위도로 페루 해류가 흐른다.

〇 보기 풀이 ㄴ. C 해역에는 고위도에서 저위도로 한류인 페루 해류가 흐른다.

✕ 매력적 오답 ㄱ. 표층 해수의 용존 산소량은 표층 수온에 반비례하므로, 자료에서 고위도로 갈수록 등치선의 값은 증가함을 알 수 있다. 따라서 표층 해수의 용존 산소량은 A 해역이 B 해역보다 적다.

ㄷ. 남태평양에서 아열대 순환은 남적도 해류 → 동오스트레일리아 해류 → 남극 순환 해류 → 페루 해류로 이어지며 시계 반대 방향으로 나타난다.

문제풀이 Tip

이 자료는 표층 수온이 아닌 표층 용존 산소량 자료이므로 고위도로 갈수록 값이 증가한다는 것에 유의해야 한다. 또한 해수의 표층 순환에 관한 문항은 자주 출제되므로 북태평양과 남태평양의 아열대 순환을 이루는 표층 해류와 순환 방향은 반드시 암기해 두자.

23 대서양 심층 순환

출제 의도 수온 – 염분도에서 대서양 심층 순환을 이루는 수괴의 종류를 구분하고, 깊이에 따른 수온과 염분 자료를 통해 심층수의 종류를 파악하여 측정 해역의 위도를 유추해 비교하는 문항이다.

그림은 남극 중층수, 북대서양 심층수, 남극 저층수를 각각 ㉠, ㉡, ㉢으로 순서 없이 수온 – 염분도에 나타낸 것이고, 표는 남대서양에 위치한 A, B 해역에서의 깊이에 따른 수온과 염분을 나타낸 것이다.

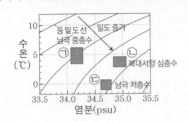

깊이 (m)	A 해역 수온 (℃)	A 해역 염분 (psu)	B 해역 수온 (℃)	B 해역 염분 (psu)
1000	3.8 ㉠	34.2	0.3 ㉢	34.6
2000	3.4 ㉡	34.9	0.0 ㉢	34.7
3000	3.1 ㉡	34.9	−0.3 ㉢	34.7

이에 대한 옳은 설명만을 〈보기〉에서 있는 대로 고른 것은? [3점]

┌─ 보기 ┐
ㄱ. ㉠은 남극 저층수이다.
　　　　남극 중층수
ㄴ. A의 3000 m 깊이에는 북대서양 심층수가 존재한다.
ㄷ. 위도는 A가 B보다 낮다.
└─────┘

① ㄱ　② ㄴ　③ ㄱ, ㄷ　④ ㄴ, ㄷ　⑤ ㄱ, ㄴ, ㄷ

✓ **자료 해석**

• 남극 중층수, 북대서양 심층수, 남극 저층수는 대서양 심층 순환을 이루는 수괴로, 해수의 밀도는 남극 중층수 < 북대서양 심층수 < 남극 저층수이다. 수온 – 염분도에서 밀도 값은 오른쪽 아래로 갈수록 증가하므로, 해수의 밀도는 ㉠ < ㉡ < ㉢이다. 따라서 ㉠은 남극 중층수, ㉡은 북대서양 심층수, ㉢은 남극 저층수이다.

• A의 깊이 1000 m, 2000 m, 3000 m에 위치한 수괴는 각각 ㉠, ㉡, ㉡에 해당하며, B의 깊이 1000 m, 2000 m, 3000 m에 위치한 수괴는 모두 ㉢에 해당한다.

◯ **보기 풀이** 남극 중층수는 50°S~60°S 부근에서 침강하여 수심 1000 m 부근에서 20°N 부근까지 이동하고, 북대서양 심층수는 그린란드 해역에서 침강하여 수심 약 1500~4000 m 사이에서 60°S까지 이동하며, 남극 저층수는 남극 대륙 부근 웨델해에서 침강하여 해저를 따라 북쪽으로 30°N까지 이동한다.

ㄴ. A의 3000 m 깊이에서 해수의 수온은 3.1 ℃, 염분은 34.9 psu이므로, 이 값을 수온 – 염분도에 나타내 보면 ㉡에 해당한다. 따라서 A의 3000 m 깊이에는 북대서양 심층수가 존재한다.

ㄷ. 수온 – 염분도에서 해수의 수온과 염분을 확인해 보면 A의 1000 m 깊이에는 ㉠이 존재하고, 2000 m와 3000 m 깊이에는 ㉡이 존재하고, B의 1000 m, 2000 m, 3000 m 깊이에는 ㉢이 존재한다. 즉, A에는 남극 중층수와 북대서양 심층수가 존재하고, B에는 남극 저층수만 존재한다. 남극 저층수만 존재하는 B는 50°S~60°S보다 고위도에 위치하므로, 위도는 A가 B보다 낮다.

✕ **매력적 오답** ㄱ. 해수의 밀도는 남극 저층수가 가장 크고, 남극 중층수가 가장 작다. 따라서 ㉠은 남극 중층수이다.

문제풀이 Tip
수온 – 염분도에서 대서양 심층 순환을 구성하는 수괴의 종류를 구분하고, 해수의 성질을 파악하는 문항이 자주 출제된다. 대서양 심층 해수의 밀도는 남극 저층수 > 북대서양 심층수 > 남극 중층수인 것을 반드시 기억해 두자.

24 해수의 심층 순환

2021년 10월 교육청 3번 | 정답 ② | 문제편 74p

출제 의도 대서양에서의 해수 순환과 해수의 연직 순환 모식도를 통해 해수의 이동 속도, 밀도 등을 파악하는 문항이다.

그림 (가)는 대서양의 해수 순환을, (나)는 대서양 해수의 연직 순환을 나타낸 모식도이다. A, B, C는 각각 남극 저층수, 북대서양 심층수, 표층수 중 하나이다.

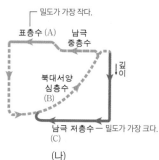

이에 대한 옳은 설명만을 〈보기〉에서 있는 대로 고른 것은?

〈보기〉
ㄱ. 해수의 이동 속도는 A가 C보다 느리다. (빠르다.)
ㄴ. B는 북대서양 심층수이다.
ㄷ. 해수의 평균 밀도는 B가 C보다 크다. (작다.)

① ㄱ ② ㄴ ③ ㄱ, ㄷ ④ ㄴ, ㄷ ⑤ ㄱ, ㄴ, ㄷ

✓ 자료 해석

• 남극 저층수는 남극 대륙 주변의 웨델해에서 침강하여 해저를 따라 북쪽으로 흘러 30°N 부근까지 이동하므로, 남쪽에서 북쪽으로 흐르는 C가 남극 저층수이다.
• 북대서양 심층수는 그린란드 부근 해역에서 침강하여 수심 약 1500~4000 m 사이에서 60°S까지 이동하므로, 북쪽에서 남쪽으로 흐르는 B가 북대서양 심층수이다.

○ 보기 풀이 ㄴ. B는 그린란드 부근에서 침강하여 남쪽으로 흐르는 북대서양 심층수이다. A는 표층수, B는 북대서양 심층수, C는 남극 저층수이다.

✕ 매력적 오답 ㄱ. 표층수는 심층수보다 유속이 빠르다. 따라서 해수의 이동 속도는 A가 C보다 빠르다.

ㄷ. 해수는 밀도가 클수록 아래로 가라앉아 흐르므로, (나)를 통해 해수의 밀도는 표층수 < 남극 중층수 < 북대서양 심층수 < 남극 저층수 순으로 크다는 것을 알 수 있다. 따라서 해수의 평균 밀도는 B가 C보다 작다.

문제풀이 Tip
대서양의 심층 순환을 구성하는 수괴의 종류와 특성을 묻는 문항이 자주 출제된다. 북대서양 심층수, 남극 중층수, 남극 저층수가 형성되는 해역을 알아 두고, 밀도가 큰 수괴일수록 아래로 가라앉아 흐른다는 것에 유의해야 한다.

---

25 해수의 심층 순환

2021년 7월 교육청 12번 | 정답 ④ | 문제편 74p

출제 의도 심층 순환의 수심과 이동을 설명한 자료를 해석하여 심층 순환의 종류를 결정하고, 심층 순환의 평균 염분과 평균 밀도를 비교하는 문항이다.

표는 심층 순환을 이루는 수괴에 대한 설명을 나타낸 것이다. (가), (나), (다)는 각각 남극 저층수, 북대서양 심층수, 남극 중층수 중 하나이다.

구분	설명
남극 중층수 (가)	해저를 따라 북쪽으로 이동하여 30°N에 이른다.
남극 중층수 (나)	수심 1000 m 부근에서 20°N까지 이동한다.
북대서양 심층수 (다)	수심 약 1500~4000 m 사이에서 60°S까지 이동한다.

이에 대한 설명으로 옳은 것만을 〈보기〉에서 있는 대로 고른 것은?

〈보기〉
ㄱ. (나)는 남극 대륙 주변의 웨델해에서 생성된다. ((가))
ㄴ. 평균 염분은 (가)가 (나)보다 높다.
ㄷ. 평균 밀도는 (가)가 (다)보다 크다.

① ㄱ ② ㄴ ③ ㄱ, ㄷ ④ ㄴ, ㄷ ⑤ ㄱ, ㄴ, ㄷ

✓ 자료 해석

• (가)는 해저를 따라 북쪽으로 이동하므로, 밀도가 가장 큰 남극 저층수이다.
• (나)는 수심 1000 m 부근에서 20°N까지 이동하므로 남극 중층수이다.
• (다)는 수심 약 1500~4000 m 사이에서 60°S까지 이동하므로 북대서양 심층수이다.

○ 보기 풀이 ㄴ. 심층 순환 중 남극 중층수가 가장 위쪽에서 흐르고 남극 저층수가 가장 아래쪽에서 흐르므로, (가)는 남극 저층수, (나)는 남극 중층수, (다)는 북대서양 심층수이다. 평균 염분은 북대서양 심층수>남극 저층수>남극 중층수 순이다.

ㄷ. 밀도가 큰 해수일수록 아래쪽에서 흐른다. 따라서 평균 밀도는 해저를 따라 흐르는 (가)의 남극 저층수가 남극 저층수 위쪽에서 흐르는 (다)의 북대서양 심층수보다 크다.

✕ 매력적 오답 ㄱ. 남극 대륙 주변의 웨델해에서 생성되는 심층 순환은 남극 저층수이다. (나)는 수심 1000 m 부근에서 20°N까지 이동하므로 남극 중층수로, 60°S 부근에서 생성된다.

문제풀이 Tip
북대서양 심층수는 그린란드 남쪽의 래브라도해와 그린란드 동쪽의 노르웨이해에서 생성되고, 남극 저층수는 남극 대륙 주변의 웨델해와 로스해에서 생성되는 것을 알아 두고, 심층 순환의 평균 밀도는 남극 저층수>북대서양 심층수>남극 중층수 순인 것에 유의해야 한다.

26 표층 순환과 심층 순환

출제 의도 대서양의 표층 순환과 심층 순환 자료를 해석하여 표층수와 심층수의 밀도, 평균 속력을 비교하는 문항이다.

그림은 대서양 표층 순환과 심층 순환의 일부를 확대하여 나타낸 것이다. ㉠과 ㉡은 각각 표층수와 심층수 중 하나이다.

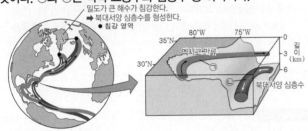

이에 대한 설명으로 옳은 것만을 〈보기〉에서 있는 대로 고른 것은?

> **보기**
> ㄱ. 해수의 밀도는 ㉠보다 ㉡이 크다.
> ㄴ. 해수가 흐르는 평균 속력은 ㉠보다 ㉡이 빠르다. ㉡보다 ㉠
> ㄷ. A 해역에 빙하가 녹은 물이 유입되면 표층수의 침강은 강해진다. 약해진다.

① ㄱ　② ㄴ　③ ㄱ, ㄷ　④ ㄴ, ㄷ　⑤ ㄱ, ㄴ, ㄷ

✔ 자료 해석
- A는 그린란드 주변에 위치한 해역으로, 해수가 침강하여 북대서양 심층수가 형성된다.
- ㉠은 표층수로, 북대서양의 아열대 순환을 이루는 멕시코 만류이다.
- ㉡은 그린란드 해역에서 침강한 후 남쪽으로 흐르는 북대서양 심층수이다.

○ 보기 풀이
ㄱ. ㉠은 표층수, ㉡은 심층수이다. 표층에서 해수의 수온이 낮아지거나 염분이 높아지면 밀도가 커진 해수가 심해로 가라앉아 심층 순환이 형성된다. 따라서 해수의 밀도는 표층수보다 심층수가 크므로, ㉠보다 ㉡이 크다.

✕ 매력적 오답
ㄴ. 심층 순환은 수온과 염분 변화에 따른 밀도 차로 형성되기 때문에 열염 순환이라고도 한다. 심층 순환은 표층 순환에 비해 훨씬 오랜 시간에 걸쳐 서서히 일어난다. 따라서 해수가 흐르는 평균 속력은 표층수 ㉠이 심층수 ㉡보다 빠르다.

ㄷ. A 해역에서는 냉각에 의해 밀도가 커진 표층수가 침강한다. A 해역에 빙하가 녹은 물이 유입되면 표층수의 염분이 낮아져 밀도가 작아지므로, 표층수의 침강이 약해진다.

문제풀이 Tip
표층수와 심층수의 밀도, 평균 속력을 비교해서 알아 두고, 해수의 수온이 높아지거나 염분이 낮아지면 밀도가 작아져 표층수의 침강이 약해지는 것에 유의해야 한다.

---

27 우리나라 주변의 해류

출제 의도 우리나라 주변의 해류 자료를 해석하여 해류의 종류를 결정하고, 조경 수역을 형성하는 해류와 북태평양 아열대 순환을 이루는 해류를 파악하는 문항이다.

그림은 우리나라 주변의 해류를 나타낸 것이다. A, B, C는 각각 동한 난류, 북한 한류, 쿠로시오 해류 중 하나이다.

이에 대한 설명으로 옳은 것만을 〈보기〉에서 있는 대로 고른 것은?

> **보기**
> ㄱ. A는 북한 한류이다.
> ㄴ. 동해에서는 A와 B가 만나 조경 수역이 형성된다.
> ㄷ. C는 북태평양 아열대 순환의 일부이다.

① ㄱ　② ㄴ　③ ㄱ, ㄷ　④ ㄴ, ㄷ　⑤ ㄱ, ㄴ, ㄷ

✔ 자료 해석
- A는 연해주 한류에서 갈라져 나온 북한 한류이다.
- B는 대한 해협에서 대마 난류(쓰시마 난류)로부터 갈라져 나온 동한 난류이다.
- C는 쿠로시오 해류로, 북태평양 아열대 순환을 이루는 해류이다.

○ 보기 풀이
ㄱ. 우리나라 주변 한류의 근원은 오호츠크해에서 연해주를 따라 남하하는 연해주 한류이다. 북한 한류(A)는 연해주 한류의 지류로 동해안을 따라 남하하다가 동한 난류와 만난다.

ㄴ. 동한 난류(B)는 대한 해협에서 대마 난류(쓰시마 난류)로부터 갈라져 나와 동해안을 따라 북상한다. 동해에서 북한 한류(A)와 만나 조경 수역을 형성한 후 동진하여 대마 난류와 다시 합류한다.

ㄷ. 북태평양의 아열대 순환은 북적도 해류 → 쿠로시오 해류 → 북태평양 해류 → 캘리포니아 해류로 이루어져 있다. C는 북태평양 아열대 순환 중 태평양의 서쪽 해역에서 흐르는 쿠로시오 해류로, 우리나라 주변 난류의 근원인 해류이다.

문제풀이 Tip
우리나라 주변의 해류에 대해 묻는 문항이 자주 출제되므로 우리나라 주변의 난류와 한류의 종류 및 특징, 조경 수역을 형성하는 해류를 알아 두자.

28 대서양의 심층 순환

출제 의도 대서양의 표층 순환과 심층 순환 자료를 해석하여 표층수의 밀도 변화에 따른 심층 순환의 변화를 파악하고, 해수의 평균 이동 속도를 비교하는 문항이다.

그림 (가)는 북대서양의 표층수와 심층수의 이동을, (나)는 대서양의 해수 순환을 나타낸 것이다. A, B, C는 각각 표층수, 남극 저층수, 북대서양 심층수 중 하나이다.

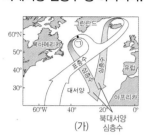
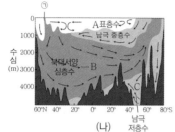

(가)   (나)

이에 대한 옳은 설명만을 〈보기〉에서 있는 대로 고른 것은?

보기

ㄱ. (가)의 심층수는 (나)의 B에 해당한다.

ㄴ. 해수의 평균 이동 속도는 A가 C보다 크다.

ㄷ. ㉠ 해역에서 표층수의 밀도가 현재보다 커지면 침강이 약해진다. 강해진다.

① ㄱ ② ㄷ ③ ㄱ, ㄴ ④ ㄱ, ㄷ ⑤ ㄴ, ㄷ

✔ 자료 해석

• (가)의 ㉠은 그린란드 해역으로, 표층수의 흐름이 심층수의 흐름으로 바뀌므로 해수가 침강한다.

• (나)의 A는 표층수, B는 북대서양 심층수, C는 남극 저층수이다.

• 북대서양 심층수는 그린란드 해역에서 만들어져 수심 약 1500~4000 m 사이에서 60°S까지 이동하고, 남극 저층수는 남극 대륙 주변의 웨델해에서 만들어져 해저를 따라 북쪽으로 이동하여 30°N까지 흐른다.

○ 보기 풀이 ㄱ. (가)의 심층수는 그린란드 해역에서 형성되어 남쪽으로 이동하므로 북대서양 심층수이다. (나)에서 B는 북반구의 고위도 해역에서 침강하므로 북대서양 심층수이다. 따라서 (가)의 심층수는 (나)의 B에 해당한다.

ㄴ. C는 남극 대륙 주변에서 침강하여 해저를 따라 북쪽으로 이동하므로 남극 저층수이다. 해수의 심층 순환은 표층 순환에 비해 평균 이동 속도가 매우 느리다. 따라서 해수의 평균 이동 속도는 표층수(A)가 남극 저층수(C)보다 빠르다.

✘ 매력적 오답 ㄷ. 표층수의 밀도가 클수록 주변 해수와의 밀도 차가 커져 침강이 강해지고 심층 순환이 활발해진다. 따라서 ㉠ 해역에서 표층수의 밀도가 현재보다 커지면 침강이 강해진다.

문제풀이 **Tip**

북대서양 심층수는 그린란드 남쪽의 래브라도해와 그린란드 동쪽의 노르웨이해에서 형성되고, 남극 저층수는 남극 대륙 주변의 웨델해와 로스해에서 형성되는 것을 알아 두고, 표층수의 밀도가 커지면 침강이 강해지므로 심층 순환이 강해지고 이로 인해 표층 순환도 강해지는 것에 유의해야 한다.

---

29 심층 순환

출제 의도 북대서양의 해수 순환 자료를 해석하여 침강이 일어나는 해역 및 결빙에 의한 해수의 밀도 변화를 파악하는 문항이다.

그림 (가)는 북대서양의 표층 순환과 심층 순환의 일부를, (나)는 고위도 해역에서 결빙이 일어날 때 해수의 움직임을 나타낸 것이다.

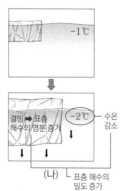

(가)   (나)

이에 대한 옳은 설명만을 〈보기〉에서 있는 대로 고른 것은?

보기

ㄱ. A와 B에서는 표층 해수의 침강이 일어난다.

ㄴ. (나)의 과정에서 빙하 주변 표층 해수의 밀도는 커진다.

ㄷ. A와 B에 빙하가 녹은 물이 유입되면 북대서양의 심층 순환이 강화될 것이다. 약화

① ㄱ ② ㄷ ③ ㄱ, ㄴ ④ ㄱ, ㄷ ⑤ ㄴ, ㄷ

✔ 자료 해석

• (가) : 북대서양 심층수는 그린란드 남쪽의 래브라도해(A)와 그린란드 동쪽의 노르웨이해(B)에서 수 km 깊이까지 가라앉아 형성되고, 남쪽으로 확장하여 남대서양으로 흘러간다.

• (나) : 결빙이 일어나 염분이 높아지고 수온이 낮아지므로, 표층 해수의 밀도가 커진다.

○ 보기 풀이 ㄱ. 해양에서는 표층뿐만 아니라 수심이 깊은 곳에도 해류가 존재한다. 표층에서 수온이 낮아지거나 염분이 높아지면 밀도가 커진 해수가 심해로 가라앉아 해수의 순환이 일어나는데, 이를 심층 순환이라고 한다. A와 B는 북대서양에서 표층 해수가 침강하여 심층 순환이 형성되는 해역이다.

ㄴ. 해수의 밀도는 주로 수온과 염분에 의해 결정되며, 수온이 낮을수록, 염분이 높을수록 커진다. (나)의 과정에서 수온이 낮아지고, 이로 인해 결빙이 일어날 때 순수한 물만 얼게 되므로 표층 해수의 염분이 높아진다. 따라서 (나)의 과정에서 빙하 주변 표층 해수의 밀도는 커진다.

✘ 매력적 오답 ㄷ. A와 B에 빙하가 녹은 물이 유입되면 염분이 낮아지므로 밀도가 작아진다. 따라서 표층 해수의 침강이 약해지므로, 심층 순환이 약화될 것이다.

문제풀이 **Tip**

심층 순환은 수온과 염분 변화에 따른 밀도 차로 형성되는 것을 알아 두고, 해수의 밀도가 작아지면 침강이 약해지는 것에 유의해야 한다.

30 우리나라 주변의 해류

출제 의도 우리나라 주변 해류의 종류와 특징을 파악하고, 난류와 한류의 용존 산소량 및 계절별 세기를 비교하는 문항이다.

다음은 동한 난류, 북한 한류, 대마 난류의 특징을 순서 없이 정리한 것이다.

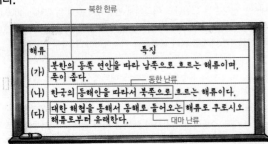

해류	특징
(가)	북한의 동쪽 연안을 따라 남쪽으로 흐르는 해류이며, 폭이 좁다.
(나)	한국의 동해안을 따라서 북쪽으로 흐르는 해류이다.
(다)	대한 해협을 통해서 동해로 들어오는 해류로 쿠로시오 해류로부터 유래한다.

(북한 한류 → (가), 동한 난류 → (나), 대마 난류 → (다))

이에 대한 설명으로 옳은 것만을 〈보기〉에서 있는 대로 고른 것은?

〈보기〉
ㄱ. (가)와 (나)가 만나는 해역에는 조경 수역이 나타난다.
ㄴ. (나)는 겨울철보다 여름철에 강하게 나타난다.
ㄷ. 동일 위도에서 용존 산소량은 (가)가 (다)보다 적다. 많다.

① ㄱ ② ㄷ ③ ㄱ, ㄴ ④ ㄴ, ㄷ ⑤ ㄱ, ㄴ, ㄷ

✓ 자료 해석
• (가) 북한 한류 : 연해주 한류의 지류로 동해안을 따라 남하하다가 동한 난류와 만난다.
• (나) 동한 난류 : 대한 해협에서 대마 난류(쓰시마 난류)로부터 갈라져 나와 동해안을 따라 북상한다.
• (다) 대마 난류 : 제주도 남동쪽에서 남해를 거쳐 대한 해협을 통과한 후 동해로 흘러 들어간다.

○ 보기 풀이 ㄱ. (가)는 북한 한류, (나)는 동한 난류, (다)는 대마 난류이다. 우리나라의 동해에서는 동한 난류와 북한 한류가 만나 조경 수역이 형성된다.
ㄴ. 우리나라 주변 난류의 근원은 쿠로시오 해류이다. 쿠로시오 해류의 지류가 동중국해에서 갈라져 나와 북상하여 황해 난류, 대마 난류, 동한 난류를 형성한다. 동한 난류는 대마 난류에서 갈라져 나온 난류로, 우리나라 주변 해역의 난류는 겨울철보다 여름철에 강하게 나타난다.

✕ 매력적 오답 ㄷ. 난류는 저위도에서 고위도로 흐르는 해류이고, 한류는 고위도에서 저위도로 흐르는 해류이다. 동일 위도에서 해수의 온도는 난류가 한류보다 높다. 한편 해수의 용존 산소량은 수온에 반비례하므로, 한류인 (가)가 난류인 (다)보다 용존 산소량이 많다.

문제풀이 Tip
난류는 한류에 비해 수온과 염분이 높고 용존 산소량과 영양 염류가 적은 것을 알아 두고, 동한 난류가 여름철에 더 강하게 나타나므로 이로 인해 조경 수역의 위치도 여름철이 겨울철보다 고위도에 형성되는 것에 유의해야 한다.

---

31 대서양의 수괴와 수온 – 염분도

출제 의도 대서양 심층 순환의 형성 과정과 해수의 성질을 이해하고, 수온 – 염분도에서 각 심층 순환을 파악하는 문항이다.

그림은 대서양에서 관측되는 수괴의 수온과 염분 분포를 나타낸 것이다. A~D는 북대서양 중앙 표층수, 남극 저층수, 북대서양 심층수, 남극 중층수를 순서 없이 나타낸 것이다.

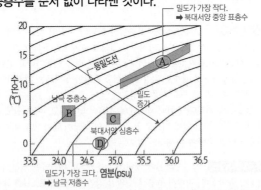

이에 대한 설명으로 옳은 것만을 〈보기〉에서 있는 대로 고른 것은?

〈보기〉
ㄱ. 수온 분포의 폭이 가장 큰 것은 A이다.
ㄴ. C는 그린란드 해역 주변에서 침강한다.
ㄷ. 평균 밀도는 D가 가장 크다.

① ㄱ ② ㄷ ③ ㄱ, ㄴ ④ ㄴ, ㄷ ⑤ ㄱ, ㄴ, ㄷ

✓ 자료 해석
• A : 밀도가 가장 작으므로 북대서양 중앙 표층수이다.
• B : 남극 중층수로, 60°S 부근에서 침강하여 형성된다.
• C : 북대서양 심층수로, 그린란드 해역에서 침강하여 형성된다.
• D : 밀도가 가장 크므로 남극 저층수이다. 남극 저층수는 남극 대륙 주변의 웨델해에서 침강하여 형성된다.

○ 보기 풀이 ㄱ. A는 밀도가 가장 작은 북대서양 중앙 표층수이다. A의 수온은 약 10~15 ℃로, A~D 중에서 수온 분포의 폭이 가장 크다.
ㄴ. 그린란드 해역에서 표층 해수가 침강하여 만들어진 북대서양 심층수(C)는 수심 약 1500~4000 m 사이에서 60°S 부근까지 이동한다.
ㄷ. 수온이 낮을수록, 염분이 높을수록 해수의 밀도가 커지므로 수온 – 염분도에서 오른쪽 아래에 위치한 해수일수록 밀도가 크다. 따라서 해수의 평균 밀도는 남극 저층수(D)가 가장 크다. 남극 대륙 주변의 웨델해에서 만들어진 남극 저층수는 밀도가 가장 크므로, 해저를 따라 북쪽으로 이동하여 30°N 부근까지 흐른다.

문제풀이 Tip
심층 해수는 밀도가 클수록 아래쪽에서 흐르는 것을 알아 두고, 심층 순환을 이루는 수괴는 수온과 염분이 거의 변하지 않으므로 수온 분포의 폭은 표층수가 가장 큰 것에 유의해야 한다.

01 별의 물리량과 진화

1 별의 진화

2024년 10월 교육청 5번 | 정답 ③ | 문제편 81 p

출제 의도 태양과 질량이 비슷한 별의 광도 변화를 통해 진화 과정을 이해하는 문항이다.

그림은 태양과 질량이 비슷한 별의 시간에 따른 광도 변화를 나타낸 것이다.

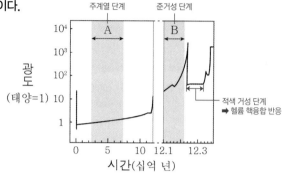

이 자료에 대한 설명으로 옳은 것만을 〈보기〉에서 있는 대로 고른 것은?

보기
ㄱ. A 시기는 주계열 단계이다.
ㄴ. 별의 평균 표면 온도는 A 시기가 B 시기보다 높다.
ㄷ. B 시기 별의 중심핵에서는 헬륨 핵융합 반응이 일어난다.
　　　　　　　　　　　　　　　헬륨 핵의 중력 수축이 일어난다.

① ㄱ　　② ㄷ　　③ ㄱ, ㄴ　　④ ㄴ, ㄷ　　⑤ ㄱ, ㄴ, ㄷ

✔ 자료 해석

- 태양과 질량이 비슷한 주계열성은 중심핵에서 수소 핵융합 반응이 멈추면 준거성을 거쳐 적색 거성이 되고, 이후 헬륨 핵융합 반응이 일어나는 적색 거성 → 이중 연소가 일어나는 적색 거성 → 행성상 성운 → 백색 왜성으로 진화한다.
- 준거성 단계에서는 헬륨 핵이 수축하면서 내부 온도가 상승하고, 헬륨 핵 주변의 수소층을 가열하여 수소 껍질에서 수소 핵융합 반응이 일어나 내부 압력이 증가하면서 별이 팽창한다. 따라서 광도가 급격하게 증가하고 표면 온도는 낮아진다.
- 헬륨 핵의 온도가 1억 K 이상이 되면 헬륨 핵융합 반응이 일어나는 적색 거성이 된다.
- A 시기는 태양 정도의 광도로 거의 일정하게 유지되고 있으므로 주계열 단계이고, B 시기는 광도가 급격하게 증가하였으므로 주계열성에서 적색 거성으로 진화하는 과정의 준거성 단계이다.

◎ 보기 풀이

ㄱ. A 시기는 광도가 태양 정도이면서 거의 일정하게 유지되고 있으므로 주계열 단계이다.

ㄴ. B 시기는 광도가 급격하게 증가하였으므로 주계열 단계에서 적색 거성으로 진화하는 과정인 준거성 단계이다. 이 시기에는 헬륨 핵은 수축하고 핵 주변의 수소층에서 연소가 일어나 바깥층이 팽창하면서 광도가 커지고 표면 온도가 낮아진다. 따라서 별의 평균 표면 온도는 주계열 단계인 A 시기가 준거성 단계인 B 시기보다 높다.

✖ 매력적 오답

ㄷ. B 시기의 별의 중심핵에서는 헬륨 핵융합 반응이 일어날 수 있을 정도로 충분히 온도가 높지 않아 헬륨 핵융합 반응이 일어나지 않는다. 이 시기에 중심핵에서는 중력 수축에 의해 에너지가 생성되어 내부 온도가 상승하며, 중심부 온도가 1억 K이 되어야 헬륨 핵융합 반응이 일어나게 된다.

문제풀이 Tip

태양과 질량이 비슷한 별은 주계열성을 거쳐 적색 거성으로 진화하는데, 주계열 단계가 끝나면 바로 중심핵에서 헬륨 핵융합 반응이 일어나는 것이 아니고, 헬륨 핵은 중력 수축하고 헬륨 핵 주변의 수소 껍질에서 수소 핵융합 반응이 일어난다는 것을 알아야 한다. 헬륨 핵융합 반응은 헬륨 중심핵이 중력 수축에 의해 온도가 상승하여 중심부 온도가 1억 K이 되어야 일어날 수 있다는 것에 유의해야 한다.

2 별의 물리량

출제 의도 별의 분광형, 최대 복사 에너지 방출 파장, 절대 등급을 통해 별의 종류를 구분하고 별의 물리량을 비교하는 문항이다.

표는 별 ㉠, ㉡, ㉢의 물리량을 나타낸 것이다. ㉠은 주계열성이다.

표면 온도에 반비례한다.
➡ 표면 온도: ㉠이 ㉢의 2배

별	분광형	최대 복사 에너지 방출 파장 (상댓값)	절대 등급
㉠	A0	1	+0.6
㉡	A9	( )	( )
㉢	( )	2	−4.6

절대 등급: ㉢이 ㉠보다 5.2 작다.
➡ 광도: ㉢이 ㉠보다 100배 이상 크다.

0이 9보다 고온이다.
➡ 표면 온도: A0 > A9

이 자료에 대한 설명으로 옳은 것만을 〈보기〉에서 있는 대로 고른 것은? [3점]

보기

ㄱ. 단위 시간당 단위 면적에서 방출하는 복사 에너지양은 ㉠이 ㉡보다 크다.

ㄴ. ㉢은 주계열성이다.
　　주계열성이 아니다.

ㄷ. $\dfrac{㉢의\ 반지름}{㉠의\ 반지름}$ 은 40보다 작다.
　　크다.

① ㄱ　② ㄴ　③ ㄷ　④ ㄱ, ㄷ　⑤ ㄴ, ㄷ

✓ 자료 해석

- 단위 시간당 단위 면적에서 방출하는 복사 에너지양(E)은 표면 온도(T)의 네제곱에 비례한다. ➡ $E \propto T^4$
- 최대 복사 에너지 방출 파장(λ_{max})은 표면 온도(T)에 반비례한다.
  ➡ $\lambda_{max} \propto \dfrac{1}{T}$
- 광도(L)는 반지름(R)의 제곱에 비례하고, 표면 온도(T)의 4제곱에 비례한다. ➡ $L \propto R^2 \cdot T^4$
- 표면 온도는 ㉠이 ㉡보다 높고, ㉢이 ㉠의 $\dfrac{1}{2}$ 배이다.
- 절대 등급이 5등급 차이날 때 광도는 100배 차이가 난다. ㉢은 ㉠보다 절대 등급이 5.2등급 작으므로 광도는 100배보다 더 크다.

◎ 보기 풀이 ㄱ. 단위 시간당 단위 면적에서 방출하는 복사 에너지양은 표면 온도의 네제곱에 비례하는데, 표면 온도는 분광형이 A0인 별 ㉠이 분광형이 A9인 별 ㉡보다 높으므로, 단위 시간당 단위 면적에서 방출하는 복사 에너지양은 ㉠이 ㉡보다 크다.

✕ 매력적 오답 ㄴ. 최대 복사 에너지 방출 파장은 표면 온도에 반비례하므로 표면 온도는 ㉢이 ㉠의 $\dfrac{1}{2}$ 배이다. 또한 절대 등급은 ㉢이 ㉠보다 5.2 작으므로 광도는 100배 이상 크다. ㉠은 주계열성인데, ㉢은 ㉠보다 표면 온도는 낮고 광도는 매우 크므로 거성이나 초거성에 해당한다.

ㄷ. 별의 반지름은 광도 공식($L = 4\pi R^2 \cdot \sigma T^4$)을 이용하여 구할 수 있다.

$\dfrac{L_㉢}{L_㉠} = \left(\dfrac{R_㉢}{R_㉠}\right)^2 \cdot \left(\dfrac{T_㉢}{T_㉠}\right)^4$ 으로부터 $\dfrac{R_㉢}{R_㉠} = \sqrt{\dfrac{L_㉢}{L_㉠}} \cdot \left(\dfrac{T_㉠}{T_㉢}\right)^2$ 인데, 광도는 ㉢이 ㉠의 100배보다 크고, 표면 온도는 ㉠이 ㉢의 2배이므로, $\dfrac{㉢의\ 반지름}{㉠의\ 반지름}$ 은 40보다 크다.

문제풀이 Tip
별은 분광형이 O, B, A, F, G, K, M으로 갈수록 표면 온도가 낮아지고, 각각 0에서 9로 갈수록 표면 온도가 낮아진다는 것에 유의해야 한다. 즉, 분광형이 A0인 별은 A9인 별보다 표면 온도가 높은 것이다.

3 별의 내부 구조와 에너지원

출제 의도 주계열성의 중심부에서 시간에 따른 수소 함량 비율 변화를 비교하여 별의 질량을 파악하고, 별의 내부 구조를 이해하는 문항이다.

그림 (가)와 (나)는 각각 주계열성 A와 B의 중심으로부터 표면까지 거리에 따른 수소 함량 비율을 나타낸 것이다. A와 B가 주계열 단계에 도달했을 때의 질량은 태양 질량의 5배이다.

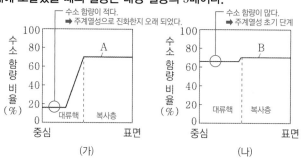

이 자료에 대한 설명으로 옳은 것만을 〈보기〉에서 있는 대로 고른 것은? [3점]

┌─ 보기 ─────────────────────┐
ㄱ. A의 중심부에는 대류핵이 존재한다.

ㄴ. A의 중심핵에서는 헬륨 핵융합 반응이 일어난다.
                              수소 핵융합 반응

ㄷ. 주계열 단계에 도달한 이후 경과한 시간이 B가 A보다 길다.
                                              짧다.
└───────────────────────────┘

① ㄱ   ② ㄴ   ③ ㄱ, ㄷ   ④ ㄴ, ㄷ   ⑤ ㄱ, ㄴ, ㄷ

✔ 자료 해석

• 주계열성은 중심부에서 수소 핵융합 반응에 의해 헬륨을 생성하므로 핵융합 반응이 진행될수록 중심부의 수소 함량이 감소한다. 중심부의 수소 함량 비율은 A가 B보다 적으므로 A는 B보다 나이가 많은 주계열성이다.

• 질량이 태양 질량의 5배인 주계열성은 대류핵과 복사층으로 이루어져 있다.

○ 보기 풀이 ㄱ. A는 질량이 태양 질량의 5배인 주계열성이므로 별의 내부 구조는 대류핵, 복사층으로 이루어져 있다. 따라서 A의 중심부에는 대류핵이 존재한다.

✕ 매력적 오답 ㄴ. 주계열성의 중심부에서는 수소 핵융합 반응이 일어나며, 중심부의 수소가 모두 소진되면 수소 핵융합 반응이 멈추고 거성(초거성)으로 진화한다. A는 주계열성이며 중심부에 수소가 아직 남아 있으므로 중심핵에서는 수소 핵융합 반응이 일어난다.

ㄷ. 주계열성은 중심부에서 수소 핵융합 반응을 하여 헬륨을 생성하고 에너지를 발생시키므로 중심부의 수소 함량은 지속적으로 감소한다. 따라서 중심부의 수소 함량 비율이 적은 A가 B보다 오랫동안 수소 핵융합 반응을 해 왔음을 알 수 있다. 즉, 주계열 단계에 도달한 이후 경과한 시간은 A가 B보다 길다.

문제풀이 **Tip**

중심부에서 수소 핵융합 반응이 일어나는 별을 주계열성이라고 한다. 주계열성의 중심부에서는 수소 핵융합 반응이 일어남에 따라 수소 함량은 지속적으로 감소하고 헬륨 함량은 증가한다는 것을 알아 두자.

---

4 별의 종류

출제 의도 별의 반지름과 표면 온도의 관계로부터 별의 종류를 파악하고, 별의 물리량을 비교하는 문항이다.

그림은 별 A, B, C의 물리량을 나타낸 것이다. A, B, C 중 2개는 주계열성, 1개는 거성이다.

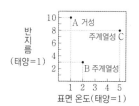

이에 대한 설명으로 옳은 것만을 〈보기〉에서 있는 대로 고른 것은?

┌─ 보기 ─────────────────────┐
ㄱ. A는 주계열성이다.
            거성

ㄴ. C는 B보다 질량이 크다.

ㄷ. A와 C의 절대 등급 차는 5보다 크다.
└───────────────────────────┘

① ㄱ   ② ㄴ   ③ ㄱ, ㄷ   ④ ㄴ, ㄷ   ⑤ ㄱ, ㄴ, ㄷ

✔ 자료 해석

• 광도(L)는 반지름(R)의 제곱에 비례하고, 표면 온도(T)의 4제곱에 비례한다. ➡ $L \propto R^2 \cdot T^4$

• A는 표면 온도는 태양과 같은데 반지름이 태양보다 10배 크므로 거성이다. 광도는 $L \propto R^2 \cdot T^4$으로부터 태양의 $10^2 \times 1^4 = 100$배이다.

• B는 표면 온도가 태양의 2배이고 반지름이 태양의 3배인 주계열성이다. 광도는 $L \propto R^2 \cdot T^4$으로부터 태양의 $3^2 \times 2^4 = 144$배이다.

• C는 표면 온도가 태양의 5배이고 반지름이 태양의 8배인 주계열성이다. 광도는 $L \propto R^2 \cdot T^4$으로부터 태양의 $8^2 \times 5^4 = 40000$배이다.

○ 보기 풀이 ㄴ. B와 C는 주계열성인데, 주계열성은 표면 온도가 높을수록 질량이 크므로 질량은 C가 B보다 크다.

ㄷ. 광도는 반지름의 제곱에 비례하고, 표면 온도의 4제곱에 비례한다. A의 광도는 태양의 100배이고, C의 광도는 태양의 40000배이므로 광도는 C가 A보다 400배 크다. 절대 등급이 5등급 차이나면 광도는 100배 차이나는데, A와 C의 광도가 400배 차이나므로 절대 등급 차는 5보다 크다.

✕ 매력적 오답 ㄱ. A는 표면 온도가 태양과 같은데 반지름이 매우 크므로 거성이다.

문제풀이 **Tip**

주어진 자료로부터 별의 광도를 구하고, 광도 차이를 절대 등급 차로 변환할 수 있어야 한다. 광도를 구하는 공식과, 절대 등급 5등급 차 광도는 100배 차인 것은 반드시 암기해 두자.

5 별의 물리량

출제 의도 분광형에 따른 흡수선의 세기 분포와 파장에 따른 흡수선의 분포 자료를 해석하여 별의 물리량을 파악하는 문항이다.

그림 (가)는 별의 분광형에 따른 흡수선의 상대적 세기를, (나)는 주계열성 ㉠과 ㉡의 스펙트럼을 나타낸 것이다. ㉠과 ㉡의 분광형은 각각 A0와 G0 중 하나이다.

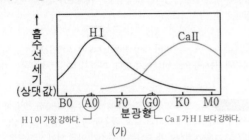

(가)

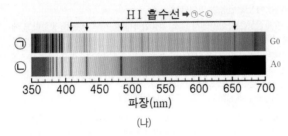

(나)

이에 대한 설명으로 옳은 것만을 〈보기〉에서 있는 대로 고른 것은?

보기
ㄱ. 분광형이 G0인 별에서는 H I 흡수선보다 Ca II 흡수선이 강하게 나타난다.
ㄴ. ㉡의 분광형은 A0이다.
ㄷ. 광도는 ㉠보다 ㉡이 크다.

① ㄱ　② ㄷ　③ ㄱ, ㄴ　④ ㄴ, ㄷ　⑤ ㄱ, ㄴ, ㄷ

✔ 자료 해석

• (가)에서 H I 흡수선은 분광형이 A0인 별에서 가장 강하게 나타나고, Ca II 흡수선은 분광형이 K0인 별에서 가장 강하게 나타난다.
• (나)에서 H I 흡수선은 ㉠보다 ㉡에서 강하게 나타나므로 ㉠의 분광형은 G0, ㉡의 분광형은 A0이다.

○ 보기 풀이 ㄱ. (가)에서 분광형이 G0인 별에서는 H I 흡수선보다 Ca II 흡수선이 강하게 나타남을 알 수 있다.

ㄴ. (나)에서 H I 흡수선은 ㉠보다 ㉡에서 강하게 나타난다. 따라서 ㉠의 분광형은 G0, ㉡의 분광형은 A0이다.

ㄷ. 주계열성은 표면 온도가 높을수록 광도가 크다. 분광형이 A0인 별이 G0인 별보다 표면 온도가 높으므로 광도는 분광형이 A0인 ㉡이 분광형이 G0인 ㉠보다 크다.

문제풀이 Tip

주계열성은 표면 온도가 높을수록 광도가 크고, 질량이 크며, 크기가 크다. 주계열성일 때 별의 표면 온도, 크기, 광도, 질량은 비례 관계인 것을 알아 두자.

6 별의 내부 구조와 에너지원

출제 의도 주계열성의 질량에 따른 내부 구조를 파악하고, 수소 핵융합 반응의 특징을 이해하는 문항이다.

그림 (가)는 질량이 서로 다른 주계열성 A와 B의 내부 구조를, (나)는 어느 수소 핵융합 반응을 나타낸 것이다. A와 B의 질량은 각각 태양 질량의 1배와 5배 중 하나이다.

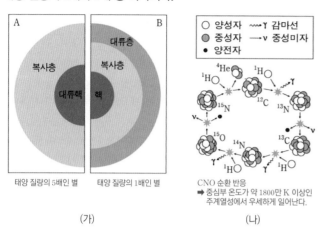

태양 질량의 5배인 별 / 태양 질량의 1배인 별

(가)

○ 양성자　〰〰γ 감마선
● 중성자　⟶ν 중성미자
● 양전자

CNO 순환 반응
➡ 중심부 온도가 약 1800만 K 이상인 주계열성에서 우세하게 일어난다.

(나)

이에 대한 설명으로 옳은 것만을 〈보기〉에서 있는 대로 고른 것은? [3점]

보기
ㄱ. 별의 중심부 온도는 A보다 B가 높다.
　　　　　　　　　　　　　　　　낮다.
ㄴ. (나)에서 ^{12}C는 촉매로 작용한다.
ㄷ. $\dfrac{\text{(나)에 의한 에너지 생산량}}{\text{수소 핵융합 반응에 의한 총에너지 생산량}}$ 은 A보다 B가 크다.
　크다.
　작다.

① ㄱ　② ㄴ　③ ㄱ, ㄷ　④ ㄴ, ㄷ　⑤ ㄱ, ㄴ, ㄷ

✔ 자료 해석

• 질량이 태양 정도인 별의 내부 구조는 핵, 복사층, 대류층으로 이루어져 있고, 질량이 태양의 2배보다 큰 별의 내부 구조는 대류핵, 복사층으로 이루어져 있다. ➡ (가)에서 A는 질량이 태양 질량의 5배인 별이고, B는 질량이 태양 질량의 1배인 별이다.

• (나)는 탄소(C), 질소(N), 산소(O) 원자핵이 촉매 역할을 하여 수소 원자핵 4개가 헬륨 원자핵 1개를 형성하는 CNO 순환 반응이다.

○ 보기 풀이 ㄴ. (나)는 CNO 순환 반응으로, 탄소(^{12}C, ^{13}C), 질소(^{13}N, ^{14}N, ^{15}N), 산소(^{15}O) 원자핵이 촉매 역할을 하여 수소 원자핵 4개가 헬륨 원자핵 1개를 형성하는 수소 핵융합 반응이다.

✕ 매력적 오답 ㄱ. A는 대류핵과 복사층으로 이루어져 있으므로 질량이 태양 질량의 5배인 별의 내부 구조이고, B는 핵, 복사층, 대류층으로 이루어져 있으므로 질량이 태양 질량의 1배인 별의 내부 구조이다. 별의 중심부 온도는 질량이 큰 별일수록 높으므로, 별의 중심부 온도는 A보다 B가 낮다.

ㄷ. 질량이 태양 질량의 5배인 별에서는 CNO 순환 반응이 우세하게 일어나고, 질량이 태양 질량의 1배인 별에서는 p-p 반응이 우세하게 일어난다. 따라서 수소 핵융합 반응에 의한 총에너지 생산량에 대한 CNO 순환 반응에 의한 에너지 생산량은 질량이 큰 A보다 질량이 작은 B가 작다.

문제풀이 **Tip**

CNO 순환 반응에 의한 에너지 생산량은 주계열성의 중심부 온도가 높을수록 증가하고, 중심부 온도는 주계열성의 질량이 커질수록 높아진다는 것에 유의해야 한다. 또한 CNO 순환 반응은 p-p 반응보다 시간당 에너지 생산량이 많다는 것을 알아 두자.

7 별의 진화와 내부 구조

출제 의도 질량에 따른 별의 진화 경로를 이해하고, 별의 내부 구조를 파악하는 문항이다.

그림 (가)는 주계열성 A와 B가 각각 A′과 B′으로 진화하는 경로를, (나)는 A와 B 중 한 별의 중심부에서 핵융합 반응이 종료된 직후의 내부 구조를 나타낸 것이다.

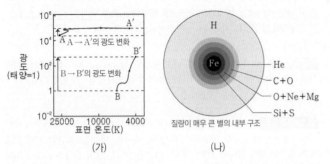

(가)   (나)

이에 대한 설명으로 옳은 것만을 〈보기〉에서 있는 대로 고른 것은?
[3점]

보기
ㄱ. 주계열 단계에 도달한 후, 이 단계에 머무는 시간은 A보다 B가 짧다.
  길다.
ㄴ. 절대 등급의 변화 폭은 A가 A′으로 진화할 때보다 B가 B′으로 진화할 때가 크다.
ㄷ. (나)는 B의 중심부에서 핵융합 반응이 종료된 직후의 내부 구조이다.
  A의 중심부

① ㄱ   ② ㄴ   ③ ㄱ, ㄷ   ④ ㄴ, ㄷ   ⑤ ㄱ, ㄴ, ㄷ

✔ 자료 해석

• H–R도에서 주계열성은 질량이 큰 별일수록 왼쪽 위에 위치한다. 따라서 A는 B보다 질량이 큰 주계열성이다.
• A가 A′으로 진화하는 동안에는 광도 변화(절대 등급의 변화)보다 표면 온도 변화가 크고, B가 B′으로 진화하는 동안에는 A가 A′으로 진화하는 동안에 비해 광도 변화(절대 등급의 변화)가 크다.
• (나)에서 별의 내부 구조 중심에 철로 된 핵이 있으므로 질량이 매우 큰 별의 내부 구조이다.

○ 보기 풀이 ㄴ. 절대 등급의 변화 폭은 광도의 변화 폭으로 비교할 수 있는데, 광도 변화 폭은 A가 A′으로 진화할 때보다 B가 B′으로 진화할 때가 크다.

✕ 매력적 오답 ㄱ. 표면 온도가 높은 A가 B보다 질량이 큰 주계열성이다. 주계열성은 질량이 클수록 광도가 크고, 별의 진화 속도가 빨라 수명이 짧다. 따라서 주계열 단계에 도달한 후 주계열 단계에 머무는 시간은 질량이 큰 A가 B보다 짧다.
ㄷ. (나)에는 철로 된 핵이 있고, 중심으로 갈수록 더 무거운 원소로 이루어진 양파껍질과 같은 구조를 이루고 있다. 따라서 (나)는 별의 질량이 큰 별 A의 내부 구조이다.

문제풀이 **Tip**

주계열성이 거성으로 진화할 때 표면 온도는 낮아지고, 광도는 커진다. 별의 절대 등급은 광도를 통해 알 수 있고, 주계열성은 표면 온도가 높을수록 광도가 크다는 것을 알아 두자.

8 별의 물리량

출제의도 별의 가시광선 영상과 분광형, 절대 등급 자료를 통해 별의 종류를 구분하고, 별의 물리량을 비교하는 문항이다.

그림은 지구로부터 거리가 같은 별 (가)와 (나)의 가시광선 영상을, 표는 (가)와 (나)의 물리량을 각각 나타낸 것이다. (가)와 (나)는 각각 주계열성과 백색 왜성 중 하나이다.

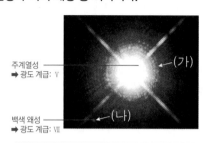

주계열성
➡ 광도 계급: Ⅴ ← (가)

백색 왜성
➡ 광도 계급: Ⅶ ← (나)

	(가) 주계열성	(나) 백색 왜성	
분광형	A1	B1	표면 온도: (가)<(나)
절대 등급	1.5	11.3	광도: (가)>(나)

이 자료에 대한 설명으로 옳은 것은? [3점]

① (나)의 광도 계급은 태양과 같다. (Ⅶ이다.)
② 겉보기 등급은 (가)가 (나)보다 크다. (작다.)
③ 별의 평균 밀도는 (가)가 (나)보다 크다. (작다.)
④ 단위 시간당 방출하는 복사 에너지양은 (가)가 (나)보다 많다.
⑤ 복사 에너지를 최대로 방출하는 파장은 (가)가 (나)보다 짧다. (길다.)

✔ 자료 해석

• 거리가 같은 별은 절대 등급으로 겉보기 밝기를 비교할 수 있다.
• 분광형이 O → B → A → F → G → K → M형으로 갈수록 표면 온도가 낮은 별이다. (가)의 분광형은 A1, (나)의 분광형은 B1이다. ➡ 표면 온도는 (가)가 (나)보다 낮다.
• 절대 등급이 작을수록 광도가 큰 별이다. ➡ 절대 등급은 (가)가 (나)보다 작으므로, 광도는 (가)가 (나)보다 크다.

○ 보기 풀이 분광형을 비교해 보면 표면 온도는 (가)가 (나)보다 낮고, 절대 등급을 비교해 보면 광도는 (가)가 (나)보다 크다. 표면 온도가 낮고 광도가 큰 (가)는 주계열성이고, 표면 온도가 높고 광도가 매우 작은 (나)는 백색 왜성이다.
④ 단위 시간당 방출하는 복사 에너지양은 광도가 클수록 많다. 광도는 절대 등급이 작은 (가)가 (나)보다 크므로, 단위 시간당 방출하는 복사 에너지양은 (가)가 (나)보다 많다.

✘ 매력적 오답 ① 태양은 주계열성이므로 광도 계급은 Ⅴ이고, (나)는 백색 왜성이므로 광도 계급은 Ⅶ이다.
② 절대 등급이 (가)가 (나)보다 작은데 지구로부터 거리가 같으므로, 겉보기 등급도 (가)가 (나)보다 작다.
③ 별의 평균 밀도는 백색 왜성이 주계열성보다 크다. 따라서 별의 평균 밀도는 (가)가 (나)보다 작다.
⑤ 복사 에너지를 최대로 방출하는 파장은 표면 온도에 반비례한다. 분광형을 비교해 보면 표면 온도는 (가)가 (나)보다 낮으므로, 복사 에너지를 최대로 방출하는 파장은 (가)가 (나)보다 길다.

문제풀이 Tip

별의 물리량을 비교할 때 서로 연관 있는 것들을 떠올릴 수 있어야 한다. 별의 거리가 같을 때 절대 등급으로부터 별의 겉보기 밝기(등급)를 비교할 수 있고, 분광형으로부터 표면 온도, 색지수, 복사 에너지를 최대로 방출하는 파장 등을 비교할 수 있으며, 절대 등급으로부터 광도, 단위 시간당 방출하는 복사 에너지양을 비교할 수 있음을 알아 두자.

Part I

교육청

9 별의 에너지원

출제의도 수소 핵융합 반응의 종류를 구분하고, 수소 핵융합 반응에 의해 일어나는 별 내부의 질량비 변화를 이해하는 문항이다.

그림 (가)는 수소 핵융합 반응 ㉠과 ㉡을, (나)는 현재 태양의 중심으로부터의 거리에 따른 수소와 헬륨의 질량비를 나타낸 것이다. ㉠과 ㉡은 각각 p-p 반응과 CNO 순환 반응 중 하나이다.

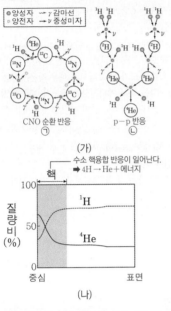

CNO 순환 반응 ㉠
p-p 반응 ㉡

(가)

수소 핵융합 반응이 일어난다.
➡ 4H → He + 에너지

(나)

이 자료에 대한 설명으로 옳은 것만을 〈보기〉에서 있는 대로 고른 것은?

보기
ㄱ. ㉠은 p-p 반응이다.
    CNO 순환 반응
ㄴ. 태양의 핵에서는 ㉠이 ㉡보다 우세하게 일어난다.
    ㉡이 ㉠보다
ㄷ. 태양의 핵에서 헬륨(^{4}He)의 평균 질량비는 주계열 단계가 끝날 때가 현재보다 클 것이다.

① ㄴ   ② ㄷ   ③ ㄱ, ㄴ   ④ ㄱ, ㄷ   ⑤ ㄴ, ㄷ

✔ 자료 해석

• (가)의 ㉠은 탄소, 질소, 산소가 촉매 역할을 하여 수소 원자핵이 헬륨 원자핵으로 바뀌면서 에너지를 생성하는 과정으로, CNO 순환 반응이다.
• (가)의 ㉡은 수소 원자핵 6개가 헬륨 원자핵 1개와 수소 원자핵 2개로 바뀌면서 에너지를 생성하는 과정으로, p-p 반응이다.
• (나)에서 수소 핵융합 반응에 의해 중심핵에서 수소 질량비는 감소하고, 헬륨 질량비는 증가한다.

O 보기풀이 ㄷ. 수소 핵융합 반응에 의해 헬륨이 계속 생성되며, 핵에서 수소 핵융합 반응은 주계열 단계가 끝날 때까지 계속 일어난다. 따라서 태양의 핵에서 헬륨의 평균 질량비는 주계열 단계가 끝날 때까지 계속 증가한다.

✗ 매력적오답 ㄱ. ㉠은 탄소, 질소, 산소가 촉매 역할을 하여 수소 원자핵 4개가 융합하여 헬륨 원자핵 1개를 생성하는 CNO 순환 반응이다.

ㄴ. 중심부 온도가 1800만 K 이하인 주계열성은 p-p 반응이 우세하게 일어나고, 중심부 온도가 1800만 K 이상인 주계열성은 CNO 순환 반응이 우세하게 일어난다. 태양은 중심부 온도가 약 1500만 K인 주계열성이므로, 태양의 핵에서는 p-p 반응인 ㉡이 CNO 순환 반응인 ㉠보다 우세하게 일어난다.

문제풀이 Tip

p-p 반응과 CNO 순환 반응을 구분하고, 각 수소 핵융합 반응이 우세하게 일어나는 주계열성의 특징을 파악하는 문항이 자주 출제된다. 두 수소 핵융합 반응의 차이점을 잘 알아 두자.

10 별의 진화

출제 의도 질량이 태양과 비슷한 별의 진화 과정을 이해하는 문항이다.

그림은 질량이 태양과 비슷한 별의 진화 과정에서 생성된 성운을 나타낸 것이다.

이 성운에 대한 설명으로 옳은 것만을 〈보기〉에서 있는 대로 고른 것은?

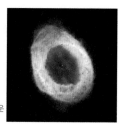

행성상 성운

보기
ㄱ. 행성상 성운이다.

ㄴ. 성운이 형성되는 과정에서 철보다 무거운 원소가 만들어진다.
　└ 철보다 무거운 원소는 태양보다 질량이 훨씬 큰 별에서 만들어진다.

ㄷ. 성운을 만든 별의 중심부는 최종 진화 단계에서 백색 왜성이 된다.

① ㄴ　　② ㄷ　　③ ㄱ, ㄴ　　④ ㄱ, ㄷ　　⑤ ㄴ, ㄷ

✓ 자료 해석

• 질량이 태양과 비슷한 별의 진화 과정은 원시별 → 주계열성 → 적색 거성 → 행성상 성운 → 백색 왜성이다.

• 행성상 성운은 적색 거성이 진화하여 별의 표층 물질이 우주 공간으로 방출되어 생성된 것이다.

○ 보기풀이

ㄱ. 질량이 태양과 비슷한 별이 적색 거성 단계를 거쳐 백색 왜성으로 되는 과정에서 별의 표층 물질이 우주 공간으로 방출되면서 형성된 행성상 성운이다.

ㄷ. 질량이 태양과 비슷한 별은 진화하여 최종 단계에서 중심부가 수축하며 백색 왜성이 만들어진다.

✕ 매력적 오답

ㄴ. 질량이 태양보다 훨씬 큰 별이 진화하면 마지막 단계에서 초신성 폭발이 일어나고 중심부에 중성자별이나 블랙홀이 만들어지는데, 이때 철보다 무거운 원소들은 초신성 폭발 과정에서 형성되어 우주 공간으로 방출된다. 질량이 태양과 비슷한 별의 진화 과정에서 만들어지는 가장 무거운 원소는 탄소이다.

문제풀이 Tip

질량이 태양과 비슷한 별, 질량이 태양보다 훨씬 큰 별의 진화 과정을 구분하여 정리하고, 각 과정에서 최종적으로 생성되는 천체와 원소를 반드시 알아 두자.

Part I

지구과학

11 별의 물리량

출제 의도 별의 반지름과 광도 관계를 나타낸 자료를 통해 여러 별의 물리량을 비교하는 문항이다.

그림은 별 ㉠~㉣의 반지름과 광도를 나타낸 것이다. A는 표면 온도가 T인 별의 반지름과 광도의 관계이다.

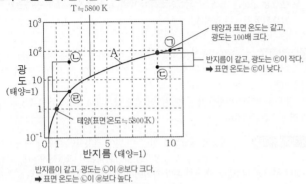

이 자료에 대한 옳은 설명만을 〈보기〉에서 있는 대로 고른 것은? (단, 태양의 절대 등급은 4.8이다.) [3점]

┌─ 보기 ──────────────────────────────┐
│ ㄱ. ㉠의 절대 등급은 0보다 작다.   │
│   낮다.   │
│ ㄴ. ㉢의 표면 온도는 T보다 ~~높다.~~   │
│   약하다. │
│ ㄷ. Ca Ⅱ 흡수선의 상대적 세기는 ㉡이 ㉣보다 ~~강하다.~~ │
└──────────────────────────────────┘

① ㄱ   ② ㄷ   ③ ㄱ, ㄴ   ④ ㄴ, ㄷ   ⑤ ㄱ, ㄴ, ㄷ

✔ 자료 해석

- A는 반지름이 1, 광도가 1인 지점을 지나므로, 태양의 표면 온도와 같은 약 5800 K인 별의 반지름과 광도의 관계이다.
- 별의 광도(L)는 반지름(R)의 제곱과 표면 온도(T)의 4제곱의 곱에 비례한다. ➡ $L = 4\pi R^2 \cdot \sigma T^4$, $R \propto \dfrac{\sqrt{L}}{T^2}$, $T^2 \propto \dfrac{\sqrt{L}}{R}$
- ㉠은 태양과 표면 온도는 같고 반지름은 10배, 광도는 10^2배 큰 별이다.
- ㉡은 ㉣과 반지름은 같지만 광도가 큰 별이다. 따라서 표면 온도는 광도가 큰 ㉡이 ㉣보다 높다.
- ㉢은 표면 온도가 T인 별과 반지름은 같고 표면 온도가 T인 별보다 광도가 작으므로, ㉢의 표면 온도는 T보다 낮다.
- 흡수선의 종류와 상대적 세기는 별의 표면 온도에 따라 달라지는데, 표면 온도가 높은 O형이나 B형 별에서는 He Ⅱ나 He Ⅰ에 의한 흡수선이 강하게 나타나고, A형 별에서는 H Ⅰ에 의한 흡수선이 가장 강하게 나타나며, 태양과 같은 G형 별에서는 Ca Ⅱ 흡수선이 가장 강하게 나타나고, 표면 온도가 낮은 K형이나 M형 별에서는 금속 원소와 분자에 의한 흡수선이 강하게 나타난다.

ㅇ 보기 풀이 ㄱ. ㉠은 태양과 표면 온도가 같고 광도가 10^2배 크므로 절대 등급이 태양보다 5등급 작다. 태양의 절대 등급은 4.8이므로 ㉠의 절대 등급은 −0.2로 0보다 작다.

✕ 매력적 오답 ㄴ. 광도는 반지름의 제곱과 표면 온도의 4제곱의 곱에 비례하므로, 반지름이 같을 때 표면 온도는 광도가 클수록 높다. ㉢과 반지름이 같은 별 중 표면 온도가 T인 별은 광도가 ㉢보다 크므로 표면 온도는 ㉢이 더 낮다. 따라서 ㉢의 표면 온도는 T보다 낮다.

ㄷ. 태양과 표면 온도가 같은 약 5800 K인 별에서는 Ca Ⅱ 흡수선이 가장 강하게 나타난다. ㉡은 ㉣보다 광도는 크지만 반지름은 같으므로 표면 온도가 높고, ㉣은 태양과 표면 온도가 같은 별이므로 Ca Ⅱ 흡수선의 상대적 세기는 ㉡보다 ㉣이 강하다.

문제풀이 Tip

별의 물리량을 비교할 때 반드시 알아야 할 광도 공식($L = 4\pi R^2 \cdot \sigma T^4$)은 꼭 외워 두어야 한다. 또한 분광형에 따라 강하게 나타나는 흡수선의 종류에 대해서도 학습해 두자. 이때 흡수선의 세기는 특정 분광형에서 멀어질수록 약해진다는 것에 유의해야 한다.

12 별의 진화와 에너지원

출제 의도 질량이 다른 별의 진화에 따른 중심부에서의 밀도와 온도 변화를 비교하여 별 내부에서 일어나는 핵융합 반응을 파악하는 문항이다.

그림은 질량이 서로 다른 별 A와 B의 진화에 따른 중심부에서의 밀도와 온도 변화를 나타낸 것이다. ㉠, ㉡, ㉢은 각각 별의 중심부에서 수소 핵융합, 탄소 핵융합, 헬륨 핵융합 반응이 시작되는 밀도-온도 조건 중 하나이다.

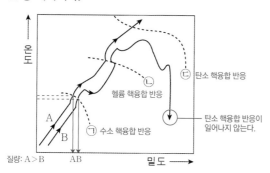

이 자료에 대한 옳은 설명만을 〈보기〉에서 있는 대로 고른 것은?

[3점]

보기
ㄱ. 별의 중심부에서 헬륨 핵융합 반응이 시작되는 밀도-온도 조건은 ㉢이다.
    ㉡
ㄴ. 별의 중심부에서 수소 핵융합 반응이 시작될 때, 중심부의 밀도는 A가 B보다 작다.
ㄷ. 별의 탄생 이후 별의 중심부에서 밀도와 온도가 ㉡에 도달할 때까지 걸리는 시간은 A가 B보다 길다.
    짧다.

① ㄱ   ② ㄴ   ③ ㄱ, ㄷ   ④ ㄴ, ㄷ   ⑤ ㄱ, ㄴ, ㄷ

✔ 자료 해석

• 수소 핵융합 반응은 온도가 1000만 K 이상일 때, 헬륨 핵융합 반응은 온도가 1억 K 이상일 때, 탄소 핵융합 반응은 온도가 8억 K 이상일 때 일어난다. ㉠ → ㉡ → ㉢으로 갈수록 별의 중심부에서의 밀도와 온도가 증가하므로, ㉠은 수소 핵융합 반응, ㉡은 헬륨 핵융합 반응, ㉢은 탄소 핵융합 반응이 시작되는 밀도-온도 조건이다.

• 별의 질량이 클수록 중심부에서는 헬륨 핵융합 반응 이후에 탄소, 산소, 네온, 마그네슘, 규소 등의 핵융합 반응이 순차적으로 일어날 수 있다. A는 수소 핵융합 반응, 헬륨 핵융합 반응, 탄소 핵융합 반응이 모두 일어날 수 있고, B는 수소 핵융합 반응과 헬륨 핵융합 반응까지만 일어나므로, A가 B보다 질량이 큰 별이다.

○ 보기 풀이 ㄴ. 수소 핵융합 반응이 시작될 때의 밀도-온도 조건은 ㉠이다. ㉠일 때 별의 중심부에서 수소 핵융합 반응이 시작될 때의 온도는 A가 B보다 높고 밀도는 A가 B보다 작다.

✖ 매력적 오답 ㄱ. 중심부 온도가 1000만 K 이상인 주계열성에서는 수소 핵융합 반응이 일어나고, 중심부 온도가 1억 K 이상인 적색 거성에서는 헬륨 핵융합 반응이 일어나며, 질량이 큰 별은 중심부의 온도가 더 높아져 탄소 핵융합 반응이 일어나게 된다. 따라서 ㉠은 수소 핵융합 반응, ㉡은 헬륨 핵융합 반응, ㉢은 탄소 핵융합 반응이 시작되는 밀도-온도 조건이다.

ㄷ. A는 B보다 더 무거운 원소의 핵융합 반응까지 진행되므로 질량이 큰 별이다. 질량이 큰 별일수록 진화 속도가 빠르므로, 별의 탄생 이후 별의 중심부에서 밀도와 온도가 ㉡에 도달하여 헬륨 핵융합 반응이 일어나기 시작할 때까지 걸리는 시간은 A가 B보다 짧다.

문제풀이 Tip

별의 질량에 따라 중심부 온도가 다르므로 핵융합 반응이 일어나는 정도가 달라진다는 것을 알아야 한다. 수소, 탄소, 헬륨 핵융합 반응이 시작되는 온도는 수소가 가장 낮고, 탄소가 가장 높다는 것에 유의해야 한다.

Part I

교육청

출제 의도 초거성과 주계열성에서 분광형에 따른 절대 등급의 변화를 이해하고, 초거성과 주계열성의 특징을 비교하는 문항이다.

표는 별 $S_1 \sim S_6$의 광도 계급, 분광형, 절대 등급을 나타낸 것이다. (가)와 (나)는 각각 광도 계급 Ⅰb(초거성)와 Ⅴ(주계열성) 중 하나이다.

별	광도 계급	분광형	절대 등급
S_1	(가) Ⅰb(초거성)	A0 ↑ 표면온도	(㉠)
S_2		K2	(㉡)
S_3		M1	−5.2
S_4	(나) Ⅴ(주계열성)	A0	(㉢)
S_5		K2	(㉣)
S_6		M1	9.4

- 표면 온도: $S_3 = S_6$
- 절대 등급: $S_3 < S_6$
- 광도: $S_3 > S_6$
- ➡ S_3은 초거성, S_6은 주계열성이다.

이에 대한 설명으로 옳은 것만을 〈보기〉에서 있는 대로 고른 것은? [3점]

보기
ㄱ. (가)는 Ⅰb(초거성)이다.
ㄴ. 광도는 S_4가 S_5보다 ~~작다.~~ 크다.
ㄷ. $|㉠ - ㉢| < |㉡ - ㉣|$이다.

① ㄱ   ② ㄴ   ③ ㄱ, ㄷ   ④ ㄴ, ㄷ   ⑤ ㄱ, ㄴ, ㄷ

✔ **자료 해석**

- 분광형이 같을 때 Ⅰb(초거성)은 Ⅴ(주계열성)보다 광도가 크다. S_3과 S_6의 분광형은 M1로 같고, 절대 등급은 S_3이 S_6보다 작으므로 광도는 S_3이 S_6보다 크다. 따라서 광도 계급 (가)는 Ⅰb(초거성)이고 (나)는 Ⅴ(주계열성)이다.
- 분광형이 A0, K2, M1인 별의 표면 온도는 A0 > K2 > M1이다. 주계열성은 표면 온도가 높을수록 절대 등급이 작고 광도가 크다.
- H−R도에서 Ⅰb(초거성)은 위쪽에 가로로 분포하고, Ⅴ(주계열성)은 왼쪽 위에서 오른쪽 아래로 대각선으로 분포한다.

○ **보기 풀이** ㄱ. 분광형이 M1인 초거성은 분광형이 M1인 주계열성보다 광도가 크다. 절대 등급이 작을수록 광도가 크므로 S_3은 S_6보다 광도가 크다. 따라서 (가)는 Ⅰb(초거성)이고, (나)는 Ⅴ(주계열성)이다.

ㄷ. 초거성은 표면 온도에 따른 광도의 변화 폭이 작고, 주계열성은 표면 온도에 따른 광도의 변화 폭이 크다. 또한 주계열성은 표면 온도가 높을수록 광도가 크고 표면 온도가 낮을수록 광도가 작다. A0은 K2보다 표면 온도가 높으므로 같은 분광형일 때 초거성과 주계열성의 광도 차는 A0보다 K2가 크다. 따라서 A0과 K2에서 초거성과 주계열성의 절대 등급의 차는 $|㉠ - ㉢| < |㉡ - ㉣|$이다.

✕ **매력적 오답** ㄴ. (나)는 주계열성이므로 표면 온도가 높을수록 광도가 크다. S_4는 분광형이 A0이고 S_5는 분광형이 K2이므로, 표면 온도는 S_4가 S_5보다 높다. 따라서 광도는 S_4가 S_5보다 크다.

문제풀이 Tip
광도 계급은 표면 온도와 광도에 따라 Ⅰ(초거성)~Ⅶ(백색 왜성)까지 구분하는데, 같은 분광형일 때 광도가 클수록 광도 계급의 숫자가 작아진다는 것에 유의해야 한다.

14 주계열성의 에너지원

출제 의도 주계열성의 질량에 따른 대류 영역의 질량 분포를 통해 중심부의 온도와 내부 구조를 비교하고, 에너지 생성 과정을 이해하는 문항이다.

그림은 주계열성의 내부에서 대류가 일어나는 영역의 질량을 별의 질량에 따라 나타낸 것이다.

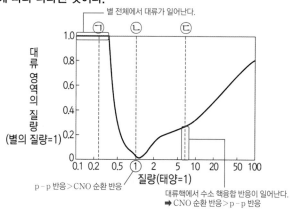

주계열성 ㉠, ㉡, ㉢에 대한 설명으로 옳은 것만을 〈보기〉에서 있는 대로 고른 것은? [3점]

보기
ㄱ. 별 내부의 $\dfrac{\text{주계열 단계가 끝난 직후 수소량}}{\text{주계열 단계에 도달한 직후 수소량}}$ 은 ㉡이 ㉠보다 작다.
　　　　　　크다.
ㄴ. ㉢의 중심핵에서는 p－p 반응이 CNO 순환 반응보다 우세하다.
　　　　　　　　　p－p 반응보다 CNO 순환 반응이
ㄷ. 중심부에서 에너지 생성량은 ㉢이 ㉠보다 크다.

① ㄱ　　② ㄷ　　③ ㄱ, ㄴ　　④ ㄴ, ㄷ　　⑤ ㄱ, ㄴ, ㄷ

✔ 자료 해석

- ㉠은 질량이 태양 질량의 약 0.3배이고 별 전체에서 대류 현상이 일어나고 있다.
- ㉡은 질량이 태양 질량과 같다. 태양 정도의 질량을 가진 주계열성은 중심핵, 복사층, 대류층으로 이루어져 있으며, 대류 영역의 질량은 대류층의 질량과 거의 같다.
- ㉢은 질량이 태양 질량의 5배 이상이다. 태양 질량의 2배 이상인 주계열성은 대류핵, 복사층으로 이루어져 있으며, 중심핵에서 대류가 일어나므로 대류 영역의 질량은 핵의 질량과 거의 같다.

⭕ 보기 풀이 ㄷ. 주계열성은 질량이 클수록 중심부의 온도가 높아 수소 핵융합 반응이 활발하게 일어나므로 에너지 생성량이 많다. ㉠은 ㉢보다 질량이 작으므로, 중심부에서 에너지 생성량은 ㉢이 ㉠보다 크다.

❌ 매력적 오답 ㄱ. ㉠은 대류 영역의 질량이 별의 질량과 같으므로 별 전체에서 대류가 일어나고 있다. 이 경우 별 전체의 수소가 대류하여 수소 핵융합 반응에 참여하게 되어 주계열 단계가 끝난 직후 수소량은 매우 적다. 반면, ㉡은 대류 영역의 질량이 별 전체 질량의 극히 일부에 해당하며, 수소 핵융합 반응은 중심핵에서만 일어나므로 주계열 단계가 끝난 직후에도 핵 바깥쪽에 수소가 많이 분포한다. 따라서 별 내부의 $\dfrac{\text{주계열 단계가 끝난 직후 수소량}}{\text{주계열 단계에 도달한 직후 수소량}}$ 은 ㉠이 ㉡보다 작다.

ㄴ. 중심부 온도가 높을수록 중심핵에서는 p－p 반응보다 CNO 순환 반응이 우세하게 일어난다. ㉢의 질량은 태양 질량의 5배 이상 크므로, ㉢의 중심핵에서는 p－p 반응보다 CNO 순환 반응이 우세하다.

문제풀이 **Tip**
별 전체에서 대류가 일어난다는 것은 별 전체에 분포한 수소가 모두 수소 핵융합 반응에 참여할 수 있다는 것을 의미하며, 주계열 단계가 끝나면 중심핵에서는 수소가 모두 소진되어 수소 핵융합 반응이 더 이상 일어나지 않는다는 것에 유의해야 한다.

15 별의 물리량

출제 의도 별의 스펙트럼에 나타난 수소 흡수선으로부터 분광형을 구분하고, 여러 가지 물리량을 비교하는 문항이다.

그림은 서로 다른 별의 스펙트럼, 최대 복사 에너지 방출 파장(λ_{max}), 반지름을 나타낸 것이다. (가), (나), (다)의 분광형은 각각 A0Ⅴ, G0Ⅴ, K0Ⅴ 중 하나이다.

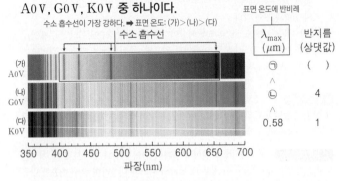

이에 대한 설명으로 옳은 것만을 〈보기〉에서 있는 대로 고른 것은?

[3점]

보기
ㄱ. (가)의 분광형은 A0Ⅴ이다.
ㄴ. ㉠은 ㉡보다 짧다.
ㄷ. 광도는 (나)가 (다)의 ~~16배이다.~~ 16배보다 크다.

① ㄱ   ② ㄷ   ③ ㄱ, ㄴ   ④ ㄴ, ㄷ   ⑤ ㄱ, ㄴ, ㄷ

✓ 자료 해석
• 스펙트럼에서 수소 흡수선이 가장 강하게 나타나는 별은 표면 온도가 약 10000K인 A형 별이고, 표면 온도가 낮아질수록 수소 흡수선이 약하게 나타난다. 수소 흡수선은 (가)에서 가장 강하고, (다)에서 가장 약하므로, 표면 온도는 (가)>(나)>(다)이다.
• 빈의 변위 법칙에 따르면 최대 복사 에너지 방출 파장(λ_{max})은 표면 온도에 반비례하므로, λ_{max}은 (가)<(나)<(다)이다.
• 별의 광도(L)는 별이 단위 시간 동안 방출하는 복사 에너지양으로 $L = 4\pi R^2 \cdot \sigma T^4$($R$: 별의 반지름, T: 별의 표면 온도)이다. 따라서 $L \propto R^2 \cdot T^4$의 관계가 성립한다.

○ 보기 풀이 ㄱ. 수소 흡수선의 세기는 (가)에서 가장 강하고, (나), (다)로 갈수록 약해진다. A0Ⅴ, G0Ⅴ, K0Ⅴ 중 수소 흡수선의 세기가 가장 강한 분광형은 A0Ⅴ이고, G0Ⅴ, K0Ⅴ로 갈수록 약해지므로, (가), (나), (다)의 분광형은 각각 A0Ⅴ, G0Ⅴ, K0Ⅴ이다.
ㄴ. 최대 복사 에너지 방출 파장(λ_{max})은 표면 온도에 반비례하며, (가)는 (나)보다 표면 온도가 높으므로, ㉠은 ㉡보다 짧다.

✗ 매력적 오답 ㄷ. 광도는 표면 온도의 네제곱과 반지름의 제곱의 곱에 비례한다. (나)는 (다)보다 표면 온도가 높고 반지름은 4배 크므로, 광도는 (나)가 (다)의 16배보다 크다.

문제풀이 Tip
수소 흡수선이 가장 강하게 나타나는 A형 별보다 표면 온도가 높거나 낮은 별들은 수소 흡수선이 A형인 별보다 약하게 나타난다는 것에 유의해야 한다.

16 별의 진화와 내부 구조

출제 의도 태양의 진화에 따른 광도 변화 자료를 해석하여 각 단계별 물리량을 비교하는 문항이다.

그림 (가)는 태양의 나이에 따른 광도 변화를, (나)는 A와 B 중 한 시기의 내부 구조와 수소 핵융합 반응이 일어나는 영역을 나타낸 것이다.

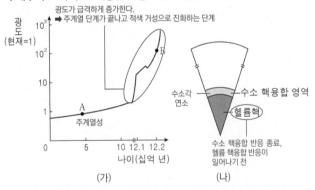

이에 대한 설명으로 옳은 것만을 〈보기〉에서 있는 대로 고른 것은?

[3점]

보기
ㄱ. 태양의 절대 등급은 A 시기보다 B 시기에 ~~크다.~~ 작다.
ㄴ. (나)는 B 시기이다.
ㄷ. B 시기 이후 태양의 주요 에너지원은 ~~탄소~~ 핵융합 반응이다. 헬륨

① ㄱ   ② ㄴ   ③ ㄱ, ㄷ   ④ ㄴ, ㄷ   ⑤ ㄱ, ㄴ, ㄷ

✓ 자료 해석
• (가) : 태양은 주계열성에서의 수명이 약 100억 년이며, 주계열 단계를 지나 적색 거성으로 진화하면서 광도가 급격하게 증가한다. 따라서 A는 주계열성, B는 적색 거성 단계이다.
• (나) : 중심부에 헬륨핵이 있고, 헬륨핵 바깥쪽에 수소 핵융합 영역이 분포하므로, 아직 중심핵에서는 헬륨 핵융합 반응이 일어나지 않고 핵 바깥쪽 수소 껍질에서 연소가 일어나는 단계이다. 따라서 적색 거성으로 진화하는 단계이다.

○ 보기 풀이 ㄴ. (나)는 중심에 헬륨핵이 있고, 헬륨핵 바깥쪽에 수소 핵융합 반응이 일어나는 수소껍질이 있는 것으로 보아 주계열성에서 적색 거성으로 진화하는 단계이다. 따라서 B 시기에 해당한다.

✗ 매력적 오답 ㄱ. 태양의 절대 등급은 광도가 클수록 작다. 따라서 광도가 큰 B 시기가 A 시기보다 절대 등급이 작다.
ㄷ. B 시기 이후 중심부 온도가 상승하면 헬륨 핵융합 반응에 의해 에너지가 생성된다. 태양은 중심부에서 헬륨 핵융합 반응까지 일어나 중심에 탄소로 이루어진 핵이 만들어진다.

문제풀이 Tip
태양의 진화 과정에서 나타나는 광도 변화, 내부 구조의 변화, 주요 에너지원의 생성 과정(핵융합 반응의 변화)에 대해 잘 학습해 두자.

17 별의 종류

출제 의도 별의 절대 등급과 분광형을 비교하여 별의 종류를 구분하고, 별의 종류별 특징을 비교하는 문항이다.

표는 별의 종류 (가), (나), (다)에 해당하는 별들의 절대 등급과 분광형을 나타낸 것이다. (가), (나), (다)는 각각 거성, 백색 왜성, 주계열성 중 하나이다.

- 거성은 표면 온도가 대체로 낮고, 광도가 크다.
- 백색 왜성은 표면 온도가 대체로 높고, 광도가 작다.
- 주계열성은 표면 온도가 높을수록 광도가 크고, 표면 온도가 낮을수록 광도가 작다.

별의 종류	별	절대 등급	분광형
(가) 주계열성	㉠	+0.5	A0
	㉡	−0.6	B7
(나) 거성	㉢	+1.1	K0
	㉣	−0.7	G2
(다) 백색 왜성	㉤	+13.3	F5
	㉥	+11.5	B1

→ 광도가 크고, 표면 온도가 낮다. ➡ 거성

→ 광도가 작고, 표면 온도가 높다. ➡ 백색 왜성

이에 대한 옳은 설명만을 〈보기〉에서 있는 대로 고른 것은?

┌─ 보기 ─────────────────────────┐
ㄱ. (가)는 주계열성이다.

ㄴ. 평균 밀도는 (나)가 (다)보다 작다.

ㄷ. 단위 시간당 단위 면적에서 방출하는 에너지양은 ㉠~㉥ 중 ㉣이 가장 많다.　표면 온도의 네제곱에 비례한다.
└────────────────────────────┘

① ㄱ　② ㄷ　③ ㄱ, ㄴ　④ ㄴ, ㄷ　⑤ ㄱ, ㄴ, ㄷ

✔ 자료 해석

- 절대 등급이 작을수록 광도가 크고, 분광형은 O, B, A, F, G, K, M형으로 갈수록 표면 온도가 낮다.
- (가) : 절대 등급이 작은 ㉡이 ㉠보다 표면 온도가 높으므로, 주계열성이다.
- (나) : 상대적으로 별의 절대 등급이 작고, 표면 온도가 낮으므로, 거성이다.
- (다) : 상대적으로 별의 절대 등급이 크고, 표면 온도가 높으므로, 백색 왜성이다.

◯ 보기 풀이 ㄱ. (가)는 절대 등급이 작아 광도가 큰 ㉡이 ㉠보다 표면 온도가 높다. 주계열성은 표면 온도가 높은 별일수록 광도가 크므로 (가)는 주계열성이다.

ㄴ. (나)는 비교적 절대 등급이 작아 광도가 크지만, (가)의 별들보다 표면 온도가 낮은 별들이므로 거성이다. (다)는 절대 등급이 커서 광도가 작으며, 표면 온도가 비교적 높은 별들이므로 백색 왜성이다. 평균 밀도는 거성인 (나)가 백색 왜성인 (다)보다 작다.

✕ 매력적 오답 ㄷ. 단위 시간당 단위 면적에서 방출하는 에너지양은 표면 온도가 높을수록 많다. 별의 표면 온도는 O형 별이 가장 높고, B, A, F, G, K, M형으로 갈수록 낮아지며, 0에서 9로 갈수록 낮아지므로, 분광형이 B1인 ㉥의 표면 온도가 가장 높다. 따라서 단위 시간당 단위 면적에서 방출하는 에너지양은 ㉥이 가장 많다.

문제풀이 Tip

별의 절대 등급으로부터 광도를 비교할 수 있고, 분광형으로부터 표면 온도를 비교할 수 있다는 것을 알아 두자. 별의 절대 등급(광도)과 분광형(표면 온도)을 비교하여 H−R도에서의 대략적인 위치를 파악하면 별의 종류를 알 수 있다. 한편, 단위 시간당 단위 면적에서 방출하는 에너지양을 광도(단위 시간 동안 방출하는 에너지의 양)로 착각하여 보기 ㄷ에서 절대 등급이 가장 작은 ㉣을 고르지 않도록 유의해야 한다.

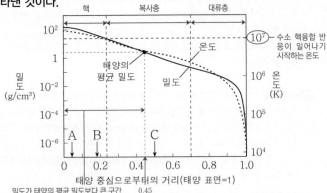

18 태양의 내부 구조

선택지 비율 ❶ 28% ② 13% ③ 21% ④ 14% ⑤ 21%

2023년 3월 교육청 20번 | 정답 ① | 문제편 85 p

출제 의도 태양의 내부 구조를 알고, 태양 내부에서의 밀도와 온도 변화를 통해 에너지원의 생성과 전달 과정을 이해하는 문항이다.

그림은 태양 중심으로부터의 거리에 따른 밀도와 온도의 변화를 나타낸 것이다.

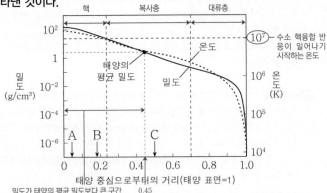

밀도가 태양의 평균 밀도보다 큰 구간   0.45

이에 대한 옳은 설명만을 〈보기〉에서 있는 대로 고른 것은? [3점]

보기
ㄱ. p-p 반응에 의한 에너지 생성량은 A 지점이 B 지점보다 많다.
ㄴ. C 지점에서는 주로 ~~대류~~에 의해 에너지가 전달된다.
　　　　　　　　복사
ㄷ. 태양 내부에서 밀도가 평균 밀도보다 큰 영역의 부피는 태양 전체 부피의 ~~40 %보다 크다.~~
　　　　　　　　　　　　　　　약 9.1 %이다.

① ㄱ　② ㄴ　③ ㄱ, ㄷ　④ ㄴ, ㄷ　⑤ ㄱ, ㄴ, ㄷ

✓ 자료 해석
• 태양의 내부 구조는 중심부로부터 핵 → 복사층 → 대류층으로 이루어져 있다.
• 태양 중심으로부터 멀어질수록 온도와 밀도는 감소하며, 태양 표면에 가까워지면 온도와 밀도가 급격하게 감소한다.
• A 지점과 B 지점은 온도가 10^7 K보다 높으므로 수소 핵융합 반응이 일어나는 핵에 속하고, C 지점은 복사층에 속한다.

○ 보기 풀이 ㄱ. p-p 반응에 의한 에너지 생성량은 온도가 높을수록 많다. 따라서 p-p 반응에 의한 에너지 생성량은 온도가 높은 A 지점이 온도가 낮은 B 지점보다 많다.

✕ 매력적 오답 ㄴ. 태양의 내부 구조는 핵, 복사층, 대류층으로 이루어져 있으며, 태양의 반지름을 1.0이라고 할 때 핵은 0~약 0.25, 복사층은 약 0.25~0.7, 대류층은 약 0.7~1.0에 해당하는 구간이다. 따라서 C는 복사층에 속해 있으므로 C 지점에서는 주로 복사에 의해 에너지가 전달된다.

ㄷ. 태양 내부에서 밀도가 평균 밀도와 같은 지점은 태양 중심으로부터의 거리가 약 0.45이다. 구의 부피는 반지름의 세제곱에 비례하므로, 밀도가 평균 밀도보다 큰 영역(0~0.45)의 부피는 태양 전체 부피의 약 $0.45^3 ≒ 0.091$이므로 약 9.1 %이다.

문제풀이 **Tip**
대류는 위층과 아래층의 온도 차가 클 때 일어나므로, 온도 변화가 크게 일어나는 구간에서 대류에 의해 에너지가 전달될 수 있음을 이해하자.

19 별의 물리량

출제 의도 파장에 따른 복사 에너지 세기 분포 그래프를 해석하여 별의 물리량을 비교하는 문항이다.

그림은 단위 시간 동안 별 ㉠과 ㉡에서 방출된 복사 에너지 세기를 파장에 따라 나타낸 것이다. <u>그래프와 가로축 사이의 면적은 각각 S, 4S이다.</u>

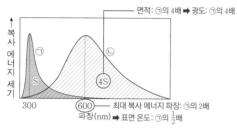

광도

면적: ㉠의 4배 ➡ 광도: ㉠의 4배

복사 에너지 세기

㉠　㉡
S　4S

300　600　최대 복사 에너지 파장: ㉠의 2배
파장(nm)　표면 온도: ㉠의 ½배

㉠과 ㉡에 대한 옳은 설명만을 〈보기〉에서 있는 대로 고른 것은?

보기
ㄱ. 광도는 ㉡이 ㉠의 4배이다.
ㄴ. 표면 온도는 ㉡이 ㉠의 2̶배̶이다.　½배
ㄷ. 반지름은 ㉡이 ㉠의 2̶배̶이다.　8배

① ㄱ　② ㄴ　③ ㄱ, ㄷ　④ ㄴ, ㄷ　⑤ ㄱ, ㄴ, ㄷ

✔ 자료 해석
• 최대 복사 에너지를 방출하는 파장은 ㉠은 300 nm, ㉡은 600 nm로, ㉡이 ㉠의 2배이다.
• 그래프와 가로축 사이의 면적은 ㉠은 S, ㉡은 4S로, ㉡이 ㉠의 4배이다.
• 별의 광도(L)는 반지름(R)의 제곱에 비례하고, 표면 온도(T)의 4제곱에 비례하므로($L \propto R^2 \cdot T^4$), 반지름은 광도의 제곱근에 비례하고, 표면 온도의 제곱에 반비례한다($R \propto \frac{\sqrt{L}}{T^2}$).

○ 보기 풀이　ㄱ. 그래프와 가로축 사이의 면적은 광도를 의미한다. 그래프와 가로축 사이의 면적은 ㉠은 S, ㉡은 4S이므로 광도는 ㉡이 ㉠의 4배이다.

✕ 매력적 오답　ㄴ. 빈의 변위 법칙에 따라 최대 복사 에너지를 방출하는 파장은 별의 표면 온도에 반비례한다. 최대 복사 에너지를 방출하는 파장은 ㉡이 ㉠의 2배이므로, 표면 온도는 ㉡이 ㉠의 $\frac{1}{2}$ 배이다.

ㄷ. 반지름은 광도의 제곱근에 비례하고, 표면 온도의 제곱에 반비례한다. 광도는 ㉡이 ㉠의 4배이고, 표면 온도는 ㉡이 ㉠의 $\frac{1}{2}$ 배이므로, 반지름은 ㉡이 ㉠의 8배이다.

문제풀이 Tip
파장에 따른 복사 에너지 세기를 나타낸 그래프에서 최대 복사 에너지를 방출하는 파장과 표면 온도 사이의 관계를 알아 두고, 그래프 아래의 면적을 보고 광도를 비교하는 연습을 해 두자.

20 별의 내부 구조

출제 의도 태양 중심으로부터의 거리에 따른 누적 에너지 생성량과 누적 질량 분포를 통해 태양의 내부 구조를 파악하고, 각 층의 특징을 비교하는 문항이다.

그림은 태양 중심으로부터의 거리에 따른 단위 시간당 누적 에너지 생성량과 누적 질량을 나타낸 것이다. ㉠, ㉡, ㉢은 각각 핵, 대류층, 복사층 중 하나이다.

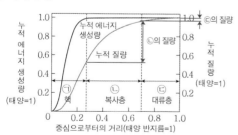

누적 에너지 생성량 (태양=1)

1.0　0.8　0.6　0.4　0.2

누적 에너지 생성량
㉢의 질량
㉡의 질량
누적 질량

누적 질량 (태양=1)

1.0　0.8　0.6　0.4

㉠ 핵　㉡ 복사층　㉢ 대류층

0　0.2　0.4　0.6　0.8　1.0
중심으로부터의 거리(태양 반지름=1)

이에 대한 옳은 설명만을 〈보기〉에서 있는 대로 고른 것은?

보기
ㄱ. 단위 시간 동안 생성되는 에너지양은 ㉠이 ㉡보다 많다.
ㄴ. ㉢에서는 주로 대류에 의해 에너지가 전달된다.
ㄷ. 평균 밀도는 ㉡이 ㉢보다 크다.

① ㄱ　② ㄷ　③ ㄱ, ㄴ　④ ㄴ, ㄷ　⑤ ㄱ, ㄴ, ㄷ

✔ 자료 해석
• ㉠은 핵, ㉡은 복사층, ㉢은 대류층이다.
• ㉠에서 누적 에너지 생성량이 급격하게 증가하고, ㉡, ㉢에서는 누적 에너지 생성량 증가가 거의 없다.
• ㉠은 전체 질량의 약 50 %를 차지하고, ㉡은 전체 질량의 약 46 %를 차지하며, ㉢은 전체 질량의 약 4 %를 차지한다.

○ 보기 풀이　㉠은 핵, ㉡은 복사층, ㉢은 대류층이다.
ㄱ. 누적 에너지 생성량은 ㉠에서 0에서부터 거의 1.0까지 증가하므로 태양 내부에서 에너지는 핵에서 대부분 생성되고, 복사층과 대류층에서는 거의 생성되지 않는다. 따라서 단위 시간 동안 생성되는 에너지양은 ㉠이 ㉡보다 많다.
ㄴ. ㉢은 대류층이므로, 주로 대류에 의해 에너지가 전달된다.
ㄷ. 평균 밀도는 질량이 클수록, 부피가 작을수록 크다. ㉡과 ㉢의 부피 차이는 크지 않지만 질량은 ㉡이 ㉢보다 훨씬 크므로, 평균 밀도는 ㉡이 ㉢보다 크다.

문제풀이 Tip
자료에서 그래프의 값이 각 층에서의 에너지 생성량과 질량이 아닌 누적 에너지 생성량과 누적 질량이라는 것에 유의해야 한다. 예를 들어 ㉡의 질량은 ㉡까지의 누적 질량에서 ㉠까지의 누적 질량을 뺀 값이고, ㉡에서의 에너지 생성량은 ㉡까지의 누적 에너지 생성량에서 ㉠까지의 누적 에너지 생성량을 뺀 값이다.

Part I

교육청

21 원시별의 진화 과정

출제 의도　원시별의 질량에 따른 진화 속도 차이를 파악하고 원시별 표면에 작용하는 힘의 종류와 세기를 이해하는 문항이다.

그림은 원시별 A, B, C를 H - R도에 나타낸 것이다. 점선은 원시별이 탄생한 이후 경과한 시간이 같은 위치를 연결한 것이다.

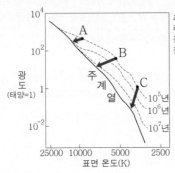

A, B, C에 대한 옳은 설명만을 〈보기〉에서 있는 대로 고른 것은?

[3점]

보기

ㄱ. 주계열성이 되기까지 걸리는 시간은 A가 C보다 ~~같다.~~ 짧다.

ㄴ. ~~B와 C의 질량은 같다.~~ B가 C보다 질량이 크다.

ㄷ. C는 표면에서 중력이 기체 압력 차에 의한 힘보다 크다.

① ㄱ　② ㄴ　③ ㄷ　④ ㄱ, ㄷ　⑤ ㄴ, ㄷ

✓ 자료 해석

• 원시별이 탄생한 후 10^5년이 지났을 때 A가 주계열에 가장 가깝고 C가 주계열에서 가장 멀다.

• H - R도에서 A는 왼쪽 위에, C는 오른쪽 아래에 위치하므로 질량은 A가 가장 크고 C가 가장 작다.

• 원시별은 질량이 큰 별일수록 진화 속도가 빨라 주계열에 먼저 도달한다.

○ 보기 풀이　ㄷ. 원시별에서는 중력이 기체 압력 차에 의한 힘보다 크므로 중력 수축이 일어나 크기가 작아지고 온도가 높아진다. C는 아직 주계열에 도달하지 않은 원시별이므로 표면에서 중력이 기체 압력 차에 의한 힘보다 크다.

✕ 매력적 오답　ㄱ. 원시별이 탄생한 이후 경과한 시간이 같을 때 주계열에 더 가깝다는 것은 진화가 빠르다는 것을 의미한다. 따라서 주계열성이 되기까지 걸리는 시간은 A가 B보다 짧다.

ㄴ. 원시별이 탄생한 이후 경과한 시간이 같을 때 질량이 큰 별일수록 H - R도에서 왼쪽 위에 위치하므로, 질량은 A > B > C 순이다. 따라서 B가 C보다 질량이 크다.

문제풀이 **Tip**

그림에서 점선이 나타내는 것이 진화 경로가 아닌 것에 유의해야 한다. H - R도에서 질량이 큰 원시별은 대체로 수평 방향으로 진화하여 주계열성이 되고, 질량이 작은 원시별은 대체로 수직 방향으로 진화하여 주계열성이 된다는 것을 알아 두자.

22 별의 물리량

출제 의도 별의 광도와 표면 온도 자료를 이용하여 반지름, 스펙트럼의 특징, 평균 밀도를 비교하는 문항이다.

표는 별 A~D의 특징을 나타낸 것이다. A~D 중 주계열성은 3개이다.

별	광도(태양=1)	표면 온도(K)	분광형
주계열성 A	20000	25000	B
백색 왜성 B	0.01	11000	B
주계열성 C	1	5500	G
주계열성 D	0.0017	3000	M

A~D에 대한 설명으로 옳은 것만을 〈보기〉에서 있는 대로 고른 것은? [3점]

보기
ㄱ. 별의 반지름은 A가 C보다 ~~10배 이상~~ 크다.
　　　　　　　　　　　　약 7배
ㄴ. Ca II 흡수선의 상대적 세기는 C가 A보다 강하다.
ㄷ. 별의 평균 밀도가 가장 큰 것은 ~~D~~이다.
　　　　　　　　　　　　　　B

① ㄱ　　② ㄴ　　③ ㄱ, ㄷ　　④ ㄴ, ㄷ　　⑤ ㄱ, ㄴ, ㄷ

✔ 자료 해석

- 별의 광도(L)는 $L = 4\pi R^2 \cdot \sigma T^4$($R$: 반지름, σ: 슈테판 · 볼츠만 상수, T: 표면 온도)이고, 별의 반지름은 $R \propto \dfrac{\sqrt{L}}{T^2}$이다.

- B는 광도가 태양의 0.01배이지만 표면 온도는 11000 K으로 태양보다 높은 것으로 보아 백색 왜성이다. 따라서 주계열성은 A, C, D이다.

- C는 태양과 광도가 같고 표면 온도가 태양과 비슷한 주계열성이다. ➡ 분광형 G형

○ 보기 풀이 ㄴ. Ca II 흡수선의 세기는 표면 온도가 낮은 K형 별에서 가장 강하게 나타난다. A는 표면 온도가 25000 K으로 분광형이 B형이고, C는 표면 온도 5500 K으로 분광형이 G형이므로, Ca II 흡수선의 세기는 C가 A보다 강하다.

✖ 매력적 오답 ㄱ. 별의 반지름(R)은 광도(L)의 제곱근에 비례하고 표면 온도(T)의 제곱에 반비례한다. A는 C와 비교하여 광도는 20000배, 표면 온도는 $\dfrac{50}{11}$배이다. $\dfrac{\sqrt{20000}}{\left(\dfrac{50}{11}\right)^2} = 100\sqrt{2} \times \dfrac{121}{2500} = \dfrac{121\sqrt{2}}{25} ≒ 7$이므로 A의 반지름은 C의 약 7배이다.

ㄷ. A, C, D는 주계열성이고, B는 백색 왜성이므로 별의 평균 밀도는 B가 가장 크다.

문제풀이 **Tip**
주계열성은 광도가 클수록 표면 온도가 높고, 거성은 광도는 크고 표면 온도는 낮으며, 백색 왜성은 광도는 작고 표면 온도는 높다는 것에 유의해야 한다.

23 별의 진화

출제 의도 태양과 질량이 비슷한 별의 진화 과정을 알고, 진화 과정에 따른 절대 등급, 표면 온도, 반지름의 변화를 비교하는 문항이다.

그림은 어느 별의 진화 경로를 H–R도에 나타낸 것이다.

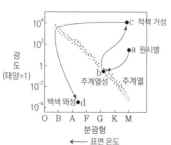

이 별에 대한 설명으로 옳은 것만을 〈보기〉에서 있는 대로 고른 것은?

보기
ㄱ. 절대 등급은 a 단계에서 b 단계로 갈수록 ~~작아진다.~~
　　　　　　　　　　　　　　　　　　　커진다.
ㄴ. $\dfrac{반지름}{표면 온도}$은 c 단계가 b 단계보다 크다.
ㄷ. 반지름은 c 단계가 d 단계보다 크다.

① ㄱ　　② ㄷ　　③ ㄱ, ㄴ　　④ ㄴ, ㄷ　　⑤ ㄱ, ㄴ, ㄷ

✔ 자료 해석

- 분광형이 G형인 주계열성의 진화 과정을 나타낸 것이므로, 태양의 진화 과정과 같다.
- a는 원시별, b는 주계열성, c는 적색 거성, d는 백색 왜성이다.
- a 단계에서 b 단계로 갈수록 광도는 감소하고 표면 온도는 높아진다.
- b 단계에서 c 단계로 갈수록 광도는 증가하고 표면 온도는 낮아진다.
- c 단계에서 d 단계로 가면서 광도는 급격하게 감소하고 표면 온도는 높아진다.

○ 보기 풀이 태양 정도의 질량을 가진 별의 진화 과정이므로, a는 원시별, b는 주계열성, c는 적색 거성, d는 백색 왜성이다.

ㄴ. b 단계에서 c 단계로 갈수록 별의 표면 온도가 낮아지는데 광도는 커지므로 반지름은 커진다. 따라서 $\dfrac{반지름}{표면 온도}$은 c 단계가 b 단계보다 크다.

ㄷ. 별의 반지름은 광도의 제곱근에 비례하고 표면 온도의 제곱에 반비례한다. c 단계는 d 단계보다 광도가 크고 표면 온도가 낮다. 따라서 반지름은 c 단계가 d 단계보다 크다.

✖ 매력적 오답 ㄱ. 별의 광도가 클수록 절대 등급이 작다. a 단계에서 b 단계로 갈수록 광도는 작아지므로 절대 등급은 커진다.

문제풀이 **Tip**
별의 진화 단계에 따른 광도, 표면 온도, 반지름의 변화는 H–R도 없이도 해결할 수 있는 기본 개념이지만, H–R도에 별의 진화 경로를 나타내고 위치에 따른 별의 물리량 변화를 묻는 문항도 자주 출제되므로 확실하게 알아 두자.

24 별의 에너지원

출제 의도 별의 중심 온도에 따라 일어나는 핵융합 반응을 파악하고, 주계열 단계와 이후 진화 단계에서 일어나는 핵융합 반응을 구분하는 문항이다.

그림은 별의 중심 온도에 따른 p – p 반응과 CNO 순환 반응, 헬륨 핵융합 반응의 상대적 에너지 생산량을 A, B, C로 순서 없이 나타낸 것이다.

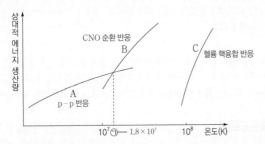

이에 대한 설명으로 옳은 것만을 〈보기〉에서 있는 대로 고른 것은?
[3점]

┌─ 보기 ┐
ㄱ. A와 B는 수소 핵융합 반응이다.
ㄴ. 현재 태양의 중심 온도는 ㉠보다 낮다.
ㄷ. 주계열 단계에서는 질량이 클수록 전체 에너지 생산량에
　　서 ㉤에 의한 비율이 증가한다.
　　　　B
└─────────────────────────┘

① ㄱ　　② ㄷ　　③ ㄱ, ㄴ　　④ ㄴ, ㄷ　　⑤ ㄱ, ㄴ, ㄷ

✔ **자료 해석**

- A는 수소 핵융합 반응 중 수소 원자핵 6개가 여러 반응 단계를 거쳐 헬륨 원자핵 1개와 수소 원자핵 2개로 바뀌면서 에너지를 생성하는 p–p 반응으로, 중심 온도가 약 1800만 K 이하인 별에서 우세하게 일어난다.
- B는 수소 핵융합 반응 중 탄소, 질소, 산소가 촉매 역할을 하여 4개의 수소 원자핵이 1개의 헬륨 원자핵으로 바뀌면서 에너지를 생성하는 CNO 순환 반응으로, 중심 온도가 약 1800만 K 이상인 별에서 우세하게 일어난다.
- C는 온도가 1억 K 이상인 적색 거성의 중심부에서 3개의 헬륨 원자핵이 1개의 탄소 원자핵으로 바뀌면서 에너지를 생성하는 헬륨 핵융합 반응이다.

○ **보기풀이** ㄱ. A는 p–p 반응, B는 CNO 순환 반응으로, 모두 수소 원자핵이 헬륨 원자핵으로 바뀌면서 에너지를 생성하는 수소 핵융합 반응이다.

ㄴ. ㉠은 약 1.8×10^7 K으로, ㉠보다 온도가 낮은 곳에서는 p–p 반응이 우세하게 일어나고 ㉠보다 온도가 높은 곳에서는 CNO 순환 반응이 우세하게 일어난다. 현재 태양의 중심부에서는 p–p 반응이 우세하므로 중심 온도는 ㉠보다 낮다.

✕ **매력적 오답** ㄷ. 주계열 단계에서는 질량이 클수록 중심 온도가 높다. 따라서 질량이 커서 중심 온도가 약 1.8×10^7 K 이상이 되면 전체 에너지 생산량에서 B에 의한 비율이 증가한다. C는 헬륨 핵융합 반응으로 주계열 단계에서는 일어나지 않는 핵융합 반응이다.

문제풀이 Tip

주계열성의 중심 온도에 따라 우세한 수소 핵융합 반응의 종류를 묻는 문항이 종종 출제된다. p–p 반응과 CNO 순환 반응의 공통점과 차이점, 핵융합 반응 과정을 비교하여 알아 두고 p–p 반응과 CNO 순환 반응이 우세하게 일어나는 기준이 되는 중심부 온도가 약 1800만 K이라는 것과 태양의 중심부 온도가 약 1500만 K이라서 p–p 반응이 우세하다는 것은 외워두도록 하자.

25 별의 물리량

출제 의도 별의 광도, 반지름, 최대 복사 에너지 방출 파장의 관계를 이해하고, 물리량을 비교하는 문항이다.

표는 별 A와 B의 물리량을 태양과 비교하여 나타낸 것이다.

광도는 반지름의 제곱, 표면 온도의 4제곱에 비례한다.

별	광도 (상댓값)	반지름 (상댓값)	최대 복사 에너지 방출 파장(nm)
태양	1	1	500
A	170	25	㉠
B	64	㉡	250

최대 복사 에너지 방출 파장은 표면 온도에 반비례한다.

태양이 B보다 2배 길다. ➡ 표면 온도는 B가 태양보다 2배 높다.

이에 대한 설명으로 옳은 것만을 〈보기〉에서 있는 대로 고른 것은?

[3점]

┌─ 보기 ─────────────────────────┐
ㄱ. ㉠은 500보다 크다.

ㄴ. ㉡은 $\frac{4}{2}$이다.

ㄷ. 단위 면적당 단위 시간에 방출하는 복사 에너지의 양은 A보다 B가 많다.
└────────────────────────────┘

① ㄱ　② ㄴ　③ ㄷ　④ ㄱ, ㄴ　⑤ ㄱ, ㄷ

✔ 자료 해석

• 별의 광도(L)는 별이 단위 시간 동안 방출하는 에너지양으로 $L = 4\pi R^2 \cdot \sigma T^4$($R$: 반지름, σ: 슈테판·볼츠만 상수, T: 표면 온도)이며, 태양 < B < A이다.

• 별의 반지름(R)은 표면 온도(T)의 제곱에 반비례하고, 광도(L)의 제곱근에 비례한다. ➡ $R \propto \dfrac{\sqrt{L}}{T^2}$

• 최대 복사 에너지를 방출하는 파장은 별의 표면 온도에 반비례한다. 최대 복사 에너지 방출 파장은 태양이 B보다 2배 길므로, 표면 온도는 B가 태양보다 2배 높다.

◎ 보기풀이 ㄱ. 광도 식 $L = 4\pi R^2 \cdot \sigma T^4$으로부터 $T^4 \propto \dfrac{L}{R^2}$이다. 태양과 비교할 때 A의 광도는 170배, 반지름은 25배이므로, (표면 온도)⁴은 1보다 작다. 따라서 최대 복사 에너지 방출 파장은 태양보다 표면 온도가 낮은 A가 더 길므로 ㉠은 500보다 크다.

ㄷ. 별이 단위 면적당 단위 시간에 방출하는 복사 에너지의 양은 표면 온도의 4제곱에 비례한다. 최대 복사 에너지 방출 파장은 A가 B보다 길므로 표면 온도는 A가 B보다 낮다. 따라서 단위 면적당 단위 시간에 방출하는 복사 에너지의 양은 A보다 B가 많다.

✘ 매력적 오답 ㄴ. B의 광도는 태양의 64배이고, 표면 온도는 태양의 2배이므로, 반지름은 $R \propto \dfrac{\sqrt{L}}{T^2}$로부터 태양의 2배이다. 따라서 ㉡은 2이다.

문제풀이 **Tip**

별의 물리량을 구하는 문항에서는 기본적으로 슈테판·볼츠만 법칙, 빈의 법칙, 광도 식을 알고 있어야 한다. 광도 식을 이용하면 여러 별의 광도, 표면 온도, 반지름을 비교할 수 있으니 꼭 외워두자.

26 주계열성의 내부 구조

출제 의도 질량에 따른 주계열성의 내부 구조를 이해하는 문항이다.

그림은 주계열성 내부의 에너지 전달 영역을 주계열성의 질량과 중심으로부터의 누적 질량비에 따라 나타낸 것이다. A와 B는 각각 복사와 대류에 의해 에너지 전달이 주로 일어나는 영역 중 하나이다.

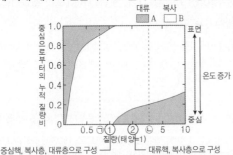

이에 대한 설명으로 옳은 것만을 〈보기〉에서 있는 대로 고른 것은? [3점]

보기
ㄱ. A 영역의 평균 온도는 질량이 ㉠인 별보다 ㉡인 별이 높다.
ㄴ. B는 복사에 의해 에너지 전달이 주로 일어나는 영역이다.
ㄷ. 질량이 ㉠인 별의 중심부에서는 p−p 반응보다 CNO 순환 반응어 우세하게 일어난다.
   (CNO 순환 반응보다 p−p 반응이)

① ㄱ   ② ㄴ   ③ ㄷ   ④ ㄱ, ㄴ   ⑤ ㄱ, ㄷ

✔ 자료 해석
• 태양의 내부 구조는 중심핵 → 복사층 → 대류층으로 이루어져 있으므로, A는 대류, B는 복사이다.
• ㉠은 질량이 태양보다 작고, 중심으로부터의 누적 질량비가 약 0.9인 지점까지는 복사에 의해, 바깥쪽에서는 대류에 의해 에너지가 전달되므로, 태양과 같이 내부 구조가 중심핵 → 복사층 → 대류층으로 이루어져 있다.
• ㉡은 질량이 태양보다 2배 이상 크고, 중심으로부터의 누적 질량비가 약 0.2인 지점까지는 대류에 의해, 바깥쪽에서는 복사에 의해 에너지가 전달되므로, 대류핵 → 복사층으로 이루어져 있다.

○ 보기 풀이 ㄱ. 별은 중심부로 갈수록 온도가 높다. 질량이 ㉠인 별은 A 영역이 별의 표면 쪽에 나타나고, 질량이 ㉡인 별은 A 영역이 별의 중심 쪽에 나타나므로, A 영역의 평균 온도는 질량이 ㉠인 별보다 ㉡인 별이 높다.
ㄴ. 태양의 내부 구조는 중심핵 → 복사층 → 대류층으로 이루어져 있으므로 A는 대류에 의해 에너지 전달이 주로 일어나는 영역이고, B는 복사에 의해 에너지 전달이 주로 일어나는 영역이다.

✘ 매력적 오답 ㄷ. 질량이 태양 정도인 별의 중심부에서는 p−p 반응이 CNO 순환 반응보다 우세하게 일어나고, 질량이 태양보다 약 1.5배 이상 크고 중심부 온도가 약 1800만 K 이상인 별의 중심부에서는 CNO 순환 반응이 p−p 반응보다 우세하게 일어난다. 질량이 ㉠인 별은 태양보다 질량이 작으므로 중심부에서는 p−p 반응이 CNO 순환 반응보다 우세하게 일어난다.

문제풀이 Tip
주계열성의 물리량이나 에너지 생성 방법, 진화 과정 등을 묻는 문제는 일단 태양을 기준으로 접근해 본다. 태양의 내부 구조는 중심핵, 복사층, 대류층으로 이루어져 있지만, 질량이 태양보다 2배 이상 큰 별은 중심핵에서 대류가 일어나 대류핵과 복사층으로 이루어져 있다는 것에 유의하도록 한다.

---

27 별의 진화

출제 의도 질량이 태양과 비슷한 별의 진화 과정에 따른 광도와 표면 온도의 변화를 이해하고, 진화 단계에 따른 별의 특징을 파악하는 문항이다.

그림은 질량이 태양과 비슷한 별의 나이에 따른 광도와 표면 온도를 A와 B로 순서 없이 나타낸 것이다. ㉠, ㉡, ㉢은 각각 원시별, 적색 거성, 주계열성 단계 중 하나이다.

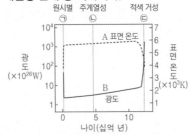

이에 대한 설명으로 옳은 것만을 〈보기〉에서 있는 대로 고른 것은?

보기
ㄱ. A는 표면 온도이다.
ㄴ. ㉠의 주요 에너지원은 수소 핵융합 반응이다.
   (중력 수축 에너지)
ㄷ. 별의 평균 밀도는 ㉡보다 ㉢일 때 작다.

① ㄱ   ② ㄴ   ③ ㄷ   ④ ㄱ, ㄷ   ⑤ ㄴ, ㄷ

✔ 자료 해석
• 질량이 태양과 비슷한 별의 진화 과정은 원시별 → 주계열성 → 적색 거성 → 행성상 성운 → 백색 왜성이다. ㉠은 원시별, ㉡은 주계열성, ㉢은 적색 거성이다.
• A는 원시별에서 주계열성으로 진화할 때 급격히 증가하고, 주계열성에서 적색 거성으로 진화할 때 급격히 감소하므로 표면 온도이다.
• B는 원시별에서 주계열성으로 진화할 때 급격히 감소하고, 주계열성에서 적색 거성으로 진화할 때 급격히 증가하므로 광도이다.

○ 보기 풀이 ㄱ. 질량이 태양과 비슷한 별은 원시별에서 주계열성으로 진화할 때 표면 온도는 높아지고 광도는 급격히 작아지며, 주계열성에서 적색 거성으로 진화할 때 표면 온도는 낮아지고 광도는 커진다. 따라서 A는 표면 온도, B는 광도이다.
ㄷ. 주계열성에서 적색 거성으로 진화할 때 별의 반지름이 급격하게 증가하므로 별의 밀도는 크게 감소한다. 따라서 별의 평균 밀도는 주계열성인 ㉡보다 적색 거성인 ㉢일 때 작다.

✘ 매력적 오답 ㄴ. ㉠은 원시별이므로, 주요 에너지원은 중력 수축 에너지이다.

문제풀이 Tip
원시별에서 적색 거성까지 진화할 때 중심부 온도는 지속적으로 증가하지만, 표면 온도는 지속적으로 증가하지 않는다. 주계열성에서 적색 거성으로 진화할 때 반지름과 광도는 크게 증가하지만 표면 온도는 감소한다는 것에 유의해야 한다.

28 H–R도와 별의 분류

출제 의도 별들을 분광형과 절대 등급에 따라 백색 왜성, 주계열성, 거성으로 구분하는 탐구 과정을 통해 별의 종류에 따른 특징을 이해하는 문항이다.

다음은 H – R도를 작성하여 별을 분류하는 탐구이다.

[탐구 과정]

표는 별 a∼f의 분광형과 절대 등급이다.

별	a	b	c	d	e	f
분광형	A0	B1	G2	M5	M2	B6
절대 등급	+11.0	−3.6	+4.8	+13.2	−3.1	+10.3

(가) 각 별의 위치를 H – R도에 표시한다.

(나) H – R도에 표시한 위치에 따라 별들을 백색 왜성, 주계열성, 거성의 세 집단으로 분류한다.

[탐구 결과]

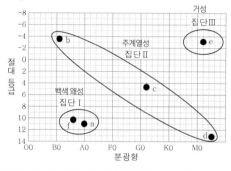

이에 대한 옳은 설명만을 〈보기〉에서 있는 대로 고른 것은?

보기
ㄱ. a와 f는 집단 Ⅰ에 속한다.
ㄴ. 집단 Ⅱ는 주계열성이다.
ㄷ. 별의 평균 밀도는 집단 Ⅰ이 집단 Ⅲ보다 크다.

① ㄱ　② ㄴ　③ ㄱ, ㄷ　④ ㄴ, ㄷ　⑤ ㄱ, ㄴ, ㄷ

✔ 자료 해석

• H – R도에서 주계열성은 왼쪽 위에서 오른쪽 아래로 대각선을 따라 분포하며, 표면 온도가 높을수록 광도가 크다.
• H – R도에서 거성은 주계열의 오른쪽 위에 분포한다.
• H – R도에서 백색 왜성은 주계열의 왼쪽 아래에 분포한다.
• 거성은 표면 온도가 낮고 반지름이 크며 평균 밀도가 작고, 백색 왜성은 표면 온도가 높고 반지름이 작으며 평균 밀도가 크다.

○ 보기 풀이 집단 Ⅰ은 백색 왜성, 집단 Ⅱ는 주계열성, 집단 Ⅲ은 거성에 해당한다.

ㄱ. a와 f의 분광형과 절대 등급을 H – R도에 표시해 보면 집단 Ⅰ에 속한다.

ㄴ. 집단 Ⅱ는 H – R도에서 왼쪽 위에서 오른쪽 아래를 따라 대각선 영역에 분포하므로 주계열성이다.

ㄷ. 별의 평균 밀도는 표면 온도가 높고 반지름이 작은 백색 왜성(집단 Ⅰ)이 표면 온도가 낮고 반지름이 큰 거성(집단 Ⅲ)보다 크다.

문제풀이 Tip

별을 분광형(표면 온도, 색지수)과 절대 등급(광도)에 따라 주계열성, 백색 왜성, 거성으로 분류하고, 각 별의 특징을 비교하여 묻는 문항이 자주 출제되므로, H – R도상에서 별의 종류별 분포를 알아 두고, 각 별의 물리량(표면 온도, 광도, 반지름, 평균 밀도, 흡수선의 세기 등)을 비교할 수 있어야 한다.

Part I

교육청

29 별의 물리량

출제 의도 질량과 광도가 다른 두 주계열성에서 우세하게 일어나는 수소 핵융합 반응, 예상 수명, 중심핵의 단위 시간당 질량 감소량을 비교하는 문항이다.

표는 주계열성 A, B의 물리량을 나타낸 것이다.

— 태양과 비슷한 물리적 특징을 가진다.

질량이 클수록 수명이 짧다.

주계열성	광도 (태양=1)	질량 (태양=1)	예상 수명 (억 년)
A	1	1	100
B	80	3	X

이에 대한 옳은 설명만을 〈보기〉에서 있는 대로 고른 것은? [3점]

보기
ㄱ. A에서는 p–p 반응이 CNO 순환 반응보다 우세하다.
ㄴ. X는 100보다 작다.
ㄷ. 중심핵의 단위 시간당 질량 감소량은 A가 B보다 <s>많다.</s> 적다.

① ㄱ   ② ㄷ   ③ ㄱ, ㄴ   ④ ㄴ, ㄷ   ⑤ ㄱ, ㄴ, ㄷ

✔ 자료 해석
• A는 태양과 질량이 같은 주계열성이고, B는 태양보다 질량이 3배 큰 주계열성이다.
• 중심부의 온도가 약 1800만 K보다 낮은 주계열성에서는 p–p 반응이 우세하게 일어나고, 중심부의 온도가 약 1800만 K보다 높은 주계열성에서는 CNO 순환 반응이 우세하게 일어난다. ➡ 태양의 중심부 온도는 약 1500만 K이므로 p–p 반응이 우세하게 일어난다.
• 주계열성은 질량이 클수록 광도가 크고, 수명이 짧다.

○ 보기 풀이 ㄱ. 태양과 질량이 비슷한 주계열성은 중심부에서 p–p 반응이 CNO 순환 반응보다 우세하게 일어난다.
ㄴ. 주계열성은 질량이 클수록 광도가 크고 수명이 짧으므로 예상 수명은 질량이 큰 B가 A보다 짧다. 따라서 X는 100보다 작다.

✘ 매력적 오답 ㄷ. 수소 핵융합 반응 과정에서 발생한 질량 결손은 에너지로 전환되어 방출되는데, 이때 단위 시간당 방출하는 에너지양을 광도라고 한다. 질량이 큰 주계열성일수록 수소 핵융합 반응에 의한 질량 감소량이 크므로 광도가 크다. 따라서 중심핵의 단위 시간당 질량 감소량은 질량과 광도가 큰 B가 A보다 많다.

문제풀이 Tip
주계열성은 질량에 따라 나타나는 특징이 크게 다르다. 질량이 태양과 비슷한 주계열성과 질량이 태양보다 큰 주계열성의 광도, 우세하게 일어나는 수소 핵융합 반응, 내부 구조, 수명, 진화 과정을 비교하여 확실하게 알아 두자.

30 플랑크 곡선

출제 의도 별의 표면 온도와 관련된 물리량과 특징을 이해하고, 표면 온도와 반지름을 통해 별의 광도를 비교하는 문항이다.

표는 별 A, B의 표면 온도와 반지름을, 그림은 A, B에서 단위 면적당 단위 시간에 방출되는 복사 에너지의 파장에 따른 세기를 ㉠과 ㉡으로 순서 없이 나타낸 것이다.

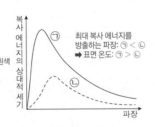

별	A	B
표면 온도 (K)	5000	10000 — 흰색
반지름 (상댓값)	2	1

최대 복사 에너지를 방출하는 파장: ㉠ < ㉡
➡ 표면 온도: ㉠ > ㉡

이에 대한 옳은 설명만을 〈보기〉에서 있는 대로 고른 것은?

보기
ㄱ. A는 ㉡에 해당한다.
ㄴ. B는 <s>붉은색</s> 흰색 별이다.
ㄷ. 별의 광도는 <s>A가 B의</s> B가 A의 4배이다.

① ㄱ   ② ㄷ   ③ ㄱ, ㄴ   ④ ㄴ, ㄷ   ⑤ ㄱ, ㄴ, ㄷ

✔ 자료 해석
• A는 B보다 표면 온도는 $\frac{1}{2}$배이고, 반지름은 2배이다.
• 최대 복사 에너지를 방출하는 파장은 ㉠이 ㉡보다 짧으므로 표면 온도는 ㉠이 ㉡보다 높다.
• 별이 단위 면적당 단위 시간에 방출하는 복사 에너지양은 표면 온도의 4제곱에 비례한다. ➡ 슈테판·볼츠만 법칙
• 별이 최대 복사 에너지를 방출하는 파장은 표면 온도에 반비례한다. ➡ 빈의 변위 법칙

○ 보기 풀이 ㄱ. 최대 복사 에너지를 방출하는 파장은 ㉠이 ㉡보다 짧고, 최대 복사 에너지를 방출하는 파장은 표면 온도에 반비례하므로 표면 온도는 ㉠이 ㉡보다 높다. 따라서 A는 ㉡, B는 ㉠에 해당한다.

✘ 매력적 오답 ㄴ. B는 표면 온도가 10000 K이므로 흰색 별이다.
ㄷ. 별의 광도(L)는 별이 단위 시간 동안 방출하는 복사 에너지양으로 반지름(R), 표면 온도(T)와의 관계가 $L = 4\pi R^2 \cdot \sigma T^4$이므로, $L \propto R^2 \cdot T^4$이다. 표면 온도는 B가 A의 2배이고 반지름은 B가 A의 $\frac{1}{2}$배이므로, 광도는 B가 A의 4배이다.

문제풀이 Tip
별의 물리량을 비교하는 문항은 거의 매 시험마다 출제되고 있다. 표, 그래프, H–R도 등 다양한 자료를 해석하도록 제시되는데, 기본적인 공식만 알면 복잡한 문제라도 해결할 수 있으므로 빈의 변위 법칙, 슈테판·볼츠만 법칙, 광도 공식은 꼭 외워 두자.

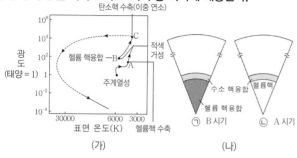

31 별의 진화

출제 의도 질량이 태양과 같은 별의 진화 과정과 H - R도에서의 진화 경로를 이해하고, 진화 과정에 따른 별의 내부 구조를 파악하는 문항이다.

그림 (가)는 질량이 태양과 같은 어느 별의 진화 경로를, (나)의 ㉠과 ㉡은 별의 내부 구조와 핵융합 반응이 일어나는 영역을 나타낸 것이다. ㉠과 ㉡은 각각 A와 B 시기 중 하나에 해당한다.

이에 대한 옳은 설명만을 〈보기〉에서 있는 대로 고른 것은? [3점]

〈보기〉
ㄱ. ㉠에 해당하는 시기는 ~~A~~이다.
     B
ㄴ. ㉡의 헬륨핵은 수축하고 있다.
ㄷ. C 시기 이후 중심부에서 탄소 핵융합 반응이 ~~일어난다.~~
                                          일어나지 않는다.

① ㄱ　② ㄴ　③ ㄱ, ㄷ　④ ㄴ, ㄷ　⑤ ㄱ, ㄴ, ㄷ

✓ 자료 해석

• (가)는 태양과 질량이 같은 별의 진화 경로이므로 태양의 진화 경로와 같다. 주계열 단계에서 수소 핵융합 반응이 끝나 적색 거성으로 진화할 때 A 시기를 지나면서 중심부의 헬륨핵이 수축하여 중심부 온도가 높아지고, 중심부 온도가 약 1억 K 이상이 되면 헬륨 핵융합 반응이 일어나(B 시기) 탄소 원자핵이 생성된다. 적색 거성의 중심부에서 헬륨 핵융합 반응이 끝나면 중심부의 탄소핵이 수축(C 시기)하면서 이중 연소가 일어난다.

• (나)의 ㉠은 중심부에서 헬륨 핵융합 반응이 일어나고 있으므로 (가)의 B 시기에 해당하고, ㉡은 중심부에 헬륨핵이 형성되었지만 핵융합 반응이 일어나기 전이므로 주계열 단계가 끝나 적색 거성으로 진화하는 과정인 (가)의 A 시기에 해당한다.

〇 보기 풀이 ㄴ. ㉡은 중심부에 헬륨핵이 형성되어 있지만 헬륨 핵융합 반응이 일어날 만큼 온도가 충분히 높지 않고, 수소 핵융합 반응 이후 별의 중력과 평형을 이루던 기체 압력 차에 의한 힘이 감소하여 헬륨핵이 수축하게 된다.

✕ 매력적 오답 ㄱ. ㉠은 중심부에서 헬륨 핵융합 반응이 일어나고, 중심부 외곽에서는 수소 핵융합 반응이 일어나고 있으므로 적색 거성 단계인 B 시기에 해당한다.

ㄷ. 태양과 같은 질량을 가진 별의 중심부에서는 헬륨 핵융합 반응까지만 일어난다. 따라서 C 시기 이후 중심부에서는 탄소 핵융합 반응이 일어나지 않는다.

문제풀이 Tip

별이 진화할 때 주계열 단계가 끝난 후 곧바로 중심부에서 헬륨 핵융합 반응이 일어나는 것이 아니라는 것에 유의해야 한다. 주계열 단계가 끝나면 정역학 평형 상태가 깨지면서 기체 압력 차에 의한 힘이 감소하므로 중심부의 수축이 일어나게 된다. 이때 중력 수축 에너지에 의해 중심부의 온도가 올라가고, 온도가 충분히 올라가 헬륨 핵융합 반응이 일어날 수 있는 온도에 도달하게 되면 헬륨 핵융합 반응이 일어나기 시작하는 것임을 알아 두자.

Part I

교육청

32 별의 내부 구조와 진화 과정

출제 의도 별의 내부 구조를 통해 별의 종류를 파악하고, 두 별의 질량과 진화 과정을 비교하는 문항이다.

그림은 중심부의 핵융합 반응이 끝난 별 (가)와 (나)의 내부 구조를 나타낸 것이다.

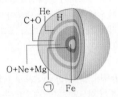

(가) 질량이 매우 큰 별

(나) 질량이 태양 정도인 별

이에 대한 옳은 설명만을 〈보기〉에서 있는 대로 고른 것은? (단, 별의 크기는 고려하지 않는다.)

보기
ㄱ. ㉠은 Fe보다 무거운 원소이다. (가벼운)
ㄴ. 별의 질량은 (가)가 (나)보다 크다.
ㄷ. (가)는 이후의 진화 과정에서 초신성 폭발을 거친다.

① ㄱ ② ㄷ ③ ㄱ, ㄴ ④ ㄴ, ㄷ ⑤ ㄱ, ㄴ, ㄷ

✔ 자료 해석

• (가) : 중심부에 철로 이루어진 중심핵이 있고, 중심부로 갈수록 무거운 원소가 분포하며 양파 껍질 같은 구조를 이루고 있으므로 질량이 매우 큰 별의 내부 구조이다.
• (나) : 중심부에 탄소와 산소로 이루어진 중심핵이 있으므로 질량이 태양 정도인 별의 내부 구조이다.

○ 보기 풀이 ㄴ. (가)는 중심부에서 핵융합 반응에 의해 철(Fe)이 생성되었고, (나)는 중심부에서 핵융합 반응에 의해 산소와 탄소가 생성되었으므로, (가)는 질량이 매우 큰 별이고 (나)는 질량이 태양 정도인 별이다. 따라서 별의 질량은 (가)가 (나)보다 크다.

ㄷ. 질량이 매우 큰 별은 초거성 이후 초신성 폭발을 거쳐 중심부는 더욱 수축하여 중성자별이나 블랙홀이 된다. 한편 질량이 태양 정도인 별은 적색 거성 이후 맥동 변광성 단계를 거쳐 별의 바깥층은 방출되어 행성상 성운이 되고, 중심부는 수축하여 백색 왜성이 된다. 따라서 (가)는 이후의 진화 과정에서 초신성 폭발을 거친다.

✖ 매력적 오답 ㄱ. 중심부로 갈수록 핵융합 반응에 의해 나중에 생성된 원소이며 더 무거운 원소이므로, ㉠은 Fe보다 가벼운 원소이다.

문제풀이 Tip

별은 질량이 클수록 중심부 온도가 높고, 중심부의 온도에 따라 핵융합 반응이 진행되는 정도가 달라진다는 것을 알아 두고, 핵융합 반응이 진행될수록 더 무거운 원소가 생성된다는 것에 유의해야 한다.

33 H-R도와 별의 특성

출제 의도 H-R도에서 별의 종류를 구분하고, 각 별의 특성을 이해하며, 주계열성과 거성의 중심부에서 일어나는 핵융합 반응을 파악하는 문항이다.

그림 (가)는 H-R도를, (나)는 별 A와 B 중 하나의 중심부에서 일어나는 핵융합 반응을 나타낸 것이다.

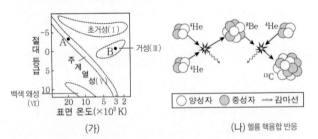

(나) 헬륨 핵융합 반응

이에 대한 옳은 설명만을 〈보기〉에서 있는 대로 고른 것은?

보기
ㄱ. (나)는 A의 중심부에서 일어난다. (B)
ㄴ. 별의 평균 밀도는 A가 B보다 크다.
ㄷ. 광도 계급의 숫자는 A가 B보다 크다.

① ㄱ ② ㄴ ③ ㄱ, ㄷ ④ ㄴ, ㄷ ⑤ ㄱ, ㄴ, ㄷ

✔ 자료 해석

• (가) : H-R도에서 주계열성은 왼쪽 위에서 오른쪽 아래로 대각선에 분포하고, 주계열성의 오른쪽 위에는 광도가 큰 초거성이 분포하며, 그 아래에 적색 거성이 분포하고, 주계열성의 왼쪽 아래에는 백색 왜성이 분포한다.
• A는 표면 온도와 광도가 큰 주계열성이고, B는 적색 거성이다.
• (나) : 3개의 헬륨 원자핵이 융합하여 1개의 탄소 원자핵을 만드는 헬륨 핵융합 반응이다.

○ 보기 풀이 ㄴ. A는 주계열성, B는 적색 거성이므로, 별의 반지름은 A가 B보다 작다. 따라서 별의 평균 밀도는 반지름이 작은 A가 B보다 크다.

ㄷ. 광도 계급은 같은 분광형을 가지는 별들을 광도에 따라 Ⅰ(밝은 초거성)~Ⅶ(백색 왜성) 등급으로 분류한 것이다. 광도 계급은 주계열성은 Ⅴ, 적색 거성은 Ⅲ이므로 광도 계급의 숫자는 A가 B보다 크다.

✖ 매력적 오답 ㄱ. (나)는 헬륨 핵융합 반응으로, 온도가 1억 K 이상인 적색 거성의 중심부에서 일어나는 핵융합 반응이다. 따라서 B의 중심부에서 일어난다. A는 질량이 큰 주계열성으로 중심부에서는 CNO 순환 반응이 우세하게 일어난다.

문제풀이 Tip

광도 계급은 분광형이 같은 별들의 광도를 비교하여 정한 것으로, 별의 종류에 따라 광도 계급이 달라진다는 것을 알아 두고, A와 B는 분광형이 다르므로 서로 다른 종류의 별이라는 것에 유의해야 한다.

34 별의 분광형

출제 의도 파장에 따른 복사 에너지의 상대적인 세기를 비교하여 별의 분광형을 파악하는 문항이다.

그림은 주계열성 (가)와 (나)가 방출하는 복사 에너지의 상대적인 세기를 파장에 따라 나타낸 것이다. (가)와 (나)의 분광형은 각각 A0형과 G2형 중 하나이다.

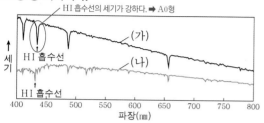

이 자료에 대한 옳은 설명만을 〈보기〉에서 있는 대로 고른 것은? [3점]

보기
ㄱ. HⅠ 흡수선의 세기는 (가)가 (나)보다 약하다. → 강하다.
ㄴ. 복사 에너지를 최대로 방출하는 파장은 (가)가 (나)보다 길다. → 짧다.
ㄷ. 별의 반지름은 (가)가 (나)보다 크다.

① ㄱ   ② ㄷ   ③ ㄱ, ㄴ   ④ ㄴ, ㄷ   ⑤ ㄱ, ㄴ, ㄷ

✔ 자료 해석

• 별의 분광형은 O, B, A, F, G, K, M형으로 분류하고, O형으로 갈수록 표면 온도가 높고 복사 에너지를 최대로 방출하는 파장이 짧다.
• 중성 수소(HⅠ) 흡수선은 분광형이 A형인 별에서 가장 강하게 나타나므로, (가)는 A0형, (나)는 G2형의 주계열성이 방출하는 복사 에너지의 상대적인 세기를 나타낸 것이다.
• 별의 표면 온도는 A0형인 (가)가 G2형인 (나)보다 높다.

O 보기 풀이 ㄷ. 주계열성은 표면 온도가 높을수록 질량과 반지름이 크다. 따라서 별의 반지름은 표면 온도가 높은 (가)가 (나)보다 크다.

✘ 매력적 오답 ㄱ. 스펙트럼에서 방출선이 감소한 정도는 (가)가 (나)보다 크므로, HⅠ 흡수선의 세기는 (가)가 (나)보다 강하다.
ㄴ. HⅠ 흡수선의 세기가 강한 (가)는 A0형 주계열성이고, (나)는 G2형 주계열성이므로 별의 표면 온도는 (가)가 (나)보다 높다. 빈의 변위 법칙에 따라 복사 에너지를 최대로 방출하는 파장은 표면 온도가 높을수록 짧으므로 (가)가 (나)보다 짧다.

문제풀이 Tip

분광형에 따라 강하게 나타나는 흡수선이 다르다는 것에 유의해야 한다. 표면 온도가 높은 O형, B형 별에서는 HeⅡ이나 HeⅠ 흡수선이 강하게 나타나고, A형 별에서는 HⅠ 흡수선이 가장 강하게 나타나며, 표면 온도가 낮은 K형, M형 별에서는 금속 원소와 분자에 의한 흡수선이 강하게 나타난다는 것을 알아 두자.

---

35 별의 진화

출제 의도 두 주계열성의 진화 경로 자료를 해석하여 질량을 파악하고, 절대 등급의 변화량과 주계열에 머무는 기간, 우세한 수소 핵융합 반응의 종류를 비교하는 문항이다.

그림은 주계열성 A와 B가 각각 거성 A'와 B'로 진화하는 경로의 일부를 H-R도에 나타낸 것이다.

이에 대한 설명으로 옳은 것만을 〈보기〉에서 있는 대로 고른 것은?

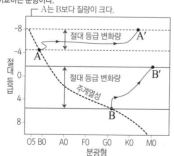

보기
ㄱ. 주계열에 머무는 기간은 A가 B보다 짧다.
ㄴ. 절대 등급의 변화량은 A가 A'로 진화했을 때가 B가 B'로 진화했을 때보다 크다. → 작다.
ㄷ. $\dfrac{\text{CNO 순환 반응에 의한 에너지 생성량}}{\text{p-p 반응에 의한 에너지 생성량}}$ 은 A가 B보다 작다. → 크다.

① ㄱ   ② ㄴ   ③ ㄱ, ㄷ   ④ ㄴ, ㄷ   ⑤ ㄱ, ㄴ, ㄷ

✔ 자료 해석

• A는 절대 등급이 작고 표면 온도가 높으므로, 질량이 큰 주계열성이다.
• B는 절대 등급이 크고 표면 온도가 낮으므로, 질량이 작은 주계열성이다.

O 보기 풀이 ㄱ. 주계열성의 중심부 온도가 높을수록 수소 핵융합 반응이 활발하게 일어나므로 수명이 짧다. A는 H-R도의 왼쪽 상단에 위치하므로 질량이 크고 중심부 온도가 높아 수소 핵융합 반응이 활발하게 일어난다. 따라서 주계열에 머무는 기간은 A가 B보다 짧다.

✘ 매력적 오답 ㄴ. 주계열성의 중심핵에서 수소 핵융합 반응으로 인해 수소가 고갈되면 헬륨핵이 수축하면서 거성으로 진화한다. 주계열성이 거성으로 진화하는 과정에서 절대 등급의 변화량은 A가 A'로 진화했을 때가 B가 B'로 진화했을 때보다 작다.
ㄷ. 중심부 온도가 1800만 K 이하인 주계열성에서는 p-p 반응이 우세하게 일어나고, 중심부 온도가 1800만 K 이상인 주계열성에서는 CNO 순환 반응이 우세하게 일어난다. 따라서 $\dfrac{\text{CNO 순환 반응에 의한 에너지 생성량}}{\text{p-p 반응에 의한 에너지 생성량}}$ 은 A가 B보다 크다.

문제풀이 Tip

주계열성은 H-R도의 왼쪽 위에서 오른쪽 아래로 대각선을 따라 분포하는 별들로, 왼쪽 위에 분포할수록 표면 온도가 높고 광도가 크며 반지름과 질량이 크다는 것을 알아 두고, 질량이 클수록 주계열에 머무는 기간이 짧다는 것에 유의해야 한다.

36 별의 물리량

출제 의도 주계열성의 파장에 따른 복사 에너지 세기 자료를 해석하여 표면 온도, 광도, 반지름을 비교하는 문항이다.

그림은 지구 대기권 밖에서 단위 시간 동안 관측한 주계열성 A, B, C의 복사 에너지 세기를 파장에 따라 나타낸 것이다.

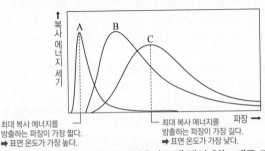

최대 복사 에너지를 방출하는 파장이 가장 짧다. ➡ 표면 온도가 가장 높다.

최대 복사 에너지를 방출하는 파장이 가장 길다. ➡ 표면 온도가 가장 낮다.

이에 대한 설명으로 옳은 것만을 〈보기〉에서 있는 대로 고른 것은? [3점]

보기
ㄱ. 표면 온도는 A가 B보다 높다.
ㄴ. 광도는 B가 C보다 크다.
ㄷ. 반지름은 A가 C보다 작다. 크다.

① ㄱ   ② ㄷ   ③ ㄱ, ㄴ   ④ ㄴ, ㄷ   ⑤ ㄱ, ㄴ, ㄷ

✓ 자료 해석
• 최대 복사 에너지를 방출하는 파장은 A가 가장 짧고 C가 가장 길다. 따라서 표면 온도는 A가 가장 높고 C가 가장 낮다.
• 주계열성은 질량이 클수록 표면 온도가 높고 반지름이 크다.

○ 보기 풀이 ㄱ. 별이 최대 복사 에너지를 방출하는 파장은 별의 표면 온도가 높을수록 짧아진다(빈의 변위 법칙). 최대 복사 에너지를 방출하는 파장은 A가 B보다 짧으므로, 표면 온도는 A가 B보다 높다.

ㄴ. 주계열성은 표면 온도가 높을수록 H-R도의 왼쪽 상단에 위치하여 광도가 크다. B는 C보다 최대 복사 에너지를 방출하는 파장이 짧으므로 표면 온도가 더 높다. 따라서 광도는 B가 C보다 크다.

✗ 매력적 오답 ㄷ. 주계열성은 질량이 클수록 표면 온도가 높고 반지름이 크다. A는 C보다 최대 복사 에너지를 방출하는 파장이 짧으므로 표면 온도가 더 높다. 따라서 반지름은 A가 C보다 크다.

문제풀이 Tip
주계열의 왼쪽 위에 분포할수록 표면 온도가 높고 광도가 크며 반지름과 질량이 크다는 것을 알아 두고, 표면 온도가 높을수록 반지름이 크다는 것은 주계열성에서만 적용되는 것에 유의해야 한다.

37 별의 물리량

출제 의도 별의 광도와 표면 온도를 이용하여 반지름을 파악하고, 각 별의 물리량을 비교하는 문항이다.

그림은 별 A~D의 상대적 크기를, 표는 별의 물리량을 나타낸 것이다. 별 A~D는 각각 ㉠~㉣ 중 하나이다.

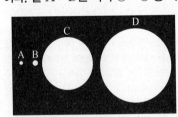

별의 반지름(R) : A < B < C < D
광도(L) = $4\pi R^2 \cdot \sigma T^4$

별		광도 (L) (태양=1)	표면 온도 (T) (태양=1)
㉠	B	0.01	1
㉡	C	1	1
㉢	A	1	4
㉣	D	2	1

이에 대한 설명으로 옳은 것만을 〈보기〉에서 있는 대로 고른 것은? [3점]

보기
ㄱ. 표면 온도는 A가 B보다 높다.
ㄴ. 광도는 B가 D보다 작다.
ㄷ. C는 주계열성이다.

① ㄱ   ② ㄴ   ③ ㄱ, ㄴ   ④ ㄴ, ㄷ   ⑤ ㄱ, ㄴ, ㄷ

✓ 자료 해석
• 별의 크기는 D > C > B > A이다.
• 광도를 구하는 공식 $L = 4\pi R^2 \cdot \sigma T^4$($L$: 광도, R : 반지름, T : 표면 온도)에서 L, R, T를 제외한 값은 상수값이므로, L, R, T만을 이용하여 상대적인 반지름을 구할 수 있다.

별 ㉠ : $0.01 = R_\odot{}^2 \cdot 1^4$에서 $R_\odot = \dfrac{1}{10}$

별 ㉡ : $1 = R_\odot{}^2 \cdot 1^4$에서 $R_\odot = 1$

별 ㉢ : $1 = R_\odot{}^2 \cdot 4^4$에서 $R_\odot = \dfrac{1}{16}$

별 ㉣ : $2 = R_\odot{}^2 \cdot 1^4$에서 $R_\odot = \sqrt{2}$

○ 보기 풀이 ㄱ. 별의 반지름은 ㉣ > ㉡ > ㉠ > ㉢이므로, 별의 반지름이 가장 작은 A는 ㉢에 해당하며, B는 ㉠, C는 ㉡, D는 ㉣에 해당한다. A인 ㉢의 표면 온도는 태양의 4배이고 B인 ㉠의 표면 온도는 태양과 같으므로, 표면 온도는 A가 B보다 높다.

ㄴ. B인 ㉠의 광도는 태양의 0.01배이고 D인 ㉣의 광도는 태양의 2배이므로, 광도는 B가 D보다 작다.

ㄷ. C인 ㉡의 광도와 표면 온도는 태양과 같으므로, C는 주계열성이다.

문제풀이 Tip
별의 광도(L)는 별의 표면적과 별이 단위 시간에 단위 면적당 방출하는 에너지의 양을 곱하여 구하는 것을 알아 두고, 광도를 구하는 공식 $L = 4\pi R^2 \cdot \sigma T^4$에서 상대적인 반지름을 구하는 연습을 해 두자.

38 별의 물리량

출제 의도 주계열성의 분광형과 절대 등급을 이용하여 표면 온도, 광도, 주계열에 머무는 시간을 비교하는 문항이다.

표는 주계열성 (가)와 (나)의 분광형과 절대 등급을 나타낸 것이다.

별	분광형	절대 등급
(가)	A0 V	+0.6
(나)	M4 V	+13.2

흰색 별 　주계열성　　　　광도 : (가) > (나)

붉은색 별

(가)가 (나)보다 큰 값을 가지는 것만을 〈보기〉에서 있는 대로 고른 것은?

보기
ㄱ. 표면 온도
ㄴ. 광도
ㄷ. 주계열에 머무는 시간 (가)가 (나)보다 짧다.

① ㄱ　② ㄷ　③ ㄱ, ㄴ　④ ㄴ, ㄷ　⑤ ㄱ, ㄴ, ㄷ

✔ 자료 해석
- (가)는 분광형이 A0형이므로 흰색 별이고, 광도 계급이 Ⅴ이므로 주계열성이다.
- (나)는 분광형이 M4형이므로 붉은색 별이고, 광도 계급이 Ⅴ이므로 주계열성이다.
- 절대 등급은 (가)가 (나)보다 작으므로, 광도는 (가)가 (나)보다 크다.

○ 보기 풀이 ㄱ. 별의 표면 온도에 따라 분광형을 O, B, A, F, G, K, M형으로 분류하며, O형인 별의 표면 온도가 가장 높고 M형 별로 갈수록 표면 온도가 낮아진다. (가)는 분광형이 A0형이고 (나)는 분광형이 M4형이므로, 별의 표면 온도는 (가)가 (나)보다 높다.

ㄴ. 광도는 단위 시간 동안 별이 방출하는 에너지양으로, 절대 등급이 작을수록 광도가 크다. 따라서 광도는 (가)가 (나)보다 크다.

✕ 매력적 오답 ㄷ. 주계열성은 표면 온도가 높을수록 질량이 크다. 또한 질량이 클수록 중심부의 온도가 높아 수소 핵융합 반응이 빠르게 일어나 수소를 빨리 소비하기 때문에 주계열 단계에 머무는 시간이 짧다. 따라서 주계열에 머무는 시간은 표면 온도가 높은 (가)가 (나)보다 짧다.

문제풀이 **Tip**
주계열성은 H−R도의 왼쪽 위에 분포할수록 표면 온도가 높고 광도가 크며 반지름과 질량이 큰 것을 알아 두고, 질량이 클수록 주계열에 머무는 시간이 짧다는 것에 유의해야 한다.

39 별의 진화

출제 의도 별의 진화 경로 자료를 해석하여 별의 종류를 결정하고, 각 단계에서 별의 특징과 평균 밀도를 비교하는 문항이다.

그림 (가)는 어느 별의 진화 경로를, (나)는 이 별의 진화 과정 일부를 나타낸 것이다.

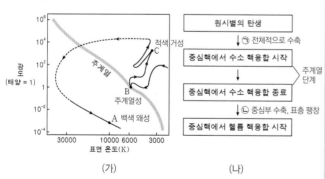

(가)　　　　　　　(나)

이 별에 대한 설명으로 옳은 것만을 〈보기〉에서 있는 대로 고른 것은? [3점]

보기
ㄱ. 별의 평균 밀도는 A보다 B일 때 작다.
ㄴ. C일 때는 ㉠ 과정에 해당한다.
　　　　　　㉠ 과정 이후
ㄷ. ㉡ 과정에서 별의 중심핵은 정역학 평형 상태이다.
　　　　　　　　　　　중력 수축이 일어난다.

① ㄱ　② ㄴ　③ ㄱ, ㄷ　④ ㄴ, ㄷ　⑤ ㄱ, ㄴ, ㄷ

✔ 자료 해석
- (가)에서 이 별은 B(주계열성) → C(적색 거성) → A(백색 왜성)로 진화한다.
- (나)에서 ㉠은 원시별에서 주계열성이 되는 과정이다.
- (나)에서 ㉡은 주계열성에서 거성이 되는 과정이다.

○ 보기 풀이 ㄱ. H−R도에서 별의 평균 밀도는 왼쪽 아래에 위치할수록 크다. 백색 왜성은 H−R도의 왼쪽 아래에 분포하는 별들로, 표면 온도가 높지만 반지름이 매우 작아 어둡게 보이며, 평균 밀도는 태양의 100만 배 정도로 매우 크다. 따라서 별의 평균 밀도는 A(백색 왜성)보다 B(주계열성)일 때 작다.

✕ 매력적 오답 ㄴ. C는 주계열성(B)이 진화하여 생성된 적색 거성이다. ㉠은 원시별이 주계열성으로 진화하는 과정이고 ㉡은 주계열성이 거성으로 진화하는 과정이므로, C일 때는 ㉠ 과정에 해당하지 않는다.

ㄷ. 정역학 평형 상태는 기체 압력 차에 의한 힘과 중력이 평형을 이루는 상태로, 별의 크기가 일정하게 유지된다. 주계열성은 기체 압력 차에 의한 힘과 중력이 평형을 이루어 수축이나 팽창을 하지 않고 크기가 일정하게 유지된다. 한편 ㉡ 과정에서는 별의 중심핵에서 헬륨핵의 수축이 일어나므로 정역학 평형 상태를 유지할 수 없다. 중심핵이 정역학 평형 상태를 유지하기 위해서는 핵융합 반응이 안정적으로 일어나야 한다.

문제풀이 **Tip**
H−R도에서 오른쪽 위로 갈수록 별의 반지름이 크고, 왼쪽 아래로 갈수록 별의 밀도가 큰 것을 알아 두고, 주계열성에서 거성으로 진화할 때 중심핵에서는 헬륨핵의 수축이 일어나므로 정역학 평형 상태를 유지할 수 없는 것에 유의해야 한다.

40 주계열성의 에너지원과 내부 구조　　　　2021년 4월 교육청 16번 | 정답 ③ | 문제편 91 p

출제 의도 별의 중심부 온도에 따른 수소 핵융합 반응의 에너지 생산량과 주계열성의 내부 구조 자료를 해석하여 우세하게 일어나는 수소 핵융합 반응을 파악하고, 별의 질량과 중심부 온도를 비교하는 문항이다.

그림 (가)는 별의 중심부 온도에 따른 수소 핵융합 반응의 에너지 생산량을, (나)는 주계열성 A와 B의 내부 구조를 나타낸 것이다. A와 B의 중심부 온도는 각각 ㉠과 ㉡ 중 하나이다.

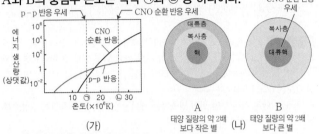

(가)

A 태양 질량의 약 2배보다 작은 별 (나) B 태양 질량의 약 2배보다 큰 별

이에 대한 설명으로 옳은 것만을 〈보기〉에서 있는 대로 고른 것은? (단, 별의 크기는 고려하지 않는다.) [3점]

보기
ㄱ. 중심부 온도가 ㉠인 주계열성의 중심부에서는 CNO 순환 반응보다 p-p 반응이 우세하게 일어난다.
ㄴ. 별의 질량은 A보다 B가 크다.
ㄷ. A의 중심부 온도는 ㉡이다.

① ㄱ　　② ㄷ　　③ ㄱ, ㄴ　　④ ㄴ, ㄷ　　⑤ ㄱ, ㄴ, ㄷ

✓ 자료 해석
• (가)에서 중심부 온도가 ㉠일 때는 p-p 반응이 우세하고, ㉡일 때는 CNO 순환 반응이 우세하다.
• (나)에서 A는 핵, 복사층, 대류층으로 이루어져 있으므로, 질량이 태양 질량의 약 2배보다 작은 주계열성이다.
• (나)에서 B는 대류핵, 복사층으로 이루어져 있으므로, 질량이 태양 질량의 약 2배보다 큰 주계열성이다.

○ 보기 풀이 ㄱ. 중심부 온도가 1800만 K 이하인 주계열성은 양성자·양성자 반응(p-p 반응)이 우세하게 일어나고, 중심부 온도가 1800만 K 이상인 주계열성은 탄소·질소·산소 순환 반응(CNO 순환 반응)이 우세하게 일어난다. (가)에서 중심부 온도가 ㉠인 주계열성의 중심부에서는 p-p 반응이 CNO 순환 반응보다 에너지 생산량이 많으므로, CNO 순환 반응보다 p-p 반응이 우세하게 일어난다.

ㄴ. 질량이 태양 질량의 약 2배보다 작은 주계열성은 핵, 복사층, 대류층으로 이루어져 있으며, 질량이 태양 질량의 약 2배보다 큰 주계열성은 대류핵, 복사층으로 이루어져 있다. 따라서 별의 질량은 A보다 B가 크다.

✕ 매력적 오답 ㄷ. 대류핵이 없는 A의 중심부 온도는 대류핵이 있는 B의 중심부 온도보다 낮으므로 A의 중심부 온도는 ㉠이다.

문제풀이 Tip
질량이 큰 주계열성은 중심부에서 CNO 순환 반응이 우세하게 일어나는데, 중심부에서 멀어질수록 온도가 낮아져 CNO 순환 반응에 의한 에너지 생산량이 급격하게 감소하므로, 핵 내부에서 온도 차가 커지고 대류가 우세하게 일어나는 것을 알아 두자.

41 H – R도와 별의 물리량

출제 의도 별의 절대 등급과 분광형을 H – R도에 표시해 별의 종류를 결정하고, 별의 색과 반지름을 비교하는 문항이다.

그림 (가)는 전갈자리에 있는 세 별 ㉠, ㉡, ㉢의 절대 등급과 분광형을, (나)는 H – R도에 별의 집단을 나타낸 것이다.

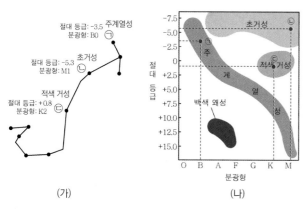

(가)   (나)

별 ㉠, ㉡, ㉢에 대한 옳은 설명만을 〈보기〉에서 있는 대로 고른 것은? [3점]

┌─ 보기 ─────────────────────────┐
│ ㄱ. ㉠은 주계열성이다.   │
│   붉은색   │
│ ㄴ. ㉡은 ~~파란색~~으로 관측된다.   │
│   ㉡   │
│ ㄷ. 반지름은 ~~㉢~~이 가장 크다.   │
└────────────────────────────────┘

① ㄱ   ② ㄴ   ③ ㄷ   ④ ㄱ, ㄷ   ⑤ ㄴ, ㄷ

✔ 자료 해석

• (가)에서 절대 등급은 ㉡이 가장 작으므로 광도는 ㉡이 가장 크고, ㉡은 분광형이 M1형이므로 붉은색 별이다.

• (나)의 H – R도에 별 ㉠, ㉡, ㉢의 절대 등급과 분광형을 표시해 보면 ㉠은 주계열성, ㉡은 초거성, ㉢은 적색 거성이다.

○ 보기 풀이 ㄱ. H – R도에 절대 등급이 −3.5등급이고 분광형이 B0형인 ㉠의 위치를 표시하면 주계열성에 해당한다. 주계열성은 H – R도의 왼쪽 위에서 오른쪽 아래로 대각선을 따라 분포하는 별들로, 질량이 큰 주계열성은 표면 온도가 높고 광도가 커서 H – R도에서 왼쪽 위에 위치한다.

✕ 매력적 오답 ㄴ. ㉡은 분광형이 M1형이므로 붉은색으로 관측된다. 한편 파란색으로 관측되는 별의 분광형은 O형이다.

ㄷ. ㉠은 주계열성, ㉡은 초거성, ㉢은 적색 거성이다. 적색 거성은 반지름이 태양의 약 10배~100배이고, 초거성은 반지름이 태양의 수백 배~1000배 이상이다. 따라서 별의 반지름은 초거성인 ㉡이 가장 크다.

문제풀이 Tip

별의 물리량을 H – R도에 표시해 별의 종류를 결정하는 연습을 해 두고, H – R도에서 별의 반지름은 오른쪽 위로 갈수록 커지고, 별의 밀도는 왼쪽 아래로 갈수록 커지는 것을 알아 두자.

42 태양의 내부 구조

출제 의도 태양 중심으로부터의 거리에 따른 온도 분포 자료를 해석하여 태양의 내부 구조를 결정하고, 중심핵과 대류층의 특징을 파악하는 문항이다.

그림은 태양 내부의 온도 분포를 나타낸 것이다. ㉠, ㉡, ㉢은 각각 중심핵, 복사층, 대류층 중 하나이다.

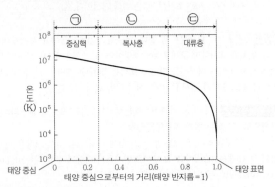

이에 대한 옳은 설명만을 〈보기〉에서 있는 대로 고른 것은?

> **보기**
> ㄱ. 태양 중심에서 표면으로 갈수록 온도는 낮아진다.
> ㄴ. ㉠에서는 수소 핵융합 반응이 일어난다.
> ㄷ. ㉢에서는 주로 대류에 의해 에너지 전달이 일어난다.

① ㄱ ② ㄴ ③ ㄱ, ㄷ ④ ㄴ, ㄷ ⑤ ㄱ, ㄴ, ㄷ

✓ 자료 해석
- 태양은 주계열성이고 ㉠은 태양의 중심핵이므로, ㉠에서는 수소 핵융합 반응이 일어난다.
- ㉡은 복사층으로 복사에 의해 에너지가 전달되고, ㉢은 대류층으로 대류에 의해 에너지가 전달된다.
- 태양 중심으로부터의 거리가 0인 곳이 태양 중심이고, 1.0인 곳이 태양 표면이다.

○ 보기 풀이 별의 중심핵에서 생성된 에너지는 주로 복사와 대류를 통해 별의 표면으로 전달되며, 주로 복사를 통해 에너지가 전달되는 층을 복사층, 주로 대류를 통해 에너지가 전달되는 층을 대류층이라고 한다.

ㄱ. 태양은 중심핵의 온도가 가장 높고, 대류층의 온도가 가장 낮다. 따라서 태양 중심에서 표면으로 갈수록 온도는 낮아진다.

ㄴ. 온도가 1000만 K 이상인 주계열성의 중심부에서는 수소 핵융합 반응에 의해 에너지가 생성된다. 태양은 주계열성이므로, 중심핵(㉠)에서는 수소 핵융합 반응이 일어난다.

ㄷ. 태양의 내부는 에너지를 생성하는 영역과 생성된 에너지를 표면으로 전달하는 영역으로 나눌 수 있다. 에너지를 표면으로 전달하는 영역은 열의 전달 방식에 따라 복사층과 대류층으로 구분한다. 태양은 수소 핵융합 반응이 일어나는 중심핵을 복사층과 대류층이 차례로 둘러싸고 있으며, 대류층인 ㉢에서는 주로 대류에 의해 에너지가 전달된다.

문제풀이 Tip
주계열성의 에너지원은 수소 핵융합 반응인 것을 알아 두고, 질량이 태양 정도인 주계열성은 중심핵, 복사층, 대류층으로 이루어져 있고, 질량이 태양 질량의 약 2배보다 큰 주계열성은 대류핵, 복사층으로 이루어져 있는 것에 유의해야 한다.

---

43 별의 물리량

출제 의도 두 주계열성의 파장에 따른 복사 에너지 세기의 분포 자료를 해석하여 표면 온도와 질량을 비교하는 문항이다.

그림은 두 주계열성 (가)와 (나)의 파장에 따른 복사 에너지 세기의 분포를 나타낸 것이다. (가)와 (나)의 분광형은 각각 B형과 G형 중 하나이다.

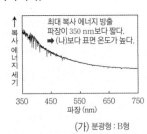
(가) 분광형 : B형

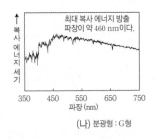
(나) 분광형 : G형

이에 대한 옳은 설명만을 〈보기〉에서 있는 대로 고른 것은?

> **보기**
> ㄱ. 표면 온도는 (가)가 (나)보다 ~~낮다.~~ 높다.
> ㄴ. 질량은 (가)가 (나)보다 ~~작다.~~ 크다.
> ㄷ. 태양의 파장에 따른 복사 에너지 세기의 분포는 (가)보다 (나)와 비슷하다.

① ㄱ ② ㄷ ③ ㄱ, ㄴ ④ ㄴ, ㄷ ⑤ ㄱ, ㄴ, ㄷ

✓ 자료 해석
- 최대 복사 에너지를 방출하는 파장은 (가)가 (나)보다 짧으므로, (가)는 (나)보다 표면 온도가 높다.
- 분광형이 B형인 별은 G형인 별보다 표면 온도가 높으므로, (가)의 분광형은 B형이고 (나)의 분광형은 G형이다.

○ 보기 풀이 ㄷ. 최대 복사 에너지를 방출하는 파장은 (가)가 (나)보다 짧으므로 분광형은 (가)가 B형, (나)가 G형이다. 태양은 표면 온도가 약 5800 K인 노란색 별로, 분광형은 G2형이다. 따라서 태양의 파장에 따른 복사 에너지 세기의 분포는 (가)보다 (나)와 비슷하다.

✕ 매력적 오답 ㄱ. 플랑크 곡선은 흑체가 복사하는 파장에 따른 복사 에너지의 세기를 나타낸 곡선으로, 별의 표면 온도가 높을수록 최대 복사 에너지를 방출하는 파장이 짧아진다. 최대 복사 에너지를 방출하는 파장은 (가)가 (나)보다 짧으므로, 표면 온도는 (가)가 (나)보다 높다.

ㄴ. 주계열성은 표면 온도가 높을수록 질량이 크다. 따라서 질량은 표면 온도가 높은 (가)가 (나)보다 크다.

문제풀이 Tip
분광형이 O형인 별은 표면 온도가 가장 높고 파란색을 띠며, M형 별로 갈수록 표면 온도가 낮아지고 붉은색을 띠는 것을 알아 두고, 주계열성은 표면 온도가 높을수록 광도, 반지름, 질량이 큰 것에 유의해야 한다.

44 태양의 내부 구조

출제 의도 두 시기의 태양 내부 수소와 헬륨의 질량비 자료를 해석하여 태양의 나이를 비교하고, 태양의 내부 구조를 파악하는 문항이다.

그림 (가)와 (나)는 서로 다른 두 시기에 태양 중심으로부터의 거리에 따른 수소와 헬륨의 질량비를 나타낸 것이다. A와 B는 각각 수소와 헬륨 중 하나이다.

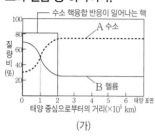
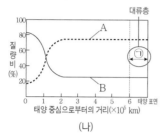

(가)   (나)

이에 대한 옳은 설명만을 〈보기〉에서 있는 대로 고른 것은? [3점]

보기
ㄱ. 태양의 나이는 (가)보다 (나)일 때 많다.
ㄴ. (가)일 때 핵의 반지름은 1×10^5 km보다 크다.
ㄷ. ㉠에서는 주로 대류에 의해 에너지가 전달된다.

① ㄱ　　② ㄴ　　③ ㄱ, ㄷ　　④ ㄴ, ㄷ　　⑤ ㄱ, ㄴ, ㄷ

✔ 자료 해석
• 태양 중심으로부터 거리가 먼 곳은 수소 핵융합 반응이 일어나지 않으므로 태양 생성 당시 수소와 헬륨의 비율이 거의 일정하게 유지된다. 따라서 비율이 큰 A는 수소이고, 비율이 작은 B는 헬륨이다.
• 태양 중심에 가까운 곳은 온도가 높아 수소 핵융합 반응이 일어나므로, 수소의 비율은 낮고 헬륨의 비율은 높다.
• (나)는 (가)에 비해 중심부에서 헬륨(B)의 비율이 높아졌으므로, (가)보다 수소 핵융합 반응이 오랫동안 일어났다.

◉ 보기 풀이 ㄱ. 시간이 지날수록 수소 핵융합 반응에 의해 태양 중심부의 수소 질량비는 작아지고, 헬륨 질량비는 커진다. 따라서 태양의 나이는 (가)보다 (나)일 때 많다.
ㄴ. (가)일 때 태양 중심으로부터의 거리가 약 2×10^5 km인 곳까지는 태양 중심으로부터의 거리가 먼 곳에 비해 수소의 비율이 작고 헬륨의 비율이 크다. 따라서 태양에서 수소 핵융합 반응이 일어나는 곳은 태양 중심으로부터의 거리가 약 2×10^5 km인 곳까지이므로, 핵의 반지름은 1×10^5 km보다 크다.
ㄷ. ㉠은 태양의 가장 바깥쪽 부분에 해당한다. 태양은 질량이 상대적으로 작은 주계열성이므로 내부가 핵, 복사층, 대류층으로 이루어져 있으며, 태양 중심으로부터 약 70 %보다 먼 곳에서는 에너지가 주로 대류에 의해 전달된다.

문제풀이 Tip
태양은 핵에서 만들어진 에너지를 복사와 대류에 의해 전달하는 것을 알아 두고, 태양의 나이가 많을수록 태양 중심부의 수소 질량비가 작아지는 것에 유의해야 한다.

---

45 별의 분광형과 흡수선의 상대적 세기

출제 의도 스펙트럼 흡수선의 세기 자료를 해석하여 별의 표면 온도와 구성 물질을 파악하고, 단위 시간당 단위 면적에서 방출되는 에너지양을 비교하는 문항이다.

그림은 세 별 (가), (나), (다)의 스펙트럼에서 세기가 강한 흡수선 4개의 상대적 세기를 나타낸 것이다. (가), (나), (다)의 분광형은 각각 A형, O형, G형 중 하나이다.

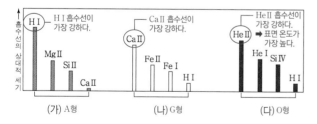

(가) A형   (나) G형   (다) O형

이에 대한 옳은 설명만을 〈보기〉에서 있는 대로 고른 것은? [3점]

보기
ㄱ. 표면 온도가 태양과 가장 비슷한 별은 ~~(가)어다.~~ (나)이다.
ㄴ. (나)의 구성 물질 중 가장 많은 원소는 ~~Ca이다.~~ ➡ (나)에서 Ca II 흡수선이 가장 강한 것은 표면 온도에 따라 원소가 흡수하는 흡수선의 파장이 달라지기 때문이다.
ㄷ. 단위 시간당 단위 면적에서 방출되는 에너지양은 (나)가 (다)보다 적다.

① ㄱ　　② ㄷ　　③ ㄱ, ㄴ　　④ ㄴ, ㄷ　　⑤ ㄱ, ㄴ, ㄷ

✔ 자료 해석
• (가) : H I 흡수선이 가장 강하게 나타나므로, 분광형이 A형인 별이다.
• (나) : Ca II 흡수선이 가장 강하게 나타나므로, 분광형이 G형인 별이다.
• (다) : He II 흡수선이 가장 강하게 나타나므로, 분광형이 O형인 별이다.

◉ 보기 풀이 ㄷ. 별의 표면 온도에 따라 분광형을 O, B, A, F, G, K, M형의 7개로 분류하며, O형 별은 표면 온도가 가장 높고 파란색을 띠며, M형 별로 갈수록 표면 온도가 낮아지고 붉은색을 띤다. 단위 시간당 단위 면적에서 방출되는 에너지양은 표면 온도의 4제곱에 비례한다. 따라서 단위 시간당 단위 면적에서 방출되는 에너지양은 분광형이 G형인 (나)가 분광형이 O형인 (다)보다 적다.

✘ 매력적 오답 ㄱ. 태양의 표면 온도는 약 6000 K이며 분광형은 G2형이다. 따라서 표면 온도가 태양과 가장 비슷한 별은 분광형이 G형인 (나)이다.
ㄴ. (나)는 분광형이 G형인 별로, Ca II 흡수선이 가장 강하게 나타난다. (나)에서 Ca II 흡수선이 가장 강하게 나타나는 까닭은 Ca 원소의 함량이 가장 높아서가 아니라, 표면 온도에 따라 각각의 원소가 흡수하는 흡수선의 파장이 달라지기 때문이다.

문제풀이 Tip
별의 분광형에 따른 흡수선의 상대적 세기를 알고 있어야 풀 수 있는 문항이다. 표면 온도가 높은 O형, B형 별에서는 이온화된 헬륨(He II)이나 중성 헬륨(He I)의 흡수선이, 표면 온도가 낮은 K형, M형 별에서는 금속 원소와 분자에 의한 흡수선이, A형 별에서는 수소 흡수선(H I)이 강하게 나타나는 것을 암기해 두자.

46 별의 물리량

출제 의도 절대 등급과 분광형을 이용하여 별의 종류를 결정하고, 별의 질량과 광도 계급을 비교하는 문항이다.

표는 별 ㈀~㈃의 절대 등급과 분광형을 나타낸 것이다. ㈀~㈃ 중 주계열성은 2개, 백색 왜성과 초거성은 각각 1개이다.

광도 : ㈂ > ㈁ ➡ 질량 : ㈂ > ㈁

별	절대 등급	분광형
㈀ 백색 왜성	+12.2	B1
㈁ 주계열성	+1.5	A1
㈂	−1.5	B4
㈃ 초거성	−7.8	B8

이에 대한 옳은 설명만을 〈보기〉에서 있는 대로 고른 것은? [3점]

보기
ㄱ. ㈀의 중심에서는 수소 핵융합 반응이 ~~일어난다.~~ 일어나지 않는다.
ㄴ. 별의 질량은 ㈁이 ㈂보다 작다.
ㄷ. 광도 계급의 숫자는 ㈁이 ㈃보다 크다.

① ㄱ ② ㄴ ③ ㄱ, ㄷ ④ ㄴ, ㄷ ⑤ ㄱ, ㄴ, ㄷ

✔ **자료 해석**

• ㈀은 절대 등급이 가장 크고(광도가 가장 작고), 표면 온도가 가장 높으므로 백색 왜성이다.
• ㈁과 ㈂은 주계열성으로, 질량이 클수록 광도가 크다.
• ㈃은 절대 등급이 가장 작으므로(광도가 가장 크므로) 초거성이다.

○ **보기 풀이** ㄴ. 주계열성은 H−R도의 왼쪽 위에서 오른쪽 아래로 대각선을 따라 분포하는 별들로, 왼쪽 위에 분포할수록 표면 온도가 높고 광도, 반지름, 질량이 크다. 두 주계열성 중 ㈁이 ㈂보다 절대 등급이 크고(광도가 작고) 표면 온도가 낮으므로, 별의 질량은 ㈁이 ㈂보다 작다.

ㄷ. 별을 광도가 큰 Ⅰ에서 광도가 작은 Ⅶ까지 7개의 계급으로 구분하는 것을 광도 계급이라고 한다. 초거성은 광도 계급 Ⅰ, 거성은 Ⅱ와 Ⅲ, 준거성은 Ⅳ, 주계열성은 Ⅴ, 준왜성은 Ⅵ, 백색 왜성은 Ⅶ에 해당한다. 따라서 광도 계급의 숫자는 주계열성인 ㈁이 초거성인 ㈃보다 크다.

✕ **매력적 오답** ㄱ. ㈀은 백색 왜성으로, 중심에서 핵융합 반응이 일어나지 않는다. 중심에서 수소 핵융합 반응이 일어나는 별은 주계열성인 ㈁과 ㈂이다.

문제풀이 Tip
네 별의 분광형(표면 온도)이 대체로 비슷하므로, 절대 등급(광도)을 이용하여 별의 종류를 결정해야 하며, 백색 왜성은 핵융합 반응이 일어나지 않는 것에 유의해야 한다.

3 생명 가능 지대

출제 의도 중심별이 주계열성일 때 중심별의 질량에 따른 생명 가능 지대의 특징을 파악하는 문항이다.

그림은 중심별의 질량에 따른 생명 가능 지대를 나타낸 것이다.

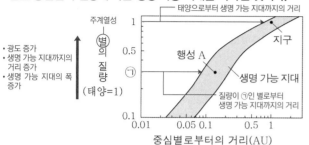

이에 대한 설명으로 옳은 것만을 〈보기〉에서 있는 대로 고른 것은? (단, 중심별은 주계열성이다.)

보기
ㄱ. 중심별로부터 생명 가능 지대까지의 거리는 질량이 ㉠인 별이 태양보다 멀다. (가깝다.)
ㄴ. 생명 가능 지대의 폭은 질량이 ㉠인 별이 태양보다 좁다.
ㄷ. 생명 가능 지대에 머무는 기간은 행성 A가 지구보다 짧다. (길다.)

① ㄱ　　② ㄴ　　③ ㄱ, ㄷ　　④ ㄴ, ㄷ　　⑤ ㄱ, ㄴ, ㄷ

✔ 자료 해석
• 주계열성은 별의 질량이 클수록 광도가 크다.
• 중심별의 광도가 클수록 생명 가능 지대까지의 거리는 멀어지고, 생명 가능 지대의 폭은 넓어진다.
• 행성 A의 중심별의 질량(㉠)은 태양보다 작다.

○ 보기 풀이 ㄴ. 생명 가능 지대의 폭은 중심별의 광도가 클수록 넓어진다. 주계열성인 중심별은 질량이 클수록 광도가 크므로, 생명 가능 지대의 폭은 질량이 ㉠인 별이 질량이 큰 태양보다 좁다.

✘ 매력적 오답 ㄱ. 중심별로부터 생명 가능 지대까지의 거리는 중심별의 광도가 클수록 멀어진다. 주계열성은 질량이 클수록 광도가 크므로, 질량이 ㉠인 별보다 질량이 큰 태양이 멀다.

ㄷ. 질량이 큰 주계열성일수록 진화 속도가 빨라 주계열성 수명이 짧고, 생명 가능 지대에 속하는 행성이 생명 가능 지대에 머무는 기간이 짧다. 따라서 생명 가능 지대에 머무는 기간은 중심별의 질량이 작은 행성 A가 지구보다 길다.

문제풀이 Tip

생명 가능 지대의 폭을 그래프의 형태로만 비교하여 질량이 ㉠인 별이 태양보다 넓은 것으로 판단하면 안 된다. 가로축의 눈금값을 확인해 보면 ㉠보다 태양이 생명 가능 지대의 폭이 넓다는 것에 유의해야 한다. 중심별이 모두 주계열성이고, 별의 질량(광도)이 클수록 생명 가능 지대의 폭이 넓어진다는 기본 개념을 알고 있으면 쉽게 해결할 수 있는 문제이다.

4 생명 가능 지대

출제 의도 생명 가능 지대 범위와 생명 가능 지대에 속한 행성의 반지름을 비교하여 중심별의 절대 등급을 비교하고, 중심별에 따른 생명 가능 지대의 특성을 이해하는 문항이다.

표는 주계열성 A, B, C의 생명 가능 지대 범위와 생명 가능 지대에 위치한 행성의 공전 궤도 반지름을 나타낸 것이다. A, B, C에는 각각 행성이 하나만 존재하고, 별의 연령은 모두 같다.

중심별	생명 가능 지대 범위(AU)	행성의 공전 궤도 반지름(AU)	생명 가능 지대 폭(AU)
A	0.61~0.83	0.78	0.22
B	(㉠)~1.49 1.03~1.27	1.34	0.22~0.46 사이
C	1.29~1.75	1.34	0.46

생명 가능 지대까지의 거리 및 폭: A<B<C
중심별의 광도: A<B<C

이에 대한 옳은 설명만을 〈보기〉에서 있는 대로 고른 것은?

보기
ㄱ. A의 절대 등급은 태양보다 크다.
ㄴ. ㉠은 1.27보다 작다.
ㄷ. 생명 가능 지대에 머무르는 기간은 A의 행성이 C의 행성보다 짧다. (길다.)

① ㄱ ② ㄷ ③ ㄱ, ㄴ ④ ㄴ, ㄷ ⑤ ㄱ, ㄴ, ㄷ

✓ 자료 해석
• A에서 생명 가능 지대의 범위는 1 AU보다 안쪽에 분포한다. ➡ A의 질량은 태양보다 작다.
• A, B, C는 모두 주계열성이고, 생명 가능 지대 범위의 바깥쪽 경계는 A<B<C이므로, 별의 질량은 A<B<C이고, 별의 광도도 A<B<C이다.
• 별의 광도가 A<B<C이므로, 생명 가능 지대의 폭도 A<B<C이다. A의 생명 가능 지대의 폭은 0.22 AU, C의 생명 가능 지대의 폭은 0.46 AU이므로, B의 생명 가능 지대의 폭은 0.22~0.46 AU 사이이다.

○ 보기 풀이 ㄱ. 태양계의 생명 가능 지대는 1 AU 부근에 위치하며, A의 생명 가능 지대 범위는 1 AU보다 안쪽에 위치하므로, 중심별의 질량은 A가 태양보다 작다. 주계열성은 질량이 클수록 광도가 크고 절대 등급이 작으므로, A의 절대 등급은 태양보다 크다.

ㄴ. A의 생명 가능 지대의 폭은 0.22 AU이고, C의 생명 가능 지대의 폭은 0.46 AU이므로, B의 생명 가능 지대의 폭은 0.22 AU보다 크고 0.46 AU보다 작아야 한다. 따라서 ㉠은 1.27 AU보다 작다.

✗ 매력적 오답 ㄷ. 행성이 생명 가능 지대에 머무르는 기간은 중심별의 진화 속도가 빠를수록 짧다. 즉, 주계열성인 중심별의 질량이 클수록 주계열 단계에 머무르는 기간이 짧아지므로 생명 가능 지대에 위치한 행성이 생명 가능 지대에 머무르는 기간이 짧다. A는 C보다 중심별의 질량이 작으므로 진화 속도가 느려, 생명 가능 지대에 머무르는 기간은 A의 행성이 C의 행성보다 길다.

문제풀이 Tip
주계열성은 질량이 클수록 광도가 크고, 진화 속도가 빨라 주계열 단계에 머무르는 시간이 짧다. 중심별이 주계열성인 경우 생명 가능 지대에 머무르는 기간은 중심별의 질량이 작을수록(광도가 작을수록) 길다는 것에 유의해야 한다.

5 생명 가능 지대

출제 의도 외계 행성계를 이루는 중심별과 행성의 물리량 자료를 해석하여 생명 가능 지대를 이해하는 문항이다.

표는 중심별이 주계열성인 서로 다른 외계 행성계에 속한 행성 (가), (나), (다)에 대한 물리량을 나타낸 것이다. (가), (나), (다) 중 생명 가능 지대에 위치한 것은 2개이다.

태양계의 생명 가능 지대와 같으므로 (가)는 생명 가능 지대에 위치한다.

외계 행성	중심별의 질량 (태양=1)	행성의 질량 (지구=1)	중심별로부터 행성까지의 거리(AU)
(가)	1	1	1
(나)	1	2	4
(다)	2	2	4

생명 가능 지대에 위치한다. ← (다)

태양과 질량이 같으므로 광도가 같다. ➡ 생명 가능 지대는 1 AU 부근에 분포한다. ➡ 행성의 거리가 4 AU이므로 생명 가능 지대 밖에 위치한다.

이에 대한 설명으로 옳은 것만을 <보기>에서 있는 대로 고른 것은? (단, 각각의 외계 행성계는 1개의 행성만 가지고 있으며, 행성 (가), (나), (다)는 중심별을 원 궤도로 공전한다.) [3점]

보기
ㄱ. 별과 공통 질량 중심 사이의 거리는 (나)의 중심별에서가 (다)의 중심별에서보다 길다.
ㄴ. 중심별로부터 단위 시간당 단위 면적이 받는 복사 에너지양은 (나)가 (가)보다 많다. ← 적다.
ㄷ. (다)에는 물이 액체 상태로 존재할 수 있다.

① ㄱ ② ㄴ ③ ㄷ ④ ㄱ, ㄷ ⑤ ㄴ, ㄷ

✓ 자료 해석

- (가) : 중심별과 행성의 물리량이 태양과 지구의 물리량과 같으므로, (가)는 생명 가능 지대에 위치한다.
- (나) : 중심별의 질량은 태양 질량과 같으므로 (나)의 행성계에서 생명 가능 지대는 태양계와 비슷한 1 AU 부근에 위치해야 한다. (나)는 중심별로부터 4 AU 거리에 있으므로 생명 가능 지대에 위치하지 않는다.
- (다) : 중심별의 질량이 태양 질량보다 2배 크므로 생명 가능 지대는 1 AU보다 먼 곳에 위치한다. (가), (나), (다) 중 생명 가능 지대에 위치한 것은 2개이므로 (다)는 생명 가능 지대에 위치한다.

○ 보기 풀이

ㄱ. 중심별과 공통 질량 중심 사이의 거리는 중심별의 질량이 클수록 가깝다. 중심별의 질량은 (나)가 (다)보다 작으므로, 별과 공통 질량 중심 사이의 거리는 (나)의 중심별에서가 (다)의 중심별에서보다 길다.

ㄷ. 생명 가능 지대는 별의 주변에서 물이 액체 상태로 존재할 수 있는 거리의 범위이다. (다)는 생명 가능 지대에 위치하므로, (다)에는 물이 액체 상태로 존재할 수 있다.

✗ 매력적 오답

ㄴ. 중심별로부터 단위 시간당 단위 면적이 받는 복사 에너지양은 중심별의 광도가 클수록 많고, 중심별로부터의 거리가 가까울수록 많다. (가)와 (나)는 중심별의 질량이 같으므로 광도가 같고, 중심별로부터의 거리가 (가)가 (나)보다 가까우므로, 중심별로부터 단위 시간당 단위 면적이 받는 복사 에너지양은 (가)가 (나)보다 많다.

문제풀이 Tip

태양계에서 생명 가능 지대에 속하는 행성은 지구뿐이므로, 태양계의 생명 가능 지대는 1 AU 부근에 분포한다는 것을 꼭 알아 두자. 생명 가능 지대의 특징을 비교하는 문항에서 중심별이 주계열성일 때 태양계를 기준으로 비교하면 쉽게 해결할 수 있다.

6 생명 가능 지대

출제의도 생명 가능 지대의 지속 시간을 비교하여 중심별의 질량을 비교하고, 중심별의 질량에 따른 생명 가능 지대의 변화를 이해하는 문항이다.

그림 (가)는 주계열성 A와 B의 중심으로부터 거리에 따른 생명 가능 지대의 지속 시간을, (나)는 A 또는 B가 주계열 단계에 머무는 동안 생명 가능 지대의 변화를 나타낸 것이다.

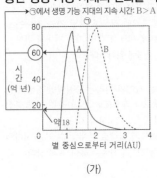
⑤에서 생명 가능 지대의 지속 시간: B>A
약18

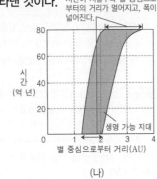
시간이 지날수록 별 중심으로부터의 거리가 멀어지고, 폭이 넓어진다.
생명 가능 지대

(가) (나)

이 자료에 대한 설명으로 옳은 것만을 〈보기〉에서 있는 대로 고른 것은? [3점]

보기
ㄱ. 별의 질량은 A보다 B가 작다. 크다.
ㄴ. ⑤에서 생명 가능 지대의 지속 시간은 A보다 B가 짧다. 길다.
ㄷ. (나)는 B의 자료이다.

① ㄱ ② ㄷ ③ ㄱ, ㄴ ④ ㄴ, ㄷ ⑤ ㄱ, ㄴ, ㄷ

✔ 자료 해석

• (가) : A는 B보다 생명 가능 지대가 지속되는 거리 범위가 별 중심에 가깝다. 주계열성은 질량이 작을수록 광도가 작으므로 별 중심으로부터 생명 가능 지대까지의 거리가 가깝다.
• (나) : 시간이 지남에 따라 중심별의 광도가 커지고, 생명 가능 지대까지의 거리는 멀어지며, 생명 가능 지대의 폭은 넓어지고 있다.

○ 보기풀이 ㄷ. (나)에서 별 중심으로부터 약 2 AU 거리에 있을 때 생명 가능 지대에 약 80억 년 머무르므로, (가)의 B에 해당한다.

✕ 매력적오답 ㄱ. 주계열성은 중심별의 질량이 클수록 광도가 크고 생명 가능 지대까지의 거리가 멀다. A는 생명 가능 지대에 포함되는 거리의 범위가 B보다 가까우므로, A는 B보다 광도가 작은 주계열성이다. 따라서 별의 질량은 A보다 B가 크다.

ㄴ. ⑤에서 생명 가능 지대의 지속 시간은 A에서는 약 18억 년이고, B에서는 약 60억 년이다. 따라서 ⑤에서 생명 가능 지대의 지속 시간은 A보다 B가 길다.

문제풀이 Tip
별 중심으로부터의 거리가 1 AU일 때 A는 생명 가능 지대에 머무른 적이 있지만, B는 생명 가능 지대에 머무른 적이 없다. 이는 생명 가능 지대가 A가 B보다 중심별로부터 가깝다는 것을 의미한다.

---

7 생명 가능 지대

출제의도 생명 가능 지대의 거리와 폭을 비교하여 중심별과 행성의 물리량을 비교하는 문항이다.

그림 (가)와 (나)는 두 외계 행성계의 생명 가능 지대를 나타낸 것이다. 중심별 A와 B는 모두 주계열성이다.

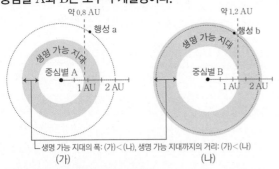
약 0.8 AU
행성 a
약 1.2 AU
행성 b
생명 가능 지대
생명 가능 지대
중심별 A
중심별 B
1 AU 2 AU
1 AU 2 AU
생명 가능 지대의 폭: (가)<(나), 생명 가능 지대까지의 거리: (가)<(나)
(가) (나)

이에 대한 옳은 설명만을 〈보기〉에서 있는 대로 고른 것은? (단, 행성의 대기에 의한 효과는 무시한다.)

보기
ㄱ. 광도는 A가 B보다 크다. 작다.
ㄴ. 행성의 표면 온도는 a가 b보다 높다. 낮다.
ㄷ. 주계열 단계에 머무르는 기간은 A가 B보다 길다.

① ㄱ ② ㄷ ③ ㄱ, ㄴ ④ ㄴ, ㄷ ⑤ ㄱ, ㄴ, ㄷ

✔ 자료 해석

• (가) : 생명 가능 지대는 중심별로부터 약 0.8~1.4 AU 거리에 분포한다.
• (나) : 생명 가능 지대는 중심별로부터 약 1.2~2.1 AU 거리에 분포한다.
• (가)는 (나)보다 중심별로부터 생명 가능 지대까지의 거리가 가깝고, 생명 가능 지대의 폭이 좁으므로, 중심별의 광도는 A가 B보다 작다.
• 행성 a는 생명 가능 지대 밖에 위치하고, 행성 b는 생명 가능 지대에 위치한다.

○ 보기풀이 ㄷ. 주계열성은 광도가 클수록 질량이 크고 수명이 짧아 주계열 단계에 머무르는 기간이 짧다. 따라서 주계열 단계에 머무르는 기간은 광도가 작은 A가 B보다 길다.

✕ 매력적오답 ㄱ. 중심별의 광도가 클수록 중심별로부터 생명 가능 지대까지의 거리가 멀다. 중심별로부터 생명 가능 지대까지의 거리는 (가)가 (나)보다 가까우므로, 광도는 A가 B보다 작다.

ㄴ. 행성 a는 생명 가능 지대보다 멀리 있고, 행성 b는 생명 가능 지대에 속해 있으므로 행성이 중심별로부터 단위 시간에 단위 면적당 받는 복사 에너지양은 행성 b가 행성 a보다 많다. 따라서 행성의 표면 온도는 b가 a보다 높다.

문제풀이 Tip
행성의 표면 온도는 중심별로부터의 거리보다 행성이 중심별로부터 단위 시간에 단위 면적당 받는 복사 에너지양에 의해 결정된다는 것에 유의해야 한다.

8 생명 가능 지대

출제 의도 외계 행성계를 이루는 중심별과 행성의 물리량 자료를 해석하여 생명 가능 지대를 이해하는 문항이다.

표는 외계 행성계 (가)와 (나)의 특징을 나타낸 것이다. (가)와 (나)는 각각 중심별과 중심별을 원 궤도로 공전하는 하나의 행성으로 구성된다.

표면 온도: (가)>(나)
주계열성

구분	(가)	(나)
중심별의 분광형	F6V	M2V
생명 가능 지대(AU) 생명 가능 지대 폭: 1.3 AU	1.7~3.0	( )
행성의 공전 궤도 반지름(AU)	1.82	3.10
행성의 단위 면적당 단위 시간에 입사하는 중심별의 복사 에너지양(지구=1)	1.03	㉠

생명 가능 지대에 위치함

이에 대한 설명으로 옳은 것만을 〈보기〉에서 있는 대로 고른 것은?

보기
ㄱ. (가)의 행성에서는 물이 액체 상태로 존재할 수 있다.
ㄴ. (나)에서 생명 가능 지대의 폭은 1.3 AU보다 넓다. 좁다.
ㄷ. ㉠은 1.03보다 크다. 작다.

① ㄱ ② ㄴ ③ ㄱ, ㄷ ④ ㄴ, ㄷ ⑤ ㄱ, ㄴ, ㄷ

✔ 자료 해석

• (가)와 (나)의 중심별은 모두 광도 계급이 Ⅴ이므로 주계열성이며, 표면 온도는 분광형이 F형인 (가)의 중심별이 M형인 (나)의 중심별보다 높다. 주계열성은 표면 온도가 높을수록 질량과 광도가 크므로 (가)의 중심별이 (나)의 중심별보다 질량과 광도가 크다. ➡ 생명 가능 지대의 폭은 (가)가 (나)보다 넓고, 생명 가능 지대까지의 거리도 (가)가 (나)보다 멀다.
• (가)에서 생명 가능 지대의 폭은 1.3 AU이다.
• 공전 궤도 반지름은 (가)의 행성이 (나)의 행성보다 작다.
• 행성의 단위 면적당 단위 시간에 입사하는 중심별의 복사 에너지양은 중심별의 광도에 비례하고 행성의 공전 궤도 반지름의 제곱에 반비례한다.

O 보기 풀이 ㄱ. (가)의 행성은 공전 궤도 반지름이 생명 가능 지대 범위 안에 속하므로 생명 가능 지대에 위치한다. 따라서 (가)의 행성에서는 물이 액체 상태로 존재할 수 있다.

✕ 매력적 오답 ㄴ. (가)의 중심별은 (나)의 중심별보다 표면 온도가 높은 주계열성이므로 질량과 광도가 크다. 따라서 생명 가능 지대의 폭은 (가)가 (나)보다 넓다. (가)에서 생명 가능 지대의 폭은 1.3 AU이므로, (나)에서 생명 가능 지대의 폭은 1.3 AU보다 좁다.
ㄷ. 행성의 단위 면적당 단위 시간에 입사하는 중심별의 복사 에너지양은 중심별의 광도에 비례하고 행성의 공전 궤도 반지름의 제곱에 반비례하는데, 중심별의 광도는 (가)가 (나)보다 크고 행성의 공전 궤도 반지름은 (가)가 (나)보다 작으므로 행성의 단위 면적당 단위 시간에 입사하는 중심별의 복사 에너지양은 (가)가 (나)보다 많다. 따라서 ㉠은 1.03보다 작다.

문제풀이 **Tip**

중심별의 질량과 광도에 따른 생명 가능 지대까지의 거리와 생명 가능 지대의 폭을 비교하는 문항이 자주 출제된다. 중심별의 질량과 광도는 분광형과 광도 계급으로 유추할 수 있으며, 생명 가능 지대에 위치한 행성은 단위 면적당 단위 시간에 입사하는 중심별의 복사 에너지양이 지구와 비슷하다는 것에 유의해야 한다.

9 생명 가능 지대

출제 의도 중심별로부터 받는 복사 에너지와 중심별의 표면 온도에 따른 생명 가능 지대의 위치를 비교하고, 행성의 표면 온도와 공전 궤도를 파악하는 문항이다.

그림은 행성이 주계열성인 중심별로부터 받는 복사 에너지와 중심별의 표면 온도를 나타낸 것이다. 행성 A, B, C 중 B와 C만 생명 가능 지대에 위치하며 A와 B의 반지름은 같다.

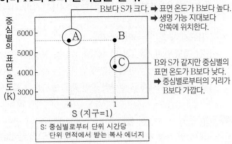

B보다 S가 크다. ➡ 표면 온도가 B보다 높다.
➡ 생명 가능 지대보다 안쪽에 위치한다.

B와 S가 같지만 중심별의 표면 온도가 B보다 낮다.
➡ 중심별로부터의 거리가 B보다 가깝다.

S: 중심별로부터 단위 시간당 단위 면적에서 받는 복사 에너지

이에 대한 옳은 설명만을 〈보기〉에서 있는 대로 고른 것은? (단, 행성은 흑체이고, 행성 대기의 효과는 무시한다.) [3점]
흑체가 단위 시간에 단위 면적당 방출하는 에너지양(E)$=\sigma T^4$

보기

ㄱ. 행성이 복사 평형을 이룰 때 표면 온도(K)는 A가 B의 $\sqrt{2}$ 배이다.

ㄴ. 공전 궤도 반지름은 B가 C보다 작다. 크다.

ㄷ. A의 중심별이 적색 거성으로 진화하면 A는 생명 가능 지대에 속할 수 있다. 속하지 않는다.

① ㄱ ② ㄴ ③ ㄷ ④ ㄱ, ㄴ ⑤ ㄱ, ㄷ

✔ 자료 해석

- A와 B의 중심별의 표면 온도는 같은데, A는 B보다 중심별로부터 단위 시간당 단위 면적에서 받는 복사 에너지가 많으므로 A는 B보다 표면 온도가 높다.
- B와 C는 중심별로부터 단위 시간당 단위 면적에서 받는 복사 에너지가 같지만 B의 중심별의 표면 온도가 C의 중심별의 표면 온도보다 높으므로 중심별로부터의 거리는 C가 B보다 가깝다.

○ 보기 풀이 ㄱ. 흑체는 입사하는 모든 에너지를 흡수하고, 흡수한 복사 에너지를 모두 방출하며, 흑체가 단위 시간 동안 단위 면적에서 방출하는 에너지양은 표면 온도(T)의 4제곱에 비례한다(슈테판·볼츠만 법칙). A는 B보다 중심별로부터 단위 시간당 단위 면적에서 받는 복사 에너지(S)가 4배 많으므로 A가 방출하는 복사 에너지는 B보다 4배 많다. 즉, $S_A = 4S_B$이고, $T_A{}^4 = 4T_B{}^4$이므로 $T_A = \sqrt{2}T_B$이다. 따라서 표면 온도는 A가 B보다 $\sqrt{2}$배 높다.

✕ 매력적 오답 ㄴ. 중심별의 표면 온도가 높을수록 생명 가능 지대는 중심별로부터 멀어지므로, B가 속한 생명 가능 지대는 C가 속한 생명 가능 지대보다 중심별로부터의 거리가 멀다. B와 C는 모두 생명 가능 지대에 위치하므로 B는 C보다 중심별로부터 먼 곳에 위치한다. 따라서 공전 궤도 반지름은 B가 C보다 크다.

ㄷ. 주계열성인 중심별이 적색 거성으로 진화하면 광도가 커지므로 생명 가능 지대는 현재보다 멀어진다. A는 현재 생명 가능 지대보다 안쪽에 위치하므로 중심별이 적색 거성으로 진화하여도 A는 생명 가능 지대에 속하지 않는다.

문제풀이 Tip

행성이 중심별로부터 단위 시간당 단위 면적에서 받는 복사 에너지는 중심별의 표면 온도가 높을수록 크고, 중심별에 가까울수록 크다는 것에 유의해야 한다.

10 생명 가능 지대

출제 의도 생명 가능 지대로부터 행성 공전 궤도까지의 최단 거리, 행성의 단위 시간당 단위 면적이 받는 복사 에너지 자료를 해석하여 중심별의 광도, 행성의 평균 표면 온도를 비교하는 문항이다.

그림은 주계열성 S의 생명 가능 지대를, 표는 S를 원 궤도로 공전하는 행성 a, b, c의 특징을 나타낸 것이다. ㉠은 생명 가능 지대의 가운데에 해당하는 면이다.

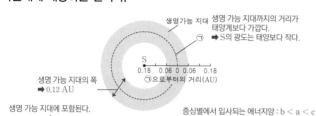

생명가능 지대　생명 가능 지대까지의 거리가 태양계보다 가깝다.
㉠　➡ S의 광도는 태양보다 작다.
생명 가능 지대의 폭
➡ 0.12 AU
S
0.18 0.06 0 0.06 0.18
㉠으로부터의 거리(AU)
생명 가능 지대에 포함된다.　　중심별에서 입사되는 에너지양 : b < a < c

행성	㉠으로부터 행성 공전 궤도까지의 최단 거리(AU)	단위 시간당 단위 면적이 받는 복사 에너지(행성 a=1)
a	0.02	1
b	0.10	0.32
c	0.13	9.68

생명 가능 지대에 포함되지 않는다.

이에 대한 설명으로 옳은 것만을 〈보기〉에서 있는 대로 고른 것은? (단, 행성의 대기 조건은 고려하지 않는다.) [3점]

보기
ㄱ. 광도는 태양보다 S가 작다.
ㄴ. a에서는 물이 액체 상태로 존재할 수 있다.
ㄷ. 행성의 평균 표면 온도는 b보다 c가 높다.

① ㄱ　　② ㄷ　　③ ㄱ, ㄴ　　④ ㄴ, ㄷ　　⑤ ㄱ, ㄴ, ㄷ

✔ 자료 해석

• 생명 가능 지대는 S로부터 0.12~0.24 AU 사이에 있으므로, 태양계보다 중심별에서 생명 가능 지대까지의 거리가 가깝다.

• 행성 a, b, c에서 단위 시간당 단위 면적이 받는 복사 에너지양은 c가 가장 많다. 단위 시간당 단위 면적이 받는 복사 에너지양이 많은 행성일수록 중심별로부터의 거리가 가깝다.

○ 보기 풀이

ㄱ. 별의 광도가 클수록 별에서 생명 가능 지대까지의 거리가 멀다. 태양계의 생명 가능 지대는 태양으로부터 1 AU 거리 부근이고, S의 생명 가능 지대는 S로부터 0.12~0.24 AU 사이이다. 따라서 광도는 태양보다 S가 작다.

ㄴ. S의 생명 가능 지대 폭은 0.12 AU이고, 생명 가능 지대의 중심부에 해당하는 ㉠으로부터 행성 a의 공전 궤도까지의 최단 거리는 0.02 AU이다. 따라서 a는 생명 가능 지대에 위치하므로 물이 액체 상태로 존재할 수 있다.

ㄷ. 중심별에서 행성에 입사되는 에너지양은 b보다 c가 많다. 따라서 행성의 평균 표면 온도는 b보다 c가 높다.

문제풀이 Tip

중심별로부터 단위 시간당 단위 면적이 받는 복사 에너지양이 많은 행성일수록 중심별로부터의 거리가 가깝고, 행성의 평균 표면 온도가 높다는 것을 알아 두자.

Part I

교육청

01 판 구조론의 정립

1 해저 확장설

2025학년도 수능 11번 | 정답 ③ | 문제편 100 p

출제 의도 판 경계 주변의 퇴적물 하부의 암석 연령으로부터 판 경계의 종류를 구분하고, 판 경계 주변에서 일어나는 지각 변동과 판의 이동 속도를 파악하는 문항이다.

그림 (가)는 판 A와 B의 경계 주변과 시추 지점 ⊙~㉣을, (나)는 각 지점에서 가장 오래된 퇴적물 하부의 암석 연령을 판 경계로부터 최단 거리에 따라 나타낸 것이다.

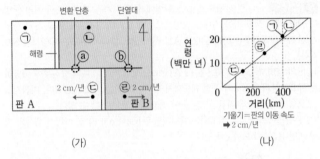

(가)   (나)

이 자료에 대한 설명으로 옳은 것만을 〈보기〉에서 있는 대로 고른 것은? [3점]

보기

ㄱ. 지진은 지역 ⓐ가 지역 ⓑ보다 활발하게 일어난다.

ㄴ. 가장 오래된 퇴적물 하부의 암석에 기록된 고지자기 방향은 ⊙과 ㉡이 같다.

ㄷ. ㉢은 ㉣에 대하여 ~~2 cm/년~~의 속도로 멀어진다.
          4 cm/년

① ㄱ   ② ㄷ   ③ ㄱ, ㄴ   ④ ㄴ, ㄷ   ⑤ ㄱ, ㄴ, ㄷ

✓ 자료 해석

• ⊙과 ㉡ 사이, ㉢과 ㉣ 사이에는 해령이 발달해 있고, ⓐ는 변환 단층, ⓑ는 단열대이다.

• (나)에서 해령으로부터 멀어질수록 퇴적물 하부의 암석 연령이 증가함을 알 수 있다. 해령에 가장 가까운 ㉢의 암석 연령이 가장 적고, ⊙과 ㉡은 해령으로부터의 거리와 암석 연령이 같다.

○ 보기 풀이 ㄱ. 지역 ⓐ는 보존형 경계인 변환 단층이고, 지역 ⓑ는 단열대에 해당한다. 지진은 판의 경계에서 활발하게 일어나므로 지역 ⓐ가 지역 ⓑ보다 활발하게 일어난다.

ㄴ. ⊙과 ㉡은 해령으로부터의 거리가 같고, 가장 오래된 퇴적물 하부의 암석 연령이 같으므로 같은 시기에 같은 해령(같은 장소)에서 생성되어 양쪽으로 멀어진 지점이다. 따라서 ⊙과 ㉡의 가장 오래된 퇴적물 하부의 암석에 기록된 고지자기의 방향도 같다.

✕ 매력적 오답 ㄷ. (나) 자료를 통해 같은 해령에서 생성된 암석들이 존재하는 ㉢, ㉣이 해령으로부터 멀어지는 속도(그래프의 기울기)를 계산할 수 있다.

$$\frac{200 \text{ km}}{10 \times 10^6 \text{년}} = \frac{200 \times 10^5 \text{ cm}}{10 \times 10^6 \text{년}} = 2 \text{ cm/년}$$이고, ㉢과 ㉣은 서로 다른 판에 위치하여 반대 방향으로 이동하므로, ㉢은 ㉣에 대해 상대적으로 4 cm/년의 속도로 멀어지고 있다.

문제풀이 Tip

해령에서 생성된 해양 지각은 해령을 중심으로 양쪽으로 멀어지므로 해령에 가장 가까운 지점의 퇴적물 하부 암석의 연령이 가장 적다는 것에 유의하여 해령과 변환 단층을 구분하고, 이를 바탕으로 판의 이동 방향을 고려하여 판의 이동 속도를 구할 수 있어야 한다.

2　음향 측심법

출제 의도 탐구 활동을 통해 음향 측심 자료를 이용한 해저 지형 탐사 방법을 이해하는 문항이다.

다음은 음향 측심 자료를 이용하여 해저 지형을 알아보기 위한 탐구 활동이다.

[탐구 과정]

(가) 하나의 해구가 나타나는 어느 해역의 음향 측심 자료를 조사한다.

(나) (가)의 해역에서 해구를 가로지르는 직선 구간을 따라 일정한 거리 간격으로 탐사 지점 P_1~P_8을 선정한다.

(다) 각 지점별로 ㉠ 해수면에서 연직 방향으로 발사한 초음파가 해저면에서 반사되어 되돌아오는 데 걸리는 시간을 표에 기록한다. └─ 수심에 비례한다.

(라) 초음파의 속력이 1500 m/s로 일정하다고 가정한 후, 각 지점의 수심을 계산하여 표에 기록한다.

(마) (라)에서 계산된 수심으로부터 해구가 나타나는 지점을 찾는다.

[탐구 결과]

왕복 시간이 가장 길다.
➡ 수심이 가장 깊다.
➡ 해구

지점	P_1	P_2	P_3	P_4	P_5	P_6	P_7	P_8
시간 (초)	6.8	6.4	5.1	10.0	6.1	7.6	7.8	7.1
수심 (m)				(㉡) 7500				

└─ 수심 $=\dfrac{1}{2}\times$ 초음파의 속력 $\times$ 초음파의 왕복 시간

이 자료에 대한 설명으로 옳은 것만을 〈보기〉에서 있는 대로 고른 것은?

보기
ㄱ. ㉠은 수심에 비례한다.
ㄴ. ㉡은 '~~15000~~'이다.
　　　　　　7500
ㄷ. ~~P_2~~ 는 해구가 위치한 지점이다.
　　P_4

① ㄱ　② ㄴ　③ ㄷ　④ ㄱ, ㄴ　⑤ ㄴ, ㄷ

✔ 자료 해석

• 어떤 해역을 가로지르는 직선 구간을 따라 일정한 간격으로 떨어져 있는 지점의 해수면에서 연직 방향으로 초음파를 발사하여 해저면에 반사되어 되돌아오는 데 걸린 시간을 측정하면 수심을 알 수 있다. 이를 음향 측심법이라고 한다. 초음파의 속도를 v, 초음파의 왕복 시간을 t라고 하면 수심(d)은 $d=\dfrac{1}{2}vt$이다.

• 탐구 결과, P_4 지점에서 초음파의 왕복 시간이 가장 긴 것으로 보아 이 지점의 수심이 가장 깊다.

○ 보기 풀이　ㄱ. 해수면에서 발사한 초음파가 해저면에서 반사되어 되돌아오는 데 걸리는 시간은 수심이 깊을수록 오래 걸린다. 즉, ㉠은 수심에 비례한다.

✕ 매력적 오답　ㄴ. 수심은 $\dfrac{1}{2}\times$ 초음파의 속력 $\times$ 초음파의 왕복 시간이므로 ㉡은 $\dfrac{1}{2}\times1500$ m/s $\times10.0$ s $=7500$ m이다.

ㄷ. 해구는 수심 약 6000 m 이상의 좁고 긴 골짜기이다. (가)에서 하나의 해구가 나타난다고 했으므로, 관측 지점에서 초음파의 왕복 시간이 가장 긴 곳에 해구가 발달한다. 초음파의 왕복 시간은 P_4에서 가장 길게 측정되었으므로, 이곳에 해구가 위치한다.

문제풀이 Tip

관측 해역에 해구가 1개 이상 존재한다거나 해령과 해구가 모두 존재한다고 할 경우에도 초음파의 왕복 시간을 비교해서 판의 경계나 해저 지형을 구분할 수 있어야 한다. (초음파의 속력 $\times$ 해저면까지 초음파가 도달하는 데 걸리는 시간)이 수심이 되므로 왕복 시간을 측정한 자료에서는 반드시 $\dfrac{1}{2}$을 곱해 주어야 한다는 것에 유의해야 한다.

Part II

수능 평가원

3 판 경계의 특징

출제 의도 판의 경계 하부에서 일어나는 맨틀 대류를 이해하고, 판의 경계 부근에서 작용하는 힘과 지각 변동을 파악하는 문항이다.

그림은 태평양 어느 지역의 판 경계 주변을 모식적으로 나타낸 것이다.

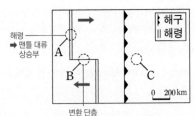

지역 A, B, C에 대한 설명으로 옳은 것만을 〈보기〉에서 있는 대로 고른 것은?

보기
ㄱ. A의 하부에는 맨틀 대류의 상승류가 존재한다.
ㄴ. C의 하부에는 침강하는 판이 잡아당기는 힘이 작용한다.
ㄷ. 화산 활동은 A가 B보다 활발하다.

① ㄱ ② ㄷ ③ ㄱ, ㄴ ④ ㄴ, ㄷ ⑤ ㄱ, ㄴ, ㄷ

✔ **자료 해석**
• A는 해령으로, 맨틀 대류의 상승부에 발달한 발산형 경계이다.
• B는 변환 단층으로, 해령과 해령 사이에 발달한 보존형 경계이다.
• C는 섭입대 부근에서 침강하는 판 위에 위치한다.

○ **보기 풀이** ㄱ. A는 해령으로 맨틀 대류의 상승류에 의해 판이 발산하고 새로운 해양 지각이 생성되는 곳이다.

ㄴ. C의 왼쪽에 해구가 위치하므로 C의 하부에서는 해양판이 섭입하고 있다. 따라서 C의 하부에는 섭입대에서 침강하는 판이 판을 섭입대 쪽으로 잡아당기는 힘이 작용한다.

ㄷ. 해령에서는 맨틀 물질이 상승하면서 압력 감소에 의해 마그마가 형성되어 화산 활동이 활발하게 일어나지만, 변환 단층에서는 마그마가 발생할 수 있는 환경이 형성되지 않아 화산 활동이 일어나지 않는다. 따라서 화산 활동은 A가 B보다 활발하다.

문제풀이 Tip
판의 섭입이 일어날 때는 침강하는 판이 잡아당기는 힘이 작용한다는 것에 유의해야 한다.

---

4 해양저 확장설

출제 의도 해양 지각의 연령과 고지자기 줄무늬 자료를 해석하여 해령으로부터 거리에 따른 해저 퇴적물의 두께와 대륙의 이동 방향을 파악하는 문항이다.

그림은 남반구 중위도에 위치한 어느 해양 지각의 연령과 고지자기 줄무늬를 나타낸 것이다. ㉠과 ㉡은 각각 정자극기와 역자극기 중 하나이다.

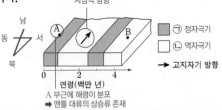

지역 A와 B에 대한 설명으로 옳은 것만을 〈보기〉에서 있는 대로 고른 것은? (단, 해저 퇴적물이 쌓이는 속도는 일정하다.) [3점]

보기
ㄱ. 해저 퇴적물의 두께는 A가 B보다 두껍다.
　　　　　　　　　　　　　　　　　얇다.
ㄴ. A의 하부에는 맨틀 대류의 상승류가 존재한다.
ㄷ. B는 A의 동쪽에 위치한다.
　　　　　　서쪽

① ㄱ ② ㄴ ③ ㄷ ④ ㄱ, ㄷ ⑤ ㄴ, ㄷ

✔ **자료 해석**
• A에서 B로 갈수록 지각의 연령이 증가하고 고지자기 역전의 줄무늬가 나타나는 것으로 보아 A는 해령 부근에 위치한다.
• 현재는 정자극기이고, 새로운 해양 지각은 해령에서 생성된다. 또한 고지자기 줄무늬는 해령과 나란하며 해령을 축으로 양쪽이 대칭을 이룬다. 따라서 ㉠은 정자극기, ㉡은 역자극기이다.
• 해령 하부에는 맨틀 대류의 상승류가, 해구 하부에는 맨틀 대류의 하강류가 존재한다.

○ **보기 풀이** ㄴ. A는 해령 부근에 위치하므로, A의 하부에는 맨틀 대류의 상승류가 존재한다.

✕ **매력적 오답** ㄱ. 해양 지각의 연령은 A보다 B가 많으므로, B에 더 오랜 시간 동안 퇴적물이 퇴적되었다. 따라서 해저 퇴적물의 두께는 A가 B보다 얇다.

ㄷ. A가 가장 최근에 형성된 암석이므로 A가 속한 ㉠은 정자극기이고, B가 속한 ㉡은 역자극기이다. 따라서 ㉡의 화살표가 향하는 방향은 현재의 자남극 방향에 가까우므로 B는 A의 서쪽에 위치한다.

문제풀이 Tip
정자극기와 역자극기에 대한 개념을 정확하게 이해하고 있어야 하며, 해양 지각의 연령 분포로부터 해당 위치가 해령인지 해구인지를 판단할 수 있어야 한다. 또한 해령과 해구 하부에서 일어나는 맨틀 대류의 종류에 대해서 이해하고 있어야 한다.

5 판 구조론과 플룸 구조론

출제 의도 판의 내부와 판의 경계 부근에서 일어나는 화산 활동의 특징을 이해하고, 판의 분포와 특징을 파악하는 문항이다.

그림은 판의 경계와 최근 발생한 화산 분포의 일부를 나타낸 것이다.

이 자료에 대한 설명으로 옳은 것만을 〈보기〉에서 있는 대로 고른 것은?

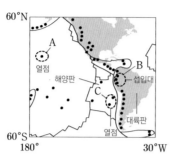

―― 보기 ――
ㄱ. 지역 A의 하부에는 외핵과 맨틀의 경계부에서 상승하는 플룸이 있다.
ㄴ. 지역 B의 하부에는 맨틀 대류의 하강류가 존재한다.
ㄷ. 암석권의 평균 두께는 지역 B가 지역 C보다 두껍다.

① ㄱ   ② ㄷ   ③ ㄱ, ㄴ   ④ ㄴ, ㄷ   ⑤ ㄱ, ㄴ, ㄷ

✔ 자료 해석
- A와 C는 판의 내부에서 일어나는 화산 활동이고, B는 판의 섭입형 경계 부근에서 일어나는 화산 활동이다.
- A와 C는 해양판에 위치하고, B는 대륙판에 위치한다. 대륙판은 해양판보다 두께가 두껍다.

○ 보기 풀이 ㄱ. 지역 A는 판 내부에 있는 화산이므로 아래에 열점이 있다. 열점은 외핵과 맨틀의 경계부에서 상승하는 뜨거운 플룸에 의해 형성된다.
ㄴ. 지역 B의 하부에서는 해양판이 대륙판 아래로 섭입하고 있다. 섭입대에 위치한 지역 B의 하부에서는 맨틀 대류의 하강류가 존재한다.
ㄷ. 대륙판은 해양판보다 평균 두께가 두껍고 평균 밀도는 작다. 지역 B는 대륙판에, 지역 C는 해양판에 위치하므로 암석권의 평균 두께는 지역 B가 지역 C보다 두껍다.

문제풀이 Tip
판의 내부에서 일어나는 화산 활동은 플룸 구조론으로, 판의 경계 부근에서 일어나는 화산 활동은 판 구조론으로 설명할 수 있다. 플룸 구조론에서는 플룸 상승류와 하강류가 있고, 판 구조론에서는 맨틀 대류의 상승류와 하강류가 있다는 것에 유의해야 한다.

---

6 판 구조론의 정립 과정

출제 의도 판 구조론의 정립 과정에서 등장한 대륙 이동설과 해양저 확장설의 내용과 뒷받침할 수 있는 증거를 이해하는 문항이다.

다음은 판 구조론이 정립되는 과정에서 등장한 이론에 대하여 학생 A, B, C가 나눈 대화를 나타낸 것이다. ㉠과 ㉡은 각각 대륙 이동설과 해양저 확장설 중 하나이다.

이론	내용
㉠ 대륙 이동설	과거에 하나로 모여 있던 초대륙 판게아가 분리되고 이동하여 현재와 같은 수륙 분포가 되었다.
㉡ 해양저 확장설	해령을 축으로 해양 지각이 생성되고 양쪽으로 멀어짐에 따라 해양저가 확장된다.

제시한 내용이 옳은 학생만을 있는 대로 고른 것은?
① A   ② C   ③ A, B   ④ B, C   ⑤ A, B, C

✔ 자료 해석
- ㉠ : 판게아의 분리와 이동으로 현재의 수륙 분포를 설명하는 것은 대륙 이동설이다.
- ㉡ : 해령에서 생성된 해양 지각이 해령을 축으로 양쪽으로 이동하여 해양저가 확장된다는 것은 해양저 확장설이다.

○ 보기 풀이 C. 해령에서 멀어질수록 해양 지각의 연령이 증가하고, 심해 퇴적물의 두께가 증가하는 것 등은 해양저 확장설의 증거이다.

✕ 매력적 오답 A. ㉠은 대륙 이동설, ㉡은 해양저 확장설에 해당한다.
B. 베게너는 대륙 이동에 대한 여러 가지 증거를 제시하였지만, 대륙을 움직이는 힘을 설명하지 못해 많은 과학자들에게 받아들여지지 않았다.

문제풀이 Tip
판 구조론의 정립 과정에서 등장한 여러 이론에 대해 묻는 문항이 자주 출제되므로, 각 이론의 내용과 이론을 뒷받침할 수 있는 증거에 대해 잘 학습해 두자.

7 대륙 분포의 변화

출제 의도 초대륙의 형성과 분리 과정을 이해하는 문항이다.

다음은 초대륙의 형성과 분리 과정 중 일부에 대하여 학생 A, B, C가 나눈 대화를 나타낸 것이다.

- 로디니아(약 12억 년 전)
- 판게아(약 2억 7천만 년 전)

초대륙의 형성 → ㉠ 대륙의 분리 → ㉡ 해저 확장

열곡대는 ㉠ 중에 형성될 수 있어.

판게아는 초대륙에 해당해.

해령을 축으로 해저 지자기 줄무늬가 대칭적으로 분포하는 것은 ㉡의 증거야.

학생 A 학생 B 학생 C

대륙판과 대륙판의 발산형 경계에 형성된다.

제시한 내용이 옳은 학생만을 있는 대로 고른 것은?

① A ② B ③ A, C ④ B, C ⑤ A, B, C

✓ 자료 해석

- 지구에 존재하는 전체 또는 대부분의 대륙들이 하나로 합쳐진 거대한 대륙을 초대륙이라고 한다.
- 맨틀 대류에 의한 판의 운동으로 대륙이 분리되면서 열곡대가 형성된다.
- 해령에서 생성된 해양 지각이 양쪽으로 멀어지면서 해저가 확장된다.
- 해저 확장설의 증거로는 해령에서 멀어질수록 해양 지각의 나이가 많아지고 심해 퇴적물의 두께가 증가하는 것, 오래된 해양 지각이 해구에서 섭입하여 소멸되는 것, 해저 고지자기 줄무늬가 해령을 축으로 양쪽으로 대칭으로 나타나는 것 등이 있다.

○ 보기 풀이 A. 판게아는 약 2억 7천만 년 전 고생대 말에 형성된 초대륙으로, 약 2억 년 전 중생대 초에 분리되기 시작하였다.
B. 대륙이 분리되는 발산형 경계에서는 열곡대와 해령이 형성될 수 있다.
C. 해저 지자기 줄무늬가 해령을 축으로 대칭적으로 분포하는 것은 해저 확장설의 증거이다.

문제풀이 **Tip**

초대륙의 형성과 분리 과정에는 대륙 이동설, 해저 확장설, 판 구조론의 개념이 모두 포함되므로, 판 구조론의 정립 과정에 대해 잘 정리해 두자.

---

8 판의 이동과 고지자기

출제 의도 열점에서 생성된 화산섬의 분포, 연령, 위도를 비교하여 판의 이동 방향과 고지자기 복각을 파악하는 문항이다.

그림은 고정된 열점에서 형성된 화산섬 A, B, C를, 표는 A, B, C의 연령, 위도, 고지자기 복각을 나타낸 것이다. A, B, C는 동일 경도에 위치한다.

(남쪽) A B C (북쪽)

열점 판 → 판의 이동 방향

연약권

화산섬	A	B	C
연령(백만 년)	0	15	40
위도	10°N	20°N	40°N
고지자기 복각	( )	(㉠)	(㉡)

이 자료에 대한 설명으로 옳은 것만을 〈보기〉에서 있는 대로 고른 것은? (단, 고지자기극은 고지자기 방향으로 추정한 지리상 북극이고, 지리상 북극은 변하지 않았다.) [3점]

보기
ㄱ. ㉠은 ㉡보다 작다.
ㄴ. 판의 이동 방향은 북쪽이다.
ㄷ. B에서 구한 고지자기극의 위도는 80°N이다.

① ㄱ ② ㄴ ③ ㄱ, ㄷ ④ ㄴ, ㄷ ⑤ ㄱ, ㄴ, ㄷ

✓ 자료 해석

- 화산섬 A의 연령이 0이므로 현재 A 아래에 열점이 형성되어 있다.
- A, B, C는 모두 열점에서 생성되었으며 A → B → C로 갈수록 화산섬의 연령이 많아지므로, 열점에서 생성된 화산섬은 판의 이동에 따라 A → B → C 방향으로 이동하였다. 또한 A → B → C로 갈수록 위도가 점점 높아지므로 판은 북쪽으로 이동하였다.

○ 보기 풀이 ㄴ. A → B → C로 갈수록 위도가 계속 높아진다. A, B, C는 동일 위도에서 형성되었으나 이러한 위도 차이가 발생하는 것은 판이 북쪽으로 이동하였기 때문이다.
ㄷ. 현재 A 지점의 위도는 10°N, 현재 B 지점의 위도는 20°N이다. 열점의 위치는 고정되어 있으므로 B가 만들어질 당시 위치가 10°N이었고 이때 고지자기극의 위도가 90°였으므로 10°만큼 북쪽으로 이동한 현재 B 지점에서 측정되는 고지자기극의 위도는 80°N이다.

✕ 매력적 오답 ㄱ. 열점은 이동하지 않고 한 곳에 고정되어 있으며, A, B, C는 모두 같은 열점에서 생성되었으므로 고지자기 복각은 모두 같다. 따라서 ㉠과 ㉡은 같다.

문제풀이 **Tip**

고지자기 복각은 현재의 위치가 아닌 암석이 생성될 당시의 위치에서 기록된 것이다. 열점의 위치는 고정되어 있으므로, 화산섬 A, B, C가 생성된 위치는 모두 같다는 것에 유의해야 한다.

9 판의 경계와 플룸

출제 의도 지진의 진앙 분포 자료를 해석하여 판의 경계의 종류를 결정하고, 판을 이동시키는 힘과 하부에 있는 플룸의 종류를 파악하는 문항이다.

그림 (가)와 (나)는 남아메리카와 아프리카 주변에서 발생한 지진의 진앙 분포를 나타낸 것이다.

진원 깊이(km)
○ 0~70
▲ 70~300
× 300 이상
섭입대 위에 위치한다. (가)

진원 깊이(km)
○ 0~70
▲ 70~300
× 300 이상
열곡대에 위치한다. (나)
➡ 뜨거운 플룸 상승

지역 ㉠과 ㉡에 대한 설명으로 옳은 것만을 〈보기〉에서 있는 대로 고른 것은?

보기
ㄱ. ㉠의 하부에는 침강하는 해양판이 잡아당기는 힘이 작용한다.
ㄴ. ㉡의 하부에는 외핵과 맨틀의 경계부에서 상승하는 플룸이 있다.
ㄷ. 진원의 평균 깊이는 ㉠이 ㉡보다 깊다.

① ㄱ　　② ㄷ　　③ ㄱ, ㄴ　　④ ㄴ, ㄷ　　⑤ ㄱ, ㄴ, ㄷ

✔ 자료 해석
• ㉠은 해구 부근에 위치하므로, 하부에 섭입대가 발달한다.
• ㉡은 동아프리카 열곡대 부근에 위치하므로, 하부에 플룸 상승류가 나타난다.
• 해구에서 대륙 쪽으로 갈수록 진원의 깊이가 대체로 깊어지며 천발 지진~심발 지진이 발생하므로, ㉠에서는 진원의 평균 깊이가 깊다.
• 열곡대에서는 천발 지진이 발생하므로, ㉡에서는 진원의 평균 깊이가 얕다.

○ 보기 풀이 ㄱ. (가)에서는 해양판인 나스카판이 대륙판인 남아메리카판 아래로 섭입하므로, ㉠의 하부에는 섭입대가 발달한다. 섭입대에서는 침강하는 해양판이 판을 섭입대 쪽으로 잡아당기는 힘이 작용한다.
ㄴ. 차가운 플룸이 맨틀과 외핵의 경계 쪽으로 낙하하면 그 영향으로 맨틀과 외핵의 경계에서 뜨거운 맨틀 물질이 상승하면서 뜨거운 플룸이 생성된다. ㉡은 동아프리카 열곡대에 위치하며, 동아프리카 열곡대 아래에서는 뜨거운 플룸이 상승하고 있다.
ㄷ. ㉠은 섭입대에서 천발 지진~심발 지진이 발생하고 ㉡은 대륙이 갈라지면서 천발 지진이 발생하므로, 진원의 평균 깊이는 ㉠이 ㉡보다 깊다.

문제풀이 Tip
판의 발산형 경계(해령, 열곡대)에서는 진원 깊이가 약 0~70 km인 천발 지진이 발생하고, 판이 섭입하는 수렴형 경계(해구) 부근에서는 천발 지진~심발 지진이 모두 발생하는 것에 유의해야 한다.

---

10 해저 확장설

출제 의도 해령으로부터의 거리에 따른 가장 오래된 퇴적물의 연령 자료를 해석하여 두 지점 사이의 거리 변화를 파악하고, 해저 퇴적물의 두께를 비교하는 문항이다.

그림 (가)는 대서양에서 시추한 지점 $P_1 \sim P_7$을 나타낸 것이고, (나)는 각 지점에서 가장 오래된 퇴적물의 연령을 판의 경계로부터 거리에 따라 나타낸 것이다.

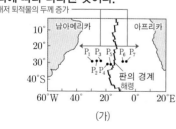

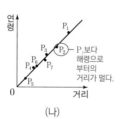

P_2보다 해령으로부터의 거리가 멀다.

(가)　　　　(나)

이에 대한 설명으로 옳은 것만을 〈보기〉에서 있는 대로 고른 것은?

보기
ㄱ. 가장 오래된 퇴적물의 연령은 P_2가 P_7보다 많다.
ㄴ. 해저 퇴적물의 두께는 P_1에서 P_5로 갈수록 두꺼워진다.
　　　　　　　　　　　　　　　　　　　　얇아진다.
ㄷ. P_3과 P_7 사이의 거리는 점점 증가할 것이다.

① ㄱ　　② ㄴ　　③ ㄱ, ㄷ　　④ ㄴ, ㄷ　　⑤ ㄱ, ㄴ, ㄷ

✔ 자료 해석
• (가)에서 $P_1 \sim P_5$는 판 경계(해령)의 서쪽에 위치하며 P_5에서 P_1로 갈수록 판의 경계로부터 멀어지고, P_6과 P_7은 판 경계의 동쪽에 위치하며 P_6이 P_7보다 판의 경계에 가깝다.
• (나)에서 가장 오래된 퇴적물의 연령은 P_1에서 가장 많고, P_5에서 가장 적다.

○ 보기 풀이 ㄱ. 맨틀 대류의 상승부인 해령에서는 새로운 해양 지각이 생성되어 해령을 중심으로 양쪽으로 확장되므로, 해령에서 멀어질수록 가장 오래된 퇴적물의 연령이 많다. (나)에서 가장 오래된 퇴적물의 연령은 P_1에 가까울수록 많으므로, P_2가 P_7보다 많다.
ㄷ. 해령을 중심으로 해양 지각이 양쪽으로 확장되므로, 해령을 기준으로 서로 반대쪽 판에 위치한 P_3과 P_7 사이의 거리는 점점 멀어질 것이다.

✘ 매력적 오답 ㄴ. 해령에서 멀어질수록 해저 퇴적물의 두께는 두꺼워지므로, P_1에서 P_5로 갈수록 해저 퇴적물의 두께는 얇아진다.

문제풀이 Tip
해저 확장설의 증거를 알아 두고, 해령에서 멀어질수록 해양 지각의 연령이 많아지고 심해 퇴적물의 두께가 두꺼워지는 것에 유의해야 한다.

11 판 구조론의 정립 과정

출제 의도 판 구조론의 정립 과정에서 등장한 이론들의 내용과 순서를 파악하는 문항이다.

다음은 판 구조론이 정립되는 과정에서 등장한 두 이론에 대하여 학생 A, B, C가 나눈 대화를 나타낸 것이다.

베게너의 대륙 이동설

이론	내용
㉠	고생대 말에 판게아가 존재하였고, 약 2억 년 전에 분리되기 시작하여 현재와 같은 대륙 분포가 되었다.
㉡	맨틀이 대류하는 과정에서 대륙이 이동할 수 있다.

홈스의 맨틀 대류설

제시한 내용이 옳은 학생만을 있는 대로 고른 것은?

① A ② B ③ A, C ④ B, C ⑤ A, B, C

✓ 자료 해석

- ㉠은 베게너가 주장한 대륙 이동설이고, ㉡은 홈스가 주장한 맨틀 대류설이다.
- 판 구조론은 베게너의 대륙 이동설(1912년) → 홈스의 맨틀 대류설(1929년) → 헤스와 디츠의 해양저 확장설(1960년대 초)을 거쳐 정립되었다.

○ 보기 풀이 ㉠은 베게너의 대륙 이동설, ㉡은 홈스의 맨틀 대류설이다.

A. 베게너는 남아메리카 대륙과 아프리카 대륙의 해안선이 일치하고, 멀리 떨어져 있는 두 대륙에서 발견된 지질 구조가 연속적이며, 바다를 사이에 두고 떨어져 있는 대륙에서 같은 종의 고생물 화석이 발견되고, 여러 대륙에 분포하는 빙하의 흔적과 이동 방향이 일치한다는 다양한 증거를 제시하였다. 따라서 남아메리카 대륙과 아프리카 대륙의 해안선 모양이 비슷한 것은 베게너가 주장한 대륙 이동설의 증거 중 하나이다.

✗ 매력적 오답 B. 맨틀 대류설에 따르면 맨틀 대류가 상승하는 곳에서는 해령이 형성되고, 맨틀 대류가 하강하는 곳에서는 해구와 습곡 산맥이 형성된다.

C. 음향 측심법은 2차 세계 대전 이후에 해저 조사에 사용되었다. 베게너는 1912년에 대륙 이동설을 발표하였으므로 음향 측심 자료는 베게너가 활동하던 시절에는 존재하지 않았다.

문제풀이 Tip

판 구조론이 정립되기까지 제시되었던 다양한 이론과 학설에 대해 묻는 문항이 자주 출제된다. 각 이론의 등장 시기와 각 이론을 뒷받침하는 증거, 한계점 등을 확실하게 알아 두자.

---

12 해양 지각의 연령 분포와 판의 이동

출제 의도 해양 지각의 연령 분포 자료를 해석하여 두 해령의 위치를 파악하고, 판의 평균 이동 속력을 비교하는 문항이다.

그림은 해양 지각의 연령 분포를 나타낸 것이다.

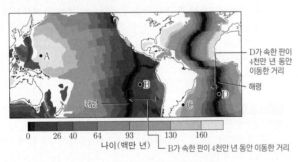

A~D 지점에 대한 설명으로 옳은 것만을 〈보기〉에서 있는 대로 고른 것은?

보기
ㄱ. 해저 퇴적물의 두께는 A가 B보다 두껍다.
ㄴ. 최근 4천만 년 동안 평균 이동 속력은 B가 속한 판이 C가 속한 판보다 크다.
ㄷ. 지진 활동은 ~~C가 D보다~~ 활발하다.
      D가 C보다

① ㄱ ② ㄷ ③ ㄱ, ㄴ ④ ㄴ, ㄷ ⑤ ㄱ, ㄴ, ㄷ

✓ 자료 해석

- 해양 지각의 나이가 0인 곳에 해령이 분포하므로, A는 B보다 해령으로부터의 거리가 멀다.
- 최근 4천만 년 동안 평균 이동 거리는 B가 속한 판이 C가 속한 판보다 크다.
- D는 해령에 위치하므로, 지진이 자주 발생한다.

○ 보기 풀이 ㄱ. 해령에서 새로운 해양 지각이 생성되고 해령을 축으로 양쪽으로 확장되므로, 해령에서 멀어질수록 해양 지각의 연령이 증가하고 해저 퇴적물의 두께가 두꺼워진다. A는 B보다 해령으로부터의 거리가 멀다. 따라서 해저 퇴적물의 두께는 A가 B보다 두껍다.

ㄴ. 최근 4천만 년 동안 평균 이동 거리는 B가 속한 판이 C가 속한 판보다 멀다. 따라서 최근 4천만 년 동안 평균 이동 속력은 B가 속한 판이 C가 속한 판보다 크다.

✗ 매력적 오답 ㄷ. C는 판의 내부에 위치하고, D는 발산형 경계(해령)에 위치한다. 따라서 지진은 D가 C보다 활발하다.

문제풀이 Tip

해령에서는 마그마가 분출하여 지진과 화산 활동이 활발한 것을 알아 두고, 판의 이동 거리가 멀수록 이동 속력이 큰 것에 유의해야 한다.

13 해저 지형 탐사와 해저 확장

출제 의도 음향 측심 자료를 이용하여 발달하는 해저 지형과 판의 경계를 파악하고, 해령으로부터의 거리에 따른 해양 지각의 나이를 비교하는 문항이다.

그림은 대서양의 해저면에서 판의 경계를 가로지르는 $P_1 - P_6$ 구간을, 표는 각 지점의 연직 방향에 있는 해수면상에서 음파를 발사하여 해저면에 반사되어 되돌아오는 데 걸리는 시간을 나타낸 것이다.

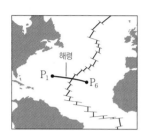

지점	P_1로부터의 거리(km)	시간(초)
P_1 ↑	0	7.70
P_2	해양 지각의 나이 증가 420	7.36
P_3	840	6.14
P_4	1260	3.95
P_5	해양 지각의 나이 증가 1680	6.55
P_6 ↓	2100	6.97

수심이 가장 얕다. ➡ 해령

이 자료에 대한 설명으로 옳은 것만을 〈보기〉에서 있는 대로 고른 것은? (단, 해수에서 음파의 속도는 일정하다.)

보기
ㄱ. 수심은 P_6이 P_4보다 깊다.
ㄴ. $P_3 - P_5$ 구간에는 발산형 경계가 있다.
ㄷ. 해양 지각의 나이는 P_4가 P_2보다 많다.
                                    적다

① ㄱ   ② ㄷ   ③ ㄱ, ㄴ   ④ ㄴ, ㄷ   ⑤ ㄱ, ㄴ, ㄷ

✔ 자료 해석

• P_4는 해수면에서 발사한 음파가 해저면에 반사되어 되돌아오는 데 걸리는 시간이 가장 짧으므로 수심이 가장 얕다.
• $P_3 - P_5$ 구간에 수심이 얕은 해령이 분포한다.

○ 보기 풀이

ㄱ. 해수면에서 발사한 음파가 해저면에 반사되어 되돌아오는 데 걸리는 시간은 수심에 비례한다. P_6은 P_4보다 음파가 되돌아오는 데 걸리는 시간이 길다. 따라서 수심은 P_6이 P_4보다 깊다.

ㄴ. P_4는 음파가 되돌아오는 데 걸리는 시간이 가장 짧으므로 수심이 가장 얕다. 따라서 $P_3 - P_5$ 구간에는 수심이 얕은 해령이 분포하므로, 발산형 경계가 있다.

✕ 매력적 오답

ㄷ. 해령에서 새로운 해양 지각이 생성되어 해령을 축으로 양쪽으로 멀어지므로, 해령에서 멀어질수록 해양 지각의 나이가 많아진다. 따라서 해양 지각의 나이는 P_4가 P_2보다 적다.

문제풀이 Tip

해수면에서 발사한 음파가 해저면에 반사되어 되돌아오는 데 걸리는 시간이 길수록 수심이 깊은 것을 알아 두고, 해령은 수심이 얕은 것에 유의해야 한다.

03 변동대와 마그마 활동

1 마그마의 생성

2025학년도 수능 3번 | 정답 ④ | **문제편 106 p**

출제 의도 지하 온도 분포와 암석의 용융 곡선 자료를 해석하여 마그마의 생성 과정을 파악하는 문항이다.

그림은 어느 지역의 깊이에 따른 지하 온도 분포와 암석의 용융 곡선을 나타낸 것이다.

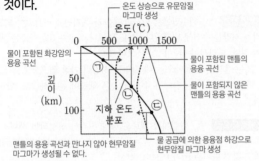

이 자료에 대한 설명으로 옳은 것만을 〈보기〉에서 있는 대로 고른 것은?

보기

ㄱ. ㉠의 깊이에서 온도가 증가하면 유문암질 마그마가 생성될 수 있다.

ㄴ. ㉡ 깊이의 맨틀 물질은 온도 변화 없이 상승하면 현무암질 마그마로 용융될 수 있다.
　　　　　　용융될 수 없다.

ㄷ. ㉢의 깊이에서 맨틀 물질은 물이 공급되면 용융될 수 있다.

① ㄱ　② ㄴ　③ ㄷ　④ ㄱ, ㄷ　⑤ ㄴ, ㄷ

✔ **자료 해석**

• 왼쪽의 점선은 물이 포함된 화강암의 용융 곡선이고 오른쪽의 점선은 물이 포함된 맨틀의 용융 곡선이다. 가장 오른쪽의 실선은 물이 포함되지 않은 맨틀의 용융 곡선이다.

• ㉠은 물이 포함된 화강암의 용융 곡선보다 온도가 낮으므로, 온도 상승에 의해 유문암질 마그마가 생성될 수 있다.

• ㉡은 깊이 약 70 m에서 물이 포함된 화강암의 용융 곡선보다 온도가 높고, 물이 포함된 맨틀의 용융 곡선보다 온도가 낮다.

• ㉢은 물이 포함된 맨틀의 용융 곡선보다 온도가 높으므로, 맨틀 물질에 물이 공급되어 용융점이 낮아지면 현무암질 마그마가 생성될 수 있다.

○ **보기 풀이** ㄱ. ㉠의 깊이에서 온도가 증가하면 그래프에서 오른쪽으로 이동하므로 물이 포함된 화강암의 용융 곡선과 만나 유문암질 마그마가 생성될 수 있다.

ㄷ. ㉢의 깊이에서 맨틀 물질에 물이 공급되면 맨틀의 용융점이 지하 온도보다 낮아져 맨틀 물질이 용융될 수 있다.

✕ **매력적 오답** ㄴ. ㉡의 깊이에서 온도 변화 없이 맨틀 물질이 상승한다면 그래프상에서 위쪽으로 이동하기 때문에 맨틀의 용융 곡선과 만날 수 없어 현무암질 마그마로 용융될 수 없다.

문제풀이 Tip

변동대에서 마그마가 생성되는 과정과 마그마의 종류를 묻는 문항이 자주 출제되므로, 해령 하부, 열점, 섭입대 부근에서 마그마가 생성되는 과정과 마그마의 종류에 대해 확실하게 알아 두자.

2 마그마의 생성

출제 의도 장소에 따라 생성되는 마그마의 종류와 특징을 파악하고, 마그마의 생성 과정을 이해하는 문항이다.

그림은 마그마가 분출되는 지역 A와 B를, 표는 이 지역 하부에서 생성된 주요 마그마의 특성을 나타낸 것이다. (가)와 (나)는 A와 B를 순서 없이 나타낸 것이고, ㉠과 ㉡은 유문암질 마그마와 현무암질 마그마를 순서 없이 나타낸 것이다.

	마그마의 종류	마그마의 주요 생성 요인
(가) B	현무암질 마그마 (㉠)	물의 공급
	유문암질 마그마 (㉡)	온도 증가
(나) A	현무암질 마그마	(㉢) 압력 감소

이 자료에 대한 설명으로 옳은 것만을 〈보기〉에서 있는 대로 고른 것은? [3점]

보기
ㄱ. SiO₂ 함량(%)은 ㉠이 ㉡보다 높다. 낮다.
ㄴ. '압력 감소'는 ㉢에 해당한다.
ㄷ. B의 하부에서는 화강암이 생성될 수 있다.

① ㄱ 　② ㄴ 　③ ㄱ, ㄷ 　④ ㄴ, ㄷ 　⑤ ㄱ, ㄴ, ㄷ

✓ 자료 해석

- A는 판의 경계가 아닌 판의 내부에서 마그마가 분출되는 지역이므로 열점이다. 열점에서는 뜨거운 맨틀 물질이 상승하여 압력 감소에 의해 현무암질 마그마가 생성된다.
- B는 해양판이 대륙판 아래로 섭입하는 섭입대이다. 섭입대 아래에서는 섭입한 해양판에서 빠져나온 물에 의해 용융 온도가 낮아져 현무암질 마그마가 생성되고, 현무암질 마그마가 상승하여 대륙 지각을 가열함으로써 유문암질 마그마가 생성되며, 현무암질 마그마와 유문암질 마그마가 혼합되어 안산암질 마그마가 생성된다.

○ 보기 풀이　A는 열점, B는 섭입대이다. A에서는 압력 감소에 의한 현무암질 마그마가 생성되며, B에서는 물의 공급으로 인한 현무암질 마그마와 온도 증가에 의한 유문암질 마그마, 마그마의 혼합으로 안산암질 마그마가 생성된다. 따라서 (가)는 섭입대인 B이고 (나)는 열점인 A이며, ㉠은 현무암질 마그마, ㉡은 유문암질 마그마, ㉢은 압력 감소이다.

ㄴ. 열점에서는 압력 감소에 의해 현무암질 마그마가 생성되므로, ㉢은 압력 감소이다.

ㄷ. B의 하부에서는 유문암질 마그마가 생성되므로 지하 깊은 곳에서 천천히 식으면 화강암이 생성될 수 있다.

✕ 매력적 오답　ㄱ. 현무암질 마그마의 SiO₂ 함량은 약 52 % 이하이고, 유문암질 마그마의 SiO₂ 함량은 약 63 % 이상이다. 따라서 SiO₂ 함량은 현무암질 마그마(㉠)가 유문암질 마그마(㉡)보다 낮다.

문제풀이 Tip

유문암질 마그마가 지하 깊은 곳에서 천천히 식으면 화강암이 되고, 지표 부근에서 빨리 식으면 유문암이 된다는 것에 유의해야 한다. 열점, 해령 하부, 섭입대에서 마그마가 생성된다는 것을 알고, 각 지역에서 마그마가 생성되는 과정과 마그마의 생성 조건에 대해서도 잘 알아 두자.

Part II

수능 평가원

3　**마그마의 생성**　　2025학년도 6월 평가원 6번 | 정답 ④ |　문제편 106 p

출제 의도 변동대에서 마그마의 생성 과정을 이해하고, 분출되는 마그마의 종류를 파악하는 문항이다.

그림 (가)는 마그마가 생성되는 지역 A와 B를, (나)는 깊이에 따른 지하 온도 분포와 암석의 용융 곡선을 나타낸 것이다. (나)의 ⊙과 ⓒ은 A와 B에서 마그마가 생성되는 과정을 순서 없이 나타낸 것이다.

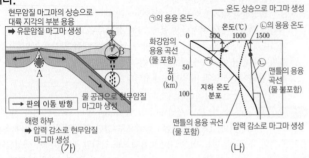

(가)　　(나)

이 자료에 대한 설명으로 옳은 것만을 〈보기〉에서 있는 대로 고른 것은?

─ 보기 ─

ㄱ. A에서 맨틀 물질이 용융되는 주된 요인은 압력 증가이다. 　압력 감소

ㄴ. B에서 유문암질 마그마가 생성될 수 있다.

ㄷ. 마그마가 생성되기 시작하는 온도는 ⊙이 ⓒ보다 낮다.

① ㄱ　② ㄴ　③ ㄱ, ㄷ　④ ㄴ, ㄷ　⑤ ㄱ, ㄴ, ㄷ

✔ 자료 해석

• (가)에서 A에서는 맨틀 물질이 상승하면서 압력 감소에 의해 현무암질 마그마가 생성되고, B에서는 섭입대에서 생성된 현무암질 마그마가 상승하여 대륙 지각을 가열함으로써 부분 용융이 일어나 유문암질 마그마가 생성된다.

• (나)에서 ⊙은 온도 상승에 의해 마그마가 생성되는 과정이고, ⓒ은 압력 감소에 의해 마그마가 생성되는 과정이다.

○ 보기 풀이　ㄴ. 섭입대 하부에서 물의 공급으로 생성된 현무암질 마그마가 상승하여 대륙 지각 하부(B)에 도달하면 화강암질 암석으로 이루어진 대륙 지각이 부분 용융되면서 유문암질 마그마가 생성될 수 있다.

ㄷ. ⊙ 과정에 의해 용융점(용융 온도)에 도달하여 마그마가 생성되기 시작하는 온도는 약 600~700 ℃이고, ⓒ 과정에 의해 용융점에 도달하여 마그마가 생성되기 시작하는 온도는 약 1200~1300 ℃이다. 따라서 마그마가 생성되기 시작하는 온도는 ⊙이 ⓒ보다 낮다.

✕ 매력적 오답　ㄱ. A에서는 맨틀 물질이 상승하는 과정에서 압력이 감소하여 용융점에 도달해 현무암질 마그마가 생성된다.

문제풀이 **Tip**

지하의 온도 분포와 암석의 용융 곡선 그래프에서 마그마는 지하 온도가 용융 곡선과 만나는 곳에서 형성된다는 것을 알아 두자. 물이 포함된 화강암의 용융 온도는 물이 포함되지 않은 맨틀 물질의 용융 온도보다 낮기 때문에 마그마가 생성되기 시작하는 온도가 낮다는 것에 유의해야 한다.

4 마그마의 생성

출제 의도 변동대에서 마그마의 생성 과정 및 생성되는 마그마와 화성암의 종류를 파악하는 문항이다.

그림 (가)는 판 경계 주변에서 마그마가 생성되는 모습을, (나)는 깊이에 따른 지하 온도 분포와 암석의 용융 곡선을 나타낸 것이다. ⊙과 ⓒ은 안산암질 마그마와 현무암질 마그마를 순서 없이 나타낸 것이다.

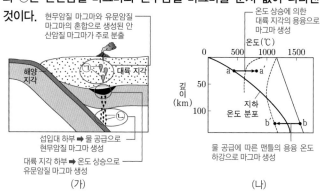

(가)

(나)

이에 대한 설명으로 옳은 것만을 〈보기〉에서 있는 대로 고른 것은? [3점]

보기
ㄱ. ⊙이 분출하여 굳으면 섬록암이 된다.
    안산암
ㄴ. ⓒ은 a → a′ 과정에 의해 생성된다.
        b → b′
ㄷ. SiO₂ 함량(%)은 ⊙이 ⓒ보다 높다.

① ㄱ ② ㄴ ③ ㄷ ④ ㄱ, ㄴ ⑤ ㄴ, ㄷ

✓ 자료 해석

• (가)의 ⓒ은 해양판이 섭입하여 온도와 압력이 상승하면 해양 지각과 퇴적물의 함수 광물에 포함된 물이 빠져나오고 이 물의 영향으로 연약권을 구성하는 맨틀 물질의 용융 온도가 낮아져 생성되는 현무암질 마그마이다. ⊙은 이렇게 생성된 현무암질 마그마가 상승하여 가열된 대륙 지각의 물질이 용융되어 생성되는 유문암질 마그마와 상승한 현무암질 마그마가 혼합되어 생성되는 안산암질 마그마이다.

• (나)의 a → a′은 지구 내부의 온도가 높아지며 대륙 지각의 물질이 용융되어 마그마가 생성되는 과정이고, b → b′은 물이 맨틀에 공급되어 맨틀의 용융 온도가 낮아져 마그마가 생성되는 과정이다.

○ 보기 풀이 ㄷ. 현무암질 마그마는 SiO₂ 함량이 52 % 이하, 안산암질 마그마는 SiO₂ 함량이 52∼63 %이므로 SiO₂의 함량은 안산암질 마그마 ⊙이 현무암질 마그마 ⓒ보다 높다.

✗ 매력적 오답 ㄱ. 안산암질 마그마가 분출하여 굳은 화산암은 대체로 안산암이며, 안산암질 마그마가 지하에서 굳은 심성암은 대체로 섬록암이다.

ㄴ. ⓒ은 섭입한 판에서 방출된 물에 의해 맨틀의 용융 온도가 낮아지며 생성되는 마그마로, b → b′ 과정에 의해 생성된다.

문제풀이 Tip

섭입대에서 현무암질 마그마, 안산암질 마그마, 유문암질 마그마가 생성되는 과정을 묻는 문항이 자주 출제된다. 섭입대 주변의 각 위치에서 마그마의 생성 과정과 생성 조건을 깊이에 따른 지하 온도 분포와 암석의 용융 곡선에서 찾을 수 있도록 확실하게 학습해 두자.

5 마그마의 생성

출제 의도 암석의 용융 곡선 자료를 해석하여 마그마의 생성 과정과 마그마의 종류를 이해하는 문항이다.

그림 암석의 용융 곡선과 지역 ㉠, ㉡의 지하 온도 분포를 깊이에 따라 나타낸 것이다. ㉠과 ㉡은 각각 해령과 섭입대 중 하나이다.

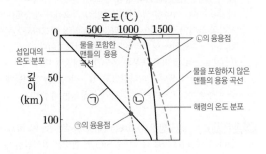

이 자료에 대한 설명으로 옳은 것만을 〈보기〉에서 있는 대로 고른 것은?

보기
ㄱ. ㉠에서는 물이 포함된 맨틀 물질이 용융되어 마그마가 생성된다.
ㄴ. ㉡에서는 주로 유문암질 마그마가 생성된다.
　　　　　　현무암질 마그마
ㄷ. 맨틀 물질이 용융되기 시작하는 온도는 ㉠이 ㉡보다 낮다.

① ㄱ　② ㄴ　③ ㄱ, ㄷ　④ ㄴ, ㄷ　⑤ ㄱ, ㄴ, ㄷ

✓ 자료 해석

• 섭입대는 맨틀 대류의 하강부이고, 해령은 맨틀 대류의 상승부이므로 지하의 온도는 섭입대가 해령보다 낮다. ㉠이 ㉡보다 온도가 낮으므로, ㉠은 섭입대, ㉡은 해령의 온도 분포 곡선이다.
• 짧은 점선(-----)은 물을 포함한 맨틀의 용융 곡선이고, 긴 점선(－－－)은 물을 포함하지 않은 맨틀의 용융 곡선이다.

○ 보기 풀이　ㄱ. ㉠은 섭입대의 온도 분포이다. 섭입대에서는 섭입한 판에서 공급된 물에 의해 맨틀 물질의 용융점이 낮아져서 현무암질 마그마가 생성된다.
ㄷ. 맨틀 물질이 용융되기 시작하는 온도는 지하 온도 곡선과 암석의 용융 곡선이 만나는 지점, 즉 그래프의 실선과 점선이 만나는 지점이다. 따라서 맨틀 물질이 용융되기 시작하는 온도는 ㉠이 ㉡보다 낮다.

✕ 매력적 오답　ㄴ. ㉡은 해령의 온도 분포이다. 해령에서는 맨틀 물질의 상승에 의한 압력 감소로 맨틀 물질이 부분 용융되어 현무암질 마그마가 생성된다.

문제풀이 Tip
물이 포함되면 용융 온도가 낮아지므로, 두 점선 중 상대적으로 용융 온도가 낮은 점선이 물이 포함된 맨틀의 용융 곡선이라는 것에 유의해야 한다.

---

6 마그마의 생성

출제 의도 마그마의 생성 지역과 생성 과정을 파악하여 마그마의 종류와 특성을 비교하는 문항이다.

그림은 마그마가 생성되는 지역 A, B, C를 나타낸 것이다.

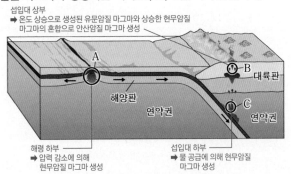

이 자료에 대한 설명으로 옳은 것만을 〈보기〉에서 있는 대로 고른 것은?

보기
ㄱ. 생성되는 마그마의 SiO_2 함량(%)은 A가 B보다 낮다.
ㄴ. A에서 주로 생성되는 암석은 유문암이다.
　　　　　　　　　　현무암
ㄷ. C에서 물의 공급은 암석의 용융 온도를 감소시키는 요인에 해당한다.

① ㄱ　② ㄷ　③ ㄱ, ㄴ　④ ㄱ, ㄷ　⑤ ㄴ, ㄷ

✓ 자료 해석

• A는 해령이다. 해령 하부에서는 맨틀 물질이 상승하면서 압력 감소에 의해 현무암질 마그마가 생성된다.
• B는 섭입대 상부이고, C는 섭입대이다. 섭입대(C)에서는 해양 지각이 섭입할 때 빠져나온 물이 맨틀을 구성하는 암석의 용융점을 낮추어 현무암질 마그마가 생성된다. C에서 생성된 현무암질 마그마가 상승하여 대륙 지각 하부에 도달하면 지각 하부가 부분 용융되어 유문암질 마그마가 생성되고, 유문암질 마그마와 현무암질 마그마가 혼합되어 안산암질 마그마가 생성된다.

○ 보기 풀이　ㄱ. A는 해령으로 압력 감소로 인해 현무암질 마그마가 생성되고, B는 섭입대 상부로, 주로 안산암질 마그마가 생성된다. 마그마의 SiO_2 함량이 현무암질 마그마는 약 52 % 이하이고, 안산암질 마그마는 약 52~63 %이며, 유문암질 마그마는 약 63 % 이상이다. 따라서 생성되는 마그마의 SiO_2 함량(%)은 A가 B보다 낮다.
ㄷ. 섭입대에서 해양 지각과 퇴적물의 함수 광물에서 빠져나온 물은 암석의 용융점을 낮춘다.

✕ 매력적 오답　ㄴ. A에서는 압력 감소로 현무암질 마그마가 생성되므로, A에서 주로 생성되는 암석은 현무암이다.

문제풀이 Tip
마그마가 생성되는 장소와 생성 과정 및 마그마의 종류를 묻는 문항이 자주 출제된다. 특히 섭입대 부근에서 마그마가 생성되는 과정과 마그마의 종류를 장소에 따라 잘 알아 두자.

출제 의도 섭입대 부근에서 마그마의 생성 과정과 마그마의 종류를 이해하고, 마그마의 냉각에 의해 생성되는 암석의 조직을 파악하는 문항이다.

그림은 해양판이 섭입되는 모습을 나타낸 것이다. A, B, C는 각각 마그마가 생성되는 지역과 분출되는 지역 중 하나이다.

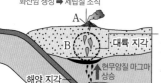

화산암 생성 ➡ 세립질 조직

현무암질 마그마에 의해 온도가 높아진 대륙 지각이 부분 용융 ➡ 유문암질 마그마 생성,
현무암질 마그마 + 유문암질 마그마 ➡ 안산암질 마그마 생성

섭입된 해양 지각에서 빠져나온 물의 공급에 의해 용융점 하강 ➡ 현무암질 마그마 생성

이에 대한 설명으로 옳은 것만을 〈보기〉에서 있는 대로 고른 것은?

┌─ 보기 ─────────────────────────┐
ㄱ. A에서는 주로 <s>조립질</s> 암석이 생성된다.
      세립질
ㄴ. B에서는 안산암질 마그마가 생성될 수 있다.
ㄷ. C에서는 맨틀 물질의 용융으로 마그마가 생성된다.
└──────────────────────────────┘

① ㄱ   ② ㄴ   ③ ㄱ, ㄷ   ④ ㄴ, ㄷ   ⑤ ㄱ, ㄴ, ㄷ

✓ 자료 해석

- A : 주로 안산암질 마그마가 지표로 분출되는 지역으로, 마그마의 냉각 속도가 빨라 세립질 조직의 화산암이 생성된다.
- B : C에서 생성된 현무암질 마그마가 상승하여 대륙 지각 하부를 가열하고, 대륙 지각의 부분 용융이 일어나 유문암질 마그마가 생성되며, 유문암질 마그마와 현무암질 마그마가 혼합되어 안산암질 마그마가 생성된다.
- C : 섭입하는 해양 지각과 퇴적물의 함수 광물에서 빠져나온 물에 의해 맨틀의 용융 온도가 낮아져서 맨틀의 부분 용융이 일어나 현무암질 마그마가 생성된다.

ㅇ 보기 풀이 ㄴ. B에서는 대륙 지각 하부가 가열되어 유문암질 마그마가 생성되고, 섭입대에서 상승한 현무암질 마그마와 유문암질 마그마가 혼합되어 안산암질 마그마가 생성될 수 있다.
ㄷ. C에서는 섭입한 해양 지각에서 빠져나온 물에 의해 맨틀 물질의 용융점이 낮아져 현무암질 마그마가 생성된다.

✕ 매력적 오답 ㄱ. A에서는 주로 안산암질 마그마가 분출되어 지표에서 빠르게 냉각되므로 주로 세립질 조직의 화산암이 생성된다.

문제풀이 Tip

섭입대 부근에서의 마그마의 생성 과정과 생성되는 마그마의 종류에 대해 묻는 문항이 자주 출제된다. 섭입대 하부와 대륙 지각 하부에서 생성되는 마그마와 지표 부근에서 분출되는 마그마의 생성 과정과 종류를 구분해서 학습해 두자.

8 마그마의 생성

출제 의도 변동대에서 마그마가 생성되는 지역과 생성 과정을 이해하고, 각 지역에서 생성된 마그마의 성질을 비교하는 문항이다.

그림 (가)는 마그마가 생성되는 지역 A, B, C를, (나)는 깊이에 따른 암석의 용융 곡선을 나타낸 것이다. (나)의 ㉠은 A, B, C 중 하나의 지역에서 마그마가 생성되는 조건이다.

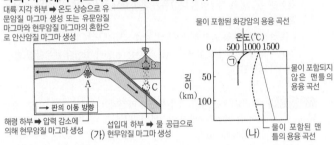

대륙 지각 하부 ➡ 온도 상승으로 유문암질 마그마 생성 또는 유문암질 마그마와 현무암질 마그마의 혼합으로 안산암질 마그마 생성

해령 하부 ➡ 압력 감소에 의해 현무암질 마그마 생성

섭입대 하부 ➡ 물 공급으로 (가) 현무암질 마그마 생성

물이 포함된 화강암의 용융 곡선

물이 포함되지 않은 맨틀의 용융 곡선

물이 포함된 맨틀의 용융 곡선

(나)

A, B, C에 대한 설명으로 옳은 것만을 〈보기〉에서 있는 대로 고른 것은?

보기
ㄱ. A에서는 주로 물이 포함된 맨틀 물질이 용융되어 마그마가 생성된다. _{맨틀 물질의 상승으로 압력이 감소하여}
ㄴ. 생성되는 마그마의 SiO_2 함량(%)은 B가 C보다 높다.
ㄷ. ㉠은 <s>C</s>에서 마그마가 생성되는 조건에 해당한다.
   _B

① ㄱ ② ㄴ ③ ㄷ ④ ㄱ, ㄴ ⑤ ㄴ, ㄷ

✔ 자료 해석
• A에서는 맨틀 물질이 상승하면서 압력 감소에 의해 현무암질 마그마가 생성된다.
• B에서는 C에서 생성된 현무암질 마그마가 상승하여 대륙 지각 하부를 가열해 유문암질 마그마가 생성되고, 현무암질 마그마와 유문암질 마그마가 혼합되어 안산암질 마그마가 생성된다.
• C에서는 해양 지각이 섭입할 때 빠져나온 물이 맨틀을 구성하는 암석의 용융점을 낮추어 현무암질 마그마가 생성된다.
• (나)에서 ㉠은 물이 포함된 화강암의 용융 곡선에 위치한다.

○ 보기 풀이 ㄴ. B에서는 유문암질 마그마 또는 안산암질 마그마가 생성되고, C에서는 현무암질 마그마가 생성된다. 마그마의 SiO_2 함량(%)은 현무암질 마그마가 약 52 % 이하이고, 안산암질 마그마는 약 52~63 %, 유문암질 마그마는 약 63 % 이상이므로, 생성되는 마그마의 SiO_2 함량(%)은 B가 C보다 높다.

✕ 매력적 오답 ㄱ. 물이 포함된 맨틀 물질이 용융되어 마그마가 생성되는 곳은 섭입대 하부(C)이다. A에서는 맨틀 물질이 상승하여 압력이 감소하면서 맨틀 물질이 부분 용융되어 주로 현무암질 마그마가 생성된다.

ㄷ. ㉠은 물이 포함된 화강암의 용융 곡선으로, 화강암질 암석이 용융되면 유문암질 마그마가 생성된다. B에서는 화강암질 암석으로 이루어진 대륙 지각이 부분 용융되어 유문암질 마그마가 생성되므로, ㉠은 B에서 마그마가 생성되는 조건에 해당한다.

문제풀이 Tip
마그마의 생성 장소와 생성 조건, 생성 과정에 대한 문항은 매우 자주 출제된다. 암석의 용융 곡선 자료에서 각 곡선이 어떤 암석의 용융 곡선인지를 알아야 한다. 또한 해령 하부, 열점, 섭입대 부근에서의 마그마의 생성 과정과 마그마의 종류를 구분하여 알아 두자.

---

9 마그마의 생성

출제 의도 지하 온도 분포와 암석의 용융 곡선을 이해하고, 변동대에서 마그마가 형성되는 과정과 화성암의 종류를 파악하는 문항이다.

그림 (가)는 깊이에 따른 지하 온도 분포와 암석의 용융 곡선 ㉠, ㉡, ㉢을, (나)는 마그마가 생성되는 지역 A, B를 나타낸 것이다.

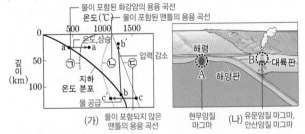

물이 포함된 화강암의 용융 곡선
물이 포함된 맨틀의 용융 곡선

(가) 물이 포함되지 않은 맨틀의 용융 곡선

해령 / 해양판 / 대륙판 / B
(나) 현무암질 마그마 / 유문암질 마그마, 안산암질 마그마

이에 대한 설명으로 옳은 것만을 〈보기〉에서 있는 대로 고른 것은? [3점]

보기
ㄱ. 물이 포함되지 않은 암석의 용융 곡선은 ㉢이다.
ㄴ. B에서는 섬록암이 생성될 수 있다.
ㄷ. A에서는 주로 b → b' 과정에 의해 마그마가 생성된다.

① ㄴ ② ㄷ ③ ㄱ, ㄴ ④ ㄱ, ㄷ ⑤ ㄱ, ㄴ, ㄷ

✔ 자료 해석
• (가)에서 ㉠은 물이 포함된 화강암의 용융 곡선, ㉡은 물이 포함된 맨틀의 용융 곡선, ㉢은 물이 포함되지 않은 맨틀의 용융 곡선이다.
• (가)에서 a → a'는 온도 상승, b → b'는 압력 감소, c → c'는 물의 공급에 의한 용융점 하강으로 마그마가 생성되는 과정이다.
• (나)의 A에서는 압력 감소에 의해 현무암질 마그마가 생성되고, B에서는 대륙 지각 하부에서 온도 상승에 의해 유문암질 마그마가 생성되고, 유문암질 마그마와 섭입대 하부에서 상승한 현무암질 마그마가 혼합되어 안산암질 마그마가 생성될 수 있다.

○ 보기 풀이 ㄱ. ㉠은 물이 포함된 화강암의 용융 곡선, ㉡은 물이 포함된 맨틀의 용융 곡선, ㉢은 물이 포함되지 않은 맨틀의 용융 곡선이다.

ㄴ. B에서는 유문암질 마그마와 안산암질 마그마가 생성될 수 있다. 안산암질 마그마가 천천히 냉각되면 섬록암이 생성되고, 빨리 냉각되면 안산암이 생성된다. 따라서 B에서는 섬록암이 생성될 수 있다.

ㄷ. A에서는 맨틀 물질이 상승하면서 압력 감소에 의해 현무암질 마그마가 생성된다. 따라서 A에서는 주로 b→b' 과정에 의해 마그마가 생성된다.

문제풀이 Tip
해령 하부와 섭입대 부근에서 마그마가 생성되는 과정을 묻는 문항이 자주 출제된다. 특히 섭입대 부근에서는 섭입대에서 생성되는 마그마의 종류와 지표로 분출하는 마그마의 종류가 다르다는 것에 유의하고, 그 과정에 대해 자세히 알아 두자.

10 마그마의 생성과 화성암의 종류

출제 의도 암석의 용융 곡선 자료를 해석하여 생성 과정에 따른 마그마의 종류를 파악하고, 각 마그마로부터 생성되는 화성암의 종류와 특징을 비교하는 문항이다.

그림 (가)는 깊이에 따른 지하의 온도 분포와 암석의 용융 곡선을 나타낸 것이고, (나)는 반려암과 화강암을 A와 B로 순서 없이 나타낸 것이다. A와 B는 각각 (가)의 ㉠ 과정과 ㉡ 과정으로 생성된 마그마가 굳어진 암석 중 하나이다.

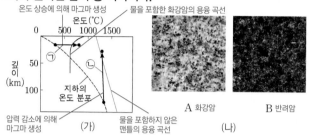

(가)   A 화강암   B 반려암   (나)

이에 대한 설명으로 옳은 것만을 〈보기〉에서 있는 대로 고른 것은?

보기
ㄱ. ㉠ 과정으로 생성된 마그마가 굳으면 B가 된다.
ㄴ. ㉡ 과정에서는 열이 공급되지 않아도 마그마가 생성된다.
ㄷ. SiO₂ 함량(%)은 A가 B보다 높다.

① ㄱ   ② ㄷ   ③ ㄱ, ㄴ   ④ ㄴ, ㄷ   ⑤ ㄱ, ㄴ, ㄷ

✔ 자료 해석
• ㉠ : 온도 상승에 의해 마그마가 생성되는 과정으로, 섭입대에서 생성된 현무암질 마그마가 상승하여 대륙 지각 하부를 가열해 유문암질 마그마가 생성되는 과정이 이에 해당한다.
• ㉡ : 압력 감소에 의해 마그마가 생성되는 과정으로, 해령 하부와 열점에서 현무암질 마그마가 생성되는 과정이 이에 해당한다.
• A : 조립질의 밝은색 화성암이므로 화강암이다. 화강암은 유문암질 마그마가 천천히 냉각되어 생성된 암석이다.
• B : 조립질의 어두운색 화성암이므로 반려암이다. 반려암은 현무암질 마그마가 천천히 냉각되어 생성된 암석이다.

보기풀이 A는 화강암, B는 반려암이다.
ㄴ. ㉡은 맨틀 물질이 상승하여 압력 감소에 의해 부분 용융되어 현무암질 마그마가 생성되는 과정이다. 이 과정에서는 온도가 일정하므로 열이 공급되지 않아도 마그마가 생성될 수 있다.
ㄷ. 화강암은 SiO₂ 함량이 63 % 이상인 산성암이고, 반려암은 SiO₂ 함량이 52 % 이하인 염기성암이다. 따라서 SiO₂ 함량은 A가 B보다 높다.

✖ 매력적 오답 ㄱ. ㉠은 지구 내부의 온도가 높아지면서 대륙 지각의 물질이 부분 용융되어 마그마가 생성되는 과정이다. 이 과정으로 생성된 유문암질 마그마가 굳으면 화강암인 A가 된다.

문제풀이 Tip
암석의 용융 곡선에서 마그마가 생성되는 과정과 마그마의 종류를 묻는 문항이 자주 출제된다. 온도 상승, 압력 감소, 물 공급에 따른 용융 온도 하강에 의해 생성되는 마그마의 종류와 마그마의 생성 과정 및 생성 장소에 대해 확실하게 알아 두자.

11 마그마의 생성

출제 의도 지하 온도 분포와 암석의 용융 곡선을 나타낸 자료를 해석하여 마그마가 생성되는 과정에 따른 마그마의 종류를 파악하고 마그마의 SiO_2 함량을 비교하는 문항이다.

그림은 대륙과 해양의 지하 온도 분포를 나타낸 것이고, ㉠, ㉡, ㉢은 암석의 용융 곡선이다.

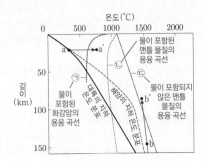

이 자료에 대한 설명으로 옳은 것만을 〈보기〉에서 있는 대로 고른 것은? [3점]

보기
ㄱ. a → a′ 과정으로 생성되는 마그마는 b → b′ 과정으로 생성되는 마그마보다 SiO_2 함량이 많다.
ㄴ. b → b′ 과정으로 상승하고 있는 물질은 주위보다 온도가 높다.
ㄷ. 물의 공급에 의해 맨틀 물질의 용융이 시작되는 깊이는 해양 하부에서가 대륙 하부에서보다 ~~깊다.~~ 얕다.

① ㄱ ② ㄷ ③ ㄱ, ㄴ ④ ㄴ, ㄷ ⑤ ㄱ, ㄴ, ㄷ

✔ 자료 해석
• ㉠은 물이 포함된 화강암의 용융 곡선, ㉡은 물이 포함된 맨틀 물질의 용융 곡선, ㉢은 물이 포함되지 않은 맨틀 물질의 용융 곡선이다.
• 지구 내부에서 마그마가 생성될 수 있는 과정에는 온도 상승(a → a′), 압력 감소(b → b′), 용융점 하강(㉢ → ㉡) 등이 있다.
• ㉢ → ㉡은 맨틀에 물이 공급되는 경우 맨틀의 용융 온도가 낮아져 마그마가 생성되는 과정이다.

◯ 보기 풀이 ㄱ. a → a′은 온도 상승에 의해 대륙 지각이 용융되어 유문암질 마그마가 생성되는 과정이고, b → b′은 맨틀 물질의 상승에 의한 압력 감소로 현무암질 마그마가 생성되는 과정이다. 마그마의 SiO_2 함량은 유문암질 마그마가 현무암질 마그마보다 많다.
ㄴ. 대륙과 해양의 지하 온도는 모두 지구 내부로 갈수록 높아진다. b → b′ 과정으로 맨틀 물질이 상승하여 깊이가 얕은 곳으로 이동할 때, 온도는 거의 일정하게 유지되므로 상승하고 있는 물질은 주위보다 온도가 높다.

✕ 매력적 오답 ㄷ. 지구 내부에서 물이 포함된 맨틀 물질의 용융이 시작되는 깊이는 지구 내부의 온도 분포 곡선과 ㉡(물이 포함된 맨틀 물질의 용융 곡선)이 만나는 지점의 깊이에 해당한다. 따라서 물의 공급에 의해 맨틀 물질의 용융이 시작되는 깊이는 해양 하부에서가 대륙 하부에서보다 얕다.

문제풀이 Tip
해령 하부와 열점, 베니오프대에서 마그마가 생성되는 과정과 마그마의 종류를 알아 두고, 유문암질 마그마는 현무암질 마그마보다 SiO_2 함량이 많은 것에 유의해야 한다.

12 화성암의 종류와 특징

출제 의도 화성암의 SiO_2 함량과 결정 크기를 나타낸 자료를 보고 화성암의 종류를 파악하고, 생성 위치와 마그마의 냉각 속도를 비교하는 문항이다.

그림은 SiO_2 함량과 결정 크기에 따라 화성암 A, B, C의 상대적인 위치를 나타낸 것이다. A, B, C는 각각 유문암, 현무암, 화강암 중 하나이다.

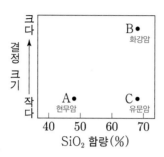

이에 대한 설명으로 옳은 것만을 〈보기〉에서 있는 대로 고른 것은?

보기
ㄱ. C는 화강암이다.
　　　유문암
ㄴ. B는 A보다 천천히 냉각되어 생성된다.
ㄷ. B는 주로 해령에서 생성된다.
　　A

① ㄱ　　② ㄴ　　③ ㄷ　　④ ㄱ, ㄴ　　⑤ ㄴ, ㄷ

✔ 자료 해석

• A는 결정 크기가 작으므로 화산암이고, SiO_2 함량이 52 % 이하이므로 염기성암인 현무암이다.
• B는 결정 크기가 크므로 심성암이고, SiO_2 함량이 63 % 이상이므로 산성암인 화강암이다.
• C는 결정 크기가 작으므로 화산암이고, SiO_2 함량이 63 % 이상이므로 산성암인 유문암이다.

보기 풀이 ㄴ. 화산암은 마그마가 지표 부근에서 빠르게 냉각되어 결정의 크기가 작아서 육안으로 식별하기 불가능할 정도인 세립질 조직이나 결정을 형성하지 못한 유리질 조직이 나타나고, 심성암은 마그마가 지하 깊은 곳에서 천천히 냉각되어 결정의 크기가 충분히 커서 육안으로 식별할 수 있을 정도인 조립질 조직이 나타난다. 따라서 B는 A보다 결정 크기가 크므로 지하 깊은 곳에서 마그마가 천천히 냉각되어 생성된다.

✘ 매력적 오답 ㄱ. C는 결정의 크기가 작은 화산암이면서 SiO_2 함량이 63 % 이상인 산성암이므로 유문암이다. 한편 화강암은 결정의 크기가 큰 심성암이면서 SiO_2 함량이 63 % 이상인 산성암이므로 B이다.

ㄷ. A는 결정 크기가 작은 화산암이면서 SiO_2 함량이 52 % 이하인 염기성암이므로 현무암이다. 해령 하부에서는 맨틀 물질이 상승하면 압력이 감소하여 주로 현무암질 마그마가 생성되므로, 현무암(A)은 주로 해령에서 생성된다.

문제풀이 Tip
화성암은 화학 조성과 광물의 조성에 따라 염기성암, 중성암, 산성암으로 분류하고, 암석의 조직에 따라 화산암과 심성암으로 분류하는 것을 알아 두자.

---

13 마그마 생성 지역과 생성 과정

출제 의도 변동대에서 마그마가 생성되는 지역과 생성 과정을 파악하고, 각 지역에서 생성된 마그마의 성질을 비교하는 문항이다.

그림 (가)는 마그마가 생성되는 지역 A~D를, (나)는 마그마가 생성되는 과정 중 하나를 나타낸 것이다.

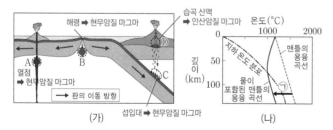

이에 대한 설명으로 옳은 것만을 〈보기〉에서 있는 대로 고른 것은?
[3점]

보기
ㄱ. A의 하부에는 플룸 상승류가 있다.
ㄴ. (나)의 ㉠ 과정에 의해 마그마가 생성되는 지역은 B이다.
　　　　　　　　　　　　　　　　　　　　　　　　　　　　C
ㄷ. 생성되는 마그마의 SiO_2 함량(%)은 C에서가 D에서보다 높다.
　　낮다.

① ㄱ　　② ㄴ　　③ ㄱ, ㄷ　　④ ㄴ, ㄷ　　⑤ ㄱ, ㄴ, ㄷ

✔ 자료 해석

• A에서는 뜨거운 플룸이 상승하면서 압력 감소에 의해 현무암질 마그마가 생성된다.
• B에서는 맨틀 물질이 상승하면서 압력 감소에 의해 현무암질 마그마가 생성된다.
• C에서는 해양 지각이 섭입할 때 온도와 압력의 상승으로 빠져나온 물이 맨틀을 구성하는 암석의 용융점을 낮추어 현무암질 마그마가 생성된다.
• D에서는 C에서 상승한 현무암질 마그마에 의해 지각 하부가 용융되어 유문암질 마그마가 생성되고, 유문암질 마그마와 현무암질 마그마가 혼합되어 안산암질 마그마가 생성된다.

보기 풀이 ㄱ. 마그마가 깊은 곳까지 이어지는 것으로 보아 A는 열점이다. 열점은 플룸 상승류에 의해 만들어진다.

✘ 매력적 오답 ㄴ. ㉠은 물의 공급에 의해 용융점이 낮아져 암석의 용융이 일어나는 과정이다. 섭입대에서 마그마가 생성되는 과정은 물의 공급에 의해 암석의 용융 온도가 낮아지면서 연약권의 암석이 부분 용융되어 현무암질 마그마가 생성되므로, (나)의 ㉠ 과정에 의해 마그마가 생성되는 지역은 C이다.

ㄷ. C에서는 현무암질 마그마, D에서는 주로 안산암질 마그마가 생성되므로 SiO_2 함량은 D에서가 더 높다.

문제풀이 Tip
변동대에서 마그마의 생성 과정과 마그마의 종류를 묻는 문항이 자주 출제된다. 해령 하부, 열점, 섭입대 부근에서 마그마가 생성되는 과정에 대해 확실하게 알아 두자. 특히 섭입대 부근의 베니오프대 지역과 호상 열도, 습곡 산맥에서 생성되는 마그마의 차이를 반드시 알아 두자.

14 플룸의 온도와 지진파 속도

출제의도 지진파 단층 촬영 영상에서 P파의 속도를 이용하여 플룸의 종류와 발달하는 지형을 결정하고, 이곳에서 생성되는 마그마의 종류와 특징을 파악하는 문항이다.

그림은 해양판이 섭입하면서 마그마가 생성되는 어느 해구 지역의 지진파 단층 촬영 영상을 나타낸 것이다.

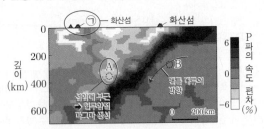

이에 대한 설명으로 옳은 것만을 〈보기〉에서 있는 대로 고른 것은? [3점]

─〈보기〉─
ㄱ. ㉠은 <s>열점</s>이다. 화산섬
ㄴ. A 지점에서는 주로 SiO_2의 함량이 52 %보다 낮은 마그마가 생성된다.
ㄷ. B 지점은 맨틀 대류의 하강부이다.

① ㄱ 　② ㄴ 　③ ㄱ, ㄷ 　④ ㄴ, ㄷ 　⑤ ㄱ, ㄴ, ㄷ

✓ 자료 해석
• P파의 속도 편차가 큰 곳일수록 주변보다 온도가 낮으므로, A와 B 사이에 섭입대가 나타난다.
• ㉠은 판이 섭입하는 수렴형 경계 부근에서 마그마가 분출하여 생성된 화산섬이다.
• A(섭입대 부근)에서는 주로 현무암질 마그마가 생성된다.
• B는 섭입대 하부로, 맨틀 물질이 하강한다.

○ 보기 풀이 ㄴ. A 지점은 섭입대(베니오프대) 부근으로, 해양판이 섭입하여 온도와 압력이 상승하면 해양 지각과 퇴적물의 함수 광물에 포함된 물이 빠져나오고, 이 물의 영향으로 연약권을 구성하는 광물의 용융 온도가 낮아져 주로 현무암질 마그마가 생성된다. 현무암질 마그마는 SiO_2 함량이 52 %보다 낮다.
ㄷ. A와 B 지점 사이에서는 해양판이 섭입한다. 따라서 섭입하는 해양판 아래에 위치한 B 지점은 맨틀 대류의 하강부이다.

✗ 매력적 오답 ㄱ. 섭입대에서 생성된 현무암질 마그마가 상승하여 대륙 지각 하부에 도달하면 암석이 가열되어 유문암질 마그마가 생성되며, 상승한 현무암질 마그마와 유문암질 마그마가 혼합되면 안산암질 마그마가 생성된다. 또한 섭입대 위쪽에서는 주로 안산암질 마그마가 분출하므로, ㉠은 주로 안산암질 마그마가 분출하여 생성된 화산섬이다.

문제풀이 Tip
섭입대에서는 주로 안산암질 마그마가 분출하는 것을 알아 두고, 지구 내부에서 온도가 낮은 영역은 지진파의 속도가 빠른 것에 유의해야 한다.

---

15 마그마의 생성

출제의도 열점과 섭입대 부근에서 마그마의 생성 과정과 종류를 파악하는 문항이다.

그림 (가)는 지하 온도 분포와 암석의 용융 곡선 ㉠, ㉡, ㉢을, (나)는 마그마가 분출되는 지역 A와 B를 나타낸 것이다.

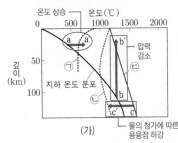 

이에 대한 설명으로 옳은 것만을 〈보기〉에서 있는 대로 고른 것은?

─〈보기〉─
ㄱ. (가)에서 물이 포함된 암석의 용융 곡선은 ㉠과 ㉡이다.
ㄴ. B에서는 주로 현무암질 마크마가 분출된다.
　　　　안산암질 마그마
ㄷ. A에서 분출되는 마그마는 주로 $c \to c'$ 과정에 의해 생성된다.
　　　　　　　　　$b \to b'$

① ㄱ 　② ㄴ 　③ ㄷ 　④ ㄱ, ㄷ 　⑤ ㄴ, ㄷ

✓ 자료 해석
• (가) : ㉠은 물이 포함된 화강암의 용융 곡선, ㉡은 물이 포함된 맨틀의 용융 곡선, ㉢은 물이 포함되지 않은 맨틀의 용융 곡선이다.
• (가) : a→a'은 온도 상승, b→b'은 압력 감소, c→c'은 물의 공급에 의한 용융 온도 하강으로 마그마가 생성되는 과정이다.
• (나) : A는 하와이 열도로 열점에서 생성된 마그마가 분출하고, B는 섭입대로 주로 안산암질 마그마가 분출한다.

○ 보기 풀이 ㄱ. (가)에서 물이 포함된 암석의 용융 곡선은 ㉠과 ㉡이다. ㉢은 물이 포함되지 않은 맨틀의 용융 곡선이다.

✗ 매력적 오답 ㄴ. B는 섭입대가 발달하는 수렴형 경계이다. 섭입대에서는 해양판이 섭입하여 온도와 압력이 상승하면 해양 지각과 퇴적물에 포함된 물이 빠져나오고, 이 물의 영향으로 연약권을 구성하는 광물의 용융 온도가 낮아져 주로 현무암질 마그마가 생성된다. 이 현무암질 마그마가 상승하여 대륙 지각 하부에 도달하면 지각을 이루고 있는 암석이 가열되어 유문암질 마그마가 생성된다. 또한 상승한 현무암질 마그마와 유문암질 마그마가 혼합되면 안산암질 마그마가 생성된다. 따라서 B에서는 주로 안산암질 마그마가 분출한다.
ㄷ. A에서는 열점에서 생성된 마그마가 분출한다. 열점에서는 맨틀 물질이 상승하여 압력이 감소(b→b')하면 맨틀 물질이 부분 용융되어 마그마가 생성된다.

문제풀이 Tip
섭입대에서는 물의 공급에 의한 용융 온도 하강으로 현무암질 마그마가 생성되는 것을 알아 두고, 섭입대 위쪽에서는 유문암질 마그마와 안산암질 마그마가 생성되며 주로 안산암질 마그마가 분출하는 것에 유의해야 한다.

04 퇴적암과 지질 구조

1 퇴적 구조

2025학년도 **수능** 1번 | 정답 ④ | **문제편 112p**

출제 의도 지층 단면에 나타난 퇴적 구조의 모습을 보고 퇴적 구조의 종류를 구분하고, 형성 환경과 특징을 이해하는 문항이다.

그림은 건열, 사층리, 연흔이 나타나는 지층의 단면을 나타낸 것이다.

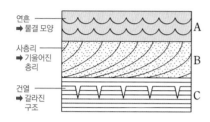

지층 A, B, C에 대한 설명으로 옳은 것만을 〈보기〉에서 있는 대로 고른 것은?

┌─ 보기 ┐
ㄱ. A에서는 <del>균열</del>이 관찰된다.
　　　　　연흔
ㄴ. B의 퇴적 구조를 통해 지층의 역전 여부를 판단할 수 있다.
ㄷ. C가 형성되는 동안 건조한 환경에 노출된 시기가 있었다.
└──────┘

① ㄱ　② ㄴ　③ ㄱ, ㄷ　④ ㄴ, ㄷ　⑤ ㄱ, ㄴ, ㄷ

✓ **자료 해석**

• A는 퇴적물의 표면에 물결 모양의 자국이 남아 있는 퇴적 구조로 연흔이다.
• B는 층리가 기울어진 상태로 쌓인 퇴적 구조로, 사층리이다.
• C는 퇴적물의 표면이 갈라진 퇴적 구조로, 건열이다.
• 퇴적 구조의 모습을 통해 지층의 역전 여부를 알 수 있으며, 퇴적 구조의 모습으로 보아 A, B, C는 모두 지층이 역전되지 않았다.

○ 보기풀이 ㄴ. B의 퇴적 구조는 사층리이고, 이를 통해 지층의 역전 여부를 판단할 수 있다.
ㄷ. C에서는 쐐기 모양의 갈라진 흔적인 건열이 관찰되는 것으로 보아 과거에 건조한 환경에 노출된 적이 있었음을 알 수 있다.

✕ 매력적 오답 ㄱ. A에는 물결 모양의 흔적이 남아 있으므로, 연흔이 관찰된다.

문제풀이 Tip

최근 퇴적 구조의 형태와 종류, 형성 과정과 특징을 묻는 문항이 자주 출제되고 있다. 사진과 모식도에서 퇴적 구조를 구분할 수 있게 학습해 두고, 각 퇴적 구조의 형성 과정 및 형성 환경, 지층의 역전 여부에 따른 퇴적 구조의 모습에 대해 잘 알아 두자.

2 퇴적 구조

출제 의도 퇴적 구조의 모습을 보고 종류를 구분하고, 형성 환경과 특징을 이해하는 문항이다.

그림 (가)와 (나)는 건열과 연흔을 순서 없이 나타낸 것이다.

물결 무늬 → 연흔

표면이 갈라진 구조 → 건열

(가)   (나)

이에 대한 설명으로 옳은 것만을 〈보기〉에서 있는 대로 고른 것은?

보기
ㄱ. (가)는 건열이다.
    연흔
ㄴ. (나)는 역암층보다 이암층에서 흔히 나타난다.
ㄷ. (가)와 (나)는 지층의 역전 여부를 판단하는 데 활용된다.

① ㄱ ② ㄷ ③ ㄱ, ㄴ ④ ㄴ, ㄷ ⑤ ㄱ, ㄴ, ㄷ

✔ 자료 해석

• (가)는 수심이 얕은 물밑에서 물결의 영향으로 형성된 연흔이다.
• (나)는 얕은 물밑에서 쌓여 있던 입자가 매우 작은 퇴적물이 수면 위의 건조한 환경에 노출되어 퇴적물의 표면이 갈라진 건열이다.

○ 보기 풀이 ㄴ. 건열인 (나)는 수심이 얕은 물밑에 점토질 물질이 쌓인 후 퇴적물의 표면이 건조한 대기에 노출되어 갈라진 퇴적 구조이므로 역암층보다 이암층에서 흔히 나타난다.

ㄷ. 퇴적 구조는 퇴적 당시의 자연 환경을 연구하는 데 중요한 단서를 제공하는데, 그중 하나가 지층의 역전 여부를 판단하는 데 이용되는 것이다. 역전되지 않은 정상 지층의 경우 (가)는 물결의 뾰족한 부분이 위를 향하고, (나)는 쐐기 모양의 틈이 아래로 갈수록 좁아진다. 즉 (가)와 (나) 모두 지층의 역전 여부를 판단하는 데 활용된다.

✕ 매력적 오답 ㄱ. (가)는 물결 무늬가 나타나므로 연흔이고, (나)는 표면이 갈라진 구조가 나타나므로 건열이다.

문제풀이 Tip

퇴적 구조를 통해 퇴적 환경이나 지층의 역전 여부를 묻는 문제가 출제되고 있으므로 퇴적 구조의 종류와 퇴적 환경을 사진이나 모식도와 함께 알아 두자.

3 퇴적 구조

출제 의도 퇴적 구조의 종류를 구분하고, 퇴적 구조의 형성 과정과 퇴적 환경 및 특징을 파악하는 문항이다.

다음은 퇴적 구조 (가)와 (나)에 대한 학생 A, B, C의 대화를 나타낸 것이다. (가)와 (나)는 건열과 점이 층리를 순서 없이 나타낸 것이다.

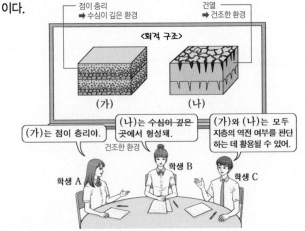

점이 층리 → 수심이 깊은 환경

건열 → 건조한 환경

〈퇴적 구조〉

(가)   (나)

(가)는 점이 층리야.

(나)는 수심이 깊은 곳에서 형성돼.
건조한 환경

(가)와 (나)는 모두 지층의 역전 여부를 판단하는 데 활용될 수 있어.

학생 A   학생 B   학생 C

제시한 내용이 옳은 학생만을 있는 대로 고른 것은?

① A ② B ③ C ④ A, C ⑤ B, C

✔ 자료 해석

• (가)는 한 지층 내에서 위로 갈수록 입자의 크기가 작아지는 퇴적 구조인 점이 층리이다.
• (나)는 퇴적층의 표면이 갈라져서 쐐기 모양의 틈이 생긴 퇴적 구조인 건열이다.

○ 보기 풀이 A. (가)는 입자의 크기에 따른 퇴적 속도 차이에 의해 형성된 점이 층리이다. 점이 층리는 다양한 크기의 퇴적물이 한꺼번에 퇴적될 때 큰 입자가 밑바닥에 먼저 가라앉고 작은 입자는 천천히 가라앉아 형성된다.

C. 점이 층리 (가)와 건열 (나)는 퇴적 당시 지층의 상하에 따른 구조 차이가 뚜렷하여 지층의 역전 여부를 판단하는 데 활용될 수 있다.

✕ 매력적 오답 B. (나)는 퇴적층의 표면이 갈라져서 쐐기 모양의 틈이 생긴 퇴적 구조인 건열로, 수심이 얕은 물밑에 점토질 물질이 쌓인 후 퇴적물의 표면이 대기에 노출되어 건조해지면서 형성된다.

문제풀이 Tip

퇴적 구조는 퇴적 당시의 자연환경을 연구하는 데 중요한 단서를 제공하며 지층의 역전 여부를 판단하는 데 도움을 준다는 것을 알아 두고, 퇴적 구조의 형성 과정을 확실하게 학습해 두도록 하자.

4 퇴적 구조

2024학년도 수능 2번 | 정답 ⑤ | 문제편 113p

출제 의도 사층리, 연흔, 점이층리를 구분하고 특징을 파악하는 문항이다.

그림 (가), (나), (다)는 사층리, 연흔, 점이층리를 순서 없이 나타낸 것이다.

(가), (나), (다)의 지층은 모두 역전되지 않았다.

입자의 크기 감소한다.   층리면 기울기가 완만해진다.   뾰족한 부분이 위를 향한다.

(가) 점이층리   (나) 사층리   (다) 연흔

이에 대한 설명으로 옳은 것만을 〈보기〉에서 있는 대로 고른 것은?

보기
ㄱ. (가)는 점이층리이다.
ㄴ. (나)는 지층의 역전 여부를 판단할 수 있는 퇴적 구조이다.
ㄷ. (다)는 역암층보다 사암층에서 주로 나타난다.

① ㄱ ② ㄷ ③ ㄱ, ㄴ ④ ㄴ, ㄷ ⑤ ㄱ, ㄴ, ㄷ

✓ 자료 해석

• 상부로 갈수록 입자의 크기가 작아지는 (가)는 점이층리, 층리가 기울어 져 퇴적된 (나)는 사층리, 층리면에 물결 모양의 자국이 남아 있는 (다) 는 연흔이다.

• 점이층리는 대륙대나 수심이 깊은 호수에서, 사층리는 수심이 얕은 해 안이나 사막에서, 연흔은 수심이 얕은 물밑에서 잘 형성된다.

○ 보기 풀이

ㄱ. (가)는 점이층리, (나)는 사층리, (다)는 연흔이다.

ㄴ. 일반적으로 사층리는 지층의 상부에서 하부로 갈수록 층리면의 기울기가 완 만해지므로, 사층리 단면에서 층리면의 기울어진 모습을 바탕으로 지층의 상하 를 판단할 수 있다. 따라서 사층리 (나)는 지층의 역전 여부를 판단할 수 있는 퇴 적 구조이다.

ㄷ. 연흔은 퇴적 입자의 크기가 작은 이암층, 셰일층, 사암층 등에서 형성될 수 있으며 입자의 크기가 큰 역암층에서는 형성되기 어렵다. 따라서 (다) 연흔은 역 암층보다 사암층에서 주로 나타난다.

문제풀이 Tip

퇴적 구조를 보고 지층의 역전 여부를 판단할 수 있다. 점이층리에서는 상부로 갈수록 입자의 크기가 작아지고, 사층리에서는 하부에서 상부로 갈수록 층리의 폭이 넓어지며, 연흔에서는 뾰족한 부분이 상부를 향하고 있다면 지층이 역전 되지 않았다는 것을 학습해 두자.

5 퇴적암의 형성 과정

출제의도 쇄설성 퇴적암의 형성 과정을 알아보는 탐구 활동을 해석하는 문항이다.

다음은 쇄설성 퇴적암이 형성되는 과정의 일부를 알아보기 위한 실험이다.

[실험 목표]
• 쇄설성 퇴적암이 형성되는 과정 중 (㉠)을/를 설명할 수 있다.
    교결 작용

[실험 과정]
(가) 크기가 다양한 자갈, 모래, 점토를 각각 준비하여 투명한 원통에 넣는다.
    쇄설성 퇴적물
(나) (가)의 원통의 퇴적물에서 입자 사이의 빈 공간(공극)의 모습을 관찰한다.
(다) 컵에 석회질 물질과 물을 부어 석회질 반죽을 만든다.
    교결 물질
(라) ㉡ 석회질 반죽을 (가)의 원통에 부어 퇴적물이 쌓인 높이(h)까지 채운 후 건조시켜 굳힌다.
(마) (라)의 입자 사이의 빈 공간(공극)의 모습을 관찰한다.

[실험 결과]

㉢ (나)의 결과	㉣ (마)의 결과
 공극의 부피 감소	

이 자료에 대한 설명으로 옳은 것만을 〈보기〉에서 있는 대로 고른 것은? [3점]

보기
ㄱ. '교결 작용'은 ㉠에 해당한다.
ㄴ. ㉡은 퇴적물 입자들을 단단하게 결합시켜 주는 물질에 해당한다.
ㄷ. 단위 부피당 공극이 차지하는 부피는 ㉢이 ㉣보다 크다.

① ㄱ   ② ㄷ   ③ ㄱ, ㄴ   ④ ㄴ, ㄷ   ⑤ ㄱ, ㄴ, ㄷ

✔ 자료 해석
• 쇄설성 퇴적암은 암석이 풍화·침식 작용을 받아 생성된 쇄설성 퇴적물이나 화산 활동으로 분출된 화산 쇄설물 등이 쌓여서 생성된 퇴적암이다.
• 퇴적암은 다짐 작용과 교결 작용을 거쳐 생성된다.
• (라) : 석회질 반죽은 퇴적 입자 사이의 공극을 채워 입자들을 단단하게 붙게 하여 굳어지게 하는 역할을 한다.

○ 보기 풀이 ㄱ. 퇴적물 속의 수분이나 지하수에 녹아 있던 석회질 물질, 규질 물질, 산화 철 등이 퇴적 입자 사이에 침전되어 퇴적물 알갱이들을 단단히 붙게 하여 굳어지게 하는 작용을 교결 작용이라고 한다. 실험에서 석회질 반죽에 의해 자갈, 모래, 점토가 굳어지는 과정이 제시되어 있으므로, '교결 작용'은 ㉠에 해당한다.
ㄴ. '석회질 반죽'은 입자와 입자 사이를 단단하게 결합시켜 주는 교결 물질에 해당한다.
ㄷ. 교결 물질인 석회질 반죽에 의해 공극이 채워졌으므로 공극이 차지하는 부피는 ㉢이 ㉣보다 크다.

문제풀이 **Tip**
퇴적암은 속성 작용을 거쳐 생성되는데, 속성 작용에는 다짐 작용과 교결 작용이 있다는 것을 알아야 한다. 다짐 작용과 교결 작용에 의해서 공극의 부피는 모두 감소하지만, 다짐 작용에 의해서는 퇴적물의 부피도 함께 감소하고, 교결 작용에 의해서는 퇴적물의 부피는 거의 변하지 않는다는 것에 유의해야 한다.

출제 의도 퇴적물이 담긴 원통에 물을 넣고 퇴적물을 압축시킴에 따라 추출되는 물의 부피 변화를 통해 퇴적암의 형성 과정 중 다짐 작용에 대해 이해하는 문항이다.

다음은 퇴적암이 형성되는 과정의 일부를 알아보기 위한 실험이다.

[실험 목표]

• 퇴적암이 형성되는 과정 중 (㉠)을/를 설명할 수 있다.
  다짐 작용

[실험 과정]

(가) 입자 크기 2 mm 정도인 퇴적물 250 mL가 담긴 원통에 물 250 mL를 넣는다.

(나) 물의 높이가 퇴적물의 높이와 같아질 때까지 물을 추출한 뒤, 추출된 물의 부피를 측정한다.

(다) 그림과 같이 원형 판 1개를 원통에 넣어 퇴적물을 압축시킨다.
  공극 감소

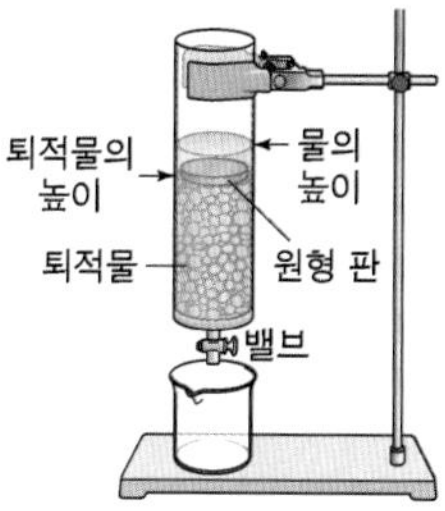

(라) 물의 높이가 퇴적물의 높이와 같아질 때까지 물을 추출하고, 그 물의 부피를 측정한다.

(마) 동일한 원형 판의 개수를 1개씩 증가시키면서 (라)의 과정을 반복한다.

(바) 원형 판의 개수와 추출된 물의 부피와의 관계를 정리한다.

퇴적물의 높이 / 물의 높이 / 퇴적물 / 원형 판 / 밸브

[실험 결과]

• 과정 (나)에서 추출된 물의 부피: 100 mL
• 과정 (다)~(마)에서 원형 판의 개수에 따른 추출된 물의 부피
  감소한 공극의 부피

원형 판 개수(개)	1	2	3	4	5
추출된 물의 부피(mL)	27.5	8.0	6.5	5.3	4.5

→ 공극 감소

이 자료에 대한 설명으로 옳은 것만을 〈보기〉에서 있는 대로 고른 것은? [3점]

┌ 보기 ┐

ㄱ. '다짐 작용'은 ㉠에 해당한다.

ㄴ. 과정 (나)에서 원통 속에 남아 있는 물의 부피는 222.5 mL이다.
   150

ㄷ. 원형 판의 개수가 증가할수록 단위 부피당 퇴적물 입자의 개수는 증가한다.

① ㄱ   ② ㄴ   ③ ㄱ, ㄷ   ④ ㄴ, ㄷ   ⑤ ㄱ, ㄴ, ㄷ

✓ 자료 해석

• 퇴적물이 퇴적되어 퇴적암이 형성되기까지의 과정을 속성 작용이라고 하며, 속성 작용에는 다짐 작용과 교결 작용이 있다.
• 과정 (다)에서 원형 판으로 퇴적물을 압축시키는 것은 퇴적물이 다져지는 작용에 해당한다.
• 물의 높이와 퇴적물의 높이가 같아졌을 때 원통 속에 남아 있는 물의 부피는 공극의 부피와 같고, 추출된 물의 부피는 감소한 공극의 부피와 같다.
• 실험 결과 원형 판 개수를 증가시킬수록 추출된 물의 부피는 점점 감소하므로 공극의 부피는 감소함을 알 수 있다.

O 보기 풀이 ㄱ. 원형 판이 퇴적물을 압축시키는 것은 압력에 의한 다짐 작용에 해당한다.

ㄷ. 원형 판의 개수가 증가할수록 추출된 물의 부피가 감소하는 것으로 보아 공극의 부피는 감소하고 퇴적물의 밀도(단위 부피당 퇴적물 입자의 개수)는 증가한다.

✗ 매력적 오답 ㄴ. 과정 (나)에서 추출된 물의 부피는 100 mL이고, 원통에 넣은 물의 총 부피가 250 mL이므로 원통 속에 남아 있는 물의 부피는 150 mL이다.

문제풀이 Tip

원형 판의 개수가 증가하는 것은 다짐 작용이 더욱 진행되는 것을 의미하며, 이 과정에서 공극의 부피는 감소하고, 감소한 부피만큼의 물이 추출된다는 것에 유의해야 한다. 퇴적물의 형성 과정에서 다짐 작용과 교결 작용에 대해 알아두자.

출제 의도 실험을 통해 퇴적 구조의 형성 원리를 이해하고, 퇴적 구조의 특징을 파악하는 문항이다.

다음은 어느 퇴적 구조가 형성되는 원리를 알아보기 위한 실험이다.

[실험 목표]

- (⊙   )의 형성 원리를 설명할 수 있다.
     건열

[실험 과정]

(가) 100 mL의 물이 담긴 원통형 유리 접시에 입자 크기가 $\frac{1}{16}$ mm 이하인 점토 100 g을 고르게 붓는다.

(나) 그림과 같이 백열전등 아래에 원통형 유리 접시를 놓고 전등 빛을 비춘다.

(다) ⓒ전등 빛을 충분히 비추었을 때 변화된 점토 표면의 모습을 관찰하여 그 결과를 스케치한다.

[실험 결과]

표면이 갈라짐
〈 위에서 본 모습 〉

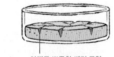
아래로 뾰족한 쐐기 모양
〈 옆에서 본 모습 〉

이에 대한 설명으로 옳은 것만을 〈보기〉에서 있는 대로 고른 것은? [3점]

보기

ㄱ. '건열'은 ⊙에 해당한다.

ㄴ. 건조한 환경에 노출되어 퇴적물의 표면이 갈라진 모습은 ⓒ에 해당한다.

ㄷ. 이 퇴적 구조는 주로 역암층에서 관찰된다.
                         이암층 또는 셰일층

① ㄱ   ② ㄴ   ③ ㄷ   ④ ㄱ, ㄴ   ⑤ ㄱ, ㄷ

✔ **자료 해석**

- 과정 (가)는 수심이 얕은 물밑에 점토질 물질이 퇴적되는 과정을 의미한다.
- 과정 (다)에서 전등 빛에 의해 물이 증발하고, 점토 표면이 마르면서 갈라진다.
- 실험 결과를 위에서 보면 표면이 갈라진 모습이고, 옆에서 보면 아래로 뾰족한 쐐기 모양의 틈이 관찰되므로, 건열의 형성 원리를 알아보는 실험이다.

○ 보기 풀이 ㄱ. 수심이 얕은 물밑에서 퇴적된 점토질 물질이 대기 중에 노출되어 표면이 말라 갈라지는 건열의 형성 원리이다. 따라서 '건열'은 ⊙에 해당한다.

ㄴ. 백열전등을 충분히 비추면 물이 모두 증발하고 점토 표면이 갈라진다. 따라서 건조한 환경에 노출되어 표면이 갈라진 모습은 ⓒ에 해당한다.

✗ 매력적 오답 ㄷ. 이 실험은 건열의 형성 원리를 알아보는 것으로, 건열은 주로 점토질 물질이 퇴적되어 굳어진 이암층이나 셰일층에서 관찰된다.

문제풀이 **Tip**

퇴적 구조의 형성 과정을 알아보는 탐구 문항이 자주 출제된다. 탐구 과정에서의 변인을 실제 퇴적물과 퇴적 환경에 대비할 수 있도록 퇴적 구조의 종류에 따른 퇴적 환경과 형성 과정을 알아 두자.

8 판의 경계와 지질 구조

출제 의도 판의 경계 부근에 발달하는 단층의 종류를 구분하고, 단층의 구조를 이해하는 문항이다.

그림 (가)는 판의 경계를, (나)는 어느 단층 구조를 나타낸 것이다.

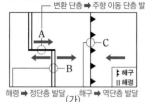
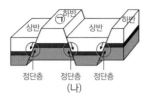

이에 대한 설명으로 옳은 것만을 〈보기〉에서 있는 대로 고른 것은?

보기
ㄱ. A 지역에서는 주향 이동 단층이 발달한다.
ㄴ. ㉠은 상반이다.
         하반
ㄷ. (나)는 C 지역에서가 B 지역에서보다 잘 나타난다.
         C 지역에서보다 B 지역에서

① ㄱ   ② ㄴ   ③ ㄱ, ㄷ   ④ ㄴ, ㄷ   ⑤ ㄱ, ㄴ, ㄷ

✔ 자료 해석

- A 지역은 해령과 해령 사이에 발달한 변환 단층으로, 양쪽 지층이 수평 방향으로 이동하면서 주향 이동 단층이 발달한다.
- B 지역은 해령으로, 두 판이 양쪽으로 멀어지면서 장력이 작용하여 정단층이 발달한다.
- C 지역은 해구로, 두 판이 서로 수렴하면서 횡압력이 작용하여 역단층이 발달한다.
- (나)에서 단층은 모두 상반이 하반에 대해 아래로 내려간 정단층이다.

○ 보기 풀이 ㄱ. A 지역은 변환 단층으로, 지층이 수평 방향으로 서로 어긋나게 이동하면서 주향 이동 단층이 발달한다.

✕ 매력적 오답 ㄴ. 단층면을 기준으로 위에 위치한 지괴를 상반, 아래에 위치한 지괴를 하반이라고 한다. 따라서 ㉠은 하반이다.

ㄷ. (나)에는 정단층이 발달해 있으므로 주로 발산형 경계에서 잘 나타난다. A 지역은 보존형 경계, B 지역은 발산형 경계, C 지역은 수렴형 경계이므로, (나)는 B 지역에서가 C 지역에서보다 잘 나타난다.

문제풀이 **Tip**

판의 경계에서는 판이 서로 멀어지거나 가까워지고, 어긋나면서 장력, 횡압력, 어긋나는 힘 등이 작용하여 서로 다른 종류의 단층이 발달한다. 판의 경계에 작용하는 힘과 그에 따라 발달하는 단층의 종류를 연관지어 알아 두자.

9 퇴적 구조

출제 의도 실험을 통해 퇴적 구조의 형성 원리를 이해하고, 퇴적 구조의 특징을 파악하는 문항이다.

다음은 어느 퇴적 구조가 형성 되는 원리를 알아보기 위한 실험이다.

점이 층리, 사층리, 연흔, 건열

[실험 목표]

• (㉠)의 형성 원리를 설명할 수 있다.

[실험 과정]

(가) 입자의 크기가 2 mm 이하인 모래, 2~4 mm인 왕모래, 4~6 mm인 잔자갈을 각각 100 g씩 준비하여 물이 담긴 원통에 넣는다. ➡ 입자의 크기 차이

(나) 원통을 흔들어 입자들을 골고루 섞은 후, 원통을 세워 입자들이 가라앉기를 기다린다. ➡ 퇴적 속도의 차이

(다) 그림과 같이 원통의 퇴적물을 같은 간격의 세 구간 A, B, C로 나눈다.

(라) 각 구간의 퇴적물을 모래, 왕모래, 잔자갈로 구분하여 각각의 질량을 측정한다.

[실험 결과]

• A, B, C 구간별 입자 종류에 따른 질량비

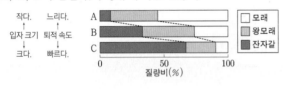

작다. 느리다.
입자 크기　퇴적 속도
크다. 빠르다.

□ 모래
▨ 왕모래
▩ 잔자갈

질량비(%)

• 퇴적물 입자의 크기가 클수록 (㉡) 가라앉는다.

이에 대한 설명으로 옳은 것만을 〈보기〉에서 있는 대로 고른 것은? [3점]

보기

ㄱ. '점이 층리'는 ㉠에 해당한다.

ㄴ. '느리게'는 ㉡에 해당한다.
　　빠르게

ㄷ. 경사가 급한 해저에서 빠르게 이동하던 퇴적물의 유속이 갑자기 느려지면서 퇴적되는 과정은 (나)에 해당한다.

① ㄱ　② ㄴ　③ ㄱ, ㄷ　④ ㄴ, ㄷ　⑤ ㄱ, ㄴ, ㄷ

✓ 자료 해석

• (나)는 다양한 크기의 입자가 섞여 있는 퇴적물이 퇴적되는 모습을 관찰하는 과정으로, 입자의 크기가 클수록 빨리 가라앉아 아래에 퇴적된다.

• A에는 모래가 가장 많고, B에는 왕모래가 가장 많으며, C에는 잔자갈이 가장 많다. ➡ 위로 갈수록 입자의 크기가 작아진다.

• 아래에서 위로 갈수록 입자의 크기가 작아지는 퇴적 구조는 점이 층리이므로, 점이 층리의 형성 원리를 알아보기 위한 실험이다.

○ 보기 풀이 ㄱ. 다양한 크기의 입자들을 한 원통에 넣고 섞은 후 퇴적 속도 차이에 따라 퇴적물이 퇴적되는 모습을 관찰하는 실험으로, 퇴적 구조 중 점이 층리의 형성 원리를 알아보기 위한 것이다. 따라서 '점이 층리'는 ㉠에 해당한다.

ㄷ. 경사가 급한 해저에서 퇴적물의 유속이 갑자기 느려지는 곳에서 퇴적이 일어나면서 점이 층리가 형성된다. 따라서 이 과정은 (가)~(라) 중 (나)에 해당한다.

✗ 매력적 오답 ㄴ. 퇴적물이 빨리 가라앉을수록 원통의 아래쪽에 퇴적된다. 실험 결과 아래로 갈수록 입자의 크기가 커지므로, 퇴적물 입자의 크기가 클수록 빠르게 가라앉는다.

문제풀이 Tip

퇴적 구조의 형성 과정을 묻는 문항이 자주 출제된다. 실험 과정에서 퇴적 환경을 고려한 과정이 제시되므로 퇴적 구조의 종류에 따른 퇴적 환경과 형성 과정을 잘 알아 두도록 하자.

10 지질 구조

출제 의도 지질 구조의 형성 과정을 알아보기 위한 실험을 해석하여 지질 구조의 종류와 작용한 힘, 각각의 실험 과정이 부정합의 형성 과정 중 어디에 해당하는지 파악하는 문항이다.

다음은 어느 지질 구조의 형성 과정을 알아보기 위한 탐구이다.

[탐구 과정]

(가) 지점토 판 세 개를 하나씩 순서대로 쌓은 뒤, Ⅰ과 같이 경사지게 지점토 칼로 자른다. 단층면 형성 / 퇴적

(나) 잘린 지점토 판 전체를 조심스럽게 들어 올리고, Ⅱ와 같이 ㉠양쪽 끝을 서서히 잡아당겨 가운데 조각이 내려가도록 한다. 장력 / ┌ 지층의 융기

(다) Ⅲ과 같이 지점토 칼로 지점토 판의 위쪽을 수평으로 자른다. 풍화·침식

(라) 잘린 지점토 판 위에 Ⅳ와 같이 새로운 지점토 판을 수평이 되도록 쌓는다. 퇴적 → 부정합 형성

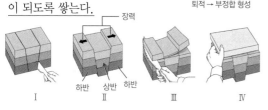

이에 대한 설명으로 옳은 것만을 〈보기〉에서 있는 대로 고른 것은? [3점]

보기

ㄱ. ㉠에 해당하는 힘은 횡압력이다. 장력

ㄴ. (다)는 지층의 침식 과정에 해당한다.

ㄷ. (라)에서 부정합 형태의 지질 구조가 만들어진다.

① ㄱ   ② ㄴ   ③ ㄷ   ④ ㄱ, ㄴ   ⑤ ㄴ, ㄷ

✔ 자료 해석

- (가)는 지층의 퇴적과 단층면의 형성 과정에, (나)는 지층의 융기와 단층의 형성 과정에 해당한다. (다)는 지층의 침식 과정에, (라)는 지층의 퇴적 과정에 해당한다.
- 이 실험은 부정합이 형성되는 과정을 알아보기 위한 것이다.
- (라)에서 잘린 지점토 판 위에 새로운 지점토 판을 쌓는 과정은 침식면 위에 새로운 지층이 쌓이는 과정에 해당하며, 이 과정에서 위쪽에 쌓인 지층과 침식면 아래쪽에 있는 지층은 부정합을 이룬다.

○ 보기 풀이 ㄴ. (나)에서 지점토 판 전체를 들어 올리는 과정은 지층의 융기에 해당하고, (다)에서 지점토 판의 위쪽을 수평으로 자르는 과정은 수면 위에 드러난 지층이 풍화·침식 작용을 받는 과정에 해당한다.

ㄷ. 수면 위로 드러나 풍화·침식 작용을 받은 지층이 수면 아래로 침강하면 그 위에 새로운 지층이 퇴적된다. 이 과정에서 상하층 사이에 긴 퇴적 시간 차가 생기는데, 이러한 상하 지층 관계를 부정합이라고 한다. 따라서 (라)에서 부정합 형태의 지질 구조가 만들어진다.

✕ 매력적 오답 ㄱ. 장력은 양쪽에서 잡아당기는 힘이고, 횡압력은 양쪽에서 미는 힘이다. 따라서 지점토 판의 양쪽 끝을 서서히 잡아당기는 과정(㉠)에 해당하는 힘은 장력이다. 장력을 받아 상반이 하반에 대해 아래로 이동한 단층을 정단층이라고 한다.

문제풀이 **Tip**

습곡, 단층, 부정합의 형성 과정과 각각의 지질 구조가 형성될 때 작용한 힘을 구분해서 알아 두고, 부정합은 퇴적 → 융기 → 풍화·침식 → 침강 → 퇴적의 과정을 거쳐 형성되는 것에 유의해야 한다.

Part Ⅱ

수능 평가원

11 퇴적물의 속성 작용

출제 의도 속성 작용이 일어나는 동안 모래 입자 사이 공간의 부피 변화 자료를 해석하는 문항이다.

그림 (가)는 어느 쇄설성 퇴적층의 단면을, (나)는 속성 작용이 일어나는 동안 (가)의 모래층에서 모래 입자 사이 공간(㉠)의 부피 변화를 나타낸 것이다.

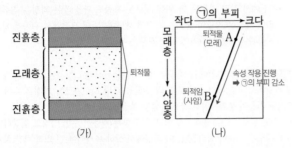

(가)의 모래층에서 속성 작용이 일어나는 동안 나타나는 변화에 대한 설명으로 옳은 것만을 〈보기〉에서 있는 대로 고른 것은?

보기
ㄱ. ㉠에 교결 물질이 침전된다.
ㄴ. 밀도는 증가한다.
ㄷ. 단위 부피당 모래 입자의 개수는 A에서 B로 갈수록 감소한다.
　　　　　　　　　　　　　　　　　　　　　　　증가한다.

① ㄱ　② ㄷ　③ ㄱ, ㄴ　④ ㄴ, ㄷ　⑤ ㄱ, ㄴ, ㄷ

✔ 자료 해석
• 속성 작용은 퇴적물이 쌓여 퇴적암이 되기까지의 전체 과정으로, 다짐 작용과 교결 작용이 있다.
• (가)는 진흙층과 모래층(퇴적물)으로 이루어져 있으며, 모래층에서 모래 입자 사이 공간에 교결 물질이 침전된다.
• (나)에서 A(모래)가 속성 작용을 받으면 B(사암)가 되며, 속성 작용을 받는 동안 모래 입자 사이 공간의 부피는 감소한다.

○ 보기 풀이 ㄱ. 교결 작용은 퇴적물 속의 수분이나 지하수에 녹아 있던 석회질, 규질 물질, 산화 철 등이 퇴적물 입자 사이에 침전되어 퇴적물 알갱이들을 단단히 붙게 하여 굳어지게 하는 작용이다. 모래층에서 속성 작용이 일어나는 동안 모래 입자 사이 공간(㉠)이 좁아지고, 규질 또는 석회질 물질 등의 교결 물질이 ㉠에 침전된다.
ㄴ. 속성 작용이 일어나는 동안 모래층의 공극의 크기가 감소하므로 밀도가 증가한다.

✘ 매력적 오답 ㄷ. 속성 작용이 진행될수록 ㉠의 부피가 감소하므로 단위 부피당 모래 입자의 개수는 증가한다. 따라서 단위 부피당 모래 입자의 개수는 A에서 B로 갈수록 증가한다.

문제풀이 **Tip**
퇴적물 입자 사이의 빈틈을 공극이라고 하며, 퇴적물이 속성 작용을 받으면 공극의 크기가 작아지므로 단위 부피당 모래 입자의 개수가 증가하여 퇴적물의 밀도가 커지는 것을 알아 두자.

---

12 퇴적 구조와 퇴적 환경

출제 의도 해수면이 하강하는 과정에서 일어나는 퇴적 환경의 변화를 이해하고, 이 과정에서 형성되는 퇴적 구조를 파악하는 문항이다.

그림 (가)는 해수면이 하강하는 과정에서 형성된 퇴적층의 단면이고, (나)는 (가)의 퇴적층에서 나타나는 퇴적 구조 A와 B이다.

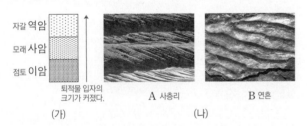

이 자료에 대한 설명으로 옳은 것만을 〈보기〉에서 있는 대로 고른 것은?

보기
ㄱ. (가)의 퇴적층 중 가장 얕은 수심에서 형성된 것은 이암층이다.
　　　　　　　　　　　　　　　　　　　　　　　　　　역암층
ㄴ. (나)의 A와 B는 주로 역암층에서 관찰된다.
　　　　　　　　　　　사암이나 이암층
ㄷ. (나)의 A와 B 중 층리면에서 관찰되는 퇴적 구조는 B이다.

① ㄱ　② ㄴ　③ ㄷ　④ ㄱ, ㄷ　⑤ ㄴ, ㄷ

✔ 자료 해석
• 역암은 주로 자갈, 사암은 주로 모래, 이암은 주로 점토로 이루어진 암석이다.
• 입자가 크고 무거운 퇴적물일수록 빨리 가라앉아 해안 가까이 퇴적되고, 입자가 작고 가벼운 퇴적물일수록 해안에서 먼 곳에서 퇴적된다.
• (나)에서 A는 층리가 비스듬하게 기울어져 있는 사층리이고, B는 물결 모양의 흔적이 남아 있는 연흔이다.

○ 보기 풀이 ㄷ. A와 같은 모습은 지질 단면에서 잘 관찰되고, B와 같은 모습은 층리면에서 잘 관찰된다.

✘ 매력적 오답 ㄱ. 자갈은 무거워서 수심이 깊은 곳까지 이동하기 어려우므로 가장 얕은 수심에서 형성된 것은 역암층이다.
ㄴ. A는 사층리, B는 연흔이다. 사층리와 연흔은 주로 사암이나 점토와 같은 입자가 작은 퇴적물이 퇴적될 때 잘 형성되므로, 역암층에서는 잘 관찰되지 않는다.

문제풀이 **Tip**
해수면이 하강하는 과정에서 수심은 점차 낮아지므로 해저에 퇴적되는 퇴적물 입자의 크기는 연직 상방으로 갈수록 점점 커진다는 것에 유의해야 한다.

13 퇴적암의 종류

출제 의도 퇴적물의 종류에 따라 생성되는 퇴적암을 파악하고, 퇴적암을 분류하는 방법을 이해하는 문항이다.

표는 퇴적물의 기원에 따른 퇴적암의 종류를 나타낸 것이다.

구분	퇴적물	퇴적암
유기적 퇴적암 — A	식물	석탄
	규조	처트
쇄설성 퇴적암 — B	모래	㉠ 사암
	㉡ 자갈	역암

이에 대한 설명으로 옳은 것만을 〈보기〉에서 있는 대로 고른 것은?

보기
ㄱ. A는 쇄설성 퇴적암이다. 유기적 퇴적암
ㄴ. ㉠은 암염이다. 사암
ㄷ. 자갈은 ㉡에 해당한다.

① ㄱ   ② ㄴ   ③ ㄷ   ④ ㄱ, ㄷ   ⑤ ㄴ, ㄷ

✔ 자료 해석
- A는 생물의 유해나 골격의 일부가 쌓여서 만들어진 유기적 퇴적암이다.
- B는 암석의 풍화, 침식 작용으로 생성된 입자들이 운반되어 쌓여서 만들어진 쇄설성 퇴적암이다.
- ㉠은 주로 모래가 퇴적되어 생성된 사암이고, ㉡은 역암의 주요 퇴적물이므로 자갈이다.

○ 보기 풀이 ㄷ. 역암은 쇄설성 퇴적암 중 입자의 크기가 2 mm 이상인 자갈(㉡)의 함량이 많은 암석이다.

✕ 매력적 오답 ㄱ. 쇄설성 퇴적암은 암석의 풍화, 침식 작용으로 생성된 입자들이 운반되어 쌓이거나 화산 분출물이 쌓여서 만들어진 암석으로 역암, 사암, 셰일, 응회암 등이 있다. 유기적 퇴적암은 생물의 유해나 골격의 일부가 쌓여서 만들어진 퇴적암으로 석탄, 석회암, 처트 등이 있다. 따라서 A는 유기적 퇴적암, B는 쇄설성 퇴적암이다.
ㄴ. 주로 모래가 퇴적되어 만들어진 퇴적암은 사암(㉠)이다. 암염은 바닷물에 녹아 있던 NaCl 성분이 침전하여 만들어진 화학적 퇴적암이다.

문제풀이 Tip
퇴적암은 구성 물질 및 구성 물질의 기원, 입자 크기, 화학 성분 등에 따라 분류하는 것을 알아 두고, NaCl 성분이 침전된 후 물이 증발함에 따라 잔류하여 만들어진 암염은 화학적 퇴적암인 것에 유의해야 한다.

---

14 퇴적 구조

출제 의도 사층리와 연흔의 형성 과정을 이해하고, 퇴적 구조를 이용하여 알 수 있는 과거 환경을 파악하는 문항이다.

다음은 어느 지층의 퇴적 구조에 대한 학생 A, B, C의 대화를 나타낸 것이다.

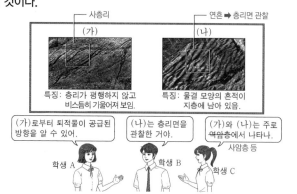

제시한 내용이 옳은 학생만을 있는 대로 고른 것은?

① A   ② C   ③ A, B   ④ B, C   ⑤ A, B, C

✔ 자료 해석
- (가) : 층리가 비스듬히 기울어져 있는 사층리이다. 사층리를 관찰하면 과거에 물이 흘렀던 방향이나 바람이 불었던 방향을 알 수 있다.
- (나) : 물결 모양의 자국이 지층에 남아 있는 연흔으로, 지층의 층리면을 관찰한 것이다.

○ 보기 풀이 학생 A. 수심이 얕은 곳이나 바람의 방향이 자주 변하는 사막에서 형성된 층리는 평행하지 않고 비스듬히 기울어진 구조를 보이는데, 이를 사층리라고 한다. 사층리를 관찰하면 과거에 물이 흘렀던 방향이나 바람이 불었던 방향을 알 수 있으므로, (가)로부터 층리가 형성될 당시에 퇴적물이 공급된 방향을 추정할 수 있다.
학생 B. 수심이 얕은 물밑에서 물결의 영향으로 퇴적물의 표면에 물결 모양의 자국이 생긴 후 퇴적층 속에 남아 있는 구조를 연흔이라고 한다. (나)는 퇴적물의 표면에 물결 모양의 자국이 나타나므로 지층의 층리면을 관찰한 것이다.

✕ 매력적 오답 학생 C. 사층리와 연흔은 입자의 크기가 상대적으로 작은 모래 등의 퇴적물이 쌓이는 환경에서 주로 형성된다.

문제풀이 Tip
퇴적 구조의 종류와 형성 과정을 묻는 문항은 자주 출제되므로 확실히 알아 두고, 각 퇴적 구조의 모양을 보고 지층의 역전 여부를 파악하는 연습을 해 두자.

15 지질 구조

출제 의도 습곡, 주상 절리의 형성 과정과 특징을 이해하고, 포획암을 이용하여 암석의 생성 순서를 파악하는 문항이다.

그림 (가), (나), (다)는 습곡, 포획, 절리를 순서 없이 나타낸 것이다.

(가) 습곡

(나) 주상 절리

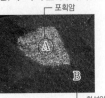

포획암

(다) ── 화성암 (관입암)

이에 대한 설명으로 옳은 것만을 〈보기〉에서 있는 대로 고른 것은?

[3점]

보기

ㄱ. (가)는 (나)보다 깊은 곳에서 형성되었다.

ㄴ. (나)는 수축에 의해 형성되었다.

ㄷ. (다)에서 A는 B보다 먼저 생성되었다.

① ㄱ ② ㄷ ③ ㄱ, ㄴ ④ ㄴ, ㄷ ⑤ ㄱ, ㄴ, ㄷ

✓ 자료 해석

· (가) : 지층이 지하 깊은 곳에서 횡압력을 받아 휘어진 습곡이다.

· (나) : 지표로 분출한 용암이 급격히 식을 때 부피가 수축하여 긴 기둥 모양으로 형성된 주상 절리이다.

· (다) : A는 포획암으로, A가 화성암 B에 포획되어 있다.

○ 보기 풀이 ㄱ. (가)는 습곡, (나)는 주상 절리이다. 습곡은 수평으로 퇴적된 지층이 지하 깊은 곳에서 횡압력을 받아 휘어진 구조이고, 주상 절리는 지표로 분출한 용암이 급격히 식을 때 부피가 수축하여 단면이 오각형이나 육각형 등인 긴 기둥 모양으로 갈라진 구조이다. 따라서 (가)는 (나)보다 깊은 곳에서 형성되었다.

ㄴ. (나)의 주상 절리는 지표로 분출한 용암이 급격히 식을 때 부피가 수축하여 형성되었다.

ㄷ. 마그마가 관입할 때 주변 암석의 일부가 떨어져 나와 마그마 속으로 유입되는 것을 포획이라 하고, 포획된 암석을 포획암이라고 한다. 포획암을 관찰하면 화성암과 주변 암석의 생성 순서를 알 수 있다. 포획암은 포획한 암석(화성암)보다 먼저 생성되었으므로, (다)에서 A는 B보다 먼저 생성되었다.

문제풀이 **Tip**

단층이나 주상 절리는 대체로 습곡 작용이 일어나는 깊이보다 얕은 지표 부근에서 형성되는 것을 알아 두고, 포획암이나 관입당한 암석은 포획한 암석(화성암)이나 관입암(화성암)보다 먼저 생성된 것에 유의해야 한다.

05 지구의 역사

1 생물 대멸종

2025학년도 수능 7번 | 정답 ② | 문제편 118p

출제 의도 현생 누대 동안 생물 과의 멸종 비율 그래프를 통해 지질 시대를 구분하고, 생물 대멸종 시기와 지질 시대에 일어난 사건을 이해하는 문항이다.

그림은 현생 누대 동안 생물 과의 멸종 비율과 대멸종이 일어난 시기 A, B, C를 나타낸 것이다.

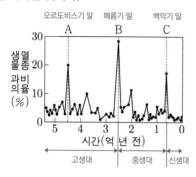

이에 대한 설명으로 옳은 것만을 〈보기〉에서 있는 대로 고른 것은?

보기
ㄱ. A에 방추충이 멸종하였다.
　　 B
ㄴ. B와 C 사이에 판게아가 분리되기 시작하였다.
ㄷ. C는 팔레오기와 네오기의 지질 시대 경계이다.
　　 백악기와 팔레오기

① ㄱ　　② ㄴ　　③ ㄷ　　④ ㄱ, ㄴ　　⑤ ㄴ, ㄷ

✔ 자료 해석

- 현생 누대 동안 고생대 오르도비스기 말, 데본기 후기, 페름기 말, 중생대 트라이아스기 말, 백악기 말에 총 5차례의 생물 대멸종이 일어났다.
- A는 약 4.44억 년 전의 고생대 오르도비스기 말, B는 약 2.52억 년 전의 고생대 페름기 말, C는 약 0.66억 년 전의 중생대 백악기 말의 생물 대멸종 시기이다.

○ 보기 풀이

ㄴ. 판게아가 분리되기 시작한 시기는 중생대 트라이아스기 말이므로 중생대가 시작하는 B 시기와 중생대가 끝나는 C 시기 사이에 해당한다.

✕ 매력적 오답

ㄱ. 방추충은 고생대 말(약 2.52억 년 전)에 멸종하였으므로 B에 멸종하였다.

ㄷ. C는 약 0.66억 년 전으로 중생대 백악기와 신생대 팔레오기의 지질 시대 경계이다.

문제풀이 Tip

생물 대멸종 시기와 지질 시대의 환경과 생물에 대해 묻는 문항이 자주 출제된다. 가장 큰 규모의 생물 대멸종은 고생대 말에 일어났으며, 특히 고생대 말(페름기 말)에는 삼엽충과 방추충을 비롯한 많은 해양 생물들이 멸종하였고, 중생대 말(백악기 말)에는 공룡과 암모나이트 등이 멸종하였음을 알아 두자.

Part II
수능 평가원

2 상대 연령과 절대 연령

출제 의도 두 방사성 원소의 함량비를 통해 방사성 원소의 반감기를 구하고, 암석의 절대 연령과 지층의 생성 시기를 파악하는 문항이다.

그림 (가)는 어느 지역의 지질 단면을, (나)는 방사성 원소 X의 함량(%)에 대한 방사성 원소 Y의 함량(%)을 시간에 따라 나타낸 것이다. 화성암 A와 B는 각각 X와 Y를 모두 포함하며, 현재 A에 포함된 Y의 함량은 처음 양의 $\frac{3}{8}$이고, B에 포함된 X의 함량은 처음 양의 $\frac{1}{4}$이다. X의 반감기는 0.5억 년이다.

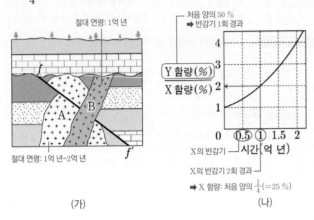

(가) (나)

이에 대한 설명으로 옳은 것만을 〈보기〉에서 있는 대로 고른 것은? (단, X와 Y의 자원소는 모두 각각의 모원소가 붕괴하여 생성되었다.) [3점]

보기
ㄱ. 반감기는 X가 Y의 $\frac{1}{2}$배이다.

ㄴ. 현재로부터 2억 년 후, B에 포함된 Y의 자원소 함량은 Y 함량의 7배이다.

ㄷ. (가)에서 단층 f-f'은 중생대에 형성되었다.

① ㄱ ② ㄴ ③ ㄱ, ㄷ ④ ㄴ, ㄷ ⑤ ㄱ, ㄴ, ㄷ

✔ 자료 해석

• (가)에서 화성암 A, B와 단층 f-f'의 형성 순서는 A→단층 f-f'→ B 순이다.

• A에 포함된 Y의 함량이 처음 양의 $\frac{3}{8}$이므로, Y는 반감기가 1회 지나고 2회가 지나지 않았다.

• B에 포함된 X의 함량이 처음 양의 $\frac{1}{4}$이므로, X는 반감기가 2회 지났다. X의 반감기는 0.5억 년이므로, B의 절대 연령은 1억 년이다.

• (나)에서 1억 년일 때 $\frac{\text{Y 함량}}{\text{X 함량}}$=2이므로, Y 함량은 X 함량의 2배이다. 즉, 1억 년일 때 X 함량은 처음 양의 $\frac{1}{4}$이므로, Y 함량은 처음 양의 $\frac{1}{2}$이다. 따라서 Y의 반감기는 1억 년이다.

○ 보기 풀이 ㄱ. 1억 년이 지났을 때 X는 반감기가 2회 지났으므로 처음 함량의 $\frac{1}{4}$이 된다. (나)에서 1억 년의 $\frac{\text{Y 함량}}{\text{X 함량}}$=2이므로 이때 Y는 처음 함량의 $\frac{1}{2}$이 된다. 따라서 Y의 반감기는 1억 년이므로 반감기는 X가 Y의 $\frac{1}{2}$배이다.

ㄴ. B는 생성 후 X의 반감기가 2회 지났으므로 절대 연령이 1억 년이다. 현재로부터 2억 년이 더 지나면 B의 절대 연령은 3억 년이 되고, 이는 Y의 반감기가 3회 지난 것과 같다. 따라서 이때 Y 함량은 처음 양의 $\frac{1}{8}$이고 Y의 자원소 함량은 Y 처음 함량의 $\frac{7}{8}$이다. 따라서 현재로부터 2억 년 후, B에 포함된 Y의 자원소 함량은 Y 함량의 7배이다.

ㄷ. A에 포함된 Y의 함량이 처음 양의 $\frac{3}{8}$이므로 A는 Y의 반감기가 1회 초과 2회 미만으로 지난 것이다. 따라서 A의 절대 연령은 1억 년과 2억 년 사이이고, B의 절대 연령은 1억 년이므로 단층 f-f'은 중생대에 형성되었다.

문제풀이 Tip
방사성 원소의 반감기를 이용하여 암석의 절대 연령을 파악하는 문항은 지질 단면 해석, 상대 연령 결정과 관련하여 자주 출제된다. 방사성 원소가 붕괴하여 자원소로 변할 때, 생성된 자원소의 양은 붕괴한 모원소의 양과 같다는 것에 유의해야 한다.

3 지질 시대의 환경과 생물

출제 의도 지질 시대에 일어난 주요 사건을 기준으로 지질 시대를 구분하고, 각 지질 시대의 특징을 파악하는 문항이다.

그림은 지질 시대에 일어난 주요 사건을 시간 순서대로 나타낸 것이다.

A, B, C 기간에 대한 설명으로 옳은 것만을 〈보기〉에서 있는 대로 고른 것은?

┌─ 보기 ─────────────────────────────────┐
ㄱ. A에 최초의 육상 식물이 출현하였다.

ㄴ. B에 방추충이 번성하였다.
   A
ㄷ. C에 히말라야산맥이 형성되었다.
└──────────────────────────────────────┘

① ㄱ ② ㄴ ③ ㄱ, ㄷ ④ ㄴ, ㄷ ⑤ ㄱ, ㄴ, ㄷ

✔ 자료 해석

• 로디니아는 약 12억 년 전에 형성되었고, 대서양은 중생대 초에 확장되기 시작했다. 속씨식물은 중생대 말에 출현했으며, 매머드는 신생대 말에 멸종하였다.

• A는 약 12억 년 전~중생대 초, B는 중생대 초~중생대 말, C는 중생대 말~신생대 말에 해당한다.

○ 보기 풀이 ㄱ. 최초의 육상 식물은 오존층이 형성된 후인 고생대 실루리아기에 출현하였으므로, A에 출현하였다.

ㄷ. 히말라야산맥은 약 3천만 년 전 신생대에 유라시아 대륙과 인도 대륙이 충돌하면서 형성되었으므로, C에 해당한다. 매머드는 신생대 제4기 말에 멸종하였다.

✕ 매력적 오답 ㄴ. 방추충은 고생대 후기에 번성하고 고생대 말에 멸종하였으므로 A에 번성하였다.

문제풀이 Tip

지질 시대의 대표적인 생물의 출현 시기와 멸종 시기, 수륙 분포 등에 대해 묻는 문항이 자주 출제된다. 이러한 문항은 전체 지질 시대의 생물과 환경의 특징을 정확하게 알고 있지 않으면 틀리기 쉽다. 대표적인 생물의 출현과 번성, 멸종 시기는 구분하여 암기해 두자.

Part II
수능 평가원

4 상대 연령과 절대 연령

출제 의도 지질 단면도를 해석하고, 방사성 동위 원소의 특징을 이해하여 지질학적 사건의 시기를 추정하는 문항이다.

그림은 어느 지역의 지질 단면을, 표는 화성암 P와 Q에 포함된 방사성 동위 원소 X의 자원소인 Y의 함량을 시기별로 나타낸 것이다. Y는 모두 X가 붕괴하여 생성되었고, X의 반감기는 1.5억 년이다.

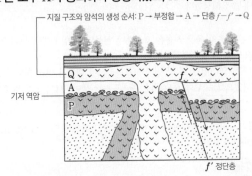

지질 구조와 암석의 생성 순서: P → 부정합 → A → 단층 f–f' → Q

기저 역암

f' 정단층

시기	Y 함량(%)		모원소(X)	
	P	Q	P	Q
암석 생성 이후 1.5억 년 경과	a	a	a	a
현재	1.8a	1.6a	0.2a	0.4a
1.5억 년 후	1.9a	1.8a	0.1a	0.2a

반감기 1회 / 자원소 / X의 처음 함량: P, Q 모두 2a

이 자료에 대한 설명으로 옳은 것만을 〈보기〉에서 있는 대로 고른 것은? (단, Y 함량(%)은 붕괴한 X 함량(%)과 같다.) [3점]

보기
ㄱ. P에는 암석 A가 포획암으로 ~~나타난다.~~ 나타날 수 없다.
ㄴ. 단층 f–f'은 고생대에 형성되었다.
ㄷ. 현재로부터 1.5억 년 후까지 P의 X 함량(%)의 감소량은 Q의 Y 함량(%)의 증가량보다 적다.

① ㄱ ② ㄴ ③ ㄷ ④ ㄱ, ㄷ ⑤ ㄴ, ㄷ

✔ 자료 해석

• A, P, Q, 단층 f–f', 부정합의 형성 순서는 P → 부정합 → A → 단층 f–f' → Q 순서이다.
• 단층 f–f'은 상반이 하반에 대해 아래로 내려갔으므로 정단층이다.
• X의 반감기가 1.5억 년이므로, 암석 생성 이후 1.5억 년이 경과하면 X는 자원소와 모원소의 양이 같아진다. 암석 생성 1.5억 년 후 P와 Q에 포함된 모원소 X의 양은 각각 a, a이므로 X의 처음 함량은 모두 2a이다.
• X의 처음 함량이 2a이므로, 현재 X는 P에 0.2a, Q에 0.4a 남아 있다.

◉ 보기풀이 ㄴ. 방사성 동위 원소가 반감기를 1번 지나면 모원소의 양은 50 %, 반감기를 2번 지나면 25 %, 반감기를 3번 지나면 12.5 %, 반감기를 4번 지나면 6.25 % 남게 된다. P에는 현재 방사성 원소 X가 0.2 a(처음 양의 10 %)만큼 남아 있고, Q에는 현재 X가 0.4 a(처음 양의 20 %)만큼 남아 있으므로, P는 반감기가 3~4번 사이, Q는 반감기가 2~3번 사이 지난 것이다. 이때 X의 반감기는 1.5억 년이므로 P의 절대 연령은 4.5억 년~6억 년 사이이고, Q의 절대 연령은 3억 년~4.5억 년 사이이다. 한편 반감기가 3.5번(처음 양의 9.375 %) 지났을 때 절대 연령은 5.25억 년보다 적으므로 X가 처음 양의 10 % 남아 있는 P의 절대 연령은 5.25억 년보다 적다. 따라서 P의 절대 연령은 4.5억 년~5.25억 년이다. 단층 f–f'은 P 이후, Q 이전에 형성되었으므로 3억 년 전~5.25억 년 전 사이인 고생대에 형성되었음을 알 수 있다.

ㄷ. 현재로부터 1.5억 년 후에는 X가 반감기를 1번 더 지나게 되므로 P의 X 함량은 0.1a, Y 함량은 1.9a가 되고, Q의 X 함량은 0.2a. Y 함량은 1.8a가 된다. 즉, P의 X 감소량은 0.1a이고 Q의 Y 증가량은 0.2a이다. 따라서 현재로부터 1.5억 년 후까지 P의 X 함량 감소량은 Q의 Y 함량의 증가량보다 적다.

✖ 매력적 오답 ㄱ. P 위에 기저 역암이 분포하므로 P가 분출한 후에 부정합이 생성되고 그 위에 A가 퇴적되었다. 따라서 P에는 암석 A가 포획암으로 나타날 수 없다.

문제풀이 Tip
방사성 원소의 붕괴 원리에 대해 확실하게 알아 두어야 한다. 방사성 동위 원소(모원소)는 동일한 시간 동안 동일한 비율로 감소한다는 것에 유의해야 한다. 또한 방사성 동위 원소는 함량이 많을수록 붕괴되는 양이 많고, 함량이 적을수록 붕괴되는 양이 적다는 것을 꼭 알아 두자.

5 지질 시대의 환경과 생물

출제 의도 지질 시대를 기 단위로 구분하고, 각 지질 시대의 생물과 환경을 이해하는 문항이다.

표는 지질 시대 A, B, C의 특징을 나타낸 것이다. A, B, C는 각각 백악기, 오르도비스기, 팔레오기 중 하나이다.

중생대 고생대 신생대

지질 시대	특징
A 오르도비스기	삼엽충과 필석류를 포함한 무척추동물이 번성하였다. 고생대 표준 화석
B 백악기	공룡과 암모나이트가 번성하였다가 멸종하였다. 중생대 표준 화석
C 팔레오기	화폐석과 속씨식물이 번성하였다. 신생대 표준 화석

A, B, C에 대한 설명으로 옳은 것만을 〈보기〉에서 있는 대로 고른 것은? [3점]

보기
ㄱ. 지질 시대를 오래된 것부터 나열하면 A̶ ̶C̶ ̶B 순이다.
   A-B-C
ㄴ. B에 판게아가 분리되기 시작하였다.
   B 이전 중생대 초에
ㄷ. C에 생성된 지층에서 양치식물 화석이 발견된다.

① ㄱ ② ㄷ ③ ㄱ, ㄴ ④ ㄴ, ㄷ ⑤ ㄱ, ㄴ, ㄷ

✓ 자료 해석

• 삼엽충과 필석류를 포함한 무척추동물은 고생대에 번성하였으므로 A는 오르도비스기이다.
• 공룡과 암모나이트는 중생대에 번성하였으며, 중생대 말에 멸종하였으므로 B는 백악기이다.
• 화폐석과 속씨식물은 신생대에 번성하였으므로 C는 팔레오기이다.

○ 보기 풀이 A는 고생대 오르도비스기, B는 중생대 백악기, C는 신생대 팔레오기에 해당한다.
ㄷ. 양치식물은 고생대에 출현하여 현재까지 생존하므로, 신생대 팔레오기인 C에 생성된 지층에서도 양치식물의 화석이 발견될 수 있다.

✕ 매력적 오답 ㄱ. A는 고생대, B는 중생대, C는 신생대에 해당하므로, 지질 시대를 오래된 것부터 나열하면 A - B - C 순이다.
ㄴ. 판게아는 고생대 말인 페름기에 형성되어 중생대 초인 트라이아스기에 분리되기 시작하였다. B는 중생대 말인 백악기이므로 판게아가 분리되기 시작한 이후이다.

문제풀이 Tip
고생대, 중생대, 신생대의 표준 화석을 구분할 수 있어도 백악기, 오르도비스기, 팔레오기가 각각 어느 지질 시대에 속하는지를 모른다면 문제를 해결할 수 없다. 지질 시대를 기 수준으로 구분하고, 생물의 출현과 번성을 각 기별로 확실하게 알아 두자.

---

6 방사성 동위 원소

출제 의도 지질 단면과 방사성 동위 원소의 반감기를 이용하여 절대 연령을 파악하고, 암석의 생성 순서와 생성 시기를 결정하는 문항이다.

그림은 어느 지역의 지질 단면을 나타낸 것이다. 현재 화성암 P와 Q에 포함된 방사성 동위 원소 X의 함량은 각각 처음 양의 $\frac{3}{16}$, $\frac{3}{8}$ 이고, X의 반감기는 1억 년이다.

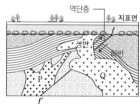

이 지역의 지질학적 사건의 순서:
지층의 퇴적 → P 관입 → 부정합 → 지층의 퇴적 → 습곡 → 역단층 f−f' → Q 관입 → 부정합 → 지층의 퇴적

이 자료에 대한 설명으로 옳은 것만을 〈보기〉에서 있는 대로 고른 것은? [3점]

보기
ㄱ. 단층 f−f'은 횡압력을 받아 형성되었다.
ㄴ. P는 Q보다 1억 년 먼저 형성되었다.
ㄷ. P는 고̶생̶대̶에 형성되었다.
   중생대

① ㄱ ② ㄷ ③ ㄱ, ㄴ ④ ㄴ, ㄷ ⑤ ㄱ, ㄴ, ㄷ

✓ 자료 해석

• 방사성 동위 원소 X의 처음 양이 1일 때 반감기를 1회씩 지날수록 X의 함량은 $1 \xrightarrow{1회} \frac{1}{2}\left(=\frac{4}{8}=\frac{8}{16}\right) \xrightarrow{2회} \frac{1}{4}\left(=\frac{2}{8}=\frac{4}{16}\right) \xrightarrow{3회} \frac{1}{8}\left(=\frac{2}{16}\right) \xrightarrow{4회} \frac{1}{16} \rightarrow$ …으로 감소한다. 따라서 화성암 P는 반감기가 2~3회 사이, 화성암 Q는 반감기가 1~2회 사이만큼 지났다.

○ 보기 풀이 ㄱ. 단층 f−f'은 횡압력을 받아 형성된 역단층이다.
ㄴ. 반감기가 1회 지날 때마다 방사성 동위 원소의 양은 절반씩 줄어드는데, 현재 화성암 P에는 X의 함량이 처음 양의 $\frac{3}{16}$, 화성암 Q에는 X의 함량이 처음 양의 $\frac{3}{8}$이 포함되어 있으므로, P는 Q보다 반감기를 1회 더 지난 것이다. X의 반감기는 1억 년이므로 P는 Q보다 1억 년 먼저 형성된 것이다.

✕ 매력적 오답 ㄷ. 반감기가 2회와 3회 지나면 X는 각각 처음 양의 $\frac{1}{4}\left(=\frac{4}{16}\right)$, $\frac{1}{8}\left(=\frac{2}{16}\right)$이 남으므로 $\frac{3}{16}$이 포함되어 있는 P의 반감기 횟수는 2회와 3회 사이이다. 단위 시간 동안 방사성 동위 원소가 붕괴되는 양은 시간이 지날수록 감소하므로 X의 양이 $\frac{4}{16}$에서 $\frac{3}{16}$이 되는 데 걸리는 시간이 $\frac{3}{16}$에서 $\frac{2}{16}$로 되는 데 걸리는 시간보다 짧다. 따라서 P의 절대 연령은 2.5억 년보다 적다. 고생대는 약 5.41억 년 전~약 2.52억 년 전까지에 해당하므로 P는 중생대에 형성된 것이다.

문제풀이 Tip
방사성 동위 원소는 동일 시간에 동일 비율로 감소하므로 방사성 동위 원소의 붕괴 곡선은 아래로 볼록한 형태로 나타난다는 것에 유의해야 한다.

7 지질 시대

출제의도 해양 생물 과의 수와 대멸종 시기 자료를 보고 지질 시대를 구분하고 각 지질 시대의 특징을 파악하는 문항이다.

그림은 현생 누대 동안 해양 생물 과의 수와 대멸종 시기 A, B, C를 나타낸 것이다.

이에 대한 설명으로 옳은 것만을 〈보기〉에서 있는 대로 고른 것은?

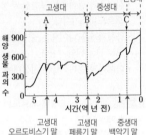

보기
ㄱ. 해양 생물 과의 수는 A가 B보다 많다.
ㄴ. B와 C 사이에 생성된 지층에서 양치식물 화석이 발견된다.
ㄷ. C는 쥐라기와 백악기의 지질 시대 경계이다.
　　　중생대 백악기와 신생대 팔레오기

① ㄱ　② ㄷ　③ ㄱ, ㄴ　④ ㄴ, ㄷ　⑤ ㄱ, ㄴ, ㄷ

✔ 자료 해석
• 고생대 오르도비스기 말, 데본기 후기, 페름기 말, 중생대 트라이아스기 말, 백악기 말에 생물의 대량 멸종이 있었다. A는 고생대 오르도비스기 말, B는 고생대 페름기 말, C는 중생대 백악기 말이다.
• 약 5.41억 년 전~2.52억 년 전은 고생대, 약 2.52억 년 전~0.66억 년 전은 중생대, 약 0.66억 년 전~현재는 신생대로 구분한다.

○ 보기풀이 ㄱ. 해양 생물 과의 수는 A가 300보다 많고 B가 300 보다 적다. 따라서 A가 B보다 해양 생물 과의 수가 많다.

ㄴ. 양치식물은 고생대에 번성하였고 현재까지 곳곳에서 많이 서식하고 있다. 따라서 중생대인 B와 C 사이에 양치식물이 존재했고 당시 생성된 지층에서는 양치식물 화석이 산출된다.

✕ 매력적오답 ㄷ. 쥐라기와 백악기의 경계는 약 1.45억 년 전이다. C는 중생대 백악기와 신생대 팔레오기의 경계이다.

문제풀이 Tip
생물 대멸종이 나타나는 시기를 대와 기 수준으로 구분하여 알아 두고, 각 시기별로 번성 및 멸종한 생물의 종류를 학습해 두자.

---

8 지질 단면도 해석

출제의도 지질 단면을 해석하여 지층과 암석의 상대 연령을 결정하고, 방사성 원소의 반감기를 이용하여 암석의 절대 연령을 파악하는 문항이다.

그림은 어느 지역의 지질 단면을 나타낸 것이다. 현재 화성암에 포함된 방사성 원소 X의 함량은 처음 양의 $\frac{1}{32}$이고, 지층 A에서는 방추충 화석이 산출된다.

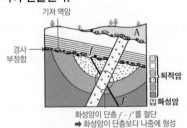

화성암이 단층 f-f'를 절단
➡ 화성암이 단층보다 나중에 형성

이 자료에 대한 설명으로 옳은 것만을 〈보기〉에서 있는 대로 고른 것은?

보기
ㄱ. 경사 부정합이 나타난다.
ㄴ. 단층 f-f'은 화성암보다 먼저 형성되었다.
ㄷ. X의 반감기는 0.4억 년보다 짧다.
　　　　　　　　　　길다.

① ㄱ　② ㄷ　③ ㄱ, ㄴ　④ ㄴ, ㄷ　⑤ ㄱ, ㄴ, ㄷ

✔ 자료 해석
• 경사 부정합은 부정합면을 경계로 상하 지층이 경사를 이루는 부정합이다.
• 지층과 암석의 생성 순서: 퇴적암층 → 단층 f-f' → 경사 부정합 → 퇴적층 → 화성암 관입 → 부정합 → 지층 A → 퇴적층
• 반감기와 절대 연령의 관계: $t=n \times T$ (t: 절대 연령, n: 반감기 경과 횟수, T: 반감기)

○ 보기풀이 ㄱ. 화성암이 관입하기 전에 형성된 부정합면 아래의 지층이 휘어져 있으므로, 이 지역에는 경사 부정합이 나타난다.

ㄴ. 단층 f-f'을 화성암이 절단한 것으로 보아 이 단층은 화성암보다 먼저 형성되었다.

✕ 매력적오답 ㄷ. 현재 화성암에 포함된 X의 함량이 처음 양의 $\frac{1}{32}\left(=\frac{1}{2^5}\right)$이므로 반감기를 5회 거쳤다. 반감기가 0.4억 년이라면 화성암의 절대 연령은 2억 년인데, 지층 A에서 산출되는 방추충 화석은 고생대의 표준 화석이므로 성립하지 않는다. 따라서 X의 반감기는 0.4억 년보다 길다.

문제풀이 Tip
부정합면 아래에 위치한 지층의 종류와 모양에 따라 부정합의 종류를 구별할 수 있어야 한다. 또한 화성암이 단층을 절단한 모습으로부터 화성암이 단층보다 나중에 생성되었음을 판단할 수 있어야 하고, 화성암에 포함된 방사성 원소의 함량으로부터 반감기 횟수를 파악한 후 지층에서 산출되는 표준 화석의 형성 시기와 비교하여 반감기를 유추할 수 있어야 한다.

9 절대 연령

출제 의도 방사성 동위 원소를 이용하여 암석의 절대 연령을 구하는 원리를 이해하는 문항이다.

다음은 방사성 동위 원소를 이용하여 암석의 절대 연령을 구하는 원리에 대하여 학생 A, B, C가 나눈 대화를 나타낸 것이다.

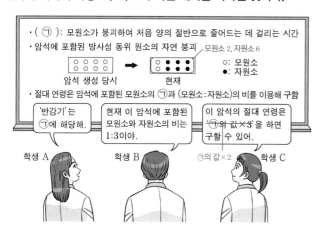

제시한 내용이 옳은 학생만을 있는 대로 고른 것은?

① A ② B ③ C ④ A, B ⑤ A, C

✔ 자료 해석

• 암석 생성 당시에는 모원소가 8개, 자원소가 0개이고, 현재는 모원소가 2개, 자원소가 6개이다. ➡ 현재 모원소 : 자원소=1 : 3

• 반감기를 1번 거치면 모원소의 양이 절반으로 줄어들므로 모원소 : 자원소=1 : 1이 되고, 반감기를 2번 거치면 모원소 : 자원소=1 : 3이며, 반감기를 3번 거치면 모원소 : 자원소=1 : 7이 된다.

• 절대 연령은 암석의 생성 시기를 절대적인 수치로 나타낸 것으로, 암석에 포함된 방사성 동위 원소의 반감기를 이용하여 구할 수 있다.

○ 보기풀이 A. 방사성 동위 원소(모원소)가 붕괴하여 처음 양의 절반으로 줄어드는 데 걸리는 시간을 반감기라고 한다.

B. 현재 암석 속에는 모원소가 2개, 자원소가 6개 포함되어 있으므로, 모원소 : 자원소=1 : 3이다.

✕ 매력적 오답 C. 현재 이 암석 속에 포함되어 있는 모원소 : 자원소=1 : 3이므로 반감기를 2번 거쳤다. 절대 연령은 '반감기×반감기 경과 횟수'로 구할 수 있으므로, 이 암석의 절대 연령은 'ㄱ의 값×2'로 구할 수 있다.

문제풀이 Tip

암석의 절대 연령은 암석에 포함된 방사성 동위 원소의 반감기와 암석 생성 후 현재까지 반감기가 경과한 횟수를 곱하여 구할 수 있다는 것을 잘 알아 두자.

10 지질 시대

출제 의도 지질 시대를 지속 기간에 따라 구분하고, 생물이 출현한 시기와 환경 변화를 이해하는 문항이다.

그림은 40억 년 전부터 현재까지 지질 시대 A~E의 지속 기간을 비율로 나타낸 것이다.

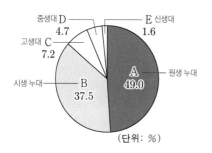

(단위: %)

A~E에 대한 설명으로 옳은 것만을 〈보기〉에서 있는 대로 고른 것은? [3점]

보기
ㄱ. 최초의 다세포 동물이 출현한 시기는 B이다.
ㄴ. 최초의 척추동물이 출현한 시기는 C이다.
ㄷ. 히말라야 산맥이 형성된 시기는 E이다.

① ㄱ ② ㄷ ③ ㄱ, ㄴ ④ ㄴ, ㄷ ⑤ ㄱ, ㄴ, ㄷ

✔ 자료 해석

• 지질 시대는 시생 누대, 원생 누대, 현생 누대(고생대, 중생대, 신생대)로 구분하며, 지속 기간은 원생 누대>시생 누대>고생대>중생대>신생대이다.

• A는 원생 누대, B는 시생 누대, C는 고생대, D는 중생대, E는 신생대이다.

○ 보기풀이 ㄴ. 최초의 척추동물인 어류는 고생대 오르도비스기에 출현하였으므로, 출현 시기는 C이다.

ㄷ. 히말라야산맥은 신생대인 E 시기에 인도 대륙과 유라시아 대륙이 충돌하여 형성되었다.

✕ 매력적 오답 ㄱ. 최초의 다세포 동물은 원생 누대에 출현하였으므로, 출현 시기는 A이다.

문제풀이 Tip

5개의 지질 시대로 구분하였으므로, 시생 누대, 원생 누대, 고생대, 중생대, 신생대로 구분된다는 것을 파악해야 한다. 원생 누대는 시생 누대보다 지속 기간이 길다는 것에 유의해야 한다.

11 지질 단면도 해석

출제 의도 지질 단면도에서 습곡, 관입암, 단층을 지나는 동안 지층의 연령 변화를 해석하는 문항이다.

그림은 어느 지역의 지질 단면을 나타낸 것이다.

• 생성 순서: 1 → 2 → 3 → 4 → 습곡 → 역단층 → 5(관입)

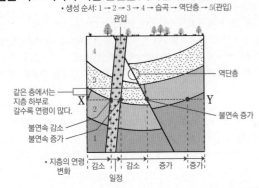

구간 X – Y에 해당하는 지층의 연령 분포로 가장 적절한 것은? [3점]

①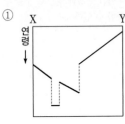
②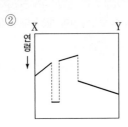

③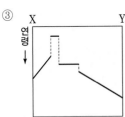
④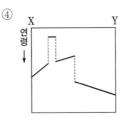

⑤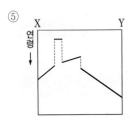

✓ 자료 해석

• 이 지역에서는 습곡, 역단층, 관입암이 관찰된다. 지층과 지질 구조의 생성 순서는 퇴적층 → 습곡 → 역단층 → 관입암이다.
• X에서 Y로 가면서 지층, 관입암, 역단층, 지층을 차례로 지난다.
• 관입암과 단층면을 지날 때 지층의 연령은 불연속적으로 변한다. 관입암에서는 지층의 연령이 일정하고, 역단층의 경계면을 지날 때에는 지층의 연령이 증가한다.

보기 풀이
지층 누중의 법칙에 따라 지표면에서 지하로 갈수록 암석의 연령은 증가한다. 다만 관입암이 나타나는 경우 관입한 암석이 관입을 당한 암석보다 연령이 적다. 또한 단층이 나타날 때 단층 주변에서는 지층의 역전 현상이 나타날 수 있으며, 같은 깊이일 때 향사 축으로 갈수록 지층의 연령은 감소한다. ④ 이 지역에서 관입암은 가장 나중에 형성되었으므로 관입암의 연령이 가장 적다. X에서 Y 방향으로 가다보면 연한 회색 지층의 연령이 점차 감소한다. 그러다 관입암을 지나면 연령이 불연속적으로 감소하며, 점 무늬 지층에서 다시 연령이 불연속적으로 증가하고 점무늬 지층 내에서는 연령이 점차 감소한다. 단층선을 경계로 다시 연한 회색 지층이 나타나므로 연령이 불연속적으로 증가하는데, 이때 연한 회색 지층 내에서 단층선과 X – Y선이 만나는 점의 위치가 X 지점보다 더 연령이 높은(지층 내에서 더 하부) 곳이다. 단층선에서부터 Y까지는 지층의 연령이 연속적으로 증가한다.

문제풀이 Tip

같은 깊이일 때 향사 구조에서 지층의 연령은 향사 축으로 갈수록 적어지고, 관입암의 경계나 단층면을 지날 때 지층의 연령은 불연속적으로 변한다는 것에 유의해야 한다. 같은 깊이일 때 역단층일 경우 상반이 하반보다 연령이 많고, 정단층일 경우 상반이 하반보다 연령이 적다는 것을 알아 두자.

12 지질 단면도 해석

출제 의도 지질 단면도에 나타난 지질 구조의 형성 과정과 순서를 파악하고 지층의 연직 연령 분포를 결정하는 문항이다.

그림은 어느 지역의 지질 단면을 나타낸 것이다.

생성 순서: 1 → 2 → 3 → 4 → 5 → 습곡 → 부정합 → 6 → 역단층

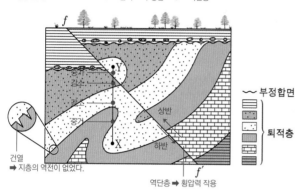

- 부정합면
- 퇴적층
- 건열 ➡ 지층의 역전이 없었다.
- 상반 / 하반
- 역단층 ➡ 횡압력 작용

이 자료에 대한 설명으로 옳은 것만을 〈보기〉에서 있는 대로 고른 것은? [3점]

┌─ 보기 ─────────────────────────┐
ㄱ. 단층 f–f'은 장력에 의해 형성되었다.
　　　　　　　　횡압력
ㄴ. 습곡과 단층의 형성 시기 사이에 부정합면이 형성되었다.
ㄷ. X → Y를 따라 각 지층 경계를 통과할 때의 지층 연령의 증감은 '증가 → 감소 → 감소 → 증가'이다.
└──────────────────────────────┘

① ㄱ　②ㄴ　③ㄷ　④ㄱ, ㄴ　⑤ㄴ, ㄷ

✔ 자료 해석

- 이 지역 지층은 퇴적층(■ → ▦ → ■ → ⬚ → ▨) → 습곡 → 부정합 → 퇴적층(▬) → 단층 순으로 생성되었다.
- 습곡된 지층에서 건열이 관찰되며, 건열의 모습으로 보아 지층은 역전되지 않았다.
- 단층은 상반이 하반에 대해 상대적으로 위로 올라갔으므로 횡압력에 의해 형성된 역단층이다.
- 습곡과 역단층을 포함한 지층을 연직 위로 통과할 때는 지층의 연령이 역전된 곳이 나타난다.

○ 보기 풀이　ㄴ. 이 지역에서 관찰되는 지질 구조는 습곡, 단층, 부정합이다. 습곡과 부정합은 단층에 의해 절단되었으므로, 이들의 생성 순서는 습곡 → 부정합 → 단층이다.

ㄷ. X → Y로 이동할 때, 각 지층 경계를 통과할 때의 지층 연령의 증감은 증가 → 감소 → 감소했다가, 단층면에서 증가이다.

✕ 매력적 오답　ㄱ. 단층 f–f'은 상반이 하반에 대해 상대적으로 위로 올라간 역단층이므로 횡압력에 의해 형성되었다.

문제풀이 Tip

연직 또는 수평의 지층 연령 분포를 해석하는 문항이 자주 출제된다. 습곡, 단층, 부정합, 관입과 같은 지질 구조가 포함되는 경우 경계면에서 지층의 연령이 불연속적으로 나타난다는 것에 유의해야 한다.

Part II

수능 평가원

13 절대 연령

출제 의도 방사성 동위 원소의 붕괴 곡선 자료를 해석하여 반감기를 파악하고, 지질 시대에 따른 방사성 동위 원소의 양을 비교하는 문항이다.

그림은 방사성 동위 원소 X의 붕괴 곡선의 일부를 나타낸 것이다. 화성암에 포함된 X의 자원소 Y는 모두 X가 붕괴하여 생성되었다.

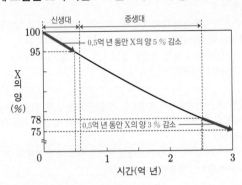

이 자료에 대한 설명으로 옳은 것만을 〈보기〉에서 있는 대로 고른 것은? (단, 모든 화성암에는 X가 포함되어 있으며, X의 양(%)은 화성암 생성 당시 X의 함량에 대한 남아 있는 X의 함량의 비율이고, Y의 양(%)은 붕괴한 X의 양과 같다.) [3점]

보기
ㄱ. 현재의 X의 양이 95 %인 화성암은 속씨식물이 존재하던 시기에 생성되었다.
ㄴ. X의 반감기는 6억 년보다 길다.
ㄷ. 중생대에 생성된 모든 화성암에서는 현재의 $\dfrac{X의\ 양(\%)}{Y의\ 양(\%)}$ 이 4보다 크다. 모든 화성암에서 4보다 큰 것은 아니다.

① ㄱ ② ㄷ ③ ㄱ, ㄴ ④ ㄴ, ㄷ ⑤ ㄱ, ㄴ, ㄷ

✓ 자료 해석
• X의 양이 100 % → 95 %로 감소하는 데 걸린 시간은 0.5억 년, 78 % → 75 %로 감소하는 데 걸린 시간은 0.5억 년, 100 % → 75 %로 감소하는 데 걸린 시간은 3억 년이다. 반감기는 방사성 동위 원소 X의 양이 절반(50 %)으로 감소하는 데 걸리는 시간이다.
• 속씨식물은 중생대 백악기에 출현하여 신생대에 번성하였다.
• 중생대는 약 2.52억 년 전~0.66억 년 전까지의 기간이다.

○ 보기 풀이 ㄱ. 현재의 X의 양이 95 %인 화성암은 절대 연령이 0.5억 년이다. 속씨식물은 중생대 백악기에 출현하여 신생대에 번성하였으므로 X의 양이 95 %인 화성암은 속씨식물이 존재하던 시기에 생성되었다.

ㄴ. 방사성 동위 원소 X의 양이 100 % → 95 %로 감소하는 데 걸린 시간이 0.5억 년인데, 78 % → 75 %로 감소하는 데 걸린 시간이 0.5억 년이다. 즉, 같은 시간 동안 방사성 동위 원소 X가 감소하는 양은 시간이 지날수록 줄어드는 것을 알 수 있다. 마찬가지로 방사성 동위 원소 X의 양이 100 % → 75 %로 감소하는 데 걸린 시간은 3억 년이므로, 75 % → 50 %로 감소하는 데 걸린 시간은 3억 년보다 길다. 따라서 X의 반감기는 6억 년보다 길다.

✗ 매력적 오답 ㄷ. 중생대는 약 2.52억 년 전~0.66억 년 전까지 지속되었다. 2.5억 년일 때 X의 양이 78 %, Y의 양은 22 %이므로 이 시기에 생성된 화성암에서는 현재의 $\dfrac{X의\ 양(\%)}{Y의\ 양(\%)} = \dfrac{78}{22} < 4$이다. 따라서 중생대에 생성된 모든 화성암에서 현재의 $\dfrac{X의\ 양(\%)}{Y의\ 양(\%)}$ 이 4보다 큰 것은 아니다.

문제풀이 Tip
방사성 동위 원소의 반감기를 T라고 할 때, 방사성 동위 원소의 함량이 처음 양의 75 %인 화성암의 절대 연령은 $0.5T$보다 적다는 것을 알아야 한다. 즉, 방사성 동위 원소가 동일한 양만큼 감소하는 데 걸리는 시간은 시간이 지날수록 길어진다는 것에 유의해야 한다.

14 지질 구조와 암석의 절대 연령

2023학년도 수능 19번 | 정답 ⑤ | 문제편 122 p

출제 의도 포획암과 기저 역암을 구분하여 암석의 생성 순서를 결정하고, 표준 화석과 암석의 생성 시기를 통해 암석 속에 포함된 방사성 원소를 파악하며, 방사성 원소의 붕괴 원리를 이해하는 문항이다.

그림 (가)와 (나)는 어느 두 지역의 지질 단면을, (다)는 시간에 따른 방사성 원소 X와 Y의 붕괴 곡선을 나타낸 것이다. 화강암 A와 B에는 한 종류의 방사성 원소만 존재하고, X와 Y 중 서로 다른 한 종류만 포함한다. 현재 A와 B에 포함된 방사성 원소의 함량은 각각 처음 양의 25 %, 12.5 % 중 서로 다른 하나이다. 두 지역의 셰일에서는 삼엽충 화석이 산출된다.

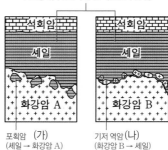
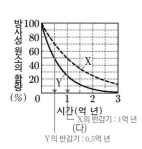

이 자료에 대한 설명으로 옳은 것만을 〈보기〉에서 있는 대로 고른 것은? [3점]

─〈보기〉─
ㄱ. (가)에서는 관입이 나타난다.

ㄴ. B에 포함되어 있는 방사성 원소는 X이다.

ㄷ. 현재의 함량으로부터 1억 년 후 $\dfrac{\text{A에 포함된 방사성 원소 함량}}{\text{B에 포함된 방사성 원소 함량}}$ 은 1이다.

① ㄱ　② ㄷ　③ ㄱ, ㄴ　④ ㄴ, ㄷ　⑤ ㄱ, ㄴ, ㄷ

✔ 자료 해석

- **(가)** : 화강암 A에 셰일 조각이 포획되어 있으므로 화강암 A는 관입암이다. 따라서 셰일이 화강암 A보다 먼저 생성되었다. 셰일에서는 고생대의 표준 화석인 삼엽충 화석이 산출되었으므로 화강암 A는 약 5.41억 년 전 이후에 생성된 것이다.
- **(나)** : 셰일에 화강암 B의 조각이 포함되어 있으므로 화강암 B의 조각은 기저 역암이다. 따라서 셰일이 화강암 B보다 나중에 생성되었다. 셰일에서는 고생대의 표준 화석인 삼엽충 화석이 산출되었으므로 화강암 B는 약 2.52억 년 전보다 이전에 생성된 것이다.
- **(다)** : X의 반감기는 1억 년이고, Y의 반감기는 0.5억 년이다.
- A와 B에 포함된 방사성 원소의 함량이 각각 처음 양의 25 %(반감기 2회), 12.5 %(반감기 3회) 중 하나이므로, 4개의 경우의 수를 따져보면 다음과 같다.
  - A에 X(25 %), B에 Y(12.5 %)가 포함된 경우 : A의 나이는 2억 년, B의 나이는 1.5억 년이므로 적합하지 않다.
  - A에 X(12.5 %), B에 Y(25 %)가 포함된 경우 : A의 나이는 3억 년, B의 나이는 1억 년이므로 적합하지 않다.
  - A에 Y(25 %), B에 X(12.5 %)가 포함된 경우 : A의 나이는 1억 년, B의 나이는 3억 년이므로 적합하다.
  - A에 Y(12.5 %), B에 X(25 %)가 포함된 경우 : A의 나이는 1.5억 년, B의 나이는 2억 년이므로 적합하지 않다.

○ 보기 풀이 ㄱ. (가)에서는 화강암 A에 셰일 조각이 포획암으로 나타나고, (나)에서는 셰일에 화강암 B의 조각이 기저 역암으로 나타난다. 따라서 (가)에서는 화강암 A가 관입하였고, (나)에서는 화강암 B 위에 부정합(난정합)이 형성되었다.

ㄴ. 셰일에서 삼엽충 화석이 산출되므로 셰일은 고생대(약 5.41억 년 전~약 2.52억 년 전)에 형성되었으며 화강암 B는 셰일보다 먼저 형성되었으므로, B의 절대 연령은 약 2.52억 년보다 많다. X의 반감기는 1억 년, Y의 반감기는 0.5억 년이므로, B의 절대 연령이 2.52억 년보다 많으려면 A에 Y가 처음 양의 25 %, B에 X가 처음 양의 12.5 %가 포함되어 있어야 한다. 따라서 B에 포함되어 있는 방사성 원소는 X이다.

ㄷ. 현재 A에 Y가 처음 양의 25 %, B에 X가 처음 양의 12.5 %가 포함되어 있으므로, 1억 년 후에는 Y는 반감기가 2회 더 지나 처음 양의 6.25 % 남아 있고, X는 반감기가 1회 더 지나 처음 양의 6.25 % 남아 있게 된다. 따라서 현재의 함량으로부터 $\dfrac{\text{A에 포함된 방사성 원소 함량}}{\text{B에 포함된 방사성 원소 함량}}$ 은 1이다.

문제풀이 Tip

모의고사나 수능처럼 제한된 시간에 이 문항과 같이 여러 경우의 수를 다 따져 보아야 하는 경우나 계산이 복잡한 경우 시간에 쫓겨 포기하는 경우가 있다. 이럴 때에는 보기에 제시되어 있는 경우나 답이 옳은지 옳지 않은지를 역으로 확인해 보는 것도 한 방법이 될 수 있으니 절대 포기하지 말자.

15 지질 시대의 환경과 생물

출제 의도 지속 기간에 따라 지질 시대를 구분하고, 각 지질 시대의 생물과 대륙 분포를 파악하는 문항이다.

그림 (가)는 40억 년 전부터 현재까지의 지질 시대를 구성하는 A, B, C의 지속 기간을 비율로 나타낸 것이고, (나)는 초대륙 로디니아의 모습을 나타낸 것이다. A, B, C는 각각 시생 누대, 원생 누대, 현생 누대 중 하나이다.

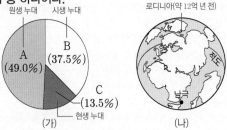

(가) 　　　　　 (나)

이 자료에 대한 설명으로 옳은 것만을 〈보기〉에서 있는 대로 고른 것은?

┌─ 보기 ─────────────────────────┐
ㄱ. A는 원생 누대이다.

ㄴ. (나)는 A에 나타난 대륙 분포이다.

ㄷ. 다세포 동물은 B에 출현했다.
　　　　　　　　　A
└──────────────────────────────┘

① ㄱ　　② ㄴ　　③ ㄷ　　④ ㄱ, ㄴ　　⑤ ㄴ, ㄷ

✔ 자료 해석

- A : 지질 시대 중 가장 긴 기간을 차지하는 원생 누대로, 약 25억 년 전~약 5.41억 년 전까지의 기간이다.
- B : 지질 시대 중 가장 오래 전인 시생 누대로, 약 40억 년 전~약 25억 년 전까지의 기간이다.
- C : 지질 시대 중 가장 최근인 현생 누대로, 약 5.41억 년 전~현재까지의 기간이며, 고생대, 중생대, 신생대로 구분한다.

○ 보기 풀이 ㄱ. 지질 시대 중 가장 긴 A는 원생 누대, 두 번째로 긴 B는 시생 누대이고, 가장 짧은 C는 현생 누대이다.

ㄴ. (나)는 약 12억 년 전에 형성된 초대륙 로디니아의 모습을 나타낸 것이므로, 원생 누대(A)에 나타난 대륙 분포이다.

✕ 매력적 오답 ㄷ. 최초의 다세포 동물은 원생 누대(A) 말기에 출현하였다.

문제풀이 Tip

지질 시대를 대 수준으로 구분할 때는 현재로 올수록 기간이 짧아지지만, 누대로 구분할 때는 가장 오래 전 시기인 시생 누대가 원생 누대보다 짧다는 것에 유의해야 한다. 지질 시대 중 가장 긴 시기는 원생 누대라는 것을 꼭 알아 두자.

---

16 생물 대멸종

출제 의도 생물 과의 멸종 비율 자료를 해석하여 지질 시대의 환경과 생물 대멸종 시기를 파악하는 문항이다.

그림은 현생 누대 동안 생물 과의 멸종 비율과 대멸종이 일어난 시기 A, B, C를 나타낸 것이다.

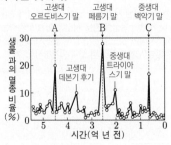

이에 대한 설명으로 옳은 것만을 〈보기〉에서 있는 대로 고른 것은?

┌─ 보기 ─────────────────────────┐
ㄱ. 생물 과의 멸종 비율은 A가 B보다 높다.
　　　　　　　　　　　　　B가 A보다
ㄴ. A와 B 사이에 최초의 양서류가 출현하였다.

ㄷ. B와 C 사이에 히말라야산맥이 형성되었다.
　　　C 이후에
└──────────────────────────────┘

① ㄱ　　② ㄴ　　③ ㄷ　　④ ㄱ, ㄷ　　⑤ ㄴ, ㄷ

✔ 자료 해석

- A 시기는 고생대 오르도비스기 말, B 시기는 고생대 페름기 말, C 시기는 중생대 백악기 말이다.
- 최초의 양서류는 데본기에 출현하였다.
- 히말라야산맥은 신생대에 형성되었다.

○ 보기 풀이 ㄴ. A는 고생대 오르도비스기 말, B는 고생대 페름기 말이고, 최초의 양서류는 데본기에 출현하였다. 따라서 최초의 양서류는 A와 B 사이에 출현하였다.

✕ 매력적 오답 ㄱ. 생물 과의 멸종 비율은 B에서 가장 높게 나타난다.

ㄷ. 중생대 초에 판게아가 분리되었고, 이후 인도 대륙이 북상하여 약 3천만 년 전 신생대에 유라시아 대륙과 충돌하여 히말라야산맥이 형성되었다. 따라서 히말라야산맥은 C 이후에 형성되었다.

문제풀이 Tip

양서류가 데본기에 출현하였다는 것, 히말라야산맥이 신생대에 형성되었다는 것은 기본적으로 암기되어야 할 사항이다. 지질 시대에 일어났던 대표적인 사건, 생물계의 출현과 번성, 멸종 시기는 반드시 외워 두자.

17 절대 연령

출제 의도 암석 속에 포함된 방사성 원소와 자원소의 함량을 파악하여 절대 연령을 구하고, 단층의 형성 시기를 파악하는 문항이다.

그림 (가)는 어느 지역의 지질 단면을, (나)는 시간에 따른 방사성 원소 X와 Y의 $\dfrac{\text{자원소 함량}}{\text{방사성 원소 함량}}$을 나타낸 것이다. 화성암 A와 B에는 X와 Y 중 서로 다른 한 종류만 포함하고, 현재 A와 B에 포함된 방사성 원소의 함량은 각각 처음 양의 50 %와 25 % 중 서로 다른 하나이다.

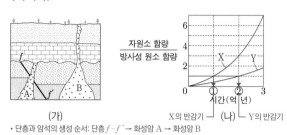

(가)
• 단층과 암석의 생성 순서: 단층 f-f′ → 화성암 A → 화성암 B

X의 반감기 (나) Y의 반감기

이에 대한 설명으로 옳은 것만을 〈보기〉에서 있는 대로 고른 것은? [3점]

보기

ㄱ. 반감기는 X가 Y의 $\dfrac{1}{2}$배이다.

ㄴ. A에 포함되어 있는 방사성 원소는 Y이다.

ㄷ. (가)에서 단층 f-f′은 중생대에 형성되었다.
   중생대에 형성되지 않았다.

① ㄱ   ② ㄷ   ③ ㄱ, ㄴ   ④ ㄴ, ㄷ   ⑤ ㄱ, ㄴ, ㄷ

✓ 자료 해석

• (가)에서 화성암 A는 단층 f-f′을 절단하였으므로 단층 f-f′은 화성암 A보다 먼저 형성되었다. 또한 화성암 B는 모든 지층을 뚫고 분출하였으므로 가장 나중에 형성되었다.

• (나)에서 $\dfrac{\text{자원소 함량}}{\text{방사성 원소 함량}}$이 1일 때가 반감기이므로, X의 반감기는 1억 년이고, Y의 반감기는 2억 년이다.

○ 보기 풀이 ㄱ. 암석이 생성된 이후 반감기 1회를 거치면 방사성 원소와 자원소의 비율은 1 : 1이므로, (나)에서 $\dfrac{\text{자원소 함량}}{\text{방사성 원소의 함량}}$이 1이 되는 시간이 반감기이다. 따라서 X의 반감기는 1억 년, Y의 반감기는 2억 년으로, X가 Y의 $\dfrac{1}{2}$배이다.

ㄴ. 방사성 원소가 처음 양의 50 %, 25 %가 남아 있다는 것은 암석 생성 이후 방사성 원소의 반감기가 각각 1회와 2회 지났음을 의미한다. A와 B가 각각 X와 Y 중 어느 것을 포함하는지 알 수 없고, A와 B에 포함된 방사성 원소가 각각 처음 양의 50 %와 25 % 중 얼마만큼 남아 있는지도 알 수 없으므로, 다음과 같이 4가지의 경우를 생각해 볼 수 있다.

[A에 X, B에 Y가 포함되어 있는 경우]

경우의 수	화성암(방사성 원소, 반감기)	방사성 원소의 함량(%)	절대 연령(억 년)
Ⅰ	A(X, 1억 년)	50	1
	B(Y, 2억 년)	25	4
Ⅱ	A(X, 1억 년)	25	2
	B(Y, 2억 년)	50	2

[A에 Y, B에 X가 포함되어 있는 경우]

경우의 수	화성암(방사성 원소, 반감기)	방사성 원소의 함량(%)	절대 연령(억 년)
Ⅲ	A(Y, 2억 년)	50	2
	B(X, 1억 년)	25	2
Ⅳ	A(Y, 2억 년)	25	4
	B(X, 1억 년)	50	1

(가)에서 A가 B보다 먼저 형성되었으므로, 절대 연령은 A가 B보다 많다. 따라서 위의 Ⅰ~Ⅳ의 경우 중 Ⅳ의 경우가 가장 적합하다. 즉, A에 포함되어 있는 방사성 원소는 Y이다.

✕ 매력적 오답 ㄷ. 단층 f-f′은 A가 관입하기 전에 생성되었고, A의 절대 연령은 4억 년이므로, 단층 f-f′은 고생대 또는 고생대 이전에 형성되었다.

문제풀이 Tip

하나의 암석에 두 개의 방사성 원소가 포함되어 있고 반감기 횟수를 모를 때 두 방사성 원소의 비를 통해 경우의 수를 따져 반감기 횟수를 추정해야 한다. 방사성 원소는 동일한 기간 동안에는 동일한 비율로 감소한다는 것에 유의해야 한다.

Part Ⅱ 수능 평가원

18 지질 단면도 해석

출제 의도 지사학 법칙과 화석을 이용해 지질 단면도를 해석하여 지층과 암석, 지질 구조의 형성 시기를 파악하는 문항이다.

그림은 어느 지역의 지질 단면을 나타낸 것이다. 지층 A에서는 삼엽충 화석이, 지층 C와 D에서는 공룡 화석이 발견되었다.

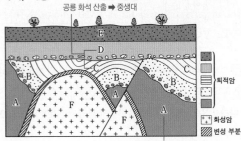

공룡 화석 산출 ➡ 중생대

	퇴적암
	화성암
	변성 부분

삼엽충 화석 산출 ➡ 고생대

• 지층의 생성 순서: A → 부정합 → B → C → 습곡 → F 관입 → 정단층 → 부정합 → D → E

이에 대한 설명으로 옳은 것만을 〈보기〉에서 있는 대로 고른 것은?

─ 보기 ─
ㄱ. F에서는 고생대 암석이 포획암으로 나타날 수 있다.
ㄴ. 단층이 형성된 시기에 암모나이트가 번성하였다.
ㄷ. 습곡은 고생대에 형성되었다.
　　　　　　중생대

① ㄱ　　② ㄷ　　③ ㄱ, ㄴ　　④ ㄴ, ㄷ　　⑤ ㄱ, ㄴ, ㄷ

✔ 자료 해석
• 지층의 생성 순서는 A → 부정합 → B → C → 습곡 → F 관입 → 정단층 → 부정합 → D → E이다.
• 지층 A는 삼엽충 화석이 발견되었으므로 고생대에 형성되었고, 지층 C와 D는 공룡 화석이 발견되었으므로 중생대에 형성되었다.
• 습곡, 화성암 F 관입, 정단층은 C와 D 사이에 형성되었으므로, 중생대에 형성되었다.

○ 보기 풀이 ㄱ. A에서는 고생대의 삼엽충 화석이 산출되고, C에서는 공룡 화석이 산출되므로, A는 고생대, C는 중생대에 형성되었다. F는 A, B, C가 형성된 이후에 관입하였으므로, F에서는 고생대 암석과 중생대 암석이 포획암으로 나타날 수 있다.

ㄴ. 단층은 C와 D 사이에 형성되었다. C와 D에서는 공룡 화석이 발견되는 것으로 보아 중생대에 형성되었으므로, 단층은 중생대에 형성되었다. 따라서 단층이 형성된 시기에는 암모나이트가 번성하였다.

✕ 매력적 오답 ㄷ. 습곡은 A, B, C에서 나타나므로 C와 D 사이에 형성되었다. 따라서 습곡은 중생대에 형성되었다.

문제풀이 **Tip**
퇴적층의 생성 시기는 표준 화석을 통해 알 수 있고, 이를 기준으로 주변 암석이나 지질 구조의 형성 시기를 파악할 수 있으므로, 각 지질 시대별 대표적인 표준 화석을 알아 두자.

---

19 절대 연령

출제 의도 방사성 동위 원소의 붕괴 원리를 이해하고, 방사성 동위 원소와 자원소의 함량 비율을 이용해 암석의 절대 연령을 파악하는 문항이다.

방사성 동위 원소 X, Y가 포함된 어느 화강암에서, 현재 X의 자원소 함량은 X 함량의 3배이고, Y의 자원소 함량은 Y 함량과 같다. 자원소는 모두 각각의 모원소가 붕괴하여 생성된다.
　X : X 자원소=1 : 3　　　　　Y : Y 자원소=1 : 1
　➡ 반감기 2회 경과　　　　　　➡ 반감기 1회 경과

이에 대한 설명으로 옳은 것만을 〈보기〉에서 있는 대로 고른 것은? [3점]

─ 보기 ─
ㄱ. 화강암의 절대 연령은 Y의 반감기와 같다.

ㄴ. 화강암 생성 당시부터 현재까지의 $\dfrac{\text{모원소 함량}}{\text{모원소 함량}+\text{자원소 함량}}$의 감소량은 X가 Y의 2배이다.
　　　　　　　　　　　　　　　　　　　　　　　1.5배

ㄷ. Y의 함량이 현재의 $\dfrac{1}{2}$이 될 때, X의 자원소 함량은 X 함량의 7배이다.
　　　　　　　　　　　　　　　　　　　　　　　15배

① ㄱ　　② ㄴ　　③ ㄱ, ㄷ　　④ ㄴ, ㄷ　　⑤ ㄱ, ㄴ, ㄷ

✔ 자료 해석
• 화강암에 포함된 X와 X의 자원소 함량 비율은 1 : 3이므로, 방사성 동위 원소 X는 반감기를 2회 거쳤다.
• 화강암에 포함된 Y와 Y의 자원소 함량 비율은 1 : 1이므로, 방사성 동위 원소 Y는 반감기를 1회 거쳤다.

○ 보기 풀이 ㄱ. X와 X의 자원소 함량 비율은 1 : 3, Y와 Y의 자원소 함량 비율은 1 : 1이므로, X는 반감기를 2회, Y는 반감기를 1회 거쳤다. 따라서 화강암의 절대 연령은 Y의 반감기와 같다.

✕ 매력적 오답 ㄴ. 화강암이 생성될 당시에는 자원소 함량이 0이었다. 그러므로 이 당시 $\dfrac{\text{모원소 함량}}{\text{모원소 함량}+\text{자원소 함량}}$은 X와 Y 모두 1이다. 현재는 $\dfrac{\text{모원소 함량}}{\text{모원소 함량}+\text{자원소 함량}}$이 X는 $\dfrac{1}{4}$, Y는 $\dfrac{1}{2}$이므로, 감소량은 X는 $\dfrac{3}{4}$, Y는 $\dfrac{1}{2}$이다. 따라서 $\dfrac{\text{모원소 함량}}{\text{모원소 함량}+\text{자원소 함량}}$의 감소량은 X가 Y의 1.5배이다.

ㄷ. Y의 함량이 현재의 $\dfrac{1}{2}$이 될 때는 Y가 현재보다 반감기를 1회 더 거친 후이다. 같은 시간 동안 X는 Y보다 반감기를 2배 더 거치므로 X는 반감기를 2회 더 거치게 된다. 따라서 X는 반감기를 총 4회 거치게 되므로 X와 X의 자원소 함량 비율은 1 : 15가 된다. 즉, X의 자원소 함량은 X 함량의 15배이다.

문제풀이 **Tip**
방사성 동위 원소는 반감기를 거칠 때마다 모원소의 양은 감소하고 자원소의 양은 증가하므로, 동일한 화강암에 여러 종류의 방사성 동위 원소가 포함되어 있을 때 방사성 동위 원소의 반감기가 길수록 반감기를 거친 횟수가 적다는 것에 유의해야 한다.

출제 의도 지질 시대에 일어난 주요 사건을 기준으로 지질 시대를 구분하고, 각 지질 시대의 특징을 파악하는 문항이다.

그림은 지질 시대에 일어난 주요 사건을 시간 순서대로 나타낸 것이다.

이에 대한 설명으로 옳은 것만을 〈보기〉에서 있는 대로 고른 것은?

┌─ 보기 ┐
ㄱ. A 기간에 최초의 척추동물이 출현하였다.
ㄴ. B 기간에 판게아가 분리되기 시작하였다.
ㄷ. B 기간의 지층에서는 양치식물 화석이 발견된다.
└─────────┘

① ㄱ ② ㄴ ③ ㄱ, ㄷ ④ ㄴ, ㄷ ⑤ ㄱ, ㄴ, ㄷ

✔ **자료 해석**

• 삼엽충은 고생대 초(캄브리아기)에 출현하였다.
• 방추충은 고생대 말(페름기)에 멸종하였다.
• 화폐석은 신생대 말에 멸종하였다.
• A는 고생대, B는 중생대~신생대이다.

○ **보기 풀이** ㄱ. A 기간은 고생대에 해당한다. 최초의 척추동물은 고생대 오르도비스기에 출현하였으므로 A 기간에 출현하였다.

ㄴ. 판게아는 고생대 말에 형성되어 중생대 초에 분리되기 시작하였다. B 기간은 중생대~신생대이므로 이 기간에 판게아가 분리되기 시작하였다.

ㄷ. 양치식물은 고생대에 출현하여 번성하였고 현재까지 서식하고 있으므로, B 기간의 지층에서는 양치식물 화석이 발견된다.

문제풀이 Tip

지질 시대의 대표적인 생물의 출현 시기와 멸종 시기, 수륙 분포 등에 대해 묻는 문항이 자주 출제되므로, 각 지질 시대별로 확실하게 학습해 두자.

출제 의도 습곡과 단층이 나타나는 지질 단면도에서 지층을 횡단하는 구간에 나타나는 지층의 연령 분포를 파악하는 문항이다.

그림은 습곡과 단층이 나타나는 어느 지역의 지질 단면도이다.

X−Y 구간에 해당하는 지층의 연령 분포로 가장 적절한 것은? [3점]

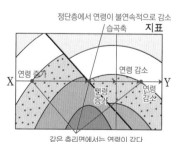

① ② ③ ④

⑤

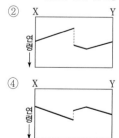

✔ **자료 해석**

• 지층이 퇴적될 때는 수평으로 퇴적되므로 지층의 연령 분포는 층리면과 나란하며, 아래로 갈수록 연령이 증가한다.
• 위로 볼록한 배사 구조에서는 습곡축을 중심으로 좌우로 갈수록 지층의 연령이 감소한다.
• 정단층에서는 상반이 하반에 대해 상대적으로 아래로 내려갔으므로 가로 단면으로 자르면 하반보다 상반의 연령이 상대적으로 적다.

○ **보기 풀이** X→Y로 이동할 때, 단층을 만나기 전까지 지층의 연령은 계속적으로 증가해야 한다. 또한 단층을 만난 뒤로는 습곡의 축을 만날 때까지 연령이 증가하다가 그 이후에는 감소해야 한다. 이를 만족하는 그림은 ⑤이다.

문제풀이 Tip

먼저 퇴적된 지층일수록 아래에 분포하며 연령이 많다. 지층의 연령 분포 그래프에서 아래로 갈수록 연령이 증가한다는 것에 유의해야 한다.

22 지질 시대의 환경과 생물

출제 의도 지질 시대 동물군의 생존 시기 자료를 해석하여 척추동물의 종류와 번성한 시기, 지질 시대의 환경을 파악하는 문항이다.

그림은 주요 동물군의 생존 시기를 나타낸 것이다. A, B, C는 어류, 파충류, 포유류를 순서 없이 나타낸 것이다.

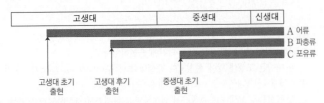

이에 대한 설명으로 옳은 것만을 〈보기〉에서 있는 대로 고른 것은?

보기

ㄱ. A는 어류이다.

ㄴ. C는 신생대에 번성하였다.

ㄷ. B가 최초로 출현한 시기와 C가 최초로 출현한 시기 사이에 히말라야산맥이 ~~형성되었다.~~ 형성되기 이전이다.

① ㄱ   ② ㄴ   ③ ㄷ   ④ ㄱ, ㄴ   ⑤ ㄴ, ㄷ

✔ **자료 해석**

- 척추동물은 어류(고생대 초기) → 양서류(고생대 중기) → 파충류(고생대 후기) → 포유류(중생대 초기) 순으로 출현하였다.
- A는 고생대 초기, B는 고생대 후기, C는 중생대 초기에 출현하였으므로 A는 어류, B는 파충류, C는 포유류이다.
- 히말라야산맥은 신생대에 인도 대륙이 유라시아 대륙과 충돌하여 형성되었다.

○ **보기 풀이** ㄱ. 어류는 고생대 오르도비스기에 출현하여 데본기(고생대 중기)에 번성하였다. 따라서 고생대 초기에 출현한 A는 어류이다. 파충류는 고생대 석탄기에 출현하여 중생대에 번성하였다. 따라서 고생대 후기에 출현한 B는 파충류이다. 포유류는 중생대 트라이아스기에 출현하여 신생대에 번성하였다. 따라서 중생대 초기에 출현한 C는 포유류이다.

ㄴ. C는 중생대 트라이아스기에 출현한 포유류이다. 포유류는 신생대에 번성하였다.

✕ **매력적 오답** ㄷ. B가 출현한 시기는 고생대이고, C가 출현한 시기는 중생대이다. 한편 히말라야산맥이 형성된 시기는 신생대이다.

문제풀이 Tip
척추동물의 출현 시기와 번성 시기를 구분하여 알아 두고, 포유류는 신생대에 번성하였지만 출현 시기는 중생대인 것에 유의해야 한다.

---

23 암석의 절대 연령

출제 의도 지층과 화성암의 연령 자료를 해석하여 상대 연령을 결정하고, 방사성 원소의 붕괴 곡선 자료를 해석하여 반감기와 절대 연령을 파악하는 문항이다.

그림 (가)는 어느 지역의 깊이에 따른 지층과 화성암의 연령을, (나)는 방사성 원소 X와 Y의 붕괴 곡선을 나타낸 것이다. 화성암 B와 D는 X와 Y 중 서로 다른 한 종류만 포함하고, 현재 B와 D에 포함된 방사성 원소의 함량은 각각 처음 양의 50 %와 25 %이다.

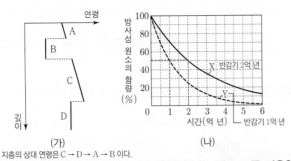

지층의 상대 연령은 C → D → A → B 이다.

이에 대한 설명으로 옳은 것만을 〈보기〉에서 있는 대로 고른 것은?   [3점]

보기

ㄱ. A층 ~~하부의 기저 역암~~에는 B의 암석 조각이 있다.
         B에 A

ㄴ. 반감기는 X가 Y의 2배이다.

ㄷ. B와 D의 연령 차는 3억 년이다.

① ㄱ   ② ㄴ   ③ ㄱ, ㄷ   ④ ㄴ, ㄷ   ⑤ ㄱ, ㄴ, ㄷ

✔ **자료 해석**

- (가)에서 지층의 상대 연령은 C → D → A → B이므로, 화성암 B는 A와 C를 관입하였고, 화성암 D는 C를 관입하였다.
- (나)에서 방사성 원소 X의 반감기는 2억 년, 방사성 원소 Y의 반감기는 1억 년이다.
- B, D에 포함된 방사성 원소의 함량이 각각 처음 양의 50 %, 25 %이므로, 반감기가 각각 1회, 2회 경과하였다.

○ **보기 풀이** ㄴ. 방사성 원소가 붕괴하여 처음 양의 절반으로 줄어드는 데 걸리는 시간을 반감기라고 한다. (나)에서 X의 반감기는 2억 년이고 Y의 반감기는 1억 년이므로, 반감기는 X가 Y의 2배이다.

ㄷ. B에 포함된 방사성 원소의 함량이 처음 양의 50 %이므로 반감기가 1회 경과하였다. 반감기가 1회 경과하였을 때 절대 연령은 X가 2억 년, Y가 1억 년이다. D에 포함된 방사성 원소의 함량이 처음 양의 25 %이므로, 반감기가 2회 경과하였다. 반감기가 2회 경과하였을 때 절대 연령은 X가 4억 년, Y가 2억 년이다. 절대 연령은 D가 B보다 많다. 만약 B에 방사성 원소 X가 들어 있고 D에 방사성 원소 Y가 들어 있다면 B와 D의 절대 연령이 모두 2억 년이 된다. 따라서 B에 들어 있는 방사성 원소는 Y이고 D에 들어 있는 방사성 원소는 X이며, 암석의 절대 연령은 B가 1억 년, D가 4억 년이므로, 두 암석의 절대 연령 차는 3억 년이다.

✕ **매력적 오답** ㄱ. (가)의 그래프에서 A의 연령이 B의 연령보다 많으므로 B는 A를 관입하였다. 따라서 관입암 B에는 A의 암석 조각이 포함될 수 있다.

문제풀이 Tip
지층과 암석의 상대 연령과 절대 연령을 파악하는 방법을 알아 두고, 기저 역암은 부정합면 위에서, 포획암은 관입한 화성암에서 나타나는 것에 유의해야 한다.

05 지구의 역사

선택지 비율 ① 8% ❷ 65% ③ 6% ④ 13% ⑤ 8%

1 생물 대멸종

2025학년도 **수능** 7번 | 정답 ② | **문제편 118p**

출제 의도 현생 누대 동안 생물 과의 멸종 비율 그래프를 통해 지질 시대를 구분하고, 생물 대멸종 시기와 지질 시대에 일어난 사건을 이해하는 문항이다.

그림은 현생 누대 동안 생물 과의 멸종 비율과 대멸종이 일어난 시기 A, B, C를 나타낸 것이다.

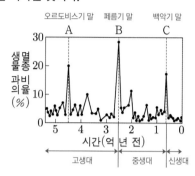

이에 대한 설명으로 옳은 것만을 〈보기〉에서 있는 대로 고른 것은?

보기
ㄱ. A에 방추충이 멸종하였다.
  B
ㄴ. B와 C 사이에 판게아가 분리되기 시작하였다.
ㄷ. C는 팔레오기와 네오기의 지질 시대 경계이다.
  백악기와 팔레오기

① ㄱ   ② ㄴ   ③ ㄷ   ④ ㄱ, ㄴ   ⑤ ㄴ, ㄷ

✓ **자료 해석**

- 현생 누대 동안 고생대 오르도비스기 말, 데본기 후기, 페름기 말, 중생대 트라이아스기 말, 백악기 말에 총 5차례의 생물 대멸종이 일어났다.
- A는 약 4.44억 년 전의 고생대 오르도비스기 말, B는 약 2.52억 년 전의 고생대 페름기 말, C는 약 0.66억 년 전의 중생대 백악기 말의 생물 대멸종 시기이다.

⃝ 보기 풀이 ㄴ. 판게아가 분리되기 시작한 시기는 중생대 트라이아스기 말이므로 중생대가 시작하는 B 시기와 중생대가 끝나는 C 시기 사이에 해당한다.

✕ 매력적 오답 ㄱ. 방추충은 고생대 말(약 2.52억 년 전)에 멸종하였으므로 B에 멸종하였다.

ㄷ. C는 약 0.66억 년 전으로 중생대 백악기와 신생대 팔레오기의 지질 시대 경계이다.

문제풀이 Tip

생물 대멸종 시기와 지질 시대의 환경과 생물에 대해 묻는 문항이 자주 출제된다. 가장 큰 규모의 생물 대멸종은 고생대 말에 일어났으며, 특히 고생대 말(페름기 말)에는 삼엽충과 방추충을 비롯한 많은 해양 생물들이 멸종하였고, 중생대 말(백악기 말)에는 공룡과 암모나이트 등이 멸종하였음을 알아 두자.

Part II

수능 평가원

2 상대 연령과 절대 연령

출제 의도 두 방사성 원소의 함량비를 통해 방사성 원소의 반감기를 구하고, 암석의 절대 연령과 지층의 생성 시기를 파악하는 문항이다.

그림 (가)는 어느 지역의 지질 단면을, (나)는 방사성 원소 X의 함량(%)에 대한 방사성 원소 Y의 함량(%)을 시간에 따라 나타낸 것이다. 화성암 A와 B는 각각 X와 Y를 모두 포함하며, 현재 A에 포함된 Y의 함량은 처음 양의 $\frac{3}{8}$ 이고, B에 포함된 X의 함량은 처음 양의 $\frac{1}{4}$ 이다. X의 반감기는 0.5억 년이다.

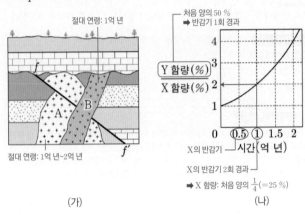

(가)

(나)

이에 대한 설명으로 옳은 것만을 〈보기〉에서 있는 대로 고른 것은? (단, X와 Y의 자원소는 모두 각각의 모원소가 붕괴하여 생성되었다.) [3점]

〈보기〉

ㄱ. 반감기는 X가 Y의 $\frac{1}{2}$ 배이다.

ㄴ. 현재로부터 2억 년 후, B에 포함된 Y의 자원소 함량은 Y 함량의 7배이다.

ㄷ. (가)에서 단층 f–f'은 중생대에 형성되었다.

① ㄱ ② ㄴ ③ ㄱ, ㄷ ④ ㄴ, ㄷ ⑤ ㄱ, ㄴ, ㄷ

✔ **자료 해석**

- (가)에서 화성암 A, B와 단층 f–f'의 형성 순서는 A→단층 f–f'→B 순이다.

- A에 포함된 Y의 함량이 처음 양의 $\frac{3}{8}$ 이므로, Y는 반감기가 1회 지나고 2회가 지나지 않았다.

- B에 포함된 X의 함량이 처음 양의 $\frac{1}{4}$ 이므로, X는 반감기가 2회 지났다. X의 반감기는 0.5억 년이므로, B의 절대 연령은 1억 년이다.

- (나)에서 1억 년일 때 $\frac{Y \ 함량}{X \ 함량}$ =2이므로, Y 함량은 X 함량의 2배이다. 즉, 1억 년일 때 X 함량은 처음 양의 $\frac{1}{4}$ 이므로, Y 함량은 처음 양의 $\frac{1}{2}$ 이다. 따라서 Y의 반감기는 1억 년이다.

○ **보기 풀이** ㄱ. 1억 년이 지났을 때 X는 반감기가 2회 지났으므로 처음 함량의 $\frac{1}{4}$ 이 된다. (나)에서 1억 년의 $\frac{Y \ 함량}{X \ 함량}$ =2이므로 이때 Y는 처음 함량의 $\frac{1}{2}$ 이 된다. 따라서 Y의 반감기는 1억 년이므로 반감기는 X가 Y의 $\frac{1}{2}$ 배이다.

ㄴ. B는 생성 후 X의 반감기가 2회 지났으므로 절대 연령이 1억 년이다. 현재로부터 2억 년이 더 지나면 B의 절대 연령은 3억 년이 되고, 이는 Y의 반감기가 3회 지난 것과 같다. 따라서 이때 Y 함량은 처음 양의 $\frac{1}{8}$ 이고 Y의 자원소 함량은 Y 처음 함량의 $\frac{7}{8}$ 이다. 따라서 현재로부터 2억 년 후, B에 포함된 Y의 자원소 함량은 Y 함량의 7배이다.

ㄷ. A에 포함된 Y의 함량이 처음 양의 $\frac{3}{8}$ 이므로 A는 Y의 반감기가 1회 초과 2회 미만으로 지난 것이다. 따라서 A의 절대 연령은 1억 년과 2억 년 사이이고, B의 절대 연령은 1억 년이므로 단층 f–f'은 중생대에 형성되었다.

문제풀이 Tip
방사성 원소의 반감기를 이용하여 암석의 절대 연령을 파악하는 문항은 지질 단면 해석, 상대 연령 결정과 관련하여 자주 출제된다. 방사성 원소가 붕괴하여 자원소로 변할 때, 생성된 자원소의 양은 붕괴한 모원소의 양과 같다는 것에 유의해야 한다.

24 지질 시대의 환경과 생물

출제 의도 지질 시대의 특징을 나타낸 자료를 보고 각각에 해당하는 지질 시대를 결정하고 번성한 생물을 파악하는 문항이다.

다음은 지질 시대의 특징에 대하여 학생 A, B, C가 나눈 대화를 나타낸 것이다. (가), (나), (다)는 각각 고생대, 중생대, 신생대 중 하나이다.

지질 시대	특징
중생대	(가)	• 판게아가 분리되기 시작하였다. • 파충류가 번성하였다.
신생대	(나)	• 히말라야 산맥이 형성되었다. • 속씨식물이 번성하였다.
고생대	(다)	• 육상에 식물이 출현하였다. • 삼엽충이 번성하였다.

(가)의 지층에서는 공룡 화석이 발견될 수 있어.
중생대에 번성
학생 A

(나)는 고생대야.
학생 B

(다)에는 매머드가 번성하였어.
신생대에 번성
학생 C

제시한 내용이 옳은 학생만을 있는 대로 고른 것은?

① A　② B　③ C　④ A, B　⑤ A, C

✔ 자료 해석

• (가)는 판게아가 분리되기 시작하였으며, 파충류가 번성하였으므로 중생대이다.
• (나)는 히말라야산맥이 형성되었으며, 속씨식물이 번성하였으므로 신생대이다.
• (다)는 육상에 식물이 출현하였으며, 삼엽충이 번성하였으므로 고생대이다.

⭕ 보기 풀이
학생 A. 중생대에 바다에서는 암모나이트가 번성하였고, 육지에서는 공룡이 번성하였다. (가)는 파충류가 번성한 중생대이므로, (가)의 지층에서는 공룡 화석이 발견될 수 있다.

❌ 매력적 오답
학생 B. 신생대에는 인도 대륙과 아프리카 대륙이 유라시아 대륙과 충돌하여 히말라야산맥과 알프스산맥이 형성되었고, 속씨식물, 화폐석, 매머드 등이 번성하였다. 따라서 (나)는 신생대이다.
학생 C. 고생대 실루리아기에는 해안의 낮은 습지에서 최초의 육상 식물이 출현하였다. (다)는 육상 식물이 출현하고 삼엽충이 번성한 고생대이다. 한편 매머드는 신생대 제4기에 번성하였다.

문제풀이 Tip
지질 시대의 환경과 생물에 대해 묻는 문항이 자주 출제되므로 지질 시대별로 비교해서 알아 두고, 로키산맥과 안데스산맥은 중생대에, 히말라야산맥과 알프스산맥은 신생대에 형성된 것에 유의해야 한다.

25 지질 단면 해석과 절대 연령

출제 의도 지질 단면도를 해석하여 암석과 지질 구조의 상대 연령을 결정하고, 방사성 원소의 붕괴 곡선을 이용하여 암석의 절대 연령을 구하는 문항이다.

그림 (가)는 어느 지역의 지질 단면도로, A~E는 퇴적암, F와 G는 화성암, f-f'은 단층이다. 그림 (나)는 F와 G에 포함된 방사성 원소 X의 함량을 붕괴 곡선에 나타낸 것이다. X의 반감기는 1억 년이다.

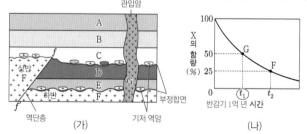

관입암 / A / B / C / 상반 / F / D / G / E / 하반 / F / f' / f / 역단층 / (가) / 부정합면 / 기저 역암

(나) X의 함량(%) 100 / 50 / G / 25 / F / 0 / t_1 / t_2 / 반감기 1억 년 시간

이에 대한 설명으로 옳은 것만을 〈보기〉에서 있는 대로 고른 것은? [3점]

보기
ㄱ. A는 고생대에 퇴적되었다.
　　중생대
ㄴ. D가 퇴적된 이후 f-f'이 형성되었다.
ㄷ. 단층 상반에 위치한 F는 최소 2회 육상에 노출되었다.

① ㄴ　② ㄷ　③ ㄱ, ㄴ　④ ㄴ, ㄷ　⑤ ㄱ, ㄴ, ㄷ

✔ 자료 해석

• (가)에서 지층과 암석의 생성 순서는 F → 부정합 → E → D → 단층 f-f' → 부정합 → C → B → A → G 순이다.
• X의 반감기는 1억 년이므로, (나)에서 G와 F의 절대 연령은 각각 t_1 (1억 년), t_2(2억 년)이다.

⭕ 보기 풀이
ㄴ. D는 단층 f-f'에 의해 어긋나 있으므로, D가 퇴적된 이후에 단층 f-f'이 형성되었다.
ㄷ. 단층이 형성되기 전 F와 E 사이에 F가 침식을 받아 형성된 기저 역암이 존재하므로 육상에 노출된 적이 있었고, 단층 형성 이후 C와 D 사이에 F 등이 침식을 받아 형성된 기저 역암이 존재하므로 육상에 노출된 적이 있었다. 따라서 단층 상반에 위치한 F는 최소 2회 육상에 노출되었다.

❌ 매력적 오답
ㄱ. 방사성 원소 X의 반감기는 1억 년이다. G, F는 X의 함량이 각각 50 %, 25 %이므로 반감기를 1회, 2회 거쳤고 절대 연령은 1억 년, 2억 년이다. 따라서 A는 2억 년 전~1억 년 전 사이에 퇴적되었으므로 중생대에 퇴적되었다.

문제풀이 Tip
부정합은 퇴적 → 융기 → 풍화·침식 → 침강 → 퇴적 과정을 거쳐 형성되므로, 1개의 부정합면이 나타나는 지역이 해수면 위로 노출되어 있을 경우에는 부정합이 형성된 후 지층이 해수면 위로 융기하는 과정을 포함하여 과거에 적어도 2회의 융기와 1회의 침강이 있었다고 해석하는 것에 유의해야 한다.

26 지질 시대의 환경과 생물

출제 의도 지질 시대를 구분하고, 지구 역사의 주요 사건이 일어난 지질 시대를 파악하는 문항이다.

그림은 40억 년 전부터 현재까지의 지질 시대를 3개의 누대로 나타낸 것이다.

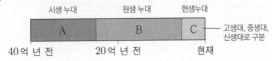

이에 대한 설명으로 옳은 것만을 〈보기〉에서 있는 대로 고른 것은? [3점]

보기

ㄱ. 대기 중 산소의 농도는 ~~A 시기가 B 시기~~ B 시기가 A 시기보다 높았다.

ㄴ. 다세포 동물은 B 시기에 출현했다.

ㄷ. 가장 큰 규모의 대멸종은 C 시기에 발생했다.

① ㄱ ② ㄷ ③ ㄱ, ㄴ ④ ㄴ, ㄷ ⑤ ㄱ, ㄴ, ㄷ

✓ 자료 해석

• 약 40억 년 전~약 25억 년 전까지는 시생 누대, 약 25억 년 전~약 5억 4천 1백만 년 전까지는 원생 누대이고, 이 두 시기를 합쳐 선캄브리아 시대라고 한다. 시생 누대에는 대기 중에 산소가 거의 없었고, 원핵 생물인 사이아노박테리아가 출현하였다. 원생 누대에는 대기 중에 산소의 양이 점차 증가하였으며, 후기에 최초의 다세포 동물이 출현하였다.

• 약 5억 4천 1백만 년 전부터 현재까지의 시기는 현생 누대로, 고생대, 중생대, 신생대로 구분한다.

○ 보기 풀이 A는 시생 누대, B는 원생 누대, C는 현생 누대이다.

ㄴ. 다세포 동물은 원생 누대에 출현하였다.

ㄷ. 가장 큰 규모의 대멸종은 고생대 페름기 말에 일어났다. 선캄브리아 시대(A와 B)는 화석 기록이 거의 없기 때문에 대멸종을 조사하기 힘들다.

✕ 매력적 오답 ㄱ. 약 26억 년 전, 광합성을 하는 생명체의 출현으로 산소가 공급되기 시작하였으므로 A 시기보다 B 시기에 대기 중 산소 농도가 높았다.

문제풀이 Tip

지질 시대는 누대, 대, 기, 세로 구분하는데, 일반적으로 선캄브리아 시대, 고생대, 중생대, 신생대로만 구분해서 학습한 경우 이 문항을 접하는 순간 당황할 수 있다. 지질 시대를 누대로 구분하면 시생 누대, 원생 누대, 현생 누대로 크게 3개의 시대로 구분할 수 있다는 것에 유의해야 한다.

---

27 암석의 절대 연령

출제 의도 지사학의 법칙을 이용하여 암석의 생성 순서를 결정하고, 방사성 원소의 붕괴 곡선으로부터 알아낸 반감기를 이용하여 화강암의 절대 연령을 구해 암석의 생성 시기를 파악하는 문항이다.

그림 (가)는 어느 지역의 지표에 나타난 화강암 A, B와 셰일 C의 분포를, (나)는 화강암 A, B에 포함된 방사성 원소의 붕괴 곡선 X, Y를 순서 없이 나타낸 것이다. A는 B를 관입하고 있고, B와 C는 부정합으로 접하고 있다. A, B에 포함된 방사성 원소의 양은 각각 처음 양의 20 %와 50 %이다.

관입의 법칙 적용: B ➡ A
부정합의 법칙 적용: B ➡ C

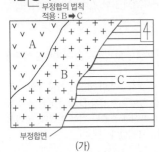
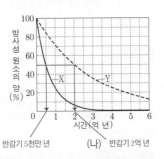

(가) 부정합면
(나) 반감기 5천만 년 반감기 2억 년

A, B, C에 대한 설명으로 옳은 것만을 〈보기〉에서 있는 대로 고른 것은? [3점]

보기

ㄱ. A에 포함된 방사성 원소의 붕괴 곡선은 X이다.

ㄴ. 가장 오래된 암석은 B이다.

ㄷ. C는 고생대 암석이다. 중생대 이후

① ㄱ ② ㄷ ③ ㄱ, ㄴ ④ ㄴ, ㄷ ⑤ ㄱ, ㄴ, ㄷ

✓ 자료 해석

• 약 A는 B를 관입하였으므로 관입의 법칙을 적용하면 A가 B보다 나중에 생성되었다.

• B와 C는 부정합 관계이므로 부정합의 법칙을 적용하면 B는 C보다 먼저 생성되었고, 이 부정합은 난정합이다.

• 화강암 A에는 방사성 원소가 처음 양의 20 % 남아 있으므로 반감기를 2회보다 조금 더 지났고, 화강암 B에는 방사성 원소가 처음 양의 50 % 남아 있으므로 반감기를 1회 지났다.

• (나)에서 방사성 원소 X의 반감기는 5천만 년이고, 방사성 원소 Y의 반감기는 2억 년이다.

○ 보기 풀이 ㄱ. X의 반감기는 0.5억 년이고, Y의 반감기는 2억 년이다. A는 반감기가 2회보다 조금 더 지났고, B는 반감기가 1회 지났다. (나)에서 A에 포함된 방사성 원소가 X이고, B에 포함된 방사성 원소가 Y라면, A의 절대 연령은 약 1.2억 년, B의 절대 연령은 2억 년이다. A에 포함된 방사성 원소가 Y이고, B에 포함된 방사성 원소가 X라면, A의 절대 연령은 약 4.7억 년이고, B의 절대 연령은 5천만 년이다. A는 B를 관입했으므로 A가 B보다 나중에 생성된 것이다. 따라서 A에 포함된 방사성 원소의 붕괴 곡선은 X이다.

ㄴ. B가 심성암인 화강암이고, B와 C가 부정합 관계(난정합)인 것으로 보아 C는 B보다 나중에 생성된 암석이다. A는 B를 관입했으므로, 가장 오래된 암석은 B이다.

✕ 매력적 오답 ㄷ. C는 절대 연령이 2억 년인 B보다 나중에 생성되었으므로 고생대의 암석이 아니다.

문제풀이 Tip

화성암의 절대 연령은 방사성 동위 원소의 반감기를 이용하여 구할 수 있지만, 퇴적암은 절대 연령을 구할 수 없으므로 주변에 분포한 화성암이나 변성암으로부터 구한 절대 연령에서 생성 연대를 유추해야 한다는 것에 유의해야 한다.

28 지질 시대의 생물과 생물 대멸종

출제의도 지질 시대의 동물 과의 수 자료를 해석하여 지질 시대를 구분하고, 각 지질 시대에 출현하거나 멸종한 동물을 파악하는 문항이다.

그림은 현생 누대 동안 동물 과의 수를 현재 동물 과의 수에 대한 비로 나타낸 것이다.

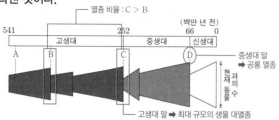

이에 대한 설명으로 옳은 것만을 〈보기〉에서 있는 대로 고른 것은?

[3점]

보기
ㄱ. A 시기에 육상 동물이 출현하였다. 출현하지 않았다.
ㄴ. 동물 과의 멸종 비율은 B 시기가 C 시기보다 크다. 작다.
ㄷ. D 시기에 공룡이 멸종하였다.

① ㄱ　　② ㄴ　　③ ㄷ　　④ ㄱ, ㄴ　　⑤ ㄱ, ㄷ

✔ 자료 해석
· A~D 중 B, C, D 시기에 생물 대멸종이 있었다.
· A 시기는 고생대 캄브리아기이다.
· B 시기와 C 시기 직전의 동물 과의 수는 비슷하지만, 직후의 동물 과의 수는 B 시기보다 C 시기가 적다.
· D 시기는 중생대 백악기 말이다.

○ 보기 풀이 ㄷ. 고생대 오르도비스기 말(B), 데본기 후기, 페름기 말(C), 중생대 트라이아스기 말, 백악기 말(D)에 생물 대멸종이 있었다. D 시기는 중생대 백악기 말로, 이 시기에 공룡이 멸종하였다.

✗ 매력적 오답 ㄱ. A는 고생대 캄브리아기로, 다양한 생물이 폭발적으로 증가하였고, 온난한 바다에서 삼엽충, 완족류 등의 해양 무척추동물이 번성하였다. 한편 육상 동물은 고생대 데본기에 출현하였다.
ㄴ. 그림에서 동물 과의 멸종 비율은 C 시기가 B 시기보다 크다. C 시기는 고생대 페름기 말로, 이 시기에 삼엽충이 멸종하였으며, 완족류 과의 수가 급격히 감소하는 등 지질 시대 중 가장 큰 멸종이 있었다.

문제풀이 Tip
생물 대멸종 중 가장 큰 규모의 대멸종이 있었던 시기는 고생대 말(페름기 말)인 것을 알아 두고, 육상 식물은 고생대 실루리아기에 출현하였고 육상 동물은 고생대 데본기에 출현한 것에 유의해야 한다.

29 방사성 동위 원소와 절대 연령

출제의도 방사성 동위 원소의 붕괴 곡선을 해석하여 반감기를 결정하고, 암석의 절대 연령에 따라 반감기를 거친 횟수를 파악하는 문항이다.

그림은 방사성 동위 원소 A와 B의 붕괴 곡선을 나타낸 것이다.

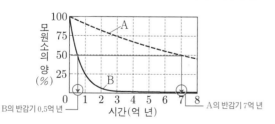

이에 대한 설명으로 옳은 것만을 〈보기〉에서 있는 대로 고른 것은?

보기
ㄱ. 반감기는 A가 B의 14배이다.
ㄴ. 7억 년 전 생성된 화성암에 포함된 A는 두 번의 반감기를 거쳤다. 한번
ㄷ. 암석에 포함된 $\dfrac{\text{B의 양}}{\text{B의 자원소 양}}$ 이 $\dfrac{1}{4}$로 되는 데 걸리는 시간은 1억 년이다. 1억 년보다 길다.

① ㄱ　　② ㄴ　　③ ㄱ, ㄷ　　④ ㄴ, ㄷ　　⑤ ㄱ, ㄴ, ㄷ

✔ 자료 해석
· A의 반감기는 7억 년이고, B의 반감기는 0.5억 년이다.
· 모원소 : 자원소=1 : 4가 되는 데 걸리는 시간은 반감기가 2회 지난 시간보다 길다.

○ 보기 풀이 ㄱ. 광물이나 암석 속에 들어 있는 방사성 동위 원소는 시간이 지남에 따라 방사선을 방출하면서 일정한 속도로 붕괴하여 다른 원소로 변해 간다. 방사성 동위 원소가 붕괴하여 모원소의 양이 처음 양의 반으로 줄어드는 데 걸리는 시간을 반감기라고 한다. A와 B의 반감기는 각각 7억 년, 0.5억 년이므로, 반감기는 A가 B의 14배이다.

✗ 매력적 오답 ㄴ. A의 반감기는 7억 년이므로, 7억 년 전에 생성된 화성암에 포함된 A는 한 번의 반감기를 거쳤다.
ㄷ. 암석에 포함된 $\dfrac{\text{B의 양}}{\text{B의 자원소 양}}$ 이 $\dfrac{1}{3}$로 되는 데 걸리는 시간은 B 반감기의 2배(1억 년)이다. 따라서 암석에 포함된 $\dfrac{\text{B의 양}}{\text{B의 자원소 양}}$ 이 $\dfrac{1}{4}$로 되는 데 걸리는 시간은 1억 년보다 길다.

문제풀이 Tip
붕괴하는 원래의 방사성 원소를 모원소, 모원소가 붕괴하여 새로 생성된 원소를 자원소라고 하며, 반감기가 1회, 2회, 3회 지나면 모원소 : 자원소=1 : 1, 1 : 3, 1 : 7인 것을 알아 두자.

30 지질 단면 해석과 절대 연령

출제 의도 지질 단면을 해석하여 암석의 상대 연령을 결정하고, 방사성 원소의 반감기를 이용하여 암석의 절대 연령을 파악하는 문항이다.

그림 (가)는 어느 지역의 지질 단면을, (나)는 방사성 원소 X에 의해 생성된 자원소 Y의 함량을 시간에 따라 나타낸 것이다. 화성암 A, B, C에는 X와 Y가 포함되어 있으며, Y는 모두 X의 붕괴 결과 생성되었다. 현재 C에 있는 X와 Y의 함량은 같다.

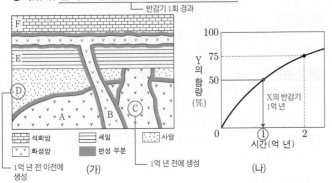

(가)

(나)

이에 대한 설명으로 옳은 것만을 〈보기〉에서 있는 대로 고른 것은? [3점]

보기
ㄱ. D는 화폐석이 ~~번성하던 시대에~~ 생성되었다. 화폐석이 번성하던 시대 이전에
ㄴ. $\dfrac{\text{Y의 함량}}{\text{X의 함량}}$ 은 A가 B보다 크다.
ㄷ. 암석의 생성 순서는 D → A → C → E → ~~B → F~~ 이다.
　　　　　　　　　　　　　　　　　　F → B

① ㄱ ② ㄴ ③ ㄷ ④ ㄱ, ㄴ ⑤ ㄴ, ㄷ

✓ **자료 해석**
- (가) : 관입의 법칙과 부정합의 법칙을 적용하면 암석의 생성 순서는 D → A → C → E → F → B 순이다.
- (나) : 자원소 Y의 함량이 50 %일 때 모원소 X의 함량이 50 %이므로, 방사성 원소 X의 반감기는 1억 년이다.
- C에 있는 X(모원소)와 Y(X의 자원소)의 함량이 같으므로, C가 생성된 후 반감기가 1회 지났다.

◯ **보기 풀이** ㄴ. 시간이 지날수록 암석 속에 포함되어 있는 방사성 원소(모원소)의 양은 감소하고, 자원소의 양은 증가한다. 암석의 절대 연령이 많을수록 $\dfrac{\text{Y의 함량}}{\text{X의 함량}}$ 은 커진다. 따라서 $\dfrac{\text{Y의 함량}}{\text{X의 함량}}$ 은 절대 연령이 많은 A가 B보다 크다.

✕ **매력적 오답** ㄱ. C가 생성된 후 반감기가 1회 지났으므로, C의 절대 연령은 약 1억 년이다. 관입의 법칙에 의해 D가 퇴적된 후 C가 관입하였으므로, D는 1억 년 전 이전에 생성되었다. 화폐석은 신생대(0.66억 년 전 이후)에 번성하였으므로, D는 화폐석이 번성하던 시대 이전에 생성되었다.

ㄷ. D에서 A에 의한 변성 부분이 나타나므로, D가 퇴적된 후 A가 관입하였다. 또한 F에서 B에 의한 변성 부분이 나타나므로, F가 퇴적된 후 B가 관입하였다. 따라서 이 지역은 과거에 D 퇴적 → A 관입 → C 관입 → 부정합 → E 퇴적 → F 퇴적 → B 관입의 순으로 지질학적 사건이 일어났다.

문제풀이 Tip
변성 작용을 받은 암석은 관입한 화성암보다 먼저 생성된 것을 알아 두고, 자원소의 함량이 50 %일 때의 시간은 반감기가 1회 지난 시간인 것에 유의해야 한다.

01 기압과 날씨 변화

1 온대 저기압

2025학년도 수능 6번 | 정답 ② | 문제편 128p

출제 의도 온대 저기압에 동반되는 온난 전선과 한랭 전선의 특징을 가시 영상과 연관지어 해석하고, 온대 저기압의 이동에 따른 풍향 변화를 파악하는 문항이다.

그림 (가)는 어느 날 21시의 지상 일기도를, (나)는 다음 날 09시의 가시 영상을 나타낸 것이다. 이 기간 동안 온난 전선과 한랭 전선 중 하나가 관측소 A를 통과하였다.

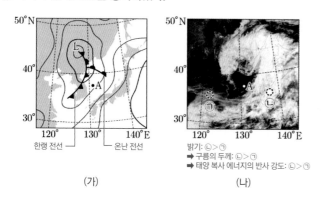

(가)

한랭 전선   온난 전선

(나)

밝기: ㉡>㉠
➡ 구름의 두께: ㉡>㉠
➡ 태양 복사 에너지의 반사 강도: ㉡>㉠

이에 대한 설명으로 옳은 것만을 〈보기〉에서 있는 대로 고른 것은?

〈보기〉
ㄱ. (가)에서 A의 상공에는 온난 전선면이 나타난다.
　　　　　　　　　　　　　전선면이 나타나지 않는다.
ㄴ. 전선이 통과하는 동안 A의 풍향은 시계 방향으로 변한다.
ㄷ. (나)에서 구름이 반사하는 태양 복사 에너지의 세기는 영역 ㉠이 영역 ㉡보다 강하다.
　　　　약하다.

① ㄱ　　② ㄴ　　③ ㄷ　　④ ㄱ, ㄷ　　⑤ ㄴ, ㄷ

✓ 자료 해석

- A는 (가)에서는 온난 전선과 한랭 전선 사이에 위치하여 남서풍이 불고, (나)에서는 한랭 전선 후면에 위치하여 북서풍이 분다.
- (나)는 가시 영상으로, 구름의 두께가 두꺼울수록 태양 복사 에너지의 반사 강도가 강하여 밝게 보이며, 영역 ㉠보다 영역 ㉡에서 더 밝게 보인다.

○ 보기 풀이 온대 저기압은 편서풍의 영향을 받아 서에서 동으로 이동하기 때문에 (가)에서 온난 전선과 한랭 전선 사이에 있는 A는 시간이 지남에 따라 한랭 전선이 통과한다.

ㄴ. (가)에서 A에는 주로 남서풍이 불고 한랭 전선이 지난 후인 (나)에서는 주로 북서풍이 불므로 풍향은 시계 방향으로 변한다.

✕ 매력적 오답 ㄱ. (가)에서 A는 온난 전선과 한랭 전선 사이에 위치하기 때문에 상공에 전선면이 존재하지 않는다.

ㄷ. 가시 영상에서는 구름이 두꺼워서 반사하는 태양 복사 에너지의 세기가 강할수록 밝게 나타난다. 따라서 (나)에서 더 밝게 나타나는 영역 ㉡이 영역 ㉠보다 구름이 반사하는 태양 복사 에너지의 세기가 강하다.

문제풀이 Tip

기상 위성 영상 자료를 해석하는 문항은 전선이나 일기도 해석과 관련하여 자주 출제되므로 학습해 두고, 가시 영상에서는 구름의 두께가 두꺼워서 구름에 의한 태양 복사 에너지의 반사 강도가 클수록 밝게 나타나는 것에 유의해야 한다.

Part II
수능 평가편

2 온대 저기압

출제 의도 시간에 따른 기상 요소 관측 자료를 해석하여 온대 저기압 통과 시 관측소의 풍향, 기온 변화, 전선면이 나타나는 위치를 파악하는 문항이다.

표는 어느 온대 저기압이 우리나라를 통과하는 동안 관측소 P에서 $t_1 \rightarrow t_5$ 시기에 6시간 간격으로 관측한 기상 요소를, 그림은 이 중 어느 한 시각의 지상 일기도에 온대 저기압 중심의 이동 경로를 나타낸 것이다. 이 기간 중 온난 전선과 한랭 전선 중 하나가 P를 통과하였다.

시각	기압 (hPa)	풍향
t_1	1007	남남서
t_2	1002	남서
t_3	998	남서
t_4	999	남서
t_5	1003	→서북서

한랭 전선 통과(남서풍 → 서북서풍)

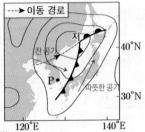

이 자료에 대한 설명으로 옳은 것만을 〈보기〉에서 있는 대로 고른 것은?

보기

ㄱ. $t_1 \sim t_2$ 사이에 전선이 P를 통과하였다.
  $t_4 \sim t_5$ 사이

ㄴ. P의 기온은 t_1일 때가 t_5일 때보다 높다.

ㄷ. t_2일 때, P의 상공에는 전선면이 ~~나타난다.~~
  나타나지 않는다.

① ㄱ ② ㄴ ③ ㄷ ④ ㄱ, ㄷ ⑤ ㄴ, ㄷ

✓ 자료 해석

• 온난 전선이 통과하면 풍향이 남동풍에서 남서풍으로 바뀌고, 한랭 전선이 통과하면 풍향이 남서풍에서 북서풍으로 바뀐다.

• 한랭 전선 앞쪽에는 따뜻한 공기가 분포하고 한랭 전선 뒤쪽에는 찬 공기가 분포하므로 한랭 전선이 통과하고 나면 기온이 급격하게 낮아진다.

• 그림에서 P는 한랭 전선 뒤에 위치하므로 P에 한랭 전선이 통과한 후의 지상 일기도이다.

○ 보기 풀이 ㄴ. 풍향으로 보아 P는 t_1일 때 온난 전선과 한랭 전선 사이에 위치하고, t_5일 때 한랭 전선 뒤쪽에 위치하므로, t_1일 때는 따뜻한 공기의 영향을 받고 t_5일 때는 찬 공기의 영향을 받는다. 따라서 P의 기온은 t_1일 때가 t_5일 때보다 높다.

✕ 매력적 오답 ㄱ. $t_2 \rightarrow t_4$일 때 남서풍이 불다가 t_5일 때 서북서풍으로 풍향이 급격하게 바뀌었으므로 $t_4 \rightarrow t_5$ 사이에 한랭 전선이 통과하였다.

ㄷ. t_2일 때 P는 온난 전선과 한랭 전선 사이에 위치하므로 상공에 전선면이 나타나지 않는다.

문제풀이 Tip

찬 공기와 따뜻한 공기가 만나면 따뜻한 공기가 찬 공기 위로 올라가므로 전선면은 찬 공기 쪽으로 기울어지게 된다. 전선면은 찬 공기가 위치한 쪽 상공에 나타난다는 것을 꼭 알아 두자.

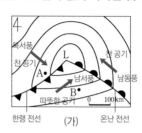
3 온대 저기압과 날씨

2025학년도 6월 평가원 7번 | 정답 ③ | 문제편 128p

출제 의도 온대 저기압 주변의 기압 분포, 전선과 전선면의 형성, 기온과 풍향 변화를 파악하는 문항이다.

그림 (가)는 어느 날 온대 저기압 주변의 기압 분포를 모식적으로 나타낸 것이고, (나)는 이때 지역 A와 B에서 나타나는 기상 요소를 ㉠과 ㉡으로 순서 없이 나타낸 것이다.

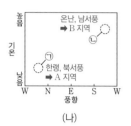

이에 대한 설명으로 옳은 것만을 〈보기〉에서 있는 대로 고른 것은?

┌─ 보기 ────────────────────────
ㄱ. 기압은 A가 B보다 낮다.
ㄴ. B의 상공에는 전선면이 ~~나타난다.~~ 나타나지 않는다.
ㄷ. ㉠은 A의 기상 요소를 나타낸 것이다.
└──────────────────────────────

① ㄱ   ② ㄴ   ③ ㄱ, ㄷ   ④ ㄴ, ㄷ   ⑤ ㄱ, ㄴ, ㄷ

✓ 자료 해석

• (가)에서 A는 한랭 전선 후면에 위치하므로 찬 공기가 분포하고 북서풍이 분다.
• (가)에서 B는 한랭 전선과 온난 전선 사이에 위치하므로 따뜻한 공기가 분포하고 남서풍이 분다.
• (나)에서 ㉠은 기온이 낮고 북서풍이 부는 지역으로 (가)의 A 지역에서 나타나는 기상 요소이고, ㉡은 기온이 높고 남서풍이 부는 지역으로 (가)의 B 지역에서 나타나는 기상 요소이다.

○ 보기 풀이 ㄱ. (가)는 온대 저기압 주변의 기압 분포를 나타낸 것이므로, 중심부(L)로 갈수록 기압이 낮아진다. 따라서 기압은 A가 B보다 낮다.

ㄷ. A는 한랭 전선의 뒤쪽에 위치하므로 상대적으로 한랭한 기단의 영향을 받으므로 기온은 상대적으로 온난한 기단이 위치한 B에 비해 낮다. 지상에서 바람은 저기압 중심을 향해 등압선을 가로지르며 시계 반대 방향으로 휘어 불어 들어가므로 A에서는 주로 북서풍이 분다. 따라서 ㉠은 A의 기상 요소를 나타낸 것이다.

✗ 매력적 오답 ㄴ. B는 한랭 전선과 온난 전선 사이에 위치하므로, B의 상공에는 전선면이 나타나지 않는다.

문제풀이 Tip

온대 저기압에서 온난 전선면은 온난 전선의 북동쪽 상공에, 한랭 전선면은 한랭 전선의 북서쪽 상공에 나타난다는 것에 유의해야 한다. 이는 찬 공기가 따뜻한 공기 아래에 분포하기 때문이라는 것을 알아 두자.

4 온대 저기압

출제 의도 우리나라 부근에서 온대 저기압의 통과에 따른 기압, 기온, 풍향 변화 자료를 해석하여 관측소의 위치를 파악하는 문항이다.

그림 (가)는 어느 날 t_1 시각의 지상 일기도에 온대 저기압 중심의 이동 경로를 나타낸 것이고, (나)는 이날 관측소 A와 B에서 t_1부터 15시간 동안 측정한 기압, 기온, 풍향을 순서 없이 나타낸 것이다. A와 B의 위치는 각각 ㉠과 ㉡ 중 하나이다.

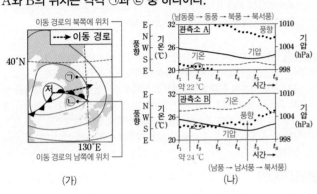

(가)   (나)

이 자료에 대한 설명으로 옳은 것만을 〈보기〉에서 있는 대로 고른 것은? [3점]

┌─ 보기 ─────────────────────────┐
ㄱ. A의 위치는 ㉠이다.

ㄴ. t_2에 기온은 A가 B보다 낮다.

ㄷ. t_3에 ㉡의 상공에는 전선면이 ~~있다.~~ 없다.
└────────────────────────────┘

① ㄱ   ② ㄴ   ③ ㄷ   ④ ㄱ, ㄴ   ⑤ ㄱ, ㄷ

✓ 자료 해석

• (가)에서 ㉠은 온대 저기압 이동 경로의 북쪽, ㉡은 온대 저기압 이동 경로의 남쪽에 위치한다. 북반구에서 온대 저기압 이동 경로의 북쪽에 위치하는 지점에서는 풍향이 시계 반대 방향으로 변하고, 남쪽에 위치하는 지점에서는 풍향이 시계 방향으로 변한다.

• (나)에서 실선(—)은 기압, 점선(…)은 기온, 점(•)은 풍향에 해당한다.

○ 보기 풀이 ㄱ. A의 풍향이 동풍 계열에서 북풍 계열로 바뀌는 것(풍향이 시계 반대 방향으로 변화)으로 보아 관측소 A는 온대 저기압 이동 경로의 북쪽에 위치한다. 따라서 A의 위치는 ㉠이다.

ㄴ. (나)에서 기온(점선)을 확인하면 t_2에 기온은 A가 약 22 ℃, B가 약 24 ℃ 이다.

✕ 매력적 오답 ㄷ. B의 위치는 ㉡이며, 기온, 기압, 풍향이 급변하는 t_5 무렵에 한랭 전선이 통과하므로, t_3에 ㉡의 상공에는 전선면이 없다.

문제풀이 Tip

북반구에서 온대 저기압이 통과할 때 주변 지역에서 나타나는 날씨 변화를 묻는 문항이 자주 출제되므로 기압, 기온, 풍향의 변화를 확실하게 알아 두자. 온대 저기압 이동 경로의 북쪽과 남쪽 지역에서 풍향 변화가 반대 방향으로 나타나는 것에 유의해야 한다.

5 온대 저기압

출제 의도 기온 분포를 통해 온난 전선과 한랭 전선을 구분하고, 전선의 특징을 파악하는 문항이다.

그림 (가)와 (나)는 우리나라에 온대 저기압이 위치할 때, 이 온대 저기압에 동반된 온난 전선과 한랭 전선 주변의 지상 기온 분포를 순서 없이 나타낸 것이다. (가)와 (나)는 같은 시각의 지상 기온 분포이고, (나)에서 전선은 구간 ㉠과 ㉡ 중 하나에 나타난다.

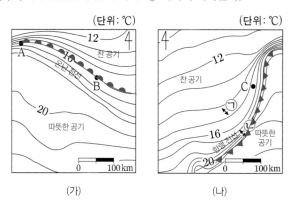

(가)　　　　　　(나)

이 자료에 대한 설명으로 옳은 것만을 〈보기〉에서 있는 대로 고른 것은? [3점]

ㅡ 보기 ㅡ
ㄱ. (나)에서 전선은 ㉡에 나타난다.
ㄴ. 기압은 지점 A가 지점 B보다 낮다.
ㄷ. 지점 B는 지점 C보다 ~~서쪽~~에 위치한다.
　　　　　　　　　　　　　동쪽

① ㄱ　　② ㄴ　　③ ㄷ　　④ ㄱ, ㄴ　　⑤ ㄴ, ㄷ

✔ 자료 해석

• 우리나라 부근에서 온대 저기압은 남동쪽으로 온난 전선을, 남서쪽으로 한랭 전선을 동반하며, 온난 전선을 경계로 서쪽이 동쪽보다 기온이 높고, 한랭 전선을 경계로 서쪽이 동쪽보다 기온이 낮다.

• (가) : 등온선이 북서 – 남동 방향으로 나타나고, 북동쪽에 찬 공기가, 남서쪽에 따뜻한 공기가 분포하므로 온난 전선 주변의 지상 기온 분포이다.

• (나) : 등온선이 북동 – 남서 방향으로 나타나고 북서쪽에 찬 공기가, 남동쪽에 따뜻한 공기가 분포하므로 한랭 전선 주변의 지상 기온 분포이다.

O 보기 풀이　(가)는 온난 전선, (나)는 한랭 전선 부근의 기온 분포이다.
ㄴ. 온난 전선은 온대 저기압의 중심에 대해 남동쪽 방향으로 나타나므로 상대적으로 북서쪽에 위치한 지점 A가 상대적으로 남동쪽에 위치한 지점 B보다 온대 저기압의 중심에 가깝다. 따라서 기압은 지점 A가 지점 B보다 낮다.

✕ 매력적 오답　ㄱ. 전선을 경계로 기온과 기압 등 기상 요소들이 급격히 변하므로 (나)에서 전선은 등온선이 조밀하게 분포하는 ㉡에 나타난다.
ㄷ. 한랭 전선은 온대 저기압의 중심에 대해 남서쪽으로 나타나므로, 온난 전선 주변에 위치한 지점 B가 한랭 전선 주변에 위치한 지점 C보다 동쪽에 위치한다.

문제풀이 Tip

전선을 경계로 기온이 급격하게 변하므로 등온선의 간격이 조밀한 곳에 전선이 분포하고, 온난 전선의 앞쪽과 한랭 전선의 뒤쪽에는 찬 공기가, 온난 전선과 한랭 전선 사이에는 따뜻한 공기가 분포한다는 것에 유의해야 한다.

Part II
수능 평가원

6   온대 저기압과 날씨

출제 의도   우리나라 부근에 발달한 온대 저기압의 분포와 시각에 따른 일기 요소의 변화를 해석하여 일기 변화를 파악하는 문항이다.

그림은 어느 날 t_1 시각의 지상 일기도에 온대 저기압 중심의 이동 경로를, 표는 이 날 관측소 A에서 t_1, t_2 시각에 관측한 기상 요소를 나타낸 것이다. t_2는 전선 통과 3시간 후이며, $t_1 \rightarrow t_2$ 동안 온난 전선과 한랭 전선 중 하나가 A를 통과하였다.

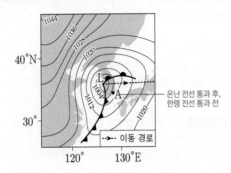

온난 전선 통과 후, 한랭 전선 통과 전
-→ 이동 경로

시각	기온 (℃)	바람	강수
t_1	17.1	남서풍	없음
t_2	12.5	북서풍	있음
$t_1 \rightarrow t_2$	기온 하강	시계 방향으로 변화	적운형 구름에서 소나기

이 자료에 대한 설명으로 옳은 것만을 〈보기〉에서 있는 대로 고른 것은? [3점]

┌─ 보기 ─────────────────────────────
ㄱ. t_1일 때 A 상공에는 전선면이 ~~나타난다.~~
                          나타나지 않는다.
ㄴ. $t_1 \sim t_2$ 사이에 A에서는 적운형 구름이 관측된다.
ㄷ. $t_1 \rightarrow t_2$ 동안 A에서의 풍향은 시계 방향으로 변한다.
└──────────────────────────────────

① ㄱ   ② ㄴ   ③ ㄱ, ㄷ   ④ ㄴ, ㄷ   ⑤ ㄱ, ㄴ, ㄷ

✔ 자료 해석

- 온대 저기압 중심은 동쪽으로 이동하고 있으며, A는 온난 전선과 한랭 전선 사이에 위치한다.
- $t_1 \sim t_2$ 사이에 기온은 하강하고, 바람은 남서풍에서 북서풍으로 시계 방향으로 바뀌었으며, t_1 시각에는 강수 현상이 없다가 t_2 시각에 강수 현상이 나타났으므로 $t_1 \sim t_2$ 사이에 한랭 전선이 통과하였다.

⭕ 보기 풀이   ㄴ. t_1일 때 남서풍이 불고, t_2일 때 북서풍이 불고 있으므로 $t_1 \sim t_2$ 사이에 한랭 전선이 A를 통과하였다. 따라서 $t_1 \sim t_2$ 사이에 A에서는 적운형 구름이 관측된다.

ㄷ. $t_1 \rightarrow t_2$ 동안 남서풍에서 북서풍으로 풍향이 바뀌었으므로 시계 방향으로 풍향이 변하였다.

❌ 매력적 오답   ㄱ. t_1일 때 A는 온난 전선과 한랭 전선 사이에 위치한다. 따라서 A 상공에는 전선면이 나타나지 않는다.

문제풀이 Tip

온대 저기압이나 태풍이 나타나는 일기도나 위성 영상 자료가 제시되었을 때 가장 먼저 확인할 것은 관측된 시각이다. 관측 시각에 관측소의 위치를 파악하고, 나머지 자료를 해석하여 날씨 변화를 파악하도록 한다.

7 온대 저기압과 날씨

출제 의도 온대 저기압 통과 시 전선 주변의 번개 분포 자료를 해석하여 전선의 종류를 구분하고 전선의 특징을 파악하는 문항이다.

그림은 어느 온대 저기압이 우리나라를 지나는 3시간($T_1 \rightarrow T_4$) 동안 전선 주변에서 발생한 번개의 분포를 1시간 간격으로 나타낸 것이다. 이 기간 동안 온난 전선과 한랭 전선 중 하나가 A 지역을 통과하였다.

이 자료에 대한 설명으로 옳은 것만을 〈보기〉에서 있는 대로 고른 것은? [3점]

┌─ 보기 ─────────────────────
ㄱ. 이 기간 중 A의 상공에는 전선면이 나타났다.

ㄴ. $T_2 \sim T_3$ 동안 A에서는 적운형 구름이 발달하였다.

ㄷ. 전선이 통과하는 동안 A의 풍향은 ~~시계 반대~~ 방향으로
   시계 방향
   바뀌었다.
└────────────────────────

① ㄱ   ② ㄷ   ③ ㄱ, ㄴ   ④ ㄴ, ㄷ   ⑤ ㄱ, ㄴ, ㄷ

✔ 자료 해석

- 번개는 서쪽부터 발생하기 시작하여 발생 지역이 동쪽으로 이동하였으므로, 전선은 서쪽에서 동쪽으로 이동하였다.
- 번개는 상승 기류가 발달한 적란운에서 주로 발생하므로, 이 지역에는 한랭 전선이 통과하였다.

○ 보기 풀이

ㄱ. 번개는 주로 뇌우와 함께 동반되어 나타나며, 뇌우는 적운형 구름에서 잘 나타난다. 따라서 A 지역에는 한랭 전선이 서쪽에서 동쪽으로 이동하며 통과하였으므로, 이 기간 중 A의 상공에는 한랭 전선면이 나타났다.

ㄴ. $T_2 \sim T_3$ 동안 A 지역에 번개가 발생하였으므로 A에서는 적운형 구름이 발달하였다.

✕ 매력적 오답

ㄷ. 한랭 전선이 통과하면서 풍향은 남서풍에서 북서풍으로 바뀌므로, A의 풍향은 시계 방향으로 바뀌었다.

문제풀이 Tip

번개는 뇌우 발생 시 동반되는 기상 현상이므로, 적란운이 발달하였음을 유추할 수 있어야 한다. 한랭 전선과 온난 전선이 통과할 때 주변 지역의 날씨와 전선과 전선면의 위치를 찾는 문항이 자주 출제되므로 확실히 학습해 두자.

8 온대 저기압

2023학년도 9월 평가원 8번 | 정답 ③ | 문제편 130p

출제 의도 온대 저기압이 통과하는 동안의 기상 요소 자료를 해석하여 관측소 부근에서의 날씨를 파악하는 문항이다.

그림은 온대 저기압 중심이 북반구 어느 관측소의 북쪽을 통과하는 36시간 동안 관측한 기상 요소를 나타낸 것이다. 이 기간 동안 온난 전선과 한랭 전선이 모두 이 관측소를 통과하였다.

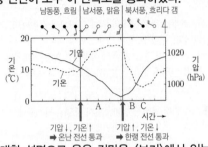

이 자료에 대한 설명으로 옳은 것만을 〈보기〉에서 있는 대로 고른 것은? [3점]

보기
ㄱ. 기압이 가장 낮게 관측되었을 때 남풍 계열의 바람이 불었다.
ㄴ. A일 때 관측소의 상공에는 온난 전선면이 ~~나타난다.~~
　　　　　　　　　　　　　　　　전선면이 나타나지 않는다.
ㄷ. 관측소에서 B와 C 사이에는 주로 적운형 구름이 관측된다.

① ㄱ　② ㄴ　③ ㄱ, ㄷ　④ ㄴ, ㄷ　⑤ ㄱ, ㄴ, ㄷ

✔ 자료 해석
• 풍향이 남동풍→남서풍으로 바뀌는 시간에 기압은 하강하고, 기온은 급격히 상승하였다. ➡ 온난 전선 통과
• 풍향이 남서풍→북서풍으로 바뀌는 시간에 기압은 상승하고, 기온은 급격히 하강하였다. ➡ 한랭 전선 통과

○ 보기 풀이 ㄱ. 기압이 가장 낮게 관측되었을 때는 남풍 계열의 바람이 불고 날씨가 맑았다.
ㄷ. B와 C 사이는 한랭 전선이 통과한 후이고, 북서풍이 불고 흐린 것으로 보아 적운형 구름이 관측된다.

✘ 매력적 오답 ㄴ. A일 때는 남서풍이 불고 날씨가 맑으며, 기압이 낮아지고 기온이 높아지는 것으로 보아 온난 전선과 한랭 전선 사이이다. 따라서 A일 때 관측소 상공에는 전선면이 나타나지 않는다.

문제풀이 Tip
전선은 찬 공기와 따뜻한 공기가 만나서 형성되는데, 전선면은 찬 공기 위로 따뜻한 공기가 올라가면서 두 공기의 경계면에 생기므로 찬 공기가 분포하는 쪽으로 기울어져서 형성된다. 따라서 온난 전선면은 전선 앞쪽에, 한랭 전선면은 전선 뒤쪽에 형성된다는 것에 유의해야 한다.

---

9 온대 저기압

2023학년도 6월 평가원 12번 | 정답 ④ | 문제편 130p

출제 의도 온대 저기압의 이동 경로와 높이에 따른 기온 분포를 통해 관측소를 통과한 전선의 종류를 파악하고, 전선 통과 전후의 풍향 변화를 이해하는 문항이다.

그림 (가)는 $T_1 → T_2$ 동안 온대 저기압의 이동 경로를, (나)는 관측소 P에서 T_1, T_2 시각에 관측한 높이에 따른 기온을 나타낸 것이다. 이 기간 동안 (가)의 온난 전선과 한랭 전선 중 하나가 P를 통과하였다.

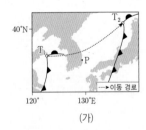 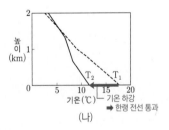

(가)　　　　　　(나)

이 자료에 대한 설명으로 옳은 것만을 〈보기〉에서 있는 대로 고른 것은? [3점]

보기
ㄱ. (나)에서 높이에 따른 기온 감소율은 T_1이 T_2보다 ~~작다.~~
　　　　　　　　　　　　　　　　　　　　　　　크다.
ㄴ. P를 통과한 전선은 한랭 전선이다.
ㄷ. P에서 전선이 통과하는 동안 풍향은 시계 방향으로 바뀌었다.

① ㄱ　② ㄴ　③ ㄱ, ㄷ　④ ㄴ, ㄷ　⑤ ㄱ, ㄴ, ㄷ

✔ 자료 해석
• (가)에서 관측소 P는 온대 저기압 중심의 이동 경로보다 남쪽에 위치한다.
• (나)에서 지표면에서는 $T_1 → T_2$ 동안 기온이 하강하였다.
　➡ (가)와 (나)로부터 $T_1 → T_2$ 사이에 한랭 전선이 통과하였음을 알 수 있다.
• T_1 시각에는 지표~높이 2 km에서 온도가 약 15 ℃ 낮아졌고, T_2 시각에는 지표~높이 2 km에서 온도가 약 8 ℃ 낮아졌다.

○ 보기 풀이 ㄴ. (가)에서 P는 온대 저기압 중심보다 남쪽에 위치하고, (나)에서 $T_1 → T_2$ 사이에 기온이 하강하였으므로, P를 통과한 전선은 한랭 전선이다.
ㄷ. P에서 한랭 전선이 통과하기 전에는 남동풍이 불고, 한랭 전선이 통과한 후에는 남서풍이 불었다. 따라서 P에서 전선이 통과하는 동안 풍향은 시계 방향으로 바뀌었다.

✘ 매력적 오답 ㄱ. (나)에서 지표면에서는 T_1이 T_2보다 기온이 높고, 높이 2 km에서는 T_1이 T_2보다 기온이 낮다. 따라서 높이에 따른 기온 감소율은 T_1이 T_2보다 크다.

문제풀이 Tip
온대 저기압이 이동함에 따라 온난 전선이 통과한 후에는 대체로 기온이 높아지고, 한랭 전선이 통과한 후에는 대체로 기온이 낮아진다는 것을 알아 두자. 또한 전선은 지면에 형성되므로 전선 통과 전후의 기온 변화는 지표면 부근의 기온이라는 것에 유의해야 한다.

10 온난 전선과 한랭 전선

출제 의도 전선 주변의 지상 기온 분포 자료를 분석하여 한랭 전선과 온난 전선을 구분하고, 전선면의 위치, 전선 주변에서의 풍향을 파악하는 문항이다.

그림 (가)와 (나)는 우리나라에 온대 저기압이 위치할 때, 온난 전선과 한랭 전선 주변의 지상 기온 분포를 순서 없이 나타낸 것이다.

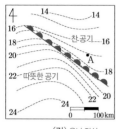
(가) 온난 전선

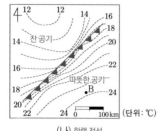
(나) 한랭 전선
(단위 : ℃)

이에 대한 설명으로 옳은 것만을 〈보기〉에서 있는 대로 고른 것은? [3점]

┌─ 보기 ─────────────────────────┐
│ ㄱ. 온난 전선 주변의 지상 기온 분포는 (가)이다. │
│ ㄴ. A 지역의 상공에는 전선면이 나타난다. │
│ ㄷ. B 지역에서는 북풍 계열의 바람이 분다. │
│   남풍 │
└────────────────────────────┘

① ㄱ   ② ㄷ   ③ ㄱ, ㄴ   ④ ㄴ, ㄷ   ⑤ ㄱ, ㄴ, ㄷ

✔ 자료 해석

• 우리나라에서 온대 저기압은 서쪽에서 동쪽으로 이동하며, 온대 저기압 중심의 남동쪽으로 온난 전선이, 남서쪽으로 한랭 전선이 분포한다.
• (가) : 남서쪽에 따뜻한 공기가 분포하고, 북동쪽에 찬 공기가 분포하며, 남동쪽으로 전선이 형성되어 있으므로 온난 전선 주변의 기온 분포이다.
• (나) : 북서쪽에 찬 공기가 분포하고, 남동쪽에 따뜻한 공기가 분포하며, 남서쪽으로 전선이 형성되어 있으므로 한랭 전선 주변의 기온 분포이다.
• A는 온난 전선 앞쪽에, B는 한랭 전선 앞쪽에 위치한다.

O 보기 풀이 ㄱ. 등온선의 간격이 조밀한 곳에 전선이 분포하며, 온난 전선은 전선 앞쪽에 찬 공기가 분포하고 전선 뒤쪽에 따뜻한 공기가 분포하므로 (가)가 온난 전선, (나)가 한랭 전선 주변의 지상 기온 분포이다.

ㄴ. A 지역은 온난 전선 앞쪽에 위치하므로, 남서쪽에 분포한 따뜻한 공기가 찬 공기 위로 타고 오르면서 A 지역의 상공에는 온난 전선면이 나타난다.

✗ 매력적 오답 ㄷ. B 지역은 한랭 전선의 남동쪽에 위치한다. 따라서 남풍 계열의 바람이 분다.

문제풀이 Tip

온대 저기압과 관련된 문항은 일기도, 기온 분포, 위성 영상, 전선의 단면 등 다양한 자료로 제시되며 출제된다. 온대 저기압을 이루는 온난 전선과 한랭 전선 부근에서의 일기 특징에 대해 확실하게 알아 두자.

11 일기도와 적외 영상 해석

출제 의도 일기도와 적외 영상 자료를 해석하여 우리나라에 영향을 미치는 고기압과 장마 전선의 위치를 파악하고, 구름 최상부의 온도를 비교하는 문항이다.

그림 (가)와 (나)는 장마 기간 중 어느 날 같은 시각 우리나라 부근의 지상 일기도와 적외 영상을 각각 나타낸 것이다. · 구름의 밝기 : A < B
· 구름 최상부의 온도 : A > B

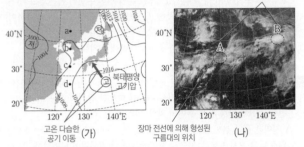

고온 다습한 공기 이동 (가)
장마 전선에 의해 형성된 구름대의 위치 (나)

이 자료에 대한 설명으로 옳은 것만을 〈보기〉에서 있는 대로 고른 것은? [3점]

보기
ㄱ. 북태평양 고기압은 고온 다습한 공기를 우리나라로 공급한다.
ㄴ. 125°E에서 장마 전선은 <s>지점 a와 지점 b</s> 사이에 위치한다.
　　지점 b와 지점 c
ㄷ. 구름 최상부의 온도는 영역 A가 영역 B보다 높다.

① ㄱ　　② ㄴ　　③ ㄱ, ㄷ　　④ ㄴ, ㄷ　　⑤ ㄱ, ㄴ, ㄷ

✔ 자료 해석

• (가)에서 우리나라의 남동쪽에 발달한 고기압은 북태평양 고기압이다.
• (나)의 적외 영상에서는 구름 최상부의 높이가 높을수록 온도가 낮아 밝게 나타난다. A는 어둡고, B는 밝게 보이므로 구름 최상부의 높이는 B가 A보다 높다.

◯ 보기 풀이

ㄱ. (가)에서 우리나라의 남동쪽 저위도 해상에 발달한 북태평양 고기압은 고온 다습한 공기를 우리나라로 공급한다.
ㄷ. 적외 영상은 물체가 방출하는 적외선의 세기를 이용하는 것으로, 온도가 높을수록 어둡게 나타나고 온도가 낮을수록 밝게 나타난다. 따라서 적외 영상에서는 구름의 최상부 높이가 높을수록 온도가 낮아 밝게 나타난다. (나)의 적외 영상에서 A보다 B가 밝게 나타나므로, 구름 최상부의 높이는 A보다 B가 높고 구름 최상부의 온도는 A가 B보다 높다.

✕ 매력적 오답

ㄴ. 우리나라에 영향을 주는 장마 전선은 주로 북쪽에서 발달하는 찬 기단과 남쪽에서 발달하는 따뜻한 기단이 만나 형성된다. 장마 전선을 기준으로 남쪽의 따뜻한 공기가 북쪽의 찬 공기를 타고 올라가기 때문에 구름은 대체로 전선의 북쪽에 형성된다. (나)의 125°E에서 구름대는 주로 35°N 부근에 형성되어 있다. 따라서 장마 전선은 35°N보다 약간 낮은 곳에 위치하므로, (가)의 지점 b와 지점 c 사이에 위치할 것이다.

문제풀이 Tip

가시 영상과 적외 영상의 특징을 구분해서 알아 두고, 적외 영상은 온도가 높을수록 어둡게 나타나고 온도가 낮을수록 밝게 나타나는 것에 유의해야 한다.

---

12 일기도와 적외 영상 해석

출제 의도 일기도와 적외 영상 자료를 해석하여 저기압이 동반한 전선의 종류, 풍향 등을 파악하는 문항이다.

그림 (가)와 (나)는 어느 날 같은 시각의 지상 일기도와 적외 영상을 나타낸 것이다. 이때 우리나라 주변에는 전선을 동반한 2개의 온대 저기압이 발달하였다.

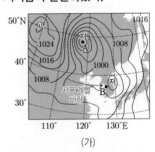

(가)　　　　　(나)

이 자료에 대한 설명으로 옳은 것만을 〈보기〉에서 있는 대로 고른 것은? [3점]

보기
ㄱ. A 지점의 저기압은 폐색 전선을 동반하고 있다.
ㄴ. B 지점은 서풍 계열의 바람이 우세하다.
ㄷ. C 지역에는 <s>적란운이 발달해 있다.</s> 구름이 거의 없다.

① ㄱ　　② ㄴ　　③ ㄷ　　④ ㄱ, ㄴ　　⑤ ㄴ, ㄷ

✔ 자료 해석

• A 지점 부근에는 쉼표 모양의 구름이 형성되어 있으므로, A 지점의 저기압은 폐색 전선을 동반하고 있다.
• 바람은 고기압에서 저기압 쪽으로 불어 가므로, B 지점에서는 서풍 계열의 바람이 우세하다.
• (나)의 적외 영상에서 C 지역은 어둡게 보이므로, 구름이 거의 없다.

◯ 보기 풀이

ㄱ. 폐색 전선은 온대 저기압의 발달 과정에서 이동 속도가 상대적으로 빠른 한랭 전선이 이동 속도가 느린 온난 전선을 따라잡아 두 전선이 겹쳐질 때 형성된다. 이때 형성된 폐색 전선 주변에는 쉼표 모양의 구름이 형성되므로, A 지점의 저기압은 폐색 전선을 동반하고 있다.
ㄴ. 북반구 저기압 주변에서 바람은 저기압 중심 쪽으로 시계 반대 방향으로 불어 들어가므로, B 지점에서는 서풍 계열의 바람이 우세하다.

✕ 매력적 오답

ㄷ. 적외 영상에서는 구름 최상부의 높이가 높을수록 온도가 낮아 밝게 보인다. (나)에서 C 지역은 어둡게 보이므로, C 지역에는 적란운이 발달해 있지 않다.

문제풀이 Tip

가시 영상에서는 구름의 두께가 두꺼울수록 햇빛을 많이 반사하여 밝게 나타나므로 적란운이 발달하면 밝게 나타나고, 적외 영상에서는 구름 최상부의 높이가 높을수록 밝게 나타나므로 적란운이 발달하면 밝게 나타나는 것을 알아 두자.

13 위성 영상과 일기도 해석

출제 의도 가시 영상과 일기도를 비교하여 우리나라 부근에 형성된 구름과 기단의 특징을 이해하고, 지상에서의 풍향을 파악하는 문항이다.

그림 (가)와 (나)는 어느 날 같은 시각 우리나라 부근의 가시 영상과 지상 일기도를 각각 나타낸 것이다.

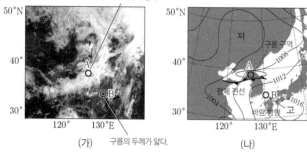

(가)　구름의 두께가 얇다.　(나)

이 자료에 대한 설명으로 옳은 것만을 〈보기〉에서 있는 대로 고른 것은?

보기

ㄱ. 구름의 두께는 A 지역이 B 지역보다 두껍다.

ㄴ. A 지역의 구름을 형성하는 수증기는 주로 전선의 남쪽에 위치한 기단에서 공급된다.

ㄷ. B 지역의 지상에서는 남풍 계열의 바람이 분다.

① ㄱ　② ㄴ　③ ㄱ, ㄷ　④ ㄴ, ㄷ　⑤ ㄱ, ㄴ, ㄷ

✔ 자료 해석

• 가시 영상에서 밝게 보이는 부분은 구름이 분포하는 곳이며, 구름의 두께가 두꺼울수록 밝게 보인다.

• (가)에서 A 지역은 밝게 보이고, B 지역은 짙은 회색으로 보인다.

• (나)에서 우리나라 중부 지방에 동서 방향으로 정체 전선이 형성되어 있으며, A 지역은 전선의 북쪽에 위치하고, B 지역은 고기압의 가장자리에 위치한다.

○ 보기풀이 ㄱ. 가시 영상에서 두꺼운 구름은 흰색으로, 얇은 구름은 회색이나 검은색으로 보인다. (가)에서 A 지역은 흰색으로 보이고, B 지역은 짙은 회색으로 보이므로 구름의 두께는 A 지역이 B 지역보다 두껍다.

ㄴ. (나)에서 A 지역은 전선의 북쪽에 위치한다. 정체 전선의 북쪽은 대륙이 있어 건조한 기단이, 남쪽은 해양이 있어 다습한 기단이 위치하므로 전선의 수증기는 남쪽의 기단에서 공급되며, 구름은 전선의 북쪽에 형성된다.

ㄷ. 바람은 고기압에서 저기압으로 불고 고기압에서는 시계 방향으로 바람이 불어나온다. B 지역 남동쪽에 고기압이 분포하므로 B 지역에서는 남풍 계열의 바람이 분다.

문제풀이 Tip

우리나라 중부 지방에 정체 전선이 형성되어 있으므로 A 지역은 전선 북쪽 기단의 영향을 받고, B 지역은 전선 남쪽의 기단의 영향을 받는다는 것에 유의해야 한다.

14 온대 저기압과 날씨

출제 의도   온대 저기압에 동반된 온난 전선과 한랭 전선이 통과할 때 나타나는 기온과 기압 변화 자료를 해석하여 관측소의 위치를 결정하고, 발달하는 구름을 파악하는 문항이다.

그림 (가)는 어느 날 21시 우리나라 주변의 지상 일기도를, (나)는 (가)의 21시부터 14시간 동안 관측소 A와 B 중 한 곳에서 관측한 기온과 기압을 나타낸 것이다.

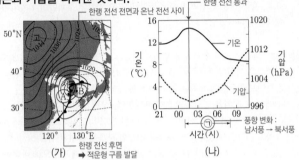

(가)   (나)

이 자료에 대한 설명으로 옳은 것만을 〈보기〉에서 있는 대로 고른 것은? [3점]

보기
ㄱ. (가)에서 A의 상층부에는 주로 층운형 구름이 발달한다. (적운형 구름)
ㄴ. (나)는 B의 관측 자료이다.
ㄷ. (나)의 관측소에서 ㉠ 기간 동안 풍향은 시계 반대 방향으로 바뀌었다. (시계 방향)

① ㄱ   ② ㄴ   ③ ㄱ, ㄷ   ④ ㄴ, ㄷ   ⑤ ㄱ, ㄴ, ㄷ

✔ 자료 해석

- (가) : A는 한랭 전선의 후면에 위치하고, B는 온난 전선과 한랭 전선 사이에 위치한다.
- (가) : 21시 이후에 B는 저기압 중심에 가까워지므로 기압이 낮아지다가 높아진다. 또한 B는 21시에 따뜻한 공기의 영향을 받으므로 기온이 대체로 높으며 한랭 전선이 통과한 후에는 기온이 낮아진다.
- (나) : 21시 이후에 높아지다가 낮아지는 실선은 기온이고, 낮아지다가 높아지는 점선은 기압이다.

⭕ 보기 풀이   ㄴ. (나)에서 02시경 이후에 기온(실선)은 하강하였고 기압(점선)은 상승하였으므로, 02시경에 한랭 전선이 통과하였다. (가)에서 전날 21시에 A는 한랭 전선이 통과한 후이고 B는 한랭 전선이 통과하기 전이므로, (나)는 B의 관측 자료이다.

❌ 매력적 오답   ㄱ. 한랭 전선의 후면에 위치한 A의 상층부에는 주로 적운형 구름이 발달하여 소나기가 내린다.
ㄷ. 우리나라를 통과하는 온대 저기압은 편서풍의 영향을 받아 서쪽에서 동쪽으로 이동하며, 온대 저기압의 중심이 관측 지역의 북쪽을 통과하는 경우 풍향이 시계 방향으로 변한다. ㉠ 기간 동안 온대 저기압의 중심이 (나)의 관측소(B)의 북쪽을 통과하였으므로, 풍향은 시계 방향으로 바뀌었다.

문제풀이 Tip
온대 저기압의 중심이 관측소의 북쪽을 통과하면 온난 전선과 한랭 전선이 차례로 통과하고 풍향이 시계 방향으로 바뀌는 것을 알아 두고, 한랭 전선의 후면에 위치한 지역은 온대 저기압의 중심에서 멀어지므로 기압이 높아지는 것에 유의해야 한다.

15 온대 저기압과 날씨

출제 의도 온대 저기압의 통과에 따른 일기 기호 변화 자료를 해석하여 전선 통과 전후의 일기를 비교하는 문항이다.

그림 (가)와 (나)는 어느 온대 저기압이 우리나라를 지날 때 12시간 간격으로 작성한 지상 일기도를 순서대로 나타낸 것이다. 일기 기호는 A 지점에서 관측한 기상 요소를 표시한 것이다.

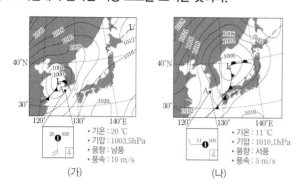

(가)
· 기온 : 20 ℃
· 기압 : 1003.5hPa
· 풍향 : 남풍
· 풍속 : 10 m/s

(나)
· 기온 : 11 ℃
· 기압 : 1010.1hPa
· 풍향 : 서풍
· 풍속 : 5 m/s

이 자료에 대한 설명으로 옳은 것만을 〈보기〉에서 있는 대로 고른 것은?

┌─ 보기 ─────────────────────────┐
ㄱ. A 지점의 풍향은 시계 방향으로 바뀌었다.
ㄴ. 한랭 전선이 통과한 후에 A에서의 기온은 9 ℃ 하강하였다.
ㄷ. 온난 전선면과 한랭 전선면은 각각 전선으로부터 지표상의 공기가 더 차가운 쪽에 위치한다.
└────────────────────────────┘

① ㄱ   ② ㄷ   ③ ㄱ, ㄴ   ④ ㄴ, ㄷ   ⑤ ㄱ, ㄴ, ㄷ

✔ 자료 해석

· (가) : A 지점은 온난 전선과 한랭 전선 사이에 위치하므로 따뜻한 공기의 영향을 받아 기온(20 ℃)이 높다.
· (나) : A 지점은 한랭 전선이 통과한 후이므로 찬 공기의 영향을 받아 기온(11 ℃)이 낮다.

○ 보기 풀이   ㄱ. 온대 저기압이 통과할 때 저기압 중심이 관측 지역의 북쪽으로 통과하는 경우 풍향은 시계 방향으로 변하고, 관측 지역의 남쪽으로 통과하는 경우 풍향은 시계 반대 방향으로 변한다. A 지점은 온대 저기압 중심이 북쪽으로 통과하였으므로 풍향이 시계 방향으로 바뀌었다.

ㄴ. 한랭 전선이 통과한 후에는 찬 공기의 영향을 받으므로 기온이 낮아진다. A 지점의 기온은 한랭 전선이 통과하기 전에 20 ℃, 통과한 후에 11 ℃이다. 따라서 한랭 전선이 통과한 후에 A에서의 기온은 9 ℃ 하강하였다.

ㄷ. 온난 전선과 한랭 전선 모두 차가운 공기가 따뜻한 공기 아래쪽에 위치한다. 따라서 온난 전선면과 한랭 전선면은 각각 전선으로부터 지표상의 공기가 더 차가운 쪽에 위치한다.

문제풀이 Tip

온대 저기압 중심이 관측 지역의 북쪽으로 통과하는 경우 온난 전선과 한랭 전선 차례로 통과하므로 풍향은 대체로 남동풍 → 남서풍 → 북서풍(시계 방향)으로 변하는 것을 알아 두고, 전선면은 전선으로부터 찬 공기가 있는 쪽에 위치하는 것에 유의해야 한다.

02 태풍과 주요 악기상

1 태풍과 날씨

2025학년도 수능 13번 | 정답 ② | 문제편 134p

출제 의도 관측소에 따른 태풍의 풍향과 기압 변화 자료를 해석하여 태풍의 이동 경로와 관측소의 위치를 파악하는 문항이다.

그림은 북상하는 어느 태풍의 영향을 받은 어느 날 우리나라 관측소 A와 B에서 01시부터 23시까지 관측한 풍향과 기압을 나타낸 것이다.

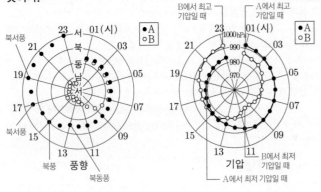

이 자료에 대한 설명으로 옳은 것만을 〈보기〉에서 있는 대로 고른 것은? [3점]

보기
ㄱ. 13~19시 동안 A는 위험 반원에 위치하였다.
　　　　　　　　　　　 안전 반원
ㄴ. 01~23시 동안 기압의 변화 폭은 A가 B보다 작다.
ㄷ. 09시에 태풍 중심까지의 최단 거리는 A가 B보다 가깝다.
　　　　　　　　　　　　　　　　　 B가 A보다

① ㄱ　② ㄴ　③ ㄷ　④ ㄱ, ㄷ　⑤ ㄴ, ㄷ

✔ 자료 해석
• 태풍 통과 시 안전 반원에서는 풍향이 시계 반대 방향으로 변하고, 위험 반원에서는 풍향이 시계 방향으로 변한다.
• A에서는 풍향이 북동풍 → 북풍 → 북서풍으로 바뀌었고, B에서는 풍향이 동풍 → 남동풍 → 남서풍으로 바뀌었다.
• A에서는 기압이 약 982~993 hPa 사이에서 변하였고, B에서는 기압이 약 974~993 hPa 사이에서 변하였다.

○ 보기 풀이 ㄴ. 관측 기간 동안 기압 변화는 A는 약 11 hPa이고 B는 19 hPa 이상이다. 따라서 관측 기간 동안 기압 변화 폭은 A가 B보다 작다.

✗ 매력적 오답 ㄱ. 13~19시 동안 A의 풍향은 북동풍 → 북풍 → 북서풍 순으로 시계 반대 방향으로 바뀌었다. 따라서 A는 안전 반원에 위치했다.
ㄷ. 태풍 중심에 가까울수록 관측 기압은 낮아지므로 09시에 기압이 더 낮은 B가 A보다 태풍 중심까지 최단 거리가 가깝다.

문제풀이 Tip
같은 시각에 관측한 기압은 관측소에서 태풍 중심까지의 거리가 가까울수록 낮아진다는 것에 유의해야 한다.

2 태풍의 이동과 위성 영상 해석

2025학년도 9월 평가원 8번 | 정답 ② | 문제편 134 p

출제의도 태풍의 이동 경로와 적외 영상을 해석하여 태풍 통과 시 기압과 풍향의 변화를 예측하는 문항이다.

그림 (가)는 어느 태풍의 이동 경로에 6시간 간격으로 나타낸 태풍 중심의 위치를, (나)는 t_1 시각의 적외 영상을 나타낸 것이다.

(가)

(나)

이 자료에 대한 설명으로 옳은 것만을 〈보기〉에서 있는 대로 고른 것은? [3점]

보기
ㄱ. 태풍의 중심 기압은 t_4일 때가 t_7일 때보다 높다.
   낮다.
ㄴ. $t_6 → t_7$ 동안 관측소 A의 풍향은 시계 반대 방향으로 변한다.
ㄷ. (나)에서 구름 최상부의 온도는 영역 B가 영역 C보다 낮다.
   높다.

① ㄱ   ② ㄴ   ③ ㄷ   ④ ㄱ, ㄴ   ⑤ ㄴ, ㄷ

✓ 자료 해석

- 태풍 이동 경로의 오른쪽에 위치한 위험 반원에서는 풍향이 시계 방향으로 변하고, 이동 경로의 왼쪽에 위치한 안전 반원에서는 풍향이 시계 반대 방향으로 변한다. (가)에서 A는 태풍 이동 경로의 왼쪽에 위치하므로 안전 반원에 위치하여 풍향이 시계 반대 방향으로 변한다.
- 태풍의 에너지원은 수증기의 잠열이므로 태풍이 육지에 상륙하면 세력이 급격하게 약해진다. 태풍은 t_5 시각에 육지에 상륙하였다.
- (나)에서 B보다 C가 밝게 보이므로 구름 최상부 온도는 B보다 C가 낮다.

○ 보기풀이 ㄴ. 관측소 A는 태풍 이동 경로의 왼쪽인 안전 반원에 위치하므로 $t_6 → t_7$ 동안 풍향이 시계 반대 방향으로 변한다.

✗ 매력적오답 ㄱ. 태풍은 차가운 바다 위를 지나거나 육지에 상륙하면 세력이 약해진다. 따라서 태풍이 우리나라(육지)를 통과하면서 세력이 약해져서 중심 기압이 높아지므로 중심 기압은 육지에 상륙하기 전인 t_4일 때가 육지를 통과한 후인 t_7일 때보다 낮다.

ㄷ. 적외 영상에서는 구름 최상부의 온도가 낮을수록 밝게 보인다. (나)에서 영역 B는 영역 C보다 어둡게 보이므로, 구름 최상부의 온도는 영역 B가 영역 C보다 높다.

문제풀이 **Tip**
태풍 이동 경로의 왼쪽 지역은 안전 반원, 오른쪽 지역은 위험 반원이며, 안전 반원과 위험 반원에서 풍향 변화와 풍속을 비교할 수 있어야 한다. 또한 태풍이 육지에 상륙하면 에너지원의 공급이 줄어들기 때문에 세력이 급격하게 약해진다는 것을 알아 두자.

3 뇌우의 일생

2025학년도 6월 평가원 9번 | 정답 ④ | 문제편 134 p

출제의도 뇌우의 발달 과정과 뇌우에서 발생하는 기상 현상의 특징을 이해하는 문항이다.

그림 (가)와 (나)는 어느 뇌우의 발달 과정 중 성숙 단계와 적운 단계를 순서 없이 나타낸 것이다.

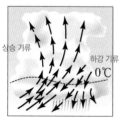
(가) 성숙 단계

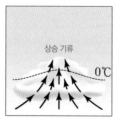
(나) 적운 단계

이에 대한 설명으로 옳은 것만을 〈보기〉에서 있는 대로 고른 것은? [3점]

보기
ㄱ. (나)는 성숙 단계이다.
   적운 단계
ㄴ. 번개 발생 빈도는 대체로 (가)가 (나)보다 높다.
ㄷ. 구름의 최상부가 단위 시간당 단위 면적에서 방출하는 적외선 복사 에너지양은 (가)가 (나)보다 적다.

① ㄱ   ② ㄴ   ③ ㄱ, ㄷ   ④ ㄴ, ㄷ   ⑤ ㄱ, ㄴ, ㄷ

✓ 자료 해석

- 뇌우의 발달 단계는 적운 단계 → 성숙 단계 → 소멸 단계이다.
- (가)에서는 상승 기류와 하강 기류가 공존하므로 성숙 단계이다.
- (나)에서는 상승 기류만 발달하므로 적운 단계이다.

○ 보기풀이 (가)는 성숙 단계, (나)는 적운 단계이다.
ㄴ. 성숙 단계에서는 상승 기류와 하강 기류가 함께 나타나며, 번개, 소나기, 우박 등이 동반된다. 따라서 번개 발생 빈도는 대체로 (가)가 (나)보다 높다.
ㄷ. 일반적으로 구름 최상부의 높이가 높을수록 구름 최상부의 온도가 낮다. (가)는 적란운, (나)는 적운으로, 구름 최상부 높이는 (가)가 (나)보다 높다. 적외선 복사 에너지양은 온도가 높을수록 많으므로 구름 최상부가 단위 시간당 단위 면적에서 방출하는 적외선 복사 에너지양은 (가)가 (나)보다 적다.

✗ 매력적오답 ㄱ. (나)는 강한 상승 기류가 발생하여 적운이 급격하게 성장한 적운 단계로, 강수 현상은 아직 나타나지 않는다.

문제풀이 **Tip**
적외선 복사 에너지양은 온도와 관련되어 있음을 알아야 한다. 물체의 온도가 높을수록 방출하는 적외선 복사 에너지양이 많다. 구름의 온도는 고도가 높을수록 낮으므로 적란운은 적운보다 구름 최상부 온도가 낮다. 구름이 방출하는 적외선 복사 에너지양은 위성 영상 해석, 엘니뇨 단원과도 연관지을 수 있으므로 연관된 문항들을 다시 한 번 잘 살펴보자.

Part II 수능 평가원

4 태풍과 날씨

출제 의도 태풍의 이동 경로를 확인하고 시간에 따른 태풍의 이동 속도, 기압, 풍향 등을 파악하는 문항이다.

그림 (가)는 어느 태풍의 이동 경로에 태풍 중심의 위치를 3시간 간격으로 나타낸 것이고, (나)는 $t_1 \rightarrow t_9$ 동안 이 태풍의 중심 기압, 이동 속도, 최대 풍속을 ㉠, ㉡, ㉢으로 순서 없이 나타낸 것이다.

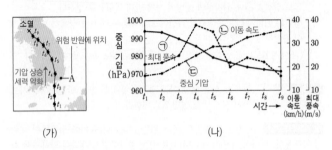

(가)   (나)

이 자료에 대한 설명으로 옳은 것만을 〈보기〉에서 있는 대로 고른 것은? [3점]

보기

ㄱ. ㉡은 태풍의 최대 풍속이다. (이동 속도)

ㄴ. 태풍의 세력은 t_4일 때가 t_7일 때보다 강하다.

ㄷ. $t_2 \rightarrow t_4$ 동안 A 지점의 풍향은 ~~시계 반대 방향~~으로 변한다. (시계 방향)

① ㄱ ② ㄴ ③ ㄷ ④ ㄱ, ㄴ ⑤ ㄴ, ㄷ

✔ 자료 해석

• (가)에서 A 지점은 태풍 이동 경로의 오른쪽에 위치하므로 위험 반원에 있으며, 태풍은 $t_3 \rightarrow t_4$ 사이에 육지에 상륙했으므로 이 기간 동안 세력이 급격하게 감소하였다.

• (가)에서 태풍 중심의 위치를 일정한 시간 간격으로 나타냈으므로 간격이 클수록 태풍의 이동 속도가 빠른 것이다. 따라서 태풍의 이동 속도는 느렸다가 빨라진 후 다시 느려졌다.

• 태풍은 중심 기압이 높을수록 세력이 약하고, 최대 풍속이 대체로 작으므로 $t_1 \rightarrow t_9$ 동안 태풍의 중심 기압은 증가하고, 최대 풍속은 감소하였다. 한편 (가)에서 3시간 간격의 태풍 중심의 위치를 통해 태풍의 이동 속도를 비교할 때 t_4 무렵에 가장 빠르다. ➡ ㉠은 태풍의 최대 풍속, ㉡은 태풍의 이동 속도, ㉢은 태풍의 중심 기압이다.

○ 보기 풀이 ㄴ. t_4일 때가 t_7일 때보다 태풍의 중심 기압이 낮고 최대 풍속이 크다. 따라서 태풍의 세력은 t_4일 때가 t_7일 때보다 강하다.

✕ 매력적 오답 ㄱ. 태풍은 육지를 통과하면서 세력이 약해진다. 이것은 중심 기압이 높아지고 최대 풍속이 약해짐을 의미한다. 따라서 ㉠은 최대 풍속, ㉡은 이동 속도, ㉢은 중심 기압이다.

ㄷ. A 지점은 태풍의 진행 경로에 대해 오른쪽에 위치하므로 위험 반원에 위치한다. 태풍이 통과함에 따라 위험 반원에서는 풍향이 시계 방향으로 변한다. $t_2 \rightarrow t_4$ 동안 A 지점의 풍향은 시계 방향으로 변한다.

문제풀이 Tip

태풍의 이동을 일정 간격으로 나타낸 것은 태풍의 이동 속도를 파악하기 위한 것임을 알아야 한다. 태풍의 최대 풍속은 태풍의 세력과 대체로 비례하고, 태풍의 중심 기압은 태풍의 세력과 대체로 반비례한다. 한편, 태풍의 이동 속도는 태풍의 세력과는 아무런 상관 관계가 없다는 것에 유의해야 한다.

5 태풍

출제 의도 태풍의 이동 경로와 기압 자료를 해석하여 태풍의 세력 변화를 파악하고, 기상 위성 자료를 해석하여 구름이 반사하는 태양 복사 에너지의 양을 유추하는 문항이다.

그림 (가)는 어느 날 어느 태풍의 이동 경로에 6시간 간격으로 태풍 중심의 위치와 중심 기압을, (나)는 이날 09시의 가시 영상을 나타낸 것이다.

중심 기압이 높아졌다.
➡ 세력이 약해졌다.

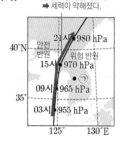

B보다 밝게 보인다.
➡ 구름이 반사하는 태양 복사 에너지의 세기가 더 강하다.
➡ 구름이 더 두껍게 발달하였다.

(가)   (나)

이 자료에 대한 설명으로 옳은 것만을 〈보기〉에서 있는 대로 고른 것은?

┌─ 보기 ─────────────────────────────┐
│ ㄱ. 태풍의 영향을 받는 동안 지점 ㉠은 위험 반원에 위치한다. │
│   강하다. │
│ ㄴ. 태풍의 세력은 03시가 21시보다 약하다. │
│ ㄷ. (나)에서 구름이 반사하는 태양 복사 에너지의 세기는 영 │
│   역 A가 영역 B보다 약하다. 강하다. │
└────────────────────────────────────┘

① ㄱ   ② ㄴ   ③ ㄷ   ④ ㄱ, ㄴ   ⑤ ㄱ, ㄷ

✔ 자료 해석

• (가)에서 03시 이후에 6시간 간격으로 측정한 태풍의 중심 기압이 점점 높아졌으므로 태풍의 세력은 점점 약해졌다. 태풍이 차가운 바다 위를 지나가거나 육지에 상륙하면 세력이 약해진다.

• 태풍 진행 경로의 오른쪽 지역을 위험 반원, 왼쪽 지역을 안전 반원이라고 한다. 태풍 통과 시 위험 반원에서는 풍향이 시계 방향으로 변하고, 안전 반원에서는 풍향이 시계 반대 방향으로 변한다. (가)에서 지점 ㉠은 위험 반원에 위치한다.

• 가시 영상은 구름과 지표면에서 반사된 태양 빛의 반사 강도를 나타낸다. (나)에서 09시에 영역 A는 영역 B보다 태풍 중심에 가까이 위치하여 구름이 두껍게 발달하므로 가시 영상에서 더 밝게 나타난다.

○ 보기 풀이 ㄱ. ㉠ 지점은 태풍 진행 경로의 오른쪽에 위치하므로 위험 반원에 위치한다.

✗ 매력적 오답 ㄴ. 태풍의 중심 기압은 03시에 955 hPa, 21시에 980 hPa로 03시가 21시보다 낮으므로, 태풍의 세력은 03시가 21시보다 강하다.

ㄷ. 구름이 가시광선을 많이 반사할수록 가시 영상에서 밝게 나타난다. 따라서 (나)에서 구름이 반사하는 태양 복사 에너지의 세기는 더 밝게 보이는 영역 A가 영역 B보다 강하다.

문제풀이 Tip

태풍은 중심 기압이 낮을수록 세력이 강하며, 태풍 이동 경로와의 위치 관계에 따라 주변 지역을 위험 반원과 안전 반원으로 구분할 수 있다는 것을 알아 두자. 또한 가시 영상에서의 밝기를 보고 지표면이나 구름에서 반사하는 태양 복사 에너지의 세기를 유추하는 방법을 학습해 두자.

Part II 수능 평가원

6 태풍

출제 의도 태풍의 풍속 분포를 통해 위험 반원과 안전 반원을 구분하고, 공기의 연직 운동과 일기도상에서의 특징을 파악하는 문항이다.

그림은 북쪽으로 이동하는 태풍의 풍속을 동서 방향의 연직 단면에 나타낸 것이다. 지점 A~E는 해수면상에 위치한다.

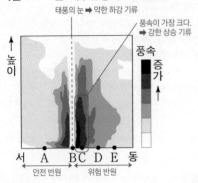

이 자료에 대한 설명으로 옳은 것만을 〈보기〉에서 있는 대로 고른 것은?

보기

ㄱ. A는 안전 반원에 위치한다.

ㄴ. 해수면 부근에서 공기의 연직 운동은 B가 C보다 활발하다.
　　　　　　　　　　　　　　　　　　C가 B보다

ㄷ. 지상 일기도에서 등압선의 평균 간격은 구간 C－D가 구간 D－E보다 좁다.

① ㄱ　　② ㄴ　　③ ㄷ　　④ ㄱ, ㄴ　　⑤ ㄱ, ㄷ

✔ **자료 해석**

• 북쪽으로 이동하는 태풍의 동쪽은 태풍 이동 경로의 오른쪽에 해당하므로 위험 반원이고, 서쪽은 태풍 이동 경로의 왼쪽에 해당하므로 안전 반원이다. 따라서 A는 안전 반원, C, D, E는 위험 반원에 위치한다.

• B는 태풍의 중심으로 약한 하강 기류가 나타나 날씨가 비교적 맑고 바람이 거의 불지 않는 태풍의 눈이다.

• 풍속은 태풍의 눈 가장자리에서 가장 강하며, 서쪽보다 동쪽에서 더 강하다.

○ **보기 풀이** ㄱ. 태풍의 눈에서는 바람이 거의 불지 않으므로 B가 태풍의 중심 부근이다. A는 태풍 중심의 서쪽에 위치한 해역으로, 태풍이 북쪽으로 이동하고 있으므로 안전 반원에 해당한다.

ㄷ. 지상 일기도에서 등압선의 간격은 풍속이 강할수록 조밀하다. 구간 C－D는 구간 D－E보다 풍속이 강하므로, 지상 일기도에서 등압선의 평균 간격이 더 좁다.

✕ **매력적 오답** ㄴ. 태풍의 중심 부근(태풍의 눈)에서는 약한 하강 기류가 나타나고 태풍의 눈 가장자리에서 강한 상승 기류가 나타나므로, B에서는 약한 하강 기류가, C에서는 강한 상승 기류가 나타날 것이다. 따라서 해수면 부근에서 공기의 연직 운동은 B가 C보다 약하다.

문제풀이 Tip

위험 반원은 태풍 이동 경로의 오른쪽 지역에 위치하며 안전 반원에 비해 풍속이 크다는 것에 유의해야 한다. 북쪽으로 이동하는 태풍에서 오른쪽 지역은 동쪽에 위치한 지역이다.

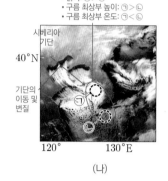

7 일기도와 위성 영상 해석

2024학년도 9월 평가원 8번 | 정답 ② | 문제편 135p

출제의도 일기도와 적외 영상을 통해 일기 특징을 파악하고, 시베리아 기단의 변질을 이해하는 문항이다.

그림 (가)는 어느 날 21시 우리나라 주변의 지상 일기도를, (나)는 같은 시각의 적외 영상을 나타낸 것이다. 이날 서해안 지역에서는 폭설이 내렸다.

• 밝기: ㉠>㉡
• 구름 최상부 높이: ㉠>㉡
• 구름 최상부 온도: ㉠<㉡

(가)

(나)

이 자료에 대한 설명으로 옳은 것만을 〈보기〉에서 있는 대로 고른 것은? [3점]

보기
ㄱ. 지점 A에서는 남풍 계열의 바람이 분다.
　　　　　　 북풍
ㄴ. 시베리아 기단이 확장하는 동안 황해상을 지나는 기단의 하층 기온은 높아진다.
ㄷ. 구름 최상부에서 방출하는 적외선 복사 에너지양은 영역 ㉠이 영역 ㉡보다 많다.
　　　　　　　　　　　　　　　　　　　　 적다.

① ㄱ　　② ㄴ　　③ ㄷ　　④ ㄱ, ㄴ　　⑤ ㄴ, ㄷ

✔ 자료 해석

• (가) : 등압선이 대체로 남북으로 분포하고, 서쪽에서 동쪽으로 갈수록 기압이 낮아진다.
• (나) : 적외 영상에서는 밝게 보이는 곳일수록 구름의 최상부 높이가 높다. 영역 ㉠이 영역 ㉡보다 밝게 보이므로 구름 최상부 높이는 영역 ㉠이 영역 ㉡보다 높다.
• 우리나라 서해안 지역에 내린 폭설의 원인은 시베리아 기단의 변질 때문이다.

○ 보기 풀이 ㄴ. 한랭 건조한 시베리아 기단이 우리나라 쪽으로 확장하면서 황해상을 지나는 동안 열과 수증기를 공급받아 기단의 하층이 가열된다. 이로 인해 불안정해진 기단이 서해안 지역에 도달하면 적운이나 적란운이 발달해 폭설이 내릴 수 있다.

✕ 매력적 오답 ㄱ. 북반구에서 바람은 기압이 높은 곳에서 낮은 곳으로 등압선에 비스듬히 분다. (가)에서 서쪽에서 동쪽으로 갈수록 기압이 낮아지므로 지점 A에서는 북풍 계열의 바람이 분다.

ㄷ. 물체의 온도가 낮을수록 방출하는 적외선 복사 에너지양이 적고, 기상 위성의 적외 영상에서는 구름 최상부의 높이가 높아 온도가 낮을수록 밝게 보인다. 따라서 구름 최상부에서 방출하는 적외선 복사 에너지양은 상대적으로 밝게 보이는 영역 ㉠이 상대적으로 어둡게 보이는 영역 ㉡보다 적다.

문제풀이 **Tip**

구름 최상부의 높이가 높아 온도가 낮으면 적외선을 방출하는 복사 에너지양이 감소하여 적외 영상에서 더 밝게 보인다는 것에 유의해야 한다.

---

8 태풍과 날씨

2024학년도 6월 평가원 13번 | 정답 ③ | 문제편 136p

출제의도 태풍 통과 시 관측한 기상 요소 자료를 해석하여 관측소의 위치를 파악하는 문항이다.

그림은 태풍의 영향을 받은 우리나라 어느 관측소에서 24시간 동안 관측한 표층 수온과 기상 요소를 시간에 따라 나타낸 것이다.

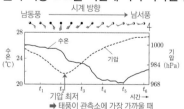

➡ 태풍이 관측소에 가장 가까울 때

이 자료에 대한 설명으로 옳은 것만을 〈보기〉에서 있는 대로 고른 것은? [3점]

보기
ㄱ. 이 기간 동안 관측소는 태풍의 위험 반원에 위치하였다.
ㄴ. 관측소와 태풍 중심 사이의 거리는 t_2가 t_4보다 가깝다.
ㄷ. $t_2 \rightarrow t_4$ 동안 수온 변화는 태풍에 의한 해수 침강에 의해 발생하였다.
　　　　　　　　　　　　　　　　　　　　　　　 용승

① ㄱ　　② ㄷ　　③ ㄱ, ㄴ　　④ ㄴ, ㄷ　　⑤ ㄱ, ㄴ, ㄷ

✔ 자료 해석

• 관측 기간 동안 풍향은 남동풍 → 남서풍으로 변하였다. 즉, 관측소에서 풍향은 시계 방향으로 변하였다.
• 기압은 점점 하강하다가 t_2 시각 부근에 가장 낮았고, 표층 수온은 대체로 하강하다가 t_5 시각에 가장 낮았다. 기압이 가장 낮은 시각에 태풍 중심은 관측소에 가장 가까웠으며, 태풍이 통과한 후에 태풍의 영향으로 표층 수온이 낮아졌다.

○ 보기 풀이 ㄱ. 이 기간 동안 풍향이 시계 방향으로 변하였으므로 관측소는 태풍 진로의 오른쪽인 위험 반원에 위치하였다.

ㄴ. 관측소와 태풍 중심 사이의 거리가 가장 가까울 때 기압이 가장 낮으므로, 관측소와 태풍 중심 사이의 거리는 t_2일 때가 t_4일 때보다 가깝다.

✕ 매력적 오답 ㄷ. 열대 저기압인 태풍이 해수면 위를 지나갈 때, 태풍 중심 부근의 해역에서는 강한 바람에 의해 해수의 혼합이 일어나고, 저기압성 바람에 의해 태풍 중심부의 표층 해수가 발산하여 용승이 일어나 표층 수온이 하강한다. $t_2 \rightarrow t_4$ 동안 표층 수온은 지속적으로 하강하였는데, 이는 태풍에 의한 해수의 혼합과 용승에 의해 발생한 것이다.

문제풀이 **Tip**

북반구에서는 지속적으로 부는 고기압성 바람에 의해 고기압 중심부의 표층 해수가 수렴하여 침강이 일어나고, 지속적으로 부는 저기압성 바람에 의해 저기압 중심부의 표층 해수가 발산하여 용승이 일어난다는 것에 유의해야 한다.

Part II 수능·평가원

2023학년도 **수능** 7번 | 정답 ② | 문제편 **136 p**

출제 의도 태풍 통과 시 기압 분포와 강수량 분포 자료를 해석하여 여러 지점의 풍속과 공기의 연직 운동을 비교하고 풍향을 파악하는 문항이다.

그림 (가)는 어느 날 18시의 지상 일기도에 태풍의 이동 경로를 나타낸 것이고, (나)는 이 시기에 태풍에 의해 발생한 강수량 분포를 나타낸 것이다.

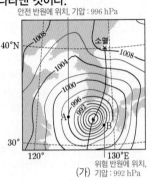

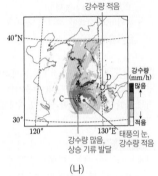

(가)

(나)

이 자료에 대한 설명으로 옳은 것만을 〈보기〉에서 있는 대로 고른 것은? [3점]

┌─ 보기 ─────────────────────────────┐
ㄱ. 풍속은 A 지점이 B 지점보다 ~~크다.~~
　　　　　　　　　　　　　　　작다.
ㄴ. 공기의 연직 운동은 C 지점이 D 지점보다 활발하다.
ㄷ. C 지점에서는 ~~남풍~~ 계열의 바람이 분다.
　　　　　　　　북풍
└──────────────────────────────────┘

① ㄱ ② ㄴ ③ ㄷ ④ ㄱ, ㄴ ⑤ ㄴ, ㄷ

✓ 자료 해석

- (가) : A 지점은 태풍 이동 경로의 왼쪽인 안전 반원에 위치하고, B 지점은 태풍 이동 경로의 오른쪽인 위험 반원에 위치하며, 기압은 A 지점이 B 지점보다 높다.
- (나) : C 지점은 강수량이 많고, D 지점은 강수량이 적다. 태풍의 중심에는 약한 하강 기류가 나타나 강수량이 거의 없는 태풍의 눈이 위치하므로, C 지점은 D 지점보다 태풍의 눈에 가깝다.

⊙ 보기 풀이 ㄴ. 태풍은 강한 저기압이므로 상승 기류가 발달하여 구름이 두껍게 형성되며, 태풍 중심으로 갈수록 기압이 낮아져 태풍 중심부로 갈수록 대체로 구름이 더욱 두껍게 발달하고 강수량이 많아진다. 하지만 태풍의 중심에서는 약한 하강 기류가 나타나 구름이 없는 맑은 날씨가 나타난다. 따라서 태풍 중심으로부터의 거리가 가깝고 강수량이 많은 C 지점이 태풍 중심으로부터의 거리가 멀고 강수량이 적은 D 지점보다 공기의 연직 운동이 활발하다.

✕ 매력적 오답 ㄱ. 위험 반원에서는 태풍의 이동 방향과 태풍 내 바람 방향이 같아 풍속이 상대적으로 강하고, 안전 반원에서는 태풍의 이동 방향과 태풍 내 바람 방향이 반대여서 풍속이 상대적으로 약하다. A 지점은 안전 반원, B 지점은 위험 반원에 위치하므로, 풍속은 A 지점이 B 지점보다 작다.

ㄷ. 태풍은 저기압이므로 우리나라 부근에 위치한 태풍에서는 바람이 중심을 향해 시계 반대 방향으로 불어 들어간다. 따라서 태풍 중심의 왼쪽(서쪽)에 위치한 C 지점에서는 북풍 계열의 바람이 분다.

문제풀이 Tip

안전 반원과 위험 반원에서의 풍향과 풍속을 비교하는 문항, 태풍 중심으로부터의 거리에 따른 구름의 두께, 강수량, 기압을 비교하는 문항이 자주 출제되므로, 이에 대해 잘 학습해 두자.

2023학년도 9월 **평가원** 1번 | 정답 ① | 문제편 **136 p**

출제 의도 뇌우, 우박, 황사의 발생 원인과 발생 조건, 발생 시기에 대해 이해하는 문항이다.

다음은 뇌우, 우박, 황사에 대하여 학생 A, B, C가 나눈 대화를 나타낸 것이다.

제시한 내용이 옳은 학생만을 있는 대로 고른 것은?

① A ② B ③ A, C ④ B, C ⑤ A, B, C

✓ 자료 해석

- 뇌우는 적운 단계에서는 강한 상승 기류에 의해 적운이 발달하고, 성숙 단계에서는 상승 기류와 하강 기류가 함께 나타나며 강한 돌풍과 함께 천둥과 번개, 소나기, 우박 등이 동반된다. 소멸 단계에서는 약한 하강 기류가 나타나면서 구름이 소멸된다.
- 우박은 주로 적란운 내에서 강한 상승 기류를 타고 발생하고, 구름 내에서 상승과 하강을 반복하며 성장한다.
- 황사는 건조한 겨울철이 지나고 토양이 녹기 시작하는 봄철에 자주 발생한다. 발원지에서는 저기압이 발달해 강한 상승 기류가 일어나 모래 먼지가 상공으로 올라가고, 발생지에서는 고기압이 발달해 하강 기류가 일어나 지표로 가라앉을 때 잘 발생한다.

⊙ 보기 풀이 A. 뇌우의 발달 단계는 적운 단계 → 성숙 단계 → 소멸 단계를 거친다. 소나기와 천둥, 번개, 우박 등을 동반하는 발달 단계는 성숙 단계이다.

✕ 매력적 오답 B. 우박은 0 ℃ 이하의 차가운 물방울이 얼음 결정 주위에 얼어붙은 것으로, 주로 적란운 속에서 강한 상승 기류에 의해 상승과 하강을 반복하며 성장하며, 무거워지면 지표로 떨어진다. 따라서 우박은 주로 적운형 구름(적란운)에서 발생한다.

C. 우리나라에서 황사는 주로 봄철에 나타난다.

문제풀이 Tip

악기상에 대한 문항은 주로 기본 개념을 묻는 형식으로 출제되므로, 악기상의 종류와 개념, 발생 조건 및 피해 정도에 대해 정리해 두자.

11 태풍과 날씨

출제 의도 태풍의 기압, 풍향, 풍속, 강수량 변화 자료를 해석하여 관측소에서의 날씨와 공기의 연직 운동을 파악하는 문항이다.

그림은 태풍의 영향을 받은 우리나라 어느 관측소에서 24시간 동안 관측한 시간에 따른 기압, 풍향, 풍속, 시간당 강수량을 순서 없이 나타낸 것이다. 이 기간 동안 태풍의 눈이 관측소를 통과하였다.

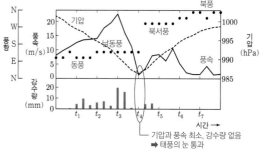

기압과 풍속 최소, 강수량 없음
➡ 태풍의 눈 통과

이 자료에 대한 설명으로 옳은 것만을 〈보기〉에서 있는 대로 고른 것은? [3점]

보기
ㄱ. 관측소에서 풍속이 가장 강하게 나타난 시각은 t_3이다.
ㄴ. 관측소에서 태풍의 눈이 통과하기 전에는 ~~서풍~~ 계열의 바람이 불었다.　동풍
ㄷ. 관측소에서 공기의 연직 운동은 t_3이 t_4보다 활발하다.

① ㄱ　　② ㄴ　　③ ㄷ　　④ ㄱ, ㄷ　　⑤ ㄴ, ㄷ

✔ 자료 해석

• 태풍의 눈이 통과할 때 기압이 가장 낮고 풍속이 약하며, 날씨가 비교적 맑으므로 강수량이 없거나 적다. ➡ t_4일 때 태풍의 눈이 관측소를 통과하였다.

• 태풍의 눈 주변에서 풍속이 가장 강하므로 실선은 풍속, 점선은 기압, 점은 풍향을 나타낸다.

○ 보기풀이　ㄱ. 실선은 풍속을 나타내므로 관측소에서 풍속이 가장 강하게 나타난 시각은 태풍의 눈이 통과하기 전인 t_3이다.

ㄷ. 공기의 연직 운동이 활발할수록 상승 기류나 하강 기류가 강하다. t_3일 때는 태풍의 눈이 통과하기 전이므로 강한 상승 기류가 나타났고, t_4일 때는 태풍의 눈이 통과하고 있으므로 약한 하강 기류가 나타났다. 따라서 관측소에서 공기의 연직 운동은 t_3이 t_4보다 활발하다.

✕ 매력적 오답　ㄴ. 관측소에 태풍의 눈이 통과한 시각은 t_4 부근이며, 태풍의 눈이 통과하기 전에는 대체로 동풍 계열의 바람이 불었고, 태풍의 눈이 통과한 후에는 대체로 북풍 계열의 바람이 불었다.

문제풀이 Tip

공기의 연직 운동은 상승 기류 또는 하강 기류를 의미한다. 일반적으로 저기압의 중심에서는 상승 기류가 나타나지만, 태풍의 눈에서는 약한 하강 기류가 나타나고 태풍의 눈 주변에서 강한 상승 기류가 나타난다는 것에 유의해야 한다.

출제 의도 적외 영상을 해석하여 구름 최상부의 고도를 비교하고, 태풍 통과 시 기상 요소의 변화를 통해 관측소의 위치를 파악하는 문항이다.

그림 (가)는 어느 태풍이 우리나라 부근을 지나는 어느 날 21시에 촬영한 적외 영상에 태풍 중심의 이동 경로를 나타낸 것이고, (나)는 다음 날 05시부터 3시간 간격으로 우리나라 어느 관측소에서 관측한 기상 요소를 나타낸 것이다.

이 자료에 대한 설명으로 옳은 것만을 〈보기〉에서 있는 대로 고른 것은? [3점]

> **보기**
> ㄱ. (가)에서 태풍의 최상층 공기는 주로 바깥쪽으로 불어 나간다.
> ㄴ. (가)에서 구름 최상부의 고도는 B 지역이 A 지역보다 높다. 낮다.
> ㄷ. 관측소는 태풍의 안전 반원에 위치하였다. 위험 반원

① ㄱ ② ㄴ ③ ㄱ, ㄷ ④ ㄴ, ㄷ ⑤ ㄱ, ㄴ, ㄷ

✓ **자료 해석**

• (가)는 적외 영상으로, 구름의 최상부 높이가 높을수록 밝게 보이고, 구름의 최상부 높이가 낮을수록 어둡게 보인다. A는 B보다 밝게 보이므로 구름의 최상부 높이가 높다.

• (나)에서 05시에는 동남동풍, 08시에는 남동풍, 11시에는 남서풍이 불었으므로 풍향이 시계 방향으로 바뀌었다.

• 태풍 이동 경로의 왼쪽 지역은 안전 반원으로 풍향이 시계 반대 방향으로 바뀌고, 오른쪽 지역은 위험 반원으로 풍향이 시계 방향으로 바뀐다.

O **보기 풀이** ㄱ. 태풍은 저기압이므로 중심부에서는 상승 기류가 발달하며, 상승한 공기는 태풍의 최상층에서 더 이상 상승하지 못하고 바깥쪽으로 불어 나간다.

✕ **매력적 오답** ㄴ. (가)는 적외 영상이므로 구름의 최상부 고도가 높을수록 밝게 보인다. 따라서 구름 최상부의 고도는 더 밝게 보이는 A 지역이 상대적으로 어둡게 보이는 B 지역보다 높다.

ㄷ. (나)에서 풍향은 동남동풍 → 남동풍 → 남서풍으로 바뀌었다. 태풍의 이동 경로의 오른쪽 지역인 위험 반원에서는 시계 방향으로 풍향이 바뀌므로 관측소는 위험 반원에 위치하였다.

문제풀이 **Tip**

적외 영상에서는 온도가 낮을수록 밝게 보인다는 것을 알아야 한다. 구름 최상부 고도가 높을수록 구름의 온도가 낮으므로, 적외 영상에서 구름 최상부의 고도는 밝게 보일수록 높다는 것에 유의해야 한다.

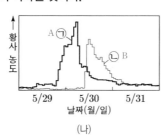
13 황사

출제 의도 황사의 발원지와 이동 방향을 파악하여 황사 농도와 발생 시기를 비교하는 문항이다.

그림 (가)는 우리나라에 영향을 준 어느 황사의 발원지와 관측소 A와 B의 위치를 나타낸 것이고, (나)는 A와 B에서 측정한 이 황사 농도를 ㉠과 ㉡으로 순서 없이 나타낸 것이다.

(가)   (나)

이 황사에 대한 설명으로 옳은 것만을 〈보기〉에서 있는 대로 고른 것은?

보기
ㄱ. A에서 측정한 황사 농도는 ㉠이다.

ㄴ. 발원지에서 5월 30일에 발생하였다.
    5월 30일 이전에

ㄷ. 무역풍을 타고 이동하였다.
    편서풍

① ㄱ   ② ㄴ   ③ ㄱ, ㄷ   ④ ㄴ, ㄷ   ⑤ ㄱ, ㄴ, ㄷ

✓ 자료 해석

• 황사는 중국과 몽골의 사막 지대나 황토 지대에서 겨울 동안 얼어 있던 땅이 봄철이 되어 녹으면서 강한 저기압에 의해 모래 먼지가 상공으로 떠올라 편서풍을 타고 이동하다가 고기압이 위치하는 지역에서 하강 기류에 의해 내려앉으면서 발생하는 악기상이다.

• (가)에서 황사의 발원지는 우리나라의 북서쪽 중국의 내륙 지역에 위치하며, 남동쪽으로 이동하여 우리나라의 A와 B 지역에 차례로 영향을 주었다.

• (나)에서 황사의 농도는 ㉠이 ㉡보다 높고, 먼저 발생하였으므로 ㉠은 A, ㉡은 B이다.

◯ 보기풀이 ㄱ. 황사의 이동 방향으로 보아 B보다 A에 황사가 먼저 도달하였으므로 A에서 측정한 황사 농도는 ㉠에 해당한다.

✕ 매력적 오답 ㄴ. 황사 농도가 5월 30일 전후로 가장 높아진 것으로 보아 우리나라에서 황사는 5월 29일~30일에 발생하였다. 따라서 발원지에서 황사는 5월 30일 이전에 발생하였다.

ㄷ. 황사는 발원지에서 대체로 동쪽으로 이동하였으므로, 편서풍을 타고 우리나라로 이동하였다.

문제풀이 Tip

황사의 발원지와 발생 과정, 이동 방향에 대해 묻는 문항이 자주 출제되므로 이에 대한 내용을 잘 학습해 두자.

---

14 태풍

출제 의도 안전 반원에 위치한 관측소에서 태풍의 위치에 따른 기압과 풍속 변화를 해석하는 문항이다.

그림 (가)는 어느 태풍이 이동하는 동안 관측소 P에서 관측한 기압과 풍속을 ㉠과 ㉡으로 순서 없이 나타낸 것이고, (나)는 이 기간 중 어느 한 시점에 촬영한 가시 영상에 태풍의 이동 경로, 태풍의 눈의 위치, P의 위치를 나타낸 것이다.

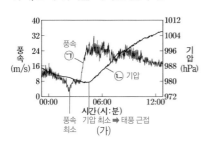   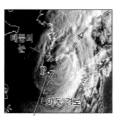

풍속   기압 최소 ➡ 태풍 근접   안전 반원에 (나)
최소   (가)   위치한다.

이 자료에 대한 설명으로 옳은 것만을 〈보기〉에서 있는 대로 고른 것은? [3점]

보기
ㄱ. 기압은 ㉠이다.
        ㉡

ㄴ. (가)의 기간 동안 P에서 풍향은 시계 반대 방향으로 변했다.

ㄷ. (나)의 영상은 (가)에서 풍속이 최소일 때 촬영한 것이다.
                        풍속이 최소일 때 촬영한 것이 아니다.

① ㄱ   ② ㄴ   ③ ㄷ   ④ ㄱ, ㄴ   ⑤ ㄴ, ㄷ

✓ 자료 해석

• (가) : 관측소 P에 태풍이 다가오는 동안 기압은 점점 낮아지다가 관측소에서 멀어짐에 따라 기압은 다시 높아진다. 따라서 ㉠은 풍속, ㉡은 기압의 관측 자료이며, 기압이 가장 낮은 04~05시 사이에 태풍이 관측소를 통과하였다.

• (나) : 관측소 P는 태풍 이동 경로의 왼쪽에 위치하므로 안전 반원에 위치하며, 태풍의 눈은 P보다 북동쪽에 위치하므로 가시 영상을 찍은 시각은 태풍이 관측소를 통과한 이후이다. 또한 가시 영상으로 촬영한 것으로 보아 해가 뜬 이후의 시각이다.

◯ 보기풀이 ㄴ. P는 태풍 이동 경로의 왼쪽인 안전 반원에 위치한다. 따라서 (가)의 기간 동안 P에서 풍향은 시계 반대 방향으로 변했다.

✕ 매력적 오답 ㄱ. 태풍이 관측소 부근을 향해 다가오는 동안 기압은 감소하다 관측소 부근을 지나 멀어지면서 기압은 점차 증가한다. 따라서 (가)에서 기압은 ㉡이다.

ㄷ. (가)에서 풍속이 최소일 때는 새벽 2~3시경으로 태풍이 관측소 부근을 통과하기 전이며, 이 시각에는 가시 영상으로 관측이 불가능하다.

문제풀이 Tip

어느 지역에 태풍의 눈이 통과하였다면 풍속은 급격하게 작아졌다 급격하게 증가하는 변화를 보이지만, 기압은 점차 감소했다가 증가한다는 것에 유의해야 한다.

15 태풍과 날씨

출제 의도 태풍의 물리량을 나타낸 자료를 해석하여 태풍 중심으로부터의 거리에 따른 강수량, 기압, 풍속의 변화 특징과 태풍의 구조를 파악하고, 기압 변화에 따른 등압선 간격의 변화를 비교하는 문항이다.

그림은 잘 발달한 태풍의 물리량을 태풍 중심으로부터의 거리에 따라 개략적으로 나타낸 것이다. A, B, C는 해수면 상의 강수량, 기압, 풍속을 순서 없이 나타낸 것이다.

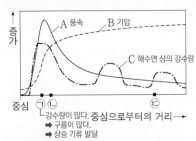

이에 대한 설명으로 옳은 것만을 〈보기〉에서 있는 대로 고른 것은?

┌─ 보기 ─────────────────────────
ㄱ. B는 <del>강수량</del>이다.
　　　　기압
ㄴ. 지역 ㉠에서는 상승 기류가 나타난다.
ㄷ. 일기도에서 등압선 간격은 지역 ㉢에서가 지역 ㉡에서보다 <del>조밀하다.</del> 넓다.
└──────────────────────────────

① ㄱ　　② ㄴ　　③ ㄷ　　④ ㄱ, ㄴ　　⑤ ㄴ, ㄷ

✔ 자료 해석

• A는 태풍 중심부로 갈수록 증가하다가 태풍 중심에서 급격하게 감소하므로 풍속이다.
• B는 태풍 중심으로 갈수록 감소하며 태풍 중심부에서 급격하게 감소하므로 기압이다.
• C는 증가와 감소가 반복되며, 증가 구간에서 태풍 중심부로 갈수록 값이 커지므로 해수면 상의 강수량이다.

○ 보기 풀이 태풍은 중심부로 갈수록 바람이 강해지다가 태풍의 눈에서 약해지며, 중심으로 갈수록 기압은 계속 낮아진다. 따라서 태풍 중심부에서 멀어질수록 감소하는 A는 풍속이고, 태풍의 눈이 형성된 태풍 중심에서 가장 낮고 태풍 중심으로부터 멀어질수록 높아지는 B는 기압이며, C는 구름벽이 발달한 곳에서 높게 나타나는 해수면 상의 강수량이다.

ㄴ. 해수면 상의 강수량(C)은 ㉠에서 가장 많다. 따라서 이 지역에는 상승 기류가 나타나 두꺼운 적란운이 발달해 있을 것이다.

✖ 매력적 오답 ㄱ. A는 풍속, B는 기압, C는 해수면 상의 강수량이다.

ㄷ. 기압 차가 클수록 일기도에서 등압선이 조밀하게 나타난다. 기압(B) 변화는 ㉡ 부근에서 급격하게 나타나고 ㉢ 부근에서 완만하게 나타나므로, 일기도에서 등압선 간격은 ㉡에서가 ㉢에서보다 조밀하다.

문제풀이 Tip

태풍 중심으로부터의 거리에 따른 물리량 변화를 비교해서 알아 두고, 태풍의 구름벽은 상대적으로 상승 기류가 우세한 곳에 나타나는 것에 유의해야 한다.

16 우박의 생성

출제 의도 우박의 월별 누적 발생 일수와 평균 크기 자료를 해석하고, 빙정이 우박으로 성장하기 위한 조건과 여름철에 우박의 크기가 커지는 주요 원인을 파악하는 문항이다.

그림 (가)는 지난 20년간 우리나라에서 관측한 우박의 월별 누적 발생 일수와 월별 평균 크기를 나타낸 것이고, (나)는 뇌우에서 우박이 성장하는 과정을 나타낸 모식도이다.

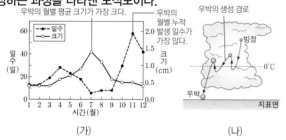

(가)   (나)

이 자료에 대한 설명으로 옳은 것만을 〈보기〉에서 있는 대로 고른 것은?

보기
ㄱ. 우박은 7월에 가장 빈번하게 발생하였다. (11월)
ㄴ. (나)에서 빙정이 우박으로 성장하기 위해서는 과냉각 물방울이 필요하다.
ㄷ. 상승 기류는 여름철 우박의 크기가 커지는 주요 원인이다.

① ㄱ ② ㄴ ③ ㄷ ④ ㄱ, ㄴ ⑤ ㄴ, ㄷ

✔ 자료 해석

- (가)에서 우박의 월별 누적 발생 일수가 최소인 시기는 7월이고 최대인 시기는 11월이며, 우박의 월별 평균 크기가 최소인 시기는 12월~3월 사이이고 최대인 시기는 7월이다.
- (나)에서 우박은 적란운 내에서 강한 상승 기류를 타고 상승과 하강을 반복하며 성장한다.

○ 보기 풀이 ㄴ. 우박은 강한 상승 기류가 발달한 적란운 내에서 빙정이 상승과 하강을 반복하는 동안 과냉각 물방울(0 ℃ 이하의 차가운 물방울)이 얼어붙으면서 큰 얼음덩어리로 변하여 땅 위로 떨어지는 현상이다.

ㄷ. 우박은 주로 적란운에서 강한 상승 기류를 타고 발생하므로, 상승 기류는 여름철 우박의 크기가 커지는 주요 원인이다.

✕ 매력적 오답 ㄱ. (가)에서 우박의 월별 누적 발생 일수는 7월에 가장 적고, 11월에 가장 많다. 우박은 한여름에는 잘 발생하지 않는데, 날씨가 매우 더울 때는 우박이 떨어지는 동안에 녹아서 없어지기 때문이다.

문제풀이 Tip
우리나라에서 발생하는 주요 악기상 중 뇌우, 우박, 황사에 대해 묻는 문항이 주로 출제되므로, 주요 3가지 악기상의 발생 과정과 영향을 비교해서 알아 두자.

---

17 태풍과 날씨

출제 의도 태풍의 기압, 풍속, 풍향 자료를 해석하여 관측소의 위치를 파악하고, 태풍 중심까지의 최단 거리를 비교하는 문항이다.

그림 (가)와 (나)는 어느 날 동일한 태풍의 영향을 받은 우리나라 관측소 A와 B에서 측정한 기압, 풍속, 풍향의 변화를 순서 없이 나타낸 것이다.

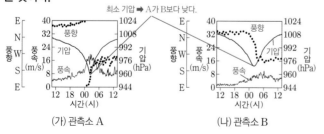

(가) 관측소 A   (나) 관측소 B

이 자료에 대한 설명으로 옳은 것만을 〈보기〉에서 있는 대로 고른 것은?

보기
ㄱ. 최대 풍속은 B가 A보다 크다. (작다.)
ㄴ. 태풍 중심까지의 최단 거리는 A가 B보다 가깝다.
ㄷ. B는 태풍의 안전 반원에 위치한다.

① ㄱ ② ㄴ ③ ㄱ, ㄷ ④ ㄴ, ㄷ ⑤ ㄱ, ㄴ, ㄷ

✔ 자료 해석

- 시간이 지남에 따라 낮아지다가 높아지는 굵은 실선은 기압이고, 대체로 높아지다가 낮아지는 얇은 실선은 풍속이며, 점선은 풍향이다.
- 관측소 A에서는 풍향이 북동풍 → 남동풍 → 남서풍으로 시계 방향으로 변했고, 관측소 B에서는 풍향이 북동풍 → 북서풍 → 남서풍으로 시계 반대 방향으로 변했다.

○ 보기 풀이 ㄴ. 태풍의 중심에 가까운 지역일수록 최소 기압이 낮고 최대 풍속이 크다. 태풍이 지나가는 동안 A가 B보다 최소 기압이 낮고 최대 풍속이 크므로, 태풍 중심까지의 최단 거리는 A가 B보다 가깝다.

ㄷ. 태풍의 안전 반원(왼쪽 반원)에 위치하면 풍향이 시계 반대 방향으로 변하고, 위험 반원(오른쪽 반원)에 위치하면 풍향이 시계 방향으로 변한다. 태풍이 통과하는 동안 관측소 B는 풍향이 시계 반대 방향(북동풍 → 북서풍 → 남서풍)으로 변했으므로 태풍의 안전 반원에 위치한다.

✕ 매력적 오답 ㄱ. 태풍이 가까이 접근할수록 기압은 낮아지고 풍속은 대체로 커지므로, 시간이 지남에 따라 대체로 높아지다가 낮아지는 얇은 실선이 풍속이다. 따라서 최대 풍속은 B가 A보다 작다.

문제풀이 Tip
태풍은 열대 저기압이므로 중심으로 갈수록 기압이 낮아진다. 따라서 태풍 중심이 접근하면 기압이 낮아지고 태풍 중심이 멀어지면 기압이 높아지는 것을 알아 두자.

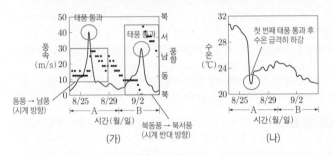
18 태풍과 날씨

출제 의도 태풍의 풍향, 풍속 변화 자료를 해석하여 태풍의 이동 경로와 안전 반원, 위험 반원을 구분하고, 같은 시기의 어느 해양에서 측정한 수온 변화를 파악하는 문항이다.

그림 (가)는 우리나라의 어느 해양 관측소에서 관측된 풍속과 풍향 변화를, (나)는 이 관측소의 표층 수온 변화를 나타낸 것이다. A와 B는 서로 다른 두 태풍의 영향을 받은 기간이다.

이 자료에 대한 설명으로 옳은 것만을 〈보기〉에서 있는 대로 고른 것은? [3점]

보기
ㄱ. A 시기에 태풍의 눈은 관측소를 통과하였다.
　　　　　　　　　　　　　　　통과하지 않았다.
ㄴ. B 시기에 관측소는 태풍의 안전 반원에 위치하였다.
ㄷ. A 시기의 급격한 수온 하강은 B 시기에 통과하는 태풍을
　 강화시켰다.
　 약화시켰다.

① ㄱ　　② ㄴ　　③ ㄷ　　④ ㄱ, ㄴ　　⑤ ㄴ, ㄷ

✔ 자료 해석

• (가)에서 A 시기와 B 시기에 각각 태풍이 통과하였고, 첫 번째 태풍이 통과하는 동안 풍향은 동풍에서 남풍으로 바뀌었으며, 두 번째 태풍이 통과하는 동안 풍향은 북동풍에서 북서풍으로 바뀌었다.
• (나)에서 A 시기에 첫 번째 태풍이 통과했을 때 표층 수온이 급격히 낮아졌다.

O 보기 풀이　ㄴ. B 시기의 풍향이 북동풍 → 북풍 → 북서풍 → 서풍 → 남서풍으로 시계 반대 방향으로 변하는 것으로 보아 관측소가 태풍의 안전 반원에 위치한다는 것을 알 수 있다.

✕ 매력적 오답　ㄱ. 태풍의 눈이 통과하는 동안 풍속은 급격히 감소해야 하지만, (가)에서 A 시기에 풍속이 급격히 감소하는 때가 나타나지 않는 것으로 보아 태풍의 눈이 관측소를 통과하지 않았다.
ㄷ. 태풍의 에너지원은 수증기의 숨은열이므로 A 시기의 급격한 수온 하강은 수증기 공급을 차단해 B 시기의 태풍을 약화시켰다.

문제풀이 Tip

태풍이 관측소 부근을 통과하는 동안 기압은 낮아지고, 풍속은 커지며, 위험 반원에서는 풍향이 시계 방향으로, 안전 반원에서는 풍향이 시계 반대 방향으로 변한다. 이때 태풍이 관측소를 통과한다면 약한 하강 기류가 발달하여 맑고 바람이 거의 불지 않는 태풍의 눈이 관측소를 지나게 되므로 풍속은 급격하게 감소했다가 다시 증가하며, 기압은 태풍 중심이 통과하는 시각에 가장 낮다는 것에 유의해야 한다.

선택지 비율 ① 1% ② 5% ③ 2% ❹ 75% ⑤ 14%

19 기상 위성 영상과 일기도 해석

출제 의도 기상 위성 영상 자료를 해석하여 구름 최상부의 높이를 비교하고, 일기도의 등압선 간격을 이용하여 두 지역의 풍속을 비교하는 문항이다.

그림 (가)는 어느 날 05시 우리나라 주변의 적외 영상을, (나)는 다음 날 09시 지상 일기도를 나타낸 것이다.

적외 영상에서 밝게 나타난다. ➡ 온도가 낮다. ➡ 구름 최상부의 고도가 높다.

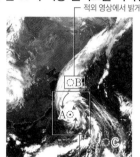

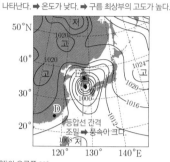

화살표(바람 방향)의 오른쪽 90°
(가)   방향으로 해수 이동(발산) ➡ 용승   (나)

이 자료에 대한 설명으로 옳은 것만을 〈보기〉에서 있는 대로 고른 것은?

〈보기〉
ㄱ. (가)의 A 해역에서 표층 해수의 침강이 나타난다.
   용승
ㄴ. (가)에서 구름 최상부의 고도는 B가 C보다 높다.
ㄷ. (나)에서 풍속은 E가 D보다 크다.

① ㄱ   ② ㄷ   ③ ㄱ, ㄴ   ④ ㄴ, ㄷ   ⑤ ㄱ, ㄴ, ㄷ

✓ **자료 해석**

• (가) : A는 태풍의 중심부이다. 적외 영상에서 A와 B는 밝게 나타나므로, 구름의 최상부 고도가 높다.
• (나) : 등압선 간격은 D보다 E에서 조밀하므로, D보다 E에서 풍속이 크다.

○ **보기 풀이** ㄴ. 적외 영상은 물체가 온도에 따라 방출하는 적외선 에너지양의 차이를 이용하는 것으로, 온도가 높을수록 어둡게, 온도가 낮을수록 밝게 나타난다. 따라서 구름의 최상부 높이가 높을수록 온도가 낮아서 밝게 나타나므로, (가)에서 구름 최상부의 고도는 B가 C보다 높다.
ㄷ. (나)의 일기도에서 풍속은 등압선의 간격이 조밀한 E가 D보다 크다.

✕ **매력적 오답** ㄱ. 해수의 평균적인 이동은 북반구에서 바람 방향의 오른쪽 90° 방향으로 나타난다. 따라서 북반구에서는 시계 반대 방향으로 지속적으로 부는 저기압성 바람에 의해 표층 해수의 발산이 일어나 용승이 나타난다. (가)의 A 해역은 태풍의 중심부에 위치하므로, 저기압성 바람이 불고 표층 해수의 용승이 나타난다.

문제풀이 Tip

북반구에서는 고기압성 바람에 의해 해수의 침강이, 저기압성 바람에 의해 해수의 용승이 일어나는 것을 알아 두고, 적외 영상에서는 구름의 온도가 낮을수록 밝게 나타나는 것에 유의해야 한다.

선택지 비율 ① 12% ❷ 24% ③ 13% ④ 25% ⑤ 23%

20 태풍과 날씨

출제 의도 태풍의 풍속 분포 자료를 해석하여 태풍의 이동 방향을 결정하고 태풍 상층 바람의 방향을 파악하는 문항이다.

그림은 북반구 해상에서 관측한 태풍의 하층(고도 2 km 수평면) 풍속 분포를 나타낸 것이다.

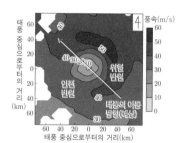

이에 대한 설명으로 옳은 것만을 〈보기〉에서 있는 대로 고른 것은? (단, 등압선은 태풍의 이동 방향 축에 대해 대칭이라고 가정한다.) [3점]

〈보기〉
ㄱ. 태풍은 북동 방향으로 이동하고 있다.
   북서 방향
ㄴ. 태풍 중심 부근의 해역에서 수온 약층의 차가운 물이 용승한다.
ㄷ. 태풍의 상층 공기는 반시계 방향으로 불어 나간다.
   시계 방향

① ㄱ   ② ㄴ   ③ ㄷ   ④ ㄱ, ㄴ   ⑤ ㄴ, ㄷ

✓ **자료 해석**

• 북동쪽이 남서쪽보다 태풍의 풍속이 크므로, 태풍 중심의 북동쪽이 위험 반원이고 남서쪽이 안전 반원이다.
• 북반구에서 바람이 태풍 중심을 향해 시계 반대 방향으로 지속적으로 불면 표층 해수의 발산이 일어난다.

○ **보기 풀이** ㄴ. 북반구에서는 해수의 평균적인 이동이 바람 방향의 오른쪽 90° 방향으로 나타나므로, 시계 반대 방향으로 지속적으로 부는 저기압성 바람에 의해 표층 해수의 발산이 일어난다. 따라서 태풍 중심 부근의 해역에서는 수온 약층의 차가운 물이 용승한다.

✕ **매력적 오답** ㄱ. 태풍의 하층 풍속 분포로 보아 태풍 중심의 북동쪽이 위험 반원이고 남서쪽이 안전 반원이다. 따라서 태풍은 북서 방향으로 이동하고 있다.
ㄷ. 태풍의 중심부에서 공기가 상승하며, 태풍의 상층 공기는 지구 자전의 영향으로 시계 방향으로 불어 나간다.

문제풀이 Tip

태풍에서 상대적으로 풍속이 큰 곳이 위험 반원인 것을 알아 두고, 지표 부근에서는 태풍 중심을 향해 바람이 시계 반대 방향으로 불어 들어오지만, 태풍의 상층 공기는 시계 방향으로 불어 나가는 것에 유의해야 한다.

03 해수의 성질

1 해수의 성질

2025학년도 **수능** 2번 | 정답 ⑤ | 문제편 **142 p**

출제 의도 깊이에 따른 수온과 염분 분포 자료를 해석하여 계절별 해수의 층상 구조와 특성을 파악하는 문항이다.

그림 (가)와 (나)는 북반구 어느 해역에서 1년 동안 관측한 깊이에 따른 수온과 염분 분포를 나타낸 것이다.

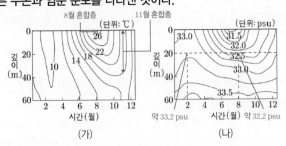

(가)   (나)

이 자료에 대한 설명으로 옳은 것만을 〈보기〉에서 있는 대로 고른 것은?

보기
ㄱ. 혼합층의 두께는 8월이 11월보다 얇다.
ㄴ. 깊이 20 m 해수의 염분은 2월이 8월보다 높다.
ㄷ. 표층 해수의 밀도는 2월이 8월보다 크다.

① ㄱ ② ㄷ ③ ㄱ, ㄴ ④ ㄴ, ㄷ ⑤ ㄱ, ㄴ, ㄷ

✓ 자료 해석
• 혼합층은 표층 부근에서 깊이에 따라 수온이 거의 일정한 층이다. (가)에서 혼합층은 8월에는 표층 부근에 얇게 형성되고, 11월에는 깊이 30 m 이상까지 형성되어 있다.
• (나)에서 깊이 20 m의 염분은 2월에 약 33.2 psu이고, 8월에 약 32.2 psu이다.
• (가)에서 표층 수온은 2월에 10 ℃ 이하이고, 8월에 26 ℃ 이상이다.
• (나)에서 표층 염분은 2월에 약 33.0 psu이고, 8월에 약 31.25 psu이다.

○ 보기 풀이 ㄱ. 혼합층은 깊이에 따라 수온이 거의 일정한 층이다. (가)에서 11월은 깊이 30 m 이상까지 수온이 일정하기 때문에 8월보다 혼합층의 두께가 두껍다.
ㄴ. (나)에서 깊이 20 m 해수의 염분을 비교해 보면, 2월은 약 33.2 psu이고, 8월은 약 32.2 psu이다. 따라서 깊이 20 m 해수의 염분은 2월이 8월보다 높다.
ㄷ. 수온이 낮을수록, 염분이 높을수록 해수의 밀도는 크다. 표층 해수의 수온은 2월이 8월보다 낮고, 염분은 2월이 8월보다 높으므로, 표층 해수의 밀도는 2월이 8월보다 크다.

문제풀이 **Tip**
북반구에서 관측한 자료이므로 8월은 여름철, 2월은 겨울철이라는 것을 가장 먼저 떠올리도록 한다. 우리나라는 여름철보다 겨울철에 바람이 강하게 불어 혼합층이 두껍게 발달한다는 것을 알아 두자.

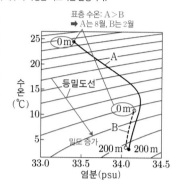

2 수온 - 염분도

출제 의도 계절에 따른 수온 염분도를 해석하여 해수의 특성을 비교하는 문항이다.

그림은 우리나라 동해의 어느 해역에서 깊이 0~200 m의 해수 특성을 A 시기와 B 시기에 각각 측정하여 수온 – 염분도에 나타낸 것이다. A와 B는 2월과 8월을 순서 없이 나타낸 것이다.

이 자료에 대한 설명으로 옳은 것만을 〈보기〉에서 있는 대로 고른 것은?

표층 수온: A>B
➡ A는 8월, B는 2월

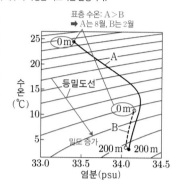

보기

ㄱ. A의 해수 밀도는 ~~표층이 깊이 200 m~~보다 크다.
　　　　　　　깊이 200 m가 표층보다

ㄴ. B는 2월이다.

ㄷ. 수온만을 고려할 때, 표층에서 산소 기체의 용해도는 A가 B보다 작다.

① ㄱ 　② ㄴ 　③ ㄱ, ㄷ 　④ ㄴ, ㄷ 　⑤ ㄱ, ㄴ, ㄷ

✔ **자료 해석**

• A의 표층 수온은 약 24 ℃이고, B의 표층 수온은 약 10 ℃이므로 표층 수온이 높은 A가 여름철인 8월에 측정한 자료이고, 표층 수온이 낮은 B가 겨울철인 2월에 측정한 자료이다.

• 해수의 밀도는 수온이 낮을수록, 염분이 높을수록 크며, 수온 염분도에서 밀도는 오른쪽 아래로 갈수록 증가한다.

○ **보기풀이** ㄴ. 표층 수온은 태양 복사 에너지의 영향을 크게 받으므로 우리나라는 여름철이 겨울철보다 표층 수온이 높다. 따라서 A는 8월, B는 2월이다.
ㄷ. 산소 기체의 용해도는 수온이 낮을수록, 염분이 낮을수록, 수압이 클수록 증가한다. 따라서 수온만을 고려할 때 표층에서 산소 기체의 용해도는 수온이 높은 A가 B보다 작다.

✕ **매력적 오답** ㄱ. A의 해수 밀도는 수온이 높고 염분이 낮은 표층보다 수온이 낮고 염분이 높은 깊이 200 m가 크다.

문제풀이 Tip

표층 수온은 태양 복사 에너지의 영향을 가장 크게 받고, 해수의 밀도는 수온과 염분의 영향을 받으며, 기체의 용해도는 수온, 염분, 수압의 영향을 받는다는 것을 알아 두자.

3 해수의 성질

2025학년도 6월 평가원 4번 | 정답 ① | 문제편 **142p**

출제 의도 해수의 연직 수온 변화에 영향을 미치는 요인을 탐구 활동을 통해 이해하는 문항이다.

다음은 해수의 연직 수온 변화에 영향을 미치는 요인 중 일부를 알아보기 위한 실험이다.

[실험 과정]

(가) 그림과 같이 수조에 소금물을 채우고 온도계를 수면으로부터 각각 깊이 1, 3, 5, 7, 9 cm에 위치하도록 설치한 후 각 온도계의 눈금을 읽는다.

(나) <u>전등을 켜고 15분이 지났을 때 각 온도계의 눈금을 읽는다.</u> 가열→표층 수온 상승

(다) 전등을 켠 상태에서 수면을 향해 휴대용 <u>선풍기로 바람을 일으키면서</u> 3분이 지났을 때 각 온도계의 눈금을 읽는다. 바람→물의 혼합→혼합층 형성

(라) 과정 (가)~(다)에서 측정한 깊이에 따른 온도 변화를 각각 그래프로 나타낸다.

[실험 결과]

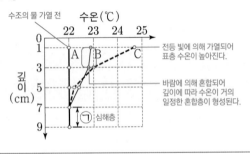

이 자료에 대한 설명으로 옳은 것만을 〈보기〉에서 있는 대로 고른 것은?

보기
ㄱ. (나)의 결과는 C에 해당한다.
ㄴ. 바람의 영향에 의한 수온 변화의 폭은 깊이 1 cm가 3 cm보다 작다. 크다.
ㄷ. ㉠은 '수온 약층'에 해당한다. 심해층

① ㄱ   ② ㄴ   ③ ㄱ, ㄷ   ④ ㄴ, ㄷ   ⑤ ㄱ, ㄴ, ㄷ

✔ **자료 해석**

• (가)에서 온도계의 설치 깊이를 다르게 한 것은 깊이에 따른 수온 변화를 알아보기 위한 것이다.

• (나)에서 일정한 시간 동안 전등을 켠 것은 실제 자연에서 태양 복사 에너지에 의해 해수가 가열되는 것을 의미한다.

• (다)에서 선풍기로 바람을 일으킨 것은 실제 자연에서 해수 표층에서 부는 바람의 영향을 알아보기 위한 것이다.

• 실험 결과 A는 표층 수온이 낮고 깊이에 따른 수온 변화가 없으므로 전등을 켜기 전이다. C는 B보다 표층 수온이 높으므로 전등에 의해 가열이 일어난 후이고, B는 바람에 의해 수면 아래의 물이 혼합되어 표층 수온이 낮아지면서 깊이에 따라 수온이 거의 일정한 구간이 나타나므로 선풍기 바람을 일으킨 후이다.

○ **보기 풀이** ㄱ. 깊이에 따라 수온이 같은 A는 실험 장치를 설치한 직후인 (가), 표층 수온이 가장 높은 C는 전등의 빛과 열에너지에 의해 표층이 가열된 (나), 표층 수온은 C에 비해 낮고 5 cm 깊이의 수온은 C에 비해 높은 B는 바람에 의해 표층부터 일정 깊이까지의 물이 섞인 (다)에 해당한다.

✗ **매력적 오답** ㄴ. C는 바람을 일으키기 전, B는 바람을 일으킨 후의 수온 분포이다. 바람의 영향에 의해 깊이 1 cm에서는 수온이 1 ℃ 이상 낮아졌으나 깊이 3 cm에서는 0.2 ℃ 가량 낮아졌다. 따라서 바람의 영향에 의한 수온 변화의 폭은 깊이 1 cm가 3 cm보다 크다.

ㄷ. 수온 약층은 깊이에 따라 수온이 급격하게 낮아지는 층이고, 심해층은 수온 약층 아래에 수온이 낮고 깊이에 따라 수온이 일정한 층이다. ㉠은 깊이에 따라 수온이 일정한 층이므로 심해층에 해당한다.

문제풀이 Tip

해수의 층상 구조가 나타나는 것은 태양 복사 에너지와 바람의 영향 때문이라는 것을 알아야 한다. 표층에서 수심이 깊어질수록 수온이 낮아지는 것은 태양 복사 에너지의 영향이고, 표층에서 깊이에 따라 수온이 거의 일정한 층이 나타나는 것은 바람의 영향인 것을 알아 두자.

4 해수의 물리량

출제 의도 실험을 통해 담수의 유입과 해수의 결빙이 해수의 염분에 미치는 영향을 알아보는 문항이다.

다음은 담수의 유입과 해수의 결빙이 해수의 염분에 미치는 영향을 알아보기 위한 실험이다.

[실험 과정]

(가) 수온이 15 ℃, 염분이 35 psu인 소금물 600 g을 만든다.

(나) (가)의 소금물을 비커 A와 B에 각각 300 g씩 나눠 담는다.

(다) A의 소금물에 수온이 15 ℃인 증류수 50 g을 섞는다. — 담수의 유입을 의미

(라) B의 소금물을 표층이 얼 때까지 천천히 냉각시킨다. — 해수의 결빙을 의미

(마) A와 B에 있는 소금물의 염분을 측정하여 기록한다.

담수 증류수 / 소금물 해수 / A

해수의 결빙 / 얼음 / 소금물 해수 / B

[실험 결과]

비커	A	B
염분(psu)	(㉠) 35 psu보다 낮다.	(㉡) 35 psu보다 높다.

[결과 해석]

• 담수의 유입이 있는 해역에서는 해수의 염분이 감소한다.

• 해수의 결빙이 있는 해역에서는 해수의 염분이 (㉢). 증가한다

이에 대한 설명으로 옳은 것만을 〈보기〉에서 있는 대로 고른 것은?

┌─ 보기 ─────────────────────────┐
ㄱ. (다)는 담수의 유입에 의한 해수의 염분 변화를 알아보기 위한 과정에 해당한다.

ㄴ. ㉠은 ㉡보다 크다. 작다.

ㄷ. '감소한다'는 ㉢에 해당한다. '증가한다'
└──────────────────────────────┘

① ㄱ　　② ㄴ　　③ ㄷ　　④ ㄱ, ㄴ　　⑤ ㄱ, ㄷ

✔ 자료 해석

• 해수의 염분 증가 요인에는 증발, 해수의 결빙 등이 있고, 감소 요인에는 강수, 육지로부터 담수의 유입, 빙하의 융해 등이 있다.

• (다)는 담수의 유입 과정에 해당한다.

• (라)는 해수의 결빙 과정에 해당한다.

○ 보기 풀이　ㄱ. 증류수는 염분이 0 psu이므로 자연에서 담수에 대응될 수 있다. 따라서 소금물에 증류수를 섞는 (다)는 담수의 유입에 의한 해수의 염분 변화를 알아보기 위한 과정이다.

✕ 매력적 오답　ㄴ. A는 추가된 증류수에 의해 소금물의 염분이 35 psu보다 낮아지고, B는 표층이 얼면서 물의 양은 줄고 녹아 있는 소금의 양은 유지되므로 소금물의 염분이 35 psu보다 높아진다. 따라서 ㉠은 ㉡보다 작다.

ㄷ. '증가한다'가 ㉢에 해당한다.

문제풀이 **Tip**

해수의 염분에 영향을 주는 요인을 알아 두고, 해수의 염분 변화에 영향을 주는 요인이 실험으로 제시되었을 때 각 과정이 어떤 요인을 의미하는지 구분할 수 있어야 한다.

5 해수의 성질

출제 의도 우리나라에서 월별 표층 수온과 표층 염분, 혼합층의 두께 자료를 해석하여 계절에 따른 해수의 특성을 비교하는 문항이다.

그림 (가)는 우리나라 어느 해역의 표층 수온과 표층 염분을, (나)는 이 해역의 혼합층 두께를 나타낸 것이다. (가)의 A와 B는 각각 표층 수온과 표층 염분 중 하나이다.

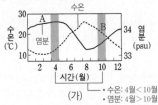

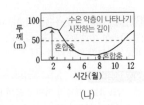

(가)
• 수온: 4월<10월
• 염분: 4월>10월

(나)

이 자료에 대한 설명으로 옳은 것만을 〈보기〉에서 있는 대로 고른 것은? [3점]

보기

ㄱ. 표층 해수의 밀도는 4월이 10월보다 크다.

ㄴ. 수온 약층이 나타나기 시작하는 깊이는 1월이 7월보다 깊다.

ㄷ. 표층과 깊이 50 m 해수의 수온 차는 2월이 8월보다 크다.
　　　　　　　　　　　　　　　　　　　　　　　　　작다.

① ㄱ　　② ㄷ　　③ ㄱ, ㄴ　　④ ㄴ, ㄷ　　⑤ ㄱ, ㄴ, ㄷ

✔ **자료 해석**

• (가) : A는 여름철에 가장 낮으므로 표층 염분을 나타낸 것이고, B는 여름철에 가장 높으므로 표층 수온을 나타낸 것이다.

• (나) : 혼합층의 두께는 바람이 강하게 부는 겨울철에 두껍고 여름철에 얇다.

○ **보기 풀이** ㄱ. 해수의 밀도는 수온이 낮을수록, 염분이 높을수록 크다. A는 표층 염분, B는 표층 수온이므로 표층 수온은 4월이 10월보다 낮고, 표층 염분은 4월이 10월보다 높다. 따라서 표층 해수의 밀도는 4월이 10월보다 크다.

ㄴ. 수온 약층은 혼합층 아래에 분포하므로, 혼합층의 두께가 두꺼울수록 수온 약층이 나타나기 시작하는 깊이가 깊다. 따라서 수온 약층이 나타나기 시작하는 깊이는 1월이 7월보다 깊다.

✖ **매력적 오답** ㄷ. 혼합층 내에서는 수온이 대체로 같으므로 깊이에 따른 수온 차이가 없거나 매우 작다. 2월에는 혼합층의 두께가 50 m보다 두껍고, 8월에는 혼합층의 두께가 50 m보다 얇다. 따라서 2월에는 표층과 깊이 50 m 해수의 수온 차이가 거의 없고, 8월에는 표층과 깊이 50 m 해수의 수온 차가 크다. 따라서 표층과 깊이 50 m 해수의 수온 차는 2월이 8월보다 작다.

문제풀이 Tip
우리나라에서 표층 수온은 여름철에 높고, 표층 염분은 비가 많이 오는 여름철에 낮다는 것으로부터 A, B를 구분한다. 혼합층의 두께가 두꺼울수록 수온 약층이 시작되는 깊이가 깊어진다는 것에 유의해야 한다.

---

6 수온-염분도 해석

출제 의도 서로 다른 시기에 측정한 해수의 수온과 염분을 나타낸 수온-염분도를 해석하여 해수의 성질과 층상 구조를 비교하는 문항이다.

그림은 어느 해역에서 A 시기와 B 시기에 각각 측정한 깊이 0~200 m의 해수 특성을 수온-염분도에 나타낸 것이다.

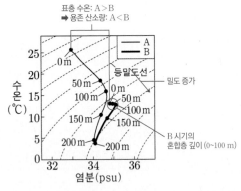

이 자료에 대한 설명으로 옳은 것만을 〈보기〉에서 있는 대로 고른 것은? [3점]

보기

ㄱ. A 시기에 깊이가 증가할수록 해수의 밀도는 증가한다.

ㄴ. 수온만을 고려할 때, 표층에서 산소 기체의 용해도는 A 시기가 B 시기보다 크다.
　　　　　　　　　　　　　　　　　　　　　　작다.

ㄷ. 혼합층의 두께는 A 시기가 B 시기보다 두껍다.
　　　　　　　　　　　　　　　　　　　얇다.

① ㄱ　　② ㄴ　　③ ㄷ　　④ ㄱ, ㄴ　　⑤ ㄱ, ㄷ

✔ **자료 해석**

• 0 m에서 수온은 A 시기가 B 시기보다 높고, 염분은 A 시기가 B 시기보다 낮다.

• A 시기에 깊이가 증가할수록 수온은 낮아지고, 염분은 깊이 약 100 m 까지는 높아지다가 깊이 약 100~200 m에서는 낮아진다.

• B 시기에 깊이 약 0~100 m까지는 수온이 거의 일정하므로 이 구간에 혼합층이 형성되어 있으며, 100 m보다 깊어질수록 수온은 낮아지고, 염분도 낮아진다.

• 수온-염분도에서 아래로 갈수록 수온이 낮아지고, 오른쪽으로 갈수록 염분이 높아지므로, 밀도는 오른쪽 아래로 갈수록 커진다.

○ **보기 풀이** ㄱ. 수온-염분도에서 등밀도선은 오른쪽 아래로 갈수록 큰 값을 가진다. A 시기에 깊이가 증가할수록 지나는 등밀도선의 값이 커지므로 해수의 밀도는 증가한다.

✖ **매력적 오답** ㄴ. 해수의 수온이 낮을수록 용존 산소량이 많다. B 시기가 A 시기보다 표층 수온이 낮으므로, 수온만을 고려할 때 표층에서 산소 기체의 용해도는 B 시기가 A 시기보다 크다.

ㄷ. 혼합층은 깊이에 따라 수온이 거의 일정한 구간이다. 따라서 혼합층의 두께는 B 시기가 A 시기보다 두껍다.

문제풀이 Tip
혼합층은 표층 부근에서 수온이 일정한 구간이므로, 수온-염분도에서 깊이 0 m부터 가로로 일정한 값이 나타나는 구간에 혼합층이 나타난다는 것에 유의해야 한다.

7 해수의 성질

출제의도 서로 다른 해역에서 깊이에 따른 수온과 용존 산소량 분포 차이를 이해하는 문항이다.

그림 (가)는 북대서양의 해역 A와 B의 위치를, (나)와 (다)는 A와 B에서 같은 시기에 측정한 물리량을 순서 없이 나타낸 것이다. ㉠과 ㉡은 각각 수온과 용존 산소량 중 하나이다.

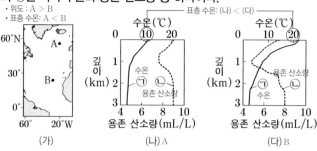

(가) (나) A (다) B

이 자료에 대한 설명으로 옳은 것만을 〈보기〉에서 있는 대로 고른 것은? [3점]

보기
ㄱ. (나)는 A에 해당한다.
ㄴ. 표층에서 용존 산소량이 A가 B보다 작다.
    (B가 A보다)
ㄷ. 수온 약층은 A가 B보다 뚜렷하게 나타난다.
    (B가 A보다)

① ㄱ ② ㄴ ③ ㄷ ④ ㄱ, ㄴ ⑤ ㄱ, ㄷ

✔ 자료 해석
- (가) : A 해역이 B 해역보다 고위도에 위치하므로, 표층 수온은 A 해역이 B 해역보다 낮다.
- (나)와 (다)에서 ㉠은 깊이가 깊어질수록 대체로 감소하고, ㉡은 표층에서 높고 깊이 약 1 km까지 감소하다가 깊이가 깊어질수록 대체로 증가한다. 따라서 ㉠은 수온, ㉡은 용존 산소량을 나타낸 것이다.
- ㉠은 표층에서 (나)보다 (다)에서 높으므로 (나)는 A 해역, (다)는 B 해역에서 측정한 것이다.

○ 보기풀이 수온은 깊이에 따라 대체로 감소하고, 용존 산소량은 표층에서 높고 깊이에 따라 감소하다가 심층에서 다시 증가한다. 따라서 ㉠은 수온, ㉡은 용존 산소량이다.

ㄱ. A는 B보다 고위도에 위치하여 표층 수온이 낮으므로 (나)는 A, (다)는 B에서 측정한 것이다.

✕ 매력적오답 ㄴ. 용존 산소량은 ㉡이므로 표층에서 용존 산소량은 (나)가 (다)보다 높다. 따라서 표층에서 용존 산소량은 A가 B보다 크다.

ㄷ. 수온 약층은 표층 수온이 높은 (다)에서 더 뚜렷하게 나타난다. 따라서 수온 약층은 B가 A보다 뚜렷하게 나타난다.

문제풀이 Tip
표층 수온은 태양 복사 에너지의 영향을 크게 받으므로 고위도로 갈수록 감소한다는 것에 유의하여 수온과 용존 산소량 그래프를 구분하도록 한다. 또한 수온 약층은 표층과 심층의 수온 차가 클수록 뚜렷하게 나타난다는 것에 유의한다.

---

8 해수의 성질

출제의도 수온과 염분이 다른 해수의 측정값을 비교하여 해수의 밀도를 비교하는 문항이다.

그림 (가)와 (나)는 어느 해역의 수온과 염분 분포를 각각 나타낸 것이고, (다)는 수온-염분도이다. A, B, C는 수온과 염분이 서로 다른 해수이고, ㉠과 ㉡은 이 해역의 서로 다른 수괴이다.

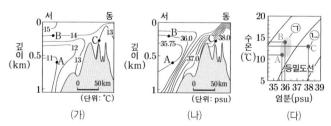

(가) (나) (다)

이 자료에 대한 설명으로 옳은 것만을 〈보기〉에서 있는 대로 고른 것은?

보기
ㄱ. B는 ㉡에 해당한다.
        (㉠)
ㄴ. A와 B의 수온에 의한 밀도 차는 A와 B의 염분에 의한 밀도 차보다 크다.
ㄷ. C의 수괴가 서쪽으로 이동하면, C의 수괴는 B의 수괴 아래쪽으로 이동한다.

① ㄱ ② ㄴ ③ ㄱ, ㄷ ④ ㄴ, ㄷ ⑤ ㄱ, ㄴ, ㄷ

✔ 자료 해석
- (가)와 (나)에서 A의 수온과 염분은 11 ℃, 35.75 psu이고, B의 수온과 염분은 14 ℃, 36 psu이며, C의 수온과 염분은 13 ℃, 38 psu이다.
  ➡ 수온 : A<C<B, 염분 : A<B<C, 밀도 : B<A<C
- A, B, C의 수온과 염분 값을 (다)의 수온-염분도에 나타내 보면, A와 B는 ㉠ 수괴에 속하고, C는 ㉡ 수괴에 속한다.
- (다)의 수온-염분도에서 밀도 값은 오른쪽 아래로 갈수록 증가하므로 ㉡이 ㉠보다 크다.

○ 보기풀이 ㄴ. A의 수온은 11 ℃, B의 수온은 14 ℃이므로 A와 B의 수온 차는 3 ℃이고, A의 염분은 35.75 psu, B의 염분은 36 psu이므로 A와 B의 염분 차는 0.25 psu이다. 따라서 A와 B의 수온에 의한 밀도 차는 A와 B의 염분에 의한 밀도 차보다 크다.

ㄷ. C는 ㉡, B는 ㉠에 해당하므로 밀도는 C의 수괴가 B의 수괴보다 크다. 따라서 C의 수괴가 서쪽으로 이동하면 B의 수괴 아래쪽으로 이동한다.

✕ 매력적오답 ㄱ. B는 수온이 14 ℃, 염분이 36 psu이므로 ㉠에 해당한다.

문제풀이 Tip
여러 지점에서 측정한 해수의 수온과 염분 자료와 수온-염분도를 해석하는 문항이 자주 출제된다. 해수의 밀도는 수온이 낮을수록, 염분이 높을수록 크므로 수온-염분도에서 대각선 방향으로 나타나는 등밀도선은 오른쪽 아래로 갈수록 값이 커진다는 것에 유의해야 한다.

9 수온 – 염분도

출제 의도 서로 다른 시기에 측정한 수온–염분도 자료를 해석하여 해수의 성질과 층상 구조를 비교하는 문항이다.

그림은 어느 중위도 해역에서 A 시기와 B 시기에 각각 측정한 깊이 0~50 m의 해수 특성을 수온 – 염분도에 나타낸 것이다.

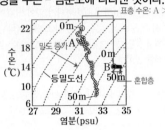

이 자료에 대한 설명으로 옳은 것만을 〈보기〉에서 있는 대로 고른 것은? [3점]

보기
ㄱ. 수온만을 고려할 때, 해수면에서 산소 기체의 용해도는 A가 B보다 크다. (작다.)
ㄴ. 수온이 14 ℃인 해수의 밀도는 A가 B보다 작다.
ㄷ. 혼합층의 두께는 A가 B보다 두껍다. (얇다.)

① ㄱ   ② ㄴ   ③ ㄷ   ④ ㄱ, ㄷ   ⑤ ㄴ, ㄷ

✓ 자료 해석
- A 시기에 깊이 0~50 m까지 수온은 감소하고, 염분과 밀도는 증가한다.
- B 시기에 깊이 0~50 m까지 수온은 거의 일정하고, 염분과 밀도는 증가한다.
- 기체의 용해도는 수온이 낮을수록 증가한다.
- 해수의 밀도는 수온이 낮을수록, 염분이 높을수록 증가한다.

○ 보기 풀이 ㄴ. 해수의 밀도는 수온이 낮을수록, 염분이 높을수록 증가하므로, 수온–염분도에서 등밀도선의 값은 오른쪽 아래로 갈수록 증가한다. 따라서 수온이 14 ℃인 해수의 밀도는 수온–염분도에서 더 왼쪽에 위치한 A가 B보다 작다.

✕ 매력적 오답 ㄱ. 기체의 용해도는 수온이 낮을수록 크다. 수온만을 고려할 때 해수면에서의 수온은 A가 B보다 높으므로, 해수면에서 산소 기체의 용해도는 A가 B보다 작다.
ㄷ. 혼합층은 깊이에 따라 수온이 거의 일정한 층이다. A에서는 해수면에서 50 m까지 수온이 계속 낮아지고 B에서는 해수면에서 50 m까지 수온이 거의 일정하므로, 혼합층의 두께는 A가 B보다 얇다.

문제풀이 Tip
혼합층은 표층 부근에 깊이에 따라 수온이 거의 일정한 층으로, 깊이에 따른 수온 분포에서는 일반적으로 가로축을 수온으로 나타내기 때문에 세로로 일정한 값이 나타날 경우 혼합층이지만, 수온–염분도는 일반적으로 세로축을 수온, 가로축을 염분으로 나타내기 때문에 가로로 일정한 값이 나타나는 경우가 혼합층이라는 것에 유의해야 한다.

---

10 해수의 층상 구조

출제 의도 해수의 연직 수온 자료를 해석하여 해수의 층상 구조를 파악하고, 두 해역의 해수 특성을 이해하는 문항이다.

그림 (가)와 (나)는 어느 해 A, B 시기에 우리나라 두 해역에서 측정한 연직 수온 자료를 각각 나타낸 것이다.

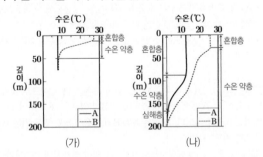

이에 대한 설명으로 옳은 것만을 〈보기〉에서 있는 대로 고른 것은? [3점]

보기
ㄱ. (가)에서 50 m 깊이의 수온과 표층 수온의 차이는 B가 A보다 크다.
ㄴ. A와 B의 표층 수온 차이는 (가)가 (나)보다 크다.
ㄷ. B의 혼합층 두께는 (나)가 (가)보다 두껍다.

① ㄱ   ② ㄷ   ③ ㄱ, ㄴ   ④ ㄴ, ㄷ   ⑤ ㄱ, ㄴ, ㄷ

✓ 자료 해석
- (가)에서 A는 표층 수온이 약 8 ℃이고, 깊이 80 m까지 수온 변화가 없다.
- (가)에서 B는 표층 수온이 약 27 ℃이고, 깊이 약 10 m까지는 수온 변화가 거의 없는 혼합층, 깊이 약 50 m까지는 수온이 급격하게 낮아지는 수온 약층이 형성되어 있다.
- (나)에서 A는 표층 수온이 약 13 ℃이고, 깊이 약 80 m까지는 수온 변화가 거의 없는 혼합층, 깊이 약 170 m까지는 수온이 급격하게 낮아지는 수온 약층이 형성되어 있다.
- (나)에서 B는 표층 수온이 약 26 ℃이고, 깊이 약 30 m까지는 수온 변화가 거의 없는 혼합층, 깊이 약 200 m까지는 수온이 급격하게 낮아지는 수온 약층이 형성되어 있다.

○ 보기 풀이 ㄱ. (가)에서 A는 표층에서 깊이 50 m까지 수온 변화가 없고, B는 표층에서 수온이 약 27 ℃이고 깊이 50 m에서 수온이 약 8 ℃이다. 따라서 (가)에서 50 m 깊이의 수온과 표층 수온의 차이는 B가 A보다 크다.
ㄴ. (가)에서 A의 표층 수온은 약 8 ℃, B의 표층 수온은 약 27 ℃이고, (나)에서 A의 표층 수온은 약 13 ℃, B의 표층 수온은 약 26 ℃이다. 따라서 A와 B의 표층 수온 차이는 (가)가 (나)보다 크다.
ㄷ. B의 혼합층 두께는 (가)에서는 약 10 m이고, (나)에서는 약 30 m이다. 따라서 B의 혼합층 두께는 (나)가 (가)보다 두껍다.

문제풀이 Tip
해수의 연직 수온 자료를 해석하여 층상 구조를 파악하고 특징을 묻는 문항은 탐구 문제로 출제되기도 하고, 해수의 밀도 분포와 연계하여 출제되기도 하므로, 해수의 성질에 대해 전반적으로 잘 알아 두자.

11 수온 – 염분도

출제 의도 서로 다른 시기에 측정한 수온 – 염분도를 해석하여 해수의 밀도, 산소의 용해도, 유입된 담수의 양을 비교하는 문항이다.

그림은 어느 고위도 해역에서 A 시기와 B 시기에 각각 측정한 깊이 50~500 m의 해수 특성을 수온 – 염분도에 나타낸 것이다. 이 해역의 수온과 염분은 유입된 담수의 양에 의해서만 변화하였다.

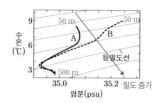

이 자료에 대한 설명으로 옳은 것만을 〈보기〉에서 있는 대로 고른 것은?

┌─ 보기 ─────────────────────────────
ㄱ. A 시기에 깊이가 증가할수록 밀도는 증가한다.

ㄴ. 50 m 깊이에서 산소의 용해도는 A 시기가 B 시기보다 높다.

ㄷ. 유입된 담수의 양은 A 시기가 B 시기보다 ~~적다.~~ 많다.
└────────────────────────────────────

① ㄱ　　② ㄷ　　③ ㄱ, ㄴ　　④ ㄴ, ㄷ　　⑤ ㄱ, ㄴ, ㄷ

✔ 자료 해석

• 해수의 밀도는 수온이 낮을수록, 염분이 높을수록 커지므로, 수온 – 염분도에서 밀도는 오른쪽 아래로 갈수록 증가한다. 즉, 등밀도선은 아래쪽으로 갈수록 값이 증가한다.

• 50 m 깊이에서 A 시기의 수온은 약 8.3 ℃, B 시기의 수온은 약 9 ℃이므로, 수온은 A 시기가 B 시기보다 낮다.

• 50 m 깊이에서 A 시기의 염분은 약 35.07 psu, B 시기의 염분은 약 35.24 psu이므로, 염분은 A 시기가 B 시기보다 낮다.

• 500 m 깊이에서 A 시기와 B 시기의 수온과 염분은 거의 같다.

○ 보기 풀이 ㄱ. 등밀도선은 아래쪽으로 갈수록 값이 커진다. 따라서 A 시기에 깊이가 깊어질수록 밀도는 증가한다.

ㄴ. 산소의 용해도는 수온이 낮을수록 높다. 50 m 깊이에서 수온은 A 시기가 B 시기보다 낮으므로 산소의 용해도는 A 시기가 B 시기보다 높다.

✘ 매력적 오답 ㄷ. 담수의 유입량이 많을수록 표층 염분이 낮아진다. 50 m 깊이에서 염분은 A 시기가 B 시기보다 낮으므로 유입된 담수의 양은 A 시기가 B 시기보다 많다.

문제풀이 Tip

해수의 밀도는 주로 수온과 염분의 영향을 받고, 산소의 용해도는 주로 수온의 영향을 받으며, 유입된 담수의 양에 따라 표층 염분이 변화한다는 것에 유의해야 한다.

Part II

수능 평가원

12 해수의 성질과 수온 – 염분도

출제 의도 우리나라 주변 해양의 표층 수온 자료를 해석하여 산소 기체의 용해도를 파악하고, 표층 해수의 수온과 염분을 수온 – 염분도에 나타내 밀도를 비교하는 문항이다.

그림 (가)는 어느 날 우리나라 주변 표층 해수의 수온과 염분 분포를, (나)는 수온 – 염분도를 나타낸 것이다.

염분이 낮다.
➡ 강물 유입
(가)

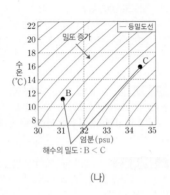

(나)

이 자료에서 해역 A, B, C의 표층 해수에 대한 설명으로 옳은 것만을 〈보기〉에서 있는 대로 고른 것은? [3점]

보기
ㄱ. 강물의 유입으로 A의 염분이 주변보다 낮다.
ㄴ. 밀도는 B가 C보다 작다.
ㄷ. 수온만을 고려할 때, 산소 기체의 용해도는 B가 C보다 작다.
                                                            크다.

① ㄱ   ② ㄷ   ③ ㄱ, ㄴ   ④ ㄴ, ㄷ   ⑤ ㄱ, ㄴ, ㄷ

✔ **자료 해석**
• (가)에서 A는 주변보다 염분이 낮으므로, 강물이 유입되고 있음을 알 수 있다.
• (가)에서 B의 수온은 약 11 ℃, 염분은 약 31 psu이고, C의 수온은 16 ℃, 염분은 약 34.5 psu이다. 이 값을 (나)의 수온 – 염분도에 나타내면 해수의 밀도를 비교할 수 있다.

○ **보기 풀이** 수온–염분도(T–S도)는 해수의 특성을 나타내는 그래프로, 가로축에 염분을 나타내고 세로축에 수온을 나타낸다.
ㄱ. (가)의 염분 자료를 보면 해안에 위치한 A에서 먼 바다 쪽으로 갈수록 염분이 높아진다. 따라서 A에는 강물이 유입되고 있음을 알 수 있다.
ㄴ. 해수의 밀도는 수온과 염분을 모두 고려해야 한다. B에서 수온은 약 11 ℃, 염분은 약 31 psu이고, C에서 수온은 16 ℃, 염분은 약 34.5 psu이다. 이 값을 수온 – 염분도에 나타내면, 해수의 밀도는 B가 C보다 작다.

✖ **매력적 오답** ㄷ. 해수의 용존 기체량은 수온(기체의 용해도)뿐만 아니라 대기압, 염분, 생물 활동 등의 영향을 받는다. 한편 수온만을 고려할 때, 기체의 용해도는 수온이 낮을수록 커진다. 따라서 산소 기체의 용해도는 수온이 낮은 B가 수온이 높은 C보다 크다.

문제풀이 Tip
해수의 수온과 염분을 수온 – 염분도에 나타내 밀도를 파악하는 연습을 해 두고, 수온 – 염분도에서 해수의 밀도는 오른쪽 아래로 갈수록 커지는 것에 유의해야 한다.

---

13 해수의 표층 염분

출제 의도 연평균 (증발량–강수량) 값을 나타낸 자료를 해석하여 대기 대순환에 의해 형성된 기압대를 파악하고, 표층 염분을 비교하는 문항이다.

그림은 북대서양의 연평균 (증발량–강수량) 값 분포를 나타낸 것이다.

이 자료에 대한 설명으로 옳은 것만을 〈보기〉에서 있는 대로 고른 것은?

[3점]

연평균 (증발량–강수량) 값이 −50 cm/년보다 작다.
연평균 (증발량–강수량) 값이 150 cm/년보다 크다.

보기
ㄱ. 연평균 (증발량–강수량) 값은 B 지점이 A 지점보다 크다.
ㄴ. B 지점은 대기 대순환에 의해 형성된 저압대에 위치한다.
                                                      고압대 부근
ㄷ. 표층 염분은 C 지점이 B 지점보다 높다.
                                        낮다.

① ㄱ   ② ㄴ   ③ ㄱ, ㄷ   ④ ㄴ, ㄷ   ⑤ ㄱ, ㄴ, ㄷ

✔ **자료 해석**
• 연평균 (증발량–강수량) 값은 A 지점이 −50 cm/년보다 작고 C 지점이 −100 cm/년보다 작으므로, A와 C 지점은 표층 염분이 낮다.
• B 지점의 연평균 (증발량–강수량) 값은 150 cm/년보다 크므로, B 지점은 표층 염분이 높다.

○ **보기 풀이** ㄱ. 연평균 (증발량–강수량) 값은 A 지점에서 −50 cm/년보다 작고 B 지점에서 150 cm/년보다 크므로, B 지점이 A 지점보다 크다.

✖ **매력적 오답** ㄴ. 대기 대순환에 의해 저압대가 형성되는 곳은 상승 기류가 발달하여 강수량이 증발량보다 많으므로 표층 염분이 낮다. 반면 B 지점은 연평균 (증발량–강수량) 값이 크므로 표층 염분이 높으며, 대기 대순환에 의해 형성된 고압대 부근에 위치한다.
ㄷ. 증발량이 강수량보다 많은 고압대에서는 표층 염분이 높게 나타나며, 강수량이 증발량보다 많은 저압대에서는 표층 염분이 낮게 나타난다. 따라서 표층 염분은 C 지점(적도 저압대 부근)이 B 지점(중위도 고압대 부근)보다 낮다.

문제풀이 Tip
표층 염분의 증가 요인에는 증발량 증가, 해수의 결빙 등이 있고, 감소 요인에는 강수량 증가, 육지로부터의 담수 유입, 빙하의 융해 등이 있다는 것을 구분하여 알아 두자.

14 표층 수온과 수온 – 염분도

출제 의도 해수의 수온, 염분, 밀도의 관계를 이해하고, 태평양의 서로 다른 해역에서 관측한 해수의 수온과 염분 값을 이용해 해수의 밀도를 비교하고 특징을 파악하는 문항이다.

그림 (가)는 태평양의 해역 A, B, C를, (나)는 이 세 해역에서 관측한 수온과 염분을 수온 – 염분도에 ㉠, ㉡, ㉢으로 순서 없이 나타낸 것이다.

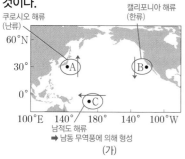
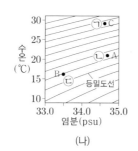

(가)　　　(나)

이에 대한 설명으로 옳은 것만을 〈보기〉에서 있는 대로 고른 것은?

┌─ 보기 ─────────────────────────┐
ㄱ. A의 관측값은 ㉡이다.

ㄴ. A, B, C 중 해수의 밀도가 가장 큰 해역은 B이다.

ㄷ. C에 흐르는 해류는 무역풍에 의해 형성된다.
└─────────────────────────────┘

① ㄱ　　② ㄷ　　③ ㄱ, ㄴ　　④ ㄴ, ㄷ　　⑤ ㄱ, ㄴ, ㄷ

✓ **자료 해석**

- (가) : A 해역에는 저위도에서 고위도로 난류인 쿠로시오 해류가 흐르고, B 해역에는 고위도에서 저위도로 한류인 캘리포니아 해류가 흐르며, C 해역에는 남동 무역풍에 의해 형성된 남적도 해류가 동쪽에서 서쪽으로 흐른다.
- (나) : 수온은 ㉠ > ㉡ > ㉢이고, 염분은 ㉡ > ㉠ > ㉢이다.
- 해수의 밀도는 수온이 낮을수록, 염분이 높을수록 크다.

○ **보기 풀이** ㄱ. A 해역에는 난류가 흐르고, B 해역에는 한류가 흐르며, C 해역은 가장 저위도에 위치한다. 수온은 저위도일수록 높고, 같은 위도에서는 난류가 한류보다 높으므로 A의 관측값은 ㉡, B의 관측값은 ㉢, C의 관측값은 ㉠이다.

ㄴ. 등밀도선의 밀도는 수온 – 염분도에서 오른쪽 아래로 갈수록 커지므로 ㉢인 B의 밀도가 가장 크다.

ㄷ. C 해역에는 남동 무역풍에 의해 형성된 남적도 해류가 흐른다.

문제풀이 Tip

해수의 수온은 대체로 저위도로 갈수록 높고, 대양의 서쪽은 난류의 영향으로 같은 위도의 동쪽 해역보다 수온이 높다는 것에 유의해야 한다.

---

15 해수의 수온 변화

출제 의도 계절에 따른 해수의 연직 수온 분포 자료를 해석하여 층상 구조의 특징을 파악하는 문항이다.

그림은 북반구 중위도 어느 해역에서 1년 동안 관측한 수온 변화를 등수온선으로 나타낸 것이다.

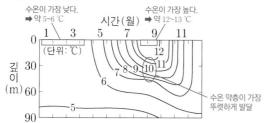

이 자료에 대한 설명으로 옳은 것만을 〈보기〉에서 있는 대로 고른 것은?

┌─ 보기 ─────────────────────────┐
ㄱ. 표층에서 수온의 연교차는 10 ℃보다 크다.

ㄴ. 수온 약층은 9월이 5월보다 뚜렷하게 나타난다.

ㄷ. 6 ℃ 등수온선은 5월이 11월보다 깊은 곳에서 나타난다.
└─────────────────────────────┘

① ㄱ　　② ㄴ　　③ ㄱ, ㄷ　　④ ㄴ, ㄷ　　⑤ ㄱ, ㄴ, ㄷ

✓ **자료 해석**

- 해수는 깊이에 따른 수온 분포에 따라 혼합층, 수온 약층, 심해층으로 구분한다.
- 표층 수온은 1~4월에 가장 낮고, 8~9월에 가장 높으며, 심해층의 수온은 약 5 ℃로 거의 일정하다.

○ **보기 풀이** ㄴ. 수온 약층은 깊이에 따라 수온이 급격하게 변하는 층이다. 9월에는 깊이 약 30 m부터 90 m까지 수온이 약 7 ℃ 낮아지지만, 5월에는 표층에서 깊이 90 m까지 수온이 약 1 ℃ 낮아졌다. 따라서 수온 약층은 9월이 5월보다 더 뚜렷하다는 것을 알 수 있다.

✗ **매력적 오답** ㄱ. 표층 수온은 1~4월에 5~6 ℃로 가장 낮고, 8~9월에 12~13 ℃로 가장 높으므로 수온의 연교차는 10 ℃보다 작다.

ㄷ. 6 ℃ 등수온선은 5월에 깊이 50 m 부근, 11월은 80 m 부근에 나타나므로, 5월이 11월보다 얕은 곳에서 나타난다.

문제풀이 Tip

심해층의 수온은 거의 일정하므로 수온 약층은 표층 수온이 높을수록 뚜렷하게 나타나며, 깊이에 따라 등수온선의 간격이 조밀한 구간에 수온 약층이 나타난다는 것에 유의해야 한다.

Part II

수능평가원

16 우리나라 주변 표층 해수의 성질

출제 의도 우리나라 주변 표층 해류의 종류와 성질을 이해하고, 수온-염분도에서 동한 난류와 북한 한류를 파악하는 문항이다.

그림 (가)는 우리나라 주변 해역 A, B, C를, (나)는 세 해역 표층 해수의 수온과 염분을 수온-염분도에 나타낸 것이다. B와 C의 수온과 염분 분포는 각각 ㉠과 ㉡ 중 하나이다.

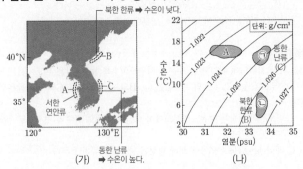

(가)

(나)

이 자료에 대한 설명으로 옳은 것만을 〈보기〉에서 있는 대로 고른 것은?

보기
ㄱ. ㉡은 B에 해당한다.
ㄴ. 해수의 밀도는 A가 C보다 크다. 작다.
ㄷ. B와 C의 해수 밀도 차이는 수온보다 염분의 영향이 더 크다. 작다.

① ㄱ ② ㄴ ③ ㄱ, ㄷ ④ ㄴ, ㄷ ⑤ ㄱ, ㄴ, ㄷ

✔ 자료 해석

• (가) : A는 서한 연안류, B는 북한 한류, C는 동한 난류의 영향을 받는다.
• (나) : ㉠은 ㉡보다 수온이 높으므로, ㉠은 동한 난류이고 ㉡은 북한 한류이다.

○ 보기 풀이

ㄱ. 동한 난류는 대한 해협에서 대마 난류(쓰시마 난류)로부터 갈라져 나와 동해안을 따라 북상하고, 북한 한류는 연해주 한류의 지류로 동해안을 따라 남하한다. 따라서 B는 북한 한류, C는 동한 난류의 영향을 받는다. 동한 난류는 북한 한류보다 수온이 높으므로, (나)에서 수온이 높은 ㉠은 동한 난류(C)에 해당하고 수온이 낮은 ㉡은 북한 한류(B)에 해당한다.

✕ 매력적 오답

ㄴ. C는 ㉠에 해당하므로, 해수의 밀도는 A가 C보다 작다.
ㄷ. 해수의 밀도는 주로 수온과 염분에 의해 결정되며 수온이 낮을수록, 염분이 높을수록 커진다. B(㉡)와 C(㉠)는 염분이 거의 같으므로, B와 C의 해수 밀도 차이는 염분보다 수온의 영향이 더 크다.

문제풀이 Tip

수온-염분도에서 오른쪽 아래로 갈수록 밀도가 커지는 것을 알아 두고, 염분이 같은 경우 난류는 한류에 비해 수온이 높으므로 밀도가 작은 것에 유의해야 한다.

17 해수의 성질과 심층 순환의 형성

2021학년도 6월 평가원 4번 | 정답 ⑤ | 문제편 146 p

출제 의도 실험을 통해 해수의 염분에 영향을 미치는 요인을 알아보고, 남극 저층수의 형성 과정을 파악하는 문항이다.

다음은 해수의 염분에 영향을 미치는 요인을 알아보기 위한 실험이다.

[실험 과정]

(가) 염분이 34.5 psu인 소금물 900 mL를 만들고, 3개의 비커에 각각 300 mL씩 나눠 담는다.

(나) 각 비커의 소금물에 다음과 같이 각각 다른 과정을 수행한다.

과정	실험 방법
A	담수에 해당 <u>증류수</u> 100 mL를 넣어 섞는다. ➡ 염분 감소
B	10분간 가열하여 증발시킨다. ➡ 염분 증가
C	표층이 얼음으로 덮일 정도까지 천천히 <u>얼린다</u> ➡ 염분 증가 결빙에 해당

(다) 각 비커에 있는 소금물의 염분을 측정하여 기록한다.

[실험 결과]

과정	A	B	C
염분(psu)	㉠ 34.5 이하	㉡ 34.5 이상	㉢ 34.5 이상

이에 대한 설명으로 옳은 것만을 〈보기〉에서 있는 대로 고른 것은? [3점]

보기
ㄱ. 담수의 유입에 의한 염분 변화를 알아보기 위한 과정은 A에 해당한다.
ㄴ. 실험 결과에서 34.5보다 큰 값은 ㉡과 ㉢이다.
ㄷ. 남극 저층수가 형성되는 과정은 C에 해당한다.

① ㄱ ② ㄴ ③ ㄱ, ㄷ ④ ㄴ, ㄷ ⑤ ㄱ, ㄴ, ㄷ

✓ 자료 해석
• A 과정에서 소금물에 증류수를 넣어 섞는 것은 해수에 담수가 유입되는 과정에 해당한다.
• B 과정에서 소금물을 가열하여 증발시키면 염분이 높아진다.
• C 과정에서 소금물을 표층이 얼음으로 덮일 정도까지 얼리면 염분이 높아진다.

○ 보기 풀이 ㄱ. 염분이 34.5 psu인 소금물에 증류수 100 mL를 넣어 섞으면 염분이 낮아진다. 해수에 담수가 유입되면 표층 염분이 낮아지므로, 담수의 유입에 의한 염분 변화를 알아보기 위한 과정은 A에 해당한다.

ㄴ. A 과정에서 소금물은 염분이 낮아지므로, ㉠은 34.5보다 작다. B 과정에서 염분이 34.5 psu인 소금물을 10분간 가열하여 증발시키면 염분이 높아지므로, ㉡은 34.5보다 크다. C 과정에서 염분이 34.5 psu인 소금물을 표층이 얼음으로 덮일 정도까지 천천히 얼리면 염분이 높아지므로, ㉢은 34.5보다 크다.

ㄷ. 남극 대륙 주변의 웨델해에서 기온이 낮아지면 표층 해수가 얼게 되는데 얼음이 형성되는 과정에서 염분이 높아지며, 수온이 낮은 물은 밀도가 커서 남극 저층수를 형성한다. 따라서 남극 저층수가 형성되는 과정은 C에 해당한다.

문제풀이 Tip

심층 순환의 형성 과정을 알아보기 위한 실험을 제시한 문항에서는 남극 저층수, 북대서양 심층수의 형성 과정과 관련하여 출제될 수 있으므로 확실하게 알아 두자.

Part II 수능 평가원

04 해수의 순환

선택지 비율　❶ 54%　② 10%　③ 4%　④ 29%　⑤ 4%

1 대기 대순환과 표층 해류

2025학년도 수능 9번 | 정답 ① | 　문제편 148 p

출제 의도 대기 대순환에 의한 연평균 풍속 자료를 해석하여 대기 대순환의 종류와 특징을 이해하고, 대기 대순환의 바람에 의해 형성되는 표층 해류를 파악하는 문항이다.

그림은 대기 대순환에 의해 지표 부근에서 부는 바람의 남북 방향과 동서 방향의 연평균 풍속을 ㉠과 ㉡으로 순서 없이 나타낸 것이다. (＋)는 남풍과 서풍, (－)는 북풍과 동풍에 해당한다.

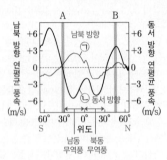

이에 대한 설명으로 옳은 것만을 〈보기〉에서 있는 대로 고른 것은?
[3점]

보기
ㄱ. ㉠은 남북 방향의 연평균 풍속이다.
ㄴ. A의 해역에는 멕시코 만류가 흐른다.
　　　　　　　　　　　흐르지 않는다.
ㄷ. B에서는 대기 대순환의 직접 순환이 나타난다.
　　　　　　　　　　　　　　간접 순환

① ㄱ　　② ㄴ　　③ ㄷ　　④ ㄱ, ㄴ　　⑤ ㄱ, ㄷ

✓ 자료 해석

• 위도 약 0°~30° 사이에서는 북동 무역풍과 남동 무역풍이 분다. 위도 0°~30° 사이에서 ㉠은 (＋)와 (－)가 모두 나타나고, ㉡은 (－)만 나타나므로 ㉠은 남북 방향의 연평균 풍속, ㉡은 동서 방향의 연평균 풍속을 나타낸다.

• 위도 약 0°~30°N에서는 북동 무역풍이 불므로 ㉠과 ㉡ 모두 (－)이고, 위도 약 0°~30°S에서는 남동 무역풍이 불므로 ㉠은 (＋), ㉡은 (－)이다. 따라서 위도 0°를 기준으로 왼쪽은 남반구, 오른쪽은 북반구이다.

• A는 남반구에 위치한다.

• B는 위도 30°N~60°N 사이에 위치하므로 페렐 순환이 나타난다.

○ 보기 풀이 ㄱ. 위도 약 0°~30°N 사이는 북동 무역풍이, 위도 약 0°~30°S 사이는 남동 무역풍이 불고 있으므로 각각 (＋)와 (－)로 나타난 ㉠이 남북 방향의 연평균 풍속이고, 둘 다 (－)로 나타난 ㉡이 동서 방향의 연평균 풍속이다.

✕ 매력적 오답 ㄴ. 남풍이 (＋), 동풍이 (－)이므로 ㉠은 (＋), ㉡은 (－)로 나타난 위도 0°~30°가 남동 무역풍이 부는 남반구이다. 따라서 A 해역은 남반구에 위치하므로 북대서양의 표층 해류인 멕시코 만류가 흐르지 않는다.

ㄷ. B는 위도 30°N과 60°N 사이로 간접 순환인 페렐 순환이 나타난다.

문제풀이 Tip

대기 대순환에 의해 형성되는 바람의 종류와 방향을 학습해 두고, 멕시코 만류는 북대서양 아열대 순환에서 남쪽에서 북쪽으로 이동하는 해류라는 것에 유의해야 한다.

2 대기와 해양의 순환

출제 의도 위도별 대기와 해양에 의한 연평균 에너지 수송량 자료를 해석하여 대기 대순환과 해수의 표층 순환을 이해하는 문항이다.

그림은 대기와 해양에 의한 남북 방향으로의 연평균 에너지 수송량을 위도별로 나타낸 것이다.

이에 대한 설명으로 옳은 것만을 〈보기〉에서 있는 대로 고른 것은? [3점]

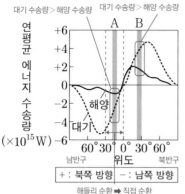

+: 북쪽 방향   −: 남쪽 방향

해들리 순환 ➡ 직접 순환

보기

ㄱ. A에서는 대기에 의한 에너지 수송량이 해양에 의한 에너지 수송량보다 많다.

ㄴ. A는 대기 대순환의 간접 순환 영역에 위치한다.
(직접 순환)

ㄷ. B의 해역에서 쿠로시오 해류에 의한 에너지 수송이 일어난다.

① ㄱ　② ㄴ　③ ㄱ, ㄷ　④ ㄴ, ㄷ　⑤ ㄱ, ㄴ, ㄷ

✔ 자료 해석

- 저위도의 남는 에너지가 고위도로 수송되므로, 에너지가 북쪽 방향(+)으로 수송되는 곳은 북반구이고, 남쪽 방향(−)으로 수송되는 곳은 남반구이다.
- A는 0°~30°S 사이에 위치하므로 해들리 순환이 일어나는 곳이며, 대기에 의한 에너지 수송량이 해양에 의한 에너지 수송량보다 많다.
- B는 30°N 부근에 위치하며, 대기에 의한 에너지 수송량이 해양에 의한 에너지 수송량보다 많다.
- 해들리 순환과 극순환은 직접 순환, 페렐 순환은 간접 순환에 해당한다.

⭕ 보기 풀이 ㄱ. A에서는 대기에 의한 에너지 수송량이 해양에 의한 에너지 수송량보다 많다.

ㄷ. 에너지 수송량이 북쪽 방향으로 나타나는 곳이 북반구이므로 B는 북반구 30° 부근에 위치한다. 쿠로시오 해류는 북태평양 아열대 순환에서 서쪽 해역을 따라 대체로 북쪽으로 이동하는 해류이므로, B의 해역에서 쿠로시오 해류에 의한 에너지 수송이 일어난다.

❌ 매력적 오답 ㄴ. A는 위도 0°~30°S 사이에 위치하므로 대기 대순환에 의한 해들리 순환이 형성되어 있다. 해들리 순환은 열적 순환으로 직접 순환에 해당한다.

문제풀이 Tip

에너지 수송량에서 (+)와 (−)가 의미하는 것은 에너지의 이동 방향이다. 에너지 수송량을 비교할 때는 절댓값으로 비교해야 한다는 것에 유의해야 한다.

---

3 해수의 표층 순환

출제 의도 해수면 부근의 바람 분포를 통해 표층 해류와 대기 대순환을 연관지어 이해하는 문항이다.

그림은 해수면 부근의 평년 바람 분포를 나타낸 것이다. A, B, C는 주요 표층 해류가 흐르는 해역이다.

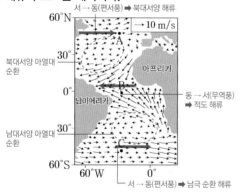

이에 대한 설명으로 옳은 것만을 〈보기〉에서 있는 대로 고른 것은? [3점]

보기

ㄱ. A에서는 북대서양 해류가 흐른다.

ㄴ. B에서는 해들리 순환에 의한 하강 기류가 우세하다.
(상승 기류)

ㄷ. C의 표층 해류는 편서풍에 의해 형성된다.

① ㄱ　② ㄴ　③ ㄱ, ㄷ　④ ㄴ, ㄷ　⑤ ㄱ, ㄴ, ㄷ

✔ 자료 해석

- A는 북대서양의 위도 30°~60° 사이의 편서풍대에서 서쪽에서 동쪽으로 흐르는 해류이므로 북대서양 해류이다.
- B는 적도 부근의 무역풍대에서 동쪽에서 서쪽으로 흐르는 해류이므로 적도 해류이다.
- C는 남대서양의 위도 30°~60° 사이의 편서풍대에서 서쪽에서 동쪽으로 흐르는 해류이므로 남극 순환 해류이다.

⭕ 보기 풀이 ㄱ. A는 북대서양의 위도 30°~60° 사이에 위치하므로 편서풍의 영향을 받아 서쪽에서 동쪽으로 북대서양 해류가 흐르는 해역이다.

ㄷ. C는 남대서양의 위도 30°~60° 사이에 위치하므로 편서풍의 영향을 받아 서쪽에서 동쪽으로 남극 순환 해류가 흐르는 해역이다.

❌ 매력적 오답 ㄴ. B는 적도 부근에서 무역풍의 영향을 받아 동쪽에서 서쪽으로 적도 해류가 흐르는 해역이다. 적도 부근은 북반구의 해들리 순환과 남반구의 해들리 순환이 만나 적도 저압대가 형성되는 곳이므로, 해들리 순환에 의한 상승 기류가 우세하다.

문제풀이 Tip

대기 대순환에서 상승 기류가 나타나는 곳은 적도 부근과 위도 60° 부근이고, 하강 기류가 나타나는 곳은 위도 30° 부근과 극지방 부근이라는 것을 알아야 한다. 해들리 순환의 저위도 지역, 페렐 순환의 고위도 지역, 극 순환의 저위도 지역에서는 상승 기류가 발달하고, 해들리 순환의 고위도 지역, 페렐 순환의 저위도 지역, 극 순환의 고위도 지역에서는 하강 기류가 발달한다는 것에 유의해야 한다.

Part Ⅱ 수능 평가원

4 해수의 심층 순환

출제 의도 해수의 단면과 수온 − 염분도에서 대서양 심층 순환을 이루는 수괴의 종류를 구분하고, 각 수괴의 형성 과정과 역할을 파악하는 문항이다.

그림 (가)는 대서양 심층 순환의 일부를 나타낸 것이고, (나)는 수온 − 염분도에 수괴 A, B, C의 물리량을 ㉠, ㉡, ㉢으로 순서 없이 나타낸 것이다. A, B, C는 각각 남극 저층수, 남극 중층수, 북대서양 심층수 중 하나이다.

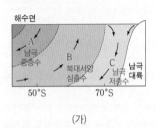
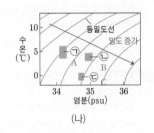

(가)　　　　　　(나)

이에 대한 설명으로 옳은 것만을 〈보기〉에서 있는 대로 고른 것은? [3점]

보기

ㄱ. A의 물리량은 ㉠이다.

ㄴ. B는 A와 C가 혼합하여 형성된다.
그린란드 인근 해역에서 해수가 침강하여

ㄷ. C는 심층 해수에 산소를 공급한다.

① ㄱ　　② ㄴ　　③ ㄷ　　④ ㄱ, ㄴ　　⑤ ㄱ, ㄷ

✔ 자료 해석

• (가)에서 가장 위쪽에서 흐르는 A는 남극 중층수, 남쪽으로 흐르는 B는 북대서양 심층수, 가장 깊은 곳에서 북쪽으로 흐르는 C는 남극 저층수이다.

• (나)에서 밀도가 가장 작은 ㉠은 남극 중층수, ㉡은 북대서양 심층수, 밀도가 가장 큰 ㉢은 남극 저층수의 물리량을 나타낸다. 따라서 ㉠은 A, ㉡은 B, ㉢은 C에 해당한다.

○ 보기 풀이 ㄱ. A는 A, B, C 중 가장 위쪽에 위치하는 것으로 보아 밀도가 가장 작다. 수온 − 염분도에서는 왼쪽 위에 위치할수록 밀도가 작으므로 ㉠, ㉡, ㉢ 중 밀도가 가장 작은 ㉠이 A의 물리량에 해당한다.

ㄷ. 용존 산소량이 많은 표층 해수가 침강하면서 심층 해수에 산소를 공급한다. 따라서 남극 저층수 C는 침강하면서 심층 해수에 산소를 공급한다.

✕ 매력적 오답 ㄴ. 북대서양 심층수 B는 그린란드 인근 해역에서 침강한 해수로, 남극 중층수 A와 남극 저층수 C가 혼합하여 형성된 것이 아니다.

문제풀이 Tip

대서양 심층 순환을 구성하는 남극 저층수, 남극 중층수, 북대서양 심층수가 침강하는 해역의 위도와 침강해서 흐르는 깊이, 밀도를 비교하여 알아 두자.

---

5 대기 대순환과 표층 해류

출제 의도 태평양 표층 해수의 동서 방향 연평균 유속 자료를 해석하여 위도에 따라 나타나는 표층 해류를 구분하고, 표층 해류를 형성하는 대기 대순환의 바람을 파악하는 문항이다.

그림은 태평양 표층 해수의 동서 방향 연평균 유속을 위도에 따라 나타낸 것이다. (＋)와 (−)는 각각 동쪽으로 향하는 방향과 서쪽으로 향하는 방향 중 하나이다.

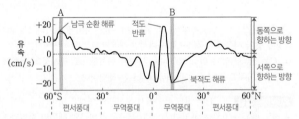

이 자료에 대한 설명으로 옳은 것만을 〈보기〉에서 있는 대로 고른 것은? [3점]

보기

ㄱ. (＋)는 동쪽으로 향하는 방향이다.

ㄴ. A의 해역에서 나타나는 주요 표층 해류는 극동풍에 의해 형성된다.
편서풍

ㄷ. 북적도 해류는 B의 해역에서 나타난다.

① ㄱ　　② ㄴ　　③ ㄷ　　④ ㄱ, ㄴ　　⑤ ㄱ, ㄷ

✔ 자료 해석

• 적도~위도 30° 사이의 해역에서는 무역풍이 불기 때문에 무역풍에 의해 형성된 표층 해류가 동쪽에서 서쪽으로 흐른다. 무역풍에 의해 B에서는 북적도 해류가 형성된다.

• 위도 30°~60° 사이의 해역에서는 편서풍이 불기 때문에 편서풍에 의해 형성된 표층 해류가 서쪽에서 동쪽으로 흐른다. 편서풍에 의해 북태평양에서는 북태평양 해류가, 남태평양에서는 남극 순환 해류(A)가 형성된다.

○ 보기 풀이 ㄱ. 남반구와 북반구 모두 위도 30°~60° 사이에서는 대체로 서쪽에서 동쪽으로 표층 해류가 흐른다. 따라서 해당 위도에서 주로 나타나는 (＋)는 동쪽으로 향하는 방향이다.

ㄷ. 북적도 해류는 무역풍에 의해 동쪽에서 서쪽으로 흐르는 해류로 B 해역에서 나타난다.

✕ 매력적 오답 ㄴ. A의 해역에서 나타나는 주요 표층 해류는 남극 순환 해류로, 주로 편서풍에 의해 형성된다.

문제풀이 Tip

표층 순환을 구성하는 해류의 종류와 해류를 형성하는 대기 대순환의 바람을 함께 묻는 문항이 자주 출제되므로 확실하게 알아 두자.

6 심층 순환

출제 의도 실험을 통해 심층 순환을 발생시키는 요인을 알아보는 문항이다.

다음은 심층 순환을 일으키는 요인 중 일부를 알아보기 위한 실험
수온 변화, 염분 변화에 따른 밀도 차
이다.

[실험 목표]
수온 변화
• 해수의 (㉠)에 따른 밀도 차에 의해 심층 순환이 발생할 수 있음을 설명할 수 있다.

[실험 과정]

(가) 위와 아래에 각각 구멍이 뚫린 칸막이를 준비한다.

(나) 칸막이의 구멍을 필름으로 막은 후, 칸막이로 수조를 A 칸과 B 칸으로 분리한다.

(다) 염분이 35 psu이고 수온이 20 ℃인 동일한 양의 소금물을 A와 B에 넣고, 각각 서로 다른 색의 잉크로 착색한다.

(라) 그림과 같이 A와 B에 각각 얼음물과 뜨거운 물이 담긴 비커를 설치한다.

(마) 칸막이의 필름을 제거하고 소금물의 이동을 관찰한다.

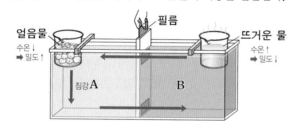

[실험 결과]
A   B
• 아래쪽의 구멍을 통해 (㉡)의 소금물은 (㉢) 쪽으로 이동한다.

이에 대한 설명으로 옳은 것만을 〈보기〉에서 있는 대로 고른 것은?

┌─ 보기 ─────────────────────────┐
ㄱ. '수온 변화'는 ㉠에 해당한다.

ㄴ. A는 고위도 해역에 해당한다.

ㄷ. A는 ㉡, B는 ㉢에 해당한다.
└────────────────────────────┘

① ㄱ   ② ㄷ   ③ ㄱ, ㄴ   ④ ㄴ, ㄷ   ⑤ ㄱ, ㄴ, ㄷ

✓ 자료 해석

• 심층 순환은 해수의 수온과 염분 변화에 따른 밀도 차에 의해 발생한다.
• A에는 얼음물, B에는 뜨거운 물이 담긴 비커를 설치하여 A와 B의 수온 차가 일어나도록 하였다. ➡ 조작 변인
• A가 B보다 수온이 낮아져 밀도가 커지므로 A의 소금물은 침강하여 B 쪽으로 이동한다.

○ 보기 풀이 ㄱ. 염분과 수온이 동일한 소금물이 담긴 수조 양쪽 칸에 각각 얼음물과 뜨거운 물이 담긴 비커를 설치하여 A와 B의 수온이 차이나도록 하였으므로, 해수의 수온 변화에 따른 밀도 차에 의해 심층 순환이 발생하는 과정을 알아보는 실험이다. 따라서 ㉠은 '수온 변화'이다.

ㄴ. A는 수온이 낮아진 해수가 침강하는 해역에 해당하므로 고위도 해역에 해당한다.

ㄷ. A의 소금물은 수온이 낮아져서 밀도가 커지고, B의 소금물은 수온이 높아져서 밀도가 작아진다. 밀도가 큰 해수는 상대적으로 밀도가 작은 해수 아래로 이동하므로, 칸막이의 필름을 제거하면 밀도가 큰 A가 아래쪽의 구멍을 통해 B 쪽으로 이동한다.

문제풀이 Tip
심층 순환을 일으키는 요인에는 수온 변화에 따른 밀도 차와 염분 변화에 따른 밀도 차가 있음을 알아야 한다. 이 실험에서는 결과를 얻기 위해 소금물의 온도를 다르게 설정하였다는 것에 유의해야 한다.

7 해수의 심층 순환

출제의도 표층 해류와 심층 해류를 구분하고, 해수 순환의 역할을 이해하는 문항이다.

그림은 해수의 심층 순환을 나타낸 모식도이다. A와 B는 각각 표층 해류와 심층 해류 중 하나이다.

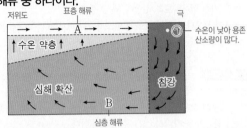

이에 대한 설명으로 옳은 것만을 〈보기〉에서 있는 대로 고른 것은? [3점]

보기

ㄱ. A에 의해 에너지가 수송된다.

ㄴ. ㉠ 해역에서 해수가 침강하여 심해층에 산소를 공급한다.

ㄷ. 평균 이동 속력은 A가 B보다 느리다. ~~빠르다.~~

① ㄱ   ② ㄴ   ③ ㄷ   ④ ㄱ, ㄴ   ⑤ ㄱ, ㄷ

✔ 자료 해석

• A는 혼합층에서 흐르는 표층 해류이고, B는 ㉠에서 침강한 해수가 심해를 따라 천천히 흐르는 심층 해류이다.

• ㉠ 해역은 수온이 낮아지거나 염분이 높아져 밀도가 커진 해수가 침강하는 침강 해역이다.

○ 보기 풀이

ㄱ. A는 표층 해류, B는 심층 해류이다. 표층 해류에 의해 저위도의 에너지가 고위도로 수송된다.

ㄴ. 해수의 수온이 낮을수록 용존 산소량이 풍부하다. 심층 순환이 발생하는 침강 해역은 고위도 해역으로, ㉠ 해역에서는 용존 산소가 풍부한 표층 해수가 침강하면서 심해에 산소를 공급한다.

✕ 매력적 오답

ㄷ. 평균 이동 속력은 표층 해류가 심층 해류보다 훨씬 빠르다. 따라서 평균 이동 속력은 A가 B보다 빠르다.

문제풀이 **Tip**

표층 해류는 주로 저위도의 에너지를 고위도로 수송하는 역할을 하고, 심층 해류는 심해에 산소를 공급하는 역할을 한다는 것을 알아 두자.

---

8 해수의 염분

출제의도 위도에 따른 연평균 증발량과 강수량 자료를 해석하여 해수의 염분을 비교하고, 위도에 따른 대기 대순환과 표층 해류를 파악하는 문항이다.

그림은 위도에 따른 연평균 증발량과 강수량을 순서 없이 나타낸 것이다.

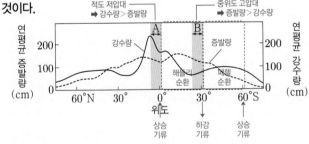

이 자료에 대한 설명으로 옳은 것만을 〈보기〉에서 있는 대로 고른 것은?

보기

ㄱ. 표층 해수의 평균 염분은 A 해역이 B 해역보다 높다. ~~낮다.~~

ㄴ. A에서는 해들리 순환의 상승 기류가 나타난다.

ㄷ. 캘리포니아 해류는 B 해역에서 나타난다. ~~북반구 아열대 해역~~

① ㄱ   ② ㄴ   ③ ㄷ   ④ ㄱ, ㄴ   ⑤ ㄴ, ㄷ

✔ 자료 해석

• A는 적도 부근 해역으로 열대 저압대(적도 저압대)에 해당하고, B는 위도 30°S 부근의 해역으로 중위도 고압대에 해당한다.

• 저압대에서는 강수량이 증발량보다 많고, 고압대에서는 증발량이 강수량보다 많으므로 실선은 연평균 강수량이고, 점선은 연평균 증발량이다.

○ 보기 풀이

ㄴ. A는 적도 부근 해역으로, 해들리 순환의 상승 기류가 나타난다.

✕ 매력적 오답

ㄱ. A는 적도 부근 해역으로, 적도 저압대가 형성되어 강수량이 증발량보다 많고, B는 중위도 해역으로, 중위도 고압대가 형성되어 증발량이 강수량보다 많다. 표층 해수의 염분은 (증발량−강수량) 값이 클수록 높으므로, A 해역이 B 해역보다 낮다.

ㄷ. 캘리포니아 해류는 북태평양 아열대 순환을 이루는 해류로, 북아메리카 대륙의 서쪽 해역을 고위도에서 저위도로 흐르는 한류이다. B 해역은 남반구에 위치한다.

문제풀이 **Tip**

대기 대순환에 의한 상승 기류와 하강 기류가 나타나는 위도대를 잘 알아 두어야 한다. 적도 부근과 위도 60° 부근에서는 상승 기류가 나타나므로 저압대가 형성되고, 위도 30° 부근에서는 하강 기류가 나타나므로 고압대가 형성된다는 것에 유의한다.

9 대기 대순환과 표층 순환

출제 의도 바람 분포를 확인하여 계절을 구분하고, 대기 대순환에 의한 표층 해수의 운동을 이해하는 문항이다.

그림은 1월과 7월의 지표 부근의 평년 바람 분포 중 하나를 나타낸 것이다. A, B, C는 주요 표층 해류가 흐르는 해역이다.

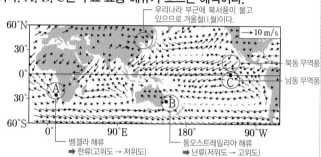

우리나라 부근에 북서풍이 불고 있으므로 겨울철(1월)이다.

벵겔라 해류
➡ 한류(고위도 → 저위도)

동오스트레일리아 해류
➡ 난류(저위도 → 고위도)

이에 대한 설명으로 옳은 것만을 〈보기〉에서 있는 대로 고른 것은? [3점]

보기

ㄱ. 이 평년 바람 분포는 1월에 해당한다.

ㄴ. A와 B의 표층 해류는 모두 고위도 방향으로 흐른다.
   A의 표층 해류는 저위도 방향으로, B의 표층 해류는 고위도 방향으로 흐른다.

ㄷ. C에서는 대기 대순환에 의해 표층 해수가 수렴한다.
   발산

① ㄱ   ② ㄴ   ③ ㄷ   ④ ㄱ, ㄴ   ⑤ ㄱ, ㄷ

✔ **자료 해석**

• 우리나라 부근에 북서풍이 불고 있다.
• A는 벵겔라 해류로, 고위도에서 저위도로 흐르는 한류이다.
• B는 동오스트레일리아 해류로, 저위도에서 고위도로 흐르는 난류이다.
• C의 북쪽에는 북동 무역풍이 불고, 남쪽에는 남동 무역풍이 불고 있으므로 에크만 수송에 의해 해수는 북서쪽과 남서쪽으로 각각 이동하여 심층에서 찬 해수가 올라오는 용승이 일어난다.

○ **보기 풀이** ㄱ. 우리나라 부근에 북서풍이 불고 있으므로, 북반구가 겨울철인 1월의 평년 바람 분포이다.

✕ **매력적 오답** ㄴ. 표층 해류는 대기 대순환과 대륙 분포의 영향을 받아 흐르므로, A에서는 고위도에서 저위도 방향으로 한류가 흐르고, B에서는 저위도에서 고위도 방향으로 난류가 흐른다.

ㄷ. C는 적도 용승이 일어나는 해역이다. C의 북쪽에서는 북동 무역풍에 의해 표층 해수가 북서쪽으로 이동하고, 남쪽에서는 남동 무역풍에 의해 표층 해수가 남서쪽으로 이동하여 표층 해수가 발산한다.

문제풀이 Tip

우리나라는 계절풍의 영향을 받고 있으므로 기압 분포나 바람 분포로 계절을 판단할 때는 우리나라를 기준으로 판단하는 것이 가장 쉽다. 겨울철(1월)에는 시베리아 부근에 고기압이 형성되어 있고 우리나라 부근에는 북서풍이 불며, 여름철(7월)에는 북태평양 부근에 고기압이 형성되어 있고 우리나라 부근에는 남동풍이 분다는 것에 유의해야 한다.

10 대기 대순환

출제의도 위도별 연평균 에너지 수송량 분포 자료를 해석하여 북반구와 남반구에서의 대기 대순환을 파악하고, 대기 대순환에 의해 형성되는 표층 해류를 확인하는 문항이다.

그림은 대기에 의한 남북 방향으로의 연평균 에너지 수송량을 위도별로 나타낸 것이다.

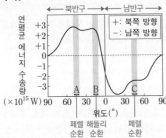

이에 대한 설명으로 옳은 것만을 〈보기〉에서 있는 대로 고른 것은?

보기
ㄱ. A에서는 대기 대순환의 간접 순환이 위치한다.
ㄴ. B에서는 해들리 순환에 의해 에너지가 북쪽 방향으로 수송된다.
ㄷ. 캘리포니아 해류는 C의 해역에서 ~~나타난다.~~
　　　　　　　　　　　　　나타나지 않는다.

① ㄱ　② ㄷ　③ ㄱ, ㄴ　④ ㄴ, ㄷ　⑤ ㄱ, ㄴ, ㄷ

✔ 자료 해석
• 에너지가 북쪽 방향으로 수송되는 곳은 북반구이고, 남쪽 방향으로 수송되는 곳은 남반구이다.
• A와 C는 위도 30°~60° 사이에 위치하므로 페렐 순환이 나타나고, B는 위도 0°~30° 사이에 위치하므로 해들리 순환이 나타난다.

🅞 보기 풀이 ㄱ. 대기 대순환에 의해 위도 0°~30° 사이에는 해들리 순환, 30°~60° 사이에는 페렐 순환, 60°~90° 사이에는 극순환이 형성된다. A는 위도 40°N~50°N 사이에 위치하므로 페렐 순환이 나타난다. 페렐 순환은 해들리 순환과 극순환 사이에서 형성되는 간접 순환이다.
ㄴ. B는 위도 10°N~20°N 사이에 위치하므로 해들리 순환에 의해 에너지가 북쪽 방향으로 수송된다.

❌ 매력적 오답 ㄷ. 캘리포니아 해류는 북반구 아열대 순환의 일부로, 고위도에서 저위도로 흐르는 한류이다. C의 해역은 남반구의 페렐 순환 내에 위치하므로, 캘리포니아 해류는 C의 해역에서 나타나지 않는다.

문제풀이 **Tip**
저위도의 남는 에너지는 대기와 해수의 순환을 통해 고위도로 수송된다. 이때 북반구에서는 고위도가 북쪽, 남반구에서는 고위도가 남쪽이므로 에너지 수송이 북쪽 방향(+)인 곳은 북반구이고, 에너지 수송이 남쪽 방향(−)인 곳은 남반구라는 것에 유의해야 한다.

---

11 표층 순환

출제의도 남반구에서의 표층 수온 분포 자료를 해석하여 계절을 구분하고, 표층 순환의 방향과 해류의 역할을 이해하는 문항이다.

그림 (가)와 (나)는 어느 해 2월과 8월의 남태평양의 표층 수온을 순서 없이 나타낸 것이다. A와 B는 주요 표층 해류가 흐르는 해역이다.

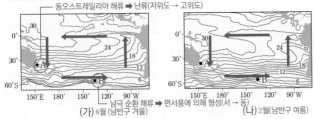

이에 대한 설명으로 옳은 것만을 〈보기〉에서 있는 대로 고른 것은?

보기
ㄱ. 8월에 해당하는 것은 ~~(나)~~이다.
　　　　　　　　　　　(가)
ㄴ. A에서 흐르는 해류는 고위도 방향으로 에너지를 이동시킨다.
ㄷ. B에서 흐르는 해류와 북태평양 해류의 방향은 ~~반대이다.~~
　　　　　　　　　　　　　　　　　　　　　같다.

① ㄱ　② ㄴ　③ ㄷ　④ ㄱ, ㄴ　⑤ ㄴ, ㄷ

✔ 자료 해석
• 남반구의 동일한 위도에서 (가)보다 (나)의 표층 수온이 더 높으므로, (가)는 남반구의 겨울, (나)는 남반구의 여름의 표층 수온 분포이다.
• A 해역에는 저위도에서 고위도로 동오스트레일리아 해류가 흐른다.
• B 해역에는 편서풍에 의해 서쪽에서 동쪽으로 남극 순환 해류가 흐른다.

🅞 보기 풀이 ㄴ. A에는 난류인 동오스트레일리아 해류가 흐르고 있다. 난류는 저위도에서 고위도로 흐르면서 저위도의 남는 에너지를 고위도로 이동시키는 역할을 한다. 따라서 A에서 흐르는 해류는 고위도 방향으로 에너지를 이동시킨다.

❌ 매력적 오답 ㄱ. 남반구의 동일한 위도에서 표층 수온이 (가)가 (나)보다 낮은 것으로 보아 (가)는 남반구의 겨울, (나)는 남반구의 여름의 수온 분포이다. 남반구는 2월이 여름, 8월이 겨울이므로, (가)는 8월, (나)는 2월에 해당한다.
ㄷ. B에는 편서풍의 영향으로 서쪽에서 동쪽으로 남극 순환 해류가 흐른다. 북태평양 해류는 편서풍의 영향으로 서쪽에서 동쪽으로 흐르므로, B에서 흐르는 해류와 북태평양 해류의 방향은 같다.

문제풀이 **Tip**
표층 수온은 해수면에 도달하는 태양 복사 에너지양이 적을수록, 즉 고위도로 갈수록 대체로 낮아지며, 같은 위도에서 겨울이 여름보다 수온이 낮다. 남반구는 2월이 여름, 8월이 겨울인 것에 유의해야 한다.

출제 의도 수온과 염분 자료를 해석하여 대서양 심층 순환을 이루는 수괴의 종류와 특징을 파악하는 문항이다.

그림은 대서양의 수온과 염분 분포를, 표는 수괴 A, B, C의 평균 수온과 염분을 나타낸 것이다. A, B, C는 남극 저층수, 남극 중층수, 북대서양 심층수를 순서 없이 나타낸 것이다.

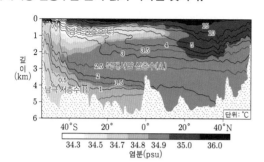

수괴	평균 수온(℃)	평균 염분(psu)
북대서양 심층수 A	2.5	34.9
남극 저층수 B	0.4	34.7
남극 중층수 C	( )	34.3

이 자료에 대한 설명으로 옳은 것만을 〈보기〉에서 있는 대로 고른 것은? [3점]

보기
ㄱ. A는 북대서양 심층수이다.
ㄴ. 평균 밀도는 A가 C보다 작다. 크다.
ㄷ. B는 주로 남쪽으로 이동한다. 북쪽

① ㄱ   ② ㄴ   ③ ㄱ, ㄷ   ④ ㄴ, ㄷ   ⑤ ㄱ, ㄴ, ㄷ

✔ 자료 해석

• 남극 저층수는 남극 대륙 주변의 웨델해에서 침강한 해수가 해저면을 따라 북쪽으로 이동하여 위도 30˚N 부근까지 흐르고, 남극 중층수는 위도 50˚S~60˚S 해역에서 침강하여 북쪽으로 흐르며, 북대서양 심층수는 그린란드 부근 해역에서 침강한 해수가 위도 60˚S 부근까지 흐른다.

• 표의 평균 수온과 평균 염분 분포 값을 그림에 표시해 보면 A는 북대서양 심층수, B는 남극 저층수, C는 남극 중층수이다.

◯ 보기 풀이 A는 북대서양 심층수, B는 남극 저층수, C는 남극 중층수이다.
ㄱ. 평균 수온이 2.5 ℃, 평균 염분이 34.9 psu인 해수의 위치로 보아 A는 북대서양 심층수이다.

✕ 매력적 오답 ㄴ. 밀도가 큰 수괴일수록 아래쪽에서 흐르므로 수괴의 평균 밀도는 C < A < B이다. 따라서 평균 밀도는 A가 C보다 크다.
ㄷ. B는 남극 대륙 주변의 웨델해에서 침강하여 북쪽으로 이동하여 위도 30˚N 부근까지 흐른다.

문제풀이 Tip

대서양 심층 순환을 이루는 수괴의 밀도를 비교하고, 연직 단면에서 수괴의 위치를 파악하는 문항이 자주 출제된다. 대서양 심층 순환에서 밀도가 가장 큰 수괴는 남극 저층수이고, 북대서양 심층수는 남극 중층수와 남극 저층수 사이에서 남쪽으로 흐른다는 것을 알아 두자.

Part II 수능평가원

13 대기 대순환

출제 의도 위도에 따른 평균 해면 기압 자료를 해석하여 대기 대순환과 표층 해류를 파악하는 문항이다.

그림은 평균 해면 기압을 위도에 따라 나타낸 것이다.

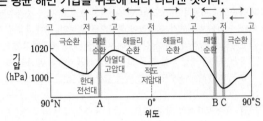

이 자료에 대한 설명으로 옳은 것만을 〈보기〉에서 있는 대로 고른 것은? [3점]

보기
ㄱ. A는 대기 대순환의 간접 순환 영역에 위치한다.
ㄴ. B 해역에서는 남극 순환류가 흐른다.
ㄷ. C 해역에서는 대기 대순환에 의해 표층 해수가 발산한다.

① ㄱ ② ㄷ ③ ㄱ, ㄴ ④ ㄴ, ㄷ ⑤ ㄱ, ㄴ, ㄷ

✓ 자료 해석

• 적도와 위도 60° 부근에서는 평균 해면 기압이 낮아 저압대를 형성하고, 위도 30° 부근과 극 지역에서는 평균 해면 기압이 높아 고압대를 형성한다. 저압대에서는 상승 기류가, 고압대에서는 하강 기류가 발달하여 북반구와 남반구에 각각 3개의 순환 세포가 형성된다.
• 해들리 순환과 극순환은 가열된 공기가 상승하거나 냉각된 공기가 하강하면서 형성된 열적 순환으로 직접 순환이고, 페렐 순환은 해들리 순환과 극순환 사이에서 형성된 간접 순환이다.

○ 보기 풀이 ㄱ. A의 북쪽에는 저압대(한대 전선대)가, 남쪽에는 고압대(아열대 고압대)가 형성되어 있으므로 A는 페렐 순환 영역에 위치한다. 페렐 순환은 극순환과 해들리 순환 사이에서 형성된 간접 순환이다.
ㄴ. B 해역은 남반구의 페렐 순환 영역에 위치하여 편서풍대에 속해 있다. 남극 순환류는 편서풍에 의해 형성되어 서쪽에서 동쪽으로 흐르는 해류이므로, B 해역에서는 남극 순환류가 흐른다.
ㄷ. C 해역은 편서풍과 극동풍이 만나는 지점으로, 두 바람에 의해 표층 해수가 발산한다.

문제풀이 **Tip**
북반구에서는 시계 반대 방향으로 지속적으로 부는 저기압성 바람에 의해 표층 해수가 발산하여 용승이 일어나고, 시계 방향으로 지속적으로 부는 고기압성 바람에 의해 표층 해수가 수렴하여 침강이 일어난다는 것에 유의해야 한다.

---

14 심층 순환

출제 의도 대서양의 심층 순환 자료를 해석하여 심층 순환의 종류와 밀도를 비교하고, 빙하가 녹은 물이 유입될 경우 심층 순환의 세기 변화를 파악하는 문항이다.

그림은 대서양의 심층 순환을 나타낸 것이다. 수괴 A, B, C는 각각 남극 저층수, 남극 중층수, 북대서양 심층수 중 하나이다.

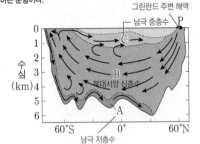

이에 대한 설명으로 옳은 것만을 〈보기〉에서 있는 대로 고른 것은? [3점]

보기
ㄱ. A는 남극 저층수이다.
ㄴ. 밀도는 C가 A보다 ~~크다.~~ 작다.
ㄷ. 빙하가 녹은 물이 해역 P에 유입되면 B의 흐름은 ~~강해질~~ 것이다. 약해질

① ㄱ ② ㄴ ③ ㄷ ④ ㄱ, ㄷ ⑤ ㄴ, ㄷ

✓ 자료 해석

• A는 남극 대륙 주변의 웨델해에서 침강하여 해저를 따라 북쪽으로 흐르므로 남극 저층수이다.
• B는 그린란드 해역(P)에서 침강하여 수심 약 1500~4000 m 사이에서 남쪽으로 흐르므로 북대서양 심층수이다.
• C는 60°S 부근에서 침강하여 수심 약 1000 m 부근에서 북쪽으로 흐르므로 남극 중층수이다.

○ 보기 풀이 ㄱ. A는 남극 대륙 주변의 웨델해에서 침강하여 형성된 남극 저층수이다.

✕ 매력적 오답 ㄴ. 심층 순환에서 아래쪽에 위치할수록 수괴의 밀도가 크다. 따라서 대서양의 심층 순환에서 수괴의 밀도는 남극 저층수(A)＞북대서양 심층수(B)＞남극 중층수(C) 순이다.
ㄷ. 빙하가 녹은 물이 P 해역(60°N 부근의 그린란드 주변 해역)에 유입되면 표층 해수의 염분이 낮아지므로 밀도가 작아져 해수의 침강이 약해진다. 이로 인해 북대서양 심층수(B)의 흐름이 약해질 것이다.

문제풀이 **Tip**
대서양 심층 순환의 종류와 특징에 대해 묻는 문항이 수온 – 염분도와 연계되어 자주 출제되므로 대서양 심층 순환의 형성 과정과 밀도를 비교하여 알아 두고, 수온 – 염분도를 해석하는 연습을 해 두자.

15 대기 대순환과 표층 해류

2022학년도 9월 평가원 15번 | 정답 ① | 문제편 152 p

출제 의도 바람의 남북 방향의 연평균 풍속을 나타낸 자료를 해석하여 북반구와 남반구를 결정하고, 대기 대순환에 의해 형성되는 해류를 파악하는 문항이다.

그림은 해수면 부근에서 부는 바람의 남북 방향의 연평균 풍속을 나타낸 것이다. ㉠과 ㉡은 각각 60°N과 60°S 중 하나이다.

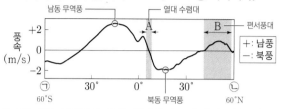

이 자료에 대한 설명으로 옳은 것만을 〈보기〉에서 있는 대로 고른 것은?

보기
ㄱ. ㉠은 60°S이다.
ㄴ. A에서 해들리 순환의 <del>하강 기류</del>가 나타난다.
　　　　　　　　　　상승 기류
ㄷ. <del>페루 해류는</del> B에서 나타난다.
　북태평양 해류, 북대서양 해류

① ㄱ　　② ㄴ　　③ ㄷ　　④ ㄱ, ㄴ　　⑤ ㄱ, ㄷ

✔ 자료 해석
• 위도 0°~30° 사이에서 남풍(+)이 부는 곳이 남반구, 북풍(−)이 부는 곳이 북반구이다.
• A는 남동 무역풍과 북동 무역풍이 수렴하는 열대 수렴대이다.
• B는 북반구에서 편서풍(남서풍 계열의 바람)이 불고 있는 지역이다.

O 보기 풀이 ㄱ. 대기 대순환으로 북반구의 위도 0°~30°에서는 북동 무역풍이 불고, 남반구의 위도 0°~30°에서는 남동 무역풍이 분다. 그림에서 (+)는 남풍이고 (−)는 북풍이므로, ㉠은 60°S이고 ㉡은 60°N이다.

✘ 매력적 오답 ㄴ. 대기 대순환에서 상승 기류가 발달하는 위도대는 적도 지역, 60° 부근이고, 하강 기류가 발달하는 위도대는 30° 부근, 극 지역이다. A는 바람이 거의 불지 않는 곳으로 무역풍이 수렴하는 열대 수렴대에 해당한다. 열대 수렴대에서는 해들리 순환의 상승 기류가 발달한다.

ㄷ. B에서 부는 바람은 북반구의 편서풍이며, 북반구의 편서풍에 의해 형성되는 해류는 북태평양 해류와 북대서양 해류이다. 한편 페루 해류는 남반구에서 나타나는 해류로, 고위도에서 저위도로 흐르는 한류이다.

문제풀이 Tip
대기 대순환과 표층 해류에 대해 묻는 문항이 다양한 자료를 제시하여 자주 출제되므로, 대기 대순환에 의해 지상에서 부는 바람의 종류와 각 바람에 의해 형성되는 표층 해류에 대해 잘 알아 두자.

16 해수의 심층 순환

2022학년도 6월 평가원 11번 | 정답 ⑤ | 문제편 152 p

출제 의도 표층 해수가 침강하는 곳과 심층 해수의 방향을 파악하는 문항이다.

그림은 심층 해수의 연령 분포를 나타낸 것이다. 심층 해수의 연령은 해수가 표층에서 침강한 이후부터 현재까지 경과한 시간을 의미한다.

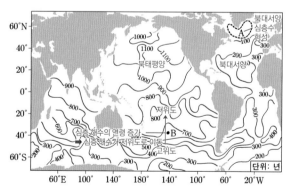

이 자료에 대한 설명으로 옳은 것만을 〈보기〉에서 있는 대로 고른 것은?

보기
ㄱ. 심층 해수의 평균 연령은 북태평양이 북대서양보다 많다.
ㄴ. A 해역에는 표층 해수가 침강하는 곳이 있다.
ㄷ. B에는 저위도로 흐르는 심층 해수가 있다.

① ㄱ　　② ㄷ　　③ ㄱ, ㄴ　　④ ㄴ, ㄷ　　⑤ ㄱ, ㄴ, ㄷ

✔ 자료 해석
• A 해역은 북대서양에 위치하며 심층 해수의 평균 연령이 주위보다 적으므로, 표층 해수가 침강하여 북대서양 심층수가 형성되는 곳이다.
• B 해역을 기준으로 심층 해수의 평균 연령은 고위도로 갈수록 대체로 적어지고, 저위도로 갈수록 대체로 많아진다.

O 보기 풀이 ㄱ. 북태평양 심층 해수의 평균 연령은 약 900~1100년이고, 북대서양 심층 해수의 평균 연령은 약 100~300년이다.

ㄴ. 표층에서 수온이 낮아지거나 염분이 높아지면 밀도가 커진 해수가 심해로 가라앉으면서 심층 순환이 일어난다. A 해역은 주위보다 심층 해수의 평균 연령이 적고 A 해역에서 저위도로 갈수록 심층 해수의 평균 연령이 대체로 많아지므로, A 해역에는 표층 해수가 침강하는 곳이 있다.

ㄷ. B 해역 주변에서 심층 해수의 평균 연령은 고위도에서 저위도로 갈수록 많아지므로, B 해역에는 저위도로 흐르는 심층 해수가 있다.

문제풀이 Tip
심층 순환은 해수의 밀도 차에 의해 일어나는 순환으로 열염 순환이라고도 하며 표층 순환에 비해 해수의 이동 속력이 매우 느린 것을 알아 두고, 심층 해수의 평균 연령이 가장 적은 곳에서 표층 해수의 침강이 일어나는 것에 유의해야 한다.

17 심층 순환

출제 의도 북대서양 심층 순환의 세기 변화를 통해 기후 변화와 표층 해류의 세기 변화를 파악하는 문항이다.

그림은 북대서양 심층 순환의 세기 변화를 시간에 따라 나타낸 것이다.

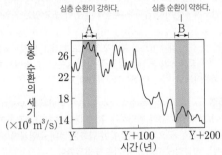

A 시기와 비교할 때, B 시기의 북대서양 심층 순환과 관련된 설명으로 옳은 것만을 〈보기〉에서 있는 대로 고른 것은? [3점]

보기
ㄱ. 북대서양 심층수가 형성되는 해역에서 침강이 약하다.
ㄴ. 북대서양에서 고위도로 이동하는 표층 해류의 흐름이 강하다. ~~약하다.~~
ㄷ. 북대서양에서 저위도와 고위도의 표층 수온 차가 크다.

① ㄱ ② ㄴ ③ ㄱ, ㄷ ④ ㄴ, ㄷ ⑤ ㄱ, ㄴ, ㄷ

✓ 자료 해석

• 북대서양에서는 그린란드 주변 해역에서 겨울철에 염분이 높은 해수가 냉각되어 밀도가 증가하므로 침강이 일어나 북대서양 심층수를 형성하고, 수심 약 1500~4000 m를 따라 남쪽으로 이동한다.
• 심층 순환은 표층 순환과 연결되어 전 지구를 순환하므로 심층 순환의 변화는 표층 순환의 변화를 가져와 기후 변화를 초래한다.
• 북대서양 심층 순환의 세기는 A 시기가 B 시기보다 강하다.

○ 보기 풀이 ㄱ. A 시기에 비해 B 시기의 심층 순환의 세기가 약한 것으로 보아 북대서양 심층수가 형성되는 해역에서 침강은 A 시기보다 B 시기가 약한 것을 알 수 있다.
ㄷ. 해류는 저위도의 열을 고위도로 수송하는 역할을 하기 때문에 B 시기와 같이 심층 순환이 약해지면 표층 순환도 약해지고 저위도와 고위도의 표층 수온 차가 커진다.

✕ 매력적 오답 ㄴ. 심층 순환은 표층 순환과 연결되어 있기 때문에 심층 순환이 약해지면 표층 순환도 약해진다. 그러므로 B 시기에 북대서양에서 고위도로 이동하는 표층 해류의 흐름도 약하다.

문제풀이 Tip
심층 순환은 해수의 침강에 의해 발생하므로 침강이 강해지면 심층 순환이 강해지고, 표층 순환도 강해진다는 것에 유의해야 한다.

18 표층 순환

출제 의도 북태평양의 아열대 순환을 이루는 해류의 종류와 방향을 이해하고, 북태평양 해류를 형성한 대기 대순환의 바람을 파악하는 문항이다.

그림은 어느 해 태평양에서 유실된 컨테이너에 실려 있던 운동화가 발견된 지점과 표층 해류 A와 B의 일부를 나타낸 것이다.

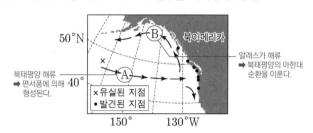

북태평양 해류
➡ 편서풍에 의해 형성된다.

알래스카 해류
➡ 북태평양의 아한대 순환을 이룬다.

× 유실된 지점
● 발견된 지점

이에 대한 설명으로 옳은 것만을 〈보기〉에서 있는 대로 고른 것은? [3점]

보기
ㄱ. A는 편서풍의 영향을 받는다.
ㄴ. B는 아열대 순환의 일부이다.
　　　　아한대 순환
ㄷ. 북아메리카 해안에서 발견된 운동화는 북태평양 해류의 영향을 받았다.

① ㄱ　　② ㄴ　　③ ㄱ, ㄷ　　④ ㄴ, ㄷ　　⑤ ㄱ, ㄴ, ㄷ

✔ 자료 해석
- A는 서쪽에서 동쪽으로 흐르는 북태평양 해류로, 북태평양의 아열대 순환을 이룬다.
- B는 고위도 쪽으로 흐르는 알래스카 해류로, 북태평양의 아한대 순환을 이룬다.
- 중앙 태평양에서 유실된 운동화는 해류를 따라 동쪽으로 이동하였다.

○ 보기 풀이 ㄱ. 표층 해류는 대기 대순환에 의해 일정한 방향으로 부는 바람과 해수면의 마찰에 의해 발생한다. 따라서 세계의 표층 해류 분포는 대기 대순환에 의한 바람의 분포와 유사하다. A는 편서풍에 의해 형성된 북태평양 해류로, 서쪽에서 동쪽으로 흐른다.

ㄷ. 북아메리카 해안에서 발견된 운동화는 중앙 태평양에서 유실된 후, 북태평양 해류의 영향을 받아 서쪽에서 동쪽으로 이동하였다.

✘ 매력적 오답 ㄴ. 북태평양의 아열대 순환은 북적도 해류, 쿠로시오 해류, 북태평양 해류(A), 캘리포니아 해류로 이루어져 있다. 한편 아한대 순환은 편서풍대의 해류와 극동풍에 의한 해류 등이 이루는 순환으로, 알래스카 해류(B)는 북태평양 아한대 순환의 일부이다.

문제풀이 Tip
아열대 순환은 무역풍과 편서풍에 의해 형성되며 북반구에서는 시계 방향으로 순환하는 것을 알아 두고, 알래스카 해류는 북태평양 아한대 순환의 일부인 것에 유의해야 한다.

19 대서양의 심층 순환

출제 의도 위도 약 40°S~남극 대륙 주변의 대서양 심층 순환 자료를 해석하여 심층 순환의 종류와 특징을 파악하고, 밀도를 비교하는 문항이다.

그림은 대서양 심층 순환의 일부를 모식적으로 나타낸 것이다. 수괴 A, B, C는 각각 북대서양 심층수, 남극 저층수, 남극 중층수 중 하나이다.
└ 밀도 : 남극 저층수 > 북대서양 심층수 > 남극 중층수

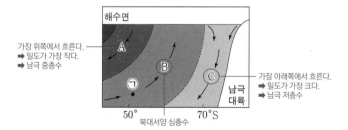

가장 위쪽에서 흐른다.
➡ 밀도가 가장 작다.
➡ 남극 중층수

가장 아래쪽에서 흐른다.
➡ 밀도가 가장 크다.
➡ 남극 저층수

이에 대한 설명으로 옳은 것만을 〈보기〉에서 있는 대로 고른 것은?

보기
ㄱ. 침강하는 해수의 밀도는 A가 C보다 작다.
ㄴ. B는 형성된 곳에서 ㉠ 지점까지 도달하는 데 걸리는 시간이 1년보다 짧다. 길다.
ㄷ. C는 표층 해수에서 (증발량－강수량) 값의 감소에 의한 밀도 변화로 형성된다.
　　　　결빙에 의한 염분 변화

① ㄱ　　② ㄴ　　③ ㄱ, ㄷ　　④ ㄴ, ㄷ　　⑤ ㄱ, ㄴ, ㄷ

✔ 자료 해석
- A가 B보다 위쪽에서 흐르므로 A의 밀도가 B의 밀도보다 작다. 따라서 A는 남극 중층수, B는 북대서양 심층수이다.
- C는 가장 아래쪽에서 흐르므로 밀도가 가장 큰 남극 저층수이다.
- 북대서양 심층수는 북반구의 그린란드 해역에서 해수가 침강하여 형성되므로, 남반구의 ㉠ 지점까지 도달하는 데 걸리는 시간이 매우 길다.

○ 보기 풀이 ㄱ. A는 남극 중층수, B는 북대서양 심층수, C는 남극 저층수에 해당한다. 심층 해수는 밀도가 클수록 아래쪽에서 흐르므로, 침강하는 해수의 밀도는 A가 C보다 작다.

✘ 매력적 오답 ㄴ. 북대서양 심층수는 북반구의 그린란드 해역에서 침강하여 남쪽으로 이동한다. 심층수는 표층수에 비해 이동 속도가 매우 느리므로, 북대서양 심층수(B)가 형성된 곳에서 ㉠ 지점까지 도달하는 데 걸리는 시간은 1년보다 훨씬 길다.

ㄷ. C는 남극 저층수이다. 겨울철에 남극 대륙 주변의 웨델해에서 결빙이 일어나면 해수의 염분이 높아지므로 밀도가 커져 침강한 후, 전 세계 해양으로 퍼져 나가 남극 저층수를 이룬다.

문제풀이 Tip
해수의 침강은 밀도가 클수록 잘 일어나는 것을 알아 두고, 남극 저층수는 남극 대륙 주변의 웨델해에서 해수의 결빙 과정을 거쳐 형성되는 것에 유의해야 한다.

Part II 수능 평가원

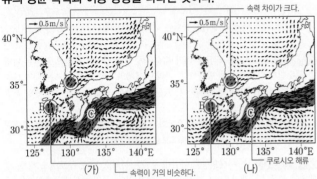

20 우리나라 주변의 표층 해류

출제 의도 우리나라 주변 해류의 계절별 평균 속력을 비교하고, 해류의 이동 방향으로부터 쿠로시오 해류를 파악하는 문항이다.

그림 (가)와 (나)는 서로 다른 계절에 관측된 우리나라 주변 표층 해류의 평균 속력과 이동 방향을 나타낸 것이다.

(가) — 속력이 거의 비슷하다.
(나) — 쿠로시오 해류
속력 차이가 크다.

이 자료에 대한 설명으로 옳은 것만을 〈보기〉에서 있는 대로 고른 것은?

보기
ㄱ. (가)와 (나)의 평균 속력 차는 해역 A보다 B에서 ~~크다.~~ 작다.
ㄴ. 동한 난류의 평균 속력은 (나)보다 (가)가 빠르다.
ㄷ. 해역 C에 흐르는 해류는 북태평양 아열대 순환의 일부이다.

① ㄱ   ② ㄴ   ③ ㄷ   ④ ㄱ, ㄴ   ⑤ ㄴ, ㄷ

✓ 자료 해석
• 해역 A는 (가)와 (나)에서 표층 해류의 평균 속력 차이가 크고, 해역 B는 (가)와 (나)에서 표층 해류의 평균 속력이 비슷하다.
• C는 북태평양 아열대 순환을 이루는 쿠로시오 해류이다.

○ 보기 풀이 ㄴ. 동한 난류는 대한 해협에서 대마 난류(쓰시마 난류)로부터 갈라져 나와 동해안을 따라 북상하며, 동해에서 북한 한류와 만나 조경 수역을 형성한 후 동진하여 대마 난류와 다시 합류한다. 동한 난류의 평균 속력은 (나)보다 (가)가 빠르다.
ㄷ. 북태평양의 아열대 순환은 북적도 해류, 쿠로시오 해류, 북태평양 해류, 캘리포니아 해류로 이루어져 있으며, 시계 방향으로 순환한다. 해역 C에 흐르는 해류는 쿠로시오 해류로, 북태평양 아열대 순환의 일부이다.

✕ 매력적 오답 ㄱ. 해역 A는 (가)에서 표층 해류의 평균 속력이 크고 (나)에서 표층 해류의 평균 속력이 작다. 해역 B는 (가)와 (나)에서 표층 해류의 평균 속력이 비슷하다. 따라서 (가)와 (나)의 평균 속력 차는 해역 A보다 B에서 작다.

문제풀이 Tip
우리나라 주변 난류의 근원인 쿠로시오 해류는 아열대 순환의 일부인 것을 알아 두고, 동한 난류는 여름철에 세력이 강해져 겨울철보다 북상하는 것에 유의해야 한다.

21 표층 순환과 심층 순환

출제 의도 대서양 심층 순환의 종류와 밀도를 파악하고, 심층 해수의 역할을 이해하는 문항이다.

그림 (가)는 대서양의 해수 순환의 모식도를, (나)는 ㉠과 ㉡에서 형성되는 각각의 수괴를 수온-염분도에 A와 B로 순서 없이 나타낸 것이다.

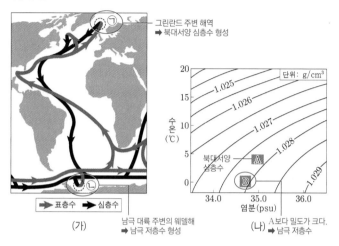

그린란드 주변 해역
➡ 북대서양 심층수 형성

➡ 표층수 ➡ 심층수

(가)

남극 대륙 주변의 웨델해
➡ 남극 저층수 형성

(나) A보다 밀도가 크다.
➡ 남극 저층수

이에 대한 설명으로 옳은 것만을 〈보기〉에서 있는 대로 고른 것은? [3점]

보기
ㄱ. ㉡에서 형성되는 수괴는 A에 ~~해당한다.~~ B에 해당한다.
ㄴ. A와 B는 심층 해수에 산소를 공급한다.
ㄷ. 심층 순환은 표층 순환보다 느리다.

① ㄱ ② ㄴ ③ ㄱ, ㄷ ④ ㄴ, ㄷ ⑤ ㄱ, ㄴ, ㄷ

✔ 자료 해석

• (가) : ㉠은 그린란드 주변 해역으로 북대서양 심층수가 형성되고, ㉡은 남극 대륙 주변의 웨델해로 남극 저층수가 형성된다.

• (나) : 남극 저층수는 북대서양 심층수보다 밀도가 크므로, A는 북대서양 심층수이고 B는 남극 저층수이다.

○ 보기풀이 ㄴ. 심층 순환은 표층 순환과 연결되어 열에너지를 수송하여 위도 간의 열수지 불균형을 해소시킨다. 또한 용존 산소가 풍부한 표층 해수를 심해로 운반하여 심해에 산소를 공급한다. 따라서 A와 B는 심층 해수에 산소를 공급한다.

ㄷ. 심층 순환은 매우 느려서 수온과 염분 및 밀도를 조사하여 간접적으로 흐름을 알아낼 수 있다.

✗ 매력적 오답 ㄱ. ㉡에서 형성되는 수괴는 침강하여 남극 저층수가 된다. 남극 저층수는 북대서양 심층수보다 밀도가 크므로, ㉡에서 형성되는 수괴는 B에 해당한다.

문제풀이 Tip

수괴는 성질이 다른 수괴와 잘 섞이지 않기 때문에 수온과 염분이 거의 변하지 않는 것을 알아 두고, 남극 저층수는 북대서양 심층수보다 밀도가 커서 북대서양 심층수 아래에서 해저를 따라 흐르는 것에 유의해야 한다.

01 별의 물리량과 진화

1 별의 물리량

2025학년도 수능 14번 | 정답 ⑤ | 문제편 156p

출제 의도 별의 질량과 광도를 비교하여 광도 계급을 결정하고, 별의 물리량을 통해 중심핵에서 일어나는 핵융합 반응의 종류를 파악하는 문항이다.

표는 중심핵에서 핵융합 반응이 일어나고 있는 별 (가), (나), (다)의 물리량을 나타낸 것이다.

질량은 태양과 같고,
광도는 태양의 60배
➡ 적색 거성

별	질량 (태양=1)	광도 (태양=1)	광도 계급
(가)	1	60	(Ⅲ)
(나)	4	100	Ⅴ ── 주계열성
(다)	1	1	Ⅴ

이 자료에 대한 설명으로 옳은 것만을 〈보기〉에서 있는 대로 고른 것은? [3점]

보기
ㄱ. $\dfrac{\text{표면 온도}}{\text{중심핵 온도}}$ 는 (가)가 (나)보다 작다.
ㄴ. 단위 시간당 에너지 생성량은 (가)가 (다)보다 많다.
ㄷ. 주계열 단계 동안, 별의 질량의 평균 감소 속도는 (나)가 (다)보다 빠르다.

① ㄱ　② ㄷ　③ ㄱ, ㄴ　④ ㄴ, ㄷ　⑤ ㄱ, ㄴ, ㄷ

✔ 자료 해석
• (가)는 질량은 태양과 같고, 광도는 태양의 60배이므로 태양보다 반지름이 매우 크고 절대 등급이 작은 적색 거성으로, 광도 계급은 Ⅲ이고, 중심핵에서 헬륨 핵융합 반응이 일어난다.
• (나)는 (다)보다 질량과 광도가 큰 주계열성이므로, 중심핵 온도가 더 높고 핵융합 반응에 의한 에너지 생성량이 더 많다.

○ 보기 풀이 ㄱ. (가)는 질량이 태양과 같은데 광도가 태양의 60배로 매우 큰 것으로 보아 적색 거성이다. (나)와 (다)는 광도 계급이 Ⅴ이므로 주계열성이다. 적색 거성은 주계열성보다 중심핵 온도가 높지만, 표면 온도가 낮으므로 $\dfrac{\text{표면 온도}}{\text{중심핵 온도}}$ 는 (가)가 (나)보다 작다.
ㄴ. 단위 시간당 에너지 생성량은 광도로 비교한다. (가)와 (다)는 동일한 질량인데 광도(단위 시간당 에너지 방출량)는 (가)가 (다)보다 크므로, 단위 시간당 에너지 생성량은 (가)가 (다)보다 많다.
ㄷ. 주계열 단계에서는 수소 핵융합 반응에 의해 에너지 생성이 일어난다. 수소 핵융합 반응은 4개의 수소가 융합하여 1개의 헬륨이 생성될 때 질량이 감소하고 에너지를 방출하는 것이므로 광도가 큰 주계열성일수록 질량의 감소 속도는 빠르다. 따라서 별의 질량의 평균 감소 속도는 (나)가 (다)보다 빠르다.

문제풀이 Tip
질량이 태양 질량과 같은데, 광도가 태양 광도보다 훨씬 큰 별은 적색 거성에 해당한다는 것을 알아 두고, 별의 질량이 클수록 중심핵에서 일어나는 핵융합 반응에 의한 에너지 생성량이 많아서 질량이 빠르게 감소한다는 것에 유의해야 한다.

2 별의 물리량

출제 의도 별의 표면 온도, 반지름, 겉보기 등급을 통해 제시되지 않은 다른 물리량을 비교하는 문항이다.

표는 별 (가), (나), (다)의 물리량을 나타낸 것이다. (가), (나), (다) 중 주계열성은 2개이고, 태양의 절대 등급은 +4.8, 태양의 표면 온도는 5800 K이다.

광도: (가)가 (나)의 $\frac{16}{10000}$배

별	표면 온도(K)	반지름(상댓값)	겉보기 등급
백색 왜성 (가)	16000	0.025	8
주계열성 (나)	8000	2.5	10
주계열성 (다)	4000	1	13

2배 (16000→8000), 2배 (8000→4000)
$\frac{1}{100}$배, 2.5배

복사 에너지를 최대로 방출하는 파장: $\frac{1}{2}$배

이 자료에 대한 설명으로 옳은 것만을 〈보기〉에서 있는 대로 고른 것은?

보기
ㄱ. 복사 에너지를 최대로 방출하는 파장은 (나)가 (다)의 2배 ($\frac{1}{2}$배) 이다.
ㄴ. 지구로부터의 거리는 (다)가 (가)의 20배보다 멀다.
ㄷ. (가)의 절대 등급은 +12보다 크다. (작다.)

① ㄱ ② ㄴ ③ ㄷ ④ ㄱ, ㄷ ⑤ ㄴ, ㄷ

✔ **자료 해석**

- 최대 복사 에너지 방출 파장(λ_{max})은 표면 온도(T)에 반비례한다.
  ➡ $\lambda_{max} \propto \frac{1}{T}$
- 광도(L)는 반지름(R)의 제곱과 표면 온도(T)의 4제곱의 곱에 비례한다.
  ➡ $L \propto R^2 \cdot T^4$
- 겉보기 밝기(l)는 광도(L)에 비례하고 거리(r)의 제곱에 반비례한다.
  ➡ $l = \frac{L}{r^2}$
- 표면 온도는 (다)가 태양보다 낮고, (가)와 (나)는 태양보다 높다. 반지름은 (다)를 기준으로 했을 때 (가)는 반지름이 (다)보다 훨씬 작지만 표면 온도는 훨씬 높다. 한편 (나)는 (다)보다 표면 온도가 2배 높고 반지름이 2.5배 크다. 따라서 (가)는 백색 왜성, (나)와 (다)는 주계열성이다.

○ 보기 풀이 반지름이 작은데 표면 온도가 높은 (가)는 백색 왜성, (나)와 (다)는 주계열성이다.

ㄴ. 광도는 반지름의 제곱과 표면 온도의 네제곱의 곱에 비례하므로 (가)의 광도는 (다)의 광도의 $\frac{16}{100}$배이다. 겉보기 등급은 (가)가 (다)보다 5등급 작으므로 (가)가 (다)보다 100배 밝게 관측된다. 한편, 겉보기 밝기는 광도에 비례하고 거리의 제곱에 반비례한다. 따라서 지구로부터의 거리는 (다)가 (가)보다 $\sqrt{\frac{10000}{16}} = 25$배 멀다.

✗ 매력적 오답 ㄱ. 복사 에너지를 최대로 방출하는 파장은 표면 온도에 반비례하는데, 표면 온도는 (나)가 (다)의 2배이므로 복사 에너지를 최대로 방출하는 파장은 (나)가 (다)의 $\frac{1}{2}$배이다.

ㄷ. (가)는 (나)에 비해 표면 온도는 2배이고 반지름은 $\frac{1}{100}$배이므로 광도는 $\frac{16}{10000}$배이다. 광도가 100배 차이 나면 절대 등급은 5등급 차이, 즉 광도 약 2.5배 차이에 1등급 차이이므로 (가)는 (나)보다 절대 등급이 약 7만큼 크다. 한편 태양은 (나)보다 절대 등급이 크므로 태양과 (가)의 절대 등급 차이는 7보다 작다. 따라서 (가)의 절대 등급은 +11.8보다 작다.

문제풀이 Tip

단서로 제시된 자료는 문제를 해결하는 데 꼭 필요한 것이다. 태양의 절대 등급과 표면 온도 자료가 기본으로 제시되었으므로, 이를 최대한 활용해야 한다. 광도와 표면 온도, 반지름의 관계, 밝기와 광도, 거리의 관계를 꼭 알아 두자.

Part II 수능 평가원

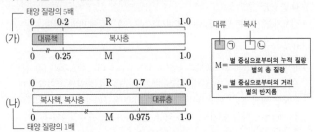

3 **별의 내부 구조와 에너지원**

선택지 비율   ① 9%   ② 9%   ❸ 55%   ④ 8%   ⑤ 20%

출제의도 질량에 따른 주계열성의 내부 구조를 이해하고, 별의 내부에서 일어나는 수소 핵융합 반응과 에너지 전달 방식을 파악하는 문항이다.

그림은 질량이 다른 주계열성 (가)와 (나)의 내부 구조를 물리량 M 과 R에 따라 나타낸 것이다. (가)와 (나)의 질량은 각각 태양 질량의 1배와 5배 중 하나이고, ㉠과 ㉡은 에너지가 전달되는 방식 중 대류 와 복사를 순서 없이 나타낸 것이다.

태양 질량의 5배

0	0.2	R		1.0
(가)	대류핵	복사층		

| 0 | 0.25 | M | | 1.0 |

		대류	복사
		▨ ㉠	☐ ㉡

$M = \dfrac{\text{별 중심으로부터의 누적 질량}}{\text{별의 총 질량}}$

		R	0.7	
(나)	복사핵, 복사층			대류층

| 0 | | M | 0.975 | 1.0 |

$R = \dfrac{\text{별 중심으로부터의 거리}}{\text{별의 반지름}}$

태양 질량의 1배

이 자료에 대한 설명으로 옳은 것만을 〈보기〉에서 있는 대로 고른 것은? [3점]

보기

ㄱ. ㉡은 '복사'이다.

ㄴ. 대류가 일어나는 영역의 전체 질량은 (가)가 (나)의 ~~10배~~ 50 이다.

ㄷ. 주계열 단계 동안, 수소 핵융합 반응이 일어나는 영역에 서 헬륨 함량비(%)의 평균 증가 속도는 (가)가 (나)보다 빠르다.

① ㄱ   ② ㄴ   ③ ㄱ, ㄷ   ④ ㄴ, ㄷ   ⑤ ㄱ, ㄴ, ㄷ

✓ 자료 해석

- 질량이 태양 정도인 별의 내부 구조는 복사핵, 복사층, 대류층으로 이루어져 있고, 질량이 태양의 1.5배 이상인 별의 내부 구조는 대류핵, 복사층으로 이루어져 있다.
- 대류는 태양 질량의 5배인 주계열성은 중심핵에서 일어나고, 태양 질량의 1배인 주계열성은 바깥쪽에서 일어난다. (가)는 태양 질량의 5배, (나)는 태양 질량의 1배인 주계열성이며, ㉠은 대류, ㉡은 복사이다.

○ 보기풀이 ㄱ. 질량이 태양 질량의 5배인 주계열성은 중심부에 대류핵이 나타나고 바깥쪽에 복사층이 나타난다. 질량이 태양 질량의 1배인 주계열성은 중심핵을 복사층과 대류층이 차례로 둘러싸고 있다. 따라서 태양 질량의 1배인 주계열성에서는 중심으로부터 복사에 의한 에너지 전달이 우세한 영역이 넓으며, 대류에 의한 에너지 전달 영역은 중심으로부터 멀리 떨어져 있고 상대적으로 좁은 영역을 차지한다. 따라서 (가)는 질량이 태양 질량의 5배인 주계열성, (나)는 질량이 태양 질량의 1배인 주계열성에 해당하고, ㉠은 대류, ㉡은 복사이다.

ㄷ. 주계열 단계 동안 수소 핵융합 반응이 일어나는 영역에서 헬륨 함량비(%)의 평균 증가 속도는 질량이 크고 중심핵 온도가 높을수록 빠르다. 따라서 (가)가 (나)보다 빠르다.

✕ 매력적오답 ㄴ. 태양 질량을 $M_\odot$이라고 할 때, (가)에서 대류가 일어나는 영역의 전체 질량은 $0.25 \times 5\,M_\odot = 1.25\,M_\odot$이고, (나)에서 대류가 일어나는 영역의 전체 질량은 $0.025 \times M_\odot = 0.025\,M_\odot$이다. 따라서 대류가 일어나는 영역의 전체 질량은 (가)가 (나)의 50배이다.

문제풀이 Tip

별의 질량에 따른 내부 구조와 에너지 생성량을 비교하는 문항이 자주 출제된다. 질량이 태양 질량 정도인 별과 태양 질량의 1.5배 이상인 별로 구분하여 각각의 특징을 알아 두자.

4 별의 물리량

출제 의도 별의 여러 가지 물리량 자료를 이용하여 질량, 거리, 핵융합 반응의 특징을 비교하는 문항이다.

표는 별 (가), (나), (다)의 물리량을 나타낸 것이다. (나)와 (다)는 지구로부터의 거리가 같고, 태양의 절대 등급은 +4.8이다.

별	표면 온도 (태양=1)	반지름 (태양=1)	겉보기 등급	광도 계급
(가)	1	10	+4.8	( )
(나)	4	6.25	+3.8	V
(다)	1	( )	+13.8	( )

별	T^4	R^2	L $(\propto R^2 \cdot T^4)$	별의 종류
(가)	1	100	100	적색 거성
(나)	256	$\frac{625}{16}$	10000	주계열성
(다)	1	1	1	주계열성

이 자료에 대한 설명으로 옳은 것만을 〈보기〉에서 있는 대로 고른 것은? [3점]

보기
ㄱ. 질량은 (가)가 (나)보다 작다.
ㄴ. 지구로부터의 거리는 (나)가 (가)의 6배보다 멀다.
ㄷ. 중심핵에서의 $\dfrac{\text{p-p 반응에 의한 에너지 생성량}}{\text{CNO 순환 반응에 의한 에너지 생성량}}$ 은 (나)가 (다)보다 작다.

① ㄱ   ② ㄴ   ③ ㄱ, ㄷ   ④ ㄴ, ㄷ   ⑤ ㄱ, ㄴ, ㄷ

✔ 자료 해석
- $L = 4\pi R^2 \cdot \sigma T^4$으로부터 (가)와 (나)의 광도를 구하면, (가)는 태양의 $100(1^4 \times 10^2 = 100)$배, (나)는 태양의 $10000(4^4 \times 6.25^2 = 10000)$배이다.
- (가)는 광도가 태양의 100배이므로 절대 등급은 태양보다 5 작은 -0.2이고, (나)는 광도가 태양의 10000배이므로 절대 등급은 태양보다 10 작은 -5.2이다.
- 겉보기 밝기는 광도에 비례하고 거리의 제곱에 반비례한다. ➡ $l \propto \dfrac{L}{r^2}$

○ 보기풀이 ㄱ. 표면 온도와 반지름으로부터 광도를 구하면 (가)는 태양의 100배이고, (나)는 태양의 10000배이다. (가)는 표면 온도가 태양과 같은데 광도가 100배 크므로 질량이 작은 주계열성이 진화하여 형성된 적색 거성이고, (나)는 태양보다 광도가 10000배 큰 주계열성이므로 질량이 매우 큰 주계열성이다. 따라서 질량은 (가)가 (나)보다 작다.

ㄴ. (나)는 (가)보다 광도는 100배 크고, 겉보기 등급은 1 작으므로 겉보기 밝기는 2.5배 밝다. 겉보기 밝기는 광도에 비례하고 거리의 제곱에 반비례하므로, 거리는 $\sqrt{\dfrac{\text{광도}}{\text{겉보기 밝기}}}$ 이다. 따라서 거리는 (나)가 (가)보다 $2\sqrt{10}(\fallingdotseq 6.3)$배 멀다.

ㄷ. (나)와 (다)는 지구로부터의 거리가 같으므로 두 별의 겉보기 등급 차는 절대 등급 차와 같다. (나)는 광도가 태양의 10000배이므로 절대 등급은 -5.2이고, (다)는 (나)보다 겉보기 등급이 10 크므로 절대 등급은 (나)보다 10 큰 $+4.8$이다. 즉, (다)는 표면 온도와 절대 등급이 태양과 같은 주계열성이다. 주계열성은 질량이 클수록 p-p 반응에 의한 에너지 생성량보다 CNO 순환 반응에 의한 에너지 생성량이 크다. 광도가 큰 (나)가 태양 질량과 같은 (다)보다 질량이 크므로, 중심핵에서의 $\dfrac{\text{p-p 반응에 의한 에너지 생성량}}{\text{CNO 순환 반응에 의한 에너지 생성량}}$ 은 (나)가 (다)보다 작다.

문제풀이 Tip
광도는 표면 온도와 반지름을 이용해서 구할 수 있고($L = 4\pi R^2 \cdot \sigma T^4$), 거리는 거리 지수(겉보기 등급−절대 등급)로 구할 수 있다. 또한 겉보기 밝기는 광도에 비례하고 거리의 제곱에 반비례하며, 1등급 차는 2.5배의 밝기 차가 난다는 것을 이용해 광도와 거리를 비교할 수 있다. 별까지의 거리와 광도는 다양한 방법으로 구할 수 있음을 알고, 주어진 물리량을 이용해서 다른 물리량들을 비교하는 연습을 충분히 해 두도록 하자.

Part Ⅱ
수능 평가원

5 H - R도와 별의 진화

출제 의도 H - R도에 나타낸 태양의 진화 경로를 파악하여 각 진화 단계별 별의 특징을 이해하는 문항이다.

그림은 태양이 $A_0 \rightarrow A_1 \rightarrow A_2 \rightarrow A_3$으로 진화하는 경로를 H - R도에 나타낸 것이다.

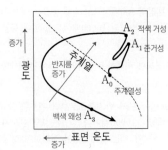

이에 대한 설명으로 옳은 것만을 〈보기〉에서 있는 대로 고른 것은?
[3점]

보기
ㄱ. A_0의 중심핵은 탄소를 포함한다.
ㄴ. 수소의 총 질량은 A_0이 A_1보다 작다.
　　　　　　　　　　　　크다.
ㄷ. $\dfrac{A_1의 \ 반지름}{A_0의 \ 반지름} > \dfrac{A_2의 \ 반지름}{A_3의 \ 반지름}$ 이다.
　　$\dfrac{A_1의 \ 반지름}{A_0의 \ 반지름} < \dfrac{A_2의 \ 반지름}{A_3의 \ 반지름}$

① ㄱ　② ㄴ　③ ㄷ　④ ㄱ, ㄴ　⑤ ㄱ, ㄷ

✔ 자료 해석

• 태양은 주계열성 → 적색 거성 → 행성상 성운 → 백색 왜성으로 진화한다. A_0은 주계열성, A_1은 준거성, A_2는 적색 거성, A_3은 백색 왜성이다.
• H - R도에서 오른쪽 위로 갈수록 반지름이 증가한다.

○ 보기 풀이　A_0은 주계열성, A_1은 준거성, A_2는 중심핵에서 헬륨 핵융합 반응을 하는 적색 거성, A_3은 백색 왜성이다.

ㄱ. 태양이 형성된 태양계 성운에는 수소와 헬륨뿐만 아니라 다양한 원소들이 모두 포함되어 있었기 때문에 태양은 수소와 헬륨이 대부분이지만 자연계의 기타 원소를 대부분 포함하고 있다. 주계열 단계의 태양에서는 주로 p - p 반응이 우세하게 일어나지만, 태양 중심핵에는 탄소가 포함되어 있으며 이로 인해 CNO 순환 반응도 일어난다.

✕ 매력적 오답　ㄴ. A_0은 주계열 단계에 있으므로 수소 핵융합 반응이 일어나고 있다. 수소 핵융합 반응에 의해 별에 포함되어 있는 수소의 총 질량은 감소하고 헬륨의 총 질량은 증가한다. 또한 A_0에서 A_1 기간 동안 중심핵의 바깥층에서 수소 핵융합 반응이 일어난다. 따라서 A_0에서 A_1 기간 동안 수소의 총 질량은 지속적으로 감소하므로, 수소의 총 질량은 A_0이 A_1보다 크다.

ㄷ. 주계열 단계에서 거성 단계로 가면서 별의 반지름은 증가하고, 행성상 성운을 거쳐 백색 왜성이 되면서 반지름은 급격하게 작아진다. 따라서 $\dfrac{A_1의 \ 반지름}{A_0의 \ 반지름} < \dfrac{A_2의 \ 반지름}{A_3의 \ 반지름}$ 이다.

문제풀이 **Tip**

수소 핵융합 반응 중에서 p - p 반응은 수소 원자핵의 융합으로 헬륨 원자핵이 생성되고, CNO 순환 반응은 탄소, 질소, 산소가 촉매 역할을 하여 수소 원자핵이 융합하여 헬륨 원자핵을 생성한다. 태양의 중심핵에서 p - p 반응이 우세하게 일어난다고 해서 태양에 탄소가 존재하지 않는 것이 아니다. 태양 중심핵에서도 CNO 순환 반응이 일어나고 있으며, 이로부터 태양에도 탄소가 존재하고 있다는 것을 유추할 수 있어야 한다.

출제 의도 별의 여러 가지 물리량 자료를 해석하여 나머지 물리량을 구하고, 겉보기 등급과의 관계를 파악하는 문항이다.

표는 별 ㉠, ㉡, ㉢의 물리량을 나타낸 것이다. 태양의 절대 등급은 +4.8 등급이다.

10 pc에서 태양의 겉보기 등급은 +4.8등급이고, 광도는 거리에 따라 변하지 않는 값이다.

$L=4\pi R^2 \cdot \sigma T^4$

별	반지름 (태양=1)	지구로부터의 거리(pc)	광도 (태양=1)	분광형
㉠	10	( )	100	(G2)
㉡	0.4	20	0.04	( )
㉢	( )	100	100	M1

별	R^2	10 pc 거리에 있을 때 겉보기 밝기(l)	T (태양=1)	T^4
㉠	100		1	1
㉡	0.16	$\dfrac{0.04}{2^2}$	$\dfrac{1}{\sqrt{2}}$	$\dfrac{1}{4}$
㉢		$\dfrac{100}{10^2}$		

이 자료에 대한 설명으로 옳은 것만을 〈보기〉에서 있는 대로 고른 것은? [3점]

보기
ㄱ. 단위 시간당 단위 면적에서 방출하는 복사 에너지양은 ㉠이 ㉡의 4배이다.
ㄴ. 별의 반지름은 ㉠이 ㉢보다 크다. 작다.
ㄷ. (㉡의 겉보기 등급+㉢의 겉보기 등급) 값은 15보다 크다. 작다.

① ㄱ ② ㄴ ③ ㄷ ④ ㄱ, ㄴ ⑤ ㄱ, ㄷ

✔ 자료 해석
- 별의 광도(L)는 반지름(R)의 제곱과 표면 온도(T)의 4제곱의 곱에 비례한다. ➡ $L=4\pi R^2 \cdot \sigma T^4$ ➡ $L \propto R^2 \cdot T^4$
- 별이 단위 시간당 단위 면적에서 방출하는 복사 에너지양(E)은 표면 온도의 4제곱에 비례한다. ➡ $E=\sigma T^4$ ➡ $E \propto \dfrac{L}{R^2}$
- ㉠의 분광형은 반지름과 광도를 이용하여 표면 온도를 구하면 알 수 있다.
- ㉢의 반지름은 광도와 표면 온도를 이용하여 구할 수 있는데, 표면 온도는 분광형을 통해 알 수 있다.
- 별의 절대 등급은 10 pc의 거리에 있을 때의 밝기이므로 10 pc의 거리에서 겉보기 밝기는 절대 등급과 같다. 태양의 절대 등급은 +4.8이므로 10 pc 거리에서 태양의 겉보기 등급은 +4.8이다.
- 밝기(광도)가 100배 차이 나면 5등급 차이이며, 겉보기 밝기(l)는 거리(r)의 제곱에 반비례하고 광도(L)에 비례한다. ➡ $l \propto \dfrac{L}{r^2}$

○ 보기 풀이 ㄱ. 광도는 단위 시간당 방출하는 복사 에너지양이므로, 단위 시간당 단위 면적에서 방출하는 복사 에너지양(E)은 $\dfrac{광도}{표면적(\propto R^2)}$ 이다. 표의 물리량을 이용해 ㉠과 ㉡에서 단위 시간당 단위 면적에서 방출하는 복사 에너지양의 상댓값을 구하면, $E_㉠=\dfrac{100}{10^2}=1$이고, $E_㉡=\dfrac{0.04}{0.4^2}=0.25$이다. 따라서 단위 시간당 단위 면적에서 방출하는 복사 에너지양은 ㉠이 ㉡의 4배이다.

✖ 매력적 오답 ㄴ. 표에서 반지름과 광도 모두 태양을 기준으로 하였으므로 표면 온도(T)도 태양=1을 기준으로 하면, ㉠은 $100=10^2 \cdot T^4$으로부터 $T_㉠^4=1$이므로 표면 온도는 태양과 같다. 태양의 분광형은 G2형이므로 ㉠의 분광형도 G2이다. 한편, ㉢은 광도가 ㉠과 같은데 분광형이 M1로 ㉠보다 표면 온도가 낮으므로 반지름은 ㉠보다 크다.

ㄷ. ㉡의 광도는 태양의 0.04배이고 겉보기 밝기는 10 pc에 위치할 때보다 $\dfrac{1}{2^2}$ 배로 어둡다. 따라서 ㉡의 겉보기 밝기는 태양이 10 pc 거리에 있다고 가정했을 때의 겉보기 밝기에 비해 $0.04 \times \dfrac{1}{4}=\dfrac{1}{100}$ 배이므로, 겉보기 등급은 +9.8 (=4.8+5)이다. 같은 원리로 ㉢의 광도는 태양의 100배이고 겉보기 밝기는 10 pc에 위치할 때보다 $\dfrac{1}{10^2}$ 배로 어둡다. 따라서 ㉢의 겉보기 밝기는 태양이 10 pc 거리에 있다고 가정했을 때의 겉보기 밝기에 비해 $100 \times \dfrac{1}{10^2}=1$배이므로, 겉보기 등급은 +4.8이다. 즉, (㉡의 겉보기 등급+㉢의 겉보기 등급) 값은 14.6이다.

문제풀이 Tip
별이 10 pc의 거리에 있을 때 겉보기 등급은 절대 등급과 같다. 겉보기 등급은 겉보기 밝기(l), 절대 등급은 광도(L)로 표현할 수 있는데, 겉보기 밝기는 거리의 제곱에 반비례하고, 광도는 거리에 상관없이 항상 일정하다는 것에 유의해야 한다. 별의 물리량을 구하는 문항에서는 광도 공식, 슈테판·볼츠만 법칙, 밝기와 거리 관계, 거리 지수 등을 이용하여 계산하는 경우가 대부분이므로 관련 공식들을 꼭 암기해 두자.

Part II 수능평가원

7 별의 에너지원과 물리량

출제의도 중심핵에서 핵융합 반응이 일어나고 있는 별의 물리량 자료로부터 거리에 따른 수소 함량비를 파악하고, 제시되지 않은 다른 물리량을 구하여 비교하는 문항이다.

표는 중심핵에서 핵융합 반응이 일어나고 있는 별 (가), (나), (다)의 반지름, 질량, 광도 계급을 나타낸 것이다.

별	반지름(태양=1)	질량(태양=1)	광도 계급
(가)	50	1	(Ⅱ ~ Ⅲ) 적색 거성
(나)	4	8	Ⅴ 주계열성
(다)	0.9	0.8	Ⅴ 주계열성

이에 대한 설명으로 옳은 것만을 〈보기〉에서 있는 대로 고른 것은? [3점]

┌─ 보기 ─────────────────────────┐
ㄱ. 중심핵의 온도는 (가)가 (나)보다 높다.
ㄴ. (다)의 핵융합 반응이 일어나는 영역에서, 별의 중심으로부터 거리에 따른 수소 함량비(%)는 일정하다.
   일정하지 않다.
ㄷ. 단위 시간 동안 방출하는 에너지양에 대한 별의 질량은 (나)가 (다)보다 작다.
└──────────────────────────────┘

① ㄱ   ② ㄴ   ③ ㄷ   ④ ㄱ, ㄴ   ⑤ ㄱ, ㄷ

✓ 자료 해석

- (가)는 질량이 태양과 같지만 반지름이 매우 큰 것으로 보아 적색 거성(광도 계급: Ⅱ~Ⅲ)이고, (나)와 (다)는 광도 계급이 Ⅴ이므로 주계열성이다.
- 적색 거성의 중심핵에서는 헬륨 핵융합 반응부터 더 큰 원자의 핵융합 반응이 일어날 수 있고, 주계열성의 중심핵에서는 수소 핵융합 반응이 일어난다. ➡ 중심핵의 온도: 적색 거성(1억 K 이상) > 주계열성(1000만 K 이상)

◑ 보기 풀이

ㄱ. (가)는 적색 거성이고, (나)와 (다)는 주계열성이다. 중심핵의 온도는 헬륨 핵융합 반응이 일어나고 있는 적색 거성이 수소 핵융합 반응이 일어나고 있는 주계열성보다 높다. 따라서 중심핵의 온도는 (가)가 (나)보다 높다.

ㄷ. 별의 광도는 별이 단위 시간 동안 방출하는 에너지양이다. 주계열성의 경우 별의 질량이 클수록 광도가 증가하지만, 별의 질량은 광도에 비해 변화량이 작다. 별의 광도는 (나)가 (다)보다 크므로 '단위 시간 동안 방출하는 에너지양에 대한 별의 질량$\left(=\dfrac{질량}{광도}\right)$'은 (나)가 (다)보다 작다.

✖ 매력적 오답

ㄴ. (다)와 같이 질량이 작은 주계열성의 중심핵은 대류층이 아니므로, 핵융합 반응이 일어나는 영역에서 별의 중심으로부터 거리에 따른 수소 함량비(%)는 일정하지 않다.

문제풀이 Tip

질량이 작은 별은 중심핵이 대류층이 아니므로 별의 중심으로부터 거리에 따른 수소 함량비(%)가 일정하지 않음을 파악할 수 있어야 한다. 또한 주계열성의 경우 별의 질량은 광도에 비해 변화량이 작다는 것을 이해하고 있어야 한다.

8 별의 물리량

출제 의도 별의 여러 가지 물리량을 태양의 물리량과 비교하고, 제시되지 않은 다른 물리량을 구하여 비교하는 문항이다.

표는 별 (가), (나), (다)의 물리량을 나타낸 것이다. 태양의 절대 등급은 +4.8 등급이다.

절대 등급은 별이 10 pc 거리에 있을 때의 겉보기 등급과 같고, 밝기는 거리의 제곱에 반비례한다.

표면 온도의 네제곱에 비례 → 별의 밝기(광도)는 거리의 제곱에 반비례

별	단위 시간당 단위 면적에서 방출하는 복사 에너지 (태양=1)	겉보기 등급	지구로부터의 거리(pc)
(가)	16	( )	( )
(나)	$\frac{1}{16}$	+4.8	1000
(다)	( )	−2.2	5

이에 대한 설명으로 옳은 것만을 〈보기〉에서 있는 대로 고른 것은?

보기

ㄱ. 복사 에너지를 최대로 방출하는 파장은 (가)가 (나)의 $\frac{1}{2}$ 배이다. ($\frac{1}{4}$)

ㄴ. 반지름은 (나)가 태양의 400배이다.

ㄷ. $\dfrac{\text{(다)의 광도}}{\text{태양의 광도}}$ 는 100보다 작다. (크다.)

① ㄱ ② ㄴ ③ ㄷ ④ ㄱ, ㄴ ⑤ ㄴ, ㄷ

자료 해석

- 별의 광도(L)는 표면 온도(T)의 네제곱과 반지름(R)의 제곱에 비례한다.
  ➡ $L = 4\pi R^2 \cdot \sigma T^4$
- 별의 밝기는 등급으로 나타내며, 1등급의 별은 6등급의 별보다 100배 밝다. 따라서 1등급 간의 밝기 비는 약 2.5배이다.

보기 풀이 ㄴ. 태양은 10 pc 거리에 있을 때 겉보기 등급이 +4.8이고, (나)는 1000 pc 거리에서 겉보기 등급이 +4.8이므로, (나)의 광도가 태양보다 10000배 크다. 또한 (나)의 단위 시간당 단위 면적에서 방출하는 복사 에너지가 태양의 $\frac{1}{16}$ 배이므로 (나)의 표면 온도는 태양의 $\frac{1}{2}$ 배이다. 광도는 반지름의 제곱에 비례하고 표면 온도의 네제곱에 비례하므로, $\dfrac{L_{(나)}}{L_{(태양)}} = \left(\dfrac{R_{(나)}}{R_{(태양)}}\right)^2 \left(\dfrac{T_{(나)}}{T_{(태양)}}\right)^4$ 에 위의 관계를 대입하여 반지름에 대해 정리하면 $R_{(나)} = 400R_{(태양)}$ 이다. 따라서 반지름은 (나)가 태양의 400배이다.

매력적 오답 ㄱ. 단위 시간당 단위 면적에서 방출하는 복사 에너지는 (가)가 (나)의 16^2배이므로 표면 온도는 (가)가 (나)의 4배이다. 복사 에너지를 최대로 방출하는 파장은 표면 온도에 반비례하므로, (가)가 (나)의 $\frac{1}{4}$ 배이다.

ㄷ. (다)의 거리를 현재보다 2배 멀리하여 10 pc 거리에 두면 광도가 현재의 $\frac{1}{4}$ 배, 즉 $\frac{1}{4}$ 배 어두운 별의 등급으로 나타난다. 별의 등급이 1등급 차일 때 밝기는 약 2.5배 차이가 나고, (다)의 거리를 10 pc의 거리에 두었을 때 광도는 현재의 $\frac{1}{4}$ 배인데 이 값은 $\dfrac{1}{2.5} \sim \left(\dfrac{1}{2.5}\right)^2$ 사이에 해당하므로 2등급 차이보다 작다. 따라서 (다)의 절대 등급은 −0.2(−1.2와 −0.2 사이)보다 작아서 (다)는 태양과 절대 등급 차이가 5등급보다 크므로, $\dfrac{\text{(다)의 광도}}{\text{태양의 광도}}$ 는 100보다 크다.

문제풀이 Tip
슈테판·볼츠만의 법칙과 별의 광도를 구하는 공식을 암기하고 적용하는 방법을 이해하고 있어야 한다.

---

9 H-R도와 별의 종류

출제 의도 H-R도에서 각 별의 집단이 어디에 분포하는지 파악하고, 종류에 따른 특징을 비교하는 문항이다.

그림은 서로 다른 별의 집단 (가)∼(라)를 H-R도에 나타낸 것이다. (가)∼(라)는 각각 거성, 백색 왜성, 주계열성, 초거성 중 하나이다.

(가)∼(라)에 대한 설명으로 옳은 것만을 〈보기〉에서 있는 대로 고른 것은?

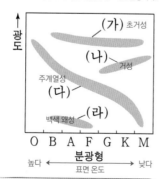

보기

ㄱ. 평균 광도는 (가)가 (라)보다 작다. (크다.)

ㄴ. 평균 표면 온도는 (나)가 (라)보다 낮다.

ㄷ. 평균 밀도는 (라)가 가장 크다.

① ㄱ ② ㄴ ③ ㄷ ④ ㄱ, ㄴ ⑤ ㄴ, ㄷ

자료 해석

- (가)는 광도가 가장 큰 초거성이다.
- (나)는 표면 온도는 낮으나 반지름이 매우 커서 광도가 큰 거성이다.
- (다)는 H-R의 왼쪽 위에서 오른쪽 아래로 대각선을 따라 분포하는 주계열성이다. 표면 온도가 높을수록 광도가 크고, 질량과 반지름이 크다.
- (라)는 표면 온도는 높고 광도가 매우 작은 백색 왜성이다.

보기 풀이 ㄴ. O형 별의 표면 온도가 가장 높고 M형으로 갈수록 별의 표면 온도가 낮아지므로, H-R도에서 가로축 오른쪽으로 갈수록 표면 온도가 낮다. 따라서 평균 표면 온도는 (나)가 (라)보다 낮다.

ㄷ. 표면 온도가 높고 광도가 작은 백색 왜성은 반지름이 매우 작아 밀도가 크다. 따라서 평균 밀도는 (라)가 가장 크다.

매력적 오답 ㄱ. H-R도에서 세로축 위로 갈수록 광도가 크므로 평균 광도는 (가)가 (라)보다 크다.

문제풀이 Tip
H-R도에서 오른쪽 위로 갈수록 대체로 반지름이 크고, 왼쪽 아래로 갈수록 커지고 평균 밀도가 크다는 것을 잘 알아 두자.

10 별의 진화

선택지 비율 ① 5% **② 72%** ③ 6% ④ 12% ⑤ 5%

2024학년도 9월 평가원 13번 | 정답 ② | 문제편 159 p

출제의도 시간에 따른 별의 표면 온도 변화 자료를 통해 별의 질량에 따른 내부 구조, 에너지 생성 과정, 진화 속도 차이를 이해하는 문항이다.

그림은 주계열 단계가 시작한 직후부터 별 A와 B가 진화하는 동안의 표면 온도를 시간에 따라 나타낸 것이다. A와 B의 질량은 각각 태양 질량의 1배와 4배 중 하나이다.

이 자료에 대한 설명으로 옳은 것만을 〈보기〉에서 있는 대로 고른 것은? [3점]

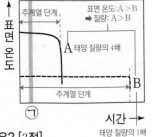

보기
ㄱ. B는 중성자별로 진화한다. (백색 왜성)
ㄴ. ㉠ 시기일 때, 대류가 일어나는 영역의 평균 깊이는 A가 B보다 깊다.
ㄷ. ㉠ 시기일 때, 핵에서의 $\dfrac{\text{p-p 반응에 의한 에너지 생성량}}{\text{CNO 순환 반응에 의한 에너지 생성량}}$ 은 A가 B보다 크다. (작다.)

① ㄱ ② ㄴ ③ ㄷ ④ ㄱ, ㄴ ⑤ ㄴ, ㄷ

✔ **자료 해석**
- 표면 온도가 일정하게 유지되는 기간은 주계열 단계이다.
- 주계열 단계에서 A는 B보다 표면 온도가 높고, 주계열 단계에 머무르는 기간은 A가 B보다 짧다. 따라서 A는 B보다 질량이 큰 별이다.

○ **보기 풀이** ㄴ. 주계열 단계에서 별의 내부 구조는 태양 질량의 4배인 별(A)은 대류핵, 복사층이고, 태양과 질량이 같은 별(B)은 중심핵, 복사층, 대류층이다. 따라서 두 별 모두 주계열 단계인 ㉠ 시기일 때, 대류가 일어나는 영역의 평균 깊이는 A가 B보다 깊다.

✕ **매력적오답** ㄱ. 별은 주계열 단계를 지나면 부피가 팽창하고 표면 온도는 낮아지는 거성 또는 초거성의 단계가 된다. 주계열 단계에 머무는 기간은 질량이 클수록 짧으므로, A가 태양 질량의 4배, B가 태양 질량의 1배인 별이다. 따라서 태양 질량과 같은 별 B는 백색 왜성으로 진화한다.

ㄷ. 주계열 단계에서 별의 중심핵에서 수소 핵융합 반응에 의한 에너지 생성량은 태양 질량의 4배인 별 A는 CNO 순환 반응이, 질량이 태양과 같은 별 B는 p-p 반응이 많다.

문제풀이 Tip
주계열 단계에서 수소 핵융합 반응이 끝나고 나면 별의 바깥층이 팽창하면서 별의 크기는 커지고 표면 온도는 낮아진다는 것을 알아야 한다. 주계열성은 질량이 클수록 표면 온도가 높고, 주계열 단계에 머무르는 시간이 짧다는 것에 유의해야 한다.

---

11 별의 물리량

선택지 비율 **① 59%** ② 11% ③ 8% ④ 16% ⑤ 7%

2024학년도 9월 평가원 14번 | 정답 ① | 문제편 159 p

출제의도 별의 표면 온도, 반지름, 절대 등급 자료를 해석하여 여러 가지 물리량을 비교하는 문항이다.

표는 태양과 별 (가), (나), (다)의 물리량을 나타낸 것이다.

별	표면 온도 (태양=1)	반지름 (태양=1)	절대 등급
태양	1	1	+4.8
(가)	0.5	(㉠) 400	⊖-5.2
(나)	($\sqrt{10}$)	0.01	⊕+9.8
(다)	$\sqrt{2}$	2	(16)

태양보다 10등급 작다. ➡ 광도 10000배

태양보다 5등급 크다. ➡ 광도 0.01배

이 자료에 대한 설명으로 옳은 것만을 〈보기〉에서 있는 대로 고른 것은?

보기
ㄱ. ㉠은 400이다.
ㄴ. 복사 에너지를 최대로 방출하는 파장은 (나)가 (다)의 $\dfrac{1}{2}$ 배보다 길다. (짧다.)
ㄷ. 절대 등급은 (다)가 태양보다 크다. (작다.)

① ㄱ ② ㄴ ③ ㄷ ④ ㄱ, ㄴ ⑤ ㄱ, ㄷ

✔ **자료 해석**
- 절대 등급은 광도와 관계있으며, 절대 등급이 5등급 차이날 때 광도는 100배 차이가 난다.
- 복사 에너지를 최대로 방출하는 파장은 표면 온도에 반비례한다.
- 광도는 별의 반지름의 제곱과 표면 온도의 네제곱의 곱에 비례한다.

○ **보기 풀이** ㄱ. (가)는 절대 등급이 태양보다 10등급 작으므로 광도는 태양보다 10000배 크다. (가)와 태양의 물리량을 $\dfrac{L_{(가)}}{L_{태양}} = \left(\dfrac{R_{(가)}}{R_{태양}}\right)^2 \left(\dfrac{T_{(가)}}{T_{태양}}\right)^4$ 에 대입하여 풀면, (가)의 반지름($R_{(가)}$)은 태양의 400배이다. 따라서 ㉠은 400이다.

✕ **매력적오답** ㄴ. 복사 에너지를 최대로 방출하는 파장(λ_{max})은 별의 표면 온도에 반비례한다. (나)의 절대 등급은 태양보다 5등급 크므로 광도는 태양의 $\dfrac{1}{100}$ 배이다. (나)와 태양의 물리량을 $\dfrac{L_{(나)}}{L_{태양}} = \left(\dfrac{R_{(나)}}{R_{태양}}\right)^2 \left(\dfrac{T_{(나)}}{T_{태양}}\right)^4$ 에 대입하여 풀면, (나)의 표면 온도($T_{(나)}$)는 태양의 $\sqrt{10}$ 배이다. 복사 에너지를 최대로 방출하는 파장은 표면 온도에 반비례하고, 표면 온도는 (나)가 $\sqrt{10}$, (다)가 $\sqrt{2}$ 이므로, $\dfrac{T_{(다)}}{T_{(나)}} = \dfrac{\sqrt{2}}{\sqrt{10}} = \sqrt{\dfrac{1}{5}}$ 이다. 따라서 복사 에너지를 최대로 방출하는 파장은 (나)가 (다)의 $\dfrac{1}{2}$ 배보다 짧다.

ㄷ. (다)는 표면 온도와 반지름 모두 태양보다 크므로, 광도는 (다)가 태양보다 크다. 따라서 절대 등급은 (다)가 태양보다 작다.

문제풀이 Tip
광도 공식($L = 4\pi R^2 \cdot \sigma T^4$)을 이용하여 표의 빈칸에 해당하는 물리량을 구할 수 있다. 복사 에너지를 최대로 방출하는 파장은 표면 온도, 절대 등급은 광도와 관련이 있는 물리량이라는 것에 유의해야 한다.

12 별의 내부 구조

출제 의도 질량에 따른 별의 내부 구조 차이를 이해하고, 특징을 비교하는 문항이다.

그림은 주계열성 (가)와 (나)의 내부 구조를 나타낸 것이다. (가)와 (나)의 질량은 각각 태양 질량의 1배와 5배 중 하나이다.

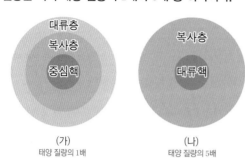

(가)
태양 질량의 1배

(나)
태양 질량의 5배

이에 대한 설명으로 옳은 것만을 〈보기〉에서 있는 대로 고른 것은?

> **보기**
>
> ㄱ. 질량은 (가)가 (나)보다 작다.
>
> ㄴ. (나)의 핵에서 $\dfrac{\text{p-p 반응에 의한 에너지 생성량}}{\text{CNO 순환 반응에 의한 에너지 생성량}}$ 은 1보다 작다.
>
> ㄷ. 주계열 단계가 끝난 직후부터 핵에서 헬륨 연소가 일어나기 직전까지의 절대 등급의 변화 폭은 (가)가 (나)보다 ~~작다.~~ 크다.

① ㄱ　② ㄷ　③ ㄱ, ㄴ　④ ㄴ, ㄷ　⑤ ㄱ, ㄴ, ㄷ

✔ 자료 해석

- (가) : 중심핵, 복사층, 대류층으로 이루어져 있으므로 태양 질량의 1배인 주계열성의 내부 구조이다.
- (나) : 대류핵, 복사층으로 이루어져 있으므로 태양 질량의 5배인 주계열성의 내부 구조이다.
- 주계열성의 중심핵에서는 수소 핵융합 반응에 의해 에너지가 생성되는데, 질량이 태양 질량의 약 2배 이하이며 중심부 온도가 약 1800만 K 이하인 별에서는 주로 p-p 반응이 우세하게 일어나고, 질량이 태양 질량의 약 2배 이상이며 중심부 온도가 약 1800만 K 이상인 별에서는 CNO 순환 반응이 우세하게 일어난다.

○ 보기 풀이 ㄱ. 질량이 태양 정도인 주계열성은 중심핵을 복사층과 대류층이 차례로 둘러싸고 있고, 질량이 태양 질량의 약 2배보다 큰 주계열성은 중심부에 대류핵이 나타나고 바깥쪽에 복사층이 나타난다. 따라서 (가)는 질량이 태양 질량의 1배, (나)는 질량이 태양 질량의 5배인 별이다.

ㄴ. (나)는 질량이 태양 질량의 5배이므로, 내부의 온도가 태양보다 매우 높다. 따라서 p-p 반응에 비해 CNO 순환 반응이 우세하게 일어나므로, $\dfrac{\text{p-p 반응에 의한 에너지 생성량}}{\text{CNO 순환 반응에 의한 에너지 생성량}}$ 은 1보다 작다.

✗ 매력적 오답 ㄷ. 질량이 큰 별들은 주계열성에서 적색 거성으로 진화하는 동안 절대 등급의 변화가 작은 반면, 질량이 작은 별들은 절대 등급의 변화가 크다.

문제풀이 **Tip**

별의 진화 경로를 H-R도에서 확인해 보면 질량이 큰 주계열성은 거의 오른쪽 수평으로 이동하는 반면, 질량이 작은 주계열성은 거의 수직 위로 이동하는 것을 알 수 있다. 절대 등급의 변화 폭이 크다는 것은 H-R도에서 세로축의 변화가 크다는 것을 의미하므로 주계열성의 질량이 작을수록 거성으로의 진화 과정에서 절대 등급의 변화 폭이 크다는 것에 유의해야 한다.

Part II

수능 평가원

13 별의 물리량

출제의도 별의 거리, 절대 등급, 표면 온도를 비교하여 여러 가지 물리량을 파악하는 문항이다.

그림은 별 ㉠과 ㉡의 물리량을 나타낸 것이다.

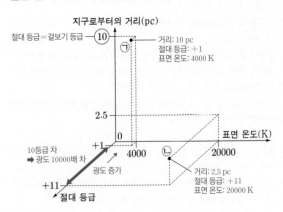

이 자료에 대한 설명으로 옳은 것만을 〈보기〉에서 있는 대로 고른 것은? [3점]

보기

ㄱ. 복사 에너지를 최대로 방출하는 파장은 ㉠이 ㉡의 $\frac{1}{5}$배이다.

ㄴ. 별의 반지름은 ㉠이 ㉡의 2500배이다.

ㄷ. (㉡의 겉보기 등급 – ㉠의 겉보기 등급) 값은 6보다 크다.

① ㄱ   ② ㄴ   ③ ㄷ   ④ ㄱ, ㄴ   ⑤ ㄴ, ㄷ

✔ 자료 해석

• 별 ㉠과 ㉡의 물리량은 다음과 같다.

별	거리(pc)	표면 온도(K)	절대 등급
㉠	10	4000	+1
㉡	2.5	20000	+11

별 ㉡을 기준으로 할 때 ㉠의 거리는 4배, 표면 온도는 $\frac{1}{5}$배이고, 절대 등급은 10등급 작으므로 광도는 10000배이다.

• 10 pc의 거리에서 절대 등급과 겉보기 등급이 같고, 별의 겉보기 밝기는 거리의 제곱에 반비례하므로, ㉠의 겉보기 등급은 +1, ㉡의 겉보기 등급은 약 +8이다.

• 복사 에너지를 최대로 방출하는 파장은 표면 온도에 반비례한다.

• 별의 광도(L)는 반지름(R)의 제곱과 표면 온도(T)의 4제곱의 곱에 비례하므로, 반지름은 광도의 제곱근에 비례하고, 표면 온도의 제곱에 반비례한다.

➡ $L = 4\pi R^2 \cdot \sigma T^4$, $R \propto \frac{\sqrt{L}}{T^2}$

○ 보기 풀이 ㄴ. 별의 반지름은 광도의 제곱근에 비례하고, 표면 온도의 제곱에 반비례한다($R \propto \frac{\sqrt{L}}{T^2}$). ㉠은 ㉡보다 절대 등급이 10 작으므로 광도(L)는 10000배이고, 표면 온도(T)는 ㉠이 ㉡의 $\frac{1}{5}$배이다. 따라서 별의 반지름(R)은 ㉠이 ㉡보다

의 $\frac{\sqrt{10000}}{\left(\frac{1}{5}\right)^2} = 2500$배이다.

ㄷ. 별의 거리가 10 pc일 때 절대 등급과 겉보기 등급은 같으므로 ㉠은 겉보기 등급이 +1이다. 한편, 겉보기 밝기는 거리의 제곱에 반비례하는데 ㉡은 지구로부터의 거리가 2.5 pc이므로 겉보기 밝기는 10 pc에 있을 때보다 16배 밝게 보인다. 1등급의 밝기 차는 약 2.5배이므로 16배 밝기 차는 약 3등급 차가 되어 ㉡의 겉보기 등급은 약 +8이다. 따라서 (㉡의 겉보기 등급 – ㉠의 겉보기 등급) 값은 약 7이다.

✕ 매력적 오답 ㄱ. 복사 에너지를 최대로 방출하는 파장은 표면 온도에 반비례한다. ㉠의 표면 온도는 4000 K, ㉡의 표면 온도는 20000 K으로, ㉠이 ㉡의 $\frac{1}{5}$배이므로, 복사 에너지를 최대로 방출하는 파장은 ㉠이 ㉡의 5배이다.

문제풀이 Tip

표면 온도를 이용해 복사 에너지를 최대로 방출하는 파장을 구하고, 절대 등급을 이용해 광도를 비교한 후 별의 반지름을 알아내야 한다. 또한 별의 거리와 밝기의 관계를 이용해 겉보기 등급을 구할 수 있어야 한다. 별의 물리량과 관련된 다양한 공식들을 잘 외워 두도록 하자.

출제 의도 별의 여러 가지 물리량을 태양과 비교하여 별의 종류와 특징을 이해하고, 주어진 자료를 이용하여 다른 물리량을 파악하는 문항이다.

표는 태양과 별 (가), (나), (다)의 물리량을 나타낸 것이다. (가), (나), (다) 중 주계열성은 2개이고, (나)와 (다)의 겉보기 밝기는 같다.

별	복사 에너지를 최대로 방출하는 파장(μm)	절대 등급	반지름 (태양=1)
태양	0.50	+4.8	1
(가)	(㉠)	−0.2	2.5
(나)	0.10	(−5.2)	4
(다)	0.25	+9.8	(0.025)

주계열성 → 표면 온도에 반비례한다. ➡ 표면 온도 : (나) > (다) > 태양 / 광도에 반비례한다. ➡ 광도 : (가) > 태양 > (다)

태양보다 표면 온도가 높고 광도가 작다. ➡ 주계열성이 아니다.

이 자료에 대한 설명으로 옳은 것만을 〈보기〉에서 있는 대로 고른 것은?

보기
ㄱ. ㉠은 ~~0.125~~ 0.25 이다.

ㄴ. 중심핵에서의 $\dfrac{\text{p – p 반응에 의한 에너지 생성량}}{\text{CNO 순환 반응에 의한 에너지 생성량}}$ 은 (나)가 태양보다 작다.

ㄷ. 지구로부터의 거리는 (나)가 (다)의 1000배이다.

① ㄱ ② ㄴ ③ ㄷ ④ ㄱ, ㄴ ⑤ ㄴ, ㄷ

✔ 자료 해석

- 복사 에너지를 최대로 방출하는 파장은 표면 온도에 반비례한다. 즉, 복사 에너지를 최대로 방출하는 파장이 짧을수록 표면 온도가 높은 별이다.
- 절대 등급이 작을수록 광도가 큰 별이다. 별의 광도(L)는 반지름(R)의 제곱에 비례하고, 표면 온도(T)의 4제곱에 비례한다. ➡ $L = 4\pi R^2 \cdot \sigma T^4$
- (가) : 절대 등급이 태양보다 5등급 작으므로 광도는 태양의 100배이고, 반지름은 태양의 2.5배이다. $100 = 2.5^2 \times T^4$으로부터 $T = 2$이므로, 표면 온도는 태양보다 2배 높고, 복사 에너지를 최대로 방출하는 파장은 태양의 $\dfrac{1}{2}$ 배이므로 0.25 μm이다.
- (나) : 복사 에너지를 최대로 방출하는 파장이 태양의 $\dfrac{1}{5}$ 배이므로 표면 온도는 태양의 5배이고, 반지름은 태양의 4배이다. $L = 4^2 \times 5^4 = 10^4$이므로, 광도는 태양의 10000배이고, 절대 등급은 태양보다 10등급 작은 −5.2등급이다.
- (다) : 복사 에너지를 최대로 방출하는 파장이 태양의 $\dfrac{1}{2}$ 배이므로 표면 온도는 태양의 2배이고, 절대 등급이 태양보다 5등급 크므로 광도는 태양의 $\dfrac{1}{100}$ 배이다. $\dfrac{1}{100} = R^2 \times 2^4$으로부터 $R = \dfrac{1}{40}$이므로, 반지름은 태양의 $\dfrac{1}{40}$ 배(=0.025)이다.

O 보기 풀이 ㄴ. (다)는 태양보다 표면 온도가 높고 광도가 작으므로 주계열성이 아니다. 즉, (가), (나), (다) 중 주계열성은 (가)와 (나)이다. 주계열성은 중심핵의 온도가 높을수록 p – p 반응에 의한 에너지 생성량보다 CNO 순환 반응에 의한 에너지 생성량이 크다. (나)는 태양보다 표면 온도가 높고 반지름이 큰 주계열성이므로 중심핵에서의 $\dfrac{\text{p – p 반응에 의한 에너지 생성량}}{\text{CNO 순환 반응에 의한 에너지 생성량}}$ 은 태양보다 작다.

ㄷ. (나)의 절대 등급은 −5.2등급으로 (다)보다 15등급 작다. 5등급 차이는 100배의 밝기 차이므로 (나)는 (다)보다 10^6배 밝은 별이다. 별의 밝기는 거리의 제곱에 반비례하고, (나)와 (다)는 겉보기 등급이 같으므로 (나)는 (다)보다 10^3배 멀리 있는 별이다. 따라서 지구로부터의 거리는 (나)가 (다)의 1000배이다.

✕ 매력적 오답 ㄱ. (가)의 절대 등급은 태양보다 5등급 작으므로 광도(L)는 100배 크고, 반지름(R)은 태양보다 2.5배 크므로 광도 식($L = 4\pi R^2 \cdot \sigma T^4$)으로부터 (가)의 표면 온도($T$)를 구하면 $T = 2$이다. 복사 에너지를 최대로 방출하는 파장은 표면 온도에 반비례하므로 ㉠은 태양의 $\dfrac{1}{2}$ 배인 0.25이다.

문제풀이 Tip

태양과 비교했을 때 표면 온도가 높은데 광도가 작은 별, 표면 온도가 낮은데 광도가 큰 별, 표면 온도가 낮은데 반지름이 큰 별, 표면 온도가 높은데 반지름이 작은 별 등은 주계열성이 아님을 유의해야 한다.

15 별의 진화

출제 의도 질량이 태양 정도인 원시별의 진화 과정을 이해하는 문항이다.

그림은 질량이 태양 정도인 어느 별이 원시별에서 주계열 단계 전까지 진화하는 동안의 반지름과 광도 변화를 나타낸 것이다. A, B, C는 이 원시별이 진화하는 동안의 서로 다른 시기이다.

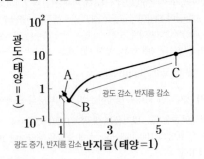

광도 증가, 반지름 감소

이 원시별에 대한 설명으로 옳은 것만을 〈보기〉에서 있는 대로 고른 것은? [3점]

┌─ 보기 ─────────────────────────────
ㄱ. 평균 밀도는 C가 A보다 작다.
ㄴ. 표면 온도는 A가 B보다 낮다. (높다.)
ㄷ. 중심부의 온도는 B가 C보다 높다.
└────────────────────────────────────

① ㄱ ② ㄴ ③ ㄱ, ㄷ ④ ㄴ, ㄷ ⑤ ㄱ, ㄴ, ㄷ

✔ 자료 해석

• C에서 B로 진화하면서 광도와 반지름은 모두 감소하고, B에서 A로 진화하면서 광도는 증가하고 반지름은 감소한다.
• 별의 광도(L)는 $L = 4\pi R^2 \cdot \sigma T^4$ (R : 반지름, σ : 슈테판 · 볼츠만 상수, T : 표면 온도)이고, 별의 표면 온도는 $T^4 \propto \dfrac{L}{R^2}$이다.

○ 보기 풀이
ㄱ. 원시별의 평균 밀도는 반지름이 작을수록 크다. 따라서 평균 밀도는 C가 A보다 작다.
ㄷ. 원시별이 주계열성으로 진화하는 동안 반지름은 감소하므로 별의 진화 경로는 C→B→A이다. 원시별이 진화하는 동안 중력 수축 에너지에 의해 중심부의 온도는 계속 상승하므로, 중심부의 온도는 B가 C보다 높다.

✕ 매력적 오답
ㄴ. 별의 광도는 반지름의 제곱에 비례하고 표면 온도의 네제곱에 비례한다. A는 B보다 반지름은 작지만 광도가 크므로 표면 온도가 더 높다.

문제풀이 Tip
원시별은 진화하는 동안 중력 수축에 의해 에너지를 생성하므로 크기는 계속 줄어들고 중심부 온도는 계속 높아진다. 하지만 표면 온도는 광도와 반지름에 따라 달라진다는 것에 유의해야 한다.

---

16 별의 H - R도와 스펙트럼

출제 의도 H - R도에서 별의 종류를 파악하고, 분광형에 따른 흡수선의 세기 자료를 해석하여 별의 반지름과 광도 계급을 비교하는 문항이다.

그림 (가)는 H - R도에 별 ㉠, ㉡, ㉢을, (나)는 별의 분광형에 따른 흡수선의 상대적 세기를 나타낸 것이다.

광도: ㉠=㉡, 광도: ㉡ > ㉢, 표면 온도: ㉡=㉢
표면 온도: ㉠ > ㉡

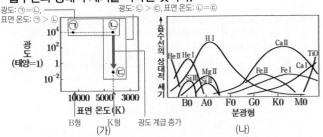

이에 대한 설명으로 옳은 것만을 〈보기〉에서 있는 대로 고른 것은?

┌─ 보기 ─────────────────────────────
ㄱ. 반지름은 ㉠이 ㉡보다 작다.
ㄴ. 광도 계급은 ㉡과 ㉢이 같다. (㉡이 ㉢보다 작다.)
ㄷ. ㉢에서는 H I 흡수선이 Ca II 흡수선보다 강하게 나타난다. (Ca II 흡수선이 H I 흡수선보다)
└────────────────────────────────────

① ㄱ ② ㄴ ③ ㄱ, ㄷ ④ ㄴ, ㄷ ⑤ ㄱ, ㄴ, ㄷ

✔ 자료 해석

• ㉠과 ㉡은 광도가 같고, 표면 온도는 ㉠이 ㉡보다 높다.
• ㉡과 ㉢은 표면 온도가 약 4500 K으로 같고, 광도는 ㉡이 ㉢보다 크다.
➡ 분광형 K형, 광도 계급: ㉡ < ㉢
• ㉠은 B형 별로, He I와 H I 흡수선이 강하게 나타나고, ㉡과 ㉢은 K형 별로 Ca II 흡수선이 강하게 나타난다.

○ 보기 풀이
ㄱ. 별의 반지름은 광도의 제곱근에 비례하고, 표면 온도의 제곱에 반비례한다 $\left(R \propto \dfrac{\sqrt{L}}{T^2} \right)$. ㉠과 ㉡은 광도가 같고, 표면 온도는 ㉠이 ㉡보다 높으므로, 반지름은 표면 온도가 높은 ㉠이 ㉡보다 작다.

✕ 매력적 오답
ㄴ. 분광형이 같을 때 광도가 클수록 광도 계급의 숫자가 작아진다. 따라서 광도 계급은 ㉡이 ㉢보다 작다.
ㄷ. ㉢의 표면 온도는 약 4500 K으로, 분광형은 K형에 해당한다. K형 별은 Ca II 흡수선이 H I 흡수선보다 강하게 나타난다.

문제풀이 Tip
표면 온도가 동일한 별에서, 즉 분광형이 같은 별에서는 광도 계급이 작을수록 반지름과 광도가 크고, 흡수선의 선폭이 좁게 나타난다는 것을 알아 두자. 또한 광도 계급은 광도만 고려하여 결정되는 절대 등급과 다르다는 것에 유의해야 한다. 광도가 같은 별이라도 별의 종류에 따라 광도 계급은 다르다.

17 별의 진화와 내부 구조

출제 의도 주계열 단계와 주계열성에서 적색 거성으로 진화하는 단계에서 중심핵의 온도, 복사 에너지 방출량, 수소 함량 비율을 비교하는 문항이다.

그림은 질량이 태양 정도인 별이 진화하는 과정에서 <u>주계열 단계가 끝난 이후 어느 시기</u>에 나타나는 별의 내부 구조이다.

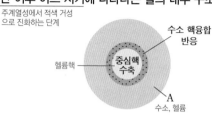

주계열성에서 적색 거성으로 진화하는 단계

이 시기의 별에 대한 설명으로 옳은 것만을 〈보기〉에서 있는 대로 고른 것은? [3점]

┌─ 보기 ────────────────────────────┐
ㄱ. 중심핵의 온도는 주계열 단계일 때보다 높다.

ㄴ. 표면에서 단위 면적당 단위 시간에 방출하는 에너지양은 주계열 단계일 때보다 <s>많다.</s> 적다.

ㄷ. 수소 함량 비율(%)은 중심핵이 A 영역보다 <s>높다.</s> 낮다.
└──────────────────────────────────┘

① ㄱ ② ㄴ ③ ㄷ ④ ㄱ, ㄴ ⑤ ㄱ, ㄷ

✓ 자료 해석

• 주계열 단계가 끝난 후 중심핵에서 헬륨 핵융합 반응이 일어나지 않고 수축이 일어나는 것으로 보아 적색 거성으로 진화하는 단계이다. 이 단계에서 중심핵은 수축하면서 열에너지를 발생하므로 중심부의 온도는 높아지고, 바깥층은 팽창하므로 표면 온도는 낮아진다.

• 주계열 단계가 끝났으므로 중심핵에서는 수소 핵융합 반응에 의해 수소가 모두 소진되고 헬륨핵이 형성되었다. 따라서 중심핵은 헬륨으로 이루어져 있고, A는 주로 수소와 헬륨으로 이루어져 있다.

○ 보기 풀이 ㄱ. 주계열 단계가 끝난 후 헬륨으로 이루어진 중심핵은 수축하면서 온도가 상승한다. 따라서 중심핵의 온도는 이 시기의 별이 주계열 단계일 때보다 높다.

✕ 매력적 오답 ㄴ. 표면에서 단위 면적당 단위 시간에 방출하는 에너지양은 표면 온도의 4제곱에 비례한다. 적색 거성으로 진화하는 단계에서 별의 크기가 커지면서 표면 온도가 낮아진다. 따라서 표면에서 단위 면적당 단위 시간에 방출하는 에너지양은 이 시기의 별이 주계열 단계일 때보다 적다.

ㄷ. 주계열 단계가 끝난 후 중심핵은 주로 헬륨으로 이루어져 있으며, A는 주로 수소와 헬륨으로 이루어져 있다. 따라서 수소 함량 비율(%)은 중심핵이 A 영역보다 낮다.

문제풀이 **Tip**

별의 표면이 단위 면적당 단위 시간에 방출하는 에너지양($E = \sigma T^4$)과 별이 단위 시간에 방출하는 에너지양($L = 4\pi R^2 \cdot \sigma T^4$)을 헷갈리지 말아야 한다. 별이 단위 시간에 방출하는 에너지양은 광도이다. 즉, 광도는 별의 크기의 영향을 받는다는 것에 유의해야 한다.

18 별의 물리량

출제 의도 별의 표면 온도, 광도, 반지름 자료를 해석하여 여러 가지 물리량을 비교하는 문항이다.

표는 별 ㉠, ㉡, ㉢의 표면 온도, 광도, 반지름을 나타낸 것이다. ㉠, ㉡, ㉢은 각각 주계열성, 거성, 백색 왜성 중 하나이다.

표면 온도 ∝ $\dfrac{1}{\text{최대 복사 에너지를 방출하는 파장}}$

별	표면 온도(태양=1)	광도(태양=1)	반지름(태양=1)
백색 왜성 ㉠	$\sqrt{10}$	(0.01)	0.01
주계열성 ㉡	(2)	100	2.5
거성 ㉢	0.75	81	(16)

$L = 4\pi R^2 \cdot \sigma T^4$ $R \propto \dfrac{\sqrt{L}}{T^2}$

이에 대한 설명으로 옳은 것만을 〈보기〉에서 있는 대로 고른 것은?

보기
ㄱ. 복사 에너지를 최대로 방출하는 파장은 ㉠이 ㉡보다 ~~같다.~~ 짧다.
ㄴ. (㉠의 절대 등급－㉡의 절대 등급) 값은 10이다.
ㄷ. 별의 질량은 ㉡이 ㉢보다 크다.

① ㄱ ② ㄴ ③ ㄷ ④ ㄱ, ㄷ ⑤ ㄴ, ㄷ

✔ 자료 해석

• 별의 광도(L)는 반지름(R)의 제곱에 비례하고, 표면 온도(T)의 4제곱에 비례한다. ➡ $L = 4\pi R^2 \cdot \sigma T^4$, $T^2 \propto \dfrac{\sqrt{L}}{R}$, $R \propto \dfrac{\sqrt{L}}{T^2}$

• ㉠의 광도는 $L = 4\pi R^2 \cdot \sigma T^4$으로부터 $(0.01)^2 \times (\sqrt{10})^4 = 0.01$이므로, 태양의 0.01배이다.

• 표면 온도는 $T^2 \propto \dfrac{\sqrt{L}}{R}$로부터 (㉡의 표면 온도)$^2 = \dfrac{\sqrt{100}}{2.5} = 4$이므로, ㉡의 표면 온도는 태양의 2배이다.

• ㉢의 반지름은 $R \propto \dfrac{\sqrt{L}}{T^2}$로부터 $\dfrac{\sqrt{81}}{0.75^2} = 16$이므로, 태양의 16배이다.

• ㉠은 태양보다 광도와 반지름이 작고 표면 온도가 높으므로 백색 왜성이고, ㉡은 태양보다 광도가 매우 크고 표면 온도와 반지름이 크므로 주계열성이며, ㉢은 태양보다 표면 온도는 낮고 광도와 반지름이 크므로 거성이다.

보기풀이 ㄴ. ㉠의 광도는 $L = 4\pi R^2 \cdot \sigma T^4$로부터 $(0.01)^2 \times (\sqrt{10})^4 = 0.01$이므로 태양의 0.01배이다. 광도는 ㉡이 ㉠보다 10000배 크므로 절대 등급은 ㉡이 ㉠보다 10등급 작다. 따라서 (㉠의 절대 등급－㉡의 절대 등급) 값은 10이다.

ㄷ. ㉠은 광도와 반지름이 태양보다 작고, 표면 온도가 태양보다 높으므로 백색 왜성이고, ㉡은 표면 온도가 태양보다 높고 광도와 반지름이 태양보다 크므로 주계열성이며, ㉢은 표면 온도가 태양보다 낮지만 광도와 반지름이 태양보다 크므로 거성이다. 이때 주계열성인 ㉡의 광도가 거성인 ㉢의 광도보다 크므로 ㉢은 ㉡보다 질량이 작은 주계열성이 진화한 것임을 알 수 있다. 따라서 별의 질량은 ㉡이 ㉢보다 크다.

✖ 매력적 오답 ㄱ. 복사 에너지를 최대로 방출하는 파장은 표면 온도가 낮을수록 길다. ㉡은 광도가 태양의 100배이고 반지름이 태양의 2.5배이므로, $T^2 \propto \dfrac{\sqrt{L}}{R} = \dfrac{\sqrt{100}}{2.5} = 4$로부터 ㉡의 표면 온도는 태양의 2배이다. 따라서 복사 에너지를 최대로 방출하는 파장은 표면 온도가 더 높은 ㉠이 ㉡보다 짧다.

문제풀이 Tip
물리량을 나타내는 기준이 태양이라는 것을 통해 광도 공식을 이용하면 표의 빈칸에 해당하는 물리량을 간단히 구할 수 있다. 복사 에너지를 최대로 방출하는 파장은 표면 온도, 절대 등급은 광도와 관련이 있는 물리량이라는 것에 유의해야 한다. 또한 주계열성이 거성으로 진화하면 광도가 증가하는데, 거성의 광도가 주계열성의 광도보다 작다는 것은 거성으로 진화하기 전 주계열 단계에 있을 때의 질량이 주계열성의 질량보다 작다는 것을 이해하고 있어야 한다.

출제 의도 분광형과 절대 등급을 비교하여 별의 종류를 파악하고, 세 별의 질량과 진화 속도, 생명 가능 지대의 폭을 비교하는 문항이다.

표는 별 (가), (나), (다)의 분광형과 절대 등급을 나타낸 것이다. (가), (나), (다) 중 2개는 주계열성, 1개는 초거성이다.

별	분광형	절대 등급	
초거성 (가)	G	-5	표면 온도는 같고 광도는 (가)가 (다)보다 10000배 크다.
주계열성 (나)	A	0	→ 생명 가능 지대의 폭: (가) > (다)
주계열성 (다)	G	$+5$	

이에 대한 설명으로 옳은 것만을 〈보기〉에서 있는 대로 고른 것은?

보기
ㄱ. 질량은 (다)가 (나)보다 크다. 작다.
ㄴ. 생명 가능 지대에서 액체 상태의 물이 존재할 수 있는 시간은 (다)가 (나)보다 길다.
ㄷ. 생명 가능 지대의 폭은 (다)가 (가)보다 넓다. 좁다.

① ㄱ ② ㄴ ③ ㄱ, ㄷ ④ ㄴ, ㄷ ⑤ ㄱ, ㄴ, ㄷ

✔ 자료 해석
- 태양은 분광형이 G2형이고, 절대 등급이 약 $+4.8$이다.
- (가)는 분광형이 태양과 비슷하고, 절대 등급은 태양보다 약 10등급 작으므로 초거성이다.
- (나)는 분광형이 A형이고, 절대 등급이 0등급이므로 주계열성이다.
- (다)는 분광형이 태양과 비슷하고, 절대 등급도 태양과 비슷하므로 주계열성이다.

◯ 보기 풀이 (가)는 초거성, (나)와 (다)는 주계열성이다.
ㄴ. 생명 가능 지대에서 액체 상태의 물이 존재할 수 있는 시간은 별의 수명이 길수록 길며, 별의 수명은 별의 질량이 클수록 짧다. 주계열성은 광도가 클수록, 즉 절대 등급이 작을수록 질량이 크므로 (나)의 질량이 (다)의 질량보다 크다. 따라서 생명 가능 지대에서 액체 상태의 물이 존재할 수 있는 시간은 절대 등급이 큰 (다)가 (나)보다 길다.

✖ 매력적 오답 ㄱ. (나)와 (다)는 주계열성이며, 주계열성은 질량이 클수록 광도가 크다. 따라서 질량은 절대 등급이 작은 (나)가 (다)보다 크다.
ㄷ. 생명 가능 지대의 폭은 중심별의 광도가 클수록 넓으므로, (가)가 (다)보다 넓다.

문제풀이 Tip
생명 가능 지대의 폭과 거리를 결정하는 것은 중심별의 광도이고, 주계열성은 광도가 클수록 질량이 크며 수명이 짧다는 것에 유의해야 한다.

출제 의도 H-R도에서 태양의 진화 경로를 파악하고, 진화 과정에 따른 별의 내부 구조와 구성 성분, 핵융합 반응을 이해하는 문항이다.

그림 (가)는 태양이 $A_0 \rightarrow A_1 \rightarrow A_2$로 진화하는 경로를 H-R도에 나타낸 것이고, (나)는 A_0, A_1, A_2 중 하나의 내부 구조를 나타낸 것이다.

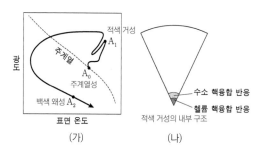

(가)   (나)

이에 대한 설명으로 옳은 것만을 〈보기〉에서 있는 대로 고른 것은?
[3점]

보기
ㄱ. (나)는 A_0의 내부 구조이다. A_1
ㄴ. 수소의 총 질량은 A_2가 A_0보다 작다.
ㄷ. A_0에서 A_1로 진화하는 동안 중심핵은 정역학 평형 상태를 유지한다. 정역학 평형 상태가 유지되지 못한다.

① ㄱ ② ㄴ ③ ㄷ ④ ㄱ, ㄴ ⑤ ㄴ, ㄷ

✔ 자료 해석
- (가)에서 A_0은 주계열성, A_1은 적색 거성, A_2는 백색 왜성이다.
- (나)는 중심부에서 헬륨 핵융합 반응이 일어나고 있으므로 적색 거성 (A_1)의 내부 구조이다.

◯ 보기 풀이 태양은 주계열성 → 적색 거성 → 행성상 성운 → 백색 왜성으로 진화한다. A_0은 주계열성, A_1은 적색 거성, A_2는 백색 왜성이다.
ㄴ. 주계열성은 중심부에서 수소 핵융합 반응이 일어나고, 적색 거성은 중심부 외곽에서 수소 핵융합 반응이 일어난다. 따라서 주계열성과 적색 거성에서는 수소가 계속 소모되고 있으므로 수소의 총 질량이 감소한다. 따라서 수소의 총 질량은 수소 핵융합 반응이 끝난 A_2가 A_0보다 작다.

✖ 매력적 오답 ㄱ. (나)는 중심부에서 헬륨 핵융합 반응이 일어나고 있으므로 적색 거성의 내부 구조이다. 따라서 (나)는 A_1의 내부 구조이다.
ㄷ. 정역학 평형 상태는 기체 압력 차에 의한 힘과 중력이 평형을 이루는 상태로, 별의 크기가 일정하게 유지된다. 주계열성(A_0)은 기체 압력 차에 의한 힘과 중력이 평형을 이루어 수축이나 팽창을 하지 않고 크기가 일정하게 유지되지만, 주계열성(A_0)에서 적색 거성(A_1)으로 진화하는 동안에는 별의 중심핵에서 수소 핵융합 반응이 끝나고 헬륨핵의 수축이 일어나므로 정역학 평형 상태를 유지할 수 없다.

문제풀이 Tip
주계열성의 중심부에서 수소 핵융합 반응이 끝난 후에 바로 헬륨 핵융합 반응이 일어나는 것이 아니라, 헬륨 핵융합 반응이 일어날 수 있는 온도까지 충분히 상승할 때까지 헬륨핵의 수축이 일어난다는 것에 유의해야 한다.

21 별의 물리량

출제의도 별의 표면 온도, 절대 등급, 반지름 자료를 해석하여 여러 가지 물리량을 비교하는 문항이다.

표는 별 (가)~(라)의 물리량을 나타낸 것이다.

표면 온도 $\propto \dfrac{1}{\text{최대 복사 에너지를 방출하는 파장}}$

별	표면 온도(K)	분광형	절대 등급	광도 (가)=1	반지름 (×10⁶ km)
(가)	6000	G	+3.8	1	1
(나)	12000	B	−1.2	100	㉠ 2.5
(다)	(6000)		−6.2	10000	100
(라)	3000	M	(+3.8)		4

절대 등급이 작을수록 광도가 크고, 5등급 차는 100배 밝기 차이다.

이에 대한 설명으로 옳은 것은?

① ㉠은 25이다. → 2.5
② (가)의 분광형은 ~~M형~~에 해당한다. → G형
③ 복사 에너지를 최대로 방출하는 파장은 (다)가 (가)보다 ~~길다.~~ → (가)와 (다)가 같다.
④ 단위 시간당 방출하는 복사 에너지양은 (나)가 (라)보다 많다.
⑤ (가)와 같은 별 10000개로 구성된 성단의 절대 등급은 ~~(라)~~ → (다) 의 절대 등급과 같다. (광도)

✔ 자료 해석

- 별의 표면 온도는 분광형과 관련 있다. 표면 온도가 6000 K인 별 (가)의 분광형은 G형이고, 12000 K인 별 (나)의 분광형은 B형이며, 3000 K인 별 (라)의 분광형은 M형이다.
- 별이 최대 복사 에너지를 방출하는 파장은 표면 온도가 높을수록 짧아진다. ➡ 최대 복사 에너지를 방출하는 파장: (나) < (가) < (라)
- 절대 등급이 작을수록 광도가 크며, 5등급 작으면 광도가 100배 크다. ➡ (나)는 (가)보다 5등급 작으므로 광도가 100배 크고, (다)는 (가)보다 10등급 작으므로 광도가 10000배 크다.
- 별의 광도(L)는 별이 단위 시간당 방출하는 복사 에너지양으로, 반지름(R)의 제곱에 비례하고, 표면 온도(T)의 4제곱에 비례한다. ➡ $L = 4\pi R^2 \cdot \sigma T^4$
- 별의 반지름은 광도의 제곱근에 비례하고, 표면 온도의 제곱에 반비례한다. ➡ $R \propto \dfrac{\sqrt{L}}{T^2}$

○ 보기 풀이
④ 단위 시간당 방출하는 복사 에너지양은 광도이고, 광도는 절대 등급이 작을수록 크다. (라)는 (가)보다 표면 온도가 $\frac{1}{2}$배이고, 반지름이 4배이므로 광도는 $L = 4\pi R^2 \cdot \sigma T^4$으로부터 (가)와 (라)가 같고, (라)의 절대 등급은 +3.8이다. 따라서 단위 시간당 방출하는 복사 에너지양은 절대 등급이 작은 (나)가 (라)보다 많다.

✘ 매력적 오답
① 별의 반지름은 광도의 제곱근에 비례하고 표면 온도의 제곱에 반비례한다. (나)는 (가)보다 표면 온도가 2배 높고, 절대 등급이 5등급 작으므로 광도가 100배 크다. 따라서 (나)의 반지름은 (가)의 $\dfrac{\sqrt{100}}{2^2} = 2.5$배이므로 ㉠은 2.5이다.

② (가)는 표면 온도가 6000 K이므로 분광형은 G형에 해당한다.

③ (다)는 (가)보다 절대 등급이 10등급 작으므로 광도가 10000배 크고, 반지름은 100배 크므로, 표면 온도는 $T^2 \propto \dfrac{\sqrt{L}}{R}$로부터 $T = 1$이다. 즉, (다)의 표면 온도는 (가)의 표면 온도와 같은 6000 K이다. 빈의 변위 법칙에 따르면 복사 에너지를 최대로 방출하는 파장은 표면 온도가 낮을수록 긴데, (가)와 (다)의 표면 온도는 같으므로, 복사 에너지를 최대로 방출하는 파장은 (가)와 (다)가 같다.

⑤ (가)와 같은 별 10000개로 구성된 성단은 (가)의 광도의 10000배이므로 절대 등급은 (가)보다 10등급 작은 −6.2이다. 따라서 (가)와 같은 별 10000개로 구성된 성단의 절대 등급은 (다)의 절대 등급과 같다.

문제풀이 Tip
별의 물리량을 비교하는 문항은 자주 출제되지만 복잡한 계산 과정을 거쳐야 하는 것이 많아 다소 어렵게 느껴진다. 하지만 빈의 변위 법칙, 슈테판·볼츠만 법칙, 광도 공식만 잘 외워 두고, 이 식들을 응용하면 대부분 해결할 수 있는 문항들이다. 따라서 관련 공식을 이용해 별의 물리량을 비교하는 문제들을 많이 풀어보는 연습을 해 두자.

22 별의 물리량

출제 의도 세 별의 분광형, 반지름, 광도를 이용하여 여러 가지 물리량을 비교하는 문항이다.

표는 별 (가), (나), (다)의 분광형, 반지름, 광도를 나타낸 것이다.

절대 등급이 같다.

별	분광형	반지름 (태양 = 1)	광도 (태양 = 1)
(가)	( )	10	10
(나)	A0	5	( )
(다)	A0	( )	10

표면 온도가 태양보다 높다.

(가), (나), (다)에 대한 설명으로 옳은 것만을 〈보기〉에서 있는 대로 고른 것은? [3점]

보기
ㄱ. 복사 에너지를 최대로 방출하는 파장은 (가)가 가장 짧다.
길다.
ㄴ. 절대 등급은 (나)가 가장 작다.
ㄷ. 반지름은 (다)가 가장 크다.
(가)

① ㄱ   ② ㄴ   ③ ㄷ   ④ ㄱ, ㄴ   ⑤ ㄴ, ㄷ

✔ 자료 해석

- 별의 분광형은 표면 온도와 관련 있다. 표면 온도가 높은 별부터 차례대로 O, B, A, F, G, K, M형으로 나타내며, A0형 별의 표면 온도는 약 10000 K이다.
- 별의 광도는 절대 등급과 관련 있다. 광도가 큰 별일수록 절대 등급이 작다.
- 별의 광도(L)는 별이 단위 시간 동안 방출하는 에너지양으로, 반지름이 R인 별의 표면적과 별이 단위 시간 동안 단위 면적에서 방출하는 에너지양의 곱이다. ➡ $L = 4\pi R^2 \cdot \sigma T^4 (\sigma : 슈테판 \cdot 볼츠만 상수)$
- 별의 반지름(R)은 표면 온도(T)의 제곱에 반비례하고, 광도(L)의 제곱근에 비례한다. ➡ $R \propto \dfrac{\sqrt{L}}{T^2}$
- 별의 표면 온도(T)의 네제곱은 반지름(R)의 제곱에 반비례하고, 광도(L)에 비례한다. ➡ $T^4 \propto \dfrac{L}{R^2}$
- (가) : 반지름과 광도가 태양보다 각각 10배 크므로, $L = 4\pi R^2 \cdot \sigma T^4$으로부터 표면 온도의 네제곱($T^4$)은 태양의 0.1배이다.
- (나) : 분광형이 A0형이므로 표면 온도는 약 10000 K으로 태양의 약 1.7배이고, 반지름이 태양의 5배이므로, $L = 4\pi R^2 \cdot \sigma T^4$으로부터 광도는 태양의 약 200배 이상이다.
- (다) : 분광형이 A0형이므로 표면 온도는 약 10000 K으로 태양의 약 1.7배이고, 광도가 태양의 10배이므로, $L = 4\pi R^2 \cdot \sigma T^4$으로부터 반지름은 태양의 약 1.1배이다.

○ 보기 풀이 ㄴ. 광도는 반지름의 제곱에 비례하고 표면 온도의 네제곱에 비례한다. (나)는 반지름이 태양의 5배이고 표면 온도가 태양보다 높으므로 광도는 태양의 25배보다 크다. 광도가 클수록 밝은 별이므로 절대 등급은 작다. 따라서 절대 등급은 (나)가 가장 작다.

✕ 매력적 오답 ㄱ. (가)는 반지름이 태양의 10배이므로 표면 온도가 태양과 같다면 광도가 태양의 100배가 되어야 한다. 하지만 (가)의 광도는 태양의 10배이므로 표면 온도는 (가)가 태양보다 낮다. 복사 에너지를 최대로 방출하는 파장은 표면 온도가 높을수록 짧으며, (나)와 (다)는 표면 온도가 같으므로, 복사 에너지를 최대로 방출하는 파장은 표면 온도가 가장 낮은 (가)가 가장 길다.
ㄷ. 표면 온도가 같을 때 반지름은 광도가 클수록 크다. (나)의 광도는 태양의 25배보다 크므로 반지름은 (나)가 (다)보다 크다. 즉, (다)의 반지름은 태양의 5배보다 작다. 따라서 반지름이 가장 큰 별은 (가)이다.

문제풀이 Tip

몇 가지 별의 물리량을 서로 비교하여 다른 물리량을 비교하는 문항이 자주 출제된다. 이와 같은 문항은 별의 물리량을 종합적으로 해석할 수 있어야만 해결할 수 있어 처음부터 포기하는 경우가 많은데, 아는 것부터 차근차근 해결해 나가다 보면 답을 구할 수 있을 것이다. 별의 물리량 문항에서 가장 기본이 되는 빈의 변위 법칙, 슈테판 · 볼츠만 법칙, 광도 식은 반드시 외워 두자.

23 별의 진화

출제 의도 주계열 직후 별의 반지름과 표면 온도 변화를 해석하여 별의 질량 차이를 파악하는 문항이다.

그림은 별 A와 B가 주계열 단계가 끝난 직후부터 진화하는 동안의 반지름과 표면 온도 변화를 나타낸 것이다. A와 B의 질량은 각각 태양 질량의 1배와 6배 중 하나이다.

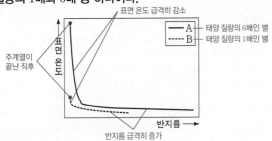

이 자료에 대한 설명으로 옳은 것만을 〈보기〉에서 있는 대로 고른 것은? [3점]

보기
ㄱ. 진화 속도는 A가 B보다 빠르다.
ㄴ. 절대 등급의 변화 폭은 A가 B보다 크다. (작다.)
ㄷ. 주계열 단계일 때, 대류가 일어나는 영역의 평균 온도는 A가 B보다 높다.

① ㄱ ② ㄴ ③ ㄱ, ㄷ ④ ㄴ, ㄷ ⑤ ㄱ, ㄴ, ㄷ

✔ 자료 해석
• 주계열 단계에서 별의 질량이 클수록 표면 온도가 높으므로 주계열 단계가 끝난 직후의 표면 온도가 높은 A가 태양 질량의 6배인 별이고, B가 태양 질량의 1배인 별이다.
• 광도는 표면 온도의 네제곱에 비례하고 반지름의 제곱에 비례하므로 표면 온도가 높아질수록, 반지름이 커질수록 광도가 크게 증가하고, 표면 온도가 낮아질수록, 반지름이 작아질수록 광도가 크게 감소한다.

○ 보기 풀이 A는 태양 질량의 6배인 별, B는 태양 질량의 1배인 별이다.
ㄱ. 질량이 큰 별일수록 진화 속도가 빠르므로, 진화 속도는 A가 B보다 빠르다.
ㄷ. 주계열 단계에서 태양 질량의 약 2배보다 큰 별은 중심부에서 대류가, 질량이 태양 정도인 별은 가장 외곽 부분에서 대류가 나타난다. 따라서 주계열 단계일 때, 대류가 일어나는 영역의 평균 온도는 A가 B보다 높다.

✗ 매력적 오답 ㄴ. 별의 광도는 표면 온도가 높을수록, 반지름이 클수록 크다. A는 표면 온도가 크게 감소하면서 광도가 크게 감소하고 반지름이 크게 증가하면서 광도가 크게 증가하여 광도 변화가 서로 상쇄되므로 광도 변화 폭이 크지 않았다. 반면에 B는 표면 온도의 감소 폭이 작고 반지름이 크게 증가하여 광도가 크게 증가하였다. 즉, 광도 변화 폭은 A보다 B에서 더 크다. 따라서 절대 등급의 변화 폭은 A보다 B가 크다.

문제풀이 Tip
광도는 표면 온도와 반지름에 따라 달라지며, 표면 온도가 높아질수록, 반지름이 커질수록 증가한다는 것에 유의해야 한다.

---

24 별의 진화와 내부 구조

출제 의도 자료를 해석하여 주계열성의 질량에 따른 진화와 내부 구조를 파악하는 문항이다.

그림은 주계열성 ㉠, ㉡, ㉢의 반지름과 표면 온도를 나타낸 것이다.

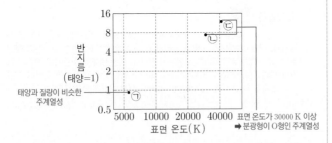

이에 대한 설명으로 옳은 것만을 〈보기〉에서 있는 대로 고른 것은? [3점]

보기
ㄱ. ㉠이 주계열 단계를 벗어나면 중심핵에서 CNO 순환 반응 (헬륨 핵융합 반응)이 일어난다.
ㄴ. ㉡의 중심핵에서는 주로 대류에 의해 에너지가 전달된다.
ㄷ. ㉢은 백색 왜성으로 진화한다. (중성자별 또는 블랙홀)

① ㄱ ② ㄴ ③ ㄷ ④ ㄱ, ㄴ ⑤ ㄴ, ㄷ

✔ 자료 해석
• ㉠은 태양과 반지름이 비슷하므로, 질량이 태양과 비슷한 주계열성이다. 따라서 백색 왜성으로 진화한다.
• ㉡과 ㉢은 표면 온도가 30000 K 이상이므로 분광형이 O형인 주계열성이다. 따라서 중심부에 대류핵이 있다.

○ 보기 풀이 ㄴ. 태양 질량의 약 2배보다 큰 주계열성의 경우 중심부의 온도가 매우 높기 때문에 중심부에 대류가 일어나는 대류핵이 나타나고, 바깥쪽에 복사층이 나타난다. 한편 표면 온도가 높은 주계열성일수록 광도, 반지름, 질량이 크다. ㉡은 표면 온도가 약 30000 K으로 분광형이 O형인 별이다. 분광형이 O형인 주계열성은 태양보다 질량이 훨씬 크므로 별의 중심부에 대류가 일어나는 대류핵이 존재한다.

✗ 매력적 오답 ㄱ. 주계열성은 중심핵에서 수소 핵융합 반응이 일어나며, 주계열성 내부에서 수소 핵융합 반응이 끝나면 중심에 헬륨핵이 생성된다. 따라서 ㉠이 주계열 단계를 벗어나면 중심핵에서 수소 핵융합 반응인 CNO 순환 반응은 일어나지 않는다.
ㄷ. ㉢은 표면 온도가 약 40000 K으로 분광형이 O형인 별이다. 따라서 태양보다 질량이 훨씬 크므로 진화의 최종 단계에서 초신성 폭발을 일으키고 중성자별 또는 블랙홀로 진화한다.

문제풀이 Tip
주계열성의 질량에 따른 진화 과정을 구분해서 알아 두고, 분광형이 O형인 별은 질량이 태양 질량의 약 2배보다 크므로 대류핵을 갖고 있는 것에 유의해야 한다.

25 별의 물리량

출제 의도 별의 절대 등급을 분광형과 광도 계급에 따라 나타낸 자료를 해석하여 별의 종류를 결정하고, 반지름을 비교하는 문항이다.

표는 여러 별들의 절대 등급을 분광형과 광도 계급에 따라 구분하여 나타낸 것이다. (가), (나), (다)는 광도 계급 Ⅰb(초거성), Ⅲ(거성), Ⅴ(주계열성)를 순서 없이 나타낸 것이다.

분광형	광도 계급	Ⅴ(주계열성) (가)	Ⅲ(거성) (나)	Ⅰb(초거성) (다)
표면 온도 상승 ↑	B0	−4.1	−5.0	−6.2
	A0	+0.6	−0.6	−4.9
	G0	+4.4	+0.6	−4.5
	M0	+9.2	−0.4	−4.5

광도 증가 →

이 자료에 대한 설명으로 옳은 것만을 〈보기〉에서 있는 대로 고른 것은?

보기
ㄱ. (가)는 Ⅴ(주계열성)이다.
ㄴ. (나)에서 광도가 가장 작은 별의 표면 온도가 가장 낮다. (관계가 없다.)
ㄷ. (다)에서 별의 반지름은 G0인 별이 M0인 별보다 작다.

① ㄱ ② ㄴ ③ ㄷ ④ ㄱ, ㄴ ⑤ ㄱ, ㄷ

✔ 자료 해석
• 광도 계급에 따라 별을 Ⅰ~Ⅶ로 분류하며, 분광형이 같을 때 광도 계급의 숫자가 클수록 별의 광도가 작다.
• 분광형이 같을 때 별의 절대 등급은 (가)>(나)>(다)이므로, 광도는 (가)<(나)<(다)이다. 따라서 광도 계급의 숫자는 (가)>(나)>(다)이다.

○ 보기 풀이 ㄱ. 분광형이 같을 때 별의 광도는 (가)가 가장 작고 (다)가 가장 크므로, 광도 계급의 숫자는 (가)가 가장 크고 (다)가 가장 작다. 따라서 (가)는 Ⅴ(주계열성), (나)는 Ⅲ(거성), (다)는 Ⅰb(초거성)이다.
ㄷ. 별의 반지름은 광도가 클수록, 표면 온도가 낮을수록 크다. 분광형이 같을 때 절대 등급이 가장 작은 별은 (다)이므로 (다)의 광도가 가장 크다. (다)에서 분광형이 G0형인 별과 M0형인 별은 절대 등급이 같지만, 표면 온도는 G0형인 별보다 M0형인 별이 더 낮다. 따라서 별의 반지름은 G0형인 별이 M0형인 별보다 작다.

✘ 매력적 오답 ㄴ. (나)는 광도 계급이 Ⅲ(거성)이다. (나)에서 광도가 가장 작은 별은 분광형이 G0형이지만, 표면 온도가 가장 낮은 별은 분광형이 M0형인 별이다. 따라서 (나)에서 광도가 가장 작은 별의 표면 온도가 가장 낮다고 할 수 없다.

문제풀이 Tip
별의 반지름, 광도, 표면 온도의 관계를 알아 두고, 광도 계급이 Ⅴ인 주계열성은 표면 온도와 광도가 비례하지만, 다른 광도 계급에 속한 별들은 이 관계가 성립하지 않는 것에 유의해야 한다.

---

26 주계열성의 에너지원과 내부 구조

출제 의도 질량이 태양과 같은 주계열성의 내부 구조를 알고, 이 별의 진화 과정에서 나타나는 적색 거성과 백색 왜성의 특징을 파악하는 문항이다.

그림 (가)는 질량이 태양과 같은 주계열성의 내부 구조를, (나)는 이 별의 진화 과정을 나타낸 것이다. A와 B는 각각 대류층과 복사층 중 하나이다.

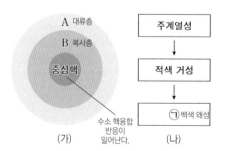

(가) (나)

이에 대한 설명으로 옳은 것만을 〈보기〉에서 있는 대로 고른 것은?

보기
ㄱ. 복사층은 B이다.
ㄴ. 적색 거성의 중심핵에서는 주로 양성자·양성자 반응(p-p 반응)이 일어난다. (헬륨 핵융합 반응)
ㄷ. ㉠ 단계의 별 내부에서는 철보다 무거운 원소가 생성된다. (초신성 폭발이 일어날 때)

① ㄱ ② ㄴ ③ ㄱ, ㄷ ④ ㄴ, ㄷ ⑤ ㄱ, ㄴ, ㄷ

✔ 자료 해석
• (가)에서 A는 대류를 통해 에너지를 전달하는 대류층, B는 복사를 통해 에너지를 전달하는 복사층이다.
• (나)는 질량이 태양과 같은 주계열성의 진화 과정이므로, ㉠은 백색 왜성이다.

○ 보기 풀이 ㄱ. 별의 중심핵에서 생성된 에너지는 주로 복사와 대류를 통해 별의 표면으로 전달되며, 대류는 온도 차가 클 때 에너지를 효과적으로 전달하는 방법이다. 질량이 태양 정도인 주계열성은 수소 핵융합 반응이 일어나는 중심핵을 복사층(B)과 대류층(A)이 차례로 둘러싸고 있다.

✘ 매력적 오답 ㄴ. 주계열성의 중심핵에서는 수소 핵융합 반응에 의해 에너지가 생성되고, 적색 거성의 중심핵에서는 헬륨 핵융합 반응에 의해 에너지가 생성된다. 양성자·양성자 반응(p-p 반응)은 중심부 온도가 1800만 K 이하인 주계열성에서 우세하게 일어나는 수소 핵융합 반응이다.
ㄷ. 별의 내부에서 생성될 수 있는 가장 무거운 원소는 철(Fe)이다. 철보다 무거운 원소는 질량이 매우 큰 별의 진화 마지막 단계에서 초신성 폭발이 일어날 때 엄청난 양의 에너지가 발생하면서 생성된다.

문제풀이 Tip
질량이 태양과 비슷한 별은 원시별 → 주계열성 → 적색 거성 → 맥동 변광성 → 행성상 성운과 백색 왜성 순으로 진화하는 것을 알아 두고, 핵융합 반응에서 철보다 무거운 원자핵이 만들어지면 불안정해지므로 철보다 무거운 원소는 만들어질 수 없는 것에 유의해야 한다.

Part Ⅱ 수능 평가원

27 별의 물리량

출제 의도 별들의 HI 흡수선의 세기와 표면 온도를 비교하는 문항이다.

그림은 분광형이 서로 다른 별 (가), (나), (다)가 방출하는 복사 에너지의 상대적 세기를 파장에 따라 나타낸 것이다. (가)의 분광형은 O형이고, (나)와 (다)는 각각 A형과 G형 중 하나이다.

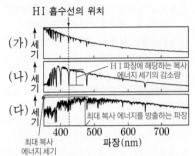

이 자료에 대한 설명으로 옳은 것만을 〈보기〉에서 있는 대로 고른 것은? [3점]

보기
ㄱ. HI 흡수선의 세기는 (가)가 (나)보다 <s>강하게</s> 약하게 나타난다.

ㄴ. 복사 에너지를 최대로 방출하는 파장은 (나)가 (다)보다 <s>길다.</s> 짧다.

ㄷ. 표면 온도는 (나)가 태양보다 높다.

① ㄱ　　② ㄴ　　③ ㄷ　　④ ㄱ, ㄴ　　⑤ ㄴ, ㄷ

✔ 자료 해석
- (가)는 HI 흡수선의 세기가 가장 약하고, 최대 복사 에너지를 방출하는 파장이 가장 짧다.
- (나)는 HI 흡수선의 세기가 가장 강하다.
- (다)는 최대 복사 에너지를 방출하는 파장이 가장 길다.
- 최대 복사 에너지를 방출하는 파장은 표면 온도에 반비례하므로, (가)의 표면 온도가 가장 높다.

○ 보기 풀이 ㄷ. (나)는 (다)보다 최대 복사 에너지를 방출하는 파장이 짧으므로 표면 온도가 높고, 분광형이 A형인 별은 G형인 별보다 표면 온도가 높다. 따라서 (나)의 분광형은 A형, (다)의 분광형은 G형이다. 태양의 분광형은 G형이므로, 표면 온도는 (나)가 태양보다 높다.

✕ 매력적 오답 ㄱ. 방출하는 복사 에너지의 상대적 세기 중 HI 파장에 해당하는 복사 에너지 세기의 감소량은 (가)가 (나)보다 작다. HI 파장에 해당하는 복사 에너지 세기의 감소량이 클수록 HI 흡수선의 세기가 강하므로, HI 흡수선의 세기는 (가)가 (나)보다 약하게 나타난다.

ㄴ. 그림에서 보면 복사 에너지를 최대로 방출하는 파장은 (나)가 (다)보다 짧다.

문제풀이 **Tip**
표면 온도가 약 10000 K인 A형 별에서는 중성 수소(HI)에 의한 흡수선이 강하게 나타나는 것을 알아 두고, 최대 복사 에너지를 방출하는 파장은 표면 온도에 반비례하는 것에 유의해야 한다.

---

28 별의 물리량

출제 의도 별의 질량에 따라 주계열 단계에 도달하였을 때의 광도와 이 단계에 머무는 시간을 나타낸 자료에서 광도와 시간에 해당하는 것을 파악하고, 주계열성의 광도와 표면 온도를 비교하는 문항이다.

그림 (가)는 별의 질량에 따라 주계열 단계에 도달하였을 때의 광도와 이 단계에 머무는 시간을, (나)는 주계열성을 H-R도에 나타낸 것이다. A와 B는 각각 광도와 시간 중 하나이다.

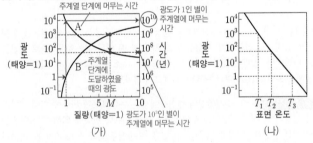

이 자료에 대한 설명으로 옳은 것만을 〈보기〉에서 있는 대로 고른 것은? [3점]

보기
ㄱ. B는 광도이다.

ㄴ. 질량이 M인 별의 표면 온도는 <s>T_2</s> T_1이다.

ㄷ. 표면 온도가 T_3인 별은 T_1인 별보다 주계열 단계에 머무는 시간이 100배 이상 길다.

① ㄱ　　② ㄴ　　③ ㄱ, ㄷ　　④ ㄴ, ㄷ　　⑤ ㄱ, ㄴ, ㄷ

✔ 자료 해석
- (가)에서 주계열성의 질량이 클수록 A는 감소하므로 주계열 단계에 머무는 시간이고, B는 증가하므로 주계열 단계에 도달하였을 때의 광도이다.
- (나)에서 표면 온도가 T_1인 별의 광도는 10^3이고, 표면 온도가 T_3인 별의 광도는 1이다.

○ 보기 풀이 ㄱ. 질량이 큰 주계열성일수록 중심부 온도가 높아 수소 핵융합 반응이 빠르게 일어나 수소를 빨리 소비하기 때문에 별이 주계열 단계에 머무는 시간이 짧다. 별은 질량이 클수록 주계열 단계에 도달했을 때 광도가 크고 주계열 단계에 머무는 시간이 짧다. 따라서 주계열성의 질량이 클수록 감소하는 A는 시간이고, 증가하는 B는 광도이다.

ㄷ. (나)에서 표면 온도가 T_3, T_1인 별의 광도는 각각 1, 10^3이고, (가)에서 광도가 1, 10^3인 별이 주계열 단계에 머무는 시간은 각각 10^{10}년, 10^8년 이하이다. 따라서 표면 온도가 T_3인 별은 T_1인 별보다 주계열 단계에 머무는 시간이 100배 이상 길다.

✕ 매력적 오답 ㄴ. (가)에서 질량이 M인 별의 광도는 10^3이고, (나)에서 별의 광도가 10^3인 별의 표면 온도는 T_1이다.

문제풀이 **Tip**
주계열성의 질량, 광도, 반지름은 비례 관계이고, 주계열 단계에 머무는 시간은 질량에 반비례하는 것에 유의해야 한다.

29 우주 배경 복사와 급팽창 이론

출제 의도 빅뱅 후 약 38만 년이 지났을 때 방출되었던 우주 배경 복사와 관련된 자료를 해석하여 과거 특정 시기의 우주 배경 복사의 온도와 급팽창 이론, 우주 배경 복사가 우리은하에 도달하는지를 파악하는 문항이다.

그림은 우주의 나이가 38만 년일 때 A와 B의 위치에서 출발한 우주 배경 복사를 우리은하에서 관측하는 상황을 가정하여 나타낸 것이다. (가)와 (나)는 우주의 나이가 각각 138억 년과 60억 년일 때이다.

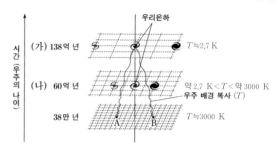

이에 대한 설명으로 옳은 것만을 〈보기〉에서 있는 대로 고른 것은?
[3점]

보기
ㄱ. A와 B로부터 출발한 우주 배경 복사의 온도가 (가)에서 거의 같게 측정되는 것은 우주의 급팽창으로 설명된다.
ㄴ. (나)에서 측정되는 우주 배경 복사의 온도는 2.7 K보다 높다.
ㄷ. A에서 출발한 우주 배경 복사는 (나)의 우리은하에 도달한다. 도달하지 못한다.

① ㄱ ② ㄷ ③ ㄱ, ㄴ ④ ㄴ, ㄷ ⑤ ㄱ, ㄴ, ㄷ

✓ 자료 해석
• 우주의 나이가 38만 년일 때 우주 배경 복사의 온도는 약 3000 K, 138억 년일 때 우주 배경 복사의 온도는 약 2.7 K이다.
• A에서 출발한 우주 배경 복사는 약 138억 년 동안 이동하여 우리은하에 도달하였다.

보기 풀이 ㄱ. A와 B에서 방출된 우주 배경 복사의 온도는 (가)에서 약 2.7 K으로 거의 같은데, 이는 멀리 떨어진 두 지역이 과거에는 정보 교환이 있었다는 것을 의미한다. 빅뱅 우주론에서는 매우 멀리 떨어져 있는 두 지점 A, B의 우주 배경 복사의 온도가 거의 같게 측정되는 것(우주의 지평선 문제)을 설명하지 못하였다. 급팽창 이론은 우주 생성 초기에 우주가 급팽창하였기 때문에 팽창이 일어나기 전에 가까이 있었던 두 지역은 정보를 교환할 수 있었다고 주장함으로써 우주의 지평선 문제를 설명하였다.

ㄴ. 우주 배경 복사는 우주의 온도가 약 3000 K일 때 방출되었으며, 시간이 흐르면서 우주가 팽창함에 따라 점차 냉각되어 우주의 나이가 약 138억 년인 현재 약 2.7 K에 해당하는 복사로 관측된다. 따라서 (나)에서 측정되는 우주 배경 복사의 온도는 약 2.7 K보다 높고 약 3000 K보다 낮다.

✗ 매력적 오답 ㄷ. A에서 출발한 우주 배경 복사는 약 138억 년 동안 이동하여 우리은하에 도달하였으며, 우주의 나이가 60억 년일 때는 A와 (나)의 우리은하 사이에 위치하였다.

문제풀이 **Tip**
우주의 나이가 60억 년일 때 우리은하에서 관측되었던 우주 배경 복사는 우주의 나이가 약 38만 년일 때 방출된 후 약 60억 년 동안 이동하여 우리은하에 도달한 것이다. 따라서 우주의 나이가 60억 년일 때 우리은하에 도달한 우주 배경 복사는 A보다 우리은하에 가까운 지점에서 방출된 복사인 것에 유의해야 한다.

30 별의 물리량과 내부 구조

출제 의도 별의 분광형과 절대 등급을 비교하여 에너지 생성 과정, 에너지 전달 방법을 파악하는 문항이다.

표는 별 (가), (나), (다)의 분광형과 절대 등급을 나타낸 것이다.

표면 온도 : A형 > G형 > K형

별	분광형	절대 등급
(가)	G	0.0
(나)	A	+1.0
(다)	K	+8.0

절대 등급이 작을수록 광도가 크다.

(가), (나), (다)에 대한 설명으로 옳은 것만을 〈보기〉에서 있는 대로 고른 것은? [3점]

보기

ㄱ. (가)의 중심핵에서는 주로 양성자·양성자 반응(p-p 반응)이 일어난다. 일어나지 않는다.

ㄴ. 단위 면적당 단위 시간에 방출하는 에너지양은 (나)가 가장 많다.

ㄷ. (다)의 중심핵 내부에서는 주로 대류에 의해 에너지가 전달된다. 복사

① ㄱ ② ㄴ ③ ㄷ ④ ㄱ, ㄴ ⑤ ㄴ, ㄷ

✔ **자료 해석**

• (가)는 분광형이 G형이므로 태양과 표면 온도가 비슷하고, 절대 등급은 태양보다 작으므로 적색 거성이다.

• (나)는 분광형이 A형으로 태양보다 표면 온도가 높고, 절대 등급은 태양보다 작으므로 태양보다 질량이 큰 주계열성이다.

• (다)는 분광형이 K형이므로 태양보다 표면 온도가 낮고, 절대 등급은 태양보다 크므로 태양보다 질량이 작은 주계열성이다.

○ **보기 풀이** ㄴ. 단위 면적당 단위 시간에 방출하는 에너지양은 표면 온도의 4제곱에 비례하므로, 표면 온도가 가장 높은 (나)가 가장 많다.

✕ **매력적 오답** ㄱ. 태양은 분광형이 G2형, 절대 등급은 약 4.8이다. (가)는 태양과 분광형은 같지만 광도는 약 100배 밝으므로 적색 거성에 해당한다. 적색 거성의 중심핵에서는 수소 핵융합 반응이 일어나지 않으므로 (가)의 중심핵에서는 양성자·양성자 반응이 일어나지 않는다.

ㄷ. (다)는 태양보다 표면 온도가 낮고 더 어두운 것으로 보아 질량이 태양보다 더 작은 주계열성이므로 중심핵 내부에서 대류보다는 주로 복사에 의해 에너지가 전달된다.

문제풀이 Tip

태양을 기준으로 별의 분광형과 절대 등급(광도)을 비교하면 별의 종류와 H-R도 상에서의 위치를 쉽게 판단할 수 있다.

---

31 별의 물리량

출제 의도 별의 반지름과 절대 등급을 비교하여 표면 온도와 광도를 비교하고, 이를 통해 별의 종류를 파악하는 문항이다.

그림은 별 A, B, C의 반지름과 절대 등급을 나타낸 것이다. A, B, C는 각각 초거성, 거성, 주계열성 중 하나이다.

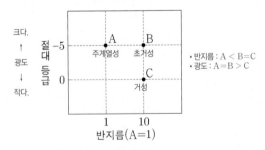

A, B, C에 대한 설명으로 옳은 것만을 〈보기〉에서 있는 대로 고른 것은? [3점]

보기

ㄱ. 표면 온도는 A가 B의 $\sqrt{10}$배이다.

ㄴ. 복사 에너지를 최대로 방출하는 파장은 B가 C보다 길다. 짧다.

ㄷ. 광도 계급이 V인 것은 C이다. A

① ㄱ ② ㄴ ③ ㄷ ④ ㄱ, ㄷ ⑤ ㄴ, ㄷ

✔ **자료 해석**

• 별의 반지름(R)과 광도(L) 사이에는 다음과 같은 식이 성립한다.
$$L = 4\pi R^2 \cdot \sigma T^4 (\sigma : \text{상수}, T : \text{표면 온도})$$

• 5등급 차이는 100배 밝기 차이이므로, 절대 등급이 5등급 작으면 광도는 100배 밝다.

• 광도는 A=B > C이고, 반지름은 A < B=C이며, 표면 온도는 A > B > C이다.

○ **보기 풀이** ㄱ. A와 B는 절대 등급이 같으므로 광도(L)가 같고, B의 반지름이 A의 10배이다. 따라서 $L = 4\pi R^2 \cdot \sigma T^4$로부터 $\frac{T_A}{T_B} = \sqrt{\frac{R_B}{R_A}} = \sqrt{10}$이므로, 표면 온도는 A가 B의 $\sqrt{10}$배이다.

✕ **매력적 오답** ㄴ. $L = 4\pi R^2 \cdot \sigma T^4$로부터 $T^2 \propto \frac{\sqrt{L}}{R}$이므로, 표면 온도는 광도가 클수록, 반지름이 작을수록 높다. B와 C는 반지름은 같은데 B가 C보다 더 밝은 것으로 보아 표면 온도는 B > C이고, 복사 에너지를 최대로 방출하는 파장은 표면 온도가 높을수록 짧으므로, 복사 에너지를 방출하는 최대 파장은 B가 C보다 짧다.

ㄷ. 광도 계급 V는 주계열성이다. H-R도에 A, B, C를 표시해 보면 A는 주계열성, B는 초거성, C는 거성이므로 광도 계급이 V인 별은 A이다.

문제풀이 Tip

주계열성은 질량에 따라 광도가 크게 달라서 초거성보다 밝은 별도 있고, 거성보다 어두운 별도 있다. 자료에서 C보다 광도가 작은 별이 없으므로 A가 주계열성일 때 C는 무조건 거성이라는 것에 유의해야 한다.

32 별의 진화

출제 의도 H−R도에서 질량이 다른 주계열성의 진화 경로를 확인하고, 두 별의 진화 과정에서 나타나는 특징을 비교하는 문항이다.

그림은 주계열성 A와 B가 각각 A′와 B′로 진화하는 경로를 H−R도에 나타낸 것이다. B는 태양이다.

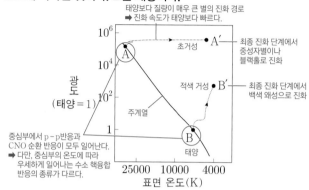

태양보다 질량이 매우 큰 별의 진화 경로
➡ 진화 속도가 태양보다 빠르다.

초거성   → A′ 최종 진화 단계에서 중성자별이나 블랙홀로 진화

적색 거성 • B′   최종 진화 단계에서 백색 왜성으로 진화

주계열

중심부에서 p−p반응과 CNO 순환 반응이 모두 일어난다.
➡ 다만, 중심부의 온도에 따라 우세하게 일어나는 수소 핵융합 반응의 종류가 다르다.

태양

광도 (태양 = 1): 10^6, 10^4, 10^2, 1
표면 온도(K): 25000, 10000, 4000

이에 대한 설명으로 옳은 것만을 〈보기〉에서 있는 대로 고른 것은?

보기

ㄱ. A가 A′로 진화하는 데 걸리는 시간은 B가 B′로 진화하는 데 걸리는 시간보다 짧다.

ㄴ. B와 B′의 중심핵은 모두 탄소를 포함한다.

ㄷ. A는 B보다 최종 진화 단계에서의 밀도가 크다.

① ㄱ   ② ㄷ   ③ ㄱ, ㄴ   ④ ㄴ, ㄷ   ⑤ ㄱ, ㄴ, ㄷ

✔ 자료 해석

- H−R도에서 질량이 큰 주계열성은 대각선 왼쪽 위에 위치하며 표면 온도가 높고 광도가 크다. A는 B(태양)보다 질량이 큰 주계열성이다.
- 주계열성의 중심핵에서는 수소 핵융합 반응이 일어나며, 질량이 크고 중심부 온도가 약 1800만 K 이상인 주계열성에서는 CNO 순환 반응이 우세하고, 질량이 작고 중심부 온도가 약 1800만 K 이하인 별에서는 p−p 반응이 우세하게 일어난다.
- 질량이 큰 주계열성은 초거성 → 초신성 폭발 → 중성자별이나 블랙홀로 진화하고, 질량이 태양 정도인 주계열성은 적색 거성 → 행성상 성운 → 백색 왜성으로 진화한다.

보기 풀이 ㄱ. 별의 질량이 클수록 진화하는 데 걸리는 시간이 짧다. A는 B보다 질량이 큰 주계열성이므로 주계열 단계에서 거성 단계로 진화하는 데 걸리는 시간이 더 짧다.

ㄴ. 주계열성인 B의 중심핵은 p−p 반응이 우세하지만 CNO 순환 반응도 일어나고 있으므로 탄소가 포함되어 있다. B′는 적색 거성으로 중심핵에서 헬륨 핵융합 반응이 일어나고 있으므로 탄소가 만들어지고 있다.

ㄷ. A는 최종적으로 블랙홀이나 중성자별이 되고, B는 백색 왜성이 된다.

문제풀이 Tip

주계열성의 중심핵에서 일어나는 수소 핵융합 반응에는 p−p 반응과 CNO 순환 반응이 있으며, 질량에 따라 우세하게 일어나는 핵융합 반응이 다르다. 질량이 큰 별은 CNO 순환 반응만 일어나고 질량이 작은 별은 p−p 반응만 일어나는 것이 아니라 두 가지 반응이 모두 일어나지만 어느 하나가 더 우세하게 일어난다는 것에 유의해야 한다.

Part II

수능 평가원

33 H–R도와 별의 진화

출제 의도 H–R도에서 별의 종류를 결정하고 주계열성, 거성, 백색 왜성의 특징을 파악하는 문항이다.

그림은 분광형과 광도를 기준으로 한 H–R도이고, 표의 (가), (나), (다)는 각각 H–R도에 분류된 별의 집단 ㉠, ㉡, ㉢의 특징 중 하나이다.

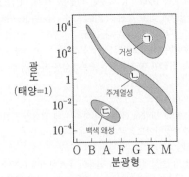

구분	특징
(가)	별이 일생의 대부분을 보내는 단계로, 정역학 평형 상태에 놓여 별의 크기가 거의 일정하게 유지된다. └─ 주계열성(㉡)
(나)	주계열을 벗어난 단계로, 핵융합 반응을 통해 무거운 원소들이 만들어진다. └─ 거성(㉠)
(다)	태양과 질량이 비슷한 별의 최종 진화 단계로, 별의 바깥층 물질이 우주로 방출된 후 중심핵만 남는다. └─ 백색 왜성(㉢)

(가), (나), (다)에 해당하는 별의 집단으로 옳은 것은?

	(가)	(나)	(다)
①	㉠	㉡	㉢
②	㉡	㉠	㉢
③	㉡	㉢	㉠
④	㉢	㉠	㉡
⑤	㉢	㉡	㉠

✓ 자료 해석

• ㉠은 거성, ㉡은 주계열성, ㉢은 백색 왜성이다.
• (가) : 정역학 평형 상태로, 크기가 거의 일정하게 유지되는 별은 주계열성이다.
• (나) : 주계열을 벗어난 단계로, 핵융합 반응을 통해 무거운 원소들이 만들어지는 별은 거성이다.
• (다) : 태양과 질량이 비슷한 별의 최종 진화 단계는 백색 왜성이다.

○ 보기 풀이 ② ㉠은 H–R도의 오른쪽 위에 분포하는 별들로 거성이고, ㉡은 H–R도의 왼쪽 위에서 오른쪽 아래로 대각선을 따라 분포하는 별들로 주계열성이며, ㉢은 H–R도의 왼쪽 아래에 분포하는 별들로 백색 왜성이다.

(가) 별은 일생의 약 90 %를 주계열 단계에서 보내며, 주계열성(㉡)은 중력과 기체 압력 차에 의한 힘이 평형을 이루는 정역학 평형 상태에 있으므로 수축이나 팽창을 하지 않고 크기가 일정하게 유지된다.

(나) 거성(㉠)의 중심핵에서는 이미 수소 핵융합 반응이 끝나고 더 무거운 원소의 핵융합 반응이 일어난다.

(다) 질량이 태양과 비슷한 별은 주계열성 → 적색 거성 → 행성상 성운 → 백색 왜성(㉢) 순으로 진화한다.

문제풀이 Tip

주계열 단계는 별의 일생 중 대부분을 머무르는 가장 안정적인 단계로, 관측되는 별 중에서는 주계열성이 가장 많은 것을 알아 두고, 주계열성은 정역학 평형 상태에 있어서 크기가 일정하게 유지되는 것에 유의해야 한다.

출제 의도 주계열성 내부의 수소 함량 비율과 온도를 나타낸 자료를 해석하여 우세하게 일어나는 수소 핵융합 반응을 결정하고, 분광형에 따른 주계열성의 질량과 내부 구조를 파악하는 문항이다.

그림 (가)의 A와 B는 분광형이 G2인 주계열성의 중심으로부터 표면까지 거리에 따른 수소 함량 비율과 온도를 순서 없이 나타낸 것이고, ㉠과 ㉡은 에너지 전달 방식이 다른 구간을 표시한 것이다. (나)는 별의 중심 온도에 따른 p-p 반응과 CNO 순환 반응의 상대적 에너지 생산량을 비교한 것이다.

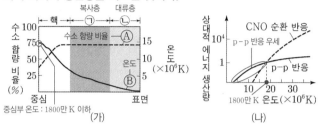

중심부 온도 : 1800만 K 이하

이에 대한 설명으로 옳은 것만을 〈보기〉에서 있는 대로 고른 것은?

보기
ㄱ. A는 ~~온도~~ 이다.
　　 수소 함량 비율
ㄴ. (가)의 핵에서는 CNO 순환 반응보다 p-p 반응에 의해 생성되는 에너지의 양이 많다.
ㄷ. 대류층에 해당하는 것은 ㉡이다.

① ㄱ　　② ㄴ　　③ ㄱ, ㄷ　　④ ㄴ, ㄷ　　⑤ ㄱ, ㄴ, ㄷ

✔ 자료 해석
- (가) : A는 주계열성의 중심에서 가장 낮으므로 수소 함량 비율이고, B는 주계열성의 중심에서 가장 높으므로 온도이다.
- (나) : 중심부 온도가 1800만 K보다 높은 주계열성의 중심부에서는 CNO 순환 반응이 우세하게 일어나고, 1800만 K보다 낮은 주계열성의 중심부에서는 p-p 반응이 우세하게 일어난다.

보기 풀이 ㄴ. (가)에서 A는 수소 함량 비율이고, B는 온도이다. 따라서 이 주계열성의 중심부 온도는 1800만 K 이하이므로, 핵에서는 CNO 순환 반응보다 p-p 반응에 의해 생성되는 에너지의 양이 많다.
ㄷ. 분광형이 G2형인 주계열성은 질량이 태양과 비슷하므로, 태양과 동일한 내부 구조를 갖는다. 따라서 이 주계열성의 내부는 중심핵, 복사층, 대류층으로 이루어져 있으므로 ㉠은 복사층, ㉡은 대류층에 해당한다.

✖ 매력적 오답 ㄱ. 주계열성의 온도는 핵융합 반응이 일어나는 중심부에서 가장 높고, 표면으로 갈수록 점점 낮아진다. 따라서 B는 온도이고, A는 수소 함량 비율이다.

문제풀이 **Tip**
질량이 태양 정도인 주계열성은 수소 핵융합 반응이 일어나는 중심핵을 복사층과 대류층이 차례로 둘러싸고 있는 것을 알아 두고, 주계열성의 온도는 중심부에서 가장 높은 것에 유의해야 한다.

Part Ⅱ

수능 평가원

35 별의 스펙트럼과 물리량

2021학년도 9월 평가원 15번 | 정답 ② | 문제편 166 p

출제 의도 별의 표면 온도와 절대 등급, 표면 온도에 따른 흡수선의 세기 자료를 해석하여 별의 반지름과 광도를 비교하는 문항이다.

그림은 별의 스펙트럼에 나타난 흡수선의 상대적 세기를 온도에 따라 나타낸 것이고, 표는 별 A, B, C의 물리량과 특징을 나타낸 것이다.

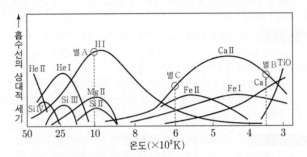

별	표면 온도(K)	절대 등급	특징
A	(10000 K)	11.0	별의 색깔은 흰색이다.
B	3500	(-4.0 이상)	반지름이 C의 100배이다.
C	6000	6.0	( )

CaⅡ 흡수선이 가장 강하다.

이에 대한 설명으로 옳은 것은?

① 반지름은 A가 C보다 ~~크다.~~ 작다.

② B의 절대 등급은 -4.0보다 크다.

③ 세 별 중 Fe I 흡수선은 A에서 가장 ~~강하다.~~ 약하다.

④ 단위 시간당 방출하는 복사 에너지양은 C가 B보다 ~~많다.~~ 적다.
　　　　　　└광도┘

⑤ C에서는 Fe Ⅱ 흡수선이 Ca Ⅱ 흡수선보다 ~~강하게~~ 나타난다.
　　　　　　　　　　　　　　　　　　약하게

✓ 자료 해석

• A는 흰색 별이므로, 표면 온도가 약 10000 K이다.

• Fe I 흡수선은 표면 온도가 약 4400 K인 별에서 가장 강하므로, 세 별 중 B에서 가장 강하다.

• C는 표면 온도가 6000 K이므로 CaⅡ 흡수선이 가장 강하다.

○ 보기 풀이 ② 별의 반지름은 B가 C의 100배이고, 표면 온도는 B가 C의 $\frac{1}{2}$ 배보다 크다. 광도는 반지름의 제곱에 비례하고 표면 온도의 4제곱에 비례하므로, 광도는 B가 C의 $(100)^2 \times \left(\frac{1}{2}\right)^4 = \frac{10000}{16}$ 배보다 작다. 또한 광도가 10000배일 때 절대 등급은 10등급 작다. 따라서 C의 절대 등급이 6.0이므로 B의 절대 등급은 -4.0보다 크다.

✗ 매력적 오답 ① 표면 온도가 T이고, 반지름이 R인 별의 광도 L은 다음과 같이 나타낼 수 있다.

$$L = 4\pi R^2 \cdot \sigma T^4$$

따라서 별의 반지름은 광도가 클수록(절대 등급이 작을수록), 표면 온도가 낮을수록 크다. A는 C보다 절대 등급이 크고 표면 온도(약 10000 K)가 높으므로, 반지름이 작다.

③ A는 흰색 별이므로 표면 온도는 약 10000 K이다. 따라서 세 별 중 Fe I 흡수선은 A에서 가장 약하다.

④ 단위 시간당 방출하는 복사 에너지양은 광도이다. C는 B보다 절대 등급이 크므로 광도가 작다.

⑤ C의 표면 온도는 6000 K이므로, C에서는 Fe Ⅱ 흡수선이 CaⅡ 흡수선보다 약하게 나타난다.

문제풀이 Tip

별의 반지름은 광도의 제곱근에 비례하고 표면 온도의 제곱에 반비례하는 것을 알아 두고, 절대 등급이 작을수록 광도가 큰 것에 유의해야 한다.

36 별의 표면 온도와 흡수선의 세기

2021학년도 6월 평가원 3번 | 정답 ① | 문제편 166 p

출제 의도 별의 분광형에 따른 흡수선 세기 자료를 해석하여 별의 색이나 표면 온도에 따라 강하게 나타나는 흡수선을 파악하는 문항이다.

그림은 별의 분광형에 따른 흡수선의 상대적 세기를 나타낸 것이다.

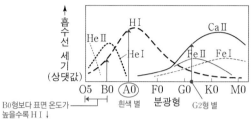

이 자료에 대한 설명으로 옳은 것만을 〈보기〉에서 있는 대로 고른 것은? [3점]

┌─ 보기 ─────────────────────────┐
ㄱ. 흰색 별에서 H I 흡수선이 Ca II 흡수선보다 강하게 나타난다.

ㄴ. 주계열에서 B0형보다 표면 온도가 높은 별일수록 H I 흡수선의 세기가 <del>강해진다.</del> 약해진다.

ㄷ. 태양과 광도가 같고 반지름이 작은 별의 Ca II 흡수선은 G2형 별보다 <del>강하게</del> 약하게 나타난다.
└──────────────────────────────┘

① ㄱ　② ㄴ　③ ㄱ, ㄷ　④ ㄴ, ㄷ　⑤ ㄱ, ㄴ, ㄷ

✔ 자료 해석
- 분광형이 A형인 흰색 별에서는 H I 흡수선이 가장 강하게 나타난다.
- B0형보다 표면 온도가 높은 별일수록 H I 흡수선의 세기가 약해진다.
- Ca II 흡수선은 분광형이 K0형인 별에서 가장 강하게 나타난다.

○ 보기 풀이 ㄱ. 별의 대기에 존재하는 원소들은 별의 표면 온도에 따라 스펙트럼의 특정한 영역에서 흡수선을 형성하므로, 흡수 스펙트럼선의 종류와 세기는 별의 표면 온도에 따라 달라진다. 분광형이 A형인 흰색 별에서는 H I 흡수선이 Ca II 흡수선보다 강하게 나타난다.

✖ 매력적 오답 ㄴ. H I 흡수선은 분광형이 A0형인 별에서 가장 강하게 나타난다. 따라서 주계열에서 B0형보다 표면 온도가 높은 별일수록 H I 흡수선의 세기가 약해진다.

ㄷ. 표면 온도가 T이고, 반지름이 R인 별의 광도 $L = 4\pi R^2 \cdot \sigma T^4$이다. 따라서 태양과 광도가 같고 반지름이 작은 별은 태양(G2형)보다 표면 온도가 높다. Ca II 흡수선은 분광형이 K0형인 별에서 가장 강하게 나타나며, 이보다 표면 온도가 높아질수록 점점 약해진다. 따라서 태양과 광도가 같고 반지름이 작은 별의 Ca II 흡수선은 G2형 별보다 약하게 나타난다.

문제풀이 Tip
별의 분광형에 따른 흡수선 세기 자료를 해석하는 문항이 자주 출제되므로 확실하게 알아 두자. 두 별의 광도가 같을 때 반지름이 큰 별에 비해 반지름이 작은 별의 표면 온도가 높은 것에 유의해야 한다.

37 H–R도와 별의 특성

2021학년도 6월 평가원 12번 | 정답 ④ | 문제편 166 p

출제 의도 H–R도에서 별의 종류를 결정하고, 별의 물리량과 나이를 비교하는 문항이다.

표는 질량이 서로 다른 별 A~D의 물리적 성질을, 그림은 별 A와 D를 H–R도에 나타낸 것이다. $L_\odot$는 태양 광도이다.

별	표면 온도 (K)	광도 ($L_\odot$)
A	( )	( )
B	3500	100000
C	20000	10000
D	( )	( )

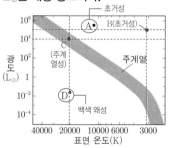

이 자료에 대한 설명으로 옳은 것만을 〈보기〉에서 있는 대로 고른 것은? [3점]

┌─ 보기 ─────────────────────────┐
ㄱ. A와 B는 <del>적색 거성</del>이다. 초거성

ㄴ. 반지름은 B > C > D이다.

ㄷ. C의 나이는 태양보다 적다.
└──────────────────────────────┘

① ㄱ　② ㄷ　③ ㄱ, ㄴ　④ ㄴ, ㄷ　⑤ ㄱ, ㄴ, ㄷ

✔ 자료 해석
- A와 B는 초거성, C는 주계열성, D는 백색 왜성이다.
- B, C, D 중에서 B는 표면 온도가 가장 낮고 광도가 가장 크므로 반지름이 가장 크다.

○ 보기 풀이 ㄴ. 표면 온도가 T이고, 반지름이 R인 별의 광도는 다음과 같다.
$$L = 4\pi R^2 \cdot \sigma T^4$$
따라서 별의 반지름은 광도의 제곱근에 비례하고 표면 온도의 제곱에 반비례한다. B, C, D 중에서 B는 표면 온도가 가장 낮고 광도가 가장 크므로 반지름이 가장 크다. 또한 D는 표면 온도가 C와 비슷하지만 광도가 작으므로 반지름이 C보다 작다. 따라서 반지름은 B > C > D이다.

ㄷ. 표면 온도와 광도를 이용하여 C를 H–R도에 나타내면 C는 주계열성이며, 태양보다 H–R도의 왼쪽 위에 분포한다. 주계열성은 H–R도의 왼쪽 위에 분포할수록 질량이 크며, 주계열 단계에 머무르는 시간과 수명이 짧다. 따라서 태양보다 질량이 큰 C는 태양보다 나이가 적다.

✖ 매력적 오답 ㄱ. 질량이 태양보다 매우 큰 별이 주계열 단계를 떠나면 적색 거성보다 반지름과 광도가 크게 증가하여 반지름은 태양의 수백 배 이상, 광도는 태양의 수만 배~수십만 배인 초거성이 되고, H–R도의 오른쪽 맨 위로 이동한다. 따라서 A와 B는 초거성이다.

문제풀이 Tip
초거성의 광도는 태양의 수만 배~수십만 배인 것을 알아 두고, 주계열성은 질량이 클수록 진화 속도가 빨라 수명이 짧은 것에 유의해야 한다.

01. 별의 물리량과 진화 **291**

38 주계열성의 수소 핵융합 반응

출제 의도 주계열성의 질량에 따라 우세하게 일어나는 수소 핵융합 반응의 종류와 특징을 파악하는 문항이다.

그림 (가)와 (나)는 주계열에 속한 별 A와 B에서 우세하게 일어나는 핵융합 반응을 각각 나타낸 것이다.

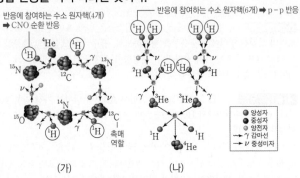

반응에 참여하는 수소 원자핵(4개) ➡ CNO 순환 반응

반응에 참여하는 수소 원자핵(6개) ➡ p–p 반응

- 양성자
- 중성자
- 양전자
- γ 감마선
- ν 중성미자

^{13}C 촉매 역할

(가)   (나)

이에 대한 설명으로 옳은 것만을 〈보기〉에서 있는 대로 고른 것은?

보기
ㄱ. 별의 내부 온도는 A가 B보다 높다.
ㄴ. (가)에서 ^{12}C는 촉매이다.
ㄷ. (가)와 (나)에 의해 별의 질량은 감소한다.

① ㄱ   ② ㄷ   ③ ㄱ, ㄴ   ④ ㄴ, ㄷ   ⑤ ㄱ, ㄴ, ㄷ

✔ 자료 해석

- **(가)** : 탄소, 질소, 산소가 촉매 역할을 하여 수소 원자핵이 헬륨 원자핵으로 바뀌면서 에너지를 생성하는 과정이므로, 탄소·질소·산소 순환 반응(CNO 순환 반응)이다.
- **(나)** : 수소 원자핵 6개가 헬륨 원자핵 1개와 수소 원자핵 2개로 바뀌면서 에너지를 생성하는 과정이므로 양성자·양성자 반응(p–p 반응)이다.

○ 보기 풀이

ㄱ. 중심부 온도가 1800만 K 이하인 주계열성은 p–p 반응이 우세하게 일어나고, 중심부 온도가 1800만 K 이상인 주계열성은 CNO 순환 반응이 우세하게 일어난다. 따라서 별의 내부 온도는 A가 B보다 높다.

ㄴ. (가)의 CNO 순환 반응에서는 4개의 수소 원자핵이 1개의 헬륨 원자핵으로 바뀌면서 에너지를 생성하며, 이 과정에서 탄소, 질소, 산소가 촉매 역할을 한다.

ㄷ. 4개의 수소 원자핵이 결합하면 헬륨 원자핵 1개를 만드는데, 헬륨 원자핵 1개의 질량은 수소 원자핵 4개의 질량을 합한 것에 비해 약 0.7 % 작아 질량 결손이 발생한다. 질량·에너지 등가 원리에 따라 결손된 질량은 에너지로 변환된다. 따라서 (가)와 (나)의 수소 핵융합 반응에 의해 별의 질량은 감소한다.

문제풀이 **Tip**

CNO 순환 반응은 p–p 반응에 비해 시간당 많은 양의 에너지를 생성하므로, CNO 순환 반응이 우세하게 일어날수록 별의 광도가 크고 주계열 단계에 머무르는 시간이 짧은 것을 알아 두고, CNO 순환 반응과 p–p 반응 모두 수소 핵융합 반응이므로 별의 질량이 감소하는 것에 유의해야 한다.

03 외계 생명체 탐사

1 생명 가능 지대

2025학년도 **수능** 10번 | 정답 ① | 문제편 **168 p**

출제 의도 생명 가능 지대의 특징을 이해하고, 생명 가능 지대의 거리와 폭을 결정하는 물리량을 파악하는 문항이다.

그림 (가)와 (나)는 주계열성 A와 B의 생명 가능 지대를 별의 나이에 따라 나타낸 것이다. 행성 a는 A를, 행성 b는 B를 각각 공전하고, a와 b는 중심별로부터 같은 거리에 위치한다.

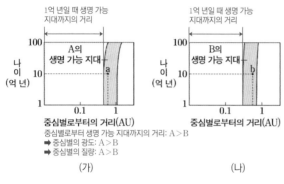

중심별로부터 생명 가능 지대까지의 거리: A > B
➡ 중심별의 광도: A > B
➡ 중심별의 질량: A > B

(가) (나)

이 자료에 대한 설명으로 옳은 것만을 〈보기〉에서 있는 대로 고른 것은? [3점]

보기

ㄱ. 질량은 A가 B보다 크다.

ㄴ. 10억 년일 때, 행성이 중심별로부터 단위 시간당 단위 면적에서 받는 복사 에너지양은 a와 b가 같다.
   a가 b보다 많다.

ㄷ. A의 생명 가능 지대의 폭은 ~~1억 년일 때와 100억 년일 때가 같다.~~
   1억 년일 때보다 100억 년일 때 넓다.

① ㄱ   ② ㄴ   ③ ㄷ   ④ ㄱ, ㄴ   ⑤ ㄱ, ㄷ

✔ 자료 해석

- 중심별에서 생명 가능 지대까지의 거리는 A가 B보다 멀므로 중심별의 광도는 A가 B보다 크다.
- 행성이 중심별로부터 단위 시간당 단위 면적에서 받는 복사 에너지양은 중심별의 광도에 비례하고, 중심별로부터의 거리의 제곱에 반비례한다.

○ 보기 풀이
ㄱ. 주계열성은 질량이 클수록 광도가 크고 중심별의 광도가 클수록 생명 가능 지대는 중심별로부터 멀어지므로 중심별의 질량은 A가 B보다 크다.

✕ 매력적 오답
ㄴ. 행성이 중심별로부터 단위 시간당 단위 면적에서 받는 복사 에너지양은 중심별의 광도에 비례하고, 중심별로부터의 거리의 제곱에 반비례한다. 10억 년일 때 a와 b는 중심별로부터 같은 거리에 위치하지만, 중심별의 광도는 A가 B보다 크므로, 중심별로부터 단위 시간당 단위 면적에서 받는 복사 에너지양은 a가 b보다 많다.

ㄷ. 중심별의 광도가 클수록 생명 가능 지대는 중심별로부터 멀어지고 폭이 넓어진다. A의 광도는 1억 년일 때보다 100억 년일 때 더 크므로, 1억 년일 때보다 100억 년일 때 생명 가능 지대까지의 거리가 멀고 폭도 넓다.

문제풀이 **Tip**

중심별의 질량에 따른 생명 가능 지대의 분포와 행성의 특징을 묻는 문항이 자주 출제되므로, 생명 가능 지대의 개념을 확실하게 이해하고 중심별의 질량과 광도에 따라 생명 가능 지대가 어떻게 변하는지를 잘 알아 두자. 생명 가능 지대는 중심별의 광도가 증가함에 따라 중심별로부터 멀어지고 폭도 넓어진다는 것에 유의해야 한다.

2 생명 가능 지대

출제 의도 중심별로부터 받는 복사 에너지와 중심별의 광도에 따른 생명 가능 지대의 특징을 비교하는 문항이다.

그림은 서로 다른 외계 행성계에 위치한 행성 A~D가 중심별로부터 단위 시간당 단위 면적에서 받는 복사 에너지(S)와 중심별의 광도(L)를 나타낸 것이다.

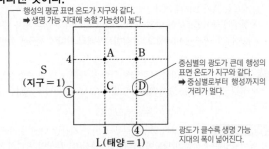

이 자료에 대한 설명으로 옳은 것만을 〈보기〉에서 있는 대로 고른 것은?

보기
ㄱ. 액체 상태의 물이 존재할 가능성은 A가 D보다 높다.
낮다.
ㄴ. 생명 가능 지대의 폭은 B의 중심별이 C의 중심별보다 넓다.
ㄷ. 중심별의 중심으로부터의 거리는 C가 D보다 멀다.
가깝다.

① ㄱ   ② ㄴ   ③ ㄷ   ④ ㄱ, ㄷ   ⑤ ㄴ, ㄷ

✔ 자료 해석

• 지구는 태양으로부터 적당한 거리에 위치하여 액체 상태의 물이 존재하는 생명 가능 지대에 속해 있으므로, 외계 행성이 생명 가능 지대에 속할 수 있으려면 중심별로부터 받는 복사 에너지가 지구와 비슷해야 한다.
• 행성이 단위 시간당 단위 면적에서 받는 복사 에너지양(S)은 중심별의 광도(L)에 비례하고 중심별과의 거리의 제곱에 반비례한다.

○ 보기 풀이 ㄴ. 생명 가능 지대의 폭은 별의 광도가 클수록 넓다. B의 중심별은 광도가 4, C의 중심별은 광도가 1이므로 생명 가능 지대의 폭은 B의 중심별이 C의 중심별보다 넓다.

✕ 매력적 오답 ㄱ. S=1인 행성은 생명 가능 지대에 속한 지구가 단위 시간당 단위 면적에서 받는 복사 에너지와 같은 양의 에너지를 중심별로부터 받으므로 액체 상태의 물이 존재할 가능성이 높다. A는 S가 4, D는 S가 1이므로 액체 상태의 물이 존재할 가능성은 A가 D보다 낮다.

ㄷ. C와 D는 단위 시간당 단위 면적에서 받는 복사 에너지양이 같다. 하지만 C의 중심별이 D의 중심별보다 광도가 작으므로 중심별의 중심으로부터의 거리는 C가 D보다 가깝다.

문제풀이 Tip

행성의 평균 표면 온도는 행성이 중심별로부터 단위 시간당 단위 면적에서 받는 복사 에너지양(S)에 의해 주로 결정되므로, 생명 가능 지대에 속할 가능성은 S 값이 지구와 비슷할수록 높다는 것에 유의해야 한다. 또한 S는 중심별의 광도에 비례하고 중심별로부터 거리의 제곱에 반비례한다는 것을 꼭 암기해 두자.

3 생명 가능 지대

출제 의도 시간에 따른 생명 가능 지대의 변화로부터 태양의 광도 변화를 유추하고, 이에 따른 생명 가능 지대의 특징을 파악하는 문항이다.

그림은 태양으로부터 생명 가능 지대가 나타나기 시작하는 거리를 시간에 따라 나타낸 것이다.

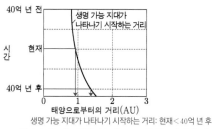

생명 가능 지대가 나타나기 시작하는 거리: 현재 < 40억 년 후

현재와 비교할 때, 40억 년 후에 대한 설명으로 옳은 것만을 〈보기〉에서 있는 대로 고른 것은?

보기
ㄱ. 태양의 광도는 작아진다.　(커진다.)
ㄴ. 생명 가능 지대의 폭은 넓어진다.
ㄷ. 태양으로부터 1 AU 거리에서 물이 액체 상태로 존재할 가능성은 높아진다.　(거의 없다.)

① ㄱ　② ㄴ　③ ㄷ　④ ㄱ, ㄴ　⑤ ㄱ, ㄷ

✔ 자료 해석

• 현재와 비교할 때 40억 년 후에 생명 가능 지대가 나타나기 시작하는 거리는 멀어졌다. ➡ 태양의 광도는 현재보다 40억 년 후에 크다.
• 중심별의 광도가 클수록 생명 가능 지대는 중심별로부터 멀어지고, 생명 가능 지대의 폭은 넓어진다.

○ 보기 풀이

ㄴ. 생명 가능 지대의 폭은 중심별의 광도가 클수록 넓어진다. 현재보다 40억 년 후 태양의 광도가 크므로 생명 가능 지대의 폭은 현재와 비교할 때 40억 년 후에 넓어진다.

✕ 매력적 오답

ㄱ. 생명 가능 지대가 나타나기 시작하는 거리는 중심별의 광도가 클수록 멀어진다. 현재보다 40억 년 후 생명 가능 지대가 나타나기 시작하는 거리가 먼 것으로 보아 태양의 광도는 현재와 비교할 때 40억 년 후에 더 크다.

ㄷ. 물이 액체 상태로 존재할 수 있는 영역을 생명 가능 지대라고 한다. 현재는 생명 가능 지대가 나타나기 시작하는 거리가 1 AU 부근이므로 이 거리에서 물이 액체 상태로 존재할 수 있지만, 40억 년 후에는 생명 가능 지대가 나타나는 거리가 1 AU보다 바깥에 위치하므로 이 거리에서는 물이 액체 상태로 존재할 가능성이 거의 없다.

문제풀이 Tip

태양은 주계열성으로 시간이 지남에 따라 광도가 증가하고, 이에 따라 생명 가능 지대까지의 거리는 점점 멀어지며 생명 가능 지대의 폭은 넓어진다는 것을 알아 두자.

4 생명 가능 지대

출제 의도 생명 가능 지대의 의미를 알고, 중심별의 광도가 중심별로부터 생명 가능 지대까지의 거리와 생명 가능 지대의 폭에 미치는 영향을 파악하는 문항이다.

다음은 생명 가능 지대에 대하여 학생 A, B, C가 나눈 대화를 나타낸 것이다.

생명 가능 지대에 위치한 행성에는 물이 액체 상태로 존재할 가능성이 있어. — 학생 A

별이 단위 시간당 방출하는 에너지가 많다. 중심별의 광도가 클수록 중심별로부터 생명 가능 지대까지의 거리는 멀어져. — 학생 B

중심별의 광도가 클수록 생명 가능 지대의 폭은 좁아져. 넓어져. — 학생 C

제시한 내용이 옳은 학생만을 있는 대로 고른 것은?

① A   ② B   ③ C   ④ A, B   ⑤ A, C

✔ 자료 해석

• 생명 가능 지대는 별의 주위에서 물이 액체 상태로 존재할 수 있는 거리의 범위이다.
• 중심별의 광도에 따라 중심별로부터 생명 가능 지대까지의 거리와 생명 가능 지대의 폭이 달라진다.

○ 보기 풀이

A. 중심별의 주위에서 물이 액체 상태로 존재할 수 있는 거리의 영역을 생명 가능 지대라고 하므로, 생명 가능 지대에 위치한 행성에는 물이 액체 상태로 존재할 가능성이 있다.
B. 중심별의 광도가 클수록 중심별로부터 생명 가능 지대까지의 거리는 멀어진다.

✗ 매력적 오답

C. 중심별의 광도가 클수록 생명 가능 지대의 폭은 넓어진다.

문제풀이 Tip

별의 광도가 클수록 별이 단위 시간당 방출하는 에너지가 많아지기 때문에 별 주변에서 물이 액체 상태로 존재할 수 있는 거리 범위인 생명 가능 지대가 중심별로부터 멀어진다는 것을 알아 두자. 중심별이 주계열성인 경우에는 질량이 클수록 광도가 커지므로 생명 가능 지대가 중심별로부터 멀어지게 되고 폭도 넓어진다는 것에 유의해야 한다.

---

5 생명 가능 지대

출제 의도 주계열성의 진화에 따른 생명 가능 지대의 변화를 통해 광도 변화를 이해하고, 이 별과 태양의 생명 가능 지대의 특징을 비교하는 문항이다.

그림은 어느 별의 시간에 따른 생명 가능 지대의 범위를 나타낸 것이다. 이 별은 현재 주계열성이다.

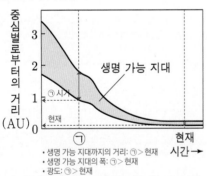

• 생명 가능 지대까지의 거리: ⊙ > 현재
• 생명 가능 지대의 폭: ⊙ > 현재
• 광도: ⊙ > 현재

이 자료에 대한 설명으로 옳은 것만을 〈보기〉에서 있는 대로 고른 것은? [3점]

┌─ 보기 ─
ㄱ. 이 별의 광도는 ⊙ 시기가 현재보다 작다.
　　　　　　　　　　　　　　　　크다.
ㄴ. 현재 중심별에서 생명 가능 지대까지의 거리는 이 별이 태양보다 가깝다.
ㄷ. 현재 표면에서 단위 면적당 단위 시간에 방출하는 에너지 양은 이 별이 태양보다 적다.
└─

① ㄱ   ② ㄴ   ③ ㄱ, ㄷ   ④ ㄴ, ㄷ   ⑤ ㄱ, ㄴ, ㄷ

✔ 자료 해석

• 시간이 지남에 따라 생명 가능 지대의 폭은 좁아지고, 중심별로부터 생명 가능 지대까지의 거리는 가까워졌다.
• 생명 가능 지대는 ⊙ 시기에 약 0.9~1.8 AU 거리에 분포하고, 현재 약 0.1~0.2 AU 거리에 분포한다. 태양계에서 생명 가능 지대는 1 AU 부근에 분포한다.

○ 보기 풀이

ㄴ. 현재 이 별의 생명 가능 지대는 0.1~0.2 AU 부근에 분포하고, 태양계의 생명 가능 지대는 1 AU 부근에 분포한다. 따라서 현재 중심별에서 생명 가능 지대까지의 거리는 이 별이 태양보다 가깝다.
ㄷ. 단위 면적당 단위 시간에 방출하는 에너지양은 표면 온도가 높을수록 많다. 현재 주계열성인 이 별은 생명 가능 지대까지의 거리가 태양보다 가까우므로, 표면 온도는 이 별이 태양보다 낮다. 따라서 현재 표면에서 단위 면적당 단위 시간에 방출하는 에너지양은 이 별이 태양보다 적다.

✗ 매력적 오답

ㄱ. 시간이 지남에 따라 생명 가능 지대는 폭이 좁아지고 중심별로부터의 거리가 가까워졌으므로, 시간에 따라 별의 광도는 감소하였다. 따라서 별의 광도는 ⊙ 시기가 현재보다 크다.

문제풀이 Tip

주계열성인 중심별은 광도가 클수록 표면 온도가 높고, 생명 가능 지대는 중심별로부터 멀어지며, 폭도 넓어진다는 것을 잘 알아 두자.

6 생명 가능 지대

출제 의도 주계열성의 질량에 따른 생명 가능 지대의 특징을 이해하고, 중심별의 광도, 생명 가능 지대에 위치한 행성의 공전 궤도 반지름, 생명 가능 지대의 폭을 비교하는 문항이다.

표는 주계열성 A와 B의 질량, 생명 가능 지대에 위치한 행성의 공전 궤도 반지름, 생명 가능 지대의 폭을 나타낸 것이다.

B보다 질량이 크므로, 광도가 크고, 생명 가능 지대까지의 거리가 멀며, 폭이 넓다.

주계열성	질량 (태양=1)	행성의 공전 궤도 반지름(AU)	생명 가능 지대의 폭(AU)
A	5	(㉠)	(㉢)
B	0.5	(㉡)	(㉣)

이에 대한 설명으로 옳은 것만을 〈보기〉에서 있는 대로 고른 것은?

보기
ㄱ. 광도는 A가 B보다 크다.
ㄴ. ㉠은 ㉡보다 크다.
ㄷ. ㉢은 ㉣보다 크다.

① ㄱ ② ㄷ ③ ㄱ, ㄴ ④ ㄴ, ㄷ ⑤ ㄱ, ㄴ, ㄷ

✓ 자료 해석
• 주계열성은 질량이 클수록 광도가 크다. 질량은 A가 B보다 크므로, 광도는 A가 B보다 크다.
• 중심별의 광도가 클수록 생명 가능 지대까지의 거리가 멀고, 생명 가능 지대의 폭이 넓다. 광도는 A가 B보다 크므로 생명 가능 지대까지의 거리는 A가 B보다 멀고 생명 가능 지대의 폭은 A가 B보다 넓다.

○ 보기 풀이 ㄱ. 주계열성은 질량이 클수록 광도가 크므로 광도는 A가 B보다 크다.
ㄴ. 중심별이 주계열성일 때 질량이 클수록 생명 가능 지대까지의 거리가 멀다. 따라서 생명 가능 지대에 위치한 행성의 공전 궤도 반지름은 A에 속한 행성이 B에 속한 행성보다 크다. 즉, ㉠은 ㉡보다 크다.
ㄷ. 중심별이 주계열성일 때 질량이 클수록 생명 가능 지대의 폭이 넓어진다. 따라서 ㉢은 ㉣보다 크다.

문제풀이 Tip
중심별에서 생명 가능 지대까지의 거리와 생명 가능 지대의 폭을 결정하는 물리량은 중심별의 광도이고, 주계열성의 광도는 질량에 비례한다는 것에 유의해야 한다. 생명 가능 지대에 위치할 수 있는 행성의 공전 궤도 반지름 범위는 생명 가능 지대의 폭이 넓을수록 커진다는 것도 알아 두자.

---

7 생명 가능 지대

출제 의도 생명 가능 지대의 특징 및 외계 행성에 의한 식 현상과 시선 속도 변화를 이해하는 문항이다.

그림 (가)는 중심별이 주계열성인 어느 외계 행성계의 생명 가능 지대와 행성의 공전 궤도를, (나)는 (가)의 행성이 식 현상을 일으킬 때 중심별의 상대적 밝기 변화를 시간에 따라 나타낸 것이다.

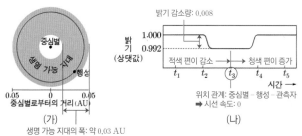

(가) 생명 가능 지대의 폭: 약 0.03 AU

이 자료에 대한 설명으로 옳은 것만을 〈보기〉에서 있는 대로 고른 것은? (단, 중심별의 시선 속도 변화는 행성과의 공통 질량 중심에 대한 공전에 의해서만 나타나고, 행성은 원 궤도를 따라 공전하며, 행성의 공전 궤도면은 관측자의 시선 방향과 나란하다.) [3점]

보기
ㄱ. 생명 가능 지대의 폭은 이 외계 행성계가 태양계보다 좁다.
ㄴ. $\dfrac{\text{행성의 반지름}}{\text{중심별의 반지름}}$ 은 $\dfrac{1}{125}$ 이다. $\dfrac{1}{\sqrt{125}}$ 이다.
ㄷ. 중심별의 흡수선 파장은 t_2가 t_1보다 짧다.

① ㄱ ② ㄴ ③ ㄷ ④ ㄱ, ㄴ ⑤ ㄱ, ㄷ

✓ 자료 해석
• (가)에서 생명 가능 지대의 폭은 약 0.03 AU이고, 중심에서 생명 가능 지대가 끝나는 지점까지의 거리는 0.05 AU이다.
• (나)에서 $t_2 \sim t_4$ 동안 식 현상이 일어났으므로 식 현상의 중간인 t_3 시간에 중심별이 시선 방향에서 가장 멀리 있을 때이다. 즉, t_3까지는 적색 편이가 나타나고, t_3 이후로는 청색 편이가 나타난다.
• 중심별의 밝기가 감소한 것은 행성에 의해 중심별이 가려졌기 때문이므로 행성의 크기가 클수록 밝기 감소량은 증가한다. (나)에서 중심별의 밝기 감소량은 0.008이다.

○ 보기 풀이 ㄱ. 생명 가능 지대의 폭은 중심별의 광도가 클수록 크다. 이 외계 행성계는 생명 가능 지대가 시작되는 거리가 태양계보다 가까우므로 중심별의 광도가 태양보다 작다. 따라서 생명 가능 지대의 폭은 이 외계 행성계가 태양계보다 좁다.
ㄷ. t_3은 식 현상이 일어나는 구간 중 중간 지점에 해당하므로 시선 속도의 크기가 0이며, 적색 편이에서 청색 편이로 변하는 시점이다. 따라서 $t_1 \rightarrow t_2$에서 중심별은 적색 편이가 나타나고 관측자로부터 점점 멀어지며 시선 속도는 감소하므로, 중심별의 흡수선 파장은 t_2가 t_1보다 짧다.

✗ 매력적 오답 ㄴ. (나)에서 밝기 감소량은 0.008이므로, 중심별에 대한 외계 행성의 면적이 $0.008 \left(= \dfrac{1}{125} \right)$배이다. 따라서 $\dfrac{\text{행성의 반지름}}{\text{중심별의 반지름}}$ 은 $\sqrt{\dfrac{1}{125}}$ 이다.

문제풀이 Tip
행성에 의한 식 현상이 일어났을 때 중심별의 밝기 감소량은 행성의 반지름에 비례하는 것이 아니라 행성의 단면적에 비례하는 것임에 유의해야 한다. 즉, 중심별의 밝기 감소량은 행성의 반지름의 제곱에 비례한다.

8 생명 가능 지대

출제 의도 H-R도상에 위치한 별의 물리량을 비교하여 생명 가능 지대를 파악하는 문항이다.

그림은 별 A, B, C를 H-R도에 나타낸 것이다.

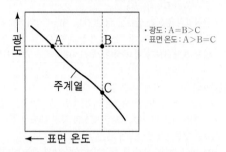

- 광도 : A=B>C
- 표면 온도 : A>B=C

이에 대한 설명으로 옳은 것만을 〈보기〉에서 있는 대로 고른 것은?

보기
ㄱ. 별의 중심으로부터 생명 가능 지대까지의 거리는 A와 B가 같다.

ㄴ. 생명 가능 지대의 폭은 B가 C보다 넓다.

ㄷ. 생명 가능 지대에 위치하는 행성에서 액체 상태의 물이 존재할 수 있는 시간은 C가 A보다 길다.

---

① ㄱ　② ㄴ　③ ㄱ, ㄷ　④ ㄴ, ㄷ　⑤ ㄱ, ㄴ, ㄷ

✔ 자료 해석

- A, C는 주계열성이고, B는 주계열의 오른쪽 위에 위치하는 거성이다.
- 주계열성은 질량이 클수록 H-R도의 왼쪽 위에 위치한다. A는 C보다 광도와 질량이 크고, 표면 온도가 높은 별이다.
- 생명 가능 지대는 중심별의 광도가 클수록 중심별로부터 멀어지며, 폭은 넓어진다.

○ 보기 풀이
ㄱ. 생명 가능 지대는 중심별의 광도에 따라 달라진다. A와 B의 광도가 같으므로 별의 중심으로부터 생명 가능 지대까지의 거리는 A와 B가 같다.
ㄴ. 생명 가능 지대의 폭은 중심별의 광도가 클수록 넓다. 따라서 생명 가능 지대의 폭은 광도가 더 큰 B가 C보다 넓다.
ㄷ. 생명 가능 지대에 위치하는 행성에서 액체 상태의 물이 존재할 수 있는 시간은 중심별이 주계열에 오래 머물러 있을수록 길다. A와 C 중 행성이 생명 가능 지대에 머무르는 시간이 긴 별은 질량이 더 작은 주계열성인 C이다.

문제풀이 Tip
주계열성은 표면 온도가 높은 별일수록 광도와 질량이 크므로, 주계열성에서의 생명 가능 지대는 중심별의 표면 온도, 중심별의 광도, 중심별의 질량 중 어느 것을 비교해도 같지만, 주계열성을 비롯하여 별의 생명 가능 지대는 중심별의 광도에 따라 달라진다는 것에 유의해야 한다.

---

9 생명 가능 지대

출제 의도 생명 가능 지대의 거리와 폭을 파악하고, 외계 행성이 받는 복사 에너지양을 지구와 비교하는 문항이다.

표는 서로 다른 외계 행성계에 속한 행성 (가)와 (나)에 대한 물리량을 나타낸 것이다. (가)와 (나)는 생명 가능 지대에 위치하고, 각각의 중심별은 주계열성이다.

1보다 작다. ➡ 중심별로부터의 거리가 지구보다 가깝다.

외계 행성	중심별의 광도 (태양 =1)	중심별로부터의 거리(AU)	단위 시간당 단위 면적이 받는 복사 에너지양(지구 =1)
(가)	0.0005	㉠	1
(나)	1.2	1	㉡ 1보다 크다.

태양보다 광도가 크다.

이 자료에 대한 설명으로 옳은 것만을 〈보기〉에서 있는 대로 고른 것은?

보기
ㄱ. ㉠은 1보다 작다.

ㄴ. ㉡은 1보다 ~~작다.~~ 크다.

ㄷ. 생명 가능 지대의 폭은 (나)의 중심별이 (가)의 중심별보다 ~~좁다.~~ 넓다.

---

① ㄱ　② ㄷ　③ ㄱ, ㄴ　④ ㄴ, ㄷ　⑤ ㄱ, ㄴ, ㄷ

✔ 자료 해석

- (가)의 행성계는 생명 가능 지대까지의 거리가 태양계보다 가깝고 (가)는 생명 가능 지대에 위치하므로, (가)의 공전 궤도 반지름은 지구보다 작다.
- (나)는 중심별의 광도가 태양보다 크고 공전 궤도 반지름은 지구와 같으므로, 중심별로부터 단위 시간당 단위 면적이 받는 복사 에너지양은 지구보다 많다.

○ 보기 풀이
ㄱ. (가)는 중심별의 광도가 태양보다 작으므로, 생명 가능 지대까지의 거리가 태양계보다 가깝고, 생명 가능 지대의 폭이 태양계보다 좁다. (가)는 생명 가능 지대에 위치하므로 지구보다 중심별로부터의 거리가 가까워야 한다. 따라서 중심별로부터 (가)까지의 거리 ㉠은 1 AU보다 작다.

✕ 매력적 오답
ㄴ. (나)는 중심별의 광도가 태양보다 크므로, 생명 가능 지대까지의 거리가 태양계보다 멀고, 생명 가능 지대의 폭이 태양계보다 넓다. (나)는 중심별로부터의 거리가 1 AU이므로, (나)에서 단위 시간당 단위 면적이 받는 복사 에너지양 ㉡은 지구가 받는 복사 에너지양 1보다 크다.
ㄷ. 중심별의 광도가 클수록 생명 가능 지대의 폭이 넓으므로, (나)의 중심별이 (가)의 중심별보다 생명 가능 지대의 폭이 넓다.

문제풀이 Tip
행성이 중심별로부터 같은 거리에 있을 때 중심별의 광도가 클수록 단위 시간당 단위 면적이 받는 복사 에너지양이 많은 것에 유의해야 한다.

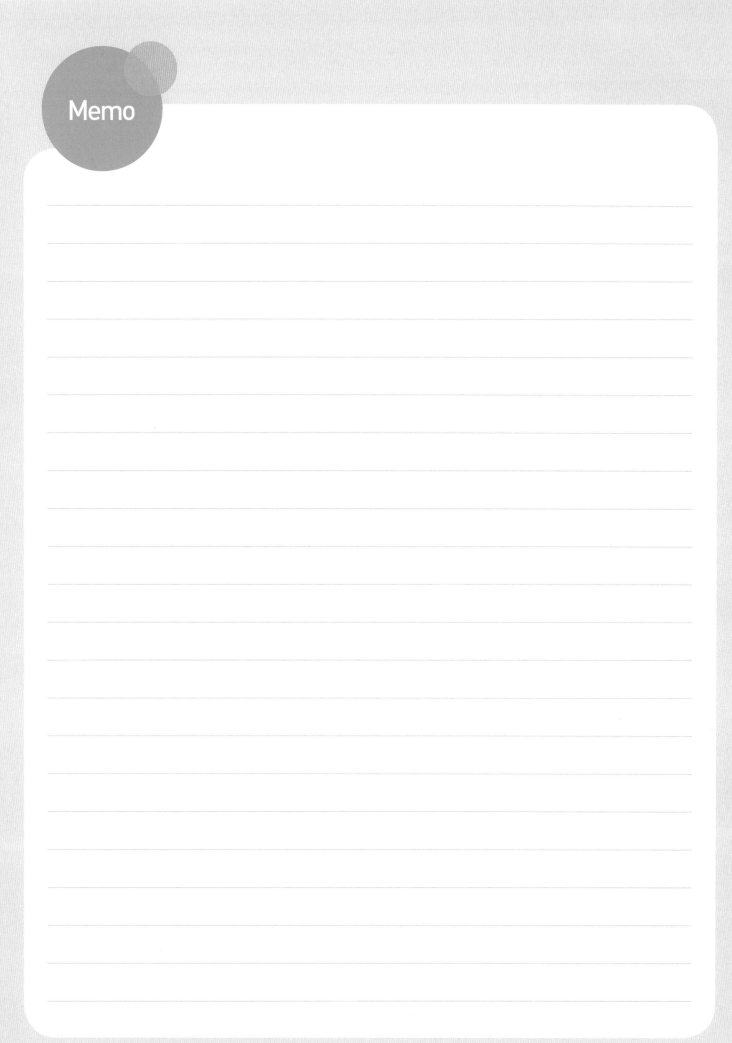

Memo

Memo

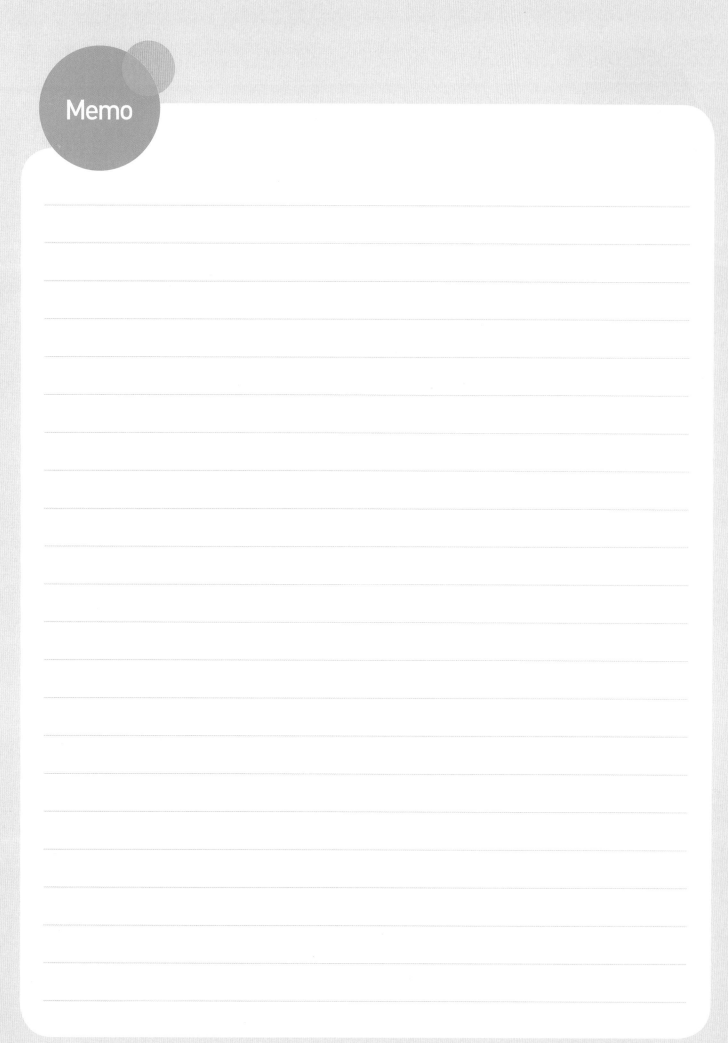

Memo

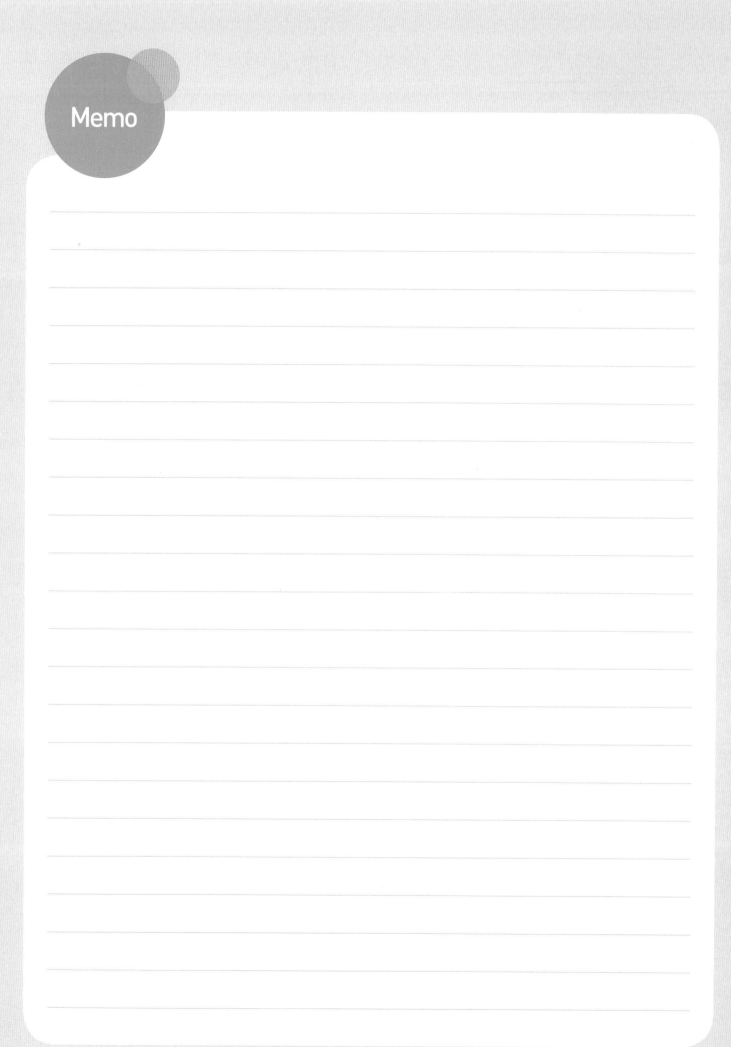

Memo

Memo

기출의 바이블

지구과학Ⅰ

2권 │ 정답 및 해설편

문제편

· 기본 개념 정리, 실전 자료 분석
· 교육청+평가원 문항 수록

정답 및 해설편

· 선택지 비율, 자료 해석, 보기 풀이, 매력적 오답, 문제풀이 Tip 등의 다양한 요소를 통한 완벽 해설
· 문항 해설을 한눈에 확인할 수 있는 자세한 첨삭 제공

고난도편

· 교육청+평가원 고난도 주제 및 문항만을 선별하여 수록
· 고난도 문항 해설을 한눈에 확인할 수 있는 자세한 첨삭 제공

가르치기 쉽고 빠르게 배울 수 있는 **이투스북**

www.etoosbook.com

○ **도서 내용 문의**
홈페이지 > 이투스북 고객센터 > 1:1 문의

○ **도서 정답 및 해설**
홈페이지 > 도서자료실 > 정답/해설

○ **도서 정오표**
홈페이지 > 도서자료실 > 정오표

○ **선생님을 위한 강의 지원 서비스 T폴더**
홈페이지 > 교강사 T폴더

2026
학년도

교육청+평가원
고난도 주제 및
문항 수록

지구과학 I

Bible of Science

바이블

3권 고난도편

이투스북

지구과학 I

기출의 바이블

3권 고난도편

목차 & 학습 계획

Part Ⅰ 교육청

Part II 수능 평가원

I

고체 지구

02 대륙 분포와 판 이동의 원동력

I. 고체 지구

A 대륙 분포의 변화

1. 지구 자기장 지구 자기력이 미치는 공간

(1) **복각** : 나침반의 자침이나 자기력선의 방향이 수평면과 이루는 각이다.

(2) **고지자기 복각과 위도**

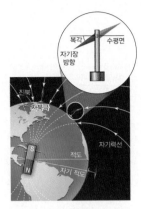

▲ 복각

① 복각은 자북극에서 +90°, 자기 적도에서 0°, 자남극에서 −90°
이다.
➡ 복각은 자극에서 가장 크고, 자극에서 멀어질수록 작아진다.
② 남북 방향으로 이동한 대륙에서 생성된 암석은 생성된 위도에 따
라 복각의 크기가 다르다.

2. 고지자기와 대륙 이동

(1) **잔류 자기** : 마그마가 식어서 굳어질 때 자성 광물은 당시의 지구 자기장 방향으로 자화된 후 지구
자기장의 방향이 변해도 당시의 자성 광물의 자화 방향은 그대로 보존된다.

➡ 자성 광물이 포함된 암석의 잔류 자기 방향을 측정하면 암석이 생성된 위도와 지자기 북극의 위
치를 추정할 수 있다.

(2) **지자기 북극의 겉보기 이동 경로와 대륙 이동** : 북아메리카 대륙과 유럽 대륙에서 측정한 지자기 북
극의 겉보기 이동 경로가 어긋나 있다. 지질 시대 동안 자북극은 하나뿐이므로, 자북극의 겉보기 이
동 경로를 합쳐보면 과거에 두 대륙이 서로 붙어 있었다는 것을 알 수 있다.

(단위 : 억 년 전)

▲ 현재의 대륙 분포와
자북극의 이동 경로

▲ 대륙이 붙어 있을 때
자북극의 이동 경로

(3) **고지자기 복각을 이용하여 알아낸 인도 대륙의 이동**

① 복각 측정과 인도 대륙의 이동 방향 : 고위도에 위치할수록 복각의 크기가 증가하는데, 과거에
서 현재까지 각 시기별로 인도 대륙에서 측정한 고지자기의 복각이 현재로 올수록 (−) → 0° →
(+) 값으로 변하므로 인도 대륙은 북상하였다.
② 인도 대륙의 이동 : 약 7100만 년 전에는 남반구에 위치(30°S, 복각 : 약 −49°) ➡ 이후 1년에 약
5 cm~15 cm씩 북상 ➡ 북반구에서 유라시아 대륙과 충돌하여 히말라야산맥 형성

3. 대륙 분포의 변화

(1) **지질 시대 동안의 대륙 분포 변화**

① 로디니아의 형성과 분리 : 약 12억 년 전에 초대륙인 로디니아가 형성된 후 약 8억 년 전부터 분
리되기 시작하였다.
② 판게아의 형성과 분리 : 고생대 말에 대륙이 다시 합쳐져 초대륙인 판게아가 형성된 후 중생대 초
에 분리되기 시작하였다.
③ 판게아 이후 대륙 분포
• 약 1억 년 전 : 대서양이 확장되면서 아프리카 대륙과 남아메리카 대륙이 분리되었다.
• 약 3천만 년 전 : 인도 대륙이 유라시아판과 충돌하여 히말라야산맥이 형성되었다.

출제 tip

지구 자기장

특정 지형 주변의 고지자기 분포로부터
판의 이동 방향. 생성 당시 북반구와 남
반구 중 어느 곳에 위치했는지, 각 지점
별 위도 비교에 대해 묻는 문제가 자주
출제된다.

지리상 북극과 지자기 북극

지구의 자전축과 북반구의 지표면이 만
나는 지점은 지리상 북극이고, 지구 자기
장을 지구 중심에 놓인 거대한 막대자석
이 만드는 자기장이라고 했을 때 막대자
석의 S극 방향의 축과 지표면이 만나는
지점은 지자기 북극이다.

출제 tip

대륙 분포의 변화

지질 시대별로 대륙 분포를 알고 있는지
지질 시대의 생물 및 환경과 연계하여 묻
는 문제가 자주 출제된다.

**지질 시대 동안 인도 대륙의 위치 변
화와 복각의 변화**

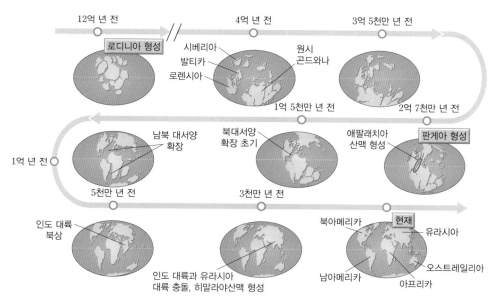

12억 년 전 — 4억 년 전 — 3억 5천만 년 전

로디니아 형성

시베리아
발티카
로렌시아

원시
곤드와나

1억 5천만 년 전 — 2억 7천만 년 전

1억 년 전

남북 대서양
확장

북대서양
확장 초기

애팔래치아
산맥 형성

판게아 형성

5천만 년 전 — 3천만 년 전

인도 대륙
북상

북아메리카 — 현재

유라시아

인도 대륙과 유라시아
대륙 충돌, 히말라야산맥 형성

남아메리카

오스트레일리아

아프리카

▲ 로디니아 이후 대륙 분포의 변화

(2) **미래의 대륙 분포 변화**

① **대륙 분포의 변화 예측** : 현재 판의 이동 속도와 방향을 분석하면 미래의 대륙과 해양의 분포를 예측할 수 있다.

② **미래의 대륙 분포 변화** : 지구가 현재와 같은 판 구조 운동을 지속한다면 약 5천만 년 후에는 대서양이 더욱 넓어지고, 아프리카는 유럽과 충돌하여 지중해는 사라질 것으로 추정된다. 또한 오스트레일리아는 동남아시아와 충돌하고, 미국의 캘리포니아주는 알래스카까지 이동할 것이며, 1억 년 후에는 대서양이 북아메리카와 남아메리카의 동쪽 해안을 따라 섭입하기 시작하여 약 2억 5천만 년 후에는 대서양이 완전히 사라질 것이다. 이 때문에 남북아메리카, 유럽, 아프리카 및 아시아가 모여서 새로운 초대륙인 판게아 울티마(Pangaea Ultima)가 형성될 것이다.

B 판 이동의 원동력

1. 맨틀 대류

(1) **맨틀 대류와 판의 이동** : 연약권 위에 놓인 판은 맨틀 대류를 따라 이동한다.

➡ 맨틀은 고체이지만 온도가 높아 유동성을 띠고 있으며, 지구 중심으로 갈수록 온도가 높아져 대류 현상이 발생한다.

(2) **판 이동의 원동력**

① **해령에서 밀어 올리는 힘** : 해령 아래쪽에서 마그마가 상승함에 따라 판을 양쪽으로 밀어내는 힘이다.

② **섭입하는 판이 잡아당기는 힘** : 해구 아래쪽으로 침강하는 판 자체의 무게에 의해 판을 잡아당기는 힘이다.

③ **판이 미끄러지는 힘** : 해저면 경사에 의한 중력의 영향으로 판이 미끄러지는 힘이다.

(3) **판 구조론의 한계** : 상부 맨틀에서 일어나는 운동으로 판의 경계에서 일어나는 지진, 화산 활동 등의 지각 변동을 설명할 수 있지만, 하와이섬과 동아프리카 지역 등 판의 내부에서 일어나는 화산 활동은 판의 운동으로 설명하기 어렵다.

➡ 이후 판 구조론의 한계를 설명하기 위해 플룸 구조론이 등장하였다.

2. 플룸 구조론 플룸의 상승이나 하강으로 인해 지구 내부의 변동이 일어난다는 이론

(1) **차가운 플룸** : 하강하는 저온의 맨틀 물질

➡ 수렴형 경계에서 섭입된 물질이 상부 맨틀과 하부 맨틀의 경계 부근에 쌓여 있다가 가라앉아 맨틀과 외핵의 경계부까지 도달하는 하강류이다.

(2) **뜨거운 플룸** : 상승하는 고온의 맨틀 물질

➡ 차가운 플룸이 외핵과 맨틀의 경계부에 도달하면 온도 교란과 물질을 밀어 올리는 작용이 일어나면서 뜨거운 상승류가 형성된다.

초대륙

로디니아 대륙 이전에도 지질 시대 동안 여러 차례 초대륙이 형성되었으며, 로디니아 대륙 이후에도 판게아가 형성되기 전 곤드와나 초대륙이 존재하였다. 현재까지 알려진 가장 오래된 초대륙은 발바라이다.

출제 tip

플룸 구조론

2015년 개정 교육과정에서 지구과학1에 처음 등장한 개념으로 관련 문제가 맨틀 대류와 연계하여 1문제씩 출제된다.

지구 내부의 플룸 운동

지구 내부에는 거대한 2개~3개의 상승류(슈퍼 플룸)가 있어 외핵과 접해 있는 하부 맨틀의 물질이 지표면까지 상승하며, 지표면의 물질이 다시 하부 맨틀까지 하강하는 큰 대류 현상이 일어나고 있다.

아시아
대륙

일본 하와이

태평양

차가운 플룸
(플룸 하강류)

뜨거운 플룸
(플룸 상승류)

내핵

뜨거운 플룸
(플룸 상승류)

외핵

하부 맨틀

아프리카
대륙

상부 맨틀

대서양
중앙 해령

출제 tip

플룸 구조론과 열점

차가운 플룸과 뜨거운 플룸이 생성되는 위치를 판의 경계와 연계하여 묻는 문제. 하와이 열도를 이루는 화산섬의 형성 시기로부터 판의 이동 방향과 이동 속도에 대해 묻는 문제가 자주 출제된다.

지진파 단층 촬영 영상 연구

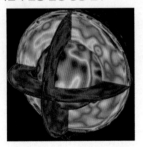

지진파의 속도가 느려지는 곳은 붉은색으로, 지진파의 속도가 빨라지는 곳은 파란색으로 나타나며, 붉은색일수록 유동성이 커서 움직임이 활발하다.

(3) **열점** : 뜨거운 플룸이 상승하여 지표면과 만나는 지점 아래에서 마그마가 생성되는 곳
  ① 열점과 화산섬의 형성 : 열점에서 마그마가 지각을 뚫고 분출하여 하와이섬과 같은 화산섬을 형성한다.
  ② 열점과 화산섬의 분포 : 열점에서 형성된 화산섬은 판의 이동 방향으로 배열되고, 열점에서 멀어질수록 화산섬의 나이가 많아진다.

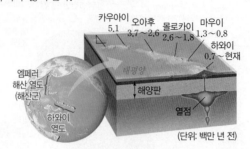

▲ 하와이 열도를 이루는 화산섬의 형성 시기

(4) **플룸과 지진파 속도 분포** : 지진파의 분석으로 알아낸 플룸의 상승과 하강은 맨틀 전체에서 맨틀 대류가 일어나고 있음을 보여준다.
  ① 플룸 상승류 : 주변의 맨틀보다 온도가 높아 지진파 속도가 느리다.
  ② 플룸 하강류 : 주변의 맨틀보다 온도가 낮아 지진파 속도가 빠르다.

(5) **판 구조론과 플룸 구조론 비교**

구분	판 구조론(상부 맨틀의 운동)	플룸 구조론
설명	판의 섭입 전 지표에서 일어나는 수평 운동 및 판의 섭입 과정에서 일어나는 수직 운동을 설명	지구 내부에서 일어나는 대규모의 수직 운동을 설명
원동력	방사성 물질의 붕괴열과 상하부 깊이에 따른 온도 차이로 발생하는 상부 맨틀 내의 열대류	상승하는 뜨거운 플룸과 하강하는 차가운 플룸에 의해 발생하는 거대 규모의 대류
범위	연약권 내에서 발생	맨틀 전체에서 발생
대표적인 지형	해령, 해구, 변환 단층	열점

실전 자료   **고지자기극의 겉보기 이동 경로**

그림은 유럽과 북아메리카 대륙에서 측정한 5억 년 전부터 ⓒ 시기까지 고지자기극의 겉보기 이동 경로를 겹쳤을 때의 대륙 모습을 나타낸 것이다. 고지자기극은 고지자기 방향으로부터 추정한 지리상 북극이고, 실제 진북은 변하지 않았다.

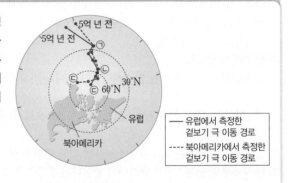

— 유럽에서 측정한 겉보기 극 이동 경로
---- 북아메리카에서 측정한 겉보기 극 이동 경로

❶ **5억 년 전 지자기 북극의 위치 찾기**
5억 년 전에 지자기 북극은 현재의 북극과 같다. 따라서 5억 년 전에 지자기 북극은 적도 부근에 위치하지 않았다.

❷ **고지자기 복각의 크기 비교하기**
고지자기 복각은 현재의 북극과 가까울수록 그 값이 크다. 현재의 북극에 ⓛ 시기가 ㉠ 시기보다 가까우므로 북아메리카에서 측정한 고지자기 복각은 ⓛ 시기가 ㉠ 시기보다 크다.

❸ **복각으로부터 판의 이동 방향 판단하기**
유럽은 고지자기 복각이 ⓛ → ⓒ으로 갈수록 커진다. 따라서 이 시기 유럽 대륙은 고위도 방향으로 이동하여 북극과 가까워졌다.

1 ★★☆ | 2024년 10월 교육청 2번 |

그림은 지구에서 X − Y 단면의 지진파 단층 촬영 영상과 지표면 상의 지점 A와 B를 나타낸 것이다.

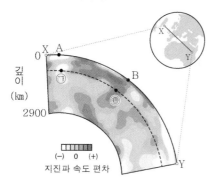

이에 대한 설명으로 옳은 것만을 〈보기〉에서 있는 대로 고른 것은?

보기
ㄱ. 온도는 ㉠ 지점이 ㉡ 지점보다 높다.
ㄴ. A는 판의 수렴형 경계에 위치한다.
ㄷ. B의 하부에는 외핵과 맨틀의 경계에서 상승하는 플룸이 있다.

① ㄱ   ② ㄷ   ③ ㄱ, ㄴ   ④ ㄴ, ㄷ   ⑤ ㄱ, ㄴ, ㄷ

2 ★★☆ | 2024년 10월 교육청 19번 |

그림은 현재 20°S에 위치한 어느 지괴에서 구한 60 Ma부터 현재까지 시기별 고지자기극의 위도를 나타낸 것이다. 시기별 고지자기극의 위치는 특정 경도 상에서 나타나고, 이 기간 동안 지괴도 이와 동일한 경도를 따라 이동하였다.

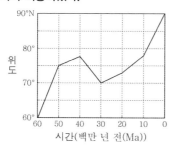

이 자료에 대한 설명으로 옳은 것만을 〈보기〉에서 있는 대로 고른 것은? (단, 고지자기극은 고지자기 방향으로 추정한 지리상 북극이고, 지리상 북극은 변하지 않았다.) [3점]

보기
ㄱ. 이 지괴는 40 Ma~30 Ma 동안 남쪽으로 이동하였다.
ㄴ. 지괴에서 구한 고지자기 복각의 절댓값은 60 Ma가 30 Ma보다 크다.
ㄷ. 이 기간 동안 지괴는 북반구에 머문 기간이 남반구에 머문 기간보다 길다.

① ㄱ   ② ㄴ   ③ ㄱ, ㄷ   ④ ㄴ, ㄷ   ⑤ ㄱ, ㄴ, ㄷ

3 ★★☆ | 2024년 7월 교육청 1번 |

그림은 플룸 구조론을 나타낸 모식도이다. A와 B는 각각 차가운 플룸과 뜨거운 플룸 중 하나이다.

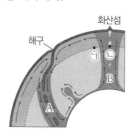

이에 대한 설명으로 옳은 것만을 〈보기〉에서 있는 대로 고른 것은?

보기
ㄱ. A는 섭입한 해양판에 의해 형성된다.
ㄴ. 밀도는 ㉠ 지점이 ㉡ 지점보다 크다.
ㄷ. B는 내핵과 외핵의 경계에서 생성된다.

① ㄱ   ② ㄷ   ③ ㄱ, ㄴ   ④ ㄴ, ㄷ   ⑤ ㄱ, ㄴ, ㄷ

4 ★★☆ | 2024년 7월 교육청 20번 |

그림은 어느 지괴의 현재 위치와 시기별 고지자기극의 위치를 나타낸 것이다. 고지자기극은 고지자기 방향으로 추정한 지리상 북극이고, 지리상 북극은 변하지 않았다. 현재 지자기 북극은 지리상 북극과 일치한다.

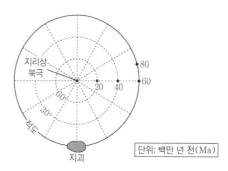

단위: 백만 년 전(Ma)

이 지괴에 대한 설명으로 옳은 것만을 〈보기〉에서 있는 대로 고른 것은? [3점]

보기
ㄱ. 80 Ma에는 적도에 위치하였다.
ㄴ. 40 Ma~20 Ma 동안 고지자기 복각은 증가하였다.
ㄷ. 60 Ma~0 Ma 동안 시계 방향으로 회전하였다.

① ㄱ   ② ㄷ   ③ ㄱ, ㄴ   ④ ㄴ, ㄷ   ⑤ ㄱ, ㄴ, ㄷ

5 ★★☆

그림 (가)는 어느 열점으로부터 생성된 화산섬과 해산의 분포를 절대 연령과 함께 나타낸 것이고, (나)는 X−X′ 구간의 지진파 단층 촬영 영상을 나타낸 것이다.

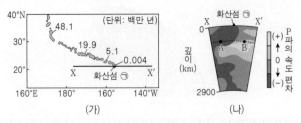

(가)　　　　　　(나)

이에 대한 설명으로 옳은 것만을 〈보기〉에서 있는 대로 고른 것은?

보기
ㄱ. ㉠이 속한 판의 이동 방향은 남동쪽이다.
ㄴ. 지진파의 속도는 A 지점보다 B 지점에서 빠르다.
ㄷ. ㉠은 뜨거운 플룸에 의해 생성되었다.

① ㄱ　② ㄴ　③ ㄱ, ㄷ　④ ㄴ, ㄷ　⑤ ㄱ, ㄴ, ㄷ

6 ★★☆

표는 어느 대륙의 한 지점에서 서로 다른 시기에 생성된 화성암의 고지자기 복각을, 그림은 위도와 복각의 관계를 나타낸 것이다.

생성 시기 (백만 년 전)	고지자기 복각(°)
0	+38
20	+18
60	−37
80	−48
200	−66
225	−55

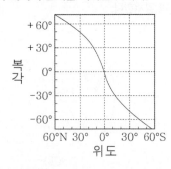

이 지점에 대한 설명으로 옳은 것만을 〈보기〉에서 있는 대로 고른 것은? (단, 고지자기극은 고지자기 방향으로 추정한 지리상 북극이고, 지리상 북극은 변하지 않았다.) [3점]

보기
ㄱ. 2.25억 년 전부터 현재 사이에 남쪽으로 이동한 적이 있다.
ㄴ. 6천만 년 전에는 북반구에 위치하였다.
ㄷ. 6천만 년 전부터 현재까지의 위도 변화는 75°이다.

① ㄱ　② ㄴ　③ ㄱ, ㄷ　④ ㄴ, ㄷ　⑤ ㄱ, ㄴ, ㄷ

7 ★★☆

다음은 고지자기 복각을 이용하여 어느 지괴의 이동을 알아보는 탐구이다.

[가정]
• 고지자기극은 고지자기 방향으로 추정한 지리상 북극이고, 지리상 북극은 변하지 않았다.
• 지괴는 동일 경도를 따라 일정한 방향으로 이동했다.

[탐구 과정]
(가) 지괴의 한 지역에서 서로 다른 시기에 생성된 화성암의 절대 연령과 고지자기 복각을 조사한다.
(나) 고지자기 복각과 위도 관계를 이용하여, 지괴의 시기별 고지자기 위도를 구한다.

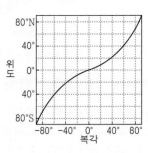

[탐구 결과]

화성암	절대 연령(만 년)	복각	위도
A	8000	−48°	약 29°S
B	6000	−37°	
C	2000	+18°	
D	0	+38°	약 21°N

이에 대한 설명으로 옳은 것만을 〈보기〉에서 있는 대로 고른 것은? [3점]

보기
ㄱ. B가 생성된 위치는 남반구이다.
ㄴ. 지리상 북극과의 최단 거리는 C가 생성된 위치보다 D가 생성된 위치가 멀다.
ㄷ. 이 지괴는 A가 생성된 후 현재까지 남쪽으로 이동하였다.

① ㄱ　② ㄴ　③ ㄱ, ㄷ　④ ㄴ, ㄷ　⑤ ㄱ, ㄴ, ㄷ

8 ☆☆☆ | 2023년 7월 교육청 6번 |

그림은 지괴 A와 B의 현재 위치와 시기별 고지자기극 위치를 나타낸 것이다. 고지자기극은 이 지괴의 고지자기 방향으로 추정한 지리상 북극이고, 실제 지리상 북극의 위치는 변하지 않았다.

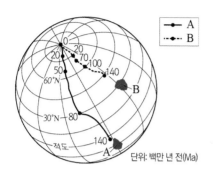

단위: 백만 년 전(Ma)

이에 대한 설명으로 옳은 것만을 〈보기〉에서 있는 대로 고른 것은? [3점]

보기
ㄱ. 140 Ma~0 Ma 동안 A는 적도에 위치한 시기가 있었다.
ㄴ. 50 Ma일 때 복각의 절댓값은 A가 B보다 크다.
ㄷ. 80 Ma~20 Ma 동안 지괴의 평균 이동 속도는 A가 B보다 빠르다.

① ㄱ   ② ㄴ   ③ ㄱ, ㄷ   ④ ㄴ, ㄷ   ⑤ ㄱ, ㄴ, ㄷ

9 ☆☆☆ | 2023년 4월 교육청 2번 |

그림은 X - Y 구간의 지진파 단층 촬영 영상을 나타낸 것이다. 화산섬은 상승하는 플룸에 의해 생성되었다.

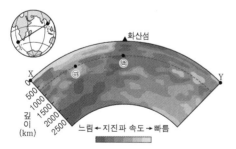

이에 대한 설명으로 옳은 것만을 〈보기〉에서 있는 대로 고른 것은?

보기
ㄱ. 지진파 속도는 ㉠ 지점보다 ㉡ 지점이 느리다.
ㄴ. ㉡ 지점에는 차가운 플룸이 존재한다.
ㄷ. 화산섬을 생성시킨 플룸은 내핵과 외핵의 경계부에서 생성되었다.

① ㄱ   ② ㄴ   ③ ㄱ, ㄷ   ④ ㄴ, ㄷ   ⑤ ㄱ, ㄴ, ㄷ

10 ☆☆☆ | 2023년 3월 교육청 3번 |

그림은 플룸 구조론을 나타낸 모식도이다. A와 B는 각각 뜨거운 플룸과 차가운 플룸 중 하나이며, a, b, c는 동일한 열점에서 생성된 화산섬이다.

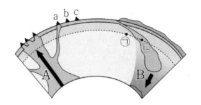

이에 대한 옳은 설명만을 〈보기〉에서 있는 대로 고른 것은?

보기
ㄱ. A는 뜨거운 플룸이다.
ㄴ. 밀도는 ㉠ 지점이 ㉡ 지점보다 작다.
ㄷ. 화산섬의 나이는 a>b>c이다.

① ㄱ   ② ㄷ   ③ ㄱ, ㄴ   ④ ㄴ, ㄷ   ⑤ ㄱ, ㄴ, ㄷ

11 ☆☆☆ | 2023년 3월 교육청 17번 |

그림 (가)는 어느 지괴의 한 지점에서 서로 다른 세 시기에 생성된 화성암 A, B, C의 고지자기 복각을, (나)는 500만 년 동안의 고지자기 연대표를 나타낸 것이다. A, B, C의 절대 연령은 각각 10만 년, 150만 년, 400만 년 중 하나이며, 이 지괴는 계속 북쪽으로 이동하였다.

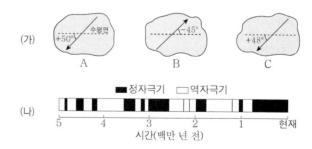

이에 대한 옳은 설명만을 〈보기〉에서 있는 대로 고른 것은? (단, 이 지괴는 최근 400만 년 동안 적도를 통과하지 않았다.) [3점]

보기
ㄱ. 이 지괴는 북반구에 위치한다.
ㄴ. 정자극기에 생성된 암석은 B이다.
ㄷ. 화성암의 생성 순서는 A → C → B이다.

① ㄱ   ② ㄴ   ③ ㄱ, ㄷ   ④ ㄴ, ㄷ   ⑤ ㄱ, ㄴ, ㄷ

Part I

교육청

12 ☆☆☆
| 2022년 10월 교육청 4번 |

그림은 인도와 오스트레일리아 대륙에서 측정한 1억 4천만 년 전부터 현재까지 고지자기 남극의 겉보기 이동 경로를 천만 년 간격으로 나타낸 것이다.

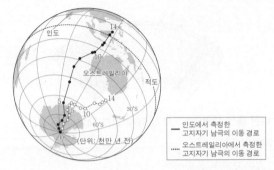

| 인도에서 측정한 고지자기 남극의 이동 경로
| 오스트레일리아에서 측정한 고지자기 남극의 이동 경로

이 자료에 대한 옳은 설명만을 〈보기〉에서 있는 대로 고른 것은? (단, 고지자기 남극은 각 대륙의 고지자기 방향으로 추정한 지리상 남극이며 실제 지리상 남극의 위치는 변하지 않았다.) [3점]

┌─ 보기 ──────────────────────────
ㄱ. 1억 4천만 년 전에 인도와 오스트레일리아 대륙은 모두 남반구에 위치하였다.
ㄴ. 인도 대륙의 평균 이동 속도는 6천만 년 전~7천만 년 전이 5천만 년 전~6천만 년 전보다 빨랐다.
ㄷ. 오스트레일리아 대륙에서 복각의 절댓값은 현재가 1억 년 전보다 크다.
└──────────────────────────────

① ㄱ   ② ㄴ   ③ ㄱ, ㄷ   ④ ㄴ, ㄷ   ⑤ ㄱ, ㄴ, ㄷ

13 ☆☆☆
| 2022년 7월 교육청 2번 |

표는 현재 40°N에 위치한 A와 B 지역의 암석에서 측정한 연령, 고지자기 복각, 생성 당시 지구 자기의 역전 여부를 나타낸 것이다. 고지자기극은 고지자기 방향으로 추정한 지리상의 북극이고, 지리상 북극은 변하지 않았다.

지역	연령 (백만 년)	고지자기 복각	생성 당시 지구 자기의 역전 여부
A	45	+10°	× (정자극기)
B	10	+40°	× (정자극기)

이에 대한 설명으로 옳은 것만을 〈보기〉에서 있는 대로 고른 것은?

┌─ 보기 ──────────────────────────
ㄱ. 4500만 년 전 지구의 자기장 방향은 현재와 반대였다.
ㄴ. A의 현재 위치는 4500만 년 전보다 고위도이다.
ㄷ. B는 1000만 년 전 북반구에 위치하였다.
└──────────────────────────────

① ㄱ   ② ㄴ   ③ ㄱ, ㄷ   ④ ㄴ, ㄷ   ⑤ ㄱ, ㄴ, ㄷ

14 ☆☆☆
| 2022년 4월 교육청 2번 |

그림 (가)는 어느 열점으로부터 생성된 해산의 배열을 연령과 함께 선으로 나타낸 것이고, (나)는 X−X′ 구간의 지진파 단층 촬영 영상을 나타낸 것이다.

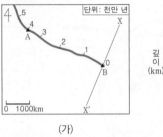 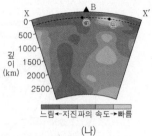

| 단위: 천만 년

느림 ←지진파의 속도→ 빠름

(가)   (나)

이 자료에 대한 설명으로 옳은 것만을 〈보기〉에서 있는 대로 고른 것은? [3점]

┌─ 보기 ──────────────────────────
ㄱ. 해산 A가 생성된 이후 A가 속한 판의 이동 속력은 지속적으로 감소하였다.
ㄴ. 온도는 ㉠ 지점보다 ㉡ 지점이 높다.
ㄷ. 해산 B는 뜨거운 플룸에 의해 생성되었다.
└──────────────────────────────

① ㄱ   ② ㄷ   ③ ㄱ, ㄴ   ④ ㄴ, ㄷ   ⑤ ㄱ, ㄴ, ㄷ

15 ☆☆☆
| 2022년 3월 교육청 3번 |

그림은 두 해역 A, B의 해저 퇴적물에서 측정한 잔류 자기 분포를 나타낸 것이다. ㉠과 ㉡은 각각 정자극기와 역자극기 중 하나이다.

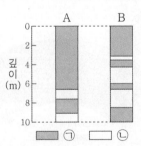

이에 대한 옳은 설명만을 〈보기〉에서 있는 대로 고른 것은? [3점]

┌─ 보기 ──────────────────────────
ㄱ. ㉠은 정자극기, ㉡은 역자극기에 해당한다.
ㄴ. 6 m 깊이에서 퇴적물의 나이는 A가 B보다 많다.
ㄷ. 베게너는 해저 퇴적물에서 측정한 잔류 자기 분포를 대륙 이동의 증거로 제시하였다.
└──────────────────────────────

① ㄱ   ② ㄴ   ③ ㄷ   ④ ㄱ, ㄷ   ⑤ ㄴ, ㄷ

16 ★★★
| 2022년 3월 교육청 14번 |

그림은 지구에서 X-Y 단면을 따라 관측한 지진파 단층 촬영 영상을 나타낸 것이다. A는 용암이 분출되는 지역이다.

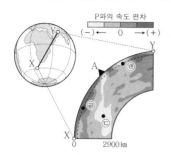

이에 대한 옳은 설명만을 〈보기〉에서 있는 대로 고른 것은? [3점]

┌─ 보기 ┐
ㄱ. 평균 온도는 ㉠ 지점이 ㉡ 지점보다 낮다.
ㄴ. ㉢ 지점에서는 플룸이 상승하고 있다.
ㄷ. A의 하부에서는 압력 감소로 인해 마그마가 생성된다.
└─────────┘

① ㄱ   ② ㄷ   ③ ㄱ, ㄴ   ④ ㄴ, ㄷ   ⑤ ㄱ, ㄴ, ㄷ

17 ★☆☆
| 2021년 4월 교육청 1번 |

그림 (가)와 (나)는 각각 서로 다른 해령 부근에서 열곡으로부터의 거리에 따른 해양 지각의 나이와 고지자기 분포를 나타낸 것이다.

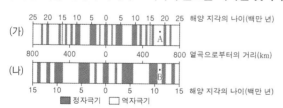

이 자료에 대한 설명으로 옳은 것만을 〈보기〉에서 있는 대로 고른 것은?

┌─ 보기 ┐
ㄱ. 해양 지각의 나이는 A와 B 지점이 같다.
ㄴ. B 지점의 해양 지각이 생성될 당시 지구 자기장의 방향은 현재와 같았다.
ㄷ. 해양 지각의 평균 이동 속력은 (가)보다 (나)에서 빠르게 나타난다.
└─────────┘

① ㄱ   ② ㄷ   ③ ㄱ, ㄴ   ④ ㄴ, ㄷ   ⑤ ㄱ, ㄴ, ㄷ

18 ★★☆
| 2021년 4월 교육청 2번 |

그림은 고지자기 복각과 위도의 관계를 나타낸 것이고, 표는 어느 대륙의 한 지역에서 생성된 화성암 A~D의 생성 시기와 고지자기 복각을 측정한 자료이다.

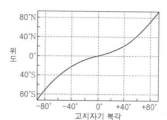

화성암	생성 시기	고지자기 복각
A	현재	+38°
B	↑	+18°
C	↓	-37°
D	과거	-48°

이 지역에 대한 설명으로 옳은 것만을 〈보기〉에서 있는 대로 고른 것은? (단, 화성암 A~D는 정자극기일 때 생성되었고, 지리상 북극의 위치는 변하지 않았다.) [3점]

┌─ 보기 ┐
ㄱ. A가 생성될 당시 북반구에 위치하였다.
ㄴ. B가 생성될 당시 위도와 C가 생성될 당시 위도의 차는 55°이다.
ㄷ. D가 생성된 이후 현재까지 남쪽으로 이동하였다.
└─────────┘

① ㄱ   ② ㄴ   ③ ㄱ, ㄷ   ④ ㄴ, ㄷ   ⑤ ㄱ, ㄴ, ㄷ

19 ★☆☆
| 2021년 4월 교육청 3번 |

그림 (가)는 판 경계와 열점의 분포를, (나)는 A 또는 B 구간의 깊이에 따른 지진파 속도 분포를 나타낸 것이다.

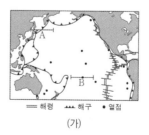 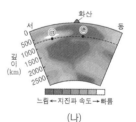

| (가) | (나) |

이에 대한 설명으로 옳은 것만을 〈보기〉에서 있는 대로 고른 것은?

┌─ 보기 ┐
ㄱ. A 구간에는 판의 수렴형 경계가 있다.
ㄴ. 온도는 ㉠보다 ㉡ 지점이 높다.
ㄷ. (나)는 B 구간의 지진파 속도 분포이다.
└─────────┘

① ㄱ   ② ㄴ   ③ ㄱ, ㄷ   ④ ㄴ, ㄷ   ⑤ ㄱ, ㄴ, ㄷ

Part 1

교육청

II

대기와 해양

용승과 침강의 영향

• **용승의 영향** : 찬 해수에 의해 서늘하고 안개가 자주 발생하며, 영양 염류가 풍부한 심층수가 공급되어 좋은 어장이 형성된다.
• **침강의 영향** : 산소가 풍부한 표층 해수가 침강하여 해양 생물에 산소를 공급하고, 수온 약층이 나타나는 깊이가 깊어진다.

기압에 따른 용승과 침강(북반구)

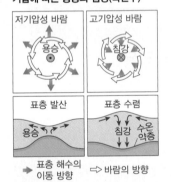

A 용승과 침강

1. **에크만 수송** 마찰층 내에서 일어나는 표층 해수의 평균적인 이동 방향
   ➡ 북반구에서는 바람의 방향에 대해 오른쪽 직각 방향, 남반구에서는 왼쪽 직각 방향으로 에크만 수송이 일어난다.

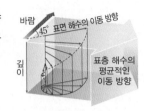

2. **용승과 침강** 용승은 심층의 찬 해수가 표층으로 올라오는 현상이고, 침강은 표층의 해수가 심층으로 가라앉는 현상이다.

(1) **연안 용승과 연안 침강**

연안 용승(북반구)		연안 침강(북반구)	
해수의 이동 / 바람 / 용승	대륙의 서해안에 북풍이 지속적으로 불면 표층 해수가 먼 바다 쪽으로 이동하므로 연안에서 용승이 일어난다.	바람 / 해수의 이동 / 침강	대륙의 서해안에 남풍이 지속적으로 불면 표층 해수가 연안 쪽으로 이동하므로 연안에서 침강이 일어난다.

(2) **적도 용승** : 적도 해역에서는 무역풍에 의해 표층 해수가 발산하며 용승이 일어난다.

(3) **기압에 따른 용승과 침강**

저기압과 용승(북반구)	고기압과 침강(북반구)
저기압에서는 바람이 시계 반대 방향으로 불어 들어오므로, 표층 해수가 바깥쪽으로 이동하여 중심 해역에서 표층 해수가 발산하면서 용승이 일어난다.	고기압에서는 바람이 시계 방향으로 불어 나가므로 표층 해수가 고기압의 중심 쪽으로 이동하여 중심 해역에서 표층 해수가 수렴하면서 침강이 일어난다.

(4) **태풍에 의한 용승** : 태풍의 강한 바람이 해수를 주변으로 발산시켜 그 중심에서 용승이 일어난다.

B 엘니뇨와 라니냐

1. **엘니뇨와 라니냐**

구분		엘니뇨	라니냐
정의		적도 부근 동태평양의 표층 수온이 평년보다 0.5 ℃ 이상 높은 상태로 6개월 이상 지속되는 현상	적도 부근 동태평양의 표층 수온이 평년보다 0.5 ℃ 이상 낮은 상태로 6개월 이상 지속되는 현상
열대 태평양 수온 구조		무역풍 약화 / 따뜻한 해수 / 찬 해수 / 연안 용승 약화 / 120°E 80°W	무역풍 강화 / 따뜻한 해수 / 찬 해수 연안 용승 강화 / 120°E 80°W
무역풍 세기		약화	강화
해수의 이동		상대적으로 따뜻한 서태평양의 해수가 동태평양 쪽으로 이동한다.	평상시보다 더 많은 양의 따뜻한 해수가 서태평양 쪽으로 이동한다.
동태평양	용승	약화	강화
	해수면 높이	높다	낮다
	수온 약층 시작 깊이	깊어진다.	얕아진다.

2. 남방 진동 적도 부근 태평양의 동·서 기압 분포가 시소처럼 진동하며 반대로 나타나는 현상

(1) **워커 순환** : 열대 태평양에 형성된 동서 방향의 거대한 대기 순환
  ➡ 서태평양에서는 따뜻한 해수에 의해 저기압이 형성되어 공기가 상승하고, 동태평양에서는 찬 해수의 용승에 의해 고기압이 형성되어 공기가 하강한다.

(2) **남방 진동 지수** : 남방 진동 지수는 엘니뇨 시기에는 큰 음(−)의 값이고, 라니냐 시기에는 평상시보다 더 큰 양(+)의 값으로 나타난다.

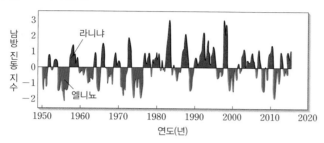

▲ 남방 진동 지수(적도 부근 동쪽 해면 기압 — 서쪽 해면 기압)

(3) **남방 진동과 기후 변화**

구분	엘니뇨	라니냐
대기 순환 모형 (워커 순환)	평상시보다 차가워진 바다 / 무역풍(평상시보다 약함) / 평상시보다 따뜻해진 바다 140°E 180° 140° 100°W	평상시보다 따뜻해진 바다 / 무역풍(평상시보다 강함) / 평상시보다 차가워진 바다 140°E 180° 140° 100°W
동태평양의 기후 변화	평상시보다 수온 상승 → 기압 하강 → 강수량 증가(홍수)	평상시보다 수온 하강 → 기압 상승 → 강수량 감소(가뭄)
서태평양의 기후 변화	평상시보다 수온 하강 → 기압 상승 → 강수량 감소(가뭄)	평상시보다 수온 상승 → 기압 하강 → 강수량 증가(홍수)

실전 자료 **엘니뇨와 라니냐**

그림 (가)는 적도 부근 해역에서 동태평양과 서태평양의 해수면 기압 차(동태평양 기압−서태평양 기압)를, (나)는 태평양 적도 부근 해역에서 ㉠과 ㉡ 중 한 시기에 관측된 따뜻한 해수층의 두께 편차(관측값−평년값)를 나타낸 것이다. ㉠과 ㉡은 각각 엘니뇨와 라니냐 시기 중 하나이다.

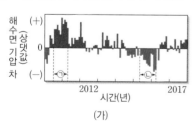

(가)

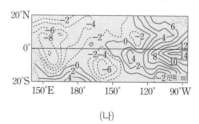

(나)

❶ **엘니뇨와 라니냐 시기의 해수면 기압 차 비교하기**
  엘니뇨 시기에는 동태평양의 표층 수온이 상승하고 기압이 하강하므로 해수면의 기압 차는 (−)가 된다.
  ➡ (가)에서 ㉡이 엘니뇨 시기에 해당한다.

❷ **엘니뇨와 라니냐 시기의 해수면 높이 차 비교하기**
  (가)에서 ㉠이 라니냐 시기, ㉡이 엘니뇨 시기이므로 동태평양과 서태평양의 해수면 높이 차는 ㉠이 ㉡보다 크다. 또한 (나)에서 동태평양에서 따뜻한 해수층의 두께 편차가 (+)이므로 (나)는 엘니뇨 시기이다.

❸ **엘니뇨와 라니냐 시기의 동태평양에서 구름의 양 비교하기**
  엘니뇨 시기에는 동태평양의 표층 수온이 상승하면서 상승 기류가 발달하므로 구름의 양은 엘니뇨 시기인 ㉡이 라니냐 시기인 ㉠보다 많다.

출제 tip

남방 진동 지수와 엘니뇨

제시된 남방 진동 지수 자료에서 엘니뇨와 라니냐 시기를 구분한 후 각 시기별 특징에 대해 묻는 문제가 자주 출제된다.

남방 진동 지수

남태평양 타히티의 해면 기압 편차에서 호주 북부 다윈의 해면 기압 편차를 뺀 값을 표준 편차로 나누어 구한다.

엘니뇨 남방 진동(엔소, ENSO)

엘니뇨와 라니냐는 표층 수온 변화와 관련된 현상이고, 남방 진동은 대기 순환의 변화이므로 두 현상은 대기와 해양의 변화가 서로 영향을 주고 받으면서 나타나는 현상으로 밝혀져 이를 엘니뇨 남방 진동 또는 엔소(ENSO)라고 한다.

그림 (가)는 엘니뇨 시기와 라니냐 시기 적도 부근 태평양의 평균 표층 수온 분포를 나타낸 것이고, ⊙과 ⓒ은 엘니뇨와 라니냐 시기 중 하나이다. 그림 (나)는 적도 부근 해역의 (동태평양 해면 기압 편차−서태평양 해면 기압 편차) 값(ΔP)을 시간에 따라 나타낸 것이고, A 시기는 ⊙과 ⓒ 중 하나이다. 편차는 (관측값−평년값)이다.

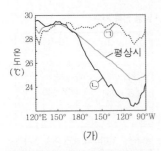
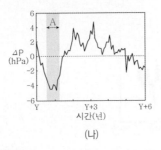

(가)　　　　(나)

이 자료에 대한 설명으로 옳은 것만을 〈보기〉에서 있는 대로 고른 것은? [3점]

보기
ㄱ. 적도 부근에서 (동태평양 평균 표층 수온 편차−서태평양 평균 표층 수온 편차) 값은 ⊙이 ⓒ보다 크다.
ㄴ. 동태평양의 해면 기압은 A 시기가 평년보다 낮다.
ㄷ. A 시기는 ⊙에 해당한다.

① ㄱ　　② ㄷ　　③ ㄱ, ㄴ　　④ ㄴ, ㄷ　　⑤ ㄱ, ㄴ, ㄷ

그림 (가)는 태평양 적도 부근 해역에서 관측한 무역풍의 동서 방향 풍속 편차를, (나)는 (가)의 A와 B 중 어느 한 시기에 관측한 태평양 적도 해역의 깊이에 따른 수온 편차를 나타낸 것이다. (가)에서 A와 B는 각각 엘니뇨 시기와 라니냐 시기 중 하나이고, (＋)는 서풍, (−)는 동풍에 해당한다. 편차는 (관측값−평년값)이다.

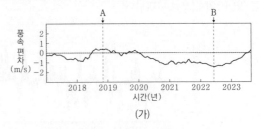

(가)

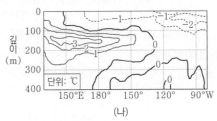

(나)

이에 대한 설명으로 옳은 것만을 〈보기〉에서 있는 대로 고른 것은? [3점]

보기
ㄱ. (나)는 B에 관측한 것이다.
ㄴ. A일 때 동태평양 적도 부근 해역의 표층 수온 편차는 (−) 값이다.
ㄷ. 동태평양 적도 부근 해역에서 수온 약층이 나타나기 시작하는 깊이는 A가 B보다 깊다.

① ㄱ　　② ㄴ　　③ ㄱ, ㄷ　　④ ㄴ, ㄷ　　⑤ ㄱ, ㄴ, ㄷ

3 ☆☆☆ |2024년 5월 교육청 14번|

그림 (가)는 태평양 적도 부근 해역에서 시간에 따라 관측한 해수면 높이 편차를, (나)는 이 해역에서 A와 B 중 한 시기에 관측한 표층 수온 편차를 나타낸 것이다. A와 B는 각각 엘니뇨와 라니냐 시기 중 하나이고, 편차는 (관측값－평년값)이다.

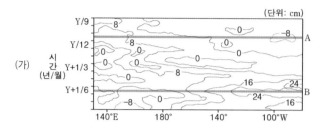

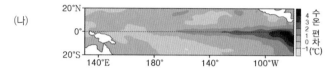

이에 대한 설명으로 옳은 것만을 〈보기〉에서 있는 대로 고른 것은?
[3점]

보기
ㄱ. 적도 부근 해역에서 (서태평양 해수면 높이－동태평양 해수면 높이) 값은 A보다 B일 때 크다.
ㄴ. (나)는 B일 때 관측한 자료이다.
ㄷ. 동태평양 적도 부근 해역의 용승은 평년보다 B일 때 강하다.

① ㄱ ② ㄴ ③ ㄱ, ㄴ ④ ㄱ, ㄷ ⑤ ㄴ, ㄷ

4 ☆☆☆ |2024년 3월 교육청 20번|

그림 (가)는 기상 위성으로 관측한 적도 부근 $160°E \sim 160°W$ 지역의 적외선 방출 복사 에너지 편차를, (나)는 태평양 적도 부근 해역에서 A와 B 중 어느 한 시기에 관측한 바람의 동서 방향 풍속 편차를 나타낸 것이다. A와 B는 각각 엘니뇨와 라니냐 시기 중 하나이고, 편차는 (관측값－평년값)이다. 복사 에너지 편차가 양(＋)일 때에는 구름 최상부의 평균 온도가 평상시보다 높을 때이다.

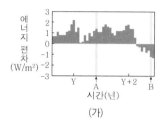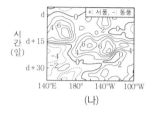

이에 대한 설명으로 옳은 것만을 〈보기〉에서 있는 대로 고른 것은?
[3점]

보기
ㄱ. 적도 부근 $160°E \sim 160°W$ 지역에서 두꺼운 적운형 구름의 발생은 A 시기가 B 시기보다 많다.
ㄴ. (나)는 B 시기에 해당한다.
ㄷ. 동태평양 적도 부근 해역에서 수온 약층이 나타나기 시작하는 깊이는 A 시기가 B 시기보다 얕다.

① ㄱ ② ㄷ ③ ㄱ, ㄴ ④ ㄴ, ㄷ ⑤ ㄱ, ㄴ, ㄷ

5 ☆☆☆ |2023년 10월 교육청 9번|

그림은 엘니뇨 또는 라니냐가 발생한 어느 해 11월~12월의 태평양의 강수량 편차(관측값－평년값)를 나타낸 것이다.

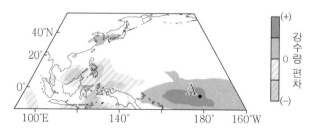

이 자료에 대한 옳은 설명만을 〈보기〉에서 있는 대로 고른 것은?

보기
ㄱ. 우리나라의 강수량은 평년보다 많다.
ㄴ. A 해역의 표층 수온은 평년보다 높다.
ㄷ. 무역풍의 세기는 평년보다 강하다.

① ㄱ ② ㄴ ③ ㄷ ④ ㄱ, ㄴ ⑤ ㄴ, ㄷ

6 ☆★☆ | 2023년 7월 교육청 14번 |

그림 (가)와 (나)는 엘니뇨와 라니냐 시기에 태평양 적도 부근 해역에서 관측된 깊이에 따른 수온 편차(관측값－평년값)를 순서 없이 나타낸 것이다.

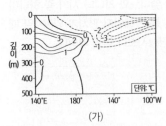 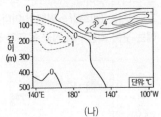

(가)　　　　　　　(나)

이에 대한 설명으로 옳은 것만을 〈보기〉에서 있는 대로 고른 것은? [3점]

보기
ㄱ. 무역풍의 세기는 (가)가 (나)보다 강하다.
ㄴ. 서태평양 적도 부근 해역의 해면 기압은 (나)가 (가)보다 높다.
ㄷ. 동태평양 적도 부근 해역의 용승 현상은 (가)가 (나)보다 강하다.

① ㄱ　② ㄴ　③ ㄱ, ㄷ　④ ㄴ, ㄷ　⑤ ㄱ, ㄴ, ㄷ

---

7 ☆★☆ | 2023년 4월 교육청 14번 |

그림 (가)는 다윈과 타히티에서 측정한 해수면 기압 편차(관측 기압－평년 기압)를, (나)는 A와 B 중 한 시기의 태평양 적도 부근 해역의 대기 순환 모습을 나타낸 것이다. A와 B는 각각 엘니뇨와 라니냐 시기 중 하나이다.

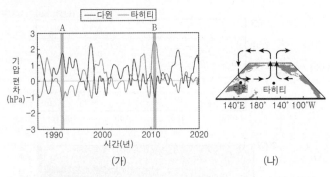

(가)　　　　　　　(나)

이에 대한 설명으로 옳은 것만을 〈보기〉에서 있는 대로 고른 것은? [3점]

보기
ㄱ. (나)는 A 시기의 대기 순환 모습이다.
ㄴ. B 시기에 타히티 부근 해역의 강수량은 평상시보다 적다.
ㄷ. $\dfrac{\text{다윈 부근 해역의 평균 수온}}{\text{타히티 부근 해역의 평균 수온}}$ 은 A 시기보다 B 시기에 크다.

① ㄱ　② ㄴ　③ ㄱ, ㄷ　④ ㄴ, ㄷ　⑤ ㄱ, ㄴ, ㄷ

---

8 ★★★ | 2023년 3월 교육청 12번 |

그림은 적도 부근 서태평양과 중앙 태평양 중 어느 한 해역에서 최근 40년 동안 매년 같은 시기에 기상 위성으로 관측한 적외선 방출 복사 에너지 편차와 수온 편차를 나타낸 것이다. 편차는 (관측값－평년값)이며, A는 엘니뇨 시기에 관측한 값이다.

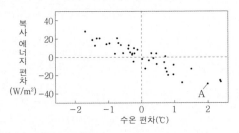

이 해역에 대한 옳은 설명만을 〈보기〉에서 있는 대로 고른 것은? [3점]

보기
ㄱ. 서태평양에 위치한다.
ㄴ. 강수량은 적외선 방출 복사 에너지 편차가 (＋)일 때가 (－)일 때보다 대체로 적다.
ㄷ. 평균 해면 기압은 엘니뇨 시기가 평년보다 낮다.

① ㄱ　② ㄴ　③ ㄱ, ㄷ　④ ㄴ, ㄷ　⑤ ㄱ, ㄴ, ㄷ

9 ★★☆

| 2022년 10월 교육청 19번 |

그림은 서로 다른 시기에 중앙 태평양 적도 해역에서 관측한 바람의 풍향 빈도를 나타낸 것이다. (가)와 (나)는 각각 엘니뇨 시기와 라니냐 시기 중 하나이다.

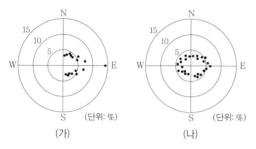

(가)　　　　　　(나)

이에 대한 옳은 설명만을 〈보기〉에서 있는 대로 고른 것은? [3점]

〈보기〉
ㄱ. 무역풍의 세기는 (가)일 때가 (나)일 때보다 약하다.
ㄴ. (나)일 때 서태평양 적도 해역의 기압 편차(관측값－평년값)는 양(＋)의 값을 갖는다.
ㄷ. 동태평양 적도 해역에서 따뜻한 해수층의 두께는 (가)일 때가 (나)일 때보다 두껍다.

① ㄱ　　② ㄴ　　③ ㄱ, ㄷ　　④ ㄴ, ㄷ　　⑤ ㄱ, ㄴ, ㄷ

10 ★★★

| 2022년 7월 교육청 15번 |

그림 (가)와 (나)는 태평양 적도 부근 해역에서 엘니뇨와 라니냐 시기의 표층 풍속 편차(관측값 － 평년값)를 순서 없이 나타낸 것이다.

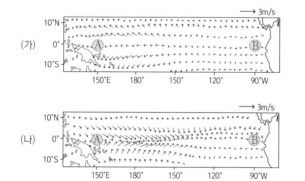

이에 대한 설명으로 옳은 것만을 〈보기〉에서 있는 대로 고른 것은?

〈보기〉
ㄱ. A 해역의 강수량은 (가)일 때가 (나)일 때보다 많다.
ㄴ. (나)일 때 B 해역에서 수온 약층이 나타나기 시작하는 깊이 편차(관측값－평년값)는 양(＋)의 값을 갖는다.
ㄷ. A 해역과 B 해역의 해수면 높이 차는 (가)일 때가 (나)일 때보다 크다.

① ㄱ　　② ㄴ　　③ ㄱ, ㄷ　　④ ㄴ, ㄷ　　⑤ ㄱ, ㄴ, ㄷ

11 ★★☆

| 2022년 4월 교육청 13번 |

그림은 태평양 적도 부근 해역의 깊이에 따른 수온 편차(관측값－평년값)를 나타낸 것이다. (가)와 (나)는 각각 엘니뇨 시기와 라니냐 시기 중 하나이다.

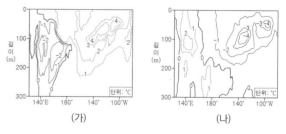

(가)　　　　　　(나)

(가) 시기와 비교할 때, (나) 시기에 대한 설명으로 옳은 것만을 〈보기〉에서 있는 대로 고른 것은? [3점]

〈보기〉
ㄱ. 무역풍의 세기가 강하다.
ㄴ. 동태평양 적도 부근 해역에서의 용승이 강하다.
ㄷ. 서태평양 적도 부근 해역에서의 해면 기압이 크다.

① ㄱ　　② ㄷ　　③ ㄱ, ㄴ　　④ ㄴ, ㄷ　　⑤ ㄱ, ㄴ, ㄷ

12 ★★★

| 2022년 3월 교육청 7번 |

그림은 2020년 12월부터 2021년 1월까지 태평양 적도 부근 해역의 해수면 기압 편차(관측값－평년값)를 나타낸 것이다. 이 기간은 엘니뇨 시기와 라니냐 시기 중 하나이다.

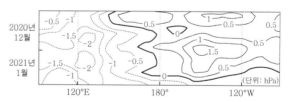

이 시기에 대한 옳은 설명만을 〈보기〉에서 있는 대로 고른 것은?

〈보기〉
ㄱ. 서태평양 적도 부근 해역에서 상승 기류는 평상시보다 강하다.
ㄴ. 동태평양 적도 부근 해역에서 따뜻한 해수층의 두께는 평상시보다 두껍다.
ㄷ. 동태평양 적도 부근 해역의 해수면 높이 편차는 (＋)값을 가진다.

① ㄱ　　② ㄴ　　③ ㄱ, ㄷ　　④ ㄴ, ㄷ　　⑤ ㄱ, ㄴ, ㄷ

13 ★★☆

그림은 2019년 10월부터 2020년 7월까지 태평양 적도 해역에서 20 ℃ 등수온선의 깊이 편차(관측값－평년값)를 나타낸 것이다. ㉠과 ㉡은 각각 엘니뇨 시기와 라니냐 시기 중 하나이다.

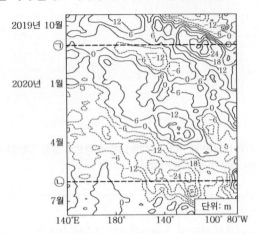

이에 대한 옳은 설명만을 〈보기〉에서 있는 대로 고른 것은? [3점]

〈보기〉

ㄱ. ㉠은 라니냐 시기이다.

ㄴ. 이 해역의 동서 방향 해수면 경사는 ㉠보다 ㉡일 때 크다.

ㄷ. ㉡일 때 동태평양 적도 해역의 기압 편차(관측값－평년값)는 (＋) 값이다.

① ㄱ   ② ㄷ   ③ ㄱ, ㄴ   ④ ㄴ, ㄷ   ⑤ ㄱ, ㄴ, ㄷ

14 ★★☆

그림 (가)와 (나)는 각각 엘니뇨 시기와 라니냐 시기에 관측한 태평양 적도 부근 해역의 해수면 높이 변화를 순서 없이 나타낸 것이다. 그림에서 (＋)인 곳은 해수면이 평년보다 높아진 해역이고, (－)인 곳은 평년보다 낮아진 해역이다.

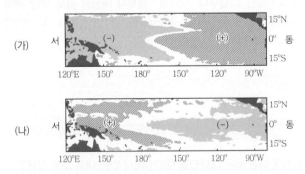

이에 대한 옳은 설명만을 〈보기〉에서 있는 대로 고른 것은? [3점]

〈보기〉

ㄱ. (가)는 엘니뇨 시기에 관측한 자료이다.

ㄴ. 태평양 적도 부근 해역에서 동서 방향의 해수면 경사는 (가)가 (나)보다 완만하다.

ㄷ. 동태평양 적도 부근 해역에서 표층 수온은 (가)가 (나)보다 낮다.

① ㄱ   ② ㄷ   ③ ㄱ, ㄴ   ④ ㄱ, ㄷ   ⑤ ㄴ, ㄷ

15 ★★☆

그림은 태평양 적도 해역의 해수면으로부터 수심 300 m까지의 평균 수온 편차(관측값－평년값)를 나타낸 것이다. A와 B는 각각 엘니뇨와 라니냐 시기 중 하나이다.

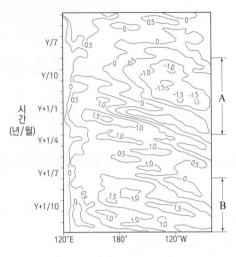

이에 대한 설명으로 옳은 것만을 〈보기〉에서 있는 대로 고른 것은? [3점]

〈보기〉

ㄱ. 남적도 해류의 세기는 A가 B보다 약하다.

ㄴ. 적도 부근의 (동태평양 해면 기압－서태평양 해면 기압)은 A가 B보다 작다.

ㄷ. 적도 부근 동태평양 해역에서 수온 약층이 나타나기 시작하는 깊이는 B가 A보다 깊다.

① ㄱ   ② ㄷ   ③ ㄱ, ㄴ   ④ ㄴ, ㄷ   ⑤ ㄱ, ㄴ, ㄷ

16 ★★★

그림은 2014년부터 2016년까지 관측한 태평양 적도 부근 해역의 해수면 기압 편차(관측 기압－평년 기압)를 나타낸 것이다. A는 엘니뇨 시기와 라니냐 시기 중 하나이다.

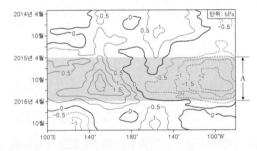

A 시기에 대한 설명으로 옳은 것만을 〈보기〉에서 있는 대로 고른 것은? [3점]

〈보기〉

ㄱ. 라니냐 시기이다.

ㄴ. 평상시보다 남적도 해류가 약하다.

ㄷ. 평상시보다 동태평양 적도 부근 해역에서의 용승이 강하다.

① ㄱ   ② ㄴ   ③ ㄷ   ④ ㄱ, ㄷ   ⑤ ㄴ, ㄷ

06 지구 기후 변화

A 기후 변화의 요인

1. 자연적 요인 ─ 지구 외적 요인

(1) 지구 자전축의 방향 변화(세차 운동) : 약 26000년을 주기로 변한다.

구분	위치	현재의 계절	13000년 후의 계절	기온의 연교차
북반구	근일점	겨울	여름	증가
	원일점	여름	겨울	
남반구	근일점	여름	겨울	감소
	원일점	겨울	여름	

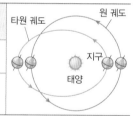

(2) 지구 자전축 기울기의 변화 : 약 41000년을 주기로 21.5°~24.5°사이에서 변한다.

자전축 기울기	태양의 남중 고도		기온 변화		기온의 연교차
	여름	겨울	여름	겨울	
감소	감소	증가	하강	상승	감소
증가	증가	감소	상승	하강	증가

(3) 지구 공전 궤도 이심률의 변화 : 약 10만 년을 주기로 변한다.

공전 궤도 이심률 (북반구)	태양 - 지구 거리		기온 변화		기온의 연교차
	여름	겨울	여름	겨울	
감소(원)	감소	증가	상승	하강	증가
증가(타원)	증가	감소	하강	상승	감소

(4) 태양 활동의 변화에 따른 지구 기후 변화 : 태양 활동 변화는 기후 변화의 자연적 요인 중 지구 외적 요인으로, 태양의 흑점 수가 많을 때는 태양 활동이 활발하여 지구에 도달하는 태양 에너지양이 증가하므로 지구의 기온이 높아진다.

2. 자연적 요인 ─ 지구 내적 요인

수륙 분포의 변화	판의 운동에 의한 수륙 분포의 변화로 대기와 해류의 순환이 바뀌면서 기후가 변한다.
대규모 화산 폭발	대기로 분출된 화산재에 의한 햇빛의 반사율 증가 → 지구의 평균 기온 하강
지표면 상태의 변화	• 빙하 면적 감소 → 지표면의 반사율 감소 → 지구의 평균 기온 상승 • 사막의 면적 증가 → 지표면의 반사율 증가 → 지구의 평균 기온 하강

3. 인위적 요인

온실 기체 배출	화석 연료 연소로 대기 중에 온실 기체 배출 → 지구의 평균 기온 상승
에어로졸 배출	산업 활동으로 대기 중에 에어로졸 배출 → 지구의 반사율 증가 → 지구의 평균 기온 하강
지표면 상태의 변화	과잉 방목, 산림 파괴, 도시화 등에 의한 지표면 상태의 변화는 지표면의 반사율을 변화시켜 지구의 기후 변화에 영향을 준다.

출제 tip

지구 외적 요인과 기후 변화

기후 변화를 일으키는 3가지 지구 외적 요인의 변화에 따라 북반구와 남반구에서 기온의 연교차가 어떻게 달라지는지 자료를 해석하는 문제가 자주 출제된다.

공전 궤도 이심률과 공전 궤도 긴반지름

지구의 공전 궤도 이심률이 변하더라도 공전 주기가 일정하면 근일점에서부터 원일점까지 거리의 절반에 해당하는 공전 궤도 긴반지름은 변하지 않는다.

북반구와 남반구에서 자전축 기울기와 공전 궤도 이심률의 변화에 따른 기후 변화

지구 자전축 기울기의 변화에 따른 기온의 연교차 변화는 북반구와 남반구에서 변화 경향이 같고, 지구 공전 궤도 이심률에 따른 기온의 연교차 변화는 북반구와 남반구에서 변화 경향이 반대이다.

출제 tip

지구 내적 요인과 기후 변화

대규모 화산 폭발에 따른 햇빛의 반사율이 증가되었을 때, 빙하나 사막의 면적이 증가하거나 감소되었을 때 기후 변화의 특징에 대해 묻는 문제가 자주 출제된다.

출제 tip

지구의 열수지 평형

우주 공간, 대기, 지표면에서 복사 에너지의 출입 관계식, 온실 효과를 일으키는 방향의 에너지 출입, 지구 대기가 없을 경우 지구의 열수지에 대한 문제는 고난도 문항으로 자주 출제된다.

B 기후 변화의 경향

1. **지구의 복사 평형** 지구 전체적으로 흡수하는 태양 복사 에너지양과 방출하는 지구 복사 에너지의 양이 같다. ➡ 지구의 연평균 기온이 대체로 일정하게 유지된다.

2. **온실 효과**

(1) **온실 효과** : 대기 중 온실 기체가 지구 복사 에너지의 일부를 흡수하였다가 지표로 재복사하기 때문에 지구의 평균 기온이 높게 유지되는 현상

(2) **온실 효과와 온실 기체** : 대기 중 수증기, 이산화 탄소, 메테인 등의 온실 기체는 파장이 긴 지구 복사 에너지(적외선)는 대부분 흡수한 후 지표로 재복사하여 온실 효과를 일으킨다.

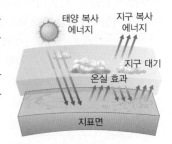

3. **지구의 열수지 평형**

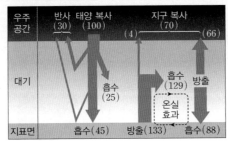

방출량	구분	흡수량
태양 복사 100	우주 (100)	지구 반사 30 +지구 복사 70
우주로 방출 66 +지표로 방출 88	대기 (154)	태양 복사 25 +지표 복사 129
대기로 방출 129 +우주로 직접 방출 4	지표 (133)	태양 복사 45 +대기 복사 88

4. **지구 온난화** 대기 중 온실 기체가 증가함에 따라 온실 효과가 증대되어 지구의 평균 기온이 상승하는 현상

(1) **주요 원인** : 화석 연료 소비량 증가로 인한 대기 중 온실 기체 농도 증가

(2) **지구 온난화의 영향** : 해수의 열팽창과 대륙 빙하의 융해로 해수면 상승, 기상 이변의 횟수와 강도 증가, 기후대 변화, 생태계 변화 등

실전 자료 **기후 변화의 경향**

그림은 기후 변화 요인 ㉠과 ㉡을 고려하여 추정한 지구 평균 기온 편차(추정값 − 기준값)와 관측 기온 편차(관측값 − 기준값)를 나타낸 것이다. ㉠과 ㉡은 각각 온실 기체와 자연적 요인 중 하나이고, 기준값은 1880년~1919년의 평균 기온이다.

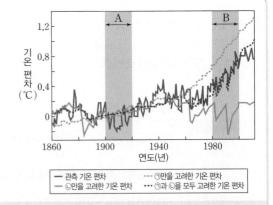

❶ **해수면의 평균 높이 비교하기**

지구의 평균 기온이 상승하면 해수의 부피가 팽창하고 대륙 빙하가 녹아 해수면의 평균 높이는 높아지므로, 해수면의 평균 높이는 기온이 높은 B 시기가 A 시기보다 높다.

❷ **기후 변화의 요인 찾기**

㉠은 온실 기체이고, ㉡은 자연적 요인이다. 대기권에 도달하는 태양 복사 에너지양의 변화는 자연적 요인에 해당한다.

❸ **기후 변화 경향 그래프 분석하기**

B 시기에 자연적 요인에 의한 값은 평년보다 낮지만, 관측 기온 편차는 평년보다 높게 나타난다. 따라서 B 시기의 관측 기온 변화 추세는 자연적 요인보다 온실 기체에 의한 영향이 더 큼을 알 수 있다.

1 ☆☆☆

그림은 지구 공전 궤도 이심률과 세차 운동에 의한 자전축의 경사 방향 변화를, 표는 현재와 T 시기의 태양 겉보기 크기 비(근일점에서의 크기 : 원일점에서의 크기)를 나타낸 것이다. T는 ㉠과 ㉡ 중 하나이다.

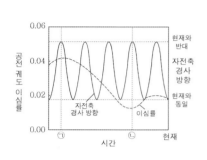

시기	크기 비 (근일점=1)
현재	1 : 0.97
T	1 : 0.92

이에 대한 설명으로 옳은 것만을 〈보기〉에서 있는 대로 고른 것은? (단, 지구 공전 궤도 이심률과 세차 운동 이외의 요인은 고려하지 않는다.) [3점]

┌─ 보기 ─────────────────────────────┐
ㄱ. ㉠일 때, 근일점에서 우리나라는 겨울이다.
ㄴ. T는 ㉡이다.
ㄷ. 우리나라에서 연교차는 ㉠이 ㉡보다 크다.
└────────────────────────────────┘

① ㄱ ② ㄷ ③ ㄱ, ㄴ ④ ㄴ, ㄷ ⑤ ㄱ, ㄴ, ㄷ

2 ☆☆☆

그림 (가)는 현재 지구의 공전 궤도를, (나)는 지구의 공전 궤도 이심률 변화를 나타낸 것이다. 지구 자전축 세차 운동의 방향은 지구 공전 방향과 반대이고 주기는 약 26000년이다.

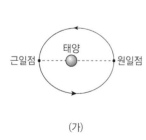
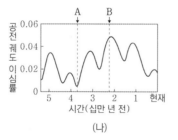

(가)   (나)

이에 대한 설명으로 옳은 것만을 〈보기〉에서 있는 대로 고른 것은? (단, 지구의 공전 궤도 이심률과 지구 자전축 세차 운동 이외의 요인은 변하지 않는다고 가정한다.) [3점]

┌─ 보기 ─────────────────────────────┐
ㄱ. (가)에서 지구가 근일점에 위치할 때 남반구는 여름철이다.
ㄴ. 근일점과 원일점에서 지구에 도달하는 태양 복사 에너지 양의 차는 A 시기가 B 시기보다 크다.
ㄷ. 우리나라에서 기온의 연교차는 약 13만 년 전이 현재보다 크다.
└────────────────────────────────┘

① ㄱ ② ㄷ ③ ㄱ, ㄴ ④ ㄴ, ㄷ ⑤ ㄱ, ㄴ, ㄷ

3 ☆☆☆

그림 (가)는 현재 지구의 공전 궤도와 자전축 경사 방향을, (나)는 지구의 공전 궤도 이심률과 자전축 경사각의 변화를 나타낸 것이다.

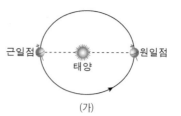

(가)

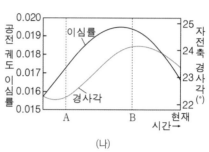

(나)

이에 대한 설명으로 옳은 것만을 〈보기〉에서 있는 대로 고른 것은? (단, 지구의 공전 궤도 이심률과 자전축 경사각 이외의 요인은 변하지 않는다고 가정한다.) [3점]

┌─ 보기 ─────────────────────────────┐
ㄱ. 현재 지구가 근일점에 위치할 때 북반구는 여름철이다.
ㄴ. 원일점 거리는 현재보다 B 시기가 멀다.
ㄷ. 35°S에서 기온의 연교차는 A 시기보다 B 시기가 크다.
└────────────────────────────────┘

① ㄱ ② ㄴ ③ ㄱ, ㄷ ④ ㄴ, ㄷ ⑤ ㄱ, ㄴ, ㄷ

4 ☆☆☆

그림은 지구가 근일점에 위치할 때 A 시기와 현재의 지구 자전축 방향을, 표는 A 시기와 현재의 공전 궤도 이심률과 자전축 경사각을 나타낸 것이다.

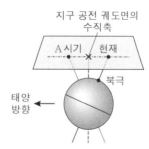

시기	공전 궤도 이심률	자전축 경사각(°)
A	0.03	24.0
현재	0.017	23.5

이 자료에 대한 설명으로 옳은 것만을 〈보기〉에서 있는 대로 고른 것은? (단, 공전 궤도 이심률, 자전축 경사각, 세차 운동 이외의 요인은 고려하지 않는다.) [3점]

┌─ 보기 ─────────────────────────────┐
ㄱ. 현재 북반구는 근일점에서 겨울철이다.
ㄴ. 원일점에서 지구와 태양까지의 거리는 A 시기가 현재보다 멀다.
ㄷ. 30°N에서 여름철 평균 기온은 A 시기가 현재보다 높다.
└────────────────────────────────┘

① ㄱ ② ㄴ ③ ㄱ, ㄷ ④ ㄴ, ㄷ ⑤ ㄱ, ㄴ, ㄷ

5 ★☆☆

| 2023년 10월 교육청 2번 |

그림은 2000년부터 2015년까지 연간 온실 기체 배출량과 2015년 이후 지구 온난화 대응 시나리오 A, B, C에 따른 연간 온실 기체 예상 배출량을 나타낸 것이다. 기온 변화의 기준값은 1850년~1900년의 평균 기온이다.

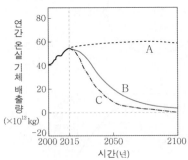

A: 현재 시행되고 있는 대응 정책에 따른 시나리오

B: 2100년까지 지구 평균 기온 상승을 기준값 대비 2℃로 억제하기 위한 시나리오

C: 2100년까지 지구 평균 기온 상승을 기준값 대비 1.5℃로 억제하기 위한 시나리오

이 자료에 대한 옳은 설명만을 〈보기〉에서 있는 대로 고른 것은? [3점]

〈보기〉
ㄱ. 연간 온실 기체 배출량은 2015년이 2000년보다 많다.
ㄴ. C에 따르면 2100년에 지구의 평균 기온은 기준값보다 낮아질 것이다.
ㄷ. A에 따르면 2100년에 지구의 평균 기온은 기준값보다 2℃ 이상 높아질 것이다.

① ㄱ   ② ㄴ   ③ ㄱ, ㄷ   ④ ㄴ, ㄷ   ⑤ ㄱ, ㄴ, ㄷ

6 ★☆☆

| 2023년 7월 교육청 11번 |

그림은 1850~2020년 동안 육지와 해양에서의 온도 편차(관측값－기준값)를 각각 나타낸 것이다. 기준값은 1850~1900년의 평균 온도이다.

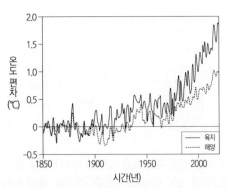

이에 대한 설명으로 옳은 것만을 〈보기〉에서 있는 대로 고른 것은?

〈보기〉
ㄱ. 지구 해수면의 평균 높이는 2000년이 1900년보다 높다.
ㄴ. 이 기간 동안 온도의 평균 상승률은 육지가 해양보다 크다.
ㄷ. 육지 온도의 평균 상승률은 1950~2020년이 1850~1950년보다 크다.

① ㄱ   ② ㄴ   ③ ㄱ, ㄷ   ④ ㄴ, ㄷ   ⑤ ㄱ, ㄴ, ㄷ

7 ★☆☆

| 2023년 4월 교육청 15번 |

그림 (가)는 2015년부터 2100년까지 기후 변화 시나리오에 따른 연간 이산화 탄소 배출량의 변화를, (나)는 (가)의 시나리오에 따른 육지와 해양이 흡수한 이산화 탄소의 누적량과 대기 중에 남아 있는 이산화 탄소의 누적량을 나타낸 것이다.

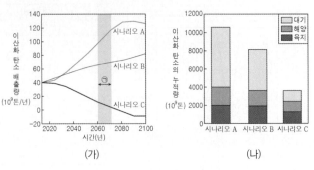

(가)   (나)

시나리오 A, B, C에 대한 설명으로 옳은 것만을 〈보기〉에서 있는 대로 고른 것은? [3점]

〈보기〉
ㄱ. ㉠ 기간 동안 이산화 탄소 배출량의 변화율은 A보다 B에서 크다.
ㄴ. 2080년에 지구 표면의 평균 온도는 A보다 C에서 낮다.
ㄷ. $\frac{\text{육지와 해양이 흡수한 이산화 탄소의 누적량}}{\text{대기 중에 남아 있는 이산화 탄소의 누적량}}$ 은 A<B<C이다.

① ㄱ   ② ㄴ   ③ ㄱ, ㄷ   ④ ㄴ, ㄷ   ⑤ ㄱ, ㄴ, ㄷ

8 ★★★

| 2023년 3월 교육청 16번 |

그림은 현재와 A, B, C 시기일 때 지구 자전축 경사각과 공전 궤도 이심률을 나타낸 것이다.

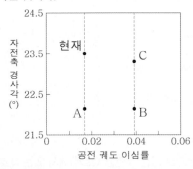

이에 대한 옳은 설명만을 〈보기〉에서 있는 대로 고른 것은? (단, 지구 자전축 경사각과 공전 궤도 이심률 이외의 요인은 변하지 않는다고 가정한다.) [3점]

〈보기〉
ㄱ. 우리나라에서 여름철 평균 기온은 현재가 A보다 높다.
ㄴ. 지구가 근일점에 위치할 때 하루 동안 받는 태양 복사 에너지양은 현재가 B보다 많다.
ㄷ. 남반구 중위도 지역에서 기온의 연교차는 B가 C보다 크다.

① ㄱ   ② ㄴ   ③ ㄱ, ㄷ   ④ ㄴ, ㄷ   ⑤ ㄱ, ㄴ, ㄷ

9 ★★☆　｜2022년 10월 교육청 12번｜

표는 현재와 (가), (나) 시기에 지구의 자전축 경사각, 공전 궤도 이심률, 지구가 근일점에 위치할 때 북반구의 계절을 나타낸 것이다.

시기	자전축 경사각	공전 궤도 이심률	근일점에 위치할 때 북반구의 계절
현재	23.5°	0.017	겨울
(가)	24.0°	0.004	겨울
(나)	24.3°	0.033	여름

이에 대한 옳은 설명만을 〈보기〉에서 있는 대로 고른 것은? (단, 지구의 자전축 경사각, 공전 궤도 이심률, 세차 운동 이외의 조건은 변하지 않는다고 가정한다.) [3점]

〈보기〉
ㄱ. 45°N에서 여름철일 때 태양과 지구 사이의 거리는 (가) 시기가 현재보다 멀다.
ㄴ. 45°S에서 겨울철 태양의 남중 고도는 (나) 시기가 현재보다 낮다.
ㄷ. 45°N에서 기온의 연교차는 (가) 시기가 (나) 시기보다 작다.

① ㄱ　② ㄴ　③ ㄱ, ㄷ　④ ㄴ, ㄷ　⑤ ㄱ, ㄴ, ㄷ

10 ★★★　｜2022년 7월 교육청 12번｜

그림은 지구에 도달하는 태양 복사 에너지의 양을 100이라고 할 때, 복사 평형 상태에 있는 지구의 에너지 출입을 나타낸 것이다.

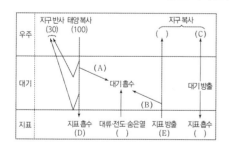

이에 대한 설명으로 옳은 것만을 〈보기〉에서 있는 대로 고른 것은?

〈보기〉
ㄱ. A+B−C=E−D이다.
ㄴ. 지구 온난화가 진행되면 B가 증가한다.
ㄷ. C는 주로 적외선 영역으로 방출된다.

① ㄱ　② ㄴ　③ ㄱ, ㄷ　④ ㄴ, ㄷ　⑤ ㄱ, ㄴ, ㄷ

11 ★★★　｜2022년 7월 교육청 14번｜

그림은 지구 공전 궤도 이심률 변화, 지구 자전축의 기울기 변화, 북반구가 여름일 때 지구의 공전 궤도상 위치 변화를 나타낸 것이다.

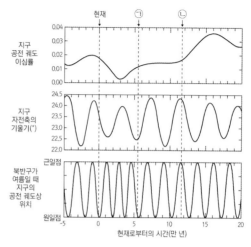

이에 대한 설명으로 옳은 것만을 〈보기〉에서 있는 대로 고른 것은? (단, 지구 공전 궤도 이심률과 자전축의 기울기, 북반구가 여름일 때 지구의 공전 궤도상 위치 이외의 요인은 변하지 않는다고 가정한다.) [3점]

〈보기〉
ㄱ. 남반구 기온의 연교차는 현재가 ㉠ 시기보다 크다.
ㄴ. 30°N에서 겨울철 태양의 남중 고도는 ㉡ 시기가 현재보다 높다.
ㄷ. 근일점에서 태양까지의 거리는 ㉡ 시기가 ㉠ 시기보다 멀다.

① ㄱ　② ㄷ　③ ㄱ, ㄴ　④ ㄴ, ㄷ　⑤ ㄱ, ㄴ, ㄷ

12 ★☆☆
| 2022년 4월 교육청 7번 |

그림 (가)는 현재와 비교한 A와 B 시기의 지구 자전축 경사각을, (나)는 A 시기와 비교한 B 시기의 지구에 입사하는 태양 복사 에너지의 변화량을 나타낸 것이다.

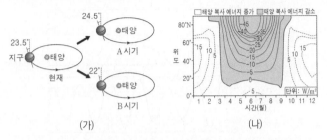

(가)　　　　　(나)

이에 대한 설명으로 옳은 것만을 〈보기〉에서 있는 대로 고른 것은? (단, 지구 자전축 경사각 이외의 요인은 고려하지 않는다.) [3점]

보기
ㄱ. 현재 근일점에서 북반구의 계절은 겨울이다.
ㄴ. (나)에서 6월의 태양 복사 에너지의 감소량은 20°N보다 60°N에서 많다.
ㄷ. 40°N에서 연교차는 A 시기보다 B 시기가 크다.

① ㄱ　　② ㄷ　　③ ㄱ, ㄴ　　④ ㄴ, ㄷ　　⑤ ㄱ, ㄴ, ㄷ

13 ★★★
| 2022년 3월 교육청 17번 |

그림 (가)는 지구 자전축 경사각과 지구 공전 궤도 이심률의 변화를, (나)는 ㉠ 또는 ㉡ 시기의 지구 자전축 경사각을 나타낸 것이다.

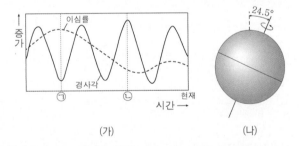

(가)　　　　　(나)

이에 대한 옳은 설명만을 〈보기〉에서 있는 대로 고른 것은? (단, 지구 자전축 경사각과 지구 공전 궤도 이심률 이외의 요인은 고려하지 않는다.) [3점]

보기
ㄱ. 근일점 거리는 ㉠ 시기가 ㉡ 시기보다 가깝다.
ㄴ. (나)는 ㉠ 시기에 해당한다.
ㄷ. 우리나라에서 기온의 연교차는 현재가 ㉠ 시기보다 크다.

① ㄱ　　② ㄴ　　③ ㄱ, ㄷ　　④ ㄴ, ㄷ　　⑤ ㄱ, ㄴ, ㄷ

14 ★☆☆
| 2021년 10월 교육청 2번 |

그림은 1991년부터 2020년까지 제주 지역의 연간 열대야 일수와 폭염 일수를 나타낸 것이다.

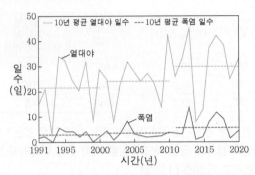

이 기간 동안 제주 지역의 기후 변화에 대한 옳은 설명만을 〈보기〉에서 있는 대로 고른 것은?

보기
ㄱ. 연간 열대야 일수는 증가하는 추세이다.
ㄴ. 10년 평균 폭염 일수는 1991년 ~ 2000년이 2011년 ~2020년보다 적다.
ㄷ. 폭염 일수가 증가한 해에는 대체로 열대야 일수가 증가하였다.

① ㄱ　　② ㄷ　　③ ㄱ, ㄴ　　④ ㄴ, ㄷ　　⑤ ㄱ, ㄴ, ㄷ

15 ★★☆
| 2021년 7월 교육청 14번 |

그림은 과거 지구 자전축의 경사각과 지구 공전 궤도 이심률 변화를 나타낸 것이다.

이에 대한 설명으로 옳은 것만을 〈보기〉에서 있는 대로 고른 것은? (단, 지구 자전축 경사각과 지구 공전 궤도 이심률 이외의 조건은 고려하지 않는다.) [3점]

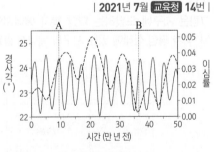

보기
ㄱ. 지구 자전축 경사각 변화의 주기는 6만 년보다 짧다.
ㄴ. A 시기의 남반구 기온의 연교차는 현재보다 크다.
ㄷ. 원일점과 근일점에서 태양까지의 거리 차는 A 시기가 B 시기보다 크다.

① ㄱ　　② ㄷ　　③ ㄱ, ㄴ　　④ ㄴ, ㄷ　　⑤ ㄱ, ㄴ, ㄷ

16 ★★☆　　| 2021년 10월 교육청 19번 |

그림은 현재 지구의 공전 궤도와 자전축 경사를 나타낸 것이다. a는 원일점 거리, b는 근일점 거리, θ는 지구의 공전 궤도면과 자전축이 이루는 각이다.

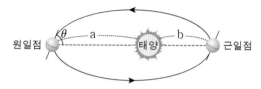

이에 대한 옳은 설명만을 〈보기〉에서 있는 대로 고른 것은? (단, 공전 궤도 이심률과 자전축 경사각 이외의 요인은 고려하지 않는다.) [3점]

보기
ㄱ. θ가 일정할 때 (a—b)가 커지면 북반구 중위도에서 기온의 연교차는 작아질 것이다.
ㄴ. a, b가 일정할 때 θ가 커지면 남반구 중위도에서 기온의 연교차는 커질 것이다.
ㄷ. θ가 커지면 우리나라에서 여름철 태양의 남중 고도는 현재보다 높아질 것이다.

① ㄱ　　② ㄴ　　③ ㄷ　　④ ㄱ, ㄴ　　⑤ ㄴ, ㄷ

17 ★☆☆　　| 2021년 4월 교육청 12번 |

그림 (가)와 (나)는 지구 공전 궤도면의 수직 방향에서 바라보았을 때, 지구 중심을 지나는 지구 공전 궤도면의 수직축에 대한 북극의 상대적인 위치를 나타낸 것이다.

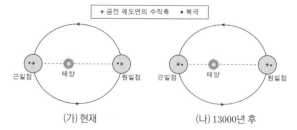

(가) 현재　　(나) 13000년 후

이에 대한 설명으로 옳은 것만을 〈보기〉에서 있는 대로 고른 것은? (단, 지구 자전축 경사 방향 이외의 요인은 변하지 않는다고 가정한다.) [3점]

보기
ㄱ. (가)에서 지구가 근일점에 위치할 때 북반구는 겨울이다.
ㄴ. 우리나라 기온의 연교차는 (가)보다 (나)에서 작다.
ㄷ. 남반구가 여름일 때 지구와 태양 사이의 거리는 (가)보다 (나)에서 길다.

① ㄱ　　② ㄴ　　③ ㄱ, ㄷ　　④ ㄴ, ㄷ　　⑤ ㄱ, ㄴ, ㄷ

18 ★★☆　　| 2021년 3월 교육청 15번 |

그림은 현재와 A 시기에 근일점에 위치한 지구의 모습과 지구 공전 궤도 일부를 나타낸 것이다.

이에 대한 옳은 설명만을 〈보기〉에서 있는 대로 고른 것은? (단, 지구 공전 궤도 이심률 이외의 요인은 변하지 않는다.) [3점]

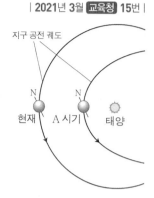

보기
ㄱ. 지구 공전 궤도 이심률은 현재가 A 시기보다 크다.
ㄴ. 현재 북반구는 근일점에서 겨울철이다.
ㄷ. 지구가 원일점에 위치할 때, 지구가 받는 태양 복사 에너지양은 현재가 A 시기보다 많다.

① ㄱ　　② ㄷ　　③ ㄱ, ㄴ　　④ ㄴ, ㄷ　　⑤ ㄱ, ㄴ, ㄷ

Part I

교육청

III

우주

A 외계 행성계 탐사 방법

1. 중심별의 시선 속도 변화를 이용하는 방법

(1) **도플러 효과** : 파동을 방출하는 물체가 관측자의 시선 방향에서 멀어지면 파장이 길어지고, 가까워지면 파장이 짧아지는 현상이다.

(2) **탐사 방법** : 중심별과 행성이 공통 질량 중심을 중심으로 공전할 때 중심별의 시선 속도가 변하면서 나타나는 도플러 효과에 따른 별빛의 파장 변화를 측정하여 행성을 탐사한다.

(3) **특징** : 질량이 크고, 공전 궤도 반지름이 작은 행성일수록 존재를 확인하기 쉽다.

도플러 효과를 이용한 탐사	중심별의 위치	중심별의 물리량 변화			
		지구와의 거리	시선 속도	파장	스펙트럼
	1	가까워짐	(−)	짧아짐	청색 편이
	2	멀어짐	(+)	길어짐	적색 편이

2. 식 현상을 이용하는 방법

(1) **탐사 방법** : 행성이 별 주위를 공전하면서 식 현상이 일어날 때 별의 밝기가 감소하는 현상을 관측하여 행성을 탐사한다.

➡ 중심별의 밝기 변화 주기는 행성의 공전 주기와 같다.

(2) **특징** : 반지름이 큰 행성일수록 존재를 확인하기 쉽다.

식 현상을 이용한 탐사	행성의 위치	중심별의 밝기 변화
	1	중심별의 밝기 변화가 없다.
	2	행성의 일부가 중심별의 일부를 가려 중심별의 밝기가 감소한다.
	3	행성이 중심별 앞을 지나면서 행성 전체가 중심별을 가려 중심별의 밝기가 가장 어둡다.

3. 미세 중력 렌즈 현상을 이용하는 방법

(1) **탐사 방법** : 두 별이 같은 시선 방향에 있을 때 뒤쪽에 있는 별로부터 오는 빛이 앞쪽에 있는 별이나 행성의 중력에 의해 미세하게 굴절되어 더 밝게 보이는 현상을 이용하여 행성을 탐사한다.

➡ 먼 천체 앞을 외계 행성계가 여러 번 지나가지 않기 때문에 주기적인 관측이 불가능하다.

(2) **특징** : 관측자의 시선 방향과 공전 궤도면이 수직인 행성, 공전 궤도 반지름이 큰 행성, 질량이 작은 행성을 찾을 수 있다.

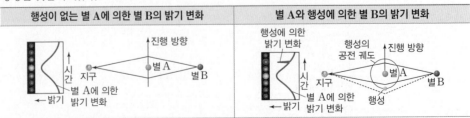

행성이 없는 별 A에 의한 별 B의 밝기 변화	별 A와 행성에 의한 별 B의 밝기 변화
지구로부터 멀리 떨어져 있는 별 B가 지구와 가까운 별 A의 중력에 의한 미세 중력 렌즈 현상으로 인해 더 밝게 보인다.	별 A 주위를 행성이 공전하고 있는 경우에는 별 B의 밝기 변화에 행성의 중력으로 나타나는 밝기 변화가 추가적으로 나타난다.

4. 직접적인 탐사 방법

(1) **탐사 방법** : 외계 행성계의 거리가 가까운 경우에는 외계 행성에서 반사된 별빛이나 행성 자체의 복사 에너지를 직접 관측하여 탐사하는데, 외계 행성계를 직접 관측할 때는 행성의 밝기가 중심별에 비해 매우 어두우므로 중심별을 가리고 행성을 직접 촬영하여 존재를 확인할 수 있다.

(2) **특징** : 행성이 방출하는 에너지는 대부분 적외선 영역이므로 행성을 촬영할 때 주로 적외선 영역에서 촬영한다.

Ⓑ 외계 행성계 탐사 결과

1. **외계 행성계 탐사 결과** 중심별의 시선 속도 변화와 식 현상으로 관측된 외계 행성의 수가 가장 많고, 지금까지 발견된 외계 행성은 대부분 공전 궤도 반지름이 작고, 반지름이 큰 목성 규모이다.

2. **외계 행성계 탐사 방법으로 발견한 행성들의 특징**

(1) 중심별의 시선 속도 변화를 이용하는 방법으로 발견한 행성들은 대부분 질량이 크다.

(2) 식 현상을 이용하는 방법으로 발견한 행성들은 대부분 공전 궤도 반지름이 작다.

(3) 미세 중력 렌즈 현상을 이용하는 방법으로 발견한 행성들은 대부분 공전 궤도 반지름이 크다.

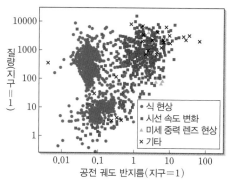

▲ 최근까지 발견한 외계 행성의 특징

Part I

행성계

출제 tip

외계 행성계 탐사 방법으로 발견한 행성들의 특징

외계 행성계 탐사 방법으로 발견한 행성들의 특징을 이해하고 있는지를 묻는 유형보다 여러 탐사 방법으로 발견된 자료를 제시하고 자료를 정확하게 해석할 수 있는지를 묻는 유형의 문제가 자주 출제된다.

지구형 행성 탐사

목성형 행성과 같이 기체형 행성에는 생명체가 살 수 없으므로, 최근 외계 생명체를 찾기 위해 지구형 행성을 중심으로 탐사하고 있다. 중심별의 시선 속도 변화를 이용하여 알아낸 행성의 질량과 식 현상을 이용하여 알아낸 행성의 반지름으로 행성의 밀도를 알고, 이렇게 알아낸 행성의 밀도로부터 기체형(목성형) 행성과 암석형(지구형) 행성을 구분할 수 있다.

실전 자료 　**중심별의 시선 속도 변화와 식 현상을 이용한 탐사 방법**

그림 (가)와 (나)는 어느 외계 행성에 의한 중심별의 시선 속도 변화와 겉보기 밝기 변화를 관측하여 각각 나타낸 것이다.

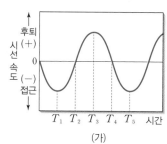

(가)

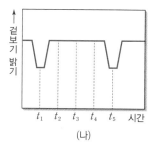

(나)

❶ **중심별의 시선 속도 변화로 중심별과 행성의 위치 파악하기**

(가)에서 중심별의 시선 속도가 0일 때는 지구에서 가장 멀거나 가장 가까운 위치이다. T_2일 때는 시선 속도가 (−)에서 (+)로 변하므로 지구에 가장 가까울 때이고, T_4일 때는 시선 속도가 (+)에서 (−)로 변하므로 지구에서 가장 멀 때이다.

❷ **중심별의 시선 속도 변화로 식 현상이 나타나는 위치 파악하기**

겉보기 밝기가 최소일 때는 식 현상이 일어날 때이다. (가)에서 식 현상은 중심별이 후퇴(시선 속도 +)하다가 접근(시선 속도 −)하는 시기, 즉 행성이 접근하다가 후퇴하는 시기인 T_4일 때 일어난다.

❸ **겉보기 밝기 변화로 중심별과 행성의 운동 방향 찾기**

(나)에서 t_4일 때는 식 현상이 일어나기 전이다. 따라서 이때 외계 행성은 지구에 가까워지고, 중심별은 지구에서 멀어진다.

1 ☆☆☆

그림 (가)와 (나)는 서로 다른 외계 행성계에서 행성이 식 현상을 일으킬 때, 주계열성인 중심별 A와 B의 상대적 밝기 변화를 시간에 따라 나타낸 것이다. 식 현상을 일으키는 두 행성의 반지름은 같고, (가)의 t_2~t_3의 시간은 (나)의 t_4~t_5의 2배이다. 각 행성은 원 궤도를 따라 공전하며, 행성의 공전 궤도면은 관측자의 시선 방향과 나란하다.

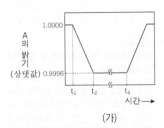 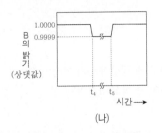

(가)   (나)

이 자료에 대한 설명으로 옳은 것만을 〈보기〉에서 있는 대로 고른 것은? (단, 각 외계 행성계에서 공통 질량 중심과의 거리는 행성이 중심별보다 매우 멀고, 중심별의 시선 속도 변화는 식 현상을 일으키는 행성과의 공통 질량 중심에 대한 공전에 의해서만 나타난다.) [3점]

보기
ㄱ. 별의 반지름은 A가 B의 $\frac{1}{2}$배이다.
ㄴ. 행성의 공전 속도는 (가)에서가 (나)에서의 $\frac{1}{4}$배보다 작다.
ㄷ. A의 흡수선 파장은 t_1일 때가 t_3일 때보다 짧다.

① ㄱ   ② ㄷ   ③ ㄱ, ㄴ   ④ ㄴ, ㄷ   ⑤ ㄱ, ㄴ, ㄷ

---

2 ☆☆☆

그림 (가)와 (나)는 두 외계 행성계에 속한 중심별의 시선 속도 변화를 나타낸 것이다. 두 외계 행성계에는 행성이 1개씩만 존재하고, 중심별의 질량, 중심별과 행성 사이의 거리는 각각 같다. 두 행성은 원 궤도를 따라 공전하며 공전 궤도면은 관측자의 시선 방향과 나란하다.

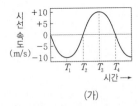 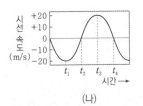

(가)   (나)

이에 대한 설명으로 옳은 것만을 〈보기〉에서 있는 대로 고른 것은? (단, 중심별의 시선 속도 변화는 행성과의 공통 질량 중심에 대한 공전에 의해서만 나타난다.) [3점]

보기
ㄱ. (가)에서 T_2일 때 행성과 지구와의 거리는 가장 가깝다.
ㄴ. 행성의 질량은 (가)가 (나)보다 크다.
ㄷ. 행성과 공통 질량 중심 사이의 거리는 (가)가 (나)보다 멀다.

① ㄱ   ② ㄷ   ③ ㄱ, ㄴ   ④ ㄴ, ㄷ   ⑤ ㄱ, ㄴ, ㄷ

---

3 ☆☆☆

그림 (가)는 공통 질량 중심에 대해 원 궤도로 공전하는 외계 행성 P와 중심별 S의 공전 궤도를, (나)는 P에 의한 S의 시선 속도 변화를 나타낸 것이다. T_1일 때 P는 ㉠에 위치하고, θ는 관측자의 시선 방향과 공전 궤도면이 이루는 각의 크기이며 h는 S의 시선 속도 변화 폭이다.

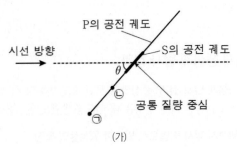

(가)

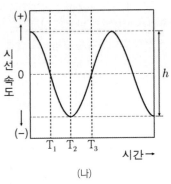

(나)

이 자료에 대한 설명으로 옳은 것만을 〈보기〉에서 있는 대로 고른 것은? [3점]

보기
ㄱ. 관측자로부터 S까지의 거리는 P가 ㉠에 위치할 때보다 ㉡에 위치할 때가 가깝다.
ㄴ. T_2에서 T_3 동안 S의 스펙트럼에서 흡수선의 파장은 점차 짧아진다.
ㄷ. θ가 작아지면 h는 커진다.

① ㄱ   ② ㄴ   ③ ㄱ, ㄷ   ④ ㄴ, ㄷ   ⑤ ㄱ, ㄴ, ㄷ

4 ☆☆☆　　　　　　　　| 2023년 10월 교육청 20번 |

그림 (가)는 어느 외계 행성과 중심별이 공통 질량 중심을 중심으로 공전할 때 중심별의 시선 속도 변화를, (나)는 t일 때 이 중심별과 행성의 위치 관계를 나타낸 것이다.

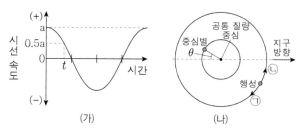

(가)　　　　　　　　(나)

이에 대한 옳은 설명만을 〈보기〉에서 있는 대로 고른 것은? (단, 외계 행성은 원 궤도로 공전하며, 공전 궤도면은 관측자의 시선 방향과 나란하다.) [3점]

─〈보기〉─
ㄱ. 공통 질량 중심에 대한 행성의 공전 방향은 ㉠이다.
ㄴ. θ의 크기는 30°이다.
ㄷ. 행성의 공전 주기가 현재보다 길어지면 a는 증가한다.

① ㄱ　② ㄴ　③ ㄱ, ㄷ　④ ㄴ, ㄷ　⑤ ㄱ, ㄴ, ㄷ

5 ☆☆☆　　　　　　　　| 2023년 7월 교육청 17번 |

다음은 외계 행성 탐사 방법을 알아보기 위한 실험이다.

[실험 과정]

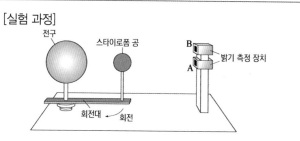

(가) 그림과 같이 전구와 스타이로폼 공을 회전대 위에 고정시키고 회전대를 일정한 속도로 회전시킨다.
(나) 회전대가 회전하는 동안 밝기 측정 장치 A와 B로 각각 측정한 밝기를 기록하고 최소 밝기가 나타나는 주기를 표시한다.
(다) 반지름이 $\frac{1}{2}$배인 스타이로폼 공으로 교체한 후 (나)의 과정을 반복한다.

[실험 과정]

구분	밝기 측정 장치	
	㉠	㉡
(나)의 결과	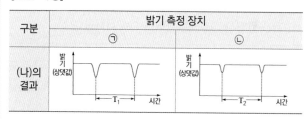	

이에 대한 설명으로 옳은 것만을 〈보기〉에서 있는 대로 고른 것은? [3점]

─〈보기〉─
ㄱ. 최소 밝기가 나타나는 주기 T_1과 T_2는 같다.
ㄴ. ㉠은 B이다.
ㄷ. A로 측정한 밝기 감소 최대량은 (다) 결과가 (나) 결과의 2배이다.

① ㄱ　② ㄷ　③ ㄱ, ㄴ　④ ㄴ, ㄷ　⑤ ㄱ, ㄴ, ㄷ

6 ☆☆☆　　　　　　　　　| 2023년 4월 교육청 19번 |

그림 (가)는 서로 다른 탐사 방법을 이용하여 발견한 외계 행성의 공전 궤도 반지름과 질량을, (나)는 A 또는 B를 이용한 방법으로 알아낸 어느 별 S의 밝기 변화를 나타낸 것이다. A와 B는 각각 식 현상과 미세 중력 렌즈 현상 중 하나이다.

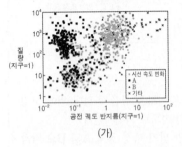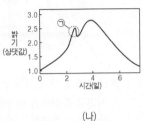

(가)　　　　　　　　　(나)

이 자료에 대한 설명으로 옳은 것만을 〈보기〉에서 있는 대로 고른 것은? [3점]

┌─ 보기 ┐
ㄱ. A를 이용한 방법으로 발견한 외계 행성의 공전 궤도 반지름은 대체로 1 AU보다 작다.
ㄴ. (나)는 B를 이용한 방법으로 알아낸 것이다.
ㄷ. ㉠은 별 S를 공전하는 행성에 의해 나타난다.
└─────┘

① ㄱ　② ㄷ　③ ㄱ, ㄴ　④ ㄴ, ㄷ　⑤ ㄱ, ㄴ, ㄷ

---

7 ☆☆☆　　　　　　　　　| 2023년 3월 교육청 19번 |

그림 (가)는 공전 궤도면이 시선 방향과 나란한 어느 외계 행성계에서 관측된 중심별의 시선 속도 변화를, (나)는 이 외계 행성계의 중심별과 행성이 공통 질량 중심을 중심으로 공전하는 모습을 나타낸 것이다.

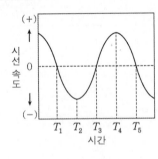

(가)　　　　　　　　　(나)

이에 대한 옳은 설명만을 〈보기〉에서 있는 대로 고른 것은? [3점]

┌─ 보기 ┐
ㄱ. 지구와 중심별 사이의 거리는 T_1일 때가 T_2일 때보다 크다.
ㄴ. 중심별과 행성이 (나)와 같이 위치한 시기는 T_2~T_3에 해당한다.
ㄷ. T_5일 때 행성에 의한 식 현상이 나타난다.
└─────┘

① ㄱ　② ㄴ　③ ㄷ　④ ㄱ, ㄴ　⑤ ㄱ, ㄷ

---

8 ☆☆☆　　　　　　　　　| 2022년 10월 교육청 20번 |

그림 (가)는 어느 외계 행성계에서 공통 질량 중심을 원 궤도로 공전하는 중심별의 모습을, (나)는 중심별의 시선 속도를 시간에 따라 나타낸 것이다. 이 외계 행성계에는 행성이 1개만 존재하고, 중심별의 공전 궤도면과 시선 방향이 이루는 각은 60°이다.

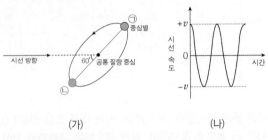

(가)　　　　　　　　　(나)

이에 대한 옳은 설명만을 〈보기〉에서 있는 대로 고른 것은? [3점]

┌─ 보기 ┐
ㄱ. 지구로부터 행성까지의 거리는 중심별이 ㉠에 있을 때가 ㉡에 있을 때보다 가깝다.
ㄴ. 중심별의 공전 속도는 $2v$이다.
ㄷ. 중심별의 공전 궤도면과 시선 방향이 이루는 각이 현재보다 작아지면 중심별의 시선 속도 변화 주기는 길어진다.
└─────┘

① ㄱ　② ㄴ　③ ㄷ　④ ㄱ, ㄴ　⑤ ㄴ, ㄷ

---

9 ☆☆☆　　　　　　　　　| 2022년 7월 교육청 19번 |

그림은 어느 외계 행성과 중심별이 공통 질량 중심을 중심으로 공전하는 모습을 나타낸 것이다. 행성은 원 궤도로 공전하며 공전 궤도면은 관측자의 시선 방향과 나란하다.

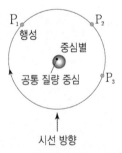

이에 대한 설명으로 옳은 것만을 〈보기〉에서 있는 대로 고른 것은? [3점]

┌─ 보기 ┐
ㄱ. 행성이 P_1에 위치할 때 중심별의 적색 편이가 나타난다.
ㄴ. 중심별의 질량이 클수록 중심별의 시선 속도 최댓값이 커진다.
ㄷ. 중심별의 어느 흡수선의 파장 변화 크기는 행성이 P_3에 위치할 때가 P_2에 위치할 때보다 크다.
└─────┘

① ㄱ　② ㄷ　③ ㄱ, ㄴ　④ ㄴ, ㄷ　⑤ ㄱ, ㄴ, ㄷ

10 ★★☆

그림 (가)는 중심별을 원 궤도로 공전하는 외계 행성 A와 B의 공전 방향을, (나)는 A와 B에 의한 중심별의 겉보기 밝기 변화를 나타낸 것이다. A와 B의 공전 궤도 반지름은 각각 0.4 AU와 0.6 AU이고, B의 공전 궤도면은 관측자의 시선 방향과 나란하다.

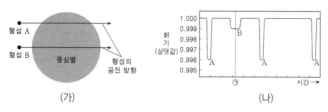

(가)   (나)

이에 대한 설명으로 옳은 것만을 〈보기〉에서 있는 대로 고른 것은? [3점]

보기
ㄱ. 공전 주기는 A보다 B가 길다.
ㄴ. 반지름은 A가 B의 4배이다.
ㄷ. ㉠ 시기에 A와 B 사이의 거리는 1 AU보다 멀다.

① ㄱ   ② ㄷ   ③ ㄱ, ㄴ   ④ ㄴ, ㄷ   ⑤ ㄱ, ㄴ, ㄷ

11 ★★☆

그림은 어느 외계 행성계에서 공통 질량 중심을 중심으로 공전하는 행성 P와 중심별 S의 모습을 나타낸 것이다. P의 공전 궤도면은 관측자의 시선 방향과 나란하다.

이 자료에 대한 옳은 설명만을 〈보기〉에서 있는 대로 고른 것은? [3점]

보기
ㄱ. P와 S가 공통 질량 중심을 중심으로 공전하는 주기는 같다.
ㄴ. P의 질량이 작을수록 S의 스펙트럼 최대 편이량은 크다.
ㄷ. P의 반지름이 작을수록 식 현상에 의한 S의 밝기 감소율은 작다.

① ㄱ   ② ㄴ   ③ ㄷ   ④ ㄱ, ㄷ   ⑤ ㄴ, ㄷ

12 ★★☆

그림은 외계 행성이 중심별 주위를 공전하며 식 현상을 일으키는 모습과 중심별의 밝기 변화를 나타낸 것이다. 이 외계 행성에 의해 중심별의 도플러 효과가 관측된다.

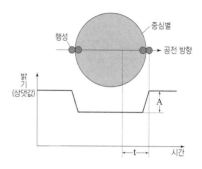

이에 대한 설명으로 옳은 것만을 〈보기〉에서 있는 대로 고른 것은?

보기
ㄱ. 행성의 반지름이 2배 커지면 A 값은 2배 커진다.
ㄴ. t 동안 중심별의 적색 편이가 관측된다.
ㄷ. 중심별과 행성의 공통 질량 중심을 중심으로 공전하는 속도는 중심별이 행성보다 느리다.

① ㄱ   ② ㄷ   ③ ㄱ, ㄴ   ④ ㄴ, ㄷ   ⑤ ㄱ, ㄴ, ㄷ

13 ★★★

그림 (가)와 (나)는 어느 외계 행성에 의한 중심별의 시선 속도 변화와 겉보기 밝기 변화를 각각 나타낸 것이다. (나)의 t는 (가)의 T_1, T_2, T_3, T_4 중 하나이다.

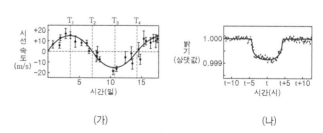

(가)   (나)

이 자료에 대한 설명으로 옳은 것만을 〈보기〉에서 있는 대로 고른 것은? [3점]

보기
ㄱ. 중심별은 T_1일 때 적색 편이가 나타난다.
ㄴ. 지구로부터 외계 행성까지의 거리는 T_2보다 T_3일 때 멀다.
ㄷ. (나)의 t는 (가)의 T_4이다.

① ㄱ   ② ㄷ   ③ ㄱ, ㄴ   ④ ㄴ, ㄷ   ⑤ ㄱ, ㄴ, ㄷ

14 ★★★ | 2021년 3월 **교육청** 18번 |

그림 (가)와 (나)는 어느 외계 행성에 의한 중심별의 시선 속도 변화와 밝기 변화를 나타낸 것이다.

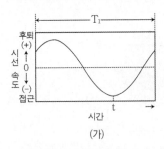 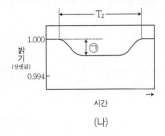

(가)   (나)

이에 대한 옳은 설명만을 〈보기〉에서 있는 대로 고른 것은? [3점]

보기
ㄱ. 관측 시간은 T_1이 T_2보다 길다.
ㄴ. t일 때 외계 행성은 지구로부터 멀어진다.
ㄷ. $\dfrac{행성의 반지름}{중심별의 반지름}$ 값이 클수록 ㉠은 커진다.

① ㄱ   ② ㄴ   ③ ㄱ, ㄷ   ④ ㄴ, ㄷ   ⑤ ㄱ, ㄴ, ㄷ

16 ★★★ | 2020년 4월 **교육청** 17번 |

다음은 어느 외계 행성계에 대한 기사의 일부이다.

한글 이름을 사용하는 외계 행성계 '백두'와 '한라'
우리나라 천문학자가 발견한 외계 행성계의 중심별과 외계 행성의 이름에 각각 '백두'와 '한라'가 선정되었다. '한라'는 '백두'의 ㉠ 시선 속도 변화를 이용한 탐사 방법으로 발견하였다.

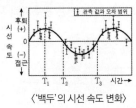

〈'백두'의 시선 속도 변화〉

이에 대한 설명으로 옳은 것만을 〈보기〉에서 있는 대로 고른 것은? [3점]

보기
ㄱ. T_1일 때 '백두'는 적색 편이가 나타난다.
ㄴ. 태양으로부터 '한라'까지의 거리는 T_2보다 T_3일 때 멀다.
ㄷ. ㉠에서 행성의 질량이 클수록 중심별의 시선 속도 변화가 커진다.

① ㄱ   ② ㄴ   ③ ㄱ, ㄷ   ④ ㄴ, ㄷ   ⑤ ㄱ, ㄴ, ㄷ

15 ★★☆ | 2020년 7월 **교육청** 17번 |

그림은 광도가 동일한 서로 다른 주계열성을 공전하는 행성 A와 B에 의한 중심별의 밝기 변화를 나타낸 것이다.

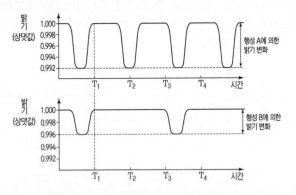

이에 대한 설명으로 옳은 것만을 〈보기〉에서 있는 대로 고른 것은? (단, 시선 방향과 행성의 공전 궤도면은 일치한다.) [3점]

보기
ㄱ. 공전 주기는 A가 B보다 짧다.
ㄴ. 반지름은 A가 B의 2배이다.
ㄷ. T_1 시기에는 A, B 모두 지구에 가까워지고 있다.

① ㄱ   ② ㄴ   ③ ㄱ, ㄷ   ④ ㄴ, ㄷ   ⑤ ㄱ, ㄴ, ㄷ

17 ★★☆ | 2020년 3월 **교육청** 19번 |

그림은 외계 행성의 식 현상에 의해 일어나는 중심별의 밝기 변화를 나타낸 것이다.

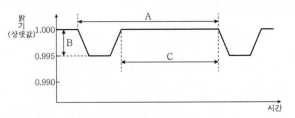

이에 대한 옳은 설명만을 〈보기〉에서 있는 대로 고른 것은? (단, 이 외계 행성계의 행성은 한 개이다.) [3점]

보기
ㄱ. A 기간은 행성의 공전 주기에 해당한다.
ㄴ. 행성의 반지름이 2배가 되면 B는 2배가 된다.
ㄷ. C 기간에 중심별의 스펙트럼을 관측하면 적색 편이가 청색 편이보다 먼저 나타난다.

① ㄱ   ② ㄴ   ③ ㄷ   ④ ㄱ, ㄷ   ⑤ ㄴ, ㄷ

외부 은하와 우주 팽창

A 외부 은하

1. 은하의 분류 허블은 외부 은하를 가시광선 영역에서 관측되는 모양에 따라 타원 은하, 나선 은하, 불규칙 은하로 분류하였다. ➡ 은하의 모양과 진화는 아무런 관련이 없다.

타원 은하	• E0~E7로 세분하며, E7로 갈수록 편평도가 증가한다. • 성간 물질이 상대적으로 적어 새로운 별의 탄생은 거의 없다. • 나이가 많은 별들로 이루어져 있어 대체로 붉은색을 띤다.
나선 은하	• 은하핵을 가로지르는 막대 모양 구조의 유무에 따라 막대 나선 은하(SB)와 정상 나선 은하(S)로 분류한다. • 은하핵의 크기와 나선팔이 감긴 정도에 따라 a~c로 세분한다. 　➡ a → b → c로 갈수록 중심핵의 크기는 작고, 나선팔이 느슨하게 감겨 있다. • 은하의 중심부 : 나이가 많은 붉은색의 별이 주로 분포한다. • 은하의 나선팔 : 많은 양의 성간 물질이 분포하며 나이가 적은 파란색의 별이 주로 분포한다.
불규칙 은하	모양이 일정하지 않으며, 성간 물질과 나이가 적은 별들이 많다.

2. 특이 은하 허블의 은하 분류 체계로 분류되지 않는 은하

전파 은하	• 전파 영역에서 매우 높은 에너지를 방출한다. • 중심핵을 가지고 양쪽에 거대한 돌출부인 로브가 있으며, 로브와 중심은 제트로 연결되어 있다. • 가시광선 영역에서 대부분 타원 은하로 관측된다.
세이퍼트은하	• 은하의 중심핵이 매우 밝고 스펙트럼에서 넓은 방출선이 나타난다. • 가시광선 영역에서 대부분 나선 은하로 관측된다.
퀘이사	• 적색 편이가 매우 크게 나타난다. ➡ 매우 먼 거리에 있는 우주 탄생 초기의 은하임을 알 수 있다. • 하나의 별처럼 관측된다.

B 허블 법칙과 우주론

1. 허블 법칙과 우주 팽창

(1) **허블 법칙** : 외부 은하의 후퇴 속도(v)는 외부 은하까지의 거리(r)에 비례한다.
　➡ 허블 상수(H)는 허블 상수는 허블 법칙의 그래프에서 기울기에 해당하며, 1Mpc당 우주가 팽창하는 속도(km/s)를 나타내는 값이다.

$$v = H \times r \ (H : 허블\ 상수)$$

우주의 나이(t)	허블 상수의 역수 ➡ $t = \dfrac{r}{v} = \dfrac{1}{H}$
우주의 크기(r)	관측 가능한 우주의 크기(r)는 광속(c)으로 멀어지는 은하까지의 거리 ➡ $r = \dfrac{c}{H}$

(2) **우주의 팽창** : 허블 법칙은 우주 공간이 모든 방향에 대하여 균일하게 팽창하고 있음을 나타내는데 우주에서 특별한 팽창의 중심은 존재하지 않는다. 또한 멀리 있는 은하일수록 빠르게 멀어진다.

2. 빅뱅 우주론과 정상 우주론

구분	빅뱅 우주론(대폭발 우주론)	정상 우주론
우주의 질량	일정	증가
우주의 밀도	감소	일정
우주의 온도	감소	일정
특징	• 온도와 밀도가 매우 높은 한 점에서 대폭발이 일어난 후 점차 팽창한다. • 증거 : 우주 배경 복사, 수소와 헬륨의 질량비 약 3 : 1	우주의 팽창으로 생겨난 빈 공간을 같은 밀도로 채우기 위해 새로운 물질이 계속 생성된다.

출제 tip

외부 은하

허블의 분류에 따른 외부 은하의 종류별 특징과 특이 은하의 특징을 정확히 이해하고 주어진 자료를 해석할 수 있는지를 묻는 자료 제시형 문제가 자주 출제된다.

은하의 분류

관측된 외부 은하 중 나선 은하는 약 77 %로 가장 많고, 타원 은하는 약 20%이고, 불규칙 은하는 약 3%로 가장 적다.

충돌 은하

은하가 충돌하는 과정에서 형성되는 은하로, 은하가 충돌할 때 별의 크기보다 별 사이의 공간이 크기 때문에 내부에 있는 별들이 서로 충돌할 가능성은 거의 없다. 하지만 격렬한 충격으로 급격히 기체가 압축되어 많은 별들이 탄생할 수 있다.

출제 tip

허블 법칙

은하의 스펙트럼 자료를 분석하여 후퇴 속도와 허블 상수를 구할 수 있는지를 묻는 문제가 자주 출제된다.

허블의 외부 은하 관측

허블은 외부 은하를 관측하여 은하의 적색 편이량($\Delta\lambda$)이 클수록 후퇴 속도 (v)가 빠름을 알게 되었다.

$$v = \frac{\Delta\lambda}{\lambda_0} \times c$$
(λ_0 : 원래의 흡수선 파장, c : 광속)

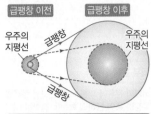

우주의 지평선   급팽창   우주의 지평선

급팽창

- ➔ 기존 빅뱅 우주론에서 우주의 크기 변화
- → 급팽창 이론에서 우주의 크기 변화

급팽창 이론

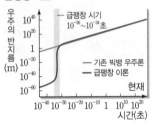

급팽창은 공간 자체의 팽창으로 빛의 속도보다 빠르게 일어날 수 있다.

출제 tip

우주의 미래 모형

우주의 구성 요소 비율, 우주의 모형을 종합적으로 분석하여 미래 우주의 변화 경향에 대해 예측할 수 있는지를 묻는 문제가 자주 출제된다.

---

3. 급팽창 이론과 가속 팽창 우주

(1) **급팽창 이론** : 빅뱅 이후(우주 탄생 후 $10^{-36} \sim 10^{-34}$초 사이) 우주가 빛보다 빠른 속도로 팽창하였다는 이론으로, 빅뱅 우주론으로는 설명하지 못하는 세 가지 문제점을 설명하였다.

빅뱅 우주론의 문제점	급팽창 이론에서의 설명
우주의 지평선 문제	급팽창 이전의 우주 탄생 초기에는 우주의 크기가 우주의 지평선의 크기보다 작았기 때문에 양끝의 두 지점에서 정보를 충분히 교환할 수 있었다.
우주의 평탄성 문제	우주가 둥근 풍선의 표면처럼 휘어져 있어도 우주 생성 초기에 급격히 팽창하여 공간의 크기가 매우 커지게 되면 관측되는 우주의 영역은 평탄하다.
우주의 자기 홀극 문제	우주가 생성 초기에 급격히 팽창하면서 자기 홀극의 밀도가 관측 가능량 미만으로 크게 감소하였기 때문에 발견하기 어렵다.

(2) **가속 팽창 우주** : Ⅰa형 초신성의 관측 결과 초신성까지의 거리가 은하의 후퇴 속도로 예측한 거리보다 더 멀었다. ➡ 우주의 팽창 속도가 빨라지고 있다.

Ⓒ 암흑 물질과 암흑 에너지

1. **우주의 구성 물질** 보통 물질(4.9 %), 암흑 물질(26.8 %), 암흑 에너지(68.3 %)로 이루어져 있다.

암흑 물질	• 빛을 방출하거나 흡수하지 않기 때문에 직접 관측할 수 없고, 중력을 통해서만 그 존재를 추정할 수 있는 물질이다. • 암흑 물질의 추정 방법 : 나선 은하의 회전 속도 곡선, 중력 렌즈 현상 등 • 역할 : 암흑 물질은 질량이 있어 중력의 작용으로 물질을 끌어당기기 때문에 우주 초기에 별과 은하를 생성하는 데 중요한 역할을 하였다.
암흑 에너지	• 우주 공간에서 진공 자체의 척력이 암흑 에너지로 추정된다. • 우주에 널리 퍼져 있는 암흑 에너지가 우주를 가속 팽창시킨다.

2. **우주의 미래** 암흑 에너지의 영향력이 커져서 계속 가속 팽창할 것으로 예측된다.

열린 우주	• 우주의 평균 밀도 < 임계 밀도 • 말 안장 모양의 음(−)의 곡률
닫힌 우주	• 우주의 평균 밀도 > 임계 밀도 • 공 모양의 양(+)의 곡률
평탄 우주	• 우주의 평균 밀도=임계 밀도 • 편평한 모양의 0의 곡률

실전 자료 허블 법칙

그림은 은하 A와 B의 관측 스펙트럼에서 방출된 (가)와 (나)가 각각 적색 편이된 것을 비교 스펙트럼과 함께 나타낸 것이다. 은하 A와 B는 동일한 시선 방향에 위치하고, 허블 법칙을 만족한다.

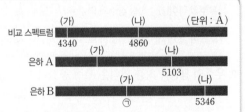

❶ **파장의 변화량으로 은하의 후퇴 속도 계산하기**

은하 A의 후퇴 속도는 $v_A = \dfrac{\varDelta\lambda}{\lambda_0} \times c = \dfrac{5103-4860}{4860} \times 3 \times 10^5 = 15000$(km/s)이다.

❷ **비교 스펙트럼으로 은하의 파장 변화량 파악하기**

은하 A에서 (나)의 파장 변화량은 243Å(=5103−4860)이고, 은하 B에서 (나)의 파장 변화량은 486Å(=5346−4860)이므로, 은하 A보다 은하 B의 후퇴 속도가 2배 빠르다. 은하 B의 후퇴 속도가 30000 km/s이므로 $v_B = \dfrac{\text{㉠}-4340}{4340} \times 3 \times 10^5 = 30000$에서 ㉠은 4774이다.

1 ★★☆

표는 은하의 종류별 특징을 나타낸 것이고, (가), (나), (다)는 각각 타원 은하, 막대 나선 은하, 불규칙 은하 중 하나이다. 그림은 어느 은하의 가시광선 영상을 나타낸 것이고, 이 은하는 (가), (나), (다) 중 하나에 해당한다.

종류	특징
(가)	E0~E7로 구분한다.
(나)	(㉠)
(다)	중심부에 막대 구조가 보인다.

이에 대한 설명으로 옳은 것만을 〈보기〉에서 있는 대로 고른 것은?

〈보기〉
ㄱ. E7은 E0보다 구 모양에 가깝다.
ㄴ. '규칙적인 구조가 없다.'는 ㉠에 해당한다.
ㄷ. 그림의 은하는 (다)에 해당한다.

① ㄱ ② ㄴ ③ ㄱ, ㄷ ④ ㄴ, ㄷ ⑤ ㄱ, ㄴ, ㄷ

2 ★★☆

그림은 빅뱅 이후 20억 년부터 현재까지 우주를 구성하는 요소 A, B, C가 차지하는 상대적 비율 변화를 나타낸 것이다. A, B, C는 각각 보통 물질, 암흑 물질, 암흑 에너지 중 하나이다.

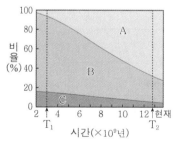

이에 대한 설명으로 옳은 것만을 〈보기〉에서 있는 대로 고른 것은?

〈보기〉
ㄱ. A는 암흑 에너지이다.
ㄴ. B는 은하에 의한 중력 렌즈 현상을 이용하여 존재를 추정할 수 있다.
ㄷ. 우주는 T_1 시기에는 감속 팽창, T_2 시기에는 가속 팽창했다.

① ㄱ ② ㄴ ③ ㄱ, ㄷ ④ ㄴ, ㄷ ⑤ ㄱ, ㄴ, ㄷ

3 ★★☆

그림 (가)와 (나)는 각각 서로 다른 거리에 있는 외부 은하의 거리와 후퇴 속도, 추세선의 기울기 H_1, H_2를 나타낸 것이다. 은하 ㉠은 추세선 상에 위치하고, $H_1 = 70$ km/s/Mpc이다.

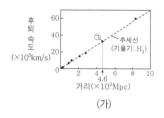 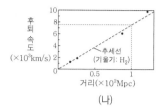

이 자료에 대한 설명으로 옳은 것만을 〈보기〉에서 있는 대로 고른 것은?

〈보기〉
ㄱ. 은하 ㉠의 후퇴 속도는 32200 km/s이다.
ㄴ. H_2는 H_1보다 크다.
ㄷ. (가), (나)가 각각 허블 법칙을 만족할 때, 관측 가능한 우주의 크기는 H_2로 구한 값이 H_1로 구한 값보다 크다.

① ㄱ ② ㄷ ③ ㄱ, ㄴ ④ ㄴ, ㄷ ⑤ ㄱ, ㄴ, ㄷ

4 ★★☆

그림은 빅뱅 우주론에 따라 우주가 팽창하는 동안 우주 구성 요소 A와 B의 밀도 변화를 시간에 따라 나타낸 것이다. A와 B는 각각 물질(보통 물질＋암흑 물질)과 암흑 에너지 중 하나이다.

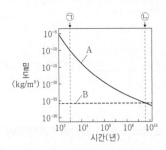

이에 대한 설명으로 옳은 것만을 〈보기〉에서 있는 대로 고른 것은?

┌─ 보기 ┐
ㄱ. A는 물질이다.
ㄴ. 우주 배경 복사는 ㉠ 시기 이전에 방출된 빛이다.
ㄷ. $\dfrac{\text{암흑 에너지 밀도}}{\text{물질 밀도}}$ 는 ㉡ 시기가 ㉠ 시기보다 크다.
└──────┘

① ㄱ ② ㄴ ③ ㄱ, ㄷ ④ ㄴ, ㄷ ⑤ ㄱ, ㄴ, ㄷ

5 ★★☆

다음은 우리은하와 외부 은하 A, B에 대한 설명이다. 적색 편이량은 $\left(\dfrac{\text{관측 파장－기준 파장}}{\text{기준 파장}}\right)$ 이고, 세 은하는 허블 법칙을 만족한다.

┌──────────────────────┐
• 우리은하에서 A를 관측하면, 기준 파장이 500 nm인 흡수선은 503.5 nm로 관측된다.
• 우리은하에서 B를 관측하면, 기준 파장이 600 nm인 흡수선은 608.4 nm로 관측된다.
• B에서 A를 관측하면, 적색 편이량은 우리은하에서 A를 관측한 적색 편이량의 $\sqrt{3}$배이다.
└──────────────────────┘

이에 대한 설명으로 옳은 것만을 〈보기〉에서 있는 대로 고른 것은? (단, 빛의 속도는 3×10^5 km/s이고, 허블 상수는 70 km/s/Mpc이다.) [3점]

┌─ 보기 ┐
ㄱ. 우리은하에서 A까지의 거리는 30 Mpc이다.
ㄴ. 우리은하에서 관측한 적색 편이량은 B가 A의 2배이다.
ㄷ. B에서 관측할 때, 우리은하와 A의 시선 방향은 30°를 이룬다.
└──────┘

① ㄱ ② ㄷ ③ ㄱ, ㄴ ④ ㄴ, ㄷ ⑤ ㄱ, ㄴ, ㄷ

6 ★★☆

그림 (가)는 타원 은하와 나선 은하의 시간에 따른 연간 별 생성량을, (나)는 은하 A의 모습을 나타낸 것이다. A는 허블의 은하 분류 체계에서 E1과 SBb 중 하나에 해당한다.

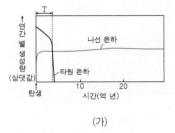 

(가)   (나)

이 자료에 대한 설명으로 옳은 것만을 〈보기〉에서 있는 대로 고른 것은?

┌─ 보기 ┐
ㄱ. T 기간 동안 누적 별 생성량은 나선 은하보다 타원 은하가 많다.
ㄴ. A는 E1에 해당한다.
ㄷ. A는 탄생 이후 연간 별 생성량이 지속적으로 증가한다.
└──────┘

① ㄱ ② ㄷ ③ ㄱ, ㄴ ④ ㄴ, ㄷ ⑤ ㄱ, ㄴ, ㄷ

7 ☆☆☆

다음은 우리은하와 외부 은하 A, B에 대한 설명이다.

- 우리은하에서 A까지의 거리는 40 Mpc이다.
- 우리은하에서 관측할 때 A의 시선 방향과 B의 시선 방향이 이루는 각도는 30°이다.
- B에서 관측한 우리은하의 후퇴 속도는 A에서 관측한 우리은하의 후퇴 속도의 $\frac{\sqrt{3}}{2}$ 배이다.

이에 대한 설명으로 옳은 것만을 〈보기〉에서 있는 대로 고른 것은? (단, 세 은하는 동일 평면상에 위치하며 허블 법칙을 만족한다.) [3점]

┌─보기┐
ㄱ. 우리은하에서 관측한 후퇴 속도는 A보다 B가 빠르다.
ㄴ. A에서 B까지의 거리는 20 Mpc이다.
ㄷ. A에서 관측할 때 우리은하의 시선 방향과 B의 시선 방향이 이루는 각도는 90°이다.
└────

① ㄱ　② ㄴ　③ ㄷ　④ ㄱ, ㄴ　⑤ ㄴ, ㄷ

8 ☆☆☆

그림은 우주 구성 요소 A와 B의 시간에 따른 밀도를 나타낸 것이다. A와 B는 각각 물질(보통 물질＋암흑 물질)과 암흑 에너지 중 하나이다.

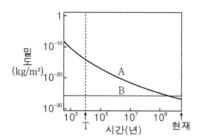

이에 대한 설명으로 옳은 것만을 〈보기〉에서 있는 대로 고른 것은?

┌─보기┐
ㄱ. A는 물질이다.
ㄴ. $\frac{물질의\ 밀도}{암흑\ 에너지의\ 밀도}$ 는 T 시기보다 현재가 크다.
ㄷ. B는 현재 우주를 가속 팽창시키는 요소이다.
└────

① ㄱ　② ㄴ　③ ㄱ, ㄷ　④ ㄴ, ㄷ　⑤ ㄱ, ㄴ, ㄷ

9 ☆☆☆

그림 (가)는 어느 은하의 가시광선 영상을, (나)는 (가)와 종류가 다른 은하의 가시광선 영상과 전파 영상을 나타낸 것이다.

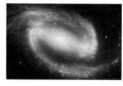

　　　　　　　　　　가시광선 영상　　전파 영상
　　(가)　　　　　　　　　　(나)

이에 대한 설명으로 옳은 것만을 〈보기〉에서 있는 대로 고른 것은?

┌─보기┐
ㄱ. (가)에서는 막대 구조가 관찰된다.
ㄴ. (나)의 전파 영상에서는 제트가 관찰된다.
ㄷ. 새로운 별의 생성은 (가)에서가 (나)에서보다 활발하다.
└────

① ㄱ　② ㄷ　③ ㄱ, ㄴ　④ ㄴ, ㄷ　⑤ ㄱ, ㄴ, ㄷ

10 ☆☆☆

그림 (가)는 어느 우주 모형에서 시간에 따른 우주의 크기 변화를, (나)는 현재 우주 구성 요소의 비율을 나타낸 것이다. A, B, C는 각각 암흑 물질, 암흑 에너지, 보통 물질 중 하나이다.

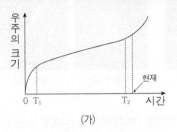

(가)   (나)

이에 대한 설명으로 옳은 것만을 〈보기〉에서 있는 대로 고른 것은? [3점]

> **보기**
>
> ㄱ. 우주의 평균 온도는 T_1 시기가 T_2 시기보다 높다.
> ㄴ. T_1 시기에 우주는 감속 팽창했다.
> ㄷ. $\dfrac{(A+B)의\ 비율}{C의\ 비율}$ 은 T_1 시기가 T_2 시기보다 크다.

① ㄱ ② ㄷ ③ ㄱ, ㄴ ④ ㄴ, ㄷ ⑤ ㄱ, ㄴ, ㄷ

11 ★☆☆

그림 (가)와 (나)는 각각 가까운 은하들과 먼 은하들의 거리와 후퇴 속도를 나타낸 것이다.

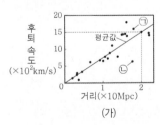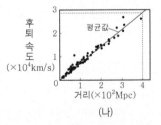

(가)   (나)

이 자료에 대한 설명으로 옳은 것만을 〈보기〉에서 있는 대로 고른 것은? [3점]

> **보기**
>
> ㄱ. 은하의 적색 편이량$\left(=\dfrac{관측\ 파장-기준\ 파장}{기준\ 파장}\right)$은 ㉠이 ㉡보다 크다.
> ㄴ. 우주의 팽창을 지지하는 증거 자료이다.
> ㄷ. (가)를 이용해 구한 우주의 나이는 (나)를 이용해 구한 우주의 나이보다 많다.

① ㄱ ② ㄷ ③ ㄱ, ㄴ ④ ㄴ, ㄷ ⑤ ㄱ, ㄴ, ㄷ

12 ★☆☆

표는 우리은하에서 외부 은하 A와 B를 관측한 결과이다. 우리은하에서 관측한 A와 B의 시선 방향은 90°를 이룬다.

은하	흡수선의 파장(nm)		거리(Mpc)
	기준 파장	관측 파장	
A	400	405.6	60
B	600	606.3	( )

이에 대한 옳은 설명만을 〈보기〉에서 있는 대로 고른 것은? (단, A와 B는 허블 법칙을 만족하고, 빛의 속도는 3×10^5 km/s이다.) [3점]

> **보기**
>
> ㄱ. 허블 상수는 70 km/s/Mpc이다.
> ㄴ. 우리은하에서 A를 관측하면 기준 파장이 600 nm인 흡수선의 관측 파장은 606.3 nm보다 길다.
> ㄷ. A에서 관측한 B의 후퇴 속도는 5250 km/s이다.

① ㄱ ② ㄴ ③ ㄱ, ㄷ ④ ㄴ, ㄷ ⑤ ㄱ, ㄴ, ㄷ

13 ★★☆

그림 (가)는 은하 ㉠과 ㉡의 모습을, (나)는 은하의 종류 A와 B가 탄생한 이후 시간에 따라 연간 생성된 별의 질량을 추정하여 나타낸 것이다. ㉠과 ㉡은 각각 A와 B 중 하나에 속한다.

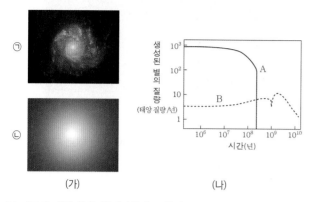

(가)　　　　　　　　(나)

이 자료에 대한 옳은 설명만을 〈보기〉에서 있는 대로 고른 것은? [3점]

보기
ㄱ. ㉠은 A에 속한다.
ㄴ. 은하의 질량 중 성간 물질이 차지하는 질량의 비율은 ㉠이 ㉡보다 크다.
ㄷ. 은하가 탄생한 이후 10^{10}년이 지났을 때 은하를 구성하는 별의 평균 표면 온도는 A가 B보다 높다.

① ㄱ　② ㄴ　③ ㄱ, ㄷ　④ ㄴ, ㄷ　⑤ ㄱ, ㄴ, ㄷ

14 ★★★

표는 우주 구성 요소의 상대적 비율을 T_1, T_2 시기에 따라 나타낸 것이고, 그림은 표준 우주 모형에 따른 빅뱅 이후 현재까지 우주의 팽창 속도를 나타낸 것이다. ㉠, ㉡, ㉢은 각각 보통 물질, 암흑 물질, 암흑 에너지 중 하나이다.

구성 요소	T_1	T_2
㉠	59.6	75.5
㉡	29.2	10.3
㉢	11.2	14.2

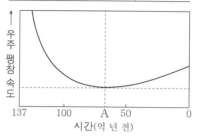

이에 대한 옳은 설명만을 〈보기〉에서 있는 대로 고른 것은? [3점]

보기
ㄱ. ㉠은 질량을 가지고 있다.
ㄴ. T_2 시기는 A 시기보다 나중이다.
ㄷ. 우주 배경 복사는 A 시기 이전에 방출된 빛이다.

① ㄱ　② ㄴ　③ ㄱ, ㄷ　④ ㄴ, ㄷ　⑤ ㄱ, ㄴ, ㄷ

15 ★★☆

그림 (가)와 (나)는 가시광선 영역에서 관측한 퀘이사와 나선 은하를 나타낸 것이다. A는 은하 중심부이고 B는 나선팔이다.

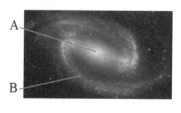

(가)　　　　　　　　(나)

이에 대한 설명으로 옳은 것만을 〈보기〉에서 있는 대로 고른 것은?

보기
ㄱ. (가)는 은하이다.
ㄴ. (나)에서 붉은 별의 비율은 A가 B보다 높다.
ㄷ. 후퇴 속도는 (가)가 (나)보다 크다.

① ㄱ　② ㄴ　③ ㄱ, ㄷ　④ ㄴ, ㄷ　⑤ ㄱ, ㄴ, ㄷ

16 ★★☆

표는 우리은하에서 관측한 은하 A, B, C의 스펙트럼 관측 결과를 나타낸 것이다. B에서 관측할 때 A와 C의 시선 방향은 정반대이다. 우리은하와 A, B, C는 허블 법칙을 만족한다.

기준 파장 (nm)	관측 파장(nm)		
	A	B	C
300	307.5	㉠	307.5
600		612	

이에 대한 설명으로 옳은 것만을 〈보기〉에서 있는 대로 고른 것은? (단, 빛의 속도는 3×10^5 km/s이다.) [3점]

〔보기〕
ㄱ. ㉠은 306이다.
ㄴ. B의 후퇴 속도는 6×10^5 km/s이다.
ㄷ. 우리은하, B, C 중 A에서 가장 멀리 있는 은하는 우리은하이다.

① ㄱ   ② ㄷ   ③ ㄱ, ㄴ   ④ ㄴ, ㄷ   ⑤ ㄱ, ㄴ, ㄷ

17 ★★☆

그림은 외부 은하까지의 거리와 후퇴 속도를 나타낸 것이다. A와 B는 각각 서로 다른 시기에 관측한 자료이다.

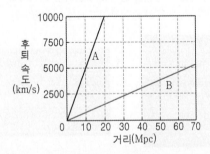

이에 대한 설명으로 옳은 것만을 〈보기〉에서 있는 대로 고른 것은?

〔보기〕
ㄱ. A에서 허블 상수는 500 km/s/Mpc이다.
ㄴ. 후퇴 속도가 5000 km/s인 은하까지의 거리는 A보다 B에서 멀다.
ㄷ. 허블 법칙으로 계산한 우주의 나이는 A보다 B에서 많다.

① ㄱ   ② ㄷ   ③ ㄱ, ㄴ   ④ ㄴ, ㄷ   ⑤ ㄱ, ㄴ, ㄷ

18 ★★☆

그림 (가)와 (나)는 나선 은하와 타원 은하를 순서 없이 나타낸 것이다.

(가)   (나)

이에 대한 설명으로 옳은 것만을 〈보기〉에서 있는 대로 고른 것은?

〔보기〕
ㄱ. (가)는 타원 은하이다.
ㄴ. (나)에서 성간 물질은 주로 은하 중심부에 분포한다.
ㄷ. 은하는 (가)의 형태에서 (나)의 형태로 진화한다.

① ㄱ   ② ㄴ   ③ ㄱ, ㄷ   ④ ㄴ, ㄷ   ⑤ ㄱ, ㄴ, ㄷ

19 ★☆☆

그림은 우주를 구성하는 요소의 비율 변화를 시간에 따라 나타낸 것이다. A, B, C는 보통 물질, 암흑 물질, 암흑 에너지 중 하나이다.

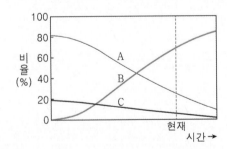

이에 대한 설명으로 옳은 것만을 〈보기〉에서 있는 대로 고른 것은?

〔보기〕
ㄱ. 현재 우주를 구성하는 요소의 비율은 C<A<B이다.
ㄴ. A는 암흑 물질이다.
ㄷ. B는 현재 우주를 가속 팽창시키는 요소이다.

① ㄱ   ② ㄷ   ③ ㄱ, ㄴ   ④ ㄴ, ㄷ   ⑤ ㄱ, ㄴ, ㄷ

20 ★☆☆

그림 (가)와 (나)는 나선 은하와 불규칙 은하를 순서 없이 나타낸 것이다.

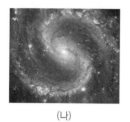

(가)   (나)

이에 대한 옳은 설명만을 〈보기〉에서 있는 대로 고른 것은?

보기
ㄱ. (가)는 불규칙 은하이다.
ㄴ. (나)에서 별은 주로 은하 중심부에서 생성된다.
ㄷ. 우리은하의 형태는 (나)보다 (가)에 가깝다.

① ㄱ   ② ㄴ   ③ ㄱ, ㄷ   ④ ㄴ, ㄷ   ⑤ ㄱ, ㄴ, ㄷ

21 ★★☆

그림은 우리은하에서 관측한 외부 은하 A와 B의 거리와 후퇴 속도를 나타낸 것이다. A와 B는 허블 법칙을 만족한다.

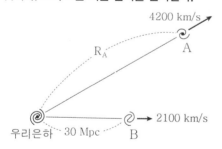

이에 대한 옳은 설명만을 〈보기〉에서 있는 대로 고른 것은? (단, 빛의 속도는 3×10^5 km/s이다.) [3점]

보기
ㄱ. R_A는 60 Mpc이다.
ㄴ. 허블 상수는 70 km/s/Mpc이다.
ㄷ. 우리은하에서 A를 관측했을 때 관측된 흡수선의 파장이 507 nm라면 이 흡수선의 기준 파장은 500 nm이다.

① ㄱ   ② ㄷ   ③ ㄱ, ㄴ   ④ ㄴ, ㄷ   ⑤ ㄱ, ㄴ, ㄷ

22 ★★★

다음은 우주의 팽창에 따른 우주 배경 복사의 파장 변화를 알아보기 위한 탐구 과정이다.

[탐구 과정]
(가) 눈금자를 이용하여 탄성 밴드에 이웃한 점 사이의 간격 (L)이 1 cm가 되도록 몇 개의 점을 찍는다.
(나) 그림과 같이 각 점이 파의 마루에 위치하도록 물결 모양의 곡선을 그린다. L은 우주 배경 복사 중 최대 복사 에너지 세기를 갖는 파장(λ_{max})이라고 가정한다.

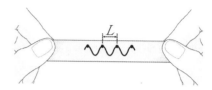

(다) 탄성 밴드를 조금 늘린 상태에서 L을 측정한다.
(라) 탄성 밴드를 (다)보다 늘린 상태에서 L을 측정한다.
(마) 측정값 1 cm를 파장 2 μm로 가정하고 λ_{max}에 해당하는 파장을 계산한다.

[탐구 결과]

과정	L(cm)	λ_{max}에 해당하는 파장(μm)
(나)	1.0	2
(다)	1.9	( )
(라)	2.8	( )

이에 대한 옳은 설명만을 〈보기〉에서 있는 대로 고른 것은? (단, 현재 우주의 λ_{max}은 약 1000 μm이다.) [3점]

보기
ㄱ. 우주의 크기는 (다)일 때가 (라)일 때보다 작다.
ㄴ. 우주가 팽창함에 따라 λ_{max}은 길어진다.
ㄷ. 우주의 온도는 (라)일 때가 현재보다 높다.

① ㄱ   ② ㄷ   ③ ㄱ, ㄴ   ④ ㄴ, ㄷ   ⑤ ㄱ, ㄴ, ㄷ

23 ☆☆☆ | 2022년 10월 교육청 7번 |

그림은 표준 우주 모형에 근거하여 시간에 따른 우주의 크기 변화를 나타낸 것이다.

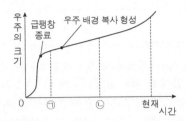

이에 대한 옳은 설명만을 〈보기〉에서 있는 대로 고른 것은? [3점]

보기
ㄱ. ㉠ 시기에 우주의 모든 지점은 서로 정보 교환이 가능하였다.
ㄴ. ㉡ 시기에 우주는 불투명한 상태였다.
ㄷ. $\dfrac{암흑\ 에너지\ 밀도}{물질\ 밀도}$ 는 현재가 ㉡ 시기보다 크다.

① ㄱ　② ㄴ　③ ㄷ　④ ㄱ, ㄴ　⑤ ㄱ, ㄷ

---

24 ★★☆ | 2022년 10월 교육청 14번 |

그림 (가)와 (나)는 어느 전파 은하의 가시광선 영상과 전파 영상을 순서 없이 나타낸 것이다.

(가)　　　　　(나)

이 은하에 대한 옳은 설명만을 〈보기〉에서 있는 대로 고른 것은?

보기
ㄱ. (가)는 전파 영상이다.
ㄴ. 허블의 분류 체계에 따르면 타원 은하에 해당한다.
ㄷ. ㉠은 은하 중심부에서 방출되는 물질의 흐름이다.

① ㄱ　② ㄴ　③ ㄱ, ㄷ　④ ㄴ, ㄷ　⑤ ㄱ, ㄴ, ㄷ

---

25 ★★★ | 2022년 10월 교육청 15번 |

표는 서로 다른 방향에 위치한 은하 (가)와 (나)의 스펙트럼에서 관측된 방출선 A와 B의 고유 파장과 관측 파장을 나타낸 것이다. 우리은하로부터의 거리는 (가)가 (나)의 두 배이다.

방출선	고유 파장(nm)	관측 파장(nm)	
		은하 (가)	은하 (나)
A	(㉠)	468	459
B	650	(㉡)	(㉢)

이에 대한 옳은 설명만을 〈보기〉에서 있는 대로 고른 것은? (단, (가)와 (나)는 허블 법칙을 만족한다.) [3점]

보기
ㄱ. ㉠은 450이다.
ㄴ. ㉡－468＝㉢－459이다.
ㄷ. (가)에서 (나)를 관측하면 A의 파장은 477 nm보다 길다.

① ㄱ　② ㄴ　③ ㄱ, ㄷ　④ ㄴ, ㄷ　⑤ ㄱ, ㄴ, ㄷ

---

26 ★★☆ | 2022년 7월 교육청 17번 |

그림 (가)는 가시광선 영역에서 관측된 어느 퀘이사를, (나)는 퀘이사의 적색 편이에 따른 개수 밀도를 나타낸 것이다.

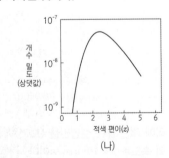

(가)　　　　　(나)

이에 대한 설명으로 옳은 것만을 〈보기〉에서 있는 대로 고른 것은?

보기
ㄱ. 퀘이사의 광도는 항성의 광도보다 크다.
ㄴ. 퀘이사는 우리은하 내부에 있는 천체이다.
ㄷ. 퀘이사의 개수 밀도는 정상 우주론으로 설명할 수 있다.

① ㄱ　② ㄴ　③ ㄱ, ㄷ　④ ㄴ, ㄷ　⑤ ㄱ, ㄴ, ㄷ

27 ☆☆☆

표는 은하 A∼D에서 서로 관측하였을 때 스펙트럼에서 기준 파장이 600 nm인 흡수선의 파장을 나타낸 것이다. 은하 A∼D는 같은 평면상에 위치하며 허블 법칙을 만족한다.

(단위 : nm)

은하	A	B	C	D
A		606	608	604
B	606		610	610
C	608	610		㉠

이에 대한 설명으로 옳은 것만을 〈보기〉에서 있는 대로 고른 것은? (단, 광속은 3×10^5 km/s이고, 허블 상수는 70 km/s/Mpc이다.) [3점]

┌─ 보기 ─────────────────────────┐
ㄱ. A와 B 사이의 거리는 $\frac{200}{7}$ Mpc이다.

ㄴ. ㉠은 608보다 작다.

ㄷ. D에서 거리가 가장 먼 은하는 B이다.
└────────────────────────────┘

① ㄱ　　② ㄴ　　③ ㄷ　　④ ㄱ, ㄴ　　⑤ ㄴ, ㄷ

28 ☆☆☆

그림은 어느 퀘이사의 스펙트럼 분석 자료 중 일부를 나타낸 것이다. A와 B는 각각 방출선과 흡수선 중 하나이다.

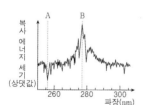

A의 정지 상태 파장	112
A의 관측 파장	256
B의 정지 상태 파장	㉠
B의 관측 파장	277

이에 대한 설명으로 옳은 것만을 〈보기〉에서 있는 대로 고른 것은?

┌─ 보기 ─────────────────────────┐
ㄱ. A는 흡수선이다.

ㄴ. ㉠은 133이다.

ㄷ. 이 퀘이사는 우리은하로부터 멀어지고 있다.
└────────────────────────────┘

① ㄱ　　② ㄴ　　③ ㄱ, ㄷ　　④ ㄴ, ㄷ　　⑤ ㄱ, ㄴ, ㄷ

29 ☆☆☆

표는 우주 모형 A, B, C의 Ω_m과 Ω_Λ를 나타낸 것이고, 그림은 A, B, C에서 적색 편이와 겉보기 등급 사이의 관계를 C를 기준으로 하여 Ⅰa형 초신성 관측 자료와 함께 나타낸 것이다. ㉠과 ㉡은 각각 A와 B의 편차 자료 중 하나이고, Ω_m과 Ω_Λ는 각각 현재 우주의 물질 밀도와 암흑 에너지 밀도를 임계 밀도로 나눈 값이다.

우주 모형	Ω_m	Ω_Λ
A	0.27	0.73
B	1.0	0
C	0.27	0

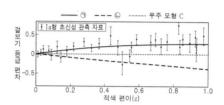

이 자료에 대한 설명으로 옳은 것만을 〈보기〉에서 있는 대로 고른 것은? [3점]

┌─ 보기 ─────────────────────────┐
ㄱ. ㉠은 B의 편차 자료이다.

ㄴ. z=1.0인 천체의 겉보기 등급은 A보다 B에서 크다.

ㄷ. Ⅰa형 초신성 관측 자료와 가장 부합하는 모형은 A이다.
└────────────────────────────┘

① ㄱ　　② ㄷ　　③ ㄱ, ㄴ　　④ ㄴ, ㄷ　　⑤ ㄱ, ㄴ, ㄷ

30 ★★★

그림은 빅뱅 이후 시간에 따른 우주의 온도 변화를 나타낸 것이다. A와 B는 각각 헬륨 원자핵과 중성 원자가 형성된 시기 중 하나이다.

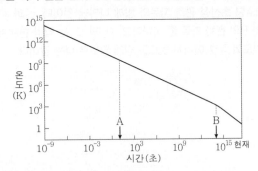

이에 대한 옳은 설명만을 〈보기〉에서 있는 대로 고른 것은?

보기
ㄱ. A는 헬륨 원자핵이 형성된 시기이다.
ㄴ. 우주의 밀도는 A 시기가 B 시기보다 크다.
ㄷ. 최초의 별은 B 시기 이후에 형성되었다.

① ㄱ   ② ㄷ   ③ ㄱ, ㄴ   ④ ㄴ, ㄷ   ⑤ ㄱ, ㄴ, ㄷ

31 ★★☆

그림 (가)는 지구에서 관측한 어느 퀘이사 X의 모습을, (나)는 X의 스펙트럼과 Hα 방출선의 파장 변화(→)를 나타낸 것이다. X의 절대 등급은 −26.7이고, 우리은하의 절대 등급은 −20.8이다.

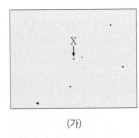
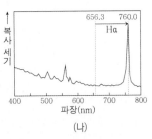

(가)   (나)

이에 대한 옳은 설명만을 〈보기〉에서 있는 대로 고른 것은? [3점]

보기
ㄱ. X는 많은 별들로 이루어진 천체이다.
ㄴ. $\dfrac{\text{X의 광도}}{\text{우리은하의 광도}}$ 는 100보다 작다.
ㄷ. X보다 거리가 먼 퀘이사의 스펙트럼에서는 Hα 방출선의 파장 변화량이 103.7 nm보다 크다.

① ㄱ   ② ㄴ   ③ ㄱ, ㄴ   ④ ㄱ, ㄷ   ⑤ ㄴ, ㄷ

32 ★☆☆

그림 (가), (나), (다)는 타원 은하, 나선 은하, 불규칙 은하를 순서 없이 나타낸 것이다.

(가)   (나)   (다)

이에 대한 옳은 설명만을 〈보기〉에서 있는 대로 고른 것은?

보기
ㄱ. (가)는 (나)로 진화한다.
ㄴ. 은하를 구성하는 별들의 평균 나이는 (나)가 (다)보다 많다.
ㄷ. 은하에서 성간 물질이 차지하는 비율은 (가)가 (다)보다 크다.

① ㄱ   ② ㄷ   ③ ㄱ, ㄴ   ④ ㄴ, ㄷ   ⑤ ㄱ, ㄴ, ㄷ

33 ★☆☆

표는 현재 우주 구성 요소 A, B, C의 비율이고, 그림은 시간에 따른 우주의 상대적 크기 변화를 나타낸 것이다. A, B, C는 각각 보통 물질, 암흑 물질, 암흑 에너지 중 하나이다.

우주 구성 요소	비율(%)
A	68.3
B	26.8
C	4.9

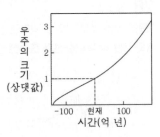

이에 대한 옳은 설명만을 〈보기〉에서 있는 대로 고른 것은?

보기
ㄱ. B는 보통 물질이다.
ㄴ. 빅뱅 이후 현재까지 우주의 팽창 속도는 일정하였다.
ㄷ. $\dfrac{\text{B의 비율}+\text{C의 비율}}{\text{A의 비율}}$ 은 100억 년 후가 현재보다 작을 것이다.

① ㄱ   ② ㄷ   ③ ㄱ, ㄴ   ④ ㄴ, ㄷ   ⑤ ㄱ, ㄴ, ㄷ

34 ★★☆

다음은 스펙트럼을 이용하여 외부 은하의 후퇴 속도를 구하는 탐구이다.

[탐구 과정]

(가) 겉보기 등급이 같은 두 외부 은하 A와 B의 스펙트럼을 관측한다.

(나) 정지 상태에서 파장이 410.0 nm와 656.0 nm인 흡수선이 A와 B의 스펙트럼에서 각각 얼마의 파장으로 관측되었는지 분석한다.

(다) A와 B의 후퇴 속도를 계산한다. (단, 빛의 속도는 $3×10^5$ km/s이다.)

[탐구 결과]

정지 상태에서 흡수선의 파장(nm)	관측된 파장(nm)	
	은하 A	은하 B
410.0	451.0	414.1
656.0	(㉠)	( )

- A의 후퇴 속도: (㉡) km/s
- B의 후퇴 속도: ( ) km/s

이에 대한 옳은 설명만을 〈보기〉에서 있는 대로 고른 것은? (단, A와 B는 허블 법칙을 만족한다.) [3점]

보기
ㄱ. ㉠은 721.6이다.
ㄴ. ㉡은 $3×10^4$이다.
ㄷ. A와 B의 절대 등급 차는 5이다.

① ㄱ　　② ㄷ　　③ ㄱ, ㄴ　　④ ㄴ, ㄷ　　⑤ ㄱ, ㄴ, ㄷ

35 ★★★

표는 우리은하에서 관측한 외부 은하 A와 B의 흡수선 파장과 거리를 나타낸 것이다. A에서 관측한 B의 후퇴 속도는 17300 km/s이고, 세 은하는 허블 법칙을 만족한다.

은하	흡수선 파장(nm)	거리(Mpc)
A	404.6	50
B	423	(가)

이에 대한 설명으로 옳은 것만을 〈보기〉에서 있는 대로 고른 것은? (단, 빛의 속도는 $3×10^5$ km/s이고, 이 흡수선의 고유 파장은 400 nm이다.) [3점]

보기
ㄱ. (가)는 250이다.
ㄴ. 허블 상수는 70 km/s/Mpc보다 크다.
ㄷ. 우리은하로부터 A까지의 시선 방향과 B까지의 시선 방향이 이루는 각도는 60°보다 작다.

① ㄱ　　② ㄴ　　③ ㄷ　　④ ㄱ, ㄴ　　⑤ ㄷ, ㄷ

36 ★★☆

그림은 우주 모형 A, B와 외부 은하에서 발견된 Ⅰa형 초신성의 관측 자료를 나타낸 것이다. Ω_m과 Ω_Λ는 각각 현재 우주의 물질 밀도와 암흑 에너지 밀도를 임계 밀도로 나눈 값이다.

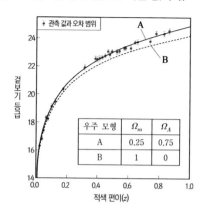

우주 모형	Ω_m	Ω_Λ
A	0.25	0.75
B	1	0

이에 대한 설명으로 옳은 것만을 〈보기〉에서 있는 대로 고른 것은?

보기
ㄱ. Ⅰa형 초신성의 관측 결과를 설명할 수 있는 우주 모형은 B보다 A이다.
ㄴ. z=0.8인 Ⅰa형 초신성의 거리 예측 값은 A가 B보다 크다.
ㄷ. 보통 물질, 암흑 물질, 암흑 에너지를 모두 고려한 우주 모형은 B이다.

① ㄱ　　② ㄷ　　③ ㄱ, ㄴ　　④ ㄴ, ㄷ　　⑤ ㄱ, ㄴ, ㄷ

37 ★☆☆

그림은 어느 전파 은하의 영상을 나타낸 것이다. (가)와 (나)는 각각 가시광선 영상과 전파 영상 중 하나이고, (다)는 (가)와 (나)의 합성 영상이다.

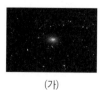 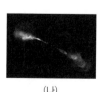 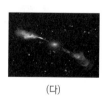

(가)　　　　　(나)　　　　　(다)

이에 대한 설명으로 옳은 것만을 〈보기〉에서 있는 대로 고른 것은?

보기
ㄱ. (가)는 가시광선 영상이다.
ㄴ. (나)에서는 제트가 관측된다.
ㄷ. 이 은하는 특이 은하에 해당한다.

① ㄱ　　② ㄷ　　③ ㄱ, ㄴ　　④ ㄴ, ㄷ　　⑤ ㄱ, ㄴ, ㄷ

38 ☆☆☆　| 2021년 4월 교육청 20번 |

그림 (가)는 현재 우주를 구성하는 요소 ㉠, ㉡, ㉢의 상대적 비율을, (나)는 우주 모형 A와 B에서 시간에 따른 우주의 상대적 크기를 나타낸 것이다. ㉠, ㉡, ㉢은 각각 보통 물질, 암흑 물질, 암흑 에너지 중 하나이다.

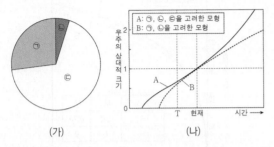

(가)　　　　(나)

이에 대한 설명으로 옳은 것만을 〈보기〉에서 있는 대로 고른 것은? [3점]

보기
ㄱ. 별과 행성은 ㉠에 해당한다.
ㄴ. 대폭발 이후 현재까지 걸린 시간은 A보다 B에서 짧다.
ㄷ. A에서 우주를 구성하는 요소 중 ㉢이 차지하는 비율은 T 시기보다 현재가 크다.

① ㄱ　② ㄴ　③ ㄱ, ㄷ　④ ㄴ, ㄷ　⑤ ㄱ, ㄴ, ㄷ

39 ☆☆☆　| 2021년 3월 교육청 9번 |

그림은 외부 은하 중 일부를 형태에 따라 (가), (나), (다)로 분류한 것이다.

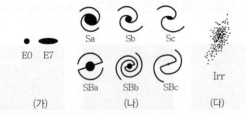

(가)　　　(나)　　　(다)

이에 대한 옳은 설명만을 〈보기〉에서 있는 대로 고른 것은?

보기
ㄱ. (가)는 타원 은하이다.
ㄴ. (나)의 은하들은 나선팔이 있다.
ㄷ. 은하를 구성하는 별의 평균 표면 온도는 (가)가 (다)보다 낮다.

① ㄱ　② ㄷ　③ ㄱ, ㄴ　④ ㄴ, ㄷ　⑤ ㄱ, ㄴ, ㄷ

40 ☆☆☆　| 2021년 3월 교육청 20번 |

그림 (가)는 현재 우주에서 암흑 물질, 보통 물질, 암흑 에너지가 차지하는 비율을 각각 ㉠, ㉡, ㉢으로 순서 없이 나타낸 것이고, (나)는 우리은하의 회전 속도를 은하 중심으로부터의 거리에 따라 나타낸 것이다. A와 B는 각각 관측 가능한 물질만을 고려한 추정값과 실제 관측값 중 하나이다.

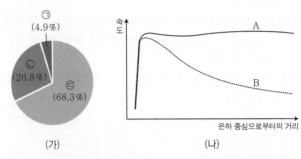

(가)　　　　(나)

이에 대한 옳은 설명만을 〈보기〉에서 있는 대로 고른 것은? [3점]

보기
ㄱ. ㉠과 ㉡은 현재 우주를 가속 팽창시키는 역할을 한다.
ㄴ. 관측 가능한 물질만을 고려한 추정값은 B이다.
ㄷ. A와 B의 회전 속도 차이는 ㉡의 영향으로 나타난다.

① ㄱ　② ㄴ　③ ㄱ, ㄷ　④ ㄴ, ㄷ　⑤ ㄱ, ㄴ, ㄷ

02

대륙 분포와
판 이동의 원동력

2026학년도 수능 출제 예측

2025학년도 수능, 평가원 분석

수능에서는 판의 이동에 따라 열점에서 생성된 화산암체들이 배열되는 과정을 알아보기 위한 탐구 문제, 암석의 생성 시기와 고지자기 복각으로부터 지괴의 위치를 비교하는 문제가 출제되었다. 9월 평가원에서는 플룸의 생성, 고지자기 복각과 고지자기극의 위치를 비교하는 문제가 출제되었다. 6월 평가원에서는 동일 위도를 이동한 두 지괴의 시기별 위치 자료를 해석하는 문제가 출제되었다.

2026학년도 수능 예측

매년 한 문제씩 출제가 되는 단원이다. 고지자기 자료를 이용하여 과거 대륙의 이동을 찾는 문제나 플룸 구조론과 지각 변동을 연결지어 묻는 문제 등이 출제될 가능성이 높다.

1 ☆☆☆

다음은 판의 이동에 따라 열점에서 생성된 화산암체들이 배열되는 과정을 알아보기 위한 탐구 활동이다.

[탐구 과정]

(가) 책상에 종이를 고정시킨 후, ㉠ 종이 위에 점을 찍고 A로 표시한다.

(나) 그림과 같이 (가)의 종이 위에 투명 용지를 올린 후, 투명 용지에 방위를 표시하고 종이의 점 A의 위치에 점을 찍는다.

(다) 투명 용지를 일정한 거리만큼 (㉡) 방향으로 이동시킨다.

(라) 투명 용지에 종이의 점 A의 위치에 점을 찍는다.

(마) (다)~(라)의 과정을 2회 반복한다.

(바) (나)~(마)의 과정에서 투명 용지에 점을 찍은 순서대로 숫자 1~4를 기록한다.

[탐구 결과]

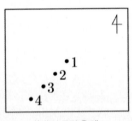

《(바)의 투명 용지》

이 자료에 대한 설명으로 옳은 것만을 〈보기〉에서 있는 대로 고른 것은? [3점]

보기
ㄱ. ㉠은 '열점'에 해당한다.
ㄴ. (다)는 판이 이동하는 과정에 해당한다.
ㄷ. '남서쪽'은 ㉡에 해당한다.

① ㄱ   ② ㄷ   ③ ㄱ, ㄴ   ④ ㄴ, ㄷ   ⑤ ㄱ, ㄴ, ㄷ

2 ☆☆☆

그림 (가)는 어느 지괴 A와 B에서 구한 암석의 생성 시기와 고지자기 복각을, (나)는 복각과 위도와의 관계를 나타낸 것이다. A와 B는 동일 경도를 따라 회전 없이 일정한 방향으로 이동하였다.

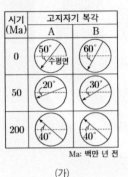

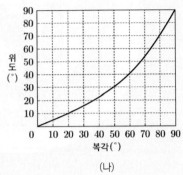

(가)   (나)

이 자료에 대한 설명으로 옳은 것만을 〈보기〉에서 있는 대로 고른 것은? (단, 고지자기극은 고지자기 방향으로 추정한 지리상 북극이고, 지리상 북극은 변하지 않았다.) [3점]

보기
ㄱ. A의 이동 방향은 남쪽이다.
ㄴ. 50 Ma~0 Ma 동안의 평균 이동 속도는 A가 B보다 느리다.
ㄷ. 현재 A에서 구한 200 Ma의 고지자기극은 현재 B에서 구한 200 Ma의 고지자기극보다 고위도에 위치한다.

① ㄱ   ② ㄴ   ③ ㄱ, ㄷ   ④ ㄴ, ㄷ   ⑤ ㄱ, ㄴ, ㄷ

3 ★☆☆ | 2025학년도 9월 평가원 2번 |

그림은 플룸 구조론을 나타낸 모식도이다. A와 B는 뜨거운 플룸과 차가운 플룸을 순서 없이 나타낸 것이다.

5100 2900 0
(단위 : km)

이에 대한 설명으로 옳은 것만을 〈보기〉에서 있는 대로 고른 것은?

┌─ 보기 ─────────────────────────┐
ㄱ. A는 섭입한 해양판에 의해 생성된다.
ㄴ. B는 외핵과 맨틀의 경계 부근에서 생성되어 상승한다.
ㄷ. 판의 내부에서 일어나는 화산 활동은 B로 설명할 수 있다.
└──────────────────────────────┘

① ㄱ　② ㄷ　③ ㄱ, ㄴ　④ ㄴ, ㄷ　⑤ ㄱ, ㄴ, ㄷ

4 ★★☆ | 2025학년도 9월 평가원 15번 |

그림은 동일 경도를 따라 이동한 지괴의 현재 위치와 시기별 고지자기극의 위치를 나타낸 것이다.

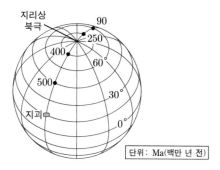

단위 : Ma(백만 년 전)

이 지괴에 대한 설명으로 옳은 것만을 〈보기〉에서 있는 대로 고른 것은? (단, 고지자기극은 고지자기 방향으로 추정한 지리상 북극이고, 지리상 북극은 변하지 않았다.) [3점]

┌─ 보기 ─────────────────────────┐
ㄱ. 90 Ma에 지괴는 북반구에 위치하였다.
ㄴ. 지괴에서 구한 고지자기 복각은 400 Ma일 때가 500 Ma일 때보다 작다.
ㄷ. 지괴의 평균 이동 속도는 400 Ma~250 Ma가 90 Ma~현재보다 빠르다.
└──────────────────────────────┘

① ㄱ　② ㄴ　③ ㄷ　④ ㄱ, ㄷ　⑤ ㄴ, ㄷ

5 ★★★ | 2025학년도 6월 평가원 17번 |

그림은 동일 위도를 따라 이동한 지괴 A와 B의 시기별 위치를 나타낸 것이다.

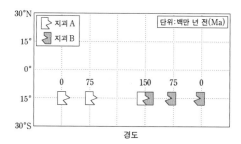

이 자료에 대한 설명으로 옳은 것만을 〈보기〉에서 있는 대로 고른 것은? (단, 고지자기극은 고지자기 방향으로 추정한 지리상 북극이고, 지리상 북극은 변하지 않았다.) [3점]

┌─ 보기 ─────────────────────────┐
ㄱ. 150 Ma~0 Ma 동안 지괴의 평균 이동 속도는 A가 B보다 빠르다.
ㄴ. 75 Ma에 A와 B에서 생성된 암석에 기록된 고지자기 복각은 모두 (+) 값이다.
ㄷ. A에서 구한 고지자기극의 위치는 75 Ma와 150 Ma가 같다.
└──────────────────────────────┘

① ㄱ　② ㄴ　③ ㄷ　④ ㄱ, ㄴ　⑤ ㄱ, ㄷ

6 ★★★ 　　　　　　　　　　　　| 2024학년도 수능 20번 |

그림은 지괴 A와 B의 현재 위치와 ㉠ 시기부터 ㉡ 시기까지 시기별 고지자기극의 위치를 나타낸 것이다. A와 B는 동일 경도를 따라 일정한 방향으로 이동하였으며, ㉠부터 현재까지의 어느 시기에서 서로 한 번 분리된 후 현재의 위치에 있다.

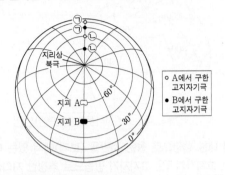

이 자료에 대한 설명으로 옳은 것만을 〈보기〉에서 있는 대로 고른 것은? (단, 고지자기극은 고지자기 방향으로 추정한 지리상 북극이고, 지리상 북극은 변하지 않았다.) [3점]

〈보기〉
ㄱ. A에서 구한 고지자기 복각의 절댓값은 ㉠이 ㉡보다 작다.
ㄴ. A와 B는 북반구에서 분리되었다.
ㄷ. ㉡부터 현재까지의 평균 이동 속도는 A가 B보다 빠르다.

① ㄱ 　② ㄷ 　③ ㄱ, ㄴ 　④ ㄴ, ㄷ 　⑤ ㄱ, ㄴ, ㄷ

---

7 ★★★ 　　　　　　　　　　　| 2024학년도 9월 평가원 20번 |

그림은 남반구에 위치한 열점에서 생성된 화산섬의 위치와 연령을 나타낸 것이다. 해양판 A와 B에는 각각 하나의 열점이 존재하고, 열점에서 생성된 화산섬은 동일 경도상을 따라 각각 일정한 속도로 이동한다.

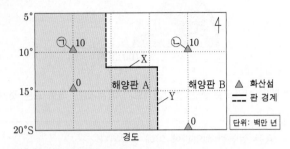

이 자료에 대한 설명으로 옳은 것만을 〈보기〉에서 있는 대로 고른 것은? (단, 고지자기극은 고지자기 방향으로 추정한 지리상 북극이고, 지리상 북극은 변하지 않았다.) [3점]

〈보기〉
ㄱ. 판의 경계에서 화산 활동은 X가 Y보다 활발하다.
ㄴ. 고지자기 복각의 절댓값은 화산섬 ㉠과 ㉡이 같다.
ㄷ. 화산섬 ㉠에서 구한 고지자기극은 화산섬 ㉡에서 구한 고지자기극보다 저위도에 위치한다.

① ㄱ 　② ㄴ 　③ ㄷ 　④ ㄱ, ㄴ 　⑤ ㄱ, ㄷ

---

8 ★☆☆ 　　　　　　　　　　　| 2024학년도 6월 평가원 9번 |

그림은 플룸 구조론을 나타낸 모식도이다. A와 B는 각각 뜨거운 플룸과 차가운 플룸 중 하나이다.

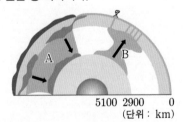

이에 대한 설명으로 옳은 것만을 〈보기〉에서 있는 대로 고른 것은?

〈보기〉
ㄱ. A는 뜨거운 플룸이다.
ㄴ. B에 의해 여러 개의 화산이 형성될 수 있다.
ㄷ. B는 내핵과 외핵의 경계에서 생성된다.

① ㄱ 　② ㄴ 　③ ㄷ 　④ ㄱ, ㄴ 　⑤ ㄴ, ㄷ

9 ★☆☆

그림은 플룸 구조론을 나타낸 모식도이다. A와 B는 각각 차가운 플룸과 뜨거운 플룸 중 하나이고, ㉠은 화산섬이다.

이에 대한 설명으로 옳은 것만을 〈보기〉에서 있는 대로 고른 것은?

─┤보기├─
ㄱ. A는 섭입한 해양판에 의해 형성된다.
ㄴ. B는 태평양에 여러 화산을 형성한다.
ㄷ. ㉠을 형성한 열점은 판과 같은 방향으로 움직인다.

① ㄱ　② ㄷ　③ ㄱ, ㄴ　④ ㄴ, ㄷ　⑤ ㄱ, ㄴ, ㄷ

10 ★★★

그림은 어느 해양판의 고지자기 분포와 지점 A, B의 연령을 나타낸 것이다. 해양판의 이동 속도와 해저 퇴적물이 쌓이는 속도는 일정하고, 현재 해양판의 이동 방향은 남쪽과 북쪽 중 하나이다.

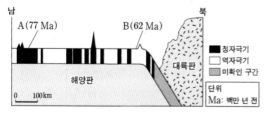

이 자료에 대한 설명으로 옳은 것만을 〈보기〉에서 있는 대로 고른 것은? (단, 해양판의 이동 속도는 대륙판보다 빠르다.) [3점]

─┤보기├─
ㄱ. A와 B 사이에 해령이 위치한다.
ㄴ. 해저 퇴적물의 두께는 A가 B보다 두껍다.
ㄷ. 현재 A의 이동 방향은 남쪽이다.

① ㄱ　② ㄴ　③ ㄱ, ㄷ　④ ㄴ, ㄷ　⑤ ㄱ, ㄴ, ㄷ

11 ★★☆

그림은 상부 맨틀에서만 대류가 일어나는 모형을 나타낸 것이다.

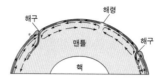

이 모형에 대한 설명으로 옳은 것만을 〈보기〉에서 있는 대로 고른 것은? [3점]

─┤보기├─
ㄱ. 판을 이동시키는 힘의 원동력을 설명할 수 있다.
ㄴ. 해양 지각의 평균 연령이 대륙 지각의 평균 연령보다 적은 이유를 설명할 수 있다.
ㄷ. 뜨거운 플룸이 핵과 맨틀의 경계 부근에서 생성되어 상승하는 것을 설명할 수 있다.

① ㄱ　② ㄴ　③ ㄷ　④ ㄱ, ㄴ　⑤ ㄱ, ㄷ

12 ★★★

그림은 어느 지괴의 현재 위치와 시기별 고지자기극의 위치를 나타낸 것이다. 고지자기극은 고지자기 방향으로 추정한 지리상 북극이고, 지리상 북극은 변하지 않았다. 현재 지자기 북극은 지리상 북극과 일치한다.

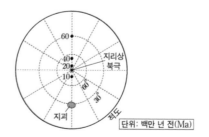

이 지괴에 대한 설명으로 옳은 것만을 〈보기〉에서 있는 대로 고른 것은?

─┤보기├─
ㄱ. 지괴는 60 Ma~40 Ma가 40 Ma~20 Ma보다 빠르게 이동하였다.
ㄴ. 60 Ma에 생성된 암석에 기록된 고지자기 복각은 (+) 값이다.
ㄷ. 10 Ma부터 현재까지 지괴의 이동 방향은 북쪽이다.

① ㄱ　② ㄴ　③ ㄱ, ㄷ　④ ㄴ, ㄷ　⑤ ㄱ, ㄴ, ㄷ

13 ★☆☆
| 2023학년도 6월 평가원 4번 |

다음은 어느 플룸의 연직 이동 원리를 알아보기 위한 실험이다.

[실험 목표]
· (A)의 연직 이동 원리를 설명할 수 있다.

[실험 과정]
(가) 비커에 5 ℃ 물 800 mL를 담는다.
(나) 그림과 같이 비커 바닥에 수성 잉크 소량을 스포이트로 주입한다.
(다) 비커 바닥의 물이 고르게 착색된 후, 비커 바닥 중앙을 촛불로 30초간 가열하면서 착색된 물이 움직이는 모습을 관찰한다.

[실험 결과]
· 그림과 같이 착색된 물이 밀도 차에 의해 (B)하는 모습이 관찰되었다.

이에 대한 설명으로 옳은 것만을 〈보기〉에서 있는 대로 고른 것은? [3점]

보기
ㄱ. '뜨거운 플룸'은 A에 해당한다.
ㄴ. '상승'은 B에 해당한다.
ㄷ. 플룸은 내핵과 외핵의 경계에서 생성된다.

① ㄱ ② ㄷ ③ ㄱ, ㄴ ④ ㄴ, ㄷ ⑤ ㄱ, ㄴ, ㄷ

14 ★★★
| 2022학년도 수능 2번 |

그림은 플룸 구조론을 나타낸 모식도이다. A와 B는 각각 차가운 플룸과 뜨거운 플룸 중 하나이다.

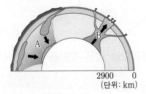

2900   0
(단위: km)

이에 대한 설명으로 옳은 것만을 〈보기〉에서 있는 대로 고른 것은?

보기
ㄱ. A는 차가운 플룸이다.
ㄴ. B에 의해 호상 열도가 형성된다.
ㄷ. 상부 맨틀과 하부 맨틀 사이의 경계에서 B가 생성된다.

① ㄱ ② ㄴ ③ ㄷ ④ ㄱ, ㄴ ⑤ ㄱ, ㄷ

15 ★★★
| 2022학년도 9월 평가원 19번 |

그림은 남아메리카 대륙의 현재 위치와 시기별 고지자기극의 위치를 나타낸 것이다. 고지자기극은 남아메리카 대륙의 고지자기 방향으로 추정한 지리상 남극이고, 지리상 남극은 변하지 않았다. 현재 지자기 남극은 지리상 남극과 일치한다.

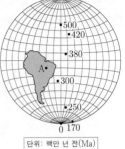

단위: 백만 년 전(Ma)

대륙 위의 지점 A에 대한 설명으로 옳은 것만을 〈보기〉에서 있는 대로 고른 것은?

보기
ㄱ. 500 Ma에는 북반구에 위치하였다.
ㄴ. 복각의 절댓값은 300 Ma일 때가 250 Ma일 때보다 컸다.
ㄷ. 250 Ma일 때는 170 Ma일 때보다 북쪽에 위치하였다.

① ㄱ ② ㄴ ③ ㄷ ④ ㄱ, ㄴ ⑤ ㄱ, ㄷ

16 ★☆☆
| 2022학년도 6월 평가원 6번 |

그림은 화산 활동으로 형성된 하와이와 그 주변 해산들의 분포를 절대 연령과 함께 나타낸 것이다. B 지점에서 판의 이동 방향은 ㉠과 ㉡ 중 하나이다.

단위: 백만 년

이 자료에 대한 설명으로 옳은 것만을 〈보기〉에서 있는 대로 고른 것은? [3점]

보기
ㄱ. A 지점의 하부에는 맨틀 대류의 하강류가 있다.
ㄴ. B 지점의 화산은 뜨거운 플룸에 의해 형성되었다.
ㄷ. B 지점에서 판의 이동 방향은 ㉠이다.

① ㄴ ② ㄷ ③ ㄱ, ㄴ ④ ㄱ, ㄷ ⑤ ㄱ, ㄴ, ㄷ

05

대기와 해양의 상호 작용

2026학년도 수능 출제 예측

2025학년도 수능, 평가원 분석

수능, 9월 평가원, 6월 평가원에서는 자료를 해석하여 엘니뇨와 라니냐 시기의 특징을 파악하는 문제가 공통적으로 출제되었다. 수능에서는 수온 약층이 시작되는 깊이 편차와 강수량 편차 자료를, 9월 평가원에서는 해수면의 높이 편차 자료를, 6월 평가원에서는 수온 편차 분포 자료를 해석하는 문제가 출제되었다.

2026학년도 수능 예측

매년 한 문제씩 출제되는 단원이다. 엘니뇨와 라니냐 시기와 관련한 다양한 자료를 제시하고 각 시기별 특징을 비교하는 문제가 출제될 수 있다. 특히 엘니뇨 시기와 라니냐 시기의 해수면 기압 편차 자료를 제시하는 형태로 출제될 가능성이 매우 높다.

1 ☆☆☆ | 2025학년도 **수능** 12번 |

그림 (가)는 동태평양 적도 부근 해역에서 관측한 수온 약층이 시작되는 깊이 편차를, (나)는 A와 B 중 한 시기에 관측한 태평양 적도 부근 해역의 강수량 편차를 나타낸 것이다. A와 B는 각각 엘니뇨와 라니냐 시기 중 하나이고, 편차는 (관측값−평년값)이다.

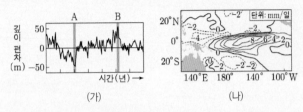

(가)   (나)

이에 대한 설명으로 옳은 것만을 〈보기〉에서 있는 대로 고른 것은?

보기
ㄱ. (나)는 A에 해당한다.
ㄴ. 동태평양 적도 부근 해역의 용승은 A가 B보다 강하다.
ㄷ. 적도 부근 해역의 $\dfrac{\text{동태평양 해면 기압}}{\text{서태평양 해면 기압}}$ 은 A가 B보다 크다.

① ㄱ ② ㄴ ③ ㄷ ④ ㄱ, ㄴ ⑤ ㄴ, ㄷ

---

2 ☆☆☆ | 2025학년도 **9월** **평가원** 12번 |

그림은 동태평양 적도 부근 해역에서 관측한 해수면의 높이 편차를 시간에 따라 나타낸 것이다. A와 B는 각각 엘니뇨 시기와 라니냐 시기 중 하나이고, 편차는 (관측값−평년값)이다.

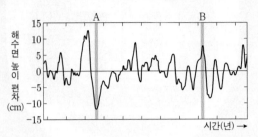

이에 대한 설명으로 옳은 것만을 〈보기〉에서 있는 대로 고른 것은?

보기
ㄱ. 동태평양 적도 부근 해역의 용승은 A가 B보다 약하다.
ㄴ. 서태평양 적도 부근 해역에서 A의 강수량 편차는 (+) 값이다.
ㄷ. 적도 부근 해역에서 (동태평양 해면 기압 편차 − 서태평양 해면 기압 편차) 값은 A가 B보다 크다.

① ㄱ ② ㄴ ③ ㄷ ④ ㄱ, ㄴ ⑤ ㄴ, ㄷ

---

3 ★★☆ | 2025학년도 **6월** **평가원** 15번 |

그림 (가)와 (나)는 태평양 적도 부근 해역에서 관측된 수온 편차 분포를 나타낸 것이다. (가)와 (나)는 각각 엘니뇨와 라니냐 시기 중 하나이며, 편차는 (관측값−평년값)이다.

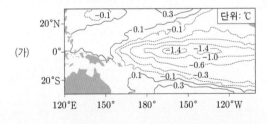

(가)

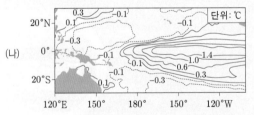

(나)

이 자료에 대한 설명으로 옳은 것만을 〈보기〉에서 있는 대로 고른 것은?

보기
ㄱ. 워커 순환의 세기는 (가)가 (나)보다 강하다.
ㄴ. 동태평양 적도 부근 해역에서 수온 약층이 나타나기 시작하는 깊이는 (가)가 (나)보다 깊다.
ㄷ. 적도 부근에서 (동태평양 해면 기압−서태평양 해면 기압) 값은 (가)가 (나)보다 작다.

① ㄱ ② ㄴ ③ ㄱ, ㄷ ④ ㄴ, ㄷ ⑤ ㄱ, ㄴ, ㄷ

4 ☆☆☆ | 2024학년도 수능 17번 |

그림 (가)는 기상 위성으로 관측한 서태평양 적도 부근의 수증기량 편차를, (나)는 A와 B 중 한 시기에 관측한 태평양 적도 부근 해역의 해수면 높이 편차를 나타낸 것이다. A와 B는 각각 엘니뇨와 라니냐 시기 중 하나이고, 편차는 (관측값−평년값)이다.

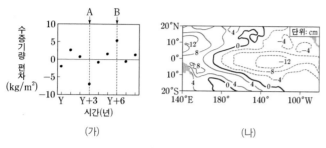

(가)   (나)

이에 대한 설명으로 옳은 것만을 〈보기〉에서 있는 대로 고른 것은?

┌─ 보기 ──────────────────────────┐
ㄱ. (나)는 B에 해당한다.
ㄴ. 동태평양 적도 부근 해역에서 수온 약층이 나타나기 시작하는 깊이는 A가 B보다 깊다.
ㄷ. 적도 부근 해역에서 (동태평양 해면 기압 편차−서태평양 해면 기압 편차) 값은 A가 B보다 크다.
└──────────────────────────────┘

① ㄱ ② ㄷ ③ ㄱ, ㄴ ④ ㄴ, ㄷ ⑤ ㄱ, ㄴ, ㄷ

5 ☆☆☆ | 2024학년도 9월 평가원 15번 |

그림 (가)는 태평양 적도 부근 해역에서 부는 바람의 동서 방향 풍속 편차를, (나)는 A와 B 중 어느 한 시기에 관측한 강수량 편차를 나타낸 것이다. A와 B는 각각 엘니뇨와 라니냐 시기 중 하나이고, 편차는 (관측값−평년값)이다. (가)에서 동쪽으로 향하는 바람을 양(+)으로 한다.

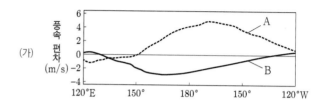

(가)

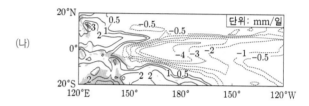

(나)

이에 대한 설명으로 옳은 것만을 〈보기〉에서 있는 대로 고른 것은?

[3점]

┌─ 보기 ──────────────────────────┐
ㄱ. (나)는 B에 관측한 것이다.
ㄴ. 동태평양 적도 부근 해역의 해면 기압은 A가 B보다 높다.
ㄷ. 적도 부근 해역에서 (서태평양 표층 수온 편차−동태평양 표층 수온 편차) 값은 A가 B보다 크다.
└──────────────────────────────┘

① ㄱ ② ㄴ ③ ㄱ, ㄷ ④ ㄴ, ㄷ ⑤ ㄱ, ㄴ, ㄷ

6 ☆☆☆ | 2024학년도 6월 **평가원** 17번 |

그림은 엘니뇨 또는 라니냐 중 어느 한 시기에 태평양 적도 부근에서 기상 위성으로 관측한 적외선 방출 복사 에너지의 편차(관측값−평년값)를 나타낸 것이다. 적외선 방출 복사 에너지는 구름, 대기, 지표에서 방출된 에너지이다.

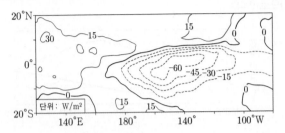

이 시기에 대한 설명으로 옳은 것만을 〈보기〉에서 있는 대로 고른 것은?

┌ 보기 ┐
ㄱ. 서태평양 적도 부근 해역의 강수량은 평년보다 적다.
ㄴ. 동태평양 적도 부근 해역의 용승은 평년보다 강하다.
ㄷ. 적도 부근의 (동태평양 해면 기압−서태평양 해면 기압) 값은 평년보다 작다.

① ㄱ ② ㄴ ③ ㄱ, ㄷ ④ ㄴ, ㄷ ⑤ ㄱ, ㄴ, ㄷ

---

7 ☆☆☆ | 2023학년도 **수능** 17번 |

그림 (가)는 태평양 적도 부근 해역에서 관측한 바람의 동서 방향 풍속 편차를, (나)는 이 해역에서 A와 B 중 어느 한 시기에 관측된 20 ℃ 등수온선의 깊이 편차를 나타낸 것이다. A와 B는 각각 엘니뇨와 라니냐 시기 중 하나이고, (+)는 서풍, (−)는 동풍에 해당한다. 편차는 (관측값−평년값)이다.

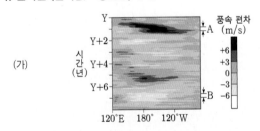

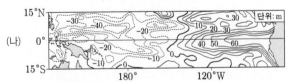

이에 대한 설명으로 옳은 것만을 〈보기〉에서 있는 대로 고른 것은?

┌ 보기 ┐
ㄱ. (나)는 B에 해당한다.
ㄴ. 동태평양 적도 부근 해역에서 해수면 높이는 B가 평년보다 낮다.
ㄷ. 적도 부근의 (동태평양 해면 기압−서태평양 해면 기압) 값은 A가 B보다 크다.

① ㄱ ② ㄴ ③ ㄷ ④ ㄱ, ㄷ ⑤ ㄴ, ㄷ

---

8 ☆☆☆ | 2023학년도 9월 **평가원** 15번 |

그림 (가)는 동태평양 적도 해역과 서태평양 적도 해역의 시간에 따른 해면 기압 편차를, (나)는 (가)의 A와 B 중 한 시기의 태평양 적도 해역의 깊이에 따른 수온 편차를 나타낸 것이다. A와 B는 각각 엘니뇨 시기와 라니냐 시기 중 하나이고, 편차는 (관측값−평년값)이다.

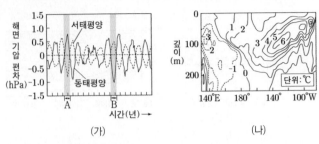

이에 대한 설명으로 옳은 것만을 〈보기〉에서 있는 대로 고른 것은?

┌ 보기 ┐
ㄱ. (나)는 B에 측정한 것이다.
ㄴ. 적도 부근에서 (서태평양 평균 표층 수온 편차−동태평양 평균 표층 수온 편차) 값은 A가 B보다 크다.
ㄷ. 적도 부근에서 $\dfrac{\text{동태평양 평균 해면 기압}}{\text{서태평양 평균 해면 기압}}$ 은 A가 B보다 크다.

① ㄱ ② ㄷ ③ ㄱ, ㄴ ④ ㄴ, ㄷ ⑤ ㄱ, ㄴ, ㄷ

---

9 ☆☆☆ | 2023학년도 6월 **평가원** 16번 |

그림은 동태평양 적도 부근 해역의 강수량 편차와 수온 약층 시작 깊이 편차를 나타낸 것이다. A, B, C는 각각 엘니뇨와 라니냐 시기 중 하나이고, 편차는 (관측값−평년값)이다.

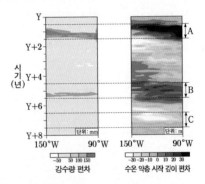

이 해역에 대한 설명으로 옳은 것만을 〈보기〉에서 있는 대로 고른 것은?

┌ 보기 ┐
ㄱ. 강수량은 A가 B보다 많다.
ㄴ. 용승은 C가 평년보다 강하다.
ㄷ. 평균 해수면 높이는 A가 C보다 높다.

① ㄱ ② ㄷ ③ ㄱ, ㄴ ④ ㄴ, ㄷ ⑤ ㄱ, ㄴ, ㄷ

10 ☆☆☆

그림은 동태평양 적도 부근 해역에서 A 시기와 B 시기에 관측한 구름의 양을 높이에 따라 나타낸 것이다. A와 B는 각각 엘니뇨 시기와 평상시 중 하나이다.

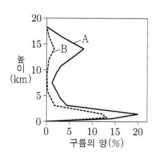

이에 대한 설명으로 옳은 것만을 〈보기〉에서 있는 대로 고른 것은?

보기
ㄱ. A는 엘니뇨 시기이다.
ㄴ. 서태평양 적도 부근 해역에서 상승 기류는 A가 B보다 활발하다.
ㄷ. 동태평양 적도 부근 해역에서 수온 약층이 나타나기 시작하는 깊이는 A가 B보다 얕다.

① ㄱ   ② ㄴ   ③ ㄱ, ㄷ   ④ ㄴ, ㄷ   ⑤ ㄱ, ㄴ, ㄷ

11 ☆☆☆

그림의 유형 Ⅰ과 Ⅱ는 두 물리량 x와 y 사이의 대략적인 관계를 나타낸 것이다. 표는 엘니뇨와 라니냐가 일어난 시기에 태평양 적도 부근 해역에서 동시에 관측한 물리량과 이들의 관계 유형을 Ⅰ 또는 Ⅱ로 나타낸 것이다.

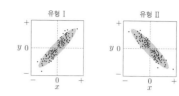

관계 유형 \ 물리량	x	y
ⓐ	동태평양에서 적운형 구름양의 편차	(서태평양 해수면 높이 − 동태평양 해수면 높이)의 편차
Ⅰ	서태평양에서의 해면 기압 편차	(㉠)의 편차
ⓑ	(서태평양 해수면 수온 − 동태평양 해수면 수온)의 편차	워커 순환 세기의 편차

(편차＝관측값－평년값)

이 자료에 대한 설명으로 옳은 것만을 〈보기〉에서 있는 대로 고른 것은? [3점]

보기
ㄱ. ⓐ는 Ⅱ이다.
ㄴ. '동태평양에서 수온 약층이 나타나기 시작하는 깊이'는 ㉠에 해당한다.
ㄷ. ⓑ는 Ⅰ이다.

① ㄱ   ② ㄷ   ③ ㄱ, ㄴ   ④ ㄴ, ㄷ   ⑤ ㄱ, ㄴ, ㄷ

12 ★★☆

그림은 동태평양 적도 부근 해역에서 관측된 수온 편차 분포를 깊이에 따라 나타낸 것이다. (가)와 (나)는 각각 엘니뇨와 라니냐 시기 중 하나이다. 편차는 (관측값−평년값)이다.

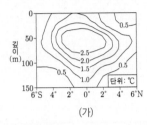 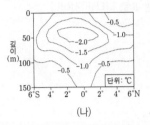

(가)　　　　　　(나)

이 해역에 대한 설명으로 옳은 것만을 〈보기〉에서 있는 대로 고른 것은? [3점]

보기
ㄱ. (가)는 엘니뇨 시기이다.
ㄴ. 용승은 (나)일 때가 (가)일 때보다 강하다.
ㄷ. (나)일 때 해수면의 높이 편차는 (−) 값이다.

① ㄱ　② ㄷ　③ ㄱ, ㄴ　④ ㄴ, ㄷ　⑤ ㄱ, ㄴ, ㄷ

13 ★★★

그림 (가)는 서태평양 적도 부근 해역의 표층에 도달하는 태양 복사 에너지 편차(관측값−평년값)를, (나)는 태평양 적도 부근 해역에서 A와 B 중 한 시기에 1년 동안 관측한 20 ℃ 등수온선의 깊이 편차를 나타낸 것이다. A와 B는 각각 엘니뇨와 라니냐 시기 중 하나이다.

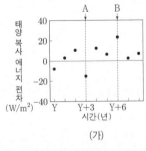 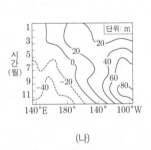

(가)　　　　　　(나)

이에 대한 설명으로 옳은 것만을 〈보기〉에서 있는 대로 고른 것은? [3점]

보기
ㄱ. (나)는 A에 해당한다.
ㄴ. B일 때는 서태평양 적도 부근 해역이 평년보다 건조하다.
ㄷ. 적도 부근에서 $\frac{\text{서태평양 해면 기압}}{\text{동태평양 해면 기압}}$ 은 A가 B보다 작다.

① ㄱ　② ㄴ　③ ㄱ, ㄷ　④ ㄴ, ㄷ　⑤ ㄱ, ㄴ, ㄷ

14 ★☆☆

그림은 태평양 적도 부근 해역에서의 대기 순환 모습을 나타낸 것이다. (가)와 (나)는 각각 엘니뇨와 라니냐 시기 중 하나이다.

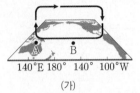 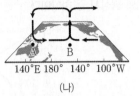

(가)　　　　　　(나)

이에 대한 설명으로 옳은 것만을 〈보기〉에서 있는 대로 고른 것은? [3점]

보기
ㄱ. 서태평양 적도 부근 무역풍의 세기는 (가)가 (나)보다 강하다.
ㄴ. 동태평양 적도 부근 해역의 용승은 (가)가 (나)보다 강하다.
ㄷ. (B 지점 해면 기압−A 지점 해면 기압)의 값은 (가)가 (나)보다 크다.

① ㄱ　② ㄷ　③ ㄱ, ㄴ　④ ㄴ, ㄷ　⑤ ㄱ, ㄴ, ㄷ

15 ★★★

그림 (가)는 어느 해(Y)에 시작된 엘니뇨 또는 라니냐 시기 동안 태평양 적도 부근에서 기상위성으로 관측한 적외선 방출 복사 에너지의 편차(관측값−평년값)를, (나)는 서태평양과 동태평양에 위치한 각 지점의 해면 기압 편차(관측값−평년값)를 나타낸 것이다. (가)의 시기는 (나)의 ㉠에 해당한다.

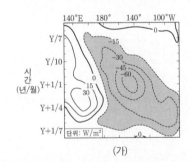 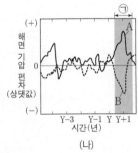

(가)　　　　　　(나)

이 자료에 근거해서 평년과 비교할 때, (가) 시기에 대한 설명으로 옳은 것만을 〈보기〉에서 있는 대로 고른 것은? [3점]

보기
ㄱ. 동태평양에서 두꺼운 적운형 구름의 발생이 줄어든다.
ㄴ. 워커 순환이 약화된다.
ㄷ. (나)의 A는 서태평양에 해당한다.

① ㄱ　② ㄴ　③ ㄱ, ㄷ　④ ㄴ, ㄷ　⑤ ㄱ, ㄴ, ㄷ

06

지구 기후 변화

2026학년도 수능 출제 예측

2025학년도 수능, 평가원 분석

수능에서는 지구 공전 궤도 이심률과 자전축 경사각의 변화에 따른 지구 기후 변화를 파악하는 문제가 출제되었다. 9월 평가원에서는 지구 자전축 경사각과 지구 공전 궤도 이심률 변화에 따른 지구 기후 변화를 파악하는 문제가 출제되었다. 6월 평가원에서는 세차 운동에 따른 지구의 북극점 위치 변화 자료를 해석하는 문제가 출제되었다.

2026학년도 수능 예측

매년 한 문제씩 출제되는 단원이다. 기후 변화의 지구 외적 요인 세 가지를 고려하여 지구의 기후 변화를 파악하는 문제가 출제될 가능성이 높다. 또한 지구의 복사 평형을 이해하고 지구의 열수지 자료를 해석하는 문제가 출제될 수 있다.

1 ☆☆☆ | 2025학년도 수능 8번 |

그림은 지구의 공전 궤도 이심률과 자전축 경사각의 변화를 나타낸 것이다.

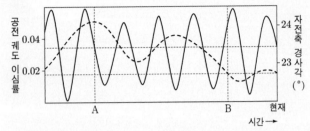

이 자료에 대한 설명으로 옳은 것만을 〈보기〉에서 있는 대로 고른 것은? (단, 지구의 공전 궤도 이심률과 자전축 경사각 이외의 요인은 변하지 않는다고 가정한다.)

┌─ 보기 ─────────────────────────────┐
ㄱ. 30°N에서 기온의 연교차는 A 시기가 현재보다 작다.
ㄴ. 근일점과 원일점에서 지구에 도달하는 태양 복사 에너지 양의 차는 B 시기가 현재보다 크다.
ㄷ. 30°S에서 겨울철 평균 기온은 B 시기가 현재보다 낮다.
└───────────────────────────────────┘

① ㄱ   ② ㄴ   ③ ㄱ, ㄷ   ④ ㄴ, ㄷ   ⑤ ㄱ, ㄴ, ㄷ

2 ☆☆☆ | 2025학년도 9월 평가원 14번 |

그림은 지구 자전축 경사각과 지구 공전 궤도 이심률을 시간에 따라 나타낸 것이다.

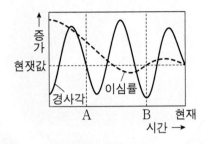

이 자료에 대한 설명으로 옳은 것만을 〈보기〉에서 있는 대로 고른 것은? (단, 지구 자전축 경사각과 지구 공전 궤도 이심률 이외의 요인은 변하지 않는다고 가정한다.) [3점]

┌─ 보기 ─────────────────────────────┐
ㄱ. 35°N에서 기온의 연교차는 A 시기가 현재보다 크다.
ㄴ. 지구가 근일점에 위치할 때 지구에 도달하는 태양 복사 에너지양은 B 시기와 현재가 같다.
ㄷ. 35°S에서 겨울철 평균 기온은 A 시기가 B 시기보다 낮다.
└───────────────────────────────────┘

① ㄱ   ② ㄴ   ③ ㄷ   ④ ㄱ, ㄴ   ⑤ ㄴ, ㄷ

3 ☆☆☆ | 2025학년도 6월 평가원 14번 |

그림 (가)와 (나)는 지구 공전 궤도면의 수직 방향에서 바라보았을 때 지구의 북극점 위치를 나타낸 것이다. (가)는 현재이고, (나)는 현재로부터 6500년 전과 19500년 전 중 하나이다. 세차 운동의 방향은 지구 공전 방향과 반대이고, 주기는 약 26000년이다.

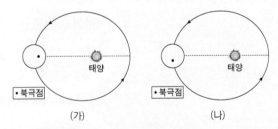

이 자료에 대한 설명으로 옳은 것만을 〈보기〉에서 있는 대로 고른 것은? (단, 세차 운동 이외의 요인은 변하지 않는다고 가정한다.) [3점]

┌─ 보기 ─────────────────────────────┐
ㄱ. (나)는 현재로부터 19500년 전의 모습이다.
ㄴ. (나)일 때 근일점에서 30°S의 계절은 가을철이다.
ㄷ. 30°N에서 여름철 평균 기온은 (가)가 (나)보다 높다.
└───────────────────────────────────┘

① ㄱ   ② ㄷ   ③ ㄱ, ㄴ   ④ ㄴ, ㄷ   ⑤ ㄱ, ㄴ, ㄷ

4 ★★☆ | 2024학년도 수능 15번 |

그림 (가)는 지구 자전축 경사각과 지구 공전 궤도 이심률의 변화를, (나)는 위도별로 지구에 도달하는 태양 복사 에너지양의 편차(추정 값－현잿값)를 나타낸 것이다. (나)는 ㉠, ㉡, ㉢ 중 한 시기의 자료 이다.

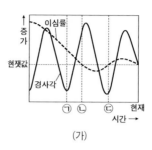
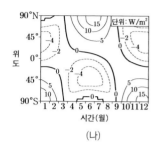

(가)   (나)

이 자료에 대한 설명으로 옳은 것만을 〈보기〉에서 있는 대로 고른 것은? (단, 자전축 경사각과 지구의 공전 궤도 이심률 이외의 요인 은 변하지 않는다고 가정한다.) [3점]

〈보기〉
ㄱ. 근일점과 원일점에서 지구에 도달하는 태양 복사 에너지 양의 차는 ㉠이 ㉡보다 크다.
ㄴ. (나)는 ㉡의 자료에 해당한다.
ㄷ. 35°S에서 여름철 낮의 길이는 ㉢이 현재보다 길다.

① ㄱ   ② ㄴ   ③ ㄷ   ④ ㄱ, ㄴ   ⑤ ㄱ, ㄷ

5 ★★☆ | 2024학년도 9월 평가원 16번 |

그림은 지구 자전축의 경사각과 세차 운동에 의한 자전축의 경사 방향 변화를 나타낸 것이다.

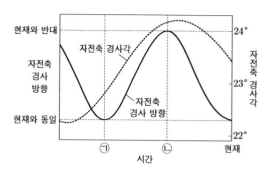

이에 대한 설명으로 옳은 것만을 〈보기〉에서 있는 대로 고른 것은? (단, 지구 자전축 경사각과 세차 운동 이외의 요인은 변하지 않는다 고 가정한다.)

〈보기〉
ㄱ. 우리나라의 겨울철 평균 기온은 ㉠ 시기가 현재보다 높다.
ㄴ. 우리나라에서 기온의 연교차는 ㉡ 시기가 현재보다 크다.
ㄷ. 지구가 근일점에 위치할 때 우리나라에서 낮의 길이는 ㉠ 시기가 ㉡ 시기보다 길다.

① ㄱ   ② ㄷ   ③ ㄱ, ㄴ   ④ ㄴ, ㄷ   ⑤ ㄱ, ㄴ, ㄷ

6 ★☆☆ | 2024학년도 6월 평가원 6번 |

그림은 1940～2003년 동안 지구 평균 기온 편차(관측값－기준값) 와 대규모 화산 분출 시기를 나타낸 것이다. 기준값은 1940년의 평 균 기온이다.

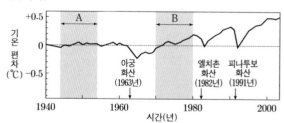

이 자료에 대한 설명으로 옳은 것만을 〈보기〉에서 있는 대로 고른 것은?

〈보기〉
ㄱ. 기온의 평균 상승률은 A 시기가 B 시기보다 크다.
ㄴ. 화산 활동은 기후 변화를 일으키는 지구 내적 요인에 해 당한다.
ㄷ. 성층권에 도달한 다량의 화산 분출물은 지구 평균 기온을 높이는 역할을 한다.

① ㄱ   ② ㄴ   ③ ㄷ   ④ ㄱ, ㄴ   ⑤ ㄴ, ㄷ

7 ☆☆☆

| 2023학년도 수능 1번 |

그림 (가)는 1850~2019년 동안 전 지구와 아시아의 기온 편차(관측값−기준값)를, (나)는 (가)의 A 기간 동안 대기 중 CO_2 농도를 나타낸 것이다. 기준값은 1850~1900년의 평균 기온이다.

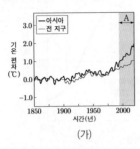

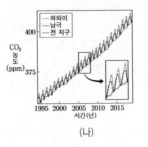

(가)   (나)

이 자료에 대한 설명으로 옳은 것만을 〈보기〉에서 있는 대로 고른 것은?

보기
ㄱ. (가) 기간 동안 기온의 평균 상승률은 아시아가 전 지구보다 크다.
ㄴ. (나)에서 CO_2 농도의 연교차는 하와이가 남극보다 크다.
ㄷ. A 기간 동안 전 지구의 기온과 CO_2 농도는 높아지는 경향이 있다.

① ㄱ   ② ㄷ   ③ ㄱ, ㄴ   ④ ㄴ, ㄷ   ⑤ ㄱ, ㄴ, ㄷ

8 ★★☆

| 2023학년도 9월 평가원 16번 |

그림 (가)는 지구의 공전 궤도를, (나)는 지구 자전축 경사각의 변화를 나타낸 것이다. 지구 자전축 세차 운동의 방향은 지구 공전 방향과 반대이고 주기는 약 26000년이다.

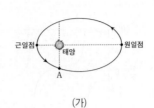

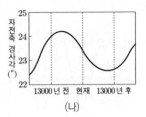

(가)   (나)

이에 대한 설명으로 옳은 것만을 〈보기〉에서 있는 대로 고른 것은? (단, 지구 자전축 세차 운동과 지구 자전축 경사각 이외의 요인은 변하지 않는다고 가정한다.) [3점]

보기
ㄱ. 약 6500년 전 지구가 A 부근에 있을 때 북반구는 겨울철이다.
ㄴ. 35°N에서 기온의 연교차는 약 6500년 전이 현재보다 작다.
ㄷ. 35°S에서 여름철 평균 기온은 약 13000년 후가 현재보다 낮다.

① ㄱ   ② ㄴ   ③ ㄱ, ㄷ   ④ ㄴ, ㄷ   ⑤ ㄱ, ㄴ, ㄷ

9 ★☆☆

| 2023학년도 6월 평가원 3번 |

그림은 1750년 대비 2011년의 지구 기온 변화를 요인별로 나타낸 것이다.

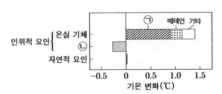

이 자료에 대한 설명으로 옳은 것만을 〈보기〉에서 있는 대로 고른 것은?

보기
ㄱ. 기온 변화에 대한 영향은 ㉠이 자연적 요인보다 크다.
ㄴ. 인위적 요인 중 ㉡은 기온을 상승시킨다.
ㄷ. 자연적 요인에는 태양 활동이 포함된다.

① ㄱ   ② ㄴ   ③ ㄷ   ④ ㄱ, ㄷ   ⑤ ㄴ, ㄷ

10 ★★☆ | 2022학년도 수능 17번 |

그림 (가)는 현재와 A 시기의 지구 공전 궤도를, (나)는 현재와 A 시기의 지구 자전축 방향을 나타낸 것이다. (가)의 ㉠, ㉡, ㉢은 공전 궤도상에서 지구의 위치이다.

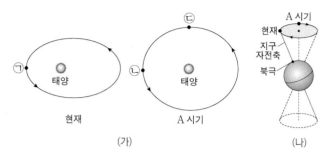

(가)　　　　(나)

이에 대한 설명으로 옳은 것만을 〈보기〉에서 있는 대로 고른 것은? (단, 지구의 공전 궤도 이심률, 세차 운동 이외의 요인은 변하지 않는다고 가정한다.)

┌─ 보기 ┐
ㄱ. ㉠에서 북반구는 여름이다.
ㄴ. 37°N에서 연교차는 현재가 A 시기보다 작다.
ㄷ. 37°S에서 태양이 남중했을 때, 지표에 도달하는 태양 복사 에너지양은 ㉢이 ㉡보다 적다.
└──────┘

① ㄱ　　② ㄴ　　③ ㄷ　　④ ㄱ, ㄴ　　⑤ ㄴ, ㄷ

11 | 2022학년도 9월 평가원 5번 |

그림 (가)는 2004년부터의 그린란드 빙하의 누적 융해량을, (나)는 전 지구에서 일어난 빙하 융해와 해수 열팽창에 의한 평균 해수면의 높이 편차(관측값 − 2004년 값)를 나타낸 것이다.

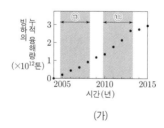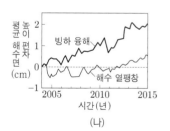

(가)　　　　　(나)

이 자료에 대한 설명으로 옳은 것만을 〈보기〉에서 있는 대로 고른 것은?

┌─ 보기 ┐
ㄱ. 그린란드 빙하의 융해량은 ㉠ 기간이 ㉡ 기간보다 많다.
ㄴ. (나)에서 해수 열팽창에 의한 평균 해수면 높이 편차는 2015년이 2010년보다 크다.
ㄷ. (나)의 전 기간 동안, 평균 해수면 높이의 평균 상승률은 해수 열팽창에 의한 것이 빙하 융해에 의한 것보다 크다.
└──────┘

① ㄱ　　② ㄴ　　③ ㄱ, ㄷ　　④ ㄴ, ㄷ　　⑤ ㄱ, ㄴ, ㄷ

12 ★★☆ | 2022학년도 6월 평가원 12번 |

다음은 기후 변화 요인 중 지구 자전축 기울기 변화의 영향을 알아보기 위한 탐구이다.

[탐구 과정]

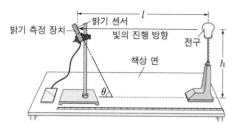

(가) 실험실을 어둡게 한 후 그림과 같이 밝기 측정 장치와 전구를 설치하고 전원을 켠다.
(나) 각도기를 사용하여 ㉠ 밝기 측정 장치와 책상 면이 이루는 각(θ)이 70°가 되도록 한다.
(다) 밝기 센서에 측정된 밝기(lux)를 기록한다.
(라) 밝기 센서에서 전구까지의 거리(l)와 밝기 센서의 높이(h)를 일정하게 유지하면서, θ를 10°씩 줄이며 20°가 될 때까지 (다)의 과정을 반복한다.

[탐구 결과]

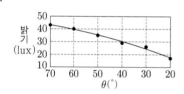

이에 대한 설명으로 옳은 것만을 〈보기〉에서 있는 대로 고른 것은? [3점]

┌─ 보기 ┐
ㄱ. ㉠의 크기는 '태양의 남중 고도'에 해당한다.
ㄴ. 측정된 밝기는 θ가 클수록 감소한다.
ㄷ. 다른 요인의 변화가 없다면 지구 자전축의 기울기가 커질수록 우리나라 기온의 연교차는 감소한다.
└──────┘

① ㄱ　　② ㄴ　　③ ㄱ, ㄷ　　④ ㄴ, ㄷ　　⑤ ㄱ, ㄴ, ㄷ

13 ★☆☆

| 2021학년도 수능 10번 |

그림 (가)는 전 지구와 안면도의 대기 중 CO_2 농도를, (나)는 전 지구와 우리나라의 기온 편차(관측값−평년값)를 나타낸 것이다.

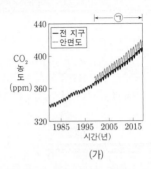
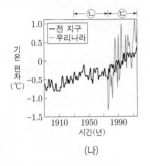

(가)   (나)

이 자료에 대한 설명으로 옳은 것만을 〈보기〉에서 있는 대로 고른 것은?

─ 보기 ─
ㄱ. ㉠ 시기 동안 CO_2 평균 농도는 안면도가 전 지구보다 낮다.
ㄴ. ㉢ 시기 동안 기온 상승률은 전 지구가 우리나라보다 작다.
ㄷ. 전 지구 해수면의 평균 높이는 ㉡ 시기가 ㉢ 시기보다 낮다.

① ㄱ　　② ㄷ　　③ ㄱ, ㄴ　　④ ㄴ, ㄷ　　⑤ ㄱ, ㄴ, ㄷ

14 ★☆☆

| 2021학년도 9월 평가원 14번 |

그림은 기후 변화 요인 ㉠과 ㉡을 고려하여 추정한 지구 평균 기온 편차(추정값−기준값)와 관측 기온 편차(관측값−기준값)를 나타낸 것이다. ㉠과 ㉡은 각각 온실 기체와 자연적 요인 중 하나이고, 기준 값은 1880년~1919년의 평균 기온이다.

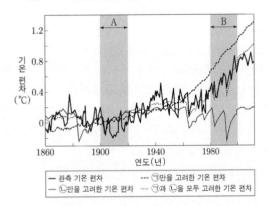

─ 관측 기온 편차　　‥‥‥ ㉠만을 고려한 기온 편차
─ ㉡만을 고려한 기온 편차　　‥‥‥ ㉠과 ㉡을 모두 고려한 기온 편차

이에 대한 설명으로 옳은 것만을 〈보기〉에서 있는 대로 고른 것은?
[3점]

─ 보기 ─
ㄱ. 지구 해수면의 평균 높이는 B 시기가 A 시기보다 높다.
ㄴ. 대기권에 도달하는 태양 복사 에너지양의 변화는 ㉡에 해당한다.
ㄷ. B 시기의 관측 기온 변화 추세는 자연적 요인보다 온실 기체에 의한 영향이 더 크다.

① ㄱ　　② ㄷ　　③ ㄱ, ㄴ　　④ ㄴ, ㄷ　　⑤ ㄱ, ㄴ, ㄷ

15 ★★★

| 2021학년도 6월 평가원 13번 |

그림은 지구 자전축 경사각의 변화를 나타낸 것이다.

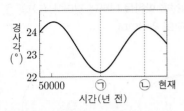

이에 대한 설명으로 옳은 것만을 〈보기〉에서 있는 대로 고른 것은? (단, 지구 자전축 경사각 이외의 요인은 변하지 않는다.)

─ 보기 ─
ㄱ. 30°S에서 기온의 연교차는 현재가 ㉡ 시기보다 작다.
ㄴ. 30°N에서 겨울철 태양의 남중 고도는 현재가 ㉠ 시기보다 높다.
ㄷ. 1년 동안 지구에 입사하는 평균 태양 복사 에너지양은 ㉠ 시기가 ㉡ 시기보다 많다.

① ㄱ　　② ㄴ　　③ ㄷ　　④ ㄱ, ㄴ　　⑤ ㄱ, ㄷ

02

외계 행성계 탐사

2026학년도 수능 출제 예측

2025학년도 수능, 평가원 분석

수능과 6월 평가원에서는 외계 행성계의 공전 궤도와 중심별의 흡수선 관측 결과를 분석하여 관측되는 흡수선 파장의 변화량과 중심별의 공전 속도를 계산하는 문제가 출제되었다. 9월 평가원에서는 외계 행성계에서 중심별의 시선 속도 변화 자료를 해석하여 중심별의 흡수선 편이의 종류를 파악하고 중심별의 공전 속도를 계산하는 문제가 출제되었다.

2026학년도 수능 예측

매년 한 문제씩 출제되는 단원이다. 관측한 탐사 자료를 제시한 후 중심별의 시선 속도 변화를 이용한 탐사 방법, 식 현상을 이용한 탐사 방법, 미세 중력 렌즈 현상을 이용한 탐사 방법의 특징을 파악하여 비교하는 문제가 출제될 가능성이 높다.

그림 (가)는 t_0일 때 외계 행성의 위치를 공통 질량 중심에 대하여 공전하는 원 궤도에 나타낸 것이고, (나)는 중심별의 스펙트럼에서 기준 파장이 λ_0인 흡수선의 관측 결과를 t_0부터 일정한 시간 간격 T에 따라 순서대로 나타낸 것이다. $\Delta\lambda_{max}$은 파장의 최대 편이량이고, 이 기간 동안 식 현상은 1회 관측되었다.

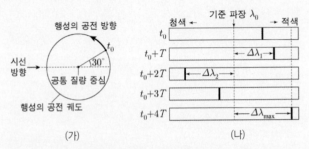

(가)　　　　　　　　　　　　　　　(나)

이에 대한 설명으로 옳은 것만을 〈보기〉에서 있는 대로 고른 것은? (단, 중심별의 시선 속도 변화는 행성과의 공통 질량 중심에 대한 공전에 의해서만 나타나며, 행성의 공전 궤도면은 관측자의 시선 방향과 나란하다.) [3점]

보기
ㄱ. $t_0+2.5T \rightarrow t_0+3T$ 동안 중심별의 흡수선 파장은 점차 짧아진다.

ㄴ. $\dfrac{\Delta\lambda_2}{\Delta\lambda_1}$ 의 절댓값은 $\dfrac{\sqrt{6}}{2}$이다.

ㄷ. $t_0+0.5T \rightarrow t_0+T$ 사이에 기준 파장이 $2\lambda_0$인 중심별의 흡수선 파장이 $(2\lambda_0+\Delta\lambda_1)$로 관측되는 시기가 있다.

① ㄱ　② ㄴ　③ ㄷ　④ ㄱ, ㄷ　⑤ ㄴ, ㄷ

그림은 어느 외계 행성계에서 중심별과 행성이 공통 질량 중심에 대하여 원 궤도로 공전할 때 중심별의 시선 속도를 일정한 시간 간격에 따라 나타낸 것이다. A는 t_2와 t_3사이의 어느 한 시기이다.

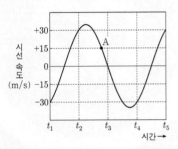

이 자료에 대한 설명으로 옳은 것만을 〈보기〉에서 있는 대로 고른 것은? (단, 행성의 공전 궤도면은 관측자의 시선 방향과 나란하고, 중심별의 시선 속도 변화는 행성과의 공통 질량 중심에 대한 공전에 의해서만 나타난다.)

보기
ㄱ. A일 때, 공통 질량 중심으로부터 지구와 행성을 각각 잇는 선분이 이루는 사잇각은 30°보다 작다.

ㄴ. $t_4 \rightarrow t_5$ 동안 중심별의 스펙트럼에서 흡수선의 파장은 점차 짧아진다.

ㄷ. 중심별의 공전 속도는 $20\sqrt{3}$ m/s이다.

① ㄱ　② ㄴ　③ ㄷ　④ ㄱ, ㄷ　⑤ ㄴ, ㄷ

3 ☆☆☆　　　　　　| 2025학년도 **6월** **평가원** **20번** |

그림 (가)는 어느 외계 행성과 중심별이 공통 질량 중심을 중심으로 공전하는 원 궤도를 나타낸 것이고, (나)는 행성이 ㉠~㉣에 위치할 때 지구에서 관측한 중심별의 스펙트럼을 A~D로 순서 없이 나타낸 것이다. 중심별의 공전 속도는 $2\,km/s$이고, 관측한 흡수선의 기준 파장은 동일하다.

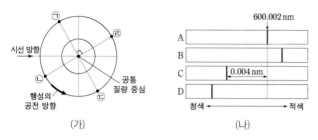

(가)　　　　　　　(나)

이 자료에 대한 설명으로 옳은 것만을 〈보기〉에서 있는 대로 고른 것은? (단, 빛의 속도는 $3\times10^5\,km/s$이고, 중심별의 시선 속도 변화는 행성과의 공통 질량 중심에 대한 공전에 의해서만 나타나며, 행성의 공전 궤도면은 관측자의 시선 방향과 나란하다.)

> 【보기】
> ㄱ. A는 행성이 ㉢에 위치할 때 관측한 결과이다.
> ㄴ. $\dfrac{\text{A 흡수선의 파장} - \text{D 흡수선의 파장}}{\text{B 흡수선의 파장} - \text{C 흡수선의 파장}}$ 은 1이다.
> ㄷ. 중심별의 시선 속도는 행성이 ㉢을 지날 때가 ㉡을 지날 때의 $\sqrt{3}$배이다.

① ㄱ　　② ㄴ　　③ ㄷ　　④ ㄱ, ㄴ　　⑤ ㄴ, ㄷ

---

4 ☆☆☆　　　　　　| 2024학년도 **수능** **19번** |

그림은 어느 외계 행성과 중심별이 공통 질량 중심을 중심으로 공전하는 원 궤도를, 표는 행성이 A, B, C에 위치할 때 중심별의 어느 흡수선 관측 결과를 나타낸 것이다. 행성의 공전 궤도면은 관측자의 시선 방향과 나란하다.

기준 파장 (nm)	관측 파장(nm)		
	A	B	C
λ_0	499.990	500.005	(㉠)

이 자료에 대한 설명으로 옳은 것만을 〈보기〉에서 있는 대로 고른 것은? (단, 빛의 속도는 $3\times10^5\,km/s$이고, 중심별의 시선 속도 변화는 행성과의 공통 질량 중심에 대한 공전에 의해서만 나타난다.) [3점]

> 【보기】
> ㄱ. 행성이 B에 위치할 때, 중심별의 스펙트럼에서 적색 편이가 나타난다.
> ㄴ. ㉠은 499.995보다 작다.
> ㄷ. 중심별의 공전 속도는 $6\,km/s$이다.

① ㄱ　　② ㄷ　　③ ㄱ, ㄴ　　④ ㄴ, ㄷ　　⑤ ㄱ, ㄴ, ㄷ

그림 (가)는 어느 외계 행성계에서 중심별과 행성이 공통 질량 중심에 대하여 원 궤도로 공전하는 모습을 나타낸 것이고, (나)는 행성이 ㉠, ㉡, ㉢에 위치할 때 지구에서 관측한 중심별의 스펙트럼을 A, B, C로 순서 없이 나타낸 것이다.

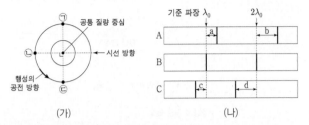

(가)   (나)

이 자료에 대한 설명으로 옳은 것만을 〈보기〉에서 있는 대로 고른 것은? (단, 중심별의 시선 속도 변화는 행성과의 공통 질량 중심에 대한 공전에 의해서만 나타나고, 행성의 공전 궤도면은 관측자의 시선 방향과 나란하다.)

〈보기〉
ㄱ. A는 행성이 ㉠에 위치할 때 관측한 결과이다.
ㄴ. 행성이 ㉡ → ㉢으로 공전하는 동안 중심별의 시선 속도는 커진다.
ㄷ. $a \times b$는 $c \times d$보다 작다.

① ㄱ   ② ㄴ   ③ ㄷ   ④ ㄱ, ㄴ   ⑤ ㄴ, ㄷ

그림 (가)는 어느 외계 행성계에서 중심별과 행성이 공통 질량 중심에 대하여 공전하는 원 궤도를 나타낸 것이고, (나)는 이 중심별의 시선 속도를 일정한 시간 간격에 따라 나타낸 것이다. t_1일 때 중심별의 위치는 ㉠과 ㉡ 중 하나이다.

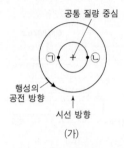 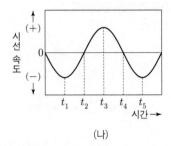

(가)   (나)

이 자료에 대한 설명으로 옳은 것만을 〈보기〉에서 있는 대로 고른 것은? (단, 행성의 공전 궤도면은 관측자의 시선 방향과 나란하고, 중심별의 겉보기 등급 변화는 행성의 식 현상에 의해서만 나타난다.) [3점]

〈보기〉
ㄱ. t_1일 때 중심별의 위치는 ㉠이다.
ㄴ. 중심별의 겉보기 등급은 t_2가 t_4보다 작다.
ㄷ. $t_1 \rightarrow t_2$ 동안 중심별의 스펙트럼에서 흡수선의 파장은 점차 길어진다.

① ㄱ   ② ㄷ   ③ ㄱ, ㄴ   ④ ㄴ, ㄷ   ⑤ ㄱ, ㄴ, ㄷ

7 ☆☆☆

그림은 어느 외계 행성계에서 식 현상을 일으키는 행성에 의한 중심별의 상대적 밝기 변화를 일정한 시간 간격에 따라 나타낸 것이다. 중심별의 반지름에 대하여 행성 반지름은 $\frac{1}{20}$배, 행성의 중심과 중심별의 중심 사이의 거리는 4.2배이다. A는 식 현상이 끝난 직후이다.

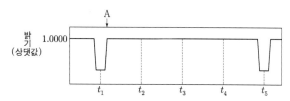

이 자료에 대한 설명으로 옳은 것만을 〈보기〉에서 있는 대로 고른 것은? (단, 행성은 원 궤도를 따라 공전하며, t_1, t_5일 때 행성의 중심과 중심별의 중심은 관측자의 시선과 동일한 방향에 위치하고, 중심별의 시선 속도 변화는 행성과의 공통 질량 중심에 대한 공전에 의해서만 나타난다.) [3점]

┌─ 보기 ─
ㄱ. t_1일 때, 중심별의 상대적 밝기는 원래 광도의 99.75 %이다.
ㄴ. $t_2 \rightarrow t_3$ 동안 중심별의 스펙트럼에서 흡수선의 파장은 점차 길어진다.
ㄷ. 중심별의 시선 속도는 A일 때가 t_2일 때의 $\frac{1}{4}$배이다.
└─

① ㄱ   ② ㄷ   ③ ㄱ, ㄴ   ④ ㄴ, ㄷ   ⑤ ㄱ, ㄴ, ㄷ

8 ☆☆☆

그림 (가)는 중심별과 행성이 공통 질량 중심에 대하여 공전하는 원 궤도를, (나)는 중심별의 시선 속도를 시간에 따라 나타낸 것이다. 행성이 A에 위치할 때 중심별의 시선 속도는 -60 m/s이고, 행성의 공전 궤도면은 관측자의 시선 방향과 나란하다.

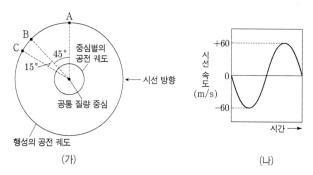

이에 대한 설명으로 옳은 것만을 〈보기〉에서 있는 대로 고른 것은? (단, 빛의 속도는 3×10^8 m/s이다.) [3점]

┌─ 보기 ─
ㄱ. 행성의 공전 방향은 A → B → C이다.
ㄴ. 중심별의 스펙트럼에서 500 nm의 기준 파장을 갖는 흡수선의 최대 파장 변화량은 0.001 nm이다.
ㄷ. 중심별의 시선 속도는 행성이 B를 지날 때가 C를 지날 때의 $\sqrt{2}$배이다.
└─

① ㄱ   ② ㄴ   ③ ㄱ, ㄷ   ④ ㄴ, ㄷ   ⑤ ㄱ, ㄴ, ㄷ

9 ★★☆ | 2022학년도 수능 15번 |

표는 주계열성 A, B, C를 각각 원 궤도로 공전하는 외계 행성 a, b, c의 공전 궤도 반지름, 질량, 반지름을 나타낸 것이다. 세 별의 질량과 반지름은 각각 같으며, 행성의 공전 궤도면은 관측자의 시선 방향과 나란하다.

외계 행성	공전 궤도 반지름 (AU)	질량 (목성 = 1)	반지름 (목성 = 1)
a	1	1	2
b	1	2	1
c	2	2	1

이에 대한 설명으로 옳은 것만을 〈보기〉에서 있는 대로 고른 것은? (단, A, B, C의 시선 속도 변화는 각각 a, b, c와의 공통 질량 중심을 공전하는 과정에서만 나타난다.) [3점]

┌─ 보기 ─────────────────────────────┐
ㄱ. 시선 속도 변화량은 A가 B보다 작다.
ㄴ. 별과 공통 질량 중심 사이의 거리는 B가 C보다 짧다.
ㄷ. 행성의 식 현상에 의한 겉보기 밝기 변화는 A가 C보다 작다.
└──────────────────────────────────┘

① ㄱ ② ㄷ ③ ㄱ, ㄴ ④ ㄴ, ㄷ ⑤ ㄱ, ㄴ, ㄷ

10 ★★☆ | 2022학년도 9월 평가원 18번 |

그림 (가)와 (나)는 서로 다른 외계 행성계에서 행성이 식 현상을 일으킬 때, 중심별의 상대적 밝기 변화를 시간에 따라 나타낸 것이다. 두 중심별의 반지름은 같고, 각 행성은 원 궤도를 따라 공전하며, 공전 궤도면은 관측자의 시선 방향과 나란하다.

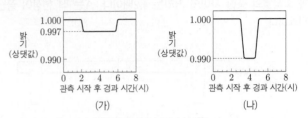

이에 대한 설명으로 옳은 것만을 〈보기〉에서 있는 대로 고른 것은? [3점]

┌─ 보기 ─────────────────────────────┐
ㄱ. 식 현상이 지속되는 시간은 (가)가 (나)보다 길다.
ㄴ. (가)의 행성 반지름은 (나)의 행성 반지름의 0.3배이다.
ㄷ. 중심별의 흡수선 파장은 식 현상이 시작되기 직전이 식 현상이 끝난 직후보다 길다.
└──────────────────────────────────┘

① ㄱ ② ㄴ ③ ㄱ, ㄷ ④ ㄴ, ㄷ ⑤ ㄱ, ㄴ, ㄷ

11 ★★★ | 2022학년도 6월 평가원 9번 |

그림은 어느 외계 행성계의 시선 속도를 관측하여 나타낸 것이다.

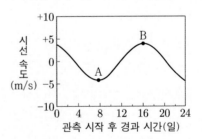

이 자료에 대한 설명으로 옳은 것만을 〈보기〉에서 있는 대로 고른 것은? [3점]

┌─ 보기 ─────────────────────────────┐
ㄱ. 행성의 스펙트럼을 관측하여 얻은 자료이다.
ㄴ. A 시기에 행성은 지구로부터 멀어지고 있다.
ㄷ. B 시기에 행성으로 인한 식 현상이 관측된다.
└──────────────────────────────────┘

① ㄱ ② ㄴ ③ ㄷ ④ ㄱ, ㄴ ⑤ ㄴ, ㄷ

12 ★★★

|2021학년도 수능 18번|

그림 (가)는 별 A와 B의 상대적 위치 변화를 시간 순서로 배열한 것이고, (나)는 (가)의 관측 기간 동안 이 중 한 별의 밝기 변화를 나타낸 것이다. 이 기간 동안 B는 A보다 지구로부터 멀리 있고, 별과 행성에 의한 미세 중력 렌즈 현상이 관측되었다.

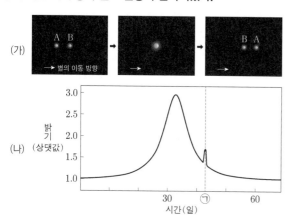

이 자료에 대한 설명으로 옳은 것만을 〈보기〉에서 있는 대로 고른 것은? [3점]

보기
ㄱ. (나)의 ㉠ 시기에 관측자와 두 별의 중심은 일직선상에 위치한다.
ㄴ. (나)에서 별의 겉보기 등급 최대 변화량은 1등급보다 작다.
ㄷ. (나)로부터 A가 행성을 가지고 있다는 것을 알 수 있다.

① ㄱ　② ㄷ　③ ㄱ, ㄴ　④ ㄴ, ㄷ　⑤ ㄱ, ㄴ, ㄷ

13 ★☆☆

|2021학년도 9월 평가원 13번|

그림 (가)는 어느 외계 행성계에서 식 현상을 일으키는 행성 A, B, C에 의한 시간에 따른 중심별의 겉보기 밝기 변화를, (나)는 A, B, C 중 두 행성에 의한 중심별의 겉보기 밝기 변화를 나타낸 것이다. 세 행성의 공전 궤도면은 관측자의 시선 방향과 나란하다.

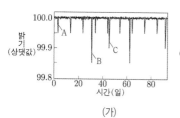 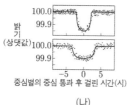

이 자료에 대한 설명으로 옳은 것만을 〈보기〉에서 있는 대로 고른 것은? [3점]

보기
ㄱ. 행성의 반지름은 B가 A의 3배이다.
ㄴ. 행성의 공전 주기는 C가 가장 길다.
ㄷ. 행성이 중심별을 통과하는 데 걸리는 시간은 C가 B보다 길다.

① ㄱ　② ㄴ　③ ㄱ, ㄷ　④ ㄴ, ㄷ　⑤ ㄱ, ㄴ, ㄷ

14 ★★★

|2021학년도 6월 평가원 8번|

그림은 어느 외계 행성과 중심별이 공통 질량 중심을 중심으로 공전하는 모습을 나타낸 것이다. 행성은 원 궤도를 따라 공전하며, 공전 궤도면은 관측자의 시선 방향과 나란하다.

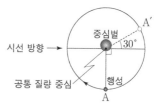

이에 대한 설명으로 옳은 것만을 〈보기〉에서 있는 대로 고른 것은?

보기
ㄱ. 식 현상을 이용하여 행성의 존재를 확인할 수 있다.
ㄴ. 행성이 A를 지날 때 중심별의 청색 편이가 나타난다.
ㄷ. 중심별의 어느 흡수선의 파장 변화 크기는 행성이 A를 지날 때가 A′를 지날 때의 2배이다.

① ㄱ　② ㄴ　③ ㄱ, ㄷ　④ ㄴ, ㄷ　⑤ ㄱ, ㄴ, ㄷ

Memo

04

III
우주

외부 은하와 우주 팽창

2026학년도 수능 출제 예측

2025학년도
수능, 평가원
분석

수능에서는 세이퍼트은하의 특징, 빅뱅 우주론과 허블 법칙, 표준 우주 모형과 우주 구성 요소의 변화에 대한 문제가 출제되었다. 9월 평가원에서는 퀘이사의 특징, 빅뱅 우주론에 따라 팽창하는 우주 모형의 특징, 빅뱅 우주론에 따른 우주 구성 요소의 변화에 대한 문제가 출제되었다. 6월 평가원에서는 빅뱅 이후 일어난 주요 사건, 타원 은하와 나선 은하의 특징 비교, 표준 우주 모형과 우주 구성 요소의 밀도 변화에 대한 문제가 출제되었다.

2026학년도
수능 예측

매년 세 문제씩 출제되는 단원이다. 외부 은하를 분류하는 기준과 특이 은하의 특성에 대한 문제가 출제될 수 있다. 허블 법칙을 이용하여 허블 상수, 후퇴 속도, 파장 변화량을 구하는 문제가 출제될 수 있으며, 우주의 모형은 우주의 구성 요소와 연계하여 묻는 문제가 출제될 가능성이 높다.

1 ☆☆☆

그림은 은하 (가)와 (나)의 스펙트럼을 나타낸 것이다. (가)와 (나)는 각각 세이퍼트은하와 타원 은하 중 하나이다.

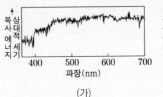
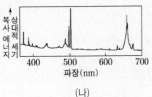

(가)   (나)

이에 대한 설명으로 옳은 것만을 〈보기〉에서 있는 대로 고른 것은?

┌─ 보기 ┐
ㄱ. (가)는 세이퍼트은하이다.

ㄴ. (나)의 스펙트럼에는 방출선이 나타난다.

ㄷ. 은하를 구성하는 주계열성의 평균 표면 온도는 (가)가 우리은하보다 낮다.
└────────┘

① ㄱ   ② ㄴ   ③ ㄱ, ㄷ   ④ ㄴ, ㄷ   ⑤ ㄱ, ㄴ, ㄷ

2 ☆☆☆

그림은 빅뱅 우주론에 따라 팽창하는 우주에서 T_1 시기와 T_2 시기에 은하 A, B, C의 위치와 A에서 관측한 B, C의 후퇴 속도를 나타낸 것이다.

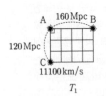
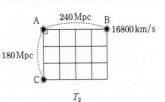

이 자료에 대한 설명으로 옳은 것만을 〈보기〉에서 있는 대로 고른 것은? (단, 은하들은 허블 법칙을 만족하고, 빛의 속도는 3×10^5 km/s이다.)

┌─ 보기 ┐
ㄱ. T_2의 허블 상수는 70 km/s/Mpc이다.

ㄴ. A에서 관측한 C의 후퇴 속도는 T_1이 T_2보다 빠르다.

ㄷ. T_2에 B에서 C를 관측하면, 기준 파장이 500 nm인 흡수선은 540 nm보다 길게 관측된다.
└────────┘

① ㄱ   ② ㄴ   ③ ㄷ   ④ ㄱ, ㄴ   ⑤ ㄱ, ㄷ

3 ☆☆☆

표는 표준 우주 모형에 따라 팽창하는 우주에서 어느 두 시기의 우주의 크기와 우주 구성 요소의 밀도를 나타낸 것이다. T_1은 T_2보다 과거 시기이며, T_2에 우주 구성 요소의 총밀도는 1이다. A, B, C는 보통 물질, 암흑 물질, 암흑 에너지를 순서 없이 나타낸 것이다.

시기	우주의 크기 (현재=1)	우주 구성 요소의 밀도		
		A	B	C
T_1	( )	( )	( )	0.96
T_2	0.50	( )	0.21	0.12

이에 대한 설명으로 옳은 것만을 〈보기〉에서 있는 대로 고른 것은? (단, 우주의 크기는 은하 간 거리를 나타낸 척도이다.) [3점]

┌─ 보기 ┐
ㄱ. 중성자는 C에 포함된다.

ㄴ. 전체 우주 구성 요소에서 $\dfrac{\text{A가 차지하는 비율}}{\text{B가 차지하는 비율}}$ 은 T_1이 T_2보다 크다.

ㄷ. T_1에 전체 우주 구성 요소 중 C가 차지하는 비율은 15 %보다 작다.
└────────┘

① ㄱ   ② ㄷ   ③ ㄱ, ㄴ   ④ ㄴ, ㄷ   ⑤ ㄱ, ㄴ, ㄷ

4 ☆☆☆

그림 (가)는 어떤 은하의 모습을, (나)는 이 은하에서 관측된 수소 방출선 A의 위치를 나타낸 것이다. A의 기준 파장은 656.3 nm이다.

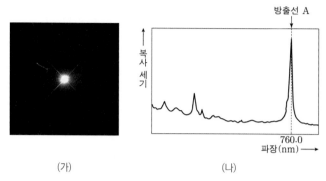

(가)   (나)

이 은하에 대한 설명으로 옳은 것만을 〈보기〉에서 있는 대로 고른 것은? (단, 빛의 속도는 3×10^5 km/s이고, 허블 상수는 70 km/s/Mpc이다.) [3점]

┌─ 보기 ─
ㄱ. 단위 시간 동안 방출하는 에너지양은 우리은하보다 적다.
ㄴ. 중심부에는 거대 질량의 블랙홀이 존재할 것으로 추정된다.
ㄷ. 은하까지의 거리는 400 Mpc보다 멀다.
└

① ㄱ   ② ㄴ   ③ ㄷ   ④ ㄱ, ㄴ   ⑤ ㄴ, ㄷ

5 ☆☆☆

그림은 빅뱅 우주론에 따라 팽창하는 우주 모형 A와 B의 우주 팽창 속도를 시간에 따라 나타낸 것이다. 현재 우주 배경 복사의 온도는 A와 B에서 동일하다.

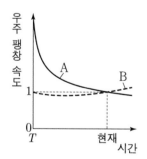

이 자료에 대한 설명으로 옳은 것만을 〈보기〉에서 있는 대로 고른 것은?

┌─ 보기 ─
ㄱ. T 시기에 A의 우주는 팽창하고 있다.
ㄴ. T 시기 이후 현재까지 B의 우주는 계속 가속 팽창한다.
ㄷ. T 시기에 우주 배경 복사의 온도는 A가 B보다 낮다.
└

① ㄱ   ② ㄴ, ㄷ   ③ ㄱ, ㄷ   ④ ㄴ, ㄷ   ⑤ ㄱ, ㄴ, ㄷ

6 ☆☆☆

표는 빅뱅 우주론에 따라 팽창하는 우주에서 우주 구성 요소의 밀도와 우주의 크기를 시기별로 나타낸 것이다. A, B, C는 보통 물질, 암흑 물질, 암흑 에너지를 순서 없이 나타낸 것이다. 현재 우주 구성 요소의 총 밀도는 1이다.

시기	A 밀도	B 밀도	C 밀도	우주의 크기(상댓값)
현재	0.27	( )	0.05	1
T	( )	0.68	( )	0.5

이에 대한 설명으로 옳은 것만을 〈보기〉에서 있는 대로 고른 것은? (단, 우주의 크기는 은하 간 거리를 나타낸 척도이다.) [3점]

┌─ 보기 ─
ㄱ. 중력 렌즈 현상을 통해 A가 존재함을 추정할 수 있다.
ㄴ. 우주가 팽창하는 동안 B의 총량은 일정하다.
ㄷ. T 시기에 우주 구성 요소 중 C가 차지하는 비율은 10 % 보다 낮다.
└

① ㄱ   ② ㄴ   ③ ㄷ   ④ ㄱ, ㄴ   ⑤ ㄱ, ㄷ

7 ★★☆　　　　　　　　　　　　| 2025학년도 6월 **평가원** 11번 |

그림은 빅뱅 이후 일어난 주요 사건을 시간 순서대로 나타낸 것이다.

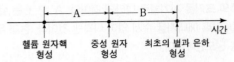

이에 대한 설명으로 옳은 것만을 〈보기〉에서 있는 대로 고른 것은?

┌─ 보기 ┐
ㄱ. A 기간에 우주의 급팽창이 일어났다.
ㄴ. B 기간에 우주에서 수소와 헬륨의 질량비는 약 3 : 1이다.
ㄷ. B 기간 동안 우주 배경 복사의 평균 온도는 3000 K 이하이다.
└──────┘

① ㄱ　　② ㄴ　　③ ㄷ　　④ ㄱ, ㄴ　　⑤ ㄴ, ㄷ

---

8 ★★☆　　　　　　　　　　　　| 2025학년도 6월 **평가원** 12번 |

그림은 은하 A와 B가 탄생한 후부터 연간 생성된 별의 총 질량을 시간에 따라 나타낸 것이다. A와 B는 나선 은하와 타원 은하를 순서 없이 나타낸 것이다.

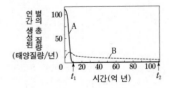

이 자료에 대한 설명으로 옳은 것만을 〈보기〉에서 있는 대로 고른 것은?

┌─ 보기 ┐
ㄱ. B는 나선 은하이다.
ㄴ. t_2일 때 은하를 구성하는 별의 평균 나이는 A가 B보다 적다.
ㄷ. A에서 태양보다 질량이 큰 주계열성의 개수는 t_1일 때가 t_2일 때보다 적다.
└──────┘

① ㄱ　　② ㄴ　　③ ㄷ　　④ ㄱ, ㄴ　　⑤ ㄱ, ㄷ

---

9 ★★☆　　　　　　　　　　　　| 2025학년도 6월 **평가원** 16번 |

그림은 표준 우주 모형에 따라 우주가 팽창하는 동안 우주 구성 요소의 밀도비 ㉠과 ㉡의 변화를 나타낸 것이다. A, B, C는 보통 물질, 암흑 물질, 암흑 에너지를 순서 없이 나타낸 것이다. 현재 ㉡은 1보다 작다.

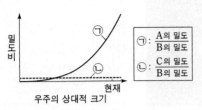

이 자료에 대한 설명으로 옳은 것만을 〈보기〉에서 있는 대로 고른 것은? [3점]

┌─ 보기 ┐
ㄱ. 현재 우주를 가속 팽창시키는 역할을 하는 것은 A이다.
ㄴ. 우주가 팽창하는 동안 B의 밀도는 일정하다.
ㄷ. C는 전자기파로 관측할 수 있다.
└──────┘

① ㄱ　　② ㄴ　　③ ㄱ, ㄷ　　④ ㄴ, ㄷ　　⑤ ㄱ, ㄴ, ㄷ

10 ★☆☆ | 2024학년도 수능 8번 |

표는 허블의 은하 분류 기준과 이에 따라 분류한 은하의 종류를 나타낸 것이다. (가), (나), (다)는 각각 막대 나선 은하, 불규칙 은하, 타원 은하 중 하나이다.

분류 기준	(가)	(나)	(다)
(㉠)	○	○	×
나선팔이 있는가?	○	×	×
편평도에 따라 세분할 수 있는가?	×	○	×

(○: 있다, ×: 없다)

이에 대한 설명으로 옳은 것만을 〈보기〉에서 있는 대로 고른 것은?

┌─ 보기 ─
ㄱ. '중심부에 막대 구조가 있는가?'는 ㉠에 해당한다.
ㄴ. 주계열성의 평균 광도는 (가)가 (나)보다 크다.
ㄷ. 은하의 질량에 대한 성간 물질의 질량비는 (나)가 (다)보다 크다.
└─

① ㄱ　② ㄴ　③ ㄷ　④ ㄱ, ㄴ　⑤ ㄴ, ㄷ

11 ★☆☆ | 2024학년도 수능 12번 |

다음은 외부 은하 A, B, C에 대한 설명이다.

┌─
• A와 B 사이의 거리는 30 Mpc이다.
• A에서 관측할 때 B와 C의 시선 방향은 90°를 이룬다
• A에서 측정한 B와 C의 후퇴 속도는 각각 2100 km/s와 2800 km/s이다.
└─

이 자료에 대한 설명으로 옳은 것만을 〈보기〉에서 있는 대로 고른 것은? (단, 빛의 속도는 3×10^5 km/s이고, 세 은하는 허블 법칙을 만족한다.) [3점]

┌─ 보기 ─
ㄱ. 허블 상수는 70 km/s/Mpc이다.
ㄴ. B에서 측정한 C의 후퇴 속도는 3500 km/s이다.
ㄷ. B에서 측정한 A의 ($\frac{관측 \ 파장 - 기준 \ 파장}{기준 \ 파장}$)은 0.07이다.
└─

① ㄱ　② ㄷ　③ ㄱ, ㄴ　④ ㄴ, ㄷ　⑤ ㄱ, ㄴ, ㄷ

12 ★☆☆ | 2024학년도 수능 14번 |

그림은 빅뱅 우주론에 따라 우주가 팽창하는 동안 우주 구성 요소 A와 B의 상대적 비율(%)을 시간에 따라 나타낸 것이다. A와 B는 각각 암흑 에너지와 물질(보통 물질+암흑 물질) 중 하나이다.

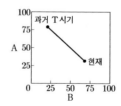

이에 대한 설명으로 옳은 것만을 〈보기〉에서 있는 대로 고른 것은?

┌─ 보기 ─
ㄱ. A는 물질에 해당한다.
ㄴ. 우주 배경 복사의 온도는 과거 T 시기가 현재보다 낮다.
ㄷ. 우주가 팽창하는 동안 B의 총량은 일정하다.
└─

① ㄱ　② ㄴ　③ ㄷ　④ ㄱ, ㄴ　⑤ ㄱ, ㄷ

13 ☆☆☆　|2024학년도 9월 평가원 5번|

그림 (가)와 (나)는 정상 나선 은하와 타원 은하를 순서 없이 나타낸 것이다.

(가)　　　　　　(나)

이에 대한 설명으로 옳은 것만을 〈보기〉에서 있는 대로 고른 것은? [3점]

보기
ㄱ. 별의 평균 나이는 (가)가 (나)보다 많다.
ㄴ. 주계열성의 평균 질량은 (가)가 (나)보다 크다.
ㄷ. (나)에서 별의 평균 표면 온도는 분광형이 A0인 별보다 높다.

① ㄱ　② ㄴ　③ ㄷ　④ ㄱ, ㄴ　⑤ ㄴ, ㄷ

14 ☆☆☆　|2024학년도 9월 평가원 11번|

그림은 우주 구성 요소 A, B, C의 상대적 비율을 시간에 따라 나타낸 것이다. A, B, C는 각각 암흑 물질, 보통 물질, 암흑 에너지 중 하나이다.

이에 대한 설명으로 옳은 것만을 〈보기〉에서 있는 대로 고른 것은?

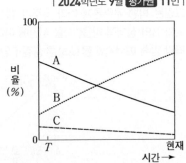

보기
ㄱ. 우주 배경 복사의 파장은 T 시기가 현재보다 짧다.
ㄴ. T 시기부터 현재까지 $\dfrac{\text{A의 비율}}{\text{B의 비율}}$ 은 감소한다.
ㄷ. A, B, C 중 항성 질량의 대부분을 차지하는 것은 C이다.

① ㄱ　② ㄷ　③ ㄱ, ㄴ　④ ㄴ, ㄷ　⑤ ㄱ, ㄴ, ㄷ

15 ☆☆☆　|2024학년도 9월 평가원 19번|

그림은 우리은하에서 외부 은하 A와 B를 관측한 결과를 나타낸 것이다. B에서 A를 관측할 때의 적색 편이량은 우리은하에서 A를 관측한 적색 편이량의 3배이다. 적색 편이량은 $\left(\dfrac{\text{관측 파장}-\text{기준 파장}}{\text{기준 파장}}\right)$ 이고, 세 은하는 허블 법칙을 만족한다.

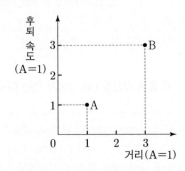

이 자료에 대한 설명으로 옳은 것만을 〈보기〉에서 있는 대로 고른 것은? [3점]

보기
ㄱ. 우리은하에서 관측한 적색 편이량은 B가 A의 3배이다.
ㄴ. A에서 관측한 후퇴 속도는 B가 우리은하의 3배이다.
ㄷ. 우리은하에서 관측한 A와 B는 동일한 시선 방향에 위치한다.

① ㄱ　② ㄷ　③ ㄱ, ㄴ　④ ㄴ, ㄷ　⑤ ㄱ, ㄴ, ㄷ

16 ☆☆☆

그림 (가), (나), (다)는 타원 은하, 나선 은하, 불규칙 은하를 순서 없이 나타낸 것이다.

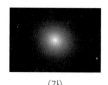

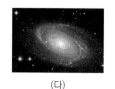

(가)　　　　(나)　　　　(다)

이에 대한 설명으로 옳은 것만을 〈보기〉에서 있는 대로 고른 것은?

보기
ㄱ. (가)는 타원 은하이다.
ㄴ. 은하를 구성하는 별의 평균 나이는 (가)가 (나)보다 적다.
ㄷ. (가)는 (다)로 진화한다.

① ㄱ　② ㄷ　③ ㄱ, ㄴ　④ ㄱ, ㄷ　⑤ ㄴ, ㄷ

17 ☆☆☆

그림 (가)는 은하에 의한 중력 렌즈 현상을, (나)는 T 시기 이후 우주 구성 요소의 밀도 변화를 나타낸 것이다. A, B, C는 각각 보통 물질, 암흑 물질, 암흑 에너지 중 하나이다.

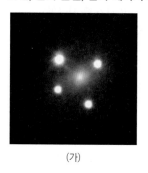
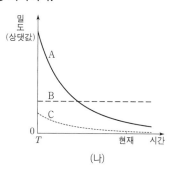

(가)　　　　(나)

이에 대한 설명으로 옳은 것만을 〈보기〉에서 있는 대로 고른 것은?

보기
ㄱ. (가)를 이용하여 A가 존재함을 추정할 수 있다.
ㄴ. B에서 가장 많은 양을 차지하는 것은 양성자이다.
ㄷ. T 시기부터 현재까지 우주의 팽창 속도는 계속 증가하였다.

① ㄱ　② ㄴ　③ ㄱ, ㄷ　④ ㄴ, ㄷ　⑤ ㄱ, ㄴ, ㄷ

18 ☆☆☆

그림은 허블 법칙을 만족하는 외부 은하의 거리와 후퇴 속도의 관계 l과 우리은하에서 은하 A, B, C를 관측한 결과이고, 표는 이 은하들의 흡수선 관측 결과를 나타낸 것이다. B의 흡수선 관측 파장은 허블 법칙으로 예상되는 값보다 8 nm 더 길다.

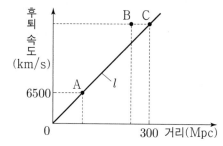

은하	기준 파장	관측 파장
A	400	㉠
B	600	( )
C	600	642

(단위: nm)

이 자료에 대한 설명으로 옳은 것만을 〈보기〉에서 있는 대로 고른 것은? (단, 우리은하에서 관측했을 때 A, B, C는 동일한 시선 방향에 놓여있고, 빛의 속도는 3×10^5 km/s이다.)

보기
ㄱ. 허블 상수는 70 km/s/Mpc이다.
ㄴ. ㉠은 410보다 작다.
ㄷ. A에서 B까지의 거리는 140 Mpc보다 크다.

① ㄱ　② ㄷ　③ ㄱ, ㄴ　④ ㄴ, ㄷ　⑤ ㄱ, ㄴ, ㄷ

19 ★☆☆
| 2023학년도 수능 3번 |

그림 (가)와 (나)는 어느 은하를 각각 가시광선과 전파로 관측한 영상이며, ㉠은 제트이다.

(가)   (나)

이 은하에 대한 설명으로 옳은 것만을 〈보기〉에서 있는 대로 고른 것은? [3점]

보기

ㄱ. 나선팔을 가지고 있다.
ㄴ. 대부분의 별은 분광형이 A0인 별보다 표면 온도가 낮다.
ㄷ. ㉠은 암흑 물질이 분출되는 모습이다.

① ㄱ   ② ㄴ   ③ ㄷ   ④ ㄱ, ㄷ   ⑤ ㄴ, ㄷ

20 ★★☆
| 2023학년도 수능 11번 |

그림 (가)와 (나)는 우주의 나이가 각각 10만 년과 100만 년일 때에 빛이 우주 공간을 진행하는 모습을 순서 없이 나타낸 것이다.

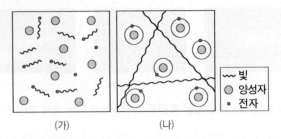

(가)   (나)

이에 대한 설명으로 옳은 것만을 〈보기〉에서 있는 대로 고른 것은?

보기

ㄱ. (가) 시기 우주의 나이는 10만 년이다.
ㄴ. (나) 시기에 우주 배경 복사의 온도는 2.7 K이다.
ㄷ. 수소 원자핵에 대한 헬륨 원자핵의 함량비는 (가) 시기가 (나) 시기보다 크다.

① ㄱ   ② ㄴ   ③ ㄷ   ④ ㄱ, ㄴ   ⑤ ㄱ, ㄷ

21 ★☆☆
| 2023학년도 수능 18번 |

표 (가)는 외부 은하 A와 B의 스펙트럼 관측 결과를, (나)는 우주 구성 요소의 상대적 비율을 T_1, T_2 시기에 따라 나타낸 것이다. T_1, T_2는 관측된 A, B의 빛이 각각 출발한 시기 중 하나이고, a, b, c는 각각 보통 물질, 암흑 물질, 암흑 에너지 중 하나이다.

은하	기준 파장	관측 파장
A	120	132
B	150	600

(단위: nm)

(가)

우주 구성 요소	T_1	T_2
a	62.7	3.4
b	31.4	81.3
c	5.9	15.3

(단위: %)

(나)

이 자료에 대한 설명으로 옳은 것만을 〈보기〉에서 있는 대로 고른 것은? (단, 빛의 속도는 3×10^5 km/s이다.)

보기

ㄱ. 우리은하에서 관측한 A의 후퇴 속도는 3000 km/s이다.
ㄴ. B는 T_2 시기의 천체이다.
ㄷ. 우주를 가속 팽창시키는 요소는 b이다.

① ㄱ   ② ㄴ   ③ ㄷ   ④ ㄱ, ㄴ   ⑤ ㄴ, ㄷ

22 ☆☆☆

그림 (가)와 (나)는 가시광선으로 관측한 어느 타원 은하와 불규칙 은하를 순서 없이 나타낸 것이다.

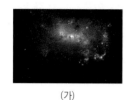 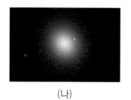

(가)　　　　　(나)

이에 대한 설명으로 옳은 것만을 〈보기〉에서 있는 대로 고른 것은?

┌ 보기 ┐
ㄱ. (가)는 불규칙 은하이다.
ㄴ. (나)를 구성하는 별들은 푸른 별이 붉은 별보다 많다.
ㄷ. 은하를 구성하는 별들의 평균 나이는 (가)가 (나)보다 적다.

① ㄱ　② ㄴ　③ ㄱ, ㄷ　④ ㄴ, ㄷ　⑤ ㄱ, ㄴ, ㄷ

23 ☆☆☆

그림 (가)는 현재 우주 구성 요소의 비율을, (나)는 은하에 의한 중력 렌즈 현상을 나타낸 것이다. A, B, C는 각각 암흑 물질, 암흑 에너지, 보통 물질 중 하나이다.

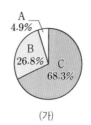 

(가)　　　　　(나)

이에 대한 설명으로 옳은 것만을 〈보기〉에서 있는 대로 고른 것은?

[3점]

┌ 보기 ┐
ㄱ. A는 암흑 에너지이다.
ㄴ. 현재 이후 우주가 팽창하는 동안 $\dfrac{\text{B의 비율}}{\text{C의 비율}}$ 은 감소한다.
ㄷ. (나)를 이용하여 B가 존재함을 추정할 수 있다.

① ㄱ　② ㄴ　③ ㄷ　④ ㄱ, ㄴ　⑤ ㄴ, ㄷ

24 ☆☆☆

그림 (가)는 어느 우주 모형에서 시간에 따른 우주의 상대적 크기를 나타낸 것이고, (나)는 120억 년 전 은하 P에서 방출된 파장 λ인 빛이 80억 년 전 은하 Q를 지나 현재의 관측자에게 도달하는 상황을 가정하여 나타낸 것이다. 우주 공간을 진행하는 빛의 파장은 우주의 크기에 비례하여 증가한다.

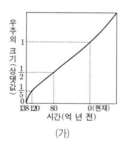 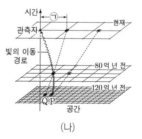

(가)　　　　　(나)

이 자료에 대한 설명으로 옳은 것만을 〈보기〉에서 있는 대로 고른 것은? (단, P와 Q는 관측자의 시선과 동일한 방향에 위치한다.)

┌ 보기 ┐
ㄱ. 120억 년 전에 우주는 가속 팽창하였다.
ㄴ. P에서 방출된 파장 λ인 빛이 Q에 도달할 때 파장은 2.5λ 이다.
ㄷ. (나)에서 현재 관측자로부터 Q까지의 거리 ㉠은 80억 광년이다.

① ㄱ　② ㄴ　③ ㄷ　④ ㄱ, ㄷ　⑤ ㄴ, ㄷ

25 ☆☆☆

| 2023학년도 6월 평가원 2번 |

그림은 어느 외부 은하를 나타낸 것이다. A와 B는 각각 은하의 중심부와 나선팔이다.

이 은하에 대한 설명으로 옳은 것만을 〈보기〉에서 있는 대로 고른 것은?

┌─ 보기 ─────────────────────────────┐
ㄱ. 막대 나선 은하에 해당한다.
ㄴ. B에는 성간 물질이 존재하지 않는다.
ㄷ. 붉은 별의 비율은 A가 B보다 높다.
└────────────────────────────────────┘

① ㄱ   ② ㄴ   ③ ㄷ   ④ ㄱ, ㄴ   ⑤ ㄴ, ㄷ

27 ★★☆

| 2023학년도 6월 평가원 14번 |

표는 우주 구성 요소 A, B, C의 상대적 비율을 T_1, T_2 시기에 따라 나타낸 것이다. T_1, T_2는 각각 과거와 미래 중 하나에 해당하고, A, B, C는 각각 보통 물질, 암흑 물질, 암흑 에너지 중 하나이다.

구성 요소	T_1	T_2
A	66	11
B	22	87
C	12	2

이에 대한 설명으로 옳은 것만을 〈보기〉에서 있는 대로 고른 것은?

┌─ 보기 ─────────────────────────────┐
ㄱ. T_2는 미래에 해당한다.
ㄴ. A는 항성 질량의 대부분을 차지한다.
ㄷ. C는 전자기파로 관측할 수 있다.
└────────────────────────────────────┘

① ㄱ   ② ㄴ   ③ ㄱ, ㄷ   ④ ㄴ, ㄷ   ⑤ ㄱ, ㄴ, ㄷ

26 ★★☆

| 2023학년도 6월 평가원 10번 |

그림은 우주에서 일어난 주요한 사건 (가)~(라)를 시간 순서대로 나타낸 것이다.

(라) 최초의 별과 은하 형성
(다) 원자의 형성
(나) 헬륨 원자핵 형성
(가) 급팽창 종료

이에 대한 설명으로 옳은 것만을 〈보기〉에서 있는 대로 고른 것은? [3점]

┌─ 보기 ─────────────────────────────┐
ㄱ. (가)와 (라) 사이에 우주는 감속 팽창한다.
ㄴ. (나)와 (다) 사이에 퀘이사가 형성된다.
ㄷ. (라) 시기에 우주 배경 복사 온도는 2.7 K보다 높다.
└────────────────────────────────────┘

① ㄱ   ② ㄴ   ③ ㄱ, ㄷ   ④ ㄴ, ㄷ   ⑤ ㄱ, ㄴ, ㄷ

28 ★★☆

| 2022학년도 수능 5번 |

그림은 전파 은하 M87의 가시광선 영상과 전파 영상을 나타낸 것이다.

가시광선 영상   전파 영상   전파 영상

이 은하에 대한 설명으로 옳은 것만을 〈보기〉에서 있는 대로 고른 것은?

┌─ 보기 ─────────────────────────────┐
ㄱ. 은하를 구성하는 별들은 푸른 별이 붉은 별보다 많다.
ㄴ. 제트에서는 별이 활발하게 탄생한다.
ㄷ. 중심에는 질량이 거대한 블랙홀이 있다.
└────────────────────────────────────┘

① ㄱ   ② ㄷ   ③ ㄱ, ㄴ   ④ ㄴ, ㄷ   ⑤ ㄱ, ㄴ, ㄷ

29 ☆☆☆　　　|2022학년도 수능 7번|

그림은 빅뱅 우주론에 따라 팽창하는 우주에서 물질, 암흑 에너지, 우주 배경 복사를 시간에 따라 나타낸 것이다.

- 물질(보통 물질+암흑 물질)
- ▨ 암흑 에너지
- ～ 우주 배경 복사

시간(우주의 나이)

시간이 흐름에 따라 나타나는 우주의 변화에 대한 설명으로 옳은 것만을 〈보기〉에서 있는 대로 고른 것은?

┌─ 보기 ─────────────────────────┐
ㄱ. 물질 밀도는 일정하다.
ㄴ. 우주 배경 복사의 온도는 감소한다.
ㄷ. 물질 밀도에 대한 암흑 에너지 밀도의 비는 증가한다.
└───────────────────────────────┘

① ㄱ　② ㄴ　③ ㄱ, ㄷ　④ ㄴ, ㄷ　⑤ ㄱ, ㄴ, ㄷ

30 ☆☆☆　　　|2022학년도 수능 20번|

그림은 외부 은하 A와 B에서 각각 발견된 Ia형 초신성의 겉보기 밝기를 시간에 따라 나타낸 것이다. 우리은하에서 관측하였을 때 A와 B의 시선 방향은 60°를 이루고, F_0은 Ia형 초신성이 100 Mpc에 있을 때 겉보기 밝기의 최댓값이다.

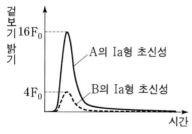

이 자료에 대한 설명으로 옳은 것만을 〈보기〉에서 있는 대로 고른 것은? (단, 빛의 속도는 3×10^5 km/s이고, 허블 상수는 70 km/s/Mpc이며, 두 은하는 허블 법칙을 만족한다.) [3점]

┌─ 보기 ─────────────────────────┐
ㄱ. 우리은하에서 관측한 A의 후퇴 속도는 1750 km/s이다.
ㄴ. 우리은하에서 B를 관측하면, 기준 파장이 600 nm인 흡수선은 603.5 nm로 관측된다.
ㄷ. A에서 B의 Ia형 초신성을 관측하면, 겉보기 밝기의 최댓값은 $\dfrac{4}{\sqrt{3}}F_0$이다.
└───────────────────────────────┘

① ㄱ　② ㄴ　③ ㄱ, ㄷ　④ ㄴ, ㄷ　⑤ ㄱ, ㄴ, ㄷ

31 ☆☆☆　　　|2022학년도 9월 평가원 2번|

다음은 우주의 구성 요소에 대하여 학생 A, B, C가 나눈 대화이다. ㉠과 ㉡은 각각 암흑 물질과 암흑 에너지 중 하나이다.

구성 요소	특징
㉠	질량을 가지고 있으나 빛으로 관측되지 않음.
㉡	척력으로 작용하여 우주를 가속 팽창시키는 역할을 함.

학생 A: ㉠은 암흑 물질이야.
학생 B: ㉡으로 초신성 Ia형의 관측 결과를 설명할 수 있어.
학생 C: 현재 우주를 구성하는 비율은 ㉠이 ㉡보다 커.

제시한 내용이 옳은 학생만을 있는 대로 고른 것은?

① A　② B　③ C　④ A, B　⑤ A, C

32 ☆☆☆　　　|2022학년도 9월 평가원 9번|

그림은 두 은하 A와 B가 탄생한 후, 연간 생성된 별의 총질량을 시간에 따라 나타낸 것이다. A와 B는 허블 은하 분류 체계에 따른 서로 다른 종류이며, 각각 E0과 Sb 중 하나이다.

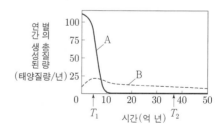

이에 대한 설명으로 옳은 것만을 〈보기〉에서 있는 대로 고른 것은?

┌─ 보기 ─────────────────────────┐
ㄱ. B는 나선팔을 가지고 있다.
ㄴ. T_1일 때 연간 생성된 별의 총질량은 A가 B보다 크다.
ㄷ. T_2일 때 별의 평균 표면 온도는 B가 A보다 높다.
└───────────────────────────────┘

① ㄱ　② ㄷ　③ ㄱ, ㄴ　④ ㄴ, ㄷ　⑤ ㄱ, ㄴ, ㄷ

33 ★★☆

그림 (가)와 (나)는 각각 COBE 우주 망원경과 WMAP 우주 망원경으로 관측한 우주 배경 복사의 온도 편차를 나타낸 것이다. 지점 A와 B는 지구에서 관측한 시선 방향이 서로 반대이다.

−150 μK ▬▬▬ +150 μK   −200 μK ▬▬▬ +200 μK
(가)   (나)

이에 대한 설명으로 옳은 것만을 〈보기〉에서 있는 대로 고른 것은?
[3점]

┌─ 보기 ┐
ㄱ. (나)가 (가)보다 온도 편차의 형태가 더욱 세밀해 보이는 것은 관측 기술의 발달 때문이다.
ㄴ. A와 B는 빛을 통하여 현재 상호 작용할 수 있다.
ㄷ. A와 B의 온도가 거의 같다는 사실은 급팽창 우주론으로 설명할 수 있다.
└──────┘

① ㄱ   ② ㄴ   ③ ㄱ, ㄷ   ④ ㄴ, ㄷ   ⑤ ㄱ, ㄴ, ㄷ

34 ★★☆

그림 (가)와 (나)는 가시광선으로 관측한 외부 은하와 퀘이사를 나타낸 것이다.

(가) 외부 은하   (나) 퀘이사

이에 대한 설명으로 옳은 것만을 〈보기〉에서 있는 대로 고른 것은?

┌─ 보기 ┐
ㄱ. (가)는 불규칙 은하이다.
ㄴ. (나)는 항성이다.
ㄷ. (나)는 우리은하로부터 멀어지고 있다.
└──────┘

① ㄱ   ② ㄷ   ③ ㄱ, ㄴ   ④ ㄴ, ㄷ   ⑤ ㄱ, ㄴ, ㄷ

35 ★☆☆

그림 (가)와 (나)는 현재와 과거 어느 시기의 우주 구성 요소 비율을 순서 없이 나타낸 것이다. A, B, C는 각각 보통 물질, 암흑 물질, 암흑 에너지 중 하나이다.

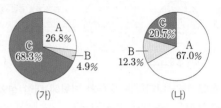

(가)   (나)

이에 대한 설명으로 옳은 것만을 〈보기〉에서 있는 대로 고른 것은?

┌─ 보기 ┐
ㄱ. (가)일 때 우주는 가속 팽창하고 있다.
ㄴ. B는 전자기파로 관측할 수 있다.
ㄷ. $\dfrac{\text{A의 비율}}{\text{C의 비율}}$ 은 (가)일 때와 (나)일 때 같다.
└──────┘

① ㄱ   ② ㄴ   ③ ㄷ   ④ ㄱ, ㄴ   ⑤ ㄴ, ㄷ

36 ★☆☆

표는 허블의 은하 분류 기준과 이에 따라 분류한 은하의 종류를 나타낸 것이고, 그림은 은하 A의 가시광선 영상이다. (가)~(라)는 각각 타원 은하, 정상 나선 은하, 막대 나선 은하, 불규칙 은하 중 하나이고, A는 (가)~(라) 중 하나에 해당한다.

분류 기준	(가)	(나)	(다)	(라)
규칙적인 구조가 있는가?	○	○	×	○
나선팔이 있는가?	○	○	×	×
중심부에 막대 구조가 있는가?	○	×	×	×

(○ : 있다, × : 없다)

A

이 자료에 대한 설명으로 옳은 것만을 〈보기〉에서 있는 대로 고른 것은?

┌─ 보기 ┐
ㄱ. 은하의 질량에 대한 성간 물질의 질량비는 (가)가 (다)보다 작다.
ㄴ. 은하를 구성하는 별의 평균 표면 온도는 (나)가 (라)보다 높다.
ㄷ. A는 (라)에 해당한다.
└──────┘

① ㄱ   ② ㄷ   ③ ㄱ, ㄴ   ④ ㄴ, ㄷ   ⑤ ㄱ, ㄴ, ㄷ

37 ★★☆ | 2021학년도 수능 17번 |

다음은 우리은하와 외부 은하 A, B에 대한 설명이다. 세 은하는 일직선상에 위치하며, 허블 법칙을 만족한다.

- 우리은하에서 A까지의 거리는 20 Mpc이다.
- B에서 우리은하를 관측하면, 우리은하는 2800 km/s의 속도로 멀어진다.
- A에서 B를 관측하면, B의 스펙트럼에서 500 nm의 기준 파장을 갖는 흡수선이 507 nm로 관측된다.

우리은하에서 A와 B를 관측한 결과에 대한 설명으로 옳은 것만을 〈보기〉에서 있는 대로 고른 것은? (단, 허블 상수는 70 km/s/Mpc 이고, 빛의 속도는 3×10^5 km/s이다.)

〈보기〉
ㄱ. A의 후퇴 속도는 1400 km/s이다.
ㄴ. 스펙트럼에서 기준 파장이 동일한 흡수선의 파장 변화량은 B가 A의 2배이다.
ㄷ. A와 B는 동일한 시선 방향에 위치한다.

① ㄱ ② ㄷ ③ ㄱ, ㄴ ④ ㄴ, ㄷ ⑤ ㄱ, ㄴ, ㄷ

38 ★☆☆ | 2021학년도 수능 15번 |

그림은 어느 팽창 우주 모형 에서 시간에 따른 우주의 크 기 변화를 나타낸 것이다.

이에 대한 설명으로 옳은 것 만을 〈보기〉에서 있는 대로 고른 것은?

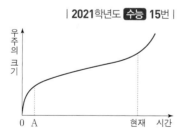

〈보기〉
ㄱ. A 시기에 우주는 감속 팽창했다.
ㄴ. 현재 우주에서 물질이 차지하는 비율은 암흑 에너지가 차지하는 비율보다 크다.
ㄷ. 우주 배경 복사의 파장은 A 시기가 현재보다 길다.

① ㄱ ② ㄷ ③ ㄱ, ㄴ ④ ㄴ, ㄷ ⑤ ㄱ, ㄴ, ㄷ

39 ★☆☆ | 2021학년도 9월 평가원 12번 |

다음은 세 학생이 다양한 외부 은하를 형태에 따라 분류하는 탐구 활동의 일부를 나타낸 것이다.

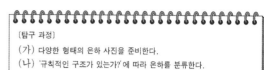

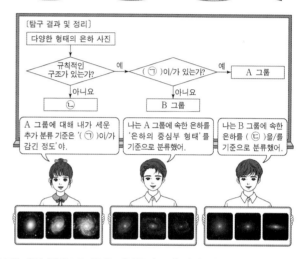

[탐구 과정]
(가) 다양한 형태의 은하 사진을 준비한다.
(나) '규칙적인 구조가 있는가?'에 따라 은하를 분류한다.
(다) (나)의 조건을 만족하는 은하를 '(㉠)이/가 있는가?'에 따라 A와 B 그룹으로 분류한다.
(라) A와 B 그룹에 적용할 추가 분류 기준을 만든다.

이에 대한 설명으로 옳은 것만을 〈보기〉에서 있는 대로 고른 것은?
[3점]

〈보기〉
ㄱ. 나선팔은 ㉠에 해당한다.
ㄴ. 허블의 분류 체계에 따르면 ㉡은 불규칙 은하이다.
ㄷ. '구에 가까운 정도'는 ㉢에 해당한다.

① ㄱ ② ㄴ ③ ㄱ, ㄷ ④ ㄴ, ㄷ ⑤ ㄱ, ㄴ, ㄷ

40 ★★☆ | 2021학년도 9월 평가원 17번 |

그림 (가)는 표준 우주 모형에서 시간에 따른 우주의 크기 변화를, (나)는 플랑크 망원경의 우주 배경 복사 관측 결과로부터 추론한 현재 우주를 구성하는 요소의 비율을 나타낸 것이다.

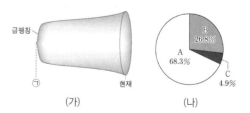

이에 대한 설명으로 옳은 것만을 〈보기〉에서 있는 대로 고른 것은?

〈보기〉
ㄱ. 우주 배경 복사는 ㉠ 시기에 방출된 빛이다.
ㄴ. 현재 우주를 가속 팽창시키는 역할을 하는 것은 A이다.
ㄷ. B에서 가장 큰 비율을 차지하는 것은 중성자이다.

① ㄱ ② ㄴ ③ ㄷ ④ ㄱ, ㄴ ⑤ ㄱ, ㄷ

Part II 수능 평가원

41 ★★☆ | 2021학년도 9월 평가원 18번 |

그림은 여러 외부 은하를 관측해서 구한 은하 A~I의 성간 기체에 존재하는 원소의 질량비를 나타낸 것이다.

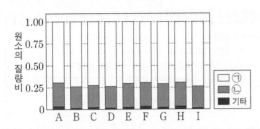

이에 대한 설명으로 옳은 것만을 〈보기〉에서 있는 대로 고른 것은? [3점]

> **보기**
> ㄱ. ㉡은 수소 핵융합으로부터 만들어지는 원소이다.
> ㄴ. 성간 기체에 포함된 $\dfrac{수소의\ 총\ 질량}{산소의\ 총\ 질량}$ 은 A가 B보다 크다.
> ㄷ. 이 관측 결과는 우주의 밀도가 시간과 관계없이 일정하다고 보는 우주론의 증거가 된다.

① ㄱ　② ㄷ　③ ㄱ, ㄴ　④ ㄴ, ㄷ　⑤ ㄱ, ㄴ, ㄷ

42 ☆☆☆ | 2021학년도 6월 평가원 9번 |

그림 (가), (나), (다)는 각각 세이퍼트은하, 퀘이사, 전파 은하의 영상을 나타낸 것이다. (가)와 (나)는 가시광선 영상이고, (다)는 가시광선과 전파로 관측하여 합성한 영상이다.

　(가)　　　　　(나)　　　　　(다)

이 자료에 대한 설명으로 옳은 것만을 〈보기〉에서 있는 대로 고른 것은? [3점]

> **보기**
> ㄱ. (가)와 (다)의 은하 중심부 별들의 회전축은 관측자의 시선 방향과 일치한다.
> ㄴ. 각 은하의 $\dfrac{중심부의\ 밝기}{전체의\ 밝기}$ 는 (나)의 은하가 가장 크다.
> ㄷ. (다)의 제트는 은하의 중심에서 방출되는 별들의 흐름이다.

① ㄱ　② ㄴ　③ ㄷ　④ ㄱ, ㄴ　⑤ ㄴ, ㄷ

43 ★★☆ | 2021학년도 6월 평가원 16번 |

그림 (가)는 현재 우주를 구성하는 요소 A, B, C의 상대적 비율을 나타낸 것이고, (나)는 빅뱅 이후 현재까지 우주의 팽창 속도를 추정하여 나타낸 것이다. A, B, C는 각각 보통 물질, 암흑 물질, 암흑 에너지 중 하나이다.

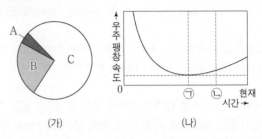

　(가)　　　　　　　　(나)

이에 대한 설명으로 옳은 것만을 〈보기〉에서 있는 대로 고른 것은? [3점]

> **보기**
> ㄱ. 우주가 팽창하는 동안 C가 차지하는 비율은 증가한다.
> ㄴ. ㉠ 시기에 우주는 팽창하지 않았다.
> ㄷ. 우주 팽창에 미치는 B의 영향은 ㉡ 시기가 ㉠ 시기보다 크다.

① ㄱ　② ㄴ　③ ㄷ　④ ㄱ, ㄴ　⑤ ㄱ, ㄷ

44 ★☆☆ | 2021학년도 6월 평가원 17번 |

그림 (가)는 우주론 A에 의한 우주의 크기를, (나)는 우주론 B에 의한 우주의 온도를 나타낸 것이다. A와 B는 우주 팽창을 설명한다.

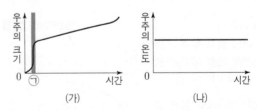

　(가)　　　　　　　　(나)

이에 대한 설명으로 옳은 것만을 〈보기〉에서 있는 대로 고른 것은?

> **보기**
> ㄱ. 우주 배경 복사가 우주의 양쪽 반대편 지평선에서 거의 같게 관측되는 것은 (가)의 ㉠ 시기에 일어난 팽창으로 설명된다.
> ㄴ. A는 수소와 헬륨의 질량비가 거의 3 : 1로 관측되는 결과와 부합된다.
> ㄷ. 우주의 밀도 변화는 B가 A보다 크다.

① ㄱ　② ㄷ　③ ㄱ, ㄴ　④ ㄴ, ㄷ　⑤ ㄱ, ㄴ, ㄷ

지구과학 I

기출의 바이블

 **3권** 고난도편 정답 및 해설

02 대륙 분포와 판 이동의 원동력

1 플룸 구조론

2024년 10월 교육청 2번 | 정답 ① | 문제편 9 p

출제 의도 지진파 단층 촬영 영상에서 두 지점의 온도를 비교하고, 뜨거운 플룸과 차가운 플룸의 위치를 파악하는 문항이다.

그림은 지구에서 X - Y 단면의 지진파 단층 촬영 영상과 지표면 상의 지점 A와 B를 나타낸 것이다.

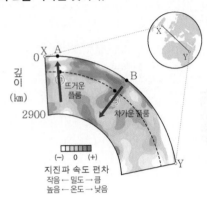

이에 대한 설명으로 옳은 것만을 〈보기〉에서 있는 대로 고른 것은?

보기
ㄱ. 온도는 ㉠ 지점이 ㉡ 지점보다 높다.
ㄴ. A는 판의 수렴형 경계에 위치한다.
　　　　　　　　　　　위치하지 않는다.
ㄷ. B의 하부에는 외핵과 맨틀의 경계에서 상승하는 플룸이
　　　　　　　상부 맨틀과 하부 맨틀의 경계에서 하강하는
　있다.

① ㄱ ② ㄷ ③ ㄱ, ㄴ ④ ㄴ, ㄷ ⑤ ㄱ, ㄴ, ㄷ

✓ 자료 해석

• 지진파의 속도 편차가 (−)인 곳은 밀도가 작고, 온도가 높으며, 지진파의 속도 편차가 (+)인 곳은 밀도가 크고, 온도가 낮다.

• A는 맨틀과 외핵의 경계에서 온도가 높은 맨틀 물질이 상승하는 플룸 상승류가 나타나는 곳이고, B는 섭입대에서 섭입한 해양판이 상부 맨틀과 하부 맨틀의 경계에서 외핵 쪽으로 가라앉는 플룸 하강류가 나타나는 곳이다.

○ 보기 풀이

ㄱ. 온도가 높은 지점에서 지진파의 속도가 느리다. 따라서 지진파의 속도 편차가 (−) 값으로 나타나는 ㉠ 지점이 (+) 값으로 나타나는 ㉡ 지점보다 온도가 높다.

✕ 매력적 오답

ㄴ. 맨틀과 외핵의 경계에서부터 지진파의 속도 편차가 (−)인 부분이 지점 A의 아래까지 이어져 있는 것으로 보아 A 아래에는 뜨거운 플룸이 상승하고 있다. 판의 섭입형 수렴형 경계 아래에는 차가운 플룸이 형성되므로, A는 판의 수렴형 경계에 위치하지 않는다.

ㄷ. B의 하부에는 지진파의 속도 편차가 (+)인 부분이 상부 맨틀과 하부 맨틀의 경계까지 이어지고 있는 것으로 보아 플룸의 하강류인 차가운 플룸이 형성되어 있다. 외핵과 맨틀의 경계에서 상승하는 뜨거운 플룸은 A의 하부에 있다.

문제풀이 Tip

지진파의 속도 편차 자료를 해석하여 뜨거운 플룸과 차가운 플룸을 구분하는 문항이 자주 출제된다. 일반적으로 물질은 온도가 낮을수록 부피가 감소하여 밀도가 커지고 지진파의 속도는 파동의 성질에 의해 물질의 밀도가 클수록(온도가 낮을수록) 빠르다는 것을 알고, 뜨거운 플룸과 차가운 플룸의 생성 과정도 알아 두자.

출제 의도 시기별 고지자기극의 위도 변화를 통해 지괴의 위치 변화를 파악하여 지괴의 이동을 이해하는 문항이다.

그림은 현재 20°S에 위치한 어느 지괴에서 구한 60 Ma부터 현재까지 시기별 고지자기극의 위도를 나타낸 것이다. 시기별 고지자기극의 위치는 특정 경도 상에서 나타나고, 이 기간 동안 지괴도 이와 동일한 경도를 따라 이동하였다.

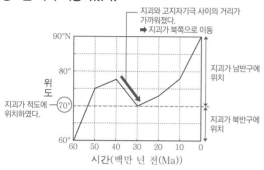

이 자료에 대한 설명으로 옳은 것만을 〈보기〉에서 있는 대로 고른 것은? (단, 고지자기극은 고지자기 방향으로 추정한 지리상 북극이고, 지리상 북극은 변하지 않았다.) [3점]

보기
ㄱ. 이 지괴는 40 Ma~30 Ma 동안 남쪽으로 이동하였다.
  (북쪽)
ㄴ. 지괴에서 구한 고지자기 복각의 절댓값은 60 Ma가 30 Ma보다 크다.
ㄷ. 이 기간 동안 지괴는 북반구에 머문 기간이 남반구에 머문 기간보다 길다.
  (짧다.)

① ㄱ ② ㄴ ③ ㄱ, ㄷ ④ ㄴ, ㄷ ⑤ ㄱ, ㄴ, ㄷ

✔ 자료 해석

• 시기별 고지자기극의 위도와 지괴의 위치를 구해보면 다음과 같다.

시기(Ma)	고지자기극의 위도	지괴와 고지자기극 사이의 각거리	지괴의 위도
0(현재)	90°N	110°	20°S
10	약 78°N	약 98°	약 8°S
20	약 73°N	약 93°	약 3°S
30	70°N	90°	0°
40	약 77°N	약 97°	약 7°S
50	75°N	95°	5°S
60	60°N	80°	10°N

• 고지자기 복각은 적도에서 0°이고 고위도로 갈수록 증가하여 북극에서 90°이다.

○ 보기 풀이 ㄴ. 지괴에서 구한 고지자기 복각의 절댓값은 지괴가 위치한 위도가 높을수록 크다. 60 Ma에 지괴의 위치는 10°N이고, 30 Ma에 지괴의 위치는 0°이므로, 지괴에서 구한 고지자기 복각의 절댓값은 60 Ma가 30 Ma보다 크다.

✕ 매력적 오답 ㄱ. 이 지괴는 40 Ma일 때 약 7°S에 위치하였고 30 Ma일 때 적도에 위치하였으므로 40 Ma~30 Ma 동안 북쪽으로 이동하였다.

ㄷ. 지괴는 60 Ma~약 54 Ma 동안 북반구에 위치하였고, 약 54 Ma~현재 동안 남반구에 위치하였다. 따라서 이 기간 동안 지괴는 북반구에 머문 기간이 남반구에 머문 기간보다 짧다.

문제풀이 **Tip**

지리상 북극은 변하지 않았으므로 현재 지괴의 위도와 고지자기극 사이의 각거리를 구해보면 당시 지괴의 위치를 알 수 있다. 과거의 지괴는 현재 지괴의 위도와 고지자기극과 사이의 각거리만큼 북극으로부터 떨어진 위치에 있었음을 알아 두자.

3 플룸 구조론

출제 의도 플룸 구조론을 나타낸 모식도에서 차가운 플룸과 뜨거운 플룸을 구분하고, 플룸의 형성 과정과 지하의 밀도를 비교하는 문항이다.

그림은 플룸 구조론을 나타낸 모식도이다. A와 B는 각각 차가운 플룸과 뜨거운 플룸 중 하나이다.

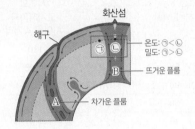

이에 대한 설명으로 옳은 것만을 〈보기〉에서 있는 대로 고른 것은?

> **보기**
> ㄱ. A는 섭입한 해양판에 의해 형성된다.
> ㄴ. 밀도는 ㉠ 지점이 ㉡ 지점보다 크다.
> ㄷ. B는 ~~내핵과 외핵의~~ 경계에서 생성된다.
>   외핵과 맨틀의 경계

① ㄱ ② ㄷ ③ ㄱ, ㄴ ④ ㄴ, ㄷ ⑤ ㄱ, ㄴ, ㄷ

✓ 자료 해석

- A는 해구에서 침강한 판이 상부 맨틀과 하부 맨틀의 경계에 머물다가 일정량 이상이 되어 맨틀과 외핵의 경계 쪽으로 가라앉으면서 형성되는 차가운 플룸이다.
- B는 외핵과 맨틀의 경계에서 뜨거운 맨틀 물질이 상승하면서 생성되는 뜨거운 플룸이다.
- ㉠은 뜨거운 플룸 주변 지역에 위치하고 ㉡은 뜨거운 플룸에 위치한다.

○ 보기 풀이 ㄱ. A는 해구에서 섭입한 해양판이 침강하여 형성된 차가운 플룸이다.

ㄴ. ㉡은 뜨거운 플룸이 상승하는 지점에 위치하고 ㉠은 뜨거운 플룸 주변에 위치하는 지점이므로, 밀도는 ㉠ 지점이 ㉡ 지점보다 크다.

✗ 매력적 오답 ㄷ. B는 뜨거운 플룸으로, 외핵과 맨틀의 경계에서 생성되어 지표 쪽으로 상승한다.

문제풀이 Tip
뜨거운 플룸과 차가운 플룸의 형성 과정을 알아 두고, 뜨거운 플룸과 차가운 플룸에 해당하는 지점과 주변 지점의 온도, 밀도, 지진파의 속도를 비교하여 정리해 두자.

4 고지자기극의 겉보기 이동과 대륙의 이동

출제 의도 고지자기극의 겉보기 이동 경로를 확인하여 지괴의 이동을 파악하는 문항이다.

그림은 어느 지괴의 현재 위치와 시기별 고지자기극의 위치를 나타낸 것이다. 고지자기극은 고지자기 방향으로 추정한 지리상 북극이고, 지리상 북극은 변하지 않았다. 현재 지자기 북극은 지리상 북극과 일치한다.

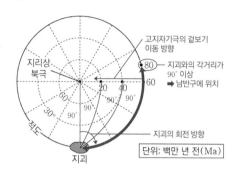

이 지괴에 대한 설명으로 옳은 것만을 〈보기〉에서 있는 대로 고른 것은? [3점]

보기

ㄱ. 80 Ma에는 <del>적도</del>에 위치하였다. (남반구에)

ㄴ. 40 Ma~20 Ma 동안 고지자기 복각은 <del>증가</del>하였다. (일정하였다.)

ㄷ. 60 Ma~0 Ma 동안 시계 방향으로 회전하였다.

① ㄱ　② ㄷ　③ ㄱ, ㄴ　④ ㄴ, ㄷ　⑤ ㄱ, ㄴ, ㄷ

✔ 자료 해석

• 현재 지괴는 적도상에 위치하고, 지괴로부터 적도를 따라 90°만큼 떨어진 곳에서 동일 경도를 따라 60 Ma, 40 Ma, 20 Ma의 고지자기극이 위치한다. 이것은 지괴와 60 Ma, 40 Ma, 20 Ma의 고지자기극의 각 거리가 모두 90°로 같음을 의미한다.

• 80 Ma의 고지자기극은 지괴로부터 각거리가 90° 이상 떨어져 있으므로 이때 지괴는 남반구에 위치하였고, 80 Ma~60 Ma에 남반구에서 적도로 이동하였다.

○ 보기 풀이 ㄷ. 60 Ma에서 현재까지 고지자기극의 겉보기 이동 경로는 시계 반대 방향이다. 따라서 60 Ma~0 Ma 동안 지괴는 시계 방향으로 회전하였다.

✕ 매력적 오답 ㄱ. 80 Ma의 고지자기극은 현재 지괴로부터 각거리가 90° 이상 떨어져 있는데, 지리상 북극은 변하지 않았으므로 80 Ma에 이 지괴는 남반구에 위치하였다.

ㄴ. 현재 지괴와 40 Ma, 20 Ma의 고지자기극의 각거리는 모두 90°로 일정하다. 따라서 40 Ma~20 Ma 동안 지괴는 적도에 위치하였으므로 고지자기 복각은 일정하였다.

문제풀이 **Tip**

지괴의 이동 방향이나 회전 방향을 알기 위해서는 지괴와 고지자기극의 위치를 입체적으로 그려 보면 이해하기 쉽다. 한편, 고지자기극의 겉보기 이동 방향과 지괴의 회전 방향 또는 지괴의 이동 방향은 서로 반대라는 것에 유의해야 한다.

5 열점과 플룸 구조론

출제 의도 화산섬과 해산의 분포로 판의 이동을 파악하고, 지진파 단층 촬영 영상 자료를 해석하여 지진파의 속도 분포와 플룸 구조론을 이해하는 문항이다.

그림 (가)는 어느 열점으로부터 생성된 화산섬과 해산의 분포를 절대 연령과 함께 나타낸 것이고, (나)는 X−X′ 구간의 지진파 단층 촬영 영상을 나타낸 것이다.

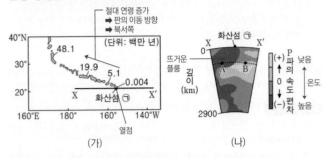

(가)   (나)

이에 대한 설명으로 옳은 것만을 〈보기〉에서 있는 대로 고른 것은?

보기

ㄱ. ㉠이 속한 판의 이동 방향은 남동쪽이다. (북서쪽)

ㄴ. 지진파의 속도는 A 지점보다 B 지점에서 빠르다.

ㄷ. ㉠은 뜨거운 플룸에 의해 생성되었다.

① ㄱ　　② ㄴ　　③ ㄱ, ㄷ　　④ ㄴ, ㄷ　　⑤ ㄱ, ㄴ, ㄷ

✔ **자료 해석**

- (가)에서 화산섬과 해산은 일렬로 분포하고, 화산섬 ㉠에서 북서쪽으로 갈수록 화산섬과 해산의 절대 연령이 증가한다. ➡ 화산섬과 해산은 열점에서 생성되어 판의 이동을 따라 분포하게 된다.
- (나)에서 P파의 속도 편차는 A 지점에서 (−) 값, B 지점에서 (+) 값이다. ➡ 지하의 온도가 낮을수록 지진파의 속도가 빠르므로, 온도는 A 지점이 B 지점보다 높다.

○ **보기 풀이** ㄴ. P파의 속도 편차가 클수록 지진파의 속도가 빠른 것이므로, P파의 속도 편차가 (+) 값인 B 지점이 P파의 속도 편차가 (−) 값인 A 지점보다 빠르다.

ㄷ. 화산섬 ㉠은 열점에서 생성되었으며, (나)에서 ㉠의 하부에 P파의 속도가 느린 지점이 분포한다. 따라서 화산섬 ㉠은 뜨거운 플룸에 의해 생성되었다.

✕ **매력적 오답** ㄱ. (가)에서 열점으로부터 생성된 화산섬과 해산의 절대 연령은 북서쪽으로 갈수록 증가하므로, ㉠이 속한 판의 이동 방향은 북서쪽이다.

문제풀이 Tip

열점 부근에서 화산섬과 해산이 일렬로 분포하는 것은 열점은 판 내부에 고정되어 있고, 판은 계속해서 이동하기 때문이다. 즉, 열점에서 분출한 마그마에 의해 화산섬이 생성되고, 화산섬을 포함한 판이 이동하기 때문에 열점에서 멀어질수록 화산섬의 연령이 많아지는 것이다. 따라서 화산섬의 연령이 많아지는 방향과 판의 이동 방향이 같다는 것에 유의해야 한다.

6 고지자기 복각

출제 의도 화성암의 고지자기 복각과 절대 연령을 이용하여 지괴의 위치를 확인하고, 대륙의 위치 변화를 파악하는 문항이다.

표는 어느 대륙의 한 지점에서 서로 다른 시기에 생성된 화성암의 고지자기 복각을, 그림은 위도와 복각의 관계를 나타낸 것이다.

생성 시기 (백만 년 전)	고지자기 복각(°)	
0	+38	북반구에 위치
20	+18	
60	−37	
80	−48	
200	−66	남반구에 위치
225	−55	

북쪽으로 이동 / 남쪽으로 이동

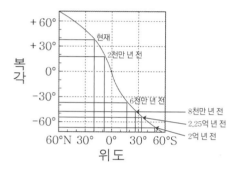

이 지점에 대한 설명으로 옳은 것만을 〈보기〉에서 있는 대로 고른 것은? (단, 고지자기극은 고지자기 방향으로 추정한 지리상 북극이고, 지리상 북극은 변하지 않았다.) [3점]

보기
ㄱ. 2.25억 년 전부터 현재 사이에 남쪽으로 이동한 적이 있다.
ㄴ. 6천만 년 전에는 북반구에 위치하였다. (남반구)
ㄷ. 6천만 년 전부터 현재까지의 위도 변화는 75°이다. (약 38°)

① ㄱ ② ㄴ ③ ㄱ, ㄷ ④ ㄴ, ㄷ ⑤ ㄱ, ㄴ, ㄷ

✓ 자료 해석
• 2천만 년 전~현재는 고지자기 복각이 양(+)의 값을 가지므로 대륙은 북반구에 위치하였다.
• 2.25억 년 전~6천만 년 전까지는 고지자기 복각이 음(−)의 값을 가지므로 대륙은 남반구에 위치하였다.
• 표의 생성 시기와 고지자기 복각을 그래프에 표시해 보면, 현재 대륙은 약 20°N에 위치하고, 2천만 년 전에는 약 8°N, 6천만 년 전에는 약 18°S, 8천만 년 전에는 약 29°S, 2억 년 전에는 약 50°S, 2.25억 년 전에는 약 35°S에 위치하였음을 알 수 있다.

보기 풀이 ㄱ. 고지자기 복각은 고지자기극으로 갈수록 증가하는데, 2.25억 년 전~2억 년 전 사이에 고지자기 복각이 감소하였으므로 이 시기에 이 지점이 남쪽으로 이동하였음을 알 수 있다.

✕ 매력적 오답 ㄴ. 6천만 년 전에는 고지자기 복각이 −37°로 음(−)의 값으로 나타나므로, 이 시기에 이 지점은 남반구에 위치하였다.

ㄷ. 6천만 년 전에는 고지자기 복각이 −37°이고, 현재는 고지자기 복각이 +38°이므로, 6천만 년 전부터 현재까지 고지자기 복각의 변화량은 75°이지만, 6천만 년 전의 위도는 약 18°S이고 현재 위도는 약 20°N이므로 위도 변화량은 약 38°이다.

문제풀이 Tip
고지자기극과 지리상 북극이 일치하고 그 위치가 변하지 않았을 때, 고지자기 복각은 북반구에서는 양(+)의 값으로 나타나고, 남반구에서는 음(−)의 값으로 나타난다는 것에 유의해야 한다.

Part I
대륙이동

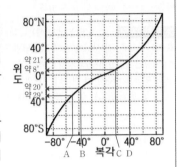
7 고지자기 복각과 대륙의 이동

2024년 5월 교육청 9번 | 정답 ① | **문제편 10p**

출제의도 고지자기 복각을 이용하여 지괴의 시기별 위도를 알아보는 탐구를 통해 지괴의 이동을 파악하는 문항이다.

다음은 고지자기 복각을 이용하여 어느 지괴의 이동을 알아보는 탐구이다.

[가정]

• 고지자기극은 고지자기 방향으로 추정한 지리상 북극이고, 지리상 북극은 변하지 않았다.

• 지괴는 동일 경도를 따라 일정한 방향으로 이동했다.

[탐구 과정]

(가) 지괴의 한 지역에서 서로 다른 시기에 생성된 화성암의 절대 연령과 고지자기 복각을 조사한다.

(나) 고지자기 복각과 위도 관계를 이용하여, 지괴의 시기별 고지자기 위도를 구한다.

[탐구 결과]

화성암	절대 연령(만 년)	복각	위도
A	8000	−48°	약 29°S
B	6000	−37°	약 20°S
C	2000	+18°	약 8°N
D	0	+38°	약 21°N

이에 대한 설명으로 옳은 것만을 〈보기〉에서 있는 대로 고른 것은? [3점]

보기
ㄱ. B가 생성된 위치는 남반구이다.
ㄴ. 지리상 북극과의 최단 거리는 C가 생성된 위치보다 D가 생성된 위치가 멀다. (가깝다.)
ㄷ. 이 지괴는 A가 생성된 후 현재까지 남쪽으로 이동하였다. (북쪽)

① ㄱ   ② ㄴ   ③ ㄱ, ㄷ   ④ ㄴ, ㄷ   ⑤ ㄱ, ㄴ, ㄷ

✔ 자료 해석

• 탐구 과정의 그래프에서 복각이 (+) 값일 때는 북반구, (−) 값일 때는 남반구이며, 위도가 높을수록 복각의 절댓값은 커진다.

• 탐구 결과 화성암 A, B의 복각은 (−) 값이므로 남반구에서 생성되었고, C, D의 복각은 (+) 값이므로 북반구에서 생성되었다.

⭕ 보기 풀이 ㄱ. 화성암 B에서 측정된 고지자기 복각의 값이 −37°이므로, B는 남반구에서 생성되었다.

❌ 매력적 오답 ㄴ. 고지자기 복각은 고위도로 갈수록 증가하는데, 지리상 북극은 고지자기극과 같으므로 고지자기 복각이 클수록 지리상 북극과의 거리가 가깝다. C와 D의 복각은 모두 (+) 값이므로 북반구에서 생성되었고, 복각의 값은 D가 C보다 크므로 D가 생성된 위치가 C가 생성된 위치보다 고위도이다. 따라서 지리상 북극과의 최단 거리는 D가 생성된 위치가 C가 생성된 위치보다 가깝다.

ㄷ. 절대 연령으로 보아 화성암은 A, B, C, D 순으로 생성되었는데, A가 생성된 이후 복각의 값은 점점 커졌으므로 이 지괴는 A가 생성된 후 현재까지 북쪽으로 이동하였다.

문제풀이 **Tip**

암석의 고지자기 복각이 (+) 값이면 북반구에서, (−) 값이면 남반구에서 생성된 것임에 유의해야 한다. 암석이 생성될 당시의 위도를 구하기 위해서는 각 암석의 복각을 그림에 대입하여 생성 당시의 위도를 파악하면 된다.

8 고지자기와 대륙의 이동

출제 의도 시기별 고지자기극의 위치를 통해 지괴의 이동 방향과 이동 속도를 파악하고, 복각을 비교하는 문항이다.

그림은 지괴 A와 B의 현재 위치와 시기별 고지자기극 위치를 나타낸 것이다. 고지자기극은 이 지괴의 고지자기 방향으로 추정한 지리상 북극이고, 실제 지리상 북극의 위치는 변하지 않았다.

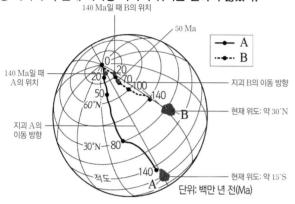

이에 대한 설명으로 옳은 것만을 〈보기〉에서 있는 대로 고른 것은? [3점]

┌─ 보기 ─────────────────────────────┐
ㄱ. 140 Ma~0 Ma 동안 A는 적도에 위치한 시기가 있었다.

ㄴ. 50 Ma일 때 복각의 절댓값은 A가 B보다 ~~크다.~~ 작다.

ㄷ. 80 Ma~20 Ma 동안 지괴의 평균 이동 속도는 A가 B보다 빠르다.
└────────────────────────────────────┘

① ㄱ ② ㄴ ③ ㄱ, ㄷ ④ ㄴ, ㄷ ⑤ ㄱ, ㄴ, ㄷ

✓ 자료 해석

• 현재 지괴 A는 위도 약 15°S에 위치하고, 지괴 B는 위도 약 30°N에 위치한다.

• 140 Ma 동안 지괴 A에서 고지자기극은 약 90° 각거리만큼 이동하였고, 지괴 B에서 고지자기극은 약 45° 각거리만큼 이동하였다. 즉, 140 Ma 동안 지괴 A는 약 90° 남쪽으로 이동하였고, 지괴 B는 약 45° 남쪽으로 이동하였다.

○ 보기풀이 ㄱ. 140 Ma일 때 A는 고지자기극과 거리가 가까우므로 A는 지리상 북극 부근에 위치하였고, 현재 A는 남반구에 위치한다. 따라서 140 Ma~0 Ma 동안 A는 적도를 지나 현재의 위치로 이동하였다.

ㄷ. 80 Ma~20 Ma 동안 고지자기극의 겉보기 이동 거리는 A가 B보다 크다. 따라서 80 Ma~20 Ma 동안 지괴의 평균 이동 속도는 A가 B보다 빠르다.

✗ 매력적 오답 ㄴ. 50 Ma일 때 B가 A보다 북극에 가깝다. 복각은 고위도로 갈수록 증가하여 극에서 가장 큰 값을 가지므로, 50 Ma일 때 복각의 절댓값은 B가 A보다 크다.

문제풀이 Tip

시기에 따라 고지자기극의 위치가 달라진 것은 실제 지자기극이 이동한 것이 아니라 지괴가 이동하였기 때문이다. 즉, 고지자기극이 이동한 거리는 지괴가 이동한 거리를 의미하고, 고지자기극의 겉보기 이동 방향과 지괴의 이동 방향은 반대라는 것에 유의해야 한다.

9 플룸 구조론

출제 의도 지진파 단층 촬영 영상에서 지진파 속도를 비교하고, 뜨거운 플룸과 차가운 플룸의 위치를 파악하는 문항이다.

그림은 X – Y 구간의 지진파 단층 촬영 영상을 나타낸 것이다. 화산섬은 상승하는 플룸에 의해 생성되었다.

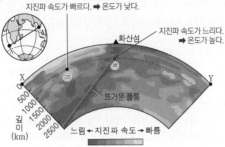

이에 대한 설명으로 옳은 것만을 〈보기〉에서 있는 대로 고른 것은?

보기
ㄱ. 지진파 속도는 ㉠ 지점보다 ㉡ 지점이 느리다.
ㄴ. ㉡ 지점에는 차가운 플룸이 존재한다. (뜨거운)
ㄷ. 화산섬을 생성시킨 플룸은 내핵과 외핵의 경계부에서 생성되었다. (맨틀)

① ㄱ ② ㄴ ③ ㄱ, ㄷ ④ ㄴ, ㄷ ⑤ ㄱ, ㄴ, ㄷ

✓ 자료 해석

• ㉠ 지점은 색이 밝고, ㉡ 지점은 색이 어두우므로, 지진파 속도는 ㉠ 지점이 ㉡ 지점보다 빠르다.
• 온도가 낮을수록 지진파 속도가 빠르므로 ㉠ 지점은 주위보다 온도가 낮고, ㉡ 지점은 주위보다 온도가 높다.
• ㉡ 지점에는 온도가 높은 물질이 분포하고, 상부에 화산섬이 있는 것으로 보아 ㉡ 지점에는 플룸 상승류가 나타난다.

○ 보기 풀이 ㄱ. 지진파 단층 촬영 영상에서 색이 어두울수록 지진파 속도가 느리고, 색이 밝을수록 지진파 속도가 빠르다. ㉠ 지점은 ㉡ 지점에 비해 색이 밝으므로, 지진파 속도는 ㉠ 지점보다 ㉡ 지점이 느리다.

✕ 매력적 오답 ㄴ. ㉡ 지점은 지진파의 속도가 느리므로 주위보다 온도가 높다. 또한 ㉡ 지점 위에 화산섬이 있으므로 ㉡ 지점에는 열점을 생성하는 뜨거운 플룸이 존재한다.
ㄷ. 화산섬을 생성시킨 플룸은 뜨거운 플룸으로, 맨틀과 외핵의 경계부에서 생성되어 상승한 것이다.

문제풀이 Tip
지진파 속도가 느린 곳은 주위보다 온도가 높은 곳으로 뜨거운 플룸이 상승하고, 지진파 속도가 빠른 곳은 주위보다 온도가 낮은 곳으로 차가운 플룸이 하강한다는 것에 유의해야 한다.

---

10 플룸 구조론

출제 의도 플룸 구조론을 나타낸 모식도에서 차가운 플룸과 뜨거운 플룸을 구분하고, 지하의 밀도와 열점에서 생성된 화산섬의 나이를 비교하는 문항이다.

그림은 플룸 구조론을 나타낸 모식도이다. A와 B는 각각 뜨거운 플룸과 차가운 플룸 중 하나이며, a, b, c는 동일한 열점에서 생성된 화산섬이다.

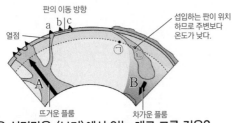

이에 대한 옳은 설명만을 〈보기〉에서 있는 대로 고른 것은?

보기
ㄱ. A는 뜨거운 플룸이다.
ㄴ. 밀도는 ㉠ 지점이 ㉡ 지점보다 작다.
ㄷ. 화산섬의 나이는 a>b>c이다. (a<b<c)

① ㄱ ② ㄷ ③ ㄱ, ㄴ ④ ㄴ, ㄷ ⑤ ㄱ, ㄴ, ㄷ

✓ 자료 해석

• A는 상승하고 있으므로 뜨거운 플룸이고, B는 하강하고 있으므로 차가운 플룸이다.
• 뜨거운 플룸과 연결된 a 화산섬의 아래에 열점이 분포하므로, a 화산섬이 가장 최근에 생성된 것이며, 열점에서 멀어질수록 화산섬의 나이가 많아진다.
• ㉡에서는 섭입한 해양판이 상부 맨틀과 하부 맨틀의 경계에 머물다가 맨틀과 외핵의 경계 쪽으로 하강하고 있다.

○ 보기 풀이 ㄱ. A는 플룸 상승류로, 맨틀과 외핵의 경계에서 뜨거운 맨틀 물질이 상승하는 뜨거운 플룸이다.
ㄴ. 섭입대에서는 섭입한 해양판이 상부 맨틀과 하부 맨틀의 경계에 머물다가 맨틀과 외핵의 경계 쪽으로 가라앉아 차가운 플룸을 형성한다. 따라서 ㉡ 지점은 ㉠ 지점보다 온도가 낮고 밀도가 크다.

✕ 매력적 오답 ㄷ. 화산섬은 열점에서 생성되어 판의 이동을 따라 이동한다. 현재 열점은 a 화산섬 아래에 형성되어 있으므로, 화산섬의 나이는 c가 가장 많고 a가 가장 적다.

문제풀이 Tip
플룸 구조론에서 뜨거운 플룸과 차가운 플룸을 구분하고 생성 과정을 이해하여 특징을 파악하는 문항이 자주 출제된다. 뜨거운 플룸과 차가운 플룸에서 온도, 밀도, 지진파 속도를 비교할 수 있어야 한다.

11 고지자기 복각

출제 의도 화성암의 고지자기 복각과 절대 연령을 이용하여 지괴의 위치를 파악하고, 화성암의 생성 순서를 결정하는 문항이다.

그림 (가)는 어느 지괴의 한 지점에서 서로 다른 세 시기에 생성된 화성암 A, B, C의 고지자기 복각을, (나)는 500만 년 동안의 고지자기 연대표를 나타낸 것이다. A, B, C의 절대 연령은 각각 10만 년, 150만 년, 400만 년 중 하나이며, 이 지괴는 계속 북쪽으로 이동하였다.

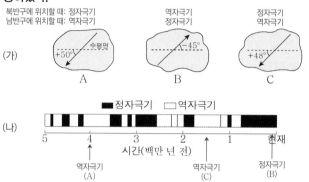

이에 대한 옳은 설명만을 〈보기〉에서 있는 대로 고른 것은? (단, 이 지괴는 최근 400만 년 동안 적도를 통과하지 않았다.) [3점]

보기
ㄱ. 이 지괴는 북반구에 위치한다. (남반구)
ㄴ. 정자극기에 생성된 암석은 B이다.
ㄷ. 화성암의 생성 순서는 A → C → B이다.

① ㄱ ② ㄴ ③ ㄱ, ㄷ ④ ㄴ, ㄷ ⑤ ㄱ, ㄴ, ㄷ

✔ 자료 해석

• (가) : A의 복각은 +50°, B의 복각은 −45°, C의 복각은 +48°이다. 지괴가 북반구에 위치한다면 A와 C는 정자극기, B는 역자극기에 생성되었고, 지괴가 남반구에 위치한다면 A와 C는 역자극기, B는 정자극기에 생성되었다.

• (나) : 10만 년 전은 정자극기, 150만 년 전은 역자극기, 400만 년 전은 역자극기로, 화성암 A, B, C가 생성될 때 정자극기는 1번, 역자극기는 2번 있었다.

○ 보기 풀이 ㄴ. (나)에서 A, B, C가 생성된 시기에 정자극기는 1번, 역자극기는 2번이므로 (가)에서 A와 C는 역자극기, B는 정자극기에 생성된 화성암이다.

ㄷ. 남반구에 위치한 지괴가 계속 북쪽으로 이동하였다. 즉, 지괴는 저위도 쪽으로 이동하였으므로 복각의 절댓값은 감소하여야 한다. 복각은 A에서 +50°, B에서 −45°, C에서 +48°이므로 복각의 절댓값은 A>C>B이다. 따라서 화성암의 생성 순서는 A → C → B이다.

✖ 매력적 오답 ㄱ. (나)에서 10만 년 전은 정자극기, 150만 년 전과 400만 년 전은 역자극기이므로 (가)에서 A와 C는 역자극기, B는 정자극기에 생성된 화성암이다. 한편 A와 C에서 복각은 (+)인데 역자극기이고, B에서 복각은 (−)인데 정자극기이므로, 이 지괴는 남반구에 위치한다.

문제풀이 **Tip**

북반구에서 고지자기 복각은 정자극기일 때 (+), 역자극기일 때 (−)이고, 남반구에서 고지자기 복각은 정자극기일 때 (−), 역자극기일 때 (+)이며, 고지자기 복각의 절댓값은 고위도로 갈수록 커진다는 것에 유의해야 한다.

Part I

대륙 이동

12 고지자기와 대륙 이동

출제 의도 지리상 남극의 겉보기 이동 경로를 해석하여 대륙의 위치와 복각의 크기, 이동 속도의 변화를 비교하는 문항이다.

그림은 인도와 오스트레일리아 대륙에서 측정한 1억 4천만 년 전부터 현재까지 고지자기 남극의 겉보기 이동 경로를 천만 년 간격으로 나타낸 것이다.

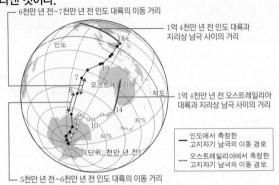

이 자료에 대한 옳은 설명만을 〈보기〉에서 있는 대로 고른 것은? (단, 고지자기 남극은 각 대륙의 고지자기 방향으로 추정한 지리상 남극이며 실제 지리상 남극의 위치는 변하지 않았다.) [3점]

보기

ㄱ. 1억 4천만 년 전에 인도와 오스트레일리아 대륙은 모두 남반구에 위치하였다.
ㄴ. 인도 대륙의 평균 이동 속도는 6천만 년 전~7천만 년 전이 5천만 년 전~6천만 년 전보다 ~~빨랐다.~~ 느렸다.
ㄷ. 오스트레일리아 대륙에서 복각의 절댓값은 현재가 1억 년 전보다 ~~크다.~~ 작다.

① ㄱ ② ㄴ ③ ㄱ, ㄷ ④ ㄴ, ㄷ ⑤ ㄱ, ㄴ, ㄷ

✓ 자료 해석

• 인도와 오스트레일리아 대륙에서 측정한 고지자기 남극의 이동 경로가 다른 것은 두 대륙의 이동 속도가 다르기 때문이다. 같은 기간 동안 인도에서 측정한 고지자기 남극의 이동 경로가 오스트레일리아에서 측정한 고지자기 남극의 이동 경로보다 긴 것은 그 기간 동안 인도 대륙이 오스트레일리아 대륙보다 더 많이 이동했기 때문이다.

• 인도 대륙에서 측정한 5천만 년 전~6천만 년 전 고지자기 남극의 이동 거리는 6천만 년 전~7천만 년 전의 이동 거리보다 길다.

• 복각은 자기 적도에서 0°, 자남극에서 −90°이고, 자남극에 가까워질수록 복각의 절댓값이 커진다.

○ 보기 풀이 ㄱ. 실제 지리상 남극의 위치는 변하지 않았으므로, 어느 시기에 대륙과 고지자기 남극이 이루는 각이 90°보다 작았으면 그 시기에 대륙은 남반구에 위치했던 것이다. 인도 대륙과 오스트레일리아 대륙에서 1억 4천만 년 전 측정한 고지자기 남극의 각거리가 모두 90°보다 작은 것으로 보아 두 대륙 모두 남반구에 위치하였다.

✕ 매력적 오답 ㄴ. 같은 시간 간격으로 측정한 고지자기 남극의 이동 거리가 길수록 대륙의 평균 이동 속도가 빠른 것이다. 인도 대륙에서 측정한 고지자기 남극의 겉보기 위치 간격이 5천만 년 전~6천만 년 전이 6천만 년 전~7천만 년 전보다 긴 것으로 보아 인도 대륙의 평균 이동 속도는 5천만 년 전~6천만 년 전이 6천만 년 전~7천만 년 전보다 빨랐음을 알 수 있다.

ㄷ. 복각의 크기(절댓값)는 고위도로 갈수록 커진다. 고지자기 남극의 겉보기 위치와 대륙의 위치가 가까울수록 지리상 남극에 가까웠던 것이므로 복각의 크기가 크다. 오스트레일리아 대륙은 1억 년 전이 현재보다 지리상 남극에 더 가까웠으므로 복각의 절댓값은 현재가 1억 년 전보다 작다.

문제풀이 Tip

지리상 남극의 겉보기 이동 경로를 해석하여 대륙의 이동 방향, 이동 속력, 위치, 복각의 변화를 해석하는 문항이 고난이도 문항으로 출제될 수 있으므로 관련 내용을 확실하게 알아 두고, 비슷한 유형의 문항을 많이 풀어보도록 하자.

출제 의도 암석의 연령, 고지자기 복각, 지구 자기 역전 여부를 통해 과거와 현재의 대륙 분포와 자기장 방향을 비교하는 문항이다.

표는 현재 40°N에 위치한 A와 B 지역의 암석에서 측정한 연령, 고지자기 복각, 생성 당시 지구 자기의 역전 여부를 나타낸 것이다. 고지자기극은 고지자기 방향으로 추정한 지리상의 북극이고, 지리상 북극은 변하지 않았다.

                    고위도로 갈수록 증가한다.

지역	연령 (백만 년)	고지자기 복각	생성 당시 지구 자기의 역전 여부
A	45	+10°	× (정자극기)
B	10	+40°	× (정자극기)

                    북반구   현재와 지구
                                  자기장 방향이 같다.

이에 대한 설명으로 옳은 것만을 〈보기〉에서 있는 대로 고른 것은?

보기

ㄱ. 4500만 년 전 지구의 자기장 방향은 현재와 반대였다.
                                        같았다.
ㄴ. A의 현재 위치는 4500만 년 전보다 고위도이다.
ㄷ. B는 1000만 년 전 북반구에 위치하였다.

① ㄱ   ② ㄴ   ③ ㄱ, ㄷ   ④ ㄴ, ㄷ   ⑤ ㄱ, ㄴ, ㄷ

✓ 자료 해석

• A 지역은 4500만 년 전에 복각이 +10°인 북반구 지역에 위치하였고, 그 시기에 지구 자기장의 방향은 현재와 같았다.

• B 지역은 1000만 년 전에 복각이 +40°인 북반구 지역에 위치하였고, 그 시기에 지구 자기장의 방향은 현재와 같았다.

○ 보기풀이 ㄴ. 고지자기 복각은 고위도로 갈수록 증가하므로, 암석이 생성된 위도가 높을수록 복각의 크기가 크다. A의 암석이 4500만 년 전에 생성될 당시에 지구 자기장의 방향은 정자극기였으며 복각은 +10°였고, 현재 A는 40°N에 위치하므로 4500만 년 전에 A는 현재보다 저위도에 위치하였다.

ㄷ. 정자극기에 생성된 B의 암석에서 측정한 고지자기 복각이 양(+)의 값이고, 연령이 1000만 년이므로, 1000만 년 전에 B는 북반구에 위치하였다.

✗ 매력적 오답 ㄱ. A 지역의 4500만 년 된 암석이 생성될 당시 지구 자기장의 방향이 정자극기였으므로 4500만 년 전 지구의 자기장 방향은 현재와 같았다.

문제풀이 Tip

정자극기일 때 생성된 암석의 복각이 양(+)의 값을 가지는 경우는 암석이 북반구에서 생성된 것이고, 역자극기일 때 생성된 암석의 복각이 양(+)의 값을 가지는 경우는 암석이 남반구에서 생성된 것임에 유의해야 한다. 또한 복각은 자기 적도에서 0°이고, 고위도로 갈수록 절댓값이 증가하여 자북극에서는 +90°, 자남극에서는 -90°가 된다는 것을 알아 두자.

14 플룸 구조론

출제의도 해산의 분포로 판의 이동 속력을 유추하고, 지진파 속도 분포 자료를 해석하여 지하의 온도 분포와 플룸의 종류를 파악하는 문항이다.

그림 (가)는 어느 열점으로부터 생성된 해산의 배열을 연령과 함께 선으로 나타낸 것이고, (나)는 X−X′ 구간의 지진파 단층 촬영 영상을 나타낸 것이다.

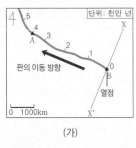

(가)

(나)

이 자료에 대한 설명으로 옳은 것만을 〈보기〉에서 있는 대로 고른 것은? [3점]

┌─ 보기 ─────────────────────────────┐
ㄱ. 해산 A가 생성된 이후 A가 속한 판의 이동 속력은 ~~지속적으로 감소하였다.~~
　　　　　　　　　증가한 시기도 있다.
ㄴ. 온도는 ㉠ 지점보다 ㉡ 지점이 ~~높다.~~ 낮다.
ㄷ. 해산 B는 뜨거운 플룸에 의해 생성되었다.
└────────────────────────────────┘

① ㄱ　　② ㄷ　　③ ㄱ, ㄴ　　④ ㄴ, ㄷ　　⑤ ㄱ, ㄴ, ㄷ

✓ 자료 해석

• 판이 이동해도 열점의 위치는 변하지 않는다.

• (가)에서 해산 B의 연령이 0이고 북서쪽으로 갈수록 해산의 연령이 많아지므로, 해산은 B 아래의 열점에서 분출한 마그마에 의해 생성되어 판의 이동에 따라 북서쪽으로 이동하였다.

• 판의 이동 속력은 같은 시간 동안 이동한 거리가 멀수록 빠르다. (가)에서 해산 A가 생성된 이후 천만 년 동안 이동한 거리가 멀어진 시기가 있으므로 판의 이동 속력이 빨라진 시기가 있다.

• (나)에서 해산 B 아래에는 열점이 분포하며, 지진파의 속도가 느린 부분이 기둥 모양으로 분포하고 있다.

• (나)에서 ㉠ 지점은 지진파의 속도가 느리고, ㉡ 지점은 지진파의 속도가 빠르다. 지구 내부에서 지진파의 속도가 빠른 곳은 주위보다 온도가 낮고, 지진파의 속도가 느린 곳은 주위보다 온도가 높다.

○ 보기 풀이 ㄷ. 해산 B 아래에 주위보다 온도가 높은 물질이 기둥 모양으로 나타나는 것으로 보아 뜨거운 플룸이 상승하고 있으며 B는 열점 위에 위치한다. 고정된 열점에서 많은 양의 마그마가 분출하면 해산이 생성될 수 있다.

✕ 매력적 오답 ㄱ. 해산 A는 해산 B 아래에 위치한 열점에서 생성된 후 판과 함께 북서쪽으로 이동하였다. 판의 이동 속력은 같은 시간 동안 이동한 거리가 멀수록 빠르고, 해산 A가 생성된 이후 천만 년 동안 이동한 거리가 해산 B 쪽으로 갈수록 증가한 시기가 있다. 따라서 해산 A가 생성된 이후 A가 속한 판의 이동 속력은 증가한 시기가 있다.

ㄴ. 지진파의 속도가 빠른 곳은 주위보다 온도가 낮고, 지진파의 속도가 느린 곳은 주위보다 온도가 높다. 따라서 지진파의 속도가 느린 ㉠ 지점보다 지진파의 속도가 빠른 ㉡ 지점이 온도가 낮다.

문제풀이 Tip

지구 내부에서 온도가 높은 곳은 지진파의 속도가 느리고, 온도가 낮은 곳은 지진파의 속도가 빠르다는 것에 유의해야 한다. 또한 지구 내부에서 온도가 높은 곳(지진파의 속도가 느린 곳)이 기둥 모양으로 나타나는 것은 뜨거운 플룸의 상승류를 의미하며, 열점에서는 뜨거운 플룸이 상승하여 마그마가 분출한다는 것을 알아 두자.

15 고지자기 분포 해석

출제 의도 두 해역의 해저 퇴적물에 남아 있는 잔류 자기 분포를 해석하여 깊이에 따른 퇴적물의 나이를 비교하는 문항이다.

그림은 두 해역 A, B의 해저 퇴적물에서 측정한 잔류 자기 분포를 나타낸 것이다. ㉠과 ㉡은 각각 정자극기와 역자극기 중 하나이다.

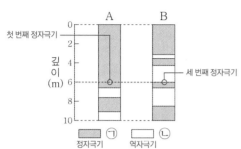

이에 대한 옳은 설명만을 〈보기〉에서 있는 대로 고른 것은? [3점]

┌─ 보기 ─────────────────────────┐
ㄱ. ㉠은 정자극기, ㉡은 역자극기에 해당한다.

ㄴ. 6 m 깊이에서 퇴적물의 나이는 A가 B보다 많다.
                                    적다.
ㄷ. 베게너는 해저 퇴적물에서 측정한 잔류 자기 분포를 대륙
   이동의 증거로 제시하였다.
            해양저 확장설의 증거
└──────────────────────────────┘

① ㄱ ② ㄴ ③ ㄷ ④ ㄱ, ㄷ ⑤ ㄴ, ㄷ

✔ 자료 해석

• 지구 자기장의 방향이 현재와 같은 시기를 정자극기라고 하므로, 깊이 0 m에서의 잔류 자기는 정자극기이다.
• 동일한 해역의 해저 퇴적물에서는 깊이가 깊어질수록 먼저 퇴적된 퇴적물이므로 나이가 많다.
• 지질 시대 동안 정자극기와 역자극기가 반복되었다.
• 베게너가 제시한 대륙 이동의 증거에는 멀리 떨어진 대륙의 해안선 굴곡 유사성, 고생물 화석 분포, 고생대 말 빙하 퇴적층 분포와 빙하의 이동 흔적, 지질 구조의 연속성 등이 있다.

◯ 보기 풀이
ㄱ. 현재는 정자극기에 해당하므로 ㉠은 정자극기, ㉡은 역자극기이다.

✕ 매력적 오답
ㄴ. A에서 6 m 깊이의 해저 퇴적물은 현재와 같은 정자극기에 퇴적되었고, B에서 6 m 깊이의 해저 퇴적물은 퇴적된 후 정자극기와 역자극기를 각각 두 번씩 거쳤다. 따라서 6 m 깊이에서 퇴적물의 나이는 A가 B보다 적다.
ㄷ. 베게너는 남아메리카 대륙과 아프리카 대륙의 해안선 굴곡 유사성, 고생물 화석 분포, 고생대 말 빙하 퇴적층 분포와 빙하의 이동 흔적, 서로 떨어져 있는 대륙에서의 지질 구조 연속성 등을 대륙 이동의 증거로 제시하였다. 해저 퇴적물에서 측정한 잔류 자기의 분포는 해양저 확장설의 증거로, 베게너의 대륙 이동설이 등장한 이후에 관측된 것이다.

문제풀이 Tip
해역에 따라 퇴적물의 퇴적 속도가 다르므로 같은 깊이에 있는 퇴적물이라도 퇴적 시기가 다를 수 있다는 것에 유의해야 한다. 퇴적물의 나이는 현재(깊이 0 m)로부터 지자기 역전 줄무늬의 개수가 많을수록 많다.

---

16 플룸 구조론

출제 의도 지진파 단층 촬영 영상을 해석하여 지진파의 속도로 지구 내부의 온도를 비교하고, 플룸의 움직임을 파악하는 문항이다.

그림은 지구에서 X–Y 단면을 따라 관측한 지진파 단층 촬영 영상을 나타낸 것이다. A는 용암이 분출되는 지역이다.

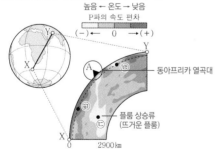

이에 대한 옳은 설명만을 〈보기〉에서 있는 대로 고른 것은? [3점]

┌─ 보기 ─────────────────────────┐
ㄱ. 평균 온도는 ㉠ 지점이 ㉡ 지점보다 낮다.

ㄴ. ㉢ 지점에서는 플룸이 상승하고 있다.

ㄷ. A의 하부에서는 압력 감소로 인해 마그마가 생성된다.
└──────────────────────────────┘

① ㄱ ② ㄷ ③ ㄱ, ㄴ ④ ㄴ, ㄷ ⑤ ㄱ, ㄴ, ㄷ

✔ 자료 해석

• P파의 속도 편차가 (−)인 곳에는 주위보다 고온의 물질이 분포하고, P파의 속도 편차가 (+)인 곳에는 주위보다 저온의 물질이 분포한다. 따라서 ㉡과 ㉢ 지점에는 ㉠ 지점보다 고온의 물질이 분포한다.
• A 아래에서는 P파의 속도 편차가 (−)인 고온의 물질이 깊이 약 2900 km에서 지표까지 기둥 모양으로 나타나는 것으로 보아 뜨거운 플룸이 상승하고 있다.

◯ 보기 풀이
ㄱ. P파의 속도 편차가 (+)인 ㉠ 지점은 주위보다 온도가 낮고, P파의 속도 편차가 (−)인 ㉡ 지점은 주위보다 온도가 높다. 따라서 평균 온도는 ㉠ 지점이 ㉡ 지점보다 낮다.
ㄴ. 깊이 2900 km 부근에서 A 지점까지 온도가 높은 물질이 기둥 모양으로 분포하고 있는 것으로 보아 이곳에는 뜨거운 플룸이 상승하고 있다. 따라서 ㉢ 지점에서는 플룸이 상승하고 있다.
ㄷ. A의 하부에는 뜨거운 플룸의 영향으로 열점이 나타난다. 열점에서는 맨틀 물질이 상승하면서 압력이 감소하여 현무암질 마그마가 생성된다.

문제풀이 Tip
지구 내부에서 지진파는 온도가 높은 물질을 통과할 때는 속도가 느리고, 온도가 낮은 물질을 통과할 때는 속도가 빠르다는 것에 유의해야 한다. 지진파 단층 촬영 영상에서 고온의 물질이 기둥 모양으로 나타나는 곳은 뜨거운 플룸이 상승하는 곳임을 알아 두자.

17 해저 확장과 고지자기 분포

출제 의도 해양 지각의 나이와 고지자기 분포 자료를 해석하여 해양 지각이 생성될 당시 지구 자기장의 방향과 해양 지각의 평균 이동 속력을 파악하는 문항이다.

그림 (가)와 (나)는 각각 서로 다른 해령 부근에서 열곡으로부터의 거리에 따른 해양 지각의 나이와 고지자기 분포를 나타낸 것이다.

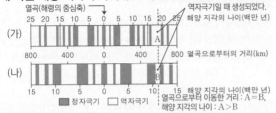

이 자료에 대한 설명으로 옳은 것만을 〈보기〉에서 있는 대로 고른 것은?

보기
ㄱ. 해양 지각의 나이는 A와 B 지점이 같다. 다르다.

ㄴ. B 지점의 해양 지각이 생성될 당시 지구 자기장의 방향은 현재와 같았다. 반대 방향이었다.

ㄷ. 해양 지각의 평균 이동 속력은 (가)보다 (나)에서 빠르게 나타난다.

① ㄱ ② ㄷ ③ ㄱ, ㄴ ④ ㄴ, ㄷ ⑤ ㄱ, ㄴ, ㄷ

✔ 자료 해석

• (가)는 (나)보다 지구 자기장의 역전 줄무늬가 조밀하게 나타나므로, 열곡으로부터의 거리가 같은 해양 지각이 생성된 이후 지구 자기장의 역전 횟수가 더 많다.

• A와 B 지점의 해양 지각은 역자극기에 생성되었다.

• 해양 지각의 나이는 A가 B보다 많고 열곡으로부터의 거리는 A와 B가 같으므로, 판의 이동 속도는 (가)보다 (나)가 빠르다.

○ 보기 풀이 ㄷ. 열곡으로부터의 거리에 따른 지구 자기장의 역전 줄무늬는 (가)가 (나)보다 조밀하게 나타나므로, 열곡으로부터 같은 거리에 위치한 해양 지각의 나이는 (가)가 (나)보다 많다. 따라서 해양 지각의 평균 이동 속력은 (가)보다 (나)에서 빠르게 나타난다.

✘ 매력적 오답 ㄱ. 해양 지각의 나이는 A 지점이 약 1800만 년이고, B 지점이 약 1100만 년이다. 따라서 해양 지각의 나이는 A 지점이 B 지점보다 많다.

ㄴ. 지질 시대 동안 전 지구적으로 지구 자기장의 방향이 역전되는 현상이 반복되었다. 지구 자기장의 방향이 현재와 같은 시기를 정자극기, 현재와 반대 방향을 향하는 시기를 역자극기라고 한다. B 지점의 해양 지각은 역자극기일 때 생성되었으므로, B 지점의 해양 지각이 생성될 당시 지구 자기장의 방향은 현재와 반대 방향이었다.

문제풀이 Tip

해양 지각의 나이와 고지자기 분포 자료를 해석하는 연습을 해 두고, 열곡으로부터의 거리가 같은 두 지점에서 해양 지각의 나이가 많을수록 해양 지각의 평균 이동 속력이 느리다는 것에 유의해야 한다.

18 대륙 이동과 고지자기 복각

출제 의도 위도에 따른 고지자기 복각과 화성암의 생성 시기 및 복각을 나타낸 자료를 해석하여 화성암이 생성될 당시의 위도와 생성 이후 화성암의 이동 방향을 파악하는 문항이다.

그림은 고지자기 복각과 위도의 관계를 나타낸 것이고, 표는 어느 대륙의 한 지역에서 생성된 화성암 A~D의 생성 시기와 고지자기 복각을 측정한 자료이다.

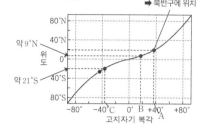

생성 당시 복각이 (+)
➡ 북반구에 위치

화성암	생성 시기	고지자기 복각
A	현재	+38°
B	↕	+18°
C		−37°
D	과거	−48°

복각이 (−)에서 (+)로 변하였다.
➡ 이 지역은 계속 북쪽으로 이동하였다.

이 지역에 대한 설명으로 옳은 것만을 〈보기〉에서 있는 대로 고른 것은? (단, 화성암 A~D는 정자극기일 때 생성되었고, 지리상 북극의 위치는 변하지 않았다.) [3점]

보기
ㄱ. A가 생성될 당시 북반구에 위치하였다.
ㄴ. B가 생성될 당시 위도와 C가 생성될 당시 위도의 차는 55°이다.
　　　약 30°
ㄷ. D가 생성된 이후 현재까지 남쪽으로 이동하였다.
　　　　　　　　　　　　　　 북쪽

① ㄱ　② ㄴ　③ ㄱ, ㄷ　④ ㄴ, ㄷ　⑤ ㄱ, ㄴ, ㄷ

✔ 자료 해석
• 정자극기에 생성된 D와 C의 복각이 (−)이므로 암석이 생성될 당시 남반구에 위치하였으며, 정자극기에 생성된 B와 A의 복각이 (+)이므로 암석이 생성될 당시 북반구에 위치하였다.
• B에서 측정된 복각이 +18°이므로 B가 생성될 당시 위도는 약 9°N이고, C에서 측정된 복각이 −37°이므로 C가 생성될 당시 위도는 약 21°S이다.

◐ 보기 풀이 ㄱ. 마그마가 식어서 굳어질 때 자성 광물이 당시의 지구 자기장 방향으로 자화되어 그대로 보존되는데, 이를 잔류 자기라고 한다. 암석의 잔류 자기로부터 고지자기 복각을 측정하면 대륙의 과거 위도를 알 수 있다. 정자극기일 때 북반구에서는 복각이 (+)이고, 남반구에서는 복각이 (−)이다. A는 정자극기일 때 생성되었고 복각이 +38°이므로, A가 생성될 당시 이 지역은 북반구에 위치하였다.

✖ 매력적 오답 ㄴ. B, C에서 측정된 복각은 각각 +18°, −37°이다. 그림에서 각각의 복각에 해당하는 당시의 위도는 B가 약 9°N, C가 약 21°S이다. 따라서 B가 생성될 당시 위도와 C가 생성될 당시 위도의 차는 약 30°이다.

ㄷ. 가장 먼저 생성된 D의 복각은 −48°이고, 이후에 생성된 C, B, A의 복각은 각각 −37°, +18°, +38°로, 시간이 지나면서 값이 (+)가 되고 점점 커졌다. 따라서 이 지역은 D가 생성된 이후 현재까지 계속 북쪽으로 이동하였다.

문제풀이 Tip
정자극기일 때 생성된 암석의 복각이 (+)이면 북반구에서, (−)이면 남반구에서 생성된 것을 알아 두고, 암석이 생성될 당시의 위도 차를 구하기 위해서는 각 암석의 복각을 그림에 대입하여 생성 당시의 위도를 파악해야 하는 것에 유의해야 한다.

19 열점과 지진파 속도

출제 의도 판 경계와 열점의 분포 및 깊이에 따른 지진파 속도 분포 자료를 해석하여 플룸의 종류를 파악하고 온도를 비교하는 문항이다.

그림 (가)는 판 경계와 열점의 분포를, (나)는 A 또는 B 구간의 깊이에 따른 지진파 속도 분포를 나타낸 것이다.

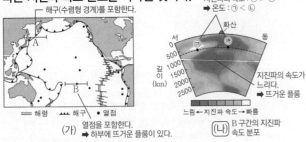

이에 대한 설명으로 옳은 것만을 〈보기〉에서 있는 대로 고른 것은?

보기
ㄱ. A 구간에는 판의 수렴형 경계가 있다.
ㄴ. 온도는 ㉠보다 ㉡ 지점이 높다.
ㄷ. (나)는 B 구간의 지진파 속도 분포이다.

① ㄱ   ② ㄴ   ③ ㄱ, ㄷ   ④ ㄴ, ㄷ   ⑤ ㄱ, ㄴ, ㄷ

✓ 자료 해석

• (가)의 A 구간에는 태평양판이 유라시아판 아래로 섭입하는 해구가 분포한다. B 구간에는 열점이 분포한다. 열점 아래에서는 뜨거운 플룸이 상승한다.

• (나)에서 ㉠ 지점은 지진파의 속도가 빠르고, ㉡ 지점은 지진파의 속도가 느리다. 지구 내부에서 지진파의 속도가 빠른 곳은 주위보다 온도가 낮고, 지진파의 속도가 느린 곳은 주위보다 온도가 높다.

○ 보기 풀이 ㄱ. A 구간에는 해양판인 태평양판이 대륙판인 유라시아판 아래로 섭입하면서 해구가 형성되어 있다. 따라서 A 구간에는 두 판이 서로 가까워지는 수렴형 경계가 있다.

ㄴ. 지진파의 속도는 ㉠보다 ㉡ 지점에서 느리다. ㉡ 지점은 주변보다 온도가 높아 지진파의 속도가 느리게 나타나므로, 온도는 ㉠보다 ㉡ 지점이 높다.

ㄷ. 차가운 플룸은 맨틀과 외핵의 경계에서 밀도가 큰 물질이 하강하는 것으로 주위보다 온도가 낮고, 뜨거운 플룸은 맨틀과 외핵의 경계에서 밀도가 작은 물질이 상승하는 것으로 주위보다 온도가 높다. B 구간은 열점을 포함하는데, 열점의 하부에서는 뜨거운 플룸의 상승류가 나타나며, 같은 깊이의 다른 영역에 비해 지진파의 속도가 느리다. 따라서 (나)는 B 구간의 지진파 속도 분포이다.

문제풀이 Tip

플룸의 종류와 특징을 알아 두고, 지구 내부에서 지진파의 속도는 온도가 높은 곳에서 느리고, 온도가 낮은 곳에서 빠르다는 것에 유의해야 한다. 지진파 단층 촬영 영상에서 지진파의 속도가 느린 곳이 기둥 모양으로 나타나면 온도가 높은 플룸 상승류가 형성된 곳이다.

05 대기와 해양의 상호 작용

1 엘니뇨와 라니냐

2024년 10월 교육청 16번 | 정답 ⑤ | 문제편 18p

출제 의도 적도 부근 태평양의 평균 표층 수온 분포 및 동태평양과 서태평양의 해면 기압 편차 차이를 비교하여 엘니뇨와 라니냐 시기의 특징을 파악하는 문항이다.

그림 (가)는 엘니뇨 시기와 라니냐 시기 적도 부근 태평양의 평균 표층 수온 분포를 나타낸 것이고, ㉠과 ㉡은 엘니뇨와 라니냐 시기 중 하나이다. 그림 (나)는 적도 부근 해역의 (동태평양 해면 기압 편차－서태평양 해면 기압 편차) 값(ΔP)을 시간에 따라 나타낸 것이고, A 시기는 ㉠과 ㉡ 중 하나이다. 편차는 (관측값－평년값)이다.

• 엘니뇨 시기: 동태평양 저기압, 서태평양 고기압
➡ ΔP: (－)
• 라니냐 시기: 동태평양 고기압, 서태평양 저기압
➡ ΔP: (＋)

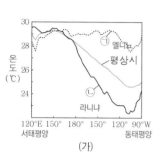
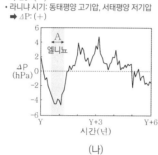

(가)　　　　　　　(나)

이 자료에 대한 설명으로 옳은 것만을 〈보기〉에서 있는 대로 고른 것은? [3점]

보기
ㄱ. 적도 부근에서 (동태평양 평균 표층 수온 편차－서태평양 평균 표층 수온 편차) 값은 ㉠이 ㉡보다 크다.
ㄴ. 동태평양의 해면 기압은 A 시기가 평년보다 낮다.
ㄷ. A 시기는 ㉠에 해당한다.

① ㄱ　② ㄷ　③ ㄱ, ㄴ　④ ㄴ, ㄷ　⑤ ㄱ, ㄴ, ㄷ

✔ 자료 해석

• 엘니뇨 시기에는 적도 부근 동태평양의 표층 수온이 높아져서 동쪽과 서쪽 해역의 표층 수온 차가 평상시보다 작아지고, 라니냐 시기에는 적도 부근 동태평양의 표층 수온이 낮아져서 동쪽과 서쪽 해역의 표층 수온 차가 평상시보다 더 커진다. 따라서 (가)에서 ㉠은 엘니뇨 시기, ㉡은 라니냐 시기이다.

• 엘니뇨 시기에는 적도 부근 동태평양의 표층 수온이 높아지면서 해면 기압이 낮아지고, 서태평양에서는 해면 기압이 높아진다. 반면, 라니냐 시기에는 적도 부근 동태평양의 표층 수온이 낮아지면서 해면 기압이 높아지고, 서태평양에서는 해면 기압이 낮아진다. 따라서 (동태평양 해면 기압 편차－서태평양 해면 기압 편차)는 엘니뇨 시기에는 음(－)의 값으로 나타나고, 라니냐 시기에는 양(＋)의 값으로 나타난다.

O 보기 풀이 ㄱ. 엘니뇨 시기에 적도 부근에서 동태평양의 평균 표층 수온 편차는 양(＋)의 값을, 서태평양의 평균 표층 수온 편차는 음(－)의 값을 나타내므로 (동태평양 평균 표층 수온 편차－서태평양 평균 표층 수온 편차) 값은 양(＋)의 값으로 나타난다. 한편, 라니냐 시기에는 적도 부근에서 동태평양의 평균 표층 수온 편차는 음(－)의 값을, 서태평양의 평균 표층 수온 편차는 양(＋)의 값을 나타내므로 (동태평양 평균 표층 수온 편차－서태평양 평균 표층 수온 편차) 값은 음(－)의 값으로 나타난다. 따라서 (동태평양 평균 표층 수온 편차－서태평양 평균 표층 수온 편차) 값은 엘니뇨 시기인 ㉠이 라니냐 시기인 ㉡보다 크다.
ㄴ. A는 (동태평양 해면 기압 편차－서태평양 해면 기압 편차)가 음(－)의 값으로 나타나므로 엘니뇨 시기이다. 동태평양의 해면 기압은 엘니뇨 시기가 평년보다 낮다.
ㄷ. A 시기는 엘니뇨 시기이므로 ㉠에 해당한다.

문제풀이 Tip

엘니뇨와 라니냐 문항에서는 제시되는 자료를 잘 파악하는 것이 중요하다. 수온 분포, 수온 편차, 해면 기압 편차, 풍속 편차, 해수면 높이 편차, 수온 약층이 나타나기 시작하는 깊이 편차 등 다양한 자료가 제시될 수 있으므로 관련 문항들을 많이 풀어보도록 하자.

2 엘니뇨와 라니냐

출제 의도 태평양 적도 부근 해역에서 관측된 무역풍의 풍속 편차 자료에서 엘니뇨 시기와 라니냐 시기를 찾고, 수온 편차 자료를 해석하여 엘니뇨 또는 라니냐 시기를 결정하는 문항이다.

그림 (가)는 태평양 적도 부근 해역에서 관측한 무역풍의 동서 방향 풍속 편차를, (나)는 (가)의 A와 B 중 어느 한 시기에 관측한 태평양 적도 해역의 깊이에 따른 수온 편차를 나타낸 것이다. (가)에서 A와 B는 각각 엘니뇨 시기와 라니냐 시기 중 하나이고, (+)는 서풍, (−)는 동풍에 해당한다. 편차는 (관측값−평년값)이다.

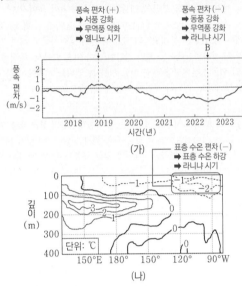

(가)

(나)

이에 대한 설명으로 옳은 것만을 〈보기〉에서 있는 대로 고른 것은? [3점]

보기
ㄱ. (나)는 B에 관측한 것이다.
ㄴ. A일 때 동태평양 적도 부근 해역의 표층 수온 편차는 (−) 값이다.
ㄷ. 동태평양 적도 부근 해역에서 수온 약층이 나타나기 시작하는 깊이는 A가 B보다 깊다.

① ㄱ ② ㄴ ③ ㄱ, ㄷ ④ ㄴ, ㄷ ⑤ ㄱ, ㄴ, ㄷ

✓ 자료 해석
• (가)에서 A는 평년보다 상대적으로 서풍이 강한 시기이고, B는 평년보다 상대적으로 동풍이 강한 시기이다. 따라서 A는 엘니뇨 시기이고 B는 라니냐 시기이다.
• (나)에서 동태평양 적도 해역의 표층 수온 편차가 (−) 값으로 나타났으므로 라니냐 시기이다.

○ 보기 풀이 ㄱ. 엘니뇨 시기에는 무역풍이 약해지므로 평년보다 서풍이 강화되고, 라니냐 시기에는 무역풍이 강해지므로 평년보다 동풍이 강화된다. 따라서 (가)에서 A는 엘니뇨 시기이고, B는 라니냐 시기이다. (나)는 동태평양 적도 부근 해역의 표층 수온이 평년보다 낮아진 시기이므로 라니냐 시기이다. 따라서 (나)는 B에 관측한 것이다.

ㄷ. 엘니뇨 시기에는 동태평양 적도 부근 해역에서 표층 수온이 높아지고 용승이 약해지므로 수온 약층이 나타나기 시작하는 깊이가 깊어지고, 라니냐 시기에는 동태평양 적도 부근 해역에서 표층 수온이 낮아지고 용승이 강화되므로 수온 약층이 나타나기 시작하는 깊이가 얕아진다. 따라서 동태평양 적도 부근 해역에서 수온 약층이 나타나기 시작하는 깊이는 A가 B보다 깊다.

✗ 매력적 오답 ㄴ. 엘니뇨 시기에는 동태평양 적도 부근 해역의 표층 수온이 평년보다 높아지므로, A 시기에 동태평양 적도 부근 해역의 표층 수온 편차는 (+) 값이다.

문제풀이 Tip
(−)가 동풍에 해당하므로 풍속 편차에서 (−)가 크게 나타날수록 동풍이 더 강해졌음을 의미하고, (+)가 나타날수록 동풍이 약해졌음을 의미한다. 무역풍은 동풍이므로 (−)가 나타날 때가 무역풍이 강한 시기이고, (+)가 나타날 때가 무역풍이 약한 시기인 것에 유의해야 한다.

3 엘니뇨와 라니냐

출제 의도 태평양 적도 부근 해역의 해수면 높이 편차와 표층 수온 편차 자료를 해석하여 엘니뇨와 라니냐 시기를 결정하고, 각 시기의 특징을 파악하는 문항이다.

그림 (가)는 태평양 적도 부근 해역에서 시간에 따라 관측한 해수면 높이 편차를, (나)는 이 해역에서 A와 B 중 한 시기에 관측한 표층 수온 편차를 나타낸 것이다. A와 B는 각각 엘니뇨와 라니냐 시기 중 하나이고, 편차는 (관측값−평년값)이다.

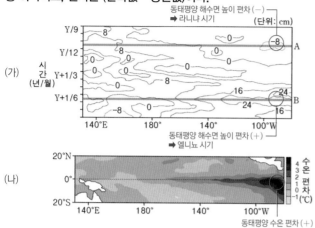

이에 대한 설명으로 옳은 것만을 〈보기〉에서 있는 대로 고른 것은? [3점]

┌─ 보기 ─────────────────────────┐
ㄱ. 적도 부근 해역에서 (서태평양 해수면 높이−동태평양 해수면 높이) 값은 A보다 B일 때 크다.
   (작다.)
ㄴ. (나)는 B일 때 관측한 자료이다.
ㄷ. 동태평양 적도 부근 해역의 용승은 평년보다 B일 때 강하다. (약하다.)
└────────────────────────────┘

① ㄱ   ② ㄴ   ③ ㄱ, ㄴ   ④ ㄱ, ㄷ   ⑤ ㄴ, ㄷ

✔ 자료 해석

- (가)에서 적도 부근 동태평양 해역의 해수면 높이 편차가 (−) 값인 A 시기는 라니냐 시기이고, (+) 값인 B 시기는 엘니뇨 시기이다.
- (나)에서 적도 부근 동태평양 해역의 수온 편차는 (+) 값이므로 (나)는 무역풍이 약해진 엘니뇨 시기이다.

보기 풀이 엘니뇨 시기에는 평상시에 비해 무역풍이 약해져 해수면이 높은 서태평양에서 동쪽으로 따뜻한 해수가 이동하여 동태평양 해역의 해수면 높이가 높아지므로 동태평양 해역의 해수면 편차가 (+) 값으로 나타나고, 라니냐 시기에는 평상시에 비해 무역풍이 강해져 서쪽으로 이동하는 해수의 양이 많아지므로 동태평양 해역의 해수면 높이가 낮아져 동태평양 해역의 해수면 편차가 (−) 값으로 나타난다. 따라서 (가)에서 A는 라니냐 시기, B는 엘니뇨 시기이다.

ㄴ. 무역풍이 약해지는 엘니뇨 시기에는 적도 부근 동태평양 해역의 표층 수온이 높아지므로, 표층 수온 편차가 (+) 값으로 나타난다. 따라서 (나)는 엘니뇨 시기인 B일 때 관측한 자료이다.

매력적 오답 ㄱ. 라니냐 시기에는 엘니뇨 시기보다 적도 부근 해역에서 서쪽으로 이동하는 해수의 양이 많아지므로 서태평양과 동태평양의 해수면 높이 차가 커진다. 적도 부근 해역에서 (서태평양 해수면 높이−동태평양 해수면 높이) 값은 라니냐 시기인 A보다 엘니뇨 시기인 B일 때 작다.

ㄷ. 동태평양 적도 부근 해역의 용승은 평년보다 라니냐 시기일 때 강하고 엘니뇨 시기일 때 약하다. 따라서 동태평양 적도 부근 해역의 용승은 평년보다 B일 때 약하다.

문제풀이 **Tip**

(서태평양 해수면 높이−동태평양 해수면 높이) 값은 적도 부근 태평양 해역의 동서 방향 해수면 경사를 의미하는 것이다. 라니냐 시기에는 동서 방향 해수면 경사가 더 커지고, 엘니뇨 시기에는 동서 방향 해수면 경사가 작아진다는 것을 알아 두자.

4 엘니뇨와 라니냐

출제 의도 적도 부근 중앙 태평양 해역의 적외선 방출 복사 에너지 편차 자료와 바람의 동서 방향 풍속 편차 자료를 해석하여 엘니뇨와 라니냐 시기를 결정하고, 엘니뇨와 라니냐 시기의 특징을 파악하는 문항이다.

그림 (가)는 기상 위성으로 관측한 적도 부근 160°E~160°W 지역의 적외선 방출 복사 에너지 편차를, (나)는 태평양 적도 부근 해역에서 A와 B 중 어느 한 시기에 관측한 바람의 동서 방향 풍속 편차를 나타낸 것이다. A와 B는 각각 엘니뇨와 라니냐 시기 중 하나이고, 편차는 (관측값−평년값)이다. 복사 에너지 편차가 양(+)일 때에는 <u>구름 최상부의 평균 온도가 평상시보다 높을 때</u>이다.

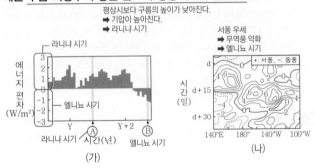

(가)

(나)

이에 대한 설명으로 옳은 것만을 〈보기〉에서 있는 대로 고른 것은? [3점]

보기
ㄱ. 적도 부근 160°E~160°W 지역에서 두꺼운 적운형 구름의 발생은 ~~A 시기가 B 시기보다 많다.~~ B 시기가 A 시기보다 많다.
ㄴ. (나)는 B 시기에 해당한다.
ㄷ. 동태평양 적도 부근 해역에서 수온 약층이 나타나기 시작하는 깊이는 A 시기가 B 시기보다 얕다.

① ㄱ ② ㄷ ③ ㄱ, ㄴ ④ ㄴ, ㄷ ⑤ ㄱ, ㄴ, ㄷ

✓ 자료 해석

- 평년에는 무역풍에 의해 따뜻한 해수가 서쪽으로 이동하므로 적도 부근 태평양의 동쪽 해역보다 서쪽 해역에서 기압이 낮고 적운형 구름이 많이 발달한다. 하지만 무역풍이 약해지는 엘니뇨 시기에는 동쪽으로 따뜻한 해수가 이동하여 동쪽 해역은 평상시보다 기압이 낮아진다. 반대로 무역풍이 강해지는 라니냐 시기에는 서쪽으로 따뜻한 해수가 더 많이 이동하여 동쪽 해역은 평상시보다 기압이 높아진다.

- (가)에서 적외선 방출 복사 에너지 편차가 양(+)의 값을 나타내는 것은 평상시보다 160°E~160°W 지역에 발달하는 구름의 높이가 낮아진 것을 의미하므로, 적도 부근 중앙 태평양 해역의 기압이 평상시보다 높아진 것이다. 따라서 적외선 방출 복사 에너지 편차가 양(+)일 때는 라니냐 시기이고, 음(−)일 때는 엘니뇨 시기이다.

- (나)에서 풍속 편차가 대체로 양(+)의 값을 나타내므로 서풍이 우세해졌음을 알 수 있다. 이는 무역풍이 약해진 엘니뇨 시기이다.

○ 보기 풀이 (가)에서 적외선 방출 복사 에너지 편차가 양(+)일 때는 라니냐 시기이고, 적외선 방출 복사 에너지 편차가 음(−)일 때는 엘니뇨 시기이다. 따라서 A는 라니냐 시기, B는 엘니뇨 시기이다.

ㄴ. (나)는 평상시보다 서풍이 강해졌으므로 무역풍이 약해진 엘니뇨 시기이다. 따라서 (나)는 B 시기에 해당한다.

ㄷ. 엘니뇨 시기에는 동태평양 적도 부근 해역의 용승 현상이 약해지므로, 동태평양 적도 부근 해역에서 수온 약층이 나타나기 시작하는 깊이는 엘니뇨 시기(B)가 라니냐 시기(A)보다 깊다.

✕ 매력적 오답 ㄱ. 적외선 방출 복사 에너지 편차가 양(+)일 때가 구름 최상부의 평균 온도가 평상시보다 높을 때이므로, 구름의 높이는 평상시보다 낮아진다. A 시기는 적외선 방출 복사 에너지 편차가 양(+)이므로 적도 부근 160°E~160°W 지역에는 평상시보다 고도가 낮은 구름이 발생했다. 반대로 적외선 방출 복사 에너지 편차가 음(−)일 때는 구름 최상부의 평균 온도가 평상시보다 낮을 때이므로, 구름의 높이는 평상시보다 높아진다. B 시기는 적외선 방출 복사 에너지 편차가 음(−)이므로 적도 부근 160°E~160°W 지역에는 평상시보다 두꺼운 구름이 발생했다. 따라서 적도 부근 160°E~160°W 지역에서 두꺼운 적운형 구름의 발생은 B 시기가 A 시기보다 많다.

문제풀이 Tip

기압 편차, 수온 편차, 복사 에너지 편차, 풍속 편차, 구름의 양 분포 등 다양한 자료를 제시하고 엘니뇨와 라니냐 시기를 결정하는 문항이 자주 출제된다. 각 자료를 해석하는 능력을 기르고, 엘니뇨와 라니냐의 발생 과정과 각 시기의 특징을 정리해 두자.

5 엘니뇨와 라니냐

2023년 10월 교육청 9번 | 정답 ④ | 문제편 19p

출제 의도 태평양의 강수량 편차 자료를 통해 엘니뇨 또는 라니냐 시기를 구분하고, 이 시기에 나타나는 환경 변화를 평년과 비교하는 문항이다.

그림은 엘니뇨 또는 라니냐가 발생한 어느 해 11월~12월의 태평양의 강수량 편차(관측값−평년값)를 나타낸 것이다.

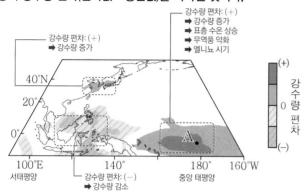

이 자료에 대한 옳은 설명만을 〈보기〉에서 있는 대로 고른 것은?

보기

ㄱ. 우리나라의 강수량은 평년보다 많다.

ㄴ. A 해역의 표층 수온은 평년보다 높다.

ㄷ. 무역풍의 세기는 평년보다 ~~강하다.~~ 약하다.

① ㄱ ② ㄴ ③ ㄷ ④ ㄱ, ㄴ ⑤ ㄴ, ㄷ

✓ 자료 해석

• 적도 부근 중앙 태평양에서 동태평양에 이르는 해역과 우리나라 부근 해역에서는 강수량 편차가 양(+)의 값을 나타내고, 적도 부근 서태평양 해역에서는 강수량 편차가 음(−)의 값을 나타낸다.

• 적도 부근 중앙 태평양에서 동태평양에 이르는 해역은 강수량이 증가하고, 서태평양 해역은 강수량이 감소하였으므로, 중앙 태평양에서 동태평양에 이르는 해역은 수온이 높아져 저기압이 발달하고, 서태평양 해역은 수온이 낮아져 고기압이 발달한 엘니뇨 시기이다.

○ 보기풀이 ㄱ. 우리나라 부근의 강수량 편차가 양(+)의 값으로 나타난다. 따라서 이 시기에 우리나라의 강수량은 평년보다 많다.

ㄴ. 엘니뇨 시기에는 평년에 비해 무역풍이 약해져 서쪽에서 동쪽으로 따뜻한 해수가 이동하고, 동태평양 해역에서 연안 용승이 약해지므로 A 해역의 표층 수온은 평년보다 높다.

✗ 매력적 오답 ㄷ. 평년보다 무역풍이 강해져 적도 부근 동태평양 해역의 연안 용승이 강해지고 서쪽으로 이동하는 따뜻한 해수가 더 많아지면, 동태평양 해역의 표층 수온은 낮아지고 서태평양 해역의 표층 수온은 높아지는 라니냐가 발생한다. 반대로 평년보다 무역풍이 약해지면 동태평양 해역의 표층 수온이 높아지고 서태평양 해역의 표층 수온이 낮아지는 엘니뇨가 발생한다. 이 시기는 엘니뇨가 발생한 시기이므로 무역풍의 세기가 평년보다 약하다.

문제풀이 Tip

강수량 편차가 양(+)의 값으로 나타나는 것은 평년보다 강수량이 증가한 것을 의미하고, 음(−)의 값으로 나타나는 것은 평년보다 강수량이 감소한 것을 의미한다는 것에 유의해야 한다.

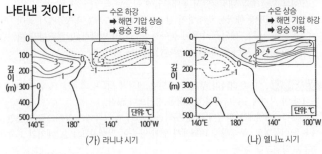
6 엘니뇨와 라니냐

출제 의도 태평양 적도 부근 해역에서 관측된 수온 편차 자료를 해석하여 엘니뇨 또는 라니냐 시기를 결정하고, 각 시기의 특징을 비교하는 문항이다.

그림 (가)와 (나)는 엘니뇨와 라니냐 시기에 태평양 적도 부근 해역에서 관측된 깊이에 따른 수온 편차(관측값−평년값)를 순서 없이 나타낸 것이다.

(가) 라니냐 시기 (나) 엘니뇨 시기

이에 대한 설명으로 옳은 것만을 〈보기〉에서 있는 대로 고른 것은? [3점]

보기
ㄱ. 무역풍의 세기는 (가)가 (나)보다 강하다.
ㄴ. 서태평양 적도 부근 해역의 해면 기압은 (나)가 (가)보다 높다.
ㄷ. 동태평양 적도 부근 해역의 용승 현상은 (가)가 (나)보다 강하다.

① ㄱ　② ㄴ　③ ㄱ, ㄷ　④ ㄴ, ㄷ　⑤ ㄱ, ㄴ, ㄷ

✓ 자료 해석

• (가) : 동태평양 적도 부근 해역의 수온 편차가 (−) 값을 나타내므로, 평년보다 동태평양 적도 부근 해역의 수온이 낮아진 라니냐 시기이다.
• (나) : 동태평양 적도 부근 해역의 수온 편차가 (+) 값을 나타내므로, 평년보다 동태평양 적도 부근 해역의 수온이 높아진 엘니뇨 시기이다.
• 엘니뇨 시기는 라니냐 시기보다 무역풍의 세기가 약하고, 동태평양 적도 부근 해역의 해면 기압이 낮으며, 용승이 약하다.

보기 풀이 ㄱ. 무역풍의 세기는 라니냐 시기가 엘니뇨 시기보다 강하므로 (가)가 (나)보다 강하다.

ㄴ. 서태평양 적도 부근 해역의 해면 기압은 수온이 낮은 엘니뇨 시기가 라니냐 시기보다 높으므로 (나)가 (가)보다 높다.

ㄷ. 동태평양 적도 부근 해역의 용승 현상은 무역풍이 강한 라니냐 시기에 강하므로, (가)가 (나)보다 강하다.

문제풀이 Tip

무역풍이 강해질 때 라니냐가 발생하고, 무역풍이 약해질 때 엘니뇨가 발생한다는 것을 알아 두고, 무역풍의 세기가 강해지면 서쪽으로 이동하는 따뜻한 해수의 양이 더 많아져서 서태평양 해역의 표층 수온이 높아져 해면 기압이 낮아지고, 동태평양에서는 용승이 강해진다는 것을 알아야 한다.

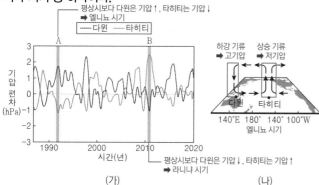

7 엘니뇨와 라니냐

2023년 4월 교육청 14번 | 정답 ⑤ | 문제편 20p

출제의도 다윈과 타히티에서 측정한 해수면 기압 편차 자료와 대기 순환 모습을 통해 엘니뇨와 라니냐 시기를 결정하고, 엘니뇨 시기와 라니냐 시기의 특징을 파악하는 문항이다.

그림 (가)는 다윈과 타히티에서 측정한 해수면 기압 편차(관측 기압－평년 기압)를, (나)는 A와 B 중 한 시기의 태평양 적도 부근 해역의 대기 순환 모습을 나타낸 것이다. A와 B는 각각 엘니뇨와 라니냐 시기 중 하나이다.

(가)

(나)

이에 대한 설명으로 옳은 것만을 〈보기〉에서 있는 대로 고른 것은? [3점]

보기
ㄱ. (나)는 A 시기의 대기 순환 모습이다.
ㄴ. B 시기에 타히티 부근 해역의 강수량은 평상시보다 적다.
ㄷ. $\dfrac{\text{다윈 부근 해역의 평균 수온}}{\text{타히티 부근 해역의 평균 수온}}$ 은 A 시기보다 B 시기에 크다.

① ㄱ ② ㄴ ③ ㄱ, ㄷ ④ ㄴ, ㄷ ⑤ ㄱ, ㄴ, ㄷ

✔ 자료 해석

• 다윈은 적도 부근 서태평양, 타히티는 적도 부근 중앙 태평양에 위치하므로, 엘니뇨 발생 시 다윈에서는 고기압이 발달하여 기압 편차가 (＋)로 나타나고, 타히티에서는 저기압이 발달하여 기압 편차가 (－)로 나타나며, 라니냐 발생 시에는 반대로 나타난다.

• (가) : A 시기에 다윈의 기압 편차는 (＋), 타히티의 기압 편차는 (－)이므로 A는 엘니뇨 시기이다. B 시기에 다윈의 기압 편차는 (－), 타히티의 기압 편차는 (＋)이므로 B는 라니냐 시기이다.

• (나) : 다윈 부근에 하강 기류가 발달하고, 타히티 부근에 상승 기류가 발달하므로, 엘니뇨 시기이다.

보기풀이 ㄱ. (나)는 다윈 부근에 하강 기류가 발달하고 타히티 부근에 상승 기류가 발달한 것으로 보아 평상시에 비해 중앙 태평양의 표층 수온이 상승한 엘니뇨 시기이다. (가)에서 A는 엘니뇨 시기, B는 라니냐 시기이므로, (나)는 A 시기의 대기 순환 모습이다.

ㄴ. B 시기는 라니냐 시기로, 타히티 부근에 고기압이 발달하여 구름의 양이 감소하므로 강수량은 평상시보다 적다.

ㄷ. 다윈 부근 해역의 평균 수온은 엘니뇨가 발생한 A 시기에는 평상시보다 낮고, 라니냐가 발생한 B 시기에는 평상시보다 높다. 타히티 부근 해역의 평균 수온은 엘니뇨가 발생한 A 시기에는 평상시보다 높고, 라니냐가 발생한 B 시기에는 평상시보다 낮다. 따라서 $\dfrac{\text{다윈 부근 해역의 평균 수온}}{\text{타히티 부근 해역의 평균 수온}}$ 은 엘니뇨가 발생한 A 시기보다 라니냐가 발생한 B 시기에 크다.

문제풀이 Tip

기압 편차가 (＋)로 나타난다는 것은 평상시보다 기압이 높아졌다는 것을 의미하므로 고기압이 발달하여 하강 기류가 발생하고 구름의 양은 평상시보다 적어져서 강수량이 감소한다는 것에 유의해야 한다.

Part I

교육청

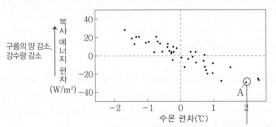
출제 의도 적외선 방출 복사 에너지 편차와 수온 편차 자료를 해석하여 관측 해역을 유추하고, 강수량과 평균 해면 기압을 비교하는 문항이다.

그림은 적도 부근 서태평양과 중앙 태평양 중 어느 한 해역에서 최근 40년 동안 매년 같은 시기에 기상 위성으로 관측한 적외선 방출 복사 에너지 편차와 수온 편차를 나타낸 것이다. 편차는 (관측값 − 평년값)이며, A는 엘니뇨 시기에 관측한 값이다.

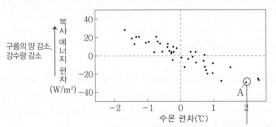

엘니뇨 시기에 복사 에너지 편차는 (−), 수온 편차는 (+)이므로, 적도 부근 중앙 태평양 해역에서 관측한 것이다.

이 해역에 대한 옳은 설명만을 〈보기〉에서 있는 대로 고른 것은?

[3점]

보기
ㄱ. ~~서태평양~~에 위치한다.
　　중앙 태평양
ㄴ. 강수량은 적외선 방출 복사 에너지 편차가 (+)일 때가 (−)일 때보다 대체로 적다.
ㄷ. 평균 해면 기압은 엘니뇨 시기가 평년보다 낮다.

① ㄱ　② ㄴ　③ ㄱ, ㄷ　④ ㄴ, ㄷ　⑤ ㄱ, ㄴ, ㄷ

✓ 자료 해석
- A(엘니뇨 시기)에서 적외선 방출 복사 에너지 편차는 (−)이고, 수온 편차는 (+)이다.
- 구름의 양이 많거나 구름 최상부의 높이가 높을 때 적외선 방출 복사 에너지양이 감소하므로 복사 에너지 편차가 (−)가 된다.
- 수온이 높아지면 수온 편차가 (+)가 된다.

○ 보기 풀이 ㄴ. 상승 기류가 발달해 구름의 양이 많거나 구름 최상부의 높이가 높을수록 적외선 방출 복사 에너지양이 감소한다. 따라서 적외선 방출 복사 에너지 편차가 (+)일 때가 (−)일 때보다 강수량이 대체로 적다.
ㄷ. 관측 해역은 적도 부근 중앙 태평양에 위치하므로, 평균 해면 기압은 수온 편차가 (+)인 엘니뇨 시기가 평년보다 낮다.

✗ 매력적 오답 ㄱ. A에서 적외선 방출 복사 에너지 편차는 (−)이고, 수온 편차는 (+)이다. 즉, 엘니뇨 시기에 적외선 방출 복사 에너지양은 감소하였고, 수온은 상승하였다. 엘니뇨 시기에 수온이 상승한 해역은 적도 부근 중앙 태평양에서 동태평양에 걸친 해역이므로, 이 해역은 중앙 태평양에 위치한다.

문제풀이 **Tip**

온도가 낮을수록 적외선 방출 복사 에너지양이 감소하므로, 구름의 양이 많을수록, 구름 최상부의 높이가 높을수록 적외선 방출 복사 에너지양이 적다는 것에 유의해야 한다. 즉, 적외선 방출 복사 에너지양 감소는 구름의 양 증가를 의미하고, 이는 저기압이 발달했음을 의미하며, 이는 수온 상승을 의미한다는 것을 알아 두자.

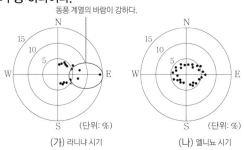
9 엘니뇨와 라니냐

출제 의도 중앙 태평양 적도 해역에서 관측한 풍향 자료를 해석하여 엘니뇨와 라니냐 시기를 구분하고, 각 시기의 특징을 비교하는 문항이다.

그림은 서로 다른 시기에 중앙 태평양 적도 해역에서 관측한 바람의 풍향 빈도를 나타낸 것이다. (가)와 (나)는 각각 엘니뇨 시기와 라니냐 시기 중 하나이다.

동풍 계열의 바람이 강하다.

(가) 라니냐 시기

(나) 엘니뇨 시기

(단위: %)

이에 대한 옳은 설명만을 〈보기〉에서 있는 대로 고른 것은? [3점]

보기
ㄱ. 무역풍의 세기는 (가)일 때가 (나)일 때보다 약하다.
　　　　　　　　　　　　　　　　　　　　강하다.
ㄴ. (나)일 때 서태평양 적도 해역의 기압 편차(관측값−평년값)는 양(+)의 값을 갖는다.
ㄷ. 동태평양 적도 해역에서 따뜻한 해수층의 두께는 (가)일 때가 (나)일 때보다 두껍다.
　　　　　　　　　　　　　　　　　　　　　　　　　얇다.

① ㄱ　　② ㄴ　　③ ㄱ, ㄷ　　④ ㄴ, ㄷ　　⑤ ㄱ, ㄴ, ㄷ

✔ 자료 해석

• (가)는 (나)보다 동풍 계열의 바람이 강하게 나타나므로 (가)는 무역풍의 세기가 강한 라니냐 시기이고, (나)는 무역풍의 세기가 약한 엘니뇨 시기이다.

• 엘니뇨 시기에는 평년보다 동태평양 적도 해역의 기압이 낮아지고 서태평양 적도 해역의 기압이 높아진다. 라니냐 시기에는 평년보다 동태평양 적도 해역의 기압이 높아지고 서태평양 적도 해역의 기압이 낮아진다.

• 엘니뇨 시기에는 동태평양 적도 해역에서 용승이 약해지고 서쪽에서 따뜻한 해수가 이동해 오므로 따뜻한 해수층의 두께가 두꺼워진다. 라니냐 시기에는 동태평양 적도 해역에서 용승이 강해지므로 따뜻한 해수층의 두께가 얇아진다.

○ 보기 풀이 (가)는 (나)보다 동풍 계열의 바람이 강하게 관측되므로, (가)는 라니냐 시기, (나)는 엘니뇨 시기이다.

ㄴ. 엘니뇨 시기에는 동태평양 적도 해역에 저기압이 발달하고 서태평양 적도 해역에 고기압이 발달하므로, 서태평양 적도 해역의 기압 편차(관측값−평년값)는 양(+)의 값을 갖는다.

✕ 매력적 오답 ㄱ. 무역풍의 세기는 라니냐 시기인 (가)일 때가 엘니뇨 시기인 (나)일 때보다 강하다.

ㄷ. 라니냐 시기에는 강한 무역풍에 의해 서쪽으로 이동하는 따뜻한 해수의 양이 많아지고 동태평양 연안에서 용승이 강하게 일어나므로 동태평양 적도 해역에서 따뜻한 해수층의 두께가 얇아진다. 한편 엘니뇨 시기에는 무역풍이 약해지면서 서쪽에서 동쪽으로 따뜻한 해수가 이동하고, 동태평양 연안에서 용승이 약해지므로 동태평양 적도 해역에서 따뜻한 해수층의 두께가 두꺼워진다. 따라서 동태평양 적도 해역에서 따뜻한 해수층의 두께는 엘니뇨 시기인 (나)일 때가 라니냐 시기인 (가)일 때보다 두껍다.

문제풀이 Tip

엘니뇨 시기와 라니냐 시기에는 해양과 대기에서 여러 가지 변화가 나타나므로 제시되는 관측 자료 또한 매우 다양하기 때문에 체감 난이도가 높게 느껴진다. 하지만 기본 개념을 확실하게 알고 이를 적용하여 자료를 해석하는 능력만 있다면 어렵지 않게 해결할 수 있을 것이다. 그러므로 엘니뇨와 라니냐의 기본 개념을 확실하게 학습해 두고, 다양한 자료를 해석하는 연습을 많이 해 두자.

10 엘니뇨와 라니냐

출제의도 표층 풍속 편차 자료를 해석하여 엘니뇨와 라니냐 시기를 구분하고, 두 시기의 기상과 해수에 나타나는 변화를 비교하는 문항이다.

그림 (가)와 (나)는 태평양 적도 부근 해역에서 엘니뇨와 라니냐 시기의 표층 풍속 편차(관측값 − 평년값)를 순서 없이 나타낸 것이다.

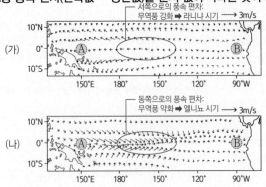

이에 대한 설명으로 옳은 것만을 〈보기〉에서 있는 대로 고른 것은?

┌─ 보기 ─────────────────────────────┐
ㄱ. A 해역의 강수량은 (가)일 때가 (나)일 때보다 많다.

ㄴ. (나)일 때 B 해역에서 수온 약층이 나타나기 시작하는 깊이 편차(관측값−평년값)는 양(+)의 값을 갖는다.

ㄷ. A 해역과 B 해역의 해수면 높이 차는 (가)일 때가 (나)일 때보다 크다.
└──────────────────────────────────┘

① ㄱ   ② ㄴ   ③ ㄱ, ㄷ   ④ ㄴ, ㄷ   ⑤ ㄱ, ㄴ, ㄷ

✓ 자료 해석

• (가)에서는 풍속 편차를 나타내는 화살표가 서쪽 방향으로 나타나므로, 무역풍이 평년보다 강하다. ➡ 라니냐 시기
• (나)에서는 풍속 편차를 나타내는 화살표가 동쪽 방향으로 나타나므로, 무역풍이 평년보다 약하다. ➡ 엘니뇨 시기

○ 보기 풀이 (가)는 라니냐 시기, (나)는 엘니뇨 시기이다. A 해역은 서태평양 적도 부근 해역, B 해역은 동태평양 적도 부근 해역이다.

ㄱ. 라니냐 시기에는 A 해역에 저기압이 발달하고, 엘니뇨 시기에는 A 해역에 고기압이 발달하므로, A 해역의 강수량은 라니냐 시기인 (가)일 때가 엘니뇨 시기인 (나)일 때보다 많다.

ㄴ. 엘니뇨 시기에 B 해역은 따뜻한 해수층의 두께가 두꺼워지므로 수온 약층이 나타나기 시작하는 깊이가 평년보다 깊다. 따라서 (나)일 때 B 해역에서 수온 약층이 나타나기 시작하는 깊이 편차(관측값−평년값)는 양(+)의 값을 갖는다.

ㄷ. A 해역과 B 해역의 해수면 높이 차는 라니냐 시기인 (가)일 때가 무역풍 약화로 따뜻한 해수가 동쪽으로 이동하는 엘니뇨 시기인 (나)일 때보다 크다.

문제풀이 Tip

엘니뇨 시기에는 무역풍이 약해지면서 표층 풍속 편차가 동쪽 방향으로 나타나고, 라니냐 시기에는 무역풍이 강해지면서 표층 풍속 편차가 서쪽 방향으로 나타난다는 것에 유의해야 한다.

11 엘니뇨와 라니냐

출제 의도 태평양 적도 부근 해역의 깊이에 따른 수온 편차 자료를 해석하여 엘니뇨와 라니냐 시기를 구분하고, 두 시기의 특징을 비교하는 문항이다.

그림은 태평양 적도 부근 해역의 깊이에 따른 수온 편차(관측값 − 평년값)를 나타낸 것이다. (가)와 (나)는 각각 엘니뇨 시기와 라니냐 시기 중 하나이다.

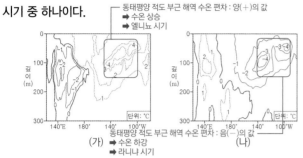

동태평양 적도 부근 해역 수온 편차 : 양(+)의 값
➡ 수온 상승
➡ 엘니뇨 시기

(가) ➡ 수온 하강
➡ 라니냐 시기

동태평양 적도 부근 해역 수온 편차 : 음(−)의 값
(나)

(가) 시기와 비교할 때, (나) 시기에 대한 설명으로 옳은 것만을 〈보기〉에서 있는 대로 고른 것은? [3점]

┌─ 보기 ─────────────────────────┐
ㄱ. 무역풍의 세기가 강하다.
ㄴ. 동태평양 적도 부근 해역에서의 용승이 강하다.
ㄷ. 서태평양 적도 부근 해역에서의 해면 기압이 <s>크다.</s>
작다.
└──────────────────────────────┘

① ㄱ   ② ㄷ   ③ ㄱ, ㄴ   ④ ㄴ, ㄷ   ⑤ ㄱ, ㄴ, ㄷ

✔ 자료 해석

- 동태평양 적도 부근 해역의 수온 편차가 양(+)의 값으로 나타나는 (가)는 엘니뇨 시기이고, 음(−)의 값으로 나타나는 (나)는 라니냐 시기이다.
- 엘니뇨 시기에는 무역풍이 평상시보다 약하고, 라니냐 시기에는 무역풍이 평상시보다 강하다.
- 동태평양 적도 부근 해역에서의 용승은 엘니뇨 시기에는 약해지고, 라니냐 시기에 강해진다.
- 엘니뇨 시기에는 동태평양 적도 부근 해역의 해면 기압은 낮아지고 서태평양 적도 부근 해역의 해면 기압은 높아지며, 라니냐 시기에는 동태평양 적도 부근 해역의 해면 기압은 높아지고 서태평양 적도 부근 해역의 해면 기압은 낮아진다.

○ 보기 풀이   (가)는 엘니뇨 시기이고, (나)는 라니냐 시기이다.

ㄱ. 무역풍의 세기는 라니냐 시기가 엘니뇨 시기보다 강하므로, (나) 시기가 (가) 시기보다 강하다.

ㄴ. 동태평양 적도 부근 해역에서의 용승은 라니냐 시기에는 강해지고 엘니뇨 시기에는 약해지므로, (나) 시기가 (가) 시기보다 강하다.

✕ 매력적 오답   ㄷ. 서태평양 적도 부근 해역에서의 해면 기압은 엘니뇨 시기에는 평년보다 높아지고 라니냐 시기에는 평년보다 낮아지므로, (나) 시기가 (가) 시기보다 작다.

문제풀이 Tip

엘니뇨 시기에는 약한 무역풍으로 인해 동쪽에서 서쪽으로 이동하는 해수의 흐름이 약해져 서쪽의 따뜻한 해수가 동쪽으로 이동해 온다. 그 결과 동태평양 적도 부근 해역의 수온이 평상시보다 높아지기 때문에 깊이에 따른 수온 편차(관측값−평년값) 값이 양(+)의 값으로 나타난다는 것에 유의해야 한다.

12 엘니뇨와 라니냐

출제 의도 태평양 적도 부근 해역의 해수면 기압 편차 자료를 통해 엘니뇨와 라니냐 시기를 구분하고, 이 시기에 동태평양과 서태평양 적도 부근 해역에서 일어나는 현상을 비교하는 문항이다.

그림은 2020년 12월부터 2021년 1월까지 태평양 적도 부근 해역의 해수면 기압 편차(관측값—평년값)를 나타낸 것이다. 이 기간은 엘니뇨 시기와 라니냐 시기 중 하나이다.

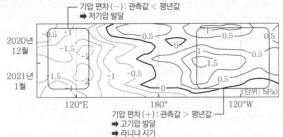

이 시기에 대한 옳은 설명만을 〈보기〉에서 있는 대로 고른 것은?

보기
ㄱ. 서태평양 적도 부근 해역에서 상승 기류는 평상시보다 강하다.
ㄴ. 동태평양 적도 부근 해역에서 따뜻한 해수층의 두께는 평상시보다 두껍다. 얇다.
ㄷ. 동태평양 적도 부근 해역의 해수면 높이 편차는 (+)값을 가진다. (—)값

① ㄱ ② ㄴ ③ ㄱ, ㄷ ④ ㄴ, ㄷ ⑤ ㄱ, ㄴ, ㄷ

✔ 자료 해석

• 동태평양 적도 부근 해역의 해수면 기압 편차(관측값—평년값)는 양(+)의 값이 나타나므로, 평년보다 해수면 기압이 높아졌다. 따라서 동태평양 적도 부근 해역에서는 하강 기류가 발달하고, 용승이 강해져 따뜻한 해수층의 두께가 얇아지며, 해수면 높이가 낮아진다. ➡ 라니냐 시기

• 서태평양 적도 부근 해역의 해수면 기압 편차(관측값—평년값)는 음(—)의 값이 나타나므로, 평년보다 해수면 기압이 낮아졌다. 따라서 서태평양 적도 부근 해역에서는 상승 기류가 발달하고, 따뜻한 해수층의 두께가 두꺼워지며, 해수면 높이가 높아진다.

◯ 보기풀이

서태평양 적도 부근 해역은 기압 편차가 (—)값을 가지므로 평년보다 기압이 낮아졌고, 동태평양 적도 부근 해역은 기압 편차가 (+)값을 가지므로 평년보다 기압이 높아졌다. 따라서 이 기간은 라니냐 시기이다.

ㄱ. 이 시기에 서태평양 적도 부근은 기압이 낮아졌으므로 상승 기류가 평상시보다 강하다.

✕ 매력적 오답

ㄴ. 라니냐 시기이므로 무역풍이 평상시보다 강해 서쪽으로 이동하는 따뜻한 해수의 양이 많아지고, 동태평양 적도 부근 해역에서는 용승이 강해져 따뜻한 해수층의 두께가 평상시보다 얇아진다.

ㄷ. 라니냐 시기이므로 무역풍이 평상시보다 강해 서쪽으로 이동하는 따뜻한 해수의 양이 많아지고, 동태평양 적도 부근 해역의 표층 수온이 낮아져 평상시보다 해수면의 높이가 낮아진다. 따라서 이 시기에 동태평양 적도 부근 해역의 해수면 높이 편차는 (—)값을 가진다.

문제풀이 Tip

편차가 (+)값으로 나타난다는 것은 평년보다 값이 커졌다는 것을 의미한다. 즉, 기압 편차가 (+)값을 가질 때는 기압이 높아진 것이고, 해수면 수온 편차가 (+)값을 가질 때는 표층 수온이 높아진 것이며, 강수량 편차가 (+)값을 가질 때는 기압이 낮아져 상승 기류가 발달해 강수량이 증가한 것임을 알아 두자.

13 엘니뇨와 라니냐

출제 의도 태평양 적도 해역의 등수온선의 깊이 편차 자료를 비교하여 엘니뇨와 라니냐 시기를 구분하고, 각 시기의 특징을 파악하는 문항이다.

그림은 2019년 10월부터 2020년 7월까지 태평양 적도 해역에서 20 ℃ 등수온선의 깊이 편차(관측값 − 평년값)를 나타낸 것이다. ㉠ 과 ㉡은 각각 엘니뇨 시기와 라니냐 시기 중 하나이다.

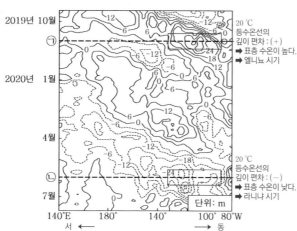

이에 대한 옳은 설명만을 〈보기〉에서 있는 대로 고른 것은? [3점]

보기
ㄱ. ㉠은 라니냐 시기이다.
　　　엘니뇨
ㄴ. 이 해역의 동서 방향 해수면 경사는 ㉠보다 ㉡일 때 크다.
ㄷ. ㉡일 때 동태평양 적도 해역의 기압 편차(관측값 − 평년값)는 (+) 값이다.

① ㄱ　　② ㄷ　　③ ㄱ, ㄴ　　④ ㄴ, ㄷ　　⑤ ㄱ, ㄴ, ㄷ

✔ 자료 해석

• ㉠ : 20 ℃ 등수온선의 깊이 편차가 동태평양에서 (+)이고 중앙 태평양에서 (−)이므로 엘니뇨 시기이다.

• ㉡ : 20 ℃ 등수온선의 깊이 편차가 동태평양에서 (−)이고 서태평양에서 (+)이므로 라니냐 시기이다.

• 엘니뇨는 적도 부근 동태평양의 표층 수온이 평년보다 높은 상태로 지속되는 현상이고, 라니냐는 적도 부근 동태평양의 표층 수온이 평년보다 낮은 상태로 지속되는 현상이므로, 적도 부근 동태평양에서 20 ℃ 등수온선의 깊이는 엘니뇨 시기에는 평년보다 깊어지고, 라니냐 시기에는 평년보다 얕아진다.

O 보기 풀이　ㄴ. 엘니뇨 시기에는 무역풍이 약해지면서 동태평양 해역에서 연안 용승이 약해지고 해수면이 높아지므로 동서 방향의 해수면 경사가 평년에 비해 작아지고, 라니냐 시기에는 무역풍이 강해지면서 동태평양 해역에서 연안 용승이 강해지고 해수면이 낮아지므로 동서 방향의 해수면 경사가 커진다. 따라서 동서 방향 해수면 경사는 엘니뇨 시기인 ㉠일 때보다 라니냐 시기인 ㉡일 때 더 크다.

ㄷ. 라니냐 시기에는 적도 부근 동태평양의 수온이 낮아져 기압이 높아지므로 기압 편차는 (+) 값으로 나타난다.

✗ 매력적 오답　ㄱ. 적도 부근 동태평양에서 20 ℃ 등수온선의 깊이 편차가 ㉠ 시기에는 (+), ㉡ 시기에는 (−)이므로, ㉠은 엘니뇨 시기이고 ㉡은 라니냐 시기이다.

문제풀이 **Tip**

20 ℃ 등수온선의 깊이 편차가 (+)일 때는 수온이 20 ℃인 지점의 깊이가 평년보다 깊어진 것이므로 표층 수온은 평년보다 높아졌다는 것을 의미하고, (−)일 때는 수온이 20 ℃인 지점의 깊이가 평년보다 얕아진 것이므로 표층 수온은 평년보다 낮아졌다는 것을 의미한다는 것에 유의해야 한다.

14 엘니뇨와 라니냐

2021년 3월 교육청 19번 | 정답 ③ | 문제편 **22 p**

출제 의도 엘니뇨와 라니냐 시기의 태평양 적도 부근 해역의 해수면 높이 변화 자료를 해석하여 동서 방향의 해수면 경사와 표층 수온을 비교하는 문항이다.

그림 (가)와 (나)는 각각 엘니뇨 시기와 라니냐 시기에 관측한 태평양 적도 부근 해역의 해수면 높이 변화를 순서 없이 나타낸 것이다. 그림에서 (＋)인 곳은 해수면이 평년보다 높아진 해역이고, (－)인 곳은 평년보다 낮아진 해역이다.

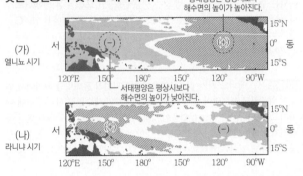

이에 대한 옳은 설명만을 〈보기〉에서 있는 대로 고른 것은? [3점]

보기
ㄱ. (가)는 엘니뇨 시기에 관측한 자료이다.
ㄴ. 태평양 적도 부근 해역에서 동서 방향의 해수면 경사는 (가)가 (나)보다 완만하다.
ㄷ. 동태평양 적도 부근 해역에서 표층 수온은 (가)가 (나)보다 ~~낮다.~~ 높다.

① ㄱ   ② ㄷ   ③ ㄱ, ㄴ   ④ ㄱ, ㄷ   ⑤ ㄴ, ㄷ

✔ 자료 해석
• (가)는 평상시에 비해 동태평양 적도 부근 해역의 해수면이 높아지므로 엘니뇨 시기이다.
• (나)는 평상시에 비해 동태평양 적도 부근 해역의 해수면이 낮아지므로 라니냐 시기이다.

○ 보기풀이 ㄱ. 엘니뇨 시기에는 평상시에 비해 무역풍이 약해져 해수면이 높은 서태평양에서 동쪽으로 따뜻한 해수가 이동하여 동태평양 해역의 해수면 높이가 높아진다. (가)에서는 평상시보다 동태평양 적도 부근 해역의 해수면은 높아지고 서태평양 적도 부근 해역의 해수면은 낮아졌으므로, (가)는 엘니뇨 시기에 관측한 자료이다.

ㄴ. 평상시에 해수면의 높이는 서태평양 적도 부근 해역이 동태평양 적도 부근 해역보다 높다. (가)에서는 평상시보다 동태평양 적도 부근 해역의 해수면이 높아지므로 동서 방향의 해수면 경사가 평상시보다 완만해지고, (나)에서는 평상시보다 동태평양 적도 부근 해역의 해수면이 낮아지므로 동서 방향의 해수면 경사가 평상시보다 급해진다.

✕ 매력적 오답 ㄷ. (가)는 엘니뇨 시기에 관측한 자료로 평상시보다 적도 부근 동태평양 해역의 표층 수온이 높아지고, (나)는 라니냐 시기에 관측한 자료로 평상시보다 적도 부근 동태평양 해역의 표층 수온이 낮아진다. 따라서 동태평양 적도 부근 해역에서 표층 수온은 (가)가 (나)보다 높다.

문제풀이 **Tip**
엘니뇨와 라니냐 시기의 특징을 묻는 문항은 다양한 자료를 제시하여 자주 출제되므로 두 시기의 특징을 비교하여 알아 두자. 평상시에 비해 엘니뇨 시기에는 동태평양 적도 부근의 해수면과 표층 수온은 높아지고, 무역풍의 세기는 약해지며, 태평양 적도 부근 해역에서 동서 방향 해수면의 경사는 작아지는 것에 유의해야 한다.

선택지 비율 ① 5% ❷ 58% ③ 10% ④ 15% ⑤ 9%

출제 의도 태평양 적도 해역의 수온 편차 자료를 해석하여 엘니뇨 또는 라니냐 시기를 결정하고, 남적도 해류의 세기, 동태평양과 서태평양의 해면 기압 차, 동태평양 해역에서 수온 약층이 나타나기 시작하는 깊이를 비교하는 문항이다.

그림은 태평양 적도 해역의 해수면으로부터 수심 300 m까지의 평균 수온 편차(관측값−평년값)를 나타낸 것이다. A와 B는 각각 엘니뇨와 라니냐 시기 중 하나이다.

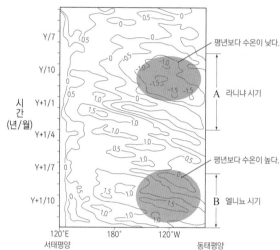

이에 대한 설명으로 옳은 것만을 〈보기〉에서 있는 대로 고른 것은? [3점]

┌─ 보기 ─────────────────────────────┐
ㄱ. 남적도 해류의 세기는 A가 B보다 ~~약하다.~~ 강하다.

ㄴ. 적도 부근의 (동태평양 해면 기압−서태평양 해면 기압)
은 A가 B보다 ~~작다.~~ 크다.

ㄷ. 적도 부근 동태평양 해역에서 수온 약층이 나타나기 시작
하는 깊이는 B가 A보다 깊다.
└──────────────────────────────────┘

① ㄱ   ② ㄷ   ③ ㄱ, ㄴ   ④ ㄴ, ㄷ   ⑤ ㄱ, ㄴ, ㄷ

✔ **자료 해석**

• A 시기에는 동태평양 해역의 평균 수온 편차(관측값−평년값)가 (−)로, 수온이 낮아졌으므로 라니냐 시기이다.

• B 시기에는 동태평양 해역의 평균 수온 편차(관측값−평년값)가 (+)로, 수온이 높아졌으므로 엘니뇨 시기이다.

○ **보기풀이** ㄷ. A는 동태평양의 표층 수온이 평상시보다 낮아진 라니냐 시기이고, B는 동태평양의 표층 수온이 평상시보다 높아진 엘니뇨 시기이다. 라니냐 시기에는 평상시보다 무역풍이 강해지면서 동쪽에서 서쪽으로 이동하는 해수의 양이 많아지므로 동태평양 해역에서 용승이 강해진다. 수온 약층이 나타나기 시작하는 깊이는 용승이 강할수록 얕아지므로, 엘니뇨 시기인 B가 라니냐 시기인 A보다 깊다.

✘ **매력적 오답** ㄱ. 엘니뇨 시기에는 무역풍이 약해지면서 남적도 해류의 세기도 약해지므로, 남적도 해류의 세기는 엘니뇨 시기인 B가 라니냐 시기인 A보다 약하다.

ㄴ. 라니냐 시기에는 평상시보다 무역풍이 강해져 따뜻한 해수가 서쪽으로 많이 이동하므로, 서태평양의 표층 수온은 더욱 높아져 저기압이 강해지고 동태평양의 표층 수온은 더욱 낮아져 고기압이 강해진다. 따라서 적도 부근의 (동태평양 해면 기압−서태평양 해면 기압)은 라니냐 시기인 A가 엘니뇨 시기인 B보다 크다.

문제풀이 Tip

엘니뇨 시기에 적도 부근 동태평양 해역에는 저기압이 발달하여 강수량이 많아지며 용승이 약해지는 것을 알아 두고, 수온 약층이 나타나기 시작하는 깊이는 용승의 세기에 반비례하는 것에 유의해야 한다.

Part I

교육청

16 엘니뇨와 라니냐

출제 의도 태평양 적도 부근 해역의 해수면 기압 편차 자료를 해석하여 엘니뇨 또는 라니냐 시기를 결정하고, 엘니뇨 시기의 해류와 용승의 세기 변화를 파악하는 문항이다.

그림은 2014년부터 2016년까지 관측한 태평양 적도 부근 해역의 해수면 기압 편차(관측 기압 − 평년 기압)를 나타낸 것이다. A는 엘니뇨 시기와 라니냐 시기 중 하나이다.

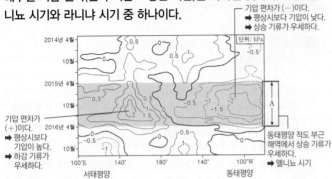

기압 편차가 (−)이다.
➡ 평상시보다 기압이 낮다.
➡ 상승 기류가 우세하다.

단위: hPa

기압 편차가 (+)이다.
➡ 평상시보다 기압이 높다.
➡ 하강 기류가 우세하다.

동태평양 적도 부근 해역에서 상승 기류가 우세하다.
➡ 엘니뇨 시기

서태평양   동태평양

A 시기에 대한 설명으로 옳은 것만을 〈보기〉에서 있는 대로 고른 것은? [3점]

보기
ㄱ. 라니냐 시기이다.
   엘니뇨
ㄴ. 평상시보다 남적도 해류가 약하다.
ㄷ. 평상시보다 동태평양 적도 부근 해역에서의 용승이 강하다.
   약하다.

① ㄱ   ② ㄴ   ③ ㄷ   ④ ㄱ, ㄷ   ⑤ ㄴ, ㄷ

✓ 자료 해석
- A 시기에 동태평양 적도 부근 해역의 해수면 기압 편차(관측 기압 − 평년 기압)가 (−)이므로 평상시보다 기압이 낮다.
- A 시기에 동태평양 적도 부근 해역은 평상시보다 기압이 낮아 상승 기류가 우세하므로 엘니뇨 시기이다.

O 보기 풀이 ㄴ. A 시기는 동태평양 적도 부근 해역의 기압이 평상시보다 낮은 엘니뇨 시기이므로 평상시보다 무역풍이 약하다. 동풍 계열의 무역풍이 약해지면 동쪽에서 서쪽으로 흐르는 남적도 해류도 약해진다.

✕ 매력적 오답 ㄱ. A 시기에 서태평양 적도 부근 해역은 기압 편차가 (+)이고 동태평양 적도 부근 해역은 기압 편차가 (−)이므로, 서태평양 적도 부근 해역은 평상시보다 관측 기압이 높고, 동태평양 적도 부근 해역은 평상시보다 관측 기압이 낮다. 따라서 서태평양 적도 부근 해역은 하강 기류가 우세하고 동태평양 적도 부근 해역은 상승 기류가 우세하므로 엘니뇨 시기이다.

ㄷ. 엘니뇨 시기에는 평상시보다 무역풍이 약해 동쪽에서 서쪽으로 흐르는 남적도 해류가 약해지므로, 동태평양 적도 부근 해역의 용승이 약해진다.

문제풀이 **Tip**

엘니뇨와 라니냐 시기의 특징에 대해 묻는 문항이 다양한 자료를 이용하여 자주 출제되므로 각 시기의 특징을 비교해서 알아 두고, 동태평양 적도 부근 해역의 기압이 평상시보다 낮아지는 경우 무역풍이 약해지는 엘니뇨 시기에 해당한다는 것에 유의해야 한다.

06 지구 기후 변화

| 선택지 비율 | ① 6% | ❷ 64% | ③ 11% | ④ 14% | ⑤ 5% |

1 기후 변화의 지구 외적 요인

2024년 10월 교육청 18번 | 정답 ② | 문제편 25 p

출제 의도 지구 공전 궤도 이심률 변화와 세차 운동에 의한 지구 기후 변화를 이해하는 문항이다.

그림은 지구 공전 궤도 이심률과 세차 운동에 의한 자전축의 경사 방향 변화를, 표는 현재와 T 시기의 태양 겉보기 크기 비(근일점에서의 크기 : 원일점에서의 크기)를 나타낸 것이다. T는 ⊙과 ⓒ 중 하나이다.

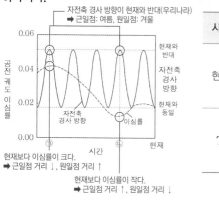

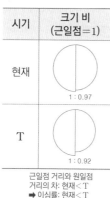

시기	크기 비 (근일점＝1)
현재	1 : 0.97
T	1 : 0.92

근일점 거리와 원일점 거리의 차: 현재＜T
● 이심률: 현재＜T

이에 대한 설명으로 옳은 것만을 〈보기〉에서 있는 대로 고른 것은? (단, 지구 공전 궤도 이심률과 세차 운동 이외의 요인은 고려하지 않는다.) [3점]

보기
ㄱ. ⊙일 때, 근일점에서 우리나라는 겨울이다. (여름)
ㄴ. T는 ⓒ이다. (⊙)
ㄷ. 우리나라에서 연교차는 ⊙이 ⓒ보다 크다.

① ㄱ   ② ㄷ   ③ ㄱ, ㄴ   ④ ㄴ, ㄷ   ⑤ ㄱ, ㄴ, ㄷ

✓ 자료 해석

• 현재 지구는 근일점에서 북반구 겨울, 남반구 여름이며, 원일점에서 북반구 여름, 남반구 겨울이다.

• 공전 궤도 이심률이 커지면 근일점 거리는 가까워지고 원일점 거리는 멀어진다.

• ⊙일 때 자전축 경사 방향은 현재와 반대이고, 공전 궤도 이심률은 현재보다 크다. ➡ 현재와 계절이 반대이며, 현재보다 근일점 거리는 가깝고 원일점 거리는 멀다.

• ⓒ일 때 자전축 경사 방향은 현재와 반대이고, 공전 궤도 이심률은 현재보다 작다. ➡ 현재와 계절이 반대이며, 현재보다 근일점 거리는 멀고 원일점 거리는 가깝다.

○ 보기 풀이 ㄷ. ⊙, ⓒ일 때 자전축 경사 방향은 현재와 반대이므로 우리나라는 근일점에서 여름, 원일점에서 겨울이다. 한편 공전 궤도 이심률은 ⊙이 ⓒ보다 크므로 근일점 거리는 ⊙이 ⓒ보다 가깝고 원일점 거리는 ⊙이 ⓒ보다 멀다. 따라서 우리나라에서 연교차는 ⊙이 ⓒ보다 크다.

✗ 매력적 오답 ㄱ. 우리나라는 현재 근일점에서 겨울이고, ⊙일 때는 자전축 경사 방향이 현재와 반대이므로 근일점에서 여름이다.

ㄴ. T 시기에 근일점과 원일점에서의 태양의 겉보기 크기 차이가 커졌으므로 근일점 거리는 가까워지고 원일점 거리가 멀어졌다. 따라서 T 시기는 공전 궤도 이심률이 현재보다 큰 ⊙에 해당한다.

문제풀이 Tip

지구 공전 궤도 이심률이 커지면 공전 궤도가 더 납작한 타원 형태가 되면서 근일점 거리는 가까워지고 원일점 거리는 멀어지며, 지구 공전 궤도 이심률이 작아지면 공전 궤도가 원궤도에 가까워지면서 근일점 거리는 멀어지고 원일점 거리는 가까워진다는 것을 알아 두자.

2 기후 변화의 지구 외적 요인

출제 의도 세차 운동과 공전 궤도 이심률의 변화에 따른 지구 기후 변화를 파악하는 문항이다.

그림 (가)는 현재 지구의 공전 궤도를, (나)는 지구의 공전 궤도 이심률 변화를 나타낸 것이다. 지구 자전축 세차 운동의 방향은 지구 공전 방향과 반대이고 주기는 약 26000년이다.

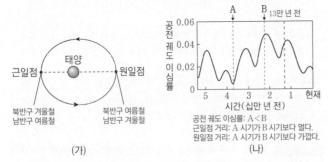

(가)

(나)

공전 궤도 이심률: A<B
근일점 거리: A 시기가 B 시기보다 멀다.
원일점 거리: A 시기가 B 시기보다 가깝다.

이에 대한 설명으로 옳은 것만을 〈보기〉에서 있는 대로 고른 것은? (단, 지구의 공전 궤도 이심률과 지구 자전축 세차 운동 이외의 요인은 변하지 않는다고 가정한다.) [3점]

┌─ 보기 ┐
ㄱ. (가)에서 지구가 근일점에 위치할 때 남반구는 여름철이다.
ㄴ. 근일점과 원일점에서 지구에 도달하는 태양 복사 에너지양의 차는 A 시기가 B 시기보다 ~~크다.~~
    작다.
ㄷ. 우리나라에서 기온의 연교차는 약 13만 년 전이 현재보다 ~~크다.~~
    작다.
└──────────┘

① ㄱ ② ㄷ ③ ㄱ, ㄴ ④ ㄴ, ㄷ ⑤ ㄱ, ㄴ, ㄷ

✔ 자료 해석

• (가)에서 현재 북반구는 근일점에서 겨울철, 원일점에서 여름철이고, 남반구는 근일점에서 여름철, 원일점에서 겨울철이다.
• (나)에서 공전 궤도 이심률은 A 시기보다 B 시기에 크다. 공전 궤도 이심률이 커질수록 근일점 거리는 가까워지고 원일점 거리는 멀어진다.

○ 보기 풀이 ㄱ. (가)는 현재 지구의 공전 궤도이므로 지구가 근일점에 위치할 때 남반구는 여름철이다.

✗ 매력적 오답 ㄴ. 지구에 도달하는 태양 복사 에너지의 양은 지구와 태양 사이의 거리가 가까울수록 많아진다. 공전 궤도 이심률이 클수록 근일점 거리는 가까워지고 원일점 거리는 멀어지므로 근일점과 원일점에서 지구에 도달하는 태양 복사 에너지양의 차가 커진다. 지구 공전 궤도 이심률은 A 시기보다 B 시기에 크므로 근일점과 원일점에서 지구에 도달하는 태양 복사 에너지양의 차는 A 시기보다 B 시기에 크다.

ㄷ. 지구 자전축 세차 운동의 주기는 약 26000년이므로 약 13만 년 전은 세차 운동의 5주기 전에 해당한다. 따라서 현재 지구 자전축 경사 방향과 약 13만 년 전의 지구 자전축 경사 방향은 같다. 한편 13만 년 전에는 공전 궤도 이심률이 현재보다 크다. 13만 년 전과 현재 모두 우리나라는 근일점에서 겨울철, 원일점에서 여름철이므로 공전 궤도 이심률이 큰 13만 년 전이 현재보다 겨울철은 따뜻하고 여름철은 시원해서 기온의 연교차가 작다.

문제풀이 **Tip**
지구 외적 요인에 의한 지구의 기후 변화를 파악하는 문항이 자주 출제된다. 각 요인에 의한 북반구와 남반구에서의 기후 변화를 확실하게 이해하여 두 가지 이상의 요인이 결합되었을 때 지구의 기후 변화를 파악할 수 있도록 하자.

3 기후 변화의 지구 외적 요인

2024년 5월 교육청 12번 | 정답 ④ | 문제편 25p

출제 의도 공전 궤도 이심률, 자전축 경사각의 변화에 따른 지구 기후 변화를 파악하는 문항이다.

그림 (가)는 현재 지구의 공전 궤도와 자전축 경사 방향을, (나)는 지구의 공전 궤도 이심률과 자전축 경사각의 변화를 나타낸 것이다.

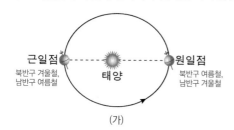

(가)

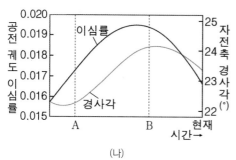

(나)

- 공전 궤도 이심률: A<B
  ➡ 근일점 거리: A>B, 원일점 거리: A<B
  ➡ 남반구 여름철 기온: A<B, 겨울철 기온: A>B
  ➡ 남반구 기온의 연교차: A<B
- 자전축 경사각: A<B
  ➡ 남반구 여름철 기온: A<B, 겨울철 기온: A>B
  ➡ 남반구 기온의 연교차: A<B

이에 대한 설명으로 옳은 것만을 〈보기〉에서 있는 대로 고른 것은? (단, 지구의 공전 궤도 이심률과 자전축 경사각 이외의 요인은 변하지 않는다고 가정한다.) [3점]

보기
ㄱ. 현재 지구가 근일점에 위치할 때 북반구는 ~~여름철~~ 이다.
　　　　　　　　　　　　　　　　　　　　겨울철
ㄴ. 원일점 거리는 현재보다 B 시기가 멀다.
ㄷ. 35°S에서 기온의 연교차는 A 시기보다 B 시기가 크다.

① ㄱ　② ㄴ　③ ㄱ, ㄷ　④ ㄴ, ㄷ　⑤ ㄱ, ㄴ, ㄷ

✔ 자료 해석

- 현재 지구가 근일점에 위치할 때 북반구는 겨울철이고, 원일점에 위치할 때 북반구는 여름철이다.
- 공전 궤도 이심률이 커지면 근일점 거리는 가까워지고 원일점 거리는 멀어진다.
- 지구 자전축 경사각이 커지면 여름철 태양의 남중 고도는 높아지고 겨울철 태양의 남중 고도는 낮아져서 북반구와 남반구의 중위도와 고위도 지방은 기온의 연교차가 커진다.
- 공전 궤도 이심률은 A 시기보다 B 시기가 크다. ➡ 근일점 거리는 A 시기보다 B 시기가 가깝고, 원일점 거리는 A 시기보다 B 시기가 멀다.
- 공전 궤도 이심률은 현재보다 B 시기가 크다. ➡ 근일점 거리는 현재보다 B 시기가 가깝고, 원일점 거리는 현재보다 B 시기가 멀다.
- 지구 자전축 경사각은 A 시기보다 B 시기에 크다. ➡ 여름철 기온은 A 시기보다 B 시기에 높고, 겨울철 기온은 A 시기보다 B 시기에 낮다.

○ 보기 풀이 ㄴ. 근일점 거리와 원일점 거리는 공전 궤도 이심률에 따라 달라진다. 공전 궤도 이심률이 커질수록 근일점은 태양에 가까워지고 원일점은 태양에서 멀어진다. 공전 궤도 이심률은 현재보다 B 시기가 크므로, 원일점 거리는 현재보다 B 시기에 멀다.

ㄷ. 공전 궤도 이심률이 커질수록 근일점은 태양에 가까워지고 원일점은 태양에서 멀어지므로, 남반구에서 여름철 기온은 높아지고 겨울철 기온은 낮아져 기온의 연교차가 커진다. 지구 자전축 경사각이 클수록 여름철 기온은 높아지고 겨울철 기온은 낮아져 기온의 연교차가 커진다. 공전 궤도 이심률과 자전축 경사각은 모두 A 시기보다 B 시기에 크므로, 35°S에서 기온의 연교차는 A 시기보다 B 시기가 크다.

✕ 매력적 오답 ㄱ. 현재 지구가 근일점에 위치할 때 북반구 기준으로 지구 자전축이 태양의 반대쪽으로 기울어져 있으므로 북반구는 겨울철, 남반구는 여름철이다.

문제풀이 Tip

지구 외적 요인에 의한 기후 변화 자료를 해석하는 문항이 자주 출제된다. 자전축 경사 방향의 변화, 자전축 경사각의 변화, 공전 궤도 이심률의 변화 중 한 가지 요인에 의해서만 나타나는 기후 변화를 해석하는 문항도 있지만, 두 가지 요인 이상을 고려하여 해석해야 하는 문항도 자주 출제된다. 조금 복잡하기는 하지만 요인 하나하나에 의한 기후 변화를 해석한 후 종합하면 어렵지 않게 해결할 수 있으니, 관련된 개념을 확실히 이해해 두고, 비슷한 유형의 문제들을 많이 풀어보도록 한다.

4 기후 변화의 지구 외적 요인

2024년 3월 교육청 15번 | 정답 ⑤ | 문제편 25p

출제의도 지구 자전축 방향, 공전 궤도 이심률, 자전축 경사각 변화에 따른 지구의 기후 변화를 파악하는 문항이다.

그림은 지구가 근일점에 위치할 때 A 시기와 현재의 지구 자전축 방향을, 표는 A 시기와 현재의 공전 궤도 이심률과 자전축 경사각을 나타낸 것이다.

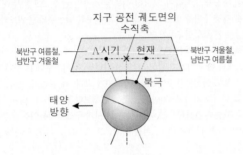

시기	공전 궤도 이심률	자전축 경사각(°)
A	0.03	24.0
현재	0.017	23.5

• 공전 궤도 이심률: A > 현재
➡ 원일점 거리는 A가 현재보다 멀다.
• 자전축 경사각: A > 현재
➡ 여름철 태양의 남중 고도는 A가 현재보다 높다.

이 자료에 대한 설명으로 옳은 것만을 〈보기〉에서 있는 대로 고른 것은? (단, 공전 궤도 이심률, 자전축 경사각, 세차 운동 이외의 요인은 고려하지 않는다.) [3점]

---보기---
ㄱ. 현재 북반구는 근일점에서 겨울철이다.
ㄴ. 원일점에서 지구와 태양까지의 거리는 A 시기가 현재보다 멀다.
ㄷ. 30°N에서 여름철 평균 기온은 A 시기가 현재보다 높다.
---

① ㄱ   ② ㄴ   ③ ㄱ, ㄷ   ④ ㄴ, ㄷ   ⑤ ㄱ, ㄴ, ㄷ

✓ 자료 해석

• 지구가 근일점에 위치할 때 지구 자전축 기울기 방향으로 보아 A 시기에 북반구는 여름철, 남반구는 겨울철이다.
• 지구가 근일점에 위치할 때 지구 자전축 기울기 방향으로 보아 현재 북반구는 겨울철, 남반구는 여름철이다.
• 공전 궤도 이심률은 A 시기가 현재보다 크므로, A 시기는 현재보다 근일점 거리가 가깝고 원일점 거리가 멀다.
• 지구 자전축 경사각은 A 시기가 현재보다 크므로, A 시기는 현재보다 여름철 태양의 남중 고도는 높고 겨울철 태양의 남중 고도는 낮다.

보기 풀이 ㄱ. 현재 지구가 근일점에 위치할 때 현재 지구 자전축 경사 방향은 북반구 기준으로 태양 반대 방향으로 기울어져 있으므로, 북반구는 겨울철이다.

ㄴ. 공전 궤도 이심률이 클수록 근일점 거리는 가까워지고 원일점 거리는 멀어진다. A 시기는 현재보다 공전 궤도 이심률이 크므로 원일점에서 지구와 태양까지의 거리는 A 시기가 현재보다 멀다.

ㄷ. 자전축 경사각은 A 시기가 현재보다 크므로 여름철 태양의 남중 고도는 A 시기가 현재보다 높다. 한편, A 시기는 근일점에 위치할 때 북반구가 여름철이고, 현재는 원일점에 위치할 때 북반구가 여름철이므로 공전 궤도상의 위치에서만 볼 때 북반구 여름철의 기온은 A 시기가 현재보다 높다. 종합하면 30°N에서 여름철 평균 기온은 A 시기가 현재보다 높다.

문제풀이 **Tip**

기후 변화는 선지가 묻는 직접적인 원인만 고려하면 된다. 계절은 지구 자전축 경사각의 방향으로 판단하고, 근일점과 원일점의 거리는 공전 궤도 이심률에 따라 변하며, 계절별 기온 변화는 지구 자전축 경사각에 따라 변한다는 것에 유의해야 한다.

5 지구 기후 변화

2023년 10월 교육청 2번 | 정답 ③ | **문제편 26p**

출제 의도 과거 연간 온실 기체 배출량 변화와 지구 온난화 대응 시나리오에 따른 온실 기체 예상 배출량 변화를 비교하여 지구의 기후 변화를 이해하는 문항이다.

그림은 2000년부터 2015년까지 연간 온실 기체 배출량과 2015년 이후 지구 온난화 대응 시나리오 A, B, C에 따른 연간 온실 기체 예상 배출량을 나타낸 것이다. 기온 변화의 기준값은 1850년 ~1900년의 평균 기온이다.

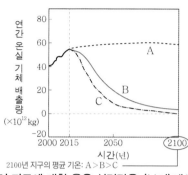

A: 현재 시행되고 있는 대응 정책에 따른 시나리오

B: 2100년까지 지구 평균 기온 상승을 기준값 대비 2℃로 억제하기 위한 시나리오
기준값보다 평균 기온 2℃ 상승

C: 2100년까지 지구 평균 기온 상승을 기준값 대비 1.5℃로 억제하기 위한 시나리오
기준값보다 평균 기온 1.5℃ 상승

2100년 지구의 평균 기온: A>B>C

이 자료에 대한 옳은 설명만을 〈보기〉에서 있는 대로 고른 것은?

[3점]

─ 보기 ─
ㄱ. 연간 온실 기체 배출량은 2015년이 2000년보다 많다.
ㄴ. C에 따르면 2100년에 지구의 평균 기온은 기준값보다 낮아질 것이다.
　　　1.5℃ 높아질
ㄷ. A에 따르면 2100년에 지구의 평균 기온은 기준값보다 2℃ 이상 높아질 것이다.

① ㄱ　② ㄴ　③ ㄱ, ㄷ　④ ㄴ, ㄷ　⑤ ㄱ, ㄴ, ㄷ

✔ **자료 해석**

• 세 시나리오의 연간 온실 기체 배출량을 비교하면 A>B>C이다.

• 2100년에 지구 평균 기온은 시나리오 B일 때 기준값보다 2℃ 상승, 시나리오 C일 때 기준값보다 1.5℃ 상승한다.

• 지구 평균 기온을 많이 낮추려면 연간 온실 기체 배출량을 감소시켜야 한다.

○ **보기풀이** ㄱ. 연간 온실 기체 배출량은 2000년에는 약 40×10^{12} kg이고, 2015년에는 약 55×10^{12} kg이다. 따라서 연간 온실 기체 배출량은 2000년보다 2015년에 많다.

ㄷ. A는 B와 C보다 연간 온실 기체 배출량이 훨씬 많으므로 지구의 평균 기온은 B와 C일 때보다 높아질 것이다. B에 따르면 2100년까지 기준값보다 2℃, C에 따르면 2100년까지 기준값보다 1.5℃ 정도 상승할 것으로 예상되므로, A에 따르면 2100년에 지구의 평균 기온은 기준값보다 2℃ 이상 높아질 것이다.

✕ **매력적 오답** ㄴ. C에 따르면 2100년에 지구의 평균 기온은 기준값보다 1.5℃ 정도 높아질 것이다.

문제풀이 Tip

온실 기체의 배출량 변화와 지구 온난화의 영향에 대해 묻는 문항이 자주 출제된다. 온실 기체 배출량 증가는 지구의 평균 온도 상승에 기여한다는 것을 알고, 이 문항에서 기준값은 현재가 아닌 1850년~1900년의 평균 기온이라는 것에 유의해야 한다.

6 지구 온난화

출제 의도 육지와 해양에서의 온도 편차 자료를 해석하여 지구 온난화를 이해하는 문항이다.

그림은 1850~2020년 동안 육지와 해양에서의 온도 편차(관측값-기준값)를 각각 나타낸 것이다. 기준값은 1850~1900년의 평균 온도이다.

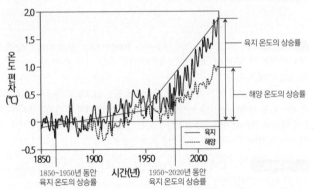

이에 대한 설명으로 옳은 것만을 <보기>에서 있는 대로 고른 것은?

보기

ㄱ. 지구 해수면의 평균 높이는 2000년이 1900년보다 높다.

ㄴ. 이 기간 동안 온도의 평균 상승률은 육지가 해양보다 크다.

ㄷ. 육지 온도의 평균 상승률은 1950~2020년이 1850~1950년보다 크다.

① ㄱ ② ㄴ ③ ㄱ, ㄷ ④ ㄴ, ㄷ ⑤ ㄱ, ㄴ, ㄷ

✓ 자료 해석

• 1850~1900년 동안 육지와 해양은 평균 온도 변화가 작다.
• 1900년 이후 육지와 해양에서의 평균 온도가 상승하였고, 평균 온도 상승률은 1950년 이후에 급격히 증가하였다.
• 육지와 해양에서의 평균 온도는 1900년보다 2000년에 높다.

○ 보기 풀이 ㄱ. 육지와 해양의 온도가 높아지면 해수의 열팽창과 대륙 빙하의 융해로 인해 해수면의 평균 높이가 높아진다. 육지와 해양의 온도는 1900년보다 2000년에 높으므로 해수면의 평균 높이는 2000년이 1900년보다 높다.

ㄴ. 이 기간 동안 육지 온도의 평균 상승률은 약 1.8 ℃이고, 해양 온도의 평균 상승률은 약 1.0 ℃이다. 따라서 이 기간 동안 온도의 평균 상승률은 육지가 해양보다 크다.

ㄷ. 육지와 해양 온도의 평균 상승률은 1950년 이후에 급격하게 증가하였다. 따라서 육지 온도의 평균 상승률은 1950~2020년이 1850~1950년보다 크다.

문제풀이 Tip

1900년대 중반 이후 지구 온난화에 의해 육지와 해양의 온도가 급격하게 상승하였다. 이 문항은 단순 자료 해석으로 쉽게 해결할 수 있는 문항이지만, 지구 온난화의 원인과 영향에 대해 다양한 자료 해석 문항이 출제되고 있으니 관련 내용에 대해 잘 알아 두자.

출제 의도 기후 변화 시나리오에 따른 연간 이산화 탄소 배출량 변화와 육지, 해양, 대기에서의 이산화 탄소의 누적량을 비교하는 문항이다.

그림 (가)는 2015년부터 2100년까지 기후 변화 시나리오에 따른 연간 이산화 탄소 배출량의 변화를, (나)는 (가)의 시나리오에 따른 육지와 해양이 흡수한 이산화 탄소의 누적량과 대기 중에 남아 있는 이산화 탄소의 누적량을 나타낸 것이다.

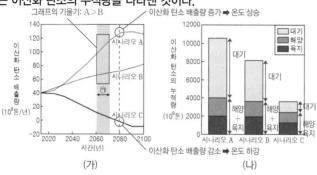

(가)   (나)

시나리오 A, B, C에 대한 설명으로 옳은 것만을 〈보기〉에서 있는 대로 고른 것은? [3점]

보기
ㄱ. ㉠ 기간 동안 이산화 탄소 배출량의 변화율은 A보다 B에서 크다. (작다.)
ㄴ. 2080년에 지구 표면의 평균 온도는 A보다 C에서 낮다.
ㄷ. 육지와 해양이 흡수한 이산화 탄소의 누적량 / 대기 중에 남아 있는 이산화 탄소의 누적량 은 A<B<C이다.

① ㄱ   ② ㄴ   ③ ㄱ, ㄷ   ④ ㄴ, ㄷ   ⑤ ㄱ, ㄴ, ㄷ

✓ **자료 해석**

• (가) : 시나리오 A와 B에서는 연간 이산화 탄소 배출량이 증가하고, 시나리오 C에서는 연간 이산화 탄소 배출량이 감소한다. 이산화 탄소 배출량의 변화율은 기울기가 클수록 크다.

• (나) : 대기 중에 남아 있는 이산화 탄소의 누적량은 A>B>C이고, 육지와 해양이 흡수한 이산화 탄소의 누적량은 A>B>C이다.

○ **보기 풀이** ㄴ. 2080년에는 시나리오 A에 따르면 현재보다 이산화 탄소 배출량이 크게 증가하고, 시나리오 C에 따르면 현재보다 이산화 탄소 배출량이 감소한다. 이산화 탄소는 온실 기체이므로 이산화 탄소 배출량이 증가하면 지구의 평균 온도가 높아진다. 따라서 2080년에 지구 표면의 평균 온도는 A보다 C에서 낮다.

ㄷ. 육지와 해양이 흡수한 이산화 탄소의 누적량 / 대기 중에 남아 있는 이산화 탄소의 누적량 은 시나리오 A는 약 0.6, 시나리오 B는 약 1, 시나리오 C는 약 2이다.

따라서 육지와 해양이 흡수한 이산화 탄소의 누적량 / 대기 중에 남아 있는 이산화 탄소의 누적량 은 A<B<C이다.

✗ **매력적 오답** ㄱ. ㉠ 기간 동안 이산화 탄소 배출량의 변화율은 그래프의 기울기가 큰 A에서가 B에서보다 크다.

문제풀이 **Tip**
이산화 탄소는 온실 기체이므로, 이산화 탄소 배출량 증가는 지구의 평균 온도 상승에 기여한다는 것에 유의해야 한다.

8 지구 기후 변화의 외적 요인

출제 의도 지구 자전축 경사각과 공전 궤도 이심률에 따른 지구 기후 변화를 해석하는 문항이다.

그림은 현재와 A, B, C 시기일 때 지구 자전축 경사각과 공전 궤도 이심률을 나타낸 것이다.

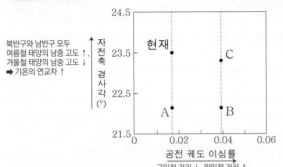

북반구와 남반구 모두
여름철 태양의 남중 고도 ↑,
겨울철 태양의 남중 고도 ↓
➡ 기온의 연교차 ↑

공전 궤도 이심률
근일점 거리 ↓, 원일점 거리 ↑

이에 대한 옳은 설명만을 〈보기〉에서 있는 대로 고른 것은? (단, 지구 자전축 경사각과 공전 궤도 이심률 이외의 요인은 변하지 않는다고 가정한다.) [3점]

보기
ㄱ. 우리나라에서 여름철 평균 기온은 현재가 A보다 높다.
ㄴ. 지구가 근일점에 위치할 때 하루 동안 받는 태양 복사 에너지양은 현재가 B보다 많다. 적다.
ㄷ. 남반구 중위도 지역에서 기온의 연교차는 B가 C보다 크다. 작다.

① ㄱ   ② ㄴ   ③ ㄱ, ㄷ   ④ ㄴ, ㄷ   ⑤ ㄱ, ㄴ, ㄷ

✔ **자료 해석**

• 자전축 경사각이 작아질수록 북반구와 남반구에서 모두 태양의 남중 고도가 겨울철에는 높아지고 여름철에는 낮아지므로 기온의 연교차가 작아진다.

• 공전 궤도 이심률이 커지면 근일점 거리는 현재보다 가까워지고, 원일점 거리는 현재보다 멀어진다.

• A는 현재보다 자전축 경사각이 작고, 현재와 공전 궤도 이심률은 같다. 따라서 여름철 태양의 남중 고도는 A가 현재보다 낮다.

• B는 현재보다 자전축 경사각이 작고, 공전 궤도 이심률이 크다.

• B와 C는 공전 궤도 이심률이 같고, 자전축 경사각은 B가 C보다 작다.

○ **보기 풀이** ㄱ. 우리나라는 원일점에 위치할 때 여름철이므로, 여름철 평균 기온은 공전 궤도 이심률이 작아지거나 자전축 경사각이 커질 때 높아진다. 자전축 경사각은 현재가 A보다 크고, 공전 궤도 이심률은 현재와 A가 같으므로, 우리나라에서 여름철 평균 기온은 현재가 A보다 높다.

✕ **매력적 오답** ㄴ. 지구가 하루 동안 받는 태양 복사 에너지양은 태양에 가까울수록 많아진다. 공전 궤도 이심률이 커지면 근일점 거리는 현재보다 가까워지므로, 지구가 근일점에 위치할 때 하루 동안 받는 태양 복사 에너지양은 공전 궤도 이심률이 큰 B가 현재보다 많다.

ㄷ. 자전축 경사각이 커지면 남반구 중위도 지역에서 태양의 남중 고도가 여름철에는 높아지고 겨울철에는 낮아져서 기온의 연교차가 커진다. B와 C는 공전 궤도 이심률이 같고, 자전축 경사각은 C가 B보다 크므로, 남반구 중위도 지역에서 기온의 연교차는 C가 B보다 크다.

문제풀이 Tip
지구가 하루 동안 받는 태양 복사 에너지양은 자전축 경사각이나 자전축 경사 방향과는 상관없이 지구와 태양 사이의 거리에 의해서만 결정된다는 것에 유의해야 한다.

9 기후 변화의 지구 외적 요인

출제 의도 지구 자전축 경사각 변화, 공전 궤도 이심률 변화, 세차 운동에 따른 지구의 기후 변화를 파악하는 문항이다.

표는 현재와 (가), (나) 시기에 지구의 자전축 경사각, 공전 궤도 이심률, 지구가 근일점에 위치할 때 북반구의 계절을 나타낸 것이다.

자전축 경사각이 클수록 여름철 태양의 남중 고도 증가, 겨울철 태양의 남중 고도 감소

공전 궤도 이심률이 클수록 근일점 거리 감소, 원일점 거리 증가

지구 자전축 경사 방향이 같다.

시기	자전축 경사각	공전 궤도 이심률	근일점에 위치할 때 북반구의 계절
현재	23.5°	0.017	겨울
(가)	24.0°	0.004	겨울
(나)	24.3°	0.033	여름

지구 자전축 경사 방향이 현재와 반대이다.

이에 대한 옳은 설명만을 〈보기〉에서 있는 대로 고른 것은? (단, 지구의 자전축 경사각, 공전 궤도 이심률, 세차 운동 이외의 조건은 변하지 않는다고 가정한다.) [3점]

보기
ㄱ. 45°N에서 여름철일 때 태양과 지구 사이의 거리는 (가) 시기가 현재보다 멀다. 가깝다.
ㄴ. 45°S에서 겨울철 태양의 남중 고도는 (나) 시기가 현재보다 낮다.
ㄷ. 45°N에서 기온의 연교차는 (가) 시기가 (나) 시기보다 작다.

① ㄱ ② ㄴ ③ ㄱ, ㄷ ④ ㄴ, ㄷ ⑤ ㄱ, ㄴ, ㄷ

✓ 자료 해석

- 지구 자전축 경사각이 클수록 북반구와 남반구에서 여름철 태양의 남중 고도는 높아지고, 겨울철 태양의 남중 고도는 낮아진다. 자전축 경사각의 크기는 현재 < (가) < (나)이다.
- 지구 공전 궤도 이심률이 클수록 근일점 거리는 가까워지고 원일점 거리는 멀어진다. 공전 궤도 이심률은 (가) < 현재 < (나)이다.
- 세차 운동에 의해 지구 자전축 경사 방향은 약 26000년을 주기로 바뀌므로 약 13000년마다 근일점과 원일점에서의 계절이 반대가 된다. 근일점에 위치할 때 북반구의 계절로 보아 현재와 (가) 시기는 지구 자전축 경사 방향이 같고, (나) 시기는 지구 자전축 경사 방향이 현재와 반대이다.

O 보기 풀이 ㄴ. 지구 자전축 경사각이 커질수록 북반구와 남반구에서 겨울철 태양의 남중 고도는 낮아진다. 지구 자전축 경사각은 (나) 시기가 현재보다 크므로, 45°S에서 겨울철 태양의 남중 고도는 (나) 시기가 현재보다 낮다.

ㄷ. 지구 자전축 경사각이 클수록 여름철 태양의 남중 고도가 높고 겨울철 태양의 남중 고도가 낮으므로 기온의 연교차가 크다. (가) 시기는 (나) 시기보다 지구 자전축 경사각이 작아 여름철 태양의 남중 고도는 낮고 겨울철 태양의 남중 고도는 높다. 또한 (가) 시기는 원일점에 위치할 때 북반구가 여름, (나) 시기는 근일점에 위치할 때 북반구가 여름이다. 따라서 45°N에서 겨울철 기온은 (가) 시기가 (나) 시기보다 높고 여름철 기온은 (가) 시기가 (나) 시기보다 낮아 기온의 연교차는 (가) 시기가 (나) 시기보다 작다.

✕ 매력적 오답 ㄱ. 지구 공전 궤도 이심률이 클수록 근일점 거리는 가까워지고 원일점 거리는 멀어진다. 북반구가 여름철일 때 현재와 (가) 시기 모두 지구는 원일점에 위치하고, 지구 공전 궤도 이심률은 현재가 (가) 시기보다 크므로, 45°N에서 여름철일 때 태양과 지구 사이의 거리는 현재가 (가) 시기보다 멀다.

문제풀이 Tip

지구 외적 요인(천문학적 요인)에 의한 지구의 기후 변화를 파악하는 문항은 고난이도 문항으로 자주 출제되므로, 각 요인에 의한 북반구와 남반구에서의 기후 변화를 확실하게 이해하여 두 가지 이상의 요인이 결합되었을 때 지구의 기후 변화를 파악할 수 있도록 하자.

10 지구의 복사 평형

출제 의도 우주, 대기, 지표는 각각 복사 평형 상태에 있다는 것을 이해하고, 지구의 열수지 자료를 해석하는 문항이다.

그림은 지구에 도달하는 태양 복사 에너지의 양을 100이라고 할 때, 복사 평형 상태에 있는 지구의 에너지 출입을 나타낸 것이다.

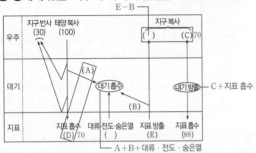

이에 대한 설명으로 옳은 것만을 〈보기〉에서 있는 대로 고른 것은?

보기

ㄱ. $A+B-C=E-D$이다.

ㄴ. 지구 온난화가 진행되면 B가 증가한다.

ㄷ. C는 주로 적외선 영역으로 방출된다.

① ㄱ   ② ㄴ   ③ ㄱ, ㄷ   ④ ㄴ, ㄷ   ⑤ ㄱ, ㄴ, ㄷ

✓ 자료 해석

- 우주: 태양 복사(100)＝지구 반사(30)＋지구 복사($E-B+C$) ➡ $70=E-B+C$
- 대기: 대기 흡수($A+B$＋대류·전도·숨은열)＝대기 방출(C＋지표 흡수)
- 지표: 태양 복사의 지표 흡수(D)＋대기 방출의 지표 흡수＝대류·전도·숨은열＋지표 방출(E)
- 태양 복사(100)＝지구 반사(30)＋지표 흡수(D)＋A

◯ 보기 풀이 복사 평형 상태에 있는 지구에서 우주, 대기, 지표는 각각 복사 평형을 이루므로 우주, 대기, 지표에서 각각 흡수하는 에너지양과 방출하는 에너지양은 같다.

ㄱ. 지구는 복사 평형을 이루고 있으므로 태양 복사(100)＝지구 반사(30)＋지구 복사($E-B+C$)로부터 $E-B+C=70$이고, 태양 복사(100)는 지구 반사(30)＋지표 흡수(D)＋A로부터 $A+D=70$이므로, $A+D=E-B+C$이다. 따라서 $A+B-C=E-D$이다.

ㄴ. 지구 온난화가 진행되면 온실 기체가 증가하여 지구 대기가 흡수하는 에너지양(B)이 증가하고, 대기가 지표로 방출하는 에너지양도 증가한다.

ㄷ. 지구는 평균 온도가 약 15℃로 주로 적외선 영역의 복사 에너지를 방출한다. C는 지구 대기에서 방출되는 에너지이므로 주로 적외선 영역으로 방출된다.

문제풀이 Tip

지구의 열수지 자료를 해석하는 문항은 복사 평형만 기억하면 된다. 지구 전체와 우주, 대기, 지표에서 모두 복사 평형을 이루고 있으므로 각각 흡수하는 에너지양과 방출하는 에너지의 양이 같다는 것을 이용하여 지구의 열수지 자료를 해석하는 연습을 해 두자.

출제 의도 지구 공전 궤도 이심률 변화와 지구 자전축의 기울기 변화, 세차 운동에 따른 기후 변화를 파악하는 문항이다.

그림은 지구 공전 궤도 이심률 변화, 지구 자전축의 기울기 변화, 북반구가 여름일 때 지구의 공전 궤도상 위치 변화를 나타낸 것이다.

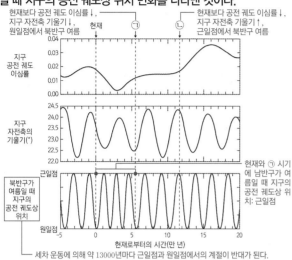

이에 대한 설명으로 옳은 것만을 〈보기〉에서 있는 대로 고른 것은? (단, 지구 공전 궤도 이심률과 자전축의 기울기, 북반구가 여름일 때 지구의 공전 궤도상 위치 이외의 요인은 변하지 않는다고 가정한다.) [3점]

보기
ㄱ. 남반구 기온의 연교차는 현재가 ㉠ 시기보다 크다.
ㄴ. 30°N에서 겨울철 태양의 남중 고도는 ㉡ 시기가 현재보다 ~~높다.~~ 낮다.
ㄷ. 근일점에서 태양까지의 거리는 ㉡ 시기가 ㉠ 시기보다 ~~멀다.~~ 가깝다.

① ㄱ   ② ㄷ   ③ ㄱ, ㄴ   ④ ㄴ, ㄷ   ⑤ ㄱ, ㄴ, ㄷ

✔ 자료 해석

• ㉠ 시기
— 현재보다 지구 공전 궤도 이심률이 작다. ➡ 현재보다 근일점 거리는 멀고 원일점 거리는 가깝다.
— 현재보다 지구 자전축 기울기가 작다. ➡ 현재보다 여름에는 태양의 남중 고도가 낮고 겨울에는 태양의 남중 고도가 높다.
— 북반구가 여름일 때 원일점에 위치한다. ➡ 현재와 계절이 같다.

• ㉡ 시기
— 현재보다 지구 공전 궤도 이심률이 작다. ➡ 현재보다 근일점 거리는 멀고 원일점 거리는 가깝다.
— 현재보다 지구 자전축 기울기가 크다. ➡ 현재보다 여름에는 태양의 남중 고도가 높고 겨울에는 태양의 남중 고도가 낮다.
— 북반구가 여름일 때 근일점에 위치한다. ➡ 현재와 계절이 반대이다.

○ 보기 풀이 ㄱ. 남반구는 현재 원일점에서 겨울, 근일점에서 여름이며, ㉠ 시기에는 현재보다 지구 공전 궤도 이심률이 작고, 지구 자전축 기울기가 작으며, 북반구가 여름일 때(남반구가 겨울일 때) 지구 공전 궤도상 위치가 현재와 같다. 따라서 ㉠ 시기에 남반구는 현재보다 겨울은 기온이 높아지고 여름은 기온이 낮아져 기온의 연교차가 작아지므로, 남반구 기온의 연교차는 현재가 ㉠ 시기보다 크다.

✗ 매력적 오답 ㄴ. ㉡ 시기는 현재보다 지구 자전축 기울기가 크므로 북반구와 남반구 모두 겨울철 태양의 남중 고도가 낮아진다. 따라서 30°N에서 겨울철 태양의 남중 고도는 ㉡ 시기가 현재보다 낮다.

ㄷ. 근일점에서 태양까지의 거리는 지구 공전 궤도 이심률이 작아질수록 멀어지므로, ㉠ 시기가 ㉡ 시기보다 멀다.

문제풀이 Tip
기후 변화의 지구 외적 요인에 대한 문항은 지구 공전 궤도 이심률 변화, 지구 자전축의 기울기 변화, 세차 운동 중 하나의 요인만 해석하여 기후 변화를 유추하는 문항으로도 출제되지만, 두 가지 이상의 요인을 통합적으로 해석하여 기후 변화를 유추하는 문항으로도 자주 출제된다. 각 요인의 변화가 기후에 미치는 영향을 확실하게 알아 두고, 관련 문항을 많이 풀어보도록 하자.

12 기후 변화의 지구 외적 요인

출제의도 지구 자전축 경사각의 변화에 따라 지구에 입사하는 태양 복사 에너지양의 변화량을 해석하여 지구의 기후 변화를 파악하는 문항이다.

그림 (가)는 현재와 비교한 A와 B 시기의 지구 자전축 경사각을, (나)는 A 시기와 비교한 B 시기의 지구에 입사하는 태양 복사 에너지의 변화량을 나타낸 것이다.

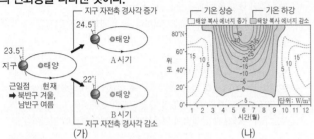

(가)   (나)

이에 대한 설명으로 옳은 것만을 〈보기〉에서 있는 대로 고른 것은? (단, 지구 자전축 경사각 이외의 요인은 고려하지 않는다.) [3점]

보기
ㄱ. 현재 근일점에서 북반구의 계절은 겨울이다.

ㄴ. (나)에서 6월의 태양 복사 에너지의 감소량은 20°N보다 60°N에서 많다.

ㄷ. 40°N에서 연교차는 A 시기보다 B 시기가 크다. 작다.

---

① ㄱ ② ㄷ ③ ㄱ, ㄴ ④ ㄴ, ㄷ ⑤ ㄱ, ㄴ, ㄷ

✓ 자료 해석
- (가)에서 현재 근일점에서 북반구는 겨울, 남반구는 여름이고, 원일점에서 북반구는 여름, 남반구는 겨울이다.
- (가)에서 A 시기는 현재보다 지구 자전축 경사각이 커졌고, B 시기는 현재보다 지구 자전축 경사각이 작아졌다. 지구 자전축 경사각이 커질수록 여름에 태양의 남중 고도는 높아지고, 겨울에 태양의 남중 고도는 낮아지며, 지구 자전축 경사각이 작아질수록 여름에 태양의 남중 고도는 낮아지고 겨울에 태양의 남중 고도는 높아진다.
- (나)에서 북반구 겨울에는 지구에 입사하는 태양 복사 에너지양이 증가했으며, 에너지 증가량은 위도 20°N~60°N에서 가장 크다.
- (나)에서 북반구 여름에는 지구에 입사하는 태양 복사 에너지양이 대체로 감소했으며, 에너지 감소량은 고위도로 갈수록 증가한다.

○ 보기 풀이 ㄱ. 현재 북반구는 근일점에서 자전축 경사 방향이 태양의 반대 방향을 향하고 있으므로 겨울이다.

ㄴ. (나)에서 6월에 20°N에서 태양 복사 에너지 감소량은 약 2 W/m²이고, 60°N에서 태양 복사 에너지 감소량은 약 29 W/m²이므로, 태양 복사 에너지의 감소량은 20°N보다 60°N에서 많다.

✕ 매력적 오답 ㄷ. (나)에서 A 시기와 비교할 때 B 시기에 40°N에 입사하는 태양 복사 에너지양은 여름에는 감소하고 겨울에는 증가하므로 연교차는 A 시기보다 B 시기가 작다.

문제풀이 Tip

A 시기와 B 시기에 북반구 중위도 지역에서 기온의 연교차는 지구 자전축 경사각의 크기 변화로 유추할 수도 있다. 지구 자전축 경사각이 커지면 여름과 겨울의 태양의 남중 고도 차가 커져 기온의 연교차가 커지고, 지구 자전축 경사각이 작아지면 여름과 겨울의 태양의 남중 고도 차가 작아져 기온의 연교차가 작아진다는 것을 알아 두자.

13 기후 변화의 지구 외적 요인

출제 의도 지구 자전축 경사각의 변화와 지구 공전 궤도 이심률의 변화에 따른 지구 기후 변화를 파악하는 문항이다.

그림 (가)는 지구 자전축 경사각과 지구 공전 궤도 이심률의 변화를, (나)는 ㉠ 또는 ㉡ 시기의 지구 자전축 경사각을 나타낸 것이다.

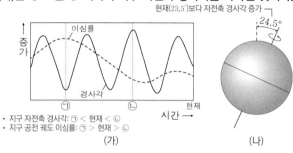

• 지구 자전축 경사각: ㉠ < 현재 < ㉡
• 지구 공전 궤도 이심률: ㉠ > 현재 > ㉡

(가)   (나)

이에 대한 옳은 설명만을 〈보기〉에서 있는 대로 고른 것은? (단, 지구 자전축 경사각과 지구 공전 궤도 이심률 이외의 요인은 고려하지 않는다.) [3점]

보기
ㄱ. 근일점 거리는 ㉠ 시기가 ㉡ 시기보다 가깝다.
ㄴ. (나)는 ㉡ 시기에 해당한다.
ㄷ. 우리나라에서 기온의 연교차는 현재가 ㉠ 시기보다 크다.

① ㄱ　　② ㄴ　　③ ㄱ, ㄷ　　④ ㄴ, ㄷ　　⑤ ㄱ, ㄴ, ㄷ

✓ 자료 해석

• 지구 공전 궤도 이심률이 클수록 근일점 거리는 가까워지고 원일점 거리는 멀어지며, 공전 궤도 이심률이 작을수록 근일점 거리는 멀어지고 원일점 거리는 가까워진다. (가)에서 지구 공전 궤도 이심률은 ㉠ > 현재 > ㉡이므로, 근일점 거리는 ㉠ < 현재 < ㉡이다.
• (가)에서 지구 자전축 경사각은 ㉠ < 현재 < ㉡이다.
• (나)에서 지구 자전축 경사각은 현재(약 23.5°)보다 크다.

○ 보기 풀이 ㄱ. 지구 공전 궤도 이심률이 클수록 근일점 거리가 가까워진다. 공전 궤도 이심률은 ㉠ 시기가 ㉡ 시기보다 크므로, 근일점 거리는 ㉠ 시기가 ㉡ 시기보다 가깝다.

ㄷ. 현재 북반구는 근일점에서 겨울철이고 원일점에서 여름철이며, ㉠ 시기는 현재보다 공전 궤도 이심률이 크고, 자전축 경사각이 작다. 지구 공전 궤도 이심률이 클수록 근일점 거리는 가까워지고 원일점 거리는 멀어진다. 또한 지구 자전축 경사각이 감소할수록 북반구와 남반구에서 여름철 태양의 남중 고도는 감소하고 겨울철 태양의 남중 고도는 증가한다. 따라서 ㉠ 시기에는 현재보다 근일점 거리는 가까워지고 원일점 거리는 멀어지며, 여름철 태양의 남중 고도는 낮아지고 겨울철 태양의 남중 고도는 높아져서 겨울철 기온은 높아지고 여름철 기온은 낮아지므로 우리나라에서 기온의 연교차는 현재가 ㉠ 시기보다 크다.

✕ 매력적 오답 ㄴ. 현재 지구 자전축 경사각은 약 23.5°이므로 (나)는 현재보다 자전축 경사각이 큰 시기이다. 지구 자전축 경사각의 크기를 비교하면 ㉠ 시기는 현재보다 작고 ㉡ 시기는 현재보다 크므로, (나)는 ㉡ 시기에 해당한다.

문제풀이 **Tip**

기후 변화의 지구 외적 요인의 변화를 해석하여 과거와 미래의 기후 변화를 파악하고 현재와 비교하는 문항이 자주 출제된다. 한 가지 요인만에 의한 기후 변화 해석은 비교적 간단하지만, 두 가지 요인 이상을 함께 고려해야 하는 경우는 다소 복잡하여 어렵게 느껴질 수 있으니 각각의 요인에 대하여 북반구와 남반구의 기후 변화를 구분해서 정리하고 확실하게 이해해 두자.

14 우리나라의 기후 변화

출제의도 시간에 따른 열대야와 폭염 일수 변화 자료를 해석하여 우리나라의 기후 변화를 파악하는 문항이다.

그림은 1991년부터 2020년까지 제주 지역의 연간 열대야 일수와 폭염 일수를 나타낸 것이다.

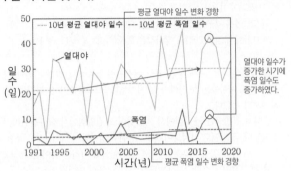

이 기간 동안 제주 지역의 기후 변화에 대한 옳은 설명만을 〈보기〉에서 있는 대로 고른 것은?

보기
ㄱ. 연간 열대야 일수는 증가하는 추세이다.
ㄴ. 10년 평균 폭염 일수는 1991년~2000년이 2011년 ~2020년보다 적다.
ㄷ. 폭염 일수가 증가한 해에는 대체로 열대야 일수가 증가하였다.

① ㄱ　② ㄷ　③ ㄱ, ㄴ　④ ㄴ, ㄷ　⑤ ㄱ, ㄴ, ㄷ

✔ 자료 해석
• 열대야는 밤 최저 기온이 25 ℃ 이상인 경우를 말한다. 자료에서 10년 평균 열대야 일수가 1990년대에는 약 22일, 2000년대에는 약 24일, 2010년대에는 약 30일로, 점차 증가하였다.
• 폭염은 낮 최고 기온이 33 ℃ 이상인 매우 더운 날씨를 말한다. 자료에서 10년 평균 폭염 일수가 1990년대에는 약 3일, 2000년대에는 약 4일, 2010년대에는 약 6일로, 점차 증가하였다.

○ 보기풀이 ㄱ. 1991년 이후 연간 열대야 일수는 증가와 감소를 반복하고 있지만 10년 평균 열대야 일수를 보면 점점 증가하는 경향을 보이고 있다.
ㄴ. 10년 평균 폭염 일수는 1991년~2000년에는 약 3일, 2011년~2020년에는 약 6일로, 1991년~2000년이 2011년~2020년보다 적다.
ㄷ. 폭염 일수 그래프와 열대야 일수 그래프는 대체로 비례하는 경향을 보인다. 즉, 폭염 일수가 증가한 해에는 대체로 열대야 일수가 증가하였다.

문제풀이 Tip
최근 폭염과 열대야가 증가하는 현상은 지구 온난화에 따른 것이다. 지구 온난화의 원인과 영향에 대한 문항이 자주 출제되므로, 이와 관련된 내용을 잘 학습해 두자.

---

15 기후 변화의 지구 외적 요인

출제의도 지구 자전축의 경사각과 공전 궤도 이심률 변화 자료를 해석하여 변화 주기와 기온의 연교차를 파악하고, 원일점과 근일점에서 태양까지의 거리 차를 비교하는 문항이다.

그림은 과거 지구 자전축의 경사각과 지구 공전 궤도 이심률 변화를 나타낸 것이다.

이에 대한 설명으로 옳은 것만을 〈보기〉에서 있는 대로 고른 것은? (단, 지구 자전축 경사각과 지구 공전 궤도 이심률 이외의 조건은 고려하지 않는다.) [3점]

보기
ㄱ. 지구 자전축 경사각 변화의 주기는 6만 년보다 짧다.
ㄴ. A 시기의 남반구 기온의 연교차는 현재보다 크다.
ㄷ. 원일점과 근일점에서 태양까지의 거리 차는 A 시기가 B 시기보다 크다.

① ㄱ　② ㄷ　③ ㄱ, ㄴ　④ ㄴ, ㄷ　⑤ ㄱ, ㄴ, ㄷ

✔ 자료 해석
• 지구의 자전축 경사각 변화 주기는 약 41000년이고 지구의 공전 궤도 이심률 변화 주기는 약 10만 년이므로, 점선은 지구의 공전 궤도 이심률 변화이고, 실선은 지구의 자전축 경사각 변화이다.
• A 시기에는 지구의 자전축 경사각과 공전 궤도 이심률이 현재보다 크다.
• A 시기에는 B 시기보다 지구의 공전 궤도 이심률이 크다.

○ 보기풀이 ㄱ. 지구의 자전축 경사각 변화 주기는 약 41000년으로, 6만 년보다 짧다.
ㄴ. A 시기에 지구의 자전축 경사각이 현재보다 크므로 기온의 연교차가 크다. 또한 A 시기에 지구의 공전 궤도 이심률이 현재보다 크다. 현재 남반구는 근일점에 위치할 때 여름이고 원일점에 위치할 때 겨울인데, 지구의 공전 궤도 이심률이 커지면 근일점 거리가 가까워지고 원일점 거리가 멀어지므로 여름철 평균 기온은 상승하고 겨울철 평균 기온은 하강하여 기온의 연교차가 커진다. 따라서 두 요인을 모두 고려할 때 A 시기의 남반구 기온의 연교차는 현재보다 크다.
ㄷ. 지구의 공전 궤도 이심률이 클수록 근일점 거리는 가까워지고 원일점 거리는 멀어진다. 공전 궤도 이심률은 A 시기가 B 시기보다 크므로, 원일점과 근일점에서 태양까지의 거리 차는 A 시기가 B 시기보다 크다.

문제풀이 Tip
지구의 자전축 경사각이 커지면 북반구와 남반구 모두 기온의 연교차가 커지는 것을 알아 두고, 지구의 공전 궤도 이심률이 커지면 원일점과 근일점에서 태양까지의 거리 차가 커지는 것에 유의해야 한다.

16 기후 변화의 외적 요인

2021년 10월 교육청 19번 | 정답 ① | 문제편 29 p

출제의도 지구의 공전 궤도 이심률과 자전축 경사각의 변화에 따른 기후 변화와 태양의 남중 고도 변화를 파악하는 문항이다.

그림은 현재 지구의 공전 궤도와 자전축 경사를 나타낸 것이다. a는 원일점 거리, b는 근일점 거리, θ는 지구의 공전 궤도면과 자전축이 이루는 각이다.

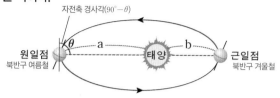

이에 대한 옳은 설명만을 〈보기〉에서 있는 대로 고른 것은? (단, 공전 궤도 이심률과 자전축 경사각 이외의 요인은 고려하지 않는다.) [3점]

보기
ㄱ. θ가 일정할 때 (a—b)가 커지면 북반구 중위도에서 기온의 연교차는 작아질 것이다. └ 이심률 증가

ㄴ. a, b가 일정할 때 θ가 커지면 남반구 중위도에서 기온의 연교차는 <s>커질</s> 것이다. └ 자전축 경사각 감소 / 작아질

ㄷ. θ가 커지면 우리나라에서 여름철 태양의 남중 고도는 현재보다 <s>높아질</s> 것이다. └ 자전축 경사각 감소 / 낮아질

① ㄱ   ② ㄴ   ③ ㄷ   ④ ㄱ, ㄴ   ⑤ ㄴ, ㄷ

✔ 자료 해석

• 원일점 거리와 근일점 거리의 차가 작을수록 공전 궤도 이심률이 작아진다. 즉, (a—b)가 클수록 공전 궤도 이심률은 커지고, (a—b)가 작을수록 공전 궤도 이심률은 작아진다. 공전 궤도 이심률이 커지면 근일점 거리는 현재보다 가까워지고 원일점 거리는 현재보다 멀어져 북반구에서는 겨울철 기온은 높아지고 여름철 기온은 낮아져서 기온의 연교차가 작아진다.

• 자전축 경사각이 커지면 여름철 태양의 남중 고도는 높아지고 겨울철 태양의 남중 고도가 낮아져 기온의 연교차가 커지고, 자전축 경사각이 작아지면 여름철 태양의 남중 고도는 낮아지고 겨울철 태양의 남중 고도는 높아져 기온의 연교차가 작아진다.

○ 보기 풀이 ㄱ. 원일점 거리와 근일점 거리의 차이(a—b)가 커지면 공전 궤도 이심률이 커져서 원일점 거리는 더욱 멀어지고 근일점 거리는 더 가까워진다. 현재 북반구는 원일점에서 여름철, 근일점에서 겨울철이므로, 자전축 경사각이 일정할 때 공전 궤도 이심률이 커지면 북반구는 여름철 기온은 더 낮아지고 겨울철 기온은 높아져 기온의 연교차는 작아질 것이다.

✕ 매력적 오답 ㄴ. θ는 지구의 공전 궤도면과 자전축이 이루는 각이므로 θ가 커지면 자전축 경사각은 작아진다. a, b가 일정하여 공전 궤도 이심률이 변하지 않을 때, 자전축 경사각이 작아지면 남반구 중위도에서 여름철 기온은 낮아지고 겨울철 기온은 높아져 기온의 연교차는 작아질 것이다.

ㄷ. θ가 커지면 자전축 경사각이 작아지고, 우리나라에서 여름철 태양의 남중 고도는 현재보다 낮아질 것이다.

문제풀이 Tip

θ는 지구의 공전 궤도면과 자전축이 이루는 각이므로 자전축 경사각은 $(90° - \theta)$가 된다는 것에 유의해야 한다.

17 기후 변화의 지구 외적 요인

출제 의도 지구 중심을 지나는 지구 공전 궤도면의 수직축에 대한 북극의 상대적인 위치 자료를 해석하여 지구 자전축의 경사 방향을 파악하고, 기온의 연교차, 지구와 태양 사이의 거리를 비교하는 문항이다.

그림 (가)와 (나)는 지구 공전 궤도면의 수직 방향에서 바라보았을 때, 지구 중심을 지나는 지구 공전 궤도면의 수직축에 대한 북극의 상대적인 위치를 나타낸 것이다.

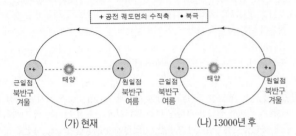

이에 대한 설명으로 옳은 것만을 〈보기〉에서 있는 대로 고른 것은? (단, 지구 자전축 경사 방향 이외의 요인은 변하지 않는다고 가정한다.) [3점]

보기
ㄱ. (가)에서 지구가 근일점에 위치할 때 북반구는 겨울이다.
ㄴ. 우리나라 기온의 연교차는 (가)보다 (나)에서 ~~작다.~~ 크다.
ㄷ. 남반구가 여름일 때 지구와 태양 사이의 거리는 (가)보다 (나)에서 길다.

① ㄱ　　② ㄴ　　③ ㄱ, ㄷ　　④ ㄴ, ㄷ　　⑤ ㄱ, ㄴ, ㄷ

✔ 자료 해석
• (가)에서 지구가 근일점에 위치할 때 지구 자전축의 경사 방향을 보면 북극이 태양에서 먼 쪽에 위치해 있으므로 북반구는 겨울이다.
• (나)에서 지구가 근일점에 위치할 때 지구 자전축의 경사 방향을 보면 북극이 태양에서 가까운 쪽에 위치해 있으므로 북반구는 여름이다.

○ 보기 풀이 지구의 자전축은 약 26000년을 주기로 지구 공전 방향과 반대 방향으로 회전하는데, 이를 세차 운동이라고 한다. 약 13000년 후에는 세차 운동에 의해 지구 자전축의 경사 방향이 현재와 반대가 된다.
ㄱ. (가)에서 지구가 근일점에 위치할 때 북극이 태양에서 먼 쪽에, 남극이 태양에 가까운 쪽에 위치해 있다. 따라서 이 시기에 북반구는 겨울이고, 남반구는 여름이다.
ㄷ. (가)에서는 지구가 근일점에 위치할 때 남반구가 여름이고, (나)에서는 지구가 원일점에 위치할 때 남반구가 여름이다. 따라서 남반구가 여름일 때 지구와 태양 사이의 거리는 (가)보다 (나)에서 멀다.

✘ 매력적 오답 ㄴ. (가)일 때 북반구에 위치한 우리나라는 지구가 근일점에 위치할 때 겨울이고, 원일점에 위치할 때 여름이다. 반면 (나)일 때 우리나라는 지구가 근일점에 위치할 때 여름이고, 원일점에 위치할 때 겨울이다. 따라서 우리나라에서 기온의 연교차는 (가)보다 (나)에서 크다.

문제풀이 Tip
지구 공전 궤도면의 수직축에 대한 북극의 상대적인 위치를 보고 지구의 자전축 경사 방향을 파악하는 방법을 알아 두고, 지구의 자전축 경사 방향이 현재와 반대가 되면 북반구는 기온의 연교차가 커지고 남반구는 기온의 연교차가 작아지는 것에 유의해야 한다.

18 기후 변화의 지구 외적 요인

출제 의도 지구 자전축의 경사 방향을 보고 북반구의 계절을 파악하고, 지구 공전 궤도 이심률의 변화에 따른 지구가 받는 태양 복사 에너지양을 비교하는 문항이다.

그림은 현재와 A 시기에 근일점에 위치한 지구의 모습과 지구 공전 궤도 일부를 나타낸 것이다.

이에 대한 옳은 설명만을 〈보기〉에서 있는 대로 고른 것은? (단, 지구 공전 궤도 이심률 이외의 요인은 변하지 않는다.) [3점]

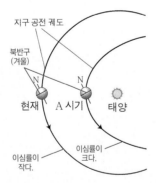

보기
ㄱ. 지구 공전 궤도 이심률은 현재가 A 시기보다 ~~크다.~~ 작다.
ㄴ. 현재 북반구는 근일점에서 겨울철이다.
ㄷ. 지구가 원일점에 위치할 때, 지구가 받는 태양 복사 에너지양은 현재가 A 시기보다 많다.

① ㄱ　　② ㄷ　　③ ㄱ, ㄴ　　④ ㄴ, ㄷ　　⑤ ㄱ, ㄴ, ㄷ

✔ 자료 해석
• 현재는 A 시기보다 지구의 공전 궤도 모양이 원에 더 가깝다.
• 근일점 거리는 현재가 A 시기보다 멀고, 원일점 거리는 현재가 A 시기보다 가깝다.
• 현재와 A 시기 모두 근일점에서 북반구는 남반구에 비해 햇빛이 비스듬히 비추므로, 북반구는 겨울철이고 남반구는 여름철이다.

○ 보기 풀이 지구 공전 궤도 이심률은 약 10만 년을 주기로 변한다. 현재 근일점과 원일점에 위치할 때 일사량의 차이가 약 7 %이지만, 공전 궤도 이심률이 최대로 커지면 근일점과 원일점에 위치할 때 일사량의 차이가 최대 23 %까지 증가한다.
ㄴ. 현재 근일점에서 북반구는 남반구에 비해 평균적으로 햇빛이 비스듬히 비추므로 일사량이 적다. 따라서 현재 북반구는 근일점에서 겨울철이다.
ㄷ. 지구 공전 궤도 이심률이 작을수록 근일점 거리는 멀어지고 원일점 거리는 가까워진다. 따라서 지구 공전 궤도 이심률이 작을수록 근일점에서 지구가 받는 태양 복사 에너지양은 적어지고, 원일점에서 지구가 받는 태양 복사 에너지양은 많아진다. 현재는 A 시기보다 지구 공전 궤도 이심률이 작아서 원일점 거리가 가까우므로, 지구가 원일점에 위치할 때 지구가 받는 태양 복사 에너지양은 현재가 A 시기보다 많다.

✘ 매력적 오답 ㄱ. 지구 공전 궤도 이심률은 지구 공전 궤도의 찌그러진 정도를 나타내는 값으로, 모양이 원에 가까울수록 그 값이 작아진다. 따라서 지구 공전 궤도 이심률은 공전 궤도의 모양이 원에 가까운 현재가 A 시기보다 작다.

문제풀이 Tip
지구 공전 궤도 이심률의 변화에 따른 북반구와 남반구의 기온의 연교차 변화를 비교해서 알아 두고, 공전 궤도 이심률이 커지면 근일점 거리는 가까워지고 원일점 거리는 멀어지는 것에 유의해야 한다.

02 외계 행성계 탐사

1 외계 행성계 탐사

2024년 10월 교육청 20번 | 정답 ③ | 문제편 34 p

출제 의도 식 현상에 의한 밝기 변화 자료를 해석하여 중심별과 외계 행성의 물리량 변화를 파악하는 문항이다.

그림 (가)와 (나)는 서로 다른 외계 행성계에서 행성이 식 현상을 일으킬 때, 주계열성인 중심별 A와 B의 상대적 밝기 변화를 시간에 따라 나타낸 것이다. 식 현상을 일으키는 두 행성의 반지름은 같고, (가)의 $t_2 \sim t_3$의 시간은 (나)의 $t_4 \sim t_5$의 2배이다. 각 행성은 원 궤도를 따라 공전하며, 행성의 공전 궤도면은 관측자의 시선 방향과 나란하다.

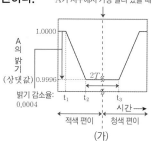
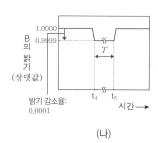

(가)

(나)

이 자료에 대한 설명으로 옳은 것만을 〈보기〉에서 있는 대로 고른 것은? (단, 각 외계 행성계에서 공통 질량 중심과의 거리는 행성이 중심별보다 매우 멀고, 중심별의 시선 속도 변화는 식 현상을 일으키는 행성과의 공통 질량 중심에 대한 공전에 의해서만 나타난다.) [3점]

보기

ㄱ. 별의 반지름은 A가 B의 $\frac{1}{2}$배이다.

ㄴ. 행성의 공전 속도는 (가)에서가 (나)에서의 $\frac{1}{4}$배보다 작다.

ㄷ. A의 흡수선 파장은 t_1일 때가 t_3일 때보다 ~~짧다.~~ 길다.

① ㄱ   ② ㄷ   ③ ㄱ, ㄴ   ④ ㄴ, ㄷ   ⑤ ㄱ, ㄴ, ㄷ

✓ 자료 해석

- 중심별의 밝기가 최대로 감소하였을 때는 행성 전체가 중심별을 가릴 때이므로, 중심별의 최대 밝기 감소율은 $\left(\dfrac{\text{행성의 반지름}}{\text{중심별의 반지름}}\right)^2$이다. (가)에서 중심별의 최대 밝기 감소율은 0.0004이므로 중심별과 행성의 반지름 비는 50 : 1이고, (나)에서 중심별의 최대 밝기 감소율은 0.0001이므로 중심별과 행성의 반지름 비는 100 : 1이다.

- 중심별의 밝기 감소가 지속되는 시간은 행성이 중심별 앞면을 지나가는 데 걸린 시간이다. 중심별의 반지름을 R, 행성의 반지름을 r이라고 하면, 중심별의 밝기 감소가 지속되는 시간은 행성이 $2(R-r)$만큼 이동하는 데 걸린 시간에 해당한다. 중심별의 밝기 감소가 지속되는 시간은 (가)가 (나)보다 2배 길다.

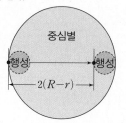

보기풀이 ㄱ. 행성이 중심별을 최대로 가렸을 때 A는 밝기 감소율이 0.0004이고 B는 0.0001이다. $\left(\dfrac{\text{행성의 반지름}}{\text{중심별의 반지름}}\right)^2$으로부터 A의 반지름은 행성의 반지름의 50배이고, B의 반지름은 행성의 반지름의 100배이다. 식 현상을 일으키는 행성의 반지름이 같으므로, 별의 반지름은 A가 B의 $\frac{1}{2}$배이다.

ㄴ. 행성의 공전 속도를 v, 행성이 중심별 앞을 지나는 데 걸리는 시간(중심별의 최대 밝기 감소가 지속되는 시간)을 T라고 하면 $v=\dfrac{2(R-r)}{T}$이다. 이때 T는 (가)가 (나)의 2배이고, A의 반지름은 $50r$, B의 반지름은 $100r$이므로, (가)에서 행성의 공전 속도는 $v_{(가)}=\dfrac{49r}{T}$이고, (나)에서 행성의 공전 속도는 $v_{(나)}=\dfrac{198r}{T}$이다. 따라서 행성의 공전 속도는 (가)에서가 (나)에서의 $\frac{1}{4}$배보다 작다.

✗ 매력적 오답 ㄷ. 식 현상이 일어날 때 중심별은 시선 방향에서 가장 멀리 있으므로 A는 t_1일 때 지구로부터 멀어지고 t_3일 때 지구에 접근한다. 따라서 A의 흡수선 파장은 t_1일 때가 t_3일 때보다 길다.

문제풀이 Tip
식 현상이 일어날 때 중심별의 밝기 변화 자료에서 중심별의 반지름을 비교하는 방법을 알아 두고, 식 현상이 시작되기 전에는 적색 편이, 식 현상이 끝난 후에는 청색 편이가 나타나는 것에 유의해야 한다.

2 외계 행성계 탐사 방법

2024년 7월 교육청 17번 | 정답 ② | 문제편 34p

출제 의도 시선 속도 변화 자료를 해석하여 외계 행성과 지구의 거리를 파악하고, 중심별과 행성의 질량에 따른 공전 속도 변화를 이해하는 문항이다.

그림 (가)와 (나)는 두 외계 행성계에 속한 중심별의 시선 속도 변화를 나타낸 것이다. 두 외계 행성계에는 행성이 1개씩만 존재하고, 중심별의 질량, 중심별과 행성 사이의 거리는 각각 같다. 두 행성은 원 궤도를 따라 공전하며 공전 궤도면은 관측자의 시선 방향과 나란하다.

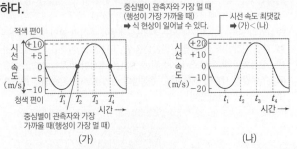

중심별이 관측자와 가장 멀 때
(행성이 가장 가까울 때)
➡ 식 현상이 일어날 수 있다.

시선 속도 최댓값
➡ (가)<(나)

중심별이 관측자와 가장 가까울 때(행성이 가장 멀 때)

(가)   (나)

이에 대한 설명으로 옳은 것만을 〈보기〉에서 있는 대로 고른 것은? (단, 중심별의 시선 속도 변화는 행성과의 공통 질량 중심에 대한 공전에 의해서만 나타난다.) [3점]

보기

ㄱ. (가)에서 T_2일 때 행성과 지구의 거리는 가장 ~~가깝다.~~ 멀다.

ㄴ. 행성의 질량은 (가)가 (나)보다 ~~크다.~~ 작다.

ㄷ. 행성과 공통 질량 중심 사이의 거리는 (가)가 (나)보다 멀다.

① ㄱ ② ㄷ ③ ㄱ, ㄴ ④ ㄴ, ㄷ ⑤ ㄱ, ㄴ, ㄷ

✓ 자료 해석

• 중심별의 시선 속도 최댓값은 (가)에서 +10 m/s이고 (나)에서 +20 m/s이므로 (가)보다 (나)가 크다. ➡ (나)가 (가)보다 중심별의 시선 속도 변화(도플러 효과)가 크게 나타난다.

• (가)에서 중심별은 T_2일 때 지구에 가장 가깝고, T_4일 때 가장 멀다.

○ 보기 풀이 ㄷ. 행성과 공통 질량 중심 사이의 거리가 가까울수록 시선 속도의 최댓값이 크게 나타난다. 시선 속도의 최댓값은 (가)가 (나)보다 작으므로 행성과 공통 질량 중심 사이의 거리는 (가)가 (나)보다 멀다.

✕ 매력적 오답 ㄱ. 행성과 중심별은 공통 질량 중심을 중심으로 서로 반대편에 위치하므로 행성이 지구와 가장 가까울 때 중심별은 지구로부터 가장 멀리 있다. 청색 편이에서 적색 편이로 바뀌는 시점에 중심별은 지구에서 가장 가깝고 행성은 지구로부터 가장 멀리 있으므로, (가)에서 T_2일 때 행성과 지구와의 거리는 가장 멀다.

ㄴ. 행성의 질량이 클수록 공통 질량 중심이 행성 쪽으로 더 치우치므로 중심별의 시선 속도 최댓값은 크게 나타난다. 중심별의 시선 속도 변화는 행성과의 공통 질량 중심에 대한 공전에 의해서만 나타난다고 했으므로 행성의 질량은 중심별의 시선 속도 최댓값이 큰 (나)가 (가)보다 크다.

문제풀이 Tip

시선 속도가 0일 때 중심별은 지구로부터 가장 가깝거나 가장 멀 때이고, 시선 속도가 양(+)의 값일 때는 중심별이 관측자로부터 멀어질 때(적색 편이), 음(−)의 값일 때는 중심별이 관측자에게로 다가올 때(청색 편이)라는 것에 유의해야 한다. 한편, 다른 조건이 동일할 때 시선 속도 변화량은 행성의 질량이 클수록, 중심별의 질량이 작을수록, 행성과 공통 질량 중심 사이의 거리가 가까울수록 크게 나타난다는 것을 반드시 알아 두자.

3 외계 행성계 탐사

출제 의도 중심별과 외계 행성의 위치 관계를 파악하여 도플러 효과를 이용한 외계 행성계 탐사 방법을 이해하는 문항이다.

그림 (가)는 공통 질량 중심에 대해 원 궤도로 공전하는 외계 행성 P와 중심별 S의 공전 궤도를, (나)는 P에 의한 S의 시선 속도 변화를 나타낸 것이다. T_1일 때 P는 ㉠에 위치하고, θ는 관측자의 시선 방향과 공전 궤도면이 이루는 각의 크기이며 h는 S의 시선 속도 변화 폭이다.

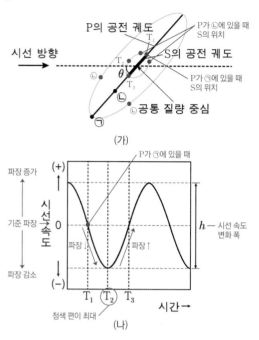

(가)

(나)

이 자료에 대한 설명으로 옳은 것만을 〈보기〉에서 있는 대로 고른 것은? [3점]

보기
ㄱ. 관측자로부터 S까지의 거리는 P가 ㉠에 위치할 때보다 ㉡에 위치할 때가 가깝다.

ㄴ. T_2에서 T_3 동안 S의 스펙트럼에서 흡수선의 파장은 점차 ~~짧아진다.~~ 길어진다.

ㄷ. θ가 작아지면 h는 커진다.

① ㄱ   ② ㄴ   ③ ㄱ, ㄷ   ④ ㄴ, ㄷ   ⑤ ㄱ, ㄴ, ㄷ

✔ 자료 해석

- (가)에서 P와 S는 공통 질량 중심을 중심으로 반대편에 위치하게 된다.
- T_1일 때 P가 ㉠에 위치하므로, S는 관측자로부터 가장 멀리 위치한다.
- (나)에서 T_2일 때 S는 관측자에게로 접근하는 속도가 최대이다.
- 시선 방향이 나란할 때 시선 속도의 최댓값은 공전 속도와 같지만, 공전 궤도가 θ만큼 기울어져 있을 때 시선 속도의 최댓값은 (공전 속도× $\cos\theta$)의 값을 가진다.

○ 보기 풀이 ㄱ. T_1일 때 중심별 S는 시선 속도가 0이고 이후 관측자에게로 접근하므로 이때 S는 관측자로부터 가장 멀리 위치한다. P와 S는 공통 질량 중심에 대해 원 궤도로 공전하고 있고, 중심별은 공통 질량 중심에 대해 행성의 반대편에 위치하므로, P가 ㉠에 위치할 때 S까지의 거리가 가장 멀고, ㉡에 위치할 때는 이보다 조금 가깝다. 따라서 관측자로부터 S까지의 거리는 P가 ㉠에 위치할 때보다 ㉡에 위치할 때가 가깝다.

ㄷ. 공전 속도를 V라 하고, 공전 궤도 경사각이 θ일 때 시선 속도의 최댓값은 $V\cos\theta$이다. 이때 θ가 0이 되면 공전 궤도면은 시선 방향에 나란하게 되어 시선 속도 최댓값이 가장 크다. 따라서 θ가 작아지면 시선 속도 변화 폭(h)은 커진다.

✖ 매력적 오답 ㄴ. 시선 속도가 0일 때의 흡수선의 파장을 기준 파장으로 할 때, T_2일 때는 시선 속도가 접근하는 방향으로 최댓값을 가지므로 흡수선의 파장이 가장 짧다. T_3일 때 시선 속도는 다시 0이 되므로 흡수선의 파장은 다시 기준 파장과 같아진다. 따라서 T_2에서 T_3 동안 S의 스펙트럼에서 흡수선의 파장은 점차 길어진다.

문제풀이 Tip

시선 속도 변화 그래프에서 양(+)의 값일 때는 적색 편이가 나타나는 구간이고, 음(−)의 값일 때는 청색 편이가 나타나는 구간이다. 하지만 적색 편이가 나타나는 모든 구간에서 파장이 길어지고 청색 편이가 나타나는 모든 구간에서 파장이 짧아진다고 판단하면 안된다. 시선 속도가 0일 때를 기준으로 시선 속도가 음(−)의 최댓값을 가질 때까지는 파장이 짧아지고, 다시 파장이 길어지면서 시선 속도 0을 지나 양(+)의 최댓값을 가질 때까지 파장이 길어진다. 즉, 시선 속도 그래프에서 아래로 내려가는 구간에서는 파장이 짧아지고, 위로 가는 구간에서는 파장이 길어진다는 것에 유의해야 한다.

4 외계 행성계 탐사 방법

출제 의도 중심별의 시선 속도 변화를 이용한 외계 행성계의 탐사 방법을 이해하여 중심별과 행성의 위치 관계를 파악하는 문항이다.

그림 (가)는 어느 외계 행성과 중심별이 공통 질량 중심을 중심으로 공전할 때 중심별의 시선 속도 변화를, (나)는 t일 때 이 중심별과 행성의 위치 관계를 나타낸 것이다.

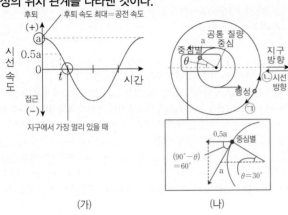

(가)   (나)

이에 대한 옳은 설명만을 〈보기〉에서 있는 대로 고른 것은? (단, 외계 행성은 원 궤도로 공전하며, 공전 궤도면은 관측자의 시선 방향과 나란하다.) [3점]

보기
ㄱ. 공통 질량 중심에 대한 행성의 공전 방향은 ⓛ이다.   ⓛ
ㄴ. θ의 크기는 30°이다.
ㄷ. 행성의 공전 주기가 현재보다 길어지면 a는 증가한다.   감소한다.

① ㄱ   ② ㄴ   ③ ㄱ, ㄷ   ④ ㄴ, ㄷ   ⑤ ㄱ, ㄴ, ㄷ

✔ 자료 해석

• 시선 속도가 a일 때 중심별은 지구에서 가장 빠른 속도로 멀어진다. 공전 궤도면과 시선 방향이 나란할 때, 시선 속도의 최댓값은 공통 질량 중심을 중심으로 공전하는 중심별의 공전 속도와 같으므로, 중심별의 공전 속도는 a이다.

• (가)에서 t일 때 시선 속도는 (+) 값을 가지므로 (나)에서 중심별은 지구로부터 멀어지고 있다. 따라서 중심별은 공통 질량 중심을 중심으로 시계 반대 방향으로 공전하고 있다.

○ 보기 풀이
ㄴ. t일 때 시선 방향과 공전 방향이 이루는 각은 $(90° - \theta)$이다. t일 때 시선 속도는 0.5 a이고, 중심별의 공전 속도는 시선 속도의 최댓값과 같은 a이므로, $(90° - \theta) = 60°$이다. 따라서 θ의 크기는 30°이다.

✕ 매력적 오답
ㄱ. t일 때 중심별은 지구로부터 멀어지고 있으므로 중심별의 공전 방향은 시계 반대 방향이며, 중심별과 행성은 공통 질량 중심을 중심으로 서로 같은 방향으로 공전하므로 행성의 공전 방향도 시계 반대 방향이다. 따라서 공통 질량 중심에 대한 행성의 공전 방향은 ⓛ이다.

ㄷ. 행성의 공전 주기가 현재보다 길어지면 공전 속도는 느려지고, 행성의 공전 주기와 중심별의 공전 주기는 같으므로 중심별의 공전 속도도 느려진다. 중심별의 공전 속도가 감소하면 시선 속도도 감소하므로 a는 감소한다.

문제풀이 Tip

중심별의 시선 속도가 양(+)일 때는 중심별이 지구로부터 멀어지고, 음(−)일 때는 중심별이 지구 쪽으로 가까워진다는 것에 유의해야 한다. 또한 시선 방향과 중심별이 이루는 각도를 θ라고 할 때, 시선 속도의 크기는 공전 속도와 $\sin\theta$를 곱해서 구할 수 있다는 것을 알아 두자.

5 외계 행성 탐사 방법

출제 의도 모형실험을 통해 식 현상을 이용한 외계 행성의 탐사 방법을 이해하는 문항이다.

다음은 외계 행성 탐사 방법을 알아보기 위한 실험이다.

[실험 과정]

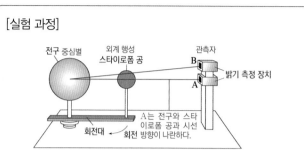

(가) 그림과 같이 전구와 스타이로폼 공을 회전대 위에 고정시키고 회전대를 일정한 속도로 회전시킨다.

(나) 회전대가 회전하는 동안 밝기 측정 장치 A와 B로 각각 측정한 밝기를 기록하고 최소 밝기가 나타나는 주기를 표시한다.

(다) 반지름이 $\frac{1}{2}$배인 스타이로폼 공으로 교체한 후 (나)의 과정을 반복한다.
└─ 전구를 가리는 단면적은 $\frac{1}{4}$가 된다.

[실험 과정]

구분	밝기 측정 장치	
	㉠	㉡
(나)의 결과	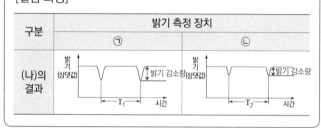	

이에 대한 설명으로 옳은 것만을 〈보기〉에서 있는 대로 고른 것은?
[3점]

보기
ㄱ. 최소 밝기가 나타나는 주기 T_1과 T_2는 같다.
ㄴ. ㉠은 ~~B~~ A 이다.
ㄷ. A로 측정한 밝기 감소 최대량은 (다) 결과가 (나) 결과의 $\frac{1}{4}$배 ~~2배~~ 이다.

① ㄱ   ② ㄷ   ③ ㄱ, ㄴ   ④ ㄴ, ㄷ   ⑤ ㄱ, ㄴ, ㄷ

✔ 자료 해석

- 전구는 중심별, 스타이로폼 공은 외계 행성, 밝기 측정 장치는 관측자에 해당하며, 전구, 스타이로폼 공, 밝기 측정 장치가 일직선에 위치할 때 식 현상을 관측할 수 있다.
- A는 스타이로폼 공의 공전 궤도면과 시선 방향이 나란하고, B는 스타이로폼 공의 공전 궤도면과 시선 방향이 나란하지 않다.
- 실험 결과 ㉠과 ㉡의 밝기 감소 주기는 동일하고, 밝기 감소량은 ㉠이 ㉡보다 크다.
- 시선 방향이 나란할 때 스타이로폼 공이 전구를 가리는 면적은 공의 반지름의 제곱에 비례한다.

○ 보기 풀이 ㄱ. 스타이로폼 공이 전구 앞을 지날 때 식 현상에 의해 전구의 밝기가 감소한다. 최소 밝기가 나타나는 주기는 스타이로폼 공의 회전 주기와 같으므로, 밝기 측정 장치의 높이와 상관없이 최소 밝기가 나타나는 주기 T_1과 T_2는 같다.

✕ 매력적 오답 ㄴ. ㉠은 ㉡보다 밝기 감소량이 크다. 전구, 스타이로폼 공, 밝기 측정 장치의 시선 방향이 나란할 때 전구의 밝기가 가장 많이 감소하므로 ㉠은 A, ㉡은 B의 측정 결과이다.

ㄷ. 스타이로폼 공의 반지름을 $\frac{1}{2}$배로 교체하면 시선 방향이 나란할 때 스타이로폼 공이 전구를 가리는 면적은 $\frac{1}{4}$배가 된다. 따라서 A로 측정한 밝기 감소 최대량은 (다)의 결과가 (나)의 결과의 $\frac{1}{4}$배이다.

문제풀이 **Tip**

밝기 측정 장치의 높이를 다르게 한 것은 시선 방향을 다르게 한 것이고, 스타이로폼 공의 크기를 변화시킨 것은 행성의 반지름이 중심별의 밝기 변화에 주는 영향을 알아보기 위한 것이다. 행성의 공전 궤도면이 시선 방향과 나란할수록, 행성의 반지름이 클수록 밝기 감소량이 증가하며, 이때 행성의 식 현상에 의해 중심별이 가려지는 면적은 행성의 반지름의 제곱에 비례한다는 것에 유의해야 한다.

6 외계 행성계의 탐사 방법

출제 의도 외계 행성계의 탐사 방법에 따른 특징과 원리를 이해하고, 외계 행성의 탐사 결과 자료를 해석하는 문항이다.

그림 (가)는 서로 다른 탐사 방법을 이용하여 발견한 외계 행성의 공전 궤도 반지름과 질량을, (나)는 A 또는 B를 이용한 방법으로 알아낸 어느 별 S의 밝기 변화를 나타낸 것이다. A와 B는 각각 식 현상과 미세 중력 렌즈 현상 중 하나이다.

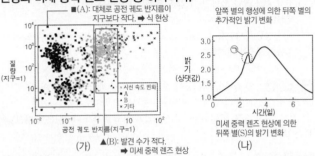

(가)

▲(B): 발견 수가 적다.
➡ 미세 중력 렌즈 현상

앞쪽 별의 행성에 의한 뒤쪽 별의 추가적인 밝기 변화

미세 중력 렌즈 현상에 의한 뒤쪽 별(S)의 밝기 변화

(나)

이 자료에 대한 설명으로 옳은 것만을 〈보기〉에서 있는 대로 고른 것은? [3점]

보기
ㄱ. A를 이용한 방법으로 발견한 외계 행성의 공전 궤도 반지름은 대체로 1 AU보다 작다.
ㄴ. (나)는 B를 이용한 방법으로 알아낸 것이다.
ㄷ. ㉠은 별 S를 공전하는 행성에 의해 나타난다.
   앞쪽 별을 공전하는

① ㄱ   ② ㄷ   ③ ㄱ, ㄴ   ④ ㄴ, ㄷ   ⑤ ㄱ, ㄴ, ㄷ

✓ 자료 해석

• (가) : 시선 속도 변화를 이용하여 발견한 외계 행성은 대부분 질량이 크고, 식 현상을 이용하여 발견한 외계 행성은 대부분 공전 궤도 반지름이 작으며, 미세 중력 렌즈 현상을 이용하여 발견한 외계 행성은 발견 개수가 적다. 따라서 A는 식 현상, B는 미세 중력 렌즈 현상이다.

• (나) : 앞쪽 별에 의해 뒤쪽에 위치한 별(S)의 밝기 변화가 나타나며, 앞쪽 별 주위를 공전하는 행성에 의해 ㉠과 같은 추가적인 밝기 변화가 나타나는 것은 미세 중력 렌즈 현상이다.

○ 보기 풀이

ㄱ. A는 식 현상으로, 행성의 공전 궤도 반지름이 작을수록 식 현상이 일어나는 주기가 짧기 때문에 공전 궤도 반지름이 작은 외계 행성이 발견될 가능성이 크다. 따라서 식 현상을 이용한 방법으로 발견한 외계 행성의 공전 궤도 반지름은 대체로 1 AU보다 작다.

ㄴ. (나)는 앞쪽 별의 중력에 의해 별 S의 밝기가 변하고, 앞쪽 별의 행성에 의해 추가적인 밝기 변화가 나타나는 현상으로, 미세 중력 렌즈 현상이다. 따라서 (나)는 B를 이용한 방법으로 알아낸 것이다.

✗ 매력적 오답

ㄷ. ㉠은 별 S의 앞쪽에 있는 별의 주위를 공전하는 행성에 의해 나타나는 뒤쪽 별의 밝기 변화이다.

문제풀이 Tip

미세 중력 렌즈 현상을 이용하여 별의 밝기 변화를 관측한 자료에서 밝기 변화가 나타나는 것은 뒤쪽 별이고, 밝기 변화를 일으킨 요인은 앞쪽 별과 앞쪽 별 주위를 공전하는 행성에 의한 것임에 유의해야 한다.

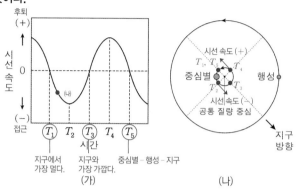

7 외계 행성계 탐사 방법

출제 의도 중심별의 시선 속도 변화를 이용하여 외계 행성계를 탐사하는 방법을 이해하는 문항이다.

그림 (가)는 공전 궤도면이 시선 방향과 나란한 어느 외계 행성계에서 관측된 중심별의 시선 속도 변화를, (나)는 이 외계 행성계의 중심별과 행성이 공통 질량 중심을 중심으로 공전하는 모습을 나타낸 것이다.

이에 대한 옳은 설명만을 〈보기〉에서 있는 대로 고른 것은? [3점]

〈보기〉
ㄱ. 지구와 중심별 사이의 거리는 T_1일 때가 T_2일 때보다 크다.
ㄴ. 중심별과 행성이 (나)와 같이 위치한 시기는 ~~T_2~T_3~~ T_1~T_2 에 해당한다.
ㄷ. T_5일 때 행성에 의한 식 현상이 나타난다.

① ㄱ ② ㄴ ③ ㄷ ④ ㄱ, ㄴ ⑤ ㄱ, ㄷ

✓ 자료 해석

- (가) : 시선 속도가 (−)일 때는 중심별이 지구 방향으로 접근할 때이고, 시선 속도가 (+)일 때는 중심별이 지구로부터 멀어질 때이다. 따라서 $T_1 \rightarrow T_3$ 동안에는 중심별이 지구 쪽으로 이동하고, $T_3 \rightarrow T_5$ 동안에는 중심별이 지구로부터 멀어진다.
- (나)에서 중심별은 지구 쪽으로 접근하고 있으며, 시선 속도의 최댓값을 가지기 전이므로 $T_1 \sim T_2$에 해당한다.
- 식 현상은 행성이 지구에 가장 가깝고, 중심별이 지구에서 가장 멀리 있을 때 일어날 수 있다.

○ 보기 풀이
ㄱ. T_1일 때는 시선 속도가 (+)에서 (−)로 바뀌는 시기이므로, 중심별이 지구로부터 멀어지다가 가까워지기 시작하는 시점이다. 따라서 T_1일 때 중심별은 지구에서 가장 멀리 위치한다. 즉, 지구와 중심별 사이의 거리는 T_1일 때가 T_2일 때보다 크다.

ㄷ. T_5일 때는 중심별이 지구에서 가장 멀리 있고, 이때 행성은 지구에 가장 가까우므로, 행성이 중심별을 가리는 식 현상이 나타날 수 있다.

✗ 매력적 오답
ㄴ. (나)에서 중심별은 지구로 접근하고 있으므로 시선 속도가 (−)이다. 또한 시선 속도의 크기가 커지면서 최댓값에 도달하지 않았다. 따라서 중심별과 행성이 (나)와 같이 위치한 시기는 $T_1 \sim T_2$에 해당한다.

문제풀이 **Tip**

시선 속도가 0일 때, (+)에서 (−)로 바뀌는 시점에는 지구에서 가장 멀리 떨어져 있을 때이고, (−)에서 (+)로 바뀌는 시점에는 지구에 가장 가까이 있을 때이다. 시선 속도의 크기가 (+)로 최대일 때 지구에서 가장 멀고, (−)로 최대일 때 지구에 가장 가까운 것이 아니라는 것에 유의해야 한다.

8 중심별의 시선 속도 변화를 이용한 탐사 방법

출제 의도 공전 궤도면이 시선 방향에 나란하지 않은 외계 행성계에서 행성과 중심별의 운동을 이해하는 문항이다.

그림 (가)는 어느 외계 행성계에서 공통 질량 중심을 원 궤도로 공전하는 중심별의 모습을, (나)는 중심별의 시선 속도를 시간에 따라 나타낸 것이다. 이 외계 행성계에는 행성이 1개만 존재하고, 중심별의 공전 궤도면과 시선 방향이 이루는 각은 60°이다.

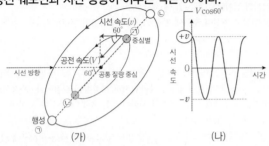

이에 대한 옳은 설명만을 〈보기〉에서 있는 대로 고른 것은? [3점]

보기
ㄱ. 지구로부터 행성까지의 거리는 중심별이 ㉠에 있을 때가 ㉡에 있을 때보다 가깝다.
ㄴ. 중심별의 공전 속도는 $2v$이다.
ㄷ. 중심별의 공전 궤도면과 시선 방향이 이루는 각이 현재보다 작아지면 중심별의 시선 속도 변화 주기는 ~~길어진다.~~ 변하지 않는다.

① ㄱ　② ㄴ　③ ㄷ　④ ㄱ, ㄴ　⑤ ㄴ, ㄷ

✔ 자료 해석

- 외계 행성계에서 행성과 중심별은 공통 질량 중심을 중심으로 서로 반대쪽에서 같은 방향, 같은 주기로 공전한다.
- (나)에서 시선 속도의 최댓값의 크기(v)는 중심별의 공전 궤도면이 기울어진 각도에 따라 달라지며, (가)에서 중심별의 공전 궤도면이 시선 방향에 대해 60° 기울어져 있으므로, 시선 속도의 최댓값은 공전 속도의 $\frac{1}{2}(=\cos 60°)$배가 된다.

○ 보기 풀이
ㄱ. 행성은 공통 질량 중심에 대해 중심별의 반대쪽에 위치하므로, 지구로부터 행성까지의 거리는 중심별이 ㉠에 있을 때가 ㉡에 있을 때보다 가깝다.

ㄴ. 중심별의 공전 궤도면과 시선 방향이 이루는 각이 60°이고 시선 속도 최댓값의 크기가 v이므로, $v=$공전 속도$\times\cos 60°$이다. 따라서 공전 속도는 $2v$이다.

✕ 매력적 오답
ㄷ. 중심별의 공전 궤도면과 시선 방향이 이루는 각이 현재보다 작아지면 중심별의 시선 속도 최댓값의 크기는 커지지만 중심별의 시선 속도 변화 주기=공전 주기이므로 중심별의 시선 속도 변화 주기는 변하지 않는다.

문제풀이 Tip
중심별의 공전 궤도면이 시선 방향과 나란하면 중심별의 시선 속도 최댓값의 크기가 공전 속도와 같지만, 행성의 공전 궤도면이 시선 방향에 대해 기울어져 있으면 중심별의 시선 속도 최댓값의 크기는 공전 속도보다 작아진다는 것에 유의해야 한다. 이때 시선 속도 최댓값의 크기는 공전 속도$\times\cos$(중심별의 공전 궤도면과 시선 방향이 이루는 각)이 된다.

---

9 외계 행성계 탐사 방법

출제 의도 공통 질량 중심을 중심으로 공전하는 외계 행성의 위치를 보고 중심별의 스펙트럼에서 나타나는 도플러 효과를 파악하고, 중심별의 질량 변화에 따른 시선 속도 변화를 유추하는 문항이다.

그림은 어느 외계 행성과 중심별이 공통 질량 중심을 중심으로 공전하는 모습을 나타낸 것이다. 행성은 원 궤도로 공전하며 공전 궤도면은 관측자의 시선 방향과 나란하다.

이에 대한 설명으로 옳은 것만을 〈보기〉에서 있는 대로 고른 것은? [3점]

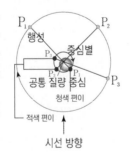

보기
ㄱ. 행성이 P_1에 위치할 때 중심별의 ~~적색 편이~~가 나타난다. 청색 편이
ㄴ. 중심별의 질량이 클수록 중심별의 시선 속도 최댓값이 ~~커진다.~~ 작아진다.
ㄷ. 중심별의 어느 흡수선의 파장 변화 크기는 행성이 P_3에 위치할 때가 P_2에 위치할 때보다 크다.

① ㄱ　② ㄷ　③ ㄱ, ㄴ　④ ㄴ, ㄷ　⑤ ㄱ, ㄴ, ㄷ

✔ 자료 해석

- 중심별은 공통 질량 중심에 대해 외계 행성과 반대편에 위치하므로, P_1일 때는 시선 방향에 대해 접근하는 방향으로, P_2와 P_3일 때는 시선 방향에 대해 멀어지는 방향으로 공전한다. ➡ P_1일 때는 청색 편이, P_2와 P_3일 때는 적색 편이가 나타난다.

○ 보기 풀이
ㄷ. 중심별의 스펙트럼에서 관측되는 흡수선의 파장 변화 크기는 중심별이 시선 방향과 나란하게 위치할 때 가장 크고, 시선 방향에 대해 수직으로 위치할 때 가장 작다. 따라서 중심별의 어느 흡수선의 파장 변화 크기는 행성이 P_3에 위치할 때가 P_2에 위치할 때보다 크다.

✕ 매력적 오답
ㄱ. 행성과 중심별의 공전 방향이 같으므로, 행성이 P_1에 위치할 때 중심별은 관측자 쪽으로 가까워지고 있어서 청색 편이가 나타난다.

ㄴ. 중심별의 질량이 클수록 중심별은 공통 질량 중심에 더 가까워지므로 중심별의 시선 속도 최댓값은 작아진다.

문제풀이 Tip
중심별과 외계 행성이 공통 질량 중심을 중심으로 공전할 때 중심별의 질량을 M, 외계 행성의 질량을 m, 공통 질량 중심과 중심별 사이의 거리를 R, 공통 질량 중심과 외계 행성 사이의 거리를 r이라고 하면, $mr=MR$의 관계가 성립하므로, 중심별의 질량이 커지면 공통 질량 중심과 중심별 사이의 거리가 가까워진다. 중심별이 공통 질량 중심에 더 가까워지면 중심별의 공전 속도가 느려지므로 시선 속도 변화는 작아진다는 것에 유의해야 한다.

10 식 현상을 이용한 탐사 방법

출제 의도 중심별의 겉보기 밝기 변화 자료를 해석하여 행성의 공전 주기와 반지름을 비교하고, 각 행성의 위치를 유추하여 행성 사이의 거리를 파악하는 문항이다.

그림 (가)는 중심별을 원 궤도로 공전하는 외계 행성 A와 B의 공전 방향을, (나)는 A와 B에 의한 중심별의 겉보기 밝기 변화를 나타낸 것이다. A와 B의 공전 궤도 반지름은 각각 0.4 AU와 0.6 AU이고, B의 공전 궤도면은 관측자의 시선 방향과 나란하다.

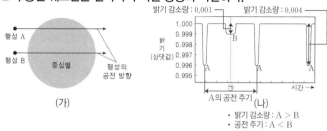

(가)   (나)
· 밝기 감소량 : A > B
· 공전 주기 : A < B

이에 대한 설명으로 옳은 것만을 〈보기〉에서 있는 대로 고른 것은? [3점]

보기
ㄱ. 공전 주기는 A보다 B가 길다.
ㄴ. 반지름은 A가 B의 4배이다. (2배)
ㄷ. ㉠ 시기에 A와 B 사이의 거리는 1 AU보다 멀다. (가깝다.)

① ㄱ   ② ㄷ   ③ ㄱ, ㄴ   ④ ㄴ, ㄷ   ⑤ ㄱ, ㄴ, ㄷ

✔ 자료 해석

· (가)에서 A의 공전 궤도면은 관측자의 시선 방향과 나란하지 않고 비스듬하게 기울어져 있으며, B의 공전 궤도면은 관측자의 시선 방향과 나란하다.

· (나)에서 관측 기간 동안 A에 의한 식 현상은 세 번 일어났고, B에 의한 식 현상은 한 번 일어났으므로 공전 주기는 B가 A보다 길다.

· (나)에서 식 현상이 일어났을 때 행성에 의한 중심별의 밝기 변화량은 A는 0.004, B는 0.001로, A에 의해 중심별이 더 많이 가려졌다.

· (나)에서 ㉠ 시기에 A는 식 현상과 식 현상 중간에 해당하므로 중심별의 뒤쪽에 위치하고, B는 식 현상을 일으켰으므로 중심별 앞쪽에 위치한다.

◯ 보기 풀이

ㄱ. 식 현상이 일어나는 주기가 공전 주기에 해당하므로, 공전 주기는 A보다 B가 길다.

✕ 매력적 오답

ㄴ. 식 현상에 의한 중심별의 밝기 감소량은 행성이 중심별을 가리는 면적, 즉 행성 반지름의 제곱에 비례한다. A에 의한 중심별의 밝기 감소량은 0.004이고 B에 의한 중심별의 밝기 감소량은 0.001이므로 A에 의한 중심별의 밝기 감소량이 B에 의한 중심별의 밝기 감소량보다 4배 크다. 따라서 행성의 반지름은 A가 B의 2배이다.

ㄷ. ㉠ 시기에 A는 중심별의 뒤쪽에 위치하고 B는 중심별의 앞쪽에 위치하지만, A의 공전 궤도면은 관측자의 시선 방향과 나란하지 않기 때문에 A와 B 사이의 거리는 1 AU보다 가깝다.

문제풀이 Tip

A의 공전 궤도면이 관측자의 시선 방향과 나란하다면 B와 같은 평면에서 공전하기 때문에 A와 B가 서로 반대편에 위치할 때의 거리는 (A의 공전 궤도 반지름 + B의 공전 궤도 반지름)이 되지만, 두 행성 중 한 행성의 공전 궤도면이 관측자의 시선 방향과 나란하지 않다면 두 행성이 서로 반대편에 위치할 때의 거리는 (A의 공전 궤도 반지름 + B의 공전 궤도 반지름)보다 작다는 것에 유의해야 한다.

11 외계 행성계 탐사 방법

출제 의도 공통 질량 중심을 중심으로 공전하는 중심별과 외계 행성의 운동을 이해하고, 행성의 질량과 반지름 변화에 따른 도플러 효과와 식 현상의 변화를 파악하는 문항이다.

그림은 어느 외계 행성계에서 공통 질량 중심을 중심으로 공전하는 행성 P와 중심별 S의 모습을 나타낸 것이다. P의 공전 궤도면은 관측자의 시선 방향과 나란하다.

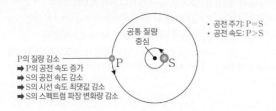

P의 질량 감소
➡ P의 공전 속도 증가
➡ S의 공전 속도 감소
➡ S의 시선 속도 최댓값 감소
➡ S의 스펙트럼 파장 변화량 감소

· 공전 주기: P=S
· 공전 속도: P>S

공통 질량 중심

이 자료에 대한 옳은 설명만을 〈보기〉에서 있는 대로 고른 것은? [3점]

보기
ㄱ. P와 S가 공통 질량 중심을 중심으로 공전하는 주기는 같다.
ㄴ. P의 질량이 작을수록 S의 스펙트럼 최대 편이량은 ~~크다.~~ 작다.
ㄷ. P의 반지름이 작을수록 식 현상에 의한 S의 밝기 감소율은 작다.

① ㄱ　② ㄴ　③ ㄷ　④ ㄱ, ㄷ　⑤ ㄴ, ㄷ

✔ 자료 해석
· 행성과 중심별은 공통 질량 중심을 중심으로 서로 반대편에서 같은 주기, 같은 방향으로 공전한다.
· 행성의 질량이 클수록, 행성의 공전 궤도 반지름이 작을수록 중심별의 파장 변화량은 크다.
· 행성의 반지름이 클수록 식 현상이 일어났을 때 중심별을 가리는 면적이 커지므로 중심별의 밝기 감소량이 증가한다.

○ 보기 풀이 ㄱ. 행성 P와 중심별 S는 공통 질량 중심을 중심으로 서로 반대편에서 같은 방향과 같은 주기로 공전한다.
ㄷ. 행성의 공전 궤도면이 관측자의 시선 방향과 나란한 경우 식 현상이 일어났을 때 중심별을 가리는 면적은 행성의 반지름의 제곱에 비례한다. 따라서 P의 반지름이 작을수록 S를 가리는 면적이 작아져서 식 현상에 의한 S의 밝기 감소율은 작다.

✕ 매력적 오답 ㄴ. P와 S는 공통 질량 중심을 중심으로 같은 주기로 공전하므로, P의 질량이 작을수록 P의 공전 속도는 빨라지고 S의 공전 속도는 느려진다. 따라서 S의 시선 속도가 작아져 스펙트럼의 최대 편이량은 작아진다.

문제풀이 Tip
공통 질량 중심을 중심으로 행성과 중심별이 공전할 때 행성(또는 중심별)의 질량이 커질수록 행성(또는 중심별)은 공통 질량 중심에 가까워지고, 공통 질량 중심에 가까울수록 공전 속도가 느려진다는 것에 유의해야 한다.

---

12 식 현상을 이용한 탐사 방법

출제 의도 중심별의 밝기 변화 자료를 해석하여 행성의 반지름 변화에 따른 중심별의 밝기 변화 및 지구로부터 중심별의 거리 변화를 파악하고, 중심별과 행성의 공전 속도를 비교하는 문항이다.

그림은 외계 행성이 중심별 주위를 공전하며 식 현상을 일으키는 모습과 중심별의 밝기 변화를 나타낸 것이다. 이 외계 행성에 의해 중심별의 도플러 효과가 관측된다.

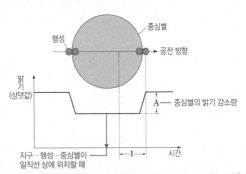

중심별
행성
공전 방향
밝기(상댓값)
A— 중심별의 밝기 감소량
지구-행성-중심별이 일직선 상에 위치할 때
t
시간

이에 대한 설명으로 옳은 것만을 〈보기〉에서 있는 대로 고른 것은?

보기
ㄱ. 행성의 반지름이 2배 커지면 A 값은 ~~2배~~ 커진다. 4배
ㄴ. t 동안 중심별의 ~~적색 편이~~가 관측된다. 청색 편이
ㄷ. 중심별과 행성의 공통 질량 중심을 중심으로 공전하는 속도는 중심별이 행성보다 느리다.

① ㄱ　② ㄷ　③ ㄱ, ㄴ　④ ㄴ, ㄷ　⑤ ㄱ, ㄴ, ㄷ

✔ 자료 해석
· A는 식 현상이 일어날 때 중심별의 밝기 감소량이다.
· t는 지구-행성-중심별이 일직선 상에 위치한 이후이므로, 행성은 지구로부터 멀어지고 중심별은 지구에 가까워진다.

○ 보기 풀이 ㄷ. 중심별과 행성은 공통 질량 중심을 중심으로 같은 주기로 공전하며, 질량이 큰 중심별이 행성보다 안쪽에서 공전하므로 공전 궤도의 길이는 중심별이 행성보다 짧다. 따라서 공전 주기는 같고 중심별이 행성보다 더 짧은 길이를 공전하므로 공전 속도가 느리다.

✕ 매력적 오답 ㄱ. 중심별의 밝기 감소량은 행성의 단면적(반지름의 제곱)에 비례한다. 따라서 행성의 반지름이 2배 커지면 행성의 단면적이 4배 커지므로, A 값은 4배 커진다.
ㄴ. 식 현상이 일어나기 위해서는 지구와 중심별 사이에 행성이 위치해야 하므로, t는 지구-행성-중심별이 일직선 상에 위치한 이후이다. 따라서 t 동안 행성은 지구로부터 멀어지고, 중심별은 지구에 가까워지므로 중심별의 청색 편이가 관측된다.

문제풀이 Tip
식 현상이 일어날 때 행성의 반지름이 클수록 단면적이 넓어져 중심별의 밝기 감소량이 커지는 것을 알아 두고, 중심별의 밝기 감소량은 행성의 단면적에 비례하는 것에 유의해야 한다.

13 중심별의 시선 속도 변화와 식 현상을 이용한 탐사 방법

출제의도 중심별의 시선 속도 변화와 겉보기 밝기 변화 자료를 해석하여 각 시기에 중심별과 외계 행성의 위치, 지구로부터의 거리 변화를 파악하는 문항이다.

그림 (가)와 (나)는 어느 외계 행성에 의한 중심별의 시선 속도 변화와 겉보기 밝기 변화를 각각 나타낸 것이다. (나)의 t는 (가)의 T_1, T_2, T_3, T_4 중 하나이다.

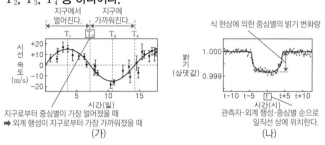

(가)

(나)

이 자료에 대한 설명으로 옳은 것만을 〈보기〉에서 있는 대로 고른 것은? [3점]

보기
ㄱ. 중심별은 T_1일 때 적색 편이가 나타난다.
ㄴ. 지구로부터 외계 행성까지의 거리는 T_2보다 T_3일 때 멀다.
ㄷ. (나)의 t는 (가)의 $\overset{\cancel{T_4}}{T_2}$이다.

① ㄱ ② ㄷ ③ ㄱ, ㄴ ④ ㄴ, ㄷ ⑤ ㄱ, ㄴ, ㄷ

✔ 자료 해석

• (가)에서 시선 속도가 (+)에서 (−)로 바뀌는 T_2일 때 중심별은 지구로부터 가장 먼 곳에 위치하고, (−)에서 (+)로 바뀌는 T_4일 때 중심별은 지구로부터 가장 가까운 곳에 위치한다.
• (나)에서 t를 전후하여 식 현상이 일어났으므로, t일 때 외계 행성은 지구로부터 가장 가까운 곳에, 중심별은 지구로부터 가장 먼 곳에 위치한다.

○ 보기 풀이 ㄱ. 중심별은 시선 속도가 (+)일 때 지구로부터 멀어지고, (−)일 때 지구 쪽으로 접근한다. T_1일 때 시선 속도가 (+)이므로 중심별은 시선 방향으로 멀어지며, 관측 파장이 원래 파장보다 길어지는 적색 편이가 나타난다.

ㄴ. 외계 행성과 중심별은 공통 질량 중심을 중심으로 같은 방향으로 공전하므로, 중심별이 지구 쪽으로 접근할 때 외계 행성은 지구로부터 멀어진다. T_2일 때 중심별은 지구로부터 가장 먼 거리에 위치하므로 외계 행성은 지구로부터 가장 가까운 곳에 위치한다. 한편 T_3일 때는 시선 속도가 (−)이므로 중심별은 지구 쪽으로 접근하며 T_2일 때보다 지구로부터 가까운 거리에 위치하고, 외계 행성은 T_2일 때보다 지구로부터 먼 거리에 위치한다. 따라서 지구로부터 외계 행성까지의 거리는 T_2보다 T_3일 때 멀다.

✘ 매력적 오답 ㄷ. (나)에서 t일 때 중심별의 겉보기 밝기가 가장 작으므로 t를 전후하여 식 현상이 일어났다. 식 현상은 지구−외계 행성−중심별 순으로 일직선 상에 위치할 때 일어나므로, t일 때 외계 행성은 지구로부터 가장 가까운 거리에 위치하고 중심별은 지구로부터 가장 먼 거리에 위치한다. 따라서 (나)의 t일 때 중심별의 위치는 (가)의 T_2이다.

문제풀이 Tip
중심별의 시선 속도가 (+)에서 (−)로 바뀔 때 중심별은 지구로부터 가장 먼 곳에, 외계 행성은 지구로부터 가장 가까운 곳에 위치하는 것을 알아 두고, 식 현상이 일어날 때 중심별은 지구로부터 가장 먼 곳에 위치하는 것에 유의해야 한다.

---

14 중심별의 시선 속도 변화와 식 현상을 이용한 탐사 방법

출제의도 중심별의 시선 속도 변화 자료를 해석하여 외계 행성의 거리 변화를 파악하고, 행성의 반지름 변화에 따른 중심별의 밝기 변화량을 비교하는 문항이다.

그림 (가)와 (나)는 어느 외계 행성에 의한 중심별의 시선 속도 변화와 밝기 변화를 나타낸 것이다.

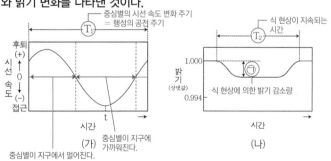

(가)

(나)

이에 대한 옳은 설명만을 〈보기〉에서 있는 대로 고른 것은? [3점]

보기
ㄱ. 관측 시간은 T_1이 T_2보다 길다.
ㄴ. t일 때 외계 행성은 지구로부터 멀어진다.
ㄷ. $\dfrac{\text{행성의 반지름}}{\text{중심별의 반지름}}$ 값이 클수록 ㉠은 커진다.

① ㄱ ② ㄴ ③ ㄱ, ㄷ ④ ㄴ, ㄷ ⑤ ㄱ, ㄴ, ㄷ

✔ 자료 해석

• (가)에서 T_1은 중심별의 시선 속도 변화 주기이고, (나)에서 T_2는 중심별의 밝기가 감소하는 시간이다.
• t일 때 중심별의 시선 속도는 (−) 값이므로, 중심별은 지구에 가까워진다.

○ 보기 풀이 ㄱ. (가)에서 시선 속도의 변화 주기(T_1)는 행성의 공전 주기와 같다. (나)에서 중심별의 밝기가 감소하는 시간(T_2)은 행성이 중심별 앞면을 통과하는 데 걸리는 시간이다. 행성의 공전 주기(T_1)는 행성이 중심별 앞면을 통과하는 데 걸리는 시간(T_2)보다 길다.

ㄴ. t일 때 중심별의 시선 속도는 (−) 값이므로 중심별은 지구에 가까워진다. 중심별이 지구에 가까워질 때 행성은 지구로부터 멀어진다.

ㄷ. 식 현상이 일어날 때 행성의 반지름이 클수록 중심별이 행성에 의해 가려지는 면적이 크다. 따라서 $\dfrac{\text{행성의 반지름}}{\text{중심별의 반지름}}$ 값이 클수록 중심별의 밝기 감소량(㉠)이 커진다.

문제풀이 Tip
도플러 효과와 식 현상을 이용한 외계 행성 탐사 방법에 대해 묻는 문항이 자주 출제되므로 자료를 해석하여 중심별과 외계 행성의 지구로부터의 거리 변화를 파악하는 연습을 해 두고, 중심별의 시선 속도가 (+) 값을 가질 때 행성은 지구에 가까워지고, (−) 값을 가질 때 행성은 지구로부터 멀어지는 것에 유의해야 한다.

15 식 현상을 이용한 탐사 방법

출제 의도 중심별의 밝기 변화 자료를 해석하여 행성의 공전 주기와 반지름을 비교하는 문항이다.

그림은 광도가 동일한 서로 다른 주계열성을 공전하는 행성 A와 B에 의한 중심별의 밝기 변화를 나타낸 것이다.

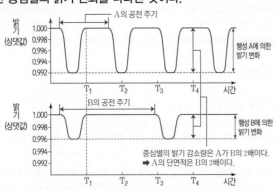

이에 대한 설명으로 옳은 것만을 〈보기〉에서 있는 대로 고른 것은? (단, 시선 방향과 행성의 공전 궤도면은 일치한다.) [3점]

보기
ㄱ. 공전 주기는 A가 B보다 짧다.
ㄴ. 반지름은 A가 B의 ~~2배이다.~~ √2배이다.
ㄷ. T_1 시기에는 A, B 모두 지구에 ~~가까워지고 있다.~~ 멀어지고 있다.

① ㄱ ② ㄴ ③ ㄱ, ㄷ ④ ㄴ, ㄷ ⑤ ㄱ, ㄴ, ㄷ

✔ 자료 해석
• 식 현상이 일어나는 주기는 A가 B보다 짧다.
• A와 B의 중심별은 광도가 같은 주계열성이므로 크기가 같다. 중심별의 밝기 변화는 B보다 A에 의해 크게 나타나므로, 반지름은 A가 B보다 크다.

○ 보기 풀이 ㄱ. 행성에 의한 중심별의 식 현상은 행성이 중심별의 앞면을 지날 때마다 일어나므로 식 현상이 일어나는 주기는 행성의 공전 주기와 같다. 따라서 행성의 공전 주기는 A가 B보다 짧다.

✗ 매력적 오답 ㄴ. 행성 A에 의한 중심별의 밝기 감소량은 행성 B에 의한 밝기 감소량보다 2배 크다. A와 B의 중심별은 크기가 같으므로, 중심별이 가려진 면적은 행성의 단면적에 비례한다. 따라서 행성의 반지름은 A가 B의 √2배이다.

ㄷ. 식 현상이 일어날 때 중심별 – 행성 – 관측자 순으로 일직선 상에 위치하며, 식 현상이 일어난 직후에 행성은 지구로부터 멀어지는 방향으로 이동한다. T_1 시기는 A와 B에 의한 식 현상이 일어난 직후이므로, A와 B 모두 지구로부터 멀어지고 있다.

문제풀이 Tip
중심별의 밝기 감소량은 행성의 반지름의 제곱에 비례하는 것을 알아 두고, 식 현상이 일어난 직후 행성은 지구로부터 멀어지고, 중심별은 지구에 가까워지므로 청색 편이가 나타나는 것에 유의해야 한다.

---

16 중심별의 시선 속도 변화를 이용한 탐사 방법

출제 의도 도플러 효과를 이용한 외계 행성 탐사 방법을 이해하고, 시선 속도 변화 자료를 해석하는 문항이다.

다음은 어느 외계 행성계에 대한 기사의 일부이다.

> ### 한글 이름을 사용하는 외계 행성계 '백두'와 '한라'
>
> 우리나라 천문학자가 발견한 외계 행성계의 중심별과 외계 행성의 이름에 각각 '백두'와 '한라'가 선정되었다. '한라'는 '백두'의 ㉠ 시선 속도 변화를 이용한 탐사 방법으로 발견하였다.
> 도플러 효과 이용
>
> 〈'백두'의 시선 속도 변화〉
> 백두의 거리가 가장 멀다.

이에 대한 설명으로 옳은 것만을 〈보기〉에서 있는 대로 고른 것은? [3점]

보기
ㄱ. T_1일 때 '백두'는 적색 편이가 나타난다.
ㄴ. 태양으로부터 '한라'까지의 거리는 T_2보다 T_3일 때 멀다.
ㄷ. ㉠에서 행성의 질량이 클수록 중심별의 시선 속도 변화가 커진다.

① ㄱ ② ㄴ ③ ㄱ, ㄷ ④ ㄴ, ㄷ ⑤ ㄱ, ㄴ, ㄷ

✔ 자료 해석
• T_1일 때 중심별(백두)은 지구로부터 멀어지므로 적색 편이가 나타난다.
• 중심별은 T_2 이전에 지구로부터 멀어지다가 T_2 이후에 지구에 가까워지므로, T_2일 때 중심별(백두)은 지구로부터 가장 먼 거리에, 행성(한라)은 가장 가까운 거리에 있다.

○ 보기 풀이 ㄱ. 파동을 방출하는 물체가 관측자의 시선 방향에서 멀어지면 파장이 길어져 적색 편이가 나타나고, 가까워지면 파장이 짧아져 청색 편이가 나타난다. T_1일 때 중심별(백두)은 시선 속도가 양(+)의 값을 갖는다. 따라서 지구로부터 멀어지므로 적색 편이가 나타난다.

ㄴ. T_2일 때 중심별의 시선 속도는 양(+)의 값에서 음(−)의 값으로 변하므로, 중심별(백두)은 태양으로부터 가장 먼 거리에 있고 행성(한라)은 태양으로부터 가장 가까운 거리에 있다. 반면 T_3일 때 중심별의 시선 속도는 음(−)의 값에서 양(+)의 값으로 변하므로, 중심별(백두)은 태양으로부터 가장 가까운 거리에 있고 행성(한라)은 태양으로부터 가장 먼 거리에 있다. 따라서 태양으로부터 한라까지의 거리는 T_2일 때보다 T_3일 때 멀다.

ㄷ. 행성의 질량이 클수록 중심별로부터 공통 질량 중심까지의 거리가 멀어지므로, 중심별이 공통 질량 중심을 중심으로 공전하는 속도가 빨라진다. 따라서 ㉠에서 행성의 질량이 클수록 중심별의 시선 속도 변화가 커진다.

문제풀이 Tip
행성은 공통 질량 중심을 기준으로 중심별의 반대 방향에 위치하는 것에 유의해야 한다.

17 식 현상을 이용한 탐사 방법

출제 의도 식 현상을 이용한 외계 행성 탐사 방법을 이해하고, 중심별의 밝기 변화 자료를 해석하여 행성의 공전 주기를 파악하고 행성의 반지름 변화에 따른 중심별의 밝기 변화를 파악하는 문항이다.

그림은 외계 행성의 식 현상에 의해 일어나는 중심별의 밝기 변화를 나타낸 것이다.

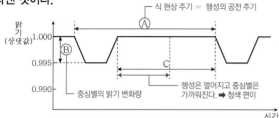

이에 대한 옳은 설명만을 〈보기〉에서 있는 대로 고른 것은? (단, 이 외계 행성계의 행성은 한 개이다.) [3점]

┌ 보기 ┐
ㄱ. A 기간은 행성의 공전 주기에 해당한다.

ㄴ. 행성의 반지름이 2배가 되면 B는 2배가 된다.
　　　　　　　　　　　　　　　　　　　4배

ㄷ. C 기간에 중심별의 스펙트럼을 관측하면 적색 편이가 청색 편이보다 먼저 나타난다.
　　　　　　　　　　　　　　　　　나중에
└───────────────────────────┘

① ㄱ　　② ㄴ　　③ ㄷ　　④ ㄱ, ㄷ　　⑤ ㄴ, ㄷ

✔ 자료 해석

• A는 식 현상이 반복되는 주기이며, 행성이 1회 공전할 때 식 현상이 1회 나타난다.

• B는 식 현상이 일어났을 때 중심별의 밝기 변화량으로, 중심별이 가려진 면적에 비례한다.

• C 기간이 시작될 때는 식 현상이 끝난 직후이므로, 행성은 지구로부터 멀어지고 중심별은 지구에 가까워진다.

◯ 보기 풀이

ㄱ. 행성이 중심별의 앞을 지나가면 중심별의 밝기가 감소하므로, 중심별의 밝기 변화를 관측하면 외계 행성을 찾을 수 있다. 중심별 – 행성 – 지구 순으로 일직선 상에 위치할 때마다 식 현상이 나타난다. A는 식 현상이 나타나는 주기에 해당하며, 행성이 1회 공전할 때마다 식 현상이 일어나므로 A는 행성의 공전 주기와 같다.

✕ 매력적 오답

ㄴ. 식 현상이 일어났을 때 중심별의 밝기 감소량은 0.005이며, 이 값은 $\dfrac{행성의\ 단면적}{중심별의\ 단면적}$ 에 비례한다. 따라서 행성의 반지름이 2배가 되면 행성의 단면적은 4배가 되므로 B도 4배가 된다.

ㄷ. 중심별이 시선 방향으로 멀어질 때는 적색 편이가 나타나고, 가까워질 때는 청색 편이가 나타난다. 식 현상이 끝난 직후 행성은 지구로부터 멀어지고 중심별은 지구에 가까워진다. 따라서 C 기간에 중심별의 스펙트럼을 관측하면 청색 편이가 적색 편이보다 먼저 나타난다.

문제풀이 Tip

식 현상이 일어날 때 중심별의 밝기 변화량은 행성의 반지름의 제곱에 비례하며, 행성이 지구로부터 멀어질 때 중심별은 지구에 가까워지는 것에 유의해야 한다.

04 외부 은하와 우주 팽창

1 은하의 분류

2024년 10월 교육청 3번 | 정답 ④ | 문제편 41 p

출제 의도 은하의 종류별 특징을 이해하고 가시광선 영상을 보고 은하의 종류를 파악하는 문항이다.

표는 은하의 종류별 특징을 나타낸 것이고, (가), (나), (다)는 각각 타원 은하, 막대 나선 은하, 불규칙 은하 중 하나이다. 그림은 어느 은하의 가시광선 영상을 나타낸 것이고, 이 은하는 (가), (나), (다) 중 하나에 해당한다.

구에 가까운 형태

종류	특징
타원 은하 (가)	E0~E7로 구분한다.
불규칙 은하 (나)	㉠
막대 나선 은하 (다)	중심부에 막대 구조가 보인다.

가장 납작한 형태

막대 나선 은하

이에 대한 설명으로 옳은 것만을 〈보기〉에서 있는 대로 고른 것은?

보기
ㄱ. E7은 E0보다 구 모양에 가깝다.
　　납작한 타원
ㄴ. '규칙적인 구조가 없다.'는 ㉠에 해당한다.
ㄷ. 그림의 은하는 (다)에 해당한다.

① ㄱ　　② ㄴ　　③ ㄱ, ㄷ　　④ ㄴ, ㄷ　　⑤ ㄱ, ㄴ, ㄷ

✓ 자료 해석
• 타원 은하는 E, 막대 나선 은하는 Sb, 불규칙 은하는 Irr로 나타내므로 (가)는 타원 은하이다.
• (다)는 중심부에 막대 구조가 보이는 은하이므로 막대 나선 은하이고, 나머지 (나)는 불규칙 은하이다.
• 그림은 은하핵을 가로지르는 막대 구조와 나선팔을 가지고 있으므로 막대 나선 은하이다.

○ 보기 풀이　ㄴ. (가)는 타원 은하, (나)는 불규칙 은하, (다)는 막대 나선 은하이다. 불규칙 은하는 모양이 일정하지 않고 규칙적인 구조가 없는 은하이므로, '규칙적인 구조가 없다.'가 ㉠에 해당한다.
ㄷ. 그림의 은하는 중심부를 가로지르는 막대 구조에서 나선팔이 뻗어 나와 휘감고 있는 모습이므로 막대 나선 은하이다.

✗ 매력적 오답　ㄱ. 나선 은하는 편평도에 따라 E0~E7로 세분하며, 0에서 7로 갈수록 편평도가 커서 납작한 타원 모양이다.

문제풀이 Tip
은하를 형태에 따라 구분하고, 각 은하를 세분하는 기준을 알아 두자. 또한 은하를 구성하는 성간 물질과 별의 특징에 대해서 묻는 문항도 자주 출제되므로 함께 정리해 두도록 하자.

2 우주 구성 요소

출제 의도 시간에 따른 상대적 비율 변화를 확인하여 우주 구성 요소를 구분하고, 우주 팽창 속도를 이해하는 문항이다.

그림은 빅뱅 이후 20억 년부터 현재까지 우주를 구성하는 요소 A, B, C가 차지하는 상대적 비율 변화를 나타낸 것이다. A, B, C는 각각 보통 물질, 암흑 물질, 암흑 에너지 중 하나이다.

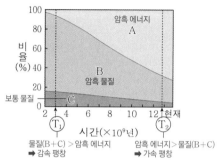

물질(B+C) > 암흑 에너지
➡ 감속 팽창

암흑 에너지 > 물질(B+C)
➡ 가속 팽창

이에 대한 설명으로 옳은 것만을 〈보기〉에서 있는 대로 고른 것은?

보기
ㄱ. A는 암흑 에너지이다.
ㄴ. B는 은하에 의한 중력 렌즈 현상을 이용하여 존재를 추정할 수 있다.
ㄷ. 우주는 T_1 시기에는 감속 팽창, T_2 시기에는 가속 팽창했다.

① ㄱ　② ㄴ　③ ㄱ, ㄷ　④ ㄴ, ㄷ　⑤ ㄱ, ㄴ, ㄷ

✔ 자료 해석

• 현재 상대적 비율이 가장 큰 A는 암흑 에너지이고, B는 암흑 물질, C는 보통 물질이다.
• 암흑 에너지는 척력으로 작용하고 물질은 중력으로 작용하므로, 암흑 에너지의 비율이 크면 우주는 가속 팽창하고, 물질의 비율이 크면 우주는 감속 팽창한다.

○ 보기 풀이　ㄱ. A는 현재 우주에서 가장 많은 비율을 차지하므로 암흑 에너지이다.

ㄴ. B는 현재 우주에서 두 번째로 많은 비율을 차지하므로 암흑 물질이다. 암흑 물질은 전자기파로 관측되지 않으므로 은하에 의한 중력 렌즈 현상을 이용해 존재를 추정할 수 있다.

ㄷ. T_1 시기에는 물질(B+C)의 양이 암흑 에너지(A)의 양보다 훨씬 많으므로 우주는 중력이 크게 작용하여 감속 팽창을 하였고, T_2 시기에는 암흑 에너지의 양이 물질의 양보다 훨씬 많으므로 척력이 우세하게 작용하여 가속 팽창을 했다.

문제풀이 Tip

우주는 암흑 에너지, 보통 물질, 암흑 물질로 구성되어 있으며, 암흑 에너지의 상대적 비율은 시간이 지날수록 계속 증가하고, 보통 물질과 암흑 물질의 상대적 비율은 시간이 지날수록 감소한다는 것에 유의해야 한다.

3 허블 법칙

출제 의도 은하의 거리와 후퇴 속도로 허블 상수를 구해 허블 법칙을 이해하고, 우주의 크기를 비교하는 문항이다.

그림 (가)와 (나)는 각각 서로 다른 거리에 있는 외부 은하의 거리와 후퇴 속도, 추세선의 기울기 H_1, H_2를 나타낸 것이다. 은하 ㉠은 추세선 상에 위치하고, $H_1 = 70$ km/s/Mpc이다.

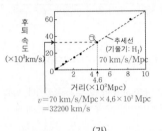

$v = 70$ km/s/Mpc $\times 4.6 \times 10^2$ Mpc
$= 32200$ km/s

(가)

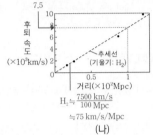

$H_2 ≒ \dfrac{7500 \text{ km/s}}{100 \text{ Mpc}}$
$≒ 75$ km/s/Mpc

(나)

이 자료에 대한 설명으로 옳은 것만을 〈보기〉에서 있는 대로 고른 것은?

> 보기
> ㄱ. 은하 ㉠의 후퇴 속도는 32200 km/s이다.
> ㄴ. H_2는 H_1보다 크다.
> ㄷ. (가), (나)가 각각 허블 법칙을 만족할 때, 관측 가능한 우주의 크기는 H_2로 구한 값이 H_1로 구한 값보다 ~~크다.~~ 작다.

① ㄱ ② ㄷ ③ ㄱ, ㄴ ④ ㄴ, ㄷ ⑤ ㄱ, ㄴ, ㄷ

✔ 자료 해석

- 허블 법칙을 이용하면 거리를 알고 있는 은하의 후퇴 속도를 구할 수 있고, 은하의 거리와 후퇴 속도를 알고 있으면 허블 상수를 구할 수 있다.
- 은하의 후퇴 속도를 v, 은하의 거리를 r이라고 하면, $v = H \cdot r$(H: 허블 상수)이고, $H = \dfrac{v}{r}$이다.
- 관측 가능한 우주의 크기(r)는 광속(c)으로 멀어지는 은하까지의 거리에 해당하므로 $r = \dfrac{c}{H}$이다. 즉, 허블 상수의 역수에 비례한다.

○ 보기 풀이

ㄱ. (가)에서 허블 상수 $H_1 = 70$ km/s/Mpc이고, 은하 ㉠의 후퇴 속도(v)는 $v = H \cdot r$로부터 $v = 70$ km/s/Mpc $\times 460$ Mpc $= 32200$ km/s 이다.

ㄴ. H_2는 (나) 그래프의 기울기에 해당한다. 거리 100 Mpc일 때 후퇴 속도는 약 7500 km/s에 해당하므로, $H_2 ≒ \dfrac{7500 \text{ km/s}}{100 \text{ Mpc}} = 75$ km/s/Mpc이다. 따라서 H_2는 H_1보다 크다.

✕ 매력적 오답

ㄷ. 관측 가능한 우주의 크기는 광속으로 멀어지는 은하까지의 거리이므로 허블 상수의 역수에 비례한다. 따라서 (가), (나)가 각각 허블 법칙을 만족할 때 관측 가능한 우주의 크기는 허블 상수가 큰 H_2로 구한 값이 H_1로 구한 값보다 작다

문제풀이 Tip

허블 법칙을 이용해 은하의 후퇴 속도, 은하까지의 거리, 허블 상수를 구할 수 있어야 한다. 은하의 거리와 후퇴 속도의 관계를 나타낸 그래프에서 기울기는 허블 상수에 해당한다는 것을 알아 두자.

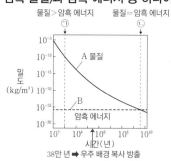
출제 의도 우주가 팽창함에 따라 우주 구성 요소의 밀도 변화를 파악하고, 우주의 진화 과정을 이해하는 문항이다.

그림은 빅뱅 우주론에 따라 우주가 팽창하는 동안 우주 구성 요소 A와 B의 밀도 변화를 시간에 따라 나타낸 것이다. A와 B는 각각 물질(보통 물질+암흑 물질)과 암흑 에너지 중 하나이다.

이에 대한 설명으로 옳은 것만을 〈보기〉에서 있는 대로 고른 것은?

보기
ㄱ. A는 물질이다.

ㄴ. 우주 배경 복사는 ㉠ 시기 ~~어전에~~ 이후에 방출된 빛이다.

ㄷ. $\dfrac{\text{암흑 에너지 밀도}}{\text{물질 밀도}}$ 는 ㉡ 시기가 ㉠ 시기보다 크다.

① ㄱ   ② ㄴ   ③ ㄱ, ㄷ   ④ ㄴ, ㄷ   ⑤ ㄱ, ㄴ, ㄷ

✔ 자료 해석

• A는 시간이 지남에 따라 밀도가 감소하므로 물질(보통 물질+암흑 물질)이고, B는 시간이 지나도 밀도가 일정하므로 암흑 에너지이다.

• ㉠ 시기는 물질의 밀도가 암흑 에너지의 밀도보다 크고, ㉡ 시기는 물질의 밀도와 암흑 에너지의 밀도가 같다.

○ 보기 풀이 ㄱ. 빅뱅 이후 물질의 양은 항상 일정하므로 우주가 팽창함에 따라 물질의 밀도는 감소한다. 따라서 A는 물질이다.

ㄷ. 시간에 따라 밀도가 감소하는 A는 물질이고, 밀도가 일정한 B는 암흑 에너지이다. ㉠ 시기는 물질의 밀도가 암흑 에너지의 밀도보다 크므로 $\dfrac{\text{암흑 에너지 밀도}}{\text{물질 밀도}}$ 는 1보다 작고, ㉡ 시기는 물질의 밀도가 암흑 에너지의 밀도와 같으므로 $\dfrac{\text{암흑 에너지 밀도}}{\text{물질 밀도}}$ 는 1이다. 따라서 $\dfrac{\text{암흑 에너지 밀도}}{\text{물질 밀도}}$ 는 ㉡ 시기가 ㉠ 시기보다 크다.

✘ 매력적 오답 ㄴ. 우주 배경 복사는 빅뱅 후 약 38만 년이 지났을 때 방출된 빛이므로 ㉠ 시기 이후에 방출되었다.

문제풀이 Tip

보통 물질과 암흑 물질은 모두 우주 탄생 초기에 생성된 후 더 이상 생성되지 않았다는 것에 유의해야 한다. 그렇기 때문에 우주가 팽창함에 따라 물질의 밀도는 점점 감소하는 것이다.

5 허블 법칙

출제 의도 은하의 파장 변화량 관측 자료를 통해 은하 간의 위치 관계를 파악하고, 허블 법칙을 이해하는 문항이다.

다음은 우리은하와 외부 은하 A, B에 대한 설명이다. 적색 편이량은 $\left(\dfrac{\text{관측 파장}-\text{기준 파장}}{\text{기준 파장}}\right)$이고, 세 은하는 허블 법칙을 만족한다.

- 우리은하에서 A를 관측하면, 기준 파장이 500 nm인 흡수선은 503.5 nm로 관측된다.

  A의 적색 편이량은 $\dfrac{503.5-500}{500}$, 후퇴 속도는 2100 km/s, 거리는 30 Mpc이다.

- 우리은하에서 B를 관측하면, 기준 파장이 600 nm인 흡수선은 608.4 nm로 관측된다.

  B의 적색 편이량은 $\dfrac{608.4-600}{600}$, 후퇴 속도는 4200 km/s, 거리는 60 Mpc이다.

- B에서 A를 관측하면, 적색 편이량은 우리은하에서 A를 관측한 적색 편이량의 $\sqrt{3}$배이다.

이에 대한 설명으로 옳은 것만을 〈보기〉에서 있는 대로 고른 것은? (단, 빛의 속도는 3×10^5 km/s이고, 허블 상수는 70 km/s/Mpc이다.) [3점]

보기

ㄱ. 우리은하에서 A까지의 거리는 30 Mpc이다.

ㄴ. 우리은하에서 관측한 적색 편이량은 B가 A의 2배이다.

ㄷ. B에서 관측할 때, 우리은하와 A의 시선 방향은 30°를 이룬다.

① ㄱ ② ㄷ ③ ㄱ, ㄴ ④ ㄴ, ㄷ ⑤ ㄱ, ㄴ, ㄷ

✔ 자료 해석

- 은하의 후퇴 속도(v)는 $v=\dfrac{\Delta\lambda}{\lambda_0}\times c$ ($\Delta\lambda$: 파장 변화량, λ_0: 원래 파장, c: 빛의 속도)이고, 허블 법칙은 $v=H\cdot r$ (r: 은하의 거리)이다.

- 우리은하에서 A를 관측할 때 A의 후퇴 속도는 $v_A=\dfrac{3.5\ \text{nm}}{500\ \text{nm}}\times3\times10^5$ km/s=2100 km/s이다. 한편 허블 법칙을 만족하므로, $v=H\cdot r$로부터 A의 거리는 $\dfrac{2100\ \text{km/s}}{70\ \text{km/s/Mpc}}$=30 Mpc이다.

- 우리은하에서 B를 관측할 때 B의 후퇴 속도는 $v_B=\dfrac{8.4\ \text{nm}}{600\ \text{nm}}\times3\times10^5$ km/s=4200 km/s이다. 한편 허블 법칙을 만족하므로, $v=H\cdot r$로부터 B의 거리는 $\dfrac{4200\ \text{km/s}}{70\ \text{km/s/Mpc}}$=60 Mpc이다.

○ 보기 풀이 ㄱ. 적색 편이량과 허블 법칙을 이용하면 $v=\dfrac{\Delta\lambda}{\lambda_0}\times c=H\cdot r$이므로, $\dfrac{3.5\ \text{nm}}{500\ \text{nm}}\times3\times10^5$ km/s=70 km/s/Mpc$\cdot r$로부터 우리은하에서 A까지의 거리는 30 Mpc이다.

ㄴ. 적색 편이량은 은하까지의 거리에 비례하고, 후퇴 속도에 비례한다. 우리은하에서 A까지의 거리는 30 Mpc이고, B까지의 거리는 60 Mpc이므로, 우리은하에서 관측한 적색 편이량은 B가 A의 2배이다.

ㄷ. B에서 A를 관측할 때의 적색 편이량이 우리은하에서 A를 관측한 적색 편이량의 $\sqrt{3}$배이므로, 우리은하와 A 사이의 거리를 1이라고 하면 우리은하와 B 사이의 거리가 2이고, 우리은하, A, B의 위치 관계는 아래 그림과 같은 직각삼각형이 된다. 따라서 B에서 관측할 때 우리은하와 A의 시선 방향은 30°를 이룬다.

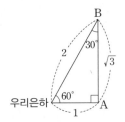

문제풀이 Tip

주어진 자료로부터 은하들의 위치, 방향, 거리 관계를 유추하여 은하 사이의 물리량을 구하는 문항이 최근 자주 출제되고 있다. 세 은하의 위치 관계를 그림으로 그려 보는 것이 가장 확실한 방법임을 염두에 두고, 은하 사이의 거리를 구하기 위해 허블 법칙($v=H\cdot r$), 적색 편이와 후퇴 속도($v=\dfrac{\Delta\lambda}{\lambda_0}\times c$)의 관계식은 반드시 암기해 두자.

6 외부 은하

출제 의도 타원 은하와 나선 은하의 특징을 이해하는 문항이다.

그림 (가)는 타원 은하와 나선 은하의 시간에 따른 연간 별 생성량을, (나)는 은하 A의 모습을 나타낸 것이다. A는 허블의 은하 분류 체계에서 E1과 SBb 중 하나에 해당한다.

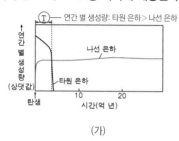

타원 은하(E1)

(가)　　　　　　　　(나)

이 자료에 대한 설명으로 옳은 것만을 〈보기〉에서 있는 대로 고른 것은?

보기
ㄱ. T 기간 동안 누적 별 생성량은 나선 은하보다 타원 은하가 많다.
ㄴ. A는 E1에 해당한다.
ㄷ. A는 탄생 이후 연간 별 생성량이 지속적으로 증가한다.
　　　　　　　　　　　　　　　　　　감소한다.

① ㄱ　② ㄷ　③ ㄱ, ㄴ　④ ㄴ, ㄷ　⑤ ㄱ, ㄴ, ㄷ

✔ 자료 해석
• (가)에서 타원 은하는 은하 탄생 이후 별 생성량이 감소하다가 T 기간이 지난 후 별 생성량이 급격하게 감소하였다.
• (가)에서 나선 은하는 은하 탄생 이후 별 생성량이 급격하게 증가하였고, 현재까지 꾸준하게 별이 생성되고 있다.
• (나)는 나선팔이 없는 둥근 모양이므로 허블의 은하 분류 체계에서 타원 은하에 해당한다.

◯ 보기 풀이 ㄱ. T 기간 동안 연간 별 생성량은 타원 은하가 나선 은하보다 많으므로, 이 기간 동안 누적 별 생성량은 타원 은하가 나선 은하보다 많다.
ㄴ. E1은 타원 은하이고, SBb는 막대 나선 은하이다. (나)는 타원 은하이므로, A는 E1에 해당한다.

✘ 매력적 오답 ㄷ. A는 타원 은하이므로 탄생 이후 연간 별 생성량이 지속적으로 감소한다.

문제풀이 Tip
허블의 은하 분류 체계에 따라 은하를 구분할 때 기호도 함께 알아 두는 것이 좋다. 나선 은하는 Spiral Galaxy이므로 S, 막대 나선 은하는 Barred Spiral Galaxy이므로 SB, 타원 은하는 Elliptical Galaxy이므로 E, 불규칙 은하는 Irregular Galaxy이므로 Irr로 표현한다. 또한 타원 은하는 납작한 정도에 따라 0~7까지 분류하고, 나선 은하는 나선팔이 감긴 정도와 은하핵의 상대적인 크기에 따라 a, b, c로 구분한다는 것을 알아 두자.

Part I

교육청

7 허블 법칙

출제 의도 허블 법칙을 이해하고, 이를 통해 은하들의 위치 관계를 파악하는 문항이다.

다음은 우리은하와 외부 은하 A, B에 대한 설명이다.

- 우리은하에서 A까지의 거리는 40 Mpc이다.
- 우리은하에서 관측할 때 A의 시선 방향과 B의 시선 방향이 이루는 각도는 30°이다.
- B에서 관측한 우리은하의 후퇴 속도는 A에서 관측한 우리
  <u>우리은하에서 B까지의 거리</u>
  은하의 후퇴 속도의 $\frac{\sqrt{3}}{2}$ 배이다.
  <u>우리은하에서 A까지의 거리의 $\frac{\sqrt{3}}{2}$</u>

이에 대한 설명으로 옳은 것만을 〈보기〉에서 있는 대로 고른 것은? (단, 세 은하는 동일 평면상에 위치하며 허블 법칙을 만족한다.) [3점]

보기
ㄱ. 우리은하에서 관측한 후퇴 속도는 A~~보다~~ B가 빠르다.
       A가 B보다
ㄴ. A에서 B까지의 거리는 20 Mpc이다.
ㄷ. A에서 관측할 때 우리은하의 시선 방향과 B의 시선 방향이 이루는 각도는 ~~90°~~이다.
                                60°

① ㄱ   ② ㄴ   ③ ㄷ   ④ ㄱ, ㄴ   ⑤ ㄴ, ㄷ

✔ 자료 해석

- 허블 법칙에 따르면, 은하의 후퇴 속도는 은하까지의 거리에 비례한다.
- 두 은하에서 서로 관측한 후퇴 속도는 같다.
- 관측 자료를 이용하여 우리은하, 은하 A, 은하 B 사이의 위치 관계를 그림으로 그려보면 다음과 같다.

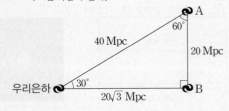

○ 보기 풀이 ㄴ. B에서 관측한 우리은하의 후퇴 속도는 A에서 관측한 우리은하의 후퇴 속도의 $\frac{\sqrt{3}}{2}$ 배이므로, 우리은하에서 B까지의 거리는 우리은하에서 A까지의 거리의 $\frac{\sqrt{3}}{2}$ 배이다. 우리은하에서 A까지의 거리가 40 Mpc이므로 우리은하에서 B까지의 거리는 40 Mpc × $\frac{\sqrt{3}}{2}$ = 20$\sqrt{3}$ Mpc이다. 한편, 우리은하에서 관측할 때 A의 시선 방향과 B의 시선 방향이 이루는 각도가 30°이므로, A와 B 사이의 거리는 20 Mpc이다.

✕ 매력적 오답 ㄱ. 외부 은하에서 관측한 우리은하의 후퇴 속도는 우리은하에서 관측한 외부 은하의 후퇴 속도와 같다. B에서 관측한 우리은하의 후퇴 속도는 A에서 관측한 우리은하의 후퇴 속도의 $\frac{\sqrt{3}}{2}$ 배이므로, 우리은하에서 관측한 후퇴 속도는 A가 B보다 빠르다.

ㄷ. 우리은하와 A, 우리은하와 B, A와 B 사이의 거리가 각각 40 Mpc, 20$\sqrt{3}$ Mpc, 20 Mpc이고, 우리은하에서 관측할 때 A의 시선 방향과 B의 시선 방향이 이루는 각도가 30°이므로, A에서 관측할 때 우리은하의 시선 방향과 B의 시선 방향이 이루는 각도는 60°이다.

문제풀이 **Tip**

은하들 사이의 거리나 후퇴 속도 관측 자료 일부를 제시하고 은하 사이의 거리나 후퇴 속도를 파악하는 문항에서는 가장 먼저 위치 관계를 그림으로 그려 보자. 시선 방향이 나란하지 않는다면 대부분 직각 삼각형으로 그려지는 경우가 많은데, 이때 한 내각의 크기가 30°나 60°인 경우에는 세 변의 길이의 비가 2 : 1 : $\sqrt{3}$이고, 한 내각의 크기가 45°인 경우에는 세 변의 길이의 비가 1 : 1 : $\sqrt{2}$이므로, 이를 응용하여 은하들 사이의 거리를 구할 수 있다.

8 우주 구성 요소

출제 의도 시간에 따른 우주 구성 요소의 밀도 변화를 파악하는 문항이다.

그림은 우주 구성 요소 A와 B의 시간에 따른 밀도를 나타낸 것이다. A와 B는 각각 물질(보통 물질＋암흑 물질)과 암흑 에너지 중 하나이다.

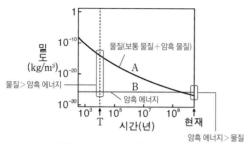

이에 대한 설명으로 옳은 것만을 〈보기〉에서 있는 대로 고른 것은?

보기

ㄱ. A는 물질이다.

ㄴ. $\dfrac{물질의\ 밀도}{암흑\ 에너지의\ 밀도}$ 는 T 시기보다 현재가 크다. ~~작다.~~

ㄷ. B는 현재 우주를 가속 팽창시키는 요소이다.

---

① ㄱ ② ㄴ ③ ㄱ, ㄷ ④ ㄴ, ㄷ ⑤ ㄱ, ㄴ, ㄷ

✔ **자료 해석**

• 우주 구성 요소는 보통 물질, 암흑 물질, 암흑 에너지이며, 현재 우주에는 암흑 에너지의 비율이 가장 크다.
• 암흑 에너지의 밀도는 항상 일정하고, 우주가 팽창함에 따라 물질(보통 물질, 암흑 물질)의 밀도는 감소한다.
• A는 시간에 따라 밀도가 감소하고 B는 시간에 따라 밀도가 일정하므로, A는 물질, B는 암흑 에너지이다.

○ **보기풀이** ㄱ. 우주가 팽창함에 따라 물질(보통 물질＋암흑 물질)의 밀도는 감소하고 암흑 에너지의 밀도는 일정하게 유지된다. 따라서 A는 물질(보통 물질＋암흑 물질)이고, B는 암흑 에너지이다.
ㄷ. B는 암흑 에너지로, 척력으로 작용하여 현재 우주를 가속 팽창시키는 요소이다.

✕ **매력적 오답** ㄴ. A는 물질, B는 암흑 에너지이다. T 시기에는 물질의 밀도가 암흑 에너지의 밀도보다 크고, 현재는 암흑 에너지의 밀도가 물질의 밀도보다 크다. 따라서 $\dfrac{물질의\ 밀도}{암흑\ 에너지의\ 밀도}$ 는 T 시기보다 현재가 작다.

문제풀이 Tip

물질은 새로 생성되지 않으므로 우주가 팽창함에 따라(시간이 흐름에 따라) 우주 공간에서 차지하는 비율이 줄어들게 된다. 즉, 현재로 올수록 물질의 밀도는 감소한다. 반면에 팽창한 우주 공간은 암흑 에너지로 채워지게 되므로 암흑 에너지의 비율은 증가하고 밀도는 일정하게 유지된다. 현재 우주 구성 요소 중 가장 많은 것은 암흑 에너지이며, 암흑 에너지의 밀도는 항상 일정하고, 물질의 밀도는 점차 감소하고 있다는 것에 유의해야 한다.

9 외부 은하

출제 의도 가시광선 영상에서 관측되는 특징에 따라 은하를 분류하고, 외부 은하의 특징을 이해하는 문항이다.

그림 (가)는 어느 은하의 가시광선 영상을, (나)는 (가)와 종류가 다른 은하의 가시광선 영상과 전파 영상을 나타낸 것이다.

막대 구조가 나타난다.
➡ 막대 나선 은하

(가)

가시광선 영상
타원형으로 나타난다.
➡ 타원 은하

전파 영상
로브와 제트가 나타난다.
➡ 전파 은하

(나)

이에 대한 설명으로 옳은 것만을 〈보기〉에서 있는 대로 고른 것은?

┌ 보기 ┐
ㄱ. (가)에서는 막대 구조가 관찰된다.
ㄴ. (나)의 전파 영상에서는 제트가 관찰된다.
ㄷ. 새로운 별의 생성은 (가)에서가 (나)에서보다 활발하다.
└────┘

① ㄱ ② ㄷ ③ ㄱ, ㄴ ④ ㄴ, ㄷ ⑤ ㄱ, ㄴ, ㄷ

✓ 자료 해석

• (가)는 은하핵과 나선팔을 가지고 있으며, 은하 중심을 가로지르는 막대 구조가 나타나므로, 허블의 은하 분류에 따라 막대 나선 은하로 분류된다.
• (나)는 가시광선 영상에서는 타원형으로 나타나므로 허블의 은하 분류에 따라 타원 은하로 분류되며, 전파 영상에서는 제트와 로브가 관찰되므로 전파 은하이다.

○ 보기 풀이 ㄱ. (가)는 막대 나선 은하로, 은하핵, 나선팔, 은하핵을 가로지르는 막대 구조가 관찰된다.

ㄴ. (나)는 가시광선 영상에서는 타원 은하로 관측되지만, 전파 영상에서는 중심에 핵을 가지고 양쪽에 돌출부인 로브, 핵과 로브를 연결하는 제트로 이루어져 있으므로 전파 은하임을 알 수 있다.

ㄷ. 새로운 별은 성간 물질이 많은 은하에서 활발하게 생성된다. 허블의 은하 분류에 따르면 (가)는 막대 나선 은하, (나)는 타원 은하이므로, 성간 물질은 (가)에서가 (나)에서보다 많이 분포한다. 따라서 새로운 별의 생성은 (가)에서가 (나)에서보다 활발하다.

문제풀이 Tip

새로운 별은 성간 가스와 먼지로 이루어진 성운에서 탄생하므로, 성간 물질이 많은 은하일수록 새로운 별의 생성이 활발하다는 것을 알아야 한다. 성간 물질의 양은 불규칙 은하>나선 은하>타원 은하 순인 것을 알아 두자.

---

10 우주 구성 요소

출제 의도 시간에 따른 우주의 크기 변화를 이해하고, 이에 따른 우주 구성 요소의 비율 변화를 비교하는 문항이다.

그림 (가)는 어느 우주 모형에서 시간에 따른 우주의 크기 변화를, (나)는 현재 우주 구성 요소의 비율을 나타낸 것이다. A, B, C는 각각 암흑 물질, 암흑 에너지, 보통 물질 중 하나이다.

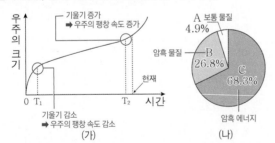

(가) / (나)

이에 대한 설명으로 옳은 것만을 〈보기〉에서 있는 대로 고른 것은? [3점]

┌ 보기 ┐
ㄱ. 우주의 평균 온도는 T_1 시기가 T_2 시기보다 높다.
ㄴ. T_1 시기에 우주는 감속 팽창했다.
ㄷ. $\dfrac{(A+B)의 비율}{C의 비율}$ 은 T_1 시기가 T_2 시기보다 크다.
└────┘

① ㄱ ② ㄷ ③ ㄱ, ㄴ ④ ㄴ, ㄷ ⑤ ㄱ, ㄴ, ㄷ

✓ 자료 해석

• (가)에서 시간에 따른 우주의 크기 그래프의 기울기는 우주의 팽창 속도에 해당한다. T_1 시기에는 기울기가 감소하므로 우주 팽창 속도가 감소하는 감속 팽창 우주에 해당하고, T_2 시기에는 기울기가 증가하므로 우주 팽창 속도가 증가하는 가속 팽창 우주에 해당한다.
• 현재 우주 구성 요소의 비율은 암흑 에너지>암흑 물질>보통 물질이다. (나)에서 A는 보통 물질, B는 암흑 물질, C는 암흑 에너지이다.

○ 보기 풀이 ㄱ. 우주가 팽창함에 따라 우주의 평균 온도는 낮아진다. 우주는 탄생 이후 팽창 속도가 감소하고 증가하는 변화를 하였지만, 우주의 크기는 계속해서 커지고 있으므로, 우주의 평균 온도는 과거가 현재보다 높다. 따라서 우주의 평균 온도는 T_1 시기가 T_2 시기보다 높다.

ㄴ. (가)에서 접선의 기울기는 시간에 따른 우주의 크기 변화율을 나타내므로, 우주의 팽창 속도에 해당한다. T_1 시기에 접선의 기울기는 감소하므로 우주의 팽창 속도는 감소했다. 따라서 T_1 시기에 우주는 감속 팽창했다.

ㄷ. 현재 우주에는 암흑 에너지의 비율이 가장 높고, 보통 물질의 비율이 가장 낮으므로, (나)에서 A는 보통 물질, B는 암흑 물질, C는 암흑 에너지이다. 우주가 팽창함에 따라 암흑 에너지(C)의 비율은 점차 증가하고 물질(A+B)의 비율은 점차 감소하므로, $\dfrac{(A+B)의 비율}{C의 비율}$ 은 T_1 시기가 T_2 시기보다 크다.

문제풀이 Tip

보통 물질과 암흑 물질의 양은 우주의 팽창과 관계없이 일정하기 때문에 우주가 팽창함에 따라 우주 공간에서 물질이 차지하는 비율은 작아지고, 암흑 에너지가 차지하는 비율은 증가한다는 것에 유의한다.

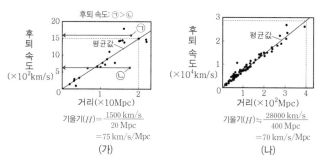

11 허블 법칙

출제 의도 거리에 따른 은하의 후퇴 속도 그래프를 해석하여 허블 법칙과 관련된 물리량을 파악하고, 우주 팽창을 이해하는 문항이다.

그림 (가)와 (나)는 각각 가까운 은하들과 먼 은하들의 거리와 후퇴 속도를 나타낸 것이다.

후퇴 속도: ㉠ > ㉡

기울기(H) = $\dfrac{1500 \text{ km/s}}{20 \text{ Mpc}}$ = 75 km/s/Mpc
(가)

기울기(H) ≒ $\dfrac{28000 \text{ km/s}}{400 \text{ Mpc}}$ = 70 km/s/Mpc
(나)

이 자료에 대한 설명으로 옳은 것만을 〈보기〉에서 있는 대로 고른 것은? [3점]

보기

ㄱ. 은하의 적색 편이량(= $\dfrac{\text{관측 파장} - \text{기준 파장}}{\text{기준 파장}}$)은 ㉠이 ㉡보다 크다.

ㄴ. 우주의 팽창을 지지하는 증거 자료이다.

ㄷ. (가)를 이용해 구한 우주의 나이는 (나)를 이용해 구한 우주의 나이보다 ~~많다.~~ 적다.

① ㄱ   ② ㄷ   ③ ㄱ, ㄴ   ④ ㄴ, ㄷ   ⑤ ㄱ, ㄴ, ㄷ

✔ **자료 해석**

• (가)에서 은하의 후퇴 속도는 ㉠이 ㉡보다 크다.

• 관측 파장을 λ, 기준 파장을 λ_0이라고 하면, 적색 편이량은 $\dfrac{\lambda - \lambda_0}{\lambda_0}$이고, 빛의 속도를 c라고 하면, 은하의 후퇴 속도(v)는 $v = c \times \dfrac{\lambda - \lambda_0}{\lambda_0}$이다. 즉, 은하의 후퇴 속도는 적색 편이량에 비례한다.

• 은하의 거리를 r, 후퇴 속도를 v라고 할 때, 허블 법칙은 $v = H \cdot r$(H: 허블 상수)이다. ➡ $H = \dfrac{v}{r}$

• 은하의 거리에 따른 후퇴 속도 그래프에서 기울기는 허블 상수이다. ➡ 평균 허블 상수는 (가)에서 $\dfrac{15 \times 10^2 \text{ km/s}}{2 \times 10 \text{ Mpc}}$ = 75 km/s/Mpc이고, (나)에서 약 $\dfrac{2.8 \times 10^4 \text{ km/s}}{4 \times 10^2 \text{ Mpc}}$ = 70 km/s/Mpc이다.

○ **보기 풀이** ㄱ. 은하의 후퇴 속도가 클수록 적색 편이량이 크다. 은하의 후퇴 속도는 ㉠이 ㉡보다 크므로, 은하의 적색 편이량은 ㉠이 ㉡보다 크다.

ㄴ. 은하의 거리가 멀수록 후퇴 속도가 빨라지는 것은 우주가 팽창하기 때문이다. 즉, 허블 법칙은 우주 공간이 모든 방향에 대하여 균일하게 팽창하고 있음을 나타낸다.

✗ **매력적 오답** ㄷ. 우주의 나이는 $\dfrac{1}{H}$(H: 허블 상수)로 구할 수 있다. (가)에서 구한 평균 허블 상수는 75 km/s/Mpc이고, (나)에서 구한 평균 허블 상수는 약 70 km/s/Mpc이므로, 우주의 나이는 (가)를 이용해 구한 것보다 (나)를 이용해 구한 것이 많다.

문제풀이 Tip

허블 상수는 은하의 거리에 대한 후퇴 속도의 비이고, 우주의 나이는 $\dfrac{1}{H}$(H: 허블 상수)로 구분 할 수 있음을 알아 두자.

12 허블 법칙과 우주 팽창

출제 의도 허블 법칙을 이해하고, 외부 은하의 관측 자료와 시선 방향을 파악하여 허블 상수와 은하의 물리량을 구하는 문항이다.

표는 우리은하에서 외부 은하 A와 B를 관측한 결과이다. 우리은하에서 관측한 A와 B의 시선 방향은 90°를 이룬다.

$H = \dfrac{\text{후퇴 속도}}{\text{거리}}$, 후퇴 속도 $= \dfrac{\text{파장 변화량}}{\text{기준 파장}} \times$ 빛의 속도

➡ $H = \dfrac{\text{파장 변화량}}{\text{기준 파장}} \times \dfrac{\text{빛의 속도}}{\text{거리}}$

→ $H = \dfrac{5.6}{400} \times \dfrac{3 \times 10^5}{60} = 70$ km/s/Mpc

은하	흡수선의 파장(nm)		거리(Mpc)	파장 변화량 ($\Delta\lambda$)
	기준 파장	관측 파장		
Ⓐ	400	405.6	60	5.6
Ⓑ	600	606.3	(45)	6.3

거리 $= \dfrac{\text{파장 변화량}}{\text{기준 파장}} \times \dfrac{\text{빛의 속도}}{H}$

➡ 거리 $= \dfrac{6.3}{600} \times \dfrac{3 \times 10^5}{70} = 45$ Mpc

이에 대한 옳은 설명만을 〈보기〉에서 있는 대로 고른 것은? (단, A와 B는 허블 법칙을 만족하고, 빛의 속도는 3×10^5 km/s이다.) [3점]

보기

ㄱ. 허블 상수는 70 km/s/Mpc이다.

ㄴ. 우리은하에서 A를 관측하면 기준 파장이 600 nm인 흡수선의 관측 파장은 606.3 nm보다 길다.

ㄷ. A에서 관측한 B의 후퇴 속도는 5250 km/s이다.

① ㄱ　② ㄴ　③ ㄱ, ㄷ　④ ㄴ, ㄷ　⑤ ㄱ, ㄴ, ㄷ

✔ 자료 해석

- 허블 법칙은 $v = H \cdot r$ (v: 은하의 후퇴 속도, H: 허블 상수, r: 은하까지의 거리)이고, 은하의 후퇴 속도는 $v = \dfrac{\Delta\lambda}{\lambda_0} \times c$ ($\Delta\lambda$: 파장 변화량, λ_0: 원래 파장, c: 빛의 속도)이므로, $H \cdot r = \dfrac{\Delta\lambda}{\lambda_0} \times c$이다.

- A의 거리는 60 Mpc, 적색 편이량은 $\dfrac{5.6}{400}$, 빛의 속도는 3×10^5 km/s 이므로, $H \times 60$ Mpc $= \dfrac{5.6}{400} \times 3 \times 10^5$ km로부터 허블 상수는 70 km/s/Mpc이다.

- B의 적색 편이량은 $\dfrac{6.3}{600}$, 빛의 속도는 3×10^5 km/s, $H = 70$ km/s/Mpc이므로, 70 km/s/Mpc $\times r = \dfrac{6.3}{600} \times 3 \times 10^5$ km/s로부터 거리는 45 Mpc이다.

○ 보기 풀이 ㄱ. A까지의 거리와 파장 변화량을 알고 있으므로, 도플러 효과와 허블 법칙을 이용하여 허블 상수를 구할 수 있다. $v = H \cdot r$이고, $v = \dfrac{\Delta\lambda}{\lambda_0} \times c$ 이므로, $H = \dfrac{\Delta\lambda}{\lambda_0} \times \dfrac{c}{r}$이다. 따라서 허블 상수($H$)는 $\dfrac{(405.6-400)\text{ nm}}{400\text{ nm}} \times \dfrac{3 \times 10^5 \text{ km/s}}{60\text{ Mpc}} = 70$ km/s/Mpc이다.

ㄴ. B의 파장 변화량과 A로부터 구한 허블 상수를 이용하여 B의 거리를 구해 보면, $r = \dfrac{(606.3-600)\text{ nm}}{600\text{ nm}} \times \dfrac{3 \times 10^5 \text{ km/s}}{70\text{ km/s/Mpc}} = 45$ Mpc이다. 적색 편이량은 은하의 거리에 비례하는데, 우리은하로부터의 거리는 A가 B보다 멀므로, 우리은하에서 A를 관측하면 기준 파장이 600 nm인 흡수선의 관측 파장은 606.3 nm보다 길다.

ㄷ. 우리은하에서 A까지의 거리는 60 Mpc, B까지의 거리는 45 Mpc이며, 우리은하에서 관측한 A와 B의 시선 방향은 90°를 이루고 있으므로, A와 B 사이의 거리는 75 Mpc이다. 따라서 A에서 관측한 B의 후퇴 속도(v)는 $v = 70$ km/s/Mpc $\times 75$ Mpc $= 5250$ km/s이다.

문제풀이 Tip

후퇴 속도는 적색 편이량에 비례하므로, 보기 ㄴ에서 적색 편이량을 이용하여 파장을 구할 수도 있다. 이때 $\dfrac{(405.6-400)\text{ nm}}{400\text{ nm}} = \dfrac{(\lambda-600)\text{ nm}}{600\text{ nm}}$이므로, 기준 파장이 600 nm일 때 A의 관측 파장은 608.4 nm이다.

13 은하의 종류와 특징

출제 의도 은하의 사진을 보고 종류를 구분하고, 은하 탄생 이후 시간에 따라 생성된 별의 질량 변화를 통해 은하의 특징을 비교하는 문항이다.

그림 (가)는 은하 ㉠과 ㉡의 모습을, (나)는 은하의 종류 A와 B가 탄생한 이후 시간에 따라 연간 생성된 별의 질량을 추정하여 나타낸 것이다. ㉠과 ㉡은 각각 A와 B 중 하나에 속한다.

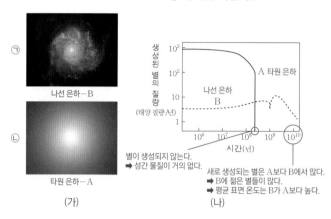

㉠
나선 은하-B

㉡
타원 은하-A

(가)

별이 생성되지 않는다.
➡ 성간 물질이 거의 없다.

새로 생성되는 별은 A보다 B에서 많다.
➡ B에 젊은 별들이 많다.
➡ 평균 표면 온도는 B가 A보다 높다.

(나)

이 자료에 대한 옳은 설명만을 〈보기〉에서 있는 대로 고른 것은? [3점]

보기
ㄱ. ㉠은 A에 속한다.　(B)
ㄴ. 은하의 질량 중 성간 물질이 차지하는 질량의 비율은 ㉠이 ㉡보다 크다.
ㄷ. 은하가 탄생한 이후 10^{10}년이 지났을 때 은하를 구성하는 별의 평균 표면 온도는 A가 B보다 높다.　(낮다)

① ㄱ　② ㄴ　③ ㄱ, ㄷ　④ ㄴ, ㄷ　⑤ ㄱ, ㄴ, ㄷ

✔ 자료 해석

- (가) : ㉠은 은하핵과 나선팔로 이루어진 나선 은하이다. 나선 은하의 나선팔에는 젊은 별들과 성간 물질이 많이 분포하고, 은하핵과 헤일로에는 늙은 별들이 주로 분포한다. ㉡은 타원형으로 보이는 타원 은하이다. 타원 은하에는 주로 늙은 별들이 분포하며 성간 물질이 거의 없다.

- (나) : A는 은하 탄생 이후 비교적 짧은 시간에 질량이 큰 별들이 많이 탄생하였고, B는 은하 탄생 이후 비교적 긴 시간 동안 질량이 작은 별들이 꾸준히 탄생하고 있다. 별은 성간 물질이 많이 모여 있는 곳에서 탄생하므로 성간 물질은 A보다 B에 많음을 알 수 있다. 따라서 A는 타원 은하, B는 나선 은하이다.

○ 보기 풀이 ㄴ. 나선 은하에는 나선팔에 성간 물질이 많이 분포하지만, 타원 은하에는 성간 물질이 거의 분포하지 않는다. 따라서 은하의 질량 중 성간 물질이 차지하는 질량의 비율은 나선 은하인 ㉠이 타원 은하인 ㉡보다 크다.

✗ 매력적 오답 ㄱ. ㉠은 나선 은하이고, ㉡은 타원 은하이다. 나선 은하는 타원 은하에 비해 성간 물질이 많고 별의 탄생이 더 활발하다. A보다 B에서 별이 지속적으로 탄생하고 있으므로 A는 타원 은하인 ㉡이고, B는 나선 은하인 ㉠이다.

ㄷ. 은하가 탄생한 이후 10^{10}년이 지났을 때 A에서는 새로 생성되는 별이 거의 없지만 B에서는 별이 계속 생성되고 있으므로, 은하를 구성하는 별의 평균 표면 온도는 B가 A보다 높다.

문제풀이 Tip
별은 성간의 기체와 먼지들이 밀집된 성간운, 특히 수소가 분자 상태로 존재하는 거대 분자운에서 탄생하므로, 성간 물질을 많이 포함한 은하일수록 새로 생성되는 별들이 많음을 알아야 한다. 타원 은하에는 성간 물질이 거의 없다는 것에 유의해야 한다.

14 우주의 구성 요소

출제 의도 빅뱅 이후 우주 팽창 속도 변화를 통해 우주 구성 요소의 비율 변화를 이해하는 문항이다.

표는 우주 구성 요소의 상대적 비율을 T_1, T_2 시기에 따라 나타낸 것이고, 그림은 표준 우주 모형에 따른 빅뱅 이후 현재까지 우주의 팽창 속도를 나타낸 것이다. ㉠, ㉡, ㉢은 각각 보통 물질, 암흑 물질, 암흑 에너지 중 하나이다.

시간 (단위: %)

구성 요소	T_1		T_2
암흑 물질 ㉠	59.6	감소	75.5
암흑 에너지 ㉡	29.2	증가	10.3
보통 물질 ㉢	11.2	감소	14.2

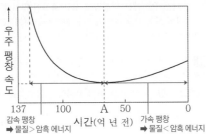

이에 대한 옳은 설명만을 〈보기〉에서 있는 대로 고른 것은? [3점]

┌ 보기 ┐
ㄱ. ㉠은 질량을 가지고 있다.
ㄴ. T_2 시기는 A 시기보다 나중이다. (이전)
ㄷ. 우주 배경 복사는 A 시기 이전에 방출된 빛이다.
└───────┘

① ㄱ   ② ㄴ   ③ ㄱ, ㄷ   ④ ㄴ, ㄷ   ⑤ ㄱ, ㄴ, ㄷ

✔ 자료 해석

• T_2에서 T_1 시기에 ㉠과 ㉢은 감소하였고, ㉡은 증가하였으므로, ㉠은 암흑 물질, ㉡은 암흑 에너지, ㉢은 보통 물질이며, T_1은 T_2보다 나중 시기이다.

• 우주 팽창 속도는 빅뱅 이후 A 시기까지는 감소하였고, A 시기 이후부터 증가하였다.

• 우주 배경 복사는 빅뱅 이후 약 38만 년이 지났을 때 우주가 충분히 식어서 원자핵과 전자가 결합해 중성 원자가 만들어지면서 복사와 물질이 분리되기 시작하면서 방출된 빛이다.

○ 보기 풀이 ㄱ. 우주는 암흑 에너지, 보통 물질, 암흑 물질로 구성되어 있으며, 암흑 에너지의 상대적 비율은 시간이 지날수록 계속 증가하고, 보통 물질과 암흑 물질의 상대적 비율은 시간이 지날수록 감소한다. 따라서 ㉠은 암흑 물질, ㉡은 암흑 에너지, ㉢은 보통 물질이고, T_2가 T_1보다 과거이다. 물질은 질량을 가지고 있으므로 ㉠은 질량을 가지고 있다.

ㄷ. 우주 배경 복사는 우주의 나이가 약 38만 년일 때 방출된 빛이다. A는 약 67억 년 전이므로 우주 나이는 약 70억 년이다. 따라서 우주 배경 복사는 A 시기 이전에 방출되었다.

✗ 매력적 오답 ㄴ. T_2 시기에 암흑 에너지(㉡)의 비율은 10.3 %, 암흑 물질(㉠)의 비율은 75.5 %, 보통 물질(㉢)의 비율은 14.2 %로, 암흑 에너지의 비율이 물질의 비율보다 작다. A 시기 이전에는 우주 팽창 속도가 감소하였고, A 시기 이후에는 우주 팽창 속도가 증가하고 있으므로 A 시기 이전에는 물질의 비율이 암흑 에너지의 비율보다 크고, A 시기 이후에는 암흑 에너지의 비율이 물질의 비율보다 크다. 따라서 T_2 시기는 A 시기보다 이전이다.

문제풀이 Tip

빅뱅 이후 우주가 팽창함에 따라 우주에서 물질이 차지하는 비율은 점점 감소한다는 것을 알아야 한다. 한편, 암흑 에너지의 밀도는 일정하므로, 암흑 에너지가 차지하는 비율은 증가하고 있다는 것에 유의해야 한다.

---

15 외부 은하

출제 의도 퀘이사와 나선 은하의 특징을 비교하는 문항이다.

그림 (가)와 (나)는 가시광선 영역에서 관측한 퀘이사와 나선 은하를 나타낸 것이다. A는 은하 중심부이고 B는 나선팔이다.

(가)

은하 중심부 ➡
늙고 붉은 별들이 분포한다.

A

B

나선팔 ➡
성간 물질과 젊고 푸른 별들이 분포한다.

(나)

이에 대한 설명으로 옳은 것만을 〈보기〉에서 있는 대로 고른 것은?

┌ 보기 ┐
ㄱ. (가)는 은하이다.
ㄴ. (나)에서 붉은 별의 비율은 A가 B보다 높다.
ㄷ. 후퇴 속도는 (가)가 (나)보다 크다.
└───────┘

① ㄱ   ② ㄴ   ③ ㄱ, ㄷ   ④ ㄴ, ㄷ   ⑤ ㄱ, ㄴ, ㄷ

✔ 자료 해석

• (가) : 수많은 별들로 이루어진 은하이지만, 너무 멀리 있어 하나의 별처럼 보인다.

• (나) : A의 은하 중심부는 주로 늙고 붉은 별들로 이루어져 있고, B의 나선팔은 주로 젊고 푸른 별들과 성간 물질로 이루어져 있다.

○ 보기 풀이 ㄱ. (가)의 퀘이사는 수많은 별들로 이루어진 은하이다.

ㄴ. (나)에서 A에는 주로 붉은색의 늙은 별들이 분포하고, B에는 주로 파란색의 젊은 별들과 성간 물질이 분포한다. 따라서 붉은 별의 비율은 A가 B보다 높다.

ㄷ. 후퇴 속도는 은하까지의 거리가 멀수록 크다. 퀘이사는 적색 편이가 매우 크게 나타나므로 우리은하로부터의 거리가 매우 멀다. 따라서 후퇴 속도는 (가)가 (나)보다 크다.

문제풀이 Tip

퀘이사가 별처럼 보이는 것은 매우 멀리 있기 때문이라는 알아야 한다. 후퇴 속도는 거리에 비례하므로, 퀘이사는 후퇴 속도와 적색 편이가 매우 크게 나타난다는 것에 유의해야 한다.

16 허블 법칙과 적색 편이

출제 의도 허블 법칙을 만족하는 은하의 스펙트럼 관측 자료를 이용해 은하의 후퇴 속도를 구하고, 거리를 비교하는 문항이다.

표는 우리은하에서 관측한 은하 A, B, C의 스펙트럼 관측 결과를 나타낸 것이다. B에서 관측할 때 A와 C의 시선 방향은 정반대이다. 우리은하와 A, B, C는 허블 법칙을 만족한다.

관측 파장이 같으므로 후퇴 속도가 같다.
➡ 은하까지의 거리가 같다.

기준 파장 (nm)	관측 파장(nm)		
	A	B	C
300	307.5	㉠ 306	307.5
600	615	612	615

이에 대한 설명으로 옳은 것만을 〈보기〉에서 있는 대로 고른 것은? (단, 빛의 속도는 3×10^5 km/s이다.) [3점]

보기
ㄱ. ㉠은 306이다.
ㄴ. B의 후퇴 속도는 6×10^3 km/s이다.
ㄷ. 우리은하, B, C 중 A에서 가장 멀리 있는 은하는 우리은하 이다. (C)

① ㄱ ② ㄷ ③ ㄱ, ㄴ ④ ㄴ, ㄷ ⑤ ㄱ, ㄴ, ㄷ

✔ 자료 해석
• A와 C는 모두 기준 파장이 300 nm일 때 관측 파장이 307.5 nm이므로, 기준 파장이 600 nm일 때 관측 파장은 615 nm이다.
• B는 기준 파장이 600 nm일 때 관측 파장이 612 nm이므로, 기준 파장이 300 nm일 때 관측 파장은 306 nm이다.

○ 보기 풀이 ㄱ. 적색 편이량은 파장 변화량에 비례하므로, 기준 파장이 2배 길어지면 관측 파장도 2배 길어진다. B에서 기준 파장이 600 nm일 때 파장 변화량이 12 nm이므로, 기준 파장이 300 nm이면 파장 변화량은 6 nm이다. 따라서 ㉠은 306이다.

ㄴ. 후퇴 속도는 $v = \dfrac{\Delta\lambda}{\lambda_0} \times c$ ($\Delta\lambda$: 파장 변화량, λ_0: 원래 파장, c: 빛의 속도)

이고, B는 기준 파장이 600 nm일 때 파장 변화량이 12 nm이므로, $v = \dfrac{12 \, \text{nm}}{600 \, \text{nm}} \times 3 \times 10^5 \, \text{km/s} = 6 \times 10^3 \, \text{km/s}$이다.

✖ 매력적 오답 ㄷ. 허블 법칙을 만족하고, 우리은하에서 관측한 A와 C는 파장이 같으므로 우리은하에서 A와 C까지의 거리는 같다. 한편 우리은하에서 관측한 B의 파장은 A와 C보다 작으므로 우리은하에서 B까지의 거리는 A와 C보다 가깝다. B에서 관측할 때 A와 C의 시선 방향은 정반대이므로 A에서 관측할 때 C와의 사이에 우리은하와 B가 있다. 따라서 우리은하, B, C 중 A에서 가장 멀리 있는 은하는 C이다.

문제풀이 Tip
기준 파장과 관측 파장 자료를 이용하면 후퇴 속도를 구할 수 있고, 은하의 거리를 비교할 때 후퇴 속도 비나 파장 변화량의 비를 이용해 은하 사이의 거리 비를 구할 수 있다. 이때 시선 방향에 유의해야 한다.

---

17 허블 법칙

출제 의도 외부 은하까지의 거리와 후퇴 속도의 관계를 이해하여 허블 상수와 우주의 나이를 구하는 문항이다.

그림은 외부 은하까지의 거리와 후퇴 속도를 나타낸 것이다. A와 B는 각각 서로 다른 시기에 관측한 자료이다.

기울기는 허블 상수이다.
➡ 허블 상수: A > B

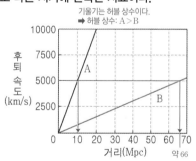

이에 대한 설명으로 옳은 것만을 〈보기〉에서 있는 대로 고른 것은?

보기
ㄱ. A에서 허블 상수는 500 km/s/Mpc이다.
ㄴ. 후퇴 속도가 5000 km/s인 은하까지의 거리는 A보다 B에서 멀다.
ㄷ. 허블 법칙으로 계산한 우주의 나이는 A보다 B에서 많다.

① ㄱ ② ㄷ ③ ㄱ, ㄴ ④ ㄴ, ㄷ ⑤ ㄱ, ㄴ, ㄷ

✔ 자료 해석
• 허블 상수는 $\dfrac{\text{후퇴 속도}}{\text{거리}}$ 이므로, 후퇴 속도와 거리의 관계를 나타낸 그래프에서 기울기는 허블 상수에 해당한다. 따라서 A에서 구한 허블 상수는 $\dfrac{5000 \, \text{km/s}}{10 \, \text{Mpc}} = 500 \, \text{km/s/Mpc}$이고, B에서 구한 허블 상수는 $\dfrac{5000 \, \text{km/s}}{66 \, \text{Mpc}} \fallingdotseq 76 \, \text{km/s/Mpc}$이다.
• 허블 법칙($v = H \cdot r$)이 적용될 때, 우주의 팽창 속도가 일정했다면 우주의 나이(t)는 $t = \dfrac{r}{v} = \dfrac{r}{H \cdot r} = \dfrac{1}{H}$ 이다.

○ 보기 풀이 ㄱ. A에서 후퇴 속도가 5000 km/s일 때 은하의 거리는 10 Mpc이므로, 허블 상수는 500 km/s/Mpc이다.
ㄴ. 후퇴 속도가 5000 km/s인 은하까지의 거리는 A에서는 10 Mpc이고, B에서는 약 66 Mpc이다. 따라서 A보다 B에서 멀다.
ㄷ. A에서 허블 상수는 500 km/s/Mpc이고, B에서 허블 상수는 약 76 km/s/Mpc이므로, A가 B보다 크다. 허블 법칙으로 계산한 우주의 나이는 허블 상수의 역수에 해당한다. 따라서 우주의 나이는 A보다 B에서 많다.

문제풀이 Tip
허블 법칙은 은하의 후퇴 속도(v)는 은하까지의 거리(r)에 비례한다는 법칙으로, 허블 상수를 H라고 할 때 $v = H \cdot r$이다. 이 법칙으로부터 허블 상수, 은하의 후퇴 속도, 은하까지의 거리, 우주의 나이, 우주의 크기 등을 구할 수 있으므로 관계식을 반드시 외워 두자.

18 허블의 은하 분류

출제 의도 외부 은하의 사진을 보고 은하의 종류를 구분하고, 은하의 구성 물질을 파악하는 문항이다.

그림 (가)와 (나)는 나선 은하와 타원 은하를 순서 없이 나타낸 것이다.

(가)
타원 은하

(나)
나선 은하

이에 대한 설명으로 옳은 것만을 〈보기〉에서 있는 대로 고른 것은?

┌─ 보기 ─────────────────────────────
ㄱ. (가)는 타원 은하이다.
ㄴ. (나)에서 성간 물질은 주로 은하 중심부에 분포한다.
　　　　　　　　　　　　　　　나선팔
ㄷ. 은하는 (가)의 형태에서 (나)의 형태로 진화한다.
　　　　　은하의 형태와 진화는 관계가 없다.
└───────────────────────────────────

① ㄱ　② ㄴ　③ ㄱ, ㄷ　④ ㄴ, ㄷ　⑤ ㄱ, ㄴ, ㄷ

✓ 자료 해석
• (가) : 타원형으로 관측되므로 타원 은하이다. 타원 은하는 주로 나이가 많은 별들로 이루어져 있고, 성간 물질이 거의 없다.
• (나) : 나선팔을 가지고 있으므로 나선 은하이다. 나선 은하의 중심부와 헤일로에는 주로 나이가 많은 별들이 분포하고, 나선팔에는 주로 성간 물질과 나이가 적은 별들이 분포한다.

○ 보기 풀이 ㄱ. (가)는 타원형이므로 타원 은하이다.

✕ 매력적 오답 ㄴ. (나)는 나선 은하로 중심핵(팽대부), 나선팔, 헤일로로 이루어져 있는데, 중심핵과 헤일로에는 주로 나이가 많은 별들이 분포하고, 나선팔에는 성간 물질과 나이가 적은 별들이 분포한다.
ㄷ. 은하의 형태와 은하의 진화 사이에는 특별한 관계가 없다.

문제풀이 Tip
허블의 분류 기준에 따라 은하의 종류를 구분하고 특징을 비교하는 문항이 자주 출제된다. 각 은하를 이루고 있는 별들의 나이와 성간 물질의 양을 비교하여 알아 두자.

---

19 우주의 구성 요소

출제 의도 우주를 구성하는 요소와 특징을 알고, 시간에 따른 우주 구성 요소의 비율 변화를 이해하는 문항이다.

그림은 우주를 구성하는 요소의 비율 변화를 시간에 따라 나타낸 것이다. A, B, C는 보통 물질, 암흑 물질, 암흑 에너지 중 하나이다.

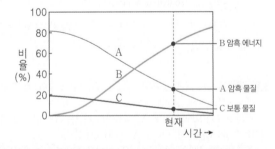

이에 대한 설명으로 옳은 것만을 〈보기〉에서 있는 대로 고른 것은?

┌─ 보기 ─────────────────────────────
ㄱ. 현재 우주를 구성하는 요소의 비율은 C < A < B이다.
ㄴ. A는 암흑 물질이다.
ㄷ. B는 현재 우주를 가속 팽창시키는 요소이다.
└───────────────────────────────────

① ㄱ　② ㄷ　③ ㄱ, ㄴ　④ ㄴ, ㄷ　⑤ ㄱ, ㄴ, ㄷ

✓ 자료 해석
• 우주는 보통 물질, 암흑 물질, 암흑 에너지로 구성되어 있으며, 현재 우주를 구성하는 요소 중에는 암흑 에너지가 가장 많다.
• A는 암흑 물질, B는 암흑 에너지, C는 보통 물질이다.

○ 보기 풀이 ㄱ. 현재 우주를 구성하는 요소는 B(암흑 에너지) > A(암흑 물질) > C(보통 물질)이다.
ㄴ. A는 현재 우주를 구성하는 요소 중 두 번째로 많은 비율을 차지하는 것으로, 암흑 물질이다.
ㄷ. B는 암흑 에너지로, 우주 안에 있는 물질들의 인력을 합친 것보다 더 큰 척력으로 작용해 우주를 가속 팽창시키는 역할을 한다.

문제풀이 Tip
우주 구성 요소 중 물질(보통 물질과 암흑 물질)의 비율은 감소하는 반면, 암흑 에너지의 비율은 증가하기 때문에 현재 우주는 가속 팽창하고 있다는 것을 알아 두자.

20 은하의 분류

출제 의도 외부 은하의 사진을 보고 은하의 종류를 파악하고, 은하의 특징을 비교하는 문항이다.

그림 (가)와 (나)는 나선 은하와 불규칙 은하를 순서 없이 나타낸 것이다.

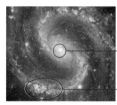

불규칙 은하 (가)
➡ 젊은 별과 성간 물질로 구성

(나)
나선 은하

은하핵 ➡ 주로 늙은 별로 구성

나선팔 ➡ 주로 젊은 별과 성간 물질로 구성

이에 대한 옳은 설명만을 〈보기〉에서 있는 대로 고른 것은?

> **보기**
> ㄱ. (가)는 불규칙 은하이다.
> ㄴ. (나)에서 별은 주로 은하 중심부에서 생성된다.
>   나선팔
> ㄷ. 우리은하의 형태는 (나)보다 (가)에 가깝다.
>   막대 나선 은하   (가)보다 (나)에

① ㄱ   ② ㄴ   ③ ㄱ, ㄷ   ④ ㄴ, ㄷ   ⑤ ㄱ, ㄴ, ㄷ

✓ 자료 해석
- (가) : 규칙적인 모양이 없으므로 불규칙 은하이다.
- (나) : 중심부의 핵을 가로지르는 막대 구조에서 나선팔이 뻗어 나와 휘감고 있는 막대 나선 은하이다.

○ 보기 풀이
ㄱ. (가)는 규칙적인 모양이 없는 불규칙 은하이고, (나)는 나선팔을 가지고 있는 나선 은하이다.

✗ 매력적 오답
ㄴ. 나선 은하에서 나선팔에는 젊은 별들과 성간 물질이 주로 분포하고, 은하핵과 헤일로에는 늙은 별들이 주로 분포한다. 따라서 (나)에서 별은 주로 나선팔에서 생성된다.

ㄷ. 우리은하는 중심부의 핵을 가로지르는 막대 구조가 있는 막대 나선 은하이다. 따라서 우리은하의 형태는 (나)에 가깝다.

문제풀이 **Tip**
은하를 형태에 따라 분류하고, 각 은하를 구성하는 별들의 특징을 비교하여 묻는 문항이 자주 출제된다. 특히 성간 물질이 많이 분포하는 곳에서 새로운 별들이 탄생된다는 것에 유의해야 한다.

21 허블 법칙

출제 의도 은하의 후퇴 속도와 거리, 적색 편이와 후퇴 속도의 관계를 이해하는 문항이다.

그림은 우리은하에서 관측한 외부 은하 A와 B의 거리와 후퇴 속도를 나타낸 것이다. A와 B는 허블 법칙을 만족한다.

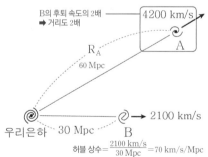

B의 후퇴 속도의 2배 ➡ 거리도 2배

4200 km/s
A

R_A
60 Mpc

우리은하   30 Mpc   B → 2100 km/s

허블 상수 $= \dfrac{2100 \text{ km/s}}{30 \text{ Mpc}} = 70 \text{ km/s/Mpc}$

이에 대한 옳은 설명만을 〈보기〉에서 있는 대로 고른 것은? (단, 빛의 속도는 3×10^5 km/s이다.) [3점]

> **보기**
> ㄱ. R_A는 60 Mpc이다.
> ㄴ. 허블 상수는 70 km/s/Mpc이다.
> ㄷ. 우리은하에서 A를 관측했을 때 관측된 흡수선의 파장이 507 nm라면 이 흡수선의 기준 파장은 500 nm이다.

① ㄱ   ② ㄷ   ③ ㄱ, ㄴ   ④ ㄴ, ㄷ   ⑤ ㄱ, ㄴ, ㄷ

✓ 자료 해석
- A의 후퇴 속도는 B의 후퇴 속도의 2배이다.
- 우리은하에서 B까지의 거리는 30 Mpc이고, 후퇴 속도는 2100 km/s이다. 허블 법칙은 $v = H \cdot r$(v: 후퇴 속도, H: 허블 상수, r: 은하의 거리)이므로, 허블 상수는 70 km/s/Mpc이다.
- 후퇴 속도는 $\dfrac{\text{관측 파장} - \text{기준 파장}}{\text{기준 파장}} \times$ 빛의 속도이다.

○ 보기 풀이
ㄱ. 허블 법칙에 따르면 후퇴 속도는 은하의 거리에 비례한다. A의 후퇴 속도는 B의 후퇴 속도보다 2배 크므로, A의 거리는 B의 거리보다 2배 멀다. 따라서 R_A는 60 Mpc이다.

ㄴ. 허블 법칙은 $v = H \cdot r$(v: 후퇴 속도, H: 허블 상수, r: 은하의 거리)이므로, 허블 상수 $H = \dfrac{v}{r}$이다. B의 거리는 30 Mpc, 후퇴 속도는 2100 km/s이므로, 허블 상수는 $\dfrac{2100 \text{ km/s}}{30 \text{ Mpc}} = 70$ km/s/Mpc이다.

ㄷ. 후퇴 속도(v)와 적색 편이량(z)의 관계는 $v = zc$($z = \dfrac{\text{관측 파장} - \text{기준 파장}}{\text{기준 파장}}$, c: 빛의 속도)이다. 이 식에 A의 후퇴 속도와 관측 파장을 대입해 보면 $4200 \text{ km/s} = \dfrac{507 \text{ nm} - \text{기준 파장}}{\text{기준 파장}} \times 3 \times 10^5$ km/s로부터 기준 파장은 500 nm이다.

문제풀이 **Tip**
허블 법칙을 만족할 때, 은하의 후퇴 속도(v)는 $v = H \cdot r$(H: 허블 상수, r: 은하의 거리)이고, $v = zc$(z: 적색 편이량, c: 빛의 속도)이므로, $H \cdot r = zc$라는 것에 유의해야 한다.

22 우주 배경 복사

출제 의도 모형실험을 통해 우주 팽창에 따른 우주 배경 복사의 파장 변화를 이해하는 문항이다.

다음은 우주의 팽창에 따른 우주 배경 복사의 파장 변화를 알아보기 위한 탐구 과정이다.

[탐구 과정]

(가) 눈금자를 이용하여 탄성 밴드에 이웃한 점 사이의 간격(L)이 1 cm가 되도록 몇 개의 점을 찍는다.

(나) 그림과 같이 각 점이 파의 마루에 위치하도록 물결 모양의 곡선을 그린다. L은 우주 배경 복사 중 최대 복사 에너지 세기를 갖는 파장(λ_{max})이라고 가정한다.

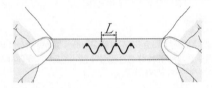

(다) 탄성 밴드를 조금 늘린 상태에서 L을 측정한다.
(나)보다 증가

(라) 탄성 밴드를 (다)보다 늘린 상태에서 L을 측정한다.
(다)보다 증가

(마) 측정값 1 cm를 파장 2 μm로 가정하고 λ_{max}에 해당하는 파장을 계산한다.
L에 비례한다.

[탐구 결과]

과정	L(cm)	λ_{max}에 해당하는 파장(μm)	
(나)	1.0	2	
(다)	1.9 우주가 팽창함을 의미한다.	(3.8) 증가	
(라)	2.8 ↓	(5.6) ↓	

이에 대한 옳은 설명만을 〈보기〉에서 있는 대로 고른 것은? (단, 현재 우주의 λ_{max}은 약 1000 μm이다.) [3점]

보기
ㄱ. 우주의 크기는 (다)일 때가 (라)일 때보다 작다.
ㄴ. 우주가 팽창함에 따라 λ_{max}은 길어진다.
ㄷ. 우주의 온도는 (라)일 때가 현재보다 높다.

① ㄱ ② ㄷ ③ ㄱ, ㄴ ④ ㄴ, ㄷ ⑤ ㄱ, ㄴ, ㄷ

✔ 자료 해석

• 탄성 밴드를 늘리는 것은 우주가 팽창하는 것을 의미한다.
• 탐구 결과 탄성 밴드를 늘릴수록 L은 길어진다.
• L은 우주 배경 복사 중 최대 복사 에너지 세기를 갖는 파장(λ_{max})이므로, L과 λ_{max}은 비례 관계이다. (나)에서 L이 1.0 cm일 때 λ_{max}에 해당하는 파장은 2 μm이므로, λ_{max}에 해당하는 파장은 (다)일 때 3.8 μm, (라)일 때 5.6 μm이다.

○ 보기 풀이 ㄱ. 탄성 밴드를 늘리는 것은 우주가 팽창하는 것을 의미하므로, 탄성 밴드를 늘릴수록 우주의 크기는 커지며 L은 길어진다. 따라서 우주의 크기는 L의 길이가 짧은 (다)일 때가 (라)일 때보다 작다.

ㄴ. 탐구 결과 탄성 밴드를 늘릴수록 L은 길어진다. 탄성 밴드를 늘리는 것은 우주 팽창을 의미하고, L은 우주 배경 복사 중 최대 복사 에너지 세기를 갖는 파장(λ_{max})이라고 가정하였으므로, 우주가 팽창함에 따라 우주의 온도가 낮아져 λ_{max}은 길어진다.

ㄷ. (라)일 때 λ_{max}은 5.6 μm이고, 현재 우주의 λ_{max}은 1000 μm이므로, λ_{max}은 (라)일 때보다 현재가 길다. 우주가 팽창함에 따라 우주의 온도는 낮아지고 λ_{max}은 길어지므로, 우주의 온도는 (라)일 때가 현재보다 높다.

문제풀이 **Tip**

우주가 팽창하여 우주의 크기가 커지면 우주의 온도가 낮아지고, 이에 따라 우주 배경 복사 중 최대 복사 에너지를 갖는 파장이 길어진다는 것에 유의해야 한다. 흑체가 최대 복사 에너지를 방출하는 파장은 표면 온도에 반비례한다는 빈의 변위 법칙을 반드시 알아 두자.

23 표준 우주 모형

출제 의도 급팽창 전과 후 우주의 특징을 이해하고, 우주 배경 복사 형성 이후 우주의 특징을 파악하는 문항이다.

그림은 표준 우주 모형에 근거하여 시간에 따른 우주의 크기 변화를 나타낸 것이다.

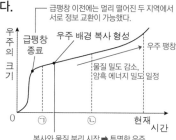

급팽창 이전에는 멀리 떨어진 두 지역에서 서로 정보 교환이 가능했다.

우주의 크기 / 급팽창 종료 / 우주 배경 복사 형성 / 우주 팽창 / 물질 밀도 감소, 암흑 에너지 밀도 일정 / 현재 / 시간 / 0 / ㉠ / ㉡

복사와 물질 분리 시작 ➡ 투명한 우주

이에 대한 옳은 설명만을 〈보기〉에서 있는 대로 고른 것은? [3점]

보기
ㄱ. ㉠ 시기에 우주의 모든 지점은 서로 정보 교환이 ~~가능하였다.~~ 가능한 것은 아니었다.

ㄴ. ㉡ 시기에 우주는 ~~불투명한~~ 상태였다. 투명한

ㄷ. $\dfrac{\text{암흑 에너지 밀도}}{\text{물질 밀도}}$ 는 현재가 ㉡ 시기보다 크다.

① ㄱ ② ㄴ ③ ㄷ ④ ㄱ, ㄴ ⑤ ㄱ, ㄷ

✔ 자료 해석

• 현재 관측되는 우주가 평탄한 것, 현재 관측 결과 우주의 모든 영역에서 물질이나 우주 배경 복사가 거의 균일한 것, 우주에서 자기 홀극이 발견되지 않는 것은 모두 빅뱅 초기에 우주가 급팽창하였기 때문이다.

• 우주 나이 약 38만 년일 때 중성 원자가 만들어지면서 물질과 복사가 분리되어 우주 배경 복사가 방출되었다.

• 우주가 팽창함에 따라 물질의 밀도는 점차 감소하지만, 암흑 에너지 밀도는 일정하게 유지된다.

○ 보기 풀이 ㄷ. 우주가 팽창함에 따라 암흑 물질과 보통 물질의 밀도는 점차 감소하지만, 암흑 에너지 밀도는 일정하게 유지되므로, $\dfrac{\text{암흑 에너지 밀도}}{\text{물질 밀도}}$ 는 현재가 ㉡ 시기보다 크다.

✘ 매력적 오답 ㄱ. ㉠ 시기는 급팽창이 종료된 이후로 우주의 지평선이 우주의 크기보다 작으므로 우주의 지평선 너머 지점은 서로 정보 교환이 불가능하다. 따라서 ㉠ 시기에 우주의 모든 지점이 서로 정보 교환이 가능한 것은 아니었다.

ㄴ. 우주 생성 초기에는 매우 뜨거운 상태였기 때문에 원자핵과 전자가 결합하지 않은 상태로 뒤섞여 있어서 빛이 자유롭게 진행할 수 없는 불투명한 상태였으나, 빅뱅 후 약 38만 년이 되었을 때 우주는 물질과 복사가 분리되면서 우주 배경 복사가 방출되었고, 이때 우주는 투명해졌다. 따라서 우주 배경 복사가 형성된 이후인 ㉡ 시기에 우주는 투명한 상태였다.

문제풀이 Tip

표준 우주 모형에서 급팽창으로 설명할 수 있는 것(빅뱅 우주론의 문제점)과 우주 배경 복사의 방출 시기와 방출 과정에 대해서는 꼭 학습해 두자.

---

24 특이 은하

출제 의도 전파 은하의 가시광선 영상과 전파 영상의 차이점을 구분하고, 전파 은하의 구조를 이해하는 문항이다.

그림 (가)와 (나)는 어느 전파 은하의 가시광선 영상과 전파 영상을 순서 없이 나타낸 것이다.

(가) 가시광선 영상

로브 / ㉠ 제트 / 핵 / 로브
(나) 전파 영상

이 은하에 대한 옳은 설명만을 〈보기〉에서 있는 대로 고른 것은?

보기
ㄱ. (가)는 ~~전파 영상이다.~~ 가시광선 영상

ㄴ. 허블의 분류 체계에 따르면 타원 은하에 해당한다.

ㄷ. ㉠은 은하 중심부에서 방출되는 물질의 흐름이다.

① ㄱ ② ㄴ ③ ㄱ, ㄷ ④ ㄴ, ㄷ ⑤ ㄱ, ㄴ, ㄷ

✔ 자료 해석

• (가)는 은하가 타원 형태로 관측되므로 가시광선 영상이다

• (나)는 핵, 제트, 로브 구조가 뚜렷하게 나타나므로 전파 영상이다.

○ 보기 풀이 ㄴ. 전파 은하는 가시광선 영상에서는 타원 형태로 관측된다. 따라서 허블의 분류 체계에 따르면 타원 은하로 분류된다.

ㄷ. ㉠은 핵에서 로브로 이어지는 제트로, 핵에서 방출되는 물질의 강력한 흐름이다.

✘ 매력적 오답 ㄱ. 전파 은하는 가시광선 영상에서는 타원 형태로 나타나고, 전파 영상에서는 핵, 제트, 로브가 뚜렷하게 나타난다. 따라서 (가)는 가시광선 영상, (나)는 전파 영상이다.

문제풀이 Tip

특이 은하의 종류와 특징을 묻는 문항이 출제될 수 있으므로, 특이 은하의 관측 영상, 공통점, 스펙트럼에서 나타나는 특징 등을 학습해 두자.

25 허블 법칙과 적색 편이량

출제 의도 은하의 스펙트럼 관측 자료와 허블 법칙을 이용하여 방출선의 고유 파장과 적색 편이량을 파악하는 문항이다.

표는 서로 다른 방향에 위치한 은하 (가)와 (나)의 스펙트럼에서 관측된 방출선 A와 B의 고유 파장과 관측 파장을 나타낸 것이다. 우리은하로부터의 거리는 (가)가 (나)의 두 배이다.

방출선	고유 파장(nm)	관측 파장(nm)	
		은하 (가)	은하 (나)
A	(㉠)450	468	459
B	650	(㉡)676	(㉢)663

이에 대한 옳은 설명만을 〈보기〉에서 있는 대로 고른 것은? (단, (가)와 (나)는 허블 법칙을 만족한다. $v=H\cdot r$) [3점]

보기

ㄱ. ㉠은 450이다.

ㄴ. ㉡−468 ≠ ㉢−459이다.

ㄷ. (가)에서 (나)를 관측하면 A의 파장은 477 nm보다 길다. 길수없다.

① ㄱ ② ㄴ ③ ㄱ, ㄷ ④ ㄴ, ㄷ ⑤ ㄱ, ㄴ, ㄷ

✔ **자료 해석**

• 허블 법칙은 $v=H\cdot r$ (v: 은하의 후퇴 속도, H: 허블 상수, r: 은하까지의 거리)이고, 은하의 후퇴 속도(v)는 $v=\dfrac{\Delta\lambda}{\lambda_0}\times c$ ($\Delta\lambda$: 파장 변화량, λ_0: 고유 파장, c: 빛의 속도)이므로, $H\cdot r=\dfrac{\Delta\lambda}{\lambda_0}\times c$로부터 $r\propto\Delta\lambda$이다. 즉, 은하의 거리는 파장 변화량에 비례한다.

• 거리는 (가)가 (나)의 2배이므로, 파장 변화량도 (가)가 (나)의 2배이다. 방출선 A에 대해 (가)의 파장 변화량은 $(468-㉠)$ nm이고, (나)의 파장 변화량은 $(459-㉠)$ nm이므로, $(468-㉠)=2(459-㉠)$, $㉠=450$이다. 따라서 (가)의 적색 편이량은 $\dfrac{468-450}{450}=0.04$이고, (나)의 적색 편이량은 $\dfrac{459-450}{450}=0.02$이다.

• (가)의 적색 편이량이 0.04이므로 $0.04=\dfrac{㉡-650}{650}$에서 $㉡=676$이고, (나)의 적색 편이량이 0.02이므로 $0.02=\dfrac{㉢-650}{650}$에서 $㉢=663$이다.

🔾 **보기 풀이** ㄱ. 은하의 거리와 파장 변화량은 비례하며, 은하의 거리는 (가)가 (나)의 2배이므로 (관측 파장−고유 파장)은 (가)가 (나)의 2배이다. 따라서 $468-㉠=2(459-㉠)$으로부터 ㉠은 450이다.

✖ **매력적 오답** ㄴ. 방출선 A에서 (가)의 적색 편이량$\left(\dfrac{\Delta\lambda}{\lambda_0}\right)$은 $\dfrac{468-450}{450}$ $=0.04$, (나)의 적색 편이량은 $\dfrac{459-450}{450}=0.02$이므로, 방출선 B에서 ㉡은 $650\times(1+0.04)=676$이고, ㉢은 $650\times(1+0.02)=663$이다. 따라서 $676-468=208$, $663-459=204$이므로 $㉡-468\neq㉢-459$이다.

ㄷ. (가)와 (나)가 서로 다른 방향에 위치할 때 가장 멀리 떨어져 있는 위치는 우리은하를 사이에 두고 서로 반대 방향에 있을 때이다. 이때 우리은하에서 (나)까지의 거리를 R이라고 하면 (가)까지의 거리는 $2R$이고, (가)와 (나) 사이의 거리는 $3R$이 된다. 거리가 R일 때 A의 파장 변화량은 9 nm이므로 거리가 $3R$일 때는 파장 변화량이 27 nm이다. 즉, (가)와 (나)가 가장 멀리 떨어져 있을 때 (가)에서 (나)를 관측하면 A의 파장은 477 nm이다. 따라서 (가)에서 (나)를 관측하면 A의 파장은 477 nm보다 길 수 없다.

문제풀이 Tip

허블 법칙이 성립할 때 은하의 거리는 적색 편이량에 비례하므로, 은하의 거리 비는 은하의 후퇴 속도 비, 적색 편이량의 비, 고유 파장이 일정할 때 파장 변화량의 비와 같다는 것을 알아 두자.

26 퀘이사의 특징

출제 의도 퀘이사의 일반적인 특징을 이해하고, 거리에 따른 퀘이사의 개수 밀도 자료와 정상 우주론에서 설명하는 우주의 밀도를 비교하는 문항이다.

그림 (가)는 가시광선 영역에서 관측된 어느 퀘이사를, (나)는 퀘이사의 적색 편이에 따른 개수 밀도를 나타낸 것이다.

(가)

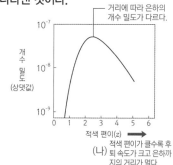

거리에 따라 은하의 개수 밀도가 다르다.

개수 밀도 (상댓값)

적색 편이(z)

(나) 적색 편이가 클수록 후 퇴 속도가 크고 은하까지의 거리가 멀다.

이에 대한 설명으로 옳은 것만을 〈보기〉에서 있는 대로 고른 것은?

보기
ㄱ. 퀘이사의 광도는 항성의 광도보다 크다.
ㄴ. 퀘이사는 우리은하 내부에 있는 천체이다.
　　　　　　　　　　　외부
ㄷ. 퀘이사의 개수 밀도는 정상 우주론으로 설명할 수 있다.
　　　　　　　　　　　　　　　　　　　　　없다.

① ㄱ　　② ㄴ　　③ ㄱ, ㄷ　　④ ㄴ, ㄷ　　⑤ ㄱ, ㄴ, ㄷ

✔ 자료 해석

• (가)는 수많은 별들로 이루어진 은하이지만 너무 멀리 있어 하나의 별처럼 보이는 퀘이사이다.
• (나)에서 퀘이사의 개수 밀도는 거리에 따라 일정하지 않은 값을 나타내고 있다.

○ 보기 풀이　ㄱ. 퀘이사는 수많은 별들로 이루어진 은하이므로 퀘이사의 광도는 항성의 광도보다 크다.

✕ 매력적 오답　ㄴ. 퀘이사는 우리은하 밖에 있는 외부 은하이다. (나)에서 퀘이사의 적색 편이가 매우 크게 나타나는 것으로 보아 퀘이사는 우리은하로부터 거리가 매우 먼 곳에 위치한다.

ㄷ. 정상 우주론에서는 우주 밀도가 일정하게 유지되어야 하므로 적색 편이(거리)와 관계없이 퀘이사의 개수 밀도가 일정해야 한다. (나)에서 퀘이사의 개수 밀도가 거리에 따라 다르게 나타나는 것은 정상 우주론으로 설명할 수 없다.

문제풀이 Tip

정상 우주론에서는 우주는 팽창하지만 우주가 팽창하면서 생겨난 공간에 새로운 물질이 계속 생성되어 우주의 질량은 증가하고 우주의 밀도는 일정하게 유지된다고 설명한다. 빅뱅 우주론과 정상 우주론의 차이에 대해 알아 두자.

Part I

개념완성

27 허블 법칙

출제 의도 허블 법칙을 이용해 은하 사이의 거리와 위치 관계를 파악하고, 각 은하를 관측할 때 나타나는 스펙트럼의 파장 변화량을 비교하는 문항이다.

표는 은하 A~D에서 서로 관측하였을 때 스펙트럼에서 기준 파장이 600 nm인 흡수선의 파장을 나타낸 것이다. 은하 A~D는 같은 평면상에 위치하며 허블 법칙을 만족한다.

$$v = H \cdot r, \quad v = \frac{\Delta\lambda}{\lambda_0} \times c$$

(단위: nm)

은하	A	$\Delta\lambda$	B	$\Delta\lambda$	C	$\Delta\lambda$	D	$\Delta\lambda$
A			606	6	608	8	604	4
B	606	6			610	10	610	10
C	608	8	610	10			㉠	

이에 대한 설명으로 옳은 것만을 〈보기〉에서 있는 대로 고른 것은?
(단, 광속은 3×10^5 km/s이고, 허블 상수는 70 km/s/Mpc이다.)
[3점]

보기

ㄱ. A와 B 사이의 거리는 $\frac{200}{7}$ Mpc이다. $\frac{300}{7}$ Mpc

ㄴ. ㉠은 608보다 작다. 크다.

ㄷ. D에서 거리가 가장 먼 은하는 B이다.

① ㄱ   ② ㄴ   ③ ㄷ   ④ ㄱ, ㄴ   ⑤ ㄴ, ㄷ

✔ 자료 해석

• 허블 법칙은 $v = H \cdot r$ (v: 은하의 후퇴 속도, H: 허블 상수, r: 은하까지의 거리)이고, 은하의 후퇴 속도는 $v = \frac{\Delta\lambda}{\lambda_0} \times c$ ($\Delta\lambda$: 파장 변화량, λ_0: 원래 파장, c: 빛의 속도)의 관계가 있다.

• 은하 A~D에서 서로 관측한 파장 변화량을 표로 나타내어 보면 다음과 같다.

은하	A~B	A~C	A~D	B~C	B~D
파장 변화량(nm)	6	8	4	10	10

허블 법칙에 따라 파장 변화량은 은하까지의 거리에 비례하고 A~D 은하는 같은 평면상에 위치하므로, A~D의 위치를 나타내 보면 A, B, C는 서로 직각 삼각형을 이루며, A, B, D는 A를 사이에 두고 일직선상에 위치한다.

○ 보기 풀이 허블 법칙과 외부 은하의 후퇴 속도 관계로부터 $v = H \cdot r$이고, $v = \frac{\Delta\lambda}{\lambda_0} \times c$이므로, 은하의 후퇴 속도($v$)는 파장 변화량($\Delta\lambda$)에 비례한다. 따라서 $H \cdot r = \frac{\Delta\lambda}{\lambda_0} \times c$로부터 $r \propto \Delta\lambda$이다. 즉, 은하까지의 거리는 파장 변화량에 비례한다.

ㄷ. A와 B 사이의 거리 비가 6, A와 D 사이의 거리 비가 4, B와 D 사이의 거리 비가 10이므로, A, B, D는 일직선상에 위치하며, B와 D는 A를 기준으로 서로 반대 방향에 위치한다. 또한 A와 B 사이의 거리 비가 6, A와 C 사이의 거리 비가 8, B와 C 사이의 거리 비가 10이므로 A, B, C는 직각 삼각형을 이루며 위치한다. 즉, A에서 바라보았을 때 B와 C는 서로 직각인 위치에 있고, C와 D는 서로 직각인 위치에 있다. D와 C 사이의 거리 비는 10보다 작으므로 D에서 거리가 가장 먼 은하는 B이다.

✘ 매력적 오답 ㄱ. $H \cdot r = \frac{\Delta\lambda}{\lambda_0} \times c$에서 $r = \frac{\Delta\lambda}{\lambda_0} \times \frac{c}{H}$이고, 기준 파장은 600 nm이므로, A와 B 사이의 거리는 $\frac{6 \text{ nm}}{600 \text{ nm}} \times \frac{3 \times 10^5 \text{ km/s}}{70 \text{ km/s/Mpc}} = \frac{300}{7}$ Mpc이다.

ㄴ. A와 C 사이의 거리보다 C와 D 사이의 거리가 멀기 때문에 C에서 측정한 D의 흡수선의 파장(㉠)은 C에서 측정한 A의 흡수선의 파장(608 nm)보다 길다. 따라서 ㉠은 608보다 크다.

문제풀이 Tip

은하의 거리를 구할 때 복잡한 계산이 요구되는 문항이라도 허블 법칙($v = H \cdot r$)과 은하의 후퇴 속도($v = \frac{\Delta\lambda}{\lambda_0} \times c$) 공식을 이용해 차근차근 풀면 해결할 수 있다. 은하들이 일직선상에 위치했는지, 평면상에 위치했는지를 먼저 파악하고, 세 은하의 거리 사이에 피타고라스 정리를 적용할 수 있는지 확인해 보는 것도 문제 해결의 지름길이니 잘 활용해 보자.

28 특이 은하

출제 의도 퀘이사의 스펙트럼 분석 자료를 해석하여 흡수선과 방출선을 구분하고 퀘이사의 특징을 이해하는 문항이다.

그림은 어느 퀘이사의 스펙트럼 분석 자료 중 일부를 나타낸 것이다. A와 B는 각각 방출선과 흡수선 중 하나이다.

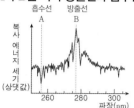

	(단위: nm)
A의 정지 상태 파장	112
A의 관측 파장	256
B의 정지 상태 파장	㉠
B의 관측 파장	277

파장 변화량: 144 nm

이에 대한 설명으로 옳은 것만을 〈보기〉에서 있는 대로 고른 것은?

보기
ㄱ. A는 흡수선이다.
ㄴ. ㉠은 ~~133이다.~~ 133보다 작다.
ㄷ. 이 퀘이사는 우리은하로부터 멀어지고 있다.

① ㄱ   ② ㄴ   ③ ㄱ, ㄷ   ④ ㄴ, ㄷ   ⑤ ㄱ, ㄴ, ㄷ

✓ 자료 해석
- 복사 에너지 세기가 작은 A는 흡수선이고, 복사 에너지 세기가 큰 B는 방출선이다.
- A의 파장 변화량은 (256 nm − 112 nm)=144 nm이다.
- B의 파장 변화량은 (277 − ㉠) nm로, 144 nm보다 크다.

○ 보기 풀이 ㄱ. 흡수선은 빛이 대기를 통과할 때 대기를 이루는 원자 내의 전자에 의해 특정 파장에 해당하는 빛이 흡수되기 때문에 나타나므로 복사 에너지 세기가 평균보다 작아져 아래로 뾰족한 형태로 나타난다. 따라서 A는 흡수선이다.
ㄷ. 관측 파장이 정지 상태 파장보다 길어졌으므로 적색 편이가 관측된다. 따라서 이 퀘이사는 우리은하로부터 멀어지고 있다.

✕ 매력적 오답 ㄴ. 정지 상태 파장이 길수록 파장 변화량(=관측 파장−정지 상태 파장)이 크다. A의 파장 변화량이 144 nm이므로 B의 파장 변화량은 144 nm보다 커야 한다. 따라서 ㉠은 277−144=133 nm보다 작다.

문제풀이 **Tip**
흡수선과 방출선이 모두 나타난 복사 에너지의 세기를 나타낸 그래프에서 위로 높이 솟아 올라간 것이 방출선, 아래로 깊이 내려간 것이 흡수선이라는 것에 유의해야 한다.

29 우주의 구성 요소와 우주 모형

출제 의도 우주 모형에 따른 우주의 물질과 암흑 에너지의 분포 비율을 이해하고, 우주의 팽창 속도 변화에 따른 적색 편이와 겉보기 등급 사이의 관계를 파악하는 문항이다.

표는 우주 모형 A, B, C의 Ω_m과 Ω_Λ를 나타낸 것이고, 그림은 A, B, C에서 적색 편이와 겉보기 등급 사이의 관계를 C를 기준으로 하여 Ⅰa형 초신성 관측 자료와 함께 나타낸 것이다. ㉠과 ㉡은 각각 A와 B의 편차 자료 중 하나이고, Ω_m과 Ω_Λ는 각각 현재 우주의 물질 밀도와 암흑 에너지 밀도를 임계 밀도로 나눈 값이다.

우주 모형	Ω_m	Ω_Λ
A	0.27	0.73
B	1.0	0
C	0.27	0

평탄 우주(가속 팽창 우주) ── A
평탄 우주 ── B
열린 우주 ── C   암흑 에너지 없음 ➡ 감속 팽창

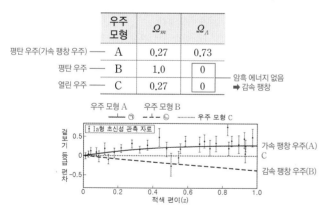

이 자료에 대한 설명으로 옳은 것만을 〈보기〉에서 있는 대로 고른 것은? [3점]

보기
ㄱ. ㉠은 ~~B~~ A의 편차 자료이다.
ㄴ. z=1.0인 천체의 겉보기 등급은 ~~A보다 B에서~~ B보다 A에서 크다.
ㄷ. Ⅰa형 초신성 관측 자료와 가장 부합하는 모형은 A이다.

① ㄱ   ② ㄷ   ③ ㄱ, ㄴ   ④ ㄴ, ㄷ   ⑤ ㄱ, ㄴ, ㄷ

✓ 자료 해석
- A는 $\Omega_m+\Omega_\Lambda=1$이므로 평탄 우주이며, $\Omega_m<\Omega_\Lambda$이므로 가속 팽창 우주이다.
- B는 $\Omega_m+\Omega_\Lambda=1$이므로 평탄 우주이며, $\Omega_\Lambda=0$이므로 감속 팽창 우주이다.
- C는 $\Omega_m+\Omega_\Lambda<1$이므로 열린 우주이며, $\Omega_\Lambda=0$이므로 감속 팽창 우주이다.
- ㉠은 겉보기 등급 편차 값이 양(+)의 값으로 나타나므로 가속 팽창 우주 모형이고, ㉡은 겉보기 등급 편차 값이 음(−)의 값으로 나타나므로 감속 팽창 우주 모형이다.

○ 보기 풀이 ㄷ. Ⅰa형 초신성 관측 결과 우주가 가속 팽창하고 있다는 것을 알게 되었으므로, Ⅰa형 초신성 관측 자료와 가장 부합하는 모형은 A이다.

✕ 매력적 오답 ㄱ. 우주 모형 C는 $\Omega_m+\Omega_\Lambda<1$이므로 열린 우주이고 암흑 에너지 밀도 값이 0이므로 감속 팽창 우주이다. ㉠은 우주 모형 C보다 겉보기 등급 편차가 크고, ㉡은 우주 모형 C보다 겉보기 등급 편차가 작으므로, ㉠은 가속 팽창 우주 모형이고 ㉡은 감속 팽창 우주 모형이다. 따라서 ㉠은 A, ㉡은 B의 편차 자료이다.
ㄴ. ㉠은 우주 모형 A, ㉡은 우주 모형 B이므로, z=1.0인 천체의 겉보기 등급은 A에서가 B에서보다 크다.

문제풀이 **Tip**
우주에 암흑 에너지가 존재하지 않았다는 것은 척력으로 작용하는 힘이 존재하지 않았다는 것을 의미하므로, Ω_Λ가 0이라는 것은 감속 팽창 우주를 의미한다는 것에 유의해야 한다.

Part I 지구과학

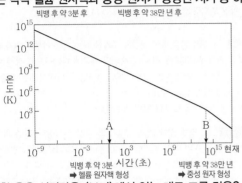

30 빅뱅 우주론

출제의도 빅뱅 이후 헬륨 원자핵과 중성 원자가 형성된 시기를 파악하고, 각 시기의 특징을 이해하는 문항이다.

그림은 빅뱅 이후 시간에 따른 우주의 온도 변화를 나타낸 것이다. A와 B는 각각 헬륨 원자핵과 중성 원자가 형성된 시기 중 하나이다.

이에 대한 옳은 설명만을 〈보기〉에서 있는 대로 고른 것은?

보기

ㄱ. A는 헬륨 원자핵이 형성된 시기이다.

ㄴ. 우주의 밀도는 A 시기가 B 시기보다 크다.

ㄷ. 최초의 별은 B 시기 이후에 형성되었다.

① ㄱ ② ㄷ ③ ㄱ, ㄴ ④ ㄴ, ㄷ ⑤ ㄱ, ㄴ, ㄷ

✔ 자료 해석

• 빅뱅 후 우주가 팽창함에 따라 우주의 온도는 점점 낮아졌다.
• A는 빅뱅 후 약 3분이 지났을 때로, 헬륨 원자핵이 생성되고 수소와 헬륨의 질량비가 약 3 : 1이 되었다.
• B는 빅뱅 후 약 38만 년이 지났을 때로, 우주의 온도가 낮아지며 원자핵과 전자가 결합해 중성 원자가 형성되고 물질과 복사가 분리되기 시작하였다. ➡ 우주 배경 복사 방출

○ 보기 풀이 ㄱ. A는 빅뱅 후 약 3분이 지났을 때로 헬륨 원자핵이 형성된 시기이고, B는 빅뱅 후 약 38만 년이 지났을 때로 중성 원자가 형성된 시기이다.

ㄴ. 빅뱅 이후 시간이 지남에 따라 우주의 질량은 일정하고 우주는 팽창하였으므로 우주의 밀도는 점점 감소하였다. 따라서 우주의 밀도는 A 시기가 B 시기보다 크다.

ㄷ. 최초의 별은 중성 원자가 형성된 이후에 탄생하였으므로 B 시기 이후에 형성되었다.

문제풀이 Tip

빅뱅 이후에 일어난 주요 사건인 헬륨 원자핵 형성, 우주 배경 복사 방출, 최초의 별과 은하의 생성 시기와 각 시기의 특징을 비교하는 문항이 출제될 수 있다. 특히 우주 배경 복사가 방출된 시기와 그 시기의 특징에 대해 확실하게 알아 두자.

---

31 퀘이사의 특징

출제의도 퀘이사의 스펙트럼에서 Hα 방출선의 파장 변화를 해석하여 퀘이사의 특징을 이해하는 문항이다.

그림 (가)는 지구에서 관측한 어느 퀘이사 X의 모습을, (나)는 X의 스펙트럼과 Hα 방출선의 파장 변화(→)를 나타낸 것이다. X의 절대 등급은 −26.7이고, 우리은하의 절대 등급은 −20.8이다.

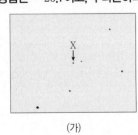 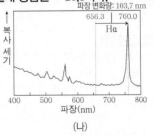

(가)   (나)

이에 대한 옳은 설명만을 〈보기〉에서 있는 대로 고른 것은? [3점]

보기

ㄱ. X는 많은 별들로 이루어진 천체이다.

ㄴ. $\dfrac{X의 광도}{우리은하의 광도}$ 는 100보다 작다.
                                             크다.

ㄷ. X보다 거리가 먼 퀘이사의 스펙트럼에서는 Hα 방출선의 파장 변화량이 103.7 nm보다 크다.

① ㄱ ② ㄴ ③ ㄱ, ㄴ ④ ㄱ, ㄷ ⑤ ㄴ, ㄷ

✔ 자료 해석

• 절대 등급은 퀘이사 X가 우리은하보다 5.9등급 작다. ➡ 광도는 퀘이사 X가 우리은하보다 100배 이상 크다.
• (나)에서 퀘이사 X의 Hα 방출선의 파장 변화량($\Delta \lambda$)은 103.7 nm (=760.0 nm−656.3 nm)이다.

○ 보기 풀이 ㄱ. 퀘이사는 매우 멀리 있어 별처럼 보이지만 수많은 별들로 이루어진 은하이다. 따라서 X는 많은 별들로 이루어진 천체이다.

ㄷ. 거리가 먼 은하일수록 적색 편이량$\left(z = \dfrac{\Delta \lambda}{\lambda_0}\right)$이 크며, 적색 편이량($z$)은 파장 변화량($\Delta \lambda$)에 비례한다. 따라서 X보다 거리가 먼 퀘이사는 X보다 적색 편이량이 더 크게 나타나므로 스펙트럼에서 Hα 방출선의 파장 변화량이 X에서 나타난 값(103.7 nm)보다 크다.

✕ 매력적 오답 ㄴ. 퀘이사 X는 우리은하보다 절대 등급이 5.9등급 작다. 절대 등급이 작을수록 광도가 크고, 5등급 차는 광도 100배 차이를 의미하므로, X는 우리은하보다 광도가 100배 이상 크다. 따라서 $\dfrac{X의 광도}{우리은하의 광도}$ 는 100보다 크다.

문제풀이 Tip

광도는 절대 등급과 관련 있는 물리량으로, 절대 등급이 작을수록 광도가 크다는 것에 유의해야 한다. 또한 절대 등급이 5등급 차이날 때 광도는 100배 차이가 난다는 것을 기억해 두자.

32 외부 은하

선택지 비율 ① 3% ❷ 79% ③ 3% ④ 9% ⑤ 4%

2021년 10월 교육청 16번 | 정답 ② | 문제편 50 p

출제 의도 외부 은하를 모양에 따라 구분하고, 각 은하의 특징을 비교하는 문항이다.

그림 (가), (나), (다)는 타원 은하, 나선 은하, 불규칙 은하를 순서 없이 나타낸 것이다.

(가) 불규칙 은하   (나) 나선 은하   (다) 타원 은하

이에 대한 옳은 설명만을 〈보기〉에서 있는 대로 고른 것은?

보기
ㄱ. (가)는 (나)로 진화한다.
　　　　　　은하는 진화하지 않는다.
ㄴ. 은하를 구성하는 별들의 평균 나이는 (나)가 (다)보다 많다.
　　　　　　　　　　　　　　　　　　　　　적다.
ㄷ. 은하에서 성간 물질이 차지하는 비율은 (가)가 (다)보다 크다.

① ㄱ ② ㄷ ③ ㄱ, ㄴ ④ ㄴ, ㄷ ⑤ ㄱ, ㄴ, ㄷ

✔ 자료 해석
- (가) : 규칙적인 모양이 없으므로 불규칙 은하이다. 불규칙 은하에는 성간 물질과 젊은 별들이 많이 분포한다.
- (나) : 중심부의 핵에서 나선팔이 뻗어 나와 휘감고 있는 나선 은하이다. 은하핵과 헤일로에는 늙은 별들이 주로 분포하고, 나선팔에는 성간 물질과 젊은 별들이 주로 분포한다.
- (다) : 타원형이므로 타원 은하이다. 타원 은하는 성간 물질이 거의 없고, 비교적 늙고 온도가 낮은 별들로 이루어져 있다.

○ 보기풀이 (가)는 불규칙 은하, (나)는 나선 은하, (다)는 타원 은하이다.
ㄷ. 불규칙 은하에는 성간 물질이 많고, 타원 은하에는 성간 물질이 거의 없다. 따라서 은하에서 성간 물질이 차지하는 비율은 (가)가 (다)보다 크다.

✕ 매력적 오답 ㄱ. 충돌 은하와 같이 특별한 경우가 아니면 은하는 형태가 크게 변하지 않으며, 다른 형태의 은하로 진화하지 않는다.
ㄴ. (나)는 나선 은하로 나선팔에는 젊은 별들이 주로 분포하고, 은하핵과 헤일로에는 늙은 별들이 주로 분포한다. (다)는 타원 은하로 주로 늙은 별들로 이루어져 있다. 따라서 은하를 구성하는 별들의 평균 나이는 (나)가 (다)보다 적다.

문제풀이 Tip
은하를 형태에 따라 분류하고, 각 은하를 구성하는 별들의 특징을 비교하여 묻는 문항이 자주 출제되므로 잘 학습해 두자.

---

33 우주의 구성 요소

선택지 비율 ① 4% ❷ 83% ③ 4% ④ 4% ⑤ 3%

2021년 10월 교육청 20번 | 정답 ② | 문제편 50 p

출제 의도 우주의 구성 요소를 이해하고, 시간에 따른 우주의 상대적 크기 변화를 통해 우주의 팽창 속도 변화와 우주 구성 요소의 비율 변화를 파악하는 문항이다.

표는 현재 우주 구성 요소 A, B, C의 비율이고, 그림은 시간에 따른 우주의 상대적 크기 변화를 나타낸 것이다. A, B, C는 각각 보통 물질, 암흑 물질, 암흑 에너지 중 하나이다.

우주 구성 요소	비율(%)
암흑 에너지 — A	68.3
암흑 물질 — B	26.8
보통 물질 — C	4.9

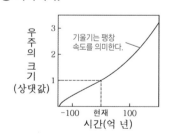

이에 대한 옳은 설명만을 〈보기〉에서 있는 대로 고른 것은?

보기
ㄱ. B는 보통 물질이다.
　　　암흑 물질
ㄴ. 빅뱅 이후 현재까지 우주의 팽창 속도는 일정하였다.
　　　　　　　　　　　　　　　　　　　일정하지 않다.
ㄷ. $\dfrac{\text{B의 비율}+\text{C의 비율}}{\text{A의 비율}}$ 은 100억 년 후가 현재보다 작을 것이다.

① ㄱ ② ㄷ ③ ㄱ, ㄴ ④ ㄴ, ㄷ ⑤ ㄱ, ㄴ, ㄷ

✔ 자료 해석
- 최근 관측 결과 우주는 약 68.3 %의 암흑 에너지와 약 26.8 %의 암흑 물질, 약 4.9 %의 보통 물질로 이루어져 있다고 추정된다.
- 우주의 크기가 0일 때 빅뱅이 일어났고, 시간에 따른 우주의 크기 변화율, 즉 그래프의 기울기는 우주의 팽창 속도에 해당한다.

○ 보기풀이 ㄷ. 100억 년 후 우주의 팽창 속도는 현재보다 커질 것으로 예측된다. 우주가 팽창함에 따라 암흑 에너지(A)의 비율은 증가하고, 암흑 물질(B)과 보통 물질(C)이 차지하는 비율은 감소하므로 $\dfrac{\text{B의 비율}+\text{C의 비율}}{\text{A의 비율}}$ 은 100억 년 후가 현재보다 작을 것이다.

✕ 매력적 오답 ㄱ. A는 암흑 에너지, B는 암흑 물질, C는 보통 물질이다.
ㄴ. 그림에서 그래프의 기울기는 우주의 팽창 속도에 해당하므로, 빅뱅 이후 우주의 팽창 속도는 일정하지 않았다. 빅뱅 후 우주는 급팽창했으며, 이후 감속 팽창하였고, 현재는 가속 팽창하고 있다.

문제풀이 Tip
물질은 질량을 가지고 있으므로 암흑 물질과 보통 물질의 비율이 증가하면 물질들 사이에 인력이 작용하여 우주가 수축하게 된다. 우주가 팽창하고 있다는 것은 인력에 대해 반대 방향으로 작용하는 척력이 있다는 것이고, 암흑 에너지가 척력으로 작용하는 것이다. 즉, 우주가 팽창하고 있는 한 우주에서 암흑 에너지가 차지하는 비율은 계속 증가한다는 것에 유의해야 한다.

34 은하의 후퇴 속도

출제 의도 탐구를 통해 은하의 후퇴 속도를 구하는 방법을 이해하고, 허블 법칙을 이용해 은하의 거리를 구하여 절대 등급을 비교하는 문항이다.

다음은 스펙트럼을 이용하여 외부 은하의 후퇴 속도를 구하는 탐구이다.

[탐구 과정]

(가) 겉보기 등급이 같은 두 외부 은하 A와 B의 스펙트럼을 관측한다.

(나) 정지 상태에서 파장이 410.0 nm와 656.0 nm인 흡수선이 A와 B의 스펙트럼에서 각각 얼마의 파장으로 관측되었는지 분석한다.

(다) A와 B의 후퇴 속도를 계산한다. (단, 빛의 속도는 3×10^5 km/s이다.)
v ... c

[탐구 결과] $v = \dfrac{\Delta \lambda}{\lambda_0} \times c$

정지 상태에서 흡수선의 파장(nm) λ_0	관측된 파장(nm) λ	
	은하 A	은하 B
410.0	451.0	414.1
656.0	(㉠)	( )

- A의 후퇴 속도: (㉡) km/s 3×10^4
- B의 후퇴 속도: ( ) km/s 3×10^3

이에 대한 옳은 설명만을 〈보기〉에서 있는 대로 고른 것은? (단, A와 B는 허블 법칙을 만족한다.) [3점]

〈보기〉

ㄱ. ㉠은 721.6이다.

ㄴ. ㉡은 3×10^4이다.

ㄷ. A와 B의 절대 등급 차는 5이다.

① ㄱ   ② ㄷ   ③ ㄱ, ㄴ   ④ ㄴ, ㄷ   ⑤ ㄱ, ㄴ, ㄷ

✔ **자료 해석**

- 정지 상태에서의 파장을 λ_0, 파장 변화량을 $\Delta \lambda$라고 할 때, 동일한 은하에서 $\dfrac{\Delta \lambda}{\lambda_0}$은 항상 일정하다.

  은하 A : $\dfrac{41.0 \, \text{nm}}{410.0 \, \text{nm}} = \dfrac{㉠ \, \text{nm} - 656.0 \, \text{nm}}{656.0 \, \text{nm}}$

  은하 B : $\dfrac{4.1 \, \text{nm}}{410.0 \, \text{nm}} = \dfrac{(\ ) \, \text{nm} - 656.0 \, \text{nm}}{656.0 \, \text{nm}}$

- 은하의 후퇴 속도(v)는 $v = \dfrac{\Delta \lambda}{\lambda_0} \times c$ (c : 빛의 속도)이다.

- 은하 A의 후퇴 속도 : 정지 상태에서의 파장이 410.0 nm일 때 파장 변화량은 451.0 − 410.0 = 41.0 nm이므로, 은하 A의 후퇴 속도는 $\dfrac{41.0 \, \text{nm}}{410.0 \, \text{nm}} \times 3 \times 10^5$ km/s = 3×10^4 km/s이다.

- 은하 B의 후퇴 속도 : 정지 상태에서의 파장이 410.0 nm일 때 파장 변화량은 414.1 − 410.0 = 4.1 nm이므로, 은하 B의 후퇴 속도는 $\dfrac{4.1 \, \text{nm}}{410.0 \, \text{nm}} \times 3 \times 10^5$ km/s = 3×10^3 km/s이다.

🔍 **보기 풀이** ㄱ. 은하 A에서 $\dfrac{451.0 \, \text{nm} - 410.0 \, \text{nm}}{410.0 \, \text{nm}} = \dfrac{㉠ \, \text{nm} - 656.0 \, \text{nm}}{656.0 \, \text{nm}}$ 가 성립하므로, ㉠=721.6 nm이다. 따라서 ㉠은 721.6이다.

ㄴ. 정지 상태에서의 파장을 λ_0, 파장 변화량을 $\Delta \lambda$라고 할 때 은하의 후퇴 속도(v)는 $v = \dfrac{\Delta \lambda}{\lambda_0} \times c$ (c : 빛의 속도)이므로, 은하 A의 후퇴 속도는 $\dfrac{41.0 \, \text{nm}}{410.0 \, \text{nm}} \times 3 \times 10^5$ km/s = 3×10^4 km/s이다. 따라서 ㉡은 3×10^4이다.

ㄷ. 탐구 결과로부터 은하 A의 후퇴 속도는 3×10^4 km/s이고, 은하 B의 후퇴 속도는 3×10^3 km/s이므로 은하의 후퇴 속도는 A가 B보다 10배 크다. 허블 법칙에 의하면 은하의 후퇴 속도(v)는 $v = H \cdot r$ (H : 허블 상수, r : 은하까지의 거리)이므로, 은하의 후퇴 속도는 은하까지의 거리에 비례하므로, 은하의 거리는 A가 B보다 10배 멀다. 은하 A와 B는 겉보기 등급이 같고 거리는 A가 B보다 10배 멀므로 실제 밝기는 A가 B보다 100배 밝다. 따라서 A의 절대 등급은 B보다 5등급 작다.

문제풀이 Tip

은하의 후퇴 속도는 적색 편이량을 이용하여 구할 수도 있고, 은하까지의 거리를 이용하여 구할 수도 있다는 것을 알아 두고, 각 관계식을 암기해 두자.

2021년 7월 교육청 18번 | 정답 ① | 문제편 51 p

출제 의도 외부 은하의 흡수선 파장과 우리은하로부터의 거리 자료를 이용하여 허블 상수와 우리은하로 부터 두 은하의 시선 방향이 이루는 각도를 구하는 문항이다.

표는 우리은하에서 관측한 외부 은하 A와 B의 흡수선 파장과 거리를 나타낸 것이다. A에서 관측한 B의 후퇴 속도는 17300 km/s이고, 세 은하는 허블 법칙을 만족한다.

은하	흡수선 파장(nm)	거리(Mpc)
A	404.6	50
B	423	(가)

└─ 파장 변화량이 A보다 크다. ➡ 거리가 더 멀다.

이에 대한 설명으로 옳은 것만을 〈보기〉에서 있는 대로 고른 것은? (단, 빛의 속도는 3×10^5 km/s이고, 이 흡수선의 고유 파장은 400 nm이다.) [3점]

〈보기〉
ㄱ. (가)는 250이다.
ㄴ. 허블 상수는 70 km/s/Mpc보다 크다. 작다.
ㄷ. 우리은하로부터 A까지의 시선 방향과 B까지의 시선 방향이 이루는 각도는 60°보다 작다. 크다.

① ㄱ   ② ㄴ   ③ ㄷ   ④ ㄱ, ㄴ   ⑤ ㄱ, ㄷ

✔ **자료 해석**

• 흡수선의 고유 파장은 400 nm이고 우리은하에서 관측한 외부 은하 A와 B의 흡수선 파장은 각각 404.6 nm, 423 nm이므로, A와 B의 흡수선 파장 변화량($\Delta\lambda$)은 각각 4.6 nm, 23 nm이다.

• 우리은하로부터 B까지의 거리는 주어진 자료를 이용하여 계산할 수 있으며, A에서 관측한 B의 후퇴 속도가 주어져 있으므로 이를 이용하면 A와 B 사이의 거리를 구할 수 있다.

🔎 **보기 풀이** ㄱ. 흡수선의 고유 파장은 400 nm이므로, 우리은하에서 관측한 외부 은하 A와 B의 흡수선 파장 변화량($\Delta\lambda$)은 각각 4.6 nm, 23 nm로 B가 A보다 5배 크다. 흡수선 파장 변화량($\Delta\lambda$)은 은하까지의 거리에 비례하므로, 우리은하로부터의 거리는 B가 A보다 5배 멀다. 따라서 우리은하로부터 B까지의 거리는 250 Mpc이다.

❌ **매력적 오답** ㄴ. A에서 관측한 흡수선의 고유 파장은 400 nm, 파장 변화량은 4.6 nm이므로 후퇴 속도(v)는 $v = c \times \dfrac{\Delta\lambda}{\lambda_0}$, $v = 300000$ km/s $\times \dfrac{4.6 \text{ nm}}{400 \text{ nm}} = 3450$ km/s이다. 외부 은하의 후퇴 속도를 v, 허블 상수를 H, 은하까지의 거리를 r라고 할 때, $v = H \cdot r$에서 $H = \dfrac{v}{r}$이므로, 거리가 50 Mpc이고 후퇴 속도가 3450 km/s인 은하 A를 이용하여 계산한 허블 상수 $H = \dfrac{3450 \text{ km/s}}{50 \text{ Mpc}} = 69$ km/s/Mpc이다.

ㄷ. A에서 관측한 B의 후퇴 속도가 17300 km/s이므로 허블 상수가 69 km/s/Mpc일 때 A와 B 사이의 거리는 약 250.7 Mpc이다. 우리은하와 B 사이의 거리가 250 Mpc일 때 A는 우리은하로부터 50 Mpc, B로부터 약 250.7 Mpc 떨어져 있으므로 A가 위치할 수 있는 지점은 두 군데이다. 따라서 우리은하로부터 A까지의 시선 방향과 B까지의 시선 방향이 이루는 각도(θ)는 60°보다 크다.

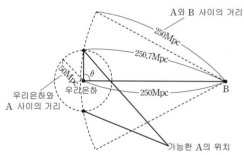

문제풀이 Tip

외부 은하의 후퇴 속도와 허블 상수를 구하는 문항은 고난이도로 출제되므로, 흡수선의 파장 변화량을 통해 은하의 후퇴 속도를 구하고, 은하의 후퇴 속도와 은하까지의 거리를 이용하여 허블 상수를 구하는 연습을 해 두어야 한다.

36 우주의 구성 요소와 우주 팽창

출제의도 외부 은하에서 발견된 Ia형 초신성의 관측 자료를 해석하여 우주 모형을 결정하고, Ia형 초신성의 거리 예측 값을 비교하는 문항이다.

그림은 우주 모형 A, B와 외부 은하에서 발견된 Ia형 초신성의 관측 자료를 나타낸 것이다. Ω_m과 Ω_Λ는 각각 현재 우주의 물질 밀도와 암흑 에너지 밀도를 임계 밀도로 나눈 값이다.

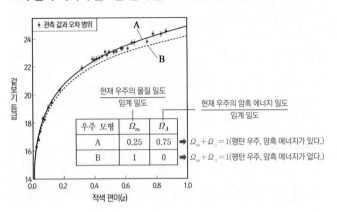

현재 우주의 물질 밀도 / 임계 밀도

현재 우주의 암흑 에너지 밀도 / 임계 밀도

우주 모형	Ω_m	Ω_Λ	
A	0.25	0.75	→ $\Omega_m + \Omega_\Lambda = 1$(평탄 우주, 암흑 에너지가 있다.)
B	1	0	→ $\Omega_m + \Omega_\Lambda = 1$(평탄 우주, 암흑 에너지가 없다.)

이에 대한 설명으로 옳은 것만을 〈보기〉에서 있는 대로 고른 것은?

〈보기〉

ㄱ. Ia형 초신성의 관측 결과를 설명할 수 있는 우주 모형은 B보다 A이다.

ㄴ. $z=0.8$인 Ia형 초신성의 거리 예측 값은 A가 B보다 크다.

ㄷ. 보통 물질, 암흑 물질, 암흑 에너지를 모두 고려한 우주 모형은 ~~B~~A 이다.

① ㄱ　② ㄷ　③ ㄱ, ㄴ　④ ㄴ, ㄷ　⑤ ㄱ, ㄴ, ㄷ

✓ 자료 해석

• 우주 모형 A는 $\Omega_m = 0.25$, $\Omega_\Lambda = 0.75$로 두 값을 합하면 1이므로 평탄 우주이며, 암흑 에너지가 존재한다.

• 우주 모형 B는 $\Omega_m = 1$, $\Omega_\Lambda = 0$으로 두 값을 합하면 1이므로 평탄 우주이며, 암흑 에너지가 존재하지 않는다.

○ 보기풀이 ㄱ. 우주 모형 A는 평탄 우주이며, 암흑 에너지가 존재하므로 우주는 가속 팽창한다. 우주 모형 B는 평탄 우주이며, 암흑 에너지가 존재하지 않으므로 우주는 가속 팽창하지 않는다. 그림에서 Ia형 초신성의 관측값은 우주 모형 A에서 예측한 값과 잘 맞는다. 따라서 Ia형 초신성의 관측 결과를 설명할 수 있는 우주 모형은 B보다 A이다.

ㄴ. $z=0.8$인 Ia형 초신성의 겉보기 등급은 B보다 A에서 예측한 값이 크다. Ia형 초신성의 절대 등급은 일정하므로, 거리가 멀수록 겉보기 등급이 크다. 따라서 $z=0.8$인 Ia형 초신성의 거리 예측 값은 A가 B보다 크다.

✕ 매력적 오답 ㄷ. 우주 모형 B는 Ω_Λ가 0이므로 암흑 에너지를 고려하지 않은 모형이다. 보통 물질, 암흑 물질, 암흑 에너지를 모두 고려한 우주 모형은 A이다.

문제풀이 **Tip**

Ω_m은 현재 우주의 물질 밀도를 임계 밀도로 나눈 값이고, Ω_Λ는 현재 우주의 암흑 에너지 밀도를 임계 밀도로 나눈 값이므로, $\Omega_m + \Omega_\Lambda = 1$일 때 우주의 밀도가 임계 밀도와 같은 평탄 우주인 것을 알아 두고, Ω_Λ가 0인 우주는 가속 팽창하지 않는 것에 유의해야 한다.

---

37 전파 은하

출제의도 전파 은하 사진 중 가시광선 영상, 전파 영상을 구분하고, 전파 은하의 구조와 특징을 파악하는 문항이다.

그림은 어느 전파 은하의 영상을 나타낸 것이다. (가)와 (나)는 각각 가시광선 영상과 전파 영상 중 하나이고, (다)는 (가)와 (나)의 합성 영상이다.

타원 형태의 은하

로브　제트

(가)
가시광선 영역에서 관측

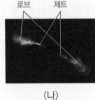
(나)
전파 영역에서 관측

(다)
합성 영상

이에 대한 설명으로 옳은 것만을 〈보기〉에서 있는 대로 고른 것은?

〈보기〉

ㄱ. (가)는 가시광선 영상이다.

ㄴ. (나)에서는 제트가 관측된다.

ㄷ. 이 은하는 특이 은하에 해당한다.

① ㄱ　② ㄷ　③ ㄱ, ㄴ　④ ㄴ, ㄷ　⑤ ㄱ, ㄴ, ㄷ

✓ 자료 해석

• (가)에서는 전파 은하가 타원 모양으로 보이므로 가시광선 영상이다.

• (나)에서는 전파 은하의 제트와 로브가 보이므로 전파 영상이다.

• (다)의 가시광선 영상과 전파 영상의 합성 영상에서는 전파 은하의 핵, 제트, 로브가 뚜렷하게 보인다.

○ 보기풀이 ㄱ. 전파 은하는 보통의 은하보다 수백 배 이상 강한 전파를 방출하는 은하로, 관측하는 방향에 따라 중심부가 뚜렷한 전파원으로 보이거나 제트로 연결된 로브가 중심부의 양쪽에 대칭으로 나타나는 모습으로 관측된다. (가)에서는 전파 은하가 타원 모양으로 관측되므로 (가)는 가시광선 영역에서 관측한 영상이다.

ㄴ. (나)의 전파 영상에서는 제트가 관측되며, 제트로 연결된 로브가 중심부의 양쪽에 대칭으로 나타나는 모습이 관측된다.

ㄷ. 허블의 분류 체계로는 분류하기 어려운 전파 은하, 퀘이사, 세이퍼트은하 등을 특이 은하라고 한다.

문제풀이 **Tip**

특이 은하는 일반적인 은하에 비해 전파나 X선 영역에서 강한 에너지를 방출할 뿐만 아니라 밝기가 시간에 따라 변하는 등 일반 은하와는 다른 특성을 보이는 것을 알아 두자.

38 우주의 구성 요소와 우주 모형

출제의도 시간에 따른 우주의 상대적 크기 변화 자료를 해석하여 우주 모형의 종류를 결정하고, 우주의 나이와 우주 구성 요소의 비율을 비교하는 문항이다.

그림 (가)는 현재 우주를 구성하는 요소 ㉠, ㉡, ㉢의 상대적 비율을, (나)는 우주 모형 A와 B에서 시간에 따른 우주의 상대적 크기를 나타낸 것이다. ㉠, ㉡, ㉢은 각각 보통 물질, 암흑 물질, 암흑 에너지 중 하나이다.

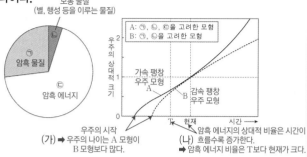

(가) ➡ 우주의 나이는 A 모형이 B 모형보다 많다.

(나) ➡ 암흑 에너지 비율은 T보다 현재가 크다.

이에 대한 설명으로 옳은 것만을 〈보기〉에서 있는 대로 고른 것은? [3점]

보기
ㄱ. 별과 행성은 ㉠에 해당한다.
ㄴ. 대폭발 이후 현재까지 걸린 시간은 A보다 B에서 짧다.
ㄷ. A에서 우주를 구성하는 요소 중 ㉢이 차지하는 비율은 T 시기보다 현재가 크다.

① ㄱ　② ㄴ　③ ㄱ, ㄷ　④ ㄴ, ㄷ　⑤ ㄱ, ㄴ, ㄷ

✔ 자료 해석

• 최근 초신성이나 우주 배경 복사를 플랑크 망원경으로 관측한 결과 우주는 약 4.9 %의 보통 물질, 약 26.8 %의 암흑 물질, 약 68.3 %의 암흑 에너지로 구성되어 있다고 추정하고 있다. 따라서 (가)에서 ㉠은 암흑 물질, ㉡은 보통 물질, ㉢은 암흑 에너지이다.

• (나)에서 A는 물질과 암흑 에너지를 모두 고려한 모형이므로 가속 팽창하는 우주 모형이고, B는 물질만 고려한 모형이므로 감속 팽창하는 우주 모형이다.

🔘 보기 풀이 ㄴ. (나)에서 대폭발 이후 현재까지 걸린 시간은 우주의 크기가 0일 때부터 현재까지 걸린 시간과 같으므로, A보다 B에서 짧다.

ㄷ. 우주는 약 138억 년 전에 빅뱅으로 탄생하여 짧은 순간 급격히 팽창하였으며, 이후에 팽창 속도가 조금씩 감소하다가 수십억 년 전부디 암흑 에너지에 의해 다시 증가하기 시작하였다. A는 암흑 에너지(㉢)에 의해 가속 팽창하는 우주 모형이다. 우주가 팽창할수록 우주 구성 요소 중 암흑 에너지의 비율이 증가하므로, A에서 ㉢이 차지하는 비율은 T 시기보다 현재가 크다.

❌ 매력적 오답 ㄱ. 별과 행성은 전자기파를 방출하거나 흡수할 수 있는 보통 물질이므로, ㉡에 해당한다.

문제풀이 **Tip**

암흑 에너지는 척력으로 작용해 우주를 가속 팽창시키는 역할을 하는 것을 알아 두고, 만약 우주에 암흑 에너지가 없다면 우주는 물질들의 인력에 의해 팽창 속도가 감소하거나 수축해야 하는 것에 유의해야 한다.

---

39 외부 은하의 분류

출제의도 형태에 따른 외부 은하의 분류 자료를 해석하여 외부 은하의 종류와 특징을 파악하고, 은하를 구성하는 별의 평균 온도를 비교하는 문항이다.

그림은 외부 은하 중 일부를 형태에 따라 (가), (나), (다)로 분류한 것이다.

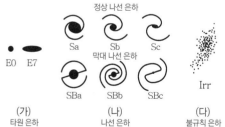

이에 대한 옳은 설명만을 〈보기〉에서 있는 대로 고른 것은?

보기
ㄱ. (가)는 타원 은하이다.
ㄴ. (나)의 은하들은 나선팔이 있다.
ㄷ. 은하를 구성하는 별의 평균 표면 온도는 (가)가 (다)보다 낮다.

① ㄱ　② ㄷ　③ ㄱ, ㄴ　④ ㄴ, ㄷ　⑤ ㄱ, ㄴ, ㄷ

✔ 자료 해석

• (가)는 나선팔이 없고 타원 모양이므로 타원 은하이다.
• (나)는 은하핵과 나선팔로 이루어져 있으므로 나선 은하이다.
• (다)는 모양이 규칙적이지 않으며 비대칭적이므로 불규칙 은하이다.

🔘 보기 풀이 ㄱ. 허블은 외부 은하를 가시광선 영역에서 관측되는 형태에 따라 타원 은하, 나선 은하, 불규칙 은하로 분류하였다. (가)의 타원 은하는 성간 물질이 거의 없는 타원형 은하로, 비교적 늙고 표면 온도가 낮은 별들로 이루어져 있다. 모양이 가장 원에 가깝게 보이는 은하를 E0, 가장 납작한 타원형으로 보이는 은하를 E7로 세분한다.

ㄴ. (나)는 나선 은하로, 은하핵과 나선팔로 구성되어 있다. 나선팔에는 젊은 별들과 성운들이 모여 있고, 중심부에는 은하핵을 포함한 중앙 팽대부라고 하는 밀도가 큰 부분이 위치한다. 나선 은하는 나선팔이 감긴 정도와 은하핵의 상대적인 크기에 따라 Sa, Sb, Sc 또는 SBa, SBb, SBc로 구분한다. S와 SB 뒤에 붙은 소문자가 a → b → c로 갈수록 중심핵의 크기가 상대적으로 작고 나선팔이 느슨하게 감겨 있다.

ㄷ. 타원 은하는 비교적 늙고 표면 온도가 낮은 별들로 이루어져 있고, 불규칙 은하는 젊고 표면 온도가 높은 별들이 많이 분포한다. 따라서 은하를 구성하는 별의 평균 표면 온도는 (가)가 (다)보다 낮다.

문제풀이 **Tip**

타원 은하와 나선 은하의 중앙 팽대부, 헤일로에는 성간 물질이 적고 별의 평균 표면 온도가 낮으며, 나선 은하의 나선팔과 불규칙 은하에는 성간 물질이 많고 별의 평균 표면 온도가 높은 것을 알아 두자.

40 우주의 팽창과 구성 요소

출제 의도 우주 구성 요소와 우리은하의 회전 속도 자료를 해석하여 암흑 에너지와 암흑 물질의 특징 및 실제 관측한 우리은하의 회전 속도에 암흑 물질이 미치는 영향에 대해 파악하는 문항이다.

그림 (가)는 현재 우주에서 암흑 물질, 보통 물질, 암흑 에너지가 차지하는 비율을 각각 ㉠, ㉡, ㉢으로 순서 없이 나타낸 것이고, (나)는 우리은하의 회전 속도를 은하 중심으로부터의 거리에 따라 나타낸 것이다. A와 B는 각각 관측 가능한 물질만을 고려한 추정값과 실제 관측값 중 하나이다.

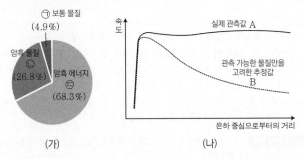

(가) / (나)

이에 대한 옳은 설명만을 〈보기〉에서 있는 대로 고른 것은? [3점]

보기

ㄱ. ㉠과 ㉡은 현재 우주를 가속 팽창시키는 역할을 한다.
ㄴ. 관측 가능한 물질만을 고려한 추정값은 B이다.
ㄷ. A와 B의 회전 속도 차이는 ㉢의 영향으로 나타난다.

① ㄱ ② ㄴ ③ ㄱ, ㄷ ④ ㄴ, ㄷ ⑤ ㄱ, ㄴ, ㄷ

✓ 자료 해석

• (가)에서 ㉠은 보통 물질, ㉡은 암흑 물질, ㉢은 암흑 에너지이다.
• (나)에서 A는 실제 관측값이고, B는 관측 가능한 물질만을 고려한 추정값이다.
• 우리은하의 중심부는 밀도가 매우 크기 때문에 은하 중심으로부터 멀어질수록 회전 속도가 증가하며, 은하 외곽에서는 A와 같이 회전 속도가 거의 일정한데, 이는 우리은하를 구성하는 물질이 예측한 것처럼 중심부에만 밀집되어 있는 것이 아니라 은하 외곽에도 많이 분포하는 것을 의미한다.

○ 보기풀이 ㄴ. 우리은하는 관측 가능한 물질 대부분이 중심부에 밀집되어 있으므로, 우리은하의 회전 속도는 대체로 은하 중심으로부터 멀어질수록 감소할 것으로 추정되며, 중심부의 경우는 밀도가 매우 크기 때문에 은하 중심으로부터 멀어질수록 회전 속도가 증가할 것으로 추정된다. 따라서 관측 가능한 물질만을 고려한 추정값은 B이다.

✗ 매력적 오답 ㄱ. 우주에서 물질(㉠과 ㉡)은 인력으로 작용하여 우주의 팽창 속도를 감소시키는 역할을 하고, 암흑 에너지(㉢)는 척력으로 작용하여 우주의 팽창 속도를 증가시키는 역할을 한다.

ㄷ. 암흑 물질은 전자기파로 관측되지 않아 우리 눈에 보이지 않기 때문에 중력을 이용한 방법으로 존재를 추정할 수 있다. 우리은하 외곽에는 암흑 물질이 많이 분포할 것으로 추정된다. A는 실제 관측값, B는 관측 가능한 물질만을 고려한 추정값으로, A와 B의 회전 속도 차이는 암흑 물질(㉡)의 영향으로 나타난다.

문제풀이 Tip
현재 우주 구성 요소의 비율과 특징에 대해 알아 두고, 우리은하의 외곽에서 은하의 회전 속도가 거의 일정하게 나타나는 것은 암흑 물질의 영향 때문인 것에 유의해야 한다.

02 대륙 분포와 판 이동의 원동력

1 열점과 판의 이동

2025학년도 수능 4번 | 정답 ③ | 문제편 54p

출제 의도 열점에서 생성된 화산암체들의 배열을 통해 화산암체의 생성 순서를 파악하고 판의 이동 방향을 추론하는 문항이다.

다음은 판의 이동에 따라 열점에서 생성된 화산암체들이 배열되는 과정을 알아보기 위한 탐구 활동이다.

[탐구 과정]

(가) 책상에 종이를 고정시킨 후, ㉠ 종이 위에 점을 찍고 A로 표시한다.

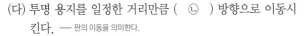

열점 A
종이 투명 용지

(나) 그림과 같이 (가)의 종이 위에 투명 용지를 올린 후, 투명 용지에 방위를 표시하고 종이의 점 A의 위치에 점을 찍는다.

(다) 투명 용지를 일정한 거리만큼 (㉡) 방향으로 이동시킨다. — 판의 이동을 의미한다.

(라) 투명 용지에 종이의 점 A의 위치에 점을 찍는다.

(마) (다)~(라)의 과정을 2회 반복한다.

(바) (나)~(마)의 과정에서 투명 용지에 점을 찍은 순서대로 숫자 1~4를 기록한다.

[탐구 결과]

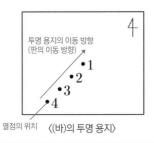

투명 용지의 이동 방향
(판의 이동 방향)
•1
•2
•3
•4
열점의 위치   《(바)의 투명 용지》

이 자료에 대한 설명으로 옳은 것만을 〈보기〉에서 있는 대로 고른 것은? [3점]

보기
ㄱ. ㉠은 '열점'에 해당한다.
ㄴ. (다)는 판이 이동하는 과정에 해당한다.
ㄷ. '남서쪽'은 ㉡에 해당한다.
　　북동쪽

① ㄱ　② ㄷ　③ ㄱ, ㄴ　④ ㄴ, ㄷ　⑤ ㄱ, ㄴ, ㄷ

✔ 자료 해석

• (나)에서 종이 위의 점 A는 열점을 의미한다.
• (다)에서 투명 용지를 이동시키는 것은 판이 이동하는 것을 의미한다.
• [탐구 결과]에서 점의 위치가 북동쪽으로 갈수록 먼저 생성된 것이므로, 투명 용지를 북동쪽으로 이동시켰음을 알 수 있다.

◯ 보기 풀이 A의 위치가 열점이고, 투명 용지는 판에 해당하며, 점을 찍는 행위는 화산 활동에 의한 화산섬 생성에 해당한다.
ㄱ. ㉠은 고정된 위치이므로 판의 이동과 상관없이 고정된 열점을 의미한다.
ㄴ. (다)에서 투명 용지를 움직이는 것은 판의 이동을 나타낸다.

✕ 매력적 오답 ㄷ. 탐구 결과로 보아 투명 용지에 찍힌 점의 순서를 보았을 때 점이 남서쪽으로 이동하도록 고정된 위치에서 점을 찍으려면 투명 용지는 그와 반대인 북동쪽으로 움직여야 한다.

문제풀이 Tip

열점은 맨틀에 고정된 마그마의 생성 장소이고, 열점에서의 화산 활동으로 형성된 화산섬은 판에 실려 이동하기 때문에 열점에서 멀어지는 방향으로 판이 이동한다는 것에 유의해야 한다.

Part II 수능평가원

2 고지자기 복각과 지괴의 이동

출제 의도 고지자기 복각을 통해 고지자기극과 지괴의 위치를 추론하고, 지괴의 이동 방향과 이동 속도를 파악하는 문항이다.

그림 (가)는 어느 지괴 A와 B에서 구한 암석의 생성 시기와 고지자기 복각을, (나)는 복각과 위도와의 관계를 나타낸 것이다. A와 B는 동일 경도를 따라 회전 없이 일정한 방향으로 이동하였다.

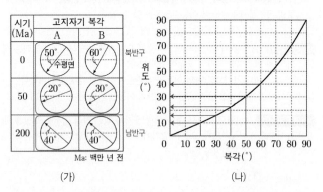

(가)   (나)

이 자료에 대한 설명으로 옳은 것만을 〈보기〉에서 있는 대로 고른 것은? (단, 고지자기극은 고지자기 방향으로 추정한 지리상 북극이고, 지리상 북극은 변하지 않았다.) [3점]

보기
ㄱ. A의 이동 방향은 남쪽이다. (북쪽)
ㄴ. 50 Ma~0 Ma 동안의 평균 이동 속도는 A가 B보다 느리다.
ㄷ. 현재 A에서 구한 200 Ma의 고지자기극은 현재 B에서 구한 200 Ma의 고지자기극보다 고위도에 위치한다.

① ㄱ ② ㄴ ③ ㄱ, ㄷ ④ ㄴ, ㄷ ⑤ ㄱ, ㄴ, ㄷ

✓ 자료 해석

- A와 B는 동일 경도를 따라 회전 없이 일정한 방향으로 이동하였다고 하였으므로, A와 B는 위도 변화만 나타났다.
- 지구 자기장의 방향이 수평면에 대해 아래쪽을 향하면 북반구, 위쪽을 향하면 남반구에서 측정한 것이며, 지괴가 북반구에 위치할 때 복각은 (+), 남반구에 위치할 때 복각은 (−)로 나타낸다. 따라서 (가)와 (나)에서 지괴 A, B의 시기별 고지자기 복각과 지괴의 위도는 다음과 같다.

<table>
<tr><td rowspan="2">시기(Ma)</td><td colspan="2">A</td><td colspan="2">B</td></tr>
<tr><td>고지자기
복각</td><td>지괴의
위도</td><td>고지자기
복각</td><td>지괴의
위도</td></tr>
<tr><td>0(현재)</td><td>+50°</td><td>약 30°N</td><td>+60°</td><td>약 40°N</td></tr>
<tr><td>50</td><td>+20°</td><td>약 10°N</td><td>+30°</td><td>약 17°N</td></tr>
<tr><td>200</td><td>−40°</td><td>약 23°S</td><td>−40°</td><td>약 23°S</td></tr>
</table>

○ 보기 풀이 ㄴ. 50 Ma~0 Ma 동안 A는 약 10°N에서 약 30°N으로 각거리 약 20° 이동했고, B는 약 17°N에서 약 40°N으로 각거리 약 23° 이동했다. 지구는 거의 구형에 가까우므로 이 기간 동안 지괴가 움직인 거리는 A가 B보다 짧다. 따라서 평균 이동 속도는 A가 B보다 느리다.

ㄷ. 200 Ma에 A와 B의 고지자기 복각은 −40°이므로, A와 B는 위도 약 23°S에 위치하였다. 현재 A는 고지자기 복각이 +50°이고, B는 고지자기 복각이 +60°이므로 A와 B의 현재 위도는 각각 약 30°N, 약 40°N이다. 즉, 200 Ma~0 Ma 동안 A는 약 53° 북상했고 B는 약 63° 북상했다. 따라서 현재 측정한 200 Ma의 고지자기극은 A는 약 37°N에 위치하고, B는 약 27°N에 위치하므로, A에서 구한 고지자기극이 B에서 구한 고지자기극보다 고위도에 위치한다.

✗ 매력적 오답 ㄱ. 200 Ma~50 Ma~0 Ma 동안 A의 고지자기 복각은 −40° → +20° → +50°로 변하였으므로, 점차 북쪽으로 이동하였다.

문제풀이 **Tip**

고지자기 복각을 이용하면 암석이 생성될 당시의 위도를 알 수 있고, 고지자기 방향을 이용하면 지괴의 회전 방향을 알 수 있다. 또한 고지자기 복각이 (+)이면 암석이 생성될 당시에 북반구에 위치하였고, (−)이면 남반구에 위치하였다는 것에 유의해야 한다.

출제 의도 플룸 구조론의 모식도에서 뜨거운 플룸과 차가운 플룸을 구분하고, 플룸의 생성 과정과 특징을 이해하는 문항이다.

그림은 플룸 구조론을 나타낸 모식도이다. A와 B는 뜨거운 플룸과 차가운 플룸을 순서 없이 나타낸 것이다.

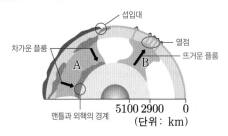

이에 대한 설명으로 옳은 것만을 〈보기〉에서 있는 대로 고른 것은?

┌─ 보기 ─────────────────────────┐
ㄱ. A는 섭입한 해양판에 의해 생성된다.

ㄴ. B는 외핵과 맨틀의 경계 부근에서 생성되어 상승한다.

ㄷ. 판의 내부에서 일어나는 화산 활동은 B로 설명할 수 있다.
└────────────────────────────┘

① ㄱ   ② ㄷ   ③ ㄱ, ㄴ   ④ ㄴ, ㄷ   ⑤ ㄱ, ㄴ, ㄷ

✔ 자료 해석

• A에는 플룸 하강류가 나타나므로 차가운 플룸이고, B에는 플룸 상승류가 나타나므로 뜨거운 플룸이다.

• 뜨거운 플룸은 맨틀과 외핵의 경계에서 생성되고, 차가운 플룸은 섭입대에서 섭입한 해양판이 상부 맨틀과 하부 맨틀의 경계에 머물다가 맨틀과 외핵의 경계 쪽으로 가라앉으면서 생성된다.

○ 보기 풀이   ㄱ. A는 차가운 플룸으로, 섭입한 해양판이 상부 맨틀과 하부 맨틀의 경계에 머물다가 맨틀과 외핵의 경계 쪽으로 가라앉으면서 생성된다.

ㄴ. B는 뜨거운 플룸으로, 차가운 플룸이 맨틀과 외핵의 경계 쪽으로 가라앉을 때 그 영향으로 외핵과 맨틀의 경계 부근에서 뜨거운 맨틀 물질이 상승하면서 생성된다.

ㄷ. 판의 내부에서 일어나는 화산 활동은 열점으로 설명할 수 있다. 열점은 뜨거운 플룸이 상승하여 지표면 아래에 마그마가 형성되는 곳이므로, B 위에 형성된다. 따라서 판의 내부에서 일어나는 화산 활동은 B로 설명할 수 있다.

문제풀이 **Tip**

플룸 구조론에서 뜨거운 플룸과 차가운 플룸을 구분하고 생성 과정을 이해하여 특징을 파악하는 문항이 자주 출제된다. 섭입대는 차가운 플룸, 열점은 뜨거운 플룸과 관련 있음을 꼭 알아 두자.

4 고지자기극과 대륙 이동

출제의도 시기별 고지자기극의 위치를 통해 과거 지괴의 위치를 파악하고, 위치에 따른 고지자기 복각을 비교하는 문항이다.

그림은 동일 경도를 따라 이동한 지괴의 현재 위치와 시기별 고지자기극의 위치를 나타낸 것이다.

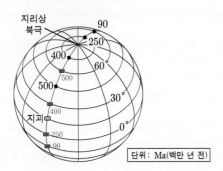

이 지괴에 대한 설명으로 옳은 것만을 〈보기〉에서 있는 대로 고른 것은? (단, 고지자기극은 고지자기 방향으로 추정한 지리상 북극이고, 지리상 북극은 변하지 않았다.) [3점]

보기
ㄱ. 90 Ma에 지괴는 북반구에 위치하였다.
   남반구
ㄴ. 지괴에서 구한 고지자기 복각은 400 Ma일 때가 500 Ma 일 때보다 작다.
ㄷ. 지괴의 평균 이동 속도는 400 Ma~250 Ma가 90 Ma~ 현재보다 빠르다.
   느리다.

① ㄱ   ② ㄴ   ③ ㄷ   ④ ㄱ, ㄷ   ⑤ ㄴ, ㄷ

✔ 자료 해석
- 현재 지괴는 15°N에 위치하고 있다.
- 고지자기극과 지괴의 각거리는 90 Ma에 105°, 250 Ma에 90°, 400 Ma에 60°, 500 Ma에 30°이다. 고지자기극이 지괴로부터 90° 이상 떨어져 있을 때 지괴는 남반구에 위치한다.
- 지괴는 90 Ma에 15°S, 250 Ma에 적도, 400 Ma에 30°N. 500 Ma에 60°N에 위치하였다.

O 보기 풀이 ㄴ. 400 Ma와 500 Ma에 지괴는 모두 북반구에 위치하였고, 고지자기 복각은 저위도로 갈수록 작다. 따라서 지괴에서 구한 고지자기 복각은 해당 시기의 고지자기극과 지괴의 각거리가 큰 400 Ma일 때가 500 Ma일 때보다 작다.

✕ 매력적 오답 ㄱ. 90 Ma일 때 고지자기극의 위치와 현재 지괴의 각거리는 105°이므로 90 Ma일 때 지괴는 15°S에 위치하였다.

ㄷ. 400 Ma일 때 지괴는 30°N에, 250 Ma일 때는 적도에 위치하였으므로 400 Ma~250 Ma(150 Ma 동안)에 지괴는 위도로 30° 이동하였다. 90 Ma일 때 지괴는 15°S에 위치하였고 현재는 15°N에 위치하므로, 90 Ma~현재까지 지괴는 위도로 30° 이동하였다. 따라서 지괴의 평균 이동 속도는 이동 기간이 더 긴 400 Ma~250 Ma가 90 Ma~현재보다 느리다.

문제풀이 **Tip**
고지자기극의 위치가 동일 경도상에 분포하는 것은 지괴가 위도를 따라 이동하였다는 것을 의미한다. 고지자기극과 지괴 사이의 각거리가 클수록 지리상 북극에서 멀리 떨어진 위치에 있는 것이다. 현재 지괴의 위치와 고지자기극의 위치를 동시에 움직여 고지자기극을 북극으로 이동시켜보면 당시 지괴의 위치를 파악할 수 있다. 지괴의 이동 속도를 비교할 때는 이동한 거리뿐만 아니라 기간도 고려해야 한다는 것에 유의해야 한다.

출제 의도 지괴의 시기별 위치를 통해 고지자기극의 위치를 파악하고, 지괴의 이동에 따른 특징을 이해하는 문항이다.

그림은 동일 위도를 따라 이동한 지괴 A와 B의 시기별 위치를 나타낸 것이다.

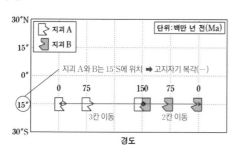

이 자료에 대한 설명으로 옳은 것만을 〈보기〉에서 있는 대로 고른 것은? (단, 고지자기극은 고지자기 방향으로 추정한 지리상 북극이고, 지리상 북극은 변하지 않았다.) [3점]

┌─ 보기 ┐

ㄱ. 150 Ma~0 Ma 동안 지괴의 평균 이동 속도는 A가 B보다 빠르다.

ㄴ. 75 Ma에 A와 B에서 생성된 암석에 기록된 고지자기 복각은 모두 (+) 값이다. (—) 값이다.

ㄷ. A에서 구한 고지자기극의 위치는 75 Ma와 150 Ma가 같다.

└─────────────┘

① ㄱ ② ㄴ ③ ㄷ ④ ㄱ, ㄴ ⑤ ㄱ, ㄷ

✓ 자료 해석

• 지괴 A는 150 Ma~0 Ma 동안 위도 변화 없이 서쪽으로 3칸 이동하였다.

• 지괴 B는 150 Ma~0 Ma 동안 위도 변화 없이 동쪽으로 2칸 이동하였다.

• 지괴 A와 B는 모두 150 Ma~0 Ma 동안 15°S에 위치하였다.

○ 보기풀이 ㄱ. 150 Ma~0 Ma 동안 위도 변화 없이 A는 경도 3칸을, B는 경도 2칸을 이동했으므로 이동 거리는 A가 B보다 길다. 따라서 이 기간 동안 지괴의 평균 이동 속도는 같은 시간 동안 더 많이 이동한 A가 B보다 빠르다.

ㄷ. 0 Ma, 75 Ma, 150 Ma에 A는 경도가 다르지만 위도가 같고 지괴의 회전도 없기 때문에 고지자기극의 위치는 모두 현재 극의 위치와 같다. 따라서 A에서 구한 고지자기극의 위치는 75 Ma와 150 Ma가 같다.

✕ 매력적 오답 ㄴ. 고지자기극은 고지자기 방향으로 추정한 지리상 북극이고, 75 Ma에 A와 B는 모두 남반구에 위치했으므로 그 시기에 생성된 암석에 기록된 지자기 복각은 모두 (—) 값을 갖는다.

문제풀이 Tip

지괴가 위도를 따라 이동하였을 때는 고지자기극의 위치가 변하지만, 위도 변화 없이 경도를 따라서만 이동하였다면 고지자기극의 위치가 바뀌지 않는다는 것에 유의해야 한다.

6 고지자기와 대륙의 이동

출제 의도 시기별 고지자기극의 위치와 서로 다른 두 지괴의 현재 위치를 이용하여 지괴의 이동 속도와 복각의 변화를 비교하는 문항이다.

그림은 지괴 A와 B의 현재 위치와 ㉠ 시기부터 ㉡ 시기까지 시기별 고지자기극의 위치를 나타낸 것이다. A와 B는 동일 경도를 따라 일정한 방향으로 이동하였으며, ㉠부터 현재까지의 어느 시기에 서로 한 번 분리된 후 현재의 위치에 있다.

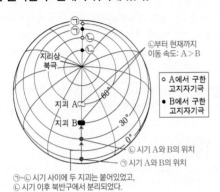

○ A에서 구한 고지자기극
● B에서 구한 고지자기극
㉠ 시기 A와 B의 위치

㉡부터 현재까지 이동 속도: A > B

㉠~㉡ 시기 사이에 두 지괴는 붙어있었고, ㉡ 시기 이후 북반구에서 분리되었다.

이 자료에 대한 설명으로 옳은 것만을 〈보기〉에서 있는 대로 고른 것은? (단, 고지자기극은 고지자기 방향으로 추정한 지리상 북극이고, 지리상 북극은 변하지 않았다.) [3점]

〈보기〉
ㄱ. A에서 구한 고지자기 복각의 절댓값은 ㉠이 ㉡보다 작다.
ㄴ. A와 B는 북반구에서 분리되었다.
ㄷ. ㉡부터 현재까지의 평균 이동 속도는 A가 B보다 빠르다.

① ㄱ　　② ㄷ　　③ ㄱ, ㄴ　　④ ㄴ, ㄷ　　⑤ ㄱ, ㄴ, ㄷ

✓ 자료 해석
• 지괴 A와 B에서 추정한 고지자기극은 암석이 생성될 당시 지리상 북극에 위치하였다.
• 동일 경도를 따라 일정한 방향으로 지괴가 이동하는 경우에는 특정 시기의 고지자기극이 현재의 지리상 북극에 위치하도록 고지자기극과 지괴를 동시에 평행 이동시키면, 특정 시기의 지괴 위치를 찾을 수 있다.
• 고지자기극의 절댓값은 극으로 갈수록 증가한다.

○ 보기 풀이 ㄱ. A는 ㉠ 시기부터 현재까지는 60° 북상했으며, ㉡ 시기부터 현재까지는 30° 북상했다. 현재 A는 60°N에 위치한다. A를 각각의 이동량만큼 남하시키면 ㉠ 시기에는 0°, ㉡ 시기에는 30°N에 위치하였다. 고지자기극의 절댓값은 극으로 갈수록 증가하므로, A에서 구한 고지자기 복각의 절댓값은 ㉠이 ㉡보다 작다.

ㄴ. A와 B는 동일 경도를 따라 일정한 방향으로 이동했고, 고지자기로 대륙 이동을 복원하면 B는 ㉠ 시기에 적도, ㉡ 시기에 30°N에 위치했으므로, ㉠ 시기에서 ㉡ 시기 사이에는 A와 B가 붙어 있었다. ㉡ 시기 이후 두 지괴는 북상하며 속도 차이로 떨어졌을 것이므로, A와 B는 북반구에서 분리되었다.

ㄷ. ㉡ 시기의 고지자기극 위치가 지리상 북극으로부터 멀어진 거리는 A가 B보다 크다. 즉, ㉡부터 현재까지 동일 경도를 따라 A는 30° 이동하였고, B는 15° 이동하였다. 따라서 ㉡부터 현재까지의 평균 이동 속도는 A가 B보다 빠르다.

문제풀이 Tip
지리상 북극은 변하지 않았는데 고지자기극의 위치가 시기별로 다르게 나타나는 것은 대륙이 이동했기 때문임을 이해하고 있어야 한다. 또한 동일한 기간 동안 고지자기극의 겉보기 이동 거리가 멀수록 지괴의 이동 속력이 빠르다는 것에 유의해야 한다.

7 고지자기극과 판의 경계

2024학년도 9월 평가원 20번 | 정답 ① | 문제편 **56 p**

출제 의도 열점과 화산섬의 위치 관계를 통해 판의 이동 방향을 파악하여 판 경계의 종류를 구분하고, 고지자기 복각과 고지자기극의 위치를 비교하는 문항이다.

그림은 남반구에 위치한 열점에서 생성된 화산섬의 위치와 연령을 나타낸 것이다. 해양판 A와 B에는 각각 하나의 열점이 존재하고, 열점에서 생성된 화산섬은 동일 경도상을 따라 각각 일정한 속도로 이동한다.

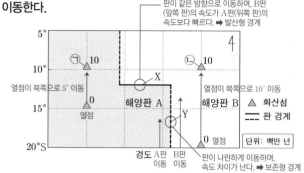

이 자료에 대한 설명으로 옳은 것만을 〈보기〉에서 있는 대로 고른 것은? (단, 고지자기극은 고지자기 방향으로 추정한 지리상 북극이고, 지리상 북극은 변하지 않았다.) [3점]

보기
ㄱ. 판의 경계에서 화산 활동은 X가 Y보다 활발하다.
ㄴ. 고지자기 복각의 절댓값은 화산섬 ㉠과 ㉡이 같다.
   ㉠이 ㉡보다 작다.
ㄷ. 화산섬 ㉠에서 구한 고지자기극은 화산섬 ㉡에서 구한 고지자기극보다 <del>저위도</del>에 위치한다.
   고위도

① ㄱ　② ㄴ　③ ㄷ　④ ㄱ, ㄴ　⑤ ㄱ, ㄷ

✔ 자료 해석

• ㉠은 15°S에서 생성되어 현재 10°S의 위치로 이동하였고, ㉡은 20°S에서 생성되어 현재 10°S의 위치로 이동하였으므로, A보다 B의 이동 속도가 빠르다.

• 두 해양판 모두 열점에 대해 북쪽으로 이동하고 있다. X를 기준으로 A와 B는 같은 방향으로 이동하고 있지만 B가 A보다 빠르게 북쪽으로 이동하므로, X는 두 판 사이의 거리가 멀어지는 발산형 경계(해령)에 해당한다. Y를 기준으로 A와 B는 같은 방향으로 이동하고 있지만 B가 A보다 빠르게 북쪽으로 이동하므로, Y는 두 판이 서로 반대 방향으로 이동하는 보존형 경계(변환 단층)에 해당한다.

ㅇ 보기 풀이 ㄱ. X는 해령, Y는 변환 단층이므로 화산 활동은 X가 Y보다 활발하다.

✕ 매력적 오답 ㄴ. 고지자기 복각의 절댓값은 고위도로 갈수록 커진다. 따라서 고지자기 복각은 위도 15°S에서 생성된 화산섬 ㉠이 위도 20°S에서 생성된 화산섬 ㉡보다 작다.

ㄷ. 화산섬 ㉠은 15°S에서 생성되어 현재 10°S로 이동하여 생성 당시보다 위도 값이 5° 작아졌으므로 고지자기극의 위치는 85°에 위치할 것이다. 화산섬 ㉡은 20°S에서 생성되어 현재 10°S로 이동하여 생성 당시보다 위도 값이 10° 작아졌으므로 고지자기극의 위치는 80°에 위치할 것이다. 따라서 화산섬 ㉠에서 구한 고지자기극은 화산섬 ㉡에서 구한 고지자기극보다 고위도에 위치한다.

문제풀이 **Tip**

판의 경계 유형을 판단할 때 판의 이동 방향뿐만 아니라 이동 속력도 고려해야 한다. 두 판이 같은 방향으로 이동하더라도 뒤따르는 판이 더 느리게 이동하면 발산형 경계, 뒤따르는 판이 더 빠르게 이동하면 수렴형 경계이고, 판이 나란하게 이동하면서 서로 반대 방향으로 어긋나게 이동하거나 같은 방향으로 이동하지만 이동 속력이 차이가 나는 경우에는 모두 보존형 경계가 형성된다는 것에 유의해야 한다.

Part II 수능 평가원

8 플룸 구조론

출제 의도 플룸 구조론을 나타낸 모식도에서 차가운 플룸과 뜨거운 플룸을 구분하고, 특징을 파악하는 문항이다.

그림은 플룸 구조론을 나타낸 모식도이다. A와 B는 각각 뜨거운 플룸과 차가운 플룸 중 하나이다.

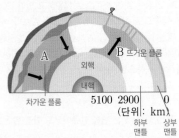

이에 대한 설명으로 옳은 것만을 〈보기〉에서 있는 대로 고른 것은?

보기
ㄱ. A는 뜨거운 플룸이다.
      ~~차가운 플룸~~
ㄴ. B에 의해 여러 개의 화산이 형성될 수 있다.
ㄷ. B는 ~~내핵과 외핵의~~ 경계에서 생성된다.
      맨틀과 외핵의 경계

① ㄱ   ② ㄴ   ③ ㄷ   ④ ㄱ, ㄴ   ⑤ ㄴ, ㄷ

✓ 자료 해석
• A : 차가운 플룸으로, 섭입형 경계에서 섭입한 판이 상부 맨틀과 하부 맨틀의 경계에 머물다가 맨틀과 외핵의 경계 쪽으로 낙하하면서 생성되는 플룸 하강류이다.
• B : 뜨거운 플룸으로, 차가운 플룸이 맨틀과 외핵의 경계 쪽으로 낙하하면 그 영향으로 맨틀과 외핵의 경계에서 뜨거운 맨틀 물질이 상승하면서 생성되는 플룸 상승류이다.

○ 보기 풀이 ㄴ. B는 상승하는 뜨거운 플룸이다. 뜨거운 플룸은 열점을 생성하여 화산 활동을 일으키므로, B에 의해 여러 개의 화산이 형성될 수 있다.

✕ 매력적 오답 ㄱ. A는 하강하므로 차가운 플룸이다.
ㄷ. B는 차가운 플룸이 맨틀과 외핵의 경계 쪽으로 가라앉으면서 그 영향으로 맨틀과 외핵의 경계에서 뜨거운 맨틀 물질이 상승하면서 생성된다.

문제풀이 **Tip**
뜨거운 플룸은 상승하고, 차가운 플룸은 하강한다는 것을 이해하면 플룸 구조론을 나타낸 모식도에서 뜨거운 플룸과 차가운 플룸을 쉽게 구분할 수 있다. 이를 바탕으로 뜨거운 플룸과 차가운 플룸의 생성 원리를 잘 알아 두도록 하자.

9 플룸 구조론

출제 의도 플룸 구조론을 나타낸 모식도에서 차가운 플룸과 뜨거운 플룸을 구분하고, 형성 과정과 플룸의 열점에 의해 생성된 화산섬의 특징을 파악하는 문항이다.

그림은 플룸 구조론을 나타낸 모식도이다. A와 B는 각각 차가운 플룸과 뜨거운 플룸 중 하나이고, ㉠은 화산섬이다.

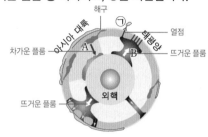

이에 대한 설명으로 옳은 것만을 〈보기〉에서 있는 대로 고른 것은?

[보기]
ㄱ. A는 섭입한 해양판에 의해 형성된다.
ㄴ. B는 태평양에 여러 화산을 형성한다.
ㄷ. ㉠을 형성한 열점은 판과 같은 방향으로 움직인다.
　　　　　　　열점은 고정되어 있어 움직이지 않는다.

① ㄱ　② ㄷ　③ ㄱ, ㄴ　④ ㄴ, ㄷ　⑤ ㄱ, ㄴ, ㄷ

✔ 자료 해석
- A는 섭입형 수렴 경계에서 섭입한 판이 상부 맨틀과 하부 맨틀의 경계에 머물다가 맨틀과 외핵의 경계 쪽으로 낙하하면서 생성되는 차가운 플룸이다.
- B는 차가운 플룸이 맨틀과 외핵의 경계 쪽으로 낙하하면 그 영향으로 맨틀과 외핵의 경계에서 뜨거운 맨틀 물질이 상승하면서 생성된 뜨거운 플룸이다.
- ㉠은 플룸 상승류에 의해 형성된 열점에서 마그마가 분출하여 생성된 화산섬이다.

○ 보기 풀이
ㄱ. A는 차가운 플룸으로, 태평양판(해양판)이 아시아 대륙 밑으로 섭입하여 상부 맨틀과 하부 맨틀의 경계에 머물다가 맨틀과 외핵의 경계 부근으로 낙하하면서 형성된다.

ㄴ. B는 뜨거운 플룸으로, 맨틀 물질이 상승하면서 열점에서 마그마를 생성하여 화산 활동에 의해 여러 화산을 형성한다.

✗ 매력적 오답
ㄷ. ㉠을 형성한 열점은 고정되어 있으므로, 판과 함께 움직이지 않는다.

문제풀이 Tip
차가운 플룸과 뜨거운 플룸의 형성 과정에 대해 잘 알아 두고, 플룸 상승류에 의해 형성된 열점은 판 내부에 고정되어 있어 움직이지 않는다는 것에 유의해야 한다.

---

10 해양저 확장설

출제 의도 해양판의 고지자기 분포와 해양 지각의 연령 자료를 이용하여 해령의 위치를 파악하고, 해저 퇴적물의 두께와 해양판의 이동 방향을 이해하는 문항이다.

그림은 어느 해양판의 고지자기 분포와 지점 A, B의 연령을 나타낸 것이다. 해양판의 이동 속도와 해저 퇴적물이 쌓이는 속도는 일정하고, 현재 해양판의 이동 방향은 남쪽과 북쪽 중 하나이다.

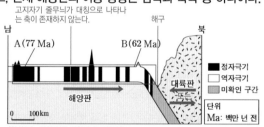

(화살표는 판의 이동 방향과 속도이다.)

이 자료에 대한 설명으로 옳은 것만을 〈보기〉에서 있는 대로 고른 것은? (단, 해양판의 이동 속도는 대륙판보다 빠르다.) [3점]

[보기]
ㄱ. A와 B 사이에 해령이 위치한다.
　　　　　해령이 위치하지 않는다.
ㄴ. 해저 퇴적물의 두께는 A가 B보다 두껍다.
ㄷ. 현재 A의 이동 방향은 남쪽이다.
　　　　　　　　　　　　북쪽

① ㄱ　② ㄴ　③ ㄱ, ㄷ　④ ㄴ, ㄷ　⑤ ㄱ, ㄴ, ㄷ

✔ 자료 해석
- 해령에서 생성된 해양 지각은 양쪽으로 이동하므로 해령에서 멀어질수록 해양 지각의 연령은 증가하며, 해저 퇴적물의 두께는 두꺼워진다. 또한 고지자기 줄무늬는 해령을 축으로 양쪽으로 대칭으로 나타난다.
- 해양판과 대륙판 사이에 해구가 형성되어 있으므로, 해양판과 대륙판은 서로 가까워지고 있다.

○ 보기 풀이
ㄴ. 해령에서 멀어질수록 해양 지각의 연령은 많아지고 해저 퇴적물의 두께는 두꺼워진다. 해양 지각의 연령은 A가 B보다 많으므로 해저 퇴적물의 두께는 A가 B보다 두껍다.

✗ 매력적 오답
ㄱ. A는 B보다 연령이 많으므로 해령은 A와 B 사이에 위치하거나 B의 북쪽에 위치해야 한다. 이때 A와 B 사이에 해령이 위치한다면 A와 B 사이에 고지자기 줄무늬가 대칭으로 나타나는 구간이 있어야 하는데, 이 해양판에는 고지자기 줄무늬가 대칭으로 나타나는 구간이 없으므로 A와 B 사이에는 해령이 위치하지 않는다.

ㄷ. 해양판과 대륙판 사이에 해구가 형성되어 있으므로 두 판은 서로 수렴해야 한다. 해양판의 이동 속도가 대륙판보다 빠르므로 해양판과 대륙판 사이에 수렴형 경계가 형성되려면 해양판은 북쪽으로 이동하고, 대륙판은 북쪽이나 남쪽으로 이동해야 한다. 따라서 현재 A의 이동 방향은 북쪽이다.

문제풀이 Tip
해령에서 멀어질수록 해양 지각의 연령은 증가하고, 해령은 정자극기인 곳에 위치해야 하며, 해령을 축으로 고지자기 줄무늬가 양쪽으로 대칭적으로 나타난다는 것에 유의하여 해령의 위치를 파악한다. 또한 두 판이 같은 방향으로 이동하는 경우 앞쪽에 위치한 판의 이동 속도가 더 빠르면 발산형 경계가 형성되고, 뒤쪽에 위치한 판의 이동 속도가 더 빠르면 수렴형 경계가 형성될 수 있다는 것에 유의해야 한다.

Part II 수능 평가원

11 맨틀 대류

출제 의도 상부 맨틀에서만 맨틀 대류가 일어나는 경우에 설명할 수 있는 현상을 이해하는 문항이다.

그림은 상부 맨틀에서만 대류가 일어나는 모형을 나타낸 것이다.

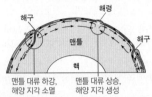

이 모형에 대한 설명으로 옳은 것만을 〈보기〉에서 있는 대로 고른 것은? [3점]

보기
ㄱ. 판을 이동시키는 힘의 원동력을 설명할 수 있다.
ㄴ. 해양 지각의 평균 연령이 대륙 지각의 평균 연령보다 적은 이유를 설명할 수 있다.
ㄷ. 뜨거운 플룸이 핵과 맨틀의 경계 부근에서 생성되어 상승하는 것을 설명할 수 있다.
　　　　　　설명할 수 없다.

① ㄱ　　② ㄴ　　③ ㄷ　　④ ㄱ, ㄴ　　⑤ ㄱ, ㄷ

✔ 자료 해석
• 상부 맨틀에서 맨틀 물질은 해령에서 상승하고 양쪽으로 이동하여 해구에서 하강한다.
• 맨틀 대류의 상승부에는 해령이, 맨틀 대류의 하강부에는 해구가 형성된다.

○ 보기 풀이 ㄱ. 상부 맨틀에서만 대류가 일어나는 모형에서는 판을 이동시키는 힘의 원동력을 맨틀 대류라고 설명한다.

ㄴ. 상부 맨틀에서만 대류가 일어나는 모형에서는 해령에서 판이 생성되어 해구에서 소멸되기 때문에 해양 지각의 평균 연령이 대륙 지각보다 적다.

✕ 매력적 오답 ㄷ. 뜨거운 플룸이 핵과 맨틀의 경계 부근에서 생성되어 상승하는 것은 맨틀 전체에서 대류가 일어나는 플룸 구조론으로 설명할 수 있다. 따라서 상부 맨틀에서만 대류가 일어나는 모형으로는 뜨거운 플룸의 생성을 설명할 수 없다.

문제풀이 **Tip**
해양 지각은 해구에서 소멸되지만, 대륙 지각은 해구에서 소멸되지 않으므로 해양 지각의 평균 연령이 대륙 지각보다 적다는 것에 유의해야 한다.

12 대륙의 이동

출제 의도 시기별 고지자기극의 위치 변화를 파악하여 대륙의 이동을 이해하는 문항이다.

그림은 어느 지괴의 현재 위치와 시기별 고지자기극의 위치를 나타낸 것이다. 고지자기극은 고지자기 방향으로 추정한 지리상 북극이고, 지리상 북극은 변하지 않았다. 현재 지자기 북극은 지리상 북극과 일치한다.

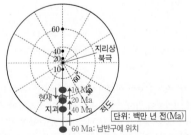

단위: 백만 년 전(Ma)
60 Ma: 남반구에 위치

이 지괴에 대한 설명으로 옳은 것만을 〈보기〉에서 있는 대로 고른 것은?

보기
ㄱ. 지괴는 60 Ma~40 Ma가 40 Ma~20 Ma보다 빠르게 이동하였다.
ㄴ. 60 Ma에 생성된 암석에 기록된 고지자기 복각은 (＋) 값이다.
　　　　　　　　　　　　　　　　(−)
ㄷ. 10 Ma부터 현재까지 지괴의 이동 방향은 북쪽이다.
　　　　　　　　　　　　　　　남쪽

① ㄱ　　② ㄴ　　③ ㄱ, ㄷ　　④ ㄴ, ㄷ　　⑤ ㄱ, ㄴ, ㄷ

✔ 자료 해석
• 60 Ma부터 10 Ma까지 고지자기극의 위치는 지괴와 가까워지는 방향으로 이동하였고, 10 Ma 이후 현재까지는 지괴에서 멀어지는 방향으로 이동하였다. ➡ 지괴가 60 Ma부터 10 Ma까지는 북쪽으로 이동하였고, 10 Ma부터 현재까지는 남쪽으로 이동하였다.
• 같은 시간 동안 고지자기극 사이의 거리는 60 Ma~40 Ma가 40 Ma~20 Ma보다 길다.

○ 보기 풀이 ㄱ. 고지자기극의 위도 변화는 60 Ma~40 Ma가 40 Ma~20 Ma보다 크다. 고지자기극의 겉보기 위치가 다른 것은 대륙이 이동했기 때문이므로 지괴는 40 Ma~20 Ma보다 60 Ma~40 Ma에 더 많이 이동했음을 의미한다. 따라서 지괴는 60 Ma~40 Ma가 40 Ma~20 Ma보다 빠르게 이동하였다.

✕ 매력적 오답 ㄴ. 60 Ma의 고지자기극과 현재 지괴의 각거리는 120°이므로 이 지괴는 60 Ma에 남반구에 위치하였다. 따라서 60 Ma에 생성된 암석에 기록된 고지자기 복각은 (−) 값이다.

ㄷ. 10 Ma의 고지자기극의 위치는 현재 지리상 북극보다 지괴와 더 가깝다. 이는 10 Ma에 지괴가 현재보다 북극에 더 가까이 위치했음을 의미한다. 따라서 10 Ma부터 현재까지 지괴의 이동 방향은 남쪽이다.

문제풀이 **Tip**
지리상 북극은 변하지 않았는데 고지자기극의 위치가 시기별로 다르게 나타나는 것은 대륙이 이동했기 때문임을 이해해야 한다. 또한 동일한 기간 동안 고지자기극의 겉보기 이동 거리가 멀수록 지괴의 이동 속력이 빠르다는 것에 유의해야 한다.

13 플룸 구조론

출제 의도 실험을 통해 플룸 상승류가 시작되는 지점을 파악하고, 플룸의 연직 이동 원리를 이해하는 문항이다.

다음은 어느 플룸의 연직 이동 원리를 알아보기 위한 실험이다.

[실험 목표]

· (A)의 연직 이동 원리를 설명할 수 있다.
  뜨거운 플룸

[실험 과정]

(가) 비커에 5 ℃ 물 800 mL를 담는다. 수온이 낮고 밀도가 큰 물

(나) 그림과 같이 비커 바닥에 수성 잉크 소량을 스포이트로 주입한다.
  외핵과 맨틀의 경계

물 잉크

(다) 비커 바닥의 물이 고르게 착색된 후, 비커 바닥 중앙을 촛불로 30초간 가열하면서 착색된 물이 움직이는 모습을 관찰한다.

[실험 결과]

· 그림과 같이 착색된 물이 밀도 차에 의해 (B)하는 모습이 관찰되었다.
  상승

뜨거운 플룸

이에 대한 설명으로 옳은 것만을 〈보기〉에서 있는 대로 고른 것은? [3점]

보기
ㄱ. '뜨거운 플룸'은 A에 해당한다.
ㄴ. '상승'은 B에 해당한다.
ㄷ. 플룸은 ~~내핵~~과 외핵의 경계에서 생성된다.
   맨틀

① ㄱ ② ㄷ ③ ㄱ, ㄴ ④ ㄴ, ㄷ ⑤ ㄱ, ㄴ, ㄷ

✓ 자료 해석

· 비커 바닥에 착색된 물은 맨틀과 외핵의 경계 부근의 하부 맨틀 물질에 비유할 수 있다.
· 착색된 물을 가열하면 온도가 높아지고 밀도가 작아져 위로 상승한다.
· 버섯 모양으로 상승하는 착색된 물은 상승하는 뜨거운 플룸에 해당한다.

○ 보기풀이 ㄱ. 착색된 물이 상승하는 모습을 관찰하는 것이므로, 뜨거운 플룸의 연직 이동 원리를 알아보는 실험이다. 따라서 '뜨거운 플룸'은 A에 해당한다.

ㄴ. 착색된 물의 온도가 높아지면 밀도가 작아지면서 위로 상승하게 되므로, '상승'은 B에 해당한다.

✗ 매력적 오답 ㄷ. 뜨거운 플룸은 외핵과 맨틀의 경계에서 생성되어 지표 쪽으로 상승한다.

문제풀이 **Tip**

플룸의 생성 원리를 묻는 문항이 자주 출제되므로 차가운 플룸과 뜨거운 플룸의 생성 위치와 생성 원리를 알아 두고, 차가운 플룸과 뜨거운 플룸의 온도, 밀도, 플룸에서의 지진파 속도를 주변 맨틀 물질과 비교해서 알아 두자.

14 플룸 구조론

출제 의도 플룸 구조론을 나타낸 모식도에서 차가운 플룸과 뜨거운 플룸을 구분하고, 특징을 파악하는 문항이다.

그림은 플룸 구조론을 나타낸 모식도이다. A와 B는 각각 차가운 플룸과 뜨거운 플룸 중 하나이다.

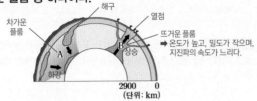

이에 대한 설명으로 옳은 것만을 〈보기〉에서 있는 대로 고른 것은?

┌─ 보기 ─────────────────────────────┐
│ ㄱ. A는 차가운 플룸이다.   │
│ ㄴ. B에 의해 호상 열도가 형성된다.   │
│   열점   │
│ ㄷ. 상부 맨틀과 하부 맨틀 사이의 경계에서 B가 생성된다. │
│   맨틀과 외핵의 경계부   │
└────────────────────────────────────┘

① ㄱ　　② ㄴ　　③ ㄷ　　④ ㄱ, ㄴ　　⑤ ㄱ, ㄷ

✓ 자료 해석

• A : 플룸 하강류로, 섭입형 수렴 경계에서 섭입한 판이 상부 맨틀과 하부 맨틀의 경계에 머물다가 맨틀과 외핵의 경계 쪽으로 낙하하면서 생성되는 차가운 플룸이다.

• B : 플룸 상승류로, 차가운 플룸이 맨틀과 외핵의 경계 쪽으로 낙하하면 그 영향으로 맨틀과 외핵의 경계에서 뜨거운 맨틀 물질이 상승하면서 생성된다.

O 보기 풀이　ㄱ. A는 하강하는 차가운 플룸이다.

✕ 매력적 오답　ㄴ. 호상 열도는 판과 판이 충돌하는 섭입형 경계에서 생성된다. B는 상승하는 플룸이므로 주로 열점에서 마그마가 분출하여 화산섬과 해산을 형성한다.

ㄷ. B는 맨틀과 외핵의 경계에서 맨틀 물질이 상승하면서 생성된 뜨거운 플룸이다.

문제풀이 Tip

뜨거워진 물질은 주변보다 밀도가 작아 상승하고, 차가워진 물질은 주변보다 밀도가 커서 하강한다는 것에 유의하여 플룸 상승류는 뜨거운 플룸, 플룸 하강류는 차가운 플룸에 해당한다는 것을 알 수 있어야 한다.

15 고지자기와 대륙의 이동

2022학년도 9월 평가원 19번 | 정답 ② | 문제편 58 p

출제 의도 대륙의 현재 위치와 고지자기극의 위치 변화 자료를 해석하여 대륙의 이동 방향과 복각의 변화를 파악하는 문항이다.

그림은 남아메리카 대륙의 현재 위치와 시기별 고지자기극의 위치를 나타낸 것이다. 고지자기극은 남아메리카 대륙의 고지자기 방향으로 추정한 지리상 남극이고, 지리상 남극은 변하지 않았다. 현재 지자기 남극은 지리상 남극과 일치한다.

대륙 위의 지점 A에 대한 설명으로 옳은 것만을 〈보기〉에서 있는 대로 고른 것은?

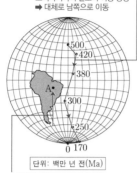

고지자기극의 겉보기 이동 방향
➡ 대체로 남쪽으로 이동

단위: 백만 년 전(Ma)

A의 이동 방향은 고지자기극의
겉보기 이동 방향과 반대이다.
➡ 대체로 북쪽으로 이동

보기
ㄱ. 500 Ma에는 북반구에 위치하였다. [남반구]
ㄴ. 복각의 절댓값은 300 Ma일 때가 250 Ma일 때보다 컸다.
ㄷ. 250 Ma일 때는 170 Ma일 때보다 북쪽에 위치하였다. [남쪽]

① ㄱ ② ㄴ ③ ㄷ ④ ㄱ, ㄴ ⑤ ㄱ, ㄷ

✓ 자료 해석
• 현재 고지자기극(자남극)은 남극에 위치한다.
• 고지자기극이 500 Ma(5억 년 전)에서 현재로 올수록 점점 남쪽으로 이동하였으므로, A는 이 기간 동안 북쪽으로 이동하였다.

○ 보기 풀이 ㄴ. 복각은 나침반의 자침(지구 자기장의 방향)이 수평면과 이루는 각으로, 자극에 가까울수록 커진다. 고지자기극의 위치는 300 Ma일 때가 250 Ma일 때보다 A에 가깝게 위치하므로, A는 300 Ma일 때가 250 Ma일 때보다 지리상 남극에 더 가깝게 위치했다. 따라서 복각의 절댓값은 300 Ma일 때가 250 Ma일 때보다 컸다.

✕ 매력적 오답 ㄱ. 지질 시대 동안 지리상 북극(또는 지리상 남극)의 위치가 변하지 않았으므로, 대륙은 지자기극의 겉보기 이동 방향과 반대 방향으로 이동하였다. 500 Ma일 때 고지자기극의 위치가 현재의 남극을 가리키도록 A의 위치를 이동시키면 A는 남반구에 위치하였음을 알 수 있다.

ㄷ. 고지자기극은 250 Ma일 때가 170 Ma일 때보다 북쪽에 위치하므로, A는 250 Ma일 때가 170 Ma일 때보다 남쪽에 위치하였다.

문제풀이 **Tip**

고지자기 자료를 해석하여 대륙의 이동 방향을 파악하는 방법을 알아 두고, 지자기극의 겉보기 이동 방향과 대륙의 이동 방향은 서로 반대인 것에 유의해야 한다.

---

16 열점과 플룸 구조론

2022학년도 6월 평가원 6번 | 정답 ⑤ | 문제편 58 p

출제 의도 하와이 열도를 이루는 섬들의 절대 연령 자료를 해석하여 판의 이동 방향을 결정하고, 열점 아래에 있는 플룸의 종류와 판의 섭입형 경계 아래에서 일어나는 맨틀 대류의 방향을 파악하는 문항이다.

그림은 화산 활동으로 형성된 하와이와 그 주변 해산들의 분포를 절대 연령과 함께 나타낸 것이다. B 지점에서 판의 이동 방향은 ㉠과 ㉡ 중 하나이다.

이 자료에 대한 설명으로 옳은 것만을 〈보기〉에서 있는 대로 고른 것은? [3점]

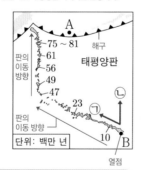

단위: 백만 년

보기
ㄱ. A 지점의 하부에는 맨틀 대류의 하강류가 있다.
ㄴ. B 지점의 화산은 뜨거운 플룸에 의해 형성되었다.
ㄷ. B 지점에서 판의 이동 방향은 ㉠이다.

① ㄴ ② ㄷ ③ ㄱ, ㄴ ④ ㄱ, ㄷ ⑤ ㄱ, ㄴ, ㄷ

✓ 자료 해석
• A는 해양판이 대륙판 아래로 섭입하는 수렴형 경계(해구) 부근에 위치한다.
• B는 섬들 중 연령이 가장 적으므로, B 아래에 열점이 위치한다.
• 최근에 형성된 하와이 열도의 배열 방향은 ㉠이다.

○ 보기 풀이 ㄱ. 해령 하부에는 맨틀 대류의 상승류가 있고, 해구 부근에는 맨틀 대류의 하강류가 있다. A 지점은 수렴형 경계인 해구 부근에 위치하므로 하부에 맨틀 대류의 하강류가 있다.

ㄴ. 차가운 플룸이 맨틀과 외핵의 경계 쪽으로 가라앉으면 그 영향으로 맨틀과 외핵의 경계에서 뜨거운 맨틀 물질이 상승하면서 뜨거운 플룸이 생성된다. B 지점의 화산은 열점에서 마그마가 분출하여 형성되었으며, 열점의 마그마는 뜨거운 플룸이 상승하여 생성된다. 따라서 B 지점의 화산은 뜨거운 플룸에 의해 형성되었다.

ㄷ. 열점에서 마그마가 분출하여 형성된 해산이나 화산섬은 판과 함께 이동하므로, 판의 이동 방향은 해산이나 화산섬의 배열 방향과 같다. 태평양판은 약 4700만 년 전 이전에는 대체로 북쪽으로 이동하였고, 약 4700만 년 전 이후에는 대체로 북서쪽으로 이동하였다. 따라서 B 지점에서 판의 이동 방향은 ㉠이다.

문제풀이 **Tip**

발산형 경계 하부에는 맨틀 대류의 상승류가 있고, 수렴형 경계 부근에는 맨틀 대류의 하강류가 있는 것을 알아 두고, 열점에서는 뜨거운 플룸이 상승하여 생성된 마그마가 지각을 뚫고 분출하여 화산 활동이 일어나는 것에 유의해야 한다.

Part II

수능 평가원

05 대기와 해양의 상호 작용

1 엘니뇨와 라니냐

2025학년도 수능 12번 | 정답 ⑤ | 문제편 60 p

출제 의도 동태평양 적도 부근 해역에서 수온 약층이 시작되는 깊이 편차와 태평양 적도 부근 해역의 강수량 편차 자료를 분석하여 엘니뇨와 라니냐 시기를 결정하고, 엘니뇨와 라니냐의 특징을 이해하는 문항이다.

그림 (가)는 동태평양 적도 부근 해역에서 관측한 수온 약층이 시작되는 깊이 편차를, (나)는 A와 B 중 한 시기에 관측한 태평양 적도 부근 해역의 강수량 편차를 나타낸 것이다. A와 B는 각각 엘니뇨와 라니냐 시기 중 하나이고, 편차는 (관측값−평년값)이다.

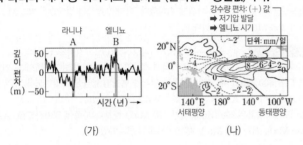

(가)   (나)

이에 대한 설명으로 옳은 것만을 〈보기〉에서 있는 대로 고른 것은?

보기

ㄱ. (나)는 A에 해당한다.

ㄴ. 동태평양 적도 부근 해역의 용승은 A가 B보다 강하다.

ㄷ. 적도 부근 해역의 $\dfrac{\text{동태평양 해면 기압}}{\text{서태평양 해면 기압}}$ 은 A가 B보다 크다.

① ㄱ   ② ㄴ   ③ ㄷ   ④ ㄱ, ㄴ   ⑤ ㄴ, ㄷ

✔ 자료 해석

• 엘니뇨 시기에는 동태평양 적도 부근 해역에서 용승이 약해져서 수온 약층이 시작되는 깊이가 깊어지고, 라니냐 시기에는 용승이 강해져서 수온 약층이 시작되는 깊이가 얕아진다. ➡ (가)에서 수온 약층이 시작되는 깊이 편차가 (−) 값인 A는 라니냐 시기이고, (+) 값인 B는 엘니뇨 시기이다.

• 엘니뇨 시기에는 적도 부근 동태평양 해역의 표층 수온이 높아져 해면 기압이 낮아지고, 이에 따라 강수량이 증가한다. 반대로 라니냐 시기에는 적도 부근 동태평양 해역의 표층 수온이 낮아져 해면 기압이 높아지고, 이에 따라 강수량은 감소한다. ➡ (나)에서 서태평양 적도 부근 해역의 강수량 편차는 (−) 값이고, 동태평양 적도 부근 해역의 강수량 편차는 (+) 값이므로, 서태평양의 해면 기압은 높아지고 동태평양의 해면 기압은 낮아진 엘니뇨 시기이다.

○ 보기 풀이 동태평양 적도 부근 해역의 수온 약층이 시작되는 깊이는 평년보다 엘니뇨 시기에 깊어지고 라니냐 시기에 얕아진다. 따라서 A는 라니냐, B는 엘니뇨 시기이다.

ㄴ. 동태평양 적도 부근 해역의 용승은 라니냐 시기(A)가 엘니뇨 시기(B)보다 강하다.

ㄷ. 태평양 적도 부근 해역의 해면 기압은 엘니뇨 시기(B)에는 서태평양이 동태평양보다 높고, 라니냐 시기(A)에는 동태평양이 서태평양보다 높다. 따라서 $\dfrac{\text{동태평양 해면 기압}}{\text{서태평양 해면 기압}}$ 은 A가 B보다 크다.

✕ 매력적 오답 ㄱ. (나)는 동태평양 적도 부근 해역의 강수량이 평년에 비해 많으므로 엘니뇨 시기이다. 따라서 (나)는 (가)의 B 시기에 해당한다.

문제풀이 Tip

엘니뇨와 라니냐 시기의 특징을 묻는 문항이 자주 출제되므로, 제시된 다양한 자료에서 엘니뇨와 라니냐 시기를 결정하는 방법을 연습해 두자.

2 엘니뇨와 라니냐

출제 의도 동태평양 적도 부근 해역의 해수면 높이 편차 자료를 해석하여 엘니뇨와 라니냐 시기를 결정하고, 엘니뇨와 라니냐 시기에 적도 부근 동태평양과 서태평양 해역에서의 특징을 비교하는 문항이다.

그림은 동태평양 적도 부근 해역에서 관측한 해수면의 높이 편차를 시간에 따라 나타낸 것이다. A와 B는 각각 엘니뇨 시기와 라니냐 시기 중 하나이고, 편차는 (관측값−평년값)이다.

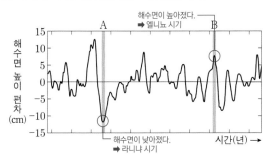

이에 대한 설명으로 옳은 것만을 〈보기〉에서 있는 대로 고른 것은?

보기
ㄱ. 동태평양 적도 부근 해역의 용승은 A가 B보다 ~~약하다.~~ 강하다.
ㄴ. 서태평양 적도 부근 해역에서 A의 강수량 편차는 (+) 값이다.
ㄷ. 적도 부근 해역에서 (동태평양 해면 기압 편차−서태평양 해면 기압 편차) 값은 A가 B보다 크다.

① ㄱ ② ㄴ ③ ㄷ ④ ㄱ, ㄴ ⑤ ㄴ, ㄷ

✔ 자료 해석

- A는 동태평양 적도 부근 해역에서 관측한 해수면의 높이 편차가 음(−)의 값을 가지므로 해수면이 낮아진 라니냐 시기이다.
- B는 동태평양 적도 부근 해역에서 관측한 해수면의 높이 편차가 양(+)의 값을 가지므로 해수면이 높아진 엘니뇨 시기이다.

○ 보기 풀이 A는 라니냐 시기, B는 엘니뇨 시기이다.

ㄴ. 라니냐 시기에는 무역풍이 강해져 서쪽으로 이동하는 따뜻한 해수의 양이 많아지므로 서태평양 적도 부근 해역의 표층 수온이 더 높아지고 저기압이 더욱 발달해 강수량이 많아진다. 따라서 서태평양 적도 부근 해역에서 A의 강수량 편차는 (+) 값이다.

ㄷ. 엘니뇨 시기에는 적도 부근 동태평양의 해면 기압이 평년보다 낮아지고, 서태평양 해면 기압이 평년보다 높아져 (동태평양 해면 기압 편차−서태평양 해면 기압 편차) 값이 (−) 값이 되고, 라니냐 시기에는 적도 부근 동태평양의 해면 기압이 평년보다 높아지고, 서태평양 해면 기압이 평년보다 낮아져 (동태평양 해면 기압 편차−서태평양 해면 기압 편차) 값이 (+) 값이 된다. 따라서 적도 부근 해역에서 (동태평양 해면 기압 편차−서태평양 해면 기압 편차) 값은 라니냐 시기인 A가 엘니뇨 시기인 B보다 크다.

✖ 매력적 오답 ㄱ. 동태평양 적도 부근 해역의 용승은 라니냐 시기인 A 시기에 더 강하다.

문제풀이 Tip

엘니뇨 시기와 라니냐 시기에는 해양과 대기에서 변화가 나타나므로 제시되는 관측 자료 또한 매우 다양하지만 기본 개념을 확실하게 알고 자료를 해석하는 능력만 있다면 어렵지 않게 해결할 수 있을 것이다. 그러므로 엘니뇨와 라니냐의 기본 개념을 확실하게 학습해 두고, 다양한 자료를 해석하는 연습을 많이 해 두자.

Part II

수능평가원

3 엘니뇨와 라니냐

출제 의도 태평양 적도 부근 해역의 수온 편차 자료를 해석하여 엘니뇨와 라니냐 시기를 결정하고, 엘니뇨와 라니냐 시기의 특징을 파악하는 문항이다.

그림 (가)와 (나)는 태평양 적도 부근 해역에서 관측된 수온 편차 분포를 나타낸 것이다. (가)와 (나)는 각각 엘니뇨와 라니냐 시기 중 하나이며, 편차는 (관측값−평년값)이다.

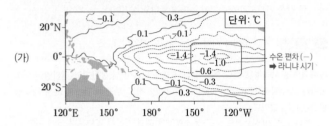

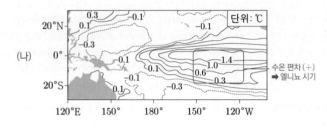

이 자료에 대한 설명으로 옳은 것만을 <보기>에서 있는 대로 고른 것은?

┌ 보기 ├
ㄱ. 워커 순환의 세기는 (가)가 (나)보다 강하다.
ㄴ. 동태평양 적도 부근 해역에서 수온 약층이 나타나기 시작하는 깊이는 (가)가 (나)보다 깊다.
　　　　　　　　　　　　　　　　　　　　　 얕다.
ㄷ. 적도 부근에서 (동태평양 해면 기압−서태평양 해면 기압) 값은 (가)가 (나)보다 작다.
　　　　　　　　　　　　　　　　　　　　 크다.

① ㄱ　② ㄴ　③ ㄱ, ㄷ　④ ㄴ, ㄷ　⑤ ㄱ, ㄴ, ㄷ

✔ 자료 해석
• (가)에서 동태평양 적도 부근 해역의 수온 편차가 음(−)의 값으로 나타나므로 평년보다 표층 수온이 낮아진 라니냐 시기이다.
• (나)에서 동태평양 적도 부근 해역의 수온 편차가 양(+)의 값으로 나타나므로 평년보다 표층 수온이 높아진 엘니뇨 시기이다.

○ 보기 풀이 (가)는 라니냐 시기, (나)는 엘니뇨 시기이다.
ㄱ. 워커 순환은 평년보다 라니냐 시기에 강해지고, 엘니뇨 시기에 약해진다. 따라서 워커 순환은 (가)가 (나)보다 강하다.

✕ 매력적 오답 ㄴ. 동태평양 적도 부근 해역의 연안 용승은 평년보다 라니냐 시기에 강해지고, 엘니뇨 시기에 약해진다. 따라서 수온 약층이 나타나기 시작하는 깊이는 (가)가 (나)보다 얕다.
ㄷ. 워커 순환이 강해진 라니냐 시기에 동태평양에서는 해면 기압이 평년보다 높아지고 서태평양에서는 해면 기압이 평년보다 낮아진다. 반면 워커 순환이 약해진 엘니뇨 시기에 동태평양에서는 해면 기압이 평년보다 낮아지고 서태평양에서는 해면 기압이 평년보다 높아진다. 따라서 적도 부근에서 (동태평양 해면 기압−서태평양 해면 기압) 값은 (가)가 (나)보다 크다.

문제풀이 Tip
엘니뇨 시기에는 적도 부근 동태평양 쪽에 저기압, 서태평양 쪽에 고기압이 위치하고, 평상시와 라니냐 시기에는 적도 부근 동태평양 쪽에 고기압, 서태평양 쪽에 저기압이 위치한다는 것을 알아 두자. 또한 엘니뇨, 라니냐 시기의 기압 배치와 함께 워커 순환을 학습해 두자.

4 엘니뇨와 라니냐

출제 의도 서태평양 적도 부근의 수증기량 편차 자료와 해수면 높이 편차 자료를 해석하여 엘니뇨와 라니냐 시기를 구분하고, 각 시기별 동태평양 해역에서 나타나는 특징을 묻는 문항이다.

그림 (가)는 기상 위성으로 관측한 서태평양 적도 부근의 수증기량 편차를, (나)는 A와 B 중 한 시기에 관측한 태평양 적도 부근 해역의 해수면 높이 편차를 나타낸 것이다. A와 B는 각각 엘니뇨와 라니냐 시기 중 하나이고, 편차는 (관측값−평년값)이다.

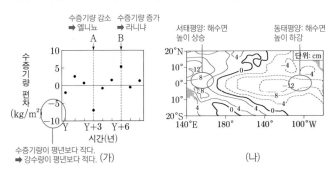

이에 대한 설명으로 옳은 것만을 〈보기〉에서 있는 대로 고른 것은?

보기

ㄱ. (나)는 B에 해당한다.
ㄴ. 동태평양 적도 부근 해역에서 수온 약층이 나타나기 시작하는 깊이는 A가 B보다 깊다.
ㄷ. 적도 부근 해역에서 (동태평양 해면 기압 편차−서태평양 해면 기압 편차) 값은 A가 B보다 크다.작다.

① ㄱ ② ㄷ ③ ㄱ, ㄴ ④ ㄴ, ㄷ ⑤ ㄱ, ㄴ, ㄷ

✔ **자료 해석**

- 서태평양 적도 부근에서 수증기량 편차는 엘니뇨 시기에는 고기압이 잘 형성되어 강수량이 적어지므로 (−) 값으로 나타나고, 라니냐 시기에는 저기압이 잘 형성되어 강수량이 많아지므로 (+) 값으로 나타난다.
  ➡ (가)에서 A는 엘니뇨 시기, B는 라니냐 시기이다.
- 동태평양 적도 부근 해역에서 해수면 높이 편차는 엘니뇨 시기에 (+) 값으로, 라니냐 시기에 (−) 값으로 나타난다.

○ **보기 풀이** ㄱ. (가)에서 A는 엘니뇨 시기, B는 라니냐 시기이다. (나)에서 보면 동태평양 적도 부근의 해수면 높이가 평년보다 감소하였고, 서태평양 적도 부근의 해수면 높이는 평년보다 증가하였다. 따라서 (나)는 라니냐 시기인 B에 해당한다.

ㄴ. 엘니뇨 시기에는 동태평양 적도 부근 해역에서 용승이 약해지므로 평상시보다 수온 약층이 나타나기 시작하는 깊이는 깊어지고, 라니냐 시기에는 반대로 나타난다. 따라서 동태평양 적도 부근 해역에서 수온 약층이 나타나기 시작하는 깊이는 A(엘니뇨 시기)가 B(라니냐 시기)보다 깊다.

✕ **매력적 오답** ㄷ. 동태평양 적도 부근 해역에서 해면 기압 편차는 엘니뇨 시기에는 (−) 값이고, 라니냐 시기에는 (+) 값이다. 서태평양 적도 부근 해역에서 해면 기압 편차는 엘니뇨 시기에는 (+) 값이고, 라니냐 시기에는 (−) 값이다. 따라서 적도 부근 해역의 (동태평양 해면 기압 편차−서태평양 해면 기압 편차) 값은 A가 B보다 작다.

문제풀이 Tip
먼저 엘니뇨 시기와 라니냐 시기에 나타나는 동태평양과 서태평양 해역에서의 특징을 구분해서 이해하고 있어야 한다. 편차 값은 평년보다 관측값이 클 때는 (+) 값으로, 평년보다 관측값이 작을 때는 (−) 값으로 나타난다는 것을 유의해야 한다.

Part II
수능 평가원

5 엘니뇨와 라니냐

출제 의도 태평양 적도 부근 해역에서 부는 동서 방향 풍속 편차와 강수량 편차 자료를 해석하여 엘니뇨와 라니냐 시기를 결정하고, 관측 시기의 특징을 비교하는 문항이다.

그림 (가)는 태평양 적도 부근 해역에서 부는 바람의 동서 방향 풍속 편차를, (나)는 A와 B 중 어느 한 시기에 관측한 강수량 편차를 나타낸 것이다. A와 B는 각각 엘니뇨와 라니냐 시기 중 하나이고, 편차는 (관측값−평년값)이다. (가)에서 <u>동쪽으로 향하는 바람을 양</u> (+)으로 한다.

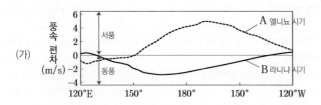

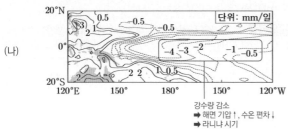

이에 대한 설명으로 옳은 것만을 〈보기〉에서 있는 대로 고른 것은?
[3점]

보기
ㄱ. (나)는 B에 관측한 것이다.
ㄴ. 동태평양 적도 부근 해역의 해면 기압은 A가 B보다 높다. 낮다.
ㄷ. 적도 부근 해역에서 (서태평양 표층 수온 편차−동태평양 표층 수온 편차) 값은 A가 B보다 크다. 작다.

① ㄱ ② ㄴ ③ ㄱ, ㄷ ④ ㄴ, ㄷ ⑤ ㄱ, ㄴ, ㄷ

✔ 자료 해석

• (가) : 동쪽으로 향하는 바람(서풍)을 양(+)으로 하므로, 풍속 편차가 양(+)인 시기에는 평년보다 무역풍(동풍 계열)의 세기가 약하고, 풍속 편차가 음(−)인 시기에는 평년보다 무역풍의 세기가 강하다. 엘니뇨 시기에는 평년보다 무역풍이 약하므로 풍속 편차가 양(+)으로 나타나고, 라니냐 시기에는 평년보다 무역풍이 강하므로 풍속 편차가 음(−)으로 나타난다. 따라서 A는 엘니뇨 시기, B는 라니냐 시기이다.

• (나) : 적도 부근 해역에서 강수량 편차는 동태평양에서는 음(−)의 값, 서태평양에서는 양(+)의 값으로 나타나므로, 라니냐 시기이다.

○ 보기 풀이

ㄱ. (나)에서 적도 부근 동태평양 해역의 강수량은 평년에 비해 대체로 감소했고, 서태평양 해역의 강수량은 평년에 비해 대체로 증가했다. 따라서 (나)는 라니냐 시기인 B에 관측한 것이다.

✕ 매력적 오답

ㄴ. 동태평양 적도 부근 해역의 해면 기압은 엘니뇨 시기에는 평년에 비해 낮아지고, 라니냐 시기에는 평년에 비해 높아진다. 따라서 동태평양 적도 부근 해역의 해면 기압은 A가 B보다 낮다.

ㄷ. 적도 부근 해역에서 서태평양 표층 수온 편차는 엘니뇨 시기에는 음(−), 라니냐 시기에는 양(+)의 값으로 나타나고, 동태평양 표층 수온 편차는 엘니뇨 시기에는 양(+), 라니냐 시기에는 음(−)의 값으로 나타난다. 따라서 (서태평양 표층 수온 편차−동태평양 표층 수온 편차) 값은 엘니뇨 시기인 A가 라니냐 시기인 B보다 작다.

문제풀이 Tip

동쪽으로 향하는 바람이 동풍이 아니라 서풍이라는 것에 유의해야 한다. 적도 부근에서 서풍이 강해진 시기는 무역풍이 약해진 시기라는 것을 알아야 한다.

6 엘니뇨와 라니냐

출제 의도 적외선 방출 복사 에너지 편차 자료를 해석하여 엘니뇨와 라니냐 시기를 결정하고, 적도 부근 동태평양과 서태평양 해역에서의 특징을 비교하는 문항이다.

그림은 엘니뇨 또는 라니냐 중 어느 한 시기에 태평양 적도 부근에서 기상 위성으로 관측한 적외선 방출 복사 에너지의 편차(관측값−평년값)를 나타낸 것이다. 적외선 방출 복사 에너지는 구름, 대기, 지표에서 방출된 에너지이다.

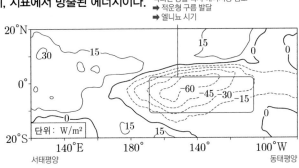

적외선 방출 복사 에너지양 감소
➡ 적운형 구름 발달
➡ 엘니뇨 시기

이 시기에 대한 설명으로 옳은 것만을 〈보기〉에서 있는 대로 고른 것은?

┌─ 보기 ─────────────────────────────┐
│ ㄱ. 서태평양 적도 부근 해역의 강수량은 평년보다 적다.   │
│ ㄴ. 동태평양 적도 부근 해역의 용승은 평년보다 강하다.   │
│   약하다.   │
│ ㄷ. 적도 부근의 (동태평양 해면 기압−서태평양 해면 기압)   │
│   값은 평년보다 작다.   │
└────────────────────────────────────┘

① ㄱ   ② ㄴ   ③ ㄱ, ㄷ   ④ ㄴ, ㄷ   ⑤ ㄱ, ㄴ, ㄷ

✔ 자료 해석

• 표층 수온이 상승하면 상승 기류가 강해져 적운형 구름이 발달하고 구름의 양이 많아지므로 지구에서 방출되는 적외선 방출 복사 에너지양이 감소한다. 따라서 엘니뇨 시기에 동태평양 적도 부근에서 관측한 적외선 방출 복사 에너지의 편차는 (−) 값으로 나타난다.

• 적도 부근 서태평양 해역의 적외선 방출 복사 에너지의 편차는 (+) 값, 적도 부근 동태평양 해역의 적외선 방출 복사 에너지의 편차는 (−) 값이므로, 엘니뇨 시기이다.

• 엘니뇨 시기에 동태평양 적도 부근 해역은 평년보다 수온이 상승하고, 저기압이 발달하며, 구름의 양이 많아져 강수량이 증가하고, 용승이 약해진다.

• 엘니뇨 시기에 서태평양 적도 부근 해역은 평년보다 수온이 하강하고, 고기압이 발달하며, 구름의 양이 적어지고 강수량이 감소한다.

O 보기풀이 ㄱ. 엘니뇨 시기에 서태평양 적도 부근 해역에서는 평상시보다 상승 기류가 약해지면서 강수량은 감소한다.

ㄷ. 엘니뇨 시기에 동태평양의 해면 기압은 평년보다 낮아지고, 서태평양의 해면 기압은 평년보다 높아진다. 따라서 적도 부근의 (동태평양 해면 기압−서태평양 해면 기압)은 평년보다 작다.

✖ 매력적 오답 ㄴ. 엘니뇨 시기에 무역풍의 세기가 약해지면 따뜻한 해수가 동쪽으로 이동하고, 동태평양 적도 부근 해역의 용승은 평년에 비해 약해진다.

문제풀이 **Tip**

적운형 구름은 구름 최상부의 고도가 높아 온도가 낮기 때문에 적운형 구름이 많이 발생하면 기상 위성에서 관측되는 적외선 복사 에너지양이 감소한다는 것에 유의해야 한다.

2023학년도 수능 17번 | 정답 ② | 문제편 62p

출제 의도 태평양 적도 부근 해역에서 관측한 바람의 풍속 편차와 등수온선의 깊이 편차 자료를 해석하여 엘니뇨와 라니냐 시기를 구분하고, 이 해역에서 나타나는 특징을 비교하는 문항이다.

그림 (가)는 태평양 적도 부근 해역에서 관측한 바람의 동서 방향 풍속 편차를, (나)는 이 해역에서 A와 B 중 어느 한 시기에 관측된 20 ℃ 등수온선의 깊이 편차를 나타낸 것이다. A와 B는 각각 엘니뇨와 라니냐 시기 중 하나이고, (+)는 서풍, (−)는 동풍에 해당한다. 편차는 (관측값−평년값)이다.

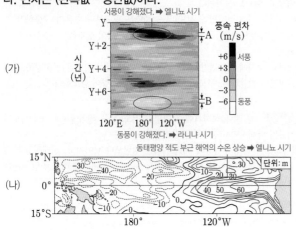

이에 대한 설명으로 옳은 것만을 〈보기〉에서 있는 대로 고른 것은?

┌─ 보기 ────────────────────────────┐
│ ㄱ. (나)는 B에 해당한다.   │
│   A   │
│ ㄴ. 동태평양 적도 부근 해역에서 해수면 높이는 B가 평년보 │
│   다 낮다.   │
│ ㄷ. 적도 부근의 (동태평양 해면 기압−서태평양 해면 기압) │
│   값은 A가 B보다 크다. 작다.   │
└────────────────────────────────────┘

① ㄱ   ② ㄴ   ③ ㄷ   ④ ㄱ, ㄷ   ⑤ ㄴ, ㄷ

✔ **자료 해석**

• (가) : 태평양 적도 부근 해역에서는 평년에는 무역풍에 의해 동풍이 우세하게 불지만, 엘니뇨 시기에는 무역풍이 약해져 동풍이 약해지므로 동서 방향의 풍속 편차는 서풍으로 나타나고, 라니냐 시기에는 무역풍이 강해져 동풍이 더 강해지므로 동서 방향의 풍속 편차는 동풍으로 나타난다. (+)는 서풍, (−)는 동풍에 해당하므로 동서 방향 풍속 편차는 A 시기에 서풍, B 시기에 동풍으로 관측되었다. 따라서 A는 엘니뇨 시기이고, B는 라니냐 시기이다.

• (나) : 20 ℃ 등수온선의 깊이가 깊어지면 (+), 깊이가 얕아지면 (−)로 나타나므로, 동태평양 적도 부근 해역에서는 평년보다 20 ℃ 등수온선의 깊이가 깊어졌다. 즉, 동태평양 적도 부근 해역의 수온이 상승하였다. 따라서 (나)는 엘니뇨 시기에 관측한 것이다.

○ **보기 풀이** A 시기에는 서풍이 나타나므로 엘니뇨 시기이고, B 시기에는 동풍이 나타나므로 라니냐 시기이다.

ㄴ. 동태평양 적도 부근 해역에서 해수면 높이는 표층 수온이 높아지는 엘니뇨 시기에는 높아지고, 라니냐 시기에는 낮아진다. 따라서 라니냐 시기인 B는 동태평양 적도 부근 해역에서 해수면 높이가 평년보다 낮다.

✕ **매력적 오답** ㄱ. 동태평양 적도 부근 해역에서 20 ℃ 등수온선의 깊이가 깊어졌으므로 동태평양 적도 부근 해역의 표층 수온이 상승했음을 알 수 있다. 따라서 (나)는 엘니뇨 시기인 A에 해당한다.

ㄷ. 엘니뇨 시기에는 적도 부근 동태평양에서 표층 수온이 높아지므로 해면 기압이 낮아지고, 서태평양에서는 해면 기압이 높아진다. 라니냐 시기에는 적도 부근 동태평양에서 표층 수온이 낮아지므로 해면 기압이 높아지고, 서태평양에서는 해면 기압이 낮아진다. 따라서 적도 부근의 (동태평양 해면 기압−서태평양 해면 기압) 값은 엘니뇨 시기에는 감소하고 라니냐 시기에는 증가하므로, A가 B보다 작다.

문제풀이 Tip

태평양 적도 부근 해역에서 관측한 다양한 편차 자료를 해석하여 엘니뇨와 라니냐 시기를 구분하고 특징을 파악하는 문항이 자주 출제되므로, 편차의 개념을 확실하게 이해해 두어야 한다. 편차가 양(+)의 값으로 나타났다는 것은 해당 물리량의 값이 평년보다 커졌다는 것을 의미한다.

출제 의도 태평양 적도 해역의 수온 편차 자료를 해석하여 엘니뇨 또는 라니냐 시기를 결정하고, 엘니뇨와 라니냐 시기에 동태평양과 서태평양의 해면 기압 편차를 파악해 각 시기의 특징을 비교하는 문항이다.

그림 (가)는 동태평양 적도 해역과 서태평양 적도 해역의 시간에 따른 해면 기압 편차를, (나)는 (가)의 A와 B 중 한 시기의 태평양 적도 해역의 깊이에 따른 수온 편차를 나타낸 것이다. A와 B는 각각 엘니뇨 시기와 라니냐 시기 중 하나이고, 편차는 (관측값－평년값)이다.

해면 기압: 동태평양(저기압) < 서태평양(고기압)
➡ 엘니뇨 시기

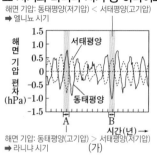

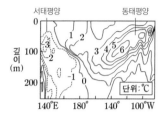

해면 기압: 동태평양(고기압) > 서태평양(저기압)
➡ 라니냐 시기   (가)

(나) 엘니뇨 시기

이에 대한 설명으로 옳은 것만을 〈보기〉에서 있는 대로 고른 것은?

┌─ 보기 ─────────────────────────────────
ㄱ. (나)는 B에 측정한 것이다.

ㄴ. 적도 부근에서 (서태평양 평균 표층 수온 편차－동태평양 평균 표층 수온 편차) 값은 A가 B보다 크다.

ㄷ. 적도 부근에서 $\dfrac{동태평양\ 평균\ 해면\ 기압}{서태평양\ 평균\ 해면\ 기압}$ 은 A가 B보다 크다.
└───────────────────────────────────────

① ㄱ   ② ㄷ   ③ ㄱ, ㄴ   ④ ㄴ, ㄷ   ⑤ ㄱ, ㄴ, ㄷ

✔ **자료 해석**

- (가)에서 A 시기는 동태평양 적도 해역의 해면 기압 편차가 양(+)의 값, 서태평양 적도 해역의 해면 기압 편차가 음(－)의 값을 나타내므로 라니냐 시기이고, B 시기는 서태평양 적도 해역의 해면 기압 편차가 양(+)의 값, 동태평양 적도 해역의 해면 기압 편차가 음(－)의 값을 나타내므로 엘니뇨 시기이다.
- (나)에서 서태평양 적도 해역의 수온 편차는 음(－)의 값, 동태평양 적도 해역의 수온 편차는 양(+)의 값을 나타내므로 엘니뇨 시기이다.

○ **보기 풀이** ㄱ. A 시기에는 동태평양 적도 해역의 해면 기압이 평년보다 높아졌고 서태평양 적도 해역의 해면 기압이 평년보다 낮아졌으므로 라니냐 시기이고, B 시기는 동태평양 적도 해역의 해면 기압이 평년보다 낮아졌고 서태평양 적도 해역의 해면 기압이 평년보다 높아졌으므로 엘니뇨 시기이다. (나)는 동태평양 적도 해역에서 깊이에 따른 수온이 평년보다 높아졌으므로 엘니뇨 시기이다. 따라서 (나)는 B에 측정한 것이다.

ㄴ. 라니냐 시기(A)에는 서태평양 평균 표층 수온이 상승하고 동태평양 평균 표층 수온이 하강하므로, (서태평양 평균 표층 수온 편차－동태평양 평균 표층 수온 편차) 값은 증가한다. 엘니뇨 시기(B)에는 서태평양 평균 표층 수온이 하강하고 동태평양 평균 표층 수온이 상승하므로, (서태평양 평균 표층 수온 편차－동태평양 평균 표층 수온 편차) 값은 감소한다. 따라서 적도 부근에서 (서태평양 평균 표층 수온 편차－동태평양 평균 표층 수온 편차) 값은 A가 B보다 크다.

ㄷ. 라니냐 시기(A)에는 동태평양 평균 해면 기압은 상승하고 서태평양 평균 해면 기압은 하강하므로 $\dfrac{동태평양\ 평균\ 해면\ 기압}{서태평양\ 평균\ 해면\ 기압}$ 은 증가한다. 엘니뇨 시기(B)에는 동태평양 평균 해면 기압은 하강하고 서태평양 평균 해면 기압은 상승하므로 $\dfrac{동태평양\ 평균\ 해면\ 기압}{서태평양\ 평균\ 해면\ 기압}$ 은 감소한다. 따라서 적도 부근에서 $\dfrac{동태평양\ 평균\ 해면\ 기압}{서태평양\ 평균\ 해면\ 기압}$ 은 A가 B보다 크다.

문제풀이 Tip

엘니뇨 시기에는 적도 부근 동태평양 쪽에 저기압, 서태평양 쪽에 고기압이 위치하고, 평상시나 라니냐 시기에는 적도 부근 동태평양 쪽에 고기압, 서태평양 쪽에 저기압이 위치한다는 것을 알아 두자. 또한 엘니뇨, 라니냐 시기의 기압 배치와 함께 워커 순환을 학습해 두고, 엘니뇨나 라니냐가 발생했을 때 일어나는 다양한 변화를 해석하는 연습을 해 두자.

Part Ⅱ 수능 평가원

9 엘니뇨와 라니냐

출제 의도 동태평양 적도 부근 해역의 강수량 편차와 수온 약층 시작 깊이 편차 자료를 해석하여 엘니뇨와 라니냐 시기를 구분하고, 엘니뇨와 라니냐 시기에 따른 강수량, 용승, 평균 해수면 높이 변화를 비교하는 문항이다.

그림은 동태평양 적도 부근 해역의 강수량 편차와 수온 약층 시작 깊이 편차를 나타낸 것이다. A, B, C는 각각 엘니뇨와 라니냐 시기 중 하나이고, 편차는 (관측값−평년값)이다.

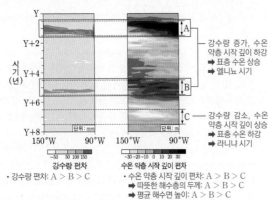

이 해역에 대한 설명으로 옳은 것만을 〈보기〉에서 있는 대로 고른 것은?

┌─ 보기 ─────────────────────────┐
ㄱ. 강수량은 A가 B보다 많다.

ㄴ. 용승은 C가 평년보다 강하다.

ㄷ. 평균 해수면 높이는 A가 C보다 높다.
└──────────────────────────────┘

① ㄱ　② ㄷ　③ ㄱ, ㄴ　④ ㄴ, ㄷ　⑤ ㄱ, ㄴ, ㄷ

✔ 자료 해석

• A와 B 시기에는 강수량 편차와 수온 약층 시작 깊이 편차가 양(+)의 값이므로 평년보다 동태평양 적도 부근 해역의 강수량이 많아지고 수온 약층 시작 깊이가 깊어졌다. ➡ 엘니뇨 시기

• C 시기에는 강수량 편차와 수온 약층 시작 깊이 편차가 음(−)의 값이므로 평년보다 동태평양 적도 부근 해역의 강수량이 적어지고 수온 약층 시작 깊이가 얕아졌다. ➡ 라니냐 시기

○ 보기 풀이 강수량 편차와 수온 약층 시작 깊이 편차가 양(+)의 값으로 나타나는 A와 B 시기는 엘니뇨 시기이고, 강수량 편차와 수온 약층 시작 깊이 편차가 음(−)의 값으로 나타나는 C는 라니냐 시기이다.

ㄱ. 강수량 편차가 클수록 평년보다 강수량이 증가한 것이므로, 강수량은 A가 B보다 많다.

ㄴ. 동태평양 적도 부근의 수온 약층 시작 깊이가 평년보다 높아진 C 시기는 평년보다 따뜻한 해수층의 두께가 얇아진 라니냐 시기로, 평년보다 용승이 강하게 일어난다.

ㄷ. 동태평양 적도 부근에서 평균 해수면 높이는 따뜻한 해수층의 두께가 두꺼운 엘니뇨 시기에 더 높아지므로, A가 C보다 높다.

문제풀이 Tip

엘니뇨와 라니냐에 대한 문항에서는 편차에 대한 이해가 중요하다. 편차 값이 양(+)의 값으로 나타난다는 것은 관측 시기에 평년보다 값이 더 크게 측정되었다는 것을 의미한다. 즉, 편차 값이 양(+)일 때는 증가 또는 상승한 것이고, 편차 값이 음(−)일 때는 감소 또는 하강한 것으로 이해하면 된다.

10 엘니뇨와 라니냐

출제의도 동태평양 적도 부근 해역에서 서로 다른 시기에 관측한 높이에 따른 구름의 양 자료를 해석하여 평상시와 엘니뇨 시기를 구분하고, 각 시기의 특징을 비교하는 문항이다.

그림은 동태평양 적도 부근 해역에서 A 시기와 B 시기에 관측한 구름의 양을 높이에 따라 나타낸 것이다. A와 B는 각각 엘니뇨 시기와 평상시 중 하나이다.

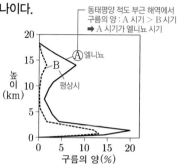

동태평양 적도 부근 해역에서 구름의 양 : A 시기 > B 시기 ➡ A 시기가 엘니뇨 시기

이에 대한 설명으로 옳은 것만을 〈보기〉에서 있는 대로 고른 것은?

┌─ 보기 ─────────────────────────┐
ㄱ. A는 엘니뇨 시기이다.

ㄴ. 서태평양 적도 부근 해역에서 상승 기류는 A̶가̶ B̶보̶다̶ 활발하다.
　　　　　　　　　　　　　　　　B가 A보다

ㄷ. 동태평양 적도 부근 해역에서 수온 약층이 나타나기 시작하는 깊이는 A가 B보다 얕̶다̶.
　　　　　　　　　　　　　　　　　　깊다.
└──────────────────────────────┘

① ㄱ　② ㄴ　③ ㄱ, ㄷ　④ ㄴ, ㄷ　⑤ ㄱ, ㄴ, ㄷ

✔ 자료 해석

• 평상시에는 무역풍에 의해 따뜻한 해수가 서쪽으로 이동하여 적도 부근의 표층 수온은 동태평양이 서태평양보다 낮고, 서태평양에 구름이 발달하여 강수대가 형성된다.

• 엘니뇨 시기에는 무역풍이 약해져 평상시에 비해 동태평양의 표층 수온이 상승하고 서태평양의 따뜻한 해수가 동쪽으로 이동하여 구름과 강수대가 동쪽으로 이동한다.

○ 보기 풀이
ㄱ. 동태평양 적도 부근의 구름의 양은 엘니뇨 시기가 평상시보다 많다. 따라서 A가 엘니뇨 시기, B가 평상시이다.

✗ 매력적 오답
ㄴ. 표층 수온이 높을수록 따뜻한 해수로부터 열과 수증기를 공급받아 상승 기류가 잘 발달하므로, 서태평양 적도 부근 해역에서의 상승 기류는 엘니뇨 시기인 A보다 평상시인 B가 활발하다.

ㄷ. 엘니뇨 시기에는 동태평양 적도 부근 해역에서 용승이 약해진다. 따라서 동태평양 적도 부근 해역에서 수온 약층이 나타나기 시작하는 깊이는 엘니뇨 시기인 A가 평상시인 B보다 깊다.

문제풀이 Tip

표층에서 따뜻한 해수층의 두께가 두꺼울수록 수온 약층이 나타나기 시작하는 깊이가 깊어지므로, 엘니뇨 시기에 용승이 약한 동태평양 적도 부근 해역에서 수온 약층이 나타나기 시작하는 깊이가 평상시보다 깊어진다는 것에 유의해야 한다.

11   엘니뇨와 라니냐

2022학년도 9월 평가원 20번 | 정답 ⑤ | 문제편 63 p

출제 의도   엘니뇨 또는 라니냐 시기에 동태평양 해역과 서태평양 해역에서 수온 편차, 기압 편차, 해수면 높이 편차, 수온 약층의 깊이 편차를 알고 자료에 적용하는 문항이다.

그림의 유형 Ⅰ과 Ⅱ는 두 물리량 x와 y 사이의 대략적인 관계를 나타낸 것이다. 표는 엘니뇨와 라니냐가 일어난 시기에 태평양 적도 부근 해역에서 동시에 관측한 물리량과 이들의 관계 유형을 Ⅰ 또는 Ⅱ로 나타낸 것이다.

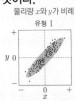
물리량 x와 y가 비례
유형 Ⅰ

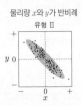
물리량 x와 y가 반비례
유형 Ⅱ

물리량 관계 유형	x	y
ⓐ x와 y는 반비례 ➡ 유형 Ⅱ	동태평양에서 적운형 구름양의 편차 (+)	(서태평양 해수면 높이 − 동태평양 해수면 높이) 의 편차 (−)
Ⅰ	서태평양에서의 해면 기압 편차 (+)	(㉠)의 편차 (+)
ⓑ x와 y는 비례 ➡ 유형 Ⅰ	(서태평양 해수면 수온 − 동태평양 해수면 수온) 의 편차 (−)	워커 순환 세기의 편차 (−)

엘니뇨 시기일 때 각 편차

(편차=관측값−평년값)

이 자료에 대한 설명으로 옳은 것만을 〈보기〉에서 있는 대로 고른 것은? [3점]

보기
ㄱ. ⓐ는 Ⅱ이다.
ㄴ. '동태평양에서 수온 약층이 나타나기 시작하는 깊이'는 ㉠에 해당한다.
ㄷ. ⓑ는 Ⅰ이다.

① ㄱ   ② ㄷ   ③ ㄱ, ㄴ   ④ ㄴ, ㄷ   ⑤ ㄱ, ㄴ, ㄷ

✔ 자료 해석
• 그림의 유형 Ⅰ에서 물리량 x와 y는 비례하고, 유형 Ⅱ에서 물리량 x와 y는 반비례한다.
• 표에서 물리량 x인 동태평양에서 적운형 구름양의 편차는 엘니뇨 시기에 (+), 라니냐 시기에 (−)이다.
• 표에서 물리량 y인 (서태평양 해수면 높이−동태평양 해수면 높이)의 편차는 엘니뇨 시기에 (−), 라니냐 시기에 (+)이다. ➡ 유형 ⓐ에서 물리량 x와 y는 반비례한다.

❍ 보기 풀이   ㄱ. 엘니뇨 시기에 동태평양은 상승 기류가 우세하여 구름양이 평상시보다 증가하므로, 물리량 x는 (+)이다. 엘니뇨 시기에 서태평양의 해수면 높이는 평상시보다 낮아지고 동태평양의 해수면 높이는 평상시보다 높아지므로, 물리량 y는 (−)이다. 따라서 물리량 x와 y는 반비례하므로 ⓐ는 유형 Ⅱ이다.

ㄴ. 엘니뇨 시기에 서태평양은 하강 기류가 우세하여 기압이 평상시보다 높아지므로, 서태평양에서의 해면 기압 편차는 (+)이다. 이때 유형이 Ⅰ이므로 ㉠의 편차는 엘니뇨 시기에 (+)가 되어야 한다. 엘니뇨 시기에 동태평양은 따뜻한 해수층이 두꺼워지므로 수온 약층이 나타나기 시작하는 깊이가 평상시보다 깊어진다. 따라서 동태평양에서 수온 약층이 나타나기 시작하는 깊이의 편차는 엘니뇨 시기에 (+)이므로, ㉠에 해당한다.

ㄷ. (서태평양 해수면 수온−동태평양 해수면 수온)의 편차는 엘니뇨 시기에 (−)이고, 워커 순환 세기의 편차는 엘니뇨 시기에 (−)이다. 따라서 ⓑ는 유형 Ⅰ이다.

문제풀이 **Tip**
엘니뇨와 라니냐 시기의 특징에 대해 묻는 문항이 다양한 자료를 제시하여 자주 출제되므로, 자료를 해석하는 방법을 연습해 두자.

12 엘니뇨와 라니냐

출제 의도 동태평양 적도 부근 해역의 수온 편차 자료를 해석하여 엘니뇨 또는 라니냐 시기를 결정하고, 해수면의 높이 편차와 용승의 세기를 파악하는 문항이다.

그림은 동태평양 적도 부근 해역에서 관측된 수온 편차 분포를 깊이에 따라 나타낸 것이다. (가)와 (나)는 각각 엘니뇨와 라니냐 시기 중 하나이다. 편차는 (관측값-평년값)이다.

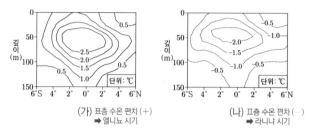

(가) 표층 수온 편차 (+)
➡ 엘니뇨 시기

(나) 표층 수온 편차 (-)
➡ 라니냐 시기

이 해역에 대한 설명으로 옳은 것만을 〈보기〉에서 있는 대로 고른 것은? [3점]

┌─ 보기 ─────────────────────────┐
ㄱ. (가)는 엘니뇨 시기이다.
ㄴ. 용승은 (나)일 때가 (가)일 때보다 강하다.
ㄷ. (나)일 때 해수면의 높이 편차는 (-) 값이다.
└────────────────────────────────┘

① ㄱ 　② ㄷ 　③ ㄱ, ㄴ 　④ ㄴ, ㄷ 　⑤ ㄱ, ㄴ, ㄷ

✔ 자료 해석

• (가)에서 동태평양 적도 부근 해역의 수온 편차가 (+) 값이므로 평상시보다 수온이 높은 엘니뇨 시기이다.

• (나)에서 동태평양 적도 부근 해역의 수온 편차가 (-) 값이므로 평상시보다 수온이 낮은 라니냐 시기이다.

○ 보기풀이

ㄱ. 엘니뇨 시기에는 평상시보다 무역풍이 약해져 동태평양 적도 부근 해역에서는 용승이 약해지고, 서태평양에서 따뜻한 해수가 공급되어 표층 수온이 높아진다. 따라서 수온 편차가 (+) 값인 (가)는 엘니뇨 시기이다.

ㄴ. (나)는 라니냐 시기로, 평상시에 비해 무역풍이 강해져 동태평양 적도 부근 해역에서는 용승이 강해진다. 따라서 동태평양 적도 부근 해역에서 용승은 (나)일 때가 (가)일 때보다 강하다.

ㄷ. 라니냐 시기에는 평상시에 비해 무역풍의 세기가 강하므로 동태평양 적도 부근의 해수가 서태평양 쪽으로 많이 이동하여 동태평양 해역의 해수면 높이는 낮아진다. 따라서 (나)일 때 동태평양 적도 부근 해역의 해수면 높이 편차(관측값-평년값)는 (-) 값이다.

문제풀이 Tip

엘니뇨 시기에 동태평양 적도 부근 해역에서는 용승이 약해지고, 표층 수온이 높아지며, 해수면이 높아지는 것을 알아 두자.

Part II 수능 평가원

13 엘니뇨와 라니냐

출제 의도 엘니뇨와 라니냐 시기에 해수 표층에 도달하는 태양 복사 에너지 편차와 등수온선의 깊이 편차 차이를 이해하고, 각 시기에 동태평양과 서태평양 적도 부근 해역의 기후와 해면 기압을 파악하는 문항이다.

그림 (가)는 서태평양 적도 부근 해역의 표층에 도달하는 태양 복사 에너지 편차(관측값−평년값)를, (나)는 태평양 적도 부근 해역에서 A와 B 중 한 시기에 1년 동안 관측한 20 ℃ 등수온선의 깊이 편차를 나타낸 것이다. A와 B는 각각 엘니뇨와 라니냐 시기 중 하나이다.

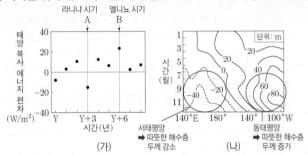

(가)

(나)

이에 대한 설명으로 옳은 것만을 〈보기〉에서 있는 대로 고른 것은? [3점]

> **보기**
>
> ㄱ. (나)는 $\frac{A}{B}$에 해당한다.
>
> ㄴ. B일 때는 서태평양 적도 부근 해역이 평년보다 건조하다.
>
> ㄷ. 적도 부근에서 $\frac{서태평양\ 해면\ 기압}{동태평양\ 해면\ 기압}$ 은 A가 B보다 작다.

① ㄱ   ② ㄴ   ③ ㄱ, ㄷ   ④ ㄴ, ㄷ   ⑤ ㄱ, ㄴ, ㄷ

✓ **자료 해석**

• 구름의 양이 많아지면 표층에 도달하는 태양 복사 에너지양이 감소하므로 태양 복사 에너지 편차는 (−)로 나타나고, 구름의 양이 적어지면 표층에 도달하는 태양 복사 에너지양이 증가하여 태양 복사 에너지 편차는 (+)로 나타난다.

• 서태평양 적도 부근 해역의 표층에 도달하는 태양 복사 에너지 편차 값이 (+)인 경우에는 서태평양에 고기압이 발달한 엘니뇨 시기이고, (−)인 경우에는 서태평양에 저기압이 발달한 라니냐 시기이다.

• 20 ℃ 등수온선의 깊이 편차가 클수록 따뜻한 해수층의 두께가 두꺼워진 것을 의미한다. (나)에서 서태평양 적도 부근에서는 20 ℃ 등수온선의 깊이가 얕아졌고, 동태평양 적도 부근에서는 20 ℃ 등수온선의 깊이가 깊어졌다. 즉, 서태평양 적도 부근 해역에서는 따뜻한 해수층의 두께가 얇아지고, 동태평양 적도 부근 해역에서는 따뜻한 해수층의 두께가 두꺼워졌으므로 엘니뇨가 발생했다.

○ **보기 풀이** ㄴ. 엘니뇨 시기일 때 서태평양 적도 부근 해역은 고기압이 발달해 평년보다 구름이 적게 발생하므로 평년보다 건조하다.

ㄷ. 엘니뇨 시기에는 평년보다 서태평양 해면 기압이 높아지고, 동태평양 해면 기압이 낮아진다. 라니냐 시기에는 반대이므로 $\frac{서태평양\ 해면\ 기압}{동태평양\ 해면\ 기압}$ 은 라니냐 시기가 엘니뇨 시기보다 작다.

✗ **매력적 오답** ㄱ. 라니냐 시기에는 서태평양 적도 부근 해역에 평상시보다 구름이 많이 발생해 태양 복사 에너지 편차가 (−)가 되고, 엘니뇨 시기에는 평상시보다 구름이 적게 발생해 태양 복사 에너지 편차가 (+)가 된다. 따라서 A는 라니냐 시기, B는 엘니뇨 시기이다. (나)에서 서태평양 적도 부근에서는 20 ℃ 등수온선의 깊이 편차가 (−)이고, 동태평양 적도 부근에서는 20 ℃ 등수온선의 깊이 편차가 (+)인 것으로 보아 동태평양 적도 부근은 따뜻한 해수층의 두께가 두꺼워졌다. 따라서 (나)는 엘니뇨 시기인 B에 해당한다.

문제풀이 Tip

구름이 많아질수록 반사율이 커지므로 지표에 도달하는 태양 복사 에너지양이 감소한다. 따라서 저기압이 발달할수록 구름의 양이 많아지므로 태양 복사 에너지 편차는 (−) 값으로 나타난다는 것에 유의해야 한다.

14 엘니뇨와 라니냐

출제 의도 대기 순환 자료를 해석하여 엘니뇨와 라니냐 시기를 결정하고, 각 시기의 특징을 파악하는 문항이다.

그림은 태평양 적도 부근 해역에서의 대기 순환 모습을 나타낸 것이다. (가)와 (나)는 각각 엘니뇨와 라니냐 시기 중 하나이다.

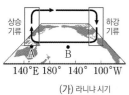

(가) 라니냐 시기

(나) 엘니뇨 시기

이에 대한 설명으로 옳은 것만을 〈보기〉에서 있는 대로 고른 것은? [3점]

보기

ㄱ. 서태평양 적도 부근 무역풍의 세기는 (가)가 (나)보다 강하다.

ㄴ. 동태평양 적도 부근 해역의 용승은 (가)가 (나)보다 강하다.

ㄷ. (B 지점 해면 기압－A 지점 해면 기압)의 값은 (가)가 (나)보다 크다.

① ㄱ　② ㄷ　③ ㄱ, ㄴ　④ ㄴ, ㄷ　⑤ ㄱ, ㄴ, ㄷ

✓ 자료 해석

- (가) : 서태평양 적도 부근 해역에 상승 기류가 발달하므로 라니냐 시기이다.
- (나) : 중앙 태평양 적도 부근 해역에 상승 기류가 발달하므로 엘니뇨 시기이다.

○ 보기 풀이 평상시에 서태평양에서는 저기압이 형성되어 따뜻한 공기가 상승하고, 동태평양에서는 고기압이 형성되어 찬 공기가 하강한다. 따라서 열대 태평양에서는 동서 방향의 거대한 대기 순환이 형성되는데, 이 순환을 워커 순환이라고 한다.

ㄱ. 서태평양 적도 부근 무역풍의 세기는 라니냐 시기에 강해지고 엘니뇨 시기에 약해지므로, (가)가 (나)보다 강하다.

ㄴ. 평상시보다 무역풍이 강하게 부는 라니냐 시기에는 동태평양 적도 부근 해역의 용승이 강해지고, 평상시보다 무역풍이 약하게 부는 엘니뇨 시기에는 동태평양 적도 부근 해역의 용승이 약해진다. 따라서 동태평양 적도 부근 해역의 용승은 (가)가 (나)보다 강하다.

ㄷ. 평상시에 해면 기압은 A 지점(저기압)이 B 지점보다 낮다. 엘니뇨 시기에 A 지점(고기압)의 해면 기압은 평상시보다 높아지고, B 지점(저기압)의 해면 기압은 평상시보다 낮아진다. 따라서 (B 지점 해면 기압－A 지점 해면 기압)의 값이 작아진다. 반면 라니냐 시기에는 (B 지점 해면 기압－A 지점 해면 기압)의 값이 커지므로, (B 지점 해면 기압－A 지점 해면 기압)의 값은 (가)가 (나)보다 크다.

문제풀이 Tip

라니냐 시기에는 동태평양 적도 부근 해역의 용승이 강해지는 것을 알아 두고, 엘니뇨 시기에는 평상시에 저기압이 형성되던 서태평양에 고기압이 형성되므로 서태평양의 해면 기압이 높아지는 것에 유의해야 한다.

Part II

수능 평가원

15 엘니뇨와 라니냐

출제의도 동태평양 적도 부근 해역의 적외선 방출 복사 에너지 편차와 해면 기압 편차 자료를 이용하여 엘니뇨와 라니냐 시기를 결정하고, 각 시기의 특징을 파악하는 문항이다.

그림 (가)는 어느 해(Y)에 시작된 엘니뇨 또는 라니냐 시기 동안 태평양 적도 부근에서 기상위성으로 관측한 적외선 방출 복사 에너지의 편차(관측값−평년값)를, (나)는 서태평양과 동태평양에 위치한 각 지점의 해면 기압 편차(관측값−평년값)를 나타낸 것이다. (가)의 시기는 (나)의 ㉠에 해당한다.

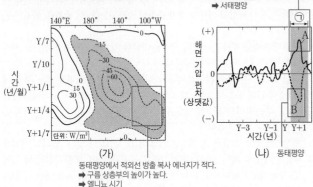

엘니뇨 시기에 해면 기압이 (+)이다.
➡ 고기압 발달
➡ 서태평양

동태평양에서 적외선 방출 복사 에너지가 적다.
➡ 구름 상층부의 높이가 높다.
➡ 엘니뇨 시기

(가)

(나) 동태평양

이 자료에 근거해서 평년과 비교할 때, (가) 시기에 대한 설명으로 옳은 것만을 〈보기〉에서 있는 대로 고른 것은? [3점]

보기
ㄱ. 동태평양에서 두꺼운 적운형 구름의 발생이 줄어든다. 증가한다.
ㄴ. 워커 순환이 약화된다.
ㄷ. (나)의 A는 서태평양에 해당한다.

① ㄱ ② ㄴ ③ ㄱ, ㄷ ④ ㄴ, ㄷ ⑤ ㄱ, ㄴ, ㄷ

✔ 자료 해석

- (가) : 적외선 방출 복사 에너지의 편차가 음(−)의 값인 지역은 구름 상층부의 온도가 낮아 높이가 높다.
- (가) : 중앙 태평양 및 동태평양 지역에 구름 상층부의 높이가 높은 적운형 구름이 발달해 있으므로, 엘니뇨 시기이다.
- (나) : A는 엘니뇨 시기에 해면 기압 편차(관측값−평년값)가 (+)이므로, 고기압이 발달한 서태평양에 해당한다.

○ 보기풀이 ㄴ. 평상시에는 무역풍으로 인해 열대 서태평양은 공기가 따뜻한 해수로부터 열과 수증기를 공급받아 상승하여 강수대가 형성되고, 상대적으로 온도가 낮은 열대 동태평양은 공기가 하강한다. 이로 인해 열대 태평양 지역에서는 동서 방향의 거대한 순환이 형성되는데, 이를 워커 순환이라고 한다. (가)의 엘니뇨 시기에는 열대 동태평양의 표층 수온이 평년보다 높아지므로, 워커 순환이 약화된다.

ㄷ. 엘니뇨 시기에 열대 동태평양은 저기압이 발달하여 평년보다 기압이 낮아지고, 열대 서태평양은 고기압이 발달하여 평년보다 기압이 높아진다. 따라서 (나)의 A는 엘니뇨 시기(㉠ 시기)에 해면 기압이 평년보다 높으므로 서태평양에 해당한다.

✕ 매력적오답 ㄱ. (가)에서 적외선 방출 복사 에너지의 편차가 음(−)의 값인 지역(중앙 태평양 및 동태평양)은 구름 상층부의 온도가 낮아 높이가 높으므로 적운형 구름이 발달해 있다. 따라서 (가) 시기에 동태평양에서는 두꺼운 적운형 구름의 발생이 증가한다.

문제풀이 Tip

엘니뇨가 발생하면 워커 순환에서 공기가 상승하는 지역과 강수대가 동쪽으로 이동하는 것을 알아 두고, 이로 인해 열대 동태평양은 평년보다 기압이 낮아지는 것에 유의해야 한다.

06 지구 기후 변화

1 지구 기후 변화의 외적 요인

2025학년도 수능 8번 | 정답 ③ | 문제편 66 p

출제 의도 지구의 공전 궤도 이심률과 자전축 경사각의 변화에 따른 지구 기후 변화를 파악하는 문항이다.

그림은 지구의 공전 궤도 이심률과 자전축 경사각의 변화를 나타낸 것이다.

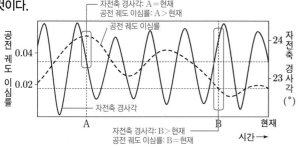

자전축 경사각: A=현재
공전 궤도 이심률: A>현재

공전 궤도 이심률

자전축 경사각

자전축 경사각: B>현재
공전 궤도 이심률: B=현재

이 자료에 대한 설명으로 옳은 것만을 〈보기〉에서 있는 대로 고른 것은? (단, 지구의 공전 궤도 이심률과 자전축 경사각 이외의 요인은 변하지 않는다고 가정한다.)

보기
ㄱ. 30°N에서 기온의 연교차는 A 시기가 현재보다 작다.
ㄴ. 근일점과 원일점에서 지구에 도달하는 태양 복사 에너지 양의 차는 B 시기가 현재보다 크다.
ㄷ. 30°S에서 겨울철 평균 기온은 B 시기가 현재보다 낮다.

① ㄱ   ② ㄴ   ③ ㄱ, ㄷ   ④ ㄴ, ㄷ   ⑤ ㄱ, ㄴ, ㄷ

✔ 자료 해석

- 현재 지구의 자전축 경사각은 약 23.5°이므로, 실선은 자전축 경사각이고, 점선은 공전 궤도 이심률이다.
- 현재 지구는 근일점에서 북반구 겨울철, 남반구 여름철이고, 원일점에서 북반구 여름철, 남반구 겨울철이다.
- A 시기는 자전축 경사각은 현재와 같고, 공전 궤도 이심률은 현재보다 크다.
- B 시기는 자전축 경사각은 현재보다 크고, 공전 궤도 이심률은 현재와 같다.

보기 풀이 공전 궤도 이심률보다 자전축 경사각 변화의 주기가 더 짧고, 현재 자전축 경사각은 약 23.5°이므로 실선이 자전축 경사각 변화, 점선이 공전 궤도 이심률의 변화이다.

ㄱ. A 시기는 자전축 경사각은 현재와 같고, 공전 궤도 이심률이 현재보다 크기 때문에 더 납작한 타원 궤도로 공전하므로 현재보다 원일점 거리는 더 멀고, 근일점 거리는 더 가깝다. 따라서 30°N에서 여름철 기온은 현재보다 낮고, 겨울철 기온은 현재보다 높아 기온의 연교차는 A 시기가 현재보다 작다.

ㄷ. B 시기는 현재와 공전 궤도 이심률은 같고, 현재보다 자전축 경사각이 크므로 북반구와 남반구에서 겨울철 태양의 남중 고도는 현재보다 낮다. 따라서 30°S에서 겨울철 평균 기온은 현재보다 낮다.

✘ 매력적 오답 ㄴ. B 시기는 공전 궤도 이심률이 현재와 같으므로 근일점 거리와 원일점 거리의 변화가 없다. 따라서 B 시기와 현재 지구에 도달하는 태양 복사 에너지양은 같다.

문제풀이 **Tip**

지구의 자전축 경사각이 커지면 북반구와 남반구 모두 기온의 연교차가 커지고, 지구의 공전 궤도 이심률이 커지면 원일점 거리와 근일점 거리 차가 커지는 것에 유의해야 한다.

Part II

수능 평가원

2 기후 변화의 지구 외적 요인

출제 의도 지구 자전축 경사각과 지구 공전 궤도 이심률의 변화에 따른 지구 기후 변화를 비교하는 문항이다.

그림은 지구 자전축 경사각과 지구 공전 궤도 이심률을 시간에 따라 나타낸 것이다.

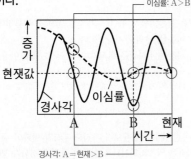

이 자료에 대한 설명으로 옳은 것만을 〈보기〉에서 있는 대로 고른 것은? (단, 지구 자전축 경사각과 지구 공전 궤도 이심률 이외의 요인은 변하지 않는다고 가정한다.) [3점]

보기

ㄱ. 35°N에서 기온의 연교차는 A 시기가 현재보다 ~~크다.~~ 작다.

ㄴ. 지구가 근일점에 위치할 때 지구에 도달하는 태양 복사 에너지양은 B 시기와 현재가 같다.

ㄷ. 35°S에서 겨울철 평균 기온은 A 시기가 B 시기보다 낮다.

① ㄱ   ② ㄴ   ③ ㄷ   ④ ㄱ, ㄴ   ⑤ ㄴ, ㄷ

✓ **자료 해석**

- 지구 자전축 경사각은 A 시기와 현재가 같고, B 시기는 현재보다 작다.
  ➡ 지구 자전축 경사각이 클수록 기온의 연교차가 크므로 기온의 연교차는 A 시기와 현재가 같고, B 시기는 현재보다 작다.
- 지구 공전 궤도 이심률은 A 시기가 현재보다 크고, B 시기는 현재와 같다. 지구 공전 궤도 이심률이 클수록 근일점 거리는 짧아지고 원일점 거리는 길어지므로 자전축 경사 방향이 변하지 않았다면 공전 궤도 이심률이 커지면 북반구에서는 기온의 연교차가 작아진다.
  ➡ A 시기가 현재보다 북반구에서 기온의 연교차가 작고, B 시기는 현재와 같다.

○ **보기 풀이** ㄴ. 지구에 도달하는 태양 복사 에너지양은 지구와 태양 사이의 거리가 가까울수록 증가한다. 지구와 태양 사이의 거리는 공전 궤도 이심률에 따라 달라지는데, 공전 궤도 이심률이 클수록 근일점 거리가 짧아진다. B 시기는 현재와 공전 궤도 이심률이 같으므로 근일점 거리가 같아 근일점에 위치할 때 지구에 도달하는 태양 복사 에너지양이 같다.

ㄷ. 남반구는 근일점에서 여름철이고 원일점에서 겨울철이다. A 시기는 B 시기보다 공전 궤도 이심률이 크고, 자전축 경사각이 크므로, 35°S에서 A 시기는 B 시기보다 겨울철에 태양으로부터의 거리가 멀고, 태양의 남중 고도가 낮다. 따라서 35°S에서 겨울철 평균 기온은 A 시기가 B 시기보다 낮다.

✕ **매력적 오답** ㄱ. A 시기는 지구 자전축 경사각이 현재와 같고 공전 궤도 이심률이 현재보다 크다. 공전 궤도 이심률이 클수록 근일점 거리는 짧아지고 원일점 거리는 길어지므로 35°N에서 겨울철 기온은 현재보다 높고 여름철 기온은 현재보다 낮아 기온의 연교차가 현재보다 작다.

문제풀이 Tip

다른 요인의 변화가 없을 때, 지구 자전축 경사각이 커지면 북반구와 남반구 모두 여름철에 태양의 남중 고도가 높아지고 겨울철에 태양의 남중 고도가 낮아지며, 공전 궤도 이심률이 커지면 근일점 거리는 짧아지고 원일점 거리는 길어진다는 것에 것에 유의해야 한다.

3 기후 변화의 지구 외적 요인

출제 의도 세차 운동의 방향을 고려하여 각 시기별 특정 위치에서의 계절과 기온을 파악하는 문항이다.

그림 (가)와 (나)는 지구 공전 궤도면의 수직 방향에서 바라보았을 때 지구의 북극점 위치를 나타낸 것이다. (가)는 현재이고, (나)는 현재로부터 6500년 전과 19500년 전 중 하나이다. 세차 운동의 방향은 지구 공전 방향과 반대이고, 주기는 약 26000년이다.

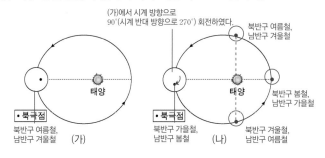

(가)에서 시계 방향으로
90°(시계 반대 방향으로 270°) 회전하였다.

북반구 여름철, 남반구 겨울철

태양

북반구 봄철, 남반구 가을철

• 북극점

북반구 여름철, 남반구 겨울철 (가)

• 북극점

북반구 가을철, 남반구 봄철 (나)

북반구 겨울철, 남반구 여름철

이 자료에 대한 설명으로 옳은 것만을 〈보기〉에서 있는 대로 고른 것은? (단, 세차 운동 이외의 요인은 변하지 않는다고 가정한다.) [3점]

보기
ㄱ. (나)는 현재로부터 19500년 전의 모습이다.
ㄴ. (나)일 때 근일점에서 30°S의 계절은 가을철이다.
ㄷ. 30°N에서 여름철 평균 기온은 (가)가 (나)보다 높다. (낮다.)

① ㄱ ② ㄷ ③ ㄱ, ㄴ ④ ㄴ, ㄷ ⑤ ㄱ, ㄴ, ㄷ

✓ 자료 해석

• (가)에서 북극점이 태양을 향하고 있으므로, 지구가 원일점에 있을 때 북반구는 여름철이고 남반구는 겨울철이다.
• (나)에서 북극점이 현재에 비해 시계 방향으로 90° 회전한 곳에 있으므로 지구는 근일점에서 원일점으로 가는 사이에 북반구가 여름철이고, 원일점에서 북반구가 가을철이다.
• 세차 운동의 방향은 지구 공전 방향과 반대이므로 시계 방향이고, (나)는 지구 자전축의 방향이 현재에 비해 시계 방향으로 90° 회전한 곳에 위치하므로, 세차 운동 주기의 $\frac{1}{4}$인 약 6500년 후 또는 19500년 전의 모습이다.

○ 보기 풀이 ㄱ. 세차 운동의 방향은 시계 방향이므로 시간을 과거로 되돌리면 북극점의 위치는 시계 반대 방향으로 변한다. 세차 운동의 주기가 약 26000년이므로 90° 회전하는 데 약 6500년, 270° 회전하는 데 약 19500년이 걸린다. 북극점의 위치를 현재의 위치에서 시계 반대 방향으로 270° 회전시키면 (나)의 위치에 오게 된다. 따라서 (나)는 현재로부터 19500년 전의 모습이다.
ㄴ. (나)에서 원일점에서 근일점으로 가는 시기에 북극점이 태양 반대쪽을 향하고 있으므로 북반구 중위도는 가을철 → 겨울철 → 봄철 순으로 변하고, 남반구는 봄철 → 여름철 → 가을철 순으로 변한다. 따라서 (나)의 근일점에서 30°S의 계절은 가을철이다.

✗ 매력적 오답 ㄷ. (가)에서 30°N 지역은 원일점 부근에서 여름철이고 (나)에서는 근일점에서 원일점으로 가는 사이에 여름철이다. 자전축의 기울기가 같으므로 여름철에 동일 지역에서 태양의 남중 고도는 같지만, 태양과 지구 사이의 거리는 (가)가 (나)보다 멀기 때문에 30°N에서 여름철 평균 기온은 (가)가 (나)보다 낮다.

문제풀이 Tip

세차 운동은 시계 방향으로 나타나므로, 현재로부터 90° 회전하면 세차 운동 주기의 $\frac{1}{4}$, 180° 회전하면 세차 운동 주기의 $\frac{1}{2}$, 270° 회전하면 세차 운동 주기의 $\frac{3}{4}$의 시간 차이가 난다. 이 문제에서 (나)는 (가)보다 과거이므로 (나)의 북극점을 기준으로 현재의 북극점이 시계 방향으로 몇 ° 회전하였는지를 찾아야 한다는 것에 유의해야 한다.

4 지구 기후 변화의 천문학적 요인

출제 의도 지구 자전축 경사각과 지구 공전 궤도 이심률의 변화에 따른 지구 기후 변화를 파악하는 문항이다.

그림 (가)는 지구 자전축 경사각과 지구 공전 궤도 이심률의 변화를, (나)는 위도별로 지구에 도달하는 태양 복사 에너지양의 편차(추정값−현잿값)를 나타낸 것이다. (나)는 ㉠, ㉡, ㉢ 중 한 시기의 자료이다.

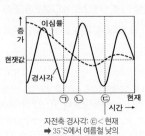

자전축 경사각: ㉢< 현재
➡ 35°S에서 여름철 낮의
길이: ㉢< 현재

(가)

북반구의 여름철(7~8월) 태양 복사
에너지양의 편차: (+)

남반구의 여름철(1~2월) 태양
복사 에너지양의 편차: (+)

(나)

이 자료에 대한 설명으로 옳은 것만을 〈보기〉에서 있는 대로 고른 것은? (단, 자전축 경사각과 지구의 공전 궤도 이심률 이외의 요인은 변하지 않는다고 가정한다.) [3점]

보기

ㄱ. 근일점과 원일점에서 지구에 도달하는 태양 복사 에너지양의 차는 ㉠이 ㉡보다 크다.

ㄴ. (나)는 ㉡의 자료에 해당한다.

ㄷ. 35°S에서 여름철 낮의 길이는 ~~㉢이 현재보다 길다.~~ 짧다.

① ㄱ   ② ㄴ   ③ ㄷ   ④ ㄱ, ㄴ   ⑤ ㄱ, ㄷ

✓ 자료 해석

- 지구 자전축 경사각이 커지면 북반구와 남반구 모두에서 여름철의 평균 기온은 높아지고 겨울철의 평균 기온은 낮아져 기온의 연교차는 커진다.
- 지구 공전 궤도 이심률이 커지면 근일점 거리는 가까워지고 원일점 거리는 멀어진다. ➡ 기온의 연교차가 북반구는 작아지고, 남반구는 커진다.
- (나)에서 보면 북반구와 남반구 모두 여름철 지구에 도달하는 태양 복사 에너지양의 편차(추정값−현잿값)는 (+)이고, 겨울철 지구에 도달하는 태양 복사 에너지양의 편차(추정값−현잿값)는 (−)이다. ➡ (나)는 지구 자전축의 경사각이 커진 ㉡의 자료에 해당한다.

○ 보기 풀이 ㄱ. (가)에서 보면 지구 공전 궤도 이심률은 ㉠이 ㉡보다 크므로, 근일점 거리와 원일점 거리의 차이도 ㉠이 더 크다. 지구에 도달하는 태양 복사 에너지양은 태양으로부터 거리의 제곱에 반비례하므로, 근일점과 원일점에서 지구에 도달하는 태양 복사 에너지양의 차는 ㉠이 ㉡보다 크다.

ㄴ. (나)에서 보면 태양 복사 에너지양은 북반구와 남반구에서 모두 여름철에는 증가하고 겨울철에는 감소했다. 지구 자전축 경사각이 현재보다 커지면 중위도에서 여름철 태양의 남중 고도는 높아지고 겨울철 태양의 남중 고도는 낮아진다. 따라서 (나)는 지구 자전축 경사각이 커진 ㉡의 자료에 해당한다.

✕ 매력적 오답 ㄷ. 중위도에서 여름철 낮의 길이는 태양의 남중 고도가 높을수록, 즉 자전축 경사각이 클수록 길다. ㉢은 현재보다 지구 자전축 경사각은 작고 이심률은 현재와 같으므로, 35°S에서 여름철 낮의 길이는 ㉢이 현재보다 짧다.

문제풀이 Tip

지구의 공전 궤도 이심률 변화에 따른 기온의 연교차 변화는 북반구와 남반구에서 반대이고, 지구 자전축 경사각의 변화에 따른 기온의 연교차 변화는 북반구와 남반구에서 동일하게 나타나는 것에 유의해야 한다.

5 기후 변화의 천문학적 요인

출제 의도 지구 자전축 경사각 변화와 세차 운동에 의한 기후 변화를 해석하는 문항이다.

그림은 지구 자전축의 경사각과 세차 운동에 의한 자전축의 경사 방향 변화를 나타낸 것이다.

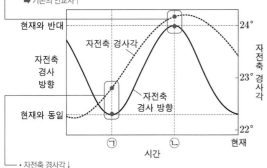

이에 대한 설명으로 옳은 것만을 〈보기〉에서 있는 대로 고른 것은? (단, 지구 자전축 경사각과 세차 운동 이외의 요인은 변하지 않는다고 가정한다.)

─ 보기 ─
ㄱ. 우리나라의 겨울철 평균 기온은 ㉠ 시기가 현재보다 높다.

ㄴ. 우리나라에서 기온의 연교차는 ㉡ 시기가 현재보다 크다.

ㄷ. 지구가 근일점에 위치할 때 우리나라에서 낮의 길이는 ㉠ 시기가 ㉡ 시기보다 <del>길다.</del> 짧다.

① ㄱ   ② ㄷ   ③ ㄱ, ㄴ   ④ ㄴ, ㄷ   ⑤ ㄱ, ㄴ, ㄷ

✔ 자료 해석

- 자전축 경사각이 커지면 북반구와 남반구 모두 중위도와 고위도의 태양의 남중 고도가 여름철에는 높아지고 겨울철에는 낮아져서 여름철 기온은 높아지고 겨울철 기온은 낮아진다. ➡ 기온의 연교차가 커진다.
- 현재 지구는 근일점에서 북반구는 겨울철, 남반구는 여름철이며, 자전축 경사 방향이 현재와 반대가 되면 현재와 계절이 반대가 된다.
- ㉠ 시기에는 자전축 경사각이 현재보다 작고, 자전축 경사 방향은 현재와 같다. ➡ 북반구와 남반구 모두 기온의 연교차가 현재보다 작다.
- ㉡ 시기에는 자전축 경사각이 현재보다 크고, 자전축 경사 방향이 현재와 반대이다. ➡ 북반구는 근일점에서 여름철, 원일점에서 겨울철이며, 여름철에는 태양의 남중 고도가 현재보다 높고, 겨울철에는 태양의 남중 고도가 현재보다 낮아 기온의 연교차가 현재보다 크다.

○ 보기 풀이 ㄱ. ㉠ 시기에 지구 자전축 경사 방향은 현재와 같고 자전축 경사각은 현재(23.5°)보다 작으므로, 우리나라의 겨울철 평균 기온에 영향을 미치는 요인은 지구 자전축 경사각 변화로 인한 태양의 남중 고도 변화이다. ㉠ 시기에 지구 자전축 경사각이 현재보다 작으므로 현재보다 겨울철 태양의 남중 고도는 현재보다 높아 단위 면적당 태양 복사 에너지 입사량이 증가한다. 따라서 우리나라의 겨울철 평균 기온은 ㉠ 시기가 현재보다 높다.

ㄴ. ㉡ 시기에 지구 자전축 경사 방향은 현재와 반대이므로, 우리나라는 근일점에서 여름철, 원일점에서 겨울철이 되어 여름철은 태양과 지구 사이의 거리가 현재보다 가까워 현재보다 기온이 높고, 겨울철은 태양과 지구 사이의 거리가 현재보다 멀어 현재보다 기온이 낮다. 또한 자전축 경사각은 현재보다 크므로 여름철에는 현재보다 태양의 남중 고도가 높아 기온이 높고, 겨울철에는 현재보다 태양의 남중 고도가 낮아 기온이 낮다. 따라서 ㉡ 시기에 우리나라의 여름철 평균 기온은 현재보다 높고 겨울철 평균 기온은 현재보다 낮아 기온의 연교차는 현재보다 크다.

✖ 매력적 오답 ㄷ. 지구가 근일점에 위치할 때 ㉠ 시기는 우리나라의 겨울철, ㉡ 시기는 우리나라의 여름철이다. 따라서 지구가 근일점에 위치할 때 우리나라에서 낮의 길이는 ㉠ 시기가 ㉡ 시기보다 짧다.

문제풀이 Tip

다른 요인의 변화가 없을 때, 지구 자전축 경사각이 커지면 북반구와 남반구 모두 기온의 연교차가 커지고, 지구 자전축 경사 방향이 반대가 되면 근일점과 원일점에서 계절이 반대가 되어 북반구에서는 기온의 연교차가 커지고, 남반구에서는 기온의 연교차가 작아진다는 것에 유의해야 한다.

Part II 수능 평가원

6 기후 변화의 지구 내적 요인

출제 의도 기온 편차 값과 대규모 화산 분출 시기를 비교하여 화산 활동이 기후 변화에 미치는 영향을 이해하는 문항이다.

그림은 1940~2003년 동안 지구 평균 기온 편차(관측값－기준값)와 대규모 화산 분출 시기를 나타낸 것이다. 기준값은 1940년의 평균 기온이다.

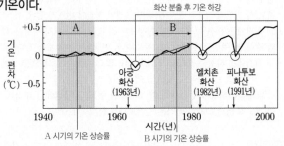

이 자료에 대한 설명으로 옳은 것만을 〈보기〉에서 있는 대로 고른 것은?

〈보기〉
ㄱ. 기온의 평균 상승률은 A 시기가 B 시기보다 <s>크다.</s> 작다.
ㄴ. 화산 활동은 기후 변화를 일으키는 지구 내적 요인에 해당한다.
ㄷ. 성층권에 도달한 다량의 화산 분출물은 지구 평균 기온을 <s>높이는</s> 역할을 한다. 하강시키는

① ㄱ　② ㄴ　③ ㄷ　④ ㄱ, ㄴ　⑤ ㄴ, ㄷ

✔ 자료 해석

• 이 기간 동안 기온은 대체로 상승하였다. ➡ A 시기보다 B 시기에 기온이 더 많이 상승하였다.

• 대규모 화산이 분출한 후에는 일시적으로 기온이 급격하게 하강하였다.

• 지구 기후 변화의 요인은 크게 자연적인 요인과 인위적인 요인으로 구분하며, 자연적인 요인은 다시 지구 외적 요인과 지구 내적 요인으로 구분한다. 지구 외적 요인(천문학적 요인)으로는 세차 운동, 지구 자전축 경사각의 변화, 지구 공전 궤도 이심률의 변화, 태양 활동의 변화 등이 있고, 지구 내적 요인으로는 화산 활동, 수륙 분포의 변화, 지표면의 상태 변화 등이 있다.

○ 보기 풀이　ㄴ. 화산 활동에 의해 분출된 물질이 기권에 유입되어 기후 변화가 나타나는 것은 지구 내적 요인에 해당한다.

✗ 매력적 오답　ㄱ. 기온 편차가 (＋) 값을 나타내는 것은 기온이 상승했음을 의미한다. A 시기는 B 시기보다 기온 편차의 증가율이 작으므로, 기온의 평균 상승률은 A 시기가 B 시기보다 작다.

ㄷ. 대규모 화산이 폭발한 이후 지구 평균 기온이 급격히 하강하였다. 화산재 등 다량의 화산 분출물이 성층권에 도달하면 지표로 도달하는 태양 빛을 차단하고, 지구의 반사율을 높이므로 지구의 평균 기온이 하강한다.

문제풀이 Tip

지구 기후 변화 요인을 지구 외적 요인과 지구 내적 요인으로 구분하여 확실하게 알아 두자. 지구 외적 요인의 경우 기본적인 이론을 바탕으로 해석해야 하는 경우가 많지만, 지구 내적 요인의 경우 제시된 자료만 잘 해석하면 어렵지 않게 풀 수 있을 것이다.

7 지구 온난화

출제 의도 전 지구와 아시아의 기온 편차 변화 자료를 비교하고, 이를 통해 특정 시기 동안 대기 중 CO_2 농도를 비교하여 지구 온난화를 이해하는 문항이다.

그림 (가)는 1850~2019년 동안 전 지구와 아시아의 기온 편차(관측값−기준값)를, (나)는 (가)의 A 기간 동안 대기 중 CO_2 농도를 나타낸 것이다. 기준값은 1850~1900년의 평균 기온이다.

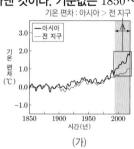
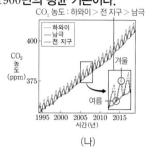

(가)   (나)

이 자료에 대한 설명으로 옳은 것만을 〈보기〉에서 있는 대로 고른 것은?

┌─ 보기 ┐
ㄱ. (가) 기간 동안 기온의 평균 상승률은 아시아가 전 지구보다 크다.
ㄴ. (나)에서 CO_2 농도의 연교차는 하와이가 남극보다 크다.
ㄷ. A 기간 동안 전 지구의 기온과 CO_2 농도는 높아지는 경향이 있다.
└────────┘

① ㄱ   ② ㄷ   ③ ㄱ, ㄴ   ④ ㄴ, ㄷ   ⑤ ㄱ, ㄴ, ㄷ

✓ 자료 해석

• (가) : 전 지구와 아시아 모두 기온 편차가 계속 증가하는 경향이 있으며, A 시기에는 아시아가 전 지구보다 기온 상승률이 크게 나타났다.
• (나) : 겨울철에는 화석 연료 사용량의 증가와 광합성 감소로 대기 중 CO_2 농도가 여름철보다 높다. 전 지구, 하와이, 남극 모두 대기 중 CO_2 농도는 증가하고 있으며, 평균 CO_2 농도와 CO_2 농도의 연교차는 모두 하와이>전 지구>남극 순이다.

○ 보기 풀이 ㄱ. (가) 기간 동안 기온 편차의 상승률은 아시아가 전 지구보다 컸으므로, 기온의 평균 상승률은 아시아가 전 지구보다 크다.
ㄴ. (나)에서 하와이는 남극보다 CO_2 농도의 계절 변화 폭이 큰 것으로 보아 CO_2 농도의 연교차는 하와이가 남극보다 크다.
ㄷ. (가)에서 A 기간 동안 전 지구의 기온은 상승하였고, (나)에서 CO_2 농도가 높아지는 경향이 뚜렷하게 나타난다.

문제풀이 **Tip**

대기 중 CO_2 농도와 기온 편차 자료를 해석하는 문항이 자주 출제된다. CO_2 농도가 지구 온도 변화에 미치는 영향, CO_2 농도의 계절 변화, 지구 온난화에 따른 지구 환경 변화에 대해 잘 정리해 두자.

Part II
수능 평가원

8 기후 변화의 지구 외적 요인

출제 의도 세차 운동과 지구 자전축 경사각의 변화에 따른 지구의 기후 변화를 파악하는 문항이다.

그림 (가)는 지구의 공전 궤도를, (나)는 지구 자전축 경사각의 변화를 나타낸 것이다. 지구 자전축 세차 운동의 방향은 지구 공전 방향과 반대이고 주기는 약 26000년이다.

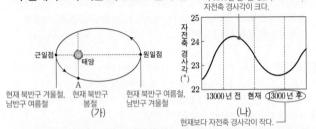

약 6500년 전: 현재보다 자전축 경사각이 크다.

현재보다 자전축 경사각이 작다.

(나)

이에 대한 설명으로 옳은 것만을 〈보기〉에서 있는 대로 고른 것은? (단, 지구 자전축 세차 운동과 지구 자전축 경사각 이외의 요인은 변하지 않는다고 가정한다.) [3점]

보기

ㄱ. 약 6500년 전 지구가 A 부근에 있을 때 북반구는 겨울철이다.

ㄴ. 35°N에서 기온의 연교차는 약 6500년 전이 현재보다 작다. 크다.

ㄷ. 35°S에서 여름철 평균 기온은 약 13000년 후가 현재보다 낮다.

① ㄱ ② ㄴ ③ ㄱ, ㄷ ④ ㄴ, ㄷ ⑤ ㄱ, ㄴ, ㄷ

✔ **자료 해석**

· (가)에서 현재 지구가 근일점에 있을 때 북반구는 겨울철, 남반구는 여름철이고, 지구가 원일점에 있을 때 북반구는 여름철, 남반구는 겨울철이며, 지구가 A에 있을 때 북반구는 봄철이다.

· 약 6500년 전에는 세차 운동에 의해 지구 자전축이 시계 반대 방향으로 90° 회전하므로 (가)에서 지구가 근일점에 있을 때 북반구는 가을철, 남반구는 봄철이고, 지구가 원일점에 있을 때 북반구는 봄철, 남반구는 가을철이며, 지구가 A에 있을 때 북반구는 겨울철이다.

· (나)에서 약 6500년 전에는 현재보다 자전축 경사각이 크고, 약 13000년 후에는 현재보다 자전축 경사각이 작다.

〇 **보기 풀이** ㄱ. 세차 운동의 방향은 지구 공전 방향과 반대이므로 약 6500년 전에는 지구 자전축의 방향이 현재와 시계 반대 방향으로 약 90° 회전한 상태이다. 따라서 지구가 A 부근에 있을 때 북반구에서 지구 자전축은 태양의 반대쪽을 향하므로 북반구는 겨울철이다.

ㄷ. 약 13000년 후에는 세차 운동에 의해 자전축의 경사 방향이 현재와 반대이고, 자전축 경사각은 현재보다 감소하므로, 남반구 중위도는 원일점에서 여름철이고, 여름철에 태양의 남중 고도는 현재보다 낮다. 따라서 35°S에서 여름철 평균 기온은 현재보다 낮다.

✕ **매력적 오답** ㄴ. 북반구 중위도는 현재 근일점에서 겨울철, 원일점에서 여름철이지만, 약 6500년 전에는 근일점에서 가을철, 원일점에서 봄철이 되어 겨울철 태양과의 거리는 멀어지고 여름철 태양과의 거리는 가까워진다. 또한 약 6500년 전 자전축 경사각은 현재보다 크므로 여름철 태양의 남중 고도는 현재보다 높고 겨울철 태양의 남중 고도는 현재보다 낮다. 따라서 35°N에서 기온의 연교차는 약 6500년 전이 현재보다 크다.

문제풀이 Tip

세차 운동에 의한 지구 자전축의 회전 방향은 공전 방향과 반대이므로 6500년 전에는 자전축이 시계 반대 방향으로 90° 회전한 방향을 향하고, 6500년 후에는 자전축이 시계 방향으로 90° 회전한 방향을 향한다는 것에 유의해야 한다. 또한 현재 지구가 근일점에 있을 때 북반구는 겨울철이고 원일점에 있을 때 북반구는 여름철이라는 것을 기억해 두자.

9 지구 기온 변화의 요인

출제 의도 기온 변화에 영향을 주는 요인을 파악하고, 인위적 요인과 자연적 요인으로 구분하여 특징을 이해하는 문항이다.

그림은 1750년 대비 2011년의 지구 기온 변화를 요인별로 나타낸 것이다.

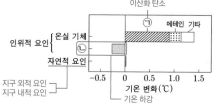

이 자료에 대한 설명으로 옳은 것만을 〈보기〉에서 있는 대로 고른 것은?

보기

ㄱ. 기온 변화에 대한 영향은 ㉠이 자연적 요인보다 크다.

ㄴ. 인위적 요인 중 ㉡은 기온을 상승시킨다. (하강)

ㄷ. 자연적 요인에는 태양 활동이 포함된다.

① ㄱ   ② ㄴ   ③ ㄷ   ④ ㄱ, ㄷ   ⑤ ㄴ, ㄷ

✓ 자료 해석

• 지구 기온 변화를 일으키는 요인: 인위적인 요인과 자연적인 요인이 있다.

• 인위적인 요인: 기온을 상승시키는 요인인 온실 기체와 기온을 하강시키는 요인인 에어로졸 등이 있다.

• 자연적인 요인: 지구 외적 요인인 천문학적 요인(세차 운동, 지구 자전축 경사각 변화, 지구 공전 궤도 이심률 변화, 태양 활동의 변화 등)과 지구 내적 요인(화산 활동, 수륙 분포의 변화, 지표면 상태의 변화 등)이 있다.

○ 보기풀이 ㄱ. ㉠은 온실 기체 중 가장 많은 양을 차지하는 기체이므로 이산화 탄소이다. 자료에서 ㉠에 의한 기온 변화는 약 0.8 ℃ 이상이지만, 자연적 요인에 의한 기온 변화는 0.1 ℃ 미만이다. 따라서 기온 변화에 대한 영향은 ㉠이 자연적 요인보다 크다.

ㄷ. 자연적 요인에는 지구 외적 요인인 세차 운동, 지구 자전축 경사각 변화, 지구 공전 궤도 이심률 변화, 태양 활동의 변화 등과 지구 내적 요인인 화산 활동, 수륙 분포의 변화, 지표면 상태의 변화 등이 모두 포함된다.

✕ 매력적오답 ㄴ. 인위적인 요인 중 ㉡에 의해 기온 변화가 음(−)의 값으로 나타나므로, ㉡은 기온을 하강시키는 요인이다.

문제풀이 **Tip**

최근 지구 온난화에 따른 기온 변화에 가장 큰 영향을 주는 요인은 온실 효과를 일으키는 온실 기체임을 알아 두어야 한다. 지구의 기온을 변화시키는 요인 중에는 기온을 하강시키는 요인이 있다는 것에 유의해야 한다.

---

10 기후 변화의 지구 외적 요인

출제 의도 공전 궤도 이심률 변화와 세차 운동에 의한 지구의 기후 변화를 파악하는 문항이다.

그림 (가)는 현재와 A 시기의 지구 공전 궤도를, (나)는 현재와 A 시기의 지구 자전축 방향을 나타낸 것이다. (가)의 ㉠, ㉡, ㉢은 공전 궤도상에서 지구의 위치이다.

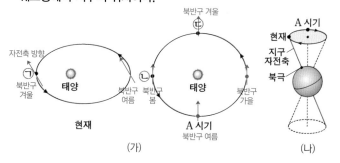

이에 대한 설명으로 옳은 것만을 〈보기〉에서 있는 대로 고른 것은? (단, 지구의 공전 궤도 이심률, 세차 운동 이외의 요인은 변하지 않는다고 가정한다.)

보기

ㄱ. ㉠에서 북반구는 여름이다. (겨울)

ㄴ. 37°N에서 연교차는 현재가 A 시기보다 작다.

ㄷ. 37°S에서 태양이 남중했을 때, 지표에 도달하는 태양 복사 에너지양은 ㉢이 ㉡보다 적다. (많다.)

① ㄱ   ② ㄴ   ③ ㄷ   ④ ㄱ, ㄴ   ⑤ ㄴ, ㄷ

✓ 자료 해석

• 자전축이 태양을 향할 때 여름이므로, (가)의 현재 ㉠에서 북반구는 겨울, 남반구는 여름이고, A 시기 ㉡에서 북반구는 봄, 남반구는 가을이며, ㉢에서 북반구는 겨울, 남반구는 여름이다.

• 북반구를 기준으로 겨울에 태양과의 거리는 현재가 A 시기보다 가깝고, 여름에 태양과의 거리는 현재가 A 시기보다 멀다. 따라서 겨울의 기온은 현재가 A 시기보다 높고 여름의 기온은 현재가 A 시기보다 낮다.

• 현재보다 A 시기에 공전 궤도가 원 궤도에 더 가까우므로 공전 궤도 이심률은 현재가 A 시기보다 크다.

• (나)와 같이 지구 자전축 방향이 변하는 것을 세차 운동이라고 하며, 지구 자전축은 약 26000년을 주기로 회전한다. 따라서 A 시기는 약 6500년 후 또는 약 19500년 전 지구 자전축의 방향이다.

○ 보기풀이 ㄴ. 지구와 태양과의 거리가 가까울수록 지구에서 받는 태양 복사 에너지양이 많아지므로 기온이 높아진다. 북반구 겨울은 현재는 ㉠에 위치할 때이고, A 시기는 ㉢에 위치할 때이므로 겨울의 기온은 현재가 A 시기보다 높다. 한편 북반구 여름의 기온은 현재가 A 시기보다 낮다. 따라서 37°N에서 기온의 연교차는 현재가 A 시기보다 작다.

✕ 매력적오답 ㄱ. 현재 북반구는 근일점에서 겨울이다. 따라서 ㉠에서 북반구는 겨울이다.

ㄷ. A 시기에 남반구는 ㉡에서 가을, ㉢에서 여름이 되므로 지표에 도달하는 태양 복사 에너지양은 ㉢이 ㉡보다 많다.

문제풀이 **Tip**

지구의 기온은 태양 복사 에너지양을 많이 받을수록 높아지므로 지구와 태양 사이의 거리가 가까울수록 기온이 높아진다는 것을 알아 두자.

11 지구 온난화의 영향

출제 의도 최근 빙하의 누적 융해량과 평균 해수면의 높이 편차 자료를 해석하여 시간에 따른 빙하의 누적 융해량을 비교하고, 평균 해수면의 높이 편차 변화에 영향을 미치는 요인을 파악하는 문항이다.

그림 (가)는 2004년부터의 그린란드 빙하의 누적 융해량을, (나)는 전 지구에서 일어난 빙하 융해와 해수 열팽창에 의한 평균 해수면의 높이 편차(관측값 − 2004년 값)를 나타낸 것이다.

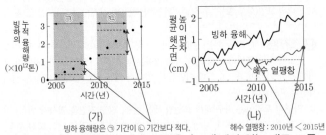

(가)
빙하 융해량은 ㉠ 기간이 ㉡ 기간보다 적다.

(나)
해수 열팽창 : 2010년 < 2015년

이 자료에 대한 설명으로 옳은 것만을 〈보기〉에서 있는 대로 고른 것은?

보기
ㄱ. 그린란드 빙하의 융해량은 ㉠ 기간이 ㉡ 기간보다 많다.
   적다.
ㄴ. (나)에서 해수 열팽창에 의한 평균 해수면 높이 편차는 2015년이 2010년보다 크다.
ㄷ. (나)의 전 기간 동안, 평균 해수면 높이의 평균 상승률은 해수 열팽창에 의한 것이 빙하 융해에 의한 것보다 크다.
   작다.

① ㄱ ② ㄴ ③ ㄱ, ㄷ ④ ㄴ, ㄷ ⑤ ㄱ, ㄴ, ㄷ

✔ 자료 해석

• (가)에서 그린란드 빙하의 누적 융해량은 ㉠ 기간보다 ㉡ 기간에 많다.

• (나)에서 해수 열팽창에 의한 평균 해수면 상승은 2010년보다 2015년에 크다.

• (나)에서 2004년~2015년 사이에 나타난 평균 해수면의 높이 편차 변화는 빙하 융해에 의한 영향이 해수 열팽창에 의한 영향보다 크다.

○ 보기 풀이 ㄴ. (나)에서 해수 열팽창에 의한 평균 해수면 높이 편차는 2010년에 약 0 cm, 2015년에 약 0.5 cm이다. 따라서 2015년이 2010년보다 크다.

✕ 매력적 오답 ㄱ. (가)에서 그린란드 빙하의 누적 융해량은 ㉠ 기간에 1×10^{12}톤보다 적고, ㉡ 기간에 1×10^{12}톤보다 많다. 따라서 ㉠ 기간보다 ㉡ 기간에 그린란드 빙하의 융해량이 더 많다.

ㄷ. 지구 온난화에 의해 해수의 온도가 상승하면 해수의 열팽창이 일어나 해수면이 상승하고, 육지의 빙하가 녹아 바다로 흘러 들어가 해수면이 상승한다. (나)에서 2004년~2015년 사이에 해수 열팽창에 의한 평균 해수면 높이 편차는 약 −0.5~0.5 cm이고, 빙하 융해에 의한 평균 해수면 높이 편차는 약 0~2 cm이다. 따라서 이 기간 동안 평균 해수면 높이의 평균 상승률은 해수 열팽창에 의한 것이 빙하 융해에 의한 것보다 작다.

문제풀이 **Tip**

지구 온난화의 원인과 영향에 대해 알아 두고, 평균 해수면 높이 편차의 기울기가 클수록 평균 해수면 높이의 평균 상승률에 지구 온난화가 미치는 영향이 크다는 것에 유의해야 한다.

출제 의도 지구 자전축 기울기 변화의 영향을 알아보기 위한 탐구에서 태양의 남중 고도에 해당하는 것을 파악하고, 탐구 결과로부터 지구 자전축의 기울기 변화에 따른 기온의 연교차 변화를 추정하는 문항이다.

다음은 기후 변화 요인 중 지구 자전축 기울기 변화의 영향을 알아보기 위한 탐구이다.

[탐구 과정]

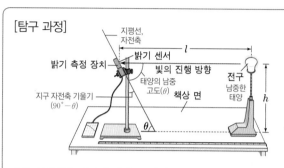

(가) 실험실을 어둡게 한 후 그림과 같이 밝기 측정 장치와 전구를 설치하고 전원을 켠다.

(나) 각도기를 사용하여 ⊙ 밝기 측정 장치와 책상 면이 이루는 각(θ)이 70°가 되도록 한다.

(다) 밝기 센서에 측정된 밝기(lux)를 기록한다.

(라) 밝기 센서에서 전구까지의 거리(l)와 밝기 센서의 높이(h)를 일정하게 유지하면서, θ를 10°씩 줄이며 20°가 될 때까지 (다)의 과정을 반복한다.

[탐구 결과]

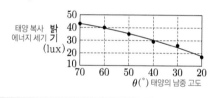

이에 대한 설명으로 옳은 것만을 〈보기〉에서 있는 대로 고른 것은? [3점]

보기
ㄱ. ⊙의 크기는 '태양의 남중 고도'에 해당한다.
ㄴ. 측정된 밝기는 θ가 클수록 감소한다. 증가한다.
ㄷ. 다른 요인의 변화가 없다면 지구 자전축의 기울기가 커질수록 우리나라 기온의 연교차는 감소한다. 증가한다.

① ㄱ ② ㄴ ③ ㄱ, ㄷ ④ ㄴ, ㄷ ⑤ ㄱ, ㄴ, ㄷ

✔ 자료 해석

• 밝기 측정 장치를 연장한 선은 지구의 자전축 또는 측정 지점이 적도라고 가정할 때 지평선에 해당하고, 전구는 남중한 태양에 해당한다.
• $(90°-\theta)$는 지구 자전축의 기울기에 해당하고, θ는 태양의 남중 고도에 해당한다.
• 탐구 결과에서 θ가 작아질수록 밝기가 감소한다.

🅾 보기 풀이 ㄱ. 밝기 측정 장치가 연직 방향에 대해 기울어진 각($90°-\theta$)은 지구 자전축의 기울기에 해당한다. 한편 밝기 측정 장치와 전구의 불빛이 이루는 각은 밝기 측정 장치와 책상 면이 이루는 각(θ)과 같으므로, ⊙은 태양의 남중 고도에 해당한다.

❌ 매력적 오답 ㄴ. 탐구 결과에서 θ가 클수록 측정된 밝기가 증가한다. 이로부터 태양의 남중 고도가 높을수록 단위 면적의 지표면이 받는 태양 복사 에너지양이 많은 것을 알 수 있다.

ㄷ. 지구 자전축의 기울기가 변하면 각 위도에서 받는 일사량이 변하므로 기후 변화가 생긴다. 다른 요인의 변화가 없다면 지구 자전축의 기울기가 현재보다 커질수록 우리나라 여름철 기온은 높아지고 겨울철 기온은 낮아지므로, 기온의 연교차는 증가한다.

문제풀이 Tip

밝기 측정 장치와 전구의 불빛이 이루는 각은 태양의 남중 고도에 해당하는 것을 알아 두고, 지구 자전축의 기울기가 현재보다 커지면 북반구와 남반구 모두 기온의 연교차가 커지는 것에 유의해야 한다.

Part II

수능 평가원

출제 의도 전 지구와 우리나라의 대기 중 CO_2 농도와 기온 편차 자료를 비교하고, 이를 통해 특정 시기의 기온 상승률과 해수면의 평균 높이를 비교하는 문항이다.

그림 (가)는 전 지구와 안면도의 대기 중 CO_2 농도를, (나)는 전 지구와 우리나라의 기온 편차(관측값 – 평년값)를 나타낸 것이다.

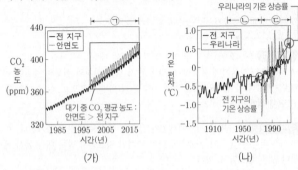

(가)   (나)

이 자료에 대한 설명으로 옳은 것만을 〈보기〉에서 있는 대로 고른 것은?

┌─ 보기 ─────────────────────────────────┐
│   높다
│ ㄱ. ㉠ 시기 동안 CO_2 평균 농도는 안면도가 전 지구보다 낮다.
│ ㄴ. ㉢ 시기 동안 기온 상승률은 전 지구가 우리나라보다 작다.
│ ㄷ. 전 지구 해수면의 평균 높이는 ㉡ 시기가 ㉢ 시기보다 낮다.
└──┘

① ㄱ   ② ㄷ   ③ ㄱ, ㄴ   ④ ㄴ, ㄷ   ⑤ ㄱ, ㄴ, ㄷ

✔ **자료 해석**

- (가) : 전 지구와 안면도 모두 대기 중 CO_2 농도는 증가하고 있으며, ㉠ 시기 동안 대기 중 CO_2 평균 농도는 안면도가 전 지구보다 더 높다.
- (나) : 전 지구와 우리나라는 모두 기온 편차가 계속 증가하는 경향이 있으며, ㉢ 시기 동안 기온 편차의 변화 폭과 기온 상승률은 우리나라가 전 지구보다 크다.

○ **보기 풀이** ㄴ. (나)에서 ㉢ 시기 동안 기온 상승률은 우리나라가 전 지구보다 높다.

ㄷ. (나)에서 ㉡ 시기보다 ㉢ 시기의 기온이 더 높다. 기온이 높을수록 해수면의 높이는 상승하므로, 해수면의 평균 높이는 ㉡ 시기보다 ㉢ 시기가 더 높다.

✕ **매력적 오답** ㄱ. (가)에서 ㉠ 시기 동안 CO_2 평균 농도는 안면도가 전 지구보다 높다.

문제풀이 **Tip**

지구 온난화에 대한 문항이 자주 출제된다. CO_2는 온실 기체이므로 CO_2 농도의 증가는 지구 온난화가 일어나는 원인이 된다는 것에 유의하고, CO_2 농도 증가에 따른 기온 상승과 그에 따른 지구 환경 변화에 대해 학습해 두자.

14 지구의 기후 변화

2021학년도 9월 평가원 14번 | 정답 ⑤ | 문제편 **70 p**

출제 의도 온실 기체와 자연적 요인에 의한 기온 변화 자료를 해석하여 최근 기온 변화에 큰 영향을 미치는 요인을 파악하고, 지구 온난화의 영향을 이해하는 문항이다.

그림은 기후 변화 요인 ⊙과 ⓒ을 고려하여 추정한 지구 평균 기온 편차(추정값－기준값)와 관측 기온 편차(관측값－기준값)를 나타낸 것이다. ⊙과 ⓒ은 각각 온실 기체와 자연적 요인 중 하나이고, 기준값은 1880년~1919년의 평균 기온이다.

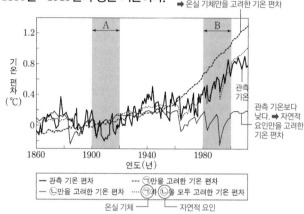

관측 기온보다 높다.
➡ 온실 기체만을 고려한 기온 편차

관측 기온

관측 기온보다 낮다.➡ 자연적 요인만을 고려한 기온 편차

ㅡ 관측 기온 편차　　　ㅡㅡ ⊙만을 고려한 기온 편차
ㅡ ⓒ만을 고려한 기온 편차　ㆍㆍ ⊙과 ⓒ을 모두 고려한 기온 편차
온실 기체　　　　　자연적 요인

이에 대한 설명으로 옳은 것만을 〈보기〉에서 있는 대로 고른 것은?
[3점]

보기
ㄱ. 지구 해수면의 평균 높이는 B 시기가 A 시기보다 높다.

ㄴ. 대기권에 도달하는 태양 복사 에너지양의 변화는 ⓒ에 해당한다.

ㄷ. B 시기의 관측 기온 변화 추세는 자연적 요인보다 온실 기체에 의한 영향이 더 크다.

① ㄱ　② ㄷ　③ ㄱ, ㄴ　④ ㄴ, ㄷ　⑤ ㄱ, ㄴ, ㄷ

✔ 자료 해석

• ⊙만을 고려한 경우 관측 기온보다 높게 나타나므로, ⊙은 온실 기체이다.

• ⓒ만을 고려한 경우 관측 기온보다 낮게 나타나므로, ⓒ은 자연적 요인이다.

• B 시기는 A 시기보다 평균 기온이 높으므로, 해수면의 평균 높이가 높다.

보기 풀이 　ㄱ. 지구의 평균 기온이 높아지면 육지의 빙하가 녹아 바다로 흘러 들어가고 해수의 열팽창이 일어나므로 해수면이 높아진다. 지구의 평균 기온은 B 시기가 A 시기보다 높으므로, 해수면의 평균 높이는 B 시기가 A 시기보다 높다.

ㄴ. ⊙은 온실 기체이고, ⓒ은 자연적 요인이다. 대기권에 도달하는 태양 복사 에너지양의 변화는 지구의 기후 변화를 일으키는 자연적 요인이므로 ⓒ에 해당한다.

ㄷ. B 시기에는 기온이 급격하게 상승하고 있으며, 관측 기온 변화 추세는 자연적 요인만 고려한 ⓒ보다 온실 기체만 고려한 ⊙과 유사하다. 따라서 B 시기의 관측 기온 변화 추세는 자연적 요인보다 온실 기체에 의한 영향이 더 크다.

문제풀이 **Tip**
평균 기온이 높을수록 해수면의 평균 높이가 높은 것을 알아 두고, 최근의 지구 온난화는 주로 온실 기체 농도 증가에 의해 일어나는 것에 유의해야 한다.

Part II

수능 평가원

15 기후 변화의 지구 외적 요인

출제 의도 지구의 자전축 경사각 변화에 따른 태양의 남중 고도와 지구의 기후 변화를 파악하는 문항이다.

그림은 지구 자전축 경사각의 변화를 나타낸 것이다.

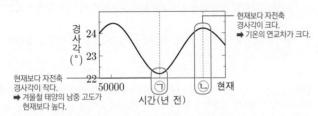

이에 대한 설명으로 옳은 것만을 〈보기〉에서 있는 대로 고른 것은? (단, 지구 자전축 경사각 이외의 요인은 변하지 않는다.)

┌─ 보기 ─────────────────────────────┐
│ ㄱ. 30°S에서 기온의 연교차는 현재가 ⓛ 시기보다 작다.
│
│ ㄴ. 30°N에서 겨울철 태양의 남중 고도는 현재가 ⓙ 시기보다 ~~높다.~~ 낮다.
│
│ ㄷ. 1년 동안 지구에 입사하는 평균 태양 복사 에너지양은 ~~ⓙ 시기가 ⓛ 시기보다 많다.~~ ⓙ 시기와 ⓛ 시기가 같다.
└──────────────────────────────────┘

① ㄱ　② ㄴ　③ ㄷ　④ ㄱ, ㄴ　⑤ ㄱ, ㄷ

✓ **자료 해석**

- ⓙ 시기에는 현재보다 지구의 자전축 경사각이 작으므로, 북반구와 남반구 모두 현재보다 기온의 연교차가 작다.
- ⓛ 시기에는 현재보다 지구의 자전축 경사각이 크므로, 북반구와 남반구 모두 현재보다 기온의 연교차가 크다.

○ 보기 풀이 ㄱ. 지구의 자전축 경사각이 커지면 북반구와 남반구 모두 여름철 태양의 남중 고도는 높아지고, 겨울철 태양의 남중 고도는 낮아진다. 따라서 여름철 기온은 높아지고 겨울철 기온은 낮아지므로, 기온의 연교차가 커진다. ⓛ 시기에는 현재보다 지구의 자전축 경사각이 크므로, 30°S에서 기온의 연교차는 현재가 ⓛ 시기보다 작다.

✕ 매력적 오답 ㄴ. 지구의 자전축 경사각이 작아지면 북반구와 남반구 모두 여름철 태양의 남중 고도는 낮아지고, 겨울철 태양의 남중 고도는 높아진다. ⓙ 시기에는 현재보다 지구의 자전축 경사각이 작으므로, 30°N에서 겨울철 태양의 남중 고도는 현재가 ⓙ 시기보다 낮다.

ㄷ. 지구의 자전축 경사각이 변해도 1년 동안 지구에 입사하는 평균 태양 복사 에너지양은 변하지 않으므로, ⓙ 시기와 ⓛ 시기가 같다.

문제풀이 Tip

지구의 자전축 경사각 변화에 따른 기온의 연교차 변화는 북반구와 남반구가 같은 것을 알아 두고, 태양으로부터 지구까지의 거리가 변하지 않으면 지구에 입사하는 평균 태양 복사 에너지양은 변하지 않는 것에 유의해야 한다.

02 외계 행성계 탐사

1 외계 행성계 탐사 방법

2025학년도 수능 18번 | 정답 ② | 문제편 72p

출제 의도 시선 방향과 중심별이 이루는 각도를 이용해 시선 속도를 구하고, 중심별의 스펙트럼 변화를 해석하는 문항이다.

그림 (가)는 t_0일 때 외계 행성의 위치를 공통 질량 중심에 대하여 공전하는 원 궤도에 나타낸 것이고, (나)는 중심별의 스펙트럼에서 기준 파장이 λ_0인 흡수선의 관측 결과를 t_0부터 일정한 시간 간격 T에 따라 순서대로 나타낸 것이다. $\Delta\lambda_{max}$은 파장의 최대 편이량이고, 이 기간 동안 식 현상은 1회 관측되었다.

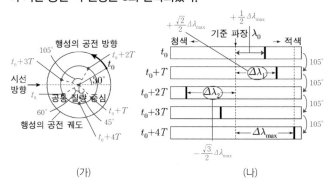

(가)   (나)

이에 대한 설명으로 옳은 것만을 〈보기〉에서 있는 대로 고른 것은? (단, 중심별의 시선 속도 변화는 행성과의 공통 질량 중심에 대한 공전에 의해서만 나타나며, 행성의 공전 궤도면은 관측자의 시선 방향과 나란하다.) [3점]

〈보기〉
ㄱ. $t_0+2.5T \rightarrow t_0+3T$ 동안 중심별의 흡수선 파장은 점차 ~~짧아진다.~~ 길어진다.

ㄴ. $\dfrac{\Delta\lambda_2}{\Delta\lambda_1}$의 절댓값은 $\dfrac{\sqrt{6}}{2}$이다.

ㄷ. $t_0+0.5T \rightarrow t_0+T$ 사이에 기준 파장이 $2\lambda_0$인 중심별의 흡수선 파장이 ~~$(2\lambda_0+\Delta\lambda_1)$로 관측되는 시기가 있다.~~ $(2\lambda_0+\Delta\lambda_1)$로 관측되는 시기가 없다.

① ㄱ   ② ㄴ   ③ ㄷ   ④ ㄱ, ㄷ   ⑤ ㄴ, ㄷ

✓ 자료 해석

- $\Delta\lambda_{max}$은 t_0+4T에서 나타나므로 중심별과 행성은 t_0에서 t_0+4T 동안 420°를 공전하였다. 따라서 T 동안 중심별은 공통 질량 중심을 중심으로 105°씩 공전하였다.
- 중심별의 공전 속도가 v이고, t_0일 때 시선 방향과 중심별이 이루는 각은 30°이므로 t_0에서 시선 속도는 $+\dfrac{1}{2}v$, t_0+T에서 시선 속도는 $+\dfrac{\sqrt{2}}{2}v$, t_0+2T에서 시선 속도는 $-\dfrac{\sqrt{3}}{2}v$, t_0+4T에서 시선 속도는 $+v$이다. 여기서 (+)는 후퇴, (−)는 접근을 의미한다.

보기 풀이

ㄴ. t_0+T에 중심별과 시선 방향이 이루는 각도는 45°이므로 시선 속도는 공전 속도의 $\dfrac{\sqrt{2}}{2}$배이다. t_0+2T에 중심별과 시선 방향이 이루는 각도는 60°이므로 시선 속도는 공전 속도의 $\dfrac{\sqrt{3}}{2}$배이다. $\Delta\lambda$은 시선 속도에 비례하므로 $\left|\dfrac{\Delta\lambda_2}{\Delta\lambda_1}\right| = \dfrac{\dfrac{\sqrt{3}}{2}v}{\dfrac{\sqrt{2}}{2}v} = \dfrac{\sqrt{6}}{2}$이다.

✗ 매력적 오답

ㄱ. $t_0+2.5T \rightarrow t_0+3T$ 동안 중심별의 흡수선의 청색 편이가 점점 작아지므로 흡수선 파장은 점차 길어진다.

ㄷ. $t_0+0.5T \rightarrow t_0+T$ 사이에 중심별의 시선 속도는 t_0+T일 때 가장 작으므로 흡수선의 파장이 가장 짧다. 기준 파장이 $2\lambda_0$인 흡수선은 t_0+T일 때 $(2\lambda_0+2\Delta\lambda_1)$로 가장 짧게 관측되므로, $t_0+0.5T \rightarrow t_0+T$ 사이에 기준 파장이 $2\lambda_0$인 흡수선의 파장이 $(2\lambda_0+\Delta\lambda_1)$로 관측되는 시기가 없다.

문제풀이 Tip

시선 속도 변화를 이용한 외계 행성 탐사 방법에 대한 문항이 최근 고난도 문항으로 자주 출제되고 있다. 청색 편이와 적색 편이가 나타날 때 중심별과 행성의 위치를 결정하고, 시선 속도와 공전 속도의 관계를 알아 두어야 한다. 고난도의 문항으로 자주 출제되는 만큼 비슷한 유형의 문항들을 많이 풀어보는 것이 중요하다.

2 시선 속도 변화를 이용한 외계 행성계 탐사 방법

출제 의도 중심별의 시선 속도 변화를 통해 외계 행성계와 지구와의 위치 관계를 결정하고, 중심별의 운동을 파악하는 문항이다.

그림은 어느 외계 행성계에서 중심별과 행성이 공통 질량 중심에 대하여 원 궤도로 공전할 때 중심별의 시선 속도를 일정한 시간 간격에 따라 나타낸 것이다. A는 t_2와 t_3 사이의 어느 한 시기이다.

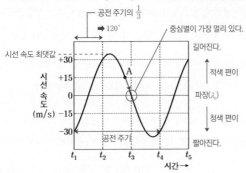

이 자료에 대한 설명으로 옳은 것만을 〈보기〉에서 있는 대로 고른 것은? (단, 행성의 공전 궤도면은 관측자의 시선 방향과 나란하고, 중심별의 시선 속도 변화는 행성과의 공통 질량 중심에 대한 공전에 의해서만 나타난다.)

┌─ 보기 ─────────────────────────────
ㄱ. A일 때, 공통 질량 중심으로부터 지구와 행성을 각각 잇는 선분이 이루는 사잇각은 30°보다 작다.
ㄴ. $t_4 \rightarrow t_5$ 동안 중심별의 스펙트럼에서 흡수선의 파장은 점차 ~~짧아진다.~~ 길어진다.
ㄷ. 중심별의 공전 속도는 $20\sqrt{3}$ m/s이다.
└────────────────────────────────────

① ㄱ   ② ㄴ   ③ ㄷ   ④ ㄱ, ㄷ   ⑤ ㄴ, ㄷ

✔ 자료 해석

• 시선 속도 그래프에서 (+)는 적색 편이 구간이고, (−)는 청색 편이 구간이므로, 시선 속도가 0일 때는 지구에서 가장 가까울 때 또는 가장 멀 때이다. t_3은 시선 속도가 0이면서 (+)에서 (−)로 바뀌는 시점이므로 중심별이 지구에서 가장 멀리 위치할 때이다.

• 시선 속도의 변화 주기는 $t_1 \sim t_4$이므로, $t_1 \sim t_2$, $t_2 \sim t_3$, $t_3 \sim t_4$는 각각 공전 주기의 $\frac{1}{3}$에 해당하고, 이는 공통 질량 중심과의 각도가 각각 120°가 된다.

• 시선 속도의 최댓값은 +30 m/s보다 크고, A 시기의 시선 속도는 +15 m/s이므로, A 시기의 시선 속도는 공전 속도의 $\frac{1}{2}$보다 작다.

• 위의 내용을 종합하여 중심별과 행성의 위치를 나타내 보면 다음과 같다.

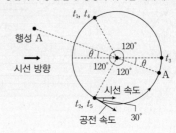

○ 보기 풀이   ㄱ. 공통 질량 중심과 중심별을 잇는 선분과 관측자의 시선 방향이 이루는 각도를 θ라고 할 때 '시선 속도=공전 속도×$\sin\theta$'이다. A일 때, 중심별의 시선 속도는 +15 m/s이고, 공전 속도(=최대 시선 속도)는 +30 m/s 보다 크므로 $\sin\theta < \frac{1}{2}$이다. 따라서 θ는 30°보다 작다. 공통 질량 중심으로부터 지구와 행성을 각각 잇는 선분이 이루는 사잇각은 θ와 크기가 같으므로 30°보다 작다.

ㄷ. $t_1 \sim t_4$ 동안 중심별은 1회 공전하였고, $t_1 \sim t_2$, $t_2 \sim t_3$, $t_3 \sim t_4$ 사이의 시간은 동일하므로 각 시간마다 중심별은 120° 공전하였다. 관측자의 시선 방향의 선분과 중심별이 t_1에 위치할 때 공통 질량 중심과 중심별을 잇는 선분과 관측자의 시선 방향이 이루는 각도 θ는 60°이다. 따라서 t_1일 때 시선 속도 값은 30 m/s 이므로 공전 속도는 '30 m/s=공전 속도×$\sin60°$'로부터 $20\sqrt{3}$ m/s이다.

✕ 매력적 오답   ㄴ. $t_4 \rightarrow t_5$는 흡수선이 청색 편이 최댓값으로부터 적색 편이 최댓값으로 이동하는 경로 중 일부이므로 흡수선의 파장은 점차 길어진다.

문제풀이 Tip

중심별의 시선 속도는 시간에 따라 $\sin$ 함수 형태의 그래프로 나타나므로 곡선의 주기는 별의 공전 주기에 해당한다는 것에 유의해야 한다. 이 문항에서는 한 주기가 3칸으로 이루어져 있으므로 1칸은 공전 주기의 $\frac{1}{3}$, 즉 120°에 해당한다는 것을 찾는 것이 중요하다. 중심별의 시선 속도 변화를 이용한 외계 행성 탐사 방법에서 꼭 알아 두어야 할 것은 다음 두 가지이다. 시선 방향과 중심별이 이루는 각도를 θ라고 할 때 '시선 속도=공전 속도×$\sin\theta$' 인 것, 행성의 공전 궤도면은 관측자의 시선 방향과 나란하므로, 시선 속도의 최댓값은 공전 속도와 같다는 것은 반드시 암기해 두자.

3 시선 속도 변화를 이용한 외계 행성계 탐사 방법

출제 의도 스펙트럼의 파장 변화를 통해 중심별의 공전 궤도상에서의 위치를 파악하고, 시선 속도를 구하는 문항이다.

그림 (가)는 어느 외계 행성과 중심별이 공통 질량 중심을 중심으로 공전하는 원 궤도를 나타낸 것이고, (나)는 행성이 ㉠~㉣에 위치할 때 지구에서 관측한 중심별의 스펙트럼을 A~D로 순서 없이 나타낸 것이다. 중심별의 공전 속도는 2 km/s이고, 관측한 흡수선의 기준 파장은 동일하다.

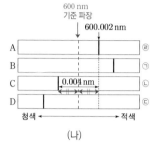

(가)   (나)

이 자료에 대한 설명으로 옳은 것만을 〈보기〉에서 있는 대로 고른 것은? (단, 빛의 속도는 3×10^5 km/s이고, 중심별의 시선 속도 변화는 행성과의 공통 질량 중심에 대한 공전에 의해서만 나타나며, 행성의 공전 궤도면은 관측자의 시선 방향과 나란하다.)

〈보기〉
ㄱ. A는 행성이 ㉣에 위치할 때 관측한 결과이다.

ㄴ. $\dfrac{A \text{ 흡수선의 파장} - D \text{ 흡수선의 파장}}{B \text{ 흡수선의 파장} - C \text{ 흡수선의 파장}}$ 은 1이다.

ㄷ. 중심별의 시선 속도는 행성이 ㉢을 지날 때가 ㉡을 지날 때의 $\sqrt{3}$배이다.

① ㄱ ② ㄴ ③ ㄷ ④ ㄱ, ㄴ ⑤ ㄴ, ㄷ

✔ 자료 해석

- 행성과 중심별은 공통 질량 중심을 중심으로 반대쪽에 위치하므로, 행성이 ㉠과 ㉣에 있을 때는 중심별이 멀어지고 있으며(적색 편이), ㉡과 ㉢에 있을 때는 중심별이 다가오고 있다(청색 편이).
- (나)에서 A와 B는 적색 편이가 나타나고, C와 D는 청색 편이가 나타난다.
- 행성이 ㉣에 위치할 때 중심별과 시선 방향이 이루는 각도를 θ라 하고, 중심별의 공전 속도를 V라고 할 때, 행성의 위치 ㉠~㉣에서 중심별의 시선 속도는 각각 다음과 같다.

행성의 위치	중심별의 시선 속도
㉠	$+V\cos\theta$
㉡	$-V\cos(90°-\theta)=-V\sin\theta$
㉢	$-V\cos\theta$
㉣	$+V\cos(90°-\theta)=+V\sin\theta$

○ 보기 풀이 ㄴ. ㉠에서의 시선 속도 크기와 ㉢에서의 시선 속도 크기가 같고, ㉡에서의 시선 속도 크기와 ㉣에서의 시선 속도 크기가 같으므로, 파장 변화량의 크기는 A와 C에서 같고, B와 D에서 같다.

따라서 $\dfrac{A \text{ 흡수선의 파장} - D \text{ 흡수선의 파장}}{B \text{ 흡수선의 파장} - C \text{ 흡수선의 파장}} = 1$이다.

ㄷ. 행성이 ㉡과 ㉣을 지날 때 중심별의 시선 속도 크기가 같으므로 흡수선의 파장 변화량도 같다. (나)에서 A와 C에서 흡수선의 파장 차이가 0.004 nm이므로 흡수선의 기준 파장은 A와 C의 중간값인 600 nm이다. 한편 중심별의 시선 속도는 $\dfrac{\Delta\lambda}{\lambda_0} \times c$ ($\Delta\lambda$: 파장 변화량, λ_0: 기준 파장, c: 빛의 속도)이므로 행성이 ㉣을 지날 때 $\dfrac{0.002 \text{ nm}}{600 \text{ nm}} \times 3 \times 10^5 \text{ km/s} = +1 \text{ km/s}$이다. 행성이 ㉣에 위치할 때 중심별과 시선 방향이 이루는 각도를 θ라 하고, 중심별의 공전 속도를 V라고 하면, 행성이 ㉣을 지날 때 중심별의 시선 속도는 $+V\sin\theta = +1 \text{ km/s}$이고, 이때 중심별의 공전 속도는 2 km/s이므로 $\sin\theta = \dfrac{1}{2}$로부터 $\theta = 30°$이다. 따라서 행성이 ㉡을 지날 때 중심별의 시선 속도는 -1 km/s이고, ㉢을 지날 때 $-\sqrt{3} \text{ km/s}$이므로 ㉢을 지날 때가 ㉡을 지날 때의 $\sqrt{3}$배이다.

✕ 매력적 오답 ㄱ. 행성이 ㉠과 ㉣에 있을 때는 적색 편이가 나타나고, ㉡과 ㉢에 있을 때는 청색 편이가 나타나며, 중심별은 행성이 ㉠에 있을 때 파장이 가장 길게 관측되고, 행성이 ㉢에 있을 때 파장이 가장 짧게 관측된다. 따라서 A는 행성이 ㉣에 위치할 때, B는 행성이 ㉠에 위치할 때, C는 행성이 ㉡에 위치할 때, D는 행성이 ㉢에 위치할 때 관측한 결과이다.

문제풀이 Tip

적색 편이가 나타날 때는 중심별의 시선 속도 크기가 클수록 흡수선의 파장이 길고, 청색 편이가 나타날 때는 중심별의 시선 속도 크기가 클수록 흡수선의 파장이 짧다는 것에 유의해야 한다. 중심별의 시선 속도의 크기가 같으면 흡수선의 파장 변화량도 같다는 것을 알아 두자.

Part II 수능 평가원

4 중심별의 시선 속도 변화를 이용한 탐사 방법

출제 의도 중심별의 시선 속도 변화를 이용한 외계 행성 탐사 방법을 이해하고, 제시된 자료로부터 관측되는 편이의 종류를 파악하며, 중심별의 공전 속도를 구하는 문항이다.

그림은 어느 외계 행성과 중심별이 공통 질량 중심을 중심으로 공전하는 원 궤도를, 표는 행성이 A, B, C에 위치할 때 중심별의 어느 흡수선 관측 결과를 나타낸 것이다. 행성의 공전 궤도면은 관측자의 시선 방향과 나란하다.

행성이 C에 위치할 때
중심별의 시선 속도:
$v\cos 45°\left(=\dfrac{\sqrt{2}}{2}v\right)$

행성이 A에 위치할 때
중심별의 시선 속도: v

행성이 B에 위치할 때
중심별의 시선 속도:
$v\sin 30°\left(=\dfrac{v}{2}\right)$

시선 방향

공통 질량 중심

45° 30°

중심별의 공전 궤도

행성의 공전 궤도

행성이 A와 C에 위치할 때
중심별은 청색 편이 관측

기준 파장 (nm)	관측 파장(nm)		
	A	B	C
λ_0	499.990	500.005	(㉠)

499.995↓

행성이 A와 B에 위치할 때 중심별의 공전 방향은
시선 방향에 대해 서로 반대 방향으로 나타난다.
➡ 관측 파장: A < B
➡ A는 청색 편이, B는 적색 편이

이 자료에 대한 설명으로 옳은 것만을 〈보기〉에서 있는 대로 고른 것은? (단, 빛의 속도는 3×10^5 km/s이고, 중심별의 시선 속도 변화는 행성과의 공통 질량 중심에 대한 공전에 의해서만 나타난다.) [3점]

보기
ㄱ. 행성이 B에 위치할 때, 중심별의 스펙트럼에서 적색 편이가 나타난다.
ㄴ. ㉠은 499.995보다 작다.
ㄷ. 중심별의 공전 속도는 6 km/s이다.

① ㄱ   ② ㄷ   ③ ㄱ, ㄴ   ④ ㄴ, ㄷ   ⑤ ㄱ, ㄴ, ㄷ

✓ 자료 해석

- 중심별과 행성은 공통 질량 중심을 중심으로 같은 주기와 같은 방향으로 공전한다.
- 행성이 A와 C에 위치할 때 중심별의 공전 방향과 행성이 B에 위치할 때 중심별의 공전 방향은 시선 방향에 대해 서로 반대 방향으로 나타난다.
  ➡ 행성이 A와 C에 위치할 때 중심별의 스펙트럼에서 청색 편이가 나타난다면, B에 위치할 때 중심별의 스펙트럼에서 적색 편이가 나타날 것이다.

○ 보기 풀이

ㄱ. 행성이 A와 B에 위치할 때 중심별의 공전 방향은 시선 방향에 대해 서로 반대로 나타난다. 그런데 관측 파장은 A가 B보다 짧으므로, 중심별의 스펙트럼에서는 행성이 A에 위치할 때 청색 편이가, B에 위치할 때 적색 편이가 나타난다.

ㄴ. 행성이 A에 위치할 때 중심별의 시선 속도를 v라고 하면, 행성이 B에 위치할 때 중심별의 시선 속도는 $\dfrac{v}{2}(=v\sin 30°)$이다. 기준 파장 값은 A일 때 파장과 B일 때 파장 사이의 2 : 1 위치에 해당하고, A일 때와 B일 때 관측 파장이 0.015 nm 차이가 나므로, 기준 파장은 A보다 0.010 nm 크고, B보다 0.005 nm 작은 500.000 nm이다. 행성이 C에 위치할 때 중심별의 시선 속도는 행성이 A에 위치할 때 중심별의 시선 속도의 $\dfrac{\sqrt{2}}{2}$배이므로, 행성이 A에 있을 때의 파장 변화량은 기준 파장에 대해 −0.01 nm와 −0.005 nm 사이의 값으로 나타난다. 따라서 ㉠은 499.995보다 작게 나타난다.

ㄷ. 도플러 효과에 따르면 행성이 A에 위치할 때 중심별의 시선 속도 $v = \dfrac{\Delta\lambda}{\lambda_0} \times c = \dfrac{499.990\,\text{nm} - 500\,\text{nm}}{500\,\text{nm}} \times 3 \times 10^5$ km/s $= -6$ km/s이다. 그런데 중심별의 공전 속도는 행성이 A에 위치할 때의 중심별의 시선 속도와 같다. 따라서 중심별의 공전 속도는 6 km/s이다.

문제풀이 Tip

중심별의 시선 속도가 음(−)의 값을 가질 때는 청색 편이가 나타날 때로 중심별은 관측자 쪽으로 접근하고, 시선 속도가 양(+)의 값을 가질 때는 적색 편이가 나타날 때로 중심별은 관측자로부터 멀어진다는 것에 유의해야 하며, 행성과 중심별의 공전 방향은 같다는 것에 유의해야 한다.

5 외계 행성계 탐사 방법

출제 의도 시선 속도 변화를 통해 중심별과 행성의 위치를 파악하고, 중심별의 스펙트럼 편이를 비교하는 문항이다.

그림 (가)는 어느 외계 행성계에서 중심별과 행성이 공통 질량 중심에 대하여 원 궤도로 공전하는 모습을 나타낸 것이고, (나)는 행성이 ㉠, ㉡, ㉢에 위치할 때 지구에서 관측한 중심별의 스펙트럼을 A, B, C로 순서 없이 나타낸 것이다.

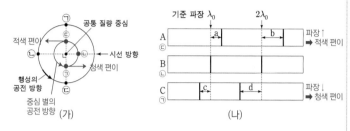

(가) / (나)

이 자료에 대한 설명으로 옳은 것만을 〈보기〉에서 있는 대로 고른 것은? (단, 중심별의 시선 속도 변화는 행성과의 공통 질량 중심에 대한 공전에 의해서만 나타나고, 행성의 공전 궤도면은 관측자의 시선 방향과 나란하다.)

┌─ 보기 ┐
ㄱ. A는 행성이 ㉢에 위치할 때 관측한 결과이다.
ㄴ. 행성이 ㉡ → ㉢으로 공전하는 동안 중심별의 시선 속도는 커진다.
ㄷ. a×b는 c×d보다 작다. (같다.)
└──────┘

① ㄱ　② ㄴ　③ ㄷ　④ ㄱ, ㄴ　⑤ ㄴ, ㄷ

✔ 자료 해석

- (가) : 행성의 공전 방향과 중심별의 공전 방향은 같으므로, 행성과 중심별은 모두 시계 반대 방향으로 공전한다. 행성이 ㉠에 위치할 때 중심별은 지구로 접근하므로 청색 편이가 나타나고, 행성이 ㉡에 위치할 때 중심별은 지구에 가장 가까이 위치하며, 행성이 ㉢에 위치할 때 중심별은 지구에서 멀어지므로 적색 편이가 나타난다. 이때, ㉠과 ㉢에서 시선 속도의 크기가 가장 크다.

- (나) : A는 관측 파장이 기준 파장보다 길어졌으므로 적색 편이가 나타나고, B는 시선 방향과 동일한 방향에 위치하며, C는 관측 파장이 기준 파장보다 짧아졌으므로 청색 편이가 나타난다.

◯ 보기 풀이　ㄴ. 행성이 지구 쪽으로 다가오는 동안 중심별은 지구로부터 멀어진다. 행성이 ㉡ → ㉢으로 공전하는 동안 중심별은 지구로부터 멀어지므로 시선 속도는 커지며, 행성이 ㉢에 위치할 때 중심별의 시선 속도 절댓값이 가장 크다.

✕ 매력적 오답　ㄱ. A는 관측 파장이 길어졌으므로 적색 편이가 나타난다. 행성과 중심별은 공통 질량 중심을 중심으로 서로 반대쪽에서 같은 방향으로 공전하고 있으므로 행성이 지구 쪽으로 다가올 때 중심별은 지구로부터 멀어진다. 따라서 A는 행성이 ㉢에 위치할 때 관측한 결과이다.

ㄷ. ㉠과 ㉢에서 시선 속도의 절댓값이 가장 크므로, A와 C는 모두 시선 속도의 절댓값이 최대일 때이고 두 값은 같다. 따라서 a와 c는 같고, b와 d는 같으므로 a×b는 c×d는 같다.

문제풀이 Tip

중심별이 멀어질 때 시선 속도는 (+)로 나타나고, 스펙트럼에서 파장이 길어지는 적색 편이가 나타나며, 중심별이 가까워질 때 시선 속도는 (-)로 나타나고 스펙트럼에서 파장이 짧아지는 청색 편이가 나타난다는 것에 유의해야 한다.

Part II 수능 평가원

6 외계 행성계 탐사 방법

출제 의도 중심별의 시선 속도 변화를 이용하여 외계 행성계를 탐사하는 방법을 이해하는 문항이다.

그림 (가)는 어느 외계 행성계에서 중심별과 행성이 공통 질량 중심에 대하여 공전하는 원 궤도를 나타낸 것이고, (나)는 이 중심별의 시선 속도를 일정한 시간 간격에 따라 나타낸 것이다. t_1일 때 중심별의 위치는 ㉠과 ㉡ 중 하나이다.

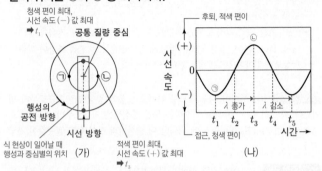

이 자료에 대한 설명으로 옳은 것만을 〈보기〉에서 있는 대로 고른 것은? (단, 행성의 공전 궤도면은 관측자의 시선 방향과 나란하고, 중심별의 겉보기 등급 변화는 행성의 식 현상에 의해서만 나타난다.) [3점]

보기
ㄱ. t_1일 때 중심별의 위치는 ㉠이다.
ㄴ. 중심별의 겉보기 등급은 t_2가 t_4보다 작다.
ㄷ. $t_1 \rightarrow t_2$ 동안 중심별의 스펙트럼에서 흡수선의 파장은 점차 길어진다.

① ㄱ　　② ㄷ　　③ ㄱ, ㄴ　　④ ㄴ, ㄷ　　⑤ ㄱ, ㄴ, ㄷ

✔ 자료 해석

- (가) : 중심별과 행성은 공통 질량 중심을 중심으로 서로 반대쪽에서 서로 같은 방향으로 공전한다. 행성의 공전 방향이 시계 반대 방향이므로 중심별의 공전 방향도 시계 반대 방향이며, ㉠에서 중심별은 관측자 쪽으로 가까워지므로 청색 편이가 나타나고, ㉡에서 중심별은 관측자로부터 멀어지므로 적색 편이가 나타난다.

- 청색 편이가 나타날 때 중심별의 시선 속도는 음(−)의 값이고, 적색 편이가 나타날 때 중심별의 시선 속도는 양(+)의 값이다.

- (나) : 시선 속도가 양(+)의 값일 때는 적색 편이가 나타나고, 음(−)의 값을 때는 청색 편이가 나타난다. 따라서 관측자 쪽으로 접근하는 시선 속도가 가장 큰 t_1일 때는 (가)의 ㉠에 위치하고, 관측자로부터 멀어지는 시선 속도가 가장 큰 t_3일 때는 (가)의 ㉡에 위치한다.

○ 보기 풀이　ㄱ. 행성의 공전 방향이 시계 반대 방향이므로 중심별의 공전 방향도 시계 반대 방향이다. ㉠에 위치할 때 시선 속도는 음(−)의 값이고, ㉡에 위치할 때 시선 속도는 양(+)의 값이다. (나)에서 t_1일 때 중심별의 시선 속도는 음(−)의 값이므로 중심별의 위치는 ㉠이다.

ㄴ. 중심별의 겉보기 등급 변화는 행성의 식 현상에 의해서만 나타나므로 식 현상이 일어날 때 중심별의 겉보기 등급이 가장 크다. 식 현상이 일어날 때는 중심별−외계 행성−관측자 순으로 위치하여 중심별이 가장 멀리 있으므로 시선 속도는 양(+)의 값에서 음(−)의 값으로 바뀐다. 따라서 t_4일 때 행성에 의한 식 현상이 일어나므로 중심별의 겉보기 등급은 t_2가 t_4보다 작다.

ㄷ. 중심별의 시선 속도 크기가 음(−)의 값으로 최댓값을 가질 때 중심별의 스펙트럼에서 흡수선의 파장이 가장 짧고, 중심별의 시선 속도 크기가 양(+)의 값으로 최댓값을 가질 때 중심별의 스펙트럼에서 흡수선의 파장이 가장 길다. 중심별의 시선 속도는 t_1에서 음(−)의 값으로 최대가 되었다가 $t_1 \rightarrow t_2$ 동안 점점 증가하므로 중심별의 스펙트럼에서 흡수선의 파장은 점차 길어진다.

문제풀이 **Tip**

청색 편이가 나타날 때 스펙트럼에서 흡수선의 파장이 계속 짧아지고, 적색 편이가 나타날 때 스펙트럼에서 흡수선의 파장이 계속 길어지는 것이 아니다. 중심별의 스펙트럼에서 흡수선의 파장 변화량은 중심별의 시선 속도 크기에 비례한다는 것에 유의해야 한다. 즉, 중심별의 시선 속도 크기가 최댓값을 가질 때 스펙트럼에서 흡수선의 파장이 가장 길거나 가장 짧은 것이다.

7 외계 행성계 탐사

출제 의도 식 현상을 이용한 외계 행성계 탐사 방법을 이해하고, 이를 통해 중심별의 시선 속도 변화를 파악하는 문항이다.

그림은 어느 외계 행성계에서 식 현상을 일으키는 행성에 의한 중심별의 상대적 밝기 변화를 일정한 시간 간격에 따라 나타낸 것이다. 중심별의 반지름에 대하여 행성 반지름은 $\frac{1}{20}$배, 행성의 중심과 중심별의 중심 사이의 거리는 4.2배이다. A는 식 현상이 끝난 직후이다.

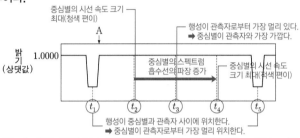

이 자료에 대한 설명으로 옳은 것만을 〈보기〉에서 있는 대로 고른 것은? (단, 행성은 원 궤도를 따라 공전하며, t_1, t_5일 때 행성의 중심과 중심별의 중심은 관측자의 시선과 동일한 방향에 위치하고, 중심별의 시선 속도 변화는 행성과의 공통 질량 중심에 대한 공전에 의해서만 나타난다.) [3점]

보기
ㄱ. t_1일 때, 중심별의 상대적 밝기는 원래 광도의 99.75 %이다.
ㄴ. $t_2 \rightarrow t_3$ 동안 중심별의 스펙트럼에서 흡수선의 파장은 점차 길어진다.
ㄷ. 중심별의 시선 속도는 A일 때가 t_2일 때의 $\frac{1}{4}$배이다.

① ㄱ   ② ㄷ   ③ ㄱ, ㄴ   ④ ㄴ, ㄷ   ⑤ ㄱ, ㄴ, ㄷ

✔ 자료 해석

- t_1과 t_5일 때 식 현상이 일어났으므로, 중심별 – 행성 – 관측자 순으로 위치하며, 원 궤도를 도는 행성을 일정 시간 간격으로 관측한 것이므로 t_3일 때 행성 – 중심별 – 관측자 순으로 위치한다. 따라서 t_2일 때와 t_4일 때 중심별의 시선 속도 크기가 가장 크며, t_2일 때 중심별은 관측자에게로 접근하고(청색 편이), t_4일 때 중심별은 관측자로부터 후퇴한다(적색 편이).
- 식 현상에 의한 중심별의 밝기 감소량은 중심별에 대한 행성의 단면적에 비례한다.

○ 보기 풀이

ㄱ. 식 현상이 일어날 때 중심별의 밝기 감소량은 중심별에 대한 행성의 단면적에 비례한다. 행성의 반지름이 중심별의 반지름의 $\frac{1}{20}$ 배이므로, 밝기 감소량은 $\left(\frac{1}{20}\right)^2$이다. 따라서 t_1일 때 중심별의 상대적 밝기는 원래 밝기에서 0.25 % 감소한 99.75 %이다.

ㄴ. $t_1 \rightarrow t_3$ 동안 행성은 지구에서 멀어지므로 중심별은 지구에 가까워져 청색 편이가 나타난다. 하지만 t_2일 때 시선 속도가 (−)로 최댓값을 가지고 t_3일 때 시선 속도가 0이므로 스펙트럼에서 흡수선 파장은 $t_1 \rightarrow t_2$ 동안 짧아지다가 $t_2 \rightarrow t_3$ 동안 길어진다.

ㄷ. 행성의 반지름을 1이라고 하면 중심별의 반지름은 20이고 행성의 중심과 중심별의 중심 사이의 거리는 84이다. t_2일 때와 A일 때 중심별의 시선 속도 비는 t_2일 때와 A일 때 행성의 시선 속도 비와 같다. A일 때 식 현상이 끝났으므로 시선 방향에서 보면 행성이 중심별을 가리지 않아야 하므로 중심별과 행성은 공전 궤도상에서 공통 질량 중심을 중심으로 서로 반대 방향으로 약간 엇갈린 위치에 놓이게 된다. 중심별의 중심에서 시선 방향(선 1)과 행성의 중심(선 2)으로 각각 선을 긋고, 행성의 중심에서 선 1에 수직이 되도록 선 3을 그으면 직각 삼각형이 만들어지는데, 이때 선 2와 선 3의 비율은 84 : (20+1)=4 : 1이 된다. 이 비율은 t_2일 때와 A일 때 행성의 시선 속도 비와 같다. 따라서 중심별의 시선 속도는 A일 때가 t_2일 때의 $\frac{1}{4}$ 배이다.

문제풀이 Tip

시선 속도의 최댓값은 중심별의 공전 방향이 시선 방향과 나란할 때이며, 공전 방향이 시선 방향과 수직일 때는 시선 속도가 0이 되므로, 적색 편이가 일어나는 구간에서는 흡수선의 파장이 계속 길어지거나 청색 편이가 일어나는 구간에서는 흡수선의 파장이 계속 짧아지는 것이 아니라는 것에 유의해야 한다.

8 외계 행성계 탐사

출제 의도 중심별의 시선 속도 변화 자료를 해석하여 공통 질량 중심에 대하여 공전하는 중심별과 행성의 운동을 파악하는 문항이다.

그림 (가)는 중심별과 행성이 공통 질량 중심에 대하여 공전하는 원 궤도를, (나)는 중심별의 시선 속도를 시간에 따라 나타낸 것이다. 행성이 A에 위치할 때 중심별의 시선 속도는 −60 m/s이고, 행성의 공전 궤도면은 관측자의 시선 방향과 나란하다.

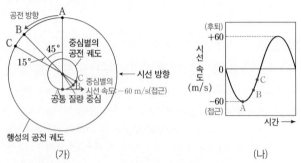

(가)　　　　　　　　　　(나)

• B에 위치할 때 중심별의 시선 속도: 중심별의 최대 시선 속도 × cos45°
• C에 위치할 때 중심별의 시선 속도: 중심별의 최대 시선 속도 × cos60°

이에 대한 설명으로 옳은 것만을 〈보기〉에서 있는 대로 고른 것은? (단, 빛의 속도는 3×10^8 m/s이다.) [3점]

─ 보기 ─

ㄱ. 행성의 공전 방향은 A → B → C이다.

ㄴ. 중심별의 스펙트럼에서 500 nm의 기준 파장을 갖는 흡수선의 최대 파장 변화량은 ~~0.001~~ nm이다.
　　　　　　　　　　　　　　　　0.0001

ㄷ. 중심별의 시선 속도는 행성이 B를 지날 때가 C를 지날 때의 $\sqrt{2}$배이다.

① ㄱ　② ㄴ　③ ㄱ, ㄷ　④ ㄴ, ㄷ　⑤ ㄱ, ㄴ, ㄷ

✔ 자료 해석

• 행성이 A에 위치할 때 중심별의 시선 속도는 음(−)의 값이므로, 중심별은 지구로 접근하고 있다.

• 행성이 B에 위치할 때 중심별은 시선 방향에 대해 45° 방향으로 공전하고, 행성이 C에 위치할 때 중심별은 시선 방향에 대해 60° 방향으로 공전한다.

○ 보기 풀이

ㄱ. 중심별과 행성은 공통 질량 중심을 기준으로 서로 반대편에 위치하며, 행성이 A에 위치할 때 중심별의 시선 속도가 −60 m/s이므로 중심별은 관측자 쪽으로 접근하고 있다. 따라서 행성 A는 관측자로부터 멀어지는 방향으로 이동하므로, 행성의 공전 방향은 A → B → C이다.

ㄷ. 행성이 B를 지날 때 중심별은 시선 방향에 대해 45° 방향에 위치하므로 중심별의 시선 속도는 '중심별의 최대 시선 속도×cos45°=60 m/s×$\frac{1}{\sqrt{2}}$'이고, 행성이 C를 지날 때 중심별은 시선 방향에 대해 60° 방향에 위치하므로 중심별의 시선 속도는 '중심별의 최대 시선 속도×cos60°=60 m/s×$\frac{1}{2}$'이다. 따라서 중심별의 시선 속도는 행성이 B를 지날 때가 C를 지날 때의 $\sqrt{2}$배이다.

✕ 매력적 오답

ㄴ. 중심별의 시선 속도를 v, 기준 파장을 λ, 파장 변화량을 $\Delta\lambda$, 빛의 속도를 c라고 할 때, $v=\frac{\Delta\lambda}{\lambda}\times c$이다. 중심별의 시선 속도 최댓값은 60 m/s, 기준 파장(λ)은 500 nm, 빛의 속도는 3×10^8 m/s이므로, 60 m/s=$\frac{\Delta\lambda}{500\,\text{nm}}\times3\times10^8$ m/s로부터 $\Delta\lambda$=0.0001 nm이다. 따라서 중심별의 스펙트럼에서 500 nm의 기준 파장을 갖는 흡수선의 최대 파장 변화량은 0.0001 nm이다.

문제풀이 Tip

중심별의 시선 속도가 음(−)의 값을 가질 때는 청색 편이가 나타날 때로 중심별은 관측자 쪽으로 접근하고, 시선 속도가 양(+)의 값을 가질 때는 적색 편이가 나타날 때로 중심별은 관측자로부터 멀어진다는 것에 유의해야 하며, 행성과 중심별의 공전 방향은 같다는 것에 유의해야 한다.

9 외계 행성계

출제 의도 행성의 공전 궤도 반지름, 질량, 반지름에 따라 중심별과 행성의 공통 질량 중심의 위치, 행성에 의한 중심별의 시선 속도 변화, 식 현상이 어떻게 달라지는지 파악하는 문항이다.

표는 주계열성 A, B, C를 각각 원 궤도로 공전하는 외계 행성 a, b, c의 공전 궤도 반지름, 질량, 반지름을 나타낸 것이다. 세 별의 질량과 반지름은 각각 같으며, 행성의 공전 궤도면은 관측자의 시선 방향과 나란하다.

행성의 질량과 행성의 공전 궤도 반지름이 작을수록 ┐
공통 질량 중심은 중심별 쪽으로 치우친다.

외계 행성	공전 궤도 반지름 (AU)	질량 (목성 = 1)	반지름 (목성 = 1)
a	1	1	2
b	1	2	1
c	2	2	1

이에 대한 설명으로 옳은 것만을 〈보기〉에서 있는 대로 고른 것은? (단, A, B, C의 시선 속도 변화는 각각 a, b, c와의 **공통 질량 중심**을 공전하는 과정에서만 나타난다.) [3점]

┌─ 보기 ─────────────────────────┐
ㄱ. 시선 속도 변화량은 A가 B보다 작다.

ㄴ. 별과 공통 질량 중심 사이의 거리는 B가 C보다 짧다.

ㄷ. 행성의 식 현상에 의한 겉보기 밝기 변화는 A가 C보다 ~~작다.~~ 크다.
└────────────────────────────────┘

① ㄱ   ② ㄷ   ③ ㄱ, ㄴ   ④ ㄴ, ㄷ   ⑤ ㄱ, ㄴ, ㄷ

✓ 자료 해석

- 외계 행성 a를 기준으로 세 행성의 중심별로부터의 거리, 질량, 반지름을 비교하면 다음과 같다.

외계 행성	중심별의 질량	중심별로부터의 거리(a=1)	질량	반지름
a	M	1	M_a	R_a
b	M	1	$2M_a$	$\frac{1}{2}R_a$
c	M	2	$2M_a$	$\frac{1}{2}R_a$

- 중심별과 외계 행성은 서로의 공통 질량 중심을 중심으로 공전하므로, 행성의 질량이 클수록, 행성의 공전 궤도 반지름이 클수록 공통 질량 중심은 중심별에서 멀어진다.

○ 보기풀이 ㄱ, ㄴ. 시선 속도 변화량은 중심별과 행성의 공통 질량 중심이 중심별에 가까울수록 작다. 행성과의 공통 질량 중심은 행성의 질량이 클수록, 행성의 공전 궤도 반지름이 클수록 중심별에서 멀어지는데, 세 중심별의 질량이 같으므로, 중심별에서 공통 질량 중심까지의 거리는 A<B<C이다. 따라서 시선 속도 변화량은 A가 B보다 작고, 별과 공통 질량 중심 사이의 거리는 B가 C보다 짧다.

✕ 매력적 오답 ㄷ. 중심별의 반지름이 같으므로 행성의 식 현상에 의한 겉보기 밝기 변화는 외계 행성의 반지름이 클수록 크다. 행성의 반지름은 a가 c보다 크므로 행성의 식 현상에 의한 겉보기 밝기 변화는 A가 C보다 크다.

문제풀이 Tip

표의 자료를 그림으로 그려서 공통 질량 중심의 위치를 찾아 표시해 보면 더 쉽게 비교하여 이해할 수 있다. 시선 속도 변화는 별이 행성과의 공통 질량 중심을 중심으로 공전하기 때문에 나타난다는 것에 유의해야 한다.

Part II 수능 평가원

10 식 현상을 이용한 탐사 방법

출제 의도 중심별의 밝기 변화 자료를 해석하여 식 현상이 지속되는 시간을 파악하고, 행성의 반지름과 중심별의 흡수선 파장 길이를 비교하는 문항이다.

그림 (가)와 (나)는 서로 다른 외계 행성계에서 행성이 식 현상을 일으킬 때, 중심별의 상대적 밝기 변화를 시간에 따라 나타낸 것이다. 두 중심별의 반지름은 같고, 각 행성은 원 궤도를 따라 공전하며, 공전 궤도면은 관측자의 시선 방향과 나란하다.

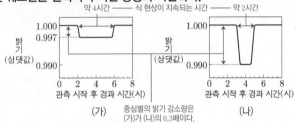

중심별의 밝기 감소량은 (가)가 (나)의 0.3배이다.

이에 대한 설명으로 옳은 것만을 〈보기〉에서 있는 대로 고른 것은? [3점]

보기
ㄱ. 식 현상이 지속되는 시간은 (가)가 (나)보다 길다.
ㄴ. (가)의 행성 반지름은 (나)의 행성 반지름의 0.3배이다. $\sqrt{0.3}$배
ㄷ. 중심별의 흡수선 파장은 식 현상이 시작되기 직전이 식 현상이 끝난 직후보다 길다.

① ㄱ　② ㄴ　③ ㄱ, ㄷ　④ ㄴ, ㄷ　⑤ ㄱ, ㄴ, ㄷ

✔ 자료 해석
• 중심별의 밝기 감소가 지속되는 시간은 행성이 중심별의 앞면을 지나가는 데 걸린 시간에 해당하므로, 식 현상 지속 시간은 (가)가 (나)보다 길다.
• 중심별의 밝기 감소율은 (나)가 (가)보다 크며, 중심별의 반지름이 같으므로 밝기 감소율은 행성의 단면적에 비례한다.

○ 보기 풀이 ㄱ. (가)와 (나)에서 나타난 중심별의 밝기 감소의 원인은 식 현상 때문이다. 중심별의 밝기 감소가 나타난 시간은 식 현상이 지속되는 시간에 해당하며, 식 현상이 지속되는 시간은 (가)가 약 4시간, (나)가 약 2시간이다.
ㄷ. 식 현상이 시작되기 직전에는 행성이 관측자에게 가까워지므로 중심별은 관측자로부터 멀어져 적색 편이가 나타나고, 식 현상이 끝난 직후에는 행성이 관측자로부터 멀어지므로 중심별은 관측자에게 가까워져 청색 편이가 나타난다. 따라서 중심별의 흡수선 파장은 식 현상이 시작되기 직전이 식 현상이 끝난 직후보다 길다.

✘ 매력적 오답 ㄴ. 중심별의 밝기 감소율은

$$\frac{\text{행성의 단면적}}{\text{중심별의 단면적}} = \left(\frac{\text{행성의 반지름}}{\text{중심별의 반지름}}\right)^2$$에 비례한다. 중심별의 최대 밝기 감소 비율은 (가)에서 $\frac{3}{1000}$이고, (나)에서 $\frac{10}{1000}$이다. 중심별이 가려진 면적 비율이 (가)가 (나)의 0.3배이므로 행성의 반지름은 (가)가 (나)의 $\sqrt{0.3}$ 배이다.

문제풀이 Tip
중심별의 밝기 변화 자료에서 행성의 반지름을 비교하는 방법을 알아 두고, 식 현상이 시작되기 직전에는 적색 편이, 식 현상이 끝난 직후에는 청색 편이가 나타나는 것에 유의해야 한다.

---

11 중심별의 시선 속도 변화를 이용한 탐사 방법

출제 의도 중심별의 시선 속도 변화 자료를 해석하여 중심별과 행성의 지구로부터의 거리 변화, 식 현상이 관측될 때 행성의 위치를 파악하는 문항이다.

그림은 어느 외계 행성계의 시선 속도를 관측하여 나타낸 것이다.

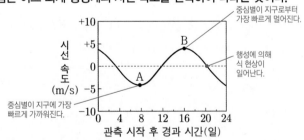

이 자료에 대한 설명으로 옳은 것만을 〈보기〉에서 있는 대로 고른 것은? [3점]

보기
ㄱ. 행성의 스펙트럼을 관측하여 얻은 자료이다. 중심별
ㄴ. A 시기에 행성은 지구로부터 멀어지고 있다.
ㄷ. B 시기에 행성으로 인한 식 현상이 관측된다. 관측 시작 후 20일경

① ㄱ　② ㄴ　③ ㄷ　④ ㄱ, ㄴ　⑤ ㄴ, ㄷ

✔ 자료 해석
• 중심별의 시선 속도는 관측 시작 후 4일~12일경에 음(−)의 값이므로 중심별은 지구에 가까워지고, 12일~20일경에 양(+)의 값이므로 중심별은 지구로부터 멀어진다.
• 중심별은 12일경에 지구로부터 가장 가까운 곳에 위치하고, 20일경에 지구로부터 가장 먼 곳에 위치한다.

○ 보기 풀이 ㄴ. A 시기에 중심별은 시선 속도가 음(−)의 값이므로 지구에 가까워진다. 중심별이 지구에 가까워질 때 행성은 지구로부터 멀어진다.

✘ 매력적 오답 ㄱ. 외계 행성계의 시선 속도 자료는 중심별의 스펙트럼을 관측하여 얻은 것이다. 한편 행성은 별에 비해 매우 어둡기 때문에 직접 관측하는 것이 거의 불가능하다.
ㄷ. B 시기에 중심별은 지구로부터 가장 빠르게 멀어지고, 외계 행성은 지구에 가장 빠르게 가까워진다. 따라서 B 시기에는 식 현상이 일어날 수 없다. 중심별 주위를 공전하는 행성이 중심별의 앞쪽을 지날 때 중심별의 일부가 가려지는 식 현상이 나타나므로, 식 현상은 20일경에 관측된다.

문제풀이 Tip
중심별이 지구로부터 가장 먼 곳에 위치할 때 행성은 지구로부터 가장 가까운 곳에 위치하며, 이때 식 현상이 관측되는 것을 알아 두자.

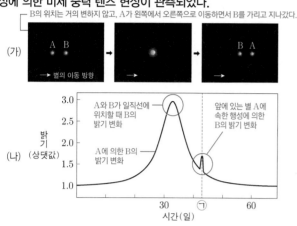

12 미세 중력 렌즈 현상

출제 의도 미세 중력 렌즈 현상을 이용한 외계 행성의 탐사 방법을 이해하고, 이 방법으로 관측된 별의 밝기 자료를 해석하는 문항이다.

그림 (가)는 별 A와 B의 상대적 위치 변화를 시간 순서로 배열한 것이고, (나)는 (가)의 관측 기간 동안 이 중 한 별의 밝기 변화를 나타낸 것이다. 이 기간 동안 B는 A보다 지구로부터 멀리 있고, 별과 행성에 의한 미세 중력 렌즈 현상이 관측되었다.

B의 위치는 거의 변하지 않고, A가 왼쪽에서 오른쪽으로 이동하면서 B를 가리고 지나갔다.

(가)
A B → B A
→ 별의 이동 방향

(나)

A와 B가 일직선에 위치할 때 B의 밝기 변화
A에 의한 B의 밝기 변화
앞에 있는 별 A에 속한 행성에 의한 B의 밝기 변화

밝기 (상댓값)

30 ㉠ 60
시간(일)

이 자료에 대한 설명으로 옳은 것만을 〈보기〉에서 있는 대로 고른 것은? [3점]

┌─ 보기 ─────────────────────────────┐
ㄱ. (나)의 ㉠ 시기에 관측자와 두 별의 중심은 일직선상에
   약 32일 경
   위치한다.
ㄴ. (나)에서 별의 겉보기 등급 최대 변화량은 1등급보다
   작다.
   크다.
ㄷ. (나)로부터 A가 행성을 가지고 있다는 것을 알 수 있다.
└──────────────────────────────────┘

① ㄱ ② ㄷ ③ ㄱ, ㄴ ④ ㄴ, ㄷ ⑤ ㄱ, ㄴ, ㄷ

✔ **자료 해석**

- 미세 중력 렌즈 현상 : 두 천체가 같은 시선 방향에 있을 때 뒤쪽에 있는 천체로부터 오는 빛이 앞쪽에 있는 천체의 중력에 의해 미세하게 굴절되는 현상이다.
- 거리가 다른 두 별이 같은 방향에 있을 경우 뒤쪽 별의 별빛이 앞쪽 별의 중력에 의해 굴절되어 밝기가 증가한다. 이때 앞쪽 별 주위에 행성이 있다면 행성의 중력에 의해 뒤쪽 별의 밝기 변화가 추가로 나타나므로, (나)는 A에 의한 B의 밝기 변화를 나타낸 것이다.
- (나)에서 ㉠은 A에 속한 행성에 의한 B의 추가 밝기 변화이다.

◯ **보기 풀이** ㄷ. (나)에서 별에 의한 미세 중력 렌즈 현상 이외에 ㉠ 시기에 나타난 밝기 변화는 행성에 의한 것이므로 A가 행성을 가지고 있다는 것을 알 수 있다.

✕ **매력적 오답** ㄱ. 관측자와 두 별의 중심이 일직선상에 위치할 때는 밝기가 가장 큰 약 32일경이다.

ㄴ. (나)에서 B의 밝기는 최대 약 3배 밝아진 것을 알 수 있다. 겉보기 등급 1등급 차이는 약 2.5배의 밝기 차이에 해당하므로 겉보기 등급의 최대 변화량은 1등급보다 크다.

문제풀이 Tip

미세 중력 렌즈 현상을 이용한 외계 행성 탐사에서 관측된 밝기 변화는 행성을 거느린 별이 아니라 뒤쪽에 있는 별이라는 것에 유의해야 하며, 이때 두 별이 관측자의 시선 방향과 일치할 때 밝기가 최대로 나타난다는 것을 알아 두자.

Part II 수능 평가원

13 식 현상을 이용한 탐사 방법

출제 의도 식 현상에 의한 중심별의 밝기 변화 자료를 해석하여 행성의 물리량을 비교하는 문항이다.

그림 (가)는 어느 외계 행성계에서 식 현상을 일으키는 행성 A, B, C에 의한 시간에 따른 중심별의 겉보기 밝기 변화를, (나)는 A, B, C 중 두 행성에 의한 중심별의 겉보기 밝기 변화를 나타낸 것이다. 세 행성의 공전 궤도면은 관측자의 시선 방향과 나란하다.

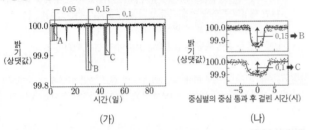

(가)   (나)

이 자료에 대한 설명으로 옳은 것만을 〈보기〉에서 있는 대로 고른 것은? [3점]

> **보기**
> ㄱ. 행성의 반지름은 B가 A의 3배이다. √3배이다.
> ㄴ. 행성의 공전 주기는 C가 가장 길다.
> ㄷ. 행성이 중심별을 통과하는 데 걸리는 시간은 C가 B보다 길다.

① ㄱ   ② ㄴ   ③ ㄱ, ㄷ   ④ ㄴ, ㄷ   ⑤ ㄱ, ㄴ, ㄷ

✓ 자료 해석
- (가) : 식 현상에 의한 중심별의 밝기 감소 비율은 B가 A의 3배이므로, B의 단면적은 A의 3배이다.
- (나) : 중심별의 밝기 감소 비율이 약 0.15인 경우(B에 해당) 식 현상이 지속되는 시간은 약 5시간이고, 중심별의 밝기 감소 비율이 약 0.1인 경우(C에 해당) 식 현상이 지속되는 시간은 약 8시간이다.

ㅇ 보기 풀이 ㄴ. 행성이 1회 공전하는 동안 식 현상이 1회 나타나므로, 행성에 의해 식 현상이 나타나는 주기는 행성의 공전 주기와 같다. 따라서 행성의 공전 주기는 A가 가장 짧고, C가 가장 길다.
ㄷ. (나)에서 중심별의 밝기가 감소한 시간은 행성이 중심별의 앞면을 통과하는 데 걸리는 시간에 해당하며, 이 시간은 행성의 공전 주기가 길수록 길다. 따라서 행성이 중심별의 앞면을 통과하는 데 걸리는 시간은 C가 B보다 길다.

✕ 매력적 오답 ㄱ. (가)에서 식 현상에 의한 중심별의 밝기 감소 비율은 A가 약 0.05, B가 약 0.15, C가 약 0.1이다. 따라서 식 현상에 의한 중심별의 밝기 감소 비율은 B가 A의 3배이다. 중심별의 밝기 감소 비율은 행성의 단면적 (πR^2)에 비례하므로, 행성의 반지름(R)은 B가 A의 $\sqrt{3}$배이다.

문제풀이 Tip
행성이 중심별의 앞면을 통과하는 데 걸리는 시간(식 현상이 일어나는 시간)은 행성의 공전 주기에 비례하는 것을 알아 두고, 중심별의 밝기 감소 비율은 행성의 반지름의 제곱에 비례하는 것에 유의해야 한다.

---

14 식 현상과 중심별의 시선 속도 변화를 이용한 탐사 방법

출제 의도 식 현상과 도플러 효과를 이용한 외계 행성 탐사 방법을 이해하고, 행성의 공전 궤도 상의 위치에 따른 중심별의 위치와 편이 정도를 비교하는 문항이다.

그림은 어느 외계 행성과 중심별이 공통 질량 중심을 중심으로 공전하는 모습을 나타낸 것이다. 행성은 원 궤도를 따라 공전하며, 공전 궤도면은 관측자의 시선 방향과 나란하다.

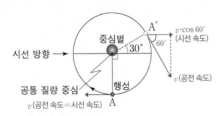

이에 대한 설명으로 옳은 것만을 〈보기〉에서 있는 대로 고른 것은?

> **보기**
> ㄱ. 식 현상을 이용하여 행성의 존재를 확인할 수 있다.
> ㄴ. 행성이 A를 지날 때 중심별의 청색 편어가 나타난다.   적색 편이
> ㄷ. 중심별의 어느 흡수선의 파장 변화 크기는 행성이 A를 지날 때가 A′를 지날 때의 2배이다.

① ㄱ   ② ㄴ   ③ ㄱ, ㄷ   ④ ㄴ, ㄷ   ⑤ ㄱ, ㄴ, ㄷ

✓ 자료 해석
- 행성의 공전 궤도면이 관측자의 시선 방향과 나란하므로 식 현상을 관측할 수 있다.
- 행성이 A를 지날 때 행성의 시선 방향의 속도는 행성의 공전 속도와 같고, A′를 지날 때 행성의 시선 방향의 속도는 행성의 공전 속도의 $\frac{1}{2}$배이다.

ㅇ 보기 풀이 ㄱ. 행성의 공전 궤도면이 관측자의 시선 방향과 나란한 경우 행성이 중심별의 앞면을 지날 때 중심별의 일부가 가려져 밝기가 변하는 식 현상을 이용하여 행성의 존재를 확인할 수 있다.
ㄷ. 행성이 원 궤도를 따라 공전할 때 행성과 중심별의 공전 속도는 각각 일정하다. 또한 중심별의 흡수선 파장 변화 크기는 행성의 시선 방향의 속도에 비례한다. 행성이 A를 지날 때 행성의 시선 방향의 속도는 행성의 공전 속도와 같고, A′를 지날 때 행성의 시선 방향의 속도는 행성의 공전 속도의 $\frac{1}{2}(=\sin 30°$ 또는 $\cos 60°$)배이다. 따라서 중심별의 어느 흡수선의 파장 변화 크기는 행성이 A를 지날 때가 A′를 지날 때의 2배이다.

✕ 매력적 오답 ㄴ. 행성이 A를 지날 때 중심별은 관측자의 시선 방향으로 멀어지므로, 적색 편이가 나타난다.

문제풀이 Tip
행성이 관측자로부터 멀어질 때 중심별은 관측자에게 가까워지므로 청색 편이가 나타나는 것을 알아 두자.

04 외부 은하와 우주 팽창

1 외부 은하

출제 의도 은하의 스펙트럼에서 나타나는 특징을 통해 세이퍼트은하와 타원 은하를 구분하고, 각 은하를 구성하는 별들의 특징을 파악하는 문항이다.

그림은 은하 (가)와 (나)의 스펙트럼을 나타낸 것이다. (가)와 (나)는 각각 세이퍼트은하와 타원 은하 중 하나이다.

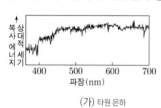

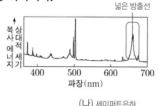

(가) 타원 은하   (나) 세이퍼트은하

이에 대한 설명으로 옳은 것만을 〈보기〉에서 있는 대로 고른 것은?

보기
ㄱ. (가)는 ~~세어퍼트은하~~이다.
    타원 은하
ㄴ. (나)의 스펙트럼에는 방출선이 나타난다.
ㄷ. 은하를 구성하는 주계열성의 평균 표면 온도는 (가)가 우리은하보다 낮다.

① ㄱ   ② ㄴ   ③ ㄱ, ㄷ   ④ ㄴ, ㄷ   ⑤ ㄱ, ㄴ, ㄷ

✔ 자료 해석

- 세이퍼트은하는 일반 은하에 비해 넓은 방출선을 나타내는 특징을 가지므로, (가)는 타원 은하, (나)는 세이퍼트은하이다.
- 타원 은하는 대부분 표면 온도가 낮고 나이가 많은 별들로 이루어져 있다. 한편 우리은하는 막대 나선 은하에 속하므로, 표면 온도가 높고 젊은 별들이 나선팔에 많이 분포한다.

⊙ 보기 풀이

ㄴ. 주변 파장보다 복사 에너지 상대적 세기가 높게 치솟는 부분이 방출선이다. 따라서 (나)의 스펙트럼에는 방출선이 나타난다.

ㄷ. (가)는 타원 은하로 막대 나선 은하인 우리은하에 비해 비교적 늙고 표면 온도가 낮은 별들로 이루어져 있다. 표면 온도가 높은 주계열성은 질량이 크므로 주계열성에 머무르는 시간이 짧아 타원 은하 안에서는 대부분 이미 다음 단계로 진화하였다.

✘ 매력적 오답

ㄱ. 세이퍼트은하는 넓은 방출선이 강하게 나타나는 것이 특징이므로, (가)가 타원 은하, (나)가 세이퍼트은하이다.

문제풀이 **Tip**

특이 은하의 특징을 묻는 문항이 자주 출제되므로, 특이 은하의 사진이나 스펙트럼 자료 등의 특징을 알아 두고, 일반 은하와 구별되는 특징도 알아 두어야 한다.

2 허블 법칙과 우주 팽창

출제 의도 서로 다른 두 시기의 은하 간 거리를 비교하여 우주 팽창을 이해하고, 허블 법칙을 적용하여 허블 상수와 후퇴 속도를 구하는 문항이다.

그림은 빅뱅 우주론에 따라 팽창하는 우주에서 T_1 시기와 T_2 시기에 은하 A, B, C의 위치와 A에서 관측한 B, C의 후퇴 속도를 나타낸 것이다.

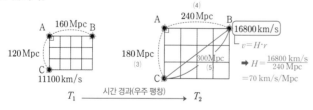

이 자료에 대한 설명으로 옳은 것만을 〈보기〉에서 있는 대로 고른 것은? (단, 은하들은 허블 법칙을 만족하고, 빛의 속도는 3×10^5 km/s이다.)

보기
ㄱ. T_2의 허블 상수는 70 km/s/Mpc이다.
ㄴ. A에서 관측한 C의 후퇴 속도는 T_1이 T_2보다 ~~빠르다~~.
    느리다.
ㄷ. T_2에 B에서 C를 관측하면, 기준 파장이 500 nm인 흡수선은 540 nm보다 ~~길게~~ 관측된다.
    짧게

① ㄱ   ② ㄴ   ③ ㄷ   ④ ㄱ, ㄴ   ⑤ ㄱ, ㄷ

✔ 자료 해석

- 은하의 후퇴 속도를 v, 은하까지의 거리를 r이라고 하면, $v = H \cdot r (H:$ 허블 상수)이고, $H = \frac{v}{r}$이다.
- T_1 시기에 A와 C 사이의 거리는 120 Mpc이고, A에서 관측한 C의 후퇴 속도는 11100 km/s이므로, 허블 상수는 $\frac{11100 \text{ km/s}}{120 \text{ Mpc}} = 92.5$ km/s/Mpc이다.
- T_2 시기에 A와 B 사이의 거리는 240 Mpc이고, A에서 관측한 B의 후퇴 속도는 16800 km/s이므로, 허블 상수는 $\frac{16800 \text{ km/s}}{240 \text{ Mpc}} = 70$ km/s/Mpc이다.

⊙ 보기 풀이

ㄱ. 허블 상수 $= \frac{\text{후퇴 속도}}{\text{거리}}$이므로, T_2의 허블 상수는 $\frac{16800 \text{ km/s}}{240 \text{ Mpc}}$ $= 70$ km/s/Mpc이다.

✘ 매력적 오답

ㄴ. T_2에 A에서 관측한 C의 후퇴 속도는 180 Mpc×70 km/s/Mpc=12600 km/s이므로 T_2가 T_1보다 빠르다.

ㄷ. T_2에 B와 C 사이의 거리는 $\sqrt{180^2+240^2} = 300$ Mpc이므로 B에서 관측한 C의 후퇴 속도는 300 Mpc×70 km/s/Mpc=21000 km/s이다. 이를 도플러 효과에 대입하여 풀면 $\frac{\Delta\lambda}{500 \text{ nm}} \times 3 \times 10^5$ km/s=21000 km/s이므로 $\Delta\lambda = 35$ nm이다. 따라서 T_2에 B에서 C를 관측하면, 기준 파장이 500 nm인 흡수선은 535 nm로 관측된다.

문제풀이 **Tip**

허블 법칙, 흡수선의 파장 변화량과 후퇴 속도의 관계를 이용하여 허블 상수나 은하의 물리량을 비교하는 문항이 자주 출제되므로, 두 법칙은 꼭 암기해 두자.

3 우주 구성 요소

출제 의도 우주 구성 요소의 밀도를 통해 우주 구성 요소를 구분하고, 서로 다른 시기에 우주 구성 요소가 차지하는 비율을 비교하는 문항이다.

표는 표준 우주 모형에 따라 팽창하는 우주에서 어느 두 시기의 우주의 크기와 우주 구성 요소의 밀도를 나타낸 것이다. T_1은 T_2보다 과거 시기이며, T_2에 우주 구성 요소의 총밀도는 1이다. A, B, C는 보통 물질, 암흑 물질, 암흑 에너지를 순서 없이 나타낸 것이다.

			암흑 물질	암흑 에너지	보통 물질
시기	부피	우주의 크기 (현재=1)	\multicolumn{3}{c}{우주 구성 요소의 밀도}
			A	B	C
T_1	$\frac{1}{64}$	(0.25)	(5.36)	(0.21)	0.96
T_2	$\frac{1}{8}$	0.50	(0.67)	0.21	0.12

(8배, 일정, 8배 표시)

이에 대한 설명으로 옳은 것만을 〈보기〉에서 있는 대로 고른 것은? (단, 우주의 크기는 은하 간 거리를 나타낸 척도이다.) [3점]

보기
ㄱ. 중성자는 C에 포함된다.
ㄴ. 전체 우주 구성 요소에서 $\dfrac{\text{A가 차지하는 비율}}{\text{B가 차지하는 비율}}$ 은 T_1이 T_2보다 크다.
ㄷ. T_1에 전체 우주 구성 요소 중 C가 차지하는 비율은 15 % 보다 작다.

① ㄱ   ② ㄷ   ③ ㄱ, ㄴ   ④ ㄴ, ㄷ   ⑤ ㄱ, ㄴ, ㄷ

✓ 자료 해석
- T_2에 우주 구성 요소의 총밀도가 1이므로, A+B+C=( )+0.21+0.12=1 이다. 따라서 T_2일 때 A의 밀도는 0.67이다.
- T_1은 T_2보다 과거 시기인데, C의 밀도가 T_1이 T_2보다 크므로, C는 물질이다. 또한 T_2에서 A와 B의 밀도보다 C의 밀도가 작으므로 A는 암흑 물질, C는 보통 물질, B는 암흑 에너지이다.

○ 보기풀이 현재 우주 구성 요소의 구성은 보통 물질 약 4.9 %, 암흑 물질 약 26.8 %, 암흑 에너지 약 68.3 %이고 우주가 팽창함에 따라 암흑 물질과 보통 물질의 밀도는 점차 감소하고 암흑 에너지의 밀도는 일정하다. 따라서 A는 암흑 물질, B는 암흑 에너지, C는 보통 물질이다.

ㄱ. 중성자는 보통 물질에 해당하므로 C에 포함된다.

ㄴ. T_1이 T_2보다 더 과거이므로 암흑 물질(A) 밀도는 더 크고 암흑 에너지(B) 밀도는 같다. 따라서 전체 우주 구성 요소에서 $\dfrac{\text{A가 차지하는 비율}}{\text{B가 차지하는 비율}}$ 은 T_1이 T_2보다 크다.

ㄷ. C의 밀도는 T_2가 T_1의 $\frac{1}{8}$ 배이므로 우주의 크기는 2배 커진 것이고 따라서 T_1일 때 우주 크기는 0.25이다. 이에 따라 T_1일 때 암흑 물질(A)의 밀도는 5.36(=0.67×8)이고 암흑 에너지(B)는 시간에 따라 밀도의 변화가 없으므로 0.21이다. 따라서 T_1에 전체 우주 구성 요소 중 C가 차지하는 비율은 $\dfrac{0.96}{5.36+0.21+0.96}×100≒14.7$ %이다.

문제풀이 Tip
현재 우주 구성 요소 중 암흑 에너지 밀도가 가장 크기 때문에 T_2에서 밀도가 가장 큰 A가 암흑 에너지라고 판단하지 않도록 유의해야 한다. 암흑 물질의 밀도는 보통 물질의 밀도보다 항상 크고, 시간이 지남에 따라 암흑 물질과 보통 물질의 밀도는 작아진다. 반대로 생각해 보면 과거로 갈수록 암흑 물질과 보통 물질의 밀도는 증가한다. 또한 암흑 에너지의 밀도는 시간에 관계 없이 항상 일정하다는 것에 유의해야 한다.

4 특이 은하

출제의도 퀘이사의 특징을 이해하고, 방출선의 적색 편이를 파악하여 은하까지의 거리를 구하는 문항이다.

그림 (가)는 어떤 은하의 모습을, (나)는 이 은하에서 관측된 수소 방출선 A의 위치를 나타낸 것이다. A의 기준 파장은 656.3 nm이다.

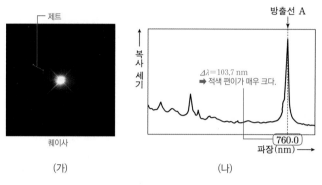

(가)　　　　　　　　　(나)

이 은하에 대한 설명으로 옳은 것만을 〈보기〉에서 있는 대로 고른 것은? (단, 빛의 속도는 3×10^5 km/s이고, 허블 상수는 70 km/s/Mpc이다.) [3점]

〈보기〉
ㄱ. 단위 시간 동안 방출하는 에너지양은 우리은하보다 적다. ~~많다.~~
ㄴ. 중심부에는 거대 질량의 블랙홀이 존재할 것으로 추정된다.
ㄷ. 은하까지의 거리는 400 Mpc보다 멀다.

① ㄱ　② ㄴ　③ ㄷ　④ ㄱ, ㄴ　⑤ ㄴ, ㄷ

✓ 자료 해석

- (가)는 하나의 별처럼 보이는 은하인 퀘이사다. 퀘이사는 매우 큰 적색 편이가 나타나며, 은하 전체의 광도에 대한 중심부의 광도가 매우 크고, 모든 파장에 걸쳐서 많은 양의 에너지를 방출한다.
- A의 기준 파장은 656.3 nm이고, (나)에서 A의 파장이 760.0 nm로 관측되었으므로 적색 편이량은 103.7 nm이다.
- 은하의 후퇴 속도와 허블 법칙으로부터 방출선의 고유 파장을 λ_0, 방출선의 파장 변화량을 $\Delta\lambda$, 허블 상수를 H, 은하까지의 거리를 r이라고 할 때, $\frac{\Delta\lambda}{\lambda_0} \times c = H \times r$이므로, 적색 편이량과 허블 상수 값을 알면 은하까지의 거리를 구할 수 있다.

○ 보기풀이 ㄴ. 퀘이사에서 막대한 에너지가 방출되는 것으로부터 퀘이사의 중심부에 거대 질량의 블랙홀이 있을 것으로 추정된다.

ㄷ. $v = \frac{\Delta\lambda}{\lambda_0} \times c$이고, $v = H \cdot r$이므로 $r = \frac{\Delta\lambda}{\lambda_0} \times \frac{c}{H}$이다. $\Delta\lambda$는 103.7 nm이므로 $r = \frac{103.7 \text{ nm}}{656.3 \text{ nm}} \times \frac{3 \times 10^5 \text{ km/s}}{70 \text{ km/s/Mpc}}$이다. 따라서 은하까지의 거리는 약 677 Mpc이다.

✗ 매력적오답 ㄱ. 퀘이사의 크기는 태양계 정도이지만 일반 은하의 수백 배에 해당하는 에너지가 방출된다. 따라서 단위 시간 동안 방출하는 에너지양은 퀘이사가 우리은하보다 많다.

문제풀이 Tip

특이 은하의 사진이나 파장 변화량 자료 등을 이용하여 특이 은하의 종류와 특징을 파악하는 문항이 자주 출제된다. 특히 퀘이사를 일반 타원 은하로 판단하지 않도록 유의해야 하며, 이들 특이 은하에서 나타나는 방출선의 특징에 대해서도 잘 알아 두자.

Part II 수능 평가원

5 빅뱅 우주론

2025학년도 9월 **평가원** 13번 | 정답 ① | **문제편 81 p**

출제 의도 시간에 따른 우주 팽창 속도 그래프를 비교하여 우주의 팽창과 관련된 물리량을 이해하는 문항이다.

그림은 빅뱅 우주론에 따라 팽창하는 우주 모형 A와 B의 우주 팽창 속도를 시간에 따라 나타낸 것이다. 현재 우주 배경 복사의 온도는 A와 B에서 동일하다.

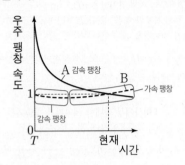

이 자료에 대한 설명으로 옳은 것만을 〈보기〉에서 있는 대로 고른 것은?

보기
ㄱ. T 시기에 A의 우주는 팽창하고 있다.
ㄴ. T 시기 이후 현재까지 B의 우주는 계속 ~~가속 팽창한다.~~
　　　　　　　　　　　　　　　감속 팽창하다가 가속 팽창한다.
ㄷ. T 시기에 우주 배경 복사의 온도는 A가 B보다 ~~낮다.~~
　　　　　　　　　　　　　　　　　　　　　　　높다.

① ㄱ　　② ㄴ　　③ ㄱ, ㄷ　　④ ㄴ, ㄷ　　⑤ ㄱ, ㄴ, ㄷ

✔ **자료 해석**

- A는 T 시기 이후 우주 팽창 속도가 계속 감소하고 있으므로 우주 모형 A에 따르면 우주는 T 시기 이후 감속 팽창을 하고 있다.
- B는 T 시기 이후 우주 팽창 속도가 감소하다가 증가하고 있으므로 우주 모형 B에 따르면 우주는 T 시기 이후 감속 팽창을 하다가 가속 팽창을 하고 있다.
- 우주가 팽창함에 따라 우주 배경 복사의 온도는 점차 낮아지고 파장은 길어진다.

⭕ **보기 풀이** ㄱ. 우주 팽창 속도가 0보다 큰 것은 우주가 팽창하고 있다는 것을 의미하므로, T 시기에 A와 B는 모두 팽창하고 있다.

❌ **매력적 오답** ㄴ. T 시기 이후 현재까지 B의 우주 팽창 속도는 감소하다가 증가하였다. 따라서 T 시기 이후 현재까지 B의 우주는 감속 팽창하다가 가속 팽창하였다.

ㄷ. 우주가 팽창하면서 우주 배경 복사의 온도는 낮아진다. T 시기~현재 동안 A의 우주는 B의 우주보다 빠른 속도로 팽창하였으므로 우주 배경 복사의 온도가 낮아진 정도가 더 클 것이다. 현재 A와 B에서 우주 배경 복사의 온도가 동일하므로 T 시기에 우주 배경 복사의 온도는 A가 B보다 높다.

문제풀이 Tip

가속 팽창 우주와 감속 팽창 우주 모두 우주가 팽창하고 있으며, 팽창 속도가 빠를수록 우주의 크기는 더 빠르게 커져 우주 배경 복사 온도가 빠르게 낮아진다는 것에 유의해야 한다.

6 우주 구성 요소

출제 의도 우주 구성 요소의 특징을 이해하고, 우주 팽창에 따른 우주 구성 요소의 밀도, 총량, 비율 변화를 파악하는 문항이다.

표는 빅뱅 우주론에 따라 팽창하는 우주에서 우주 구성 요소의 밀도와 우주의 크기를 시기별로 나타낸 것이다. A, B, C는 보통 물질, 암흑 물질, 암흑 에너지를 순서 없이 나타낸 것이다. 현재 우주 구성 요소의 총 밀도는 1이다.

| | 암흑 물질 | 암흑 에너지 | 보통 물질 | |
시기	Ⓐ밀도	Ⓑ밀도	Ⓒ밀도	우주의 크기(상댓값)
현재	0.27	(0.68)	0.05	1
T	(2.16)	0.68	(0.4)	0.5 — 과거

이에 대한 설명으로 옳은 것만을 〈보기〉에서 있는 대로 고른 것은? (단, 우주의 크기는 은하 간 거리를 나타낸 척도이다.) [3점]

보기

ㄱ. 중력 렌즈 현상을 통해 A가 존재함을 추정할 수 있다.

ㄴ. 우주가 팽창하는 동안 B의 총량은 일정하다. → 증가한다.

ㄷ. T 시기에 우주 구성 요소 중 C가 차지하는 비율은 10 % 보다 낮다. → 높다.

① ㄱ   ② ㄴ   ③ ㄷ   ④ ㄱ, ㄴ   ⑤ ㄱ, ㄷ

✔ 자료 해석

- 현재 우주는 암흑 에너지가 약 68.3 %, 암흑 물질이 약 26.8 %, 보통 물질이 약 4.9 %로 구성되어 있다.
- 우주가 팽창함에 따라(시간이 지남에 따라) 보통 물질과 암흑 물질의 밀도는 감소하고, 암흑 에너지의 밀도는 일정하게 유지된다.
- 현재 우주 구성 요소의 총 밀도는 1이므로 B의 밀도는 $1-0.27-0.05=0.68$이다. 따라서 A는 암흑 물질, B는 암흑 에너지, C는 보통 물질이다.
- T 시기는 우주의 크기가 현재의 0.5배이므로 과거이다. 우주가 팽창함에 따라 암흑 물질과 보통 물질의 밀도는 감소하였으므로, A와 C의 밀도는 현재보다 크다.

○ 보기풀이

ㄱ. A는 암흑 물질, B는 암흑 에너지, C는 보통 물질이다. 중력 렌즈 현상을 통해 암흑 물질(A)이 존재함을 추정할 수 있다.

✗ 매력적 오답

ㄴ. 우주가 팽창하는 동안 암흑 물질(A)과 보통 물질(C)의 총량은 일정하지만, 암흑 에너지(B)의 총량은 증가한다.

ㄷ. T 시기에 우주의 크기는 현재의 0.5배였으므로 부피는 현재의 0.5^3배였다. C의 질량은 일정하므로 T 시기에 밀도는 현재의 8배, 즉 0.4였다. 같은 방법으로 T 시기의 A 밀도를 구하면 $0.27 \times 8 = 2.16$이었다. B 밀도는 우주 팽창과 관계없이 일정하므로 T 시기에도 0.68이었다. 따라서 T 시기에 C가 차지하는 비율은 $\dfrac{0.4}{(0.4+2.16+0.68)} \times 100 ≒ 12.3$ %이다.

문제풀이 Tip

문제를 풀 때 항상 주어진 단서에 주목해야 한다. 이 문항에서는 우주의 크기는 은하 간 거리를 나타낸 척도이므로, 공간의 크기는 거리의 세제곱에 비례한다는 것에 유의해야 한다. 우주가 팽창함에 따라 물질의 밀도는 감소하고, 암흑 에너지의 밀도는 일정하며, 물질의 총량은 일정하고, 암흑 에너지의 총량은 증가한다는 것을 반드시 알아 두자.

Part II

수능 평가원

7 빅뱅 우주론

출제 의도 빅뱅 이후 우주에서 일어난 주요 사건의 선후 관계를 파악하는 문항이다.

그림은 빅뱅 이후 일어난 주요 사건을 시간 순서대로 나타낸 것이다.

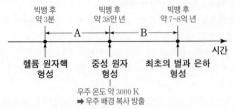

이에 대한 설명으로 옳은 것만을 〈보기〉에서 있는 대로 고른 것은?

보기

ㄱ. A 기간에 우주의 급팽창이 일어났다.
   빅뱅 이후 약 $10^{-36} \sim 10^{-34}$초 사이에
ㄴ. B 기간에 우주에서 수소와 헬륨의 질량비는 약 3 : 1이다.
ㄷ. B 기간 동안 우주 배경 복사의 평균 온도는 3000 K 이하
   이다.

① ㄱ   ② ㄴ   ③ ㄷ   ④ ㄱ, ㄴ   ⑤ ㄴ, ㄷ

✔ 자료 해석

• 헬륨 원자핵은 빅뱅 후 약 3분일 때 형성되었고, 중성 원자는 빅뱅 후 약 38만 년이 지났을 때 형성되었으며, 최초의 별과 은하는 빅뱅 후 약 7~8억 년이 지났을 때 형성되었다.

• 빅뱅 후 약 38만 년이 지났을 때 중성 원자가 형성되면서 우주 배경 복사가 방출되었다.

〇 보기 풀이 ㄴ. 대폭발 우주론에 따르면 우주 초기에 형성된 수소와 헬륨의 질량비는 약 3 : 1이다.

ㄷ. 우주의 온도가 약 3000 K일 때 중성 원자가 형성되면서 우주 배경 복사가 방출되었다. 따라서 B 기간 초기에 약 3000 K의 우주 배경 복사가 방출되었으며 그 후 우주가 팽창하면서 우주 배경 복사의 온도는 점차 내려갔으므로, B 기간 동안 우주 배경 복사의 평균 온도는 3000 K 이하이다.

✕ 매력적 오답 ㄱ. 우주의 급팽창은 대폭발로 우주가 탄생한 직후 약 $10^{-36} \sim 10^{-34}$초 사이에 우주가 빛보다 빠른 속도로 팽창한 것이다. 헬륨 원자핵은 우주 탄생 직후 약 3분 후에 형성되었다.

문제풀이 Tip

우주의 진화 과정에서 빅뱅 이후 가장 먼저 설명하는 주요 사건이 헬륨 원자핵의 형성이기 때문에 이 시기에 우주의 급팽창이 일어났다고 생각할 수 있다. 헬륨 원자핵의 형성은 빅뱅 후 약 3분에 일어났지만, 우주의 급팽창은 빅뱅 후 약 $10^{-36} \sim 10^{-34}$초 사이로 거의 빅뱅 직후에 일어났다는 것에 유의해야 한다. 빅뱅 이후 일어난 주요 사건의 발생 시기를 알아 두도록 하자.

---

8 외부 은하

출제 의도 은하에서 연간 생성된 별의 총 질량 변화를 파악하여 나선 은하와 타원 은하를 구분하고, 각 은하의 특징을 파악하는 문항이다.

그림은 은하 A와 B가 탄생한 후부터 연간 생성된 별의 총 질량을 시간에 따라 나타낸 것이다. A와 B는 나선 은하와 타원 은하를 순서 없이 나타낸 것이다.

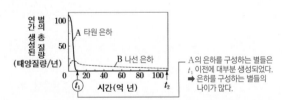

A의 은하를 구성하는 별들은 t_1 이전에 대부분 생성되었다.
➡ 은하를 구성하는 별들의 나이가 많다.

이 자료에 대한 설명으로 옳은 것만을 〈보기〉에서 있는 대로 고른 것은?

보기

ㄱ. B는 나선 은하이다.
ㄴ. t_2일 때 은하를 구성하는 별의 평균 나이는 A가 B보다 적다.
   많다.
ㄷ. A에서 태양보다 질량이 큰 주계열성의 개수는 t_1일 때가 t_2일 때보다 적다.
   많다.

① ㄱ   ② ㄴ   ③ ㄷ   ④ ㄱ, ㄴ   ⑤ ㄱ, ㄷ

✔ 자료 해석

• A는 은하 탄생 초기에 생성된 별이 많고, 은하 탄생으로부터 10억 년이 지난 이후에는 새로운 별이 거의 탄생하지 않았으므로, 주로 나이가 많은 별들로 이루어진 타원 은하이다.

• B는 은하 탄생 초기부터 최근까지 비교적 고르게 별들이 생성되고 있으므로, A에 비해 별들의 평균 나이가 적은 나선 은하이다.

〇 보기 풀이 ㄱ. 타원 은하는 나이가 많은 붉은색 별들로 이루어져 있으며 성간 물질이 적어 새로운 별이 거의 생성되지 않는다. 나선 은하는 팽대부와 헤일로에는 나이가 많은 붉은색 별들이 많지만 나선팔에는 성간 물질이 많아 새로운 별이 지속적으로 생성된다. 따라서 A는 타원 은하, B는 나선 은하에 해당한다.

✕ 매력적 오답 ㄴ. 타원 은하는 은하 탄생 초기에 별이 대부분 생성되고 이후에 별의 생성이 거의 없으므로 t_2에서 별들의 평균 나이가 은하의 나이와 거의 같다. 따라서 나선 은하(B)는 은하 탄생 이후 별이 지속적으로 생성되었으므로 별들의 평균 나이는 타원 은하(A)에 비해 적다.

ㄷ. 주계열성은 질량이 클수록 주계열에 머무르는 시간이 짧다. 태양 정도 질량의 별은 주계열 단계에 약 100억 년 머무른다. t_1에서 t_2 사이의 기간이 약 100억 년이므로 A의 t_1에서 생성된 태양보다 질량이 큰 주계열성은 t_2에서 이미 주계열 이후의 단계로 진화하였다.

문제풀이 Tip

타원 은하는 붉은색을 띠며 대부분 나이가 많은 별들로 이루어져 있다는 것으로부터 타원 은하를 구성하는 별들은 대부분 은하가 탄생한 초기에 생성되었다는 것을 유추할 수 있어야 한다. 한편, 나선 은하의 나선팔에는 성간 물질이 많이 분포하고 있어서 현재에도 새로운 별들이 생성되고 있음에 유의해야 한다.

9 우주 구성 요소

출제 의도 우주가 팽창함에 따른 우주 구성 요소의 밀도비 변화를 통해 우주 구성 요소를 파악하는 문항이다.

그림은 표준 우주 모형에 따라 우주가 팽창하는 동안 우주 구성 요소의 밀도비 ㉠과 ㉡의 변화를 나타낸 것이다. A, B, C는 보통 물질, 암흑 물질, 암흑 에너지를 순서 없이 나타낸 것이다. 현재 ㉡은 1보다 작다.

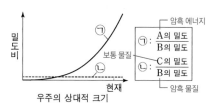

이 자료에 대한 설명으로 옳은 것만을 〈보기〉에서 있는 대로 고른 것은? [3점]

보기
ㄱ. 현재 우주를 가속 팽창시키는 역할을 하는 것은 A이다.
ㄴ. 우주가 팽창하는 동안 B의 밀도는 일정하다.
　　　　　　　　　　　　　　　　　　감소한다.
ㄷ. C는 전자기파로 관측할 수 있다.

① ㄱ　　② ㄴ　　③ ㄱ, ㄷ　　④ ㄴ, ㄷ　　⑤ ㄱ, ㄴ, ㄷ

✔ 자료 해석

• 우주의 크기가 커짐에 따라 암흑 물질과 보통 물질의 밀도는 감소하고, 암흑 에너지의 밀도는 일정하다.

• 현재 우주 구성 요소의 밀도비는 암흑 에너지>암흑 물질>보통 물질이므로 현재 $\dfrac{\text{C의 밀도}}{\text{B의 밀도}}<1$인 조건이 성립하려면 $\dfrac{\text{암흑 물질의 밀도}}{\text{암흑 에너지의 밀도}}$, $\dfrac{\text{보통 물질의 밀도}}{\text{암흑 에너지의 밀도}}$, $\dfrac{\text{보통 물질의 밀도}}{\text{암흑 물질의 밀도}}$ 중 하나이다. 이때 $\dfrac{\text{A의 밀도}}{\text{B의 밀도}}$는 증가하고 있으므로 현재 A의 밀도는 B보다 커야 한다. 따라서 A는 암흑 에너지, B는 암흑 물질, C는 보통 물질이다.

○ 보기 풀이

ㄱ. 시간에 따라 값이 증가하는 ㉠에서 A는 암흑 에너지, B는 물질이고, 시간에 따라 값이 일정한 ㉡에서 B와 C는 모두 물질이지만 현재 ㉡이 1보다 작은 값이므로 B가 암흑 물질, C가 보통 물질이다. 현재 우주를 가속 팽창시키는 역할을 하는 것은 암흑 에너지인 A이다.

ㄷ. C는 보통 물질로 전자기파로 관측할 수 있지만, B는 암흑 물질로 전자기파로는 관측할 수 없고 중력적인 방법을 통해 관측할 수 있다.

✖ 매력적 오답

ㄴ. 우주가 팽창하는 동안 밀도가 일정한 것은 암흑 에너지인 A이고, 물질인 B와 C는 우주가 팽창하는 동안 밀도가 감소한다.

문제풀이 Tip

우주가 팽창함에 따라 우주를 구성하는 요소들의 밀도, 양, 비율의 변화를 구분할 수 있어야 한다. 물질은 우주가 탄생한 이후 일정한 양을 유지하고 있으므로 우주가 팽창함에 따라 밀도가 감소하지만, 암흑 에너지는 우주 팽창과 상관없이 밀도가 일정하게 유지되므로 양은 증가한다는 것을 꼭 알아 두자.

Part II

수능 평가원

출제 의도 허블의 은하 분류 기준에 따라 형태를 기준으로 은하를 분류하고, 각 은하를 구성하는 별의 광도와 성간 물질의 양을 비교하는 문항이다.

표는 허블의 은하 분류 기준과 이에 따라 분류한 은하의 종류를 나타낸 것이다. (가), (나), (다)는 각각 막대 나선 은하, 불규칙 은하, 타원 은하 중 하나이다.

분류 기준	(가)	(나)	(다)
(㉠)	○	○	×
나선팔이 있는가? 나선 은하 —○	○	×	×
편평도에 따라 세분할 수 있는가?	×	○	×

타원 은하 (○: 있다, ×: 없다)

이에 대한 설명으로 옳은 것만을 〈보기〉에서 있는 대로 고른 것은?

보기
ㄱ. '중심부에 막대 구조가 있는가?'는 ㉠에 해당한다.
   '규칙적인 구조가 있는가?'
ㄴ. 주계열성의 평균 광도는 (가)가 (나)보다 크다.
ㄷ. 은하의 질량에 대한 성간 물질의 질량비는 (나)가 (다)보다 크다. 작다.

① ㄱ   ② ㄴ   ③ ㄷ   ④ ㄱ, ㄴ   ⑤ ㄴ, ㄷ

✓ 자료 해석
- 타원 은하는 성간 물질이 거의 없고 비교적 늙고 온도가 낮은 별들로 이루어져 있다.
- 나선 은하는 은하핵과 나선팔로 구성되어 있다. 나선팔에는 젊은 별들과 성간 물질이 주로 분포하고 중앙 팽대부와 헤일로에는 늙은 별들과 구상 성단이 주로 분포한다.
- 불규칙 은하에는 성간 물질과 젊은 별들이 많이 분포한다.
- 나선팔이 있는 (가)는 막대 나선 은하, 편평도에 따라 세분할 수 있는 (나)는 타원 은하, (다)는 불규칙 은하이다. 타원 은하는 타원의 납작한 정도(편평도)에 따라 E0~E7로 세분하여 나타낸다.

○ 보기풀이 ㄴ. 나선 은하의 나선팔에는 주로 나이가 적은 파란색 별들이 분포하고 타원 은하에는 성간 물질이 거의 없어 새로운 별이 탄생하지 않아서 주로 나이가 많은 붉은색 별들이 분포한다. 파란색 주계열성은 붉은색 주계열성에 비해 표면 온도가 높고 광도가 크다. 따라서 주계열성의 평균 광도는 나선 은하인 (가)가 타원 은하인 (나)보다 크다.

× 매력적 오답 ㄱ. 중심부의 막대 구조는 막대 나선 은하에만 있으므로 (가)와 (나)에 모두 해당하는 ㉠은 '중심부에 막대 구조가 있는가?'가 아니다.
ㄷ. 불규칙 은하에는 성간 물질이 많이 분포한다. 따라서 은하의 질량에 대한 성간 물질의 질량비는 (나)가 (다)보다 작다.

문제풀이 **Tip**
은하를 나선 은하, 불규칙 은하, 타원 은하로 구분하는 허블의 은하 분류 기준을 알아 두고, 각 은하를 구성하는 별의 평균 나이, 성간 물질의 상대적인 양에 대해 확실하게 학습해 두자.

11 허블 법칙

출제 의도 허블 법칙을 이용하여 은하의 후퇴 속도, 허블 상수, 파장 변화량을 구하는 문항이다.

다음은 외부 은하 A, B, C에 대한 설명이다.

- A와 B 사이의 거리는 30 Mpc이다. 삼각형 A, B, C는 B와 C 사이 거리의 대각이 90°인 직각 삼각형이다.
- A에서 관측할 때 B와 C의 시선 방향은 90°를 이룬다.
- A에서 측정한 B와 C의 후퇴 속도는 각각 2100 km/s와 2800 km/s이다. $v_B = 2100$ km $= H \times 30$ Mpc ➡ ∴ $H = 70$ km/s/Mpc

이 자료에 대한 설명으로 옳은 것만을 〈보기〉에서 있는 대로 고른 것은? (단, 빛의 속도는 3×10^5 km/s이고, 세 은하는 허블 법칙을 만족한다.) [3점]

보기
ㄱ. 허블 상수는 70 km/s/Mpc이다.
ㄴ. B에서 측정한 C의 후퇴 속도는 3500 km/s이다.
ㄷ. B에서 측정한 A의 $\left(\dfrac{\text{관측 파장} - \text{기준 파장}}{\text{기준 파장}}\right)$은 ~~0.07~~ 0.007 이다.

① ㄱ ② ㄷ ③ ㄱ, ㄴ ④ ㄴ, ㄷ ⑤ ㄱ, ㄴ, ㄷ

✓ 자료 해석

- 허블 법칙에 따르면 은하의 후퇴 속도(v)는 은하까지의 거리(r)에 비례한다. ➡ $v = Hr$ (H: 허블 상수)
- 허블 법칙과 외부 은하의 후퇴 속도: $v = H \cdot r = c \times \dfrac{\Delta\lambda}{\lambda_0}$ (c: 빛의 속도, λ_0: 흡수선의 고유 파장, $\Delta\lambda$: 흡수선의 파장 변화량)

◯ 보기 풀이 ㄱ. A와 B 사이의 거리는 30 Mpc이고, A에서 측정한 B의 후퇴 속도는 2100 km/s이다. 허블 법칙 $v = H \cdot r$에 A와 B의 관계를 대입하면, 2100 km/s $= H \times 30$ Mpc이므로 H는 70 km/s/Mpc이다.

ㄴ. A에서 관측할 때 B와 C의 시선 방향은 90°를 이루며, A에서 측정한 B와 C의 후퇴 속도는 각각 2100 km/s와 2800 km/s이므로, 허블 법칙에 A와 C의 관계를 대입하여 풀면 A와 C 사이의 거리는 40 Mpc이다. A, B, C는 B와 C 사이 거리의 대각이 90°인 직각 삼각형 관계에 있으므로, B와 C 사이의 거리는 삼각비에 따라 50 Mpc이다. 따라서 B에서 측정한 C의 후퇴 속도는 3500 km/s(= 70 km/s/Mpc × 50 Mpc)이다.

✗ 매력적 오답 ㄷ. 도플러 효과에 의한 시선 속도와 허블 법칙은
$$\left(\frac{\text{관측 파장} - \text{기준 파장}}{\text{기준 파장}}\right) = \left(\frac{\text{허블 상수} \times \text{거리}}{\text{빛의 속도}}\right)$$ 관계가 성립하므로, B에서 측정한 A의 $\left(\dfrac{\text{관측 파장} - \text{기준 파장}}{\text{기준 파장}}\right)$은 $0.007\left(= \dfrac{70 \text{ km/s/Mpc} \times 30 \text{ Mpc}}{3 \times 10^5 \text{ km/s}}\right)$이다.

문제풀이 Tip
허블 법칙과 외부 은하의 후퇴 속도 관계식을 알고 있어야 한다. 또한 제시된 자료로부터 은하들 사이의 관계(은하 사이의 거리, 시선 방향이 이루는 각도 등)를 정확하게 파악할 수 있어야 한다.

---

12 빅뱅 우주론과 우주의 구성 요소

출제 의도 빅뱅 우주론에서 시간에 따른 우주 구성 요소의 상대적 비율의 변화를 파악하는 문항이다.

그림은 빅뱅 우주론에 따라 우주가 팽창하는 동안 우주 구성 요소 A와 B의 상대적 비율(%)을 시간에 따라 나타낸 것이다. A와 B는 각각 암흑 에너지와 물질(보통 물질＋암흑 물질) 중 하나이다.

이에 대한 설명으로 옳은 것만을 〈보기〉에서 있는 대로 고른 것은?

(그래프) 과거 T 시기, 현재. A 물질(세로축), B 암흑 에너지(가로축). ➡ 우주가 팽창하는 동안 총량은 증가

보기
ㄱ. A는 물질에 해당한다.
ㄴ. 우주 배경 복사의 온도는 과거 T 시기가 현재보다 ~~낮다.~~ 높다.
ㄷ. 우주가 팽창하는 동안 B의 총량은 ~~일정하다.~~ 증가한다.

① ㄱ ② ㄴ ③ ㄷ ④ ㄱ, ㄴ ⑤ ㄱ, ㄷ

✓ 자료 해석

- 우주가 팽창하는 과정에서 암흑 에너지의 상대적 비율은 증가하고, 물질(보통 물질＋암흑 물질)의 비율은 감소한다.
- 우주가 팽창하는 과정에서 우주 배경 복사의 온도는 낮아진다.

◯ 보기 풀이 ㄱ. 빅뱅 후 우주가 팽창함에 따라 물질의 밀도는 점차 감소하고 암흑 에너지의 밀도는 점차 증가한다. 따라서 A는 물질, B는 암흑 에너지에 해당한다.

✗ 매력적 오답 ㄴ. 우주 배경 복사의 파장은 우주가 팽창하는 동안 점차 길어졌으므로 우주 배경 복사의 온도는 점차 낮아졌다. 따라서 우주 배경 복사의 온도는 과거 T 시기가 현재보다 높다.

ㄷ. 우주 공간이 팽창하는 동안 암흑 에너지인 B의 밀도는 일정하므로, B의 총량은 증가한다.

문제풀이 Tip
빅뱅 우주론에 따라 우주 팽창하는 동안 암흑 에너지와 물질의 상대적 비율의 변화를 이해하고 있어야 한다. 또한 우주 공간이 팽창하는 동안 암흑 에너지의 밀도가 일정하려면 그 총량은 증가함을 유의해야 한다.

Part II 수능 평가원

13 외부 은하

출제의도 외부 은하의 사진을 보고 은하의 종류를 파악하고, 은하를 구성하는 별의 특징을 비교하는 문항이다.

그림 (가)와 (나)는 정상 나선 은하와 타원 은하를 순서 없이 나타낸 것이다.

(가)
정상 나선 은하
➡ 나선팔은 젊고 푸른색 별들로 구성, 중심핵과 헤일로는 늙고 붉은색 별들로 구성

(나)
타원 은하
➡ 늙고 붉은색 별들로 구성

이에 대한 설명으로 옳은 것만을 〈보기〉에서 있는 대로 고른 것은? [3점]

보기
ㄱ. 별의 평균 나이는 (가)가 (나)보다 많다. <del>적다.</del>
ㄴ. 주계열성의 평균 질량은 (가)가 (나)보다 크다.
ㄷ. (나)에서 별의 평균 표면 온도는 분광형이 A0인 별보다 높다. <del>낮다.</del>

① ㄱ　② ㄴ　③ ㄷ　④ ㄱ, ㄴ　⑤ ㄴ, ㄷ

✓ 자료 해석

• (가) : 중심부의 핵에서 나선팔이 뻗어 나와 휘감고 있는 정상 나선 은하이다. 은하핵(중앙 팽대부)과 헤일로에는 늙은 별들이 주로 분포하고, 나선팔에는 성간 물질과 젊은 별들이 주로 분포한다.

• (나) : 타원 모양으로 관측되므로 타원 은하이다. 타원 은하는 대체로 늙고 온도가 낮은 붉은색 별들로 이루어져 있다.

○ 보기풀이 ㄴ. 별의 질량이 클수록 진화 속도가 빨라 주계열 단계에 머무르는 시간이 짧다. 타원 은하는 주로 나이가 많은 별들로 이루어져 있으므로 질량이 큰 주계열성들은 진화해서 주계열 이후의 단계에 있고, 질량이 작은 주계열성들만이 주계열성 단계에 존재한다. 반면 나선 은하는 나선팔에서 젊은 별이 탄생할 때 질량이 큰 주계열성이 탄생할 수 있다. 따라서 은하를 구성하는 별들 중 주계열성의 평균 질량은 (가)가 (나)보다 크다.

✕ 매력적오답 ㄱ. 나선 은하의 나선팔에는 성간 물질이 많아 새로운 별이 많이 탄생하지만 타원 은하에는 성간 물질이 거의 없어 새로운 별이 거의 탄생하지 않는다. 따라서 별의 평균 나이는 (나)가 (가)보다 많다.

ㄷ. 타원 은하의 질량이 큰 별들은 거성이나 초거성으로 진화하여 표면 온도가 낮고, 질량이 작은 별들은 표면 온도가 낮은 주계열성 단계에 있어 붉은색으로 보인다. 분광형이 A0인 별은 표면 온도가 약 10000 K의 흰색 별에 해당하므로, (나)에서 별의 평균 표면 온도는 분광형이 A0인 별보다 낮다.

문제풀이 Tip

분광형이 A0인 별은 흰색을 띤다는 것에 유의해야 한다. 분광형은 O, B, A, F, G, K, M으로 갈수록 표면 온도가 낮아지고, O형 별은 파란색, A형 별은 흰색, M형 별은 붉은색을 띤다는 것에 유의해야 한다.

14 우주 구성 요소

출제 의도 시간에 따른 우주 구성 요소의 상대적 비율 변화를 통해 우주 구성 요소를 구별하고 특징을 파악하는 문항이다.

그림은 우주 구성 요소 A, B, C의 상대적 비율을 시간에 따라 나타낸 것이다. A, B, C는 각각 암흑 물질, 보통 물질, 암흑 에너지 중 하나이다.

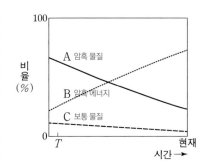

이에 대한 설명으로 옳은 것만을 〈보기〉에서 있는 대로 고른 것은?

┌─ 보기 ──────────────────────────
ㄱ. 우주 배경 복사의 파장은 T 시기가 현재보다 짧다.

ㄴ. T 시기부터 현재까지 $\dfrac{\text{A의 비율}}{\text{B의 비율}}$ 은 감소한다.

ㄷ. A, B, C 중 항성 질량의 대부분을 차지하는 것은 C이다.
└──────────────────────────────

① ㄱ　② ㄷ　③ ㄱ, ㄴ　④ ㄴ, ㄷ　⑤ ㄱ, ㄴ, ㄷ

✔ 자료 해석

• 시간이 흐름에 따라 암흑 에너지의 비율은 증가하고, 암흑 물질과 보통 물질의 비율은 감소한다.

• 암흑 물질은 보통 물질보다 비율이 높으므로 A는 암흑 물질, B는 암흑 에너지, C는 보통 물질이다.

○ 보기 풀이

ㄱ. 우주가 팽창함에 따라 우주의 온도는 낮아지므로 우주 배경 복사의 파장은 길어진다. 따라서 우주 배경 복사의 파장은 T 시기가 현재보다 짧다.

ㄴ. T 시기부터 현재까지 A의 비율은 감소하고 B의 비율은 증가한다. 따라서 T 시기부터 현재까지 $\dfrac{\text{A의 비율}}{\text{B의 비율}}$ 은 감소한다.

ㄷ. 항성은 여러 물리적 특성에 의해 계산되는 질량과 관측되는 보통 물질에 의해 구해지는 질량이 거의 일치한다. 따라서 항성 질량의 대부분을 차지하는 것은 보통 물질(C)이다.

문제풀이 Tip

우주가 팽창함에 따라 물질의 밀도가 작아지므로 암흑 에너지가 차지하는 비율은 점점 증가하고, 우주 온도가 낮아지면서 우주 배경 복사의 파장은 길어진다는 것에 유의해야 한다.

15 허블 법칙

출제의도 허블 법칙과 적색 편이량을 이용하여 은하의 위치 관계를 파악하는 문항이다.

그림은 우리은하에서 외부 은하 A와 B를 관측한 결과를 나타낸 것이다. B에서 A를 관측할 때의 적색 편이량은 우리은하에서 A를 관측한 적색 편이량의 3배이다. 적색 편이량은 $\left(\dfrac{\text{관측 파장} - \text{기준 파장}}{\text{기준 파장}}\right)$ 이고, 세 은하는 허블 법칙을 만족한다.

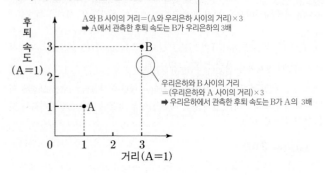

A와 B 사이의 거리=(A와 우리은하 사이의 거리)×3
➡ A에서 관측한 후퇴 속도는 B가 우리은하의 3배

우리은하와 B 사이의 거리
=(우리은하와 A 사이의 거리)×3
➡ 우리은하에서 관측한 후퇴 속도는 B가 A의 3배

이 자료에 대한 설명으로 옳은 것만을 〈보기〉에서 있는 대로 고른 것은? [3점]

보기
ㄱ. 우리은하에서 관측한 적색 편이량은 B가 A의 3배이다.
ㄴ. A에서 관측한 후퇴 속도는 B가 우리은하의 3배이다.
ㄷ. 우리은하에서 관측한 A와 B는 동일한 시선 방향에 위치한다. ~~동일한 시선 방향에 있지 않다.~~

① ㄱ ② ㄷ ③ ㄱ, ㄴ ④ ㄴ, ㄷ ⑤ ㄱ, ㄴ, ㄷ

✓ 자료 해석

• 허블 법칙은 $v = H \cdot r$ (H: 허블 상수)이고, 은하의 후퇴 속도(v)는 $v = \dfrac{\Delta\lambda}{\lambda_0} \times c$ ($\Delta\lambda$: 파장 변화량, λ_0: 원래 파장, c: 빛의 속도)이다.

• 우리은하에서 관측할 때 은하까지의 거리와 후퇴 속도는 B가 A의 3배 이다.

• B에서 A를 관측할 때 적색 편이량은 우리은하에서 A를 관측한 적색 편이량의 3배이므로, A와 B 사이의 거리는 우리은하와 A 사이의 거리의 3배이다.

• 우리은하에서 A까지의 거리를 1이라고 할 때 우리은하와 A, B의 위치와 상대적인 거리 관계는 다음과 같다.

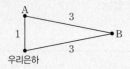

우리은하

보기풀이 ㄱ. 은하의 후퇴 속도(v)는 $v = \dfrac{\Delta\lambda}{\lambda_0} \times c$가 성립하므로 후퇴 속도는 적색 편이량($\dfrac{\Delta\lambda}{\lambda_0}$)에 비례한다. 우리은하에서 관측한 후퇴 속도는 B가 A의 3배이므로, 적색 편이량도 B가 A의 3배이다.

ㄴ. 은하의 후퇴 속도는 서로 상대적으로 나타나는 것이므로 서로에서 관측한 후퇴 속도 값은 같다. A에서 B를 관측한 적색 편이량은 A에서 우리은하를 관측한 적색 편이량의 3배이므로 A에서 관측한 후퇴 속도는 B가 우리은하의 3배이다.

✗ 매력적 오답 ㄷ. 세 은하는 허블 법칙($v = H \cdot r$)을 만족하므로 은하 A와 B 사이의 거리는 우리은하와 A 사이의 거리의 3배이다. 따라서 우리은하와 은하 A, B의 위치 관계는 우리은하와 B 사이의 거리와 A와 B 사이의 거리가 같은 이등변 삼각형의 형태이다. 따라서 우리은하에서 관측한 A와 B는 동일한 시선 방향에 위치하지 않는다.

문제풀이 Tip

허블 법칙을 만족할 때 은하의 후퇴 속도, 거리, 적색 편이량을 비교하는 문항이 자주 출제된다. 세 개 이상의 은하인 경우 은하의 위치 관계에 따라 시선 방향이 달라지기 때문에 후퇴 속도와 적색 편이량이 달라질 수 있다는 것에 유의해야 한다. 동일한 시선 방향에 위치하지 않는 은하인 경우 피타고라스 정리나 삼각함수 등의 수학적 원리를 적용하여야 할 수도 있으므로 이에 대해서도 잘 대비해 두자.

16 은하의 분류

출제 의도 은하의 사진을 보고 은하의 종류를 파악하고, 은하를 구성하는 별의 특징을 비교하는 문항이다.

그림 (가), (나), (다)는 타원 은하, 나선 은하, 불규칙 은하를 순서 없이 나타낸 것이다.

(가)
타원 은하

(나)
불규칙 은하

(다)
나선 은하

이에 대한 설명으로 옳은 것만을 〈보기〉에서 있는 대로 고른 것은?

┌─ 보기 ─────────────────────────────┐

ㄱ. (가)는 타원 은하이다.

ㄴ. 은하를 구성하는 별의 평균 나이는 (가)가 (나)보다 적다.
　　　　　　　　　　　　　　　　　　　　많다.

ㄷ. (가)는 (다)로 진화한다.
　　　　진화하지 않는다.

└────────────────────────────────────┘

① ㄱ　　② ㄷ　　③ ㄱ, ㄴ　　④ ㄱ, ㄷ　　⑤ ㄴ, ㄷ

✓ 자료 해석

• (가) : 타원 모양으로 관측되므로 타원 은하이다. 타원 은하에는 대체로 늙고 온도가 낮은 붉은색 별들이 분포한다.
• (나) : 규칙적인 모양이 없으므로 불규칙 은하이다. 불규칙 은하에는 성간 물질과 젊은 별들이 주로 분포한다.
• (다) : 중심부의 핵에서 나선팔이 뻗어 나와 휘감고 있는 나선 은하이다. 은하핵(중앙 팽대부)과 헤일로에는 늙은 별들이 주로 분포하고, 나선팔에는 성간 물질과 젊은 별들이 주로 분포한다.

○ 보기 풀이　ㄱ. (가)는 타원 은하, (나)는 불규칙 은하, (다)는 나선 은하이다.

✕ 매력적 오답　ㄴ. 타원 은하는 주로 늙은 별들로 이루어져 있고, 불규칙 은하는 주로 젊은 별들로 이루어져 있다. 따라서 은하를 구성하는 별의 평균 나이는 (가)가 (나)보다 많다.

ㄷ. 은하의 모양과 은하의 진화 사이에는 특정한 관계가 없다.

문제풀이 Tip

은하를 형태에 따라 분류하고, 각 은하를 구성하는 별들의 특징을 비교하여 묻는 문항이 자주 출제되므로 잘 학습해 두자.

출제 의도 중력 렌즈 현상과 관련 있는 우주 구성 요소를 파악하고, 시간에 따른 우주 구성 요소의 밀도 변화와 특징을 이해하는 문항이다.

그림 (가)는 은하에 의한 중력 렌즈 현상을, (나)는 T 시기 이후 우주 구성 요소의 밀도 변화를 나타낸 것이다. A, B, C는 각각 보통 물질, 암흑 물질, 암흑 에너지 중 하나이다.

(가)

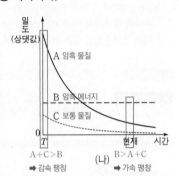
(나)

이에 대한 설명으로 옳은 것만을 〈보기〉에서 있는 대로 고른 것은?

보기
ㄱ. (가)를 이용하여 A가 존재함을 추정할 수 있다.
ㄴ. B에서 가장 많은 양을 차지하는 것은 양성자이다.
    _C
ㄷ. T 시기부터 현재까지 우주의 팽창 속도는 <s>계속 증가하</s>
    <s>였다.</s> 계속 증가한 것은 아니다.

① ㄱ ② ㄴ ③ ㄱ, ㄷ ④ ㄴ, ㄷ ⑤ ㄱ, ㄴ, ㄷ

✔ **자료 해석**

• (가) : 앞쪽 은하에 의해 뒤에 있는 퀘이사가 4개로 보이는 중력 렌즈 현상이다.

• (나) : 현재 우주는 약 68.3 %의 암흑 에너지, 약 26.8 %의 암흑 물질, 약 4.9 %의 보통 물질로 이루어져 있다. 따라서 A는 암흑 물질, B는 암흑 에너지, C는 보통 물질이다.

○ **보기 풀이** ㄱ. A는 암흑 물질이다. 중력 렌즈 현상을 통해 계산한 은하의 질량은 전자기파로 관측되는 물질의 질량보다 훨씬 큰데, 이로부터 암흑 물질의 존재를 추정할 수 있다. 따라서 (가)를 이용하여 A가 존재함을 추정할 수 있다.

✕ **매력적 오답** ㄴ. B는 암흑 에너지이다. 양성자는 보통 물질이므로 C에 해당한다.

ㄷ. T 시기에는 물질(암흑 물질+보통 물질)의 밀도가 암흑 에너지의 밀도보다 크므로 우주는 감속 팽창하였고, 현재는 암흑 에너지의 밀도가 물질(암흑 물질+보통 물질)의 밀도보다 크므로 우주는 가속 팽창하고 있다. 따라서 T 시기부터 현재까지 우주의 팽창 속도가 계속 증가한 것은 아니다.

문제풀이 Tip

암흑 에너지는 척력으로 작용하여 우주의 팽창 속도를 가속시키는 역할을 한다. 따라서 물질(암흑 물질+보통 물질)의 밀도가 암흑 에너지의 밀도보다 큰 시기에는 감속 팽창, 암흑 에너지의 밀도가 물질(암흑 물질+보통 물질)의 밀도보다 큰 시기에는 가속 팽창을 한다는 것에 유의해야 한다.

18 허블 법칙

출제 의도 허블 법칙을 이해하고, 주어진 자료를 해석하여 허블 상수와 관측 파장, 은하까지의 거리를 파악하는 문항이다.

그림은 허블 법칙을 만족하는 외부 은하의 거리와 후퇴 속도의 관계 l과 우리은하에서 은하 A, B, C를 관측한 결과이고, 표는 이 은하들의 흡수선 관측 결과를 나타낸 것이다. B의 흡수선 관측 파장은 허블 법칙으로 예상되는 값보다 8 nm 더 길다.

$\frac{8\,nm}{600\,nm} \times 3 \times 10^5$ km/s=4000 km/s만큼 빠르게 관측된 것이다.

➡ B의 거리에서 허블 법칙으로 예상되는 후퇴 속도는 17000 km/s이다.

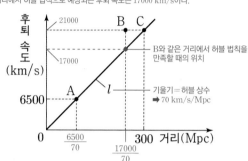

은하	기준 파장	관측 파장
A	400	㉠ 약 408.67
B	600	(642)
C	600	642

(단위: nm)

이 자료에 대한 설명으로 옳은 것만을 〈보기〉에서 있는 대로 고른 것은? (단, 우리은하에서 관측했을 때 A, B, C는 동일한 시선 방향에 놓여있고, 빛의 속도는 3×10^5 km/s이다.)

보기
ㄱ. 허블 상수는 70 km/s/Mpc이다.
ㄴ. ㉠은 410보다 작다.
ㄷ. A에서 B까지의 거리는 140 Mpc보다 크다.

① ㄱ　　② ㄷ　　③ ㄱ, ㄴ　　④ ㄴ, ㄷ　　⑤ ㄱ, ㄴ, ㄷ

✔ 자료 해석

- 후퇴 속도와 거리의 관계를 나타낸 그래프에서 l의 기울기는 허블 상수에 해당한다.
- 허블 법칙은 $v = H \cdot r$(v: 은하의 후퇴 속도, H: 허블 상수, r: 은하의 거리)이고, 은하의 후퇴 속도(v)는 $v = \frac{\Delta\lambda}{\lambda_0} \times c$($\Delta\lambda$: 파장 변화량, λ_0: 원래 파장, c: 빛의 속도)이므로, $H \cdot r = \frac{\Delta\lambda}{\lambda_0} \times c$이다.
- A는 후퇴 속도, 기준 파장, 빛의 속도 값을 알고 있으므로, 위의 식을 이용하여 파장 변화량을 구할 수 있다.
- C는 거리, 기준 파장, 관측 파장, 빛의 속도 값을 알고 있으므로, 위의 식을 이용하여 허블 상수를 구할 수 있다.
- B는 C와 후퇴 속도가 같으므로 관측 파장은 C와 같은 642 nm이다. 하지만 B의 흡수선 관측 파장이 허블 법칙을 만족할 때의 값보다 8 nm 더 길다고 하였으므로, 허블 법칙을 만족할 때 B의 흡수선 관측 파장은 634 nm이다.

○ 보기 풀이

ㄱ. 은하의 거리(r), 기준 파장(λ_0), 관측 파장(λ)을 모두 알고 있는 C를 이용하여 허블 상수를 구할 수 있다. $H = \frac{\Delta\lambda}{\lambda_0} \times \frac{c}{r}$이고, C의 기준 파장은 400 nm, 파장 변화량은 42 nm, 거리는 300 Mpc이므로, 허블 상수는 $H = \frac{42\,nm}{600\,nm} \times \frac{3 \times 10^5\,km/s}{300\,Mpc} = 70$ km/s/Mpc이다.

ㄴ. A의 후퇴 속도(v)는 6500 km/s, 기준 파장(λ_0)은 400 nm이므로, 6500 km/s $= \frac{\Delta\lambda}{400\,nm} \times 3 \times 10^5$ km/s로부터 파장 변화량($\Delta\lambda$)은 약 8.67 nm이다. 따라서 관측 파장 ㉠은 약 408.67이다.

ㄷ. A는 허블 법칙을 만족하므로 A의 거리는 $\frac{6500}{70}$ Mpc이다. 한편 B는 C와 후퇴 속도가 같으므로 관측 파장은 C와 같은 642 nm이다. 그런데 B의 흡수선 관측 파장이 허블 법칙을 만족할 때의 값보다 8 nm 더 길다고 하였으므로, 허블 법칙을 만족할 때 B의 흡수선 관측 파장은 634 nm이다. 이로부터 B의 거리는 $r = \frac{34\,nm}{600\,nm} \times \frac{3 \times 10^5\,km/s}{70\,km/s/Mpc} = \frac{17000}{70}$ Mpc이다. 우리은하에서 관측했을 때 A, B, C는 동일한 시선 방향에 놓여있다고 하였으므로, A에서 B까지의 거리는 $(\frac{17000}{70} - \frac{6500}{70})$ Mpc=150 Mpc이다.

문제풀이 Tip

후퇴 속도는 파장 변화량에 비례하므로 두 은하의 후퇴 속도가 같고 기준 파장이 같으면 관측 파장도 같다는 것에 유의해야 한다. 또한 허블 법칙으로 예상되는 값보다 관측 파장이 길게 관측되었다는 단서로부터 허블 법칙으로 예상되는 은하의 거리와 후퇴 속도를 구할 수 있어야 한다.

Part II 수능 평가원

19 전파 은하

출제 의도 가시광선과 전파 영역으로 관측한 은하의 영상을 확인하여 은하의 특징을 이해하는 문항이다.

그림 (가)와 (나)는 어느 은하를 각각 가시광선과 전파로 관측한 영상이며, ㉠은 제트이다.

(가) 가시광선 영상   (나) 전파 영상

이 은하에 대한 설명으로 옳은 것만을 〈보기〉에서 있는 대로 고른 것은? [3점]

〈보기〉
ㄱ. 나선팔을 가지고 있다. (나선팔이 없다.)
ㄴ. 대부분의 별은 분광형이 A0인 별보다 표면 온도가 낮다.
ㄷ. ㉠은 암흑 물질어 분출되는 모습이다. (보통 물질이)

① ㄱ   ② ㄴ   ③ ㄷ   ④ ㄱ, ㄷ   ⑤ ㄴ, ㄷ

✔ **자료 해석**

• (가) : 가시광선으로 관측한 영상으로, 타원 은하 형태로 관측된다. 타원 은하는 주로 나이가 많고 붉은색의 별들로 이루어져 있다.
• (나) : 전파로 관측한 영상으로, 핵, 제트(㉠), 로브로 이루어져 있다.

보기 풀이 (가)는 가시광선으로 관측한 영상으로 타원 은하 형태로 관측되고, (나)는 전파로 관측한 영상으로 핵, 제트, 로브가 관측된다. 따라서 이 은하는 특이 은하인 전파 은하이다.

ㄴ. 타원 은하를 구성하는 대부분의 별은 늙고 붉은색의 별들이다. 분광형이 A0인 별은 표면 온도가 약 10000 K인 고온의 별이다.

매력적 오답 ㄱ. 전파 은하는 가시광선 영상에서 타원 은하로 관측되므로, 나선팔을 가지고 있지 않다.

ㄷ. ㉠은 핵에서 분출되어 로브로 연결되는 제트로, 보통 물질이다. 암흑 물질은 전자기파로 관측되지 않으므로 전파 영상에서 관측되지 않는다.

문제풀이 Tip

전파 은하의 제트와 로브의 일부 영역에서는 강한 X선이 방출되며, 제트는 핵에서 분출된 보통 물질이다. 암흑 물질은 전자기파로 관측되지 않는다는 것에 유의해야 한다.

---

20 빅뱅 우주론

출제 의도 빛의 진행 모습을 통해 우주 나이를 판단하고, 우주의 나이에 따른 우주 배경 복사 온도와 가벼운 원소의 함량비를 비교하는 문항이다.

그림 (가)와 (나)는 우주의 나이가 각각 10만 년과 100만 년일 때에 빛이 우주 공간을 진행하는 모습을 순서 없이 나타낸 것이다.

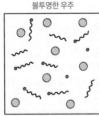
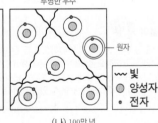

(가) 10만 년   (나) 100만 년

빛
양성자
전자

이에 대한 설명으로 옳은 것만을 〈보기〉에서 있는 대로 고른 것은?

〈보기〉
ㄱ. (가) 시기 우주의 나이는 10만 년이다.
ㄴ. (나) 시기에 우주 배경 복사의 온도는 2.7 K이다. (2.7 K보다 높았다.)
ㄷ. 수소 원자핵에 대한 헬륨 원자핵의 함량비는 (가) 시기가 (나) 시기보다 크다. ((가) 시기와 (나) 시기가 거의 같다.)

① ㄱ   ② ㄴ   ③ ㄷ   ④ ㄱ, ㄴ   ⑤ ㄱ, ㄷ

✔ **자료 해석**

• (가) : 원자가 형성되기 이전에 빛이 자유롭게 진행할 수 없는 불투명한 우주로, 우주 나이 10만 년일 때의 모습이다.
• (나) : 양성자와 전자가 결합하여 원자를 형성하고 있으므로 물질과 복사가 분리된 투명한 우주로, 우주 나이 100만 년일 때의 모습이다.
• 우주 초기에 양성자와 중성자의 개수비는 약 7 : 1이었고, 빅뱅 이후 약 3분 동안 헬륨 핵합성이 일어난 후 수소 원자핵과 헬륨 원자핵의 개수비는 약 12 : 1이 되었으며, 수소 원자핵과 헬륨 원자핵의 질량비는 약 3 : 1이 되었다.

보기 풀이 ㄱ. (가)는 양성자와 전자가 결합하지 않은 것으로 보아 우주의 나이가 10만 년일 때의 모습이고, (나)는 양성자와 전자가 결합하여 원자를 형성한 이후 빛이 자유게 진행하는 것으로 보아 우주의 나이가 100만 년일 때의 모습이다.

매력적 오답 ㄴ. 우주 배경 복사는 빅뱅이 일어나고 약 38만 년이 지난 후 우주의 온도가 약 3000 K일 때 방출된 것으로, 우주가 팽창함에 따라 우주의 온도는 점점 낮아지고 우주 배경 복사의 파장은 점점 길어져 현재 약 2.7 K으로 관측된다. 따라서 우주 나이 100만 년일 때는 우주 배경 복사의 온도가 2.7 K보다 높았다.

ㄷ. 수소 원자핵에 대한 헬륨 원자핵의 질량비는 우주의 나이가 약 3분일 때 약 3 : 1이 되었으며, 현재에도 약 3 : 1이다. 따라서 수소 원자핵에 대한 헬륨 원자핵의 함량비는 (가) 시기와 (나) 시기가 거의 같다.

문제풀이 Tip

수소 원자핵과 헬륨 원자핵의 질량비는 빅뱅 후 3분이 되었을 때부터 현재까지 약 3 : 1로 같지만, 우주 배경 복사 온도는 처음 방출되었을 때 3000 K에서 우주가 팽창함에 따라 온도가 낮아지고 파장이 점점 길어져 현재는 약 2.7 K으로 관측된다는 것에 유의해야 한다.

21 우주 구성 요소

2023학년도 수능 18번 | 정답 ② | 문제편 86 p

출제 의도 외부 은하의 스펙트럼 관측 자료를 통해 후퇴 속도를 구하고, 시간에 따른 우주 구성 요소의 비율 변화를 파악하는 문항이다.

표 (가)는 외부 은하 A와 B의 스펙트럼 관측 결과를, (나)는 우주 구성 요소의 상대적 비율을 T_1, T_2 시기에 따라 나타낸 것이다. T_1, T_2는 관측된 A, B의 빛이 각각 출발한 시기 중 하나이고, a, b, c는 각각 보통 물질, 암흑 물질, 암흑 에너지 중 하나이다.

은하	기준 파장	관측 파장	$\Delta\lambda$
A	120	132	12
B	150	600	450

(단위: nm)

관측 파장이 길어졌으므로 적색 편이가 나타났다.

(가)

우주 구성 요소	T_1 시간→ T_2	
암흑 에너지 a	62.7	3.4
암흑 물질 b	31.4	81.3
보통 물질 c	5.9	15.3

(단위: %)

(나)

이 자료에 대한 설명으로 옳은 것만을 〈보기〉에서 있는 대로 고른 것은? (단, 빛의 속도는 3×10^5 km/s이다.)

보기

ㄱ. 우리은하에서 관측한 A의 후퇴 속도는 ~~3000~~ km/s이다.
30000

ㄴ. B는 T_2 시기의 천체이다.

ㄷ. 우주를 가속 팽창시키는 요소는 ~~b~~이다.
a

① ㄱ ② ㄴ ③ ㄷ ④ ㄱ, ㄴ ⑤ ㄴ, ㄷ

✔ 자료 해석

• (가) : 적색 편이량(z)은 $z=\dfrac{관측\ 파장-기준\ 파장}{기준\ 파장}$이고, 은하의 후퇴 속도($v$)는 $v=zc$(c : 빛의 속도)이다. 은하 A의 적색 편이량은 $\dfrac{12}{120}=0.1$이므로, 후퇴 속도는 $0.1\times3\times10^5$ km/s$=3\times10^4$ km/s이고, 은하 B의 적색 편이량은 $\dfrac{450}{600}=0.75$이므로, 후퇴 속도는 $0.75\times3\times10^5$ km/s$=2.25\times10^5$ km/s이다. 외부 은하의 거리는 후퇴 속도에 비례하므로 은하까지의 거리는 B가 A보다 멀다.

• (나) : 우주는 암흑 에너지, 보통 물질, 암흑 물질로 구성되어 있으며, 암흑 에너지의 상대적 비율은 시간이 지날수록 계속 증가하고, 보통 물질과 암흑 물질의 상대적 비율은 시간이 지날수록 감소한다. 따라서 a는 암흑 에너지, b는 암흑 물질, c는 보통 물질이고, T_2가 T_1보다 과거이다.

⊙ 보기 풀이 ㄴ. B는 A보다 파장 변화량이 큰 것으로 보아 후퇴 속도가 빨라 지구에서 더 멀리 떨어져 있는 은하이다. 암흑 에너지의 비율은 T_2 시기보다 T_1 시기에 증가하였으므로 T_2 시기가 더 과거임을 알 수 있다. 따라서 B는 T_2 시기의 천체이다.

✗ 매력적 오답 ㄱ. 우리은하에서 관측한 A의 파장 변화량은 12 nm이고, 기준 파장은 120 nm이므로 적색 편이량($=\dfrac{관측\ 파장-기준\ 파장}{기준\ 파장}$)은 0.1이다. 은하의 후퇴 속도($v$)는 $v=zc$(z : 적색 편이량, c : 빛의 속도)이므로, $v=0.1\times3\times10^5=30000$ km/s이다.

ㄷ. a는 T_2 시기보다 T_1 시기에 증가하였고, b와 c는 T_2 시기보다 T_1 시기에 감소하였으므로, a는 암흑 에너지이고, b와 c는 물질이다. 우주를 가속 팽창시키는 요소는 암흑 에너지이므로 a이다.

문제풀이 Tip

우주가 팽창함에 따라 암흑 에너지의 비율은 증가하고 물질(암흑 물질, 보통 물질)의 비율은 감소하므로, 서로 다른 시기에는 우주 구성 요소의 상대적 비율이 다르게 나타남을 이해해야 한다. 이때 상대적 비율 변화가 다른 경향으로 나타나는 한 개의 요소가 암흑 에너지이고, 나머지 두 개의 요소는 물질(암흑 물질, 보통 물질)이며, 암흑 에너지의 비율이 더 작은 것이 과거의 시기라는 것에 유의해야 한다.

22 허블의 은하 분류

출제 의도 외부 은하의 사진을 보고 은하의 종류를 파악하고, 은하를 구성하는 별의 특징을 비교하는 문항이다.

그림 (가)와 (나)는 가시광선으로 관측한 어느 타원 은하와 불규칙 은하를 순서 없이 나타낸 것이다.

(가) 불규칙 은하   (나) 타원 은하

이에 대한 설명으로 옳은 것만을 〈보기〉에서 있는 대로 고른 것은?

보기
ㄱ. (가)는 불규칙 은하이다.
ㄴ. (나)를 구성하는 별들은 <u>푸른 별</u>이 <u>붉은 별</u>보다 많다.
   <small>붉은 별이 푸른 별보다</small>
ㄷ. 은하를 구성하는 별들의 평균 나이는 (가)가 (나)보다 적다.

① ㄱ ② ㄴ ③ ㄱ, ㄷ ④ ㄴ, ㄷ ⑤ ㄱ, ㄴ, ㄷ

✔ 자료 해석
• (가)는 불규칙 은하로, 성간 물질이 많이 분포하고, 나이가 적고 표면 온도가 높은 파란색의 별들로 이루어져 있다.
• (나)는 타원 은하로, 나이가 많고 표면 온도가 낮은 붉은색의 별들로 이루어져 있다.

○ 보기 풀이 ㄱ. (가)는 규칙적인 모양을 보이지 않으므로 불규칙 은하이고, (나)는 모양이 타원형으로 관측되므로 타원 은하이다.
ㄷ. (가)는 주로 젊은 별들로 구성되어 있고, (나)는 주로 늙은 별들로 구성되어 있으므로, 은하를 구성하는 별들의 평균 나이는 (가)가 (나)보다 적다.

✘ 매력적 오답 ㄴ. (나)는 주로 나이가 많고 표면 온도가 낮은 붉은색 별들로 구성되어 있다. 따라서 (나)를 구성하는 별들은 붉은 별이 푸른 별보다 많다.

문제풀이 Tip
허블의 은하 분류에서 은하의 분류 기준을 알아 두고, 외부 은하를 구성하는 대부분의 별과 성간 물질의 특징에 대해 은하별로 구분하여 알아 두자.

---

23 우주 구성 요소

출제 의도 현재 우주 구성 요소의 종류와 비율을 파악하고, 우주 팽창에 따른 우주 구성 요소의 비율 변화를 이해하는 문항이다.

그림 (가)는 현재 우주 구성 요소의 비율을, (나)는 은하에 의한 중력 렌즈 현상을 나타낸 것이다. A, B, C는 각각 암흑 물질, 암흑 에너지, 보통 물질 중 하나이다.

보통 물질 A 4.9%
암흑 물질 B 26.8%
C 68.3%
암흑 에너지
(가)   (나) 중력 렌즈 현상

이에 대한 설명으로 옳은 것만을 〈보기〉에서 있는 대로 고른 것은? [3점]

보기
ㄱ. A는 <s>암흑 에너지</s>이다.
   <small>보통 물질</small>
ㄴ. 현재 이후 우주가 팽창하는 동안 $\dfrac{\text{B의 비율}}{\text{C의 비율}}$ 은 감소한다.
ㄷ. (나)를 이용하여 B가 존재함을 추정할 수 있다.

① ㄱ ② ㄴ ③ ㄷ ④ ㄱ, ㄴ ⑤ ㄴ, ㄷ

✔ 자료 해석
• (가)에서 A는 보통 물질, B는 암흑 물질, C는 암흑 에너지이다.
• (나)의 중력 렌즈 현상은 은하단이나 암흑 물질과 같은 질량이 큰 천체로 인해 배경의 별이나 은하가 왜곡되어 보이는 현상이다.

○ 보기 풀이 ㄴ. 암흑 에너지는 밀도가 항상 일정하지만 보통 물질과 암흑 물질은 우주가 팽창함에 따라 밀도가 감소한다. 따라서 현재 이후 우주가 팽창하는 동안 $\dfrac{\text{B의 비율}}{\text{C의 비율}}$ 은 감소한다.
ㄷ. 암흑 물질(B)은 전자기파로 관측되지 않으므로 중력 렌즈 현상과 같이 중력을 이용한 방법으로 존재를 추정할 수 있다.

✘ 매력적 오답 ㄱ. 가장 적은 비율을 차지하는 A는 보통 물질이고, B는 암흑 물질이며, 가장 많은 비율을 차지하는 C는 암흑 에너지이다.

문제풀이 Tip
현재 우주 구성 요소 비율은 반드시 암기하고 있어야 한다. 현재 우주에서 가장 많은 비율을 차지하는 것은 암흑 에너지이고, 우주가 팽창함에 따라 암흑 에너지가 차지하는 비율은 시간에 따라 증가한다는 것에 유의해야 한다.

24 우주 팽창과 적색 편이

출제 의도 시간에 따른 우주의 상대적 크기 변화 자료를 해석하여 우주의 팽창 속도를 비교하고, 우주 팽창에 따른 은하의 거리와 빛의 파장 변화를 이해하는 문항이다.

그림 (가)는 어느 우주 모형에서 시간에 따른 우주의 상대적 크기를 나타낸 것이고, (나)는 120억 년 전 은하 P에서 방출된 파장 λ인 빛이 80억 년 전 은하 Q를 지나 현재의 관측자에게 도달하는 상황을 가정하여 나타낸 것이다. 우주 공간을 진행하는 빛의 파장은 우주의 크기에 비례하여 증가한다.

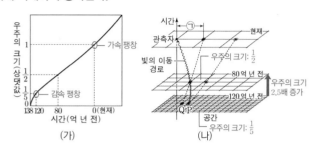

(가)   (나)

이 자료에 대한 설명으로 옳은 것만을 〈보기〉에서 있는 대로 고른 것은? (단, P와 Q는 관측자의 시선과 동일한 방향에 위치한다.)

보기
ㄱ. 120억 년 전에 우주는 ~~가속 팽창~~하였다.
　　　　　　　　　　감속 팽창
ㄴ. P에서 방출된 파장 λ인 빛이 Q에 도달할 때 파장은 2.5λ이다.
ㄷ. (나)에서 현재 관측자로부터 Q까지의 거리 ⊙은 ~~80억 광년이다.~~
　　80억 광년보다 멀다.

① ㄱ　　② ㄴ　　③ ㄷ　　④ ㄱ, ㄷ　　⑤ ㄴ, ㄷ

✔ 자료 해석
- (가)에서 기울기는 팽창 속도를 의미하므로 기울기가 감소하는 시기에는 감속 팽창을, 기울기가 증가하는 시기에는 가속 팽창을 하였다.
- (가)에서 120억 년 전 우주의 크기는 현재의 $\frac{1}{5}$이고, 80억 년 전 우주의 크기는 현재의 $\frac{1}{2}$이다.
- (나)에서 120억 년 전 은하 P에서 방출한 빛이 80억 년 전 은하 Q를 지나 현재 관측자에게 도달하는 데는 120억 광년이 걸리고, 은하 P에서 관측자까지의 거리는 120억 광년보다 멀다.

보기 풀이 ㄴ. 120억 년 전 우주의 크기는 현재의 $\frac{1}{5}$배, 80억 년 전 우주의 크기는 현재의 $\frac{1}{2}$배이다. 빛의 파장은 우주의 크기에 비례하여 증가한다고 하였으므로, 120억 년 전 P에서 방출된 파장 λ인 빛이 80억 년 전 Q에 도달할 때 파장은 2.5λ이다.

매력적 오답 ㄱ. (가)에서 120억 년 전에는 그래프의 기울기가 감소하고 있으므로, 우주는 감속 팽창하였음을 알 수 있다.

ㄷ. 80억 년 전 Q에서 출발한 빛이 80억 년을 이동하여 현재 관측자에게 도달하였으므로 빛이 이동한 거리는 80억 광년이다. 하지만 빛이 이동해 온 동안 우주는 팽창하였으므로 (나)에서 현재 관측자로부터 Q까지의 거리 ⊙은 80억 광년보다 멀다.

문제풀이 Tip
현재 관측자가 관측하는 빛은 과거에 천체에서 방출된 빛이다. 예를 들어 10억 년 전에 출발한 빛을 관측하였다면 이 빛이 이동한 거리는 10억 광년이지만, 10억 년 동안 우주가 팽창한 것을 고려해야 하므로 빛을 방출한 천체와 현재 관측자 사이의 거리는 10억 년 전보다 멀어지게 된다. 우주가 팽창하고 있으므로 빛의 이동 거리와 은하까지의 거리는 같지 않다는 것에 유의해야 한다.

---

25 은하의 분류와 특징

출제 의도 외부 은하를 형태에 따라 분류하고, 은하의 구조와 특징을 이해하는 문항이다.

그림은 어느 외부 은하를 나타낸 것이다. A와 B는 각각 은하의 중심부와 나선팔이다.

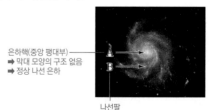

은하핵(중앙 팽대부)
➡ 막대 모양의 구조 없음
➡ 정상 나선 은하

나선팔

이 은하에 대한 설명으로 옳은 것만을 〈보기〉에서 있는 대로 고른 것은?

보기
ㄱ. ~~막대 나선 은하~~에 해당한다.
　　정상 나선 은하
ㄴ. B에는 성간 물질이 ~~존재하지 않는다.~~
　　　　　　　　　　많이 분포한다.
ㄷ. 붉은 별의 비율은 A가 B보다 높다.

① ㄱ　　② ㄴ　　③ ㄷ　　④ ㄱ, ㄴ　　⑤ ㄴ, ㄷ

✔ 자료 해석
- 막대 모양의 구조가 없는 은하핵과 나선팔로 이루어진 정상 나선 은하이다.
- A는 은하핵(중앙 팽대부)으로, 주로 나이가 많은 붉은색의 별들과 구상 성단으로 이루어져 있다.
- B는 나선팔로, 주로 나이가 적은 파란색의 별들과 산개 성단, 성간 물질로 이루어져 있다.

보기 풀이 ㄷ. 중앙 팽대부인 은하핵(A)에는 나이가 많은 붉은색 별들이 주로 분포하고, 나선팔(B)에는 나이가 적은 파란색 별들이 주로 분포한다. 따라서 붉은 별의 비율은 A가 B보다 높다.

매력적 오답 ㄱ. 은하핵을 나선팔이 휘감고 있는 형태이므로 나선 은하이고, 중심부에 막대 모양의 구조가 없으므로 정상 나선 은하이다.

ㄴ. B는 나선팔로, 젊은 별들과 성간 물질이 많이 분포한다.

문제풀이 Tip
허블의 분류에 따른 은하의 종류와 은하의 특징을 비교하는 문항이 자주 출제된다. 은하의 분류 기준과 은하를 구성하는 별의 특징, 성간 물질의 분포 등을 비교하여 알아 두자.

Part II 수능 평가원

26 빅뱅 우주론

출제 의도 표준 우주 모형을 통해 각 시기별로 우주의 팽창을 이해하고, 우주 배경 복사 온도를 비교하는 문항이다.

그림은 우주에서 일어난 주요한 사건 (가)~(라)를 시간 순서대로 나타낸 것이다.

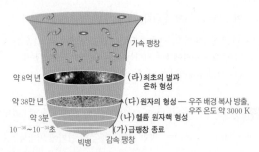

이에 대한 설명으로 옳은 것만을 〈보기〉에서 있는 대로 고른 것은? [3점]

보기
ㄱ. (가)와 (라) 사이에 우주는 감속 팽창한다.
ㄴ. (나)와 (다) 사이에 퀘이사가 형성된다.
  (라) 시기 이후에
ㄷ. (라) 시기에 우주 배경 복사 온도는 2.7 K보다 높다.

① ㄱ　② ㄴ　③ ㄱ, ㄷ　④ ㄴ, ㄷ　⑤ ㄱ, ㄴ, ㄷ

✔ 자료 해석

• (가) 급팽창이 종료된 시기는 우주 나이 약 $10^{-36} \sim 10^{-34}$초이다.
• (나) 헬륨 원자핵이 형성된 시기는 우주 나이 약 3분일 때이고, 이때 우주를 구성하는 수소와 헬륨의 질량비가 약 3 : 1이 되었다.
• (다) 원자가 형성된 시기는 우주 나이 약 38만 년일 때로, 이때 우주 배경 복사가 방출되었으며, 우주 온도는 약 3000 K이었다.
• (라) 최초의 별과 은하는 우주 나이 약 8억 년일 때 형성되었다.

◯ 보기 풀이

ㄱ. 표준 우주 모형에서 (가)와 (라) 사이에 우주의 크기는 계속 팽창하고 있지만 팽창하는 정도는 대체로 감소하고 있다. 따라서 (가)와 (라) 사이에 우주는 감속 팽창한다.

ㄷ. 최초의 우주 배경 복사는 (다) 시기에 방출되었으며, 이때 우주 온도는 약 3000 K이었다. 이후 우주의 온도와 밀도가 감소하면서 현재 관측되는 우주 배경 복사 온도는 약 2.7 K이다. 따라서 (라) 시기에 우주 배경 복사 온도는 2.7 K보다 높다.

✖ 매력적 오답

ㄴ. 퀘이사는 외부 은하이므로 최초의 별과 은하가 형성된 (라) 시기 이후에 형성되었다.

문제풀이 Tip

빅뱅 우주론의 증거인 가벼운 원소의 질량비, 우주 배경 복사와 관련이 있는 헬륨 원자핵이 형성된 시기와 원자가 형성된 시기는 매우 중요하므로 꼭 알아 두자. 또한 헬륨 원자핵은 우주 탄생 약 3분 후에, 원자는 우주 탄생 약 38만 년 후에 형성되었으며, 헬륨 원자핵이 형성된 이후 수소와 헬륨의 질량비가 3 : 1이 되었고, 원자가 형성되면서 우주 배경 복사가 방출되었다는 것을 알아 두자.

---

27 우주 구성 요소

출제 의도 현재 우주 구성 요소와 비율을 이해하고, 과거와 미래의 우주 구성 요소의 비율 변화를 파악하는 문항이다.

표는 우주 구성 요소 A, B, C의 상대적 비율을 T_1, T_2 시기에 따라 나타낸 것이다. T_1, T_2는 각각 과거와 미래 중 하나에 해당하고, A, B, C는 각각 보통 물질, 암흑 물질, 암흑 에너지 중 하나이다.

구성 요소	T_1과거	T_2미래
암흑 물질 A	66	11
암흑 에너지 B	22	87
보통 물질 C	12	2

(단위 : %)

이에 대한 설명으로 옳은 것만을 〈보기〉에서 있는 대로 고른 것은?

보기
ㄱ. T_2는 미래에 해당한다.
ㄴ. A는 항성 질량의 대부분을 차지한다.
  C
ㄷ. C는 전자기파로 관측할 수 있다.

① ㄱ　② ㄴ　③ ㄱ, ㄷ　④ ㄴ, ㄷ　⑤ ㄱ, ㄴ, ㄷ

✔ 자료 해석

• 우주는 암흑 에너지, 보통 물질, 암흑 물질로 구성되어 있으며, 암흑 에너지의 상대적 비율은 시간이 지날수록 계속 증가하고, 보통 물질과 암흑 물질의 상대적 비율은 시간이 지날수록 감소한다.
• A와 C는 T_1일 때가 T_2일 때보다 비율이 크고, B는 T_1일 때가 T_2일 때보다 비율이 작다. 따라서 A와 C는 물질, B는 암흑 에너지이고, 물질의 비율이 큰 T_1은 과거이고, 암흑 에너지의 비율이 큰 T_2는 미래이다.

◯ 보기 풀이

현재 우주는 암흑 에너지가 약 68.3 %, 암흑 물질이 약 26.8 %, 보통 물질이 약 4.9 %로 이루어져 있다. 우주가 팽창함에 따라 암흑 에너지가 차지하는 비율은 계속 증가하고, 보통 물질과 암흑 물질이 차지하는 비율은 계속 감소하므로, A와 C는 물질, B는 암흑 에너지이고, 가장 적은 양을 차지하는 C가 보통 물질, A가 암흑 물질이다.

ㄱ. 암흑 에너지(B)가 차지하는 비율은 시간이 흐름에 따라 증가하므로, 상대적 비율이 현재보다 작은 T_1은 과거, 현재보다 큰 T_2는 미래이다.

ㄷ. C는 보통 물질이므로 전자기파로 관측할 수 있다.

✖ 매력적 오답

ㄴ. A는 암흑 물질이다. 항성 질량의 대부분을 차지하는 것은 수소와 헬륨으로, 보통 물질에 해당한다.

문제풀이 Tip

빅뱅 우주론에서 우주를 구성하는 물질의 총량은 항상 일정하므로 우주가 팽창함에 따라 우주에서 물질이 차지하는 비율은 점점 감소한다. 반면에 암흑 에너지의 밀도는 항상 일정하므로 우주가 팽창함에 따라 암흑 에너지가 차지하는 비율은 계속 증가한다는 것에 유의해야 한다.

28 특이 은하

출제 의도 전파 은하의 가시광선 영상과 전파 영상 사진을 확인하여 은하의 특징을 파악하는 문항이다.

그림은 전파 은하 M87의 가시광선 영상과 전파 영상을 나타낸 것이다.

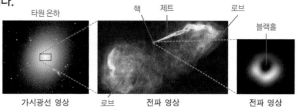

이 은하에 대한 설명으로 옳은 것만을 〈보기〉에서 있는 대로 고른 것은?

보기
ㄱ. 은하를 구성하는 별들은 ~~푸른 별이 붉은 별보다 많다.~~
　　　　　　　　　　　푸른 별보다 붉은 별이
ㄴ. 제트에서는 별이 ~~활발하게 탄생한다.~~
　　　　　　　　　탄생하기 어렵다.
ㄷ. 중심에는 질량이 거대한 블랙홀이 있다.

① ㄱ　　② ㄷ　　③ ㄱ, ㄴ　　④ ㄴ, ㄷ　　⑤ ㄱ, ㄴ, ㄷ

✔ 자료 해석
• 가시광선 영상 : 타원 은하 형태로 관측된다. 타원 은하는 성간 물질이 적고 나이가 많은 붉은 별들로 이루어져 있다.
• 전파 영상 : 핵, 제트, 로브로 구성되어 있으며, 핵에서는 블랙홀이 관측된다.

◯ 보기풀이 ㄷ. 전파 영상을 보면 중심부의 검은 점과 그 주변의 빛나는 고리가 있는데, 여기서 중심부의 큰 검은 점은 블랙홀로 인해 보이지 않는 것이다. 즉, 이 은하의 중심부에는 거대 질량의 블랙홀이 있다.

✘ 매력적오답 ㄱ. 가시광선 영상으로 보았을 때 타원 은하로 관측된다. 타원 은하를 구성하는 별들은 표면 온도가 낮은 붉은 별이 푸른 별보다 많다.
ㄴ. 제트는 블랙홀로 빨려 들어가는 입자 중 일부분이 탈출하며 나타난다. 따라서 별의 탄생이 활발하지 않다.

문제풀이 **Tip**
전파 은하의 제트와 로브의 일부 영역에서는 강한 X선을 방출하는데, 이것은 블랙홀에 의해 고속으로 움직이는 전자와 강한 자기장 때문이라는 것에 유의해야 한다.

---

29 우주론과 우주의 구성 요소

출제 의도 빅뱅 우주론에서 시간에 따른 물질, 암흑 에너지, 우주 배경 복사의 변화를 해석하는 문항이다.

그림은 빅뱅 우주론에 따라 팽창하는 우주에서 물질, 암흑 에너지, 우주 배경 복사를 시간에 따라 나타낸 것이다.

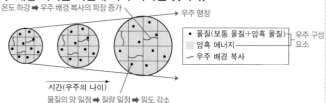

시간이 흐름에 따라 나타나는 우주의 변화에 대한 설명으로 옳은 것만을 〈보기〉에서 있는 대로 고른 것은?

보기
ㄱ. 물질 밀도는 ~~일정하다.~~
　　　　　　　감소한다.
ㄴ. 우주 배경 복사의 온도는 감소한다.
ㄷ. 물질 밀도에 대한 암흑 에너지 밀도의 비는 증가한다.

① ㄱ　　② ㄴ　　③ ㄱ, ㄷ　　④ ㄴ, ㄷ　　⑤ ㄱ, ㄴ, ㄷ

✔ 자료 해석
• 시간이 흐름에 따라 우주의 나이는 많아지고, 부피는 팽창한다.
• 팽창하는 우주에서 물질의 양은 일정하고, 암흑 에너지는 증가한다. 따라서 물질의 밀도는 감소하고 암흑 에너지의 밀도는 일정하게 유지된다.
• 우주 배경 복사는 우주의 온도가 약 3000 K일 때 방출되었던 복사로, 우주가 팽창하는 동안 온도가 낮아지고 파장이 길어져 현재는 약 2.7 K 복사로 관측된다.

◯ 보기풀이 ㄴ. 우주가 팽창하는 동안 우주의 부피는 팽창하고 우주 배경 복사의 파장은 길어졌다. 복사 에너지 파장은 온도가 낮을수록 길어지므로 우주 배경 복사의 온도는 감소하였다.
ㄷ. 우주가 팽창함에 따라 물질(보통 물질+암흑 물질) 밀도는 감소하는데 암흑 에너지 밀도는 일정하므로 물질 밀도에 대한 암흑 에너지 밀도의 비는 계속 증가한다.

✘ 매력적오답 ㄱ. 빅뱅 우주론에서는 물질의 양은 일정하지만 우주가 팽창함에 따라 우주의 부피는 계속 증가하므로, 물질 밀도는 감소한다.

문제풀이 **Tip**
밀도는 부피에 대한 질량의 비를 말하므로, 질량은 일정한데 부피만 증가하면 밀도가 감소하고, 질량과 부피가 모두 일정하게 증가하면 밀도가 일정하다는 것에 유의해야 한다. 즉, 빅뱅 우주론에서 물질은 새로 생성되지 않으므로 물질의 질량은 일정한데 우주는 팽창하기 때문에 물질 밀도는 감소하는 것이다.

30 허블 법칙

2022학년도 **수능** 20번 | 정답 ① | 문제편 89 p

> **출제 의도** Ia형 초신성의 밝기 자료를 해석하여 은하까지의 거리를 구하고, 허블 법칙을 적용하여 은하의 후퇴 속도와 파장 변화량, 겉보기 밝기 변화를 파악하는 문항이다.

그림은 외부 은하 A와 B에서 각각 발견된 Ia형 초신성의 겉보기 밝기를 시간에 따라 나타낸 것이다. 우리은하에서 관측하였을 때 A와 B의 시선 방향은 60°를 이루고, F_0은 Ia형 초신성이 100 Mpc에 있을 때 겉보기 밝기의 최댓값이다.

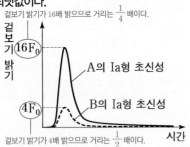

겉보기 밝기가 16배 밝으므로 거리는 $\frac{1}{4}$ 배이다.

겉보기 밝기가 4배 밝으므로 거리는 $\frac{1}{2}$ 배이다.

이 자료에 대한 설명으로 옳은 것만을 〈보기〉에서 있는 대로 고른 것은? (단, 빛의 속도는 3×10^5 km/s이고, 허블 상수는 70 km/s/Mpc이며, 두 은하는 허블 법칙을 만족한다.) [3점]

> **보기**
> ㄱ. 우리은하에서 관측한 A의 후퇴 속도는 1750 km/s이다.
> ㄴ. 우리은하에서 B를 관측하면, 기준 파장이 600 nm인 흡수선은 603.5 nm로 관측된다. (607)
> ㄷ. A에서 B의 Ia형 초신성을 관측하면, 겉보기 밝기의 최댓값은 $\frac{4}{\sqrt{3}} F_0$이다. $\frac{16}{3} F_0$

① ㄱ ② ㄴ ③ ㄱ, ㄷ ④ ㄴ, ㄷ ⑤ ㄱ, ㄴ, ㄷ

✔ 자료 해석

• 허블 법칙으로부터 A와 B의 후퇴 속도를 구하면 다음과 같다.
 - A : $v = H \cdot r = 70$ km/s/Mpc $\times 25$ Mpc $= 1750$ km/s
 - B : $v = H \cdot r = 70$ km/s/Mpc $\times 50$ Mpc $= 3500$ km/s

○ 보기 풀이 별의 밝기는 거리의 제곱에 반비례한다. Ia형 초신성이 100 Mpc에 있을 때 겉보기 밝기의 최댓값이 F_0이고, A는 최대 겉보기 밝기가 $16F_0$이므로 A는 Ia형 초신성보다 16배 밝게 보인다. 따라서 A의 거리는 Ia형 초신성까지 거리의 $\frac{1}{4}$ 배인 25 Mpc이다. 마찬가지로 B는 최대 겉보기 밝기가 $4F_0$이므로 B는 Ia형 초신성보다 4배 밝게 보인다. 따라서 B의 거리는 Ia형 초신성까지 거리의 $\frac{1}{2}$ 배인 50 Mpc이다.

ㄱ. A의 거리는 25 Mpc이므로, 허블 법칙($v = H \cdot r$)을 적용하면 우리은하에서 관측한 A의 후퇴 속도 $v = 70$ km/s/Mpc $\times 25$ Mpc $= 1750$ km/s이다.

✖ 매력적 오답 ㄴ. B의 거리는 50 Mpc이므로 허블 법칙으로 구한 후퇴 속도는 3500 km/s이다. 또한 은하의 후퇴 속도는 $v = \frac{\Delta \lambda}{\lambda_0} \times c$이고, 흡수선의 기준 파장($\lambda_0$)이 600 nm이므로 $\Delta \lambda = \frac{3500 \text{ km/s}}{300000 \text{ km/s}} \times 600 \text{ nm} = 7 \text{ nm}$이다. 따라서 흡수선의 파장은 607 nm이다.

ㄷ. 우리은하에서 관측했을 때 A와 B의 시선 방향은 60°를 이루고 우리은하에서 A와 B까지의 거리는 각각 1 : 2이므로 직각 삼각형을 그려보면 A, B 사이의 거리는 우리은하에서 A까지 거리의 $\sqrt{3}$배임을 알 수 있다. 따라서 겉보기 밝기는 거리의 제곱에 반비례하므로 A에서 관측한 B의 Ia형 초신성의 겉보기 밝기의 최댓값은 $\frac{16}{3} F_0$이다.

> **문제풀이 Tip**
> 외부 은하의 거리와 후퇴 속도에 관한 문항은 계산 문제로 출제되는 경향이 많으므로, 은하의 거리, 후퇴 속도, 흡수선의 파장 변화량 등을 계산하는 연습을 해 두자.

---

31 우주의 팽창과 구성 요소

2022학년도 9월 **평가원** 2번 | 정답 ④ | 문제편 89 p

> **출제 의도** 우주 구성 요소의 특징을 나타낸 자료를 보고 암흑 물질과 암흑 에너지를 구분하고, 우주의 가속 팽창과 암흑 에너지의 관계를 파악하는 문항이다.

다음은 우주의 구성 요소에 대하여 학생 A, B, C가 나눈 대화이다. ㉠과 ㉡은 각각 암흑 물질과 암흑 에너지 중 하나이다.

구성 요소	특징
암흑 물질 — ㉠	질량을 가지고 있으나 빛으로 관측되지 않음.
암흑 에너지 — ㉡	척력으로 작용하여 우주를 가속 팽창시키는 역할을 함.

제시한 내용이 옳은 학생만을 있는 대로 고른 것은?

① A ② B ③ C ④ A, B ⑤ A, C

✔ 자료 해석

• ㉠은 질량을 가지고 있으나 전자기파로 관측되지 않으므로 암흑 물질이다.
• ㉡은 우주를 가속 팽창시키는 역할을 하므로 암흑 에너지이다.

○ 보기 풀이 학생 A. 암흑 물질(㉠)은 전자기파로 관측되지 않아 일반적인 방법으로 존재를 확인할 수 없는 물질이다.

학생 B. 최근의 Ia형 초신성 관측 결과 현재 우주는 팽창 속도가 계속 증가하는 것으로 밝혀졌다. 이것은 우주 안에 있는 물질들의 인력을 합친 것보다 더 큰 어떤 힘이 우주를 팽창시키고 있음을 의미하는데, 이 힘을 발생시키는 에너지가 암흑 에너지(㉡)이다.

✖ 매력적 오답 학생 C. 현재 우주의 구성 비율은 암흑 에너지(약 68.3 %)가 가장 많고 다음으로 암흑 물질(약 26.8 %)이 많으므로, ㉠이 ㉡보다 작다.

> **문제풀이 Tip**
> 우주 구성 요소의 종류와 특징에 대해 묻는 문항이 우주의 가속 팽창과 연계되어 자주 출제되므로, 암흑 물질과 암흑 에너지의 특징에 대해 잘 알아 두자.

32 외부 은하의 분류와 특징

출제 의도 외부 은하의 탄생 후 시간에 따라 생성된 별의 총질량 자료를 해석하여 외부 은하의 종류를 결정하고, 타원 은하와 나선 은하의 특징을 비교하는 문항이다.

그림은 두 은하 A와 B가 탄생한 후, 연간 생성된 별의 총질량을 시간에 따라 나타낸 것이다. A와 B는 허블 은하 분류 체계에 따른 서로 다른 종류이며, 각각 E0과 Sb 중 하나이다.

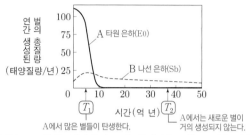

A에서 많은 별들이 탄생한다.
A에서는 새로운 별이 거의 생성되지 않는다.

이에 대한 설명으로 옳은 것만을 〈보기〉에서 있는 대로 고른 것은?

보기
ㄱ. B는 나선팔을 가지고 있다.
ㄴ. T_1일 때 연간 생성된 별의 총질량은 A가 B보다 크다.
ㄷ. T_2일 때 별의 평균 표면 온도는 B가 A보다 높다.

① ㄱ   ② ㄷ   ③ ㄱ, ㄴ   ④ ㄴ, ㄷ   ⑤ ㄱ, ㄴ, ㄷ

✔ 자료 해석
• 허블의 은하 분류 체계에서 타원 은하는 E로 분류되고, 나선 은하는 S(정상 나선 은하) 또는 SB(막대 나선 은하)로 분류된다.
• A는 은하 탄생 초기에 생성된 별이 많고, 은하 탄생으로부터 10억 년이 지난 이후에는 새로운 별이 거의 탄생하지 않았으므로, 주로 나이가 많은 별들로 이루어진 타원 은하(E0)이다.
• B는 은하 탄생 초기부터 최근까지 비교적 고르게 별들이 생성되고 있으므로, A에 비해 별들의 평균 나이가 적은 나선 은하(Sb)이다.

○ 보기 풀이 ㄱ. B는 은하 탄생 초기부터 현재까지 별들이 계속 생성되고 있다. 따라서 B는 상대적으로 나이가 적은 별들로 이루어진 나선 은하이며, 나선 은하는 모두 나선팔을 가지고 있다.

ㄴ. T_1은 은하 탄생 초기에 해당하며, 은하 탄생 초기에 A는 B보다 별의 생성이 활발하다. 따라서 T_1일 때 연간 생성된 별의 총질량은 A가 B보다 크다.

ㄷ. 타원 은하 A는 은하 탄생 초기에 대부분의 별들이 생성되었으므로, 시간이 지날수록 별의 나이가 많아지고 표면 온도가 낮아진다. 반면 나선 은하 B는 타원 은하에 비해 상대적으로 표면 온도가 높은 젊은 별들이 많다. 따라서 T_2일 때 별의 평균 표면 온도는 나선 은하인 B가 타원 은하인 A보다 높다.

문제풀이 **Tip**
표면 온도가 높은 별들은 질량이 커서 수명이 짧다. 따라서 타원 은하와 같이 새로운 별들이 거의 생성되지 않을 경우, 시간이 지날수록 은하에서 질량이 작은 붉은색 별의 비율이 증가하므로 별의 평균 표면 온도가 낮은 것에 유의해야 한다.

---

33 우주 배경 복사

출제 의도 우주 배경 복사의 온도 편차 자료를 제시하고 우주의 지평선 문제를 설명한 우주론에 대해 묻는 문항이다.

그림 (가)와 (나)는 각각 COBE 우주 망원경과 WMAP 우주 망원경으로 관측한 우주 배경 복사의 온도 편차를 나타낸 것이다. 지점 A와 B는 지구에서 관측한 시선 방향이 서로 반대이다.

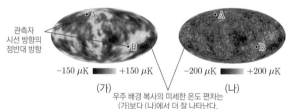

관측자 시선 방향의 정반대 방향

−150 μK   +150 μK   −200 μK   +200 μK
(가)   (나)
우주 배경 복사의 미세한 온도 편차는 (가)보다 (나)에서 더 잘 나타난다.

이에 대한 설명으로 옳은 것만을 〈보기〉에서 있는 대로 고른 것은? [3점]

보기
ㄱ. (나)가 (가)보다 온도 편차의 형태가 더욱 세밀해 보이는 것은 관측 기술의 발달 때문이다.
ㄴ. A와 B는 빛을 통하여 현재 상호 작용할 수 있다. 없다.
ㄷ. A와 B의 온도가 거의 같다는 사실은 급팽창 우주론으로 설명할 수 있다.

① ㄱ   ② ㄴ   ③ ㄱ, ㄷ   ④ ㄴ, ㄷ   ⑤ ㄱ, ㄴ, ㄷ

✔ 자료 해석
• A와 B는 지구 관측자의 정반대 시선 방향에 위치해 있다. 따라서 두 지역은 서로 상호 작용하지 못하므로 물질과 에너지 교환을 할 수 없다.
• 급팽창 우주론에서는 우주가 급팽창하기 이전에 가까이 있었던 두 지역은 서로 정보를 교환할 수 있었다고 설명한다.

○ 보기 풀이 ㄱ. 우주 배경 복사는 다양한 우주 망원경으로 정밀하게 관측되면서 초기 우주의 온도 분포를 더 정확하게 알 수 있게 되었다. (나)가 (가)보다 온도 편차의 형태가 더욱 세밀해 보이는 것은 관측 기술의 발달 때문이다.

ㄷ. 현재 관측 결과 우주의 모든 영역에서 물질이나 우주 배경 복사가 거의 균일한데 이는 멀리 떨어진 두 지역이 과거에는 정보 교환이 있었다는 것을 의미한다. 그러나 빅뱅 우주론에서는 빛이 이동할 수 있는 시간보다 우주의 나이가 더 적기 때문에 이를 설명하지 못하였다. 급팽창 우주론에서는 우주 생성 초기에 우주가 급팽창하였기 때문에 팽창이 일어나기 이전에 가까이 있었던 두 지역은 서로 정보를 교환할 수 있었다고 주장함으로써 우주의 지평선 문제를 설명하였다. 따라서 A와 B의 온도가 거의 같다는 사실은 급팽창 우주론으로 설명할 수 있다.

✕ 매력적 오답 ㄴ. 지구의 관측자를 기준으로 할 경우 A와 B는 우주의 지평선 안쪽에 위치하므로 A와 B에서 출발한 우주 배경 복사를 관측할 수 있다. 하지만 A와 B는 서로 상호 작용할 수 없는 우주의 지평선 바깥쪽에 각각 위치하고 있다.

문제풀이 **Tip**
우주의 지평선은 관측자의 위치에 따라 다르게 나타나므로, 관측자가 A에 위치할 경우 지구는 우주의 지평선 안쪽에 위치하지만 B는 우주의 지평선 바깥쪽에 위치하는 것에 유의해야 한다.

34 외부 은하와 특이 은하

출제 의도 외부 은하와 퀘이사의 사진을 보고 외부 은하의 종류, 퀘이사의 특징과 우리은하로부터의 거리 변화를 파악하는 문항이다.

그림 (가)와 (나)는 가시광선으로 관측한 외부 은하와 퀘이사를 나타낸 것이다.

나선팔
은하핵

(가) 외부 은하　　　　(나) 퀘이사
　정상 나선 은하　　　　특이 은하

이에 대한 설명으로 옳은 것만을 〈보기〉에서 있는 대로 고른 것은?

보기
ㄱ. (가)는 불규칙 은하이다.
　　　　정상 나선 은하
ㄴ. (나)는 항성이다.
　　　　은하
ㄷ. (나)는 우리은하로부터 멀어지고 있다.

① ㄱ　　② ㄷ　　③ ㄱ, ㄴ　　④ ㄴ, ㄷ　　⑤ ㄱ, ㄴ, ㄷ

✔ 자료 해석

• (가)는 은하핵과 나선팔로 구성되어 있으므로 정상 나선 은하이다.
• (나)의 퀘이사는 매우 멀리 있어 하나의 항성처럼 보이지만 수많은 별들로 이루어진 은하이다.

○ 보기 풀이　ㄷ. 퀘이사의 스펙트럼을 관측하면 적색 편이가 매우 크게 나타나며, 이를 통해 구한 후퇴 속도가 빛의 속도의 약 0.1~0.82배나 된다. 적색 편이가 매우 크게 나타나는 것은 퀘이사가 매우 먼 거리에서 빠른 속도로 멀어지기 때문이다.

✕ 매력적 오답　ㄱ. 허블은 외부 은하를 가시광선 영역에서 관측되는 형태에 따라 타원 은하, 나선 은하, 불규칙 은하로 분류하였다. 나선 은하는 은하핵과 나선팔로 구성되어 있으며, 은하핵을 가로지르는 막대 모양 구조의 유무에 따라 막대 나선 은하와 정상 나선 은하로 구분한다. (가)는 은하핵과 나선팔로 이루어져 있지만 막대 모양의 구조가 없으므로 정상 나선 은하이다.
ㄴ. 퀘이사는 매우 멀리 있어서 하나의 항성처럼 보이지만 수많은 별들로 이루어져 있는 은하이며, 일반 은하의 수백 배 정도의 에너지를 방출하고 있다.

문제풀이 Tip

외부 은하와 특이 은하의 사진을 보고 종류를 파악할 수 있도록 연습해 두고, 외부 은하의 분류와 특징, 전파 은하, 퀘이사, 세이퍼트은하의 특징을 비교해서 정리해 두자.

---

35 우주의 구성 요소

출제 의도 우주 구성 요소의 비율을 보고 현재와 과거 시기를 결정하고, 보통 물질의 특징과 우주가 가속 팽창하고 있는 시기를 파악하는 문항이다.

그림 (가)와 (나)는 현재와 과거 어느 시기의 우주 구성 요소 비율을 순서 없이 나타낸 것이다. A, B, C는 각각 보통 물질, 암흑 물질, 암흑 에너지 중 하나이다.

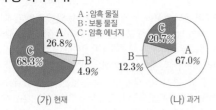

A : 암흑 물질
B : 보통 물질
C : 암흑 에너지

A 26.8%
C 68.3%
B 4.9%
(가) 현재

C 20.7%
A 67.0%
B 12.3%
(나) 과거

이에 대한 설명으로 옳은 것만을 〈보기〉에서 있는 대로 고른 것은?

보기
ㄱ. (가)일 때 우주는 가속 팽창하고 있다.
ㄴ. B는 전자기파로 관측할 수 있다.
ㄷ. $\dfrac{\text{A의 비율}}{\text{C의 비율}}$ 은 (가)일 때와 (나)일 때 같다.
　　　　　　　　　　(가)일 때가 (나)일 때보다 작다.

① ㄱ　　② ㄴ　　③ ㄷ　　④ ㄱ, ㄴ　　⑤ ㄴ, ㄷ

✔ 자료 해석

• A는 암흑 물질, B는 보통 물질, C는 암흑 에너지이다.
• (가)는 암흑 에너지(C)의 비율이 가장 높으므로 현재의 우주 구성 요소 비율이고, (나)는 암흑 물질(A)의 비율이 가장 높으므로 과거 어느 시기의 우주 구성 요소 비율이다.

○ 보기 풀이　ㄱ. 플랑크 우주 망원경으로 관측한 결과를 바탕으로 추정할 때 우주는 보통 물질이 약 4.9 %, 암흑 물질이 약 26.8 %, 암흑 에너지가 약 68.3 %로 구성되어 있다. 따라서 (가)는 현재의 우주 구성 요소 비율이며, 현재 우주의 구성 요소 중 척력으로 작용하여 우주를 가속 팽창시키는 역할을 하는 C(암흑 에너지)의 비율이 가장 크므로, 우주는 가속 팽창하고 있다.
ㄴ. B는 별, 은하 등의 보통 물질로, 전자기파로 관측할 수 있다.

✕ 매력적 오답　ㄷ. 암흑 물질(A)은 빛을 방출하지 않아 보이지 않지만 질량이 있어서 중력적인 방법으로 그 존재를 추정할 수 있는 물질이다. 한편 암흑 에너지(C)는 공간 자체가 가지는 에너지로, 시간이 지나도 밀도가 일정하다. 따라서 우주가 팽창할수록 우주 구성 요소 중 암흑 에너지의 비율은 커지고 암흑 물질의 비율은 작아지므로, $\dfrac{\text{A의 비율}}{\text{C의 비율}}$ 은 (가)일 때(현재)가 (나)일 때(과거)보다 작다.

문제풀이 Tip

현재 우주 안에 있는 물질들의 인력을 합친 것보다 더 큰 힘이 우주를 팽창시키고 있는데, 이 힘을 발생시키는 에너지가 암흑 에너지라는 것을 알아 두고, 우주가 팽창할수록 우주 구성 요소 중 암흑 에너지의 비율이 커지는 것에 유의해야 한다.

36 허블의 은하 분류

| 선택지 비율 | ① 1% | ② 5% | ③ 5% | ④ 12% | ❺ 75% |

2021학년도 **수능** 7번 | 정답 ⑤ | 문제편 90 p

출제의도 허블의 은하 분류 기준에 따른 은하의 종류를 이해하고, 각 은하의 특징을 비교하는 문항이다.

표는 허블의 은하 분류 기준과 이에 따라 분류한 은하의 종류를 나타낸 것이고, 그림은 은하 A의 가시광선 영상이다. (가)~(라)는 각각 타원 은하, 정상 나선 은하, 막대 나선 은하, 불규칙 은하 중 하나이고, A는 (가)~(라) 중 하나에 해당한다.

막대 나선 은하 ─┐   정상 나선 은하 ─┐   ┌─ 불규칙 은하

분류 기준	(가)	(나)	(다)	(라)─ 타원 은하
규칙적인 구조가 있는가?	○	○	×	○
나선팔이 있는가?	○	○	×	×
중심부에 막대 구조가 있는가?	○	×	×	×

(○ : 있다, × : 없다)

A 타원 은하

이 자료에 대한 설명으로 옳은 것만을 〈보기〉에서 있는 대로 고른 것은?

┌─ 보기 ─┐
ㄱ. 은하의 질량에 대한 성간 물질의 질량비는 (가)가 (다)보다 작다.
ㄴ. 은하를 구성하는 별의 평균 표면 온도는 (나)가 (라)보다 높다.
ㄷ. A는 (라)에 해당한다.
└────────┘

① ㄱ   ② ㄷ   ③ ㄱ, ㄴ   ④ ㄴ, ㄷ   ⑤ ㄱ, ㄴ, ㄷ

✔ 자료 해석

- 허블은 외부 은하를 가시광선 영역에서 관측되는 은하의 형태에 따라 나선 은하, 타원 은하, 불규칙 은하로 분류하였다.
- (가)는 규칙적인 구조와 나선팔, 중심부에 막대 구조를 가지고 있으므로 막대 나선 은하이다.
- (나)는 규칙적인 구조와 나선팔은 가지고 있지만 중심부에 막대 구조가 없으므로 정상 나선 은하이다.
- (다)는 규칙적인 구조가 없으므로 불규칙 은하이다.
- (라)는 규칙적인 구조는 있지만 나선팔이 없으므로 타원 은하이다.
- A는 둥근 형태로 나타나므로 타원 은하이다.

○ 보기풀이

ㄱ. 불규칙 은하는 막대 나선 은하에 비해 많은 양의 기체와 먼지를 포함하고 있으므로, 은하의 질량에 대한 성간 물질의 질량비는 막대 나선 은하 (가)가 불규칙 은하 (다)보다 작다.

ㄴ. 타원 은하는 비교적 나이가 많은 별들로 이루어져 있어 붉은색이나 노란색을 띠고, 나선 은하의 나선팔에는 나이가 적은 파란색 별들이 많이 분포하고 있다. 따라서 별의 평균 표면 온도는 정상 나선 은하 (나)가 타원 은하 (라)보다 높다.

ㄷ. A는 타원 은하이므로 (라)에 해당한다.

문제풀이 **Tip**

외부 은하를 분류 기준에 따라 분류하고 특징을 묻는 문항이 자주 출제되므로, 은하의 분류 기준과 각 은하의 구성 천체의 특징 등에 대해 확실하게 알아 두자.

---

37 허블 법칙

| 선택지 비율 | ① 4% | ② 6% | ❸ 59% | ④ 6% | ⑤ 22% |

2021학년도 **수능** 17번 | 정답 ③ | 문제편 91 p

출제의도 허블 법칙을 이용하여 은하의 후퇴 속도와 거리를 구하는 문항이다.

다음은 우리은하와 외부 은하 A, B에 대한 설명이다. 세 은하는 일직선상에 위치하며, 허블 법칙을 만족한다.

$v = H \cdot r$ ─┐   ┌─ $v_A = H \cdot r_A = 1400$ km/s

┌──────────────────────────────┐
- 우리은하에서 A까지의 거리는 20 Mpc이다.
- B에서 우리은하를 관측하면, 우리은하는 2800 km/s의 속도로 멀어진다. ─ 우리은하에서 본 A 후퇴 속도의 2배이므로 거리도 2배이다.
- A에서 B를 관측하면, B의 스펙트럼에서 500 nm의 기준 파장을 갖는 흡수선이 507 nm로 관측된다. ─ A에서 본 B의 후퇴 속도 : 4200 km/s
└──────────────────────────────┘
        └─ $\Delta\lambda = 7$ nm

우리은하에서 A와 B를 관측한 결과에 대한 설명으로 옳은 것만을 〈보기〉에서 있는 대로 고른 것은? (단, 허블 상수는 70 km/s/Mpc이고, 빛의 속도는 3×10^5 km/s이다.)

┌─ 보기 ─┐
ㄱ. A의 후퇴 속도는 1400 km/s이다.
ㄴ. 스펙트럼에서 기준 파장이 동일한 흡수선의 파장 변화량은 B가 A의 2배이다.
ㄷ. A와 B는 동일한 시선 방향에 위치한다. ─ 시선 방향이 서로 반대이다.
└────────┘

① ㄱ   ② ㄷ   ③ ㄱ, ㄴ   ④ ㄴ, ㄷ   ⑤ ㄱ, ㄴ, ㄷ

✔ 자료 해석

- 외부 은하의 후퇴 속도 $v = c \times \dfrac{\Delta\lambda}{\lambda_0}$ (c : 빛의 속도, $\Delta\lambda$: 흡수선의 파장 변화량, λ_0 : 원래의 흡수선 파장)이다.
- 허블 법칙에 따르면 은하의 후퇴 속도(v)는 은하까지의 거리(r)에 비례한다. ➡ $v = H \cdot r$ (H: 허블 상수)

○ 보기풀이

ㄱ. A와 우리은하의 거리는 20 Mpc이므로 A의 후퇴 속도 v_A = 70 km/s/Mpc × 20 Mpc = 1400 km/s이다.

ㄴ. A에서 본 B의 후퇴 속도 $v_B = c \times \dfrac{\Delta\lambda}{\lambda_0} = 3 \times 10^5$ km/s $\times \dfrac{7\ \text{nm}}{500\ \text{nm}}$ = 4200 km/s이고, A와 B 사이의 거리는 60 Mpc이다. 따라서 우리은하와 B 사이 거리는 우리은하와 A 사이 거리의 2배이며, 흡수선의 파장 변화량은 후퇴 속도에 비례하므로 B가 A의 2배이다.

✕ 매력적 오답

ㄷ. 우리은하에서 관측할 때 A와 B의 시선 방향은 서로 반대이다.

문제풀이 **Tip**

허블 법칙을 이용해 은하의 후퇴 속도와 거리를 구하는 문항이 자주 출제된다. 적색 편이량을 이용하여 은하의 후퇴 속도를 구하는 공식과 허블 법칙은 반드시 암기해 두자.

Part II

수능 평가원

출제의도 시간에 따른 우주의 크기 변화 자료를 해석하여 특정 시기에 우주의 팽창 속도를 파악하고, 과거와 현재 우주 배경 복사의 파장을 비교하는 문항이다.

그림은 어느 팽창 우주 모형에서 시간에 따른 우주의 크기 변화를 나타낸 것이다.

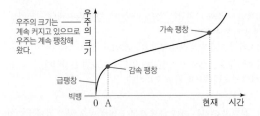

이에 대한 설명으로 옳은 것만을 〈보기〉에서 있는 대로 고른 것은?

┌─ 보기 ─────────────────────────────┐
ㄱ. A 시기에 우주는 감속 팽창했다.

ㄴ. 현재 우주에서 물질이 차지하는 비율은 암흑 에너지가
　　차지하는 비율보다 크다.
　　　　　　　　　　　작다.
ㄷ. 우주 배경 복사의 파장은 A 시기가 현재보다 길다.
　　　　　　　　　　　　　　　　　　짧다.
└────────────────────────────────┘

① ㄱ　　② ㄷ　　③ ㄱ, ㄴ　　④ ㄴ, ㄷ　　⑤ ㄱ, ㄴ, ㄷ

✓ 자료 해석

· 우주는 빅뱅 직후 급팽창하고, 이후 얼마 동안은 보통 물질과 암흑 물질에 의해 감속 팽창을 하였다가 현재는 암흑 에너지의 영향으로 가속 팽창하고 있다.

· 그래프에서 기울기는 우주의 팽창 속도를 나타내므로, A 시기에는 팽창 속도가 감소하는 감속 팽창을 하였고, 현재는 팽창 속도가 증가하는 가속 팽창을 하고 있다.

· 우주 배경 복사는 우주 나이 약 38만 년이고, 우주의 온도가 약 3000 K일 때 방출된 복사 에너지로, 우주가 팽창함에 따라 우주의 온도는 낮아지고 우주 배경 복사는 파장이 길어져서 현재는 약 2.7 K 복사로 관측된다.

○ 보기 풀이 　ㄱ. A 시기에 우주의 크기가 증가하는 비율이 줄어들고 있으므로 감속 팽창하였음을 알 수 있다.

✗ 매력적 오답 　ㄴ. 현재 우주는 가속 팽창 중이므로 물질보다 암흑 에너지의 비율이 크다는 것을 알 수 있다.

ㄷ. 우주는 팽창하고 있으므로 우주 배경 복사의 파장은 과거인 A가 현재보다 짧았다.

문제풀이 **Tip**

우주에는 보통 물질, 암흑 물질, 암흑 에너지가 존재하는데, 물질의 인력은 우주의 팽창 속도를 감소시키고, 암흑 에너지는 중력과 반대인 척력으로 작용하여 우주를 가속 팽창시킨다는 것에 유의해야 한다.

39 허블의 은하 분류

출제의도 외부 은하의 사진 자료와 탐구 활동 과정을 통해 허블의 외부 은하 분류 기준을 파악하는 문항이다.

다음은 세 학생이 다양한 외부 은하를 형태에 따라 분류하는 탐구 활동의 일부를 나타낸 것이다.

〔탐구 과정〕
(가) 다양한 형태의 은하 사진을 준비한다.
(나) '규칙적인 구조가 있는가?'에 따라 은하를 분류한다.
(다) (나)의 조건을 만족하는 은하를 '(㉠)이/가 있는가?'에 따라 A와 B 그룹으로 분류한다. ㄴ나선팔
(라) A와 B 그룹에 적용할 추가 분류 기준을 만든다.

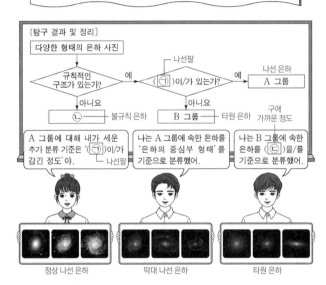

A 그룹에 대해 내가 세운 추가 분류 기준은 '(㉠)이/가 감긴 정도'야. ㄴ나선팔

나는 A 그룹에 속한 은하를 '은하의 중심부 형태'를 기준으로 분류했어.

나는 B 그룹에 속한 은하를 (㉢)을/를 기준으로 분류했어.

정상 나선 은하　　막대 나선 은하　　타원 은하

이에 대한 설명으로 옳은 것만을 〈보기〉에서 있는 대로 고른 것은?
[3점]

┌ 보기 ┐
ㄱ. 나선팔은 ㉠에 해당한다.
ㄴ. 허블의 분류 체계에 따르면 ㉡은 불규칙 은하이다.
ㄷ. '구에 가까운 정도'는 ㉢에 해당한다.
└────────┘

① ㄱ　② ㄴ　③ ㄱ, ㄷ　④ ㄴ, ㄷ　⑤ ㄱ, ㄴ, ㄷ

✔ 자료 해석

- 규칙적인 구조가 없거나 비대칭 형태인 은하는 불규칙 은하(㉡)로 분류한다.
- 은하 사진에서 A는 나선 은하이고 B는 타원 은하이다. 나선 은하와 타원 은하는 나선팔(㉠)의 유무에 따라 분류한다.
- 타원 은하(B)는 구에 가까운 정도(㉢)를 기준으로 세분한다.

◯ 보기풀이 ㄱ. 타원 은하는 성간 물질이 거의 없는 타원형 은하이고, 나선 은하는 은하핵과 나선팔로 구성되어 있다. 따라서 규칙적인 구조를 갖는 은하들은 타원 은하와 나선 은하로 구분할 수 있으며, '나선팔(㉠)이 있는가?'는 타원 은하와 나선 은하를 구분하는 기준이 될 수 있다.

ㄴ. ㉡은 규칙적인 구조를 보이지 않는 은하이므로, 허블의 은하 분류 체계에 따르면 불규칙 은하로 분류된다.

ㄷ. A 그룹에 속한 은하들은 나선 은하이며, B 그룹에 속한 은하들은 타원 은하이다. 허블은 타원 은하 중 모양이 가장 원에 가깝게 보이는 은하를 E0, 가장 납작한 타원형으로 보이는 은하를 E7로 세분하였다. 따라서 '구에 가까운 정도'는 ㉢에 해당한다.

문제풀이 Tip
외부 은하의 사진을 보고 은하를 분류할 수 있어야 하며, 타원 은하와 나선 은하를 세분하는 각각의 기준을 알고 있어야 한다.

40 표준 우주 모형과 우주의 가속 팽창

2021학년도 9월 평가원 17번 | 정답 ② | 문제편 91 p

출제 의도 표준 우주 모형에서 우주 배경 복사가 방출된 시기를 이해하고, 우주 구성 요소 중 우주 가속 팽창의 원인이 되는 요소를 파악하는 문항이다.

그림 (가)는 표준 우주 모형에서 시간에 따른 우주의 크기 변화를, (나)는 플랑크 망원경의 우주 배경 복사 관측 결과로부터 추론한 현재 우주를 구성하는 요소의 비율을 나타낸 것이다.

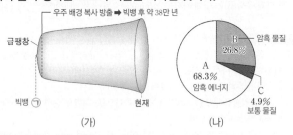

(가)   (나)

이에 대한 설명으로 옳은 것만을 〈보기〉에서 있는 대로 고른 것은?

보기
ㄱ. 우주 배경 복사는 ㉠ 시기에 방출된 빛이다.
　　　　　　　　　　　　　㉠ 시기 이후
ㄴ. 현재 우주를 가속 팽창시키는 역할을 하는 것은 A이다.
ㄷ. B에서 가장 큰 비율을 차지하는 것은 중성자이다.
　　　　　　　　　　　중성자는 보통 물질인 C에 속한다.

① ㄱ　　② ㄴ　　③ ㄷ　　④ ㄱ, ㄴ　　⑤ ㄱ, ㄷ

✔ 자료 해석
• (가) : ㉠은 빅뱅이 일어난 시기이며, 현재 우주는 가속 팽창하고 있다.
• (나) : A는 암흑 에너지, B는 암흑 물질, C는 보통 물질이다.

◯ 보기 풀이 ㄴ. 암흑 에너지가 없다면 우주 안에 있는 물질의 중력 때문에 우주는 수축해야 하지만 현재 우주의 팽창 속도는 더 빨라지고 있다. 이는 우주 안에 있는 물질의 중력을 모두 합친 것보다 더 큰 암흑 에너지가 우주에 존재한다는 것을 뜻한다. 따라서 현재 우주를 가속 팽창시키는 역할을 하는 것은 암흑 에너지(A)이다.

✕ 매력적 오답 ㄱ. 우주 배경 복사는 우주가 생성되고 약 38만 년이 지났을 때 형성되었다. ㉠은 빅뱅이 일어난 시점이므로, 우주 배경 복사는 ㉠ 시기 이후에 방출된 빛이다.

ㄷ. 암흑 물질은 빛을 방출하지 않기 때문에 보이지 않지만, 질량이 있어서 여러 가지 관측으로 존재를 추정할 수 있다. 암흑 물질이 분포하는 곳에서는 그 중력의 효과로 빛의 경로가 휘어지기도 하고, 주변의 별이나 은하의 운동이 교란되기도 한다. 또한 광학적 관측으로 추정한 은하의 질량이 역학적인 방법으로 계산한 은하의 질량보다 작은 것으로부터 암흑 물질의 존재를 추정할 수 있다. 암흑 물질은 전자기파와 상호 작용하지 않는 미지의 물질이며, 중성자는 보통 물질(C)에 속한다.

문제풀이 Tip
암흑 에너지는 척력으로 작용하여 우주를 가속 팽창시키는 역할을 하는 것을 알아 두고, 암흑 물질은 전자기파를 방출하거나 흡수하지 않는 물질인 것에 유의해야 한다.

---

41 가벼운 기체의 질량비와 우주론

2021학년도 9월 평가원 18번 | 정답 ① | 문제편 92 p

출제 의도 외부 은하의 성간 기체에 존재하는 원소의 질량비 자료를 해석하여 수소와 헬륨을 결정하고, 수소와 헬륨의 질량비가 증거가 되는 우주론을 파악하는 문항이다.

그림은 여러 외부 은하를 관측해서 구한 은하 A~I의 성간 기체에 존재하는 원소의 질량비를 나타낸 것이다.

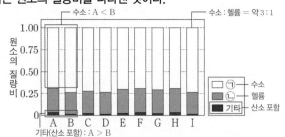

이에 대한 설명으로 옳은 것만을 〈보기〉에서 있는 대로 고른 것은?
[3점]

보기
ㄱ. ㉡은 수소 핵융합으로부터 만들어지는 원소이다.
ㄴ. 성간 기체에 포함된 수소의 총 질량 은 A가 B보다 크다.
　　　　　　　　　　　 산소의 총 질량　　　　　　작다.
ㄷ. 이 관측 결과는 우주의 밀도가 시간과 관계없이 일정하다고
　　　　　　　　　　　　　　　　　　　　시간에 따라 작아진다.
보는 우주론의 증거가 된다.

① ㄱ　　② ㄷ　　③ ㄱ, ㄴ　　④ ㄴ, ㄷ　　⑤ ㄱ, ㄴ, ㄷ

✔ 자료 해석
• ㉠은 외부 은하의 성간 기체에서 가장 풍부한 수소이고, ㉡은 두 번째로 풍부한 헬륨이다.
• A는 B보다 수소의 질량비는 작고, 기타 물질(산소 포함)의 질량비는 크다.

◯ 보기 풀이 ㄱ. ㉡은 외부 은하의 성간 기체에서 두 번째로 풍부한 헬륨이다. 헬륨은 수소 핵융합 반응으로부터 만들어지는 원소이다. 수소 핵융합 반응에서는 4개의 수소 원자핵이 융합하여 헬륨 원자핵 1개가 만들어지며 에너지가 생성된다.

✕ 매력적 오답 ㄴ. 산소는 기타에 포함된 원소이다. 따라서 성간 기체에 포함된 수소의 총 질량 은 A가 B보다 작다.
산소의 총 질량

ㄷ. 빅뱅 우주론에 따르면 우주를 구성하는 물질(암흑 물질을 제외한 보통 물질)의 수소와 헬륨의 질량비가 약 3 : 1이 되는데, 이 예측은 관측 결과와 잘 들어맞는다. 따라서 이 관측 결과는 빅뱅 우주론의 증거가 된다. 빅뱅 우주론에서는 우주가 팽창함에 따라 밀도가 작아지고, 정상 우주론에서는 우주의 밀도가 시간과 관계없이 일정하다.

문제풀이 Tip
우주에 존재하는 가벼운 원소의 비율은 빅뱅 우주론의 증거 중 하나인 것을 알아 두고, 정상 우주론에서는 우주가 팽창하면서 생겨난 빈 공간을 같은 밀도로 채우기 위해 새로운 물질이 계속 만들어지는 것에 유의해야 한다.

42 특이 은하의 특징

2021학년도 6월 평가원 9번 | 정답 ② | 문제편 92 p

출제의도 특이 은하의 종류와 특징을 이해하고, 사진 자료로부터 은하 중심부 별들의 회전축 방향을 파악하는 문항이다.

그림 (가), (나), (다)는 각각 세이퍼트은하, 퀘이사, 전파 은하의 영상을 나타낸 것이다. (가)와 (나)는 가시광선 영상이고, (다)는 가시광선과 전파로 관측하여 합성한 영상이다.

회전축이 시선 방향과 일치한다.

(가) 세이퍼트은하   (나) 퀘이사   (다) 전파 은하

이 자료에 대한 설명으로 옳은 것만을 〈보기〉에서 있는 대로 고른 것은? [3점]

보기
ㄱ. (가)와 (다)의 은하 중심부 별들의 회전축은 관측자의 시선 방향과 일치한다. ➡ (다)는 일치하지 않는다.

ㄴ. 각 은하의 $\dfrac{중심부의 밝기}{전체의 밝기}$ 는 (나)의 은하가 가장 크다.

ㄷ. (다)의 제트는 은하의 중심에서 방출되는 별들의 흐름이다.
　　　　　　　　　　　　　　이온화된 기체의 흐름

① ㄱ   ② ㄴ   ③ ㄷ   ④ ㄱ, ㄴ   ⑤ ㄴ, ㄷ

✔ 자료 해석
• (가)는 세이퍼트은하로, 은하 중심부 별들의 회전축이 관측자의 시선 방향과 거의 일치한다.
• (나)는 퀘이사로, 은하 전체의 밝기에 대한 중심부의 밝기 비가 가장 크다.
• (다)는 전파 은하로, 제트로 연결된 로브가 핵의 양쪽에 대칭으로 나타난다.

○ 보기풀이 ㄴ. (나)의 퀘이사는 수많은 별들로 이루어진 은하이지만 너무 멀리 있어 하나의 별처럼 보인다. 또한 중심부(은하핵)의 밝기가 매우 밝으므로, 은하 전체의 밝기에 대한 중심부의 밝기 비는 (나)의 은하가 가장 크다.

✕ 매력적 오답 ㄱ. (가)는 은하 중심부 별들의 회전축이 관측자의 시선 방향과 거의 일치하지만, (다)는 은하 중심부 별들의 회전축이 관측자의 시선 방향과 일치하지 않는다.

ㄷ. (다)의 전파 은하는 보통의 은하보다 수백 배 이상 강한 전파를 방출하는 은하이다. 전파 은하에서는 중심부를 기준으로 강력한 물질(이온화된 기체)의 흐름인 제트가 대칭적으로 관측된다.

문제풀이 Tip
특이 은하 중 퀘이사는 은하 전체의 밝기에 대한 중심부의 밝기 비가 가장 큰 것을 알아 두고, 전파 은하에서 제트는 이온화된 기체의 흐름인 것에 유의해야 한다.

Part II

수능 평가원

43 우주의 구성 요소와 우주 팽창

출제 의도 우주가 팽창하는 동안 우주 구성 요소의 비율 변화를 이해하고, 암흑 물질의 영향이 더 큰 시기를 파악하는 문항이다.

그림 (가)는 현재 우주를 구성하는 요소 A, B, C의 상대적 비율을 나타낸 것이고, (나)는 빅뱅 이후 현재까지 우주의 팽창 속도를 추정하여 나타낸 것이다. A, B, C는 각각 보통 물질, 암흑 물질, 암흑 에너지 중 하나이다.

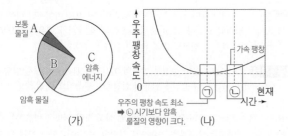

(가) 보통 물질 A / B 암흑 물질 / C 암흑 에너지

(나) 우주 팽창 속도 / 가속 팽창 / 우주 팽창 속도 최소 ➡ ⓒ 시기보다 암흑 물질의 영향이 크다. / ㉠ ㉡ 현재 시간

이에 대한 설명으로 옳은 것만을 〈보기〉에서 있는 대로 고른 것은? [3점]

보기
ㄱ. 우주가 팽창하는 동안 C가 차지하는 비율은 증가한다.
ㄴ. ㉠ 시기에 우주는 ~~팽창하지 않았다.~~ 팽창하였다.
ㄷ. 우주 팽창에 미치는 B의 영향은 ㉡ 시기가 ㉠ 시기보다 ~~크다.~~ 작다.

① ㄱ   ② ㄴ   ③ ㄷ   ④ ㄱ, ㄴ   ⑤ ㄱ, ㄷ

✔ 자료 해석
• (가) : 초신성 관측이나 우주 배경 복사의 관측 결과를 근거로 약 4.9 %의 보통 물질(A), 약 26.8 %의 암흑 물질(B), 약 68.3 %의 암흑 에너지(C)가 우주를 구성한다고 추정하고 있다.
• (나) : ㉠은 우주의 팽창 속도가 감소하다가 증가한 시기이며, ㉠ 시기 이전에 우주는 감속 팽창하였고 이후에 우주는 가속 팽창하였다.

보기 풀이 ㄱ. A는 보통 물질, B는 암흑 물질, C는 암흑 에너지이다. 우주가 팽창하는 동안 물질(보통 물질+암흑 물질)의 밀도는 감소하지만 암흑 에너지의 밀도는 상대적으로 거의 일정하다. 따라서 우주가 팽창하는 동안 암흑 에너지(C)가 차지하는 비율은 증가한다.

✘ 매력적 오답 ㄴ. ㉠은 우주의 팽창 속도가 감소하다가 증가한 시기로, 이 시기에 우주의 팽창 속도는 가장 작았다. 하지만 우주의 팽창 속도가 0보다 컸으므로, ㉠ 시기에도 우주는 팽창하였다.

ㄷ. 보통 물질과 암흑 물질은 우주가 팽창하는 것을 방해하는 요소로 작용하는 반면, 암흑 에너지는 우주가 팽창하는 것을 도와주는 요소로 작용한다. 우주는 ㉠ 시기 이전에는 감속 팽창하였고, 그 이후에는 가속 팽창하였으므로, 우주 팽창에 미치는 B(암흑 물질)의 영향은 ㉡ 시기가 ㉠ 시기보다 작다.

문제풀이 Tip
우주가 가속 팽창한다는 것은 중력과 반대 방향으로 척력이 작용한다는 것을 의미하며, 중력과 반대 방향으로 작용하는 이 미지의 에너지가 암흑 에너지인 것을 알아 두자. 우주의 팽창 속도에 관계없이 빅뱅 이후 우주는 계속 팽창한 것에 유의해야 한다.

---

44 우주론

출제 의도 빅뱅 우주론의 문제점을 급팽창 이론에서 해결한 내용을 이해하고, 정상 우주론과 급팽창 우주론의 특징을 비교하는 문항이다.

그림 (가)는 우주론 A에 의한 우주의 크기를, (나)는 우주론 B에 의한 우주의 온도를 나타낸 것이다. A와 B는 우주 팽창을 설명한다.

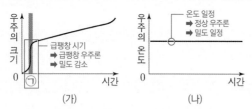

(가) 우주의 크기 / 급팽창 시기 ➡ 급팽창 우주론 ➡ 밀도 감소 / ㉠ 시간

(나) 우주의 온도 / 온도 일정 ➡ 정상 우주론 ➡ 밀도 일정 / 시간

이에 대한 설명으로 옳은 것만을 〈보기〉에서 있는 대로 고른 것은?

보기
ㄱ. 우주 배경 복사가 우주의 양쪽 반대편 지평선에서 거의 같게 관측되는 것은 (가)의 ㉠ 시기에 일어난 팽창으로 설명된다.
ㄴ. A는 수소와 헬륨의 질량비가 거의 3 : 1로 관측되는 결과와 부합된다.
ㄷ. 우주의 밀도 변화는 B가 A보다 ~~크다.~~ 작다.

① ㄱ   ② ㄷ   ③ ㄱ, ㄴ   ④ ㄴ, ㄷ   ⑤ ㄱ, ㄴ, ㄷ

✔ 자료 해석
• (가) : A는 빅뱅 이후 우주 초기에 우주가 빛보다 빠른 속도로 급격하게 팽창하였다는 급팽창 우주론이다.
• (나) : B는 우주의 온도가 일정하므로 정상 우주론이다.

보기 풀이 ㄱ. 현재 관측 결과 우주의 모든 영역에서 물질이나 우주 배경 복사가 거의 균일한데 이는 멀리 떨어진 두 지역이 과거에는 정보 교환이 있었다는 것을 의미한다. 그러나 빅뱅 우주론에서는 빛이 이동할 수 있는 시간보다 우주의 나이가 더 적기 때문에 이와 같은 우주의 지평선 문제를 설명하지 못하였다. 급팽창 우주론(인플레이션 이론)에서는 우주 생성 초기에 우주가 급팽창(㉠ 시기의 팽창)하였기 때문에 팽창이 일어나기 이전에 가까이 있었던 두 지역은 서로 정보를 교환할 수 있었다고 주장함으로써 우주의 지평선 문제를 설명하였다.

ㄴ. 수소와 헬륨의 질량비가 3 : 1로 관측되는 것은 빅뱅 우주론의 강력한 증거 중 하나이다. 따라서 급팽창 우주론(A)에서는 우주에 존재하는 수소와 헬륨의 질량비가 거의 3 : 1로 관측되는 현상을 설명할 수 있다.

✘ 매력적 오답 ㄷ. 급팽창 우주론에서는 우주가 팽창하면서 우주의 밀도가 작아지지만, 정상 우주론에서는 우주가 팽창하면서 새로운 물질이 계속 만들어지므로 우주의 밀도가 변하지 않는다. 따라서 우주의 밀도 변화는 A가 B보다 크다.

문제풀이 Tip
급팽창 우주론은 우주의 평탄성 문제, 지평선 문제, 자기 홀극 문제를 설명할 수 있는 것을 알아 두고, 정상 우주론에서는 우주가 팽창하면서 우주의 질량이 증가하므로 우주의 밀도가 일정한 것에 유의해야 한다.

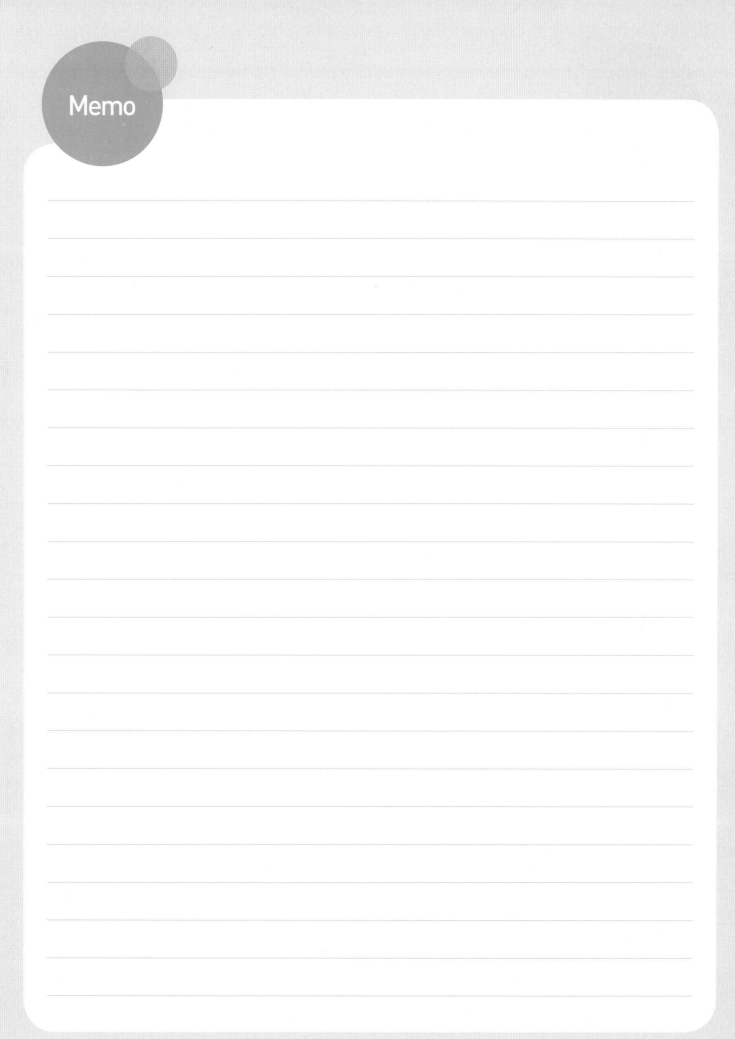

Memo

Memo

Memo

Memo